숲해설가 전문과정

숲해설 아카데미

국민대학교 출판부

머리말

이 책은 국민대학교와 (사)숲과 문화 연구회가 산림청 인증 제7호 기관으로서 공동으로 운영하는 숲해설 아카데미 교수진이 집필한 것으로서 숲해설가 교육과정이라면 어디나 쓸 수 있다. (사)숲과 문화 연구회는 1992년 3월에 숲탐방과 숲해설을 우리나라에서 최초로 시작한 단체이며, 국민대학교는 1998년 봄에 노동부의 지원으로 자연환경안내자 과정을 설치하여 자연환경 및 숲해설 분야를 우리나라에서 처음으로 교육한 기관이다. 숲탐방이나 숲해설은 자연을 가까이 하고 향수(享受)하려는 사람들에게 신선한 자극을 주어서 해설가에 대한 요구는 필연적이었다. 더구나 빠른 속도로 증가한 야외 휴양 수요는 산림 휴양과 탐방, 해설에 대한 수요로 이어졌기 때문에 이에 대한 적절한 대응책이 마련되지 않으면 안되었다. 이를 위해 2005년 8월에 〈산림문화·휴양에 관한 법률〉이 제정되어 숲해설을 위한 초석이 마련되었다. 이어서 2011년 7월에 〈산림교육의 활성화를 위한 법률〉, 동법 시행령과 시행규칙이 2012년 7월에 제정되면서 숲해설가 등 산림교육전문가를 위한 법적 제도적 장치가 완비되었다. 이 법은 숲해설이 정부로부터 인증된 교육과정을 수료한 사람에 의해 진행되도록 함으로써 대국민 산림 서비스의 수준을 질적으로 향상시킨다는 의도를 담고 있다.

2007년 4월에 국민대학교 평생교육원과 (사)숲과 문화 연구회는 공동으로 숲해설가 초급과정을 개설하여 30여명을 교육하였다. 2008년 1월에는 당시 법률에 의해 숲해설 초급과정이 인증을 받게 되어 인증된 숲해설교육기관으로서는 최초로 ISBN이 갖춰진 교재 〈숲해설 아카데미〉 를 발간하여 교육하였다. 2011년 관련법이 새롭게 제정되고 교육과정도 보완되어 교재를 전면 개정할 필요성이 생기게 되었다. 이 책은 기존의 과목을 보완하고 새로운 과목을 넣어 편집한 것으로서 수록된 내용들은 숲과 문화 영역을 제외하고 모두 관련법에 명시된 것들이다. 기존 과목의 보완은 현직 담당 교수진에 의해 이뤄졌기 때문에 원저자 옆에 공저자 형식으로 저자를 추가로 병기하였다.

교재의 내용은 숲해설을 위해 알아야 할 기본적인 것들이다. 전체 내용의 구성은 〈산림교육의 활성화를 위한 법률〉에 충실하게 따른 것이며 이에 덧붙여 숲과 문화 영역을 추가하여 교육에 특성화를 기하는 한편, 숲해설가가 현장에서 만나는 문제점을 해결하는데 기여하고자 하였다. 숲해설가가 현장에서 다루는 대상은 두 가지로서 하나는 해설대상인 숲(자연)이고, 다른 하나는 교육 대상인 해설 수요자이다. 전자에 대해서는 산림과 생태계에서 다루고, 후자는 산림교육론과 커뮤니케이션에서 다룬다. 여기에는 산림 및 임학개론, 숲해설개론, 산림교육론, 산림과 인간, 인간관계학, 커뮤니케이션 기법, 숲해설기법 등이 있다. 산림과 생태계는 생태계 일반사항과 산림을 구성하는 물, 토양 등 무생물적 요소와, 식물, 야생동물과 새, 곤충 등 각종 생물적 요소를 다룬다. 숲해설 현장은 언제나 위험요소가 상존하는 곳이어서 해설가는 안전에 대처하는 방법도 잘 숙지하고 있어야 하는데 안전교육과 안전관리를 통해서 대처방법을 습득하게 될 것이다. 교육 프로그램 개발 영역은 실습분야이기 때문에 이전 교재에 넣지 않았으나 독자들에게 보탬이 되고자 실습에 필요한 이론강의 내용을 추가하였다. 선택과목 영역은 산림환경을 해설하는데 필요한 폭넓은 지식을 습득할 수 있도록 지정한 과목들로 구성되어 있다. 숲과 문화 영역에는 세밀화 그리기, 숲과 미술, 숲과 음악, 숲과 문학, 숲과 우리 민속 문화 등 다른 기관에서 경험할 수 없는 과목들을 담고 있다. 숲해설에 필요한 내용을 균형 있게 하여 전문인으로 성장하는데 부족함이 없게 하며, 독자들에게 숲의 가치에 대해서 재인식할 수 있도록 하고자 함이다.

숲해설가에게는 숲이 교재이고 교실이다.

숲이란 무엇일까? 숲은 나무들의 무리이다. 그 나무는 세상에서 단일 생명체로서 몸집이 가장 크면서, 키도 제일 크고, 가장 오래 사는 생명체이다. 숲은 이처럼 세상에서 제일 가는 생명체인 나무로 구성된 곳이다. 나무들은 무리를 지어, 또는 홀로, 짧게는 수십년, 길게는 수 백 년, 더 길게는 수 천 년을 살아가면서 그 모든 삶을 자기 주변의 동료와 인류의 삶을 위해서 기꺼이 바친다. 이 생명체를 매개로 다른 숨 쉬는 생명들이 살아가고 있으며, 그 덕분에 사람도 살아갈 수 있게 된다. 나무들이 이룬 숲은 지역과 지구의 환경을 구성할 뿐만 아니라, 인간에게 삶에 필요한 각종 물질적인 혜택과 정신적인 위로를 주어왔다. 숲이 없었으면 인류의 삶은 불가능했다. 숲으로부터 인간의 삶이 시작되었고, 숲으로부터 인간의 문명이 태동하였다. 숲은 문화와 역사의 산실이다. 모든 것이 숲으로부터 받는 유형, 무형의 혜택 덕분이다. 그러한 의미에서 인류 문명의 역사는 숲과의 간단없는 투쟁의 역사이며, 웨슬리가 말하는 것처럼 숲없이 문화가 있을 수 없고 문화없이 숲이 있을 수 없다. 우리가 현재 누리는 문화는 선조들의 과거이며, 우리들이 만들고 있는 현재이자, 장래 우리 후손들이 누리게 될 미래이다. 따라서 문화는 선조들과 그리고 우리들의 꿈이다.

그런데 이러한 문화와 꿈은 하찮은 씨로부터 시작해서 거대하게 자란 나무와 그들이 이룬 울창한 숲으로부터 탄생하고 발전해 오지 않았던가? 그래서 숲은 곧 인류의 꿈이며, 인류의 삶, 즉, 문화를 창조하고 유지하며 먼 미래를 보장해 준다. 이러한 의미에서 숲해설은 단순히 나무와 숲에 관한 생물학적, 생태적, 환경적인 정보에 대해서 이야기하는 것이 아니라 인류의 문화와 꿈에 관해서 이야기하는 것이다. 숲해설가는 이러한 점에 책임감을 가지고 활동해야 할 줄로 믿는다.

이 책에 수록된 내용은 해설해야 할 것들의 극히 일부에 지나지 않는다. 밑거름이며 징검다리 역할을 할 뿐이지 충분하지 않다. 발판과 뼈대로 삼아 딛고 일어서서 살을 붙이고 겉모습을 단장하는 부단한 노력으로 더 많은 지식을 습득하고 단련해야 하며, 숲에서 깊은 사색과 관찰을 게을리 하지 말아야 한다. 숲 전체를 포괄적으로 해설할 수 있으되 어느 한 분야에 전문가가 될 수 있도록 노력하여 주기 바란다. 또한 해설하기 전에는 미리 답사하여 해설의 실마리를 찾도록 노력해야 한다.

책을 발간할 수 있도록 선처해 준 국민대학교 출판부와 관계자 여러 분들께 진심으로 감사드린다. 또한 이 교재로 숲해설가 교육과정을 운영하는 국민대학교 평생교육원과 (사)숲과문화연구회에도 깊은 감사의 말씀드린다. 그러나, 어느 누구보다도 집필진과 교수진 여러 분들께 진심으로 감사드린다. 초빙하기 부끄러운 어려운 여건 속에서 없는 시간 쪼개어 강의해 주시고 원고를 써 준 집필진들의 노고가 없었다면 이 책이 나올 수 없었다. 더구나 집필진은 관련 분야의 내로라하는 전문가들이다. 이러한 점에서 이 책의 출판을 자랑스럽게 생각한다. 그러나 책의 내용에 대한 독자들의 질정은 언제나 열려있으며, 이를 통해 좀 미진한 부분들은 추후 보완하여 더 좋은 책이 될 수 있기를 기대해 본다.

2013년 8월
필진을 대신하여
김 기 원

목 차

I

산림교육론

1. 산림 및 임학개론
2. 숲해설개론
3. 산림교육론
4. 산림과 인간

국민대학교 평생교육원·(사)숲과 문화 연구회
숲해설 아카데미 전문과정

I

산림 및 임학개론

신 만 용
국민대 산림환경시스템학과/교수

목차

제1장 산림과 인간생활

제1절 임업의 정의

임업은 자금과 자본재를 생산수단으로 하고 이에 노동력을 투입하여 임목축적을 조성하고 그것을 상품으로 하는 생산업으로 하는 산업활동을 말한다.

제2절 산림의 정의

1. 숲, 삼림, 산림

1) 숲

• 사전적 의미와 어원

숲은 '수풀의 준말'이며 수풀은 '무성하게 꽉 들어찬 나무 서리', 혹은 '풀, 나무, 덩굴이 한데 엉킨 곳'(『우리말 큰 사전』, 어문각)을 말한다.

고어에 나타난 용례를 보면, 조선 초기 15세기 중반에 月印釋譜나 釋譜詳節에 '숳'의 형태로 발견되는데, 즉, '숳' → '숩' → '수플' → '수풀'로 변화된 것으로 본다. '숳'는 그 다음에 붙임씨 등이 이어지면 '수(藪)'와 받침 'ㅎ'이 분리되는 형태를 취한다.

• 숲을 뜻하는 한자

《동경잡기(東京雜記)》 : 1669년 경주부사였던 민주면(閔周冕)이 고려 때 동경(東京)이었던 경주의 내력을 기록한 책)의 숲에 대한 기록

'藪'(수) 또는 '林'(림)으로 표기하는데 예를 들면, 비보수(裨補藪), 시림(始林), 남정수(南亭藪), 오리수(五里藪), 한지수(閑地藪), 임정수(林井藪), 고양수(高陽藪) 등이 있다. 여기서 '숲' 표기는 '藪'로 되어 있으나 단지 시림(始林)만은 '林'자를 쓰고 있다. 시림은 김알지(金閼知)가 나타난 곳으로 계림(鷄林)을 말한다. 이런 연유로 국가적인 큰 의미를 부여한 곳은 혹시 '林'자를 붙이고 일반적인 숲에는 '藪'자를 붙이지 않았나 하는 추측을 가능하게 한다(여기서 '藪'자는 바로 위에서 소개한 '숳'에서 따온 것은 아닐까 추측하게 한다).

2) 산림(山林), 삼림(森林), 임수(林藪)

• **산림과 삼림**

장자(莊子)의 『제물론(齊物論)』과 명나라 때 쓴 홍자성의 『채근담(菜根譚)』 270편에도 '산림'이라는 한자가 등장한다. 우리나라 옛 문헌에도 '숲'을 표현하는 데에 있어서 역시 '산림'이라는 단어로 표기하였다. 조선왕조실록에는 숲을 뜻하는 한자로서 삼림은 검색되지 않고 산림이라는 단어만 검색된다. 따라서 옛 조상들은 숲을 뜻하는 한자로 산림이라는 단어를 사용한 것을 알 수 있다.

삼림이라는 단어는 일제시대 때 자주 등장한다. 즉, 1908년에 조정에서 "삼림법(森林法)"을 제정하고, 1911년에는 "삼림령(森林令)"을 제공 공포한다. 이 때부터 숲을 의미하는 한자로서 산림과 함께 삼림이라는 단어가 많이 등장하고 있음을 알 수 있다. 이것은 1905년 을사늑약 이후 일본이 조정에 대한 간섭이 심해진 결과가 아닐까 생각한다. 일본은 숲을 의미하는 한자어를 산림보다 삼림을 더 많이 사용하고 있다.

일부 학자들은 삼림은 평지에 있는 숲을 말하고, 산림은 산과 숲을 통틀어 일컫거나, 산에 있는 숲의 의미, 또는 숲을 의미하는 행정용어라고 말하기도 한다.

우리나라에서 전국의 숲을 관장하는 최고의 중앙행정기관은 산림청(山林廳)이다.

• **임수(林藪)** : 임수는 '수풀' 혹은 '사물이 많이 모이는 곳'(藪는 '수풀 수')을 뜻하는데 숲에는 갖가지 수(數)많은 풀과 나무와 동물이 모여있기 때문에 이러한 단어가 생긴 듯하다.

3) 서양어원

• **라틴어** : Silva, Foris

• **영어식 표현은 'Forest'** : 이 단어는 프랑스 숲의 역사로부터 어원을 찾을 수 있다. 프랑스에서는 10세기 경 중세 장원제도와 관련하여 수렵과 벌채권이 영주에게만 제한되던 산림지역이라는 뜻의 'Foresta'가 최초로 등장한다. 오늘날 '숲'을 뜻하는 불어는 Forest이다.
  영국에서 Forest라고 하는 단어는 역사적으로 보면 중세시대(16세기 경)인데, 프랑스에서와 유사하게 왕들이 사냥을 즐기기 위해서 소중하게 관리하고 있는 땅으로서 일종의 왕실 소유 수렵원(狩獵園)과 같은 것이다.

• **독일어** : 'Wald', 'Forst'. 한 때 '마르크'(Mark)라는 단어도 존재하였다. 마르크는 이웃(나라)과 경계를 뜻하는 의미도 있는데 경계는 거의 항상 숲으로 덮인 땅이다.

• 몇몇 유럽언어에서는 숲에서의 인간의 활동에 대하여 '숲'과 '문화'라는 용어가 서로 결합되어 있는 것을 볼 수 있다. 라틴어에서는 나무를 심어 숲을 조성하는 것에 관한 학문인 조림학(造林學)을 ars Silvatica(예술+숲), 독일어에서는 Waldkunst(숲+예술), 영어는 Silviculture(숲+문화)라는 말로 표현하고 있다.

4) 종합

산림(山林)은 숲 또는 삼림(森林)이라 하고, 영어로는 forest라고 하는데, 나무와 하층식생(下層植生)으로 덮여져 있는 넓은 면적의 토지이다. 산림법에서는 산림을 집단적으로 생육하고 있는 입목과 그 토지, 입목이 일시적으로 상실되거나 입목의 집단생육에 사용하게 될 토지를 말한다. 생물학적인 의미의 산림을 보면 나무와 관목풀 등이 우거진 모습 혹은 나무 등 식물의 모임과 그것을 둘러싸고 있는 토양 등 환경요소도 고려하여 파악되는 것이다.

결과적으로 산림의 뜻을 요약해 보면, 어느 정도의 넓이를 가진 토지 위에 서 있는 나무와 다른 식물들이 우거져 서로 경쟁하거나 협조하면서 살아가고 있는 생물사회와 그 사회를 둘러싸고 있는 환경인자군의 총합이라고 할 수 있다.

2. 산림의 구분

산림은 어떠한 속성을 기준으로 삼느냐에 따라 여러 갈래로 분류할 수 있다.

1) 순림(pure forest)과 혼효림(mixed forest)

순림이란 그 숲을 구성하고 있는 수종이 한가지일 때를 뜻하고, 혼효림이란 몇 가지 수종이 섞여서 형성된 것을 말한다.

2) 동령림(evenaged forest)과 이령림(unevenaged forest)

숲을 구성하고 있는 나무의 나이를 기준으로 해서 나이가 같거나 거의 비슷하다고 인정되는 동령림과 나이가 서로 다른 이령림으로 나눈다.

3) 침엽수림(coniferous forest)과 활엽수림(broad-leaved forest)

수목은 침엽수종으로 조성된 침엽수림과 활엽수로 조성된 활엽수림으로 대별된다.

4) 인공림(artifical forest)과 천연림(natural forest)

인공림은 사람의 힘으로 숲이 만들어질 때를 말한다. 천연림은 자연의 힘으로 이루어진 숲을 말한다.

5) 경제림(commercial forest)과 보안림(protection forest)

경제림이란 숲의 직접효용을 위해서 경영되는 것을 말한다. 이것은 목재·수피·수실·수지 등 화폐로 바꿀 수 있는 물질생산을 목표로 하는 것이다. 보안림은 숲이 존재함으로서 나타나는 효용을 얻고자 하는 것으로, 풍치림·방풍림·소음방지림·방조림·수해방비림·수원함양림·야생동물보호림·학술림·토사

간지림·어부림 등이 그것이다.

6) 교림(喬林;high forest)과 왜림(矮林;coppice)

교림은 고림(高林)이라고도 하는데 일반적으로 나무의 성립이 종자로부터 시작된 숲을 뜻한다. 그러나 삼나무숲·편백숲처럼 삽목묘로써 조성된 숲도 교림으로 말한다. 왜림은 저림(低林)이라고도 하는데, 참나무류·아까시나무·오리나무처럼 줄기를 이용한 뒤 남아있는 그루터기에서 움가지(맹아)가 돋아 나와 다시 숲을 만들게 될 때 나무의 키가 대체로 크지 못하여 왜림이라 한다. 한편 교림과 왜림이 한 지역에 섞여 조성되어 있는 것을 중림(中林; coppice with standard)이라고 한다.

7) 상록수림(evergreen forest)과 낙엽수림(deciduous forest)

소나무·향나무·주목·동백나무·가시나무처럼 일년 내내 푸르름을 간직하는 나무로 조성된 숲을 상록수림이라 하고 가을과 겨울 사이에 잎이 떨어지고 봄에 새잎이 나오는 나무로 조성된 숲을 낙엽수림이라고 한다.

8) 국유림(national forest)과 사유림(private forest)

소유관계로 구별하는 것으로, 사유림에는 사찰림·학교림·회사림·종중림·독림가림·일반 개인의 소유림 등이 들어간다. 또한 공유림(公有林)은 국유림에서 지방자치단체로 양여되어 관리되는 숲으로 도유림과 군유림이 있다.

제3절 산림의 기능

1. 경제적 기능

산림의 직접적인 기능이라고 하며, 산림으로부터 얻어지는 산물, 즉 임산물이 국민경제생활에 기여하는 효용을 말하며 때로는 산림의 유형적 기능이라고 한다.

산림은 목재이외에도 많은 부산물을 생산해 내는데 낙엽, 나무열매, 수피 등은 산림으로부터 직접 생산해내는 부산물이고, 버섯, 산나물, 약초, 광물 및 석재, 야생화초, 그리고 야생동물 등은 산림이 존재함으로써 얻어지는 부산물이다.

2. 공익적 기능

1) 수자원 함양기능

산림은 이수기능(理水機能)을 가지고 있다. 즉, 산림은 큰 비가 왔을 때나 눈이 녹을 때의 증수기(增水期)에 일시적으로 물을 저축해서 출수(出水)피크를 낮추어 주며, 홍수를 완화시키는 작용과 갈수기에도 물을 말리지 않고 일정한 유량(流量)을 챙기는 양면의 작용이 있다.

2) 토사유출 방지기능

산에 나무가 없으면 내린 빗물을 저장해 둘 수 없기 때문에 큰 물이 발생할 수 있지만, 나무가 우거져 있으면 저수 능력이 강해지고 나무뿌리는 그물모양으로 땅 속에 퍼져 있어 흙과 돌을 밀착시켜 흘러내림을 막을 수 있다.

3) 발산물질과 보건휴양기능

숲속에 들어가면 싱그럽고 상쾌한 느낌이 들고 대자연의 향기를 맛보게 된다. 나무의 몸속에서는 각종 물질을 발산시키며, 이 물질들은 사람의 정서를 안정시키고 사람에게 유해한 미생물을 죽이는 것으로 알려져 있다.

4) 쾌적성의 창조기능

바람이 통하는 시원한 숲 속과 그늘은 우리의 생활을 즐겁게 해준다.

5) 방풍기능

몇 줄로 나무를 심어 숲띠를 조성하면 바람의 속도를 줄여서 각종의 효과를 얻을 수 있다. 바람 위쪽에서는 수고의 5배, 바람 아래쪽에서는 수고의 35배의 거리에 해당하는 범위에 걸쳐 방풍효과를 올릴 수 있다.

6) 소음방지기능

음파가 나무의 잎과 가지로 말미암아 파동에너지를 잃어버리는 효과와 소음원으로부터의 거리를 숲이 관여하게 되는 두 가지 효과로서 숲속의 소음은 감소하게 된다. 산림의 존재가 주는 심리적인 소음감소의 효과도 있다.

7) 오염물질 흡착기능

산림과 나무는 먼지나 오염물질을 잎과 가지에 흡착시켜 공기를 정화하고, 비가 내리면 흡착된 물질을 떠내려가게 하는 작용을 한다.

8) 야생동물 보호기능

산림은 짐승새 등 야생생물의 삶의 터와 먹이를 제공하므로, 숲 안에는 각종의 동물상이 보전되어 인간의 생활환경에 즐거움을 주게 된다.

9) 풍치보존기능

우리는 흔히 우리나라를 금수강산이라고 한다. 아름답기 한이 없다는 것이고 봄·여름·가을·겨울 사계절을 통하여 변화를 주는 나무의 숲과 산의 경관은 우리의 정신문화에 지대한 영향을 주었다.

10) 온난화 방지기능

나무는 광합성을 통해서 공기 중의 탄소를 식물체로 전환시켜 축적한다. 지구를 둘러싸고 있는 공기 중의 탄소의 양보다도 숲이 저장하고 있는 탄소의 양이 더 많아 두 배를 넘을 것이라고 한다. 숲은 지구의 탄소저장고라고 말할 수 있다. 2005년 현재 우리나라 산림의 탄소흡수량은 약 3,200만CT으로 추정하고 있다. 이를 금액으로 환산하면 약 9,600억원 정도의 경제적 효과가 있는 것으로 평가된다.

제4절 산림과 임업의 관계

산림과 임업의 관계는 그림 1로 표현할 수 있다.

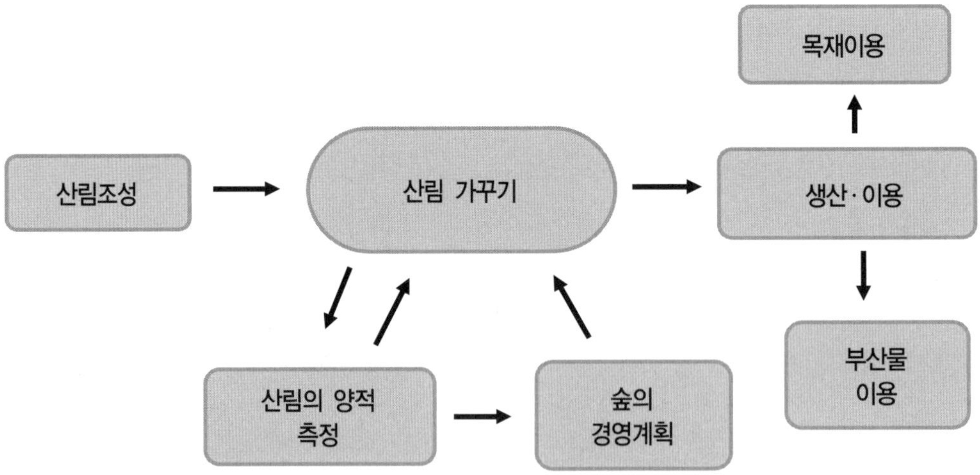

그림 1. 산림과 임업의 관계

제2장 산림경영의 개념 및 기본요소

제1절 산림경영 개념의 발전

산림경영은 국가사회적인 중요성, 국제적 이슈의 변화 등 시대적 특성에 따라서 변화를 거듭하여 왔다. 주요한 개념들을 정리해 보면 아래와 같다;

1. 보속수확(sustainable yield)

- ○ 17세기 이후 근대 임업이 시작된 이후 산림경영의 중심적 개념
- ○ 목재를 현재뿐만 아니라 미래에도 지속적으로 공급하기 위해서는 벌채량이 생장량을 초과해서는 안 된다는 개념
- ○ 산업혁명 이후 목재기근을 경험한 유럽에서 목재의 영속적·안정적 공급의 실현을 위한 이론적 토대
- ○ 기본적으로 물질생산을 기초로 한 개념으로 산림의 복합성이 간과되고 임목벌채가 산림의 공익적 기능에 미치는 영향이 무시된 단점이 있음.

2. 다목적 이용(multiple use)

- ○ 산림의 공익적 기능에 대한 사회적 수요 증대를 수용하기 위해 채택
- ○ 산림에서 생산할 수 있는 자원을 목재자원, 비목재자원, 야생동물, 휴양 등으로 확대한 후 개별적으로 보속수확하는 개념
- ○ 건전한 생태계의 유지·보전이라는 진정한 다목적 경영과는 거리가 있는 개념이었음.

3. 다원적 산림경영(multi resources forest management)

- ○ 경영목적이 다양한 재화와 서비스의 동시생산을 추구하는 것
- ○ 이를 실현하기 위해 산림생태계의 유지·보전이 핵심적인 요소
- ○ 다목적 경영과 다른 점은 산림경영의 다양한 편익이 같은 공간에서 유지·보전 및 생산되어야

한다는 것임.

○ 자원 간의 상호연관성을 고려하여 유용한 재화 및 서비스를 최소 비용으로 동시에 생산하는 개념

4. 지속 가능한 산림경영(sustainable forest management)

○ 1992년 유엔환경개발회의에서 채택한 산림원칙 성명에 포함

○ 산림자원 및 임지는 현재 및 미래 세대의 사회적·경제적·생태적·문화 및 정신적 수요를 지속적으로 충족시킬 수 있도록 경영되어야 한다고 명시

○ 생태적·경제적 및 사회적 측면이 지속가능한 산림경영의 기본적 요소

제2절 산림경영의 기준

산림경영의 주요한 기준들은 생태적, 경제적, 사회적 측면에서 고려해야 할 사항들이 많다. 분야별로 주요 사항을 정리하면 다음과 같다;

1. 생태적 산림경영

○ 자연적 형태와 과정을 이해하고 조화롭게 하면서 토착 생물다양성과 생태적 생산성을 보전한다는 관점에서 산림자원을 분석

○ 많은 재정적 부담이 동반되는 형태.

2. 경제적 산림경영

○ 인간에 대한 산림의 총편익을 최대화하는 관점에서 산림자원을 분석

○ 편익을 미시적 시각(기업)과 거시적 시각(지역과 국가)으로 나눔.

○ 순현재가 및 비용 평가 등의 개념 도입

3. 사회적 산림경영

○ 산림자원을 사람들과 지역사회의 복지를 유지하는 관점에서 해석

○ 산림자원을 인간과 지역사회에 직접적인 혜택이 돌아가도록 이용하자는 것

○ 핵심 요소 : 산림편익의 분배, 변화를 수용하는 지역사회의 역량, 사회적 용인 가능성, 참여 민주주의를 기반으로 한 의사결정 과정

제3절 지속가능한 산림경영

현재 전 세계적인 그로벌 이슈의 중심 개념은 '지속가능성'이라는 용어에 맥락이 닿아있다. 산림경영은 과거부터 지속가능한 경영의 대표적인 사례이고 모델이다. 지속가능한 개발의 배경과 중심개념, 지속가능한 산림경영의 기준과 지표, 관련 제도를 정리하면 아래와 같다.

1. 지속가능한 개발

○ 미래 세대의 수요를 충족시키는 능력에 손상을 주지 않으면서 현재 세대의 수요도 만족시키는 것

○ 1982년 '환경과 개발에 관한 세계위원회'의 보고서 : 우리 공동의 미래

○ 1992년 6월 브라질 리오드자네이로 : 환경과 개발에 관한 국제연합회의 회의 개최

○ 기후변화협약, 생물다양성협약, 환경 개발에 관한 리오선언, 아젠다 21, 산림원칙성명 합의

1) 리오선언

○ 지속가능한 개발에 대한 인간중심주의 선언

○ 제 1원칙 : 인간이 지속 가능한 개발이라는 개념의 중심에 있다.

○ 지속 가능한 개발의 실현을 위한 제 원칙 규정

○ 환경문제의 책임론이 쟁점

- 개발도상국가 : 선진국에 책임
- 선진국 : 인류 공통의 과제이기 때문에 선진국과 개발도상국이 공동으로 대처

○ 제 7원칙 : 공동과 차이 있는 책임

- 지구환경문제 해결에 선진국과 개발도상국이 공동의 책임이 있지만, 그 책임의 정도에는 차이가 있다는 것

2) 아젠다 21

○ 지속 가능한 개발을 실현하기 위한 국체적인 행동계획

- 산림의 다양한 역할과 기능 유지
- 산림의 보전과 지속가능한 산림경영의 강화 및 황폐지의 녹화
- 산림 서비스의 효율적 이용 촉진
- 산림 및 관련 계획의 작성과 평가능력의 확립 및 강화

2. 지속 가능한 산림경영의 기준과 지표

○ 지속 가능한 산림경영 달성을 위한 대응전략이 국제적 협의를 통해 마련
  - 국제연합차원의 정부 사이의 논의
  - 지속 가능한 산림경영의 추진상황을 평가하기 위한 기준과 지표의 개발
  - 지속 가능한 산림으로부터 생산되는 목재와 목제품에 대한 인증제도의 개발과 추진

○ 국제열대목제기구(ITTO)의 기준과 지표

○ 헬싱키 프로세스 : 유럽 국가

○ 몬트리올 프로세스 : 비유럽 온한대 국가

○ 타라보토 프로세스 : 아마존 유역 국가들

3. 산림경영 인증제도

○ 환경, 사회, 경제를 배려한 지속 가능한 산림경영을 세계수준에서 인증하여, 그 곳에서 생산되는 임산물을 소비자가 우선적으로 구입하도록 하는 것

○ 세계표준화기구(IOS)의 인증제도 : 환경경영시스템 - IOS14000 시리즈

○ 산림관리협회의 인증제도
  - 산림경영인증 : 경영단위의 인증
  - CoC 인증 : 가공유통과정의 인증

4. 기후변화협약과 탄소배출권

1) 기후변화협약

○ 1992년 6월 리오국제환경회의에서 채택

○ 지구온난화현상을 예방하기 위해 대기 중의 온실가스의 농도를 안정화시키는 것을 궁극적 목표로 함

2) 교토의정서

○ 1997년 일본 교토에서 개최

○ 선진국의 온실효과가스 배출에 관하여 법적 구속력이 있는 각국마다의 수치적 약속을 정했다.

○ 제1차 공약기간(2008-2012)에 선진국 전체의 배출 총량을 1990년 수준보다 5.2% 감축

○ 각국의 경제적인 여건을 고려하여 -8%에서 +10%까지 차별화된 감축량 규정

○ 협약국의 의무사항

- 공통과 차별 있는 책임의 원칙에 따라 협약국의 의무 규정
- 부속서 I 국가 : 지구 온난화에 책임이 있는 국가로 배출량을 1990년 수준으로 감축
- 부속서 II 국가 : OECD 국가로 감축노력과 함께 온실가스 감축을 위해 개발도상국에 대한 재정지원과 기술이전의 의무

3) 교토메커니즘

○ 온실가스를 효과적이고 경제적으로 감축하기 위해 도입한 제도

○ 공동이행제도(JI; Joint Implement)

- 온실가스를 의무적으로 감축해야 하는 부속서 I의 국가들 사이에 온실가스 감축사업을 공동으로 수행하는 것을 인정하는 제도
- 한 국가가 다른 구가에 투자하여 감축한 온실가스량의 일부분을 투자국의 감축실적으로 인정하는 것

○ 청정개발제도(CDM; Clean Development Mechanism)

- 온실가스 감축의무가 있는 선진국이 감축의무가 없는 개발도상국에 온실가스 감축사업을 수행하여 얻어진 탄소배출권을 선진국의 의무감축량에 포함시킬 수 있도록 한 제도

○ 탄소배출권 거래제도(IET; International Emission Trade)

- 감축의무국가(부속서 II)가 의무감축량을 초과하여 달성하였을 경우, 그 초과분을 감축의무국가와 거래할 수 있는 제도
- 의무를 달성하지 못하였을 경우 다른 부속서 II의 구가에서 부족분을 구입하여 의무를 이행할 수 있는 제도
- 2003년 현재 탄소 1톤에 26$로 세계 시장규모는 약 100억 $
- 20101년에는 1톤당 36$로 전망

제3장 우리나라의 산림자원 현황과 산림경영

제1절 우리나라의 산림

우리나라 산림은 일제 강점기와 6.25, 정치적 혼란기를 거치면서 엄청나게 훼손되어 거의 민둥산이 되어갔다. 그러나, 입산금지정책과 전국민이 일치단결하여 1,2차 치산녹화사업을 성공리에 마치면서 빠르게 녹화되고 울창하게 변하였다. 현재는 경제성 있는 용재를 생산하기 위하여 숲가꾸기를 하고 있으며 국가사회적 수요에 알맞게 육림정책을 펼치고 있다.

우리나라 산림의 현주소를 살펴보면 다음 표와 같다.

표 1. 우리나라의 임상별 산림면적 및 임목축적

구 분	면적(ha)(%)			구분		임목축적		
	1971	1981	2010			1971	1981	2010
계(ha)	6,611,543 (66)	6,562,885 (65)	6,368,843 (64)	계	총계㎥	70,770,314	151,549,542	800,025,299
침엽수	50.0	49.6	40.5		㎥/ha	10.7	23.1	125.6
활엽수	18.3	17.5	27.0	침엽수 %		46.7	45.2	42.0
혼효림	18.4	28.7	29.3	활엽수 %		35.3	28.1	26.9
죽림	0.1	-	0.1	혼효림 %		18.0	26.7	31.1
무립목지	-	3.9	3.1					

자료: 산림청, 2012. 임업통계연보.
※ 6.25 직후 약 7㎥/ha. OECD 평균: 121.4㎥/ha(FAO 2010세계산림자원평가), 독일 315.3㎥/ha, 미국 154.9㎥/ha

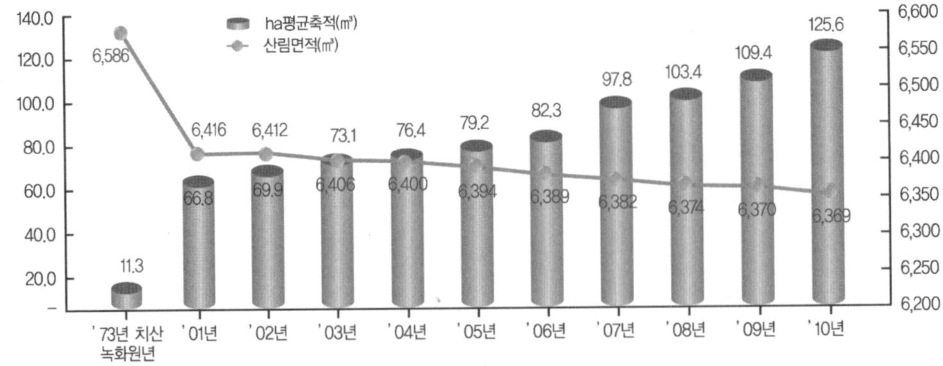

그림 2. 산림면적 및 임목축적 변동추이(1973~2010)

표 2. 우리나라 산림의 영급구조: 면적 및 구성비

단위: 1000ha, (%)

연도	I영급	II영급	III영급	IV영급	V영급	VI영급
2010	160 (2.6)	466 (7.6)	1,396 (22.6)	2,262 (36.7)	1,388 (22.5)	492 (8.0)
2005	383 (6.1)	957 (15.4)	2,435 (39.1)	1,802 (28.9)	508 (8.2)	147 (2.4)
2001	414 (6.6)	1,379 (22.0)	2,486 (39.7)	1,371 (21.9)	487 (7.8)	123 (2.0)

자료: 산림청, 2012. 임업통계연보

전체 산림면적의 소유구조는 국유림 24.2%, 공유림 7.7%, 사유림 68.1%로 구성되어 있어 개인이 소유하고 있는 산림면적의 비율이 높으며, 산주수는 2,247 천여명으로 소재산주 46%, 부재산주 54%이다.

한반도의 기후대별 산림분포는 난대림, 온대림, 한 대림으로 구분하며 온대림은 온대 남부, 온대 중부, 온대 북부로 나눈다. 대표적인 산림은 침엽수림으로는 소나무숲, 활엽수림으로는 참나무숲이다.

제2절 우리나라 산림경영의 변천

1. 제1차 산림기본계획 : 치산녹화 1차 10년계획('73-'78)

○ 계획목표 : 국토의 속성녹화 기반구축
○ 주요성과
- 100만ha의 조림계획을 4년 앞당겨 달성
- 화전정리사업의 완료와 농촌임산연료 공급원 확보
- 육림의 날 제정과 산주대회 개최로 애림사상 고취

2. 제2차 산림기본계획 : 치산녹화 2차 10년계획('79-'87)

○ 계획목표 : 장기수위주의 경제림조성과 국토녹화 완성
○ 주요성과
- 106만ha의 조림과 황폐산지 복구 완료
- 대단위 경제림단지 지정, 집중조림 실시

- 산지이용실태조사, 보전·준보전임지 구분체계 도입

3. 제3차 산림기본계획 : 산지자원화 10년 계획('88-'97)

○ 계획목표 : 녹화의 바탕 위에서 산지자원화 기반조성

○ 주요성과

- 32만ha의 경제림 조성과 303만ha의 육림사업 실행
- 산촌종합개발의 추진과 산림휴양·문화시설의 확충
- 산지이용체계의 재편, 기능과 목적에 의한 이용질서 확립

4. 제4차 산림기본계획 : 산림복지국가의 기틀마련(1998-2007)

○ 계획목표 : 지속 가능한 산림경영기반 구축

○ 주요 성과

- 합리적인 산지관리체계를 확립하여 효율성 증대
- 산림자원의 경제림화를 촉진하고 이를 위한 경영기반을 구축
- 임산업의 경쟁력을 강화시키고 임업소득을 증대
- 산림생물자원에 대한 보전과 관리를 강화
- 산림재해를 효율적으로 방지하고 도시림을 확충
- 산림휴양·문화를 진흥하고 산촌종합개발을 확대
- 국제협력과 해외산림개발을 증진시켜 나아갈 것

5. 제5차 산림기본계획 : 지속가능한 녹색복지국가 실현(2008-2017)

○ 계획목표 : 산림기능의 최적발휘

○ 주요 목표

- 가치있는 국가자원
- 건강한 국토환경
- 쾌적한 녹색공간

제4장 산림의 조성

제1절 인공림의 조성

인공림을 조성하는 방법은 묘포장에서 종자를 파종하여 산지에 잘 적응할 수 있을 정도로 묘목으로 키운 후, 임지에 식재하는 것이 일반적인 방법이다. 경영 목적에 따라 다르나 조림시에는 본수가 많고 각 임목의 직경의 폭이 좁으나 시간이 경과하면서 햇빛, 수분, 그리고 양분을 차지하기 위한 주변 임목들과의 경쟁이 시작되면서 경쟁에서 이긴 임목은 생장의 속도가 빨라지고, 경쟁에서 진 임목은 생장이 저조하여 종국에 가서는 고사하고 만다.

인공적으로 조성된 삼림은 직경분포가 정규분포의 형태를 보이는데 수령이 적을 때는 직경의 폭이 좁으면서 본수가 많으나 시간이 경과하면서 직경분포의 폭이 넓어지고 본수가 감소하는 형태를 보 인다.

제2절 천연림의 조성

천연림은 자연적인 힘에 의하여 삼림이 조성되고 유지되는 형태를 갖는다. 인공림과는 달리 상층의 모수(母樹)에서 떨어지는 종자에 의하여 후계 임목이 자연적으로 조성되기 때문에 직경이 작은 임목의 본수가 많고 직경이 커지면 본수가 줄어드는 형태를 보이는 것이 전형적인 천연림의 구조이다. 이러한 천연림은 직경이 커질수록 생육속도가 빠른 특징을 가지고 있는데 일정한 직경 이상의 임목만 주기적으로 벌채하여 이용하면 항상 그 구조를 유지하면서 후계림의 재생에 의하여 그 공간이 채워지는 특징을 가지고 있다.

제3절 조림수종

1. 조림수종의 선정

일반적으로 조림수종을 선정할 때 고려해야 할 기준은 다음과 같다.

(1) 경제성이 있어야 한다.

(2) 심을 곳의 환경에 적응할 수 있는 수종을 선택한다.

(3) 종자의 확보, 양묘, 식재 후의 관리가 쉬운 수종을 선택한다.

(4) 숲 땅의 보호, 자연환경의 보호에 도움을 주는 수종을 선정한다.

(5) 주요 조림수종

표 3. 우리나라의 조림 장려수종

구분		수종
장기수	침엽수(10종)	강송·해송·리기테다소나무·버지니아소나무·낙엽송·잣나무·스트로브잣나무·전나무·삼나무·편백
	활엽수(4종)	참나무류·느티나무·자작나무류·물푸레나무
속성수(5종)		이태리포플러(1호·2호)·현사시나무·(3호·4호)·양황철나무·수원포플러·오동나무
유실수(2종)		밤나무·호두나무

제5장 산림 가꾸기

산림 가꾸기는 인공조림이나 천연갱신에 의해 조성된 미성숙림을 임상정리, 성장촉진 및 형질개선 등 산림의 질적·양적인 생산을 충실하게 하기 위한 여러 가지 작업을 말하며, 무육(tending) 또는 보육(caring)이란 말로 사용된다.

1. 풀베기

풀베기(下刈; brush control)는 주로 인공적으로 식재된 조림목에 대하여 실시하는 작업으로, 조림목의 주변에서 조림목과 경쟁하여 조림목의 생장에 방해를 주며 자라는 주변식생을 정리하거나 제거하는 작업으로서 인공적으로 조성된 임분에서 매우 중요하다. 종류에는 줄베기, 둘레베기가 있다. 풀베기의 시기와 횟수는 식생의 활력이 왕성한 여름철인 6~8월에 실시하며, 9월 이후에는 조림목의 보호를 위해 실시하지 않는 것이 좋다. 잡초의 생장이 지나치게 왕성한 곳에서는 연중 2번에 걸쳐 실시할 수 있다. 대개 조림 후 1~5년 사이에 계속적으로 실시하며, 조림목이 자라서 잡초보다 높게 자랄 때까지 계속적으로 작업이 실시될 수 있도록 계획을 세워야 한다.

2. 덩굴치기

덩굴치기는 풀베기가 끝난 조림지에서 조림목을 감고 올라가 조림목의 생장에 방해를 주는 덩굴식물류를 제거하는 작업을 말한다. 조림목에 가장 피해를 많이 주는 덩굴류는 우리 나라 전역의 산야에 분포되어 있는 칡이며, 이밖에 머루·다래·청미래덩굴·으름덩굴·산딸기 등이 있다. 덩굴치기작업은 그 세력이 왕성한 여름철에 실시하는 것이 좋으며, 뿌리까지 완전히 제거해야 한다.

3. 잡목 솎아내기

풀베기가 끝난 조림지가 시간이 흐르면서 원하지 않는 조림목 이외의 수종 또는 관목류들의 조림지 안에 침입하게 되며, 조림목 중에서도 형질이 불량하고 전체적인 임분의 발달에 피해를 미치는 나무가 생겨나게 된다. 이러한 불필요한 나무를 제거하는 작업을 잡목 솎아내기라고 한다.

4. 천연림 보육

천연림보육의 작업내용은 다음과 같은 목적으로 이루어진다.

1) 불량목의 제거와 생육공간의 조절
2) 임분의 혼효도 관리
3) 하층임분의 관리
4) 미래목의 선정
5) 수형의 교정
6) 작업로의 설치

5. 가지치기

옹이가 없는 우량한 고품질의 목재를 생산하기 위하여 가지를 제거하는 작업을 말한다.

1) 가지치기 시기

가지치기는 최종생산 때의 목표직경이 1/3 되는 시점이 적당하다.

2) 가지치기 높이

죽은 가지의 발달상태에 따라 구분되며, 장차 생산될 용재의 길이를 고려하여 실시한다.

3) 가지치기 요령

활엽수는 자연적으로 낙지가 되므로 될 수 있는 데로 자연낙지를 유도하고 상처 부위가 남지 않도록 작업을 해야 한다.

6. 간벌

간벌(間伐; thinning)이란 어린나무 가꾸기나 천연림 보육작업 등의 잡목솎아내기 작업이 끝난 뒤부터 최종수확 때까지 숲을 가꾸는 작업이다.

간벌의 목적으로는 임분의 밀도를 조절하고 잔존목의 생장을 촉진시키며, 형질을 개선하여 고품질의 나무를 생산할 수 있는 기회를 제공하며, 숲을 건강하게 만들어 각종 재해로부터 숲을 보호하며, 간벌재를 통한 원료 공급과 중간수입을 올리게 하고, 하층식생의 발달과 토양의 성질을 개선시키며, 또한 후계림 조성을 유도하고 생산기간을 단축시키고 있다.

1) 간벌시기의 결정

간벌시기는 수고대 직경생장비(H/D ratio) 또는 지하고의 비율을 보고 결정한다.

2) 수관급에 의한 나무 구분

임분의 구성하고 있는 나무들은 각각 공간을 차지하는 정도와 임지의 조건 및 역사에 따라서 수고의 생장과 수관의 넓이, 줄기형태의 차이를 보인다. 어떠한 임분 내에서 자라고 있는 나무들을 생장정도와 형질에 따라 분류한 것을 수관급이라고 한다. 이 수관급은 임분의 형질을 개선시키기 위한 기초이다.

① 1급목 : 우세목–건강한 수관을 가지며 줄기가 곧은 나무
② 2급목 : 준우세목–건강하지 못한 수관을 가지며 줄기가 곧지 않은 나무
③ 3급목 : 중용목–수관이 피압되지 않고 줄기에 흠이 없으나 생장이 약화된 나무
④ 4급목 : 피압목–수관이 피압되어 생장이 저하된 나무
⑤ 5급목 : 고사목–죽은 나무 또는 넘어진 나무 그리고 살아남을 가능성이 희박한 나무

3) 나무의 육림적 기능에 의한 간벌

① 미래목 : 최종수확 때까지 남길 나무들로 우세목 중에서 선발하게 된다.

② 중용목 : 미래목의 생육에 방해를 주지 않는 나무로서 장차 간벌을 통하여 중간수익을 올릴 수 있는 나무

③ 방해목 : 미래목과 경쟁하고 있는 경합목, 미래목 생장에 피해를 주는 폭목, 숲의 형질이 좋지 않은 영향을 주는 나무들로서 제거대상이 되는 나무

④ 보호목 : 미래목의 줄기에 그늘을 제공함으로써 잠아발생을 억제시키고 지표면이 노출되는 것을 방지하여 숲이 건조하게 되는 것을 막아 주는 나무

⑤ 하층식생 : 미래목의 생육에 지장이 없고 임지의 노출을 방지하기 위해 잔존시키는 지표의 관목류와 초본류를 말한다.

4) 간벌방법

① 하층간벌(下層間伐; low thinning) : 일반적으로 양수성의 수종으로 구성된 임분에 적용되며, 열세목의 대부분과 우세목 중에서 결함이 있는 2급목만을 벌채하는 방법이다.

② 상층간벌(上層間伐; crown thinning) : 우세목을 강하게 간벌해서 남아있는 나무의 생장을 촉진하고 열세목의 일부를 남겨 우세목을 보호하도록 하며, 활엽수림과 음수성인 수종으로 구성된 임분에 적용한다.

③ 열식간벌(列植間伐) : 기계적 간벌이라고 하는데, 나무가 줄로 심어졌고 밀도가 높을 때 한 줄씩 띄어 가며 간벌해 주는 방법으로서 주로 어린 임분에 적용한다.

④ 도태간벌(淘汰間伐) : 최종수확 때까지 가꿀 미래목을 선정하고 미래목을 중심으로 간벌해 나가는 방법

5) 간벌률

간벌률(間伐率)은 보통 본수율·재적률 등으로 결정되며, 어린 임분이며 본수율을 쓰고, 장령림과 노령림에서는 재적률을 쓰는데, 우리 나라의 장령림의 경우 현행 간벌률은 일반적으로 총재적의 10~30%를 적용하고 있다.

제6장 산림측정과 산림경영

제1절 산림측정

산림측정은 기구를 이용하여 숲을 구성하고 있는 나무의 외형을 측정하고 나무의 재적과 성장량을 추정함으로써 개개목으로 구성된 임분을 수치적으로 파악하는 것을 목표로 한다. 나무는 상당한 수명이 있기 때문에 시간의 경과에 따라 달라지는 임분의 변천과정을 파악해야 한다. 따라서, 산림측정은 시간의 경과에 따른 임분의 시업과 경영에 필요한 자료를 양적으로 파악하여 제공하기 때문에 임학의 중요한 기초분야이다.

1. 입목의 측정

1) 흉고직경의 측정

흉고직경(胸高直徑; diameter at breast height, DBH)이란 가슴높이에서 측정한 나무의 직경을 말하며, 우리 나라는 지상으로부터 1.2m높이에서 측정하고 서구에서는 보통 1.3m높이를 기준으로 하고 있다. 흉고직경을 측정하는 기구로는 가장 많이 사용되고 있는 것이 윤척(輪尺; caliper)과 직경테이프이다.

2) 수고의 측정

입목의 높이를 측정하는 것은 직경측정에 비하여 어렵고 시간이 많이 소요되는 과제이다. 많은 종류의 수고(樹高; tree height)측정기구가 개발되어 현재 사용되고 있는데, 측정자로부터 입목까지의 수평거리, 측정자의 눈 높이, 나무의 상단과 하단을 시준하였을 때 만들어지는 각도 등을 고려하여 기하학적인 방법이나 삼각법의 원리를 적용하여 직접 눈금을 읽을 수고를 측정하도록 고안되었다.

3) 연령의 측정

개개목의 나이는 수령(樹齡), 임분의 나이는 임령(林齡)으로 구분되는데, 입목에 대한 수령은 기록이 없는 한 정확하게 측정하기가 쉽지 않다. 일반적으로 흉고에서 생장추(生長錐; increment borer)를 이용하여 임목의 중심까지 목편(木片; core)을 뽑아 연륜 수를 측정하는 것이다.

4) 형수의 측정

나무의 모양은 상부로 올라 갈수록 직경이 작아진다. 이러한 모양의 나무 재적을 정확히 측정하는 것은 쉽지 않기 때문에 형수(形數; tree form)를 이용하여 재적을 추정한다. 형수는 실제 입목의 재적과 일정부위의 직경과 수고를 이용하여 원주의 체적과의 비를 말한다.

2. 재적의 추정

나무의 부피를 나타내는 재적(材積; volume)은 보통 입목(立木), 벌채목, 그리고 임분으로 나누어 추정할 수 있다. 재적의 추정은 주로 수학적 또는 통계학적 방법에 의하여 이루어진다.

제2절 산림경영

1. 산림경영의 생산요소

1) 임업노동　2) 임지　3) 임목자본(임목축적)

2. 법정림(法正林: normal forest)

재적수확의 보속을 실현할 수 있는 내용과 조건을 구비한 산림을 법정림이라 한다. 법정림이 되기 위해서는 일반적으로 다음과 같은 네 가지 요건을 갖추어야 한다.

(1) 법정영급분배(法正齡級分配; normal distribution of age group)
(2) 법정임분배치(法正林分配置; normal arragement of the stand)
(3) 법정생장량(法正生長量; normal increment)
(4) 법정축적(法正蓄積; normal growing stock)

3. 산림경영계획

산림경영계획이란 임업의 모든 특징을 고려하여 산림자원을 보속적으로 배양하고 생산력을 증진시키며, 국토를 보존할 수 있도록 수립하는 산림경영계획을 말한다. 영림계획의 내용은 다음과 같다.

1) 산림조사

산림경영계획의 내용은 일반조사, 산림구획 그리고 산림조사가 포함된다. 산림조사는 산림의 현황을 정확히 파악하기 위한 조사로서 시업계획의 내용을 결정하기 위한 기초자료를 얻기 위하여 필요한 것이다. 산림조사의 내용은 지황조사와 임황조사로 나누어진다.

2) 시업계획

시업계획은 조림수종의 선정, 작업종의 선정, 벌기령의 결정 등을 주요 내용으로 한다. 조림수종의 결정은 다음사항을 고려하여 경영목적에 맞는 수종을 선정한다. 먼저 이용가치가 높고 수요가 많은 수종, 토양에 맞는 수종, 향토수종, 그리고 당해 지역에서 우수한 생육상태를 보이는 수종을 선정한다.

작업종은 산림의 조림·벌채·갱신 등의 경영행위에 일관되게 적용되는 산림시업체계를 말한다. 우리나라 사유림의 영림계획에 적용되는 작업종에는 개벌작업, 택벌작업, 모수작업, 왜림작업의 네 가지가 있는데, 지리적인 여건과 임상 및 경영목적을 감안하고 선정한다.

벌기령은 임목을 일정한 성숙상태로 유지하는데 필요한 계획상의 연수를 말한다. 우리 나라 사유림 영림계획에 적용되는 주요수종의 벌기는 다음과 같다.

○ 소나무: 50년(춘양목보호림 단지 : 100년)

○ 잣나무: 60년　○ 리기다소나무: 25년　○ 낙엽송: 40년　○ 삼나무: 40년

○ 편백: 50년　○ 참나무류: 50년　○ 포플러류: 15년

3) 수확계획

현실림의 영급분배·지리적 여건·목재수요 등을 감안하여 생산의 보속성을 확보할 수 있도록 벌채량 및 벌채 장소를 결정한다. 다만, 능선부(주능선 8부 이상, 소능선 9부 이상)·암석지·급경사지·황폐가 우려되는 지역에서는 벌채를 해서는 안 된다.

4) 조림계획

미입목지, 벌채지, 수종갱신 대상지를 대상으로 조림계획을 세운다. 다만, 조림면적은 벌채면적보다는 적어서는 안 된다. 현존임목의 밀도 및 생육상태로 보아 수종갱신을 하는 것보다 존치시켜 무육하는 것이 경제적이라고 판단되면 적절한 무육수단을 계획하여야 한다.

5) 시설계획

임업경영에 필요한 시설, 즉 임도·작업로 등 운재에 관한 시설, 묘포 등 조림에 관한 시설, 방화선·산화감시탑 등 산림보호에 관한 시설, 저목장·표고건조장 등 산림이용에 관한 시설, 사방공사 등 국토보안에 관한 시설을 계획한다.

그밖에 영림계획서에는 부표(각종 표)와 도면(기본도, 위치도, 영림계획도) 등이 포함된다.

제7장 갱신방법

산림경영에서는 여러 가지의 벌채방법·갱신방법·육림방법을 고려해야 한다. 이들 특성을 구분하여 갱신의 유형을 정하는 것을 작업종(作業種; silvicutural system)이라 하는데, 이를 세분하는 것을 작업법이라 한다. 작업종의 내용을 결정하는 가장 중요한 인자는 성숙된 임목을 벌채하고 그 뒤 새로운 후계임분을 만드는 갱신기간 중의 작업이다.

제1절 인공갱신과 천연갱신

인공갱신과 천연갱신의 정의, 장점, 그리고 단점은 표 4에 요약되어 있다.

표 4. 인공갱신과 천연갱신의 특징비교

구분	인공갱신	천연갱신
정의	벌채한 곳이나 미입목지에 묘목을 식재하거나 종자를 직접 파종하여 숲을 조성하는 방법을 말한다.	어미나무의 뿌리 또는 종자로부터 자연의 힘에 의해 새로운 숲을 만드는 것을 뜻함
장점	상대적으로 짧은 기간에 숲을 조성하고, 산림작업 및 임분관리가 용이하며, 전체적으로 불량한 임분에 적용	갱신의 실패가 적고 조림비용이 절감됨
단점	조림 비용의 과다	임상이 고르지 못하여 관리하는 데 어려움

한편 인공갱신에서 묘목을 식재하는 대신 종자를 파종하여 갱신을 유도하는 방법으로 파종조림(播種造林; by direct-seeding)이 있다. 방법으로는 흩어뿌림(散播)·줄뿌림(條播)·점뿌림(點播) 등이 있다.

제2절 작업종의 분류

생산하고자 하는 목재의 용도에 따라, 산림을 소유하고 있는 산주의 의사가 달라질 수 있으며, 또한 임분의 특성에 따라 작업체계가 달라질 수 있다. 이러한 작업체계를 작업종이라 하는데, 이에는 개벌작업·모수작업·산벌작업·택벌작업·왜림작업·중림작업 등이 있다.

이러한 작업종을 분류하는 근거는 교림인가 왜림인가를 구분하는 임분의 기원과 성숙목을 벌채하는 방법으로 구분하는 벌채종(개벌·산벌·택벌), 그리고 벌구의 모양과 크기 등이다.

1. 개벌작업(皆伐作業)

임분내의 모든 나무가 일시에 벌채되고 새로운 임분으로 갱신될 때 이를 개벌이라 한다. 장점으로는 집약적 작업을 함으로써 경비가 절감되고, 임분의 수종을 변경하고자 할 때 가장 좋은 방법이며, 작업이 간단하고 양수의 갱신에 적합한 점을 들 수 있다. 그러나 쉽게 임지의 황폐를 가져오고 개벌 후에 해로운 식생이 쉽게 침입하여, 기후의 피해를 입고, 환경 친화적인 갱신 방법이 못된다는 단점이 있다.

2. 모수작업(母樹作業)

벌채지에 종자를 공급할 수 있는 나무를 산생 또는 군상으로 남기고 나머지 벌채목으로 이용하는 방법이다. 모수작업에 적당한 수종은 소나무·해송·리기다 소나무 등이다.

모수작업은 집약된 작업을 할 수 있어 비용이 절감되며, 작업이 간편하고 어미나무를 조절하여 수종을 변화시킬 수 있고 양수의 갱신에 적합하다. 그러나 임지의 급격한 환경변화로 여러 가지 피해가 올 수 있으며, 비교적 종자의 비산거리가 먼 수종에 적용될 수 있는데 미관상으로 좋지 못한 단점이 있다.

3. 산벌작업(傘伐作業)

비교적 짧은 갱신기간 중에 몇 차례의 갱신 벌채를 실행함으로써 모든 성숙목을 제거하고 이용하는 동시에 새로운 임분을 조성하는 벌채종을 말한다.

산벌작업은 3단계로 나누어 실시하는데, 각각 예비벌·하종벌·후벌이라고 하며, 하종벌부터 후벌까지의 기간을 갱신기간이라고 한다.

산벌작업은 양수와 음수의 혼효도를 조절할 수 있으며, 상층의 나무가 갱신되는 어린 나무를 보호하여 안전한 갱신을 이루어질 수 있고, 산림을 보기 좋게 유지하고 임지의 생산력을 보호할 수 있는 장점을 가지고 있고, 단점으로는 벌채작업이 분산되어 일하기가 복잡함으로 비용이 증가되고, 갱신기간이 길어질 위험이 있으며, 갱신 후 후벌할 때 하층의 어린 나무가 피해를 입을 수 있다.

4. 택벌작업(擇伐作業)

개벌작업이나 산벌작업처럼 갱신이 어떤 기간 안에 이루어져야 한다는 제한이 없고, 성숙한 임목을 국부적으로 벌채하고 임분 내에는 항상 각 영급의 나무가 서로 어울려 있는 형태를 갖춘 택벌림형의 산림이 지속적으로 유지되도록 실시하는 작업을 말한다. 택벌작업은 산림의 보호와 무육에 목적을 두고 갱신 및 이용을 고려하면서 임분을 유지하여야 하므로 신중한 기술이 요구되는 작업이다. 장점으로는 임분이 항상 나무로 차 있어 지력을 유지하는데 효과적이며, 음수의 갱신에 가장 적절하고, 입체적 임지이용이 가능하여 임지의 생산력이 높고, 미관상 훌륭한 임형을 가지며, 보속적 수확이 가능하다는 것이다.

그러나 고도의 작업기술이 요구되며, 경영내용이 복잡하고 벌채작업이 까다로워 하층목에 손상이 가기 쉬우며, 양수성 수종에는 적용하기가 어렵다.

5. 왜림작업(矮林作業)

활엽수의 그루터기에서 나오는 맹아를 이용하여 갱신하는 방법으로 주로 땔감·펄프원료·표고버섯 재배목 등의 소경재를 생산할 목적으로 경영되는 임분에 적용된다.

벌채시기는 맹아가 잘 돋아날 수 있는 겨울 또는 이른 봄이 적합하고 여름철의 벌채는 피하도록 한다. 왜림작업은 벌기령이 짧아 자본순환이 빠르나 지력이 많이 소모되는 단점이 있다.

6. 중림작업(中林作業)

왜림작업지에서 질 좋은 나무를 남겨 대경재로 키우고, 하층목에 한에 왜림작업을 하는 경영방식이다. 동일 면적에서 대경재와 소경재를 동시에 생산할 수 있어 농가경영림으로 적당하다. 중림작업지의 숲은 이단림이 되며, 활엽수림에 한하여 경영이 가능한 방법이다. 지력을 보호하는 힘이 왜림작업에 비하여 크며, 미적으로 보기 좋은 임형이 형성되고 소자본으로도 경영할 수 있으나, 작업방법이 복잡하고 상목을 벌채할 때 하목이 피해를 입는다.

제8장 산림의 생산

목재의 수확은 산지에서 입목을 벌도한 후에 일정한 규격으로 조제하여 원목으로 만들어 집재장이나 목재시장 또는 공장까지 반출하는 작업과정을 통틀어 목재수확 또는 공장까지 반출하는 작업과정을 통틀어 목재수확 또는 목재수확작업이라고 한다. 일반적으로, 벌도·조재·집재·운재의 네 가지 작업공정으로 구분하고 있는데, 이것을 간단히 벌출작업이라고도 하며, 전체 산림작업 중에서 많은 위험을 수반하는 중노동에 속할 뿐만 아니라, 목재생산비용에서도 큰 비중을 차지하고 있다.

제1절 벌목(伐木)과 조재(造材)

벌목이란 수목을 입지면에서부터 20~30cm 높이에서 체인톱이나 기계·장비를 사용하여 벌도하는 것이며, 벌도된 수목의 가지를 자르고 시장성과 목재의 용도에 적합한 길이로 절단하는 것을 조재라고 한다.

1. 벌목작업

벌목시기는 계절적으로 겨울에 하는 것이 여름에 벌채한 목재보다 병충해를 덜 받고 노동력 수급상 또는 입목과 산지에 손상을 덜 입히지만, 산림경영상 필요하다면 어느 시기든 상관이 없다.

2. 조재작업

조재방법은 가지의 굵기에 따라 또는 작업비용을 고려하여 도끼나 톱 및 체인톱을 사용하여, 일반적으로 원구에서 초단부를 향하여 가지를 절단하게 된다. 그리고 조재작업은 가지치기, 조재목마름질, 조재목검척의 순서로 실행된다.

제2절 집재(集材)

목재수확작업은 벌목부터 시작되는 하나의 연속되는 작업이기 때문에 계획된 순서대로 해야 하며, 항상 후속작업이 용이하게 합리적으로 수행될 수 있도록 배려해야 한다. 집재작업(集材作業)은 벌목 후에 조재된 원목을 일정한 장소 또는 집재장으로 운반하여 쌓아 놓는 작업을 말한다.

일반적으로, 집재는 벌도한 다음 그대로 집재하는 전목집재(全木集材), 가지치기 후에 집재하는 전간집재(全幹集材), 조재하여 집재하는 보통집재(普通集材)가 있다.

집재작업에는 많은 노력과 경비가 소요되므로 지형이나 수종, 집재량 등을 고려하여 가장 합리적인 집재방법을 선택해야 한다. 집재는 방법에 따라 인력(人力)에 의한 집재, 축력(畜力)에 의한 집재, 중력(重力)에 의한 집재, 강선에 의한 집재, 기계력(機械力)에 의한 집재 등으로 구분한다.

제3절 운재(運材)

산지의 벌목장 또는 집재장에서 집재된 원목을 소비지 또는 시장이나 다른 중계되는 운반장소까지 운송하는 것을 운재라고 하며, 크게 육상운재(陸上運材, 陸運)와 수상운재(水上運材)로 구별된다.

제4절 목재의 수확방법

산지에서의 목재의 수확방법은 침엽수와 활엽수, 또는 대경재와 소경재에 따라 달라질 수 있다. 그러나 대체로 다음의 네 가지 방법으로 구분된다.

1. 수작업에 의한 수확작업의 방법

수작업에 의한 수확작업의 방법은 체인톱 외에 다른 기계적 도구를 사용하지 않았을 때이며, 작업원의 신체적인 부담이 매우 높다.

2. 부분기계화 수확작업의 방법

요소작업과정별로 기계작업을 구분하여 실시하게 되며, 가장 간단한 기계화는 트랙터에 부착된 윈치를 사용하는 수확작업의 방법이다. 부분적 기계화 수확작업은 임업에서 많이 활용되고 있으며, 목재수확작업에서의 더 발전된 기계화는 걸림목(hang-up), 소집재, 또는 집재작업을 기계화하는 것이다.

3. 완전기계화 수확작업의 방법

완전기계화된 목재수확의 방법은 높은 생산량을 뜻하기도 하지만 아울러 높은 투자비용이 소요된다. 소집재나 조재작업 등 어려운 요소작업에는 노동력 대신 기계를 투입하며, 또한 곤란하거나 극단적인 지형조건에서도 기계장비를 투입하게 된다.

4. 정치적 기계화 수확작업의 방법

산지의 집재장이나 상설 작업장에 정치식(定置式)으로 고정된 기계화를 뜻하며, 이것은 매우 높은 투자비용과 조직을 위한 비용으로 목재가격이 상승되므로 앞으로도 매우 제한적으로 이용될 것이다.

제9장 산림생산물의 이용

산림에서 얻어지는 생산물은 크게 주산물과 부산물, 두가지로 나눌 수 있다. 주산물은 나무를 뜻하고 부산물은 산나물, 버섯, 야생동물 등 주산물을 제외한 모든 생산물을 말한다.

여기서는 우선 주산물인 나무에 대해서만 언급하겠다. 나무는 건축용재·제지용재·에너지원 등에서의 우리 인간의 생활에 없어서는 안 될 필수품으로서, 재생산할 수 있는 자원으로서, 석유자원에서 얻을 수 있는 화학공업원료를 모두 대체할 수 있는 미래의 자원이기도 하다.

제1절 목재의 이용

제품생산용 원자재이면서 환경친화성 재료로서의 목재의 가치는 금전적으로 환산할 수 없을 정도로 귀중하며 그 용도 또한 무한히 많다. 수많은 목재의 용도 중에서 중요한 몇 가지 예로는 목조건축·가구·악기·내장재·공예품·포장재 등을 들 수 있다. 특히, 목조건축은 미국과 일본 또는 유럽의 선진국들에서 활발한 분야이며, 우리 나라도 국민소득 및 경제여건의 개선과 더불어 근래에 목조건축에 대한 관심이 점차 늘고 있다.

제2절 산림부산물

1. 버섯

1) 버섯의 종류

버섯은 농가소득원은 물론 건강식품으로도 알려지면서 수요가 계속 증가되고 있어 소비량은 세계적으로 매년 12%씩, 우리나라에서도 매년 5%씩 증가되고 있다. 주요 버섯을 살펴보면 다음과 같다.

① 양송이(Agaricus bisporus)와 느타리 버섯(Pleurotus ostreatus)

각각의 버섯 생산량의 2% 미만을 차지하며, 볏짚재배가 개발된 이래 농가부업으로 재배면적이 매년 증가되고 있다.

② 송이버섯

인공재배가 불가능하여 생산량이 매우 적고 수출 전략상품이며, 맛과 향기가 좋아서 널리 식용되고 있다.

③ 표고버섯

생산량이 전체의 96%로 대부분을 차지하며, 이는 건표고와 생표고를 합한 수치이다.

④ 영지버섯(Ganoderma lucidum)

약용버섯으로 예로부터 널리 알려져 있으며, 우리나라에서는 1983년부터 시험연구가 시작되어 농가에 보급되었다.

2) 버섯의 재배

버섯은 담자균류에 속하며 균사의 발육과 자실채의 생장에 적당한 온도와 습도가 필요하고, 목재 속의 영양분을 섭취하여 이용하므로 목재가 부후되면 버섯이 발생된다. 균사의 최적온도는 24~26℃이고 생육가능온도는 5~34℃이다. 자실체의 생육최적온도는 12~17℃로 균사보다 낮다. 균사의 발육최적습도는 65~75%, 발육가능습도는 50~90%이다. 균사가 발육할 때에는 빛이 필요하다.

버섯의 일반성분은 단백질·지질 및 당질이 비교적 많다. 비타민 B1과 B2, 니아신과 같은 B군이, 미네랄로서는 칼슘과 인이 많이 함유되어 있다. 이 밖에도 미량 미네랄로서 탄산과 유산탈수소효소 등의 성분인 아연도 함유되어 있다.

2. 산채

산채는 식용이나 약용으로 이용되고 있으면 종류로는 식용으로는 두릅, 곰취, 취나물, 곤두레, 고사리, 참나물 등이 있고 약재로는 삽주, 잔대, 개시호, 족도리풀, 작약, 삼지구엽초, 다래, 머루, 산초, 오미자, 만삼, 당귀, 하수오, 천마 등이 있다. 산채는 농민들의 소득원으로 자리잡고 있으며, 채취에서 소득이 높은 산채류 들은 재배로 점차 바뀌고 있어 농촌에서 중요한 수입원으로 자리잡고 있다.

3. 양봉

양봉이라 하면 산림과 무관하다고 생각하는 사람들이 대부분이다. 하지만 양봉업은 산림의 수목의 꽃에 대부분을 의존하고 있다. 특히 약 70% 이상을 아까시나무의 꽃에서 생산되고 있다. 이외에도 유채꽃, 밤꽃 등 여러 수종들에서 꿀이 생산되고 있다. 양봉업에 의한 수입은 꿀, 화분, 로얄제리 등으로 구분하여 얻을 수 있고 이러한 성분들은 피로회복제, 약제 등으로 일반인들에게 많이 이용되고 있다.

제3절 임산물생산통계

우리나라의 임산물생산통계는 19종 149개 품목으로 구성되어 있다. 하지만 대부분의 품목이 생산 및 채취위주의 자연산물에 치중되어 있어 목재가공품과 종이제품과 같은 임산업의 큰 비중을 차지하고 있는 임산물들이 임산물생산통계에 반영되지 못하고 있다. 특히 최근의 세계적 추세를 고려할 때 산림서비스 관련 산업인 3차산업과 관련된 품목도 생산액에 포함되어야 할 것이다.

1. 임산물생산통계 요약

- 2008년 기준 총 임산물생산액은 4조 5,255억원이다.
- 이를 부가가치액으로 환산하면 2조 4,430억원이며 이는 우리나라 전체 GDP 생산액의 0.26%에 불과한 실정이다.

표 5. 2008년 기준 임산물생산통계의 품목별 부가가치액과 GDP기여율

종류	생산액(백만원)	부가가치액	GDP기여율 (%)
산나물	213,464	121,674	0.01303
죽순	298	170	0.00002
수액	13,882	7,913	0.00085
수실류	511,003	291,272	0.03119
약용식물	43,214	24,632	0.00264
농용자재	82,586	47,074	0.00504
용재	146,545	83,531	0.00894
죽재	626	357	0.00004
연료	18,157	10,349	0.00111
버섯	267,494	152,472	0.01633
섬유원료	151	86	0.00001
수지	64	36	0.00001
약초	19,991	11,395	0.00122
조림	78,935	44,993	0.00482
양묘	27,343	15,586	0.00167
조경재	850,352	484,701	0.05190
기타	64,801	39,936	0.00481
순임목생장	1,727,314	984,569	0.10542
토석	444,798	116,982	0.01252
전체	4,525,565	2,443,019	0.26

2. 임업총생산 요약

임업총생산을 산림부문의 생산업, 유통가공업, 그리고 산림서비스업을 포괄하는 것으로 간주하였을 경우 2008년 기준 임업총생산액은 24조 7,253억원이다. 이것을 부가가치액으로 환산하면 8조 7,334억원이며 이는 GDP의 약 1%에 해당한다.

표 6. 2008년 기준 우리나라 임업총생산의 산업별 부가가치액 추정치

분류		주요 품목	생산액 (백만원)	부가가치액 (백만원)
생산업	영림업	조림, 양묘, 숲가꾸기, 임도	419,762	334,550
		용재, 죽재, 순임목 생장	1,810,718	1,443,142
	임산물 생산업	산나물류, 수액, 약용수실, 약초, 버섯, 수지, 죽순, 수실류	1,069,410	852,319
	야생조수사육업	야생조수 포획량	4,531	616
	조경업	조경수	780,936	622,406
	분재 생산업	분재완재 · 소재	36,046	28,728
	소계		4,121,403	3,281,761
유통가공업	제재 및 목재가공업	나무제품, 목재	4,453,065	1,099,907
	펄프 및 제지제조업	펄프, 지류	15,454,328	3,956,308
	생수 생산업	생수	221,281	135,682
	기타 비알코올 음료 제조업	칡즙 등	–	–
	산림 바이오 에너지 산업	펠릿, 목탄, 땔감류	18,156	8,983
	임산물 유통업	유통업 지원예산	14,433	9,886
	소계		20,161,263	5,210,766
산림 서비스업	탄소흡수원으로서의 가치	임목축적 및 탄소고정량	–	–
	자연공원운영업	자연휴양림, 삼림욕장, 수목원, 학교숲, 산림박물관 등	152,638	99,062
	기타 관광 숙박시설 운영업	산촌생태마을 조성예산	22,790	9,207
	숲 해설 및 교육 서비스	숲 해설, 환경교육 참가비	–	–
	산악레포츠 산업	산악자전거, 패러(행)글라이딩, 래프팅 참가비	–	–
	등산관련 산업	등산복, 등산화 비용	–	–
	산림 및 수목조사 서비스	산림경영계획 조사, 국가 산림자원조사 단가	6,124	2,994
	산불 방지 서비스	산불위험예보, 산불방제예산	82,727	40,479
	산림병해충 방지 서비스	산림병해충 방제예산	67,672	33,091
	산림보호 서비스	홍수방지 및 사방예산	101,040	49,408
	산림연구개발	임업연구개발 예산	9,700	6,673
	소계		40,497,954	240,914
총 계			24,725,357	8,733,441

표 7. 2010년, 2011년 임산물 생산현황 비교

단위: 천원, %

생산분야	품목	2010			2011		
		생산량	생산액	비율	생산량	생산액	비율
총계			5,537,302,773			5,726,748,292	
용재	침엽수, 활엽수	3,725,604	259,621,992	4.2	3,957,309	280,146,227	4.4
죽순		169,236	310,226	0.0	398,145	636,949	0.0
죽재		33,900	303,412	0.0	118,278	1,217,598	0.0
조경재	조경수, 분재소재, 분재완재, 야생화	110,318,690	759,023,153	12.3	115,215,573	774,948,444	12.1
톱밥		1,560,425	28,344,048	0.5	2,666,472	23,222,466	0.4
수실(樹實) nuts & fruits	밤, 대추,잣, 떫은감, 호두, 은행, 도토리, 산딸기, 머루, 다래, 산초, 초피, 기타	206,420,778	716,380,894	11.6	194,983,268	693,428,672	10.8
산나물 wild vegetables	고사리, 도라지, 더덕, 두릅, 취나무, 고비, 기타	47,755,418	332,945,938	5.4	46,317,259	387,360,635	6.0
버섯 mushroom	송이, 건표고, 생표고, 목이, 석이, 기타	26,250,227	298,267,922	4.8	24,857,484	260,642,851	4.1
수액(sap)	고로쇠나무, 박달나무, 거제수나무, 자작나무, 기타	6,755,597	16,261,802	0.3	7,976,388	20,186,556	0.3
수지resin	옻액, 황칠, 송근유	618	180,779	0.0	466	160,200	0.0
약용식물	산수유, 오미자, 오갈피, 창출, 백출, 복령, 독활, 음양곽, 신양삼, 둥굴레, 기타	18,173,269	380,622,148	6.2	19,188,130	540,963,108	8.4
농용자재	녹비, 퇴비, 사료	313,321	41,936,308	0.7	348,030	46,377,100	0.7
연료	흑탄, 백탄, 장작, 지엽	69,344	17,568,327	0.3	7 0,924	15,129,641	0.2
섬유원료	닥나무, 삼지닥나무	11,381	66,346	0.0	11,509	79,319	0.0
목초액		3,483,240	8,542,997	0.1	2 ,394,033	4,641,280	0.1
은행잎		12,370	25,030	0.0	5,310	13,368	0.0
잔디		7,190,483	45,790,140	0.7	9 ,244,808	4 3,876,004	0.7
칡뿌리		2,011,050	2,268,810	0.0	1,864,633	2 ,099,892	0.0
오배자		357	1,996	0.0	170	449	0.0
사스레피나무			-	0.0	-	-	0.0
자생란		3,430	46,182	0.0	3,730	42,282	0.0
기타부산물		10,600	40,640	0.0	9,500	52,200	0.0
조림	침엽수, 활엽수	21,492	88,954,710	1.4	21,161	93,954,038	1.5
양묘	침엽수, 활엽수	46,059,000	28,003,450	0.5	40,759,000	25,773,491	0.4
순임목생장량		37,012,474	2,511,795,523	40.7	37,012,474	2,511,795,523	39.2
토석	자연석, 석재, 골재, 토사/점토	57,567,610	634,827,009	10.3	55,684,689	683,304,835	10.7

제10장 산림경관 및 미학

제1절 미학과 경관에 대한 이해

1. 미와 미학

미는 고대부터 인간이 추구하는 최고가치 중의 하나였고(眞善美) 현재도 변함이 없다. 미(美)에 대한 선각자들은 다음과 같은 이해를 갖고 있다;

- 孔子(BC 552~479) : 美와 善을 예술의 요소로 용인하고 양자 일치를 理想으로 삼았다.
- 孟子의 성선설(性善說) : 인간의 본성은 본래 선하고 아름다운 것
- 筍子(性惡說) : 인간의 본성은 惡인데 이를 禮를 통해서 수신(修身)의 방편으로 삼는다. 그러한 사람이 조정에 있으면 美政 즉, 善政을 베푼다고 본다.
- Sokrates(BC 470~399) : 인생에 쓰임이 되고(유용성), 합목적적(적합성)이면 美이고 善이며 그렇지 않으면 醜이고 惡이다.
- Platon : 유용성과 쾌감이 美의 기준이라고 주장하고 있다. 플라톤 사상의 기저는 이데아 사상인데 이데아의 세계에 최상위에 있는 것은 善 이데아로서 지상의 최고가치이자 목적인데 이것은 美의 극치로 나타난다.
- Aristoteles : 美는 소망의 대상이요 善한 것으로서 快를 주는 것이다. 美는 곧 善이다.
- 중세 Schola 철학의 대표자 T. Aquinas(13C) : 미와 선은 기체에 있어서 동일하며 형상이 좀 다를 뿐이다.

예로부터 군자는 美를 修한다는 말이 있는데 이는 곧 善을 의미하는 것이다.

미는 '羊+大'로 구성되어 양이 크면 먹음직스럽기 때문에 맛(味)과 관련되고, 좋은 것이어서 선(善)과 관련되어 美善일치의 합일사상을 주장하기도 한다.

미를 의미하는 영어 형용사와 명사의 뜻은 다음과 같다;

- Beautiful(아름다운)
  - 보기에 대단히 좋고(extremely good to look at) 즐거움(기쁨)의 감정(느낌)을 주는 것.
  - 대단히 좋은(very good) : beautiful experience, ~weather
- Beauty(미, 아름다움)
  - 외관(apperance) : 사람, 물건이 대단히 매혹적인(유혹적인) 외관을 지녔을 때 하는 표현.
  - 품질(good quality) : 즐거움(pleasure), 시, 노래, 감정(emotion), 혹은 기쁨(joy)을 주는 경우.

- 유익함(advantage) : 특별히 적합하거나 유용한 것.
- 동감/시인(approval) : 가령 멋진 음식이 나왔을 때 그것이 나의 생각에 동감일 때(you beauty!)

이상의 내용들을 종합하면 美를 표현하는 우리말로서, 아름다운, 좋은, 착한, 예쁜, 아리따운, 사랑스러운, 매력적인, 칭찬할 말한, 고귀한, 훌륭한, 멋진 등의 단어들과 밀접한 관련을 맺고 있다. 이 중에서도 가장 많이 쓰이고 있는 단어는 '아름다움'이다. '아름다움'은 형용사 '아름답다'에서 온 것인데 사전에 '사물이 원만하게 조화되어 감각, 감정에 기쁨과 만족을 줄만하다, 예쁘고 곱다'로 설명되어 있다. '아름다움'의 어원에 대해서 대표적인 학자들의 주장은 아래와 같다;

- 〈아름〉 : 안다에서 온 것으로 知, 〈다움〉은 격, 가치를 의미, 즉 아름다움은 知的價値이다(고유섭).
- 〈아름〉 : 안다의 뜻이 아니고 實(안용백)
- 〈아름답〉 : 私의 古訓으로서 *如有私好*, 私恩 즉, '나와 같다, 나답다'라는 의미를 말한다(양주동).
- 〈아름〉 : 사의 고훈으로서 대상이 저와 같을 때 느끼는 감정(조지훈)

양주동과 조지훈의 견해는 아름다움은 주관적 판단에 의지한다는 것으로서 이것은 Kant의 입장과 아주 유사한 견해이다. 우리말의 아름다움의 뜻은 결국 객체인 미적 대상으로부터 '나다움'을 발견할 때 느끼는 감정을 의미하는 것으로 정리할 수 있을 것 같다. 이 같은 정의는 세계적으로 유래를 찾기 힘든 독특한 해석이라고 생각된다.

이상의 내용을 종합하면, 미란 현대인이 공통으로 추구하는 최고 가치의 하나로서 우선 보기에 좋고, 5감에 즐거움과 감동(희열/기쁨)을 주는 멋스러운 것이라고 말할 수 있다.

2. 경관

1) 뜻

중세 시대에 쓰이던 landscipe라는 古語에서 유래하는데, '일정한 지주 혹은 특정집단에 의해 소유된 구역'(district)을 의미(encyclopedia of the social sciences, 1974)한다. 16C말~17C초기부터 'landscape'라는 단어가 등장하는데, 특히 덴마크 풍경화가들은 이를 scenery(風景), 혹은 rural scenery(田園風景)의 의미로 사용하였다. 이후 landscape는 점차 일반적인 풍경을 의미하는 현대적 개념의 "경관"으로 변화하였다.

한자로 경관은 景觀으로 표기한다. 각 글자의 뜻을 모아보면, 景은 '볕경'으로서 해, 햇빛, 밝다, 환히 비추다의 의미를 갖고 있으며, 觀은 '볼관'으로서 보다, 보이다, 나타내 보이다, 드러내 보이다, 명시하다의 의미를 함께 지니고 있다. 중국에서는 景觀이라는 말을 쓰기 전에 景을 먼저 쓰기 시작하였는데 뜻을 분석해 보면, 景 = 日 + 京(小=丘 + 누각/집)로 되어 구릉지(언덕/높은 곳)의 궁궐에 햇빛이 비침으로써 보이게 된 것을 말한다. 따라서 景은 그 속에 觀을 포함하고 있는 것으로 이해할 수 있다. 밝은 태양 아래 밝게 올려다/내려다보이는 궁궐의 모습, 볼만하지 않은가? 따라서 경관의 대상은 충분히 완상(玩賞)하고 즐길만한 것이어서 아름답다, 보기좋다라는 의미를 포함하고 있다.

일반적으로 경관이란, 전원풍경, 자연풍경, 내륙풍경, 지형, 토지, 풍경화 등으로 설명되며, 오늘날 사전적 의미보다 좀더 포괄적 의미로 "보여지는" 자연계뿐만 아니라 그 지역 안에 담겨있는 문화적, 사회적 내용도 포함된 것으로 이해되고 있다. 이때 "보여지는"이라는 표현은 단지 視覺만 의미하는 것이 아니라 5感에 의한 모든 지각을 포함하고 있다고 보아야 한다.

경관이란 주변에 펼쳐진 환경이지만 이것을 단순히 물리적인 상태로 인식하는 것이 아니라 시각이라는 감각으로 인식하는 것이다. 시각, 즉 감각은 감정을 낳고 감정은 정서적, 심리적, 정신적으로 영향을 준다.

2) 경관의 구성요소

경관을 구성하는 요소는 다음과 같이 분리하여 설명한다;

- 주요요소 : 형태, 선, 색깔, 질감
- 우세요소 : 대비(Contrast), 연속(Sequence), 축(Axis), 수렴/집중(Convergence), 대등(Codominane), 框景(틀에 넣기/Enframement)
- 변이요소(영향 요소) : 운동(움직임), 거리, 관찰점(관찰자의 위치), 빛/광선(명도, 광도), 대기조건, 계절성, 규모, 시간(조석, 주야, 월간, 계간,...)

3) 종류

- 인공의 첨가여부
  - 자연경관 : 지형경관, 자연현상경관, 지피경관, 생물경관, 산림경관, 초원경관, 사막경관, 해양경관 등
  - 인공경관 : 건축구조물(빌딩, 도로, 교량, 조각,...)
- 경관의 형태적 분류
  - 파노라믹 경관/全景觀(panoramic landscape)
  - 형상/지형(形狀/地形) 경관(feature ls)
  - 위요(圍繞)경관(enclosed ls)
  - 초점(焦點)경관(focal ls)
  - 천개(天蓋)경관(canopied/tunnel ls)
  - 차폐(遮蔽)경관(screen ls)
  - 세부(細部)경관(detailed ls)
  - 일시(一時)경관(ephemeral ls)

3. 산림경관

산림경관은 자연경관의 일종으로서 산림을 구성하는 각종 생물적 무생물적 요소들의 작용에 의해서 이뤄진 경관이다. 산림은 상층–중층–하층의 구조를 가지므로 산림경관의 구조를 살필 수 있고, 수림(樹林)을 구성하는 각종 산림식물의 종류에 의해서도 경관이 다양하게 변한다. 물론, 시간적, 공간적, 계절적 변이인자들에 의해서도 변화무쌍한 모습을 보인다.

산림경관은 기본적으로 산림의 종류에 따라서 관찰자(조망자, 휴양객, 요양객)가 갖게 되는 느낌이 달라진다.

임상(林相: 숲의 모습)은 크게 인공성 여부, 혼효정도, 연령에 따라서 구분한다. 인공성 여부에 따라서, 자연 그대로 발달해온 천연림과 인간의 힘과 간섭에 의해 조성된 인공림으로 구분한다. 혼효정도는 침엽수로 구성된 침엽수림, 활엽수로 구성된 활엽수림, 섞여있는 침활 혼효림, 한 가지 종류로 구성된 순림(純林, pure forest) 등으로 구분한다. 산림을 대표적으로 구성하는 수종의 나이에 따라서 동령림과 이령림, 그리고 노령림, 장령림, 유령림 등으로 나눈다.

- 인공가미 여부 : 천연림과 인공림
- 침/활엽수 수종 구성 : 침엽수림, 활엽수림, 침활혼효림
- 혼효 정도 : 단순림, 일제림, 혼효림
- 나이 : 동령림과 이령림, 노령림, 장령림, 유령림
- 개체별 : 소나무숲, 주목숲, 전나무숲, 단풍나무숲, 자작나무숲 등

살아있는 생물들에 의해 시간적으로, 계절적으로, 공간적으로 시시각각 천차만별의 모습으로 경관을 연출하는 것이 산림경관이기 때문에 산림경관을 감상하는 방문객들은 다양한 美的 감정(feeling)을 갖게 된다. 이러한 감정은 인간의 정서와 심리와 정신에 긍정적 반응을 일으켜서 인간이 추구하는 진선미 가치 중의 하나인 심미적 욕구(aesthetic needs)를 충족시키는데 중요한 역할을 하게 된다. 산림이 인간에게 주는 이러한 정신적 정서적 측면에서 긍정적 반응을 일으키게 하는 효과를 심리적 효과라고 한다.

제2절 산림경관의 가치

1. 미학과 산림경관의 관계

아름다움에 관한 학문이 미학이고 아름다움을 창조하는 것이 예술이고 보면, 미적인 대상이 풍부한 환경에서는 미학과 예술이 더욱 진작될 것이다. 곧, 아름다운 산림의 美는 철학자의 思索과 哲理硏究를 위해, 그리고 문학적 구상뿐만 아니라 미학과 예술의 형성과 불가분의 관계가 있다. 이런 배경에서 플라톤의 '예술은 자연을 制作的으로 모방하는 기술이다'라는 말을 이해할 수 있게 한다. 이 말은 즉 자연, 곧 산림을 떠난 미의 창조행위로서 예술은 존재할 수 없다는 의미이며, 산림이 있기에 예술가의 미적 활동으로서의 예술 행위가 가능하다고 보는 것이다.

산림이 미학과 예술의 형성과 불가분의 관계가 있다라는 내용을 반영이라도 하듯이 산림학에 관련된 용어들은 어원상으로부터 아주 자연스럽게 미학이라든가 예술 혹은 문화라는 말과 연결되어 있음을 발견한다. 즉, 숲에서 인간의 활동을 뜻하는 용어를 쓸 때에 그 용어들은 곧잘 숲(Silva)과 문화(Culture)라는 단어로 결합되어 있으며, 이와 관련된 몇몇 용어들은 독일의 산림학자 Schmidt-Vogt에 의해 확인되고 있다. 예를 든다면 造林學(山林造成學)을 뜻하는 라틴어는 Silvicultura, 영어는 Silviculture, 프랑스어는 Sylviculture, 이태리어는 Selvicoltura로 되어 있다. 예술적 냄새가 더욱 물씬 풍기는 용어는 山林學이라는 단어로서 라틴어에서는 역시 ars Silvatica, 즉 산림예술(Waldkunst)로서 표현되고 있다. 이러한 사실을 두고 볼 때, 산림을 아름답게 가꾸는 일은 단순한 임업적 차원의 일이 아니었으며 미적인 것이라든가, 예술 등 뚜렷한 목적 지향적이었을 것으로 판단할 수 있다.

2. 산림경관의 가치

산림경관의 가치는 산림의 가치와 크게 다르지 않다. 다만, 산림이 자원적, 생태적, 환경적 등 물리적인 측면에서 이해하고자 하는 경향이 반면에, 산림경관은 감각적이고 정신적인 측면에서 이해하고자 하는 경향이 강하다.

산림의 효용가치는 과거부터 현대까지 시대별로 변화되어 왔다. 원시시대에는 산림으로부터 의식주 해결을 위한 자원을 획득하는 것이 급선무였고, 때로는 목재생산이 중요시되었으며, 현대로 들어와서는 환경재로서, 때로는 공익재로서의 가치가 중요한 역할로 부각되었다. 그러나 산림은 어느 한편으로만 치우친 가치를 중시할 수 없다. 오늘날 일반적으로 산림의 가치를 말할 때 경제적 가치, 환경적 가치, 휴양적 가치, 문화적 가치, 생태적 가치, 교육적 가치 등을 중요하게 다룬다. 그러나, 이 글에서는 산림보다는 산림경관의 의미로서 휴양적 가치 중에서 '유아숲지도사' 양성과정에 알맞게 좀 더 세분된 산림치유적 관점에서 살펴본 내용을 종합하고자 한다. 아래 내용은 산림경관의 치유적 효과와 관련된 몇몇 연구사례를 종합한 것이다(참고문헌: 『산림치유』, 한국산림치유포럼 역. 8장, 9장, 기타 국내외 연구자의 연구사례).

여러 연구들을 종합하면 산림을 비롯한 자연요소는 심리적 불안, 분노, 화냄, 공포감, 긴장감과 같은 정서적으로 부정적인 감정을 줄여주고 상쾌함, 즐거움, 행복감, 고요, 평화, 부드러움 등과 같은 긍정적인 감정을 높여주는 효과가 있다. 이와 같은 긍정적인 반응은 인공경관에서보다 자연경관에서 더 효과적으로 나타났는데, 산림경관과 같은 환경이 인간감정의 불균형한 상태를 균형 있고 건전한 상태로 변화시킬 수 있음을 말해주고 있다. 심지어 최근에는 산림이 지닌 요소에 의해 특정 질환이 나아서 치유되는 효과도 밝혀지고 있으며, 특별히 중산간 지역(해발 300~1000m)은 병후 회복기에 있는 사람들에게 가장 좋은 환경의 한 곳으로 보고되기도 한다. 산림경관이 치유에 미치는 긍정적인 효과들을 살펴보기로 한다.

1) 스트레스 해소에 미치는 효과

스트레스는 환경이나 인간관계에서 비롯된다. 도시생활환경에서 받을 수 있는 스트레스는 소음과 먼지, 대기오염, 불결한 장소와 같은 환경적인 요소이다. 따라서 스트레스를 해소하려면 환경에서 오는 스트레스라면 스트레스를 받는 환경요소를 제거하거나 자신이 그 환경을 벗어나야 한다. 인간관계에서 유발되는 스트레스는 해소하기 쉽지 않지만 인간관계를 개선(청산)하거나, 또는 물리적으로 환경을 바꾸는 방법도 있다. 이처럼 스트레스를 해소하는 방법 중 공통점이 될 수 있는 것이 스트레스 환경을 벗어나는 것이고 도시를 일탈하여 산림과 같은 자연환경을 찾는 것이다.

여러 연구에 의하면 자연환경(산림경관)은 도시경관과 같은 인공경관에 비하여 스트레스 해소에 크게 기여하고 있음을 확인하여 주고 있다. 이것은 경관이 주는 시각적 효과 뿐만 아니라, 테르펜(피톤치드)과 같은 산림이 발산하는 특정물질에 의한 후각적인 반응으로 나타나는 생리적인 영향에도 기인하다고 하겠다. 숲에서 감지할 수 있는 청각적 효과도 무시할 수 없다.

2) 심리적 정서적 안정과 증진에 미치는 효과

주의력 결핍이나 집중력 결핍은 심리적 정서적 불안정한 상태로 이끈다. 이러한 불안정한 상태를 안정된 상태로 회복시키는 주의회복이론에서는 대상자를 회복환경으로 유도하는 요소를 가장 많이 있는 곳이 산림과 같은 자연환경이다. 도시보다는 농촌과 전원지대이며, 사람들이 많이 찾는 곳이라면 산림이다. 자연(산림)환경이 주의나 집중력을 분산시키는 것을 억제함으로써 주의능력이 회복되고 감정을 긍정적으로 유도하게 되는 것이다. 그 결과 심리적으로 정서적으로 안정되는 효과를 얻게 한다.

불안감과 우울증에 미치는 영향에 대한 연구에서는 2박 3일간의 숲속 체험활동만으로도 큰 폭의 감소를 보임으로써 모두 긍정적인 결과를 가져왔다. 자연환경의 개념에 함께 포함시킬 수 있는 녹시율(綠視率)을 개입시켜 연구한 결과에 의하면 녹시율이 높을수록 매혹감이 높고 정서를 증진하는 것으로 보고되기도 하였다. 하지만 반드시 녹시율이 높은 것으로만 정서가 증진되는 것은 아니고 자연경관의 경우 경관의 질이 정서증진에 중요한 작용을 하고 있음도 함께 지적하였다.

숲 현장에서의 체험이나 숲 속에서의 체계적인 프로그램 활동, 심지어 산림경관과 관련한 비디오 시청에 의해서 심리적으로 정서적으로 긍정적인 반응을 보인다. 숲이라는 환경은 개개인의 일상적인 생활환경과 다르다. 일상생활환경을 일탈하여 숲에 오면 전혀 다른 환경에 노출됨으로써 산림환경을 구성하는 수많은 요소들에 의해 신체에 자극을 받게 되며 몸 안에서 생리적인 반응을 일으키게 되고 심리적 정서적 변화를 유발하여 긍정적인 효과를 나타내게 되는 것이다. 이처럼 산림을 구성하는 여러 인자들이 신체에 자극을 주는 것을 산림자극이라고 한다.

3) 자아성취에 미치는 효과

숲이 인간에게 베푸는 편익 가운데 가장 형이상학적 혜택은 자아실현(Self-actualization)을 성취하는 것으로 보는 시각도 많다. 잘 알려진 사회학자 매슬로의 인간욕구충족 단계설에서도 최상위를 차지할 정도로 자아실현은 인간 개개인이 추구하는 가장 중요한 철학적 삶의 목표이다. 이를 달성하기 위해서 개인은 최고의 관심과 역량을 집중하게 되며 이러한 과정을 통해서 인간미의 완성단계에 도달하게 한다. 자아실현을 성취한 사람들이 지니는 특징은 자존심이 강하고, 현실적인 삶을 살며, 성선설을 따르고, 감정을 제어할 줄 안다는 것이다. 이로써 친근한 사회생활을 영위할 수 있고, 자신의 약점을 겸허히 수용할 수 있으며 자율적인 사람들이다.

서양의 몇몇 정신과 의사들은 숲 체험과 자아실현에 관한 추론을 지지하였는데 한 개인이 숲 속에 있으면 즐거움을 경험하고 자아실현의 가능성을 얻게 된다고 믿었다. 그래서 자아실현자들은 숲을 자주 찾고 이용한다고 주장하기도 한다. 미 동부의 한 대학에서 실시한 숲 프로그램 연구결과에 의하면, 참여자들이 갖는 자아 기대효과가 매우 높게 나타났는데 이것은 앞으로 어떤 일을 행할 때 잘 할 수 있을 것이라는 기대와 자신감이 높아진 것을 말하는 것이다. 개인적으로 숲을 이용하는 사람들도 자아실현이 증진되는 것으로 알려지고 있는데, 도시민보다 원생자연을 이용하는 사람들의 자아실현 수준이 훨씬 높았다는 사실이 이를 말해주고 있다.

4) 업무수행능력에 미치는 효과

자연경관을 바라본 사람들의 인지능력이나 집중력은 그렇지 않은 환경에 처해 있는 사람들보다 높은 것으로 보고되고 있다. 또한 녹시율이 높은 환경에 근무하는 사람들은 그렇지 않은 환경에서 근무하는 사람들보다 근무성적이 높다라는 점도 보고되고 있다.

심지어 비디오를 활용하여 연구한 결과에 의하면, 산림경관을 본 사무직 근로자들의 암산 정답수 증가치가 도시경관을 본 근로자들보다 훨씬 높았는데, 이 결과는 산림경관이 집중력과 주의력을 향상시키면서 인지능력을 높이는 효과가 도시경관보다 큰 것을 보여준다.

5) 질병치료에 미치는 효과

독일의 재활의학자가 보고하는 바에 의하면 중산간 지역은 중병을 앓고 난 후 요양 중인 사람, 수술 후의 회복기 환자를 비롯한 일반적인 요양인들에게 건강을 회복하는데 효과가 있다. 이것은 산림이 안정된 기후조건을 만들어 주기 때문으로 해석하고 있다.

감옥에 수감된 사람을 대상으로 연구한 바에 의하면 녹색환경(자연, 산림, 감옥 뒤뜰, 주변 농장 등)을 바라볼 수 있는 사람은 그렇지 않은 곳에 수감된 사람들보다 의료시설을 덜 이용하고 있다고 보고하기도 한다. 또한 수술 후 회복정도가 병실에서 밖을 바라볼 때 시각 환경의 질에 차이가 있으며, 입원기간, 불평불만, 환자용 비상벨 누름횟수 등도 차이가 있다고 알려지고 있다.

최근 치유의 숲 연구진에 의하면, 우울증환자를 대상으로 진행한 숲속 프로그램 활동 후의 우울증 지수가 호전되었음을 보고하였고, 고혈압환자를 대상으로 실험을 실시한 결과 도시에서보다 숲에서 고혈압 수치가 낮아지고 있음을 확인하였다(정리: 연평식, 김기원).

6) 심미적 효과

사회학자 매슬로(A. Maslow)의 인간욕구 충족 단계설과 관련된 연구를 통해서 설명할 수 있다. 생리적 욕구, 안전 욕구, 소속과 친화 욕구, 평가와 존경 욕구, 자아실현 욕구, 심미적 욕구를 추가하여 인간의 욕구 충족을 여섯 가지 단계로 이야기 한다.

3. 산림경관의 미학적 관리

산림경관이 지닌 여러 가지 효과들이 최고조로 발휘될 수 있으려면 숲을 찾는 사람들에게 산림경관의 아름다움을 감상할 수 있도록 미학적 측면을 잘 고려하여 관리해야 한다. 산림경관을 효과적으로 관리하려면 탐방객들의 산림경관에 대한 경관선호도, 쾌적성, 녹시율, 민감도에 따라서 반응하는 정도를 잘 파악하여 숲이 지닌 시각의 질을 높일 필요가 있다. 이를 통해서 심미의식을 고취시킬 뿐만 아니라, 그로 인해서 심신이 안정을 찾는데 도움이 되도록 해야 한다.

참 고 문 헌

김기원, 2006. 산림미학시론. 국민대학교 출판부.

임경빈, 이경준. 2008. 임학개론. 향문사.

Porteus, J. D. 1977. 『Environment and Behavior』. Addison–Wesley Publishing Company: 10~11.

국민대학교 평생교육원·(사)숲과 문화 연구회
숲해설 아카데미 전문과정

I

숲해설개론

전 영 우
국민대 산림환경시스템학과/교수

김 상 윤
경동대 관광경영학과/교수

조 규 성
성균관대 교육학과 겸임교수

목차

제1장 숲, 자연과 인간의 화합공간

제1절 서언 : 숲을 새롭게 보자

숲을 바라보는 사람들의 시각은 시대에 따라 변해왔다. 오늘날처럼 환경문제가 심각하지 않았던 시대는 숲이 가진 공익적 기능을 주목하지 않았을 것이다. 목재생산과 같은 직접적 효용을 더 중요시 여겼을 것이며, 종교나 신앙의 대상이 되었던 먼 옛날에는 오히려 숲이 가진 영적, 정신적, 심리적 가치를 함께 중요시 여겨 숭배했을 것이다.

수원(水源)을 함양하고, 침식을 방지하는 역할처럼 국토를 보전하는 기능이 숲에서 창출됨을 인식한 근대에 이르러서는 숲의 공익(환경)적 기능에 주목하였을 것이며, 이 기능이 산림의 새로운 기능으로 추가되었을 것이다. 특히 서구의 여러 나라가 산업사회로 진입함에 따라 환경문제가 파생되었고 산림이 갖는 기상완화 기능은 물론이고 대기 정화 기능과 쾌적한 환경을 형성할 수 있는 기능이 새롭게 부각되면서 숲은 環境財 또는 환경자원으로서 그 효용 가치를 인정받게 되었다.

산업사회가 안고 있는 삶의 질을 향상하는데 숲으로부터 얻을 수 있는 문화적 가치를 인식하게 된 오늘날은 경제적 기능과 환경적 기능과 더불어 문화적 기능이 새롭게 산림의 기능으로 인식되고 있다. 산림으로부터 새롭게 부각되고 있는 문화적 기능은 산림이 제공하는 예술의 소재나 예술활동의 장소, 건강을 유지하고 증진하기 위한 보건 휴양활동을 제공하는 장소, 레크레이션 및 스포츠 활동을 위한 장소, 자연탐구나 생태환경 교육을 위한 장소로서의 효용을 새롭게 인식하여 산림의 새로운 기능으로 분류하기 때문이다. 다시 말하면 숲이 문화자원으로 새롭게 인식되는 이유는 우리 삶을 풍요롭게 살찌울 수 있는 정신적 자양의 원천이기 때문일 것이다.

산림에서 새롭게 도출된 문화적 기능은 산림이 있으므로 해서 얻을 수 있는 심리적 안정과 정신적 만족, 산림이 있으므로 해서 탄생되는 수많은 신화와 설화, 그리고 숲에서 탄생된 문학, 음악, 미술 등의 예술과 같은 산림의 문화가치 창출 기능을 말한다. 산림이 문화자원으로 인식되고 있는 배경에는 숲이 사람들에게 심리적 안정감을 주고 정서를 순화시킬 뿐만 아니라 예술적 감흥이나 종교적 감응을 불러일으키는 공간이기 때문이다.

문화적 기능은 경제적 기능이나 환경적 기능이 계량화되어 금액으로 환산할 수 있는 양적인식 체계와는 달리, 금액으로 환산하여 계량화할 수 없는 정신적인 질적인식 체계를 기반으로 형성된 것이다. 이러한 것을 산림이 가진 직간접 효용 가치와 더불어 문화적 효용 가치(정신적, 정서적, 예술적 가치) 또는 문화적 기능이라고 정의할 수 있다.

자연은 민족 고유의 문화를 잉태한다. 따라서 민족 고유의 정체성은 자연을 일구고 가꾼 문화로 표출된다. 한민족의 정체성을 나타내는 수많은 요소들 중의 중요한 하나는 자연조화와 생명존중의 문화이다.

흔히 한국인의 자연관은 도교, 불교, 유교, 음양오행설, 풍수지리사상에 입각한 동양철학이 혼합된 자연조화사상에 그 뿌리를 두고 있다고 한다. 이에 따라 우리 민족은 엄청난 토목공사가 벌어진 근대 이전까지 자연개조나 극심한 자연 파괴 없이 자연과 풍토에 순응하면서 수천 년을 살아왔다. 자연을 대하는 이와 같은 생활자세는 자연조화문화로 발달했고, 또 자연스럽게 산, 강, 바다, 불, 나무, 동물 등을 숭배하는 자연숭배와 생명존중의식으로 발달하게 된 것이다. 선조들이 반만 년 동안 일구고 가꾼 금수강산은 자연조화와 생명존중의 문화를 창조시켰다. 한민족의 정체성이기도 한 이 생명의 문화는 사라져 가고 있는 금수강산과 마찬가지로 오늘날 점차 잊혀지고 있다. 선조들이 일구고 가꾼 이 땅의 금수강산은 일제의 식민지 수탈과 6.25전쟁으로 결딴이 났고, 더불어 지난 30여 년 동안 경제발전 우선의 고도성장 정책 때문에 파괴되고 훼손되어 가고 있다.

숲을 가꾸고 지키는 일이 사라져 가는 금수강산을 복원하는 일이고, 잊혀져 가는 생명의 문화를 창달하는 길이며, 흐려져 가는 민족의 정체성을 되살리는 길과 다르지 않는 이유도 여기에 있다. 생명의 원천이며 삶의 터전이고, 정신문화의 고향인 숲의 가치는 자연과 인간이 공존해야만 될 새로운 문화에서도 더욱 주목받을 것이다.

제2절 본론: 새로운 문화는 숲에서 꽃 핀다

앞으로의 세기나 미래는 자연의 희생 위에 문명의 번영을 더 이상 꾀할 수 없다는 인식이 팽배해 있는 시점이다. 특히 산업화된 우리의 실정에서는 오히려 자연의 희생으로 얻을 수 있는 문명발달 보다는 자연과 동반자적인 입장에서의 문명 발달을 계획하고 그에 걸맞은 문화를 창조해 나갈 필요가 제기되고 있다. 그래서 산업주의로 파생된 물질문명과 소비문화를 대신할 수 있는 문명의 대안 체계를 구축코자 광범위한 모색이 현재 나라안팎에서 진행 중이다. 그 일환으로 서양의 자연지배사상과 동양의 자연조화사상의 융화 위에 생태파괴와 인간소외 등 산업사회가 안고 있는 심각한 위기를 해결 하고자는 시도도 있다. 특히 환경문제가 다음 세기 인류가 당면한 최대의 현안으로 떠오르면서 더욱 자연과의 공존에 초점이 맞추어지고 있는 실정이다.

문명의 대안체계를 구축하기 위한 이와 같은 추세에 자연과 문명의 상호관계를 암시적으로 나타내는 경구를 숲에서 발견할 수 있다. 문명 앞에 숲이 있었고, 문명 뒤에 사막이 남는다'라는 샤토 브리앙의 외침이 바로 그것이다. 인간이 자연(숲)을 잘못 다루면 문명은 종말(사막)될 수 있다는 경구이다.

지난 수천 년 동안 인류 문명 발달과정을 되돌아보면, 건축재나 연료원으로, 그리고 정보의 축적(종이)에 사용된 나무나 숲이 없었다면 인류가 성취했을 오늘날과 같은 문명은 없었을 것이라고 단언할 수 있다. 인류가 이룩해낸 문명 발달은 숲의 희생 위에 선 인간의 업적이라고 할 수 있다. 이처럼 숲의 희생이 있었기에 우리들이 오늘날 향유하고 있는 문명이라는 것이 존재할 수 있었다는 것이다. 그래서 숲은 흔히 인류가 성취해낸 문명의 숨은 영웅이라고도 한다. 숨은 영웅이라고 하는 이유는 일반인들은 물론 전문 지식인들조차 숲이 인류 문명 발달에 끼친 지대한 역할을 옳게 인식하지 못하기 때문이다.

숲은 문명 발달의 숨은 공로자였다. 숲은 유리, 소금, 청동기, 철기의 생산에 필요한 연료로서, 농업문명을 열기 위한 견인차였으며, 종교의 대상, 정령의 거주지, 신화나 설화의 발생지로 인류의 정신적 고향으로 인식되었다. 특히 숲은 수렵채취 시대에는 삶의 보금자리로 그 물질적 유용성이 지대했으며, 초기 농업문명은 숲을 딛고 일어섰다. 메소포타미아 문명이 발생한 유프라테스, 티그리스 강 유역이 그러하고, 인더스 문명이나 황하 문명이 숲을 모태로 하여 번창할 수 있었다. 숲은 이들 초기 문명에서 늘어난 인구를 부양할 수 있는 중요한 원천이었다. 또한 숲은 화석 연료의 본격적인 이용 전까지 산업혁명을 이룩한 중요한 동력원이었고, 정보의 축적과 전파에 지대한 역할을 한 종이의 원료가 되기도 하였다. 과학기술혁명의 시대인 현재에도 숲은 문명의 공로자로서 그 중요성이 더욱 강조되고 있다. 그 이유는 생태계 환경의 중심 지지체, 온실기체 효과를 경감시킬 수 있는 대안, 사막화의 저지, 부족한 수자원의 확충 대안, 대기오염의 완화에 숲 이상으로 효력을 발휘하는 자연이 없기 때문이다.

인간이 이룩한 문명의 발달 대가로 전세계에 걸쳐서 숲이 사라져 버리고 말았다. 이 분야 연구에 의하면, 농업혁명이후 지난 8,000여 년 간 지구상에 천연림의 형태로 존재하던 숲의 1/3이 경작이나 정착, 연료와 목재 생산을 위해서 사라지게 되었다고 한다. 특히 산림의 종류에 따른 감소율은, 온대의 폐쇄림(32-35%), 아열대의 사바나림과 낙엽림(24-25%), 열대 극상림(15-20%) 등에서 20-30%씩 감소되었다. 그래서 '문명 앞에는 숲이 있고, 문명 뒤에는 사막이 남는다'라는 말이 회자되고 있는 것이다.

숲은 인류가 발전시킨 자연지배문화의 주된 동력으로 이처럼 문명발달에 지대한 영향을 끼쳤다. 그러나 오늘날의 숲은 문명발달기에 고대 인류에게 끼쳤던 물질적 유용성이나 정신적 상징성과는 오히려 다른 가치 체계로 우리에게 다가오고 있다.

1. 숲은 자연과 인간을 문화적으로 화합시킬 수 있는 매개체

온 인류 앞에 선결과제로 제기된 환경 문제를 해결하기 위한 새로운 사고 체계(패러다임)로 자연과 문화의 화합이 제시되고 있다. 그것은 내일의 문명이 자연과 공존해야 존립 가능한 새로운 문화적 기반을 요구하기 때문이다. 자연을 착취하고 파괴하여 인간만이 살아남는 문화가 아니라 자연과 인간이 공존하는 문화라야 영속 가능한 사회로 진입할 수 있기 때문이다. 영속 가능한 사회는 인간과 자연이 화합할 수 있는 문화적 토대 위에서 존립할 수 있다. 즉 자연조화문화가 필요한 시점이다. 이러한 것은 특히 인류가 당면하고 있는 환경문제 해결을 위해서 더욱 새롭게 제기되고 있다.

이러한 분위기에 따라 숲에 대한 인식도 새롭게 바뀌고 있다. 산림이 보유하고 있던 재래의 경제재와 환경재를 생산하는 개념과는 오히려 다른 가치 체계가 우리에게 다가오고 있다. 단순하게 양적 자원으로서의 가치보다 오히려 자연과 인간이 문화적으로 화합할 수 있는 질적 공간으로서의 가치에 더 중요성을 부여하는 것이 세계적인 추세이다. 그래서 숲은 지구가족의 생물다양성을 지켜주는 최후의 보루로, 자연과 인간의 화합을 위한 문화 공간으로서 그 가치가 새롭게 인정받고 있다. 즉 숲은 생태맹을 극복하기 위한 교육의 장, 자연보전윤리의 실습장으로 활용할 뿐만 아니라, 환경윤리와 같은 새로운 윤리의 실습 공간이나 내면적 체험을 중시여기는 자연조화문화의 체험공간으로 활용해야 된다는 주장이 그것이다.

자연에 대한 우리 조상들의 인식은 오늘날과 달랐음을 나무나 숲을 통해서도 알 수 있다. 우리 선조들은 숲이나 나무(자연)를 물질적으로, 과학적으로, 또는 경제적이거나 기술적인 대상으로만 파악했던 것은 아니다. 오히려 숲이나 나무를 정신적, 정서적인 가치 대상으로 파악했던 예를 우리는 어렵지 않게 파악할 수 있다. 그와 같은 예들은 오늘날도 그 흔적을 찾을 수 있다. 선조들은 나무나 숲을 신의 대상으로 인식하거나, 종교의 대상으로 인식 (〈삼국유사〉의 신단수, 경주 김씨의 발생지인 계림, 용계 은행나무, 원주의 신림과 성황림, 농촌의 서낭나무나 당산목 등등)하거나, 나무나 숲을 물질로만 보지 않고 인격을 부여하여 사람처럼 벼슬을 주거나(속리산 정이품송) 재산을 물려주기(예천의 석송령 소나무)도 하였다.

숲과 관련된 이러한 예들은 조상들이 영위했던 삶의 형태로 용해되어 풍습이나 민속과 같은 문화 요소로 면면히 이어져 왔던 것이다. 정이품이라는 벼슬을 나무에게 줄 정도의 정신적 여유, 나무를 가꾸고 보호하기 위해서 높은 벼슬이라는 상징적 이입을 적용시킬 수 있을 정도의 자연관. 오늘날에야 서구에서 겨우 제기되고 있는 이런 것을 문화적으로 지속 가능한 환경(culturally-sustainable environment) 인식이라고 이야기 할 수 있다.

자연을 물질로만 보지 않고 정신적 가치로도 인식했던 자연관에 기저를 둔 문화. 이렇듯 자연 환경을 훌륭하게 인식하던 조상들의 문화요소는 안타깝게도 오늘날 점점 잊혀져 가고 있는 것이 우리의 현실이다. 다시 말해서, 우리가 이미 보유하고 있던 지속 가능한 환경에 대한 문화적 인식은 오히려 사라지고, 경제개발에 의한 고도 산업사회의 달성이라는 국가적 목표를 추구하기 위해서 자연과 자원에 대한 인식이 약탈, 선점, 개발만이 능사인 물질 중심의 가치관으로 변한 것이다.

산업화가 시작되면서 조상들이 가지고 있던 지속 가능한 환경을 유지하기 위해서 문화적인 요소로 이루어놓았던 정서적이며, 정신적인 가치관(자연관)은 순식간에 사라졌다. 그러한 정신적인 인식의 자리에 경제, 과학, 기술 등으로 숲(자연)을 파악하여 자원으로 이용하고자 하는 인간중심의 가치관이 자리잡았음은 물론이다.

환경 문제를 해결하기 위해서 자연과 문화의 화합이 제시되고 있는 이 때, 비록 때늦은 감이 없지 않지만, 자연을 질적 대상으로도 인식하였던 선조들의 자연조화적 자연관을 숲을 통해서 복원시키는 방법을 찾는 일이 바로 생명문화의 창조와 다르지 않다.

2. 숲은 환경윤리를 실천할 수 있는 실습장

오늘의 시대정신에 걸맞은 숲의 역할은 무엇일까? 그것은 자연과 인간의 공존에 대한 가치를 숲에서 찾는 것이라고 답할 수 있다. 인류가 당면하고 있는 자원고갈과 환경파괴의 문제를 해결하기 위해서는 자연과 인간이 공존할 수 있는 새로운 이념이나 사상이 필요하며, 그러한 이념은 놀랍게도 숲에서도 도출할 수 있다. 특히 숲은 이러한 문제의 해결을 위한 훌륭한 실습장의 역할을 이미 수백 년 전부터 실행해왔다.

오늘날 지속가능한 개발 또는 영속가능한 발전(sustainable development)이라고 사용되는 개념은 1987년 브란트란트 위원회의 보고서(Our Common Future)에서 유래된 것이지만, 그 근본적인 배경은 이미 19세기 임학에서 구체화된 보속수확(sustained yield)이라는 항속림 사상과 다르지 않다. 즉, 일정액의 원금(산림)을 은행(산)에 저축(자라게)해 두고 발생되는 이자(한해의 생산량) 범위 내에서 발전을 지속(벌채하여 이용)하고자 하는 개념이라고 단순화시킬 수도 있다.

지속가능한 개발 또는 영속가능한 발전이라는 개념은 산림의 이용 양태에서도 찾을 수 있다. 조선시대 부락단위의 松契나 60년대 산림계로부터 자원을 지혜롭게 이용하고 보호하였던 지속가능한 개발의 개념을 도출할 수 있다. 마을 주민들이 주변의 산림을 지속적으로 이용하기 위해서 자율적으로 규정을 정하여 노동력과 기금을 갹출하고, 그 규약에 따라 적정한 벌채량과 산림 조성량을 매년 할당하여 산림자원을 고갈시키지 않는 범위 내에서 산림을 이용했던 제도가 바로 지속가능한 발전의 살아 있는 예라고 할 수 있다.

한편 재생(recycle)이라는 단어 역시 오늘날 자원의 재활용이나 환경문제와 관련하여 밀접하게 사용되고 있는데, 산림학에서는 오래 전부터 제한적인 의미에서 숲의 특징을 지상에서 유일한 재생가능한 자원(renewable resources)으로 인식하고 있다는 점이다.

수백 년 전부터 숲을 대상으로 적용해 왔던 이러한 개념들이 오늘날 새롭게 인식되고 있는 것처럼 인간과 자연과의 조화로운 공존을 위해서 산림에서 끌어낼 수 있는 새로운 개념은 자원윤리, 환경(생태)윤리에 관한 것이다. 자원윤리나 환경윤리라는 것은 인간과 자연 사이에 존재하는 윤리이며, 인간과 자연이 공존하기 위해서 필요한 윤리라고 할 수 있다. 이러한 윤리가 살아 있는 현장을 한 번 살펴보자.

가. 조성(육성)주체와 이용주체가 다른 숲의 특성

어제의 세대가 만든 숲을 오늘의 세대가 이용하고, 오늘의 세대가 심고 가꾸어 다음의 세대가 이용하는 것이 숲이다. 오늘의 세대가 필요하다고 하여 현재의 산림을 모두 이용한다면, 내일의 세대는 이용할 자원이 없다. 누가 이에 대한 책임을 어떻게 질 것인가? 오늘 심고 가꾸지 않으면 내일의 세대가 어떻게 이용할 수 있을 것인가? 자원 조성에 장구한 세월이 필요한 산림의 특성을 인식하고 있었기 때문에 자원을 조성하는 세대와 이용하는 세대 간의 갈등을 수용할 수 있는 공통인식이 존재해 왔다. 즉 환경문제로 파생되고 세대간에 발생할 수 있는 정의의 관점이 숲에서는 벌써부터 존재했다. 산림을 매개로 발달된 이러한 공통인식을 우리는 산림문화 인식이라 부를 수 있다.

우리의 앞선 세대가 30년에 걸쳐 100억 그루의 나무를 심었기에 우리들이 현재 향유하고 있는 환경의 기틀을 세울 수 있었다. 그러면 오늘의 세대가 내일의 세대를 위해서 해야 할 일은 무엇일까? 우리의 숲을 숲답게 육성하는 일이라 할 수 있다. 산림은 세대간의 문제(정의)를 이처럼 예로부터 실행해 왔고, 그러한 실행은 내일의 세대를 위해서 오늘도 계속되어야 한다. 조성(육성)주체와 이용주체가 다른 산림의 특성 때문에 산림을 환경윤리의 실습장이라고 부를 수 있는 것이다(자원에 대한 세대간의 정의).

나. 소유자(국)와 이용자(국)가 다른 숲의 특성

소유한 자와 소유하지 못한 자 사이에 대립이 상존하는 공간이 숲이다. 산림(forest)이라는 어원(라틴어 forestare의 뜻: 안에 들이지 않다, 제한된 장소)이 뜻하는 것처럼 육류를 제공하는 사냥터를 지키고자 했던 왕족과 로빈훗을 비롯한 숲을 소유하지 못한 사람들 간의 갈등의 이야기가 좋은 예다. 이 갈등은 과거에도 그리고 미래에도 계속될 것이다.

산림의 소유와 이용에 대한 대립과 갈등은 오늘날도 첨예하게 진행 중이다. 산림을 많이 소유한 강원도민의 입장과 산림을 주로 이용하고자 하는 도시민들 사이의 이해관계는 다를 수밖에 없다. 다시 말하면 산림 소유자와 산림 이용자 사이에 문제가 표출될 소지가 있다는 점이다. 산림을 이용하여 스키장이나 골프장 건설을 원하는 기업과 그러한 시설을 이용하는 이용객, 그리고 환경을 보존하려는 입장의 시민들 사이에도 이러한 갈등이 오늘도 표출되고 있다.

눈을 나라 밖으로 돌려보면, 산림자원의 빈국과 부국 사이에는 산림자원의 개발과 보존에 대한 갈등과 알력이 끊임없이 존재했음을 알 수 있다. 그리고 이러한 문제는 앞으로도 계속될 전망이다. 예를 들자면, 개발도상국이 재정조달을 목적으로 열대우림을 벌채하는 행위와 선진국이 지구환경을 보호할 목적으로 열대우림을 보존하려는 운동 사이에 상존하는 갈등 문제, 열대림 파괴에 대한 환경단체와 지역정부와의 문제 등이 그것이다.

소유자와 이용자 사이에서 파생될 수 있는 갈등과 분쟁이 발생하는 곳이 산림이고 이러한 것을 조정 통합해야 할 공간도 산림이기 때문에, 이 역시 숲에서 파생될 새로운 윤리개념이라고 할 수 있다(자연에 대한 빈부간의 정의).

다. 목재 외의 다양한 가치를 포용하고 있는 숲의 특성

숲이 포용하고 있는 야생동식물을 포함한 생태계의 가치 대 인간의 이해관계를 생각할 수 있다. 점봉산의 진동리 계곡에 건설되는 양수 발전소에서 만들어질 전기로 문명의 혜택을 누리는 인간과 발전소 건설로 인한 자연생태계의 훼손으로 서식 터전을 잃게 되는 야생 동식물의 관계를 보면 알 수 있다. 또한 교통소통의 목적으로 우이령에 도로를 개설해야 한다는 입장과 생태계를 보호하기 위해서 도로 개설을 반대하는 입장이나 설악동의 모노레일 건설에 얽힌 문제점들이 국내에서 제기되고 있다. 즉 산림은 자연의 가치와 인간의 이해관계가 대립하고 있는 현장이라고 할 수 있다.

열대림 벌채로 인한 생물다양성의 파괴를 막기 위한 환경단체의 압력과 경제개발에 필요한 재원 확보를 위해서 벌채할 수밖에 없는 자원보유국 사이의 문제는 물론이고, 점박이올빼미의 보존과 벌목 인부의 생존권에 관한 문제 등도 이 범주에 속한다. 이와 같은 예들은 앞으로 더욱 부각될 수밖에 없는 새로운 대립으로 인간과 자연(숲)사이에 존재할 수 있는 정의의 문제로서 이것 역시 숲에서 다루어야할 새로운 윤리개념이라고 할 수 있다(자연에 대한 정의).

앞에 든 3개의 예들은 산림에서 유래된 정의(윤리)의 개념이기 때문에 숲이 포용하고 있는 독특한 개념이라고 할 수 있다. 숲은 이른바 환경(생태)윤리의 근간이라고 할 수 있는 세대간의 정의, 빈부간의 정의, 자연에 대한 정의의 문제가 상존해 있는 공간이다. 또한 이들 문제를 해결하기 위해서 산림으로부터 새롭게 도출해낸 정의(윤리)의 개념을 적용해 왔거나 현재 적용하고 있는 공간 역시 숲이다.

3. 숲은 현대문명으로 파생된 생태맹을 극복할 수 있는 교실

흔히 인류의 미래는 환경문제의 해결 여부에 달려 있다고 한다. 인류의 영속 가능한 발전은 전 지구적 당면과제로 대두된 환경문제를 옳게 해결할 수 있을 때만이 가능하기 때문에 이런 말이 회자되고 있는 것이다. 그래서 21세기는 환경보전을 중심가치관으로 인식하는 환경의 세기가 될 것이라고 한다.

환경의 세기, 21세기는 지구 가족에게 새로운 소양을 요구한다. 그것은 자연과의 공존을 위한 생태적 소양이다. 생태적 소양을 갖춘 민족은 다음 세기에 세계시민의 일원으로서 살아 남을 수 있으며 새로운 생태문화를 창조하는 문화민족이 될 것이라는 전망도 있다.

인류는 3개의 거대한 혁명적 변혁기를 넘어왔다. 농업혁명과 산업혁명 그리고 과학기술혁명이 그것이다. 오늘날 우리가 넘고 있는 과학기술(정보)혁명은 컴퓨터를 비롯한 정보통신 기기를 익히게끔 강제하고 있다. 대기업의 사원은 물론이고 중역들조차 컴퓨터의 사용법을 모르면 산업사회의 치열한 경쟁에서 살아 남을 수 없다. 사용 여부를 떠나서 대통령의 집무실에조차 컴퓨터가 놓여 있으니 그 상징적 의미를 충분히 헤아릴 수 있다. 이처럼 정보혁명이 지배하는 사회답게 새로운 용어도 출현하고 있다. 컴퓨터를 자유자재로 사용할 수 없는 사람을 일컫는 컴맹이라는 단어가 그것이다.

과학기술혁명이 컴맹이라는 단어를 탄생시킨 것처럼 산업혁명도 문맹(文盲)이라는 단어를 탄생시켰다. 산업혁명이 본격적으로 개화되기 이전에 문자는 오직 귀족이나 성직자들은 위한 문화적 도구였다. 그러나 인쇄술의 발달과 산업혁명으로 문자는 더 이상 소수 특권층만의 점유물이 될 수 없었다. 근대과학으로 발달된 새로운 지식은 인쇄술에 힘입어 유럽제국으로 확산되었고 그에 발맞추어 산업혁명의 물결도 여러 나라로 전파되었다. 특히 산업혁명은 활자로 인쇄된 정보를 읽을 수 있는 노동력을 필요로 했다. 그 결과 문자를 해독하지 못하는 까막눈이를 퇴치하기 위한 대량교육이 시작되었음은 물론이다.

산업혁명으로 도래된 새로운 산업사회는 문맹을 몰아냈다. 과학기술혁명으로 형성된 정보화 사회는 컴맹을 몰아내고 있다. 같은 이치로 환경의 세기에는 생태적 소양이 결여된 생태맹(生態盲)을 몰아낼 것이다.

생태맹(ecological illiteracy)이라는 용어는 비교적 최근에 사용되기 시작했다. 그러나 생태맹과 유사한 개념은 오래 전부터 자연과 인간의 공생을 염원했던 많은 사람들에 의해서 피력되었다. 〈침묵의 봄〉을 쓴 레이철 칼슨이나 '생태(환경)윤리' 개념을 〈샌드 카운티 알마낙〉에 처음 소개한 알도 레오폴드는 생태맹으로 가득한 사회가 몰고 올 파멸을 그들의 저작을 통해서 이미 인류에게 경고한 바 있다.

생태맹은 생태적 지식의 결여라는 의미와 더불어 인간이 자연과는 떨어질 수 없는 밀접한 관련을 맺고 있음을 인식하지 못하는 상태를 의미한다. 또한 도시화와 산업화로 파생된 인공적 환경을 당연시 여기는 것을 의미하기도 한다. 하루 한 걸음도 흙을 밟지 않는 삶을 정상적인 것으로 인식하고, 아스팔트나 시멘트로 만들어진 도시의 인공 환경을 당연시 여긴다. 그래서 자연과 화합하면서 함께 살아가는데 필요한 지혜, 정서, 교감의 가치를 옳게 인식하지 못한다.

학자들은 생태맹을 극복하는 길은 생물이건 무생물이건 이 세계를 구성하는 구성원들이 서로 연결되어 있으며 이들이 서로 조화롭게 작동하는 원리를 이해하고 이를 바탕으로 그 원리에 맞게 우리 스스로의 행동을 조절할 수 있는 능력을 갖추는 일이라고 강조한다. 즉 동물과 식물은 물론이고 토양과 강과 바위와 산과 같은 자연환경 요소와의 접촉을 통해서 잃어버린 자연과의 영적 교감을 회복하고 공생을 모색하는 일이 생태맹을 극복할 수 있는 길이라는 것이다. 생태맹은 또한 교육의 장(場)이 교실과 도서관, 실험실, 체육관, 컴퓨터실 등 인공적으로 구축된 실내로 국한되는 현상을 의미하며 도시화, 산업화에 따른 인공적 환경을 당연한 것으로 받아들이면서 아름다움을 감상하는 능력이 결여된 상태를 의미하기도 한다.

환경의 세기는 생태적 소양을 갖춘 문화민족을 요구한다. 숲을 통한 생태맹의 극복교육은 삶의 질을 중시여기는 환경의 세기에 더욱 필요한 부분이라고 주장할 수 있는 이유도 여기에 있다. 왜냐하면 자연 생태계의 중심에 위치한 숲은 생태맹을 치유하고 극복하기 위한 살아 있는 교과서이자 교실이기 때문이다.

4. 숲은 자아실현욕구를 충족시킬 수 있는 공간

자연을 대표하는 산림은 회색빛 도시 생활에 찌든 우리들의 심성을 맑게 해주고, 심리적 안정과 정신적 치유효과를 주는 녹색의 안식처로서 독특한 구실을 한다. 아침부터 잠자리에 들 때까지 흙이라곤 한 뼘도 밟아보지 못하고 자연에 굶주린 도시인, 아스팔트와 시멘트의 인공적인 물질문명의 수혜자로서의 편리함과 안락함만을 추구하는 현대인에게 자연의 소중함을 느낄 수 있게 해주는 장소가 산림이기 때문이다. 망가질 대로 망가진 자연환경 중, 그나마 자연의 진수가 비교적 잘 간직된 곳이 산림이고, 산업화와 도시화로 자연과는 유리된 삶을 살고 있는 현대인의 자연 회귀 본능을 숲이 대신하여 주기 때문일 것이다.

현대인이 살아가는데 숲을 위시한 녹지공간은 다양한 역할을 한다고 알려져 있다. 예를 들면 대도시의 녹지비율이 30% 이하로 떨어지면 사람은 불안감을 느끼고 심리적인 변화를 겪게 된다는 조사결과가 있다. 따라서 숲이라는 녹지공간은 시멘트벽으로 단절된 도시의 삭막한 정신을 치유해 주는 병원과 같은 공간과 다르지 않다.

숲을 찾으면 우리 심성이 맑아지고 심리적으로 안정되는 이유는 숲이 가지고 있는 정신적 치유효과 때문일 것이다. 그래서 학자들은 흔히 숲을 살아 있는 병원이라고도 부른다. 숲이 주는 이러한 효능은 과학적으로 증명할 수 있다. 세계적으로 권위 있는 과학 학술지인 사이언스에 개재된 한 연구가 이러한 물음에 답을 주고 있다. 미국 델라웨어 대학의 울리치 교수는 펜실바니아 주의 한 병원에 입원한 환자들 중에서 병실 창을 통해서 숲을 볼 수 있는 환자와 그렇지 못한 환자를 구분해 수술 뒤 회복률을 조사하였다. 놀랍게도 그 연구 결과는 숲이 바로 살아 있는 병원임을 입증하였다. 숲을 볼 수 있는 환자가 그렇지 못한 환자보다 입원기간이 훨씬 짧았고 진통제의 투여가 적었으며 간호보고서에 나타난 부정적인 측면도 적었다고 연구결과는 밝히고 있다.

숲의 무엇이 사람을 변화시키는 것일까? 슬리반과 쿠오는 숲의 존재가 주민들의 일상 행동에 어떤 영향을 미치는가를 시카고의 공공 주택에 세 들어 사는 주민을 대상으로 연구했다. 그들의 연구는 지역주민에게 나무나 숲이 어떤 역할을 하는지 극명하게 보여 주고 있다. 주변이 숲으로 둘러싸인 곳에 사는 주민은 숲이 없는 곳에 사는 사람보다 더 우호적이었고, 더 잘 어울려 살고 있었다. 즉 주변에 숲이 많은 곳에 사는 주민들은 이웃과 더 잘 어울렸고, 서로 잘 뭉쳤으며, 강한 소속감을 가지고 있었다. 또한 그들의 주거지를 좋아했고 나무가 없는 곳에 사는 사람들 보다 더 안전함을 느끼고 있었다.

반면에 주변에 숲이 없는 곳에 사는 주민들은 찾아오는 방문객이 많지 않았고, 같은 거주지에 사는 사람들끼리도 서로 잘 알지 못 했다. 숲은 이처럼 이웃을 친구로 묶어 주며 강한 유대감을 갖게 해주는 매개체 구실을 한다.

이상과 같은 치유적 효과와 더불어 숲이나 녹지 공간을 빈번하게 그리고 충분히 접촉하는 사람일수록 자아실현의 욕구가 강한 것으로 보고되었다.

자아실현은 심리적 효용 중에서 가장 빈번히 거론되는 효용이며 최상의 효용으로 인정받는 욕구이다. 자아실현 이론의 선구자로 알려진 매슬로(Maslow)는 인간의 기본욕구를 크게 다섯 단계로 구분하였다. 피라미드 형태의 계급구조로 이루어진 다섯 단계의 욕구는 생리적 욕구, 안전에 대한 욕구, 친화욕구, 평가욕구, 자아실현욕구를 말한다. 이 다섯 단계의 욕구 중, 생존에 가장 긴요한 생리적 욕구와 안전에 대한 욕구는 하단 부에 위치해 있으며, 심미적 특성이나 창의적 개성을 추구하는 자아실현욕구는 가장 높은 곳에 위치해 있다. 자아실현욕구는 자기 자신의 충만, 다시 말하자면 한 개인이 가지고 있는 가능성을 현실화하려는 경향의 욕구이다.

자아실현은 개인적으로 보나 사회적으로 보나 중요한 의미를 지닌다. 자아실현이란 궁극적으로 한 개인의 인간화를 뜻하고, 자아실현자는 非自我實現者보다 창조적이며 효과적인 삶을 산다고 보기 때문에 그러하다. 이러한 개념은 범세계적인 인간의 목표라고도 할 수도 있다. 교육과 마찬가지로 자아실현은 한 인간을 인간이 될 수 있을 정도의 최상상태까지 발전시켜준다고 보아야할 것이다. 사회로 본다면, 자아실현자들은 자기 자신의 이익보다는 남을 동정하고 사랑하며 사회의 정의를 생각하는 사람들이기 때문에, 이런 사람들이 많은 사회는 건강하고 건전한 사회라 말할 수 있을 것이다.

마슬로는 자아실현의 과정에서 '정상경험'이란 용어를 사용하여 인간이 어떻게 자아실현욕구를 실현시키는가 설명하였다. 그에 의하면 정상경험이라는 것은 인생에 있어 가장 행복한 시간 또는 가장 완벽한 순간을 의미하며 이런 경험의 축적으로 자아실현욕구가 생성된다고 하였다. 그리고 산림은 이런 정상경험을 가져다주는 촉매 역할을 한다고 보고하였다. 산림 체험과 정상경험과의 관계는 과거 산림을 이용하였던 사람들(레오폴드, 뮈어, 쏘로우)의 글에서 찾아볼 수 있는데 그들은 산림과 더불어 살아가면서 정상경험을 가질 수 있었음을 자주 언급하였다. 그리고 지난 20여 년 간 자아실현과 숲과의 관계를 연구한 많은 학자들도 개인이 산림 속에서 지내므로 즐거움을 얻고 또 그리하여 자아실현욕구가 생성된다는 긍정적 관계를 실증적으로 보고하였다.

우리 나라에서도 유사한 연구가 실시되었다. 전국 제일의 녹지비율을 가진 과천시와 상대적으로 낮은 녹지비율을 가진 청주시에 거주하는 시민들을 상대로 자연에 대한 인식도와 자아실현 정도를 비교하였던 연구가 그것이다.

자연에 대한 인식도를 심사한 결과 산림을 위시한 녹지 공간이 월등하게 많은 과천시민들이 청주시민에 비해 자연에 대한 높은 수준의 인식을 가지고 있었다. 자연에 대한 과천시민들의 높은 인식도는 숲을 위시한 녹지 공간의 이용빈도와 관련 있음이 밝혀졌다. 특히 과천시민들은 청주시민에 비해 녹지 공간의 기능을 더 높이 평가하였으며, 녹지 인식도에 대해서도 청주시민에 비하여 높게 인식하고 있었다. 이와 같은 결과를 토대로 두 도시의 시민들 간에 자아실현 정도를 분석했을 때, 자아실현 정도를 나타내는 수치가 과천시민들이 청주시민들 보다 월등히 높게 나타났다.

우리가 녹지를 지키려고, 아파트 건설로 사라질 노거수 한 그루를 지키기 위해서, 그리고 국립공원을 지키기 위해서 쏟는 정성의 근원은 이처럼 숲이 가진 소중한 효용에서 유래된 것임을 상상할 수 있다. 다시 말하면 우리 삶의 질에 절대적으로 영향을 미치는 그 무엇이 녹색에 있다는 것을 우리 스스로가 본능적으로 느끼고 있는 징후라고 할 수 있다. 녹색에 대한 본능은 사실 새삼스러운 것이 아니다. 인간의 원조 상은 숲에서 왔기 때문이다.

5. 숲은 민족 정체성을 확인할 수 있는 생명문화재

세계는 좁아지고 있다. 흔히 지구가족이라는 말이 회자되고 있는 것처럼 산업주의라는 거대한 문명의 틀에 지구상의 여러 나라들은 하나로 종속되어 가고 있다. 획일적인 대도시풍의 산업문화가 양의 동서를 가릴 것 없이 맹위를 떨치고 있다. 산업주의가 판치는 도시문화의 세계화는 고유한 민족 문화의 뿌리를 흔들고 있으며, 민족의 정체성을 지탱시켜 주는 민족적 주체성까지 함몰시켜 가고 있다.

이 땅도 예외는 아니다. 특히 지난 60년대 이후 급격한 산업화는 세계가 부러워하는 경제개발의 성공을 성취할 수 있었고 우리의 삶도 물질적으로 엄청나게 풍요로워졌다. 그러나 경제적 풍요 이면에는 부정적인 면도 생겨났다. 배금주의, 물질만능주의, 인간소외와 인간성 상실 등이 그러한 부정적인 측면이라 할 수 있다.

경제발전으로 파생된 이러한 병폐는 우리 고유의 정체성을 앗아갔음은 물론이다. 잊혀지고 있는 민족의 정체성이나 잃어버리고 있는 민족적 주체성은 딴 곳에서 찾아 올 수 없다. 오히려 이 땅에서 찾아야 하며 찾은 것을 지키고 가꾸어 계승 발전시켜야 한다.

뿌리를 망각한 민족은 흔히 몰락한다고 한다. 숲은 한민족의 정체성을 지켜주는 뿌리이며 국토의 얼굴이기도 하다. 흔히들 숲에는 그 나라의 정신이 그대로 나타난다고 한다. 그런가 하면 숲은 그 나라의 정신을 만들어 낸다고도 한다. 하지만 오늘날 우리에게 금수강산이 존재하지 않는다는 데 대부분 동의한다. 실제로 외형적으로 많은 산림이 파괴되고 계곡물이 오염되기도 하였지만, 이보다 더 심각한 것은 우리 마음으로부터 금수강산이 사라졌다는 사실이다. 그만큼 숲의 아름다움을 느낄 만한 여유가 없어졌다는 내적 원인도 크게 작용한 것이다.

우리들 마음에 금수강산이 없다는 사실은 또한 그대로 우리 나라의 숲에 반영되어 아름답지 못한 숲으로 우리에게 비춰지고 있는 것이다. 금수강산은 외형적으로 많은 고목들이 있어야만 복원되는 것이 아니라 그것을 보는 우리 마음의 여유와 정신적인 자세의 회복이 더욱 중요하다고 할 수 있다. 숲 가꾸기 국민운동의 목표는 이렇게 잃어버린 마음속의 금수강산을 다시 찾아내는 일과 다르지 않다.

한편 물질적인 풍요 속에 정신적·정서적 빈곤의 시대를 살아가는 현대인이 추구해야 할 문화적 욕구 내지는 문화적 가치 추구는 현대인이 갖고 있는 문화적 향수이고, 이러한 향수는 숲에서 찾을 수 있다. 왜냐하면 산림은 수천 년, 수만 년 동안 조금씩 변모하고 달라지긴 하였지만 우리 조상들의 영혼과 숨

길을 간직한 채 살아있는 문화재이고 우리 국토의 얼굴이기 때문이다. 멀게는 송강이 감상했던 바로 그 숲을 단원이 다시 감상하고 음미했으며 영감을 얻었던 곳이 바로 우리 숲이다. 가깝게는 소월과 청록파 시인들의 시정이 남아있는 곳이 바로 우리 산림인 것이다.

숲에는 이렇게 많은 우리 조상들의 숨결이 숨어있다. 우리가 산에 간다는 것은 바로 조상을 만나러 고향에 가는 것과 다르지 않다. 조상과 대화하기 위해, 또 그들이 느꼈던 멋과 풍미를 조금이라도 함께 하기 위해 산이나 숲에 가는 것이다. 그래서 산림은 그저 바라보기만 하는 공간이 아니다. 숲은 나무의 거친 줄기나 새봄의 부드러운 새싹을, 찔레의 가시를 느껴볼 수 있는 장소이며, 새들과 벌레와 나무와 개울물의 소리를 들을 수 있는 곳이며, 부드러운 흙과 꽃과 풀잎 향기를 느껴볼 수 있는 곳이다. 숲이 가진 다양한 모습을 느껴보고 체험해 보는 것은 물질적 풍요와 정서적 빈곤 시대를 살아가는 현대인에게 여러 면에서 중요하다. 우선 이들은 우리 선조들이 느꼈던 소리요, 냄새요, 감촉이기 때문에 선조와 우리를 연결시켜주는 끈이 된다. 또한 요즘같이 고향을 잃고 사는 세상에서 우리의 자리를 확인시켜 주는 정체성이 된다.

우리가 중시해야 할 것이 바로 우리의 자리에 대한 인식이다. 우리의 자리, 한국의 자리는 바로 우리 숲에 가서 체험할 수 있는 냄새, 소리, 감촉 등에서만 얻어질 수 있다. 앞으로 우리사회가 건전하게 발전하기 위해서는 경제적으로만 지속성장을 할 것이 아니라 문화적으로 지속성장을 하지 않으면 안될 것이다. 우리의 것이 무궁무진하게 담겨져 있는 숲을 통해 좀더 우리의 것을 찾는 노력을 할 때, 삶의 질은 향상될 것이고 우리는 우리 문화의 정체성을 계승할 수 있을 것이다.

제3절 결어: 숲은 문화적으로 지속가능한 복합자원

주지하다시피 숲은 지구 온난화의 주원인인 탄소를 먹고 부피를 키워 인간생활에 필요한 임산자원을 제공한다. 뿐만 아니라 숲은 우리 생명의 근원인 깨끗한 공기와 맑은 물을 공급한다. 숲에서 얻을 수 있는 이런 경제적 기능과 환경적 기능과 더불어 삶을 영위하는 데 필요한 정신적 자양을 얻을 수 있는 곳도 숲이다. 숲을 복합자원이라고 일컫는 이유도 경제와 환경과 문화자원의 특성을 함께 보유하기 때문이다. 다음의 세기는 환경과 문화의 세기가 될 것이라 전망한다. 내일의 문화는 자연과 인간이 공존할 수 있는 자연조화와 생명존중의 문화일 것이다. 즉 인류의 선결과제는 문화적으로 지속가능한 환경을 유지해야 하는 일이다. 이 문화는 숲을 가꾸고 지키는 일로 실현할 수 있다. 그 이유는 숲이 자연과 인간을 문화적으로 화합시킬 수 있는 매개체이며, 환경윤리를 실천할 수 있는 실습장이고, 자아실현을 충족시킬 수 있는 공간이기 때문이다. 또한 숲은 현대문명으로 파생된 생태맹을 극복할 수 있는 교실이고, 민족적 정체성을 확인할 수 있는 살아 있는 생명문화제이기 때문이다.

제2장 자연해설의 역사와 이념

이 과목에서는 자연환경, 문화 그리고 역사 등의 다양한 소재를 통해 산림의 환경적, 문화적인 기능을 일반인에게 보다 이해하기 쉽게 해설할 수 있는 전달기법, 다시 말해 자연해설 에 필요한 전반적인 이론과 함께 자연환경 안내를 하고자 하는 이들이 스스로 자연해설을 위한 기획 및 평가방법을 이해하고 그 기술적인 사항을 습득하는데 도움을 줄 수 있는 내용들을 다루고자 한다.

자연해설이란 자연현장을 찾은 탐방객들에게 환경에 대한 인식을 넓혀주는 일련의 교육적 활동이며, 환경교육 중 자연환경교육으로도 이해 될 수 있다.

제1절 자연해설의 유래 및 역사

이제까지 몇몇 일부 국가를 중심으로 발달되어 온 자연해설의 역사 가운데 미국의 사례를 중심으로 개략적인 동향을 살펴보고자 한다.

자연해설의 효시는 19세기 말경 미국의 대자연을 거닐었던 자연주의자들(naturalist)에서 비롯된 것이라고 볼 수 있다[1]. 한편 1960년대 말에서 1970년대 초에 걸쳐 미국에서 처음으로 초등학생 및 중학생 등을 대상으로 개발된 생태계학습 프로그램인 OBIS(Outdoor Biological Instructional Strategies)와 현재 나무와 숲에 관한 대표적인 자연교육 프로그램이라 일컬어지는 PLT(Project Learning Tree)에 대한 연구 개발이 추진되기 시작하면서 자연해설의 체계가 확립되어가기 시작하였음을 알 수 있다(金相潤 等, 1996).

1979년에는 미국의 자연주의자 Joseph B. Cornell에 의해 자연을 소재로 한 자연교육 프로그램인 네이쳐게임(Nature Game)이 고안되어 전 세계적으로 야외공간에서 이루어지는 자연교육을 위한 지도서로 활용되기 시작하였다. 1980년대 이후에는 Project Wild(야생동물을 주제로 다루는 자연해설 프로그램)라든지 Project WET(Water Education for Teachers, 수자원을 주제로 다루는 자연해설 프로그램) 등 특정자원을 대상으로 하는 자연해설 프로그램에 관한 연구개발이 지속적으로 이루어지고 있으며, 현재로서는 미국이나 캐나다, 일본, 독일 등이 발전된 자연해설 프로그램을 시행하고 있는 것으로 볼 수

1). 특히 Enos A. Mills는 초기의 유명하였던 미국의 자연주의자 가운데 한 사람으로서 1889년부터 1922년 그가 사망할 당시까지 록키산맥에서 수많은 사람들을 안내하였으며, 오늘날 우리가 인터프리터(Interpreter)라고 부르는 전문직의 창시자이기도 하다. 그의 이름은 10대 중반 이후부터 35년이라는 세월동안 "록키산맥 국립공원의 아버지", "trail school(자연환경교육 프로그램의 효시)의 창설자" 등으로 널리 알려졌다.((株)自然教育研究センター, 1995).

있다.

자연해설 역사의 장(場)을 열었다고 볼 수 있는 미국 자연해설의 역사 가운데 기억할 만한 몇 가지 내용들을 정리하면 아래와 같다((株)自然教育研究センター, 1995).

- 1916 국립공원청(National Park Service)의 설립과 동시에 자연해설이 국립공원 업무의 한가지로 도입됨.
- 1919 국립공원, 국가기념물의 경관 또는 천연 동식물상 등을 교과서나 영상을 통해 국민 일반에게 전달하는 일이 국립공원협회의 주요한 업무중의 하나가 됨.
- 1920 요세미티(Yosemitti)국립공원(무료 자연안내 서비스; 하이킹, 영화상영 등)과 옐로우스톤(Yellowstone)국립공원(현장 탐방, 주제별 강연 등)에서 국립공원청 최초의 프로그램이 제공되기 시작함.
- 1930년대 역사, 문화 분야에 대한 자연해설의 강화가 이루어짐.

제2절 자연해설의 원칙

자연환경 안내인 등이 자연환경교육 현장에서 자연해설을 함에 있어 특히 다음과 같은 몇 가지 원칙들에 유념할 필요가 있다(キャサリーレニエ 等, 日本環境教育フォーラム 監譯, 1994).

1) 자연해설은 탐방객의 개성이나 경험과 연계되어 이루어져야 한다.
2) 자연해설은 단순히 지식이나 정보를 전달하는 작업이 아니라 지식이나 정보의 전달을 기초로 하여 이루어지는 일련의 활동들을 포함한다.
3) 자연해설의 소재는 자연, 과학, 역사, 문화, 건축 등 일련의 모든 분야를 포함하고 있으며, 이러한 소재를 바탕으로 탐방객들에게 여러 가지 자연해설 기법들을 통해 전달하는 종합적 기능을 갖는다.
4) 자연해설에서 보는 중요한 관점은 일방적으로 가르치는 활동이 아니라 상대방의 관심과 흥미를 유발함으로써 교육적 효과를 가져오는 것이다.
5) 흔히 나무는 보고 숲을 보지 못한다는 말이 있다. 자연해설은 단지 어떤 사물의 일부를 보여주는 작업이 아니라 전체적인 모습을 이해할 수 있도록 강구되어져야 하며, 또한 일부 참가자들을 대상으로 하는 것이 아니라 프로그램 참가자 전체와 함께 생각이 어우러져야 한다.
6) 초등학생들을 대상으로 하는 자연해설의 활동에서는 일반인(성인)을 대상으로 하는 자연해설 프로그램의 어린이용 축소판이 되어서는 안되며, 근본적으로 다른 별도의 프로그램을 운영할 필요가 있다.

제3절 자연해설의 목적

자연해설의 목적은 자연해설 현장, 담당 행정기관, 탐방객과의 연계성을 고려하여 다음과 같이 설정할 수 있다.

1) 자연해설 현장과의 연계성

- 적정한 자연탐방 활동이 이루어질 수 있도록 도모함.
- 자연환경을 소중히 여길 수 있는 사람을 길러 냄.

2) 담당 행정기관과의 연계성

- 해당 기관의 홍보활동(PR)도 겸함.
- 일반인들이 자연자원의 관리, 보전활동에 참가할 수 있도록 장려함.

3) 탐방객과의 연계성

- 휴양활동의 쉼터를 제공함.
- 주위의 자연환경과 문화적 환경에 대한 관심과 이해를 도모함.
- 자연에 대한 생태적 감수성 및 환경 감수성을 자극, 계발함으로써 일상생활에 새로운 활력소와 시점(視點)을 부여함.

제4절 자연해설을 위한 테마 조사법

1) 자연해설 테마를 설정하기 위한 자료조사는 우선 주변의 도서관에서부터 시작하는 것이 효과적이며, 이를 위해서는 도서관의 사서(司書)와는 평소에 얼굴을 익혀 두는 것이 필요하다.
2) 환경부, 산림청, 국립공원관리공단, 임업연구원 등과 같은 관공서도 자연해설 자료를 구하기 위한 풍부한 정보원(情報原)이 될 수 있다.
3) 그 지역의 자연환경과 관련한 역사적, 문화적 지식이나 정보는 그 지역의 관공서 또는 그 지역에 있는 전문가들에게서 직접 자료를 수집한다.

〈탐방객이 좋아하는 요소들〉

- 오감(五感)을 사용하여 직접 경험할 수 있는 체험활동

- 분위기를 이끌어 갈 수 있는 유머 및 화술
- 새로운 지식이나 정보가 이해하기 쉽도록 설명 또는 제시되는 것
- 열의가 있는 자연환경 안내인

〈탐방객이 싫어하는 요소들〉

- 무미건조한 강의식 진행
- 너무 싫증나도록 지루한 프로그램
- 지나치게 전문적인 프로그램
- 너무 일방적으로 주도해 가는 자연환경 안내인

제5절 탐방객 그룹별 특징과 적절한 해설기법

☞ 어떠한 자연해설의 형태라도 항시 사용 가능한 표준적인 그룹은 존재하지 않는다. 자연해설에 참여하는 대상들은 제각기 독특한 특징들을 지니게 마련이다. 예를 들자면 가족, 어린이, 고령자, 외국인, 시각장애인, 청각장애인, 보행곤란자 등의 형태가 있을 수 있다. 여기서는 산림체험 프로그램에 참가하는 탐방객 그룹의 몇 가지 형태와 이에 따른 적절한 그룹별 해설기법을 간단히 소개하고자 한다(キャサリーレニエ 等, 日本環境教育フォーラム 監譯, 1994)

〈가족〉

1) 가족 그룹들은 산림체험 프로그램에 참가하는 동기가 다양하다.
2) 가족이 함께 어울려 행동할 수 있도록 하는 것이 중요하며 학습효과를 기대하는 것은 부수적인 문제로 다루는 것이 바람직하다. 이를 위해서는 가족들간의 친목을 도모할 수 있는 데에 좀 더 시간을 할애하며, 프로그램을 진행할 때 어린이가 흥미를 가지고 참여할 수 있도록 배려하는 자세가 필요하다.

〈고령자〉

1) 고령자 그룹은 미국의 경우 국립공원 내 자연해설 프로그램 참가자의 약 25-30%를 차지하고 있으며, 이들은 비슷한 연배의 사람들과 함께 교류할 수 있는 기회를 제공받기 원한다.
2) 이러한 그룹에는 특히 장거리나 빠른 걸음의 이동을 피하고, 시력이나 청력이 약한 사람들이 많으므로 이에 대한 배려가 필요할 것이다.

〈외국인〉

1) 일반적으로 외국인 그룹은 어학에 애로점이 있는 경우가 많고, 프로그램에서 인용하는 사물이나 지명 등에 대한 이해도 불충분할 때가 많다.
2) 외국인 그룹이 프로그램에 참여하였을 경우에는 어려운 표현이나 사투리를 피하며 가급적 천천히 설명을 하는 것이 좋다.

〈시각장애인〉

1) 시각장애인의 경우에는 안경을 착용하면 어느 정도 사물을 볼 수 있는 이들부터 앞을 전혀 볼 수 없어 소리와 촉감으로만 사물의 판별이 가능한 사람이 있다.
2) 자연환경 안내인이 직접 1대1 접촉을 통해 구두(口頭)로서 차근차근 설명을 해 나갈 필요가 있다. 가능하다면 자연해설의 대상물을 직접 손으로 만져볼 수 있게끔 하는 것이 좋다.

〈청각장애인〉

1) 청각장애인은 일반적으로 고령자에게서 청각이 불편한 사람이 많으며, 선천적으로 청각장애인 경우도 볼 수 있다.
2) 이러한 그룹에 자연해설을 할 때에는 자연환경 안내인이 프로그램 참가자들과 직접 얼굴을 마주대하며 이야기를 나누는 것이 가장 중요하며, 수화가 가능하지 못하더라도 사물을 보여 가며 가급적 천천히 이야기를 하고, 또한 간이칠판 등을 사용하여 글로써 보충 설명을 하는 것이 바람직하다.

〈보행곤란자〉

1) 보행이 불편한 사람들에게는 참가자들의 불편 정도에 따라 자연해설 프로그램의 이동 범위를 정하고, 급한 경사지역이나 돌출부가 많은 장소는 사전에 피하도록 한다.

제3장 자연해설의 정의 및 내용

이 소절에서는 자연환경교육 현장, 특히 국립공원을 사례로 자연해설을 왜 도입해야 하는지 그 이유와 방법, 교육적 효과 등 자연해설의 일반적인 사항들에 대해 알아보고자 한다(이주희, 1995 ; http://www.npa.or.kr/ee/interpre.htm).

제1절 자연해설의 정의

지난 여름휴가기간 동안 설악산을 다녀왔던 친구에게 물어 보았다.

"설악산에서 무엇을 보았는지 말 좀 해 줘라",

"K 2"

"---?????"

그 친구 말인즉슨, 무거운 배낭을 매고 대청봉까지 가느라 앞사람 신발만 보고 갔는데 그 사람이 K2 등산화를 신고 있었다나.....

여러분은 아름다운 국립공원을 방문하셨던 소감이 어떠셨는지요?

재미있었다 혹은 없었다 라고 하는 것은 과연 어디에서 오는 것일까요?

혹시 그 재미라는 것이 굳이 국립공원이 아닌 유원지나 놀이터에 가서도 얻을 수 있는 것은 아니었는지요?(http://www.npa.or.kr/ee/interpre.htm)

국립공원이나 기타 휴양지를 방문하였을 때, 우리는 많은 것을 보고, 듣고, 또 느끼게 된다. 하지만 방문하는 곳에 대한 충분한 지식이 없다면 우리가 경험하는 것은 분명 한계가 있게 마련이다.

'환경해설(Environmental Interpretation)'이란 용어에 대해서 이주희(1995)는 "탐방객에 대한 교육적 활동이고 환경에 대한 인식을 넓혀 주는 활동으로서, 환경을 이용하는 사람들에게 새로운 이해와 통찰력, 열의, 흥미를 불러일으키고 환경보전에 대한 필요성을 일깨워 주는 기술"이라고 정의하고 있다. 한편 우리나라 국립공원관리공단에서는 "환경해설이란 자연자원에 대한 직접적인 체험이 가능한 여건에서 시행되는 정보전달로서, 단순한 정보전달에 그치지 않고 특정 주제에 대해 그 의미를 일깨우기 위해 실시되는 정보제공이라고 할 수 있으며, 환경해설은 환경교육 중 야외환경교육으로도 이해될 수 있다"고 기술되어 있다(http://www.npa.or.kr/ee/interpre.htm). 다시 말해 환경해설이라고 하는 행위는 방문자들의 공원탐방의 질을 높이면서 동시에 환경자원의 훼손을 사전에 방지할 수 있는 가장 효율적인 자연공원의 관리수단에 속한다고 말할 수 있을 것이다(우보명, 1997).

그렇다면 자연해설이란 자연자원에 대한 직접적인 체험이 가능한 여건에서 시행되는 정보전달로서, 단순한 정보전달에 그치지 않고 특정주제에 대해 그 의미를 일깨우기 위해 실시되는 정보제공이라고 할 수 있으며, 자연해설은 환경교육 중 자연환경교육으로도 이해 될 수 있다.

다시 말해 자연해설이란 탐방객들에게 환경에 대한 인식을 넓혀주는 활동으로, 환경을 이용하는 사람들에게 새로운 이해와 통찰력, 열의, 흥미를 불러일으키는 활동이며, 환경보전에 대한 필요성을 일깨워 주는 기술이라고 볼 수 있겠다.

제2절 자연해설의 목적과 임무

1) 탐방객의 만족

탐방객이 방문하는 곳에 대하여 보다 잘 알고, 보다 잘 느끼고, 보다 잘 이해할 수 있도록 하는 데 있다.

가) 탐방객에게 안전함과 영감(靈感)을 줄 수 있으며, 심적 여유와 풍요로움, 그리고 즐거운 경험을 제공한다.

나) 탐방객으로 하여금 환경자원에 대해 보다 잘 알고, 잘 이해 할 수 있도록 한다.

다) 탐방객으로 하여금 원하는 방문 지역을 용이하게 이용하도록 한다.

라) 연령계층에 따라 다양한 프로그램을 제공한다.

마) 자연환경에 대한 호기심을 자극하고 일상생활에 적용할 수 있도록 관련성을 부여한다.

2) 자원관리

탐방객으로 하여금 방문하는 곳에서 적절한 행동을 취할 수 있도록 교육하여 자원의 훼손을 막는다.

가) 자원과 시설에 대한 사려깊은 이용을 유도한다.

나) 탐방객의 지식 부족으로 어떠한 피해가 발생하는지 인식하게 한다.

다) 국립공원의 경우 지정 목적과 프로그램에 대한 이해를 증진시킨다.

3) 이미지 개선

관리자의 관리 노력에 대해 홍보하여 관리자의 이미지를 바람직한 방향으로 부각시킨다.

가) 양질의 환경해설 프로그램과 탐방객센터를 통해 일반 탐방객들과의 긍정적인 관계를 창출한다.

나) 국립공원의 경우 국립공원의 역할과 탐방객에게 제공하는 서비스에 관한 대국민 홍보를 통하여 국립공원에 대한 이해 도모

다) 공원 관리자의 현장관리 노력에 대한 탐방객의 이해를 높인다.

라) 탐방객으로 하여금 관리자가 탐방객의 만족을 위해 노력하고 있다는 사실을 인식할 수 있게 한다.

이러한 목적을 이루기 위한 자연공원과 휴양림의 역할 및 업무를 보다 구체적으로 기술하자면 다음과 같다.

〈광의적인 역할〉

1) 자연공원 및 휴양림 관리당국에 대한 이해, 즉 임무와 프로그램에 대한 이해의 증진을 도모한다.

2) 탐방객에게 심적 여유와 풍요로움, 새로운 영감, 그리고 즐거운 경험을 제공한다.

3) 탐방객에게 환경자원에 대한 예리한 감수성과 인식, 그리고 이해를 개발하는데 도움이 된다.

4) 자연공원 및 휴양림지역의 홍보와 함께 국립공원의 자원과 시설의 사려 깊은 이용을 유도함으로써 관리의 목적을 성취한다.
5) 양질의 자연해설 프로그램과 탐방객센터의 시설을 통하여 대중과의 긍정적인 관계를 창출한다.
6) 자연공원 및 휴양림의 역할과 탐방객에게 제공하는 서비스에 대한 대국민 홍보가 가능하다.

〈협의적인 역할〉

1) 자연공원 및 휴양림 성립의 중요성에 대한 정보를 국민 일반에게 제공한다.
2) 휴양기회를 제공하고, 어떻게 안전하게 참여할 수 있는가를 제공한다.
3) 탐방객의 지식 부족으로 인하여 자연공원 및 휴양림시설이 어떠한 피해를 입는가를 인식하게 한다.
4) 탐방객이 원하는 지역을 용이하게 이용토록 한다.
5) 특히 청소년들에게 바람직하고 건전한 활동을 유도할 수 있도록 연령층에 따라 다양한 프로그램을 제공할 수 있다.
6) 자연공원 및 휴양림 내에서의 쓰레기 줄이기 등과 같은 계몽활동을 법률적인 규제 방법에서 교육적인 접근 방법으로 전환할 수 있는 공원관리 프로그램을 제공한다.
7) 관리자들에게 환경자원정보를 제공할 수 있다.
8) 탐방객들에게 공원 내에서 경험하는 것을 그들의 일상생활에 적용할 수 있도록 관련성을 부여한다.
9) 탐방객들에게 자연해설 프로그램을 제공하여 자연환경에 호기심을 자극시킴으로서 자연환경보호에 기여할 수 있는 생활태도를 제공한다.

이렇듯 환경해설활동은 해설하고자 하는 대상지에 대한 야외휴양 이용자의 보다 깊은 관심과 고려를 유도하는 행위로서 이용자의 입장에서는 이제까지 몰랐던 사실에 대해 알 수 있음으로 해서 이용 만족도가 증대되며, 아울러 관리자의 관리 노력에 대한 이해가 높아짐에 따라 바람직하지 못한 행동을 스스로 절제하게 되는 효과를 가져다준다. 또한 현장 체험교육이라고 하는 측면에서 보더라도 답답한 교실이나 일상생활이 아닌 앞으로 우리가 지키고 가꾸어야 할 바로 그 장소, 그 환경 속에서 자연자원이 지니는 의미를 직접 깨닫게 하려고 하는 노력에 대한 필요성과 중요성이 더욱 부각되고 있는 것으로 생각할 수 있다(http://www.npa.or.kr/ee/interpre.htm).

제3절 자연해설의 혜택

바람직한 자연해설이 탐방객센터에서 이루어진다면, 크게 네 가지 정도의 혜택이 있을 수 있다.

첫째, 관리 당국의 대외홍보와 관리의 수단으로 매우 유익하다.

둘째, 자연공원 및 휴양림이 갖고 있는 자연, 문화자원의 보호에 탐방객이 적극적으로 참여하게 되어 환경훼손에 민감한 지역에 접근하지 아니하고, 등산로를 이용하도록 유도할 수 있으며, 야생화를 뽑는 등의 자연을 파괴하는 활동을 자발적으로 자제하게끔 할 수 있다.

셋째, 탐방객에게는 이용에 따른 기쁨과 흥미를 제공하는데 기여할 것이다.

마지막으로, 바람직한 자연해설을 통해 보다 많은 탐방객이 자연과 지역에 대해 보다 긍정적이고 적극적인 환경보존활동에 참여할 수 있을 것으로 사료된다. 한편 지역 주민에게는 자연자원에 대한 자부심과 이러한 자원에 대해 적극적인 보전활동을 전개할 수 있는 원동력을 제공하는 중요한 역할을 할 것이다.

제4장 자연해설의 종류

대부분의 자연환경교육과 관련한 학자들은 자연해설의 기법을 안내식(혹은 지도식) 해설기법(Guided Program)과 스스로 배우는(혹은 자기학습식) 해설기법(Seif-guided Program)으로 구분하고 있다(http://www.npa.or.kr/ee/interpre.htm).

이 두 가지 기법 중에서 보다 효과적이고 바람직한 자연해설 기법은 안내식 해설기법이라고 한다. 왜냐하면, 자연환경 안내인이 현장에서 탐방객과 대화를 나눌 수 있고, 일정한 프로그램을 갖고서 자연해설을 수행할 수 있기 때문이다. 효과적인 안내식 해설기법은 탐방객의 오감(五感)을 활용하여 탐방객으로 하여금 자연체험 프로그램에 적극적으로 참여하게 하는 것이다.

한 연구결과에 의하면 사람들은 일반적으로 그들이 들은 것의 10%를 기억하며, 그들이 읽은 것의 30%를 기억하고 그들이 본 것의 50%를 기억하며, 그들이 행한 것의 90%를 기억한다는 보고가 있다.

하지만 안내식 해설기법이 효과적이기는 하나, 이를 위해서는 많은 인적자원이 필요하며 그들의 교육훈련 및 연수 등에 많은 시간적, 경제적 비용이 소요되기 때문에 안내식 해설기법만으로는 효과적인 자연해설이 불가능할 수밖에 없다. 또한 일부 탐방객들은 안내식 해설기법을 원하지 않을 수도 있으며, 그들의 의사에 따라 원하는 곳을 자유로이 탐방하고자 할 수도 있다. 이러한 이유로 안내식 해설 방식의 단점을 보완하여 스스로 배우는 해설 방식이 함께 이용될 수 있다.

제1절 안내식 해설기법

탐방객들을 대상으로 자연환경 안내인이 직접 설명하는 방법으로, 자연환경 안내인이 설명하고자 하는 자연 대상에 대하여 직접 탐방객과 대화하고 교감(交感)함으로써 스스로 배우는 해설기법보다 효율적이다. 하지만 많은 인적자원과 관리, 교육 등에 대한 재정적인 부담이 따르게 된다.

(http://www.npa.or.kr/ee/interpre.htm)

1) 탐방객센터(Visitor Center)를 이용한 자연해설

자연공원 혹은 자연휴양림 등지의 탐방객센터 내에서 간단한 유인물이나 혹은 슬라이드 등을 이용하여 안내해 주는 서비스를 제공하는 방법으로 주로 공원의 입구 혹은 매표소 등에 위치하며, 그 공원의 자연자원, 문화자원 등에 대해 탐방객이 간접적으로 경험할 수 있도록 전시 및 해설을 하는 시설을 말한다.

그림 1. 숲 해설가에 의한 자연체험 (국립수목원)

2) 이동식 자연해설 기법

자연환경 안내인이 해설 대상지역을 이동하며 해설하는 방법으로 흔히 박물관에서 가이드(guide)가 방문자를 이동시키면서 설명해 주는 것과 같이 자연환경 안내인이 탐방객들을 해설하고자 하는 자연 현장으로 함께 이동하면서 해설하는 방법을 가리킨다.

그림 2. 국립수목원 탐방객 안내 센터

3) 거점식 자연해설 기법

탐방객이 밀집하는 지점(유명한 경관이나 자연·문화자원이 위치한 곳)에 자연환경 안내인을 배치하여 안내 서비스를 제공하는 방법이다.

4) 역사적 사실의 재연 기법

문화적, 혹은 역사적인 것의 경우 이를 재연하여 보여 주는 서비스를 제공하게 된다. (예: 민속촌, 국립중앙민속박물관 등)

제2절 스스로 배우는 해설기법

스스로 배우는 해설 기법이란 해설을 위한 매체들 즉 안내해설판, 팜플릿, 리플릿, 음성기기 등을 이용하는 방법으로, 자연환경 안내인이 없는 상황에서 특수한 경관, 특별한 생태계 요소, 문화적 자원 등에 관하여 탐방객 스스로 읽어보거나 듣고 그 내용에 대하여 이해할 수 있도록 관련 매체를 제공하는 방법을 가리킨다. 이러한 해설기법에는 주로 다음과 같은 방법들이 사용된다.

1) 스스로 배우는 탐방로

자연 산책로 또는 자연 관찰로 상에 해설하고자 하는 자연 대상물에 말뚝번호를 표시해 두고, 그 자원에 대한 안내 팜플렛을 제공함으로써, 탐방객이 자연 산책로를 따라 이동하면서 번호가 표시된 곳에 다다르면 산림체험 안내서 등을 통해 나무와 숲, 그리고 임업 등에 대해 스스로 배울 수 있도록 마련되어 있는 방법이다.

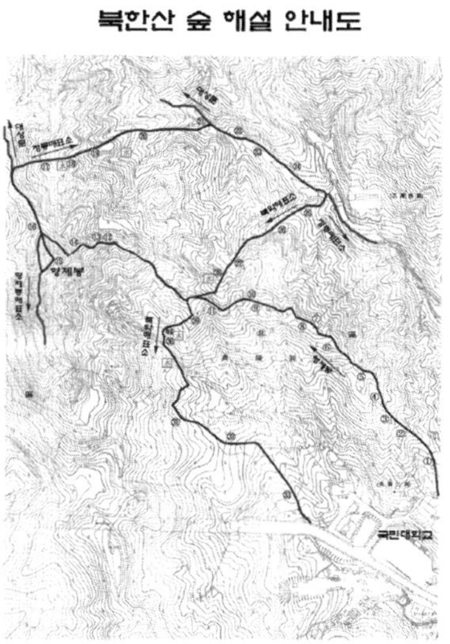

그림 3. 국민대 교양과목 북한산 녹색자습에 사용되는 숲 해설 탐방 코스

2) 안내해설판 관찰로

자연 산책로 또는 관찰로 상에 존재하는 생물이나 자원에 대한 안내해설판을 설치하는 방법이다.

그림 4. 안내해설판의 사례

3) 음성기기 및 전자장비 이용방법

녹음 테이프나 라디오 등 전자장비를 이용하는 방법이다. (예: 박물관)

제5장 자연해설과 시설

이 소절에서는 자연해설에서 가장 중심적인 기능을 갖는 시설물이라 할 수 있는 탐방객센터를 중심으로 다양한 산림체험 프로그램을 제공하는 데 있어 탐방객센터가 담당하는 역할을 비롯해 바람직한 탐방객센터 계획을 위해 고려해야 할 사항들을 설명하였다. 주로 이 부분은 "아름다운 국립공원(매거진)"에 실린 대구대학교 산림자원학과 이주희 교수(1995)의 글 가운데 일부를 발췌하여 다소 보완한 것이다.

그 동안 우리나라의 국립공원에서 자연해설을 위한 시설이나 프로그램이 거의 없었으나, 최근에 들어서 그 중요성을 인식하기 시작하여 주왕산국립공원과 지리산국립공원에 탐방객 센터를 세운 것은 바람직한 일이라 할 수 있다. 하지만 이러한 시설이 과연 무엇을 제공하기 위해서 세워졌는가는 국립공원의 목적과 연계하여 생각을 해보아야 할 것이다. 현재 우리나라 국립공원의 목적은 자연공원법에 근거하여 "자연풍경지를 보호하고 적정한 이용을 도모하여 국민의 보건, 휴양 및 정서 생활에 기여한다"라고 되어 있다.

탐방객센터가 국립공원의 임무를 수행하는데 기여하는 사항은 첫째, 국립공원 탐방객에게 국립공원의 가치를 인식시키는데 있으며, 이것이 곧 지구의 건강하고 건전한 생태계를 이루는데 도움을 준다는 사실을 인식시키는데 있다. 둘째, 탐방객들에게 다양한 수준의 교육적, 문화적 레크리에이션의 혜택을 제공함과 동시에 국립공원의 생태계를 보호하기 위한 탐방객의 적극적인 활동을 유도시키는 역할을 한다. 셋째, 국립공원 탐방객에게 국립공원을 이용하는데 필요한 정보를 제공하는 Information center의 역할을 하기도 한다.

이미 미국에서는 1889년 Enos A Mills에 의해서 지금의 Rocky Mountain 국립공원에서 자연해설이 이루어졌으며, 그 이후에도 Yellowstone(1898), Yosemitte (1904), Mount Rainier(1913) 등지에서 시행되어지고, 자연해설을 위한 수단으로 탐방객 센터가 세워졌다. 탐방객센터에서의 자연해설 프로그램의 개발과 시행은 미국의 모든 국립공원과 주립공원 등에서 이루어지고 있으며, 산림청, 미공병대 휴양관리국 등에서 그 중요

그림 5. 〈사진〉 미국 와싱턴주 세인트 헬렌 화산지구의 Forest Learning Center

성을 인정받아 이들 기관에서는 의무적으로 제공하여야 하는 서비스로 다양한 프로그램들이 개발, 적용되고 있다.

국립공원 탐방객들에게 제공되어지는 자연해설은 그들의 인지(認知)적인 측면과 정서(情緒)적인 측면에 영향을 주고자 하는 것이다. 인지적이라는 것은 탐방객들의 지적인 면에 호소하는 기능(인지적 교육)을 포함하고 있으며, 정서적이라는 것은 지식전달과 체험을 통하여 탐방객들의 느낌 또는 감성적인 측면에 호소하는 것(감수성 교육)이다.

자연해설 프로그램을 제공하는 시설로서 탐방객센터와 같은 종합안내시설들은 북미 및 유럽에서는 이미 보편화가 되어 있으며, 우리나라에서도 우선적으로 설치되어야 할 시설로 받아들여진다.

제1절 자연해설을 위한 탐방객센터의 계획과 디자인

우리나라의 국립공원 등지에서 설치되어야 할 바람직한 탐방객센터는 단순히 정보만을 제공하는 것뿐만이 아닌, 탐방객의 감성을 움직일 수 있어야 하고, 이러한 감수성(感受性)의 변화가 자연을 보호하는 활동의 참여로 변하게 할 수 있는 프로그램이 되어야 한다.

탐방객센터에서 제공되어지는 자연해설 프로그램들은 어떻게 계획되고 디자인되어져야 하는가에 대해서는 다음과 같은 요소들을 필수적으로 고려하여야 한다.

1) 자연해설 프로그램의 시나리오와 국립공원의 임무에 대해 관심과 흥미를 이끌어 낼 수 있는 계획과 디자인이어야 한다.
2) 세심한 전시물과 전시기법을 통하여 국립공원의 자원관리에 대해 이해할 수 있도록 도움을 줄 수 있어야 한다.
3) 탐방객에게 자원보호에 있어서 그들의 역할을 이해할 수 있도록 도움을 줄 수 있어야 한다.
4) 탐방객에게 국립공원의 자원을 안전하게 이용할 수 있도록 한다.
5) 지역 주민과 관광객을 대상으로 국립공원 자원의 마케팅 전략을 세우는데 도움이 될 수 있는 계획과 디자인을 개발하여야 한다.

제2절 탐방객센터의 개념

탐방객센터란 무엇이며, 그 기능 및 바람직한 위치와 기본시설, 그리고 탐방객센터에서 제공할 수 있는 기본적인 정보와 정보전달과정에 대하여 알아보고자 한다.

탐방객센터는 탐방객들을 위한 공공건물로서 공원의 행정 또는 관리를 위한 건물, 공원 박물관, 공원 본부, Nature center 또는 Information center 등으로 불리고 있다. 본래 탐방객센터란 현대적인 박물관을 의미하는 경향이 많은데 그 이유는 내부의 구조가 전시공간, 공연장, 실험실, 도서관, 서점, 직원들의 사무실, 화장실, 취수대, 그리고 공원에 대한 자료를 무료 또는 유료로 제공하는 곳 등이 갖추어져 있기 때문이다. 탐방객센터는 국립공원이나 자연휴양림 등을 찾은 탐방객에게 공원의 생태적, 문화적 자원을 소개하고 그 가치를 인식케 하는 장소가 되며, 이곳에서 얻은 정보 및 가치를 실제의 생활에 적용할 수 있는 교육과정이 포함된 종합적인 자연해설이 제공되는 장소이다.

탐방객 센터에 대한 기본계획에는 자연환경 안내인을 비롯해 건축가, 토목가 그리고 조경가 등 관련 전문가들에 의해 계획되어야 할 것이다. 그러나 탐방객센터를 계획하는데 있어서 기본적인 개념과 디자인을 위한 정보는 자연환경 안내인의 프로그램과 이에 수반하는 시설물에 대한 계획이 어느 정도 정립되어진 후에 건축, 토목, 그리고 조경 등의 분야가 함께 참여하는 과정이 보다 바람직하다.

제3절 탐방객센터의 일반적 기능

탐방객이 공원에 도착한 즉시 방문하는 곳으로서, 우선 화장실과 취수대 시설을 갖춤으로서 기본적인 편익을 제공하고 방문지에 대한 기본적인 정보를 제공하며, 또한 다양한 산림체험에 참여할 수 있는 프로그램과 시설을 제공함으로써 공원의 자연적, 역사적 특징과 정보, 방문시 지켜야 할 규칙과 환경교육의 장(場)으로서의 역할을 한다. 이러한 기능들을 정리해보면 다음과 같다.

1) 탐방객을 환영하는 기능
2) 방문지가 친숙하도록 도움을 주는 기능
3) 방문지의 가치에 대하여 느끼도록 하는 기능
4) 탐방객의 필요성을 충족시키는 기능
5) 탐방객에게 자연해설을 하는 기능

제4절 탐방객센터의 위치

1) 탐방객센터의 위치 설정은 우선 경관이 좋고 역사적, 문화적인 자원이 있는 가까운 곳에 설치함으로써, 자연해설이 용이하게 이루어져야 한다는 주장이 있는 반면, 자연적 경관과 거리를 둠으로써

자연환경의 파괴를 막을 수 있으며, 인공적인 건물과의 부조화를 막을 수 있다는 주장이 있다. 여기서 중요한 것은 탐방객의 편의와 많은 탐방객들이 참여할 수 있는 시설이 되어야 한다는 것이며, 이와 함께 자연경관의 훼손을 최소화 할 수 있는 장소에 자연친화적으로 설치가 되어야 한다는 것이다.

2) 접근로와 주차공간의 위치, 주위와의 대비를 이용한 세심한 설계로 탐방객센터 건물 자체가 눈에 거슬리지 않도록 하여야 하며, 경관이 수려하지 않은 곳이더라도 많은 탐방객들을 이끌어 낼 수 있도록 하여야 한다.

제5절 탐방객센터의 기본시설

1) 화장실과 취수대

화장실과 취수대는 모든 탐방객센터의 필수시설이다. 이 두 시설은 탐방객센터의 내부와 외부에서 동시에 접근이 가능하도록 함으로서 안내소가 닫혀있을 때에도 사용이 가능하도록 하는 세심한 배려가 필요하다.

2) 로비

탐방객이 들어섰을 때 환영받고 있다는 분위기가 조성되어야 하며, 내부공간이 개방되어져 있어야 한다. 눈에 쉽게 띄는 장소에 안내 창구(Information desk)와 공원의 안내자료 및 소책자를 비치하여 놓는 공간도 필요하다. 로비의 면적은 일일 평균탐방객수의 최대치를 수용할 수 있을 만큼의 공간이어야 하며, 계절별 탐방객수의 변화에 따라 그 크기를 조절할 수 있는 공간형식을 갖는 것이 바람직하다. 일반적으로 1인당 0.9 - 1㎡ 정도의 규모가 적당하다.

3) 전시공간

전시공간은 탐방객들이 나무와 숲 전반에 흥미를 가질 수 있도록 공간 배치가 이루어져야 하며, 너무 세분되지 않도록 한다. 통로가 좁아서 통행에 불편이 없도록 해야 하며, 전시공간은 로비와의 연속적인 연결이 이루어지도록 함으로써, 자연스럽게 탐방객을 유도할 수 있도록 한다. 이와 함께 적절한 실내장식과 조명시설을 갖춤으로써 심신이 지쳐있거나 산림(자연)에 대해 흥미를 갖고 있지 못한 탐방객들에게 전시 공간에 대한 흥미를 이끌어 낼 수 있도록 한다. 전시시설은 시계방향으로 순환할 수 있도록 하는 것이 바람직하며 자연해설의 테마별로 계획적이고 논리적인 순서의 전시시설이어야 한다.

4) 강당

비디오나 슬라이드를 이용하여 탐방객들에게 자연해설을 제공할 수 있는 장소로서 매우 효과적으로 이용되나, 설치비용이 많이 든다는 단점을 갖고 있다. 강당을 만드는 데는 일반적으로 일인당 0.9㎡ 정도의 공간이면 좌석과 통로를 제공하기에 충분하다.

제6절 탐방객센터에서 제공할 수 있는 정보

탐방객들은 다양한 자연해설 프로그램 이외에 여러 종류의 정보를 요청해 올 수가 있다. 이를 위하여 다음과 같은 기본적인 정보를 준비하는 것이 필요하다.

1) 응급 상황시 필요한 시설의 주소와 전화번호 : 경찰서, 소방서, 구급차, 병원
2) 자연해설 프로그램의 일정
3) 그 지역의 자연적, 문화적 역사, 주요 동식물에 대한 정보, 자연해설 프로그램 교재
4) 인근 지역의 관광 정보
5) 계절별 기후
6) 음식점과 숙박시설에 대한 정보
7) 교통편에 관한 정보
8) 주유소 및 자동차 수리를 할 수 있는 곳
9) 기타 편의시설 : 은행과 현금자동지급기가 설치되어 있는 곳, 일회용 카메라와 필름을 구입할 수 있는 곳, 기념품을 구입할 수 있는 곳 등

제6장 자연해설과 도구

자연체험 프로그램을 진행하다 보면 프로그램에 따라 여러 가지 준비물(도구)을 필요로 하게 된다. 자연해설에 기본적으로 필요한 도구들에서부터 자연채집 및 표본제작에 필요한 도구, 야외활동시 요긴하게 쓰이는 도구 등 프로그램의 성격과 내용에 따라 다양한 도구들이 사용된다. 따라서 자연환경 안내인은 항시 자연해설에 임하기에 앞서 사전에 프로그램을 충분히 검토하여 자연해설에 필요한 도구들을 체

크하도록 하고, 필요시에는 참가자들에게도 개인 도구들을 준비할 수 있도록 적절한 조처를 할 필요가 있을 것이다.

이 소절에서 소개하는 자연해설 도구들은 주로 "インタープリテーション入門 : 自然解說 技術ハンドブック"(キャサリーレニエ 等, 日本環境教育フォーラム 監譯, 1994)에서 발췌, 정리한 것이다.

☞ **자연해설에 가장 필요한 기본적인 도구 10가지**

1) 쌍안경과 망원경
2) 카메라, 필름, 렌즈, 훨터, 기타 카메라 관련 액세서리
3) 일반 돋보기와 전문가용 돋보기
4) 방수 노트
5) "자연환경" 전반에 관한 안내 책자(해설서) 및 그 지역에 대한 안내서
6) 과제 카드
7) 끈
8) 작은 비닐 봉지
9) 큰 비닐 봉지
10) 구급용 킷트(소형)

☞ **시점(視點)을 바꾸어 보다 깊은 이해와 인식을 하기 위한 도구**

11) 참고문헌 목록 카드
12) 사진
13) 별자리 관찰 도감
14) 구름 설명도
15) 물안경
16) 지도
17) 회중전등
18) 포켓 거울

☞ **자연채집 및 표본제작에 필요한 도구**

19) 표본 통, 채집 통
20) 샤알레, 종이컵
21) 하얀 용기 또는 하얀 천
22) 점착성이 있는 비닐 화일

23) 표본 제작용 소도구

☞ **그 밖의 도구들**

24) 핀셋

25) 줄자

26) 생장추(수간에 구멍을 뚫어 수목의 생장을 조사하는 도구)

27) 온도계

28) 하얀 천과 목탄

29) 노출계

30) 석고와 성형판

31) 포스트 잇

32) 다 쓴 칫솔 또는 브러쉬

33) 광석 표본 상자

34) 분무기

35) 그물 망

36) 녹음기

37) 길이 2.5 미터 정도의 줄

38) 작은 원예 삽

39) 곤충채집용 채

40) 빨간색 셀로판지

41) 집음 마이크

42) 망치

☞ **있으면 도움이 되는 도구들**

43) 포켓용 나이프

44) 리트머스지 또는 토양 테스트 용지

45) 버섯 프린트를 위한 도구

46) 작은 포유동물 포획용 통

47) 다용도 지팡이

48) 고도계

49) 기압계

50) 공작용 점토

51) 슬라이드용 마운트

52) 풍속계

53) 수채화 도구

54) 표본

55) 살아있는 동물

56) 휠터

57) 접착 테이프

58) 훌라후프

59) 명찰

60) 등산용 자켓

☞ **야외에서 잊어서는 안 되는 물건들**

61) 수통

62) 휴대용 시리얼

63) 시계

64) 천조각

제7장 재미있고 흥미롭게 지도하는 해설기법

현장에서 프로그램 참가자들에게 보다 재미있고 흥미롭게 지도하기 위해서는 자연해설에 대한 충분한 경험을 바탕으로 체득된 노하우와 이러한 기법을 좀 더 발전시켜 나가기 위한 부단한 자기 연마와 연구가 필요하다. 이 소절에서는 산림체험 참가자들을 안내하며 자연에 대한 해설을 할 때 기본적으로 고려하여야 할 사항들에 대해 설명하고자 하며, "森林インストラクター入門"((社)全國林業改良普及協會, 1992) 및 "インタープリテーション入門 : 自然解說 技術ハンドブック"(キャサリーレニエ 等, 日本環境教育フォーラム 監譯, 1994)의 내용 가운데 일부를 참고, 보완하여 정리하였다.

제1절 가르치는 법과 이야기하는 법의 기본자세

1) "일방적으로 가르친다"는 것이 아닌 "상대방에게 막대한 영향을 미친다"는 자세로 임할 필요가 있다.

가르친다고 하는 행위는 말을 통해 지식을 전달하는 것 뿐으로 생각하기 쉽지마는 실제로는 그렇지가 않은 것이다. 교육은 인간이 인간들에게 영향을 주는 행위라는 것을 반드시 기억할 필요가 있다. 인간이 인간에게 미치는 영향은 무궁무진하며, 역사상에 등장하는 위대한 인물들을 보더라도 주위 사람들에게서 크고 작은 영향을 받으며 성장하였던 것을 알 수가 있다.

우리가 누군가에게 무언가를 가르치는 입장이 되었다고 생각해 보자. "무엇을 가르쳐야만 할 것인가" 하는 강박 관념에 사로잡히게 되면 내용에만 치중하게 되고 그러다 보면 학습내용을 일방적으로 전달하는 데에 머무르고 말 것이다. 이러한 형태로는 상대방의 생각을 귀담아 들을 수가 없을뿐더러 교육 본래의 의도를 달성할 수가 없는 것이다.

매력있는 강의로 만들어 가기 위해서는 무엇을 가르칠 것인가가 아니라 참가자에게 어떠한 영향을 부여해 갈 것인지를 고민하는 것이 중요하며, 이것이 교육의 원점이라고 볼 수 있다. 가르친다고 하는 것은 상대방의 모자라는 점을 보충하고 교정해 가는 것으로 생각하기 쉬우나 실상은 그렇지가 않으며, 상대방을 어떻게 하면 보다 자연과 교감(交感)할 수 있는 전인(全人)적인 존재로 이끌어 갈 수 있는지를 강구하는 자세가 필요하다.

2) 화제에 대해 흥미를 갖도록 하는 것이 우선과제이다.

어린이들은 무엇이든 흥미를 느끼려 하지만 어른들이 그 흥미를 깨뜨려 버리고 마는 일이 우리 주위에는 허다하다.

예를 들어, 어느 날 한 어린이가 하얀 분필을 잘라 개미에게 주고 있었다. 틀림없이 그 아이는 예전에 백설탕을 주었더니 개미가 모여들었던 것을 기억하고 하얀 물건에 개미가 모여드는 것으로 생각하여 나름대로의 흥미를 가지고 실제로 실험을 행하고 있었던 것일 게다. 이 때 곁에서 지켜보던 한 어른이 "그런 물건에는 개미가 안 모이지"라고 잘라 말한다면 그 어린아이는 그것으로 개미에 대한 흥미를 잃어버리고 말는지도 모른다.

반면에 "설탕이 하얗기 때문에 개미들이 모여드는 것이 아니라 설탕 속의 단 성분 때문에 개미가 몰려드는 것이란다. 달기만 하다면 검은 색을 띠는 물건(예: 흑설탕)에라도 개미는 몰려들지 않겠니"라고 이야기 해주는 것은 어떨까. 아이는 다른 색깔들에는 과연 어떠한 반응을 보일런지 호기심을 가지게 되지 않을까.

피교육자가 흥미를 잃지 않고 더욱 흥미를 느낄 수 있도록 해주는 것이 바로 교육의 역할이라고 볼 수 있다. 그 이후는 본인이 스스로 탐구하고 공부를 하려고 할 것이다. 어떠한 식으로 흥미를 유발시킬 수 있을지를 생각하지 못하고 단지 지식을 전달하는 작업에만 머무르기가 쉬운데, 지식을 전달하는 일이 상대방에게 흥미를 부여하는 일과 별개로 이루어진다면 지식이라고 하는 것은 무의미한 것이 될 것이다.

3) 사전에 빈틈없는 준비를 한다.

대도시에 사는 어린이들 중엔 통나무로 만든 책상을 만져보는 일에 주저하거나 산에서 밤하늘의 별을 보고서 기분이 오싹하다고 생각하는 이들이 있을 것이다. 하지만 가르치는 사람의 입장에서 다양한 계층의 어린이들이 있다는 것을 사전에 숙지해 둘 필요가 있다.

우선 대상을 파악한 뒤 참가자들의 산림체험 수준이 매우 부족하다고 판단되는 경우에는 언어로서의 전달뿐만이 아니라 프로그램들 속에 보다 많은 체험학습의 기회를 부여할 필요가 있을 것이다. 예를 들어 대도시에서는 살아있는 생물들과 직접 접할 기회가 적기 때문에 이들에게 실제로 개구리를 만져보게 하거나 나뭇가지로부터 생성되는 수액(樹液)을 직접 느껴보게 하면서 한가지 한가지씩 자연의 모습을 이해할 수 있도록 해야 한다. 여기서 문제는 어떠한 방법을 통해 산림(자연)과 접촉하도록 하였을 때 보다 나은 교육적 효과를 기대할 수 있는 것인지에 대해 강구할 필요가 있다.

제2절 화술을 증진시킨다.

1) 종합적인 능력을 배양한다.

어떤 사람과 접할 때에 상대방과 이야기를 통해 서로간에 영향을 미치게 된다. 이러한 영향력을 '화술(話術)'이라고 한다. 하지만 화술이라고 하는 것은 언어를 통한 의사소통으로서만이 아니라 어느 한 사람을 나타내는 종합적인 능력이라고 볼 수 있다.

화술을 구성하는 기본 요소들로는 다음과 같은 것들이 있다.

가. 마음가짐

어떠한 마음가짐으로 상대방을 대하는가는 화술의 가장 기본적인 요소라 할 수 있으며, 상대방과의 관계 또는 이야기 속의 분위기를 결정하는 기준이 되기도 한다.

나. 말하는 내용

말하고자 하는 내용을 풍부히 하기 위해서는 많은 정보를 갖추는 것이 필요하다. 전문지식도 물론 중요하지만 전문지식만으로는 화제에 흥미를 가질 사람들이 극히 제한될 수밖에 없기 때문에 전문지식과 결부시켜 관련 지식을 폭넓게 넓혀 갈 필요가 있을 것이다.

다. 대처 능력

상대방이나 장소, 내용 등에 맞추어 이야기를 하는 방법이나 듣는 방법을 달리 할 필요가 있다. 또한 상대방에게 전달하고자 하는 내용을 가장 잘 설명할 수 있는 전달법을 택하여야 한다. 이를 위해서는 자주 여러 사람들 앞에서 이야기를 해 보는 경험이 필요하다.

2) 화술과 대인관계

가장 중요한 포인트는 상대방을 무시하지 않는 마음가짐이다.

특히 경험이 없는 초심자들을 따뜻하게 대하는 자세가 중요하다. 자신에게 이득이 되는 경우에만 상대방을 존중하는 자세는 참다운 인간관계를 유지하기가 어려운 것이다. 항시 상대방의 입장을 충분히 고려하며 이야기를 진행해 나간다면 어느 곳에서나 원만한 대인관계를 유지할 수가 있을 것이다.

3) 인사와 답례의 중요성

사람들과의 만남에서 특히 유념해야 할 부분이 인사와 답례이다.

자신은 잘 기억하지 못하더라도 상대방은 자신에 대해 알고 있는 경우가 있으므로 자신과 관련이 있는 곳을 방문할 때에는 항시 인사와 답례에 신경을 써야 할 필요가 있다. 상대방이 어떠한 질문을 하고 싶어하는 기미가 느껴지면 이쪽에서 먼저 문의 사항이 있는지를 확인해 보는 것도 좋을 것이다.

4) 여러 사람 앞에서 이야기할 때 특히 유념해야 할 점들

가. 상대방에게 잘 들리게끔 이야기한다.

대중 앞에서 이야기를 할 때에는 가장 뒤에 앉아 있는 사람에게 이야기를 하고 있다는 마음으로 하면 될 것이다.

나. 사람들을 보면서 이야기를 하도록 노력한다.

자칫 이야기를 경청하는 사람들에게만 시선이 머무를 수가 있다. 가장 뒤편의 양끝과 가장 앞 편의 양끝에 있는 사람들에게 시선이 돌아갈 수 있도록 배려하는 자세가 필요하다.

다. 이야기를 들으면서 각자의 머릿속에서 이미지를 재연해 볼 수 있게끔 한다.

가능한 한 현실과 결부시켜 구체적으로 설명하는 것이 좋다. 예를 들어 어느 나무의 키를 설명할 때 단지 작다든지 크다고만 표현하는 것보다는 "몇 미터 정도의 높이를 가지고 있으므로 몇 층 정도의 건물 높이와 맞먹습니다"라는 식으로 구체적으로 알려주는 것이 내용을 이해하기에 용이할 것이다.

제3절 의사전달의 구성체계

1) 도입 단계 : 동기 유발

흥미를 유발하도록 하여 탐방객의 관심과 시선을 집중시킨다.

즉 도입부에 해당하는 이 단계는 크게 2가지 목적을 가지고 있는데, 참가자들에게 만족할 만한 산림 체험을 약속하는 것과 프로그램에서 제공하는 자연해설의 테마를 소개하는 것이다,

2) 문제제기 단계

무엇 때문에 이러한 화제를 도입하게 되었는지, 참가자 자신들과는 어떠한 연관성을 가지는지 등에 대한 의문에 해답을 제시해 주도록 한다. 다시 말해 이 부분은 도입부와 본 설명 부분을 연결하여 주는 단계가 된다.

3) 본 설명 단계

프로그램의 주요한 내용을 구체적인 사례를 들어가며 설명한다.

이 때 해설하는 정보는 너무 많은 분량이 되지 않도록 하여야 한다. 어느 심리학자의 연구 결과에 따르면 인간이 새로운 정보에 접할 때 이해력과 기억력을 최고로 발휘할 수 있는 시점은 정보의 종류가 7가지 이하일 때라고 밝히고 있다.

효과적으로 자연해설을 하기 위해서는 포인트 한가지 한가지를 어떠한 적절한 기법을 사용하여 참가자에게 구체적으로 전달할 필요가 있다. 소도구, 슬라이드 또는 다른 시청각 교재를 사용하여도 무방하며, 예를 들어 전래 동화라든지 연상 학습 등을 통해 이미지 연출을 하는 것도 가능할 것이다.

4) 마무리 단계

이제까지 설명하였던 내용을 요약하며 이 프로그램이 어떠한 의의를 가지고 있는지를 정리하며 상기시킨다.

제4절 전달 기법에 대한 고찰

1) 필요한 내용들만을 간추려서 말한다.

자연해설 프로그램에서 이런 저런 잡다한 내용들을 모두 설명하려고 하면 자칫 다른 주제로 흘러가기 쉽다. 해설하고자 하는 내용에는 추상적인 부분이 많은 편이다. 따라서 이야기를 전달할 때에는 이러한

내용들을 보다 구체적으로 또한 이해하기 쉽도록 전달하지 않으면 안 된다. 하지만 해설하는 내용들이 너무 많다보면 구체적으로 설명을 할 시간도 부족하게 되고, 어느 부분에 핵심이 있었는지를 판단하기가 어렵게 된다. 그렇기 때문에 프로그램의 가장 처음과 마지막 단계에서 가장 핵심이 되는 내용들을 간추려 피력할 필요가 있다.

2) 이야기를 듣는 상대방에게 맞추어 가도록 한다.

대화는 이야기를 하는 사람과 듣는 사람의 쌍방이 존재함으로써 성립하는 것이다. 쌍방의 사이에는 경험이나 관심의 대상 등 여러 가지 차이가 있게 마련이다. 따라서 상대방이 어느 정도의 자연체험 수준을 가지고 있고, 또한 어떠한 대상에 특히 관심과 흥미를 가지고 있는가를 올바로 파악하여 상대방이 이야기에 경청할 수 있도록 조절하는 노력이 필요하다.

3) 이야기의 순서를 정해 놓는다.

이야기를 해 가면서 지금부터는 어떠한 주제를 가지고 이야기를 할 것인지 미리 밝혀 두는 것이 좋다. 이야기를 풀어 가는 순서는 크게 다음과 같은 원칙 하에서 이루어지는 것이 바람직하다.

가. 자연의 순서

시간의 경과 또는 공간의 이동에 따른 순서에 맞추어 이야기를 이끌어 가는 것.

나. 인과 관계의 순서

원인과 결과의 관계에 의해 이야기를 이끌어 가는 것.

다. 전체에서 부분으로

전체적인 이야기를 하고 난 뒤 부분적인 이야기로 넘어가는 것.

라. 이미 알고있는 사실에서부터 잘 모르는 부분으로

현재 이미 알고있는 사실에 대한 이야기를 하고 난 뒤 잘 모르는 미지의 내용과 비교하며 이야기를 이끌어 가는 것. 이 때 비교하는 수법에는 유사한 부분을 강조하는 방법과 서로 다른 점을 부각시키는 대조 방법이 있다.

한편 일방적인 이야기나 설명의 형태보다는 항상 참가자들로부터 의견이나 질문을 수렴해 가는 자세가 필요하다.

제5절 화술에 있어 특히 유념해야 할 사항들

1) 손을 뒤로 감추지 말 것
2) 시선은 항시 상대방에게 둘 것
3) 가급적 전문용어를 사용하지 말 것
4) 원고를 외우는 듯한 인상을 주지 말 것
5) 자신의 체험담을 적극 활용할 것
6) 어느 낯 설은 지명에 대한 설명을 할 경우 상대방이 쉽게 이해할 수 있도록 배려할 것
7) 설명은 가능한 한 간단명료하게 할 것
8) 불필요한 설명은 과감히 제외시킬 것

제6절 상대방에게 호감을 얻는 방법

상대방에게 호감을 얻기 위해서는 이쪽에서 먼저 상대방에게 호감을 가질 필요가 있다. 참가자들에게 자연을 안내하는 입장에서도 자신이 참가자에 대한 호감을 제대로 지니지 못한 상태에서라면 좋은 해설이 이루어질 수 가 없는 것이다. 듣는 이에게 호감을 얻기 위한 몇 가지 방법을 소개하면 다음과 같다.

1) 상대방에 대해 깊은 관심을 갖는다. 상대방에게 먼저 미소를 띄우며 인사를 하는 것도 한 방법이 되겠다.
2) 상대방의 이야기에도 귀를 기울일 줄 알아야 한다.
   예를 들어 어린이들을 대상으로 프로그램을 진행할 경우, 전혀 엉뚱한 질문을 해 올 때가 있다. 이때 "그런 것도 모르면 되는가"라는 식으로는 상대방과 함께 동화되기가 어렵다. 상대방이 어떠한 보잘것없는 질문을 해 오더라도 진지하게 들어주는 자세가 중요한 것이다.
3) 상대방의 장점을 찾으려는 노력이 필요하다. 예를 들어 완고한 성격을 결점으로 보는 것이 아니라 신념을 지니고 있는 것으로 보는 등 생각과 발상의 전환이 요구된다.
4) 긍정적인 사고방식을 갖는 것이 필요하다. 어떤 일이 잘 이루어지지 않더라도 낙담하지 않고 한가지씩 해결해 가려고 하는 마음가짐이 중요한 것이다.
5) 상대방의 이름을 기억하려는 노력이 뒤따라야 한다.
   이러한 몇 가지 노력들과 더불어 자기 자신이 상대방의 입장이 되어 생각하려는 자세 즉 역지사지(易地思之)의 태도가 갖추어질 때 참 교육이 가능한 것이다.

제7절 재미있게 가르치는 해설 기법의 실제

1) 가까운 일화를 사례로 든다.

프로그램의 참가자들에게 이야기를 재미있게 이끌어 가기 위해서는 자기 자신 또는 다른 사람이 실제로 체험하였던 다양한 경험담을 충분히 체득해 두었다가 적절한 때에 활용할 수 있는 테크닉이 요구된다. 예를 들어 숲 속에 사는 동물에 관한 설명을 할 때 그 동물들이 주로 먹는 먹이와 동물들의 유형에 따른 분비물의 특징 등 실제적인 사례들을 통해 동물의 생활상을 보다 이해하기 쉽게 전달 할 수가 있을 것이다.

2) 참가자들도 적극적으로 참가시킨다.

일방적인 주입식의 강의 형태가 아니라 함께 대화를 통해 이야기를 전개해 나갈 수 있도록 하는 것이 바람직하다. 예를 들어 "이 가지를 만져 보십시오. 자, 어떤 냄새가 나지요." 또는 "이 열매에서 무언가 색다른 점이 느껴지십니까. 한사람씩 직접 살펴보고 말해 보시겠습니까" 등 참가자들이 프로그램에서 주도적인 역할을 할 수 있도록 한다.

3) 감정을 이입시켜 가며 진행한다.

원고를 읽는 듯한 인상은 지양(止揚)해야 하며, 자연환경 안내인의 마음으로부터 우러러 나오는 이야기나 설명을 할 때 비로소 상대방을 감동, 감화시킬 수가 있는 것이다.

제8절 바람직한 자연해설을 위해 지켜야할 준수사항

1) 시간적으로 여유를 가지고 현장에 도착하도록 해야 한다.
2) 프로그램 참가자들과 친숙해지도록 노력한다.
3) 되도록 정해진 시간에 맞추어 진행을 이끌어 가도록 한다.
4) 지나가면서 참가자들이 주위를 둘러보는 시간도 충분히 배려하도록 한다.
5) 출발 지점으로부터 보이는 범위에 첫 해설 지점을 설정한다.
6) 항상 리더십을 발휘할 수 있어야 한다.
7) 프로그램 참가자가 프로그램을 통해 불쾌한 생각을 가지지 않도록 한다.
8) 자연환경 안내인은 반드시 자연해설의 대상이 되는 사물을 지나가고 나서 다시 참가자 그룹의 가운데로 되돌아 와서 해설을 한다.

9) 큰 목소리로 이야기를 하면서도 억양을 조절할 필요가 있다.

10) 예정된 시간에 맞추어 프로그램을 끝마칠 수 있도록 한다.

11) 해당 자연해설에 필요한 소도구들을 미리 준비하여 가지고 다니도록 한다.

12) 자연환경 안내인은 항시 참가자들이 프로그램에 몰입할 수 있도록 힘쓴다.

13) 프로그램의 끝마무리가 잘 이루어 질 수 있도록 한다.

14) 자신이 진행하고 있는 프로그램이 자연을 파괴하고 있는 것은 아닌지를 재확인할 필요가 있다.

제8장 자연해설을 위한 교재의 제작 및 이용

자연환경 안내인이 참가자들에게 전달할 수 있는 정보의 양은 제한되어 있기 때문에 이를 보완할 수 있는 수단으로 교재 혹은 안내서를 적극 활용할 필요가 있다. 자연환경 안내인의 현장 활동에는 산림이나 임업 전반에 관한 일반적인 해설 내용과 더불어 자연관찰 또는 삼림욕, 임업체험, 네이쳐게임(자연놀이), 레크리에이션 활동 등을 통해 지역 사회의 산림과 임업 그리고 산촌사회의 모습을 전달하는 책무를 가지고 있기 때문에 일반론적인 교과서 이외에 직접 프로그램을 진행하는 현장에서 활용 가능한 보다 구체성을 가진 실전 교재가 필요한 것이다. 이 소절은 주로 "森林インストラクター入門"((社)全國林業改良普及協會, 1992)의 내용 중에서 일부를 참고, 보완하여 정리한 것이다.

제1절 교재 제작에 있어서의 중요 요소

1) 활동목적 및 내용

자연환경 안내인의 활동 영역은 상당히 넓다. 따라서 자연관찰이나 임업체험, 산림레크리에이션 등의 다양한 프로그램들에 있어 각각의 분야에서 요구하는 내용들을 단 한 권의 교재에 담는다는 것은 현실적으로 매우 어려운 일이다. 왜냐하면 그만큼 정보의 밀도가 낮아질 수밖에 없기 때문이다. 결국 각 프로그램의 내용이나 목적에 맞는 세부 교재들을 만드는 것이 교육 효과를 더욱 높일 수 있을 것이다.

2) 지역성

일반 교재에서는 구체적으로 설명하기 어려운 분야에 대해 그 지역의 특성을 살린 고유의 정보를 제공한다면 특색있는 교재를 제작할 수 있을 것이다. 특히 자연환경 안내인의 현장 활동을 보게 되면 동식물, 지형, 기후 등 자연환경에 관한 지식과 산촌 지역의 실상 등 지역성을 갖는 정보가 많은 부분을 차지한다.

따라서 어느 지역의 안내 현장에 관한 정보를 수집, 정리하여 한 권의 교재로 만들게 되면 그 지역의 특성을 살린 귀중한 자료가 될 수 있을 것이다. 예를 들어 어떤 특정한 지역에 대한 임업발달의 역사라든지, 산림자원 관리에 공헌한 사람들의 인물사 등을 소개한 교재는 그러한 분야에 관심을 지닌 독자들의 흥미를 가져옴은 물론 그 자체로서도 가치있는 자료가 될 수 있을 것이다.

3) 대상

여기서 대상이라 함은 제작한 교재를 실제로 사용하는 독자들을 가리키며, 이것은 자연환경 안내인이 지도하는 프로그램 참가자와도 거의 일치한다고 볼 수 있다.

일반적으로 프로그램의 대상을 초등학생이나, 중고등학생, 대학생 등으로 제한하면 보다 치밀한 정보를 제공할 수가 있을 것이다. 반면에 특정한 제한을 두지 않는, 즉 일반인을 대상으로 하는 경우에는 무엇보다도 이해하기 쉽도록 만드는 것이 중요하며, 내용상으로는 일반적이고 총체적인 내용이 되기 쉽다.

따라서 기본적으로는 참가 대상을 세분화하여 설정하는 것이 교재의 내용을 보다 구체화시킬 수가 있는 방법이기도 하다. 이러한 구분에는 연령층에 따른 구분이 가장 일반적인 구분 방법이라 볼 수 있으며, 이 때 상대방의 논리사고능력이라든지 지식 수준, 관심사 등을 검토하여 교재의 내용이나 표현방법 등을 조정할 필요가 있을 것이다.

제2절 자연해설을 위한 교재 제작시의 주요 검토사항

1) 제작 목적

자연관찰 프로그램인지 산림레크리에이션인지, 그렇지 않으면 임업체험인지 어떠한 프로그램을 위한 교재 제작인지 그 목적을 명확히 한다면 거기에 맞추어 필요로 하는 교재의 내용들도 바로 결정될 수 있을 것이다. 이를 위해서는 각 프로그램의 해설 목적에 초점을 맞추어 목적별로 제작하는 것이 효과적이다.

2) 대상

이 항목은 전술한 "대상"에서 소개한 내용과 중복된다고 볼 수 있다. 단, 편집, 제작 단계에서 설정한 대상과 실제로 현장에서 그 교재를 사용하게 되는 대상이 반드시 일치하게 되는 것만은 아니라는 점을 기억할 필요가 있다.

3) 제작 체계

교재의 제작 체계는 재정부문과 제작부문으로 나누어 생각할 수 있다. 재원(財源)의 정도에 따라 제작 체계 및 교재의 내용이 제약을 받게 되므로 제작 예산 및 자금 관리 체계는 사전에 명확히 해 둘 필요가 있다. 한편 제작부문에는 발행인, 저자, 편집 담당자, 편집 협력자 등이 관여하게 되는데 일반도서의 제작과는 달리 기획·입안, 자료수집, 원고작성 등의 단계에 있어 그 지역의 도우미들의 협조가 절대적으로 필요하다.

4) 체재

교재의 사이즈, 분량, 단색 또는 컬러인쇄 등을 가능한 한 예산과 프로그램의 성격에 맞추어 제작하도록 한다.

5) 제작일정, 발행시기, 발행부수

원활한 교재 제작 작업의 진행을 위해서는 개략적인 발행시기 및 원고 마감일 등을 각각 정해 놓고 추진하는 것이 작업을 효율적으로 이끌 수가 있다.

6) 교재 배포방법

교재의 성격상 출판물의 유통 형태를 통하지 않고 관련된 프로그램이 있을 때에 현장에서 직접 배부되는 경우가 일반적이라 볼 수 있다. 이 때 교재를 유상으로 할 것이지 아니면 무상으로 할 것이지를 결정할 필요가 있는데, 여기서는 유상일 경우의 유리한 점을 생각해 보도록 하겠다.

교재 제작을 위한 재정적 지원이 가능하다는 점과 일반적으로 무상으로 받은 교재보다 유상인 경우 교재에 대한 열의와 소유 의식을 갖게 되는 경향이 많다는 점을 들 수 있다.

7) 편집방침

발행목적 및 대상과 더불어 교재 제작상의 중요한 요소는 편집방침이라고 할 수 있다. 편집방침에는 크게 교재의 내용에 관한 것과 교재의 구성, 레이아웃 등 표현방법에 관한 것으로 구분하여 고려하는 것이 바람직하다.

8) 구성 (목차)

목차를 세우게 되면 교재를 처음 대하는 이들에게 전체적인 교재의 내용을 보다 이해하기 쉽도록 나타내어 준다.

제3절 편집기술

교재 작성에 필요한 여러 가지 기술적 사항들은 국내에서 현재 사용되고 있는 워드프로세서들(아래아 한글, 훈민정음, MS Word 등)의 사용법을 잘 활용하면 될 것이다.

한편 보다 나은 교재를 제작하기 위해서는 열의를 가지고 있는 제작진들과 지역에서 활동중인 관련 전문가들의 협조 체계가 무엇보다 중요하다고 할 수 있다. 그리고 프로그램 참가자들에게 교재 사용 후의 의견을 수렴하여 부족한 부분을 보완해 가는 점도 잊지 말아야 할 것이다.

제9장 국내 자연해설 프로그램의 현황 및 과제

현재 우리나라 국립공원의 경우에는 1987년에 설립된 '국립공원관리공단(National Parks Authority)'이 국내에 있는 20개 국립공원 가운데 한라산을 제외한 19개 국립공원의 관리업무를 관장(管掌)하고 있으며, 각 국립공원 내에 설치되어 있는 국립공원관리사무소에서 전반적인 공원의 관리 및 운영을 담당하고 있다.

우리나라는 국립공원의 관리체계가 다른 선진국에 비해 뒤늦게 성립된 연유로 그 동안 환경해설을 위한 시설이나 프로그램 등이 충분하지 못 하였다. 그러나 점차 그 중요성을 인식하여 미국의 탐방객센터와 유사한 성격을 지닌 탐방안내소(Visitor Center)가 전국적으로 설치 운용되고 있으며 다양한 탐방프로그램을 제공하고 있다.

국립공원 탐방프로그램은 국립공원의 자연, 역사, 문화자원 등에 대한 흥미로운 이야기와 자연 체험놀이 등 다양한 생태계를 이해할 수 있도록 구성되며, 국립공원에 대하여 보다 흥미롭고 즐겁게 느낄 수 있다. 또한 탐방프로그램을 원하는 장소에서 체험할 수 있는 찾아가는 국립공원프로그램을 통하여 국립공원을 찾아 오기 힘든 사람들에게도 탐방프로그램을 제공하고 있다.

전국 19개 국립공원마다 특성을 살려 다양한 프로그램을 운영하고 있는데 탐방프로그램 참여는 국립공원을 찾는 또 다른 즐거움을 준다. 탐방프로그램은 인터넷 사전예약을 통해 참여할 수 있다. 2011년도 전국 국립공원별 탐방프로그램은 다음과 같다.

표 1. 국립공원별 2011년 주요 탐방프로그램 현황

공원명	유형	제목	기간
지리산	일반	자연에서 만나는 일곱 빛깔 색채 이야기 N	2011.03.01 ~ 2011.12.31
북한산	기타	(도봉)초록지붕 이야기	2011.02.05 ~ 2011.12.31
월악산	일반	사회서비스 실버) 자연을 드립니다	2011.01.01 ~ 2011.12.31
내장산	일반	선비도 새도 쉬어가는 장성새재 옛길 체험	2011.01.01 ~ 2011.12.31
소백산	일반	태양계탐방로와 함께하는 연화봉	2011.02.01 ~ 2011.12.31
설악산	일반	[10인증 해설]モンゴルの侵入を防いだ？金城(...)	2011.01.01 ~ 2011.12.31
주왕산	일반	전설을 간직한 주왕산 불교미술 이야기	2011.01.01 ~ 2011.12.31
북한산	일반	북한산내시묘역을 찾아서	2011.02.01 ~ 2011.12.31
한려해상	일반	국립공원 생태탐방 교원직무연수	2011.01.01 ~ 2011.12.31
내장산	기타	일광정,쌍계루 거점해설	2011.01.01 ~ 2011.12.31
태안해안	일반	사랑과 희망이 샘솟는 태안해안국립공원	2011.01.01 ~ 2011.12.31
다도해해상	일반	(생태관광)역사문화가 살아 숨쉬는 향일암을 ...	2011.01.27 ~ 2011.12.31
태안해안	일반	[새싹]자연! 우리의 친구, 우리의 미래!	2011.01.01 ~ 2011.12.31
소백산	일반	희방계곡과 함께하는 재미있는 환경교실	2011.01.18 ~ 2011.12.31
내장산	일반	백암산 비자향과 함께하는 자연속 건강찾기 체...	2011.01.01 ~ 2011.12.31
다도해해상	기타	다도해거점해설	2011.01.27 ~ 2011.12.31
계룡산	기타	천년의 역사를 간직한 남매탑	2011.01.01 ~ 2011.12.31
소백산	일반	천년고찰 희방사와 희방폭포	2011.01.18 ~ 2011.12.31
한려해상	일반	미래세대를 찾아가는국립공원교실	2011.01.01 ~ 2011.12.31
한려해상	일반	아름다운바다이야기	2011.01.01 ~ 2011.12.31

출처: 국립공원관리동단 홈페이지
(http://www.knps.or.kr/reservation/tour_list.do?g_parkcd=all&nowPage=1)

노동부의 지원으로 국민대학교 사회교육원(현 평생교육원)에서 주관하여 1998년 5월부터 7월까지 약 3개월 동안 진행된 자연환경안내자 양성교육(초급과정) 이후, 해설수요가 증가하면서 산림청 숲해설가 교육제도가 정착되어 왔다. 숲해설가들은 전국의 자연휴양림, 국유림관리소, 식물원수목원, 생태공원 등에 배치되어 탐방객들에게 다양한 서비스를 제공하고 있다. 또한 국내의 일반 사회단체 또는 관련기관들을 통한 자연환경교육 프로그램들이 최근에 들어 국민 일반에게 점차 확산되어 가고 있다. 이러한 프로그램을 운영하거나 산림청 인증교육프로그램으로 교육을 실시하는 단체들은 국민대학교 평생교육원, (사)숲과문화연구회, (사)한국숲해설가협회, (사)숲연구소, (재)한국산림복지문화재단, (사)생명의숲국민운동본부, (사)대전충남생명의숲, (사)무등산보호단체협의회, (사)울산생명의숲, 숲환경교육센터, 충북숲해설가협회, (사)강릉생명의숲, (사)숲해설가협회 부경협회 등 전국적으로 산재해 있다.

제10장 자연해설을 위한 해외의 프로그램

여기서는 자연해설과 관련하여 우리보다 훨씬 앞서 있는 미국의 프로그램 및 교재의 사례(윤여창 외, 1997)와 일본의 사례(김상윤, 1998)를 살펴보고자 한다.

미국의 학교교육 현장과 국립공원 등지에서 이루어지고 있는 주요 자연체험 프로그램들로는 다음과 같은 프로그램들이 있다.

제1절 PLT(Project Learning Tree)[2)]

숲과 나무를 중심으로 하여 자연교육을 할 수 있는 교안을 초중등학교 교사들이나 환경교육전문가에게 제공하는 사업으로서, 1973년에 미국 서부지역 13개주의 교육 및 자원관리 관련기관들의 환경교육전문가들로 구성된 "서부지역 환경교육협의회(Western Regional Environmental Education Council, WREEC)"가 중심이 되어 1975년 첫 PLT교재를 발간하였다. 그 후 산림관련업계의 지원을 받아 "미국산림재단(American Forest Foundation, AFF)"이 협력하여 교재의 개발 및 보급을 담당하고 있다. 현재는 미국 전역에 걸쳐 약 50여만 명의 교사가 이 프로그램을 이용하고 있으며 캐나다, 멕시코, 스웨덴, 핀란드, 일본 등의 국가에서도 이 프로그램을 도입하여 실제로 현장에서 이용할 수 있는지에 대하여 검토하고 있다(PLT Operating Committee, 1993).

PLT에서 제공하는 교육자료의 내용은 주로 유치원에서부터 고등학교까지의 교육과정에서 활용할 수 있는 환경·자원관리 및 기술, 사회와 문화 등에 관련된 내용으로 구성되어 있으며, 이들 각각의 다양성, 상호관련성, 시스템으로서의 이해, 구조와 크기의 의미 및 변화 추이에 대하여 비판적으로 사고할 수 있는 능력을 배양하는데 도움이 되도록 짜여져 있다. 이들의 내용은 과학, 문학, 사회과학, 예술, 체육

2). PLT, Project WILD, Project WET에 관한 보다 상세한 자료는 전술한 EE-Link (http://eelink.umich.edu)에서 찾아볼 수 있음.

등의 여러 교과목에서 다양한 소재와 방법을 통해 적절히 활용할 수 있도록 되어 있다.

제2절 Project WILD

Project WILD는 야생동물을 중심으로 자연교육을 할 수 있는 교안을 초·중등학교 교사와 환경교육 전문가들에게 제공하는 사업으로서, 주관처인 "서부지역 야생동물관리기관협의회(Western Association of Fish and Wildlife Agencies, WAFWA)"와 "서부지역 환경교육협의회(WREEC)"가 서로 협력하여 개발한 교육 프로그램을 가리키는데 매년 약 55,000명에 달하는 교육자들이 이 프로그램을 새로이 채택하고 있다(WREEC, 1983). PLT와 비교하여 주요 교육소재가 야생동물을 중심으로 한다는 것 이외에는 교육방법이나 운영체계가 서로 흡사하다고 볼 수 있다. 財源은 주로 환경청, 어류야생동물관리청(U.S. Fish & Wildlife Service), 미국 야생동물기금(National Wildlife Federation) 등 관련 정부기관을 비롯하여 각 주정부의 야생동물 및 자연자원 주관 부서에서 후원하고 있다(Project WILD National Office, 1996).

Project WILD는 학생들이 야생동물의 삶을 올바로 인식하고, 그 이해를 넓히어 자연환경의 지속가능성을 위한 책임있는 행동을 하게 하는 확신, 기술 및 동기가 자연스럽게 생기도록 하는 교육지침을 제공한다. PLT와 마찬가지로 Project WILD는 학생의 자연친화적인 행동변화를 유발하기 위하여 교사들이 의사결정의 과정을 돕는 보조자료서의 역할을 수행하도록 돕는데 그 초점을 맞추고 있다. Project WILD의 교재 내용은 야생동물에 관련된 다음의 7가지 주제로 구성되어 있다. 즉, 야생동물에 대한 인식, 인간의 가치와 야생동물, 야생동물과 생태계, 야생동물과 보호, 야생동물 문제와 대책, 야생동물 및 생태계와 관련된 책임있는 인간행동 등이 그 것이다. 1987년에 수생생물에 중점을 둔 환경교육 프로그램으로 "Aquatic WILD"가 추가되었으며, 1992년에는 새로이 물과 수생 생태계를 전문소재로 다룬 자연교육 프로그램인 Project WET가 등장하게 되었다.

제3절 Project WET(Water Education for Teachers)

Project WET는 물과 수생 생태계의 원리, 인간과의 관계 등에 대하여 교육할 수 있는 교안을 초·중등학교 교사와 환경교육 종사자들에게 제공하는 사업으로서 "환경교육 협의회(Council for Environmental Education, CEE)"와 Montana State University의 수자원 전문 교육기관인 "The Watercourse"가 주관하고 있다(The Watercourse and Western Regional Environmental Education Council, 1995 ;

The Watercourse & CEE, 1996). 이것은 PLT와 WILD의 성공을 토대로 위 두 프로그램의 내용과 거의 비슷한 내용을 물과 수생 생태계를 중심으로 엮어 새로 만든 프로그램으로 PLT나 WILD와 비교해 볼 때 아직 그다지 널리 이용되지는 않고 있다. 주 재원(財源)은 각 주별로 분담하여 조성된 Project WET Fund에서 제공되고 있으며, 현재 GREEN(Global Rivers Environmental Education Network)과 NACD(National Association of Conservation Districts) 등 여러 관련 단체들이 WET사업에 참여하고 있다.

이 같은 자연교육 프로그램들 외에도 "OBIS(Outdoor Biological Instructional Strategies)", "CLASS(Conservation Learning Activities for Science and Social Studies)", "Project FIT(Forestry Institute for Teachers)" 등과 같은 다양한 프로그램들이 서로 유기적인 보완관계를 통해 보다 효과적인 산림(문화)교육의 기능발휘에 기여하고 있다(金相潤 等, 1996).

제4절 미국의 국립공원 내 자연해설 프로그램의 특징

1) 미국의 자연해설 프로그램의 공통된 특성 가운데 한가지는 주입식이나 강의식 교육의 형태보다는 참가자들의 자발적인 참여를 통한 자연학습과 현장체험 활동이 강조되고 있다는 점이다.
2) 현재 미국의 국립공원청과 국립공원재단(National Park Foundation)에서는 미국 전역에 산재되어 있는 국립공원을 통해 "Parks as Classrooms"라고 하는 자연환경을 공부할 수 있는 현장교육 프로그램을 초중등학교 교사들에게 제공하고 있다. 이 프로그램은 국립공원을 방문한 학생들이 일선 교사나 국립공원 관리자(Park Ranger)들로부터 스스로 흥미를 가지고 공원의 역사와 생태계 등을 직접 이해하고 공부할 수 있도록 운영되고 있다.
3) 산책·등산로의 코스가 탐방객의 수준에 따라 다양화되어 있다.
4) 스스로 배우는 해설 프로그램과 안내식 해설 프로그램을 모두 갖추고 있다.
5) 장애인들을 위한 해설 프로그램을 별도로 갖추고 있다.
6) 각 지역의 생태적, 문화적 특성에 맞는 프로그램을 개발하고 있다.
7) 각기 그 지역의 환경교육 관련 단체들과 유기적인 협조체계를 구축하고 있다.

제5절 일본 다카오(高尾)국정공원의 산림체험 프로그램 사례[3)]

다카오국정공원에서는 산림안내인을 통한 자연해설 프로그램과 스스로 배우는 자연해설 프로그램을 병행하여 운영하고 있다. 안내식 프로그램은 자연환경 안내인과 함께 매일 1회씩 비지터센터 주변의 숲과 생태계, 다카오산의 역사와 문화 등을 중심으로 실시되고 있으며, 이와는 별도로 매월 1회 정도 다카오산에서 볼 수 있는 날다람쥐를 관찰하기 위한 야간하이킹 프로그램도 준비되어 있다. 또한 도쿄도 다카오자연과학박물관, 도쿄영림국 다카오산림센터, 민간단체 등에서 각기 매월 1회 정도의 산림체험 프로그램(산림체험 및 임업체험교실, 자연교실 등)을 주관하고 있다(東京都西部公園綠地事務所, 1998).

한편 탐방객들 스스로 자연학습을 할 수 있게끔 되어있는 셀프가이드 프로그램은 표 2과 표 3에서 보는 바와 같이 탐방 코스별, 시기별로 주제와 소재를 달리하여 운영되고 있다.

표 2. 다카오(高尾)국정공원의 탐방코스별 스스로 배우는 산림체험 프로그램

자연연구로(自然研究路) 코스	해설 테마
자연연구로 1번코스	자연과 역사
자연연구로 3번코스	식물관찰
자연연구로 4번코스	숲과 동물
자연연구로 5번코스(봄, 여름용)	숲과 인간(자연퀴즈)
자연연구로 5번코스(가을, 겨울용)	숲과 인간(자연퀴즈)
자연연구로 6번코스	숲과 계곡 또는 숲과 물

자료 : 東京都西部公園綠地事務所(1998). 1997年 環境教育 活動報告書(高尾ビジターセンター). 東京

3) 실제로 일본의 다카오 국정공원에서 산림인스트럭터 겸 자연관찰지도원으로 활동하고 있는 요네자와(米澤邦昌)씨와 인터뷰조사를 한 결과를 요약하면 다음과 같다.
가. 자연관찰 프로그램을 통해 전달하는 내용은 크게 두 가지로 구분할 수 있다. 즉 참가자에게 그 지역의 자연환경에 대한 생태학적 해설을 하는 것과 자연과 인간과의 역사에 대해 설명하는 것인데, 프로그램을 통해 항시 이 두 가지 내용이 조화를 이룰 수 있도록 하고 있다.
나. 자연자연교육을 하는데 있어 아래 3가지 사항을 항시 유념하고 있다.
a. 하나의 성숙한 자연이 만들어지고 또한 한번 파괴된 생태계가 다시 본래의 제 모습을 찾기까지는 수 십년 또는 수 백년의 세월을 요한다.
b. 모든 자연은 늘 대자연의 순환시스템 상에서 움직이고 변화하고 있다.
c. 일상생활에서 농림어업과 같은 일차산업이 차지하는 역할은 매우 중요하다.

표 3. 다카오(高尾)국정공원의 년간 시기별 스스로 배우는 산림체험 프로그램

월 별	프로그램 주제	월 별	해설 테마
1월	다카오산에서 보이는 주위의 산들	7월	수생생물
2월	식물들의 월동(越冬)	8월	곤충들의 서식처
3월	숲의 기지개	9월	가을에 우는 곤충
4월	다카오산의 제비꽃	10월	도토리
5월	날다람쥐	11월	다카오산의 단풍
6월	다카오산의 야생조수	12월	곤충들의 월동

자료 : 東京都西部公園綠地事務所(1998). 1997年 環境教育 活動報告書(高尾ビジターセンター). 東京

제6절 일본 우시쿠(牛久)자연관찰의 숲(自然觀察の森)의 프로그램 사례

우시쿠자연관찰의 숲은 이바라기현 우시쿠시에 남아있는 숲을 보전함과 더불어 시민들의 자연과의 접촉을 통해 자연에 대한 관심과 이해를 증대시킴으로써 지역의 자연환경보전에 기여함을 목적으로 1990년 4월에 개원을 하게 된 지자체의 산림(문화)교육 시설이다.

이 곳 자연관찰의 숲의 총 면적은 약 21ha로서, 주요 시설로는 네이쳐센터, 자연관찰대(야생조수 관찰용), 자연관찰로 등을 갖추고 있다. 네이쳐센터에는 전일제 산림교사 2명과 시간제 산림안내인 4명이 산림(문화)교육과 관련한 실무를 담당하고 있다. 현재 자연관찰의 숲은 우시쿠시를 포함하여 일본 전역에 10개소가 운영되고 있다. 1995년도의 탐방객수는 총 3만2천6백명 정도로 이 가운데 우시쿠시내에 거주하는 이용자가 36%, 우시쿠시를 제외한 치바현에서 이용하는 사람이 50%를 차지하는 것으로 보아 탐방객들의 대부분이 지역 주민들임을 알 수 있다(牛久市 都市計劃部 みどり課, 1996).

이 곳에서 이루어지는 산림체험 프로그램들은 주로 초심자나 가족들을 대상으로 이루어지고 있다. 1995년도의 경우 년간 총 63회의 산림체험 행사를 주관한 바 있으며, 년간 총 참가자수는 1,807명이었다. 우시쿠자연관찰의 숲에서 정기적으로 실시하고 있는 주요 산림체험 프로그램의 일정은 표 4와 같다.

표 4. 우시쿠(牛久)자연관찰의 숲에서 실시하는 산림체험 프로그램 사례

행 사 명	일 시	년간 회수	년간 참가인원
식물관찰회	매월 첫째 일요일(10:00-12:00)	8회	60명
야생조수관찰	매월 둘째 일요일(9:30-12:00)	12회	254명
대나무 목공예교실	매월 둘째 토요일(10:00-15:00)	12회	576명
테마 관찰회	매월 셋째 일요일(10:00-15:00)	14회	371명
자연탐험대	홀수 달의 둘째 토요일(10:00-15:00)	6회	148명
자연꼬마클럽	매월 셋째 금요일(10:00-13:00)	11회	388명

자료 : 牛久市 都市計劃部 みどり課(1996). 1995年度 牛久自然觀察の森 事業實施 報告書. 東京

이 가운데 몇 가지 프로그램의 내용을 살펴보도록 하자.

먼저 식물관찰 프로그램은 산림안내인과 함께 네이쳐센터 주변 및 자연관찰로를 다니며 그 계절의 특징 있는 식물상을 중심으로 각 식물들의 구조 및 자연생태계에서 차지하는 역할들을 탐구하는 프로그램이다. 야생조수관찰 프로그램은 자연관찰의 숲 근처에서 볼 수 있는 야생조수들을 관찰하는 것으로 이곳의 산림안내인이 직접 안내를 하거나 또는 인근 대학생들이 자원봉사를 맡고 있다.

한편 테마관찰회에서는 매달 그 계절에 맞는 자연관찰 테마를 설정하여 참가자들의 자연에 대한 이해를 도모하고 있다. 예를 들어 매미의 탈피과정을 관찰하는 프로그램이라든지 월동생물 관찰, 야간에 주로 활동하는 동물들의 모습을 관찰하는 프로그램 등이 있다.

제11장 자연해설의 평가

산림체험의 모든 프로그램을 끝마치고 나서는 앞으로의 전반적인 프로그램 운영 개선방안 모색 및 보다 나은 자연해설을 위해 검토, 보완해 갈 사항들을 정리할 필요가 있다. 자연해설의 평가방법에는 일반적으로 자가진단 평가와, 참가자들에 의한 평가, 동료 자연환경 안내인에 의한 평가 등이 사용되고 있다.

제1절 자연해설의 평가 형태

1) 자가진단 평가표에 의해 자연환경 안내인 본인의 자연해설에 대한 평가를 하는 경우.
2) 자신의 해설하던 모습을 비디오나 테이프에 담아 두었다가 프로그램을 마치고 난 뒤 그 내용들을 다시 검토하여 보는 경우.
   이 때 자가진단 평가는 물론 다른 동료 자연환경 안내인이나 전문가에게 함께 내용들에 대한 평가를 부탁하는 것도 좋은 방법일 것이다.
3) 다른 동료들이나 전문가에게 자신의 해설하는 현장에 직접 참관하게끔 함으로써 자연해설 전반에 대한 소감이나 의견을 듣는 경우.
4) 프로그램의 참가자들에게 직접 평가를 받는 경우.
   프로그램을 마치고 나서 설문지를 나누어주고 몇 가지 질문들을 통해 평가를 하는 방식과 참가자들 몇 명에게서 직접 소감이나 의견을 받는 방법이 있다. 설문지를 통한 방법에 있어서는 이번 산림체험 프로그램의 목적이 제대로 전달되었는지, 프로그램의 내용에 있어 어느 정도 이해를 하였는지, 어떠한 부분이 가장 인상적이었고 앞으로 어떠한 점을 개선해 나가면 좋을지 등에 관한 내용들을 질문한다.

제2절 자가진단에 의한 자연해설 평가

자연환경 안내인 스스로가 본인이 진행한 프로그램의 전반적인 내용 및 성과에 대해 자가진단 평가표를 기입하여 자연해설의 평가를 하는 것을 말한다. 자연관찰 프로그램의 평가 항목을 예시하자면 아래와 같다(Kathleen Regnier, Michael Gross and Ron Zimmerman 저, 日本環境教育フォーラム 편저, 1992).

1) 자연의 아름다움이 제대로 전달되었는가?
2) 동식물의 생활상을 어느 정도 보여 주었는가?
3) 자연관찰 현장에서 인간의 오감을 어느 정도 활용할 수 있었는가?
4) 관찰한 내용에 대해 서로 표현해 보는 시간을 가졌었는가?
5) 자연의 구조에 대한 이해를 돕기 위해 어떠한 노력을 하였는가?
6) 참가자들이 각자 스스로의 의문점을 제시할 수 있도록 도움을 주었는가?
7) 숲(자연)과 인간과의 관계를 생각해 보기 위한 시간이 있었는가?

8) 프로그램을 통해 참가자들 스스로 자연을 보전하기 위한 의욕이 나타났는가?
9) 참가자들과의 대화는 충분히 이루어 졌는가?

제3절 동료 안내인에 의한 자연해설 평가시 유념해야 할 점들

1) 다른 프로그램의 현장에 아무런 예고도 없이 갑자기 나타나지 않도록 한다.
2) 프로그램의 좋은 점을 찾아내어 앞으로 더욱 살려 갈 수 있도록 한다.
3) 하나의 평가에서 제시할 수 있는 문제점의 수를 제한하도록 한다.
4) 프로그램을 마치고 나서 가능한 한 빠른 시간 안에 평가를 가지도록 한다.
5) 몇 차례 정도 프로그램의 진행 경과를 면밀히 살펴보고 어떠한 변화가 나타나는지를 살펴본다.
6) 보다 나은 자연해설 프로그램이 되어 갈 수 있게끔 건설적이고 긍정적인 제안이 될 수 있도록 서로가 노력해야 한다.

제4절 프로그램 참가자에 의한 자연해설의 평가

프로그램 참가자에 의한 설문평가방법에는 현장에서 참가자들에게 설문지를 나누어주고 바로 회수하는 방법과 엽서에 의한 우편설문을 통해 참가자들로부터 귀가 후에 회수하는 방법이 있다.

여기서는 우편을 통한 회수 방법의 한 예를 들고자 한다(Kathleen Regnier, Michael Gross and Ron Zimmerman 저, 日本環境教育フォーラム 편저, 1992).

이번에 참가하셨던 프로그램을 보다 나은 프로그램으로 만들어 가기 위해 잠시 협조해 주시기를 바랍니다.

- 이번에 참가하셨던 프로그램의 명칭과 날짜를 적어 주십시오.

____

- 프로그램에 함께 참가하셨던 가족 또는 단체의 숫자와 귀하의 연령 및 주소를 적어 주십시오.

____

____

☞ **프로그램에 대한 평가**

- 이번 프로그램을 통해 귀하는 어느 정도 자연환경에 대한 공부가 되었다고 보십니까?

____

- 이번 프로그램은 전체적으로 어느 정도 충실하게 진행이 되었다고 보십니까?

____

- 이번 프로그램은 어느 정도 재미가 있었습니까?

____

- 이번 프로그램에서 귀하가 가장 좋았다고 느낀 점과 가장 그렇지 못했다고 느낀 점을 각기 한가지씩만 적어 주십시오.

____

제12장 사례연구

아이들은 숲을 어떻게 경험하는가?

조 규 성

제1절 '낯선 숲'에서 '되살아나는 숲'으로

아이들이 숲에서 경험한 인상 깊은 경험에 대한 이야기를 수집하여 분석한 결과, 아이들이 숲에서 의미를 만들어 가는 과정은 '낯섦(strange)' → '감(go)' → '맞닥뜨림(meet)' → '느낌(feel)' → '배움(learn)' → '되살림(relive)'으로 정리되었다.[4]

4) 이 원고는 필자의 학위논문 중 일부를 요약한 것이다.

표 5. 아이들이 숲에서 의미를 만들어 가는 과정

무관심	낯섦	생태맹
부모	↓ 감	함께
감각	↓ 맞닥뜨림	멈춤
감정	↓ 느낌	메타포
변화	↓ 배움	가치
기억	↓ 되살림	이야기

가) 낯선 숲

아이들이 숲을 경험하는 첫 단계는 '낯섦'이라는 단어로 대표된다. 숲에서 인상 깊은 순간의 경험을 하기 전까지 아이들에게 숲은 낯선 곳이었고, '나와는 상관없는 곳'이었다. 숲에 대해 관심을 갖고 있지 않았으며, 숲은 따분하고 재미없는 곳이라는 인식을 가지고 있었다. 다만 막연히 숲이 좋은 공기와 목재를 공급하고 있다는 사실 정도를 알고 있을 뿐이었다. 또한, 숲은 쓸모없고 필요없고 하찮고 보잘것없고 징그럽고 더럽고 무섭고 이상한 것들이 모여 있어서 가기 싫은 곳이었다.

아이들에게 있어서 직접 숲을 경험하는 기회는 매우 소중하다. TV나 동화책, 컴퓨터 등을 통해 자연을 접하던 아이들은 직접 숲에 갔던 경험을 특별하게 기억하고 있었다. 간접 경험이나 상징적 경험으로는 경험하지 못하는 직접 경험의 중요함을 확인할 수 있었다. 중요한 것은 이러한 직접 경험을 통해 아이들은 스스로 숲에서 뭔가 배웠고, 그래서 스스로 뭔가 달라졌다고 이야기한다는 점이다. 사슴벌레를 손에 올려놓아 보지 않았다면 사슴벌레의 다리가 계속 따갑다고 생각할 것이며, 곤충을 좋아하게 되지도 않았을 것이다. 또한 숲에서 직접 다래를 따서 먹어보는 경험을 하지 못했다면 자연의 소중함에 대해 생각해 보지 못했을지도 모른다.

아이들의 숲에서 인상 깊은 경험을 하기 전까지의 이러한 '낯선' 상태를 데이비드 올(David Orr, 1992)은 '생태맹(Ecological Illiteracy)'이라고 규정한다. 생태맹은 "인간이 자연과는 떨어질 수 없는 밀접한 관련을 맺고 있음을 인식하지 못하는 상태를 의미하며, 문맹, 컴맹 등에서 풍기는 뉘앙스처럼 생태학적 지식의 결여나 자연 해독능력의 결여를 암시하지만 실제로 그 이상의 많은 의미를 함축하고 있다"(전영우, 1999:22). 특히 생태맹은 "천부적으로 물려받은 자연과 교감할 수 있는 우리의 정신적 능력 또는 자연과 우리 자신이 조화롭게 어울릴 수 있는 감성의 결핍"(전영우, 1999:22)을 의미한다. 데이비드 올이 "우리가 살고 있는 세계에 대한 신비함, 오묘함, 풍성함을 느끼지 못하는 상태"(전영우, 1999:22)를 생태맹이라고 지적하듯 생태맹은 지성보다 감성과 더 많은 연관성을 갖고 있다.

탁광일(1998)에 의하면 생태맹은 "자연으로부터 격리된 채 교실, 실험실, 도서관, 컴퓨터실에서 자연을 이해하기 위해 연구하고 노력하는 것"(탁광일, 1998:18)을 의미하며, "북한산, 인왕산, 남산의 모습을 일년 중 며칠밖에 볼 수 없게 만들어 놓고 요즘 사람들의 심성이 거칠어졌다느니 우리 선조들과 같은 정신이 사라졌다느니 운운하는 것"(탁광일, 1998:19)을 의미한다. 그는 우리의 교육이 우리 내부 깊숙이 숨어 있는 이러한 감성을 자극하고 일깨워주지 못하는 한 생태맹 상태를 벗어날 수 없다며, "생태맹 극복은 문맹이나 컴맹과 같이 단시일 내에 극복될 수 있는 것이 아니라 유년기부터 자연과의 접촉과 체험을 요구하므로 어릴 때부터 장기간의 교육적 노력이 필요하다"(탁광일, 1998:19)고 주장 한다.

나) 가는 숲

아이들이 기억하고 있는 이야기의 배경이 되는 연령대는 '내가 아주 어렸을 때', '유치원 때', '1학년 때', '작년', '몇 달 전' 등으로 다양했다. 특히 아이들은 숲을 인상 깊게 기억하는 경험에 대해 "유치원에 다닐 때"라고 대답하는 등 그들이 기억할 수 있는 한 가장 오래된 시기의 경험을 이야기하기도 했는데, 이 점은 아이들이 이른 시기에 숲을 만나게 하는 교육적 시도의 필요성을 환기시켜 준다.

아이들이 숲에 간 때는 일요일처럼 학원에 안 가는 날, 엄마와 아빠가 집에 있는 날, 여름방학 때 등이 많았다. 아이들은 학교도 가고 학원도 가야 하기 때문에 학년이 올라갈수록 숲에 갈 시간이 점점 없어진다고 했다.

아이들이 인상 깊게 기억하는 이야기 속의 숲은 다양하게 분포되어 있었다. 외국의 국립공원에서부터 집 안의 베란다까지, 멀고 가까운 다양한 숲이 이야기의 장소였다. 아이들에게 영향을 끼친 숲은 아주 잘 가꾸어져 있거나 특별한 곳만은 아니었다. '크로아티아 국립공원' 같은 외국의 숲도 있지만, 거주지나 친척집 인근의 숲인 경우가 많았다. 어떤 아이는 집안의 화분 하나로도 숲을 느끼고, 또 어떤 아이는 심지어 꿈에서도 숲을 만났다고 하였다.

한편 우연히 숲에 갔다거나, 숲이 가까운 곳에 살고 있어서 숲에 갔다는 이야기를 통해 숲이 '곳곳에', '많이', '가까이' 있을수록 아이들이 숲을 접할 기회가 많아진다는 사실을 확인할 수 있다.

아이들의 기억 속의 숲은 매우 다양한 곳이었다. 즉 숲이 얼마나 좋고 유명한 곳이냐의 여부는 그 기억이 아이들에게 인상 깊게 자리하느냐의 여부와는 그다지 관련이 없음을 알 수 있다. 오히려 아이들에게 중요한 것은 그 숲이 어떤 숲이냐이기보다는 숲을 만날 기회가 얼마나 가질 수 있느냐이다. 가까운 곳에 나무 한 그루를 심어 주는 작은 배려가 아이들의 삶에서 오랫동안 영향을 끼칠 수도 있다는 점에 주목할 필요가 있다.

한편 아이들 이야기의 배경이 집안, 인근의 산, 휴양지, 외국 등 어느 곳이든 간에 가장 지배적인 영향을 미치는 것은 가족 구성원이었다. 34개의 이야기에서 아이 자신을 제외한 주요 등장인물은 가족 또는 친척, 친구, 동물들이었다. 부모들은 가족과 함께 하는 시간, 가족 여행 등을 숲에서 보냄으로써 아이들에게 숲에 대한 다양한 경험의 기회를 만들어 주었다. 또한 부모나 친구는 아이들이 경험한 것과 동일한 정서적 감정을 느낌으로써 가족간의 사랑, 친구간의 우정의 관계가 더욱 발전되는 것을 알 수 있다. 특히 부모는 아이들이 숲과 소통할 수 있도록 더 많은 기회를 제공할 수 있다는 점 등 부모가 아이와 숲과의 관계에 긍정적인 영향을 미친다는 사실은 중요하다. 부모는 가족 여행이나 간단한 나들이를 통해 아이들과 함께 할 수 있는 기회를 의식적으로 마련할 수 있다. 이러한 노력들을 통해 아이들은 자연과 동화되는 경험을 갖기도 하고, 친척 등 주변에 자신들을 아껴주는 사람들과 관계를 맺고 감정을 교류할 수 있게 된다. 페스탈로치는 교육의 본질은 사랑이기에 이 사랑의 화신인 어머니가 가장 훌륭한 교사일 수 있다고 하면서 아이들의 미래생활을 준비시키기 위하여 부모는 그들의 신체적·지적·도덕적 발달을 위해 준비해야 한다고 하였다(권정민, 1992). 가족이 점차 붕괴되고 있는 사회에서 가족이 함께 할 수 있는, 특히 숲과 자연을 함께 경험할 수 있는 기회를 마련하는 것은 매우 중요하다. 부모가 아이들과 함께할 수 있는 프로그램도 더 많아져야 할 것이다.

다) 맞닥뜨리는 숲

짧은 순간의 강렬한 경험일수록 오랫동안 기억에 남을 수 있다. 숲에서 경험한 인상 깊은 순간에 대한 이야기도 그런 경우다. 워스워드(Wordsworth)는 이런 명쾌한 순간을 '시간의 지점들'이라고 불렀다. 그는 "우리의 경험 속에는 눈에 띄는 탁월함을 지닌 시간의 지점들이 있으며, 그것들은 회복의 미덕을 계속 유지하고 있다. 특히 어린 시절에 많은 공명하는 시간의 지점들이 있다"(Wordsworth, 1850; Chawla, 2002: 200)고 하였다. 아이들의 이야기를 통해 확인한 숲에서 인상 깊은 순간은 바로 아이들이 결정적으로 숲과 맞닥뜨린 시간의 지점들이었다.

아이들이 이야기한 가장 인상 깊었던 한 순간은 시각적으로 경험된 것이 많았다. 유현이는 그림에서만 보던 다람쥐를 처음 보았는데 다람쥐와 눈이 마주쳤던 순간을 잊을 수 없다고 했다. 다람쥐를 볼 때부터 산을 내려올 때까지 다람쥐 생각만 났다고 했다. 지연이는 숲에서 뱀을 보았던 순간을 강렬하게 기억하고 있었다. 그 때의 감정에 대해 '모든 동물들이 산 속에 살고 있구나 라고 생각하며 신기하면서 약간의 신비로움도 있었다'고 했다. 현욱이는 '다리 아래 물고기들이 지나갈 때'가 가장 인상 깊었다고 했다. 앞의 아이들의 경우 야생동물이 인상 깊었다면, 찬이처럼 곤충을 보았을 때를 인상 깊은 순간이라고 이야기한 아이들도 있다. 숲의 풍경도 아이들에게 깊은 인상을 주었다. 민기는 가을 산의 풍경을 본 순간을 인상 깊게 기억했다. 가을 산 중턱에 올랐을 때 펼쳐지는 풍경이 멋있었고 신비로웠다고 했다.

또한 '외삼촌께서 주신 다래를 먹을 때' 처럼 미각적인 경험의 순간도 있었다. 성환이는 외삼촌이 따 준 '다래의 달콤한 맛이 입에 있을 때'가 가장 인상깊은 순간이라고 했다. '계곡에 떠내려갈 때 나무를 잡았을 때', '청솔모를 따라갈 때', '나무뿌리에 걸려 넘어질 뻔한 순간' 등 행위와 관련된 순간도 있었다. 상민이는 숲에서 위험했던 순간을 이야기했다. 가파른 길에서 발을 헛디뎌서 넘어지고, 계곡에서 물살에 떠내려갔던 아찔한 순간들이었다.

아이들은 숲에서 숲과 맞닥뜨렸다. 경이로운 대자연과 맞닥뜨리기도 했고, 다람쥐의 죽음과 맞닥뜨리기도 했고, 진땀나는 낭떠러지와 맞닥뜨리기도 했다. 그리고 그 맞닥뜨림의 순간에 아이들은 특별한 시간, 특별한 공간, 특별한 관계, 특별한 감각 등을 경험했다. 그 순간은 '나와 그것'으로서가 아니라 '나와 너'로서의 강렬한 만남이 체험되는 순간이었고, 이런 의미 깊은 만남의 체험은 진정 보배로운 것이어서 그 순간이 지나도 여전히 생생히 살아있는 영원이 된다(김영무, 1999).

나는 아이들이 숲과 맞닥뜨린 경험을 발견하고 이해하는 데 매넌(Manen, 1990, 신경림 역, 1994)이 제시하는 본질적 주제 분석을 활용하였다. 매넌은 현상학의 본질적 주제들을 '경험에 관한 구조들'이라 했다. 그는 이러한 경험의 구조들을 본질적 주제 분석을 통해 밝혀내는 반성 과정의 길잡이로써 네 개의 실존체(four fundamental existentials), 즉 신체성(lived body, corporeality), 공간성(lived space, spatiality), 시간성(lived time, temporality), 관계성(lived human relation, relationality)을 제시하고 있다.

경험된 시간(lived time)은 시계가 나타내는 시간이나 객관적 시간이 아닌 주관적 시간(subjective time)을 의미한다. 마치 내가 좋아하는 상황에서는 시간이 천천히 가는 것 같은 느낌과 같은 것을 의미한다. 많은 사상가들은 체험이 무엇보다도 시간적 구조를 갖고 있다는 데 주목했다. 다시 말해 체험은 직접적인 현현에서는 결코 포착할 수 없고 지나간 현존으로서 단지 반성적으로만 포착할 수 있다는 점에 주목했다(Manen, 1990, 신경림 역, 1994).

아이들에게 경험된 숲의 시간성은 '시간의 확장', '시간의 단축', '낮과 밤의 차이', '봄, 여름, 가을, 겨울의 차이' 등을 포함한다. 아이들은 숲에서 속도가 조절되는 것을 경험하기도 했고, 숲에서 느림의 미덕을 몸소 체험하기도 했다. 즉, 낭떠러지가 있는 숲길을 내려가며 실제로는 1분여밖에 안 되는 짧은 시간이 1시간이나 되는 것처럼 길게 느껴지기도 하고, 밤낮이나 계절 등 시간의 흐름에 따른 변화가 심리적이거나 감각적인 상태와 연결되는 경험을 하였다.

'경험된 공간(lived space)' 개념은 주관적으로 느끼는 공간 개념으로, 갑자기 큰 빌딩에 들어갔을 때나 자신이 작게 느껴진다거나, 바쁜 도시, 낯선 거리를 걸을 때 느낄 수 있는 '길을 잃은 것 같은 느낌(lostness)', '이방인이 된 느낌(strangerness)' 처럼 어떤 공간, 상황에서 내가 자신에 대해 발견하게 되는 공간적인 느낌을 의미한다.(Manen, 1990, 신경림 역, 1994). 연구에 참여한 아이들이 숲에서 경험한 공간성은 '뭔가 들어오거나 나가는 느낌', '들뜨면서도 차분해지는 느낌', '부자가 된 느낌', '왕이 된 기분', '시원하고 탁 트이는 느낌' 등을 포함한다.

경험적 관계(lives relation to others)는 타자(others)와 공유하는 대인적 공간(interpersonal space)에서 타자들과 유지하는 체험적 관계로서 누군가와 악수를 한다거나, 어떤 감동을 받는 것 등 실제적인 상호작용을 포함하는 개념이다(Manen, 1990, 신경림 역, 1994). 아이들의 이야기에서 경험된 관계성은 '심리적 거리'로 구분하였다. 본 연구에 참가한 아이들이 경험한 관계성을 살펴보면, 대부분 힘든 일을 함께 겪으며 우정이 돈독해지거나, 엄마의 헌신적인 사랑을 느끼거나, 정겨운 가족간의 추억을 만들거나, 약자에 대해 배려하는 마음이 생기는 등 타인과 심리적 거리가 가까워진 것을 알 수 있다.

경험된 신체성(lived body)는 우리가 언제나 세계 속에 신체적으로 존재한다는 현상학적 사실을 가리킨다(Manen, 1990, 신경림 역, 1994). 본 연구에서는 아이들 쪽에서 경험된 신체성에 주목하였는데, 아이들이 시각, 청각, 미각, 후각, 촉각 등 오감을 통해 숲과 맞닥뜨린 것을 확인할 수 있었다.

라) 감정의 숲

레이첼 카슨에 따르면 아이들이 숲에서 느끼는 놀라움, 경이로움의 감정[5]은 '아이들에게 부여된 신의 선물'이다(Carson, 표정훈 역, 2002). 아이들은 숲과 맞닥뜨려 숲에서 느낀 감정을 이야기했으며, 나는 이 감정이 아이들의 경험을 이해하는 데 중요하다는 사실을 발견했다. 그 감정은 숲에서 경험을 빛나고 특별하게 하였으며, 인상적으로 오랫동안 기억하게 하였다. 결국 그 감정은 아이들을 변화시키는 '배움의 씨앗'이 되었다.

아이들은 숲에서 경험한 인상 깊은 순간에 나름대로 특별한 감정을 느꼈으며, 이 감정들은 아이들의 숲 경험의 의미를 이해하는 데 도움이 되었다.

레이첼 카슨은 "사실(에 대한 앎)이 나중에 지식과 지혜로 성장하는 씨앗이라면, 감정과 감동은 그 씨앗을 길러내는 토양이며, 어린 시절은 이러한 토양을 준비하는 시간이다. 일단 한번 아름다움, 새롭고 미지의 것에 대한 흥분, 동정심과 애처로움과 사랑스러움 등의 느낌이 일어나면, 그 아이는 감정을 느낀 그 대상에 대해 알고 싶어진다. 그렇게 해서 알게 되면 그 앎은 평생을 간다"(이재영, 2008: 96-97)는 점을 지적하면서 어린 시절 숲에 대한 경험의 중요성을 강조하였다. 특히 레이첼 카슨은 자연에 대해 놀라워하는 감정이라는 주제를 무척이나 중시했다. 그런 감정이 평생 유지될 수 있는지 여부가 어린 시절에 판가름난다고 믿었다. 어른과 아이들이 자연에 대한 감수성을 풍부하게 기를 수 있기를 바랐고, 만일 그렇게 된다면 어른과 아이들이 생명 세계를 위협하는 행동을 줄일 수 있으리라 믿었다. 레이첼 카슨은 착한 요정이 있다면 그들에게 이렇게 부탁하고 싶다고 했다. "세상의 모든 어린이들이 지닌 자연에 대한 경이의 감정이 언제까지라도 계속되게 해주소서"(Carson, 표정훈 역, 2002)[6]

5) 감정(emotion)은 대체로 기분(mood)보다 강도가 세고, 지속시간이 짧고, 그러한 감정을 느끼게 된 촉발사건을 기억할 수 있는 경우가 많다(도승이, 2008). 라틴어로 'emotion'의 'e'는 '밖으로'란 뜻이고 'movere'은 '움직이다'라는 뜻이다. 유기체가 환경의 자극을 받아 밖으로 움직인다는 뜻이 내포되어 있다(김경희, 1996).

6) 베버(Weber)는 우리 내면에 단단히 뿌리내리고 있어야 할 자연에 대한 동경을 잃고 나면 누구도 예측하지 못할 치명적

캘럿도 어린 시절은 토양을 준비하는 시기라는 데 동의한다. 즉 새로운 것에 대해 아름다움, 기쁨, 공감, 동정, 사랑, 감사의 감정 등 감정이 한번 일어나기 시작하면 우리는 그 감정을 일으킨 사물에 대해 알고 싶어지며 그것이 충족되면 그 앎은 영원히 지속되므로, 자신의 것으로 흡수할 준비도 안 된 사실들로 짜인 식사를 억지로 먹이는 것보다는 아이가 걸어갈 앎의 길을 탄탄히 닦아주는 것이 더 중요하다는 것이다. 그는 아이들의 자연에 대한 경험은 호기심, 만족, 기쁨, 도전, 두려움, 염려 등과 같은 광범위한 감정의 복합체로 둘러싸여 있어서, 기쁨, 열정 등을 유발하기도 하지만 불확실성, 위험, 공포 등의 감정을 유발하며, 이러한 모든 감정들은 학습에 대한 강력한 자극제가 된다고 하였다. 또한 그는 자연세계는 아이들에게 자극의 절대적 원천이며, 이러한 감정적 반응의 다양성을 유발하는 자연의 독특한 조건과 특성은 복제 불가능한 것이라고 주장한다(Kellert, 2002).

또한, 아이오지(Iozzi)는 교수학습 과정에 있어 정의적 영역이 인지적 영역보다 빨리 작동한다는 많은 증거가 있다고 주장하였으며, 콥(Cobb)은 자연체험 과정에서 느끼게 되는 경이감, 놀라움, 독특함, 다양함과 같은 느낌은 '뭔가 더 있다'라는 감각을 갖게 하고 이러한 감각은 '이미 알려진 것과 미지의 것'에 대한 '지각적 참여의 힘(the power of perceptual participation)'을 키우게 된다고 하였다(이재영, 2008에서 재인용). 이렇게 볼 때, 아이들이 세계와 접촉하는 과정이 감정에 의존적이라는 것은 분명하다(이재영, 2008). 아이들은 숲에서 특별한 감정들을 경험하였으며, 그 감정들은 아이들을 변화시키는 계기가 되었다.

마) 변화의 숲

아이들은 숲에서의 경험을 통해 무엇인가 배웠다고 했다. 이러한 아이들의 이야기는 동물들은 동화 속의 동물들이 그들과 마주치는 인간 아이들의 운명을 바꾸었던 것과 마찬가지 방법으로 아이들의 행동을 바꾸고 성장으로 이끄는 중재자 역할을 할 수 있다는 캐처(Katcher, 2002)의 주장이나 청소년들은 종종 자연의 풍경과 동물 또는 다른 몇몇의 자연현상을 자신의 성장과 발전의 메타포로 여긴다는 토마쇼우(Thomashow, 2002)의 연구 결과를 증명하는 사례들이다.

교육은 아이들의 '변화'에 주목한다. 학자들마다 학습에 대한 견해가 다양하지만, 학습이 인간과 그 인간이 접하고 있는 환경과의 상호작용에 의하여 인간 쪽에서 일어나는 어떤 '변화'라고 보는 점에서는 일치한다고 볼 수 있다(이혜림 외, 2004).

사토 마나부는 배움의 활동을 '의미와 사람의 관계를 다시 엮어 가는 과정'으로 인식하고, 배움의 실천을 학습자와 대상, 학습자와 타자, 학습자와 자기 자신이라는 세 가지 관계를 엮어 가는 행위로 재정

인 결과가 초래될 수 있다고 경고한다. 느낌의 상실이 인간 본질의 근본 구조를 무너뜨리며 인간 자체를 송두리째 뒤흔들 수 있다는 것이다. 그는 2020년이면 심장 및 혈액순환 장애와 더불어 우울증이 전 세계에서 가장 심각한 질환으로 부상할 수 있다는 하버드대 심리학자들의 연구를 소개하고 있는데, 이 심리학자들은 이러한 질병의 가장 큰 원인으로 자연으로부터의 소외를 꼽았다.(Weber, 2008).

의하고 있다(손우정, 2007에서 재인용). "배우는 활동은 대상 세계의 의미를 구성하는 활동이자 타자와 관계를 맺어 가는 활동이며 자기의 윤곽을 탐구하며 모양을 만들어 가는 활동이다. '관계(relation)'라는 개념은 원래 '이야기하다(relate)'라는 동사로부터 파생했다는 점에서 대상과 타자와 자기 자신과 '관계'를 구성하고 해체하고 수복하는 일은 그러한 '의미'를 이야기 하는 것과 같은 뜻이다. 즉, 배움은 대상과 타자와 자기에 관한 '이야기'를 통해서 '의미'를 구성하고 '관계'를 다시 구축해 가는 실천이다"(손우정, 2007: 29).

숲에서의 경험을 통해 아이들은 '숲'에 대한 생각이나 행동이 달라졌다고 하였다. 나무에 대해서는 '생명은 있지만 움직이지 못하고' '너무 많아 소중하지 않은' 존재라는 생각에서, '움직이지 못하지만 생명이 있고' '하나하나가 고맙고 소중한' 존재라는 생각으로 변화했다. 개미, 매미 등 곤충(벌레)에 대해서는 '징그럽고' '더럽고' '무서우며' '밟아도 되고 죽여도 되는' '하찮은' 존재라는 생각에서, '신기하고' '불쌍하고' '친구처럼 귀엽고 다정하며' '소중하고 아껴야 할' 존재라는 생각으로 변화했다. 새, 다람쥐 등 숲속의 야생동물에 대해서도 '관심 없고' '무섭고' '보잘것없고' '이상한' 존재라는 생각에서 '관심이 많아지고' '귀여우며' '예쁘고' '신기하고' '소중하며' '함께 살아가야 할' 존재라는 생각으로 변화했다. 즉, 숲에서 인상 깊은 경험을 통해 아이들에게는 변화가 생겼다. 숲에 대한 관심과 애정이 생겼고 이러한 변화는 이후에도 아이들의 생각과 태도에 영향을 주고 있다는 사실을 확인하였다.

숲에서의 경험은 다른 사람과의 관계를 변화시키기도 했다. '그냥 같은 반에 있는 애'였던 친구는 숲에서 함께 고생을 하고 온 후 '소중한' 친구로 변했다. 친구에게 화를 자주 냈다는 아이는 숲에서 '배려'해야겠다는 생각을 했고, 지금도 노력하고 있다고 했다. 다람쥐와 곤충들이 죽어 있는 것을 보고 불쌍한 감정을 느꼈던 아이는 그 후 작은 생물도 소중하게 생각하게 되었고, '너무 더럽고 짜증난다고 생각'하던 장애인에 대해 '그런 사람일수록 감싸주어야 한다'고 생각하게 되었다. 아이들은 숲에서 '관계'의 변화를 경험했고, '함께' 살아간다는 것의 의미를 생각했다.

'나'에 대한 생각의 변화에서 귀를 기울이게 하는 것은 '자아존중감'[7]의 향상에 대한 아이들의 목소리였다. 아이들에게 숲은 '작고 초라해 보이던 나'에게 '왕이 된 것 같'고 '부자가 된 것 같은' 기분이 들게 한 마법과 같은 장소였다. 숲은 아이들에게 '나는 소중하며' '세상에는 나와 같은 사람이 존재하지 않고 특별한 존재'라고 자신을 긍정적으로 생각하게 하였다. 이러한 자아존중감의 향상은 '책임감 있는 환경행동(Environmental Responsible Behavior:ERB)으로 이어진다는 연구 결과도 있다(박진희 & 장남기, 1998).

7) 자아존중감은 심리적으로 혼란하거나 독선적인 역기능 가정에서 자란 아동으로부터 자아를 상실하고 삶의 의미를 잃어 가는 성인에 이르기까지, 넓은 연령 범위에 걸쳐 모든 현대인들이 증진시켜야 할 필수적인 요인으로 주목받고 있는 개념이다(박진희, 장남기, 1998).

바) 되살아나는 숲

아이들이 겪은 경험을 이야기하고(telling) 다시 이야기하고(retelling) 하는 과정을 통하여 경험의 의미를 찾고(living) 이를 토대로 새로운 삶을 살아가게 되는(reliving) 과정이 바로 교육이다(강현석, 2007). 나는 이 연구에서 '이야기'에 주목하여 아이들의 기억[8]을 되살리는 데 주력했다. 아이들이 자신들의 이야기를 다시 말하고 다시 이야기하는 과정을 거치면서 경험의 의미가 분명하게 드러나도록 하였다.

르쾨르는 과거의 현재는 기억이며, 현재의 현재는 직각(直覺, vision)이며, 미래의 현재는 기다림이다(Recoeur, 김한식 역, 2000)이라고 했다. 내러티브의 삼차원적 공간에 따라 아이들의 숲 이야기를 수집하고 분석하는 동안 아이들의 잊혀졌던 기억들이 되살아나고, 희미하던 경험의 의미가 분명해지며, 경험에 새로운 의미가 생기고, 과거의 시간이 미래로 연결되었다.

아이들에게 이야기의 제목을 붙이도록 하였는데, 제목은 아이들이 이야기하고자 하는 것이 무엇인지를 잘 드러내 주었다. '금악산', '크로아티아 국립공원', '자연휴양림' 등 장소로 표현되기도 했고, '어렸을 적엔(수락산)', '숲에 간 날'처럼 시간으로 표현되기도 하였다. 또한 '동화책 속 숲과 다른 숲', '숲이나 나무에 대한 나의 생각과 느낌의 변화' 등 의도나 주제를 드러내기도 했고, '불쌍한 다람쥐와 곤충', '고마운 나무' 등 느낌이나 감정을 표현한 것도 있고, '곤충채집', '도봉산 가을 나들이'처럼 행위나 상황을 표현한 것도 있었다. 어느 것이든 아이들의 숲에 대한 경험의 의미를 엿볼 수 있는 단서들이 되었다.

인터뷰 도중에 아이들이 쓴 글을 꺼내 보여주며 자신의 이야기에서 가장 강조하고 싶은 단어를 하나 꼽아보라고 하였다. 아이들이 꼽은 단어들은 '경외', '낯선', '고마운', '상쾌' 등 느낌이나 감정과 관련된 단어, '사슴벌레', '다람쥐', '가족', '낭떠러지' 등 이야기의 소재로 볼 수 있는 단어, '배려', '건강', '생명', '안전', '함께' 등 이야기의 주제와 연관된 단어 등이었다. 이 단어들은 아이들이 이야기하고자 하는 핵심 의미를 함축하고 있었다.

경험에서 배운 것을 다른 친구에게 이야기한다면 어떻게 이야기하겠느냐는 물음에 아이들은 자연을 보호하자거나 야생동물을 사랑하자는 등의 교훈적인 이야기를 해주고 싶다는 대답을 했다. 동화책에서 보았던 동물을 숲에서 보지 못해 실망했다는 지혜는 동물을 소중하게 대해 주자는 이야기를 해 주고 싶다고 했고, 낭떠러지 길을 내려오느라 고생했다는 예빈이는 노력하면 무엇이든지 할 수 있다는 걸 이야기하고 싶다고 했다. 나름대로의 주장, 생각, 견해를 이야기하겠다는 아이들도 있었다. 시영이는 숲이 사람의 성품을 좋은 방향으로 변화시킨다는 점을 이야기하겠다고 했다. 찬이는 곤충은 무서운 게 아니

---

8) 학습이란 기억을 의미한다고 할 수 있다. 만일 어떤 경험을 했는데도 아무것도 기억하지 못한다면 우리는 아무것도 배울 수 없다. 학습이 우리가 경험한 내용을 획득하는 과정이라면, 이러한 경험내용을 저장하고 재생해 나아가는 일련의 과정을 기억이라 할 수 있다. 인간행동은 행동하는 개체와 환경과의 역동적인 관계에 의하여 이루어진다고 볼 수 있는데, 이 관계도 시간적인 사실로서, 지금의 순간적인 행동은 존재로서의 장면을 구성하고 있는 구조와 동시에 과거에 있었던 경험의 영향 때문에 규정된다고 볼 수 있다. 과거에 있었던 경험 내지 사건들은 개체에 어떤 영향을 남기고 또한 이를 출발점으로 하여 현재의 장면에서 행동하고 있는 것이다(노승윤, 2004).

라는 걸 이야기하겠다고 했고, 자연캠프 다녀온 이야기를 해 준 준원이는 숲에 다녀오면 숲에 대한 생각이 달라질 거라는 걸 알려 주고 싶다고 했다. 자신이 생각한 것을 적극적으로 제안 또는 권유하겠다는 아이들도 있었다. 선우는 숲에 가면 화목한 가정이 될 거라는 것을 이야기를 하겠다고 했고, 현욱이는 엄마가 하라는 대로 다 하는 아이들에게 청설모처럼 자유로워지라고 이야기하겠다고 했다. '이야기하기'라는 행위 자체에 초점을 맞춘 아이들도 있었고, 신기하거나 무서웠다는 등 그 때 당시의 느낌이나 감정을 이야기하겠다는 아이들도 있었다. 유현이는 다람쥐를 처음 봤을 때의 신기한 감정을, 지윤이는 낭떠러지를 지나며 무서웠던 감정을 이야기하겠다고 했다. 보고 느낀 것을 다른 친구들에게 자랑하겠다고 한 아이들도 있었다. 이 아이들에게 숲은 모험의 장소였으며, 뱀을 보았거나 산 정상에 올랐던 모험의 추억들은 아이들에게 자랑하고 싶은 이야깃거리를 남겼다.

시나 소설로 자신의 이야기를 표현해 보도록 하였는데, 아이들의 작품에는 아이들의 감정과 생각이 잘 정리되어 드러나고 있었다. 특히 시나 소설을 쓰면서 아이들은 숲과 나무에 대한 은유를 사용하였는데, 숲에 대한 아이들의 생각을 응축적으로 보여준다. 선우는 '숲의 기억'이라는 시에서 마치 '저 멀리 이사 간 옛 친구'를 잊어버릴 수 없듯이 숲에 대한 기억을 잊어버릴 수 없다고 하였다. 숲에서의 기억은 아이들의 삶 속에 오랫동안 살아 있다.

숲의 나무
숲의 시냇물
숲의 냄새
새들의 노랫소리

숲의 기억은 잊어버릴 수 없어
소풍 온 사람들
놀고 있는 아이들
꽃구경 온 할머니들
등산하는 사람들

숲의 기억은 잊어버릴 수 없어.
저 멀리 이사 간 옛 친구처럼
(허선우, 숲의 기억)

또한 나는 아이들에게 이 연구에 참여하면서 가졌던 생각, 소감 등을 솔직하게 이야기해 달라고 하였다. 내러티브 탐구에서 연구자는 연구가 진행되는 동안 참여자가 연구에 참여하는 일에 대한 그들의 느낌이나 생각에도 관심을 가지고 기록해야 하는데, 이는 참여자의 연구 참여 경험 또한 연구 텍스트로 구성될 수 있기 때문이라는 염지숙(2003)의 제안에 따른 것이다. 아이들의 반응은 아이들을 학교로 찾아갈 때마다 내가 아이들에게서 받은 느낌과 다르지 않았다. 대부분의 아이들은 숲에 대해 이야기하는 시간을 가져본 경험이 없었고, 숲에 대해 이야기해 볼 수 있었던 이 연구에 호감을 표현했다. 아이들의 숲 이야기를 통해 나는 아이들이 숲에서 의미 있는 시간을 가졌으며, 아이들의 숲에서의 경험을 기록하는 작업이 필요하다는 점을 확인하였다. 아이들의 숲에 대한 이야기를 수집하고 기록하는 과정에서 나는 아이들이 숲에서 시간을 보낼 때의 느낌을 증명할 수 있었고, 그들이 숲에서 배우는 교훈을 확인할 수 있었으며, 아울러 숲의 교육적 가치를 확신할 수 있었다.

제2절 교육적 제언

가) 부모들이여, 아이들을 데리고 숲으로 가자

> "아이들이 더 깊이 숲과 만나고 소통할 수 있는 교육적인 배려와 조처가 뒤따라야 한다. 특히 아이들이 숲이라는 또 다른 교실로 나가는 데에는 어른, 특히 부모의 역할이 매우 중요하다."

배움의 장소로서 숲의 역할에 주목할 필요가 있다. 아이들이 교실 안에서만 배우는 것은 아니다. 교실 문을 열고 숲으로 나왔을 때, 아이들 앞에는 또다른 배움의 장이 펼쳐진다.9)

하지만 아이들이 숲을 만날 기회는 점점 줄어들고 있다. 아이들이 점점 나이를 먹어가면서 어린 시절에만 느낄 수 있는 방식으로 숲을 만날 기회를 점점 잃어가고 있다. 또한 학년이 올라감에 따라 입시 등 아이들에게 부과되는 과제가 많아지고 무거워져 숲에 갈 수 있는 시간은 점점 적어진다. 이렇게 아이들이 숲을 만날 기회가 적어진다는 것은 한편으로 숲이 주는 가치를 누릴 기회가 줄어든다는 것을 의미한다. 숲으로 갈 시간이 없다면 아이들 가까이에 숲을 만들어 줄 수도 있을 것이다. 학교에 나무를 심고 숲을 조성하는 것도 대안이 될 수 있다. 아이들이 숲과 접할 수 있는 공간은 학교, 아파트, 공원, 수목

9) 숲 자체가 아이들을 가르치고 그곳에서 아이들이 배운다는 점에 주목할 때, 숲이 현대 수업의 원리인 자발성의 원리, 사회화의 원리, 통합의 원리(이혜림 외, 2004) 등을 구현하기에 적당한 장소임을 알 수 있다. 숲이 가르친다는 것은 숲에서 아이들이 스스로 배운다는 말에 다름 아니다. 파일(Pyle, 2002)은 아이들이 스스로 학습하는 존재이며, 아이들의 교육과정은 그들이 활용할 수 있는 모든 것에서부터 만들어진다면서 아이들에게 자연을 접할 기회를 제공하는 교육적 노력의 필요성을 주장했다. 즉 숲은 자발성의 원리를 구현하기 적당한 교육 장소라고 할 수 있다. 또한 숲은 아이들이 우정, 배려, 협동심 등을 배우기에 적당한 장소라는 점에서 사회화의 원리를, 숲에서 아이들은 지적으로, 정서적으로, 신체적으로 성장하고 발달한다는 점에서는 통합의 원리를 적용한 교육 장소로서 적당하다.

원 등 다양하다. 그곳이 어느 곳이든 숲을 경험할 수 있는 장소가 아이들 주변에 더 많이, 더 가까이 마련될 필요가 있다.

아이들이 더 깊이 숲과 만나고 소통할 수 있는 교육적인 배려와 조처가 뒤따라야 한다. 특히 아이들이 숲이라는 또 다른 교실로 나가는 데에는 어른, 특히 부모의 역할이 매우 중요하다. 페스탈로찌는 '교육의 본질은 사랑' 이기에 이 사랑의 화신인 어머니가 가장 훌륭한 교사일 수 있다고 하였다(권정민, 1992). 아이들을 숲으로 이끌고 나오고, 아이들과 숲의 경이로움에 대해 함께 놀라고 기뻐해줄 수 있는 어른의 존재 여부에 따라 아이들의 미래는 달라질 수 있다.

데일(Dale)은 학습자의 경험을 직접적인 참여에 의한 경험으로부터 시작하여 간접적인 경험 등을 거쳐 최종적으로 언어적인 상징에 이르는 형태로 분류하였는데, 구체적인 경험을 바탕으로 할 때만이 보다 추상적인 경험이 의미를 가진다는 점을 보여 주고자 하였다(권성호, 1998)[10]. 가장 정보가 풍부한 학습 환경인 숲에서 아이들이 구체적인 경험을 통해 창조성과 지성의 원천을 습득할 수 있도록 교육적 관심과 실천이 뒤따라야 할 것이다. "자연과 거리가 멀어지거나 자연과 우리를 연결시켜주는 끈이 절단된 상태"(탁광일, 1998: 3)를 생태맹이라고 한다면 그 단절을 다시 이어주고 관계를 회복시키는 일은 교육이 이 시대에 감당해야 할 과제이다. 생태맹 극복의 열쇠는 결국 교육에 있다(탁광일, 1998).

나) 아주 어렸을 적부터 숲을 경험하게 하자

> "아이들은 아주 어렸을 때의 숲의 경험도 오랫동안 기억하고 있다는 사실에 주목해야 한다. 아이의 일생 동안 다시 오지 않는 '시간의 지점'이 아주 이른 시기에 지나가 버릴 수도 있기 때문이다."

짧은 순간의 강렬한 경험은 오래 기억된다. 어린 시절 숲에서 경험을 통해 만들어진 이러한 시간의 지점들은 아이들의 삶에 오랫동안 영향을 미친다. 아이들이 기억하는 숲에 대한 경험의 시기는 스펙트럼이 다양하다. 아이들은 그들이 기억할 수 있는 가장 오래 전 시기에 만났던 숲을 가장 인상 깊게 기억하기도 한다.

아이들이 숲에서 경험한 특별한 시간, 공간, 관계, 감각 등 경험의 구조들을 통해 아이들이 숲을 경험하는 그들만의 방식을 확인할 수 있다. 즉 숲에서 아찔하게 위험했던 1분의 시간은 1시간처럼 길었고,

10) 이는 브루너(Bruner)가 구분한 지식의 표상 양식과도 대응된다. 브루너는 지식의 표상 양식을 직접적 체험에 의하여 행동적으로 지식이 경험되고 표상되는 '행동적(enactive)' 표상, 그림에 의해 표현되는 것을 관찰함으로써 영상적으로 지식이 경험되고 관찰되는 '영상적(iconic)' 표상, 문자와 같은 상징체계에 대한 이해 과정이 이루어지는 것으로 상징적으로 지식을 학습하는 '상징적(symbolic)' 표상 등으로 구분하였다. 한편 캘럿(Kellert)은 체험의 유형을 직접적 체험(direct experience), 간접적 체험(indirect experience), 대용적 또는 상징적 체험(vicarious or symbolic experience)로 구분하였다.

작고 초라해보였던 자신이 왕이 된 것 같은 느낌이 들었고, 숲에서 함께 무서워 떨면서 친구와 우정이 깊어졌다. 아이들은 오감을 통해 숲과 맞닥뜨린다. 다람쥐, 뱀, 물고기, 사마귀, 숲의 풍경 등을 보고, 숲에서 금방 딴 다래를 맛보고, 비 온 숲의 냄새를 맡고, 여름 숲의 바람소리를 듣고, 곤충을 손에 올려놓아 보면서 숲을 경험한다. 이러한 감각들은 오랫동안 기억에 남는다. 숲에서만 경험할 수 있는 특별한 감각이자 느낌들은 아이들에게 특별한 기억을 선사한다. 숲은 즐거운 기억만 아이들에게 주는 것은 아니다. 무섭고 위험했던 경험을 통해 아이들은 배운다. 이러한 경험 또한 아이들의 기억에 살아 있는 의미 있고 중요한 순간, 빛나는 순간들이다.

아이들은 어린 시절에 자연과 상호작용을 통해 더 큰 바깥세상과 소통하는 방법을 배우게 된다는 카울라(Chawla, 2002)의 연구나, 어린 시절은 한 사람의 영혼을 형성하는 데 있어서 '명백한 근원의 시기'이며 숲은 어린 시절의 '시간의 지점들(spots of time)'을 만들어 내는 데 매우 중요한 영향을 끼친다는 칸(Kahn, 2002)의 연구를 보더라도 어린 시절에 숲에서 경험할 수 있는 기회를 마련해 주는 것은 매우 중요하다. 특히 아이들은 아주 어렸을 때의 숲의 경험도 오랫동안 기억하고 있다는 사실에 주목해야 한다. 아이의 일생 동안 다시 오지 않는 '시간의 지점'이 아주 이른 시기에 지나가 버릴 수도 있기 때문이다.

다) 숲을 충분히 느낄 수 있도록 하자

> "아이들과 함께 숲에 갔을 때에는 무엇보다 먼저 아이들이 숲을 충분히 느낄 수 있도록 해 주어야 한다. 아이들은 숲에서 느낀 감정을 오랫동안 기억하며, 그 감정은 아이들의 변화와 성장에 영향을 끼친다."

'시간의 지점'은 아이들이 숲에서 느끼는 감정과 연결되어 있다. 아이들이 숲에서 놀라워하고, 불쌍해하고, 고마워하고, 신기해하는 등의 감정들은 숲에서 경험을 빛나고 특별하게 하였고, 결국 아이들을 변화시키는 '배움의 토양'이 되었다.

아이들은 숲과의 맞닥뜨림의 순간에 긍정적이든 부정적이든 간에 일종의 감정을 느끼며, 이러한 숲과의 맞닥뜨림은 아이들의 생각과 행동에 의미 있는 변화를 일으킬 만큼 중요하다. 아이들은 숲의 풍광에서 아름다움과 경이로움을 경험하기도 하고, 숲에 사는 야생동물을 통해 사랑과 배려의 가치를 생각하기도 하며, 숲에서 위험한 순간을 통해 자연의 힘을 깨닫고 겸손과 감사를 배우기도 했다.

아이들은 초등학교 때부터 학교, 사회, 가정으로부터 받는 스트레스와 불안감 등 압력에 대항하기 위해 힘든 시간을 보내고 있다. 우리가 아이들이 숲과 함께하는 시간과 기회를 더 많이 제공할 수 있다면 아이들은 긍정적인 감정들을 경험하게 될 것이고, 더 나아가 아이들은 그들 주변의 숲과 자연을 통해 그들 스스로 필요할 때마다 희망, 용기, 치유, 자신감, 아름다움의 순간을 만들어 내고 긍정적인 마음가짐을 창조해 낼 수 있을 것이다. 또한 숲과 함께 하는 수업을 통해 아이들은 스트레스와 근심, 외로움에 대처하는 방법을 배울 수 있을 것이다.

숲은 인간으로 하여금 넓고 풍부한 감정을 느낄 수 있도록 해 주며, 숲과의 감정적 교류를 통해 인간은 살아 있는 것들에 대한 인식과 관계의 지평을 넓힌다.[11] 또한 숲을 통해 아이들은 정서적으로, 지적으로, 가치판단적으로 성장한다(Kellert, 2002). 따라서 아이들과 함께 숲에 갔을 때에는 무엇보다 먼저 아이들이 숲을 충분히 느낄 수 있도록 해 주어야 한다. 아이들은 숲에서 느낀 감정을 오랫동안 기억하며, 그 감정은 아이들의 변화와 성장에 영향을 끼친다.

라) 숲에 대해 이야기할 기회를 주자

> "아이들에게 숲에 대해 이야기할 수 있는 기회를 더 많이 만들어 주어야 한다. 아이들은 숲에 대한 이야기를 하면서 숲의 가치와 의미를 새롭게 만들어 가기 때문이다."

아이들은 숲에서의 경험을 이야기하는 동안 숲과 자신들에 대한 가치와 의미들을 만들어 간다. 아이들은 이야기를 통해 그대로 잊혀졌을지도 모르는 기억들을 되살리고 숲이 가르쳐 준 지혜들을 그들의 삶에 적용하게 된다는 사실은 숲을 통한 교육에 관련된 교사들과 프로그램 개발자들에게 새로운 아이디어를 제공한다.

아이들에게 숲에 대해 이야기할 수 있는 기회를 더 많이 만들어 주어야 한다. 아이들은 숲에 대한 이야기를 하면서 숲의 가치와 의미를 새롭게 만들어 가기 때문이다. 숲에 대한 아이들의 이야기를 수집하고 이야기하기를 격려할 필요가 있다. 아이들은 자신들의 이야기가 누군가로부터 인정받을 때 비로소 자신들이 경험한 것이 사실이며 다른 사람에게 영향을 줄 수 있다는 것을 알게 된다(Borin, 2005). 아이들에게 경험을 이야기할 수 있는 기회를 제공하는 것이 필요하다. 아이들이 숲에서 경험한 것들이 얼마나 가치 있고 소중한 것인지를 아이들에게 깨닫게 해 주고 공유할 수 있기 때문이다. 또한 아이들의 이야기를 통해 우리는 숲에서의 경험들이 아이들의 삶에 얼마나 영향을 끼치는지 확인할 수 있다.

제3절 결론

교육의 본질은 사랑이다. 교육이 추구하는 바람직한 인간은 그 중심에 사랑이 있는 사람이다. 아주

---

11) 바깥의 자연경관(landscape)은 우리의 내면 경관(mindscape)을 형성하는 데 결정적인 요소가 된다. "'mindscape'은 우리 내면의 정서적 'landscape'이다. 즉, 숲은 자연경관을 만들고, 자연경관은 우리의 정서와 심성 발달에 결정적 역할을 하며, 이렇게 형성된 우리 내면의 'mindscape'는 또 다시 주위의 자연경관을 가꾸고 보전하는 데 결정적인 영향을 미치게 된다. 인간의 심성과 자연은 이렇게 서로 영향을 미치면서 발전해 나간다"(전영우 외, 1999: 46).

오래 전부터 부모들이 아이들에게 생존의 방법을 가르친 이유도 자식에 대한 사랑 때문이었다. 21세기에 교육이 추구해야 할 것도 사랑이다. 우리의 아이들이 자기 자신을 사랑할 줄 아는 사람, 다른 사람을 사랑할 줄 아는 사람, 생명을 사랑할 줄 아는 사람이 되도록 하는 것은 특히 이 시대에 교육이 담당해야 할 몫이다. 숲은 아이들이 사랑을 배우는 장소이다. 숲은 교육을 통해 아이들에게 사랑의 씨앗을 심어 주기에 참 좋은 장소이다.

집이나 학교 등 아이들의 생활 주변에 숲을 많이 조성해 주는 것이 필요하다. 수목원이나 공원 등 도심의 공터가 많아져야 하겠고, 학교에 나무를 심어 숲 환경을 만들어 주는 데에도 교육 관계자들이 관심을 기울일 필요가 있다. 또한 가족 여행이나 체험학습 등의 기회를 더 많이 만들어 주어야 한다. 숲에서 아이들이 배울 수 있도록 부모나 교사가 아이들과 함께 자주 숲으로 가는 것이 필요하다. 아이들을 데리고 숲으로 가는 것은 가정교육과 인성교육의 첫 걸음이다. 아이들은 아주 어렸을 때의 숲의 경험도 오랫동안 기억하고 있다는 사실에도 주목할 필요가 있다. 숲을 통한 교육은 아주 이른 시기부터 가능하다는 사실을 많은 부모들이 알고 있을 필요가 있다. 또한 아이들이 숲에 갔을 때에는 무엇보다 먼저 아이들이 숲을 충분히 느낄 수 있도록 해 주어야 한다. 아이들은 숲에서 느낀 감정을 오랫동안 기억하며, 그 감정은 아이들의 변화와 성장에 영향을 끼치기 때문이다. 숲 교육 프로그램을 개발하고 진행할 때에도 이 점이 반영되어야 할 것이다. 아울러 아이들은 이야기를 통해 그대로 잊혀졌을지도 모르는 기억들을 되살리고 숲이 가르쳐 준 지혜들을 그들의 삶에 적용하게 된다는 사실은 숲을 통한 교육에 관련된 교사들과 프로그램 개발자들에게 새로운 아이디어를 줄 수 있을 것이다.

참 고 문 헌

강현석(2007). "교사의 실천적 지식으로서의 내러티브에 의한 수업비평의 지평과 가치탐색". 교육과정연구, 25(2), 1-35.

국립공원관리공단 홈페이지(2011). http://www.knps.or.kr/main/main.do

국민대 사회교육원. 1998. 노동부인가 재취업 훈련교육 자연환경안내자 강의록. 국민대학교.

국민대학교 삼림과학대학(1998). 산림체험 프로그램 개발 연구. 152pp. 유한킴벌리.

권성호(1998). 교육공학의 탐구. 서울:양성원.

권정민(1992). "페스탈로찌의 유아교육사상에 관한 연구". 석사학위논문. 숙명여자대학교 교육대학원.

김경희(1996). 정서란 무엇인가. 서울:민음사.

김상윤(1998). 일본 자연교육 프로그램의 실제. 숲과 자연교육. pp.139-153. 수문출판사. 서울.

김상윤·윤여창·이선경(1998). 미국 국립공원내 환경교육 시스템의 실제 : 워싱턴주 국립공원 지역의 해설 프로그램 사례를 중심으로. 환경교육(한국 환경교육학회지) 제11권 제1호 : 217-236. 서울.

김영무(1999). "생태맹 극복의 길찾 인간이 되는 길". 숲과 자연교육. 서울:수문출판사.

김재범(1996). 그린스카우트의 환경교육 프로그램. 환경교육의 현황과 발전방향, 87-88. 서울대 산림자원학과.

노승윤(2004). 실기교육방법론. 경기:양서원.

박진희·장남기(1998). "자아존중감 향상을 위한 '인지적 재구조화 전략'이 환경단원의 학습에 미치는 효과". 환경 교육, 11(1), 237-249.

박현숙(1996). 환경운동연합의 환경교육 프로그램. 환경교육의 현황과 발전방향, 89-95. 서울대 산림자원학과.

손우정(2007). "관계로 엮어가는 배움". 우리교육. 1월호 통권 203호. 28-31.

신용석(1997). 지리산국립공원 생태계 보전사업 소개. 아름다운 국립공원, 제 10호, 45-50. 국립공원관리공단.

염지숙(2003). "교육 연구에서 내러티브 탐구(Narrative Inquiry)의 개념, 절차, 그리고 딜레마". 교육인류학 연구, 6(1), 119-140.

우보명(1997). 국립공원의 생태관광적 가치와 효용. 국립공원의 가치와 효용. 국립공원협회·국립공원관리공단.

윤여창·김상윤·이선경(1997). 자연자원의 보전을 위한 환경교육 : 미국의 사례연구. 서울대학교 농업생명과학대학 연습림 연구보고, 제33호, 39-51.

이재영(2008). "학교숲을 활용한 환경교육". 학교숲과 환경교육, 91-111.

이주희(1995). 우리나라 환경해설 프로그램의 적용을 위한 방문객 센터 : 환경해설 프로그램을 제공하는 방문객 센터란 무엇인가?. 아름다운 국립공원, 1995년 가을호. 국립공원관리공단. 서울.

이혜림 외(2004). 수업방법의 이론과 실제. 서울:백산출판사.

전영우 외(1999). 숲이 있는 학교. 우리강산 푸르게 푸르게 총서 3. 서울:이채.

전영우(1998). 자연(산림)안내자 양성과 활용을 위한 제언. 숲과 자연교육. pp.226-235. 수문출판사. 서울.

전영우(1999). 숲체험 프로그램-이론과 실제. 서울:수문출판사.

전영우·김상윤(1998). 산림교사(산림안내인) 양성 등의 교육훈련 프로그램 개발. 숲 가꾸기를 통한 고용창출 프로그램 개발 : 101-150. 산림청. 서울.

조규성(2009). 아이들은 숲에서 무엇을 배우는가?:숲에 대한 아이들의 기억에 관한 질적 연구. 박사학위논문. 성균관대학교 대학원.

조규성, 2010. 숲교육 질적 연구-아이들은 숲에서 무엇을 배우나. 이담.

탁광일(1998). "생태맹과 이를 극복하기 위한 접근 방법". 숲과 문화총서, 6, 14-21.

Borin, K. A.(2005). *Nature places and story spaces: An exploration of children's stories about nature.* the State University of New Jersey New Brunswick.

Carson, R. L., 표정훈 역(2002). 자연의 경이로움에 대하여. 서울:에코리브르.

Chawla, L.(2002). Spot of time: Manifold ways of being in nature in childhood. Kahn, Jr. P. H., & Kellert S. R. (Ed.). (2002). *Children and nature.* Cambridge, Massachusetts.

Chawla, L.(2002). Spot of time: Manifold ways of being in nature in childhood. Kahn, Jr. P. H., & Kellert S. R. (Ed.). (2002). *Children and nature.* Cambridge, Massachusetts.

Kahn, Jr. P. H.(2002). Children's affiliations with nature: Structure, development, and the problem of environmental generational amnesia. Kahn, Jr. P. H., & Kellert S. R. (Ed.). (2002). *Children and nature.* Cambridge, Massachusetts.

Katcher, A.(2002). Animals in therapeutic education: Guides into the liminal state. Kahn, Jr. P. H., & Kellert S. R. (Ed.). (2002). *Children and nature.* Cambridge, Massachusetts.

Kellert, S. R.(2002). Experiencing nature: Affective, cognitive, and evaluative development in children. Kahn, Jr. P. H., & Kellert S. R. (Ed.). (2002). *Children and nature.* Cambridge, Massachusetts.

Manen, M.(1990). *Researching lived experience.* 신경림 역(1994). 체험연구: 해석학적 현상학의 인간과학 연구방법론. 서울:동녘.

Orr, D. W.(1992). Ecological literacy: Education and the transition to a postmodern world, SUNY.

PLT Operating Committee(1993). Project Learning Tree(PLT) Environmental Education Activity Guide Pre K-8. American Forest Foundation. Washington, D.C. 402pp.

Project WILD National Office(1996). An Introduction to Project WILD. Project WILD National Office. Maryland. 18pp.

Ricoeur, P.(1984). *Temps et recit.* 김한식·이경래 역(2000). 시간과 이야기2. 서울: 문학과지성사

The Watercourse & CEE(1996). Project WET(Water Education for Teachers) Annual Report 1996. The Watercourse & Council for Environmental Education(CEE). 16pp.

The Watercourse and Western Regional Environmental Education Council(1995). Project WET Curriculum & Activity Guide. The Watercourse and Western Regional Environmental Education Council. Montana. 516pp.

Thomashow, C.(2002). Adolescents and ecological identity: Attending to wild nature. Kahn, Jr. P. H., & Kellert S. R. (Ed.). (2002). *Children and nature.* Cambridge, Massachusetts.

Weber, A. 박종대 역(2008). 모든 것은 느낀다. 서울: 프로네시스.

WREEC(1983). Project WILD K-12 Activity Guide. Western Regional Environmental Education Council(WREEC). Maryland. 386pp.

(株)自然教育研究センター(1995). CES INTERPRETERS' MANUAL(1995). (株)自然教育研究センター. 東京

金相潤, 永田 信, 大島英樹(1995). 縣民の森の現狀と森林インタープリターの活動 : 關東地方を事例として. 森林文化研究 16 : 267-284. 東京

キャサリーレニエ 等, 日本環境教育フォーラム 監譯(1994). インタープリテーション入門 - 自然解說ハンドブック. 小學館. 東京

(社)全國林業改良普及協會 編(1992). 森林インストラクター入門. (社)全國林業改良普及協會. 407pp. 東京

東京都西部公園綠地事務所(1998). 平成9年 環境教育活動報告書(高尾ビジターセンター). 50pp. 東京

牛久市 都市計劃部 みどり課(1996). 1995年度 牛久自然觀察の森 事業實施 報告書. 165pp. 牛久

산림 교육론

탁 광 일
NatureWalksEducation(CANADA)/대표

목차

제1장 머리말

몇 년 전부터 산림청, 주요 언론 매체, 숲 해설을 포함한 숲속에서 이루어지는 다양한 활동과 관련해 산림교육이란 단어를 본격적으로 사용하고 있다. 산림교육은 우리에게 매우 친숙한 산림과 교육이란 두 단어를 결합시켜 만들어졌다. 이 때문에 일반인에게 매우 쉽게 다가갈 수 있는 커다란 장점을 지닌다. 특별한 정의 없이도 산림교육이란 단어를 처음 접한 일반인들에게 "숲속에서 이루어지는 교육활동", 또는 "숲에 대한 중요성을 알리는 교육" 등이 의미로 쉽게 연결되기 때문이다.

과거 산림행정이나 산림경영 담당 국가 공무원들을 대상으로 한 산림분야 전문 연수 기관의 명칭도 몇 년 전 임업연수원에서 일반인들에게 좀 더 쉽게 다가가는 명칭인 산림교육원으로 바뀌었다. 그러나 이는 공무원들을 대상으로 한 산림행정, 정책, 경영 및 기술 중심의 연수과정도 광의의 산림교육 범위에 포함되는 인상을 풍기게 한다. 이 때문에 산림교육의 내용과 범위는 외형적으로 매우 광범위하고 다양해졌으나, 그만큼 모호하고 애매한 점도 늘어난 것이 사실이다.

따라서 산림교육의 정의나 명확한 의미는 여전히 불분명하다. 산림학을 전공하고 수 년 동안 산림학을 강의해온 필자에게도 산림교육의 정확한 의미는 여전히 모호한 면이 있다. 앞으로 산림교육의 발전과 산림교육 관련 정책 개발을 위한 기준으로 관련 전문가나 단체들과의 광범위한 협의를 통해 정의와 함께 산림교육에서 다루어야 할 범위와 내용을 좀 더 구체적으로 마련해야 할 것이다.

명확한 산림교육에 대한 정의가 존재하지 않는 가운데 이글에서는 위에서 언급한 바와 같이 현재 일반적으로 통용되고 있는 산림교육의 의미로서 산림교육론을 다루고자 한다. 산림교육이 지니는 가장 통상적인 의미는 관련법에서 찾아 볼 수 있다. 2012년 7월 26일 "산림교육 활성화에 관한 법률"이 시행되었다. 이법에는 각종 산림교육자 및 안내자 양성 교육기관 지정에 관한 내용을 포함하고 있다. 이중 산림교육전문가 교육 과정을 운영하려는 기관이 운영해야할 교육내용에 산림교육론이 있고, 산림교육의 내용은 산림 교육의 이해, 사회 환경 교육론 및 환경윤리 및 철학으로 구성되어 있다. 이를 통해 볼 때 산림교육론은 산림 교육 전문가의 산림교육에 대한 기본적 이해와 함께 이들의 향후 교육 활동에 철학적이고 윤리적인 바탕을 제공하고자 함을 목적으로 하고 있음을 알 수 있다. 따라서 이글에서는 위의 법이 요구하는 산림교육내용을 구성하는 주제들을 하나씩 소개하고자 한다. 특히 이글은 국유림, 국립공원, 수목원 등지에서 산림교육 프로그램을 진행하는 숲 해설가들을 염두에 두고 작성하였다.

제2장 산림교육의 이해

산림교육이 숲과 관련된 교육이라고 쉽게 접근 할 수 있는 장점이 있지만, 산림 교육이 다루고자 하는 내용이나 범위를 다루고자 할 때 유사한 교육과 명확한 구분과 차별화 시킬 필요가 있다.

산림교육은 얼핏 보면 숲에 대한 또는 숲과 관련한 교육을 연상시킨다. 숲에 대한 교육으로는 그간 임학, 산림생태학, 산림경영학처럼 산림전문가를 양성하기 위한 대학차원의 교육이 있었다. 그러나 산림 교육은 그같은 전문가 교육을 의미하지 않는다. 산림 교육은 또 숲에서 이루어지는 모든 교육활동을 의미하는 것처럼 받아들여지고 있다. 숲에서 이루어지는 교육 활동은 예전부터 환경교육 또는 현장 교육으로 불렸다. 환경 교육은 꼭 숲에서만 이루어지는 것은 아니지만 숲속에서 이루어지는 산림교육도 자연스레 환경교육의 일부로 간주되어 왔다. 현장 교육도 학교 밖의 다양한 현장에서 이루어지는 교육을 의미하였기 때문에 숲도 주요한 교육 현장 중 하나였다. 그러나 환경교육 또는 현장 교육으로 부르지 않고 굳이 산림교육이라고 한 배경에는 그간의 환경 교육이나 현장교육과 차별화 시킬 무언가가 있기 때문이다.

산림교육은 대학차원의 장기간에 걸친 전문적인 교육을 의미하지 않는다. 또 산림정책 개발자나 산림 경영자들을 위한 전문 기술 교육을 의미하지도 않는다. 이들 교육은 수년 또는 수개월의 교육기간을 필요로 한다. 산림교육은 통상 1-2시간, 반나절, 또는 하루 정도의 시간 범위 내에서 이루어진다. 또 산림교육은 교실이나 실내에서 이루어지지 않고 대부분의 경우 숲이 있는 현장에서 이루어지는 특징을 지닌다.

산림교육이 본격 등장하기 전에도 숲과 관련된 내용을 다루면서 숲에서 이루어지던 많은 교육활동들이 있었다. 현장 조사, 연구, 연수, 연찬, 시연 활동 등과 같은 다양한 교육활동이 있었다. 그러니 이들과 오늘날의 산림 교육 간에는 커다란 차이가 있다. 가장 큰 차이는 교육대상을 꼽을 수 있다. 교육 대상이 산림 전문가에서 일반인으로 크게 확대된 것이다. 과거의 산림 관련 교육이 산림전문가가 되기 위한 대학교육이나 또는 정부나 기업, 또는 개인적으로 이미 산림관련 업무에 종사하고 있는 소수의 특정 전문가들을 위한 교육이었던 반면 산림교육은 일반인 학생들을 대상으로 하고 있는 점이다. 연령계층도 유아부터 청소년 성인 노인들에 이르는 전 연령계층을 대상으로 하고 있다.

산림교육은 불특정한 학생들을 대상으로 하고 있으며, 이들의 지적배경이나 관심분야, 호기심 정도도 다양하다. 따라서 이들은 학생이기보다는 청중에 더 가깝다. 이런 점에서 산림교육은 학교나 전문 교육기관에서 이루어지는 정형적 교육에 비해 비정형적 교육이라고 할 수 있고, 교육적 성격이 강한 활동이면서도 교육과는 차별화되는 여러 가지 특징을 지닌다. 따라서 산림교육 프로그램을 운영하는 숲 해설가와 같은 사람들은 일반 교육에서 요구되는 것과는 다른 능력과 기술을 필요로 한다.

제3장 산림교육의 배경

산림교육의 등장 배경에는 지구차원의 자연 환경적 변화와 우리나라 국민들의 크게 달라진 숲에 대한 인식을 꼽을 수 있다. 오늘날 우리가 살고 있는 지구는 지속가능성을 잃을 위기에 처해 있다. 3,40년 전만해도 별 문제가 없었던 육상 및 해양 생태계와 대기권에 이상이 생기면서 자원고갈, 오염, 기후변화와 같은 문제가 우리 인류의 생존을 위협 할 정도로 심각한 상태로 변하고 있다. 육상에서는 숲이 파괴되면서 생물다양성이 크게 위협받아 많은 생물종들이 멸종될 위기에 처하게 되고, 2년 전 70억을 돌파한 세계 인구를 먹여 살릴 식량생산에 대한 전망이 불투명해졌다. 바다에서는 해양 오염문제와 함께 과거 무궁무진 한 것으로 여겨졌던 어족자원이 고갈되면서 어획량이 대폭 감소했다. 특히 쉽게 어획할 수 있는 대형어종들은 지난 50년 사이 90%가 사라졌다. 석유자원은 정점을 지나 하향추세에 있고 가까운 장래에 고갈될 것으로 전망되고 있어 가파른 석유가 상승이 예상되고 있다. 이 모든 문제는 기후변화라는 하나의 복합적인 문제로 수렴되어 인류의 생존을 위협하고 있다. 이같은 지구 자연환경 문제의 구심점 중의 하나에는 산림 문제가 있다. 지구의 허파 역할을 하며 생물다양성의 보고이기도 한 열대우림의 파괴는 심각한 환경문제가 되고 있다. 반대로 지구의 산림을 잘 유지하고 관리하는 일은 기후변화 문제 뿐 만 아니라 인류가 필요로 하는 주요한 자원중 하나인 목재자원의 수급문제 해결에도 중요한 역할을 할 수 있다(탁광일, 2006).

국내적으로 우리나라는 60년대 녹화조림 정책을 통해 일제 강점기와 한국전쟁을 거치면서 대대적으로 파괴된 숲을 성공적으로 복구시켰다. 녹화조림 당시의 숲은 경제적으로 열악한 상황에서 값비싼 외국산 목재를 대체할 수 있는 목재자원을 국내적으로 조성하기 위한 목적이 주를 이루었었다. 아이러니하게도 이렇게 조성한 숲이 자원으로 활용할 단계에 접어든 오늘날 숲은 새로운 가치를 지니게 되었다. 우리나라 숲은 이제 자원으로서의 가치뿐만 아니라 휴양, 문화, 치유, 교육 등의 다양한 무형의 가치를 지니는 자원으로 인식되고 있고 그렇게 활용되고 있다. 숲은 처음부터 다양한 가치를 지니고 있지만, 숲에 대한 국민의 인식과 숲에 대한 기대가 달라지면서 숲의 가치도 변하게 된 것이다. 산림청의 역할도 과거 목재자원 조성을 위한 조림, 산림병충해 방제, 산불방지와 같은 일에서 위와 같이 달라진 숲에 대해 국민들이 기대하는 여망을 충족시켜야 할 위치에 놓여 있다.

산림교육의 목적은 이와 같이 지구적으로 국내적으로 달라진 숲의 역할과 국민들의 인식에 부응하기 위해 숲의 중요성을 알리고 숲이 지니고 있는 새로운 가치들을 경제 사회적으로 크게 달라진 오늘날의 관점에서 새롭게 조명하고 그 가치가 적절히 발현될 수 있도록 하기 위함이다.

제4장 현대 환경문제

오늘날 환경문제와 자연과의 관계를 살펴보자. 지구 생태계는 생명체들과 비 생명체 간의 상호작용을 통해 지구의 화학적 물리적 특성들이 결정되고 형성되어 왔다. 이는 지질학적 시간에 걸쳐 서서히 진행되어온 과정 이었다. 이 과정에서 흙이 생성되고, 물 순환을 통해 수질이 정화되고, 화석연료가 생산되고, 대기 중의 이산화탄소가 제거되고 산소가 생성되었다. 이는 수억 년의 시간이 걸렸고 수십억종의 생물들이 모두 집합적으로 이루어내 성과이다.

오늘날 지구의 운명은 매우 위태롭기 짝이 없다. 이렇게 수억 년에 걸쳐 형성된 지구의 화학적 물리적 성질이 급격하게 변하고 있기 때문이다. 인간이라는 하나의 생물종이 우주의 시간을 기준으로 하면 찰나에 불과한 지난 200여년의 기간 동안 지구의 생물, 물리, 화학적 성질과 특성을 급격하게 변화시키고 있기 때문이다. 산림파괴에 따른 멸종과 생물다양성 감소, 어족자원고갈, 각종 오염, 지구온난화, 기후변화 등의 환경문제로 나타나고 있다.

오늘날 세계는 전쟁, 핵무기, 금융위기, 식량생산, 기아 등과 같이 많은 문제들이 인류의 생존을 위협하고 있다. 흔히 사람들은 이런 문제들은 인간사회의 문제이며 정책, 협상, 과학기술을 통해 인간의 힘으로 해결할 수 있다고 믿고 있다. 그러나 인간세계 문제들의 근본원인은 생태계의 문제에 있다. 생태계의 문제들이 심각한 위협을 받으면서 전쟁, 식량, 경제, 무역, 금융과 같은 인간사회의 문제들로 나타나고 있을 뿐이다. 자연생태계 보전이 선행되지 않고서는 인간사회의 문제 해결은 장담 할 수 없다.

안보, 무역, 에너지 등의 현안문제에 가려 특히 선진국에서는 그 심각성이 제대로 알려지지 않고 있지만 식량문제만큼 인류의 생존을 위협하는 문제는 없다.

2011년 세계 인구가 70억을 넘긴 것으로 추정되고 있다. 1950년 25억이었던 것에 비하면 60여년 사이 세계인구가 3배에 가깝게 늘어났다. 한반도의 인구도 같은 기간 2.5배 이상 늘어났다. 늘어난 세계 인구가 필요로 하는 식량, 자원, 에너지 조달 문제가 그 어느 때보다 심각해졌다. 세계 인구의 삶을 지탱하기 위한 식량은 모두 광합성을 통해 숲, 바다, 농지와 같은 생태계로부터 공급된다.

한 연구에 의하면 세계 인구 규모가 50억 수준이었던 25년 전 인류는 지구 생태계가 광합성을 통해 생산되는 일차생산량의 40%를 이미 사용하고 있었다. 일차생산은 식물의 열매, 과일, 뿌리, 잎 등의 형태로 우리가 소비하는 식량의 대부분이 생산되는 과정이다. 이수치는 세계인구가 70억일 때는 56%, 100억일 때는 80%로 늘어나게 된다. 2050년 무렵이면 세계 인구가 100억에 도달 할 것으로 예견된다. 그때가 되면 광합성의 1차 생산량의 대부분을 인간이 독차지하고 나머지 20%를 갖고 동물, 곤충, 조류, 어류 등 인간 이외의 생명체들이 연명해야 하는 상황이 전개 된다. 이 같은 상황에서는 인류 생존도 거의 불가능 하다.

오늘날 인류를 위협하는 또 다른 문제는 국내외적으로 심각한 경제적 불평등 문제다. 2011년 11월 하버드 대학의 경제학과의 저명한 그레고리 맨큐 교수의 경제학 강의시간에 70여명의 학생들이 수업 참여를 거부하고 강의실 밖으로 뛰쳐나갔다. 이는 당시 세계 각국으로 퍼지던 “월가를 점령하라(Occupy Wall Street)” 운동의 연장선상에서 일어난 사건이다. 학생들이 강의실을 뛰쳐나간 이유는 “경제학이 사회의 경제적 불평등과 부의 양극화 현상을 해결하는데 비효율적이며 도움이 되지 못한다”는 인식하에 있었다. 맨큐 교수는 저명한 경제학 개론의 저자이며 이 책은 많은 서구 대학의 경제학 교과서로 이용되고 있다.

이같은 현상은 오늘날 경제학이 심어준 잘못된 믿음에서 야기된 문제이다. 경제학에서는 국민총생산 GDP이나 화폐를 척도로 복지를 평가한다. 경제이론에 따르면 GDP가 높아지면 질수록 개인이나 국가의 복지수준도 향상된다. 이같은 경제학에서는 부의 공평한 분배가 복지향상에 기여하는 부분은 빠져있다. 또 경제학이론에 따르면 각 나라의 경제는 무한히 발전 할 수 있다고 가정하고 있다.

이같은 문제를 경제적 또는 사회적 문제로 인식할 수 있지만, 사실은 문제의 근본은 자연을 다루는 인간의 태도에서 비롯된 것이다. 오늘날 경제학은 18세기? 아담스미스나 리카르도와 같은 고전 경제학자들의 이론으로부터 시작해서 좀 더 복잡한 고용 및 금융이론들이 완성된 것은 1930년대와 1940년대의 일이다. 경제학이 시작되고 발전되던 시기의 지구에는 천연자원은 풍부했고, 노동, 금융 및 기계 기술자본은 부족했을 때였다.

따라서 당시엔 좀 더 많은 인력이나 기술을 투입하면 생산은 저절로 늘어나게 되어있었다. 반면, 무궁무진한 것으로 간주된 토지와 같은 자연자본의 역할은 제품생산 위주의 경제학에서 큰 문제가 되지 않았다. 맑은 공기나 맑은 물은 고전 경제학에서 아무런 대가 없이 무한정 공급 받을 수 있는 자유재로 취급되었다. 인구가 증가하면서 이윤추구, 소비자와 기업 중심의 경제가 발전하면서 더 많은 토지 개발, 생태계 파괴, 자원고갈 이 일어나면서 무한하다고 여겨졌던 자연자본이 사라지게 되었다.

자연자본이 사라진 상태에서는 아무리 우수한 인적자본, 아무리 많은 금융자본 및 기술자본을 투입해도 생산은 늘어나지 않는다. 오늘날 어업의 경우를 예로 들면 과거에 비해 어획기술과 장비는 크게 발전되었다. 오늘날 어선들은 어군탐지기, 정치망, 저인망 등 예전에는 구하기 어려운 장비와 기술을 갖추고 어로작업을 한다. 그럼에도 불구하고 어획량은 늘지 않고 오히려 감소하고 있다. 그동안 어획기술자본에는 경쟁적으로 투자가 이루어졌지만 자연자본에 해당하는 어족자원은 무궁무진하다고 간주하고 지속가능하게 관리하지 못했기 때문이다. 이 같은 현상은 어업에만 국한되어 일어나는 현상이 아니고, 농업, 임업, 지하수 등 재생 가능한 자원을 이용하는 분야 전반에 걸쳐 일어나고 있는 현상이다(탁광일, 2012에서 발췌).

제5장 사회 환경 교육론

환경문제를 해결하기 위한 접근 방법으로는 다음의 세 가지를 꼽을 수 있다. 법제도, 과학기술, 교육이 그 것이다. 첫 번째는 환경파괴나 오염을 일으키는 개인이나 기업에 대해 벌금이나 불이익을 주고, 반대로 환경을 개선하는 사람이나 기업에게는 혜택을 주는 방법이다. 두 번째는 오염을 줄이고 에너지 효율을 높여주는 친환경 기술을 개발하고 응용하는 방법이다. 위의 두 가지 방법은 강제적이며 단 기간 내에 효과를 거둘 수 있는 장점이 있다. 그러나 부작용 또한 무시 할 수 없다. 특히 과학기술의 남용과 미처 예견하지 못한 문제점들로 인해 오히려 더 심각한 환경문제들을 야기할 수 있다.

세 번째는 교육을 통한 접근 방법으로 환경문제의 원인이 인간자신에 있다는 점을 인정하고 어릴 때부터 교육을 통해 환경의식을 고취시키고 개인의 의식과 행동을 친환경적으로 변화시키는 데 있다. 교육에 걸리는 시간과 불확실한 효과가 단점이 될 수 있지만, 개인이나 지역사회로 하여금 자발적인 환경개선을 유도 할 수 있으며 환경문제를 가장 효율적으로 해결 할 수 있는 방법이 될 수 있다.

그러나 오늘날 교육은 다음과 같은 세 가지 커다란 모순을 지닌다.

첫째, 예전 보다 사회 전반에 걸쳐 교육수준이 향상되었음에도 불구하고 환경문제와 같은 사회문제들이 개선되거나 개인이 더 행복해 지지 못하는 점이다. 사회문제를 개선하고 사회를 변화시키는데 교육의 역할은 아무리 강조해도 지나치지 않다. 그러나 잘못된 교육은 사회를 위해 가장 파멸적 결과를 가져올 수 있다. 아우슈비츠에 집단 수용소를 건설하고 수백만 명의 유태인들의 학살을 기획하고 실행에 옮긴 사람들도 모두 당대의 최고학력 소지자들 이었다. 특히 이들은 인류 역사상 최고의 지성으로 꼽히는 칸트나 괴테와 같은 사상가와 문호의 후예들 이었다. 아우슈비츠는 잘못된 교육이 가져올 수 있는 엄청난 비극을 극명하게 보여준 예이다.

둘째, 오늘날의 각종 환경문제들은 상대적으로 교육 못 받은 사람들이 일으킨 문제라기보다 최고의 교육을 받은 사람들이 야기 시킨 문제라는 점이다. 즉 농부나 상인 또는 보통사람들이 아니라 정책결정자, 도시계획가, 기업의 최고 경영자들과 같은 사회적 리더들이 열심히 노력한 결과로 나타난 것이다. 이들 사회적 리더들은 박사, 석사, MBA, 로스쿨과 같은 최고학력의 소지자들로 다른 사람들 보다 훨씬 더 오랫동안 더 많은 교육을 받은 사람들이다.

셋째, 자녀들의 행복을 위해 부모들은 최고의 교육을 시키려고만 했지 정작 자녀들의 장래 행복에 결정적으로 영향을 미치는 자연환경 보전에는 동등한 관심을 갖지 않는 점이다. 오늘날 개인적으로 아무리 높은 교육을 받고 커다란 성공을 거두어도 살고 있는 곳의 환경이 오염되고 생물다양성이 감소된 환경 하에서는 개인의 행복을 보장받을 수 없다. 자연과 접촉하는 시간이 많으면 많을수록 개인의 행복지수는 높아진다는 연구 결과가 있듯이, 파괴되고 오염된 자연환경 속에선 개인의 건강과 행복이 뒤따르지 않는다.

따라서 교육을 많이 받는 것보다 어떤 교육을 어떻게 받느냐가 훨씬 더 중요한 문제다. 오늘날 인간사회의 모든 문제는 환경문제로 수렴된다. 환경문제가 인류의 생존을 위협하고 개인과 사회의 복지와 삶의 질을 결정짓는 다면 환경은 각 급 학교에서 필수적으로 다루어야 할 분야이다. 환경의 가치를 이해하고 환경문제를 해결 할 수 있는 능력을 배양하는 것도 중요하지만 자연의 아름다움을 깊이 이해하고 깨닫는 것 보다 더 중요한 환경교육은 없다.

자연의 아름다움에 대한 교육은 학생들의 감수성이 예민하게 반응하는 어린 시절에 가장 효과적으로 이루어 질 수 있다. 어린 시절 자연과의 접촉에서 어린이들은 곤충, 동물, 새, 식물들이 우리 인간과 크게 다르지 않으며 매우 유사한 생명체라는 인식을 발달시킬 수 있다. 하버드 대학의 윌슨 교수는 이 같은 인식은 인간이 천부적으로 지니고 있는 본능이라고 했다. 이 같은 본능은 더 나아가 모든 생명체들을 사랑하는 바이오 필리아(biophilia)로 발전될 수 있다고 했다.

그러나 인간은 자연을 공포의 대상으로 느끼는 본능 즉 바이오 포비아(biophobia)도 동시에 지니고 있다. 흔히 뱀, 거미, 박쥐들은 그 같은 부정적인 잠재 본능을 일깨우는 대상이 된다. 문제는 이들을 아름답게 받아들일 수 있는 수용능력에 달려 있다. 자연의 다양한 아름다움을 이해하고 음미할 수 있는 교육을 통해 혐오감이나 부정적 선입관이 박혀 있는 생명체에 대해서도 우리와 크게 다르지 않다는 바이오필리아를 일깨워주어야 한다.

바이오필리아는 감수성이 예민한 어린 시절 자연과의 접촉을 통해 형성된다.
'침묵의 봄'을 쓰고 1960년 미국의 환경운동의 기폭제가 되었던 레이철 카슨은 자연의 경이로움을 어린자녀와 함께 느끼고 체험하는 것을 강조 하였다. 그녀는 두 살도 채 되지 않은 조카의 아들 로저에게 자연의 소리를 들려주기 위해 보자기에 싸서 안고 비바람이 몰아치는 깜깜한 밤 바닷가에 데려가 아이와 바다와의 첫 만남을 주선하고 해변의 바위에 부서지는 파도소리를 들려주었다. 그녀는 이후에도 어린 로저를 바닷가에 데려가 게를 찾는다든지 조간대 생물을 관찰하면서 함께 자연을 관찰하고 재미있는 시간을 보냈다. 그녀는 로저에게 무엇을 가르쳐주려하지 않는 대신 자연의 신비로움과 경이로움을 그와 함께 경험 하려했다.

레이철 카슨은 자연은 어린이들과 즐거움을 함께 하는 공간이며, 함께 새로운 것을 발견하려는 모험의 공간이라고 했다. 그녀는 또 자연 속에서는 어린이들에게 설명하거나 가르쳐 주려는 충동을 억제하고, 아이들과 함께 자연을 느끼려해야 한다고 했다.

아이들이 어린 시절 부모나 교사들의 인솔 하에서 자연의 경이로움과 신비로움을 함께 경험하는 것, 자연의 아름다움을 이해하고 미의식을 발달시킬 수 있는 훌륭한 환경교육이다(탁광일, 2012에서 발췌).

제6장 환경윤리 및 철학

캐나다 밴쿠버섬 서해안의 원주민(아메리카 인디언)들은 숲으로 부터 모든 것을 얻었다. 식량으로 쓰던 열매는 물론, 질병을 치료할 때도 숲속의 다양한 식물로 부터 추출한 물질을 이용했다. 집을 지을때나, 여행이나 물건을 나를 때 쓰던 카누를 만들 때도 숲속의 나무를 쓰러뜨리거나 이미 쓰러진 나무를 이용했다.

이들은 또 유럽인들과의 본격적인 교역이 시작되기 전인 200여년 전 만 해도 우리나라의 측백나무와 흡사한 시다나무의 껍질을 벗겨 모자, 의복, 바구니를 만들었다. 사냥과 수렵을 도맡았던 남성들에 대해 나무껍질을 벗기는 작업은 대체로 여성들의 몫이었다.

원주민 여성들은 껍질을 벗기기 전 나무 앞에 서서 나무의 정령에게 먼저 기도를 올렸다. "나무님! 당신이 입고 있는 옷이 필요합니다. 그 옷의 일부를 제게 주십시요." 기도를 마친 여성들은 가슴높이에 한 뼘 정도의 칼자국을 만든 다음 위로 잡아당기면서 껍질을 벗겼다. 껍질을 벗길 때는 나무줄기의 3분의 1 정도만 벗겼다. 그 이상 벗기면 나무가 죽는다는 것을 알고 있었기 때문이다. 나이가 든 원주민 여성들은 나무껍질의 1/3이상을 벗기면 주위에 서 있던 다른 나무들이 증인이 되어 나중에 저주를 받게 된다고 믿었다(탁광일, 2012).

원주민 남성들이 매년 가을 강으로 회귀하는 연어를 잡을 때도 같은 철학이 적용되었다. 이 들이 연어를 잡을 때는 첫 무리의 연어 떼들이 상류로 이동해 충분한 산란이 이루어질 때까지 기다린 다음, 다음 무리의 연어를 잡았다. 또 이 들은 강물 속에 아무리 많은 연어가 있어도 자신과 가족에게 필요한 양 이상을 취하지 않았다. 그 이상을 취하면 다음 해에 회귀하는 연어의 양이 줄어든다고 믿었기 때문이다. 이 같은 절제를 통해 자신들의 주위환경을 지속가능하게 유지할 수 있었다.

이 같은 지속가능성의 배경에는 '모든 것은 하나'라는 자신들의 철학이 있었기 때문이다. 이 들은 나무, 숲, 곰, 연어, 고래는 물론 비, 바람, 천둥과 번개까지도 서로 관계를 맺고 있으며 자신들의 일부라고 믿었다. 따라서 다른 것에 영향을 미치지 않고서는 이들 중 어느 것도 취할 수 없다고 믿었다. 숲을 베면 곰과 연어가 사라지고, 바다에서는 연어에 의존해 있던 고래가 사라진다고 믿었다. 고래가 사라지면 그 영향이 고래에 물질적, 정신적으로 의존해 있는 자신들에게 돌아온다고 믿었다 (탁광일 전영우, 2006).

이들이 지속가능하게 유지해 오던 자연환경에 커다란 변화가 일기 시작한 것은 불과 200여 년 전의 일로, 유럽에서 온 백인들이 원주민들의 전통 영토에 정착하면서 일어나기 시작했다. 인간은 자연환경의 발전이나 진화를 위해 신이 선택한 도구라고 믿었던 백인 개척자들은 숲이나 자연환경을 지배하거나 파괴하거나 변형시켜야 할 대상으로 받아들였다. 백인 정착자들에게 자연은 물질적 가치를 지니는 천연자원일 뿐 이었다.

미국의 산림학자였던 알도레오폴드(1887-1948)의 '토지 윤리'는 다음과 같은 글로 시작된다.
"오랜 트로이 전쟁에서 돌아온 오딧세이는 자기가 집을 비운 사이 비행을 저지른 하녀들을 무더기로 목을 매달아 처형했다." 하녀는 주인 오딧세이가 아무런 가책을 느끼지 않고 마음대로 처분할 수 있었던 자기 소유의 재산이나 물건과 같은 것이었다. 이 글에서 알도레오폴드는 백인들이 역사적으로 자연에 대해 취해 온 태도와 행동은 오딧세이가 하녀에게 한 행위와 다를 바 없다고 했다 (알도레오폴드, 2000).

'토지 윤리'로 환경 윤리라는 분야를 새롭게 개척한 알도레오폴드(2000)는 그 동안 인간에 의해 소유되고 처분될 수 있는 것으로 받아 들여져 왔던 자연을 인간이 도덕적 책임과 의무를 지녀야 할 대상으로서 인간과 자연간의 관계를 새롭게 정립했다. 자연은 어느 누구의 재산이나 소유물이 될 수 없으며 인간과 인간 사이에 성립된 윤리적 의무는 그가 '토지'라고 표현한 동물, 식물, 곤충은 물론 심지어 개울과 호수에게 까지 확대 적용되어야 한다고 주장했다.

알도레오폴드 이후 서구사회에선 인간이외의 생명체에 대한 인간의 책임과 의무를 법적으로 명시하고 있다. 아직까지 고통이나 감정을 표현하지 못하는 식물이나 개울, 바위와 같은비 생명체까지는 미치지 못하고 있지만 일부 동물이나 멸종 위기에 처한 생물종들의 안전과 복지를 위한 법 제도가 마련되어 있는 상태다. 알도레오폴드는 또 생태계가 건강하게 유지되고 안정적이며 아름다움을 지닐 수 있도록 하는 행위는 윤리적으로 옳은 일이며 이를 해치거나 손상시키는 행위는 옳지 않은 일이라고 주장하였다. 알도레오폴드의 이 같은 철학은 현재 인간을 생태계 공동체의 일원으로 간주하고 자연의 질서를 거스르지 않는 삶의 방식을 추구하는 심층 생태학 또는 근본 생태학으로 이어지기도 하였다.

알도레오폴드로 부터 시작된 환경 윤리사상은 사실상 아메리카 인디언들의 '모든 것은 하나'라는 철학의 현대적 재해석이라고 할 수 있다. 나무의 껍질을 벗길 때도 나무의 허락을 얻었으며, 나무의 건강을 위해 줄기의 3분의 1만을 벗겼으며, 회귀하는 연어의 일부만을 잡았던 아메리카 인디언들은 알도레오폴드가 그것이 유지된 경우엔 윤리적으로 옳은 일이라고 했던 생태계의 건전성과 지속성을 몸소 실천한 사람들이었다. 자신이 나무, 곰, 고래와 다르지 않으며 이 들의 일부라고 원주민들이 믿었던 것도 알도레오폴드가 동식물은 물론 개울과 호수까지 생태계라는 공동체의 일원으로 간주했던 것과도 일치한다.

우리는 그 간 환경 문제를 다루면서 우리가 원하는 양과 속도로 자라 주지 않는 자연의 생산력을 탓했다. 따라서 많은 환경 문제의 해결 방법도 자연의 생산 과정에 개입해 자연의 생산력을 높이는 데서 찾으려 했다. 이 과정에서 과학기술은 커다란 힘을 발휘했다. 자연의 리듬이나 질서에 역행하는 이 같은 방법은 생태계의 건전성이나 지속성을 지켜주지 못하는 결과를 가져오고 환경 문제를 오히려 더 악화시키는 결과를 초래했다.

환경 문제는 자연의 생산력에 있지 않다. 환경 문제는 우리 스스로의 문제이다. 따라서 환경 문제의 해결도 우리 스스로를 어떻게 관리하는 가에 달려 있다. 환경 윤리는 아메리카 원주민들이 그랬듯이 우리 스스로를 절제하는데서 부터 시작된다.

제7장 맺는말

산림교육에서 우리가 무엇을 가르칠 것인가와 어떻게 가르칠 것인가는 여전히 미완성의 문제로 계속해서 탐구하고 개선해야 할 주제이다. 또 숲 해설을 자연과학 영역인지 인문학적 영역인지 아니면 두 가지가 혼합된 영역인지 여부도 명확히 해서 그에 맞게 접근 할 필요가 있다.

숲 해설에서 교육을 강조하면 산림교육은 전통 교육적인 방법으로 접근하는 경향을 갖게 된다. 위에서 밝힌 바와 같이 숲 해설은 전통적 정형적 교육과는 많은 차이점을 지닌다. 숲 해설은 미국에서는 100년 이상의 전통을 지니는 전문성 있는 고유의 분야이다. 숲 해설이 전통적 교육의 한 부분이 아닌 숲 해설만이 갖는 고유의 영역으로 충분히 발전해 나가기 위해선 전통적인 교육 이상의 좀 더 새로운 접근 방법의 시도가 절실히 요구된다.

참고문헌

산림청. 2012. 산림교육 활성화에 관한 법률. 2012년 7월 26일. 대통령령 제 239845호.

알도레오폴드. 2000. 송명규 역. 모래 군의 열두달. 따님.

탁광일. 2003. 숲은 연어를 키우고 연어는 숲을 만든다. 넥서스

탁광일. 2006. 숲으로 간 학교. 국민대 출판부.

탁광일·전영우. 2006. 숲이 희망이다. 도서출판 이채.

탁광일. 2012. 죽은 나무가 없는 숲은 아름답지 않다. 도서출판 범우

I

산림과 인간

김 기 원
국민대 산림환경시스템학과/교수

목차

제1장 개요

숲과 인간의 관계는 문화라는 말에 숨어있다. 문화는 인간 삶의 흔적이며 육체적 물질적 활동과 정신적 활동의 총체이다. 인간은 삶에 필요한 것들을 자연으로부터, 숲으로부터 얻었다. 열매를 채취하고 사냥하여 먹을 것을 얻고, 나뭇잎과 껍질로 입을 것을 마련하며, 나무줄기에 의지하여 집을 짓고, 숲을 개간하여 경작하였다. 정신적 활동, 예를 들면 철학, 과학, 예술, 문학 등에 필요한 것도 자연(숲)으로부터 터득했거나 모방한 것에 불과하다. 그래서 플라톤은 예술은 자연을 모방한 것이며, 안호상은 문화는 자연으로부터 온다고 주장한 것이다.

이 과목은 숲과 인간의 탄생 과정에서부터 숲이 인간 삶의 각 영역, 즉, 문화의 각 장르에 끼친 영향을 종합적으로 다룸으로써 숲과 인간의 관계를 정리해 본 것이다. 이를 위해 우선 숲이 탄생하기까지의 과정을 조명하고, 신의 등장과 숲과의 관계를 살피며, 숲과 종교, 숲과 역사, 숲과 철학, 숲과 문학, 숲과 미술, 숲과 음악 등 문화의 각 장르의 형성과 전개 과정에서 산림이 직간접적으로 간여한 내용을 소개하였다. 지구환경이 기후변화의 격랑 속에서 요동치고 있는 이 시점에, 산림이 인류 문화의 형성과 발전에 기여해 온 바를 깨닫게 하고 그 가치를 재조명함으로써 인류의 미래를 위해 대응할 방안이 무엇인지 계몽하고자 한다.

제2장 우주와 숲과 인간의 탄생

우주가 숲을 키우고, 숲이 인간을 낳다

자연과 숲의 탄생은 멀리 내다보면 우주의 탄생과 함께 시작된다. 우주탄생의 과정은 대폭발 이론으로 설명한다. 137억 년 전, 상상을 초월하는 고온 고밀도의 가스가 우주 한 가운데 폭발하였다. 폭발한 우주는 계속 팽창하였으며 적당히 낮아진 온도에서 별과 은하가 만들어졌다. 태양도 다른 별들과 마찬가지로 고온의 가스 덩어리로 뭉쳐졌고 지구도 약 46억 년 전 태어났다. 수소와 헬륨으로 된 별들은 폭발하는 과정에서 중앙핵으로부터 좀더 무거운 원소들이 태어났다.

시간이 지나면서 지구는 점차 식어갔고 화산활동에 의해 수증기, 이산화탄소, 메탄, 암모니아, 그리고 수소가 방출되었으며 그 과정에서 원시 대기가 형성되었다. 대기 중에 떠돌던 수증기는 점차 낮아지는 온도에 의해 빗방울이 되어 다른 물질들과 함께 바다로 흘러들어 축적되었다. 이윽고 번개와 화산으로부터의 열과 자외선이 에너지를 공급하여 간단한 유기물이 탄수화물, 단백질, 지방, 핵산과 같은 유기물 분자를 만들게 함으로써 생명 탄생의 계기가 주어졌다(진화론). 생명은 바다로부터 먼저 탄생하였다. 캠브리아기부터 해파리, 혀 긴 조개, 삼엽충, 해조류 등과 원시어류 등이 차례로 등장하고 실루아기에는 상어류가 나타났다.

실루아기 말기에 이르러, 바다로부터 탄생한 프실로피톤(phsilophyton)과 같은 원시식물이 육지로 상륙하게 되고, 4억여년 전 데본기에 이르게 되면 양치식물들에 의해 소규모의 숲을 형성한다. 석탄기에 이르면 지름 1미터, 높이 22~30미터나 되는 인목, 봉인목, 노목, 코데이트와 같은 대형 양치식물들이 거대한 숲을 형성한다. 이 때가 대략 3억 6천만년~2억 8천만 년 전의 시기이다. 고생대 말기인 페름기에 소철 무리가 나타나고, 중생대 초기인 삼첩기 시대에 은행나무, 쥐라기 때에는 소나무류가 번창하였다. 1억 4천만년~6천 6백만년 전, 중생대 말기인 백악기에 이르러서야 활엽수들이 나타나 꽃도 피고 새도 지저귀는 침엽수와 활엽수가 어우러진 숲이 형성된다. 그러나, 지구의 산림환경이 오늘 날과 유사한 모습을 갖추게 된 것은 신생대 3기인 중신세(Miocene/2,370~530만 년 전)이다.

신생대 마이오세(중신세)에 이르러서야 비로소 인류의 원시 조상인 라마피테쿠스가 숲지대에 나타난다. 숲의 환경이 안정된 상태에 이르게 되자 神은 비로소 인간의 조상을 세상으로 내보낸 것이다. 4억년 전부터 육지에 형성된 숲은 그 동안 때를 구별하여 각종 새로운 육상동식물들을 탄생시키고, 이윽고 아주 오랜 동안 잉태하고 있던 인간을 중신세에 낳았다라고 표현하는 것이 맞을 것이다. 우주는 숲을 키우고 숲은 인간을 낳은 것이다.

2005년 미국의 우주탐사선 보이저 1호가 태양계와 인접 항성의 경계지점(태양권 계면)까지 약 140억 km를 여행하였지만, 지금까지 밝혀낸 바로는 지구에서와 같은 생명체들이 살아가는 천체는 대우주 공간의 그 어디에도 없는 것으로 알려지고 있다. 지구는 얼마나 신비스러운 존재이며 지구에만 존재하는 숲은 얼마나 비밀스러운 곳인가? 그래서 우주 탄생의 비밀을 간직한 대폭발은 지구를 위해 일어난 사건처럼 느껴진다. 지구 또한 오랜 세월 동안 숲의 탄생을 위해서 변화를 거듭해 왔다. 그리고, 숲은 4억년 이상의 세월을 인간을 잉태하기 위해 준비해 왔고 인간을 낳게 된 것이다. 그러므로 우주는 지구를 위해서, 지구는 숲을 위해서 존재하며, 숲은 인간을 위해서 존재하는 것이다. 결국 우주를 구성하는 천체들이 시간과 공간의 정연한 질서 속에서 존재하는 이유는 숲을 위해서 일지도 모른다는 억측을 해본다.

제3장 숲과 인간의 관계

숲이 인간의 삶과 인류문화에 끼친 영향

제1절 숲과 신화와 종교: 숲, 인류의 정신 세계를 다스리다

1. 神의 등장

대폭발은 숲의 시작이었다. 137억년의 시간이 흐르고 반지름 30(50)억 광년의 공간으로 확장되는 동안 지구는 숲으로 완성되었다. 이윽고 해와 달과 별, 바람과 구름, 비와 눈, 이슬과 서리, 산과 강, 능선과 골짜기, 나무와 풀과 꽃으로 이뤄진 숲에 인간의 조상이 나타났다.

원시인류가 숲에 나타났을 때 그의 눈에 비춰진 세상의 광경은 어땠을까? 자연의 진기한 풍경 속에서 생활했겠지만, 때로는 위협적인 현상들에 대해서 궁금증이 생기고, 두려움도 생겼을 것이다. 마치 어린 아이가 태어나 눈을 떴을 때 조심스럽게 주위를 두리번거리면서 살필 때처럼 말이다. 천둥과 번개, 비바람과 불, 일월성신의 움직임은 그들의 삶 속에서 쉽게 풀 수 없는 예사롭지 않은 일이었을 것이다. 하늘로 치솟은 거대한 나무와 검푸른 숲의 존재는 또 어찌 그들에게 위협적이지 않았을까? 자기와 비슷한 모습의 존재들이 새로 태어나고, 동료들의 예기치 않은 죽음을 목격하면서 이제 그들은 자신의 힘으로 제어할 수 없는 어떤 신성한 존재가 있다는 것에 대해서 자각하기 시작하였을 것이다.

자연에 대한 외경(畏敬)의 마음이 일기 시작하는 것은 신의 존재를 의식하는 출발점이다. 신은 자연계에서 일어나는 모든 것을 관장하는 초자연적인 존재이며, 신화는 신이나 초자연적인 능력을 가진 신성한 존재에 관한 이야기이다.

세계 여러 곳의 신화는 공교롭게도 나무나 숲에서 생명의 탄생을 알리고 있다. 특히 북유럽 최고의 신인 오딘은 물푸레나무로부터 인류 최초의 남자를, 느릅나무나 오리나무로부터 최초의 여자를 창조하였다. 물푸레나무에서 인간이 창조되는 신화는 북미 대륙의 인디언에게서도 발견된다. 알곤킨 인디언의 경우가 그 예이다. 세상의 창조주가 물푸레나무를 향해 화살을 쏘았더니 남자와 여자가 태어났다는 것이다. 이들이 오늘날 알곤킨 인디언의 조상이라고 믿고 있다. 북구의 신화나 그리스, 로마신화에 등장하는 이야기 중에는 거대한 나무나 숲이 신성한 존재이거나 신의 거처로 등장한다. 독일의 언어학자이자 동화작가인 그림은 신전이나 사원을 뜻하는 템플(Temple)의 튜튼어를 조사한 결과, 가장 원시적인 신전(temple)은 숲이라고 결론 내렸다. 이러한 예를 통하여 숲 자체를 신전으로 신성시한 것을 알 수 있는데, 그 이유는 인간의 삶을 지배하던 신들이 '숲의 정령', '나무의 정령'으로 불리어 숲에 살고 있다고 믿었기 때문이다. 유럽인들의 경우 나무를 신성시한 일은 오늘날까지 5월절 나무(May Tree), 5월의 기둥(May Pole) 등의 이름으로 남아있다.

2. 나무와 숲이 국가를 건설하다

한 그루의 나무가 민족뿐만 아니라 국가와 세계를 지배하며 우주만물의 중심에 서 있다고 믿었던 세계수(世界樹, world tree) 혹은 우주수(宇宙樹, cosmic tree)는 나무 숭배의 대표적인 예이다. 동유럽 집시들이 신성시한 만종수(萬鍾樹)는 식물뿐만 아니라 태초부터 존재하는 것들의 생명력에 영향을 끼쳤다. 만종수는 땅속에 있지만 가지는 하늘과 별들을 향해 뻗어있는데 바라만 보아도 젊어졌다고 한다.

북유럽의 신화와 옛 시를 모은 책인 에다(Edda)에 따르면 세상의 중심에 물푸레나무인 에그드로실(Yggdrasil)이 서 있다. 에그드로실은 오딘에 의해 죽임을 당한 거인국의 우두머리 이미르의 몸에서 자라났으며 우주가 된 나무이다. 이것은 특히 노르웨이의 신화에 많이 등장하는데, 세계수(the world tree), 우주수(the tree of universe), 운명의 나무(the tree of fate), 지혜의 나무(the tree of knowledge) 등으로 불린다. 잠깐 에그드로실의 세계로 들어가 보자.

물푸레나무 우듬지에는 지혜의 독수리가 웅크리고 앉아 있고 독수리의 이마 위에 매가 앉아 있다. 나무 맨 꼭대기 매 위에는 황금 수탉이 앉아서 감시의 눈을 부라리고 있다. 지하세계인 나무뿌리에는 니드호그르라는 뱀이 뿌리를 갉아먹음으로써 에그드로실을 지속적으로 파괴하고 있다. 라타토스크라고 부르는 다람쥐는 쉴 사이 없이 지상세계에 있는 독수리와 지하세계에 있는 뱀 사이를 오가며 서로를 이간질한다. 지상에서는 네 마리의 수사슴이 물푸레나무 잎을 먹고 단물을 만들어 세상의 강들을 적시고 있으며, 나무 그늘 아래에서는 신들이 나뭇잎으로 만든 꿀물을 마시면서 무엇인가 의논하고 있다. 에그드로실이 양육하는 네 마리의 사슴은 네 원소로 이뤄진 모든 생물을 상징한다.

이렇게 평화롭게 보이지만 마침내 신과 거인족의 최후 결전이 벌어진다. 나무 맨 꼭대기에 앉은 황금 수탉의 울부짖음으로 신들의 황혼으로 표현되는 라그나로크에서 에그드로실은 거인 스루트가 던진 화염에 휩싸인 채 바다에 쓰러져 종말을 고한다. 이 이야기는 인류가 지구환경을 함부로 다뤄서는 안 된다는 교훈을 남긴 신화이다.

그런데 왜 하필 물푸레나무일까? 그것은 물푸레나무가 가지고 있는 여러 가지 쓰임새 때문이다. 기원전 4세기 히포크라테스 시대부터 물푸레나무의 잎과 열매와 껍질은 각종 질병을 고치는 약제로 사용되어 왔으며, 동양 의학에서도 해열제, 통풍, 류머티즘, 신경통 등에 이용되어 왔다. 또한 목재가 단단하여 예부터 전사들의 창이나 총의 개머리판으로 만들어 썼다. 물푸레나무를 더욱 신성시 한 것은 설탕 성분의 물질이 들어있기 때문이다. 줄기와 잎에 많이 들어 있는데 껍질 속에 들어 있는 분비액이 흘러나와서 공기와 접촉하면 굳어져서 딱딱해 진다. 어린 제우스에게 꿀술을 먹여 키운 요정이 물푸레나무

요정인데 서로 맥락이 닿아 있다. 물푸레나무 세계수는 설탕나무였으며 온 세상에 하늘의 꿀을 만나처럼 내려준 귀한 나무였기에 신성하게 숭배한 것이다.

게르만 민족에게 참나무는 가장 신성한 나무이다. 어떤 민족은 참나무숲을 신성한 숲으로 정하고 참나무잎이 없이는 제사를 올리지 않았다고 한다. 이것과 함께 예부터 유럽인들이 광적으로 숭배한 것은 겨우살이였다. 그것이 참나무에서 자라고 있으면 그 참나무는 하늘에서 신이 택한 것으로 간주하여 극도로 신성시 하였다. 참나무에서 채집한 겨우살이가 최고의 약효를 가지고 있다고 믿었기 때문이었다. 겨우살이는 해와 달의 힘이 가장 강하게 작용하는 하지절 전야에 채집하며 이 때에 참나무를 신성시하는 의식이 행해졌다. 참나무를 신으로 모시기 위해서 인간을 불에 태우는 끔찍한 일도 있었다. 게르만인들의 참나무 숭배 사상은 아직까지도 전해져서 일년 중 일정 기간에는 숲에서 예배를 보기도 한다.

부상(扶桑)은 우리나라 고대신화에 등장하는 거대한 신목(神木)으로서 뽕나무이다. 높이가 300리, 둘레가 2,000아름이며 가지에 10개의 태양이 뜨고 지는 나무이다. 동해 바다 속에 있는데 차지하는 땅이 1만리나 되고 숲에 그늘이 지면 태평양을 덮을 수 있다고 한다. 마을 어귀 서낭당(성황당)에 있는 당산나무나 서낭나무는 마을 수호신이 하늘에서 지상으로 내려오는 통로역할을 하기도 한다.

이 밖에도 여러 곳에서 나무를 신성시하여 숭배한 사례가 많다. 수메리아 지방의 훌루푸나무라고 부르는 수양버드나무도 영생하는 우주의 세계를 상징하는 나무로 인식하였다. 북미 원주민은 붉은 삼나무나 세쿼이아를, 이집트 사람들은 무화과나무를 신령하게 받들었으며, 로마인들은 층층나무를 신성시하였다. 중국과 일본은 소나무, 러시아는 참나무를 세계수로 설명하고 있다. 아프리카의 나이지리아나 세네갈 사람들은 판야나무 또는 케이팍 나무라고 부르는 비단목화 나무에 신이 살고 있다고 숭배하였다. 그리스 신화의 판, 사티로스, 아르테미스, 파우니, 로마 신화의 파우누스, 실바누스, 파운, 디아나 등은 숲을 지배한 신이었다. 북구 핀란드에서는 타피오(tapio)가 숲의 신으로 등장한다.

신화를 읽으면 신이 나무와 숲을 통해 우주와 인간의 정신세계를 다스리고자 했던 마음을 읽을 수 있다. 그런데 왜 인간은 신을 만들었을까? 이유는 단 하나, 신을 통해 이상세계를 꿈꾸고 싶었기 때문이다. 마치 소설 속에서 주인공을 통해 작가의 이상적 삶을 꿈꾸어 보는 것처럼, 인간도 신이 되어 인간의 이상을 실현해 보고 싶었던 것이다. 비록 신화는 꾸며낸 이야기이긴 하지만 옛날이나 지금이나 인류 문화의 발전에 큰 영향력을 행사하고 있다. 역사와 종교, 미술, 음악, 영화 등 예술, 문학과 언어 등 인류의 삶 전반에 살아있는 정신지배의 요소로 작용하고 있는 것이다. 이러한 신화에서 나무와 숲이 주인공이나 주제, 무대가 되고 있다는 사실은 많은 시사점을 주고 있다. 구체적인 이야기들은 다음 이야기에 계속된다.

3. 숲과 불교

불교를 일으킨 석가모니는 탄생과 수행, 득도, 입적에 이르기까지 그의 전 일생에 나무와 숲과 신령한 관계를 맺고 있다. 석가모니의 아버지는 카필라 성의 왕인 정반왕이었고 어머니는 마야부인이었다. 어느 날 마야부인이 잠을 자고 있을 때, 상아가 여섯 개 달린 흰 코끼리가 침실로 들어와서 방을 세 바퀴 돌더니 부인의 오른쪽 옆구리로 들어가 석가모니를 잉태하게 하였다. 부인이 만삭이 되어 출산하러 친정으로 가는 길이었다. 때는 봄이라 길가엔 온갖 종류의 꽃들이 만개해 있었다. 친정 어머니의 이름을 따서 지어진 룸비니 동산에 도착하였을 때이다. 편하게 쉬는 중에 탐스럽게 생긴 프라크샤나무의 가지를 잡으려는 순간, 오른쪽 옆구리에서 석가모니가 세상 밖으로 나왔다. 프라크샤나무란 산스크리트어로 아소카(asoka)나무라고도 하는데 a는 무(無), soka는 우(憂), 즉 '아무 근심 걱정이 없는 나무'로서 무수(無憂樹)라고 한다.

7일 만에 어머니를 잃는 등 어릴 적부터 생사별리의 엄청난 충격을 받은 석가는 한 성의 왕가에서 태자로서 남부럽지 않은 생활을 하였지만 고독과 허전함 속에서 살아야 했다. 이것이 출가(出家)에 이르게 한 것이라고 본다. 30세에 출가하여 35세에 득도하기 전까지 수행할 때에는 보리수나무 아래 앉아 명상하였으며 보리수나무 아래에서 득도하였다.

보리수나무(*Ficus religiosa*)는 보오나무(Bo tree), 포오나무(Po tree), 반얀나무(Banyan tree), 피팔라 나무(Pippala tree) 등으로 불리며 한자로는 보제수(菩提樹) 혹은 불수(佛樹), 각수(覺樹), 사유수(思惟樹), 용화수(龍華樹) 등 여러 가지 이름으로 부르고 있다. 인도에서는 보오나무라고 부르는데 보오(Bo)는 깨닫는다라는 뜻을 가진 인도어 Bodhi(보디)에서 온 것이다. '보디'를 한자로 옮기면 '菩提'(보제), 우리말로는 '보리'로 읽게 되어 보리수나무라고 부르게 된 것이다. 보리수나무는 뽕나무과에 속하는 늘푸른 넓은잎 큰키나무로서 인도 등지에 많으며 우리나라에서는 자라지 않는다. 이것은 우리나라 사찰주변에 심겨져 불리는 보리수나무나 슈베르트의 가곡에 나오는 보리수나무(Lindenbaum), 혹은 열매를 먹는 보리수나무와도 완전히 다른 나무이다. 사찰주변에 심겨진 보리수나무는 피나무과에 속하는 피나무나 찰피나무, 보리자나무를 일컫는 것으로 여겨진다.

그런데 왜 하필 보리수나무 아래에서 수행하고 보리수나무에서 득도하였을까? 보리수나무는 흔한 나무이고 키는 30m로 크게 자라며 잎이 무성하여 그늘이 좋은 나무이다. 때문에 인도와 같이 태양이 작열하여 뜨겁고 무더운 나라에서는 그늘이 시원한 보리수나무 아래가 수행하기에 가장 좋은 곳이었을 것이다.

부처께서 열반에 들 때에는 마을 가까이에 있는 사라수(사아라나무) 숲에 가로 누워있었다고 기록되어 있기도 하고, 어떤 데에는 사방에 사라쌍수(紗羅雙樹)가 서있었다고 기록되어 있기도 한다. 동서남북에 각각 한 쌍씩 서있던 사라수(*Shorea robusta*) 중 동쪽에 서 있던 한 쌍은 상주와 무상, 서쪽의 것은 진아와 무아, 남쪽의 것은 안락과 무락, 북쪽의 것은 청정과 부정을 상징한다고 한다. 부처가 입적하는 열반의 무대를 꾸미고 있는 사라쌍수의 숲이 인간 삶의 구애가 없는 천국을 상징하고 있는 것을 알 수 있다. 사라수는 용뇌향과에 속하는 인도 원산의 늘 푸른 큰키나무이다. 키가 30m 높이로 높게 자라며 잎이 항상 푸르고 싱싱하고 꽃의 향기가 매우 좋다고 한다. 부처는 입멸한 지 7일 동안 사라나무 숲에 누워 있다가 7일째 되는 날 향나무로 화장하여 사리를 수습하였다.

이처럼 석가모니는 탄생할 때나 수행할 때, 득도할 때나 열반에 들 때 중요한 시기마다 나무와 숲과 인연을 맺고 있음을 알 수 있다. 한편, 불교에서는 사찰의 이름을 지을 때 '가야산 해인사'처럼 사찰 이름 앞에 늘 산의 이름, 즉 산호(山号)를 붙이고 있다. 산(산림)이 승려의 수행과 거처로서 그만큼 중요한 역할을 하는 곳이기 때문이다. 이것은 원래, 특히, 불교가 성행하던 시대, 출가 수행자들이 마을에서 일정한 거리로 떨어져 있는 고적한 곳에서 수행한 것과 맥락을 같이 하고 있다. 마을에서 멀리 떨어져 수행하기에 알맞은 조용한 곳을 불교에선 아란야(āranya, 阿蘭若)라고 한다. 아란야란 산림, 임야, 산택, 빈들, 한적, 사람이 없는 빈숲 등으로서 결국 숲을 의미한다.

4. 숲과 기독교

그리스도가 예루살렘에 입성할 때 사람들이 야자수를 흔들며 환영할 정도로 기독교도 야자수와 같은 나무를 신성시하였다. 또, 구약시대에는 참나무(혹은 떡갈나무나 상수리나무)가 하느님과 관련된 신령한 성물을 감추거나 걸어놓는 것으로 자주 등장한다. 솔로몬이 7년 동안에 걸쳐 성전을 건축할 때 사용하였던 나무는 삼나무로서 역시 신성한 나무로서 숭배되었다. 삼나무는 오늘날 성인들의 장례식에 관곽재로 쓰이고 있는 것에서도 여전히 신성하게 다뤄지고 있음을 엿볼 수 있다.

그러나 무엇보다도 신성한 나무나 숲은 에덴 동산에 있다고 본다. 에덴 동산은 어떤 곳인가?

하느님은 천지창조 과정에서 인간을 제외한 뭇 생명들을 모두 창조한 다음 때를 기다렸다. 그리고 천지창조의 마지막 날에 인간의 조상 아담과 이브를 만들고 쉬었다. 그런데 아담과 이브를 만들고 나서 이들을 살게 한 곳은 에덴 동산이었다. 왜 하필 에덴 동산에서 살게 하였을까? 하느님이 창조한 땅은 많았다. 바다도 있고, 넓은 들판도 있고, 드높은 하늘도 있고, 강도 있었다.

에덴동산은 기독교 역사상 가장 때가 묻지 않은 신성하고 거룩한 땅으로서 인간의 조상인 아담과 이브가 원죄를 범하기 전에 살았던 동산으로 숲이다. 그들을 에덴 숲에 살게 한 이유는 에덴 동산이야 말로 하느님이 만드신 삶터 중에서 가장 완벽한 곳이었기 때문이다. 아담과 이브는 하느님 자신을 닮기도 하였으려니와 생명체 중에서 가장 자랑할 만하고 보기에 흡족한 형상이었기 때문에 그들을 가장 완벽한 삶의 터전인 에덴동산 숲에 살게 하였던 것이다. 모든 생명체와 삶이 집약된 곳이 에덴 동산이었다. 오늘 날로 말하면 에덴의 숲은 하느님이 만드신 우주에서 가장 완벽한 생태 서식지였다. 하느님이 만드신 가장 자랑스러운 생명체인 인간이 살기에 아무런 부족함이 없는 곳이었다.

동산 숲에는 갖가지 나무와 꽃들로 울창하였고 먹을 것과 마실 것 등 온갖 필요한 것들이 다 있었다. 동산 한 가운데 그곳에는 선악을 구별하는 지혜의 나무가 있었고 생명의 나무가 있었다. 하느님이 아담을 이끌어 명령하기를, 동산에 있는 모든 것을 다스려 지키게 한 다음, 각종 나무의 열매를 따먹되 선악을 알게 하는 나무의 열매는 먹지 말라, 먹으면 정녕 죽으리라 하였다. 그것은 창조주 하느님이 인간에게 내린 첫 번째 명령이었다. 그러나, 사단의 꼬임에 넘어간 이브가 이 명령을 어김으로써 인간은 죄를 짓고 에덴 숲에서 쫓겨나게 된다. 에덴 동산숲은 인간이 살기에 가장 완벽한 삶의 터전이었으나, '신의 명령을 어김'으로써 인류의 수난이 시작된 곳이기도 한다.

불교와 기독교에서 나무와 숲이 교리의 핵심 내용을 담고 있다거나 가르침의 주제 혹은 소재라고 말하기는 어렵다. 그러나, 불교에서는 태어남과 죽음, 수행과 득도의 장소로, 그리고 기독교에서는 선악의 지혜를 구별하는, 종합하면 숲이 인간의 육신과 정신을 지배한 장소로서의 역할을 한 것을 엿볼 수 있겠다. 그래서 살생하지 말라(부처), 다스려라(하느님) 라는 가르침을 전하지 않았나 생각한다. 결국 신은 숲을 통해서 인류의 정신 세계를 다스려 오지 않았나 생각하게 한다.

제2절 숲과 역사: 숲으로 일궈진 인류의 역사

지금까지 신이 나무와 숲을 통해서 인류의 마음을 다스려온 이야기를 나누었다. 이번 글에서는 인류역사의 전개 과정에 끼친 숲의 역할을 관찰하고자 한다. 인류가 삶을 시작한 이후 오늘 날까지의 시대를 원시사회, 고대사회, 중세사회, 근대사회, 현대사회 등 5대 시대 구분을 할 수 있다. 각 사회의 전환기마다 숲이 수행한 역할은 지대한 것이었다.

1. 원시사회: 숲으로 식량과 주거문제를 해결한 사회

인류가 숲에서 나오기 시작하면서 채집·수렵·어로로 삶을 이어가고 생활은 점점 의도적이고 지혜롭게 변해갔다. 이 시기는 대체로 빙하기가 끝이 나는 1만년 전까지 지속된 구석기 시대까지를 말한다. 식량을 해결하기 위해 처음에는 손으로 나무 열매를 따먹었지만 나중엔 날이 선 날카로운 돌을 떼어내어 만든 뗀석기에 의지하여 살아갔다. 약 40만년 전에 불의 사용법을 알기 시작하면서부터는 생활에 획기적인 변화를 가져왔을 것이다. 또, 1만 5천년 경부터 농사짓는 법을 터득하여 유랑생활을 끝내기 시작하고 원시적이나마 정착된 농경생활을 시작하였다. 그러나, 구석기 시대까지는 무리생활이 드물었고 농경이 집단적으로 이뤄지지 않았기 때문에 숲을 규모 있게 개간하는 일은 없었을 것이다. 하지만 여전히 숲에 의지하여 살 수 밖에 없었을 것이다. 특히 정착생활로 점점 식구가 늘어나면서 발생하는 식량문제와 주거문제를 해결하기 위해서는 숲을 개간하여 농토를 확장하고 집을 마련하지 않으면 안 되었다.

2. 고대사회: 숲을 태워 청동·철기시대로 발전한 시대

빙하기가 물러가면서 인류는 새로운 기후조건 아래에서 살게 되는데 시기적으로 신석기시대 이후 봉건사회 이전까지의 시대를 말한다. 고대사회를 대표하는 혁명적인 사건은 '신석기 혁명'이라고 부르는 농업의 시작과 청동·철기의 제작이다. 농경과 정착생활을 시작한 신석기 시대에 접어들면서 인류는 규모 있게 숲을 개간하여 문명을 건설하기 시작한다. 신석기인들은 대체로 숲과 들판의 경계지역에 살았을 것이라고 하는데, 늘어난 인구로 인한 식량과 주거문제를 해결하기 위해 숲을 개간하여 부족한 경작지를 확보하고, 연료와 목재를 얻는데 편리하였기 때문이다. 신석기 시대를 뒤이은 청동기와 철기의 도래는 사회를 획기적으로 바꿔 놓았는데, 청동、철기시대를 여는데 있어서 결정적인 도움을 준 것은 숲이다. 1kg의 청동을 얻기 위해서는 1톤 이상의 나무가 필요했다. 광석을 제련하는데 당시에는 나무 이상의 어떤 연료가 없었기에 청동 철기 문화를 건설하는데 숲을 앞 세워야만 했다.

세계 4대 문명의 발상지는 모두 예외 없이 풍부한 물과 울창한 숲을 배경으로 태동하였다. 강은 비가 올 수 있는 곳으로서 식물의 증발산 작용이 왕성한 울창한 숲이 있는 곳이다. 숲을 끼고 있었기에 이집트 문명의 살아있는 전설 스핑크스를 건설하는데 필요한 엄청난 양의 목재를 확보할 수 있었다. 목재가 고대국가의 도시건설에 가장 중요한 기여를 한 것을 강조할 필요가 없다.

3. 중세사회: 봉건사회로서 숲으로 가축을 기르고 숲에서 수도한 시대

중세시대는 게르만 민족의 이동과 서로마 제국이 멸망(476년)한 시기부터 15C 르네상스까지, 혹은 18C 산업혁명 이전까지를 말한다. 게르만 민족은 조상대대로 참나무를 신성시하던 민족이고 아직도 그들의 삶 속에 참나무를 신성시 하고 있다. 중세시대엔 인구가 폭발적으로 증가하여 식량생산에 많은 힘을 기울이고 특히 육류의 수요가 증가하여 가축을 기르는 목축업이 성행하였다. 가축의 사료로 도토리가 각광을 받았는데 이를 위해 유럽 여러 지방에서는 일명 돼지숲(Hudewald)이라 부르는 참나무숲을 대규모로 조성하였으며 그 흔적이 아직도 남아있다. 꿀 또한 숲에서 얻었던 빼놓을 수 없는 귀중한 자원이었다. 독일 뉘른베르그의 산림지대에는 왕이 보낸 고위 양봉 임무관이 배치되었는데 꿀의 중요성을 인식한 당시 사람들은 숲을 '신성제국의 꿀의 정원'이라고 불렀다. 양봉은 당밀, 양초 제조, 상자 밀봉과 글씨판을 제조하는데 긴요하게 쓰였다.

중세시대에서 잊지 말아야 할 일은 수많은 수도원들이 산림지역에 세워졌다는 사실이다. 그 같은 사실은 '숲의 성모마리아', '숲의 성 요한', '큰숲', 아름다운 너도밤나무', '가나의 숲', '축복받은 숲', '성모마리아의 숲' 등 수도원의 이름에서 잘 알 수 있다. 숲은 귀족들의 유희공간으로 이용되었는데 수렵원이 그 예이다. 숲이 권력자들의 놀이공간으로 이용된 것에서부터 오늘날 숲을 뜻하는 영어 'forest'가 유래하였다고 한다.

4. 근대사회: 숲으로 산업혁명을 이룬 시대

중세말기 이후에 유럽에서는 산업발전이 몰라보게 빠른 속도로 진전되었다. 인구가 늘어남에 따라 여기저기 도시가 건설되고, 항해술의 발달로 선박건조로 인한 목재수요가 엄청나게 증가하였다. 광업과 금속 제련업, 유리제조업 등의 발달 또한 목재수요를 부추겼다. 이러한 추세가 산업혁명으로 이어지게 되었는데 산업혁명의 견인차 역할을 한 것 중의 하나는 인쇄술의 발달일 것이다. 기술과 정보를 기록하고 알리려면 대량 기록의 필요성이 제기되었고 이에 따라 인쇄술이 발달하게 된 것이다. 필연적으로 종이(목재)에 대한 수요가 엄청나게 증가하였을 것이다. 또한 대량생산 용 증기기관을 가동하기 위해 석탄이 목재 연료를 대체하기 시작하였지만 연료와 석탄광산의 갱목은 여전히 목재에 의존하였다. 석탄은 석탄기 숲의 산물이며, 그것이 산업혁명의 에너지원이었다. 산업혁명은 3억 수천만 년 전에 형성된 숲이 있었기에 가능한 일이었다.

무역과 식민지 개척, 항해술의 발달은 배의 수요를 창출하여 막대한 양의 목재들이 사용되었다. 영국이 당시 가장 강력한 제국이 될 수 있었던 것은 무역력과 해군력 덕분이었으며, 소위 대영제국을 만든 것은 울창한 숲을 확보할 수 있었기 때문에 가능한 것이었다. 배를 만드는데 꼭 필요한 것 중의 하나는 이음새를 막아주는 타르(tar)인데 이것은 소나무에서 추출한 것을 많이 썼다. 핀란드는 최근까지도 소나무에서 타르를 추출하는 산업이 경제부흥에 큰 역할을 하였다.

5. 현대사회: 정보사회이자 웰빙시대로 여전히 목재수요가 증가하는 시대

산업 혁명기를 거쳐 전자시대를 살아가는 오늘날, 모든 사무들이 컴퓨터와 전자제품으로 처리되어 더 이상 종이 사용이 많아지지 않을 것으로 추측하였지만 목재와 종이 수요가 줄어들지 않고 있다. 연료 등 에너지 뿐만 아니라 다른 분야에서도 목재 대용품이 많이 등장하였지만 목재에 대한, 숲에 대한 의존도는 꾸준하게 증가하고 있다. 친환경소재로서 아름다운 무늬와 친근한 느낌을 주는 목재에 대한 애착은 줄어들지 않고 있는 것이다. 또한 웰빙이라 하여 맑고 깨끗한 환경에서 머무르려는 새로운 삶의 양식이 나타나 친자연환경으로서의 숲에 대한 수요는 더욱 점증하고 있다.

인류는 나무를 비벼 불을 만들고, 그 불로 요리를 하며, 토기를 굽고 광석을 녹여 청동기와 철기를 만드는 등 문명의 역사를 열어 갔다. 배를 건조하여 미지의 세계를 탐험하고 침목을 깔아 도시와 농촌을 이어갔으며 종이와 인쇄술을 이끌어 지식과 정보 사회를 구축하여 왔다. 이 모든 것의 배경에는 숲이 있었다. 숲은 처음부터 지금까지 인류의 삶을 해결하는 기본원료였으며, 인류가 건설한 새로운 역사의 전환기 때마다 중심적인 역할을 담당하여 왔다. 인류 문명의 역사는 숲과의 간단없는 투쟁의 역사이며 숲으로 일궈진 역사이다.

제3절 숲과 철학: 숲에서 철리(哲理)를 발견하다

1. 숲에서 철학이 싹트다

모든 학문은 자연으로부터 출발하며 학문이라는 것은 결국 자연 속에 깃든 신의 섭리와 의도를 규명해 내는 것에 불과하다. 철학은 학문의 시작이고 그러한 의미에서 만학의 학(Science of sciences)이며, 지혜를 사랑하는 학문, 곧 애지학(愛智學)이며 필로소피(philosophy)라고 한다.

고대 초기의 철학은 자연철학이었다. 초기 자연 철학의 대표격인 밀레토스 학파는 만물의 근원을 탐구하였다. 자연 속에 있는 사물들은 변함이 없는 근원적인 물질로 이뤄졌는데 탈레스는 이것을 물, 아낙시만드로스는 무한자, 아낙시메네스는 공기라고 하였다. 물이나 공기는 사실 숲으로부터 발생하는 것들이다. 물은 식물체의 증산작용으로 생긴 수증기가 공기 중에 응축되어 비가 되어 내린 것이다. 공기, 특히 산소는 원시 식물들이 육지로 상륙하여 숲을 이루기 시작하면서 활발해진 광합성 작용으로 대기 중의 농도가 증가하여 오늘날과 같은 조성을 갖게 하는데 영향을 받았다. 즉, 그들이 만물의 근원이라고 믿었던 물질들은 숲과 긴밀한 인연을 맺고 있으니 초기 자연철학의 태동에 영향을 주었음을 부인할 수 없다.

기원전 5 세기 경에 그리스 사상가들의 관심은 자연 중심에서 서서히 인간사회 쪽으로 변화해 갔다. 그리스 철학이 소피스트를 거쳐 아테네를 중심으로 한 소크라테스(BC. 469-399) 시대로 접어들면서 인간의 문제가 완전히 중심 관심사가 된다. 플라톤은 아테네 태생으로서 소크라테스에게서 배웠으나 스승의 사후 두루 편답하며 이집트와 남이탈리아에서 수학과 천문학, 종교학을 공부하였다. 그 후 플라톤의 나이 40세쯤인 BC. 387년경에 아테네의 서북쪽 페로스 아카데미 코스(Ceramicos)의 신전 가까이에 인류 역사상 최초의 대학이라고 전해지는 아카데미아를 세웠다. 아카데미라는 단어는 오늘날 문학, 미술, 음악 또는 과학적 목적으로 만들어진 학교나 학습의 장 또는 단체를 의미한다. 그런데 아카데미라는 말의 기원이 숲과 관련되어 있어서 더욱 흥미롭다.

플라톤이 아카데미아를 세웠던 곳은 산수 풍경이 대단히 아름다운 장소로서 울창한 올리브나무 숲이 있었는데 숲의 이름이 바로 아카데미아였다. 이 숲이 아카데미아라고 부르게 된 유래는 영웅 아카데모스(Akademos, Hekademos)로부터 비롯된다. 당시에는 거대한 수목과 울창한 숲이 신이나 영웅들에게 헌정되는 일이 많았다. 이러한 가운데 올리브나무 숲이 그리스인들의 영웅 아카데모스에게 바쳐지면서 숲의 이름이 그의 이름을 따서 아카데미아로 명명되었다. 바로 이 자리, 영웅에게 헌정된 '올리브 아카데미아숲' 속에 플라톤이 학교를 설립하게 되면서 학교의 이름을 아카데미아라고 부르게 된 것이다. 벽으로 둘러싸인 울창한 정원에서는 가장자리가 대리석으로 마감된 물길이 여기저기 사방으로 뻗어있어 맑고 깨끗한 물은 끝없이 흘러내리고, 아름드리 플라타너스가 울창하게 우거진 아늑한 작은 산책로인 이른바 〈철학자의 산책로〉는 관목으로 둘러싸인 채 철학자와 학생들의 사색의 길이 되었다.

플라톤의 수제자인 아리스토텔레스도 올리브와 플라타너스가 울창한 숲 속의 학교 아카데미아에서 공부하였고 스승을 이어받아 학교를 세우고 많은 제자들을 가르쳤다. 그는 플라톤보다 약 50여년 늦은 BC. 335년에 아폴론 리케이오스를 기려 아테네 일리수스(Ilyssus) 북쪽에 있는 리케이온(영어로 Lyceum) 지방의 아늑한 숲 속에 리케이온이라는 이름의 학원을 건립하였다. 학교 자체가 숲 속에 있었기 때문에 숲은 학교 분위기와 강의 방법에 독특한 영향을 미치게 되었다. 리케이온에서는 숲 속을 거닐면서 학생들에게 강의를 한 습관 때문에 이 학교에서 아리스토텔레스를 계승한 학생들에게는 '소요학파(Peripatetics)'라는 이름이 붙여졌다. 오늘날까지 전해지고 있는 아리스토텔레스의 저작들은 대부분이 울창한 숲 속에 자리잡은 리케이온 학원에서 사용한 강의록을 제자들이 편집한 것이라고 한다.

아카데미아 숲은 올리브나무 숲인데 올리브나무는 성서시대의 기록을 보면 매우 유익한 식물이었다. 노아의 방주 이야기에 올리브잎은 평화를 상징하며 새로운 삶과 희망의 사자로 떠올랐다. 마디 투성이인 올리브 노거수는 왕이 되기를 거절하였으며, 목재는 지성소를 꾸미는 나무의 하나이기도 하였다. 플라톤이 이처럼 신령한 올리브숲을 택하여 아카데미아를 세운 것은 우연의 일치인지, 아니면 의도적인 것인지 모른다. 어쨌든 아카데미아와 리케이온 숲은 인류 역사의 위대한 철학자 플라톤과 아리스토텔리스의 철리(哲理)를 정립하고 실천한 장소였으며, 수백 년 동안 학문의 전당이 되었고 수 많은 철인과 지도자를 길러낸 요람이 되었다.

2. 숲을 사랑하는 사람은 지혜를 사랑하는 사람

자연철학의 시대를 넘어 인본주의 시대에서는 최근까지도 인간의 문제가 철학의 과제로 남아있었다. 그러나, 환경오염이 인간의 삶 자체를 위협하게 되자, 자연을 바라보는 시각이 과거와는 크게 달라졌다. 성장 위주의 경제개발은 산업화, 도시화를 수반하여 자연환경을 대규모로 훼손하고 오염이 확산되고, 전지구적으로 기후변화가 나타나는 결과를 낳게 하였다. 또한 자연자원에 대한 남용은 미래 세대의 이용을 불확실하게 하고 그들의 삶까지 위협할 지경에 이를지도 모른다는 우려를 불러일으켰다. 이러한 배경에서 나온 새로운 철학적 사조가 환경윤리, 생명윤리이고 숲에 대한 윤리이다. 이로써 숲은 고대 철학자들이 단순히 '철학의 장소'나 '배경'으로 생각하였던 가치에서 벗어나 '철학의 적극적인 연구 대상'으로 부상하였다고 말할 수 있다.

이 분야에 앞장섰던 사람으로서 알도 레오폴드와 헨리 데이빗 쏘로우와 같은 사람을 들 수 있다. 알도 레오폴드(Aldo Leopold)는 미국인으로서 전 생애를 자연보호운동에 몸을 바친 사람이며 현대 환경철학의 개척자로서 일컫고 있다. 쏘로우(Henry D. Thoreau)는 실천적 자연주의자이며 그가 추구한 사상을 초절주의(transcendentalism)라고 한다. 당대의 시인 에머슨과 함께 주도한 초절주의는 인습에서 자연으로의 복귀, 인위적 복잡함에서부터 단순함으로의 복귀를 표방하였다. 하버드대학에서 법학을 공부하고 고향에 내려와 교사생활도 하고, 가업인 연필공장도 해보았지만 모두 그만 두고 고향 근처에 있는 월든 호숫가에 통나무집을 짓고 자연과 벗하며 2년 반 동안 살았다. 그때 생활에서 얻은 것을 〈월든(Walden)〉이라는 책으로 저술하였다. 이 책은 자연(숲)의 가치를 어떻게 보전하고 어떻게 실천적인 삶을 살아야 하는가를 가르치고 있는 것으로서 미국인 뿐 만아니라 전 세계인들에게 커다란 감명을 주는 책으로 평가받고 있다.

한국의 철학계를 대표하는 어느 노 교수는 〈숲과 철학〉 토론회에서 '숲은 생명이다'라고 외치면서 철학이 생명의 문제를 다루는 학문이니 '숲이 생명이다'라는 말보다 숲과 철학과의 관계를 더 심도있게 말하는 것이 어디있는가라고 반문하였다. 또한 숲을 사랑하는 사람은 지혜를 사랑하는 사람이니 이는 곧 철학을 하는 사람이나 다름없다라고 주장하는 원로 철학자도 있다.

인간은 이미 또 다시 자연과 숲으로 되돌아가고 있다. 말하자면 인간 사유의 첫 시발지였고 철학의 바탕이 되었던 자연과 숲으로 다시 귀향하고 있는 것이다. 이렇게 철학적 사유의 대상이 숲(자연)에서 인간, 인간에서 다시 숲(자연)으로 회귀하는 것을 보면서 숲은 철학의 시발점이요 교량이며 종착지라는 것을 깨닫게 한다. 그것은 곧 숲(자연) 속에 철리에 들어있기 때문이리라.

제4절 숲과 문학: 숲, 언어의 창고이자 문학의 발상지

1. 문학은 숲의 찬미와 숭배로부터

문학은 작가의 정서와 사상을 말과 글로써 나타낸 예술작품을 말한다. 시, 동화, 소설, 희곡, 수필, 평론 등 여러 장르가 있다. 문학이 어떻게 탄생하고 형성되어 갔는지를 추적하여 보면 나무와 숲이 절대적인 역할을 하여 왔음을 알게 된다. 원시신앙은 자연물에 대한 외경의 마음과 숭배에서 비롯되었다. 그런데 원시신앙을 집전하던 제사장이나 주술자는 예외 없이 주문을 외우고 기도를 드렸다. 숭배하던 자연물을 향해 외우던 주문이나 기도문이 입에서 입으로 전해지고 이것이 나중에 구비문학으로 발전하게 된다. 바빌로니아의 『길가메시』와 호메로스의 서사시 『일리아스』와 『오디세이아』를 비롯하여 중세시대의 『니벨룽겐의 노래』 등은 처음부터 입으로 전해오던 것이었다. 우리나라의 단군신화나 삼국시대 각 나라의 시조와 건국에 얽힌 구전되어 오던 이야기도 문학으로 자리 잡았다. 이처럼 문학은 구전되어 오던 이야기를 언어로써 체계적으로 정리함으로써 탄생하게 된 것이다. 이러한 맥락에서 문학의 기원은 원시신앙이나 신화에 등장하는 자연물을 숭배하던 기도나 주문을 외우는 행위로부터 시작되었다고 말해도 틀리지 않을 것이다. 나무와 숲을 숭배한다는 것은 무슨 의미인가? 주문을 외우고 기도를 한 내용이 무엇이겠는가? 원시자연의 한 가운데 서 있는 나무의 거대함에 압도되어 그 위대함과 장엄함을 노래하는 한편, 숲의 엄숙함과 웅장함에 굴복하여 찬미한 것이 아닐까? 결국 문학은 나무와 숲의 세계를 찬미하고 노래하는 것으로부터 시작된 것이다.

2. 숲은 문학의 내용적 구성 요소

문학작품을 구성하고 있는 요소는 형식적 요소와 내용적 요소로 구분한다. 시의 경우 형식적 요소는 낱말, 행, 연, 운율 등을 말하고, 내용적 요소는 소재, 주제, 제재, 심상을 말한다. 소재(素材)는 작품의 바탕이 되는 자료이며, 제재(題材)는 작품의 제목과 재료이다. 주제는 작가가 작품을 통해서 나타내고자 하는 중심사상이고, 심상(心象)이란 작품 감상으로부터 마음속에 떠오르는 직관적인 인상을 말한다. 내용적 요소들은 작품 구성의 핵심이며 독자의 작품 감상에 직접 영향을 준다. 따라서 나무나 숲이 문학작품의 내용적 요소를 구성하고 있다면 그것은 작품의 존재에 큰 의미를 주는 것이다.

나무와 숲은 문학 작품의 내용적 구성 요소에 직간접적으로 간여한다. 세계 문학사에서 나무와 숲 등 자연이 소재로 사용되는 경향은 16세기 종교개혁 이후에 계속적으로 증가하여 17세기에 이르러서는 이미 문학에서 자연은 광범위한 영역을 형성하게 된다. 특히 18세기 이후 독일어권 문학 등 유럽 문학에서 확고한 구성 요소로 등장하고 있으며 독일 낭만주의 시대의 서정시에서 특별한 위치를 차지하고 있다. 또한 내용적 구성 요소가 아닐지라도 한 작품의 배경이나 무대가 되어 장식적 효과와 시각적 질을 높이고 회화성을 강화한다. 『백설공주와 일곱난쟁이』에서 숲은 공주를 숨겨주고 난쟁이들과 어울려 살아가는 삶의 터전이요 이야기의 무대와 배경 역할이 되고 있다. 『로빈훗의 모험』이나 『임꺽정』, 『헨젤과 그레텔』, 떡갈나무 인형 『피노키오』 등도 모두 같은 맥락에서 이해할 수 있을 것이다. 이런 것들을 읽으며 어린이나 어른 할 것 없이 꿈과 이상을 키워간다.

3. 숲은 작품 구상의 장소

숲이 문학 예술에 끼치는 가장 큰 역할은 무엇보다도 작가로 하여금 작품 구상의 동기를 제공하는 것이라고 생각한다. 괴테는 계몽주의에 항거하여 질풍노도(Sturm und Drang) 운동을 이끌고 독일 문학에 있어서 황금시대를 이룩한 위대한 작가이자 세계적 대문호이며 시성(詩聖)이라고까지 불린다. 시성이라고 불리게 된 것은 그가 다재다능한 학문적 배경을 가지고 있고, 자연과의 교감이 큰 작용을 하였을 것이라고 생각한다. 실제로 그는 식물을 철저하게 연구하여 식물의 변태에 관한 논문을 발표하였으며, 2,700여장의 수채화 중 1/4이 자연과 관련된 그림으로 알려져 있다. 이처럼 식물을 연구하고 자연을 그린다는 것은 자연을 철저하게 관찰하는 것이며 이러한 자연과의 교감을 통해 위대한 작품을 구상하였을 것이다. 쉴러는 괴테 다음으로 가장 중요한 독일시인의 한 사람으로 평가받는다. 그가 1800년경 튀링거 숲을 찾았을 때 산림공무원들이 2050년의 숲의 모습을 계획하는 것을 보고 감동한 나머지 '나도 산림꾼이 되고 싶소'라고 묘사한 내용은 시간을 초월하여 작가가 보는 숲의 중요성을 다시 한 번 일깨워 주게 한다. 흰구름의 시인 헤세는 노벨상과 괴테상을 수상한 독일 현대 작가이다. 대단히 서정적이고 목가적인 경향을 띠면서 인간성의 내면을 파고드는 깊은 문학세계를 개척한 사람으로 평가받고 있다. 숲과 관련하여 헤세에게서 발견하는 것은 무엇보다도 그가 나무와 숲과 깊은 대화를 하고 있다는 사실일 것이다. 헤세는 '모든 역경을 이겨낸 나무야말로 삶의 진리를 말하는 설교자이고 성소이며, 그래서 우리들은 그것들에게 귀 기울일 줄 알아야 한다'라고 외친다.

헨리 데이빗 쏘로우는 미국의 작가로서 수필가이고 시인이며 실천적 철학자이기도 한다. 대표적 걸작 『월든』은 숲속의 생활을 묘사한 것으로서 초월주의 원칙대로 세상을 사는 표본을 보여준다. 그의 삶과 작품은 도덕적 영웅주의의 근본이자 지속적으로 정신적 차원의 삶을 추구한 표본으로서 미국인들뿐만 아니라 세계인들에게 숲의 보호에 앞장서게 하는 데에 크게 영향을 끼쳐왔다. 쏘로우는 숲에서 나이테를 세다가 걸린 독감으로 고생하다가 45세의 젊은 나이로 고향에서 눈을 감았다. 프랑스 작가 장 지오노의 단편소설 『나무를 심은 사람』은 전 세계인의 마음을 사로잡은 명작이다. 이 작품이 주는 가치는 무엇보다도 작품의 내용이 허구일지라도 실제로는 지구촌 곳곳에 새로운 숲들을 만들어 내고 있다는 사실이다.

문학과 예술이 시대정신의 산물이오 사회상의 반영이라면 그 시대성을 가장 잘 반영한 것이 산림 문학일 것이다. 산림문학이란 산과 들이나 농촌에 숨어 글 짓고 책 읽는 것을 낙으로 삼는 고려와 조선시대 선비의 무리에 의하여 창작된 문예를 통틀어 말한다. 고산 윤선도, 송강 정철, 퇴계 이황, 율곡 이이, 노계 박인로, 화담 서경덕, 다산 정약용으로 대표되는 산림학파는 대개 사회 진출을 거부하고 산림(전원)에 칩거하면서 책을 읽고 글을 쓰고 면학에 힘쓰며, 강호를 거닐며 유유자적의 삶을 살며 후학을 양성하는데 힘썼다. 그들이 숲과 자연을 벗하며 남긴 걸작은 한국문학의 중심에 우뚝 서 있다.

숲의 아름다움은 문학을 통해서 작가의 정신과 혼을 담아 후세에까지 전승하는 일을 하고 있음을 알게 된다. 숲은 온갖 풍랑을 이겨낸 나무들로 이루어진 세계이다. 헤세의 말처럼 나무 한 그루 한그루가 진리요 성소이며 설교자이며, 나무 한 그루 한 그루가 신화와 전설을 전해주고 있다. 그들이 모여 이야기를 이루고 그들이 전해져서 문학의 실타래를 엮어갔다. 나뭇잎의 가녀린 떨림조차도 언어가 되어 한 그루의 나무가 시인이 되고, 철학자가 되어 노래할 때 작가들은 감동하였고 그 감동으로부터 동화와 시와 수필과 소설이 태어나게 된 것이다. 그래서 숲은 언어의 창고이자 문학의 발상지이다.

무더운 여름에 시성 이백(李白)은 부채를 접어두고 숲에 들어가 벌거숭이가 된 채 숲바람으로 여름을 지내고 싶다고 했다. 숲을 가까이 한다면 더위도 추위도 걱정할 필요 없을 것이다.

제5절 숲과 미술: 나무는 예술품 숲은 박물관

레오나르도 다빈치의 '모나리자의 미소'는 명화 중의 명화이다. 인류가 남긴 가장 아름다운 그림의 하나로 평가하고 있다. 하지만 그 미소는 1월 1일에 보나 12월 31일에 보나 늘 같은 모습이다. 그러나 나무를 보시라! 일 년 사시사철 자기 생명을 바쳐 온 몸으로 다양한 각색으로 자신을 연기한다. 봄엔 연둣빛 적삼으로, 여름엔 신록과 녹음으로, 가을엔 색동옷으로, 그리고 겨울엔 나목이나 가끔씩 하얀 소복차림으로 자신의 모습을 보여준다. 이 세상 어느 예술품이 이처럼 사시사철 각기 다른 모습과 아름다움으로 사람의 시선을 끄는 것이 있을까? 뿐만 아니라 숲 바닥에 깔린 온갖 종류의 풀꽃들을 보시라! 오로지 숲의 세계만이 이러한 살아있는 아름다움을 표현할 수 있다. 또한 보고, 듣고, 만져보고, 냄새 맡고, 느껴보는 육신의 만족으로 정신적인 아름다운 감정을 불러일으킬 수 있으니, 예술품보다도 더욱 아름다운 감흥을 느끼게 하는 곳이 숲이다. 나무와 숲이 지닌 예술적 특성을 살펴보고 그들이 화가로 하여금 새로운 아름다움으로 승화시킨 흔적들을 살펴보자.

1. 나무와 숲의 예술적 특성

나무는 도화지, 연필(심), 목탄, 이젤이나 화판 등 화구(畵具)를 제작하는 원료로서 쓰일 뿐 아니라, 숲의 식물로부터 추출한 염료성분은 채색재료의 원료로서 제공된다. 미술이라는 예술 장르의 형성에 필수적인 것들은 모두 숲으로부터 만들어진 것임을 확인할 수 있다. 또한 나무와 숲은 미적 동기를 제공할 뿐만 아니라, 문학에서와 마찬가지로 주제, 제재, 소재로서, 또 작품을 구상하는 장소로서의 역할도 하고, 설치미술의 무대로서 이용되기도 한다.

아름다움에 관한 학문이 미학이고 아름다움을 창조하는 것이 예술이고 보면, 미적인 대상이 풍부한 환경에서는 미학과 예술이 더욱 진작될 것이다. 예술과 미학의 형성에 숲의 존재는 절대적이다. 자연을 신의 현상 자체로 보는 철학자 셸링에게 있어서 美는 자연과 동일시되며 본질적으로 자연미를 의미하며 예술과 美의 토대는 바로 자연의 생동성 속에 들어 있다고 본다. 자연미에서 예술과 美의 근원을 찾은 셸링이나 칸트와는 달리 헤겔은, 미에 있어서 정신적인 면을 강조하여 창조자의 창작 의도나 창작 정신(Geist)이 들어있는 예술작품이 갖는 예술미가 진정한 美이며, 자연미를 능가한다고 주장하고 있다. 그런데도 불구하고 헤겔이 자연의 아름다움을 표현하는데 있어서 '자연미'라는 말을 사용한 이유는 자연이 갖고 있는 生命力 때문이었다.

살아있는 생명체로서 변화무쌍하게 연출하는 나무와 숲은 예술가의 마음을 움직여 새로운 아름다움의 경지로 승화된다. 조각가는 수종마다 다른 나뭇결과 무늬를 도려내어 멋지고 아름다운 조각과 공예품을 창작해 낸다. 화가는 사계절 변화하는 나무를 보면서 새로운 작품을 구상한다. 나무의 외관을 구성하는 눈, 잎, 꽃, 열매, 가지, 줄기들이 시간과 기후를 변수로 연출하는 세계는 경이롭다. 어느 나무 하나 형태, 선, 색깔, 질감이 같은 것이 없다. 나무마다 잎의 모양과 크기와 두께가 다르고, 잎맥뿐만 아니라 잎 가장자리의 생김새와 선이 다르며 질감이 다르다. 색깔은 어떤가? 새싹이 움틀 때부터 짙은 초록으로 변할 때까지, 그리고 다시 단풍으로 갈아입을 때까지 잎은 수 천, 수 만 가지 색을 연출한다. 꽃눈이 형성되어 봉오리가 되고 이윽고 터져 나오면 세상에 자기의 아름다움을 눈부시게 선사한다. 활짝 핀 꽃을 가만히 들여다보라! 꽃대, 꽃받침, 꽃잎, 암술, 수술, 꽃밥, 암술머리, 씨방이라고 이름 붙여진 것들과 그들의 생김새와 색깔과 구조를 관찰해 보라! 그리고 그가 내는 향기에 취해 보라! 이윽고 우리는 한 가녀린 생명체 속으로부터 영롱한 빛깔과 각 기관들로 구성된 섬세하고 세밀한 꾸밈새의 신기함에 도취해 버릴 것이다. 삶의 비밀이 그곳에 담겨 있다. 생명의 신비함이 한 송이 꽃에 들어있다. 46억년의 세월 속에서 지구에 생명체를 탄생시킨 창조주의 비밀이 한 송이의 꽃과 한 그루의 나무에 깃들어 있음을 발견하게 될 것이다.

한 그루의 나무는 눈, 잎, 꽃, 열매, 가지, 줄기 등 '살아있는' 미적인 요소들이 다양한 형태, 선, 색깔, 질감 속에서 조합되어 표현된 '예술적 생명체'이다. 이 예술적 생명체들이 모아져서 이뤄진 것이 숲이다. 이러한 아름다움을 붓으로 그려낸 화가들은 참으로 위대하다.

2. 서양 풍경화와 동양 산수화

미술은 회화, 조각, 공예를 주요 장르로 하고 있다. 회화의 경우 동서양을 구별하여 동양화와 서양화로 나눈다. 서양화에서 숲을 그리는 화풍은 풍경화이다. 17세기 유럽에 나타난 풍경화는 나무와 숲이 예술의 관심사로 크게 부각되는 계기가 되었다. 자연 풍경을 구성하는 요소로서 山水가 동양의 예술 분야, 특히 회화와 문학에 등장하게 된 배경은 노장 사상(老莊思想)에서 비롯된다고 한다. 노장적 자연관은 경개 좋은 산수자연을 수신(修身)과 안빈낙도(安貧樂道)의 이상향으로 생각하고 있다. 산수자연이 심미활동의 최상의 장소라는 것이다. 그래서 그러한 세계를 동경하여 마음을 담아 그림으로 표현한 것이 산수화가 된 것이다.

산수화는 동양미술 전체를 대변하는 자리에 있다고 해도 과언이 아닐 정도로 큰 비중을 차지하고 있다. 산수화의 대부분을 이루고 있는 것이 수림(樹林)이라고 해도 또한 잘못된 표현은 아닐 것이다. 나무와 숲은 산수화라는 동양회화의 장르를 형성하는 데에 핵심적인 역할을 하고 있다. 산수화가 전개되는 과정에서 새로운 바람을 일으킨 화풍이 있었으니 이른바 문인화라고 하는 것이다. 山水 이외에도 문장이 삽입되고 작가의 깊은 화의(畵意)가 담겨 있는 것이 특징이다. 문인화를 대표하는 작품 중의 하나는 김정희 선생의 〈세한도(歲寒圖)〉이다. 세한도는 인간의 변함없는 의리와 지조를 상징하는 화의를 담고 있는데 이러한 것을 나무를 통해서 그려내고 있다. 인간의 내면세계를 나무의 모습에 빗대어 그림에 표현하고 있는 것이다.

이처럼 산수화와 문인화에 있어서 수목은 美를 표현하는데 있어서 핵심적인 역할을 한다. 현대화에 있어서도 나무를 소재로 그린 그림 중에 나무가 그림의 가치를 정하는 결정적인 역할을 한 것이 많다. 박수근 화백의 〈겨울〉이 대표적인데 1997년도 크리스티 경매에서 7억5000만원에 낙찰된 바 있다. 나무가 그림의 가격을 정한다고 해도 과언이 아닐 듯하다.

3. 나무는 예술품, 숲은 박물관

화가의 인식과 창작활동을 통해서 나무와 숲이 금전으로 가치매김을 할 수 없는 예술작품으로 승화되고 있음을 본다. 유기체로서의 숲이 만물의 영장이라는 인간의 마음과 정신을 움직이고 있다는 사실이 놀랍다. 나무와 숲의 신령함이 예술인의 내면의식의 세계에서 재구성되어 예술미로 승화되는 과정을 확인할 수 있다.

인간은 자연을 떠나 살 수 없다. 문명을 건설하고 문화를 창조하는 모든 행위는 그를 가능하게 하는 재료를 자연에서 얻어 왔다. 나무나 숲은 그 자체가 한 폭의 그림이요 예술이다. 또한 그 스스로가 신의 의도에 따라서, 신의 계시를 받들어 눈, 잎, 꽃, 열매, 가지, 줄기를 통해 천지를 캔버스 삼아 사계의 진풍경을 창작하는 화가요 조작가이다. 한 그루 한 그루의 나무는 예술품이며, 숲은 그들이 살아 숨쉬는 생명체로 정갈하게 진열되어 있는 살아있는 갤러리요 박물관이다.

제6절 숲과 음악: 나무는 악기, 숲은 컨서트홀

1. 음악(music)의 어원(muse): 숲에 살던 요정

음악은 정해진 시간 안에 연주되어야 하는 시간예술이다. '정해진 시간' 속에서 작품들은 서주와 주제부, 종결부의 순으로 연주된다. 곡의 진행 과정을 봄, 여름, 가을, 겨울로 변화해 가는 숲의 삶과 비교하면 전개상 비슷한 점이 없지 않다. 이러한 음악은 神을 찬미하고 즐겁게 하는 것으로부터 시작된다. 주문을 외우고 북을 치고 장단을 맞춰가며 노래한 것에서부터 음악이 태동한 것이다. 찬미하고 숭배한 신은 나무에 살고 있는 신이요, 숲을 관장하는 신이었다. 말하자면 나무와 숲을 찬양하는 일에서부터 음악이 시작되었다고 말해도 과언이 아니다.

실질적으로 숲은 음악의 어원, 음악의 재료, 음악 작품을 구상하는 데에 중요한 인연을 맺고 있다. 어원부터 살펴보면, 음악(音樂)이란 단어는 한자 문화권에서 악(樂)이란 글자에서 출발한다. 악은 나무(木) 위에 백(白)을 가운데 두고 양쪽으로 한 자씩 두 개의 요(幺)로 이루어져 있다. 나무가 백과 요를 받치고 있는 모습이다. 요의 상형을 보면 실끝이 감아 올려진 형상을 나타낸다. 그래서 물체에 타격을 주어 소리를 내는데 쓰이는 '채'의 뜻을 갖거나 작은 북을 의미하기도 한다. 자전에는 상수리나무에 도토리가 달려있는 모양새를 나타낸다고 설명하기도 한다. 백은 큰 북이나 장구를 의미하는데, 어떤 이는 악기의 일종인 종(鐘)이나 경(磬)으로 해석하기도 한다. 종합해 보면, 악은 나무 위에 장구나 북을 올려놓고 두 개의 채로 두드리는 모양을 본 뜬 것이다. 이런 의미에서 악의 본 뜻은 기악(器樂)이라고 볼 수 있을 것이다.

음악(music)을 뜻하는 라틴어는 무지카(musica)인데 어원은 무사(mousa: μουσα)이다. 무사의 복수형은 무사이(mousai: μουσαι)인데 영어에서 뮤즈(muse)라고 표기한다. 뮤즈는 그리스 신화에 나오는 제우스 신의 딸로서 시, 음악, 무용 등을 주관하는 아홉 여신이다. 제우스 신전에 연회가 열리면, 뮤즈의 합창 지도자인 음악과 시의 신 아폴론이 리라를 연주하고 뮤즈의 여신들이 노래를 불러 흥을 돋우었다. 연회가 끝나면 거처로 돌아가곤 하였는데 뮤즈가 살았던 곳은 헬리콘 산과 파르낫소 산의 숲이었다. 음악의 신들은 이처럼 숲에 머물면서 숲의 정기를 품으며 목소리를 가꾸고 음악 예술을 다듬으면서 살았던 것이다. 음악의 어원에서부터 동양에서나 서양에서나 그것이 나무와 숲과 밀접한 관계에 있음을 알 수 있다.

2. 음악의 재료로서의 숲

음악예술의 형성과 존재를 가능하게 하는 것은 소리이다. 소리인 음은 도구인 악기가 없으면 그의 형성과 존재가 불가능하다. 음향적 재료인 소리와 악기의 시초는 자연이며 숲에서 출발한다. 숲 속에는 무궁무진한 음향적 재료가 숨 쉰다. 새 울음소리, 개울물소리, 바람이 나뭇잎 스쳐가는 소리 등. 사실 따지고 보면 이들 자연의 소리 자체가 하나의 완성된 음악곡으로 평가할 수도 있다. 중국 명나라 때 홍자성이 지은 채근담 후집 제64에 '林間松韻 石上泉聲 靜裡聽來 識天地 自然鳴佩...'이라는 귀절이 있다. 이것은 숲 속의 솔바람과 돌 틈을 달리는 물소리도 마음을 고요히 하고 들으면 천지자연의 음악이라는 뜻이니, 숲이 이미 자연적으로 완성된 음악 작품임을 말하는 것이다.

음악 작품 중에는 숲 속에 있는 새소리나 물흐름소리, 바람소리 등을 직접 악기로 사용한 예가 많이 있다. 뻐꾸기, 나이팅게일, 메추라기, 종달새, 제비 등은 작품의 주제나 모티브 등을 위해서 사용된 대표적인 새이다. 물소리와 바람소리(특히 폭풍)도 많이 도입되고 있다. 음악 작품에 자연의 소리를 도입하는 방법인 자연 회화법 혹은 자연 묘사법(Naturmalerei)은 바로크 시대의 비발디에서부터 시작하여 고전 시대의 헨델과 하이든에게서 완성되는 듯하다. 베토벤의 작품에도 도입되고 있다.

작품이 음악으로서 성립할 수 있게 하는 데에는 악기가 필수이며 악기는 음악의 생명이다. 핵심적인 악기 중에는 나무가 없으면 제작이 불가능한 것들이 많다. 모차르트가 '악기 중의 악기, 악기의 황제'라고 감탄한 파이프 오르간, 악기의 여왕이라고 불리는 바이올린의 구조에 있어서 나무는 핵심이다. 피콜로, 오보에, 잉글리쉬호른 등 목관악기는 말할 필요도 없고, 현악기(혹은 건반악기)인 피아노에 이르기까지 나무는 일부 금관악기를 제외하고 거의 모든 악기를 만드는 기본재료이다.

울창한 숲 속에서 자란 나무가 없다면 숭고한 소리와 세밀한 음색을 낼 수 있는 오르간이나 바이올린 같은 악기들이 만들어질 수 없을 것이고 훌륭한 작품을 연주할 수 없다. 깊고 깊은 숲 속에서 백 년, 수백 년을 자란 질 좋은 나무로 제작된 악기로부터 천년의 소리를 재현할 수 있고 대작곡가의 잠자는 영혼을 불러일으킬 수 있을 것이다. 그런 작품을 감상하며 인간 내면 깊숙이 자리잡은 심금을 울려서 짓눌리고 상처받은 마음을 위로받고 치유하는 아름다운 시간을 누릴 수 있을 것이다.

3. 악상(樂想)의 샘터로서의 숲

바로크 시대의 비발디에서부터 시작하여 하이든, 베토벤, 슈트라우스, 레스피기, 쇼스타코비치에 이르기까지 많은 음악가들이 숲과의 교감을 통해서 얻은 음악적 영감을 음악예술로 승화시켰다. 이들은 때로 자연전체를, 혹은 특정한 산이나 숲을, 또는 한 그루의 나무나 한 포기의 풀을 대상으로 얻은 악상(樂想)을 모티브나 주제로 삼아 교향곡이나 교향시, 오페라, 가곡 등에 이르기까지 음악의 여러 형식에 맞춰 작곡하였다. 하이든은 자연묘사법을 도입하여 숲의 정경을 실감나게 표현하고 있는데, 숲에서 얻은 영감을 그의 오페라 크세르크세스의 아리아 라르고에서 잘 묘사하고 있다. 헨델이나 하이든도 작품 속으로 직접 새울음소리, 나뭇잎소리, 시냇물소리 등을 적극적으로 끌어들여 작품의 분위기를 감각적으로 돋우고 있다. 베토벤 교향곡 제6번 「전원(Pastorale)」은 심각한 청각 장애를 숲을 통해서 극복한 위대한 작품이다. 이 작품이야말로 숲이 불멸의 작곡가 베토벤을 통해서 예술로 승화된 결정체일 것이다. 가곡의 왕 슈베르트는 『겨울 나그네』에서 장을 끊을 듯한 비통함과 의지할 곳 없는 절망감을 한 그루의 나무, 성문앞 우물가에 서 있는 〈보리수〉로부터 위로와 안식을 받으려 하고 있다. 시벨리우스의 『타피올라(숲의 신이 머무는 집)』, 쇼스타코비치의 『숲의 노래』, 황병기 선생의 『숲』은 제목만으로도 숲이 대작곡가에게 끼친 영향을 알 수 있게 한다.

4. 나무는 악기 숲은 컨서트홀

숲의 모습은 외관으로 보기에 가끔 간단하게 보일 때가 많다. 숲은 그저 조용하게 보일 뿐이며, 나무와 풀들이 무리지어 모여 있는 수풀이며 산림일 따름이다. 그러나, 안으로 들여다보면 숲의 또 다른 모습인 오만가지 생명체들이 살아 숨쉬며 아우성치는 소리를 담은 정경을 발견하게 된다. 물소리·바람소리·잎 갉아 먹는 곤충의 저작소리·새울음소리·빗방울떨어지는 소리·열매 떨어지는 소리로 벅신거리는 숲에 서면 자연의 교향악을 연주하는 곳에 와 있는 듯한 기분에 빠진다. 나무 또한 아름다운 선율을 들려주는 악기를 만드는 원자재이며, 줄기에 귀 기울이고 들어보면 그 스스로도 소리를 내는 발성체임을 알게 한다. 그 뿐 아니라 겨울에 온 잎을 떨구고 하늘을 향해 뻗치고 있는 나뭇가지를 보면 조물주를 찬양하는 듯한 모습으로도 보인다.

숲의 고요함 속에서 눈을 감고 사방에서 들려오는 천차만별의 이런 소리를 듣고 있으면 자연의 교향곡을 듣는 듯한 기분이다. 변화무쌍하게 아름답게 변하는 숲이라는 무대에 서서 생명체이건 무생물이건 온갖 종류의 것들이 저마다의 톤으로 조율하며 연주하는 듯하지 않은가? 나무는 악기, 숲은 컨서트홀이다.

제7절 숲과 휴양

1. 휴양, 치료, 치유

휴양은 한자로 '休養'이라고 쓴다. 휴양의 '-養'은 '羊'과 '食'이 합쳐져서 만들어진 글자로서 원래는 '가축을 치다, 번식하다' 등의 뜻으로 쓰이다가 현재는 '수양하다, 교양을 쌓다'의 의미로 많이 쓰인다. 휴는 '쉴 휴' 즉, '쉰다'라는 뜻인데 '사람 人'에 '나무 木'이 합쳐진 단어이다. 즉, 심신이 지친 사람이 나무 밑에 앉아 휴식하는 모습이 바로 '休'자가 나타내는 의미이다. 따라서, 동양의 한국, 중국, 일본 등

한자 문화권에서는 여가의 활동적 개념으로서 휴양(recreation)은 심성을 고양하기 위해 숲에서 편히 쉬는 활동이라고 정의할 수 있다. 따라서 동양에서 휴양은 나무와 숲과 뗄래야 뗄 수 없는 불가분의 관계에 있다고 보여진다. 이러한 근거로 휴양은 '나무가 울창한 숲에서 하는 것'이 진정한 의미에 있어서의 휴양이다라고 말할 수 있다.

최근 웰빙과 함께 사람들이 건강에 대한 관심이 커져서 숲에서 휴양하는 산림휴양의 초점이 건강에 맞춰지면서 등장한 것이 치유이다. 치유(治癒, Healing, Therapy)란 치료하여 병을 낫게 하는 것으로서 병의 근본원인을 제거해 그 병이 없던 상태로 되돌리는 것을 말한다. 치료(治療, Treatment)란 병이나 상처를 다스려 낫게 하는 것으로서 수술, 약물 투여 등 직접적인 처치를 통해 병을 낫게 하는 행위를 말한다. 그러데 이러한 행위는 의사가 하는 것이며 병이나 치료방법에 따라서 나을 수도 있고 낫지 않을 수도 있다. 암을 치료하고 당뇨를 치료하지만 낫지 않을 수 있다. 이와 대조적으로, 치유라는 단어에는 조치의 결과적으로 병이 나아있는 상태에 의미가 강하고 신체적 물리적 상처라기보다, 정신적, 심리적, 정서적인 상처 또는 불안정한 상태로부터 정상적인 상태로의 회복이라는 의미이다. 이 단어는 사람 등 생물뿐만 아니라, 무생물한테도 적용이 가능하다. 예를 들면, '수 십 년간 흉측한 모습으로 방치된 폐탄광 부지가 마을 주민들의 마음을 상하게 하더니 드디어 자연친화적인 녹화방법으로 치유하여 새로운 생태공간으로 재탄생하였다'과 같은 표현이다.

산림이 지닌 보건의학적인 기능과 어우러진 휴양활동으로 산림치유란 용어가 등장하였다. 산림문화휴양에 관한 법률 제2조(정의)에 의하면, '산림치유'란 향기, 경관 등 자연의 다양한 요소를 활용하여 인체의 면역력을 높이고 건강을 증진시키는 활동을 말하며, '치유의 숲'이란 산림치유를 할 수 있도록 조성한 산림(시설과 그 토지를 포함한다)이라고 정의하고 있다. 치유라는 단어가 다소 심리적이고 정서적인 정상상태로의 회복이라는 의미가 강하다는 점을 감안하면, 산림치유란 산림을 대상으로 산림이 지닌 다양한 자연환경요소 즉, 경관, 소리, 향기, 피톤치드, 음이온, (물), 광선, 기후, 지형 등이 인간의 신체조직과 생리적·감각적·정신적으로 교감하여 인간의 심신건강을 증진시키는 숲속 활동이라고 정의할 수도 있다(이연희, 「치유의 숲 산림관리기법에 관한 연구」, 2011).

그런데, 장자(莊子)가 남긴 글 중에는 소유유(逍遙游)라는 말이 있다. 소요유(逍遙游)는 장자 33편 가운데 첫 편인데 장자 사상 전체를 대변할 수 있다고 한다. 이것은 모든 구애를 초월한 우리 정신이 절대자유의 경지에 노닐고 있음을 말하고 있다. 여기서 말하는 소요(逍遙)란 '마음이 가는 대로 유유히 생활하는 모양'며 유유자적의 경지를 말하며 그러한 경지에서 노니는 것을 소요유라고 할 수 있다.

김달진 선생은 장자를 역해하면서 각 편의 첫머리에 서시(序詩)로서 그 편을 대표할 수 있는 선시(禪詩)를 가려뽑아 놓았는데 〈소요유 편〉을 위해 다음과 같은 서시를 소개하였다:

天衾地席山爲枕(천금지석산위침)	하늘 이불, 땅 자리, 산 베개하고
月燭雲屛海作樽(월촉운병해작준)	달 촛불, 구름 병풍, 바다로 술 빚었네

大醉遽然仍起舞(대취거연잉기무)　　거연히 크게 취해 일어나 춤추나니
却嫌長袖掛崑崙(각혐장수괘곤륜)　　긴 소매 곤륜산에 왜 이리 걸리는고.

이렇듯 장자가 자연에서 소요한 모습을 상상해 볼 때, 오늘날 유행하는 휴양, 특히 치유라는 단어가 옛적에는 '소요유'의 이미가 아니었을까하는 생각을 해본다.

2. 숲의 보건의학적인 특성

숲이 인간의 건강에 좋은 환경이라는 점은 아래 표에 제시된 여러 가지 인자들로 설명할 수 있다;

표 1. 숲과 다른 생태환경의 먼지 흡착률 (공기 청정도 1)

환경구분	농경지	잔디밭	관목숲	울창한 숲
농경지에 대한 흡착률	1	2	20	200

자료: Mayer. H. 1984. Waldbau auf soziologisch-ökologischer Grundlage.

표 2. 숲과 다른 생태환경의 공기 중에 함유된 먼지 알갱이 수 (공기 청정도 2)

환경구분	공업지대	대도시	숲
공기 1리터 당 먼지의 수	500,000	100,000	500 - 2,000
먼지 수 비교	250 -1,000 배	50 - 200	1
청정도 비교	1	50 - 200	250 - 1,000배

자료: Mayer. H. 1984. Waldbau auf soziologisch-ökologischer Grundlage.

표 3. 서로 다른 환경의 대기 중에 포함된 음이온의 양(입자의 수)　　단위 :개/㎤

환 경	음이온의 양	숲과의 비교
도회지 실내	30 - 70	1
도회지 실외	80 - 150	1.1 - 5
교　　외	200 - 300	2.8 - 10.0
산　　야	700 - 800	10.0 - 26.7
숲	1,000 - 2,200	14.3 - 73.3
인체 수요량	700	

자료: 林文鎭 1988. 森林浴的 世界

표 4. 침엽수 잎에 함유된 테르펜 양의 계절변화 단위 : ml/100g

수 종 명	여 름	겨 울	수 종 명	여 름	겨 울
낙엽송	0.3		편백	4.0	2.5
소나무	0.2	0.2	화백	1.4	2.3
왕소나무	0.3		섬향나무	1.7	
눈잣나무	2.0		가이즈까향나무	0.9	
스트로브소나무	0.6		노간주나무	1.3	
솔송나무	0.8		연필향나무	0.5	
금송	0.1		서양측백나무	4.0	2.0
왜금송	0.7		나한백	2.4	1.8
주목	0.1		은행나무	0.4	
눈주목	0.2		일본전나무	0.9	
비자나무	0.7		히말라야시이다	0.3	
삼나무	3.1	2.3	가문비나무	2.1	0.9

자료: 谷田 見光克. 森林浴の效用. Green Power. 1983.8

표 5. 테르펜(피톤치드)의 생물학적 작용

테르펜류 / 효 과	$C_{10}H_{16}$	$C_{16}H_{24}$	$C_{20}H_{32}$	테르펜류 / 효 과	$C_{10}H_{16}$	$C_{16}H_{24}$	$C_{20}H_{32}$
痲痺性(마비성)	●			去痰性	●		
强壯(강장)	●	●		혈압강하	●	●	●
鎭痛		●		살충	●		●
驅蟲	●	●		刺激性	●	●	
抗生	●	●	●	생장호르몬	●	●	●
抗간질		●		芳香(방향)	●	●	●
항히스타민성	●			식물호르몬	●	●	
항염증성	●	●		緩通便(완통변)	●		●
항류머티스	●			鎭靜(진정)	●	●	
항종양성	●	●	●	鎭痙(진경)		●	●
담즙분비촉진		●		유독성		●	●
利尿	●			비타민			●

자료: 只木良也, 吉良龍夫. ヒトと森林. 1982, 김기원(1984)에서 재인용
주: $C_{10}H_{16}$ 모노 테르펜, $C_{16}H_{24}$ 세스키 테르펜, $C_{20}H_{32}$ 디 테르펜

3. 자연휴양림, 산림욕장, 치유의 숲, 산림치유마을, 백두대간 테라피단지, 산림복지단지

2012년 말 기준 전국의 자연휴양림에 약 11,614천명, 산림욕장은 36,882천명, 치유의 숲은 310천명이 방문한 것으로 파악되고 있다. 웰빙 등 자연친화적 라이프스타일과 산림이 지닌 건강증진 효과에 대한 기대가 커지면서 산림서비스에 대한 수요가 큰 폭으로 증가하는 경향을 보이고 있다. 산림청은 이 같은 산림에 대한 사회적 수요에 대처하기 위하여 산림복지 정책을 수립하여 추진하고 있으며, 다양하고 양질의 산림서비스를 제공하기 위해 백두대간 테라피단지, 산림복지단지, 산림치유마을, 치유의 숲, 백두대간수목원 등의 시설을 확충하고 있다. 또한 산림방문객 서비스를 위해 숲해설가, 유아숲지도사, 숲길체험지도사 등 산림교육전문가와 산림치유지도사를 양성하는 등 일자리 창출을 병행하고 있다.

치유의 숲을 조성하려면 국유림과 공유림(지자체)의 경우 50ha 이상의 면적을 가져야 하며 사유림인 경우 30ha 이상이어야 한다. 산림청은 2017년까지 34개소의 치유의 숲과 3개 산림치유단지, 10개의 산림치유마을을 조성할 계획이다. 영주시와 예천군 일대의 옥녀봉 자연휴양림을 중심으로 3,000ha에 백두대간 테라피단지를 건설 중에 있으며, 여러 곳에 산림복지단지를 조성하여 국민들이 숲 속에서 다양한 체험을 하면서 복지혜택을 누릴 수 있도록 할 계획이다.

제4장 결론

과거 40억 년 동안, 지구는 아무런 생명들이 태어날 수 없는 황무지였다. 대기 중에는 산소가 부족하였고, 바다와 육지엔 여전히 생명들이 태어나지 못했다. 이윽고 원시생명체들이 바다로부터 미동하고, 수 억 년이 지난 뒤에야 식물들이 나타나기 시작하였다. 공중의 이산화탄소를 흡수하고 뿌리로부터 물을 빨아들여 광합성을 하는 식물들이 지구상에 나타난 것은 숨어있는 생물들에게 생명의 열쇠였다.

지구의 숲은 우주 공간 어디에도 없는 유일한 생명이 살아가는 곳이다. 테라리움 속의 세계처럼 생명유지에 필수적인 맑은 공기와 물과 햇빛이 풍요로운 숲은 살아 숨쉬는 모든 생명의 비밀이 숨어 있는 곳이다. 수십억 광년 펼쳐져 있는 광활한 대우주 공간 어디에도 돌 틈 사이를 흐르는 맑은 물소리를 들을 수 있는 곳은 없다. 신선한 공기가 살아 숨 쉬는 곳도 없다. 110m가 넘는 거대한 나무들이 자랄 수 있는 숲이 있는 곳은 더더욱 없다. 숲이야 말로 우주의 비밀을 간직한 곳이다.

숲이 없었으면 인류의 삶은 불가능했다. 그래서 숲과 인간의 관계는 어머니와 태아(胎兒)의 관계와 같다. 모태 안의 태아는 어머니로부터 모든 것을 얻어 살아갈 수 있다. 숲은 우리들의 삶터요 일터이며 쉼터이다.

숲으로부터 인간의 삶이 시작되었고, 숲으로부터 문명이 태동하였다. 숲은 문화와 역사의 산실이다. 모든 것이 숲으로부터 받는 유형 무형의 혜택 덕분이다. 이런 의미에서 인류 문명의 역사는 숲과의 간단없는 투쟁의 역사이며, 숲 없이 문화가 있을 수 없고 문화 없이 숲이 있을 수 없다. 현재 우리가 누리는 문화는 우리 선조들의 과거이며, 우리가 만들고 있는 현재이며, 장래 우리 후손들이 누리게 될 미래이다. 따라서 문화는 선조들과 그리고 동시에 우리들의 꿈이다. 이러한 문화와 꿈은 보잘 것 없는 씨로부터 시작해서 이윽고 거대하게 자란 나무와 울창한 숲으로부터 탄생하고 발전해 오지 않았던가? 그래서 숲은 곧 인류의 꿈이다. 이처럼 숲은 인류의 삶, 즉, 문화를 창조하고 유지하며 먼 미래를 보장해 준다. 산림교육의 목적은 이같이 인류의 삶을 위해 중차대한 숲의 가치와 중요성을 국민들에게 인식시키고 그렇게 함으로써 숲을 더욱 잘 아끼고 보호하도록 계몽하고 앞장서도록 하는 것이다. 그렇게 하는 것이 인류와 지구의 지속가능성(sustainability)을 실현하는 길이다.

고은 시인은 숲은 짧고 사막은 길다(forest is short, desert is long)라고 외쳤다. 프랑스의 작가인 샤토브리앙은 문명 앞에 사막이 있고 문명 뒤에 숲이 있다고 하였다. 오스트리아의 임업아카데미 학장이던 웨셀리는 문화없이 숲없고 숲없이 문화없다라고 단언하였다. 서독의 초대 대통령인 테오도르호이스는 숲은 단음절어이지만 그 속에는 무궁무진한 경이의 세계가 숨어있다고 말한다. 숲이 인류의 삶과 문화창조에 긴요함을 강조하고 있는 동시에 무계획적으로 숲을 이용하는 것에 대한 경고를 함축하고 있는 명언들이다. 이 강좌가 인류문화의 형성과 발전에 산림이 끼친 중차대한 역할을 깨달아 숲과 인간의 관계를 새롭게 인식함으로써 후손의 미래인 숲을 지속가능하게 유지하고, 그 일에 앞장서게 하는데 기여할 수 있기를 기대한다.

참고문헌

강성위 역(바이세커저), 1975. 自然의 歷史. 삼성문화재단.
김기원, 2004. 숲이 들려준 이야기. 효형
김기원 외, 2008. 숲해설아카데미. 국민대출판부.
김영진 역(三尻正二, 溱 正雄저), 지구의 역사. 대광서림.
신만용 · 김기원. 2006. 식물과 생활환경. 국민대출판부.
임경빈 역(미셸 드베즈저), 1978, 森林의 歷史. 중앙일보.
장순근, 1998. 지구 46억년의 역사. 가람기획.
전영우, 1999. 숲과 한국문화. 수문출판사.
전영우, 1999. 나무와 숲이 있었네. 학고재.
전영우, 2005. 숲과 문화. 북스힐.
Hansjörg Küster, 2003. Geschichte des Waldes-von der Uhrzeit zur Gegenwart. C. H. Beck.
Hermann Kinder and Werner Hilgemann, 1964. dtv-Atlas zur Weltgeschichte. dtv.
Mitchell Beazley Publishers, 1981. The international Book of the Forest. Simon and Schuster.
Peter Farb, 1961. The Forest-Nature Library. Time-Life Books.
Robert P. Harrison, 1992. Wälder-Ursprung und Spiegel der Kultur. Carl Hanser Verlag.
작자미상, 1986. Forstgeschichte. Göttingen 大 강의자료.

Ⅱ

산림과 생태계

Ⅱ

국민대학교 평생교육원·(사)숲과 문화 연구회
숲해설 아카데미 전문과정

산림생태학

김 종 성
국민대 산림환경시스템학과/교수

목차

제1장 생태학 일반

제1절 개념들

1. 생태학과 산림생태학

생태학(Ecology)이란 생물상호간의 관계 및 생물과 환경의 관계를 연구하는 생물과학을 말하며, 산림생태학(Forest Ecology)이란 생태계의 구성 요인이 나무와 숲이 주체가 되는 산림생태계의 산림과 환경, 산림과 산림 등을 연구하는 학문을 말한다.

2. 생태학의 세부분야 (자료: 인간과 자연 생태학, 아카데미서적)

- **경관생태학(Landscape Ecology)**: 경관은 서로 다른 생물체들과 환경에 의해 특징짓는 서로 다른 패치(Patch)들로 구성되며, 경관생태학은 이러한 패치환경의 생물학적 원인과 결가로서의 패치유형 및 생태학적 진행들간의 상관작용을 연구하는 분야이다.
  ※ 패치(patch): 같은 서식지 유형의 인접한 단위의 집합과 주위와는 차이가 나는 비교적 균등한 지역
- **생태계생태학(Ecosystem Ecology)**: 에너지와 물질의 흐름 및 전달에 있어서 생물체들의 상호작용에 대하여 연구하는 분야.
- **생리생태학(Physiological Ecology)**: 생물개체들이 항상성 및 생존을 위하여 적응함에 있어서 그들의 환경과 어떻게 작용하는가를 연구하는 분야
- **행동생태학(Behavioral Ecology)**: 환경에 적응하기 위한 식물이나 동물의 행동기작을 연구하는 분야
- **개체군생태학(Population Ecology)**: 개체군은 특정지역을 점유하고 있는 같은 종에 속하는 개체들의 집단을 말하며, 개체군 생태학이란 개체군이 시간에 따라 그 크기와 장소가 변화하는 기작과 원인을 연구하는 분야이다.
- **군집생태학(Community Ecology)**: 서로 다른 종들의 군집이나 개체간의 상호작용과 양상에 대하여 연구하는 분야로, 종의 분포는 생물학적 상호작용(포식 및 경쟁등)과 환경적 요인(온도, 수분 및 영양분의 유용성)에 영향을 받는다.

3. 생물권(Biosphere)

지구는 기권, 수권, 암석권으로 구성되어 있으며 이중 생물들은 수권의 최하부분에서부터 기권의 약 12km 까지(대류권) 내에서 모든 생물들이 살고 있다. 생물이 살고 있는 모든 공간과 생물을 포함하여 생물권역이라고 하며, 지화학적으로는 토양의 내부를 포함하여 지구에 살아있는 모든 생물전체를, 생태적으로는 생물이 생활하는 장소전체를 의미한다.

제2절 생태계

1. 생태계의 정의

생물은 환경과 불가분의 관계를 맺고 있으며 이들은 상호작용을 하고 있다. 물리화학적인 환경과 상호작용을 하는 지역 안의 생물 전체를 포함한 단위를 생태계(Ecosystem)라고 정의하였다. (G. A. Tansley, 1935)

2. 생태계의 분류

생태계는 환경의 수준과 크기에 따라서는 실험실적인 미소생태계(micro-ecosystem)로부터 연못, 초원, 산림, 대양 등을 포함시킬 정도로 다양하며, 대기와 물의 물리적 성질의 차이에 따라서 육상생태계와 수생생태계로 대분한다.

〈육상 생태계〉

토양 위의 물이 없는 지역의 생태계

- 논밭, 초원, 산림, 황원(사막) 등

〈수생 생태계〉

토양 위에 물로 덮여있는 생태계

- 늪, 개울, 연못, 저수지, 호수, 강과 하천, 바다, 대양 등
- 담수생태계, 해양생태계

3. 생태계의 기본요소와 구성요소

생태계의 구성요소는 영양단계에 따라서 자가영양 구성요소와 타가영양 구성요소로 구분

〈기본요소〉

생태계의 기본적인 요소는 무생물(abiota), 생산자(producer), 소비자(consumer), 분해자(decomposer)로 세분함.

① 생산자 : 태양광선을 이용하여 광합성을 하는 식물

② 소비자 : 스스로 태양광선을 이용하여 양분을 생산하지는 못하고 생산자가 만든 식물의 유기물을 주 에너지원으로 이용

③ 분해자 : 죽은 동식물의 유기물을 분해하여 생활한다.

〈구성요소〉

생태학의 대부인 Odum은 무기물질, 유기물질, 기후조건을 생물적 구성요소로, 생산자, 대형소비자 혹은 섭식동물, 미세소비자 혹은 부생생물을 무생물적 구성요소로 구분하였다.

4. 먹이연쇄와 먹이피라미드

〈먹이연쇄(food chain)〉

생산자(producer)는 생태계 안에서 태양에너지나 화학에너지, 비생물적 요소인 공기, 물, 토양 등을 이용하여 광합성이나 화학합성에 의해 유기물을 합성함. 이들 유기물은 생산자로부터 소비자에게 전달되는데 이와 같이 생산자와 소비자의 영양단계에 의해 이뤄지는 관계를 먹이연쇄 혹은 먹이사슬이라고 한다.

먹이연쇄는 생산자를 섭취하는 최초의 생물을 제1차 소비자(primary consumer), 제1차 소비자를 포식하는 생물을 제2차 소비자(secondary consumer), 그 이상의 단계는 제3차, 제4차 소비자 등으로 구성된다.

〈먹이피라미드(food pyramid)〉

먹이구조(에너지 흐름구조)는 질량, 에너지 또는 생물의 수 등으로 나타내는데, 일반적으로 먹이연쇄 수준에 따라 점점 줄어드는 모양을 이루며, 이 구조는 피라미드 모양으로 나타내는데 이를 먹이 피라미드라고 한다.

제3절 생태계의 조절

1. 자연 도태(Natural selection)와 인위도태(Artificial selection)

생물들은 다른종과 또한 같은 종들 끼리도 경쟁을 하면서 살아간다. 빛, 공간, 양분, 수분등 식물이 살아가는데 필요한 모든 생육조건이 경쟁요인이다. 어떤 종은 이러한 조건들을 갖추기 위하여 효율적으로 생활해나가고 또 어떤 종들은 경쟁에 지거나 적응에 실패하여 사라져 간다. 이외에도 산불, 홍수, 폭풍 등 자연재해에 의해서도 생명을 다하거나 변화를 갖는다. 이처럼 자연적인 원인으로 생물이 도태되는 것을 자연도태라고 하며, 이와는 다르게 인간의 간섭으로 도태되는 것을 인위도태라고 한다. 산림생태계의 경우 농약살포, 간벌등의 벌채 등의 인간의 물리적 요인으로 나무가 수명을 다하고 숲이 변하기도 한다.

도태란 생존경쟁에서 져 선택되지 못한 경우를 의미하며, 자연의 선택은 다윈(C. Dawin)이 처음 제기한 이론으로 그의 저서 종의기원(The orgin of species)에서 부모의 형질이 후대로 전해질 때 주위환경에 잘 적응하는 형질이 선택되어 유전되며, 같은 종이라도 개체내에 여러 가지 변이(variation)를 나타내는데 이 변이중에서 생존과 번식에 유리한 변이가 선택되어 후대로 전해져 생존경쟁에서 살아남는다는 이론이다. 그러나 여기에서 언급되는 변이는 현재 생물학에서 이야기하는 돌연변이와는 다른 개념으로 환경조건에 따라서 유전형질이 조금씩 변화하면서 자손에 유전되는 것을 의미한다.

제2장 육상생태계와 산림생태계

제1절 육상생태계

1. 구성 단위

○ 식생(植生)과 군집(群集)

한 지역의 자연풍경을 살펴보면 그 지역을 덮고 있는 식물의 전체는 여러 개의 무리(群)를 형성하고 있는데 이들 전체를 그 지역의 식생(vegetation)이라고 한다.

群을 이루고 있는 종들 자체도 마구 산재하는 것이 아니라 비슷한 환경을 가진 종들이 모여 군을 형성하고 있는데 이와 같이 비교적 구분이 가능한 식생의 小群(작은 무리)을 식생 군집(plant community)이라고 한다. 식물군집을 '식생의 단위'로 부르고 있다.

ㅇ 군총(群叢)

식생 군집은 대체로 너무 방대하고(면적이 넓고) 복잡하기 때문에 현실적으로 사용하기에 부적할 경우가 많다. 그래서 군집 안에서 어느 정도 구체성을 띤 식생 단위를 구별하여 쓰고 있는 데 군집 안에서 유사한 특성을 지닌 무리를 군총(association)이라고 한다.

기타 식물군집의 분류단계는 다음 표와 같다.

표 1. 식물군집의 분류단계(환경생태학, 개문사)

생물적 분류단위	식물 생태적 적용어	
	적용어	의미
강(class)	대군계(panformation)	
목(order)	군계(formation)	
과(family)	아군계(subformation)	
속(genus)	군총(association)	둘 이상의 우점종을 선정할 수 있는 군집
절(section)	기군총(consociation)	하나의 우점종을 선정할 수 있는 군집
종(species)	사회(society)	식생의 최소단위. 주로 한 종으로 구성된 군집

※ 우점종(dominant species): 군집 내에서 높은 중요도(개체수, 양, 면적 등)를 점유하고 있을 때 그 종을 우점종이라고 말하는데, 한 군집에 하나, 혹은 몇 개가 있을 수 있다.

※ 생활형(life form): 식물의 생활양식을 유형화한 것.

- Raunkiaer에 의한 생활형: 지상식물, 지표식물, 반지중식물, 지중식물, 1년생/2년생식물, 수생식물 등

2. 지구상의 다양한 생태계 (자료:생태와 환경. 라이프 사이언스)

연중 평균 강수량과 평균기온이 열대, 온대, 극지방, 사막, 초원, 산림을 결정하는 가장 중요한 요인으로 지구상에는 다양한 생물군집이 존재한다.

〈사막 생물군계〉

연 강수량이 250mm 미만인 지역으로 열대, 온대, 극지방 모두에서 분포하며 지구 면의 약 30%를 차지하고 있다. 사막은 증발량이 강수량보다 많은 지역으로 강수량도 적고 연중 균일하게 분포하지 않는 경우도 많다. 토양에는 열을 저장할 수 있는 식생과 수분이 적어 낮동안 내리쬐는 햇빛은 사막의 지표면을 달구고 밤에는 지표에 저장한 열을 대기를 향해 빠르게 복사한다. 가뭄에 강한 관목과 선인장, 물의 부족과 큰 연교차에 잘 적응하는 다육식물이 분포하며, 동물들은 기온이 떨어지는 밤에 활동한다.

〈초원, 툰드라, 경엽수림〉

초원은 초본 성장을 위한 강수량은 충분하나 목본식물에는 부족한 지역으로 열대, 온대, 한 대에서 발견된다. 초원(grassland), 대평원(prairie)은 초본이 자라기엔 강수량이 충분하나 주기적인 가뭄, 대형 초식동물의 식해, 산화 등으로 초원이 유지되며 이는 교목과 관목의 생장을 방지한다.

○ 열대초원과 사바나(savanna)

건기를 제외하고는 비가 내리는 더운 곳으로 우기와 건기가 교차하는 곳이다.

아프리카의 열대사바나에는 식물을 식해 (뜯어먹기, 새싹먹기)하는 여러 대형 초식동물들이 서식하고 있다. 예를 들면 기린은 높은 나무의 잎과 어린 싹을, 코끼는 아래쪽의 잎과 가지를, 얼룩말은 큰풀과 줄기 그리고 영양은 짧은 풀을 먹는다.

○ 온대초원

남북아메리카, 유럽, 아시아대륙 중심부의 평원과 완만한 구릉지역의 온대초원은 겨울이 몹시 춥고 여름은 덥고 건조하며 강수량은 빈약하면서 연중 분포도 균일하지 않다. 농작물을 재배하고 소 사육에 적절한 비옥하고 깊은 토양을 갖고 있는 지역으로 지표면 대부분의 초본이 매년 죽고 분해되어 유기물의 축적으로 비옥하다. 북미의 온대초원에는 장경초원(tall-grass prairie) 과 단경초원(short-grass prairie) 이 있으며 미국의 중서부와 서부 그리고 캐나다에서 볼 수 있다. 전 세계의 자연적인 온대초원은 경작지와 방목지로 전용되면서 많이 사라졌다.

○ 극지방초원(북극 툰드라; arctic tundra)

짧은 여름을 제외하고는 눈으로 덮여있는 지역으로 바람도 많이 불어 몹시 추운지역이다.

북극 툰드라는 북극 만년설의 남쪽에 위치하며 소량의 강수도 눈으로 내려 사막을 얼어붙게 만든다. 초본, 이끼, 관목류가 생육하며 교목류는 살기 어렵다. 대부분의 식물은 여름 6-8주 동안의 햇빛을 이용하여 생장한다.

○ 경엽수림(chaparral)

온대성 관목지대로 식물의 생육에 좋은 기후이지만 화제가 잘 일어나고 홍수와 산사태가 자주 일어난다. 캘리포니아 남부와 지중해연안과 같은 사막의 연안으로 바다에 근접하여 봄과 가을에는 안개가 많고 겨울에 비가 많이 온다. 주로 상록성 관목이 생육하고 있으며, 기후가 온화하여 사람들이 살기에는 좋으나 산불이 잦아 아주 위험하다.

〈산림 생물군계〉

산림은 연평균 강수량이 풍부하여 다양한 교목과 관목, 초본류가 잘 자라며 열대, 온대, 아한대(극지방)에 분포한다.

○ 열대우림

거의 매일 비가와 강수량이 풍부한 지역으로 연평균기온이 높고 습도도 높아 뜨겁고 습기많은 공기가 상승하여 비를 많이 내리게 한다. 교목층, 아교목층, 관목층 등 각 수관층이 존재하며 다양한 생물들이 생육하고 지구 육상생물의 절반이상이 이곳에서 산다. 열대우림은 넓은 잎을 가진 상록활엽수(broad leaf evergreen plant)가 우점하고 있으며 착생 그리고 기생성 덩굴류가 함께 자란다. 그러나 낙엽, 동물의 사체등의 유기물은 고온 다습하고 비교적 박테리아, 균류의 생육조건도 좋아 양분순환의 속도가 빠르다. 토양층이 얇고 토양에는 낙엽이 거의 없으며 척박하여 곡식을 재배하거나 가축을 방목하기에는 부적절하다.

○ 온대낙엽수림

기온이 식물생육에 적당하고 계절에 따라 변화가 큰 지역으로 여름은 따뜻하고 길며 겨울도 심하게 춥지 않은 지역이다. 강수량은 풍부하고 거의 연중 분포한다. 참나무, 호두나무, 단풍나무, 포플러, 너도밤나무 같은 낙엽활엽수가 우점한다. 봄에 싹이트고 가을에 단풍이 들며 늦가을에는 잎을 떨구고 휴면상태에서 겨울을 보낸다. 열대우림보다 교목류의 수가 적으며 지면에는 빛의 투과가 많아 풍부한 식물의 다영성을 보인다. 유기물층은 분해속도가 느려 두꺼운 낙엽층이 발달해있다.

○ 상록침엽수림

북방침엽수림 또는 타이가(taiga) 라고 불리는 지역으로 북미, 아시아, 유럽등 북극 툰드라의 바로 남쪽에 분포한다. 겨울은 길고 건조하며 매우춥고 최북단 타이가에서는 햇빛이 하루중 6-8시간만 비춘다. 여름은 온화하나 짧다. 가문비나무, 전나무, 솔송나무, 소나무 같은 상록침엽수들로 이루어져있다. 유기물층은 낮은 기온 침엽의 왁스층 그리고 토양의 높은 산도 때문에 분해속도가 느리고, 관목성 타 식물의 형성도 어렵게 한다.

○ 온대우림

연안침엽수림으로도 불리며 북미의 해안지역으로 미국삼나무, 미송등의 수고가 큰 상록침엽수가 자란다. 겨울은 포근하고 여름은 서늘하며 강우량도 풍부하다.

〈산악 생물군계〉

산악은 지표면의 약1/4을 차지하는 지역으로 고지대의 숲이다. 산악은 고도, 기후, 토양이 급변하는 곳으로 식생의 변화도 큰 곳이다.

제2절 산림생태계의 구성 및 동태

1. 나무의 구조와 생장 (자료:Tree growth, Iowa State University)

모든 식물의 생장은 분열조직에서의 세포분열의 결과이며, 분열조직은 근단(Root tip), 형성층(Cambium) 그리고 눈(Bud) 등 세곳에 있다.

〈뿌리〉

ㅇ 뿌리의 생장

나무의 뿌리에는 정단 분열조직이 있으며, 이 조직은 근관(뿌리골무)에 의하여 보호받는다. 정단 분열조직에서 새로운 세포들이 분열을 통하여 수가 늘어나고, 크기가 커지며, 특화된 조직으로 분화된다. 뿌리는 일반적으로 지상부의 기관들보다 일찍 자라기 시작하며 성장률은 토심, 수분공급, 양분, 공기교환, 온도등과 같은 환경에 영향을 받는다.

ㅇ 뿌리의 형태

나무의 뿌리는 크게 3부분으로 구성되어있다. 수분을 이동시키고 저장하는 역활이 주 임무인 장근과 크기가 작고 1-2년 살다가 죽는 세근 그리고 뿌리털로 이루어져있다. 작은 뿌리와 세근에서 주로 수분과 양분의 흡수가 이루어진다. 대부분의 나무들은 뿌리를 땅속 깊이 내리지 않으며, 수분, 양분, 산소를 얻을 수 있는 50cm 이내에 모여 있다.

뿌리의 형태는 크게 땅 아래쪽으로 직선으로 뿌리를 내리는 직근(Tap root), 경사를 이루며 뻗는 심근(Heart root), 그리고 옆으로 넓게 펼치는 평근(Flat root)으로 구분된다.

〈줄기〉

ㅇ 줄기의 생장

식물의 직경생장은 형성층에서의 세포분열의 결과이다. 새로운 세포들은 매년 형성층의 양쪽면에 만들어지며 안쪽을 구성하는 목부(Xylem)에서는 수분과 양분의 이동을, 바깥쪽의 사부(Phloem)는 당분과 아미노산, 비타민, 호르몬 등의 이동을 담당한다. 나이테는 성장기 초기에는 세포의 지름이 크고 세포벽이 얇은 춘재를 여름에는 세포의 지름이 작고 세포벽이 두꺼운 추재를 만들며, 춘재와 추재를 합하여 1년을 나타내는 한개의 나이테가 되며 이 나이테의 폭은 나무의 건강상태를 측정하는데 이용되기도 한다.

○ 줄기의 횡단면 상 (그루터기)에서 본 각 기관 및 기능

- 심재(Heartwood)- 형성층이 오래전에 생산한 조직으로, 나무를 기계적으로 지탱할 수 있도록 한다.
- 심변재(Sapwood)- 형성층이 비교적 최근에 생산한 조직으로 수분을 뿌리에서 윗쪽으로 운반한다.
- 심형성층(Cambium)- 나무의 줄기를 생장시켜주는 분열조직으로서 세포분열을 왕성하게 하는 곳이다.
- 심내수피(Inner bark)- 광합성으로 만들어진 탄수화물을 운반한다.
- 심외수피(Outer bark)- 수분의 손실을 막고 병원균의 침입을 막아주며, 바깥기온의 급격한 온도변화로부터 완충역활을 한다.

〈수관〉

○ 눈(아; Bud)의 종류

나무의 뿌리, 줄기, 가지의 신장생장은 눈의 정단분열조직에서 이루어지며, 눈의 종류는 가지 끝에 달리는 정아, 가지의 측면에 달리는 측아를 비롯하여 후에 발달되는 기관의 종류에 따라서 엽아, 화아 등 여러 가지가 있다.

- 정아(terminal bud)- 가지 끝에 달리며 후에 주가지 또는 꽃으로 발달된다.
- 측아(Lateral bud)- 가지 측면에 달리며, 후에 측지 또는 꽃으로 발달된다.
- 액아(auxillary bud)- 대와 잎사이에 달리며 새로운 잎이나 꽃으로 발달된다.
- 잠아(dormant bud)- 휴면상태에 있는 눈으로 대와 잎 사이의 엽액에 만들어 졌다가 흔적을 남기고 떨어짐
- 부정아(Adventitious bud)- 줄기의 끝이나 엽액에서 유래하지 않고 상처를 입은 유상조직에 서 만들어짐
- 엽아(leaf bud)- 후에 잎으로 발달되는 눈
- 화아(floral bud)- 후에 꽃으로 발달되는 눈

○ 눈에 의한 생장특성

눈에 의한 나무의 신장생장은 고정생장(Fixed growth)과 자유생장(Free growth) 두 가지의 생장 특성을 갖고 있다.

고정생장은 당년에 자랄 원기가 전년도에 형성된 동아(Wintre bud)속에 미리 형성되어 있다가 봄에 동아가 개엽하는 경우로서 고정생장을 하는 수종은 소나무, 잣나무, 가문비나무 등이 있다. 이에 비하여 자유생장은 미리 형성된 원기는 봄에 자라서 춘엽이 되고, 새로 만들어진 원기는 여름내내 하엽을 생산하여 두 종류의 잎을 가진 이엽지를 만든다. 자유생장을 하는 수종은 포플러, 낙엽송, 자작나무, 테다소나무, 대왕송 등이 있다.

2. 산림의 수직적 구조

우리나라 천연림의 대부분의 숲을 보면 최 상층에는 교목(지상 3m 이상 높이의 다년생 목본식물) 이 그 아래에는 아교목이 그리고 보다 아래에는 진달래, 생강, 철쭉등의 관목(지상 3m 미만의 다년생 소형 목본식물) 이 자라고 있으며 최 하위층에는 초본식물이 자리잡고 있다. 이처럼 숲속의 나무들은 동일한 지역에서 최상층에서부터 땅에 가까운 최하층까지 층을 이루고 생육하고 있으며 이러한 양상을 산림의 수직적구조(vertical structure) 또는 층화(stratification)라고 한다.

3. 천이(遷移)

○ 정의

- 생태적 천이 : 어느 지역에서 식생이 오랜 세월동안 변해가는 현상을 생태천이(ecological succession)라고 하며 이러한 변화는 대체로 수 천년에 걸쳐 이루어진다.
- 개척자(Pioneer) → 극상(Climax)
  (생태 천이)

※ 개척자(pioneer) : 천이과정에서 최초로 침입하는 종

※ 천이계열(series) : 개척자로부터 극상에 이르기까지의 각 단계

※ 극상(climax) : 여러 종류의 다양한 생물이 그 환경에 적응하여 생태계가 안정된 상태

○ 천이의 유형

천이는 유발주체에 따라 자발적 천이와 타발적 천이, 유발지역에 따라 1차천이와 2차천이로 구분한다.

- 자발적 천이와 타발적 천이
  - 자발적 천이 : 기존 생물상에서 외부의 물리적 간섭없이 타 생물을 유입하는 경우

- 타발적 천이 : 외부의 물리적 환경변화(교란)에 의하여 환경이 변화된 경우
- 1차 천이와 2차 천이
  - 1차천이 : 고등 생물상(산림, 초원)이 없던 지역에서 천이가 시작되는 경우
  - 2차천이 : 군집이 존재하는 곳에서 교란(기상재해, 병충해 등)에 의해서 변화가 생기는 경우

ㅇ 천이단계 (1차 천이의 경우)

표 2. 1차 천이의 천이단계

단계	건성천이	습성천이	수성천이
1	건조암석지	습윤 암석지	호수 혹은 습원
2	피각성 선태류	-	수중식물
3	엽상 선태류 및 이끼류	-	부유식물
4	이끼 및 1년생 초본류	1년생 초본류	수생식물(emergent)
5	다년생 초본류	다년생 초본류	사초류 및 물이끼류
6	혼합 초본류	혼합 초본류	혼합 초본류
7	관목류	관목류	관목류
8	양수류	양수류	양수류
9	중간수류	중간수류	중간수류
10	음수류	음수류	음수류

자료: 산림생태학, 향문사

※ 1년생초본부터 노령림까지의 천이단계

나지→1년생초본→다년생초본→관목단계→장령림단계(양수, 중간수)→노령림단계(중간수, 음수)

제3절 산림생태계의 물질순환

1. 생태계의 에너지 흐름

〈탄소순환〉

탄소는 생물체를 구성하는 가장 중요한 구조적 원소이다. 대기중에 있는 이산화탄소를 식물이 광합적

작용에 의해 흡수하여 산림 생태계내로 유입되며 녹색식물은 소비자에 의해 식해되고 분해자에 의해 분해되어 대기중으로 환원되는 순환구조를 갖는다. 또한 대양에서는 많은 탄소를 저장하고 있으며 대기중의 이산화탄소는 대양에서 용해되어 탄산이온을 형성하며, 대양 또한 대기로 이산화탄소를 방출한다. 급변하는 산업화, 도시화로 대기중의 이산화탄소는 포화상태로 접어 들고 있으며, 이러한 인간의 활동으로 탄소의 분포 및 순환에 균형이 깨어져 심각한 위기에 직면해있다. 특히 화석연료의 이용으로 인한 대기권으로의 축적은 지구의 온난화, 온실효과(Green effect) 등을 낳고 있다. 반면에 나무는 남아도는 대기중의 이산화탄소를 흡수하고 산소를 배출하여 우리가 숨을 자유롭게 쉴 수 있게 해주는 중요한 역할을 담당하고 있다.

〈질소순환〉

질소는 모든 생물체의 필수영양소인 단백질의 구성원소이다. 약 80%의 질소는 공기중에서는 가스형태로 머물러 있으며, 나머지는 토양에 질산염 형태로 있다.

질산염은 일부는 공기중의 방전으로 형성되기도 하나 식물이 이용하는 질소의 대부분은 토양내의 균류에 의한 질소고정을 통하여 식물들이 흡수하며, 흡수된 질산염은 유기물과 결합하여 아미노산, 단백질을 형성한다. 동 식물이 생을 다하고 고사하면 토양으로 환원되고 환원된 단백질은 균류에 의해 또다시 분해되어 질소가 암모니아로 되어 토양으로 환원되는 순환과정을 갖고 있다.

〈무기물 순환〉

칼륨, 칼슘, 인, 염소, 마그네슘 등의 무기물은 생태계내에 풍부하지 않으며, 대부분 바위로부터 바람과 물에 의해 밖으로 유출되었다가 다시 생태계내로 유입된다. 생태계로 유입된 무기물 원자는 토양에서 변화된 형태로 식물이 흡수하여 이용하며 고사하여 다시 토양으로 환원한다.

2. 산림 생태계의 양분순환 (자료:Properties and management of forest soils, John wiley & Sons)

산림생태계의 주요 양분순환 시스템은 지화학적 양분순환과 생물학적 양분순환에 의해서 이루어진다.

지화학적 양분순환은 대기와 임분과의 양분 이동으로 개방계(open system)라고도 하며, 생태계내의 무기물 이동을 포괄하여 먼지와 강우, 모암의 풍화, 질소고정, 시비등에 의하여 산림생태계내에 양분이 공급되고 용탈, 지표유출, 증발, 벌목등에 의하여 양분이 손실되는 것을 말한다. 생물학적 양분순환은 임목과 토양간의 양분의 이동으로 폐방계(closed system) 라고 한다.

(1) 지화학적 양분순환(Geochemical nutrient cycling)

〈양분의 공급〉

ㅇ **대기 유입** : 강우와 분진등이 생태계내로 유입되는 것으로 유입량은 장소와 계절에 따라 다양하다. 대기중의 질소는 중요한 공급원으로서 대기중에서 부유하고 있는 질소산화물이 강우와 함께 토양으로 유입된다.

ㅇ **질소고정** : 주로 토양표층에 서식하는 균류가 공중질소가스를 고정시켜서 산림생태계 내부로 유입시키며 공생균류가 서식하는 콩과식물은 1년에 200kg/ha, 오리나무는 320kg/ha 정도를 고정하며, 비공생균의 질소고정 능력은 1년에 0.3kg/ha 정도로 적은 것으로 알려져 있다.

ㅇ **모암의 풍화** : 양분을 부화(replenishing)시키는 중요한 수단으로 임분내에 양이온을 유입시킴

ㅇ **시비** : 비료의 사용은 임목의 성장을 증가시키고 양분순환의 속도를 빠르게한다. 또한 임상의 퇴적 유기물은 분해가 촉진되어 임목이 효과적으로 양분을 흡수할 수 있도록 도와준다.

〈손실〉

ㅇ **용탈** : 임목에 접촉하지 않고 또는 수간류(stem flow)로 생태계내로 유입된 빗물은 임목의 잎에서는 증산작용으로, 임상에서는 증발로 유실되며 또한 계류수 및 침출수로 양분이 밖으로 빠져나간다. 미국 워싱턴에 있는 한 미송 임분의 실험에 의하면 지표에서는 연간 5kg/ha, 뿌리층 이하에서는 연간 0.6kg/ha의 N이 밖으로 이동하는 것으로 보고된 바 있다.

ㅇ **지표유출** : 강우에 의한 침식으로 지표의 토양이 밖으로 유출되면서 현탁물질로 양분이 유실되는 것

ㅇ **휘산** : 토양에서 질소가 미생물의 활동으로 또는 바람에 의해서 가스형태로 대기로 지출되는 것으로 토양의 pH가 높거나 건조시에는 유출양이 많아진다.

ㅇ **벌목** : 벌채에 의한 양분손실은 수종, 임령, 지위에 따라 다양하지만 양분의 손실량은 질소가 가장 많고, 인산이 적다. 또한 낙엽 채취에 의해서도 상당량의 양분을 손실한다.

(2) 생물학적 양분순환(Biological nutrient cycling)

ㅇ **임목의 흡수**

임목에 의한 양분흡수는 임목의 수령, 토양, 기후조건에 의하여 영향 받는다. 활엽수혼효림이 침엽수림보다 양분의 흡수량이 크고, N의 평균 흡수량은 P의 10배, K의 5배 정도이다.

ㅇ **양분 보유**

임목은 뿌리를 통하여 양분을 흡수하여 수체내에 보유하며 낙엽으로 또한 뿌리에 의한 고사로 토양에 환원한다.

연간 양분의 순 축적량=총 양분 흡수량−(낙엽량−강우에 의한 용탈량−뿌리의 고사량)

○ **양분의 환원**

낙엽으로 많은양의 양분이 토양으로 환원되며 양은 수종, 지위에 따라서 다양하다.

비옥한 임지는 척박한 임지에 비해 양분의 보유량과 환원량이 많다. 또한 온대지역은 한 대지역에 비해, 같은지역 내에서는 낙엽활엽수림이 침엽수림에 비해 낙엽에 의한 환원량이 많다. 하층식생은 낙엽의 양은 적지만 초본의 양분농도가 비교적 높아 실제 환원양은 많은 비중을 차지한다.

○ **체내 전류**

수체내 각 기관에 보유하고 있는 양분의 양, 농도는 수종 및 개체에 따라서 다양하다. 또한 잎에 보유하고 있던 양분은 모두 낙엽으로 환원하지 않고 양분의 일부는 낙엽전에 잎에서 회수되어 가지, 뿌리, 줄기등에 저장하며 다음해에 잎을 낼때 이용한다. 따라서 계절에 따라서도 잎내 양분의 보유량이 차이가 난다. 수체내 각기관의 양분의 농도는 1년생 잎 > 다년생잎 > 가지 > 수피 > 목부 순으로 높다.

제3장 산림생태계와 환경문제

제1절 환경문제 개관

우리가 매일매일 접하고 살아가는 환경은 인간의 활동에 의해 다음의 그림 1과 같은 다양한 부담(또는 負荷)을 받고 있다. 이를 일명 '인간의 간섭에 의한 환경의 충격 모델' 이라고 한다. 자연(또는 환경)에 가해지는 부하는 우선 자연으로부터의 원료채취를 들 수 있다. 자연 생태계는 원료채취라는 인간의 경제행위와 간섭에 의하여 생태계의 천이 과정이 중단 또는 방해를 받으며 이는 곧 자연 자체에는 상당한 부담으로 작용할 수밖에 없다. 이밖에 인간 경제활동 후에 발생하는 쓰레기의 투여, 다양한 형태의 자연재해 및 토목공사, 그리고 건설시행 착오에 의한 방치 등이 환경에 가해지는 부하로 들 수 있다.

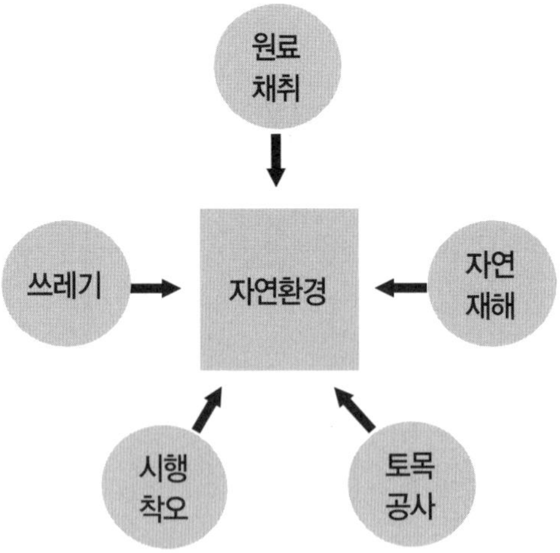

그림 1. 자연환경이 입는 부하(負荷)

제2절 산림생태계 교란과 환경

1. 환경오염과 생태계

○ 환경오염의 개념

환경오염의 시작은 인구의 증가가 가속화 되면서 시작되었다. 급속도로 늘어나는 인구는 식량의 부족을 초래하였고 부족한 식량을 메우기 위한 증산정책은 우리를 풍요롭게 만들었지만 환경오염문제를 만들기 시작하였다. 비료와 농약의 과다사용은 흙과 물을 오염시켰고, 석탄과 석유 등 화석연료를 이용하는 기계사용의 급속한 증가는 대기를 오염물질로 가득차게 만들었다. 우리가 동,식물과 함께 살아가는 이땅의 환경은 변화에 스스로 대처할 수 있는 자정능력을 갖고 있다. 그러나 이러한 자정작용으로 해결될 수 없을 정도로 과도한 변화가 생길 경우 생태계의 균형이 깨지고 자연의 질소가 파괴된다. 곧 환경오염은 이러한 자정능력을 초과할 경우에 발생되며 자연이나 생활환경을 손상시키고 인간생활에 유해한 영향을 미치는 현상으로 산업의 급속한 발전의 시작인 산업혁명이후에 문제가 대두되었다.

○ 산성비

1960년대 이후 가속화된 산업화의 결과로 대기중에 산성화물질이 많아지게 되었으며 이로 인하여 산성비현상이 대두되게 되었다. 인위적 요인으로는 주로 화석연료의 연소과정에서 배출되는 유황, 질소, 탄화수소가 주원인이며, 공기중에서 화학 반응에 의해 형성된 유황산화물과 질소산화물이 비, 눈, 안개와 섞여 수소이온농도가 낮아진 산성입자물로 지상에 내려오는 것을 산성강하물 또는 산성비라고 말하며, pH가 5.6이하의 비를 산성비라고 한다. 산성비는 산림에도 큰 피해를 준다. 산성버에 의한 산림파괴의 증거는 1982년 독일을 시작으로 유럽, 미국, 캐나다 등에서 발견되면서 관심을 갖게 되었으며 수목의 생장을 감퇴시켜 산림을 쇠퇴하게 만들고, 토양의 산도가 증가하면서 완충능력이 저하되어 토양의 비옥도가 낮아지며 이로 인해 생산성이 낮아진다. 또한 토양내 유해 중금속이 방출되어 수질을 저하시킨다.

산성비 살포에 의한 인공실험에 의하면 pH 3.0이하에서는 식물체의 잎에 반점이 생기고 식물의 생장이 저해되는 결과를 낳은 곳으로 보고되어 있다.

○ 지구의 온난화와 산림

특정 가스가 지구의 주위를 둘러싸고 있으면서 지구층의 가열된 복사열의 대기권 방출을 막음으로써 지구가 더워지는 현상을 지구의 온난화라고 하며, 이것이 마치 온실에서 따뜻한 기온이 밖으로 방출되지 못하게 가두고 있는 현상과 같다고 하여 온실효과(Greenhouse effect)라고 부른다. 이러한 온실효과의 원인이 되는 가스로는 이산화탄소, 아산화질소, 프레온가스, 메탄가스, 오존등이며, 이들중 이산화탄소가 온난화에 기여하는 비중이 가장 높은 것으로 알려져 있다.

만약 지구의 온난화가 가속화될 경우 나타나는 현상은 여러 가지가 있다. 지구온난화에 의한 지표면의 기온상승은 호기성 및 혐기성 부패가 활발해져 이산화탄소 및 메탄의 배출량이 증가하여 지구온난화를 가속화 시킬 것이며, 생태계 또한 대기기온의 상승으로 온도, 습도, 증발량등의 변화로 생육조건이 달라짐에 따라 생물의 분포에 영향을 줄 것이다. 해안지역에서는 해수의 온도상승으로 수위의 상승률로 이어져 일부의 나라는 물속으로 사라질 운명이 올지도 모른다.

나무는 이산화탄소를 흡수하고 산소를 공급해준다. 1ha의 상록활엽수림은 22톤의 이산화탄소를 흡수하고 19톤의 산소를 방출하는 것으로 알려져 있다. 또한 15-22년생 소나무 1ha는 60여명이 필요한 산소를 생산해낸다. 최근에는 지구온난화에 의한 대기의 온도상승과 산화와의 연관성에 대한 연구들이 진행되고 있다. 숲을 지키고 가꾸어야하는 또다른 이유가 필요할까?

2. 산림생태계의 교란(disturbance)

산림생태계의 교란에는 자연적 교란과 인위적 교란이 있다. 자연적 교란은 병충해, 야생동물, 산화, 태풍, 홍수, 침식등의 산지붕괴, 건조화 등의 원인을 들 수 있으며, 인간의 갑섭으로 발생되는 인위적 교란은 입화, 벌채이용, 환경오염 등이 있다.

제3절 인간의 미래, 숲의 미래

1. 산림은 인류문화의 요람

인류의 조상은 만여년 전까지 숲에서 수렵 채취생활을 영위하였으며, 인류의 문명 발달 또한 숲과 함께했다. 위대한 문명의 발생지로 일컫는 고대 메소포타미아 문명은 유프라테스강과 티그리스강을 낀 울창한 숲과 함께 하였으며 인더스강의 인더스문명, 그리고 나일강의 이집트문명 역시 숲과 무관하지 않았다. 풍부한 수자원과 숲은 농업혁명을 완성시켰고, 연료재로서 때로는 집을 짓는 건축재로서 나무와 숲은 문명의 탄생, 발전 그리고 붕괴까지 함께하였다. 아주옛날 남아메리카 서부해안에서 3,700여km 떨어져 있는 지구상 최고의 부흥을 일으켰던 한 섬의 이야기는 많은 것을 깨닫게 해준다. "이스터섬"이 섬은 5세기경부터 사람들이 정착하면서 문명이 시작되었고, 사람이 살기전 3만년전에도 이미 숲으로 덮여있었다고 한다. 섬은 인구수에 비하여 넓고 기름진 땅은 비교적 풍부한 삶을 누릴 수 있게 하였다. 그러나 점차 인구가 증가하면서 문제가 생겨났다. 식량을 위해 경작지를 늘렸고, 생활도구를 위해 많은 나무들이 필요하여 숲은 조금씩 파괴되어 갔다. 또한 풍요로운 생활에서 비롯된 제래의식은 씨족간의 경쟁을 부추겼다. 기념비로 세울 석상 "모아이"의 제작이 경쟁적으로 이루어지면서 이석상을 옮기기 위한 통나무 받침이 필요했고 이는 숲을 사라지게 하였다. 산림의 파괴는 토양의 유실을 낳았고, 척박한 경지는 생산성을 악화시켜 사회적 불안을 일으켰으며, 씨족간의 전쟁 심지어는 식인풍습까지 생겼다고 한다. 이섬은 지금으로부터 약 230여년전에 네덜란드의 한 선장으로부터 발견되었다. 앞선 문명을 이끌었던 이스터섬의 사회가 원시사회로 되돌려진 배경에는 숲의 파괴가 원이이었다고 말할 수 있다.

2. 산림생태계의 위기

지구육지의 1/3이 인간의 간섭 또는 기후적 원인으로 생물생산력이 감퇴되었거나 파괴된 사막화지역이다. 사막화는 크게 두가지의 원인에 의해 발생된다. 하나는 강수량의 감소로 인해 발생하는 건조화, 또 하나는 인구의 증가로 불어나는 인구를 부양하기 위해 발생되는 방목, 경작지로의 전환을 위한 식생파괴 그리고 벌채에 의한 토양 나출등의 인위적인 요인이다.

나무는 대기중으로 수분을 내뿜는 기능을 갖고 있다. 증발되는 수분은 대기중에서 수증기가 되어 강수의 형태로 지상으로 되돌아온다. 숲의 파괴는 이러한 물의 순환기능을 중간에서 끈기게 한다. 그 결과 사막화를 가속화 시킨다.

방목을 위해 그리고 경작지를 만들기 위한 산림의 벌채 또한 주요한 원인이다. 태국의 경우 70%의 산림면적이 30%로, 아프리카 나이지리아의 열대림은 64%에서 6.4%로 바뀌었다. 또한 중국은 숲의 경작지로의 전환으로 최근 30년동안 우리나라의 산림면적과 비슷한 600만ha가 사막화가 되었다. 일부의 학자들은 이러한 속도로 숲이 감소된다면 세계의 숲 들중 1/4-1/5만이 온전하게 남을 것이며, 앞으로 20년안에 그중 40%의 숲이 사라질 것이라고 추정한다. 그러나 최근 들어서 환경문제로 인한 재앙이 커짐을 인식하면서 일부의 국가에서 훼손된 산에 다시 나무를 심고 가꾸는 일들을 시작하고 있어 다행스럽기도하다.

3. 숲의 보전

지구상의 한쪽에서는 사막화로 또 한쪽에서는 경지전환으로 숲이 소실되어가고 있으며, 또 한쪽에서는 파괴된 숲에 나무를 심고 있다. 동일한 시간에 자연의 흐름에 의해 또한 어떤 한 산림정책 입안자의 마음에 따라 숲의 운명이 결정되어 지고 있다. 숲은 지켜야 한다.

숲은 인류문화의 산실임을 인식하여야 하며, 자연을 인간본위의 입장에서만 바라보지 말고 함께 상생하는 한 구성원으로 바라 볼 줄도 알아야한다.

〈실습 계획〉

1. 산림생태계 이해와 산림조사(군집조사) 실습

- 국민대학교 평창동 실습림과 한국통나무학교 실습지 활용
- 표준지 설정후 Quardrat를 설치하고 식생 자체조사 및 환경조사를 통하여 숲속 식생의 분포 및 구성상태 등의 이해를 높인다.

2. 천이의 단계적 발전과정을 이해하기 위한 실습

- 장령 및 노령 임분 탐방: 국립수목원 혹은 북한산 국립공원 등
- 습지 및 연못, 호수지역 탐방 조사

국민대학교 평생교육원·(사)숲과 문화 연구회
숲해설 아카데미 전문과정

Ⅱ

식물의 이해

임 주 훈
국립산림과학원 산림수토보전과/연구관

류 새 한
식물사회학연구소/소장

최 상 규
제일엔지니어링/상무

김 효 정
국립문화재연구소/박사

정 경 옥 (원저자)
숲해설가

목차

제1장 숲과 나무: 목본식물

제1절 숲의 의미

숲이란 일반적으로 나무들이 무성하게 들어찬 곳이라 정의하지만 숲에는 나무를 비롯해 풀, 곤충, 토양생물, 동물 등의 생명체와 빛, 공기, 토양, 물 등의 무기환경들의 물질 순환이 일어나는 자연 생태계이다.

숲은 다양한 생물종과 어울려 있을 때, 가장 생산성이 높게 유지된다. 그러므로 다른 생명체들과 더불어 살아가야 한다.

- 미생물 : 낙엽, 죽은 동식물의 사체를 먹고 분해하며 식물에게 필요한 영양분이 되게 한다.
- 빛·공기·토양·물 : 숲을 이루는 모든 생물에 반드시 있어야 한다.
  ※ 모든 에너지와 생명의 근원
- 식물 : 미생물이 생성하는 양분. 물을 뿌리로 흡수하여 잎에서 태양에너지를 이용하여 광 합성 작용 산소와 녹말로 바꾼다.
  (산소는 동물이 살아가는데 필요, 녹말은 열매의 성분)
- 동물 : 식물로부터 쉴 곳과 먹을 것을 제공받고 식물이 종을 퍼뜨릴 수 있도록 돕는다.
  (꽃의 수정, 열매 이동)

숲이 인간에게 주는 것

i) 맑은 공기, 깨끗한 물, 질 좋은 흙
ii) 홍수, 가뭄을 막고, 산사태를 방지
iii) 아름다운 자연환경, 건강회복, 쉼터
iv) 생활터전
v) 목재, 임산물, 섬유, 약

v)를 제외한 숲의 혜택을 숲의 공익적 기능이라고 하는데 2000년 금전으로 환산하여 대략 106만원(국민 1인당)이라 한다.

식물을 대상으로 생계를 유지하였던 농경사회, 동물을 생계의 유지 대상으로 여겼던 목축업 중심의 사회, 공업화로 인해 여러 산업이 발생한 산업사회, 그리고 환경오염과 지구 온난화가 급속히 진행되는 현대사회. 시대의 변천에 따라 사람들이 숲을 보는 관점에 차이가 있다.

제2절 한국의 식물연구

동서양 모두 식물분류는 유용한 식물을 찾으려는 데에서 출발하였다. 우리나라에 본초학이 들어온 연대는 확실치 않지만 신라시대에 우리나라에서 일본으로 전파된 것으로 보아 적어도 신라 초기에 들어왔을 것이라 보고 있다.

우리나라 본초학 발전은 이시진의 본초강목을 토대로 하여 우리의 실정에 맞는 방약합편(1884)이 고종 때 편찬되었다.

우리나라에 자생하는 식물들을 분류하는 것은 서구사람들에 의해 시작되었다.

현대분류학의 영향을 받기 시작한 1854년부터 현재까지를 나누어보면 크게 3단계이다

1. 초창기 (1854~1910)

1854년 Schilippenbach가 동해안을 측량할 때 50여 종을 채집. 네덜란드 Miquel에게 보내 국제학계에 소개. 이후 영국, 프랑스, 독일, 일본, 소련 등의 식물 수집가, 식물학자. 의사, 선교사들에 의하여 유럽과 일본 등에 우리나라 식물들이 알려지게 되었다. 1900년부터는 일본학자들의 손이 더욱 뻗치기 시작하였다. 일본 식물학자 中井은 학위논문으로 우리나라 식물을 선택하였다.

2. 한일합방기 (1911~1945)

일본 Nakai는 일본 동경대 Matsumura교수의 영향으로 한국 식물연구에 평생을 보냈다. 1913년 조선총독부의 촉탁 식물학자로 임명된 이후 1942년까지 우리나라 여러 지역을 답사하며 많은 논문을 발표하였다.

정태현은 1908년부터 한국식물 분류에 평생을 보냈다. 임업시험장과 교사들의 식물연구도 진행하였다. 1933년 조선식물연구회를 조직하였고, 1936년과 1943년에는 각각 조선식물향명집과 조선 삼림식물도설을 출판하였다.

3. 해방 후 (1945~)

해방과 함께 조선생물학회가 발족되었다. 한국전쟁으로 모든 연구가 중지되고 학자들과 표본관등이 전쟁으로 큰 피해를 받는다. 박만규는 1949년 식물명감을 출판한다. 1956~1957년 정태현은 한국식물도감 (초본, 목본)을 출간한다. 1966년 이창복의 한국수목도감이 출판되고, 이후 여러 학자들의 식물도감이 출간된다.

제3절 식물의 분류

식물분류학은 생물학의 여러 분야 중 가장 역사가 오래된 분야일 뿐 아니라 생물학의 기초분야중 하나이다. 과거의 외부형태나 내부구조를 근거로 분류하던 시대에서 벗어나 최근에는 DNA 자료를 근거로 하는 분자분류학의 시대로 접어들었다.

그러나 식물분류의 기본은 외부형태 및 내부형태를 근거로 분류하는 형태분류의 토대위에 화분학적·분자생물학적·지리학적 분류가 바람직하다.

여러 식물을 식별(識別), 명명(命名), 류별(類別)하는 일을 분류라 한다.

- 식별(識別) : 식물간에 서로 같고 같지 않음을 가려내는 것
- 명명(命名) : 이름을 붙이는 것으로 식물에 정확한 명칭을 붙이는 것. 국제식물명명규약(1972)에 따름.
- 유별(類別) : 형태학적, 생리학적, 유전학적 유연관계에 따라 서로 가깝고 먼 관계를 따져 일정한 분류법에 따라 배치하는 것(과·속·종)

식물의 줄기, 뿌리, 잎, 꽃 등은 직접 관찰이 가능하므로 이들은 식물식별에 중요한 역할을 하였으며 그 중에서도 꽃의 구조를 중요시하여 분류의 기반으로 삼았다.

식물기관의 형태는 어떤 것이 원시적이고, 어떤 것이 진화되어온 것인가에 대하여 학설이 나오기도 했다.

- 식물의 학명 : 나라에 따라 책에 따라 식물명의 통일성을 찾아보기 어려웠다. 이를 통일하기 위하여 여러 학자들 간의 회의를 통하여 여러 규약이 마련되었다(국제식물명명규약).
  식물의 분류체계는 계 → 문 → 강 → 목 → 과 → 속 → 종의 단위로 이루어져 있으며 보통 속명 + 종명 + 명명자명을 써서 학명을 붙인다. 식물의 가장 중요한 분류단

위인 종은 자신의 형질을 후손에게 유전할 수 있는 형태학적·생리학적·생태학적으로 뚜렷한 식물군이다.

〈학명의 구성〉

- 속명 – 첫글자를 대문자로, 라틴어
- 종명 – 소문자
  - 형용사일 경우 속명과 성이 일치
  - 라틴어에서 수목은 어미와 상관없이 여성취급
  - 식물 특징, 무의미한 언어, 지명
- 명명자명 – 명명한 사람

- 분류를 위한 식물기관 – 식물분류는 주로 외부형태에 의존하므로 식물의 각 기관의 형태를 알아야 한다. 식물은 영양기관인 뿌리, 줄기. 잎 등과 생식기관(꽃, 열매, 종자)으로 구성되어 있다.

제4절 식물의 조직과 기관

1. 영양기관

〈잎〉

계절현상 – 개엽, 성엽, 단풍, 낙엽

- 잎의 3대 기능 (광합성, 호흡, 증산작용)
- 잎의 구조 : 잎몸, 잎자루, 턱잎, (갖춘잎)
- 잎차례(엽서) : 마주나기(대생), 어긋나기(호생), 돌려나기(윤생), 뭉쳐나기(총생), 뿌리나기(근생)
- 잎맥(엽맥) : 주맥, 측맥, 중륵
- 모양(엽형) : 원형, 타원형, 심장형, 침형, 피침형, 도란형, 선형, 침형
- 잎머리(엽선) : 원두, 평두, 요두, 꼬리형, 점첨두, 급첨두
- 잎 아랫부분(엽저) : 원저, 심장저, 평저, 예저, 왜저, 이저

- 잎 가장자리(엽연) : 전연, 예거치, 치아상, 복거치, 결각상, 파상
- 털 : 단모, 성모, 연모, 강모

〈줄기〉

- 초본 : 겨울에 지상부가 완전히 죽는 것.
- 목본 : 일부가 남아 다시 자라는 것
  - 교목, 아교목, 관목
- 쌍떡잎줄기 : 물관, 체관, 형성층, 갈색
- 외떡잎줄기 : 물관, 체관, 녹색
- 줄기의 변태 : 기는줄기, 덩굴손, 가시, 땅속 잎, 알, 바늘, 덩이줄기 등

2. 생식기관

〈꽃〉

식물의 생식기관으로 잎이 고도로 발달한 기관으로 여긴다. 꽃은 자손을 퍼트리기 위하여 화려한 색을 갖거나 진한 향기 혹은 달콤한 꿀을 가짐으로써 각종 곤충을 유인하여 수분을 일으키게 한다.

- 꽃의 배열 (화서)
  - 무한화서 : 총상화서, 수상화서 (질경이, 보리). 산방화서(산사나무, 수국), 산형화서(조팝나무, 파과), 원추화서(찔레, 수수)
  - 유한화서 : 권산화서, 기산화서(별꽃, 패랭이꽃)
- 갖춘 꽃 : 수술, 암술, 꽃잎, 꽃받침
- 화탁 : 꽃의 모든 기관이 달린 곳
- 화관 : 꽃받침의 안쪽에 있으며 꽃잎으로 구성. 이판화관, 합판화관
  - 종형, 설형, 투구형
- 자방상위–중위–하위
- 양성화–단성화, 일가화(자웅동주)–이가화(자웅이주), 잡성화

〈꽃가루 이동〉

- 충매화 – 풍매화 – 조매화 – 수매화

〈열매〉

자방이 성숙한 상태이며 과피와 씨로 구성됨. 열매의 색은 새들의 눈을 끌게 한다. 씨앗을 먼 곳으로 보내어 싹이 나도록 한다. 침엽수의 열매는 건과 또는 육질과이며 피자 식물의 열매 종류는 아래와 같다.

- 수과 : 소형의 갈라지지 않는 건과로 과피는 얇으며 1개의 씨가 있다. 예) 해바라기, 할미꽃, 으아리속, 엉겅퀴
- 건과 : 도토리와 호두처럼 껍질이 단단한 열매
- 영과 : 낟알 즉 벼과식물의 열매. 영과는 종피 및 과피가 밀착되어 있어 열매가 씨처럼 보인다.
- 시과 : 단풍나무, 물푸레나무 열매 같이 날개가 달린 열매
- 장과 : 과피가 다육질이고 다즙한 열매. 예) 토마토, 포도
- 감과 : 감귤속의 열매 같이 과피가 가죽질인 열매. 향기가 있다.
- 취과 : 다수의 서로 떨어진 심피가 모여 발달된 열매 집합. 예) 산딸기, 작약
- 이과 : 화탁 등이 비대하여 심피를 둘러싼 액과의 일종. 예) 장미과의 일부, 사과
- 핵과 : 액과의 일종. 예) 앵두, 복숭아, 매실
- 무화과 : 내부에서 개화, 결실하는 다육질 과실. 예) 무화과

〈열매의 이동〉

- 바람에 날려 : 단풍, 소나무, 민들레
- 동물의 몸에 붙어 : 도둑놈의 갈고리, 도꼬마리, 쇠무릎
- 스스로 터져서 : 괭이밥, 물봉선, 이질풀
- 동물에 먹혀서 : 감, 포도, 머루
- 물 위에 떠서 : 연꽃, 수련, 마름
- 밑으로 떨어져서 : 도토리, 밤

제5절 나자식물

1. 은행나무과 (Ginkgoaceae) : Ginkgo

낙엽교목, 부채 모양의 잎이 총생. 암수딴그루, 암꽃은 암녹색, 수꽃은 꼬리화서 20년생이면 결실, 1속 1종인 화석식물. 고생대말 지상 출현

• 은행나무 : 중국원산, 고대불교와 함께 도입 추정. 북반구 식물로 분포. 빙하기를 거치며 멸종. 4월 개화. 황색 종의 냄새. 용문사 은행나무는 천연기념물로 지정된 나무 중 가장 크고 나이가 많음 (1200살, 마의 태자가 지팡이를 꽂아두었다고 함) 암나무, 혈액 순환제

2. 소나무과 (Pinaceae) : Pine

북반구 전역에 분포하는 큰 식물군으로 우리나라에는 6속 25종이 분포한다. 경제 수종, 상록 또는 낙엽교목, 잎이 침형, 솔방울

표 1. 우리나라의 소나무과 6속 현황

종류	수종	특징
전나무속 (*Abies*)	전나무 (*A. holophylla*) 구상나무 (*A. koreana*) 분비나무 (*A. nephorolepsis*)	상록성 잎은 침형, 단면이 평평 종자에 날개가 없다. 솔방울이 위로 향함.
잎갈나무속 (*Larix*)	잎갈나무 (*L. gmelinii*) 일본잎갈나무 (*L. kaempferi*)*	낙엽성 잎은 총생
개잎갈나무속 (*Cedrus*)	개잎갈나무 (*C. deodara*)	상록성 잎은 총생
가문비나무속 (*Picea*)	가문비나무 (*P. jezoensis*) 종비나무 (*P. koraiensis*) 독일가문비 (*P. abies*)	상록성 솔방울이 아래로 향함.
소나무속 (*Pinus*)	소나무(*P. densiflora*) 곰솔 (*P. thunbergii*) 잣나무 (*P. koraiensis*) 섬잣나무 (*P. parviflora*)	상록성 잎은 속생
솔송나무속 (*Tsuga*)	솔송나무 (*T. sieboldii*)	상록성 솔방울이 아래로 향함. 실편이 안떨어짐.

* 산림청 국립수목원 홈페이지에 있는 국가표준식물목록 참조

• 전나무 : 사송, 침엽은 선형, 끝이 뾰족. 음수. 천근성. 오대산 월정사 아홉수 전설, 내소사 전나무 숲길

- 분비나무 : 덕유산 이북의 고산지대 분포, 음수. 천근성. 수피가 매끈하고 수지낭이 있음. 잎은 선형, 잎끝이 미요두. 설악산 소청봉 풍충지에서는 깃발형 수형.
- 구상나무 : 덕유산 이남의 고산지대 분포, 음수. 천근성. 수피가 매끈하고 수지낭이 있음. 잎은 선형, 잎끝이 미요두이며 분비나무보다 잎길이가 짧다. 구과의 포가 뒤로 젖혀 있다. 한라산에 대표적인 자생군락 분포. 기후 온난화에 따른 면적 급감(지표). 유럽에 전파되어 고급경관수종으로 활용
- 소나무 : Red Pine, 육송, 적송. 솔+나무→술→수리(으뜸). 침엽 2~3개씩 속생. 엽초는 2년에 걸쳐 떨어진다. 우리나라 대표적 침엽수, 극양수. 건조와 척박함을 잘 견딤. 뿌리에 외생균근. 타감작용. 심근성.
  유사종) 곰솔(2), 반송(2), 방크스소나무(2), 백송(3), 리기다소나무(3), 대왕송(3)

〈소나무, 리기다소나무, 잣나무의 차이〉

(1) 잎의 묶음(엽속)
- ○ 소나무 : 2개
- ○ 리기다소나무 : 3개, 줄기에 잎이 싹 터 있다.
- ○ 잣나무 : 5개

(2) 줄기 색상
- ○ 소나무 : 거칠고 검붉으며 거북등처럼 갈라진다.
- ○ 리기다소나무 : 거칠고 소나무와 잣나무의 중간정도로 거칠다.
- ○ 잣나무 : 비닐 사이의 얇은 껍질이 떨어진다.

(3) 열매 모양 (솔방울 모양)
- ○ 소나무 : 작고, 부드럽다
- ○ 리기다소나무 : 소나무보다 거칠고 크다. 침이 발달하여 만지면 따갑다.
- ○ 잣니무 : 열매가 뒤로 젖혀져 있고 씨는 날개가 없다.

(4) 전체적인 모양
- ○ 소나무 : 외부 모양이 삐뚤, 통직, 둥근 형 등 다양하다. 인접한 나무와 수관을 공유한다.
- ○ 리기다소나무 : 곧게 자하며 인접한 나무의 수관을 침범하지 않는다.
- ○ 잣나무 : 곧게 자라며 8m 부위에서 갈라짐이 많다.

- 잣나무 : Korean Pine. 오엽송, 종자에 날개가 없다. 식용·약용. 목재가 아름답고 가볍다.
  유사종) 섬잣나무, 스트로브잣나무, 눈잣나무

〈소나무와 잣나무의 차이〉

(1) 모여달린 잎의 차이

○ 소나무 : 잎은 침엽으로 2개가 속생하고 비틀리며 길이 8-9(14)cm, 폭 1.5mm 여름에는 진록색, 겨울에는 연두색으로 되며 밑부분에 아린이 있고 2년 후 낙엽.(리기다소나무는 잎이 3개 모여 달린다.)

○ 잣나무 : 잎은 5개씩 속생하며 3개의 능선이 있고 길이 7~12cm로 양면에 백색 기공조선이 5~6줄 있으며 가장자리에 잔톱니가 있다. 횡단면의 수지구는 3개로서 내위(內位).

※ 소나무와 잣나무의 잎을 모아 횡단면을 잘라보면 소나무는 반구형, 잣나무는 원형으로 보인다.

(2) 열매 모양과 씨앗의 차이

○ 소나무 : 구과는 난형이며, 이를 솔방울이라 한다. 길이 4.5cm, 직경 3cm로 황갈색이고 실편은 70-100개이다. 종자는 타원형이며 날개가 있고 길이 5-6mm, 폭 3mm로서 각 실편에 2개씩 있는데 흑갈색이고 날개는 연한 갈색 바탕에 흔히 흑갈색 줄이 있다. 구과는 9월에 성숙한다.

○ 잣나무 : 구과는 긴 난형 또는 원통상 난형으로서 길이 12~15cm, 지름 6~8cm이고 실편 끝이 길게 자라서 뒤로 젖혀진다. 종자는 일그러진 삼각형, 긴 난형 또는 난형으로서 날개가 없으며 양면에 얇은 막이 있고 길이 12~18mm, 지름 12mm로서 식용으로 한다. 다음해 9월에 익으며 한 실편에 한 개의 잣이 결실하여 한 구에 약 100개의 잣이 생산된다. 우리나라에 자생하고 있는 소나무류 중에서 구과가 제일 크다. 조림후 약 20년이 지나야 솔방울이 달린다.

(3) 꽃의 차이

○ 소나무 : 꽃은 일가화로서 웅화수는 새가지 밑부분에 달리며 타원형이고 갈색으로 길이 1cm이며 자화수는 새가지 끝에 2-3개가 윤생하여 달리고 난형으로서 길이 6mm이다.

○ 잣나무 : 꽃은 일가화로서 5월에 피며 수꽃은 5-6개의 웅화수가 새가지 밑에 달리고 암꽃은 2-5개의 자화수가 가지 끝에 달린다. 암꽃은 녹황색으로 피고 수꽃은 붉은색.

(4) 줄기의 차이

○ 소나무 : 높이 35m, 지름 1.8m이며 가지가 퍼지고 윗부분의 수피는 적갈색이며, 노목의 수피는 흑갈색이고 거칠며 두껍다. 동아는 적갈색이다.

○ 잣나무 : 높이 30m, 지름 1m에 달하고 수피는 암갈색이며 불규칙한 조각의 껍질이 있다. 어린 가지에는 잔털이 있다. 재질이 좋으며 심재가 연한 홍색이므로 홍송이라고도 한다.

(5) 분포의 차이

○ 소나무 : 일본과 중국(온대기후지역) 등지에도 분포하며, 전국의 표고 1,300m이하에서 자생한다.

○ 잣나무 : 일본과 중국, 시베리아 등지(한대기후지역)에 분포하며, 전국에 걸쳐 표고 100-

1,900m 사이에서 볼 수 있으며 주로 평북과 함경도 오지에 많으며 경기도 가평과 양주, 강원도 홍천이 주산지.

(6) 뿌리의 차이

○ 소나무는 대체로 직근이 발달하는 반면, 잣나무는 직근과 천근을 두루 갖추고 있음.

3. 측백나무과 (Cupressaeceae) : Cypress

상록관목 또는 교목. 우리나라 3속 13종. 잎은 침엽 또는 작은 인편엽.

- 편백 : 일본 원산. 1904년 도입. 남부 지방 조림. Y자형 백색 기공조선. 부드럽다. 잎은 비늘 모양. 당해에 결실.

유사종) 화백, 측백, 서양측백, 실화백

〈편백과 화백의 식별〉

○ 편백 : 잎 끝이 둔하고 뒷면의 흰색 기공조선이 Y자 모양

○ 화백 : 잎 끝이 뾰족하고 뒷면의 흰색 기공조선이 대체로 W자 모양

- 향나무 : 흔히 관상용으로 심어 사찰·묘소 등지에서 노목을 볼 수 있다. 제사 때 이 나무로 향불을 피웠다. 송광사의 쌍향수. 극양수. 공해에 강하고 맹아력이 우수. 수피가 세로로 벗겨짐. 7~8년생부터 인엽. 침엽은 아랫가지에 많다.

유사종) 눈향나무, 섬향나무, 뚝향나무

4. 주목과 (Taxaceae) : Yew, Taxus

암·수 딴그루. 종자는 육질의 종의에 싸임.

- 주목 : 생장이 더딤. 심재가 붉다. 암수 딴그루. 당년에 붉은 열매가 달리며 종자가 보인다. 내한성. 내음성. 택솔 (항암 성분). 장수목.
- 비자나무 : 잎 표면은 짙은 녹색, 뒷면은 갈색이며 중륵은 뒷면에만 있다. 암꽃은 모양이 일정하지 않은 달걀 모양. 열매는 다음해 9~10월에 익고 종자는 타원형이고 다갈색, 비자라고 하며 약용한다. 목재는 질이 좋기 때문에 각종 기구재, 특히 바둑판으로서 귀중한 재목.

제6절 피자식물

1. 버드나무과 (Salicaceae) : Willow

쓴 수피. 연한 목재. 잎은 호생. 화피가 없음. 꼬리화서. 교목 또는 관목. 암수 딴그루. 북반구 온대와 한대에 분포.

- 버드나무 : 암수 딴그루, 잎과 함께 개화. 5월에 결실. 하천변, 재질이 가볍고 연하며 희다. 아스피린의 원료. 많은 곤충이 서식. 혹벌집이 많다.
- 왕버들 : 강원도 이남 냇가. 새잎이 나올 때 빨간 꽃이 핀다. (2차례)
- 이태리포플러 : 캐나다 원산. 1960년경 이탈리아에서 도입. 수피가 은백색. 어린잎은 붉은 빛. 생장이 빠르다.
  유사종) 사시나무, 은사시나무

2. 가래나무과 (Juglandaceae) : Walnut

방향성. 잎은 우상복엽. 꽃잎이 없다. 수꽃은 꼬리화서 핵과 또는 견과

- 가래나무 : 긴 타원형, 소엽이 7~17개. 5월 개화. 수꽃은 꼬리화서. '호미로 막을 것은 가래로 막는다'
  유사종) 호두나무 (잎 5~7개)

3. 자작나무과 (Betulaceae) :Birch

열매는 잎 같은 총포에 싸임. 주로 북반구 온대 북부에 분포. 꼬리화서가 달림.

- 자작나무 : 내한성이 큰 양수. 수피는 희고 기름이 많다. 팔만대장경. 수액 약용.
  유사종) 박달나무(Betula), 오리나무(Alnus), 서어나무(Carpinus), 개암나무(Corylus)

4. 참나무과 (Fagaceae) : Beech, Oak

구황식물, 우리나라의 대표적인 활엽수, 광범위하게 분포
Quercus란 진짜, 참이란 의미로 동서양 모두 좋은 나무임을 인정.

표 2. 낙엽성 참나무 구분

수종	잎	열매	수피	분포지	기타
상수리나무 (Q. acutissima)	긴 타원형 잎끝이 뾰족 갈색 가시침	2년만에 성숙 원형 포린이 길다	황갈색 상처난 것 같이 갈라짐	산기슭 (인가부근)	수라상 술통 목재가 무겁다
굴참나무 (Q. varrabilis)	긴 타원형 잎끝이 둔하다 성모가 밀생	2년만에 성숙 타원형 포린이 길다	코르크층		오래 산다
갈참나무 (Q. aliena)	도란형 잎자루가 길다 왜저	당해에 결실 포린이 짧다 타원형	길고 좁게 갈라짐	산중턱 (50~1000m)	많은 곤충이 서식
졸참나무 (Q. serrata)	도란형 작은 잎 잎끝이 뾰족 거치 왜곡	당해에 결실 포린이 짧다 묵맛이 좋다 타원형	깊고 넓게 갈라진다	산중턱 (100~800m)	
신갈나무 (Q. mongolica)	도란형 잎자루가 짧다 이저 잎이 일찍 나온다	당해에 결실 포린이 없다 광타원형	흑갈색	산중턱 이상 (100~1800m)	신발 깔창
떡갈나무 (Q. dentata)	도란형 잎자루가 짧다 이저	당해에 결실 포린이 길다 광타원형	황갈색 두껍고 넓은 골	800m 이하 능선	탈취제 떡싸개

5. 느릅나무과 (Ulmaceae) : Elm

교목 또는 관목. 열대 및 온대 분포. 가로수. 풍치수. 수상맥이 뚜렷

- 느티나무 : 정자목. 목재의 가치가 높다. 밀레니엄 나무 선정. 은행나무 다음으로 천연기념물 지정이 많다.

유사종) 느릅나무, 풍게나무

6. 뽕나무과 (Moraceae) : Mulberry

대부분이 유즙을 분비. 단성화. 주로 열대, 아열대에 분포. 일부 온대

- 뽕나무 : 중국에서 도입·재배, 열매는 오디라 하며 식용. 목재는 황색을 띈다. 단단하고 질기고 잘 썩지 않는다.
  유사종) 산뽕나무, 닥나무

7. 미나리아재비과 (Ranunculaceae) : Buttercup, Crow foot

대다수가 초본, 일부는 덩굴성 목본, 꽃은 양성화, 꽃잎과 꽃받침ㆍ잎이 분화되지 않는다. Clematis 속이 유일한 목본. 관상가치가 높다.

- 종덩굴 : 덩굴성, 여름에 피는 꽃은 엽액에서 1개씩 달리고 암자색으로 종모양.
- 으아리 : 덩굴성, 겨울 줄기가 고사하지만 목본으로 취급. 흰색 꽃, 어린 순과 잎은 식용. 뿌리는 약용
- 사위질빵 : 줄기가 약하여 잘 끊어진다. 덩굴성. 내음성과 대기오염에 약하다.
- 모란 : 중국 원산. 관목. 천근성 양수. 자홍색 꽃송이가 크며 향기가 강하다. 뿌리와 껍질은 절화용으로 쓰인다.

8. 목련과 (Magnoliaceae) : Magnolia

피자식물 중 가장 원시적, 씨는 실모양의 주병에 의해 열매에 붙는다. 북반구 온대지역 중 북아메리카 동부와 동아시아에 집중 분포한다.

- 백목련 : 중국 원산. 3개의 꽃받침 열편과 6개의 꽃잎이 합쳐 9장 잎이 나오기 전 3월에 개화. 목필, 북향화
  유사종) 목련, 자목련, 함박꽃나무(산목련), 일본목련, 별목련
- 튜립나무 : 백합나무. 아메리카 원산. 1925년 도입. 수피 회백색, 튤립 모양 꽃이 5월 개화

9. 녹나무과 (Lauraceae) - Laurel

열대, 아열대에 주로 분포. 방향성 수목.

- 생강나무 : 꽃자루가 없는 5~6개의 산형화서로 형성. 자웅이주. 잎보다 꽃이 먼저 핀다. 어린가지나 잎을 꺾으면 생강 냄새가 난다. 꽃이 피면 향기가 좋다.

10. 범의귀과 (Saxifragaceae) : Saxifrara

초본 또는 관목이며, 우리나라에는 과에 대한 분류학적 견해가 다양하다. 독립적인과로 세분하는 체계도 있다.

- 말발도리 : 낙엽관목, 줄기가 많이 올라와 덤불을 형성하여 생울타리용이며 내건성이 좋다.
- 고광나무 : 밑에서 많은 줄기가 올라온다. 향기로운 백색 꽃이 품위가 있다. 새잎은 식용
- 수국 : 일본에서 육종된 원예종. 중부 이남에 식재. 무성화.

11. 조록나무과 (Hamamelidaceae) : Witch Hazel, Sweet Gum

교목 또는 관목, 용재수, 관상수, 약용수, 향료수로 인기가 높다.

- 히어리 : 우리나라 특산. 꽃이 핀 후 잎이 나온다. 관상용
- 풍년화 : 일본 원산. 이른 봄 개화하여 중부 지방의 화신

12. 버즘나무과 (Platanaceae) : Plane Tree, Sycamore

낙엽교목, 수피는 은백색. 잎이 대형, 얼룩 무늬 수피가 버즘처럼 보인다. 공해에 강하고 공기 정화력이 큼.

- 버즘나무 : 유럽, 서아시아 원산. 열매가 3~5개. 서양에서 Button wood라 한다. 그리스시대부터 널리 알려진 식물이다.

  유사종) 양버즘나무 : 잎길이가 폭보다 작고 열매가 구형이며 1개가 달린다. 우리나라 대부분이 가로수. 북아메리카 원산.

13. 장미과 (Rosaceae) : Rose

전 세계적으로 광범위하게 분포하는 큰 과이며 과일생산 및 관상적 가치가 높아 경제성이 높은 식물이다.

- Prunus속 : 살구나무 - 매실나무 - 개살구나무
  - 잎자루에 꿀샘 : 벚나무 - 왕벚나무(자생) - 산벚나무(꽃이 나중에 핌)
  - 콩배나무 - 문배나무 - 돌배나무
- Rosa속
  - 찔레 : 장미의 원종. 온몸에 가시가 있어 찔레. 5월에 향기가 짙은 꽃. 겨울눈이 붉다.
  - 해당화 : 꽃은 향수. 바닷가에서도 잘 자란다.
- Robus속
  - 복분자딸기 : 덩굴성. 끝이 땅에 닿다 뿌리를 내림. 열매는 붉게 익었다가 검게 변한다. 줄기는 흰 분가루를 묻힌 듯 희다. 약용.
- Spiraeaa속 : 조팝나무 - 겹조팝 - 참조팝
  - 국수나무 : 줄기의 속을 밀면 국수가락처럼 흰 속이 나온다. 덤불을 이룬 흰색 꽃은 향기가 좋다. 공해 지표식물.
  - 조팝나무 : 생울타리용. 튀긴 좁쌀 모양의 꽃, 가지는 진통제의 원료.

14. 콩과 (Laguminosae): Bean, Pea

국화과 다음으로 큰 과. 협과. 경제수종. 접형화관. 공기중 질소 고정으로 토양을 비옥하게 한다. 대체로 복엽. 벼과 다음으로 중요한 식량자원이다.

- 자귀나무 : 합환목. 부부금슬. 개화기간이 길다. 관상수.
- 박태기나무 : 중국 원산. 잎보다 먼저 개화. 꽃자루가 없다. 자홍색. 정원용
- 회화나무 : 오래 사는 정자목. 가로수. 학자수라 한다. 영명 Scholar tree. 꽃은 염료.
- 싸리 : 공해에 강하고 척박한 땅에 잘 자람. 사방용. (조록싸리, 꽃싸리)
- 골담초 : 중국 원산. 뿌리는 술에 담가 신경통약. 생울타리용. 황적색 꽃. 1개씩
- 등 : 덩굴성. 꽃이 아름다워 파골라 용.
- 칡 : 줄기는 질겨 옷감을 짬(갈옷). 벽지. 뿌리는 차를 끓이거나 즙을 내어 먹는다.
- 아까시나무 : 북아메리카 원산. 1900년대 초 연료목으로 도입. 황폐지 복구용. 밀원식물. 잎은 사료용.

15. 운향과 (Rutaceae) : Rue, Citrus

잎의 투명한 기름 점으로 운향과 특유의 향기. 약용가치가 높다.

- 산초나무 : 잎은 호랑나비 애벌레 침입이 많다. 가지의 가시가 어긋남. (초피나무는 마주 남.)
- 쉬나무 : 해변이나 건조한 곳에서도 잘 자란다. 내한성. 내공해성. 밀원 식물. 열매는 등유, 머릿기름으로 사용. 대체 에너지용. 조류의 먹이

16. 회양목과 (Buxaceae) : Box

열대 및 온대에 분포. 우리나라에는 1속이 있다.

- 회양목 : 우리나라 특산. 밀원식물. 도장, 호패, 얼레빗. 생장이 느려 목질이 단단하다.

17. 옻나무과 (Anacardiaceae) : Sumac

우리나라에는 4종이 자생, 옻나무는 도입종이다.

- 붉나무 : 단풍이 아름답다. 오배자. 열매는 소금대용(간수). 암수딴그루. 염료용
  유사종) 개옻나무, 옻나무

18. 노박덩굴과 (Celastraceae) : Staff-Tree

상록 또는 낙엽성. 꽃은 대개 연한 녹색. 온대, 열대 및 아열대 분포

- 사철나무 : 겨울에도 푸르다 하여 동청이라고 불린다. 꽃은 초여름에 치고 10월경 화려한 열매가 달린다. 바닷가 해안에서 흔하게 보이며 매연, 먼지가 많은 곳에서도 잘 생육. 우리나라 원산. 꽃말은 희망과 인내
- 화살나무 : 줄기에 붙은 코르크층의 모양이 화살처럼 보인다며 분리됨. 옹금. 어린 순은 야생 동물의 먹이. 단풍과 열매의 관상가치가 높다. 관목.
  유사종) 나래회나무, 회나무, 참빗살나무.

19. 단풍나무과 (Aceraceae) : Maple

교목 또는 관목. 열매로 시과. 북반구 온대 특히 동아시아에 많은 종이 분포. 관상적 가치가 높다. 우리나라에는 15종이 자란다.

- 신나무 : 삼각형 단엽으로 단풍이 아름답다. 꽃이 황백색으로 향기가 강하다. 잎은 염료재. 껍질은 세안약. 종자의 날개는 거의 평행하다.
- 고로쇠나무 : 잎이 손바닥 모양이며 5~7갈래(열편)로 갈라짐. 교목. 공해에 약하다. 봄철 수액을 채취하여 약용으로 쓴다.
- 산겨릅나무 : 교목. 녹색 수피에 흰줄이 있어 관상가치가 높다. 암수 한그루.
- 단풍나무 : 재질에 탄력성이 있다. 잎과 동시에 꽃이 핀다.
- 복자기 : 단풍나무 중 가장 아름답게 단풍이 든다. 암수 한그루. 꽃이 핀 후 잎이 난다.

20. 칠엽수과 (Hippocastanaceae) : Horse-Chestnut

낙엽교목. 전세계 2속 16종이 북온대 및 남아메리카에 분포. 우리나라에는 일본산 칠엽수 1종이 도입되었고, 덕수궁에 서양 칠엽수가 식재되었다.

- 칠엽수 - 7개의 소엽이 모여 큰 모양을 이룬다. 말밤나무, 가로수, 마로니에.

21. 무환자나무과 (Sapindaceae) : Soapberry

상록 또는 낙엽성. 열대 및 아열대에 집중 분초. 일부가 온대에 자란다.

- 모감주나무 : 희귀종. 노란 꽃은 마치 황금비가 내린 듯 떨어진다. 열매는 꽈리 모양. 까만 종자가 3개씩 들어 있다.

22. 갈매나무과 (Rhamanceae) : Buckthorn

상록 또는 낙엽성. 온대 및 열대 지역에 광범위하게 분포한다.

- 대추 : 잎이 늦게 나오므로 빗대어 양반나무로 불린다. 암꽃 수꽃이 따로 있다.
- 헛개나무 : 숙취 제거. 지구자나무. 열매는 산토 모양이다.
- 까마귀베개 : 비옥한 토질. 꽃잎이 매우 작다. 열매가 황색, 홍색, 흑색으로 아름답다.

23. 피나무과 (Tiliaceae) – Linden Basswood

잎은 단엽이며 기부에서 3~5맥이 생김. 열대, 아열대, 온대 지역에 분포한다.

- 피나무 – 수괴를 활용해 밧줄 이용. 포가 있어 열매를 이동한다. 바둑판. 너와집. 밀원식물. 증식이 어렵다.

24. 아욱과 (Malvaceae) : Mallow

열대, 온대 지역에 분포

- 무궁화 : 꽃이 크고 오랫동안 핀다. 나라 꽃. 여러 품종이 개발되어 있다.

25. 다래나무과 (Actinideaceae) : Actinidia

주로 동아시아의 열대와 온대에 분포하며, 우리나라에 1속 4종이 있다.

- 다래 : 암·수 딴그루. 키위의 원조
  유사종) 개다래, 쥐다래

26. 두릅나무과 (Araliaceae) : Aralia, Ginseng

열대 및 온대 분포. 의약자원으로 중요한 식물

- 음나무 – 가지. 재질이 좋아 비릿대로 사용하며, 새순은 식용이고 오래 산다.
- 오갈피나무 – 잎모양의 5갈래. 약용으로 쓰인다.
- 두릅나무 – 봄철 새순은 식용. 여름에 백색 꽃이 핀다. 뿌리와 껍질은 약용으로 쓰인다.

27. 층층나무과 (Cornaceae) : Dogwood

상록 또는 낙엽. 잎은 단엽. 열매는 핵과.

- **산딸나무** : 딸기 모양의 열매. 흰색 십자포가 곤충을 유인.
- **층층나무** : 가지는 계단상층을 이루어 사방으로 수평하게 퍼짐. 겨울철 잎눈은 붉고 위를 향한다. 밀원식물. 목재는 연한 황백색. 나무인형.
- **말채나무** : 열매가 희다. 줄기가 붉다. 조경용. 말의 채찍.
- **산수유** : 이른 봄 잎보다 꽃이 먼저 핀다. 노란색 꽃. 엽연이 물결 모양이다.

28. 진달래과 (Ericaceae) : Heath

광범위하게 분포. 대부분이 상록 또는 낙엽관목. 주로 관상용. 산성 토양. 간혹 교목.

- **진달래** - 꽃이 잎보다 먼저 핀다. 식용꽃.
  유사종) 철쭉, 산철쭉.

29. 때죽나무과 (Styracaceae) : Styrax

상록 또는 낙엽성 교목과 관목.

- **때죽나무** : 수피 매끄럽고 짙은 자갈색. 관목. 열매에 독성이 있다. (물고기 잡음)
- **쪽동백나무** : 교목. 수피는 회백색. 열매 구형. 잎 배열이 쪽을 찐 듯한 모양이다.

30. 물푸레나무과 (Oleaceae) : Olive

온대 및 열대 지역에 분포. 관상용. 향료재료.

- **미선나무** : 희귀종이 천연기념물. 이른봄 잎보다 먼저 분홍꽃이 핀다. 부채모양의 열매 때문에 미선이라 불린다.
- **개나리** : 전국적으로 분포. 생울타리용. 잎 나오기 전 개화한다.

- 이팝나무 : 꽃이 핀 모습이 흰 쌀밥 모양. 가로수
- 쥐똥나무 : 열매 모양이 검고 동글동글. 생울타리용. 꽃향기가 좋다.
- 물푸레나무 : 천연 염료. 야구방망이 줄기에 흰 띠가 있다. 재질이 단단하고 탄력이 있다. 농기구. 곤장. 수피는 약용.
- 수수꽃다리 : 석회암 지대에 자생. 보라색 꽃은 향기가 강하다. 정원수.

31. 마편초과 (Vebenaceae) – Verbena

열대 및 아열대 지역에 주로 분포. 일부가 온대에 분포.

- 누리장나무 : 잎과 줄기에 누린내가 나므로 불리워진 이름이다. 꽃보다 열매가 더 아름답다. 꽃꽂이 소재.
- 작살나무 : 줄기가 작살 모양. 8월에 자주색 작은 꽃이 피고 열매는 구슬처럼 둥글다. 관상가치가 있다.
- 좀목형 : 관목. 해안에서도 잘 자란다. 자주색 꽃은 오랜 기간 피어있어 밀원식물. 조총과. 줄기, 잎에 향기가 있다.

32. 현삼과 (Scrophulariacea) : Figwort

온대지역에 주로 분포하며 중요한 목재 수종이다.

- 오동나무 : 성장이 빠르다. 목재가 가볍고 무늬가 고와 가구재로. 딸을 낳으면 오동나무를 심었다.

33. 능소화과 (Bifnoniaceae) : Bignonia

꽃은 양성으로 매우 크고 아름답다. 열대지역에 주로 분포. 우리나라에는 자생종이 없다.

- 능소화 : 중국에서 도입. 양반꽃. 덩굴성. 나팔모양의 꽃이 기품이 있고 개화기간이 길다.
- 개오동 : 도입. 빨리 성장. 암꽃 수꽃이 따로 있다. – 꽃개오동 – 미국에서 도입. 꽃이 흰색. 목재 무늬가 아름답다.

34. 인동과 (Caprifoloaceae) : Honeysuckle

대부분이 관목 또는 덩굴성목본에 속한다.

- 딱총나무 : 관목. 공중습도가 높은 곳에서 잘 자라며, 열매가 7월에 빨갛게 익어 아름답다.
- 분꽃나무 : 관목. 꽃향기가 강하다. 검은 색 열매. 정원수.
- 덜꿩나무 : 백색 꽃이 송이송이 핀다. 관상수.
- 산가막살나무 : 백색 꽃과 열매가 아름다워 조경수.
- 백당나무 : 유성화와 무성화. 빨간열매가 겨울까지 달리기도 한다. 열매에서 구린내가 난다.
- 댕강나무 : 6개의 줄이 패어있어 육조목이라고도 한다. 새로 자란가지가 붉다. 석회암지대. 꽃은 붉었다가 희어진다.
- 병꽃나무 : 병처럼 긴 화관 열매. 삼색병꽃. 붉은병꽃. 애기병꽃.
- 인동덩굴 : 반상록 덩굴성. 열매는 까맣고 둥글다. 향기롭다. 금은화.
- 괴불나무 : 꽃은 백색에서 황색으로 변한다. 열매는 구형이며 붉다.

제2장 숲과 풀

제1절 초본식물의 특징

- 풀은 겨울 동안 지상부가 죽기 때문에 줄기 안에 나이테를 만들지 않고 비대 생장이 없다. 초본이라는 용어보다 풀, 잡초, 야생화, 들풀, 봄나물 등의 용어가 더 친근하다. 그 만큼 풀은 우리의 일상생활과 가까이 있기 때문이다.
- 풀은 숲을 만드는 개척자라 할 수 있다. 풀이 먼저 들어와 자라야 나무들이 들어와 자라고 점점 울창한 숲의 모습으로 바뀐다.
- 풀이 가지는 의미는 중국의 내몽고 지역 황사의 근원지라 불리는 황량한 땅을 떠올리면 더욱 절실해진다.
- 모래 무더기 속에 온갖 노력으로 풀씨를 뿌리고, 그 가운데 뿌리내린 풀 한포기, 미약한 존재이지만 그 뿌리를 쫓아가면 겉으로 드러난 것과는 비교가 안 되는 엄청난 끈질김과 강인함이 뿌리를 엮

고 있다. 풀은 이렇게 생명이 시작되는 출발점이 된다.

- 들꽃이 많은 우리나라, 봄이 되면 어디서나 흔하게 만나는 들풀이지만 잠시 멈추어 서서 바라보거나, 다가가 그들의 모습을 살펴볼 때가 있는가. 아장거리며 걷는 아이들의 모습이 주는 즐거움 못지않은 감탄과 경이로움으로 행복할 수 있다.
- 우리나라에는 약 3,000종이 넘는 풀(초본식물)이 자생한다. 좁은 대륙이지만 지형상 다양한 초본이 출현하고 과거 빙하기에도 별로 재해를 받지 않았음을 의미한다.
- 식물이 처음 성장하는 시기에는 연하고 맛이 좋다. 이는 아미노산, 당류, 지질 등이 풍부하게 함유되어 맛이 좋고 영양가도 높다. 때문에 이 시기는 다양한 곤충의 애벌레들이 먹이 잔치를 벌인다. 사람들도 이 시기에 식물의 어린잎을 채취하며 먹고는 한다.
- 성장이 끝나고 2차 대사물질이 생성될 때는 식물이 자신을 보호하기 위해 방어 물질을 만든다. 그래서 특별히 자신을 귀찮게 구는 약탈자를 소멸시키는 자신만의 화학약품을 만든다.
- 여러 해 살아가는 나무들보다 오랫동안 살지 못하는 초본식물들이 독한 물질을 만들어 자신의 몸에 품고 생존하며 후대를 이어간다.

제2절 초본식물의 생활형

- 1년생 초본 : 환경 변화가 많은 서식지에서 일시적으로 산다. 빨리 꽃피우고 씨앗을 만들어 널리 퍼뜨리려 한다. 일생에 한번 꽃 피우기 때문에 크기에 상관없이 거의 모든 자원을 번식에 투자하며 씨앗을 생산한다. 그래서 작은 몸집에 많은 꽃을 피우고 열매를 맺는다
- 2년생 초본 : 주기적으로 환경변화가 일어나는 곳에서 산다. 1년생 초본과 같이 빨리 꽃을 피우고 열매를 맺는다.
- 다년생 초본 : 지상경과 지하경을 가진다. 지상경은 매년 새로 나와 꽃을 피우고 죽지만 지하경과 뿌리는 죽지 않는다. 숙근초, 구근류 등이다.
- 로제트형(Rosette) 식물 : 냉이, 꽃다지, 민들레, 뽀리뺑이, 달맞이꽃 등 뿌리에서 올라 온 잎들이 줄기가 매우 짧아 땅에 붙은 것처럼 방사상으로 퍼져있다. 잎이 빛을 더 많이 받아 광합성을 활발히 하기 위한 모습이다. 방사상 모양의 잎이 장미꽃처럼 보여서 붙여진 이름이다.
- 고산식물 : 고산 지대나 숲이 울창한 곳에는 봄이 늦게 오고 가을이 빨리 오기에 식물 성장 기간이 짧아서 식물은 짧은 기간에 꽃을 피우고 종자를 맺어 자손을 퍼뜨려야 한다.

- Raunkiaer의 생활형 분류 : 식물의 겨울눈의 위치에 따라 분류

제3절 꽃의 진화와 전략

식물이 성공적 생식을 할 수 있느냐 없느냐는 여러 가지 환경요인에 얼마나 적응하느냐에 달려있다. 꽃의 다양성은 그들의 수분 매개체와 특수한 관계를 유지함으로써 이루어진다. 꽃의 다양성은 씨의 발아 및 열매의 산포를 효율적으로 하기 위한 과정에서 이루어진다. 생식 기관의 형태적 변이는 적응의 결과로 생겼다.

(1) 나무는 초본식물보다 원시적이다.
(2) 쌍자엽식물이 단자엽식물보다 먼저 나타났다.
(2) 잎은 호생엽에서 대생엽이나 윤생엽으로 발전했다.
(4) 암술, 수술, 꽃잎, 꽃받침(잎) 등의 네가지 부분이 각각 많은 수를 갖는 꽃으로부터 적은 수를 갖는 꽃으로 진화되었다.
(5) 원시적인 꽃은 네 가지 부분을 다 가지며 진화된 꽃은 3 또는 2 내지 한가지 부분만 갖는다.
(6) 화축이 짧아지면서 원래 나선상으로 배열되었던 꽃 부분이 윤생으로 배열된다.
(7) 씨방은 상위에서 하위로 진화되었다.
(8) 꽃의 대칭성은 원시적인 꽃의 방사상칭에서 진화된 꽃의 좌우상칭으로 변화되었다.
(9) 양성화에서 단성화로 더 특수화 되었다.
(10) 꽃이 한 개씩 달리는 것이 여러 개씩 달리는 것 보다 먼저 나타났다.

〈매개곤충〉

- 벌 - 가장 흔하고 가장 중요한 매개자. (충매화 가운데 약 80%를 수분)
  지능이 높아 꽃의 색, 향기, 형태파악을 하고 기억하며 춤으로 정보를 전달. 자외선 파장을 볼 수 있어 색에 대해 매우 민감. 노랗거나 파란 꽃. 찾아가는 꽃이 일정하여 2~3종으로 한정한다.
- 딱정벌레 - 습기가 많은 곳의 식물. 잘 날지 못하고 꽃 색이 대개 희고, 강한 과일 냄새, 암모니아 냄새를 풍긴다. 꽃가루를 먹거나 꽃잎 혹은 식물의 다른 부분을 먹어 치운다.
- 나비, 나방 - 시각, 후각으로 꽃을 찾는다. 대롱 모양의 입을 둥글게 감아 있다가 펼쳐서 꿀을 먹는다. 나방은 야행성이며 흰 꽃 또는 창백한 꽃을 찾아간다.

• 파리와 모기 - 파리는 저장은 하지 않지만 꿀을 먹으면서 수정을 돕는다. 꽃등에는 벌만큼 중요한 매개자. 썩는 냄새를 풍기는 초록색이나 갈색 꽃의 수정을 돕는 경우도 있다. 모기류의 각다귀도 수정을 돕는다.

표 3. 매개곤충별 식물의 특징 선호 정도

곤 충	꽃의 색깔	꽃의 향기	꿀샘 안내 무늬
벌	다양함 (빨간색은 아니다.)	달콤한 향기	있다.
딱정벌레	눈에 잘 안띄는 색	강한 과일향기	없다.
나비	다양함 (보통 분홍색)	강하고 달콤한 향기	있다.
나방	흰색 또는 희미한 색	달콤한 향기	없다
파리	자주색, 갈색, 녹색		없다

제4절 과(Family)에 따른 식물의 고유한 특징

(* 굵은 글씨는 종수가 큰 科임)

1. 생태, 생활형

1. 덩굴식물 : **마과**, 쥐방울덩굴과, 메꽃과, 초롱꽃과
2. 덩굴손이 있는 식물 : **콩과**, 포도과, **박과**
3. 기생 및 부식식물 : 메꽃과, 노루발풀과, 현삼과, 난초과
4. 식충식물 : 끈끈이주걱과
5. 물에서 자라는 식물 : 흑삼릉과, 부들과, 마름과, 개구리밥과, 수련과, 붕어마름과, 용담과
6. 수초이면서 잎이 주걱 또는 방패모양인 식물 : 가래과, 용담과

2. 꽃의 구조 또는 화서의 유형

1. 두상화서 : **국화과**
2. 산형화서 : **산형과(미나리과)**
3. 꽃이 좌우상칭 : **콩과, 제비꽃과, 꿀풀과**, 현삼과, **난초과**
4. 꽃에 거(距 ; Carcarate)가 있는 식물 : **미나리아재비과**, 양귀비과, **봉선화과, 제비꽃과**, 현삼과,

마타리과, **난초과**

5. 꽃이 종 모양 : 초롱꽃과
6. 수술 4강, 꽃받침조각, 꽃잎이 각각 4개 : **배추과(십자화과)**
7. 꽃받침조각, 꽃잎, 수술이 각 2개 : 바늘꽃과
8. 꽃받침조각, 꽃잎, 수술이 각 3개 : **붓꽃과**
9. 꽃밥(anther)에 구멍이 있다 : 원지과, **진달래과**, 노루발풀과, 가지과
10. 열매과 시과이다 : **단풍나무과**
11. 배상화서 : 대극과

3. 영양기관

1. 복엽 : **미나리아재비과**, 현호색과, **장미과**, **콩과**, **산형과(미나리과)**, **국화과**
2. 잎이 마주 남(대생) : **석죽과**
3. 잎에 흑점 또는 선점이 있다 : 물레나물과, **운향과**, **앵초과**
4. 2개 이상의 이생심피이다 : **미나리아재비과**, **목련과**, 댕댕이덩굴과, **으름덩굴과**, 범의귀과, **돌나물과**, **백합과** 등
5. 잎이 평행맥이고, 꽃이 녹색이며 뚜렷하지 않다 : **벼과**, **사초과**, 골풀과
6. 불염포 : **천남성과**

제5절 자생식물 주요과의 특징

1. **미나리아재비과** Ranunculaceae

○ 꽃의 원시형을 나타내는 모든 형질 갖음
- **수술, 암술의 수가 일정하지 않게 많음**
- 암술은 각각 1개의 심피로 되어 있음 점이 뚜렷함
- **꽃의 아름다운 부분은 대부분 꽃받침인 종류가 많음 → 꽃잎이 없는 경우 많음**
- 꽃잎의 대부분은 일부에서 밀을 분비하거나 완전히 꿀샘으로 변한 경우가 있음(너도바람꽃)
- 수술 중 일부가 꽃잎으로 변함(작약, 모란)

○ 보통 1년, 다년생 초본, 드물게 관목 또는 덩굴형

○ **잎은 손바닥모양으로 갈라지거나 복엽이며 어긋나고 턱잎이 없음**
○ 잎자루 기부는 부분적으로 줄기를 감쌈
○ 관상, 약용, 유독식물이 많음

2. **배추과(十字花科)** Cruciferae, Brassicaceae

○ 1년생 또는 2년생이고 드물게 다년생 초본도 있음
○ **식물체는 다량의 수분을 함유**(배추, 무우, 양배추 등)
○ 단엽 또는 깊게 갈라진 잎이 어긋나고 턱잎이 없음
○ 꽃은 방사상칭, 양성으로 **4개의 꽃받침조각과 꽃잎이 십자(十字)모양으로 나주 남**
○ 6개의 수술 중 4개가 길게 발달함(4강웅예)
○ 암술머리는 2개로 갈라짐
○ 열매는 크게 **장각과(e.g. 애기장대, *Arabidopsis*)**와 **단각과**로 구별하는 주요 지표임
○ 재배역사가 2,000년이나 되는 채소가 많으며 최근에는 귀화종이 다수 보고 됨

3. **콩과** Fabaceae, Leguminosae

○ 암술이 1개의 심피로 된 씨방이며 특히 그 열매를 **꼬투리** 또는 **두과(豆果)**라고 함
※ 꼬투리 : 단심피자방으로 이루어진 열매 중 익으면 열매껍질이 2개로 갈라지는 종류
○ 600속 13,000종이나 되는 매우 큰 과로 열대에 많음
○ 초, 목본, 덩굴형 등 생활형도 다양
○ 크게 자귀나무아과, 차풀아과, 콩과(협의의) 나누거나 전체를 과로 하고 콩목(Fabales)으로 다루기도 함
○ **잎은 복엽이고 어긋나고 턱잎이 있음, 복엽은 거의가 3출 또는 우상(깃모양)이고 소엽에는 톱니가 없음**(예외 활나물)
○ 주요 식물성 단백질원(콩, 땅콩, 팥, 녹두, 완두콩 등), 약용(결명자, 감초 등), 밀원(아까시나무, 토끼풀 등)인 식물이 많음
○ **꽃은 나비형화관으로 꽃잎은 기판(표지는 밀표), 익판, 용골판으로 이루어짐**
※ 자귀나무, 차풀, 실거리나무 등은 콩과이나 나비형화관이 아님(방사형, 좌우상칭이나 구조가 다름)
○ **양체(2체웅예)** : 수술 2개가 크게 발달한 모양
○ 공생하는 근류박테리아는 대기 중 유리질소를 고정하여 토양에 공급 비옥도 높임

○ 피자 식물 중 벼과와 함께 인류 문명을 뒷받침하는 중요한 식물군임

4. 산형과 Umbelliferae, 미나리과 Apiaceae

○ 식물의 식별이 가장 어려운 분류군 중 하나
○ 꽃잎이 5개인 작은 꽃 여러 개가 마치 양산을 핀 모양의 화서를 이루는 것이 전형적 특징임 → **산형화서(傘形花序)**
○ 2년 또는 다년생 초본으로 보통 향기가 있음
○ **잎은 복엽이고 자루 기부가 칼집 모양임**
○ 줄기 마디 사이가 대개 비어 있으나 일부 수(pith)가 차 있음
○ 5개의 꽃잎과 수술 5개는 어릴 때 안쪽으로 활모양으로 휘어지나 차차 곧게 섬
○ 열매가 익으면 중앙부가 2개로 갈라지고 갈라지 열매(분과)는 밑으로 드리움도 특징
○ 한약재(당귀, 회향), 소채(미나리, 당근), 유독식물(진통효과 : 시호)
○ **거의 백색꽃** (시호만 황색)
※ 우리나라 시호는 6종으로 특히 **섬시호**는 울릉도 특산

5. 국화과 Compositae, Asteraceae

○ **대부분 초본**이나 드물게 관, 교목 또는 덩굴성(**우리 나라는 모두 초본**)
○ 쌍자엽식물 중 가장 진화한 식물군으로 약920속 20,000여종
○ **두상화서(관상화 + 설상화)**
※ 코스모스의 바깥쪽 꽃(설상화 무리 : 가화), 노란색 안쪽 꽃(관상화 : 진화 → 종자)
○ 꽃받침은 **관모**로 변하며 종 분류의 중요한 형질임
※ 민들레(갓털), 도깨비바늘(가시) 등
○ 국화과의 잔꽃은 5개의 수술이 있고 꽃밥은 서로 암술대를 둘러 싸고 붙어 있음
○ **수과**(achene ; 성장한 종자가 씨방벽과 종자가 밀착되어 열매와 종자가 구별되지 않음)
○ 대부분 충매화로 알레르기성 피부병이나 화분병의 원인(돼지풀)도 되고 최근 귀화종 보고 종수가 늘고 있는 종
○ 큰 과의 크기에 비하여 유용식물(상치, 해바라기, 코스모스, 쑥)이 적은 편임
※ 재배종 국화는 약,1,500년전 경 구절초와 감국의 교배종이라는 설 있음

6. **벼과** Gramineae, Poaceae

○ 인류의 여러 작물 중 여러 민족의 주식으로 이용된 식물군(벼, 보리, 밀, 옥수수 등)

※ 사탕수수 : 세계에서 가장 널리 재배되는 식물 중 하나

○ 초지형성, 토양보존, 주식 등에서 인류는 벼과 식물에 크게 의존적

○ **줄기 : 속이 비고 뚜렷한 마디 줄기(간(稈) : Culm), 따라서 stem이라고 하지 않음**

○ **잎은 뚜렷한 평행맥으로 잎으 기부는 칼집모양(엽초)의 줄기를 감싸는 구조 및 잎혀가 있음**

○ 줄기는 쓰러져도 금새 다시 일어 나고, 마디 등 지상부에서도 뿌리가 잘 남

○ 여러 개의 **잔이삭(소수)**이 모여 화서를 이룸. cf. 국과화의 두상화서

- 잔이삭은 여러 개의 잔꽃(두개의 영(호영, 내영)과 인피가 있음)
- 꽃은 녹색

○ 열매는 대부분 영과이나 드물게 핵과 낭과이고 배유에 **다량의 전분** 함유

○ 주요 작물이며 또한 주요 잡초(**귀화종 많음** e.g. 미국개기장)

○ **풍매화**로 진화의 선단 식물군

7. **사초과** Cyperaceae

○ 벼과와 이웃한 식물군으로 유사하나 뚜렷한 큰 차이 있음

○ 식물체의 여러 부분에서 **3이라는 기본수**로 성립되는 형질 뚜렷

→ 줄기 단면 세모꼴, 잎의 배열 3열(엽설이 없음), 수술은 3 또는 6개, 암술머리도 3개, 3~6개의 실모양의 화피

- 꽃은 대부분 녹색

○ 사초과 + 벼과 = 벼목(Graminales)또는 사초목(Cyperales)

○ 사초과의 60%가 사초속(Carex)

○ 큰 식물군이기는 하나 유용식물이 거의 없음

8. **백합과** Liliaceae

○ 단자엽식물군의 중심적인 과

※ 백합과에서 풍매화군으로 사초, 벼과 충매화군으로 생강, 난초과 등이 분지설이 거의 일치된 정설임

○ 보통 다년초로 **인경, 근경, 지하경** 발달

○ 일경 일화로 단생하거나 총상 또는 산형화서

○ **화피는 6개**인데 3개씩 외화피(꽃받침조각), 내화피(꽃잎)로 구별

○ 수술은 보통 6개

○ 약용, 관상용

제6절 계절별로 볼 수 있는 대표적인 초본류

1. 봄

우리나라는 사계절이 뚜렷하여, 봄부터 가을까지 꽃을 볼 수 있다. 겨울의 추위가 채 가시기도 전에 잔설을 녹이며 꽃을 피우는 풀은 봄의 전령이다.

봄 식물은 녹음이 짙어지면 햇빛을 충분히 받을 수 없다. 햇빛부족으로 충분한 양분이 생성되지 못하면 열매를 맺을 수 없어 그들은 생존이 불가능해진다. 그래서 외롭지만 다른 식물이 나오기 전 서둘러 꽃과 잎을 내어 후손을 만들고 짧은 일생을 마치려고 한다.

봄 숲의 빛의 양은 대략 3월 80%, 4월 40%, 5월 20%가 지면에 도달한다고 한다.

이듬해 다시 봄이 오기까지 땅 속에서 씨앗, 줄기, 뿌리로 긴 시간을 기다린다. 이들은 저장된 영양분을 당 해에 최대한 사용하며 지속적으로 축적하는 저장 없이 한해 한 해 살아가는 식물이다.

- **앉은부채(천남성과)** - 그늘지며 비옥한 땅에 잘 자라는 여러해살이풀. 잎이 나오기 전 불염포 속에 있는 육수화서의 꽃이 특징이다. 포 속은 외부의 기온보다 높아 일찍 나온 곤충들이 추위를 피하는 곳이다. 꽃은 악취가 나며 피신한 곤충들의 수정을 돕는다. 꽃이 진후 돌돌 말린 잎이 뾰족하게 솟아나는데 완전히 자려면 부채크기 모양으로 크다. 잎은 독성이 있다. 식물전체에 유독성분이 있는데, 겨울을 지내고 먹거리를 찾는 멧돼지나 곰들의 표적이 된다.
  유사종) 애기앉은부채 (잎 10~20㎝, 강원도 이북)

- **세잎양지꽃(장미과)** - 양지바른 산과 들에서 쉽게 보는 여러해살이풀. 비옥한 장소보다는 건조하고 척박한 곳에서도 쉽게 눈에 띄는 꽃이다. 줄기는 옆으로 늘어져 땅바닥에 바싹 붙어 꽃 잔디의 느낌을 갖게 한다. 꽃은 노란색이며 꽃잎은 꽃받침보다 크다. 잎에는 톱니가 있다. 개화기간이 상당히 길다. 잎은 3출엽
  유사종) 딱지꽃, 가락지나물, 양지꽃

• **쇠뜨기(속새과)** - 주변에서 흔히 보는 여러해살이풀. 고사리보다 더 원시적인 분류균이다. 뿌리 줄기는 길게 뻗으며 잔털로 덮혀 있다. 줄기는 영양경과 생식경 두 종류이며 이른 봄 살색의 줄시에 뱀머리를 닮은 포자수가 생식경이다. 높이는 한뼘 쯤 되고 뱀 머리 모양 같다. 서양에서는 Horse tail (말꼬리) 이라 부른다. 생식경은 주로 약용 및 식용으로 쓴다. 생식경이 사라질 때쯤 그 옆에서 초록색 영양경이 돋아난다. 짙은 녹색이며 줄기가 네모지고 매끄럽다. 가지는 마디가 연결되며 연결점에는 퇴화된 잎이 둘러난다. 무성하게 자라는 영양경은 소들이 즐겨먹는다. 쇠뜨기란 이름도 소들이 즐겨 먹는 식물이란 뜻이다.

• **얼레지(백합과)** - 자주색 얼룩무늬의 잎이 땅바닥에 바싹 붙어 양쪽으로 펼쳐진다. 꽃대 위에 하나씩 핀 꽃은 6장의 핑크색이고 긴 머리 올리듯 꽃잎 끝을 위에서 모은다. 긴 암, 수술은 땅을 향하고 요염한 자태로 곤충을 유혹한다. 잎은 식용, 뿌리는 비늘줄기로 깊숙이 있어 옮겨 심기가 어렵다.

• **처녀치마(백합과)** - 비옥하고 습기 있는 숲에서 자라는 여러해살이풀. 땅 속 줄기는 짧고, 수염뿌리가 많으며 꽃줄기는 곧게 선다. 근생엽은 긴 난형, 가죽 질이고, 윤이 나며 엽병이 길다. 가을까지 푸른 잎을 지니고 있으며 겨울 동안 추위를 견디다 새잎이 나올 때 쯤 사라지기도 한다. 잎 중앙에서 올라온 줄기 끝에 보랏빛 꽃들이 모여 핀다. 줄기에는 어긋나게 나온 비늘 잎이 감싸고 있다. 꽃은 총상화서이며, 꽃대가 짧아 여러 송이 모인 꽃이 한 송이 같다. 꽃잎은 6장이고 수술이 꽃잎보다 길며 암술대가 수술보다 길다.

• **미치광이풀(가지과)** - 여러해살이풀. 근경은 굵고 옆으로 뻗는다. 미치광이풀은 독성이 있어 식용하기에 적합하지 않아 붙여진 이름이다. 그래서 이 식물을 쉽게 아는 이들이 드물다. 덩이 줄기는 귀한 약재로 사용되며 현재 이 식물은 약용가치가 높아 연구 중이라 한다. 새싹이 올라올 때 노란색이다. 점점 자라며 초록색으로 되고 무성한 잎들 속에 꽃대는 축 늘어져 아래로 향한다. 가지색 통꽃이 잎을 들추어 찾지 않으면 쉽게 눈에 띄지 않는다. 우리나라 특산식물로 줄기는 곧게 선다. 잎은 어긋나고 잎자루가 길다. 윗부분의 엽액에서 꽃대가 한 개씩 나온다. 꽃받침잎이 녹색으로 자주색 꽃과 잘 대비된다.

• **현호색(현호색과)** - 잎과 꽃이 한줄기에서 나온다. 꽃의 모양은 종달새 모습으로 이 식물의 속명 (Corydalis) 가 종달새란 뜻이라 한다. 꽃은 여러 개가 모여 종달새의 합창하는 모습 같다. 꽃잎은 4장으로 벌어진 꽃잎 속에 2장의 꽃잎이 있다. 흔히 보는 다년생 초본. 덩이 줄기이며 달래보다 2배의 크기다. 잎의 모양에 따라 이름이 달리 불린다.

예) 댓잎현호색, 갈퀴현호색, 애기현호색, 빗살현호색

• **괭이눈(범의귀과)** – 습기 있는 지역에서 이른봄, 숲이 울창하기 전 서둘러 꽃을 피운다. 땅바닥에 거의 붙어있어 관심을 가지고 찾지 않으면 보기 어렵다. 4장의 꽃잎을 직각으로 세워 고양이 눈을 만든다. 여러 장의 꽃들이 모인 주변의 잎들도 노란색으로 물들여 고양이 눈을 더욱 커 보이게 한다. 수정이 끝나 잎이 자라면 녹색으로 된다.

유사종) 선괭이눈, 애기괭이눈

• **복수초(미나리아재비과)** – 이른 봄 잔설을 뚫고 노란색 꽃을 피워 봄이 봄을 알린다. 20~30장의 꽃잎이 모여 태양 빛을 받아 꽃 주변의 눈을 녹이기도 한다. 저녁이나 흐린 날은 꽃을 오므린다. 일본에서는 정월 초, 복과 장수를 기원하며 이 식물을 선물한다. 복수초란 이름도 행복과 장수를 상징한다.

유사종) 가지복수초

• **노루귀(미나리아재비과)** – 보기가 어려운 요즘 이 식물의 잎을 보며 노루의 귀를 상상해 본다. 어떤 사람들은 사람의 간 모양을 닮았다고 한다. 가녀린 꽃대는 솜털 투성이며 보라 또는 분홍색 꽃이 앙증맞다. 꽃이 핀 후 노루귀 모양의 잎이 돋아난다. 전체적인 식물 느낌은 아프리칸 바이올렛과 유사하다.

• **둥근제비꽃(제비꽃과)** – 오랑캐 꽃. 앉은뱅이 꽃이라 부른다. 현호색과 더불어 우리 주변에 흔한 다년색 초본. 뿌리에서 잎과 꽃줄기가 동시에 나온다. 제비꽃이란 이름은 제비가 돌아올 때쯤 피어나기 때문에 붙여진 이름, 꽃받침이 꽃대의 가장 위쪽에 달린다. 우리나라에 자라는 제비꽃의 종류는 매우 다양하다. 뿌리에서 여러 개의 잎이 뭉쳐나온다. 잎은 신장형, 꽃자루 위에 한 개씩 옆으로 향하며 꽃이 달린다.

예) 잔털제비꽃, 남산제비꽃, 태백제비꽃, 졸방제비꽃, 낚시제비꽃

• **꿩의바람꽃(미나리아재비과)** – 여러해살이풀. 뿌리 줄기는 굵다. 잎은 2회3출 겹잎이고, 자루가 길다. 작은 잎은 긴 타원형, 꽃은 흰색 또는 연한 자주색. 꽃줄기 끝에 한 개씩 위를 향해 달린다. 꽃잎은 없고 꽃받침잎이 10~12개. 한국자생 바람꽃 중 꽃 색이 가장 아름답다. 바람꽃의 속명은 Anemone이다.

유사종) 홀아비바람꽃, 외대바람꽃

• **깽깽이풀(매자나무과)** – 근경에서 잎자루가 무리져 나와 다발을 이룬다. 잎은 긴 잎자루 끝에 한 장씩 달리는데 연꽃처럼 잎의 중심부에 잎자루가 연결된다. 어린잎은 적자색에서 점차 연녹색으로 변한다. 우리나라 희귀식물이지만 관상 가치가 높아 많이 증식한다. 열매는 개미들에 의해 이동된다.

• **할미꽃(미나리아재비과)** - 우리나라 전역 양지 바른 산자락에 피며, 묘지 부근에서 흔히 본다. 꽃이 필 때에는 고개를 숙여 땅을 향하므로 등이 굽으신 할머니를 생각나게 한다. 열매 모양은 둥근 머리에 하얀 털을 달고 있어 백두옹이라 부른다. 꽃을 봐도 열매를 봐도 할머니를 떠오르게 한다고 불려진 정겨운 식물이다. 여러해살이 풀이며 한국 특산. 옛날 시골의 화장실에 할미꽃 뿌리를 두어 벌레가 생기는 것을 막았다. 뿌리는 독성이 있고, 한방에서 약으로 쓴다. 적자색 꽃잎과 노란색 꽃밥의 조화는 한복 치마와 저고리 색 같다.

• **피나물(양귀비과)** - 숲 속에서 자라는 다년초. 식물을 자르면 붉은색 유액이 나오므로 피나물이라고 한다. 뿌리에서 난 경엽이 있다. 잎자루가 길며 5~7개의 작은 잎의 복엽이 달린다. 가장자리에 톱니가 있다. 줄기 상부의 잎 겨드랑이에서 난 1~3개의 긴 자루에 한 개씩 꽃이 달린다. 꽃받침 조각이 2개이나 꽃이 필 때는 떨어진다. 꽃잎은 4개이며 짙은 노란색이다. 경기도 이북 숲 속에서 자란다.
유사종) 매미꽃

• **애기똥풀(양귀비과)** - 봄부터 여름까지 지속적으로 피는 식물이며 주변에서 쉽게 볼 수 있다. 줄기를 자르면 노란색 유액이 나오므로 애기똥풀이라 한다. 공해에 강하고, 독성이 있어 식용하지 않는다. 노란색 꽃잎이 달린 채 열매가 형성된다.

• **민들레(국화과)** - 잎은 톱날 모양. 여러해살이 풀. 꽃도 열매도 관상가치가 있다. 뿌리가 깊다. 자생 민들레 보다 서양 민들레가 훨씬 많다. 꽃의 총포가 뒤로 젖혀진 것이 서양 민들레다.

• **둥글레(백합과)** - 여러해살이 풀이며 즐겨 마시는 차로 더 잘 알려진 식물이다. 잎 모양이 은방울 꽃과 비슷하며 꽃을 보지 않으면 혼동하기 쉽다. 줄기와 잎 사이의 꽃가루에 1~2개의 꽃이 달린다. 뿌리는 전분이 많고 영양가가 있다.
예) 각시둥글레, 용둥글레

• **삼지구엽초(매자나무과)** - 3개로 갈라진 잎자루가 다시 3갈래로 나뉘어져 가지에 9개의 잎이 달려 붙여진 이름이다. 여러해살이 풀이며 희귀종이다. 음양곽이라 불리기도 하며, 강정제로 알려졌다. 꽃잎은 4장으로 노랗고 꽃받침 모양이 독특하다. 잎은 심장형. 씨앗에는 꿀 샘에 있어 개미들에 의해 옮겨진다.

• **벌깨덩굴(꿀풀과)** - 여러해살이 풀. 방향성 식물. 어린 순은 식용, 약용으로 쓰며 꿀이 많아 밀원식물. 줄기는 네모이며 꽃이 총총이 달린 가지는 옆으로 자란다. 연보랏빛 꽃은 붕어 입처럼 벌어져

꽃잎 안으로 흰 무늬와 붉은 점들이 털로 쌓여있다. 개화 기간이 긴 편이다.

- **붓꽃(붓꽃과)** - 땅속줄기가 옆으로 뻗으며 포기를 만들어가는 여러해살이풀이다. 길쭉한 잎은 난초잎과 흡사하다. 꽃이 피기 전 꽃 봉우리가 달린 모습이 글씨를 쓰는 붓 모양과 같아서 붓꽃이라 한다. 한줄기에 두세 송이가 달린다. 꽃잎은 6장이며 외화피와 내화피로 구성된다. 내화피 3장은 수술이 변한 것이다. 암술대는 세 갈래로 수술위로 나와 있다. 우리나라에는 10여종의 붓꽃류가 있다. 초봄부터 여름까지 다양한 색과 모습으로 아름답게 핀다. 붓꽃의 땅속 줄기는 약으로 쓴다. 이 꽃은 프랑스의 나라꽃이다.

  유사종) 각시붓꽃, 금붓꽃, 꽃창포

2. 여름

우리나라 여름은 비가 많은 계절이다. 기온이 높고 낮의 길이도 길어져 식물들의 활동이 가장 왕성한 때 이다. 녹음이 짙은 숲에서 꽃이 핀 초본들이 쉽게 눈에 띄지 않지만 일년 중 가장 꽃이 많이 핀다. 봄부터 피어나던 꽃이 지속되기도 하고, 물을 좋아하는 식물들이 여름에 꽃을 피운다

- **물레나물(물레나물과)** - 5장의 꽃잎이 바람개비 모양으로 돌려나 있다. 무더운 여름에. 이 꽃을 바라보면 어디선가 바람이 불어올 것 같다. 여러해살이 풀로 줄기가 똑바르게 서며 50~100㎝ 높이로 자란다. 줄기는 네모지고 잎은 대생, 6월에 개화하며 노랗다. 건조에 약하다. 어린 순은 나물로 먹는다.

- **노루오줌(범의귀과)** - 여러해살이 풀로 여름 내내 볼 수 있다. 곧게 올라간 줄기 끝에 고깔모양의 커다란 꽃차례를 이룬다. 진분홍색 꽃이 줄기 끝에서 원추화서로 30㎝ 정도 이다. 노루오줌이란 이름은 노루가 살 만큼 깊은 산중에 자라고 식물체에서 약간 오줌 냄새가 남으로 붙여진 이름이다.

- **이질풀(쥐손이풀과)** - 높은 산 초원지대에서 쉽게 볼 수 있다. 여러해살이풀 키가 50㎝ 정도가 된다. 꽃은 연한 분홍색 5장의 꽃잎이 동전 크기로 줄기의 윗부분에 활짝 핀다. 가지 끝이나 잎 겨드랑이의 꽃대 끝에 2~3개 꽃이 달린다. 잎은 마주 달리고 잎자루가 길다. 이질풀이란 이름은 이 식물이 설사를 동반하는 이질이라는 병을 치료하는데 쓰이기 때문이다. 유사한 수종으로 쥐손이풀이 있다.

- **부처꽃(부처꽃과)** - 여름 내내 강렬한 적자색의 꽃이 끊임없이 핀다. 여러해살이 풀이며, 배수가 잘 되는 습한 땅에서 잘 자란다. 꽃은 엽액에서 3~5개 취산화서로 윤생하는 것처럼 모여 핀다. 꽃잎은 6장, 수술은 노란색으로 꽃 모양이 아름다워 절화용으로 사용한다. 한방에서는 지사제로 쓴다.

• **마타리(마타리과)** – 여러해살이 풀로 여름방학이 가까워 질 무렵 긴 꽃대들이 하루가 다르게 쑥쑥 자란다. 줄기는 60~150㎝ 정도이다. 꽃자루는 산방화서로 전체 꽃이 평면을 이룬다. 아래로 갈수록 꽃자루가 길고, 위쪽은 짧다. 개화기간이 길어 가을 꽃이 필 때까지 지속된다. 패장이라고도 하는데 이는 뿌리에서 콩 썩는 냄새가 나기 때문이다. 어린 순은 식용하고 전초는 약용이다.

• **엉겅퀴(국화과)** – 피를 엉기게 하는 효능을 지녔기 때문에 엉겅퀴라고 한다. 식물을 말려 약으로 쓰지만 종기를 치료할 때는 생잎이나 생 뿌리를 짓찧어서 환부에 붙인다. 여러 해 살이 풀로 줄기는 곧게 서고 100㎝까지 자란다. 꽃은 두상화서로 줄기가 가지 끝에 달리고 모두 통상화이다. 열매는 수과이다.

• **참나리(백합과)** – 산과 들에 흔하게 자라는 여러해살이 풀. 땅속 비늘 줄기는 희며, 둥근 모양으로 지름 5~8㎝이다. 줄기는 1~2m로 자란다. 잎은 어긋나며 촘촘히 붙고 잎자루가 없다. 잎 겨드랑이에 진한 갈색의 둥근 주아가 달린다. 꽃은 황적색이며 향기가 없다. 꽃잎이 위로 젖혀지고 안쪽에는 검은 자색 반점이 많아 호랑이 무늬 같다. 수술은 6개로 꽃 밖으로 길게 나온다. 한 줄기에 3~10개 정도 달리며 꽃송이가 커서 주먹만하다. 꽃이 커서 몸집이 큰 나비들이 즐겨 찾지만 열매가 맺히지 않는다. 잎에 달린 주아로 무성 생식한다.

〈자생 나리속 분류〉

*윤생엽 – 1. 꽃은 하늘을 향한다 ········· 하늘 말나리
  – 2. 꽃은 옆을 향한다 – a. 윤생엽이 1층 ········· 말나리
    – b. 윤생엽이 2~3층 ········· 섬말나리

*호생엽 – 1. 꽃은 하늘을 향한다 ········· 하늘 나리
  – 2. 꽃은 옆을 향한다 – a. 꽃은 희다 ········· 백합
    – b. 홍자색 ········· 솔나리
    – c. 꽃은 황적색 – ㄱ. 주아가 있다 ········· 참나리
      – ㄴ. 주아가 없다 ········· 땅나리(3~4㎝)
      ········· 중나리(6~8㎝)

• **동자꽃(석죽과)** – 제주도를 제외한 전국의 높은 산에 자라는 여러해살이 풀로 줄기가 곧게 서며 마디가 뚜렷하다. 잎이 마주 나고 잎자루가 없으며 긴 난형이다. 꽃은 줄기 끝과 잎 겨드랑이에서 난 짧은 꽃자루에 1개씩 피어 취산 화서를 이룬다. 주황색 꽃은 꽃잎이 5장이지만 꽃잎이 요두이므로

여러 장이 모인 듯하다. 꽃의 안쪽에 10개의 작은 비늘 조각이 있다. 동자꽃 이름에는 주황색의 화려한 꽃 이미지와는 달리 슬픈 사연이 있다. 겨울 나기를 위해 마을에 내려가신 큰 스님을 애타게 기다리다 추위와 굶주림에 죽은 동자승의 넋을 담고 피어난 꽃이라 한다. 유사종으로는 가는 동자꽃, 제비동자꽃, 흰동자꽃, 털동자꽃이 있다.

- **초롱꽃(초롱꽃과)** - 학명 *Campanula punctata* Lam. 에서 *Campanula*는 '작은 종모양' 이라는 라틴명으로 꽃의 모양에서 비롯되었다. *punctata*는 '무늬 점이 있다' 는 뜻으로 꽃의 모양을 그대로 나타낸다. 꽃 색은 우유빛 백색으로 긴 꽃대 끝에 아래를 향해 달린다. 여러 해살이 풀로 관상적 가치가 크다. 한방에서는 지상부를 해산 촉진제로 사용하기도 한다.

- **터리풀(장미과)** - 장미과에 속하는 여러해살이 풀로서 우리나라 특산식물이다. 60~150㎝까지 자란다. 꽃은 연한 분홍빛이며 줄기 끝에 작은 꽃들이 수없이 많이 모여 다발을 이룬다. 이 모습이 먼지털이를 닮았기 때문인지 터리풀 이라 한다. 꽃의 아름다움에 비해 많이 알려지지 않음은 흔하게 볼 수 있는 식물이 아니기 때문이다. 줄기 끝의 꽃들이 산방화서에 달리고 다시 전체적으로 취산화서를 이루어 매우 풍성함을 느낀다. 어린 순을 먹거나 밀원 식물 한방에서 화상이나 동상치료에 쓴다. 정원 원예용 초본으로 훌륭하다.

- **패랭이꽃(석죽과)** - 여러해살이 풀로 비스듬히 쓰러져 자라므로 지면에 낮게 무리 지어 있다. 줄기의 끝부분에서 몇 개의 가지가 그 끝에 한 개씩 핀다. 꽃받침 길이가 끝이 5개로 갈라진다. 양지바른 곳에서 잘 자라고 대나무 잎처럼 긴 잎은 잎자루 없이 마주 달린다. 개화기간이 길다.
  패랭이란 이름은 옛날 신분이 낮은 사람들이 쓰던 패랭이 모자를 닮은 꽃 때문에 생긴 이름이다. 원예원품종 카네이션과 비슷하지만 5월 이후에 피기 때문에 대용하기는 어렵다.

3. 가을

잎이 떨어지기 시작하여 숲 바닥까지 빛이 이르기 시작한다. 겨울준비에 분주한 곤충들을 이용하여 수분한다. 식물이 화려하고 향기로운 꽃들을 피웠던 것은 열매를 맺기 위해 수정을 도울 매개체를 부르기 위해서였다. 맺은 열매들은 따가운 가을 햇살을 받으며 성숙해 간다.

성숙된 종자를 싹 틔워 후손을 번성시키려고 식물들 나름의 지혜를 모았다. 동물이나 식물이나 종족 보존의 본능으로 살아간다. 경쟁이 적은 곳으로 보내기 위해 키를 높여 열매를 맺고, 자신이 태어난 장소보다 더 나은 곳을 희망하며 먼 곳으로 떠난다. 우리나라에는 가을에 꽃을 피우는 식물의 종류는 봄과 여름보다는 많지 않다.

- **물봉선(봉선화과)** – 한해살이 풀. 습지 식물. 속명 *Impatiens*는 참지 못한다는 의미. 열매가 익으면 저절로 터져버리는 성질을 나타낸다. 꽃은 통꽃으로 카이저의 수염 모양. 꽃받침이 꽃잎보다 위에 있다. 염료용, 약용으로 쓰인다.

- **꽃향유(물풀과)** – 한해살이 풀. 줄기가 네모져 있고 털이 있다. 보라빛 꽃들이 벼이삭처럼 모여 피는데 한 방향으로만 향한다. 꽃 향기도 강하고, 아름다워 관상 가치가 높다. 꽃 바로 아래 잎이 붙어 있다.

- **용담(용담과)** – 여러해살이 풀. 뿌리는 굵으며 허연 수염뿌리가 난다. 약용으로써 간 기능을 강화한다. 쓴맛이 웅담보다 더하여 용담이라 한다. 개화기간이 길고, 늦가을까지 핀다. 가을이 깊어지면 초록 잎에 자줏빛 단풍이 든다. 잎이 대생. 엽병이 없고 화경이 없다.

- **쑥부쟁이(국화과)** – 여러해살이 풀. 속명 *Aster* 는 꽃 모양이 별처럼 보인다는 뜻이다. 개화기간이 길며 어떤 토양에서나 잘 자란다. 들국화의 종류이다. 꽃은 중앙의 노란 통상화와 가장 자리의 보라색 설상화로 되어있다. 쑥부쟁이 종류가 많다. 한방에서 산백국이라 하여 약으로 쓰며, 어린 순은 먹는다.
  유사종) 가새쑥부쟁이. 갯쑥부쟁이, 섬쑥부쟁이

- **참취(국화과)** – 여러해살이 풀로 친근한 식물 이름이다. 힘차게 자란 줄기 끝에 흰 꽃을 피운다. 중심의 통상화는 노랗고, 가장 자리 설상화는 흰색이다. 취나물 중에 꽃이 돋보인다. 참취란 이름도 취나물 중 으뜸이라 붙여진 듯하다. 식용과 약용으로 쓰인다.

- **벌개미취(국화과)** – 여러해살이 풀로 우리나라 특산식물이다. 종명 ***koraiensis***란 한국산이라는 뜻이다. 두상화서로 중앙의 통상화는 노랑, 가장자리 설상화는 연보라색이다. 토양을 가리지 않고 어느 곳에서나 잘 적응한다. 무리 지어 심으면 오랜 기간 꽃을 볼 수 있고 조경효과가 뛰어나다. 영명은 Korean daisy이다. 식용이나 약용이 가능하지만 조경용도로 많이 식재 된다.

- **구절초(국화과)** – 여러해살이 풀. 약명이 구절초이다. 줄기가 아홉 마디로 자랐을 때 잘라 약으로 사용하면 가장 효능이 좋다고 한다. 서양의 마가릿과 흡사하다. 두상화서로서 중앙의 통상화는 노랑, 가장자리 설상화는 흰색이다. 잎은 국화 잎과 흡사하다. 토양은 배수가 잘되며 비옥하고 볕이 잘 드

는 곳에서 자란다. 꽃을 말려 베개 속에 넣거나 술을 담글 때 꽃을 넣어 향기롭게 하기도 한다. 하지만 부인병 치료에 효능이 좋은 것으로 이름이 나있다.

- **금불초(국화과)** – 여러해살이 풀. 속명 Inula는 '맑게 하다'라는 뜻의 라틴어이다. 이 식물의 뿌리 약효에서 비롯된 의미이다. 두상화로서 통상화는 황토색 설상화는 노랑색, 햇볕이 잘 들고 비옥한 토양에서 잘 자란다. 꽃은 약용으로 이용하며 어린 순은 먹을 수 있지만 꽃의 관상적 가치가 높아 조경용으로 무리 지어 심으면 무척 아름답다.

- **왕고들빼기(국화과)** – 이년초 식물이다. 고들빼기 김치로 알려져 있지만 이 식물의 꽃을 본적은 드물 것이다. 김치로 담글 때는 봄철 어린 잎이 달린 식물 전체를 사용한다. 가을에는 자라난 줄기에 꽃이 핀다. 꽃은 흰빛에 가까운 연노란색 설상화와 노란색 통상화로 이루어 졌다.

- **투구꽃(미나리아재비과)** – 여러해살이풀. 전투사의 투구 모양이다. 줄기는 활처럼 휘어져 옆으로 눕는다. 꽃받침잎은 5장으로 꽃잎처럼 보인다. 꽃잎 2장은 투구 속에 가늘고 긴 모양으로 감추어져 있다. 한방에서 초오라는 이름의 약용식물로 유명함. 사약 재료인 부자와 형제식물이다. 큼직한 덩이뿌리가 한 해 동안 식물의 양분을 공급하고 이듬해에는 새로 생긴 덩이 뿌리에서 줄기가 나와 자란다. 식물 스스로 자리를 옮겨간다. 음지에서 잘 자란다.

- **석산(수선화과)** – 꽃무릇, 가재무릇이라고도 한다. 여러해살이 풀. 진한 주홍색 꽃이 잎이 없는 꽃대 위에 무리지어 피어있다. 꽃잎이 가늘고 길며 위로 젖혀지고 수술이 꽃잎보다 길게 치켜올라 있다. 개화의 기간이 길고, 꽃이 완전히 사라진 후 잎이 나온다. 잎은 겨울을 지내고 이듬해 봄에 시들어 버린다. 예쁜 꽃을 한번도 만나보지 못한 잎은 필경 상사병이 났을 것이다. 선운사, 불갑산 등 사찰에서 무리 지어 심고 있다. 알뿌리의 전분을 사용하기 위해 심기도 한다.
  유사종) 상사화, 개상사화, 백양꽃

- **더덕(초롱꽃과)** – 숲 속 덩굴 식물이며 여러해살이풀이다. 2m 정도의 길이로 자란다. 잎을 자르면 우유 같은 흰 즙이 나온다. 짧은 가지 끝에 4개의 잎이 달린다. 가지 끝에 연녹색 종모양의 꽃이 5갈래로 얇게 갈라져 뒤로 말린다. 꽃잎 안쪽에는 짙은 갈색 반점이 있다. 뿌리는 식용 또는 약용으로 쓰인다.

- **고마리(마디풀과)** – 도랑이나 물가에 무리 지어 자라는 한해살이풀. 잎은 화살촉 모양이다. 잎자루와 뒷면 맥 위에 잔 가시가 있다. 꽃은 줄기 끝에 여러 송이 뭉쳐난다. 꽃잎이 없고 꽃받침이 꽃잎 같

으며 깊게 5개로 갈라지는 통꽃. 꽃 색은 분홍, 흰색 등 변화가 심하다. 물을 정화하는 능력이 있고 무리 지어 자란다. 줄기와 잎을 지혈제로 사용한다.

제7절 수생식물

물에서 자라는 수생 식물들은 크게 네 가지로 나뉜다.

ⅰ) 정수식물– 물 속 흙에 뿌리를 뻗고 줄기나 잎은 위로 나왔다
　예) 갈대, 벼, 부들, 창포, 줄, 연꽃

ⅱ) 부엽식물– 뿌리와 줄기는 물 속에 있고 잎은 물 위에 떠있다.
　예) 수련, 마름

ⅲ) 부유식물– 물 위에 떠다니는 식물
　예) 개구리밥, 부레옥잠, 생이가래

ⅳ) 침수식물– 뿌리, 줄기, 잎 전부 물속에 있다.
　예) 검정말, 붕어마름, 가래, 애기가래

〈수생 식물의 역할〉

① 산소공급. ② 그늘제공. ③알을 낳는 장소 제공. ④초식 곤충의 먹이감.

〈주요 종〉

- **부들(부들과)** – 열매의 모양이 핫도그와 흡사하다. 잎은 길 선형으로 길이가 1m에 달한다. 밑부분이 줄기를 완전히 감싼다. 잎의 느낌이 부들부들하여 부들이라고 부른다. 수꽃이 위에 있고 암꽃이 바로 아래에 있다.

- **벗풀(택사과)** – 잎머리 모양이 화살촉처럼 생겼다. 수꽃은 위에 암꽃은 아래에 개화시기가 다르게 핀다. 각 꽃은 꽃잎과 꽃받침 잎이 각각 3장씩 이다. 꽃잎은 백색, 꽃받침 잎은 녹색이다. 수꽃의 소화경은 암꽃보다 길다.
  유사종) 보풀, 소귀나물

- **물달개비(물옥잠과)** – 줄기는 뿌리부분에서 5~6개 나온다. 각 줄기에는 1개의 잎이 나고, 얕은 심장

형이다. 꽃은 푸른 보라색으로 3~7개 핀다. 꽃잎 6장, 암술 1개 수술 6개인데 수술 중 한 개는 크다. 일년생이다. 청보라색 꽃이 돋보인다.
유사종) 물옥잠

• **수련(垂蓮科)** – 물 속에 뿌리를 박고 잎은 물 위에 떠있다. 수련의 흰 꽃이 밤이 되면 오므라들기 때문에 잠자는 연꽃이란 의미의 이름을 가졌다. 잎의 윗면은 녹색이고 물과 접한 아랫면은 암자색, 줄기는 속이 뚫어져 있다 개화기간은 3일 정도. 이집트의 나라꽃이다. 속명 *Nymphaeae* 는 물의 요정이란 뜻이다.
〈유사종〉
– 개연꽃(Nuphar) : 다년생. 잎이 물위로 나오고 긴 꽃자루 위에 한 개의 꽃. 엽저는 화살형. 지름이 5㎝
– 왜개연꽃(Nuphar) : 잎은 수면에 떠있다. 엽저는 심장형. 꽃지름 2.5㎝
– 가시연꽃(Euryale) : 1년초. 가시가 있다. 잎은 1m정도의 지름을 갖는다. 종자는 강정제.
– 연꽃(Nelumbo) : 다년초. 뿌리가 옆으로 뻗는다. 잎과 꽃은 물위로 솟는다. 꽃받침(녹색)은 일찍 떨어진다. 잎은 지혈제, 야뇨증 뿌리는 강정제, 열매는 부인병.

• **마름(마름과)** – 마름의 열매를 물밤이라고 한다. 잎은 마름모 꼴이다. 여러 장의 잎들이 물위에 차례로 펼쳐져 둥근 모양을 이룬다. 꽃대는 짧고 흰 꽃이 눈에 띄지 않을 정도로 작다. 수정되면 열매는 물속에서 익어간다.

• **가래(가래과)** – 대나무 잎이 물위에 떠있는 것처럼 보인다. 물속에는 훨씬 큰 잎이 물에 잠겨 있다. 꽃은 총상화서로 곧게 선다. 근경은 옆으로 뻗으면서 마디마디 뿌리가 내린다.

==

• **식물 관련 의문점들**

1. 대나무는 나무인가, 풀인가?
2. 꽃 피는 식물 중 가장 많은 꽃의 색을 나타내는 것은 어떤 색인가?
3. 산호초는 풀인가?
4. 우리나라에 가장 많은 개체수를 갖는 식물은?
5. 식물은 왜 우리 생활에 중요하다고 하는 것인가?
6. 식물의 형태(꽃, 잎, 수피 등)는 왜 다양한 것인가?
7. 녹색갈증(Biophilla)이란 무엇인가?

8. 녹음효과(Shadow effect)란 무엇인가?
9. 식물에 나타나는 피보나치 수열이란 무엇인가?
10. 식물에 나타나는 프렉탈 이론이란?
11. 침엽수와 활엽수의 나무 모양은 왜 차이가 있는가?
12. 열대림의 식물 잎과 온대림의 잎의 형태 차이는 어떻게 다른가?
13. 왜 열대림에서 식물(생물)의 다양성은 높은 것인가?
14. 식물이 동물의 공격에 대한 방어는 어떻게 하는 것인가?
15. 식물의 생태적 지위는 어떤 뜻인가?
16. 세계에서 가장 키가 큰 나무와 가장 나이 많은 나무는?
17. 세계에서 가장 큰 꽃의 크기는?
18. 가장 오래 된 화석 생물의 DNA는?
19. 대나무의 개화 주기성은 왜 나타나는가?
20. 검은 꽃이 피는 식물의 충매화는 어떻게 이루어지는가?
21. 땅콩은 왜 땅콩인가?
22. 고추는 왜 매운 맛을 내는가?

==

* 사진: 강의 중 별첨하여 설명.

참고문헌

고경식, 김윤식, 원색한국식물도감, 1988.
고경식, 전의식, 한국의 야생식물, 일진사, 2005.
김유성, 식물분류학, 2004.
김준민, 임양재, 전의식, 한국의 귀화식물, 2000.
김진석, 김태영 한국의 나무, 돌베게, 2011.
김태욱, 한국의 수목. 교학사, 1998.
박수현, 한국귀화식물원색도감(보유편), 2001.
박수현, 한국귀화식물원색도감, 1995.
박수현, 한국의 귀화식물, 일조각, 2009.
송기엽, 윤주복, 야생화 쉽게 찾기. 진선출판사, 2003.
윤주복. 나무 쉽게 찾기. 진선출판사, 2004.
이규배, 식물형태학, 라이프사이언스, 2004.
이정식, 윤평섭 공저, 자생 식물학. 서일 출판사, 1990.
이창복 공저, 식물 분류학. 향문사, 1983.
이창복, 대한 식물 도감. 향문사, 2008.

야생동물의 이해(조류, 포유류)

김 창 회 (원저자)
국립환경연구원/전문위원

주 우 영
한국산지보전협회/연구팀장

목차

제1장 야생동물의 생태 개론

제1절 정의 및 범위

야생동물(Wildlife)이란 넓은 의미에서는 모든 야생에서 살아가는 식물, 동물, 그 밖의 생물체를 말할 수 있겠지만, 일반적으로 가축화되지 않은(Non-Domesticated) 척추동물(Vertebrate)을 의미한다. 야생동물과 생태계와의 관계를 이해하기 위해서 생태계의 위계를 간략히 설명하고 개체와 개체군 그리고 종과 군집의 개념, 종류에 대해서 알아본다. 또한, 야생동물이 살아가는 공간인 서식지의 개념과 구성요소 그리고 기능을 살펴보았다.

야생에 서식하고 있는 모든 척추동물 중에서 포유류와 조류를 본 강의의 주된 범위로 설정하였고, 특히 조류와 포유류에 대한 특징과 생태, 행동 양식 등을 본고에 포함하였다. 마지막으로 야생동물을 관리하고 보전하기 위한 국내외 단체 또는 협약에 대해서도 알아보기로 한다.

제2절 생태계와 생태학적 위계

야생동물을 이해하기 위해서는 생태계와의 관계를 우선 살펴보아야 한다. 생태계를 연구하는 학문인 생태학(Ecology)은 1866년 다윈(Charles Darwin)의 열정적 신봉자인 헥켈(Ernst Heckel)에 의해서 처음으로 정의되었다. 그는 생태학을 "환경에 대한 생물의 상호관계를 연구하는 포괄적인 과학"이라고 정의하였다. 생태학은 그 이후로 다양한 분야로 확대·발전되었다. 생태학은 식물학자와 동물학자들간의 많은 논쟁과 논의를 거쳐 생리학과 형태학과도 구분하였다. 특히 심층적인 관점에서 Andrewartha (1961)은 생태학을 "생물들의 분포와 수(數, 풍부성: abundance)에 관한 과학적인 연구"로 정의하였으나, Kreb(1972)은 "상호관계(relationship)"라는 핵심 개념이 빠져있음을 비판하며 "생물들의 분포와 수를 결정하는 상호작용에 관한 과학적 연구"로 수정하여 재정의하였다. 결국, 생태학은 생물들이 어디에서 관찰되고, 그 곳에 얼마나 많은 숫자가 살고 있으며, 왜 그곳에 사는지에 대하여 관찰하고 이해하는 학문이라고 설명하고 있다. 현재 미국의 생태학회(Ecological Society of America)에서는 "생명체의 과거, 현재, 미래 환경 사이에서의 관계 및 상호작용을 이해하고 연구하는 학문"으로 포괄적으로 정의하고 있다.

생태계를 이해하고 연구하기 위해 시간 스케일, 공간 스케일, 그리고 생물학적 스케일, 이들 스케일의 범위와 서로 간에 어떻게 상호 관련을 맺고 있는지를 이해하는 것이 매우 중요하다. 생태학적 위계(ecological hierarchy)를 통해 생명의 세계는 세포보다 작은 수준의 입자에서부터 세포, 조직, 기관에 이르고, 생태학에서는 다음과 같은 수준을 통해 구성된다; 개체 수준의 생물체(Individual organism), 개체군(Popluation: 동일한 생물종(種)의 개체들로 구성), 생물군집(Community: 생물공동체, 다수의 개체군들로 구성), 생태계(Ecosystem: 생물군집과 그 물리적 환경을 포함), 그리고 생물권(Biosphere)에까지 이른다(그림 1. 참조).

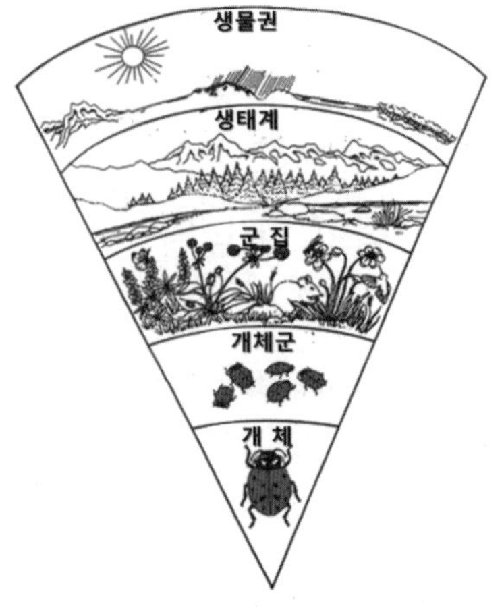

그림 1. 생태학의 생물학적 위계와 스케일

생물체 수준에서 생태학은 개체들이 환경으로부터 어떻게 영향을 미치는지를 다룬다. 개체군 수준에서 생태학은 특정 생물종의 존재 유무, 그들의 풍부성과 희귀성, 그리고 수적 경향성과 변동성에 대하여 다룬다. 그런데 군집생태학은 생태학적 집단(공동체)의 조성과 구조를 다룬다. 생물 조직체계에서 생태계 수준에서는 에너지와 물질이 생물적 요소와 무생물적 요소 사이에 이동하는 것처럼 에너지와 물질의 이동에 대해서도 초점을 맞출 수 있다.

제3절 종과 군집

1. 종의 개념

종은 서로 교배가 가능하고 자손을 생산할 수 있는 개체(individual) 또는 개체군(population)을 말한다. 이종교배를 통해 잡종이 태어날 수도 있지만 대개는 번식 능력이 없다. 아종은 같은 종에 포함되지만 각각 새로운 종으로 발전할 가능성이 있는 개체군을 뜻한다.

한 종이 둘 이상의 종으로 나뉘는 것을 종 분화라고 한다. 종 분화는 전체 개체군에서 하나 또는 여러 개체군이 고립되어 나타난다. 고립된 개체군은 나머지 개체군과 서로 교배할 수 없게 되어 다른 방향 또는 형태로 진화해 갈 수 있고, 시간이 흐르면 서로 분리된 개체군 사이에 교배가 불가능해 질 수 있다. 이때 교배를 불가능하게 만드는 요인으로는 유전학적, 형태학적, 행동학적, 생태학적 요인 등을 들 수 있다. 예를 들어 짝짓기 시기가 서로 달라졌거나 유전학적으로 서로 일치하지 않는 경우가 있다.

2. 군집(Community)의 개념

군집이란 특정 시점 또는 한 공간에서 여러 종류의 개체군이 모여 상호 작용을 하면서 생활하는 생물의 집단을 말한다. 군집의 조사는 종의 수와 각 종에 속하는 개체수의 구성 상태와 구조 및 기능 그리고 개체군과 개체군간의 상호작용을 파악하는 것이며, 군집의 밀도, 빈도, 피도 등을 조사한다.

제4절 야생동물의 특징

1. 조류의 특징

새 또는 조류(鳥類)는 생물 분류학상 동물계(Animalia), 척삭동물문(Chordata), 척추동물아문(Vertebreta), 조강(鳥綱)에 속하는 척추동물을 말한다. 하지만 공룡으로부터 분화되었다는 가설이 매우 설득력있게 받아드려지고 있으며 파충류와 매우 유사한 특징을 지니고 있기 때문에 현재 파충류강으로 분류체계가 변화하고 있다. 포유류와 마찬가지로 심장이 2심방 2심실이며, 허파로 호흡하는 항온동물 이다.

분류법에 따라 전세계에 8,800~10,200 종이 분포하며, 우리나라에는 약 410여종이 확인되었다. 가장 작은 종은 벌새이며, 가장 큰 종은 타조이다. 약 1억 5,000만 년 전 공룡으로부터 분화했다고 생각되며, 각질의 깍지로 덮여 있는 부리와 비늘이 있는 다리, 날개 이외의 뼈대 구조 등은 파충류와 비슷하나 체표가 깃털에 싸여 있는 점과, 앞다리가 날개로 변화해 있는 점은 다른 동물 무리에서는 볼 수 없는 특징이다.

조류는 대체로 머리에 비해 눈알이 크고, 망막의 시신경이 발달해 있어 시력이 예민하다. 부엉이 등의 야행성 종에서는 시세포가 간상세포만으로 되어 있으나, 주행성 종에서는 원추세포가 발달해 사람이 느끼는 색상을 대부분 감지할 수 있다. 귀는 머리 부분의 좌우에 한 쌍이 열려 있는데, 모두 깃털로 싸여 있기 때문에, 겉에서는 잘 보이지 않는 경우가 많다. 청각도 잘 발달해, 시각과 함께 조류가 생활하는 데 가장 중요한 감각 기관이다. 반면 후각은 타조목 · 슴새목 외에는 예민하지 않으며, 미각도 그리 발달해 있지 않다.

모든 조류가 비교적 적은 수의 알을 낳는데, 대부분 어미새가 몸의 열로 알을 부화시킨다. 알은 다량의 난황을 포함하는 단황란으로, 미수정란의 난황 부분은 하나의 세포로는 동물 중 가장 큰 부피를 차지한다.

대부분의 새는 낮에 활동하지만, 올빼미 등과 같은 종은 야행성이다. 먹이는 종에 따라 꿀, 나무 열매, 곤충, 쥐, 물고기, 작은 새 등으로 매우 다양하다. 많은 종은 계절에 따라 이주하며, 이러한 새들을 철새라 부른다. 언제, 어느 곳에서 이주하느냐에 따라 여름철새, 겨울철새로 나뉜다. 또, 한 곳에 머무르며 서식하는 새를 텃새라고 하며, 먼 길을 가기 위해 한 곳에 잠시 머무르는 새를 나그네새라고 한다. 서식지나 이동 경로에서 벗어나 있는 새들은 미조나, 길잃은새라고 한다(표 1).

표 1. 우리나라 조류의 이동 현황(현재까지 남한에 보고된 조류 417종)

구분	내역	대표적인 종
텃새	연중 남한에서 서식하는 새	꿩, 멧비둘기, 참새, 박새, 동고비, 곤줄박이, 노랑턱멧새, 딱새, 까치, 까마귀, 올빼미 등 59종
여름철새	우리나라에서 번식하고 필리핀, 인도네시아 등 남쪽에서 월동하는 새	제비, 꾀꼬리, 뻐꾸기, 파랑새, 찌르레기, 뜸부기 등 68종
겨울철새	시베리아, 만주 아므르 등 북쪽에서 번식하고 우리나라에서 겨울에 활동하는 새	쇠기러기, 청둥오리, 쇠오리, 두루미, 고니 독수리 등 114종
나그네새	북쪽 번식지로부터 남쪽 월동지로 이동하는 도중, 봄, 가을에 지나가면서 잠시 머무는 새	발종다리, 중부리도요, 마도요, 꼬마물떼새, 유리딱새 등 109종
길잃은새	철새들에 섞여 오거나 태풍, 등에 의하여 불규칙으로 도래하는 새	검은등제비갈매기, 쇠르레기, 황금새, 검은멧새, 흰올때미 등 67종

2. 포유류의 특징

포유류는 생물 분류학상 동물계(Animalia), 척삭동물문(Chordata), 척추동물아문(Vertebreta)에 속하며, 포유동물강 (Class Mammalia)을 말한다. 이들은 서식 장소가 넓어 지구상 어디든 광범위하게 분포하고 있다. 체제가 복잡하여 분화한 기능과 다양한 생활양식을 나타내는 동물계의 가장 진화된 종류이다. 현존하는 척추동물은 동물 전체의 1/20인 45,000종 가량이 알려져 있다. 이중 포유류는 세계에 25목 4,629종이 발견되었으며, 우리나라의 포유류는 8목 95종이며 이중 19종은 북한에만 서식한다고 , 실제로 몇 종이 서식하고 있는지에 대해서는 명확하게 조사되고 있지 못하고 있다. 우리나라에 기록된 포유류는 총 95종이며 이중

현재 우리나라에 서식하는 산림성 중대형 포유류 중 비교적 지속적인 밀도를 유지하고 있는 종은 멧돼지, 삵, 노루, 고라니, 멧토끼, 너구리, 오소리 등 10여종 뿐이다.

포유류의 주요 특징으로는 알이 아닌 세끼로 번식하고, 포유류의 암컷이 새끼에게 젖을 먹이며, 정온동물 즉 따뜻한 피가 흐르고, 아가미가 아닌 폐로 호흡하며, 몸에 털이 나 있어 체온을 유지하고 외부 충격으로부터 몸을 보호한다. 또한 포유류는 대부분이 야행성이며, 몸을 숨기는 데 뛰어나고, 사람의 귀

로 들을 수 있는 소리를 잘 내지 않기 때문에 많이 서식하고 있다 하더라도 우리의 눈에 띄는 경우는 흔치 않다. 지난 2백만 년 동안 포유류는 세계 곳곳에서 번성해 왔다. 포유류는 몸무게가 채 3g이 되지 않는 박쥐에서부터 120톤이 넘는 대왕고래에 이르기까지 형태와 크기에 있어 매우 다양하다.

3. 야생동물의 가치

가. 생태적 가치

야생동물의 생리, 생태적 활동을 통하여 생대계의 생산성과 안정성을 향상시킴으로써 인류에게 기여하는 모든 역할을 야생동물의 생태적 가치라고 한다.

야생동물은 생태계 내에서 소비자 또는 분해자로서 생태계의 항상성 유지에 기여하고 였으며, 그들은 생리, 생태적 적용활동 즉, 채이, 번식 등을 통해 토양경운, 종자분산, 수분, 개체군의 자연적 조절, 사체(死體) 처리를 통한 위생청결 등 직접 또는 간접적으로 인류에게 무한한 혜택을 주고 있다.

나. 휴양적 가치

야생동물의 레크레이션적 가치는 야생동물과 관련된 스포츠나 취미 활동인 수렵, 낚시, 야생조수관찰 및 사진촬영과 등산, 야영, 여행(특별히 야생동물의 매력에 이끌린) 등을 위해 사람들이 지불하고자 하는 금액뿐만 아니라 이들 활동에 소비한 시간 및 활동을 통해 얻은 경험의 가치를 모두 포함한다.

야생동물과 관련된 레크레이션 활동은 살아있는 생명체로서 야생동물이 지니고 있는 형태적 또는 생리·생태적 속성과 그들이 서식하고 있는 아름다운 자연을 느낄 수 있다는 점에서 단순히 경제적인 가치 이상의 무형적인 것을 내포하고 있다.

다. 경제적 가치

야생동물의 경제적 가치는 좁은 의미에서는 야생동물의 고기, 모피, 뿔 등 주요 부산물의 생산판매와 낚시, 수렵, 야생동물의 관찰 등 레크레이션적 이용을 통해 얻는 직접적인 수입을 들 수 있으며, 넓은 의미로는 자연생태계 내에서의 야생동물의 생리·생태적 활동 즉, 해충구제, 전염병구조 개선 등을 포함하여 야생동물의 잠제적인 모든 가치의 종합으로 이해할 수 있다. 특히, 산림에 서식하는 야생조류의 해충 포식으로 인해 산림 보호기능이 가능하며 이는 피해지역의 방제비용 절감효과가 있는 것으로 평가되었다.

라. 심미적 가치

지구상에 존재하는 어떠한 생명체도 그 나름대로의 아름다움을 지니고 있다. 야생동물은 그 자체의 모습과 아름다운 노래소리 뿐만 아니라 주위의 서식환경과 조화를 이루었을 때 더욱 그 가치의 진가를 발휘한다.

야생동물이 지니고 있는 형태적 또는 생태적인 아름다움은 단순히 예술작품의 소재로서의 의미뿐만 아니라 자연과 조화를 이루며 살아가는 동물의 생활양식의 관찰을 통해 야생동물에 대한 의식의 틀 즉, 자여관을 심어줄 수 있다는 점은 오늘날 야생동물 보전교육의 방향과 방법에 있어서 시사하는 바가 크다. 야생동물의 심미적 가치는 자연관찰원, 야생동물원, 자연사 박물관 조성 및 도시내 야생동물의 도입 등의 타당성을 제시하는데 있어서 가장 중요한 요소라고 할 수 있다.

마. 교육·과학적 가치

생태학자, 동물행동학자, 생리학자, 병리학자, 인구통계획자, 사회학자, 인류학가 들은 자신들의 이론을 발전시키기 위해 야생동물 연구를 응용한다. 인간은 일찍이 야생동물의 우수한 환경적응 능력에 대한 호기심을 갖게 되었으며 이의 연구를 통해 과학발달에 크게 영향을 미쳤다.

인간의 하늘을 날고자 하는 욕망은 마침내 비행기를 만들었지만 그 형태와 기능에 있어서는 새의 그것과 유사하다. 박쥐가 어둠 속에서도 먹이를 포착하는 능력은 레이더로, 방울뱀에서 열추척 미사일을, 상어지느러미의 기능연구는 유체역학과 비행기 동체 설계에 응용되는 등, 야생동물의 특수한 환경적응 능력에 대한 호기심은 그 기관의 구조와 작용에 대해 연구를 통해 문명의 발전에 기여했다.

유명한 그리스의 철학자 아르스토텔레스는 “자연은 가장 위대한 인생의 교과서 자연은 본다는 예술은 곧 영원한 진리를 낳는다.”라고 말하였으며, 미국의 인디언 추장이였던 Seattle은 대통령에게 보낸 서한에서 “지구상에서 짐승들이 다 멸종된다면 인간들은 심한 고독에 빠져 죽고 말 것이다.”라고 경고했다. 특히, 레이첼 칼슨이 1962년 저술한 “침묵의 봄(Silent Spring)”에서는 강력한 농약 및 해충제의 사용으로 인한 환경오염은 결국 숲에서 새들이 사라지게 되어 봄이 되어도 새소리를 들을 수 없을 것이라고 하였다. 이 책을 계기로 미국의 환경운동이 새로운 전기를 맞게 되었고, 10년 뒤 DDT 사용 억제 금지 법안이 통과 되는 등 많은 영향을 미치게 되었다.

제5절 야생동물 서식지가 되기 위한 조건

야생동물이 서식하기 위한 외부의 물리적 환경요소로는 기본적으로 공간(Space; 피난처와 번식장소), 먹이·물, 등 을 들 수 있다.

1. 공간(Space)

야생동물이 서식하기 위해서는 여유 있는 서식공간의 확보가 필요하다. 서식지가 좁아서 다른 서식공간을 구하기 위해 이동하는 과정에서 로드킬(road-kill)을 당하는 예들을 흔히 볼 수 있는데, 야생동물의 안전한 서식을 위해서는 적정규모 이상의 핵심지역이 존재하고 그 주변에 가장자리가 여유롭게 있어서 내부종(interior spp.)과 가장자리종(edge spp.)이 조화를 이루며 존속하므로 생태계의 균형을 맞출 필요가 있다. 서식공간은 천적으로부터 도피가 용이할 수 있고 쉼터가 될 수 있어야 하며, 또한 안전하게 번식할 수 있는 공간의 확보가 매우 중요하다.

번식장소로 적합한 곳은 사람이나 포식자의 접근이 어려운 풀 숲, 들어갈 수 없는 얕은 물돌 틈, 처마 밑, 지붕 틈새, 흙벼랑 등 다양하다. 인공적인 새집 만들어 달기나 건물이나 집터에 새집 구멍 만들어주기, 죽은 나무와 고목 나두기 등을 통해 야생동물의 서식지 제공이 가능하다.

2. 먹이(Food)

모든 야생동물들은 먹이를 필요로 하며 이런 먹이원이 동물의 종류에 따라 매우 다양하다. 산림에서는 임상에 따라 야생동물이 선호하는 먹이자원이 달라지기 때문에 서식지 질을 평가하기 위해서는 반드시 먹이자원의 분포여부를 분석하는 것이 필요하다. 열매, 과일은 숲 속 동물들의 가을, 겨울 중요한 먹이원이 된다. 벌배나무, 때죽나무, 벚나무, 참나무류 등의 열매나 씨앗과 같이 야생동물들이 좋아하는 나무가 많은 숲이 선호 된다. 동물성 먹이는 야생동물들이 새끼를 키우는 번식기에 가장 중요한 먹이원이다. 곤충, 거미, 지렁이 등이 많이 서식하는 조건이 필요하다. 풀밭의 풀씨는 씨앗을 먹는 새들에게 가장 중요한 먹이원이다. 풀밭은 또한 귀뚜라미, 메뚜기 등 서식 조건을 조성함으로 먹이 제공의 효과가 있다.

3. 물(Water)

야생동물에게 물은 생존에 절대적으로 필요한 자원 중의 하나이며, 양서류와 조류, 포유류에게 체내의 수분을 보충하는 인자로서 매우 중요하다. 특히 야생동물의 먹이자원과 서식처와는 다른 공간에서 물이 존재할 수 있기 때문에 별도의 고려가 필요하다. 우리나라는 대체로 물의 접근성이 좋아 야생동물 서식지 기준에서 제한요인은 아니지만, 야생동물의 서식지 기준을 충족시키기 위해서는 동물종이 이동하기 쉬운 거리에 물의 존재 여부가 중요한 요소이다. 따라서 야생동물들이 편하고 안전하게 방해 받지 않고 방문할 수 있는 연못, 습지, 계곡 등이 필요하다. 또한, 물이 음용수로서 뿐만 아니라, 목욕(기생충 제거, 더위 식히기, 피부와 깃털 손질), 둥지의 주 소재(진흙) 제공 등과 같은 기능을 한다.

제2장 주요 포유류 야생동물의 생태

제1절 호랑이(*Panthera tigris altaica*, Siberian Tiger)

- **분포** : 극동러시아, 중국, 한국(멸동), 북한 등에 분포하고 있으며, 과거에는 서쪽의 터키 동부에서 남쪽으로는 수마트라, 자바, 발리, 동쪽으로는 오호츠크해에 이르는 광범위한 지역에 분포
- **형태** : 우리나라에 서식하고 있는 맹수 가운데 가장 큰 종류이다. 머리가 크고 네 다리가 튼튼하고 강태하며 꼬리 길이는 몸통 길이의 2분의 1정도이다. 귓바퀴는 짧고 둥글다. 몸 윗면은 선명한 황갈색이고 24개의 검은 가로무늬 줄이 있다. 아랫면의 털색은 전반적으로 백색이며 윗면보다 연한 색의 가로무늬 줄이 있다.
- **생태** : 울창한 산림에 서식하며 임신기간은 103일이고, 수명은 약 20년이다. 3~4세에 성적으로 성숙하며, 열대지방에서는 1년 내낸 번식행동이 계속되지만 시베리아호랑이는 겨울로 한정적이다. 새끼는 3~4마리를 낳으며, 암컷이 혼자 키우고 약 18개월간은 어미에게 의존하며 생활한다.

  2~5세까지 어미의 행동권에 머물며 그 뒤 자신의 행동권을 확보하기 위해서 떠난다. 체중은 시베리아호랑이의 경우 최고 384kg의 기록이 있으며, 멧돼지, 노루, 사슴류 등 중 대형의 동물을 포식한다. 호랑이의 시식영역은 암컷 20km2, 수컷 100km2 정도로 매우 넓으며, 분비물을 나무나 바위에 묻히거나 잘 보이는 장소에 분(糞)이나 발톱자국을 남겨서 행동권을 표시한다.

제2절 반달가슴곰(*Selenarctos thibetanus ussuricus*, Asiatic Black Bear)

- **분포** : 곰과의 동물들은 잡식성이 되면서 환경에 잘 작용하여 오세아니아와 남·중부 아프리카를 제외한 전 세계에 8종이 분포·서식하고 있다. 반달가슴곰은 북쪽으로 러시아의 아무르강 유역에서부터 남쪽으로 태국·대만·인도지나반도까지, 서쪽으로 아프가니스탄·이란에서부터 동쪽으로 일본에 이르기까지 광범위하게 분포
- **형태** : 불곰에 비해서 몸이 작고, 몸 전체에 광택이 나는 흑색털이 나 있고, 앞가슴에 반달모양의 백색무늬가 있다. 이 무늬의 크기는 변이가 심하며 무늬가 전혀없는 개체도 있다. 얼굴은 길고

이마는 넓고 귀바퀴는 크고 둥글며 주둥이는 짧다.

• **생태** : 앞가슴에 반달 모양의 V자 문양을 지닌 반달가슴곰은 주로 1,500m이상의 고산지대 활엽수림에 서식한다. 일반적으로 야행성이어서 낮에는 나무구멍이나 동굴, 또는 갈라진 바위틈에서 잠을 자지만 좋아하는 과실이 익는 시기에는 낮에도 활동한다. 둔하게 생긴 몸집과 달리 시속 40km로 한 시간을 달릴 정도로 끈기가 대단하며, 한번 마음먹은 것은 끝까지 해내고 마는 집착력을 보인다.

겨울잠에 들어간 첫 달에는 쉽게 깨어나고 12월부터 2월까지 깊은 잠에 빠진다. 일부 개체군은 겨울잠을 자지 않거나 혹한의 날씨에만 잠깐 동안 자는 경우도 있다.

6월~7월 사이에 수컷이 암컷을 적극적으로 찾아다니면서 구애하는데, 여러 마리의 수컷이 서로 발로 차거나 높은 소리를 내는 정도로 경쟁하여 결국 한 마리의 수컷이 암컷을 차지한다. 그러나 짝짓기가 끝나면 암수는 별거생활에 들어간다. 암컷의 임신기간은 7~8개월이고, 대개 두 마리의 새끼를 낳는데, 겨울잠을 자는 기간 중에 12월 하순부터 3월 사이, 주로 2월에 굴에서 새끼를 낳는다.

제3절 멧돼지(*Sus scrofa* Wild Bore)

• **분포** : 유럽, 북아프리카, 스리랑카, 파키스탄, 동아시아, 동남아시아, (미국은 유럽에서 도입)

• **형태** : 몸은 굵고 길며 4다리는 짧고 주둥이는 원통형으로 길다. 눈은 작고 털은 어두운 회색, 갈색 또는 흑색이며 고리는 짧다. 새끼는 다람쥐와 같은 줄무늬를 가지고 있다. 수컷은 암컷보다 크며 입밖으로 솟아나는 견치를 가지고 있다.

• **생태** : 심산의 활엽수가 우거진 곳에 살며 적설기에는 야산으로 내려온다. 잡식성 동물로 나무 뿌리, 피경, 식물의 잎, 농작물, 무척추동물, 소포유동물, 동물의 사체를 먹는다. 12월~1월에 교미하며 3월~4월에 새끼를 낳으며 다음해 번식기까지 같이 생활한다. 행동영역은 서식지의 환경 및 개체에 따라 다르며 100~400ha이다. 평균수명은 약 10년이며 최대 27년까지 살은 개체도 있다.

표 2. 멧돼지 순종과 교잡종 비교

구분	순 종	교 잡 종
어릴 때	• 황갈색이고 몸에 검정색의 굵은 줄무늬가 있으며 무늬는 일정하고 뚜렷하다.	• 몸색체는 여러 가지로 나타나며 무늬가 똑같지 않고 색체가 뚜렷하지 않다.
어미일 때	• 귀가 작고 삼각형이며 목은 굵고 짧다. • 주둥이가 길고 뾰족하다 • 등에 끝이이 3~5개로 갈라진 갈퀴털이 무성하다. • 눈이 작고 약간 붉은색을 띈다. • 아래턱이 크고 긴 송곳이가 밖으로 나온다. • 꼬리는 가늘고 짧으며 동그랗게 감지 않는다. • 성질이 사납고 사람을 몹시 경계한다. • 년 1회 새끼를 낳는다.	• 귀가 크다. • 주둥이가 짧고 위로 약간 굽었다. • 갈퀴털이 적고 여러개로 갈라지지 않는다. • 순종에 비하여 눈이 크고 검정색을 띈다. • 아래턱에서 송곳이가 밖으로 나오지 않는다. • 꼬리는 굵고 길며 동그랗게 감는 편이다. • 성질이 순하고 사람을 경계하지 않는다. • 연중 번식한다.

제4절 고라니(*Hydropotes inermis*, Water Deer)

- **분포** : 한국(제주도 제외), 중국 동중부지방
- **형태** : 고대형 노루의 한종으로 몸길이는 80~100cm, 몸무게는 9~15kg 이며 암수 모두 뿔이 없고 수컷이 윗송곳니는 약간 굽어서 밖으로 노출한다. 털은 기부가, 다음은 흑갈색, 적갈색의 순으로 되어 있다. 배는 백색이며, 어깨, 다리, 고리는 밤갈색이다. 새끼는 흰반점을 가지고 있다.
- **생태** : 저지대의 갈대 및 관목 숲에 살며 칡, 사초류 농작물등 초본류를 새끼를 낳는다. 인공사육시 11년 5개월을 생존한 적이 있다.

표 3. 노루와 고라니의 비교

구 분	노 루	고 라 니
서식지	산악의 산림지대	야산 및 구릉지(갈대밭이나 무성한 관목림)
특징	수컷은 뿔이 있음 엉덩이에 큰 백색 반점이 있음 몸이 크다(몸길이:100~135cm, 어깨높이:60~75cm) 털이 부드럽다	수컷은 뿔이 없고 견치(송곳니)가 있음 엉덩이에 백색 반점이 없음 몸이 작다(몸길이: 90cm, 어깨높이: 50cm) 털이 거칠다.
번식기	9~10월	1~2월
한배새끼수	평균 1~2마리	2~6마리
식성	초식성(어린싹 · 잎 · 열매, 관목의 줄기)	초식(채소, 거친 풀, 갈대)
분포	한국, 중국, 유럽	한국, 중국 북부

제5절 멧토끼(*Lepus sinensis*, Korean hare)

- **분포** : 한국, 중국 동부, 대만
- **형태** : 긴 귀와 큰 뒷발을 가지고 있으며 발은 털로 잘 덮혀 있다. 몸의 등 부위는 회색 또는 회갈색이며 배 부위는 흰색을 띠며 이마에 흰 반점이 있다.
- **생태** : 초본으로 이루어진 개활지에 서식힌다. 번식이나 피난용으로 땅을 파지 않으며 새끼는 관목이나 초본식생이 무성한 움푹페인 땅위에 낳는다. 1년에 2~3회 번식을 하고 1회 3~4마리의 새끼를 낳으며 새끼는 털이 있고 개안(開眼)된 상태로 태어나고 이유기간은 42일내외다. 행동반경은 7~10ha이며, 번식기에는 수컷들의 투쟁이 발생한다.

표 4. 멧토끼와 집토끼의 차이점

구 분	멧 토 끼	집 토 끼
번식장소	관목이나 초본이 밀생하고 지면이 움푹파인곳	굴을 만들어 번식
출생시 새끼의 상태	털이 있고 눈을 뜬 상태로 출생	털이 없고, 눈이 감긴 상태로 출생
털색	잿빛 회색이며 이마에 흰털이있다.	흰색, 검정색, 누런색, 잿빛등 다양한 색

제6절 사슴류(우제류)

〈사슴과 일반사항〉

포유류 중에서 가장 아름답고 귀여운 동물의 하나이다.

사슴과에는 약 45종이 있는데 발가락이 4개씩 달린 우제류이다. 우제류란 발가락 수가 짝수인 발굽달린 동물을 말한다. 사슴류의 발가락을 보면 두 개의 큰 발가락을 보게 되는데 이것들은 각각 셋째, 넷째 발가락이며 이 두 발가락이 몸을 지탱하고 있다. 원래 다섯 개였지만 첫째 발가락은 사라지고, 둘째와 다섯째 발가락은 작아서 겉으로 크게 드러나 있지 않다. 시각(큰 눈)과 청각기관(큰 귀)이 발달하고 주둥이의 감각이 뛰어나서 적의 접근을 감지하여 다른 포식자들로부터 쉽게 잡히지 않는다. 사슴류의 형태가 다른 종과 특이한 것은 뿔이다. 뿔은 가지모양으로 나는데 수컷만 난다(순록은 경우에는 암컷도 남). 생활은 산림지대에서 주로 나뭇잎을 먹고 살지만 풀을 먹기도 한다. 거의 모든 대륙에 분포한다.

1. 붉은 사슴(*Cervus elaphus*, red deer)

- **분포** : 유럽, 아시아, 호주, 뉴질랜드, 남미
- **형태** : 신체길이 1.5~2m, 꼬리 약 12cm
  털빛이 여름에 불그스름한 갈색이다. 옆구리에 허연 반점이 나타나기도 한다. 뿔은 수컷만 나는데 가지모양이며 뿔이 클수록 많은 암컷을 거느리는 경향을 보인다. 수컷이 암컷보다 몸집이 크고 체중이 많이 나가며, 목덜미에 늘어진 갈기가 있다.
- **생태** : 주야로 나뭇잎과 풀을 뜯어먹고 살며, 골풀, 사초 등을 잘 먹는다. 암컷은 우두머리 암컷을 중심으로 무리를 이루고, 수컷은 발정기를 빼고는 수컷끼리 무리를 이룬다. 수놈들은 가을에 발정기가 되면 심한 몸싸움을 하고 승자는 하렘을 이끌게 된다. 하렘이란 수컷 한 마리가 거느리면서 짝짓기를 하는 암컷무리를 말한다.

2. 노루(*Capreolus capreolus*, roe deer)

- **분포** : 유럽~소아시아, 우리나라 등
- **형태** : 신체길이 1~1.3m, 꼬리 약 5cm
  주둥이 부분의 검정색 띠와 턱과 목에 나 있는 흰색 반점이 특징이다. 털빛은 여름에 붉은 갈색이다가 겨울에는 털갈이로 회색으로 바뀐다. 암컷 수컷 모두에게 엉덩이에 흰색 반점이 있다. 옆
- **생태** : 풀이 많은 산림지대에 사는데 이른 아침(새벽)과 해질무렵에 활발한 활동을 벌인다. 먹이는 주로 관목, 풀, 열매 등 여러 가지 다양한 식물들을 섭취한다.

제7절 너구리(*Nyctereutes procyonoides*, Raccoon Dog)

- **분포** : 유럽, 중앙/북/동아시아 전역. 중국에서는 멸종.
- **형태** : 개과 동물로서 몸길이 50~60cm, 꼬리 약 18cm에 이른다.
  털은 갈색과 검은 색이 섞여 있고 코는 검정색이고 주둥이는 흰색이다.
- **생태** : 주로 숲이 우거진 계곡 부위에 서식하는 특징을 보인다. 야행성이고 잡식성으로서 새, 작은 포유류, 과일, 열매 등에 이르기까지 여러 가지를 먹고 산다. 개과이지만 나무를 잘 타며 겨울잠을 자는 점이 특징이기도 하다. 대부분의 동면동물들이 그렇듯 겨울잠을 자기 전에 영양

분을 충분히 섭취하여 몸무게를 거의 50% 정도나 키운다.

제8절 족제비류

〈일반사항〉

족제비과는 모두 67종이 있다. 식육류이며 몸 크기는 말아 쥔 손 안에 넣을 수 있을 정도로 작은 아메리카쇠족제비에서부터 큰수달에 이르기까지 다양하다. 크기가 다양한 만큼 생활양식도 다양한데 거의 물속에서 생활하는 수달, 땅굴을 파고 사는 오소리, 반수 생활하는 밍크, 수상생활하는 흰담비, 땅 위에서 사는 긴털족제비 등 종마다 조금씩 다르다.

몸의 형태는 길고 호리호리하고 길며 짧은 다리와 작은 귀, 유리알처럼 반짝이는 눈, 날카로운 이빨과 예리한 감각을 지닌 점이 공통점으로 나타난다. 거의 전세계에 분포하고 있다.

1. 족제비(*Mustela nivalis*, Weasel)

- **분포** : 우리나라를 비롯하여 거의 전세계에 분포.
- **형태** : 몸길이 16.5~24cm, 꼬리 3~9cm
  족제비과에서 몸이 가장 작고 가장 널리 퍼져있는 종의 하나이다. 대부분의 종처럼 몸은 가늘고 길며, 털은 몸통, 팔다리 등은 갈색이고 배부분은 흰색이다.
- **생태** : 주야를 구분하지 않고 활동하는데 이것은 매일 몸무게의 1/3에 해당하는 양의 먹이를 섭취해야 하기 때문이다. 먹잇감으로 두더쥐와 생쥐를 즐겨 잡아먹는다. 감각 기관 특히 후각과 시각이 발달하여 이를 이용하여 상대의 목을 물어 죽인다. 위험을 감지하면 쉬쉬 소리를 내고 비명을 지르기도 하며 항문부위에서 악취를 내뿜어 의사표시를 하기도 한다. 생태적 서식지로 탁 트인 숲, 풀밭, 농경지 등에서 잘 발견된다.

2. 수달(*Lutra lutra*, European Otter)

- **분포** : 우리나라를 비롯하여 유라시아 지역에 분포.
- **형태** : 몸길이 55~70cm, 꼬리 35~40cm
  몸은 길쭉하며 납작한 머리에 넓은 주둥이와 작은 눈과 귀가 달려 있다. 몸통의 털색깔은 목부분이 엷은 것을 빼고는 전체적으로 갈색이다. 방수털에다가 발에 달린 물갈퀴로 수중생활하기에 적합하다. 특히 납작한 꼬리는 튼튼해서 추진력을 내기에 좋으며 키 역할도 한다.

- **생태** : 대체로 야간, 새벽, 저녁 무렵 등에 활동을 활발하게 한다. 서식처인 땅굴은 물가의 식물사이나 나무뿌리 밑에 숨겨져 있는데 이것이 물가가 자신의 세력권임을 말하는 것이다. 활동 반경은 4~20km에 달하는 것으로 파악하고 있는데 배설물과 몸에서 분비하는 냄새로 영역을 표시한다. 먹이로서 물고기, 게, 가재, 곤충 등 절지동물, 개구리, 새 등을 먹으며, 독립 생활하지만 짝짓기 기간 중에는 암수가 2~3개월 동안 함께 생활한다. 새끼는 보통 2~3마리가 태어나고 3개월 정도 어미젖을 먹고 사는데 보통 1년 이상 어미와 함께 살아간다.

  수달은 보호종인데 모피 수급뿐만 아니라, 각종 개발행위와 오염으로 물가 서식지가 파괴되어 늘 위협을 받고 사는 종이다.

3. 담비(*Martes flavigula*, Yellow Throated Marten)

- **분포** : 우리나라를 비롯하여 아시아 지역에 분포.
- **형태** : 몸길이 45~50cm, 꼬리 20cm

  다리는 짧고 각 발가락에는 날카로운 발톱이 있으며 머리는 가늘고 긴 편으로 주둥이가 길고 뾰족하다. 귀는 짧고 넓으며 꼬리는 길고 끝이 가늘다. 털의 색깔은 겨울에 황색으로 변하는 것과 황갈색 그대로 있는 것 두 가지가 있다.
- **생태** : 높은 산림지대에 살며 이른 아침이나 밤에 활동한다. 자기의 텃세권을 표시하기 위해 냄새를 묻히고 다닌다. 그러나 냄새가 스컹크처럼 고약하지 않고 향긋하다. 쥐와 야생조류가 주식이며 도마뱀 · 장지뱀 · 개구리 · 하늘다람쥐 · 날다람쥐도 잡아먹으며, 가을에는 과일도 잘 먹는다. 나무에 잘 오르며 매우 민첩하고 잔인하여 배가 고프지 않아도 다른 동물을 해치는 습성이 있다. 번식기는 2~3월 무렵이고 임신기간은 7주 정도로 3~5월 무렵 한두 마리의 새끼를 낳는다. 삵과 더불어 생태적 지위를 유지하고 있는 남한의 대표적인 중형 포식동물이지만 과일과 꿀도 좋아하는 잡식성이다. 큰 산과 이어진 숲의 안쪽에 살며, 풀밭보다는 우거진 숲을 좋아하고 나무를 잘 탄다. 청설모와 쥐를 주로 먹지만 멧토끼, 어린 노루, 사향노루를 담비 한 쌍이서 공격해 사냥하기도 한다. 여름에는 다래, 초겨울에는 고욤 따위의 나무 열매도 아주 좋아한다.

제9절 설치류

〈일반사항〉

설치류는 전체 포유동물의 40% 정도를 차지하는 대가족이다. 쥐와 생쥐로 대표되는데 남극 대륙을 제외한 거의 모든 지역에 살고 있다. 종류로는 나무에서 사는 다람쥐에서부터 반수생생활하는 비버, 뛰는 쥐, 땅굴파는 두더쥐에 이르기까지 다양한 종이 있다. 하지만 몇 종을 제외하고는 비교적 작은 몸집이고 꼬리가 길고 단단한 것을 먹기에 좋은 튼튼한 이빨과 턱을 갖추고 있는 공통점을 지니고 있다. 이빨 중 앞니 4개는 길고 평생 자란다. 또한 가늘고 긴 수염, 뛰어난 청각과 후각기관은 예민함과 기민함으로 주변 상황을 정확하게 파악함으로써 생존에 중요한 역할을 하고 있다. 몸이 작지만 번식력이 강하고 빨라서 계속 살아남고 있다.

1. 다람쥐(*Tamias sibiricus*, chipmunk)

다람쥐는 다람쥐과 중 일부를 말하는 것으로 좁게는 한반도에 사는 시베리아다람쥐(Tamias sibiricus)를 지칭하기도 한다. 넓게는 북아메리카, 유럽 등에 사는 Sciurus속 등을 포함해서 부르는 말이기도 하지만 한반도에 사는 Sciurus 종인 Sciurus vulgaris coreae는 청서 또는 청설모라고 불린다.

다람쥐는 밤, 호두, 잣 등 견과류를 주식으로 한다. 특히 밤을 좋아하기 때문에 밤 생산단지에 피해를 많이 주는 것으로 알려져 있다. 또 서식처를 만들기 위하여 나무껍질을 벗겨 냄으로써 수목의 성장을 저해하기도 한다.

작고 귀엽게 생긴 외모 때문에 애완동물 내지 반려동물로 집에 사람과 같이 생활하기도 한다. 호주, 뉴질랜드, 남극, 마다가스카르섬, 뉴기니아를 제외한 전 세계에 분포하고 있다.

최근 가을철이 되면 등산객들이 도토리를 많이 채취하기 때문에 다람쥐의 먹이가 사라지고 있어서 먹이를 보호하고자 하는 의식이 요구된다.

※ 다람쥐 수출

1962년 4월에 일본으로 2000마리를 수출하기 시작하여 많게는 연간 30만 마리를 수출한 때도 있었는데 당시 수출 가격은 마리 당 1~2달러 40센트에 달하였다고 한다.

2. 청설모(*Sciurus vulgaris*, Eurasian red squirrel)

- **분포** : 우리나라를 비롯하여 서유럽에서 동아시아에 이르는 지역에 분포.
- **형태** : 몸길이 20~25cm, 꼬리 15~20cm

다람쥐과에 속한다. 텁수룩하고 풍만한 꼬리는 몸의 길이만큼 긴 것이 특징이며, 귀에 털이 많이 나있다. 털색깔은 몸통은 회색, 검은색, 붉은색, 갈색으로 다양하고, 복부의 털색은 흰색이다.

- **생태** : 나무를 타고 오르고 건너뛰는 것에 능숙하고 날아다니는 것처럼 빠르다. 잣, 솔씨, 도토리, 나무껍질, 나무순, 열매, 버섯 등 다양하게 먹는데 먹을 때에는 앞발로 붙잡고 껍질을 까면서 해치운다. 이러한 섭식행동 때문에 봄철에 숲에 들어가면 나무의 새순과 가지가 땅에 떨어져 있는 것을 많이 보게 된다. 둥지는 나무의 갈라진 틈새나 빈 구멍에 잔가지를 이용하여 공모양으로 만들고 속에는 부드러운 것을 깔아 완성한다.

※ 다람쥐와 청서(청설모)의 차이점

두 종은 먹잇감의 종류도 비슷하고 우리나라 거의 전역에 살고 있다는 공통점이 있지만 다른 점도 있다. 우선 쉽게 구별되는 것은 생김새이다. 다람쥐는 몸집이 작고 갈색 몸통에 등에 줄무늬가 있으며 주로 땅 위에서 생활하지만, 창설모는 다람쥐에 비해 몸통이 크고 꼬리가 텁수룩하며 몸통색이 짙고 주로 나무 위에서 생활한다. 먹이의 종류는 유사하지만 다람쥐는 도토리, 청설모는 잣을 가장 즐겨 먹는다. 아마도 가장 큰 차이점은 다람쥐는 겨울잠을 자지만 청설모는 겨울이 되어도 겨울잠을 자지 않고 먹이를 찾아 돌아다닌다는 것이다. 먹이습관과 생리적으로 비슷하면서도 다르기 때문에 청설모와 다람쥐는 같은 숲에서 살아갈 수가 있지만, 청설모는 가끔 자기 행동영역을 침범한 다람쥐를 공격하여 내쫓아버리기도 한다.

제10절 산양(*Naemorhedus caudatus*, Long-tailed goral, 山羊, 소과)

- **분포** : 산양은 시베리아, 중국과 한반도에 분포한다. 현재 멸종 위기에 놓여 있어 보호의 대상이다.
- **형태** : 소과, 몸길이 115~130cm, 꼬리길이 11~15cm, 어깨높이 65cm 정도.
  몸의 색깔은 겨울털에는 회황갈색을 띠고 등면의 정중선은 어두운 색이며 목에 흰색 반점이 있다. 주둥이에서부터 뒷머리까지는 검은색, 옆머리는 검은색이 섞인 회황색, 입술을 제외한 부분은 흰색, 뺨은 검은색을 띤다. 절벽과 바위 지대에 잘 적응할 수 있도록 다리가 굵으며 발끝이 뾰쪽하게 발달하였다.
- **생태** : 해발고도 1,000m 이상의 침엽수림을 좋아하며, 남향, 다른 동물들이 접근하기 어려운 바위 지대나 절벽 끝에서 2~5마리씩 무리지어 나타난다. 따라서 서식처도 사람이 접근하기 어려운 바위 구멍에 만든다. 대체로 이동하지 않고 한 곳에 오래 머물러 사는 서식 특징을 지니

고 있으며 부상당하거나 위험이 느껴지면 째지는 듯한 울음소리를 낸다. 낮에는 동굴이나 키가 작은 나무가 우거진 풀덤불에 숨어 쉬고 새벽과 저녁에 주로 활동한다. 산양마다 각자의 영역이 있어서 주로 자기 영역 안에서 활동하며 천적에게 쫓길 때를 제외하고 자기 영역을 잘 벗어나지 않는다. 벗어나더라도 곧 돌아오며 시각, 청각, 후각이 발달해서 정확하게 찾아온다.

초식성이어서 먹잇감으로는 풀, 바위에 붙어사는 이끼, 진달래나 철쭉 등의 잎과 꽃잎을 먹고 되새김질을 한다. 새순에 영양이 풍부하여 봄에 새순을 잘 먹는데 먹이가 부족한 겨울에는 마른풀을 먹기도 하고 경작지까지 내려와서 먹잇감을 찾기도 한다. 교미는 가을(10-11월)에 하며, 이듬해 4-6월경에 2~3마리의 새끼를 낳는다.

우리나라 산양은 1968년에 천연기념물 217호로 지정되었는데 북한에서도 천연기념물로 지정되어 보호되고 있는 실정이다. 남한에서는 강원도, 경상북도, 충청북도의 높은 산지대에 걸쳐 서식하였으며 경북 울진 일대가 산양의 서식 남방 한계선 지역이었다. 그러나 1960년대 강원도에서 폭설이 내려 산양 3,000여 마리가 민가로 내려오다가 사람들에게 남획되었다. 이후 서식 환경이 나빠져서 현재 멸종위기에 처해있다(예전에 태백산맥에 15,000마리가 서식하였다고 함). 이에 따라서 현재 국립공원관리공단에서는 월악산 국립공원에 산양을 방사하는 등의 조치로 산양 복원을 위해 진력하고 있다.

제3장 주요 조류 야생동물의 생태

제1절 주요 조류 종의 생태

1. 꿩(*Phasianus colchicus*, Ring-necked Pheasant)

- **분포** : 한국, 중국, 미국, 일본
- **형태** : 수컷의 머리는 어두운 구리빛 녹색으로 눈 주위에는 붉은색의 벼슬이 있고 아랫목에 흰색의 띠가 있다. 가슴은 붉은 구리빛이고 등과 어깨에는 얼룩무늬가 있으며, 뱅의 중앙은 검은색이다. 암컷은 몸 전체가 연한 갈색으로 검은색 얼룩무늬가 있다.
- **생태** : 풀밭, 농경지, 산림 등 다양하게 서식하며 풀밭, 관목 아래의 바닥을 파고 풀잎을 깔아 우리를 만든다. 식물의 종자를 주로 먹으며, 메뚜기, 지렁이, 곤충의 유충도 먹는다.

2. 멧비둘기(*Streptopelia orientalis*, Eastern Turtle-dove)

- **분포** : 한국, 중국, 일본, 시베리아 남부, 사할린
- **형태** : 몸 전체가 회색바탕에 갈색을 띠고 있는 묵은 붉은 포도주색을 띤 잿빛갈색이다. 등쪽 날개의 깃털 가장자리는 붉은색이며 다리는 적자색이다.
- **생태** : 주로 소나무 군락지에 서식하며 나무 위에 나뭇가지로 접시모양의 우리를 만든다. 주로 농작물을 먹으며 번식기는 달팽이, 곤충 등 많은 동물질을 섭취한다.

3. 원앙(*Aix galericulata*, madarin Duck)

- **분포** : 한국, 중국, 일본, 우수리, 대만
- **형태** : 암수에 따라 빛깔이 다르다. 수컷은 뒤 날개 깃의 1개가 부채 모양으로 보이며, 암컷은 수컷에 비하여 뒷머리의 뿔털이 짧고, 등은 어두운 갈색에 약간 금속 광택이 난다.
- **생태** : 우리나라에서 월동하는 철새와 번식하는 텃새가 함께 서식하며, 천연 기념물 327호로 지정하여 보호하고 있다. 1년에 1회 5월부터 7월 사이에 숲속, 계곡의 나무 구멍에서 한배에 9~12개의 알을 낳으며, 곤충, 도토리, 나무열매류, 풀뿌리, 줄기, 종자 등을 섭식한다.

4. 박새(*Parus major*, Great Tit)

- **분포** : 제주도와 울릉도를 포함한 우리나라 어디서나 흔히 볼 수 있는 텃새
- **형태** : 머리꼭대기와 목은 검은 검은색이고 뺨은 흰색이다. 배 가운데에는 검은색 세로줄이 있다. 날개는 어두운 회색이며 한 개의 분명한 흰색 띠가 있다. 등과 어깨는 회색을 띤 녹색이고 뒤쪽으로는 연한 푸른색이다. 옆구리는 흐린 흰색, 허리와 위꼬리덮깃은 푸른색을 띤 회색이다.
- **생태** : 대표적인 산림성 조류이다. 주로 울창한 산림, 정원과 공원 등 다양한 곳에서 산다. 번식기에는 암수가 함께 생활하다가 번식이 끝나면 다른 새들과 뒤섞여 무리를 이룬다. "찌쮸, 쯔르르르~" 하고 울고 경계할 때는 "쥬쥬, 치이 치이" 하고 높은 주파수대의 소리를 낸다.
  곤충류, 식물 열매 등이 주요 먹이이며, 번식기는 대략 4~7월에 해당하며 나무 구멍이나 돌담의 틈, 건물의 틈 등에 이끼류와 깃털을 깔고 번식하며 사람이 만들어준 새집도 흔히 이용한다. 번식기에는 송충이를 비롯한 여러 해충을 주로 잡아먹으므로 숲을 건강하게 유지하는데 이로운 종이다. 알은 한 배에 4~13개 정도 낳는다.

5. 동고비(*Sitta europaea*, Eurasin Nuthatch)

- **분포** : 한국, 중국, 러시아, 일본
- **형태** : 몸길이는 12cm정도이며, 등은 청회색이고 배는 흰색이다. 굵은 검은새의 눈선이 있고, 가느다란 흰색의 눈썹선이 보이기도 한다. 빠른 동작으로 움직이며, 나무를 거꾸로 내려오기도 한다.
- **생태** : 동고비는 우리나라 어디서나 흔히 볼 수 있는 텃새이다. 겨울에는 무리를 이루어 살고 봄, 여름에는 단독 또는 암수가 짝을 지어 산다. 주로 넓은 잎나무 숲이나 산지에 깃들여 산다. "피잇, 피잇, 피잇, 삐비비비비비" 하며 크고 빠른 높은 금속성 울음소리를 내며, 경계할 때는 "쮸우이, 쮸우이, 쮸우이, 쮸우이"하고 운다.

  나무줄기와 가지를 교묘하게 오르내리면서 나뭇가지에 붙어 있는 먹이를 찾는다. 곤충류나 거미류뿐만 아니라 식물 열매도 먹는다. 번식기는 4~6월에 해당하며 둥지는 나무 구멍이나 묵은 나무의 그루터기 밑을 이용하여 구멍 입구는 진흙 등으로 어미새가 간신히 들어 갈 수 있을 정도만 남기고 메우며 바닥에는 이끼와 털 등을 깐다. 알은 한 배에 4~7개 정도 낳는다.

6. 곤줄박이(*Parus varius*, Varied Tit)

- **분포** : 한국, 중국, 미국, 일본
- **형태** : 몸길이 14cm, 날개길이 7~8cm이다. 머리 위쪽과 목은 검고 눈을 지나는 중간이 주황색이다. 등과 날개는 짙은 회색이다. 뒷목과 아랫면은 붉은 갈색이다. 부리는 검다. 배는 주황색에서 갈색을 띤다.
- **생태** : 참새목 박새과의 한 종으로, 한국에서는 텃새로, 박새처럼 흔히 볼 수 있는 새이다. 주로 산, 공원 등 숲이 우거진 곳에서 흔히 볼 수 있다. 산지 또는 평지나 활엽수림에 서식하며 겨울에는 평야나 바닷가의 상록활엽수림에 많이 모여든다. 주로 곤충의 유충을 잡아먹는데 가을과 겨울에는 작은 나무열매를 먹는다. 먹이를 따로 저장해 두는 버릇이 있다. 알을 낳는 시기는 4~7월이며 나무 구멍에 둥지를 틀고 흰색 바탕에 갈색 무늬가 있는 알을 5~8개 낳는다. 새 상자 따위의 인공 둥지도 잘 이용한다. 먹이는 곤충류를 먹으며, 땅콩 등을 놓아줘도 먹는다. 산속 뿐 아니라 공원, 주택가에 나무가 우거진 곳에서는 흔히 볼 수 있으며 가늘고 높은 소리로 운다. 박새, 오목눈이 등과 함께 서식하며 홀로 살기도 하고 떼를 짓기도 한다. 크기는 참새 정도이며 사람을 별로 두려워하지 않는 편으로 가로수, 정원수, 생울타리 등에서 쉽게 볼 수 있다. 새집을 지어 매달아 놓으면 종종 둥지를 짓고 새끼를 깐다.

7. 오색딱따구리(*Dendrocopos major*, Great spotted Woodpecker)

- **분포** : 한국, 중국, 러시아, 일본
- **형태** : 몸길이는 24cm이고 몸의 윗면은 검은색이며, 어깨깃에는 뚜렷한 V자형 흰색 무늬가 있다. 눈 앞뒤 부분, 멱과 가슴, 배 부분은 흰색이며, 부리와 뺨선 뒷머리와 가슴은 검은색이다. 수컷은 머리 뒷부분이 붉은색이나 암컷은 머리꼭대기에서 뒷부분까지 검은색이다.
- **생태** : 우리나라에서 매우 흔하게 발견되는 텃새다. 주로 공원, 들 가까이 있는 낮은 산, 나무가 울창한 산림 등지에서 산다. 단독 생활을 하거나 암수가 짝을 지어 산다. 번식이 끝나면 잠시 가족 무리를 이룬다.

  경계할 때는 "키욧, 키욧" 하고 날카롭고 고음의 소리로 격렬하게 운다. 나무를 두드리는 드러밍 소리는 일반적으로 딱따구리류의 몸의 크기에 비례하여 까막딱따구리가 가장 크며 청딱따구리, 큰오색딱따구리, 오색딱따구리 순서로 소리가 작고 짧게 나타난다. 주로 나무 열매와 곤충류의 애벌레, 해충을 먹고 살기 때문에 숲과 사람에게 이로운 새로 알려져 있다. 번식기는 5~7월에 해당하며, 나무에 암수 함께 구멍을 파서 둥지를 만들고 알은 한 배에 4~6개 정도 낳는다.

8. 노랑턱멧새 (*Emberiza elegans*, Yellow-throated Bunting)

- **분포** : 한국, 북한, 만주, 중국 남부, 일본
- **형태** : 몸 길이는 약 16cm정도이고, 머리깃이 서있다. 수컷은 뺨과 사슴은 검은색, 머리깃은 갈색을 띤 검은색이다. 눈썹선과 멱은 노랙색이고 등은 갈색으로 연한 회색과 검은색의 줄무늬가 있다.
- **생태** : 우리나라 전역에서 사는 흔한 텃새다. 번식기인 여름에는 암수가 짝을 짓지만 그 밖에는 주로 무리를 지어 산다. 번식기에는 큰키나무나 작은키나무에 앉아 멧새 소리와 비슷하게 복잡하고 아름다운 소리로 지저귄다. 주로 숲, 덤불이 띄엄띄엄 있는 논밭, 트인 들판에서 살지만, 해발 1,000m에 이르는 산림에서도 가끔 관찰된다.

  사람이 가까이 다가가면 "치칫, 치칫"하고 소리내어 서로 신호를 하며 위험을 알린다. 겨울에는 식물 열매를 즐겨 먹고, 여름에는 각종 곤충과 애벌레를 잡아 먹는다. 새끼에게는 주로 곤충애벌레를 먹여 기른다. 번식기는 5~6월 중순으로 비교적 짧은 편이며, 작은키나무 덤불가의 땅바닥에 식물의 잎과 줄기로 밥그릇 모양 둥지를 만든다. 알은 한 배에 5~6개 정도 낳는다.

제2절 먹이에 따른 조류 구분

1. **식물성 먹이** : 풀, 수초, 종자, 열매, 풀씨 등
   꿩, 노랑턱멧대, 되새, 큰기러기, 홍머리오리, 멧새, 개똥지빠귀, 황여새 등
2. **동물성 먹이** : 곤충, 거미, 지렁이, 게, 물벼룩, 달팽이 등
   박새, 크낙새, 상모솔새, 산솔새, 호랑지빠귀, 개꿩, 마도요, 뜸부기 등
3. **잡식성 먹이** : 식물성, 동물성을 가리지 않음
   청둥오리, 흰뺨검둥오리, 까치, 까마귀, 떼까마귀, 느시, 두루미
4. **육식성 먹이** : 쥐, 토끼, 새, 도마뱀, 뱀, 개구리 등을 먹음
   말똥가리, 황조롱이, 검독수리, 새매, 참매, 개구리매, 청호반새
5. **어식성 먹이** : 각종 물고기-붕어, 피라미, 미꾸라지, 멸치, 정어리 등
   물총새, 호반새, 대백로, 쇠백로, 해오라기, 왜가리, 검은댕기해오라기, 물수리, 흰꼬리수리 등
6. **사체성 먹이** : 큰 동물의 시체- 소, 돼지, 사슴, 양 등
   독수리, 수염수리, 큰부리까마귀, 까마귀 등

제3절 조류의 소리

산에 같이 간 길동무와 이야기를 나누다가 잠시 조용히 쉬고 있으면, 주위에서 들려오는 어여쁜 새소리를 들으며, 지금 이렇게 울고 있는 새에게 귀를 기울이게 된다. 특히 봄기운 가득한 4~5월 숲 속에서 들려오는 다양한 숲새들의 아름다운 노래와 지저귐 소리! 사실 우리는 숲에 수많은 새들이 살고 있고 다양한 소리를 낼 수 있다는 사실을 인지하지 못한다.

우리는 목소리만으로도 사람을 구별하듯이, 새들도 고유한 소리가 있다. 특히, 노랫소리는 번식기 계절이 되면 더 독특하고 큰 소리로 자신의 목소리를 뽐낸다. 야생동물의 세계에서는 수컷이 화려한 외모와 다양한 색깔로 암컷을 유혹한다. 새소리도 외모와 마찬가지로 수컷의 독특한 노랫소리가 있다.

새소리를 익힌다는 것은 숲을 알고 생태계를 이해하는 것이다. 새들마다 좋아하는 장소가 다르고 먹이도 다르며, 다양한 숲에 다양한 새가 서식한다는 것을 새소리를 통해 이해할 수 있을 것이다.

1. 새 노래소리의 구분

새소리는 영어로 Song(노래소리), call(부른다), chatter(재잘거린다), trill(목소리가 떨린다), hiss(휘

파람을 분다), drumming(딱따구리의 머리찟는 소리) 등으로 구분한다.

2. 숲에 사는 새 울음 소리 구별

1) 뻐꾸기류

노래소리가 낮 내내 울어댐으로 쉽게 존재가 파악되나, 숨어다니기 때문에 보기는 어렵다. 뻐꾸기류는 동일한 음절을 계속 반복하는 특징이 있다.

- 뻐꾸기 - 뻐국, 뻐국
- 벙어리뻐꾸기 - 벙벙, 벙벙
- 검은등뻐꾸기 - 하하하호, 밥만먹고 등
- 두견이 - 쪽박바꿔주 등

2) 박새류

노랫소리가 맑고 주파수가 높은 편임. 봄철에 수컷이 울 때 구별이 용이하다. 그러나 번식기가 지나면 서로 call을 주로 사용하기 때문에 구별이 어렵다.

- 박새 - 쭈–빗, 쭈–빗, 쭈–빗 하고 반복함.
- 진박새 - 박새와 비슷하나 주파수가 높고 소리가 빠름, 쭈삐치, 쭈비치.
- 쇠박새 - 쭈쭈쭈쭈쭈 - 하고 점차 소리가 커지며 동일 톤을 사용
- 곤줄박이 - 쭈쭈 삐–, 쭈쭈 삐–, 하고 뒷 음절이 길다.

3) 지빠귀류

노래소리가 맑고 다양한 소리를 냄. 되지빠귀와 흰배지빠귀는 봄철에 오랫동안 울어대며 아름다운 소리를 낸다.

- 되지빠귀 - 숲속의 명가수라고 불리우며 맑고 다양한 소리를 우렁차게 낸다. 지역마다 조금씩 다르며 봄철에는 하루 종일 숲 속에서 울 정도로 지치지 않고 울어댄다. 활엽수를 대표하는 명금류이다.
- 흰지빠귀 - 되지빠귀와 비슷하여 구별이 어려우나 되지빠귀에 비해 소리가 반복되는 경향이 많으며, 끝을 찌르르르하고 굴린다.
- 호랑지빠귀 - 앞의 종과는 전혀 다르게, 호–, 삐– 하고 단순사고 길게 반복함. 주로 야간이나 비가 오는 날에 많이 운다.

제4장 야생동물에 관한 국제협약

제1절 CITES(멸종위기 야생동식물의 국제거래 협약)

1) '73년 미국 워싱톤에서 채택
2) 가입국수 : 현재 178개국 (우리나라 '93년 9월 7일 가입)
3) 협약내용(부록기재 종의 국제거래 규제)
   - 부록 Ⅰ : 국제적으로 멸종위기에 처한 종
   - 부록 Ⅱ : 현재로는 멸종의 위협이 없으나 방치하였을 때 위협의 가능성이 있는 종

제2절 습지보호협약(RAMSAR 협약)

1) '71년 이란 람사에서 채택
2) 가입국수 : 168개국(우리나라 '97. 가입)
3) 협약내용(습지보호지역 선정 기준)
   - 20,000개체 이상의 물새(오리·기루기류, 도요·물떼새류)가 정기적으로 서식하는 습지
   - 전세계 집단의 1%가 서식하는 습지
   - 우리나라 가입습지 : 강원도 대암산 용늪(106ha), 경남 우포저수지(854ha) 등 18개 사이트가 등재
     * 오리류 : 한강하구, 철원평야, 천수만, 아산만, 낙동강, 주남저수지, 금강하구, 동진강하구
     * 도요류 ; 동진강하구, 남양만

제3절 철새보호협정(한·러 철새보호협정)

1) '94년 6월 협정체결
2) 협정기간 : 1994. 6 ~ 2009. 6(15년간)
3) 대상조류 : 337종
4) 조약내용
   - 철새거래금지 및 보호대책

- 철새보호연구 및 자료교환
- 철새서식환경 보전 및 개선

참 고 문 헌

구태희 · 박진영 · 이우신, 한국의 새 - 야외원색도감, LG상록재단, 2000.

김장근 · 오홍식 · 윤명희 · 한상훈, 한국의 포유동물, 동방미디어, 2004.

김화정, 한국 자생생물 소리도감1: 한국의 새소리 I, 일공육사, 2010.

박종화 · 주우영 · 서창완, Eurasian Otter (Lutra lutra) Habitat Suitability Modeling Using GIS; A case study on Soraksan National Park, The Journal of GIS Association of Korea, 10(4): 501-513, 2002.

이기섭 외, 2008. 숲해설아카데미. 국민대학교 출판부.

이우신 · 유회상, 우리가 정말 알아야 할 우리 새소리 백가지, 현암사, 2003.

이동근 · 김명수 · 구본학 · 김경훈 · 김동성 · 나정화 · 윤소원 · 이명우 · 전성우 · 정흥락 · 조경두 · 제종길 · 홍선기, 경관생태학, 보문당, 2004.

최태영 · 최현명, 야생동물 흔적 도감, 돌베개, 2007.

최태영 · 박종화, 농촌지역의 너구리 행동권, Journal of Ecology and Filed Biology, 29(3): 259-263, 2006.

Andrewartha, H. G. Introduction to the study of Animal Popluations, Methuen, London, 1961.

Flint, M. L. and Gouveia, P. IPM in Practice: Principles and methods of integrated pest management. Univ. Calif. Statewide Integrated Pest Management Project. Agr. Nat. Res. Publ. 3418. Univ. Calif. ANR Comm. Serv., Oakland, 2001.

Gergel, S. and Turner, M., Learning Landscape Ecology: A Practical guide to concepts and techniques, Springer-Verlag, 2002.

Townsend, C. R., M Begon, JL Harper, Essentials of Ecology, Blackwell Publishing, 2003.

Krebs, C. J., Ecology, Harper & Row, New York, 1972.

곤충의 이해

김 성 수
한국곤충학회/이사

김 호 준(원저자)
전 한국잔디연구소/소장

목차

제1장 곤충의 세계

우리는 태어나자마자 곤충과 더불어 살아간다고 해도 과언이 아닐 것이다. 엄마 젖을 막 먹고 난 아기입가의 젖 냄새에 유혹되어 날아드는 파리, 종족보존을 위해 피를 빨려 달려드는 성가신 모기, 이 모든 것들이 우리 주변을 맴도는 곤충들이다. 이처럼 우리들은 누구나가 한번쯤은 가까이서 곤충들을 접해본 경험이 있을 것이다.

제1절 곤충의 출현

곤충은 약 4억 년 전부터 인간보다 먼저 나타나 바다와 육지를 정복했고 심지어 극지방과 뜨거운 온천물에서도 살고 있다. 곤충의 종 수는 학자에 따라 달리 주장되기도 하지만, 현재 알려진 것만 해도 80만 종이 넘고 열대지방에서는 3천만 종에 이를 것으로 보고 있어 지구에 살고 있는 동물 종의 4/5를 차지하고 있다.

이렇듯 곤충들은 이 지구상의 주인임에는 틀림이 없는 것 같다. 그럼에도 사람들은 이러한 사실은 묻어두고 자기들의 입장에서만 곤충을 바라본다. 예를 들어, 여름날 숲에서 시원한 목소리로 노래하는 매미는 곤충이요, 같은 숲에서 살갗을 물어뜯는 모기는 곤충이 아닌 것으로 여기고 있다.

제2절 곤충의 생존능력

1. 곤충은 날개가 있다.

곤충은 인간에게 없는 날개가 있다. 이 날개는 어디든 날아갈 수 있게 한다. 즉, 풍부하고 질 좋은 먹이를 찾아갈 수 있고 짝을 찾아 나설 수도 있으며, 종족보존을 위한 최적의 산란장소를 선택할 수 있도록 해준다.

곤충은 먹이를 사냥할 때나 적으로부터 도망칠 때, 그리고 마음에 드는 짝을 차지하려고 날아갈 때에는 엄청난 속도를 낼 수 있다. 세상에서 가장 빨리 나는 곤충은 『왕잠자리』로서 시속 98km에 달한다. 이 기록은 언덕 아래로 날아갈 때 스톱워치를 사용해 측정한 것이기는 하지만, 평지에서도 시속 58km

를 달릴 수 있다. 또 수컷『등에』는 암컷을 쫓을 때 시속 145km를 난다고 한다. 이 기록은 1994년 미국 플로리다 대학 버틀러 교수가 영사기로 촬영하여 분석한 결과라고 한다.

곤충이 이렇게 고속비행을 하기 위해서는 쉴 새 없이 날개를 파닥거려야 한다. 날개 짓이 빠르기로 이름난 꿀벌의 경우 1초에 190번, 초파리는 250번, 모기는 600번 정도라고 한다. 이처럼 곤충이 빠르게 날개 짓을 할 수 있는 것은 몸 전체에 퍼져있는 모세기관이라는 망사조직을 통해 대기 중에서 직접 산소를 교환하는 일종의 피부호흡을 하여 날개근육을 지속적으로 움직일 수 있도록 산소를 공급하기 때문이다. 그 외에도 날개근육은 효율이 가장 좋은 생체에너지원인 체내지방을 쓰기 때문에 피로를 잘 느끼지 않는다. 이러한 이유들로 곤충은 그토록 빠른 날개 짓을 할 수 있는 것이다.

2. 곤충은 몸이 작고 체중이 가볍다.

곤충은 인간보다 몸이 작고 체중이 가벼워 먹이의 양 또한 적기 때문에 인간이나 대형동물처럼 식량부족의 우려가 적다. 그러므로 큰나무 한그루만 있어도 곤충의 무리는 평생을 먹고 지낼 수 있다.

또 몸이 작기 때문에 바위 밑이나 낙엽 사이에 몸을 숨길 수 있어 적으로부터 안전하게 은신할 수 있다. 이러한 조건들이 인간이나 다른 동물들보다 지구상에서 더 오래 존속할 수 있도록 하는 것이다.

3. 곤충은 변태한다.

그림 1. 매미 탈피껍질

곤충은 불리한 환경조건에서는 변태와 휴면을 한다. 기후조건이 생존에 부적합할 경우 알이나 번데기 단계에서 휴면(冬眠 또는 夏眠)하다가 조건이 알맞으면 유충으로 부화하거나 성충으로 우화하여 짝짓기를 하는 등의 종족보존을 계속한다.

사람들은『하루살이』를 아침에 태어났다가 저녁에 죽는 곤충으로 알고 있다. 그러나 하루살이(mayfly)는 1년에서 긴 것은 3년을 유충으로 지낸다. 성충으로 지내는 기간이 대략 하루일뿐이라는 것이다. 하루살이의 일생을 통해볼 때 성충은 짝짓기를 위한 생활단계의 하나에 불과한 것인데, 우리는 하루살이 일생 중에서 성충만을 보고 하루살이의 일생이 짧은 것으로만 알고 있다. 이처럼 곤충은 변태라는 과정을 겪으면서 일생을 보낸다.

4. 곤충은 인간을 공격할 능력이 있다.

우리는 종종 신문이나 TV를 통해 아프리카에서 메뚜기 떼가 크게 발생하여 한 번씩 날 때마다 비구름

그림 2. 사마귀의 공격(인용)

이 몰려오듯 수 km의 하늘을 뒤덮으며, 풀과 나무를 갉아먹고 줄기만 앙상하게 남겨 가축들을 굶어죽게 한다는 기사를 접한 기억이 있을 것이다.

아메리카 대륙에서는 성난 벌떼와 불개미 떼가 사람과 가축을 공격하였다는 기사가 심심찮게 오르내린다. 일년에도 몇 번씩 성묘객이 벌에 쏘여 목숨을 잃는가하면, 이삿짐에 묻어 따라다니는 바퀴벌레 또한 사람을 괴롭히고 있다.

사람과 가축의 피를 빨아먹는 흡혈곤충이 있다. 척추동물의 혈액을 먹이로 삼는 흡혈성을 가진 곤충은 모기, 파리, 이, 벼룩 등이다. 특히, 파리목에 흡혈성 종이 많다. 『체체파리』는 흡혈하는 곤충 가운데 흡혈대상 범위가 가장 넓다. 1962년 『Jordan』이란 학자와 그 동료들의 연구에 의하면 체체파리는 포유동물이나 조류, 도마뱀에 이르기까지 거의 모든 동물의 피를 흡혈한다는 것이다. 침파리도 가축들에게 붙어 흡혈함으로써 피해를 주는 곤충인데 포유류, 조류, 양서류, 파충류 등을 포함하여 약 30종에 달하는 동물의 피를 흡혈하는 것으로 알려져 있다.

5. 곤충은 강력한 종족번식력을 가지고 있다.

그림 3. 수액을 빨아먹는 진딧물

곤충의 진화에서 운동능력 못지않게 중요한 것이 번식능력이다. 곤충이 세상에 가득한 것은 무엇보다도 한 세대가 짧거나 성장이 빨라서 자손을 많이 퍼뜨릴 수 있었기 때문이다. 곤충의 일생은 온도와 먹이와 깊은 관계를 가지고 있는데, 1세대가 가장 짧은 곤충의 하나가 진딧물이다. 진딧물은 25℃일 때 5일이면 1세대를 마감함으로써 짧은 기간 내에 많은 종족을 번식시킬 수 있다.

과학자들이 곤충의 일생이 얼마나 길고 짧은가를 연구하는 목적의 하나가 살충제를 만들기 위함이다. 한 세대가 짧은 곤충일수록 번식능력이 높고, 살충제에 대한 저항력도 높다. 일생이 짧은 진딧물의 경우 환경변화 적응력이 높고 살충제에 대한 저항력 또한 뛰어나다. 즉, 살충제에 살아남은 암수가 저항력 제1세대를 낳고, 1세대는 다시 저항력 제2세대를 낳음으로써 종국에는 살충제에 대한 저항성이 강한 종족으로 번무하게 된다. 이에 대해 인간은 식량증산과 품질보존을 위해서 또 다른 농약이나 보다 강력한 살충농약을 끊임없이 개발해야 하는 것이다.

6. 곤충도 농사를 짓고 목축업과 노예를 거느린다.

집단생활을 하는 곤충들, 그 중에서도 가위개미는 농사짓는 개미로 유명하고 아마존개미는 노예부리

그림 4. 농사짓는 가위개미(인용)

는 개미로 알려져 있다. 가위개미(leafcutter ant)는 나뭇잎을 잘라 개미집으로 운반해 와서 5미터 아래 지하실에서 발효시켜 곰팡이(버섯)를 양생하여 먹는다고 한다. 가위개미가 곰팡이를 이용하는 이유는 나뭇잎을 소화시키지 못해서다. 그런데, 이런 농사짓기가 수백만 년 전에 시작한 것이라고 하니 인간보다 훨씬 먼저 농사를 지어왔다고 볼 수 있겠다.

개미와 진딧물의 공생관계는 잘 알려져 있다. 개미가 진딧물의 옆 배를 살짝 건드리면 진딧물은 꽁무니에서 감로(甘露)라고 하는 달콤한 즙을 내놓는다. 그 대가로 개미는 진딧물을 무당벌레나 풀잠자리와 같은 천적들로부터 보호해 준다. 진딧물을 기르는 개미들은 심지어 양치기가 양을 몰듯이 진딧물을 이 잎 저 잎으로 몰고 다니며 사육하기까지 한다고 한다. 이처럼 개미들은 진딧물뿐만 아니라 뿔매미, 매미충, 깍지벌레 등을 방목하는데, 레몬개미는 개미집 안에 외양간을 마련해 두고 깍지벌레를 기른다고 한다.

아마존 개미(Polyergus breviceps) 또는 사무라이개미(Polyergus samurai)는 노예를 거느리는 개미로 유명하다. 이들은 다른 개미들을 노예로 삼아 자신들의 알을 기르게 한다. 이들이 노예로 삼는 개미는 Formica 속에 속하는 개미들로 곰개미(Formica japonica)가 그중 하나다. 『곰개미』는 곳곳에서 볼 수 있는 보통개미로 온 몸에는 회갈색의 부드러운 털이 빽빽이 나있고 색깔은 흑색이거나 흑갈색이다. 사무라이개미는 떼를 지어 곰개미 집을 습격하여 닥치는 대로 물어 죽인 다음 곰개미의 번데기나 애벌레를 물고 나온다. 끌려가 자란 곰개미는 사무라이개미집에서 먹이를 모으고 애벌레를 기르는가 하면, 사무라이개미들에게 먹이를 먹이는 등 시녀가 된다. 이처럼 사무라이개미는 곰개미가 있어야만 종족이 유지되는데, 이것을 사회성기생(社會性寄生)이라고 한다.

제2장 곤충분류와 생물자원

제1절 곤충의 분류

1) 계통학적인 분류

곤충(昆蟲, insects)은 동물계(動物界), 절지동물문(節肢動物門)의 곤충강(昆蟲綱)에 속한다. 곤충강은 또 무시아강(無翅亞綱)과 유시아강(有翅亞綱)으로 구분하고 여기서 다시 27목으로 분류한다.

무시아강은 작고 원시적이며 날개가 없고 변태하지 않는다. 유시아강은 날개가 있으며 불완전변태(알 ⇒ 애벌래 ⇒ 어른벌레) 또는 완전변태(알 ⇒ 애벌래 ⇒ 번데기 ⇒ 어른벌레)를 한다. 분류는 학자에 따라 다소 차이가 있으나 흔히 30목으로 분류한다.

곤충 명 표기 즉, 학명표기는 속명(Genus name), 종명(Species name), 명명자를 표기한다.

- **분류체계**

– 계(동물계, Animal)
  문(절지동물문, Arthropoda)
   강(곤충강, Insecta)
    목(나비목, Lepidoptera)
     과(호랑나비과, Papilionida)
      속(제비나비속, Papilio)
       종(산제비나비, Papilio maackii)

표 1. 곤충강 분류

강	아 강	목
곤충강	무시아강	• 날개가 없는 원시적인 곤충 • 낫발이목, 좀붙이목, 톡토기목, 좀목, 돌좀목
	유시아강	• 날개가 있거나 날개가 퇴화한 곤충 • 하루살이목, 잠자리목, 강도래목, 메뚜기목, 귀뚜라미붙이목, 바퀴목, 사마귀목, 대벌레목, 집게벌레목, 흰개미목, 다듬이벌레목, 새털이목, 이목, 총채벌레목, 노린재목, 매미목, 풀잠자리목, 딱정벌레목, 부채벌레목, 밑들이목, 날도래목, 나비목, 파리목, 벼룩목, 벌목

2) 먹이특성에 따른 분류

곤충은 종에 따라 먹이대상이 다양하다. 먹이대상에 따라 초식성, 포식성, 부식성, 잡식성, 기생성 곤충 등으로 구분한다. 포식성이나 기생성 곤충들은 인간의 입장에서 보면 천적 또는 위생곤충이 많고 부식성은 환경곤충으로서 각종 유기물을 분해시켜 지구를 정화하는 곤충들이 많다.

- **초식성(草食性, herbivores)** : 먹이대상이 식물(초본류, 목본류)인 곤충. 메뚜기류, 진딧물류, 깍지벌레류, 풍뎅이류, 바구미류, 나무좀류, 잎벌류 등.
- **포식성(捕食性, predators)** : 다른 곤충을 공격하여 잡아먹는 곤충. 잠자리류, 사마귀류, 풀잠자리류, 무당벌레류 등.

• **부식성(腐植性, scavengers)** : 죽은 동·식물이나 동물의 배설물 또는 부식질이 먹이대상인 곤충. 톡토기류, 집게벌레류, 집파리류 등.
• **잡식성(雜食性, omnivores)** : 동·식물질을 포함하여 2가지 또는 그 이상이 먹이대상인 곤충. 파리류 등.
• **기생성(寄生性, parasites)** : 다른 생명체의 생활사중에서 어느 한 단계에 기생하거나 그 생명체의 몸 내부 또는 외부에서 기생하는 곤충. 좀벌류, 멥시벌류, 기생파리류 등.

3) 경제생활 영향정도에 따른 분류

곤충의 섭식활동이 인간의 경제생활에 어떤 영향을 주는가에 따라 인위적으로 익충(益蟲, useful insect)과 해충(害蟲, insect pest)으로 구분한다.

익충이라 함은 꿀벌처럼 직접적으로 인간에게 식량자원을 제공하는 곤충, 나비류와 벌류의 성충처럼 식물의 수분(受粉)을 도와 간접적으로 인간에게 식량자원을 제공하는 곤충, 인간의 생활에 치명적인 피해를 주거나 손실을 주는 곤충들을 잡아먹거나 기생하여 그 곤충의 활동을 억제시키는 천적(天敵, natural enemy) 등을 말한다. 예를 들어, 진딧물을 포식하는 풀잠자리와 무당벌레, 풍뎅이와 파리를 잡아먹는 파리매는 재배식물을 가해하는 해충을 포식함으로써 그 밀도를 억제하여 인간의 경제생활에 기여하는 익충이다.

그림 5. 파리매의 풍뎅이 사냥

해충이란 인간의 경제활동에 손실을 주는 곤충들로서 인간이 사육하고 재배하는 동､식물에 피해를 주거나 위생적으로 인간의 건강 또는 생명을 위협하는 곤충을 말한다.

제2절 생물자원

1) 생물농약 자원

해충방제를 화학약품인 농약에 의존하지 않고 포식성 곤충, 기생성 곤충, 미생물 등의 생물을 이용하여 방제하는 것을 생물적 방제라고 하고, 이때 이용되는 곤충을 생물농약자원이라 한다.

생물농약자원은 곧 천적(天敵, natural enemy)을 의미하는데, 천적자원은 작물의 생산성을 저하시키는 해충을 억제하는데 이용되는 미생물과 곤충자원을 말한다. 천적자원으로서의 천적곤충은 해충을 잡아먹는 포식성 곤충과 해충의 몸 내외에 기생하는 기생성 천적이 있다.

무당벌레는 재배식물의 즙액을 빨아먹는 진딧물과 깍지벌레를 잡아먹는 포식성 천적이다. 1800년대 말 미국 캘리포니아지역의 감귤 밭에서 이세리아깍지벌레를 방제하기 위하여 호주로부터 『베달리아무당벌레』를 도입한 사례가 있었다. 그로부터 지금까지 세계 각국에서는 많은 천적곤충들이 작물의 해충 방제 측면에서 수입, 이용되고 있다.

기생성 천적은 재배식물을 가해하는 해충의 알이나 애벌레의 몸에 자신의 알을 낳는다. 알에서 깨어난 유충은 그 해충의 몸속에서 기생생활을 하면서 성장하고, 일정 기간이 지난 후 해충 몸 밖으로 빠져 나온다. 따라서 해충의 몸을 양분 창고로 이용하면서 최종적으로는 해충을 죽게 만드는 역할을 한다. 기생성 천적의 대표 종으로는 고치벌과 좀벌이 있다. 우리나라에서도 좀벌의 일종인 『솔잎혹파리살이먹좀벌』을 이용하여 소나무에 치명적인 솔잎혹파리 방제에 응용한 적이 있다.

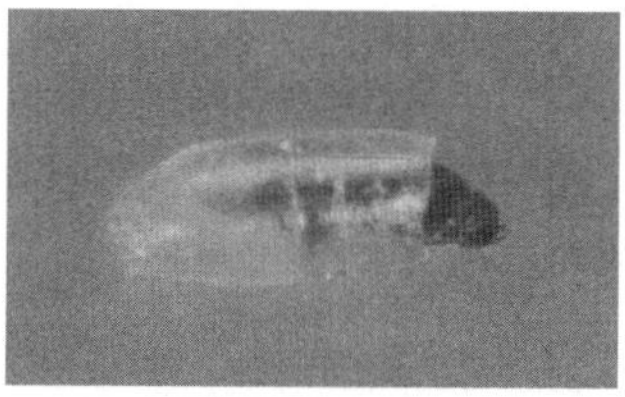

그림 6. 기생 솔잎혹파리먹좀벌 우화

2) 화분매개 자원

소나무와 참나무처럼 엄청난 양의 수꽃 화분이 바람에 날려 암꽃에 가루받이되는 것도 있지만 그렇지 못한 꽃들도 많다. 즉, 벌이나 나비와 같은 곤충의 중매가 있어야만 수분이 가능한 꽃이 많다. 호박꽃에서 꿀밀을 따는 『호박벌』처럼 자연에서는 식물의 종류별로 각각 담당 꽃가루받이 전문가가 있다. 이들 전문가 곤충들의 활동으로 적절한 시기에 해당 식물별로 꽃은 수분이 이루어진다.

그런데, 최근 들어 기상이변, 농약사용 증대 등으로 과수원에서는 자연적인 화분매개곤충의 수가 줄고 있다. 아울러 비닐하우스와 같은 폐쇄공간에서의 작물재배는 자연 매개자의 접근을 어렵게 한다. 문제는 전문적인 매개곤충에 의존하지 않고 인간의 손으로 꽃가루받이를 하면 과일이 작아지거나 못생기고 기형이 되는 등의 부작용이 발생한다는 것이다. 그래서 대단위 사과단지에서는 외국에서 가위벌류를 수입 증식하여 전문 화분매개자로 이용한 바 있고, 방울토마토 하우스 재배농장에서는 네덜란드에서 『서양뒤영벌』을 수입하여 이용하고, 딸기재배지에서는 꿀벌을 이용하고 있다.

그림 7. 꽃가루받이 전문가 꿀벌(인용)

3) 환경정화 자원

먹이대상이 썩은 동·식물질과 동물의 배설물인 곤충도 있다. 이들은 자연에서 발생되는 죽은 동물의 시체와 배설물, 낙엽 등의 식물질을 분해시켜 쾌적한 환경을 유지하게 하는 분해자로서의 역할을 한다. 특히 인간의 활동에서 발생되는 폐기물을 정화하는 곤충을 환경정화곤충이라 한다.

우리들은 산야에서 썩고 있는 짐승이나 새의 시체를 우연히 본 경험이 있을 것이다. 죽은 동물의 시체를 자세히 들여다보면 파리의 애벌레인 구더기가 시체 속에서 우글거리거나 『반날개』라고 하는 곤충이 시체 안에서 열심히 먹이활동을 하고 있었을 것이다. 이러한 부식성 곤충의 먹이활동이 분해자로서의 역할을 하는 것이다. 즉, 시체와 혐오스러운 배설물질들을 깨끗이 청소하는 청소부로서의 역할이다.

또 우리 모두가 잘 알고 있는 소똥구리와 똥풍뎅이를 예로 들어보자. 소똥구리와 똥풍뎅이는 목초지에 방목된 가축의 배설물에 알을 낳고 애벌레의 먹이를 위해 집으로 가져간다. 소똥은 목초지에서 풍부한 영양물질을 공급하기 때문에 그대로 방치할 경우 잡초는 빠른 속도로 증식하는 반면, 목초는 상대적으로 생육이 억제 당하여 전체적으로 목초지의 질을 떨어뜨리기 때문에 방목지에서의 소똥구리 역할은 매우 중요한 것이다. 이와 같이 동물의 시체를 분해하는 구더기(파리의 애벌레)나 반날개, 방목지의 가축분뇨를 분해시키는 소똥구리와 똥풍뎅이처럼 유기물질을 처리하는 능력을 가지고 있는 곤충을 자연정화자원 또는 자연정화곤충이라고 한다.

그림 8. 청소부 소똥구리(인용)

4) 식용자원

인간의 식량과 우리가 기르고 있는 동물의 먹이로서 제공되는 곤충을 식용자원이라고 한다. 간식거리로서 누에의 번데기, 맥주안주로 인기 있는 벼메뚜기는 우리들에게 너무나 잘 알려진 식용자원이다. 이와 같은 곤충은 동물성 단백질 공급이 넉넉지 못한 아프리카대륙이나 남아메리카대륙의 오지(奧地)에서는 흔하게 볼 수 있는 일이다.

세계적으로 식용곤충의 수는 1,000종이 넘는 것으로 보고 있는데, 최근 들어서는 단순히 과거에 먹던 풍습으로만 식용곤충을 바라보는 것이 아니라 새로운 기호식품으로서, 미래의 새로운 단백질원의 개발 차원에서 식용곤충에 접근하고 있다.

경제발달과 더불어 애완동물의 수가 급증하고 있다. 이에 따라 단백질이 높은 곤충이 애완동물의 먹이 원으로서 제공되고 있다. 거저리는 원숭이 먹이로, 귀뚜라미는 이구아나와 같은 파충류의 먹이로, 기타 다양한 양서류와 어류의 먹이로서 길러지고 있는 곤충들이 있다. 그러므로 식용자원 측면에서는 사람의 식용뿐 아니라 가축과 애완동물의 사료로서 가치가 높은 종들이 많다.

그림 9. 간식거리 벼메뚜기와 누에 번데기(인용)

5) 약용자원

곤충을 의약용으로 이용한 역사는 식용과 더불어 매우 오래다. 최근 들어서는 전통약제의 효능연구가 관심을 끌고 있다. 그 예로 국내에서 출시된 『누에그라』는 민간요법에서 이용되던 수컷누에를 응용한 약제이며, 앞으로도 곤충을 응용한 약제개발이 다양해질 것으로 예상된다.

민간요법에서 『노랑쐐기나방』고치가 약용자원으로 쓰인 예가 있었다. 옛날 약 구하기가 어려웠던 시

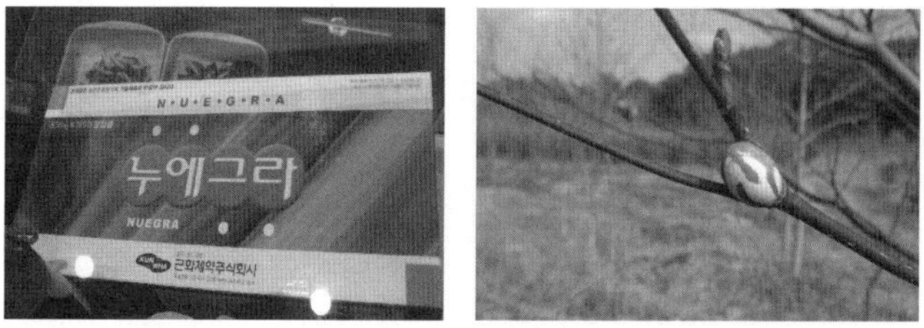

그림 10. 약용자원 누에그라(좌)와 노랑쐐기나방 고치

절, 어른들은 감기에 걸리면 막걸리에 고춧가루를 타서 먹고 땀을 내면서 한숨 푹 자고 나면 감기가 떨어졌다. 그런데 어린이나 아기에게는 그렇게 할 수 없는 노릇이다. 이럴 때 노랑쐐기나방의 번데기를 달여 먹였다. 10~11월쯤 나뭇가지에 붙은 노랑쐐기나방 고치가 눈에 띄면 꺾어다가 처마에 메달아 놓았다가 겨울철 아기가 감기에 걸리면 우리 할머니들은 그것을 밥솥에 넣어 김을 쐬었다가 즙을 짜 먹여 손자의 감기를 낫게 하였다. 이것은 곤충에게서 비타민과 고단백질을 공급받음으로써 감기에 이길 수 있는 저항력을 얻게 해주신 슬기로운 해법이었다.

6) 물질이용자원

곤충의 몸속에 있는 물질이나 밖으로 분비되는 물질을 인간의 생활에 유용하게 이용하는 것을 물질이용자원이라 한다. 인류가 곤충이 가지고 있거나 만든 물질을 이용한 역사는 기원전 7,000년경부터 시작되었다. 그 증거로는 이집트 동굴벽화에 남아있는 벌꿀채집 그림이라든가 누에를 쳐서 얻는 비단, 꿀벌의 화분과 로열젤리, 벌독 등이 그 것이다.

비단은 기원전 3,000경에 이미 누에를 쳐서 얻었으며 누에(蠶), 뽕나무(桑), 실(絹)이라는 문자가 12세기경 중국의 은왕조(殷王朝) 때에 사용된 바 있다. 누에실로 짠 비단 외에도 똥, 오줌까지도 이용된다. 누에똥은 가축사료, 재배식물의 발근 촉진제, 녹색염료, 활성탄 및 연필심 제조에 쓰이며, 제사과정에서 나오는 번데기는 식용과 사료, 고급비누와 식용유의 원료, 한방에서 약으로 쓰인다.

또 쥐똥밀깍지벌레에서 나오는 왁스성분인 백색 밀납은 방습과 광택제로 이용되고 붉나무 잎에 기생하여 만들어진 오배자충은 염료와 약용자원으로 이용된다. 이처럼 전통적으로 꾸준히 사용된 물질자원 외에도 최근에는 여러 가지 곤충의 물질을 약용, 식용, 산업용으로도 탐색되고 있다.

그림 11. 비단실을 얻는 누에와 고치

7) 환경지표자원

곤충의 종이 다양한 만큼 많은 종집단은 자기만의 한정되고 독특한 삶터를 갖는다. 즉, 영양물질이 거의 없는 아주 맑은 물을 좋아하는 곤충, 어느 정도의 영양물이 있는 수질을 좋아하는 곤충 등 환경에 대한 자신의 내성범위가 있다. 따라서 주변 환경과 밀접한 관계를 가지고 있는 전문가 곤충(specialist)

집단의 생태를 연구하면, 그 곤충의 분포와 밀도상태로서 현재 살고 있는 환경의 질을 측정할 수 있다. 이처럼 곤충의 출현여부와 밀도 등으로 우리에게 그 환경의 질을 측정하게 해 주는 곤충을 환경지표곤충이라고 한다.

환경지표곤충의 연구는 육상에서보다는 변수가 적은 수서환경에서 많이 되어왔다. 국내에서도 간이 환경평가지수용 종이 선정되어 있는 등 수질과 관련된 연구가 있어왔다. 최근 들어서 육상의 농업생태계와 산림생태계에서도 지표곤충을 이용하려는 연구가 진행되고 있다. 농경지에서는 농약과 비료의 사용량 증가에 따른 서식곤충의 종과 밀도변화 연구, 산림 내에서는 각 임상의 영기별, 수종별 지표종의 연구 등이 진행되어 왔다. 또 법의학에서는 곤충을 지표로 하여 시체의 사망시간을 추정하는 등 곤충은 여러 분야에서 응용되고 있다.

8) 문화, 학습 교육자원

우리가 잘 모르는 사이에 곤충은 인류의 문학, 예술, 철학, 역사 등 인간의 정신적 활동에 깊은 영향을 끼쳐왔다. 고대 이집트시대에 소똥구리 무리들은 태양신의 대리자로서 신격화된 적도 있고 신화, 전설, 민담 등에 등장하는 다양한 곤충들은 인간의 이야기 문화를 풍부하게 만들었다. 또한 그림을 비롯한 예술 활동에 등장하는 곤충들은 인간의 심리를 간접적으로 대변하거나 함께 하는 생명체로서 우리의 심성을 부드럽게 하였다.

최근 환경이 더욱 악화되면서 사람들은 함께 했던 곤충에 대한 그리움이 커지고 있다. 이에 따라 과거에는 자연에서만 즐기던 곤충을 직접 우리주위로 끌어들여 하나의 사업으로 키워 가는 곤충문화 산업도 등장하게 되었다. 이처럼 문화적 영향력을 갖고 있는 곤충들을 문화자원이라 한다. 대표적인 문화자원의 이용방법으로는 나비정원이나 나비생태원을 들 수 있으며, 우리나라에서도 『함평 나비축제』가 문화자원으로서 자리매김하고 있다.

그림 12. 곤충표본 열쇠고리(인용)

동남아에서는 예쁜 곤충표본을 이용한 장식예술이 발달하여 관광상품으로 각광받고 있으며, 아울러 곤충을 좋아하는 사람들을 중심으로 애완곤충 기르기와 사업이 정착해 가고 있다. 또한 곤충을 낚시미끼로 이용하거나 모형곤충을 만들어 플라이 낚시를 하는 등 레저활동에 이용되고 있다.

9) 아이디어의 모티브가 되는 곤충

인간이 발명품을 고안하는 데에는 자연에서 아이디어(idea)를 얻는 경우가 많다. 특히, 곤충과 식물 그리고 자연물은 인공물을 창조하는 아디어의 모티브로서 작용한다.

아이디어의 모티브(motive)가 된 대표적인 예로는 『예술의 전당』을 들 수 있다. 예술의 전당 지붕은 우리 조상들이 써 왔던 정통 갓을 닮았다. 즉, 전통 갓은 예술의 전당 지붕을 얻게 된 아이디어로 작용했다. 또 2차 세계대전 당시 처음 만들어졌던 독일의 『폭스바겐』 역시 딱정벌레의 모습을 본 딴 것이다. 정확한 명칭은 『폴크스바겐』인데, 히틀러의 명에 의해 1937년 설립된 『폴크스바겐』이라는 회사에서 만들어진 독일 국민차로서 설계자 F. 포르셰 박사가 딱정벌레형 폴크스바겐의 원형을 발표하였다. 기본적인 딱정벌레형 모델은 바꾸지 않은 채 지금까지도 거리를 달리는 모습은 귀엽고 반갑기도 하다.

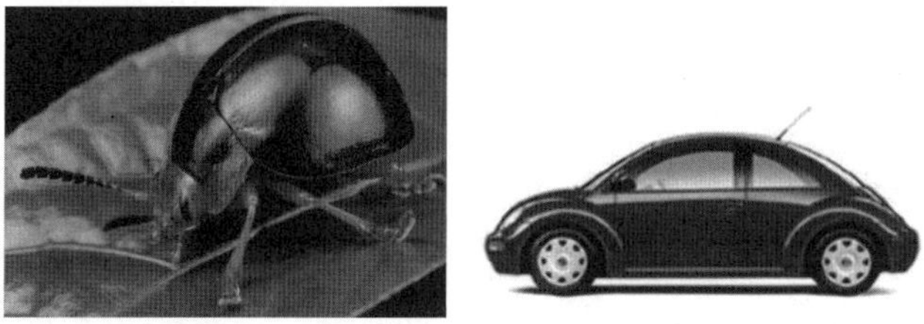

그림 13. 모티브가 된 딱정벌레(좌)와 폴크스바겐(인용)

제3장 곤충의 구조와 생태

제1절 외부기관과 기능

곤충의 몸은 머리, 가슴, 배의 3부분으로 구성된다. 머리에는 입, 더듬이, 눈이 있고 가슴에는 3쌍의 다리와 2쌍의 날개가 있다. 배는 여러 개의 고리마디로 구성되고 그 속에 소화기관과 생식기관이 있다.

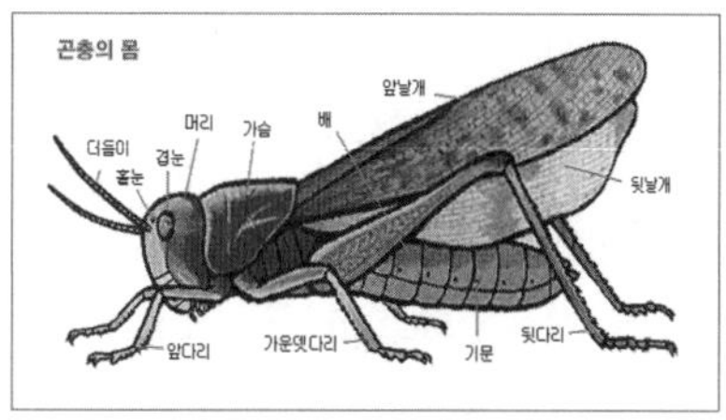

그림 14. 곤충의 구조(인용)

1) 머리

머리는 단단한 캡슐처럼 생겼으며 먹이습성에 따라 크기와 모양이 매우 다양하다.

• 눈

곤충은 대부분 1쌍의 겹눈(復眼, compound eyes)과 3개의 홑눈(單眼, ocelli, simple eyes)을 가지고 있다. 겹눈은 감각기구인 개개의 눈으로 구성되는데, 어떤 개미의 경우 1개에서부터 3만개까지 있고 파리의 몇몇 종과 갑충류, 잠자리는 그 이상을 가진다고 한다. 겹눈은 랜즈와 감각세포가 있고 각각의 물체 일부를 감지하여 전체의 결합된 상을 만든다.

홑눈은 3개에서 없는 곤충들도 있다. 기능은 확실하지 않지만 빛의 감지와 명암을 감지하는 기관으로 알려져 있다.

• 더듬이

더듬이(antennae)는 1쌍으로서 여러 형태의 미세한 털로 된 감각극모(sensilla)로 구성되며 종에 따라 모양과 크기가 다르기 때문에 종 동정(同定)의 기준이 된다. 더듬이는 감촉, 냄새, 온도, 습도, 소리를 감지하는 기능을 가진다.

(1.실꼴–딱정벌레류 2.채찍골–잠자리, 바퀴벌레 3. 염주꼴–흰개미 4.곤봉꼴–나비 5. 톱니꼴–비단벌레 6.몽둥이꼴–나무좀 7.무릅꼴–수중다리좀벌 8.아가미꼴–풍뎅이 9.빗살꼴–잎벌 10.가시털꼴–등에 11.펜꼴–snipe fly 12.깃털꼴–수컷모기

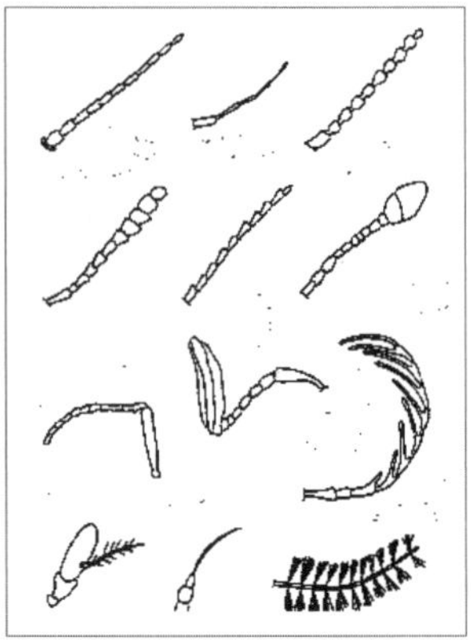

그림 15 더듬이 모양

• 입

곤충의 입은 씹는 입, 빠는 입, 핥는 입 등 먹이습성에 따라 다양하다. 입의 유형은 곤충의 그룹에 따라 특징이 있어 때때로 종 동정에 이용된다.

㉠ 씹는 입

씹는 입(chewing mouthparts)은 먹이를 물어뜯고 씹어 먹는다. 딱정벌레류, 잠자리류, 좀류, 메뚜기류, 나비류, 나방류의 애벌레가 이에 속한다.

씹는 입은 윗입술, 큰 턱, 작은 턱, 아랫입술, 혀로 구성된다. 윗입술은 먹이를 끌어당기는 역할을 하고 큰 턱은 먹이를 자르고 씹는 기능을 한다. 작은 턱은 먹고 있는 먹이를 잡고 조정하며 맛을 본다. 아랫입술은 먹이를 입속으로 밀어 넣는 역할을 하며, 혀는 동물의 혀와 같은 기능을 한다.

㉡ 빠는 입

빠는 입(sucking mouthparts)은 관 모양의 주둥이로 동、식물의 체액을 빨아들인다. 빠는 입은 찌르고 빠는입, 관(빨대) 모양 입, 씹고 빠는 입, 핥는 입, 씹고 핥는 입, 퇴화하여 입은 있으나 먹이를 먹지 못하는 입 등으로 세분한다.

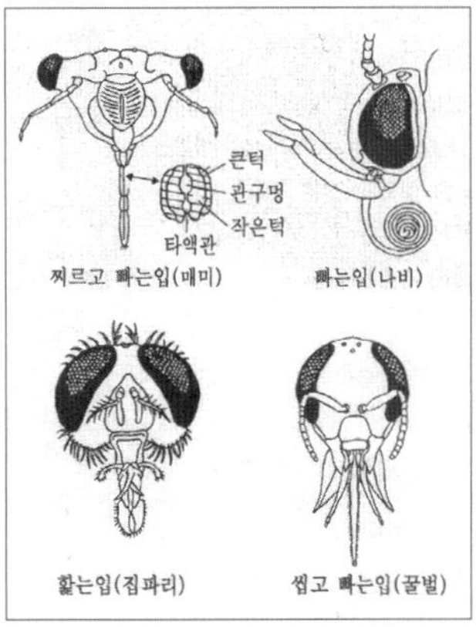

그림 16. 곤충의 입

찌르고 빠는 입(piercing–sucking mouthparts)은 매미류, 진딧물류, 깍지벌레류, 노린재류, 파리류, 모기류의 일부에서 볼 수 있으며, 바늘 모양의 주둥이를 동 · 식물체의 조직에 찔러 넣어 체액을 빨아먹는다. 빠는 입(siphoning mouthparts)은 나비와 일부 나방의 성충에서 볼 수 있다. 먹이를 먹을 때에는 돌돌 말고 있는 관 모양의 긴 주둥이를 쭉 펴서 즙액을 빨아들인다. 씹고 빠는 입(chewing–sucking mouthparts)은 꿀벌, 핥는 입(sponging mouthparts)은 집파리 성충, 씹고 핥는 입(chewing–lapping mouthparts)은 벌, 퇴화한 입(vestigial mouthparts)은 하루살

이, 대부분의 날도래, 많은 종류의 나방류 성충에서 볼 수 있는데, 이들은 입이 있으나 퇴화하여 먹이를 먹지 못한다.

2) 가슴

대부분의 곤충은 2쌍의 날개와 3쌍의 다리 그리고 1쌍의 기문(氣門, spirallcles)이 있다.

• 다리

곤충의 다리(legs)는 걷기(walking), 뛰기(jumping), 움켜잡기(grasping), 헤엄치기(swimming), 파헤치기(digging)에 알맞은 다리가 있다.

다리의 크기와 모양, 부절의 마디 수, 가시의 수와 모양 및 위치가 종에 따라 달라서 종 동정에 이용되기도 한다. 메뚜기의 앞다리와 가운데 다리는 걷는데 알맞고 뒷다리는 도약(jumping)하기에 알맞은 구조다. 사마귀의 앞다리는 먹이를 낚아채고 움켜잡기(파지, grasping)에 알맞다. 물방개의 다리는 헤엄치기에 알맞고 땅강아지 앞다리는 흙을 파헤치는 데에 알맞다.

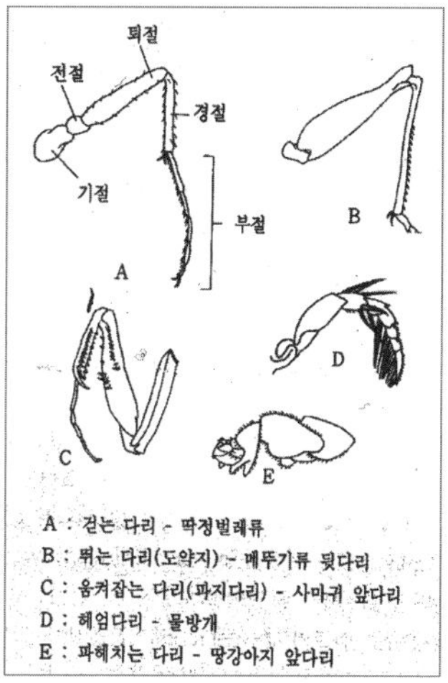

그림 17. 곤충의 다리

• 날개

대부분의 곤충은 2쌍의 날개가 있다. 날개의 수와 크기, 형태와 구조, 날개맥(翅脈, venation)의 구성과 위치 등이 다양하고 독특하기 때문에 나방과 나비, 벌류에서는 종 분류의 기준이 된다. 곤충의 날개는 대부분 2쌍이지만 파리류처럼 1쌍을 가진 것, 톡토기류처럼 퇴화한 것 등 다양하다.

곤충의 날개는 척추동물과 같이 부속기관으로 발달한 것이 아니라 체벽(體壁, integument)으로부터 진화된 것이다. 날개의 주요 기능은 비행이지만 딱정벌레류처럼 두껍고 딱딱한 앞날개 즉, 시초(翅鞘, elytron)라고 부르는 각질의 날개는 뒷날개와 몸의 보호기구로서의 역할을 한다.

• 배

곤충의 배는 보통 11개 또는 그 이상이나 그 이하의 고리마디로 구성된다. 배의 끝에는 배설과 생식에 관계되는 기관이 있고 배의 양측 고리마디마다 1쌍의 숨구멍(氣門, spiracle)이 있다. 그 외에도 나비류 애벌레의 경우 배에 5쌍의 다리가 있고 잎벌의 애벌레는 그 이상의 배다리를 가지고 있다.

제2절 생육과 발달

1) 변태

여름철의 진딧물류는 단위생식(單爲生殖, parthenogenesis)에 의하여 증식하기도 하지만 대부분의 곤충은 자웅이체(雌雄異體)로 양성생식(兩性生殖)을 한다. 즉, 짝짓기 할 때 수컷의 정충이 암컷의 수정낭에 옮겨져 알관을 통과할 때 수정된다.

수정된 알이 발육하여 애벌레(幼蟲, larva)가 되고 애벌레는 어른벌레(成蟲, adult)가 되는 것을 발생(發生, development)이라고 한다. 즉, 알을 까고 애벌레가 나오는 과정을 부화(孵化)라고 한다.

알에서 부화한 애벌레는 어른벌레가 될 때까지 계속해서 성장하는데, 곤충의 몸은 단단한 큐티클 층으로 둘러싸여 늘어나지 않으므로 성장하기 위해서는 주기적으로 낡은 껍질을 벗어버리고 새로운 껍질로 갈아입어야 한다. 이를 곤충의 허물벗기 또는 탈피(脫皮, moulting)라고 한다.

부화한 애벌레는 어른벌레와 형태적으로 차이가 크며, 몇 번이고 허물을 벗는 탈피과정을 거치면서 자라 어른벌레가 되는데, 이 과정을 변태(變態, metamophosis)라고 한다. 즉, 곤충은 살아남기 위해서는 주변 환경에 적응할 수 있는 몸의 형태로 바뀌어 완전히 다르게 보이는 변형이 여러 번 일어난다. 이러한 몸의 변형은 허물벗기를 통해 이루어지는데, 허물을 벗기 전과 후의 모습이 전혀 다른 형태와 크기로 바뀌는 것을 탈바꿈 또는 변태라고 한다.

그림 18. 매미 탈피과정(인용)

곤충의 변태를 완전변태와 불완전변태로 구분하고 불완전변태는 무변태, 반변태, 점변태로 세분한다.

• 완전변태

알(卵, egg)에서 부화한 애벌레가 번데기(蛹, pupa) 시기를 거쳐 어른벌레(成蟲, adudlt)가 되는 것을 완전변태(完全變態, complete metamorphosis)라 하고, 이때의 애벌레를 유충(幼蟲, larva)이라고 한다. 완전변태 하는 곤충은 보통 유충단계와 성충단계의 모양이 완전히 다르고 때로는 사는 장소와 습성도 다르다.

- 완전변태 : 알(난) ⇒ 애벌레(유충) ⇒ 번데기(용) ⇒ 어른벌레(성충)

• 불완전변태

불완전변태(不完全變態, incomplete metamorphosis)는 알에서 부화한 애벌레가 번데기라는 시기를 거치지 않고 바로 성충이 되거나 변태하지 않는 것으로서 메뚜기, 매미, 잠자리, 하루살이 등에서 볼 수 있다. 이처럼 불완전변태 하는 곤충의 애벌레를 약충(若蟲, nymphs)이라고 하며 보통 성충과 거의 같은 모양이다. 만약 성충이 날개가 있으면 어린 약충기부터 새싹처럼 날개가 돋아나서 자란다.

① 반변태(半變態, hemimetabolous development)

번데기시기가 없고 애벌레는 물 속에서 살고 성충은 공중생활을 하는 것이 대부분이다. 잠자리, 하루살이, 강도래 등이 이에 속하며 애벌레와 성충의 모양이 현저하게 다르다. 좁은 뜻의 불완전변태(不完全變態, incomplete metamorphsis)이며, 이때의 애벌레를 『나이아드, naiads』라고 한다.

② 점변태(漸變態, gradual metamorphosis)

번데기시기가 없는 것은 반변태와 같으나 애벌레는 탈피할 때마다 성충에 가까워진다. 이때의 애벌레를『약충, 若蟲, nymphs』이라고 한다. 약충은 성충과 생활장소나 먹이습성 등이 비슷하다. 메뚜기류, 흰개미, 기계충류, 삽주벌레, 진딧물, 깍지벌레 등이 이에 속하는데, 전체 곤충 종의 10% 미만이 점변태를 한다.

③ 무변태(無變態, no metamorphosis)

변태를 하지 않는 것으로서 부화 당시부터 성충과 같은 모양을 하고 있다. 애벌레의 몸은 성충에 비하여 크기가 작을 뿐 성충과 형태적으로 거의 같거나 차이가 없다. 낫발이, 톡톡이, 좀붙이, 좀 등의 무변태 곤충은 날개가 퇴화된 경우가 많고 토양이나 유기물에 서식한다. 무변태 곤충은 전체 곤충의 1% 미만이다.

2) 발육

• 알

알(卵, egg)은 곤충의 종류에 따라 모양, 색채, 산란장소 등에 많은 변화가 있다. 겉은 딱딱하거나 다소 유연한 알 껍질로 싸여 있다. 모양은 난형, 타원형, 바나나 형 등 여러 가지이며 겉이 매끈매끈한 것, 거친 것 등이 있다. 암수 짝짓기에서 수정된 알은 산란(産卵, oviposition)과정을 통해 1개씩 낳거나 수십 개 또는 수백 개씩 무더기로 낳기도 한다.

알을 낳는 장소는 알과 부화한 애벌레가 천적으로부터 은신할 수 있는 곳이나 유충이 먹이를 쉽게 찾을 수 있도록 먹이에 또는 먹이가까이에 낳는 것이 보통이다.

산란된 알이 부화할 때까지의 기간을 난기(卵期, egg period)라고 하며 파리는 2~3일, 복숭아순나방은 7일 정도인데 대부분 곤충의 알기간은 10일 내외이다. 그러나 알로 월동하는 곤충은 늦여름에 산란되어 이듬해 봄에 부화하는 것도 있고 말매미의 알기간은 300여일 정도이다.

• 유충

유충(幼蟲, larva)은 여러 가지의 모양을 한다. 탈피와 다음 탈피간의 유충 또는 약충을 영충(齡蟲,

instar)이라고 하며, 그 시기를 영기(齡期, stadium, stage)라고 한다. 예를 들면, 부화 직후에서 첫 번째 탈피 사이의 애벌레를 제1령충(first instair), 첫 번째 탈피와 두 번째 탈피 사이를 제2령충(second instair), 두 번째 탈피와 세 번째 탈피 사이를 제3령충(third instair), 세 번째 탈피를 끝내고 네 번째 탈피 사이 애벌레를 제4령충(fourth instair)이라고 한다. 곤충의 탈피는 주위환경의 적합성 여부에 따라 정상 횟수 이상으로 탈피하는 경우도 있다.

유충기간은 곤충의 종류와 주위환경에 따라 다른데, 고자리파리의 경우 봄에는 20~30일이고 여름에는 7~8일간이다. 또 도둑나방은 봄과 가을에는 약 1개월이 걸리지만 늦가을에는 60~70일이 걸린다. 밤바구미는 2~3년 동안인 것도 있고 미국의 17년 매미는 유충기가 무려 만 16년이나 걸린다. 이와 같이 알에서 부화한 유충이 번데기가 될 때까지의 기간을 유충기(幼蟲期, larval period)라고 한다. 해충이 식물을 가해하는 시기가 대부분 유충기이고 곤충의 실질적인 성장은 유충기 먹이섭취의 결과이다.

그림 19. 호랑나비유충

• 번데기

최종 유충단계에서 탈피한 다음에 번데기가 되는데, 이 기간을 용기(蛹期, pupal period)라고 한다. 곤충의 번데기기간은 1주일 정도이나 주위환경과 종류에 따라 다르다. 번데기단계의 곤충은 먹이를 먹지 않으며 대부분은 움직이지도 않는다. 번데기는 흔히 고치(cocoon) 또는 다른 보호물질로 감싸여 있다. 그리하여 많은 곤충들은 번데기단계에서 겨울을 지낸다. 최종 탈피는 번데기의 말기단계에서 일어나고 마지막단계가 성충이다.

번데기는 완전변태 하는 곤충류에서만 볼 수 있는 것으로서 불리한 환경극복을 위한 월동이나 하면(夏眠) 등을 통하여 휴면(休眠, diapause)이라는 과정을 거치는 단계이다.

• 성충

곤충의 성장은 모두가 애벌레 때에 하게 되며 성충(成蟲, adult)은 자기의 생명을 유지하고 생식 또는 생식을 위한 분산(分散, dispersal)과 이주(移住, migration)에 필요한 양분을 섭취하는 정도이다.

성충은 번데기에서 처음 나왔을 때에는 색채가 연하고 날개는 짧고 부드러우며 주름져 있다. 짧은 시간 내에 즉, 수 초에서 수 시간 또는 곤충의 종류에 따라서는 그 이상의 시간 내에 날개가 펴지고 굳어지며 착색된다.

제4장 주요 곤충들의 형태와 생태

제1절 생태계 순환자 톡토기목(Collembola)

종자가 땅에 떨어져 싹이 트고 뿌리가 나와 물과 양분을 빨아들이고 잎에서의 광합성작용으로 탄수화물을 생성하여 큰 식물로 자라게 된다. 가을이 오면 식물의 잎은 자기역할을 다하고 가지에서 떨어져 각종 토양곤충과 미생물에 의해 분해되어 또다시 식물이 이용할 수 있는 영양원으로 되돌아간다.

이처럼 식물의 잎과 죽은 가지가 땅에 떨어져 다시 식물의 영양원이 되려면 일차적으로 톡토기와 같은 곤충의 입으로 잘게 쏠리고 적당한 온도와 수분조건 하에서 각종 미생물에 의해 분해됨으로써 식물이 이용할 수 있는 유기양분이 되는 것이다. 다시 말해 거친 낙엽이나 식물체가 식물이 이용할 수 있는 이온상태의 양분이 되려면 일차적으로 톡토기와 같은 토양동물의 입을 통하여 잘게 씹혀져야 한다는 것이다. 이처럼 생태계에서는 톡토기와 같은 미소 곤충들의 역할이 매우 크다.

톡토기는 곤충강 무시아강(無翅亞綱) 톡토기목에 속하는 곤충으로서 9개과 184종이 알려져 있다. ㉠ 몸이 매우 작아 6mm 이하이고 관이나 공 모양의 곤충으로서 ㉡ 날개가 없고 ㉢ 씹는 입(咀嚼口)을 가진다. ㉣ 배 밑에는 두 갈래로 갈라진 1개의 도약지가 있는데, 쉴 때에는 접고 뛸 때에는 뒤로 펴져 70~100mm 높이의 공중으로 튀기 때문에 「springtails, 톡토기」라는 이름을 얻었다. ㉤ 몸 색깔은 흰색, 회색, 노랑, 오렌지색, 옅은 자주색, 홍색 등으로 다양한데, 현미경으로 보면 그 색깔이 매우 아름답다.

몸의 크기가 너무 작고 은폐된 곳에 살기 때문에 눈에 잘 띄지는 않지만 산야에서 가장 많이 분포하는 곤충으로서 건전한 산림의 경우 약 500만/ha 개체가 분포한다.

대다수의 종이 부엽토, 수피 밑이나 부패하는 통나무에서 생활하는데 토양 속, 수면 위, 심지어는 눈 위에서도 발견된다. 어떤 종은 개미집이나 동굴에서도 산다. 먹이는 낙엽이나 부식하는 유기물인데 몇몇 종류는 조류(藻類, algae), 곰팡이류(fungi), 꽃가루, 배추 등의 야채류를 가해하여 채소와 버섯류의 주요 해충이기도 하다.

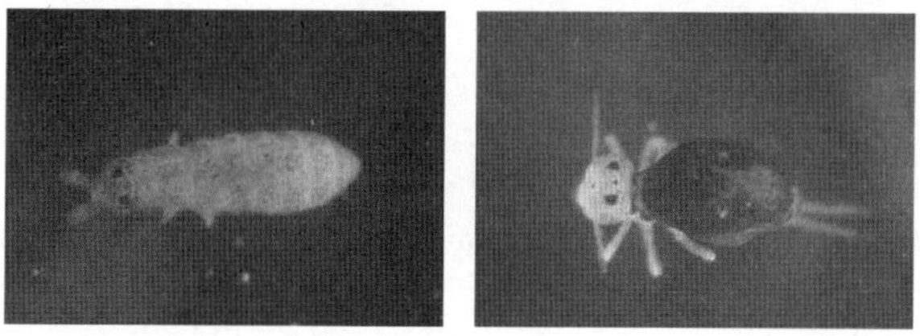

그림 20. 보라톡토기(좌)와 알톡토기

제2절 곤충포식자 잠자리목(Odonata)

잠자리(dragonflies)는 쉴 때 날개를 접을 수 없다는 특징이 있다. 우리나라에는 9개과 94종이 알려져 있는데 ㉠ 거의 같은 크기의 길쭉한 그물맥 날개 2쌍과 ㉡ 씹는 입을 갖는다. ㉢ 불완전변태하고 ㉣ 몸은 20~120mm 정도로 비교적 큰 곤충이다. ㉤ 짧고 딱딱한 털 모양의 더듬이 ㉥ 1쌍의 큰 겹눈과 3개의 홑눈을 가진다.

애벌레는 수중생활을 하고 어른벌레는 육상생활을 한다. 물에 사는 애벌레는 하루살이 애벌레, 모기 애벌레 등을 잡아먹고 물고기의 먹이 원(源)이 된다. 어른벌레는 모기, 각다귀, 작은 나방, 파리, 등에, 하루살이, 다른 잠자리, 기타 비행곤충을 잡아먹는 포식자로서 인간에게 유익한 곤충이다.

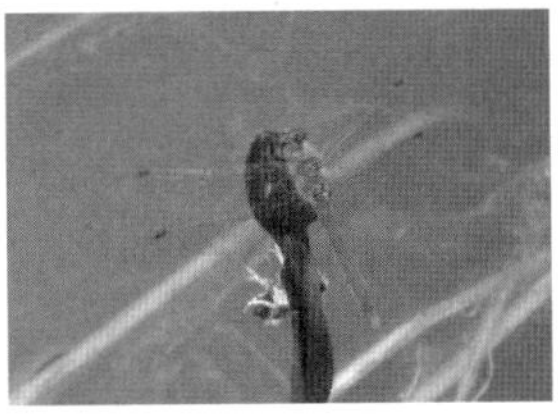

그림 21. 밀잠자리(좌)와 고추좀잠자리

제3절 이마가 긴 메뚜기목(Orthoptera)

메뚜기(grasshoppers)가 속하는 유시아강(有翅亞綱) 메뚜기목은 12개과 127종이 알려져 있다. 여기에는 방아깨비와 벼메뚜기를 비롯하여 꼽등이, 여치, 철써기, 베짱이, 쌕새기, 귀뚜라미, 땅강아지, 풀무치 등이 있다.

그림 22. 방아깨비(인용)

이들은 ㉠ 앞날개가 길고 좁은 막질로서 가죽처럼 두껍고, 뒷날개는 넓은 막상의 부채꼴로 앞날개 밑에 접혀있다. ㉡ 씹는 입을 가지며 ㉢ 크기는 20~50mm 정도이나 큰 것은 180mm인 것도 있다. ㉣ 잘 발달한 겹눈과 2~3개의 홑눈을 가지거나 없는 것도 있으며 ㉤ 뒷다리가 매우 발달하였다.

대부분이 육상생활을 하며 관목이나 초본류에서 발견된다. 몇몇 종은 땅속에 굴을 파고 살거나 동굴 속에 살기도 하며 대부분이 초식성이지만 일부는 포식성 또는 잡식성이다. 많은 종이 소리를 낼 수 있는 능력을 가지고 있다.

제4절 집게벌레목(Dermaptera)

집게벌레(earwigs)는 5개과 19종이 알려져 있다. ㉠ 2쌍의 날개가 있거나 없으며 ㉡ 앞날개가 짧아 배의 대부분이 노출되고 두꺼운 가죽형으로서 날개맥이 없다. 뒷날개는 막상의 반원형인데, 방사상으로 배열된 맥이 있다. ㉢ 씹는 입을 가지며 ㉣ 더듬이는 길고 가늘다. ㉤ 배 끝에 집게 모양으로 생긴 기관(cetci)이 있고 ㉥ 점진변태 한다. ㉦ 몸은 길쭉하고 다소 납작한 형으로서 크기는 4~26mm 정도이다.

집게벌레는 배 끝에 있는 부속기관이 집게 모양으로 생겨 붙여진 이름이다. 주로 육상생활을 하는데 낮에는 토양, 수피, 낙엽낙지 밑에 숨어 있고 밤에 활동한다. 잡식성으로서 살아 있는 동·식물질은 물론 죽었거나 부패한 물질도 먹는다. 영어 명『earwigs』는 이 곤충이 잠자는 사람의 귓속에 들어가 혼을 뺀다는 근거 없는 속설에서 붙여진 이름이다. 아마도 집게벌레의 뒷날개가 사람의 귀를 닮은 데서 나온 이름으로 여겨지며, 인간에게는 직접적인 해가 없다.

사진 23. 고마로브집게벌레

제5절 노린재목(Hemiptera)

노린재(bugs)는 ㉠ 반시초(半翅革肖, hemelytra)인 앞날개가 가죽질이고 말단부는 막상이다. 쉴 때에는 반시초의 앞날개와 막상의 뒷날개를 몸 위로 편평하게 덮는다. ㉡ 머리 앞쪽에 돌출한 부리는 찔러서 빠는입(piercing-sucking mouthparts)이며 ㉢ 더듬이는 4~5개 마디로 상당히 길다. ㉣ 겹눈은 잘 발달하였고 홑눈은 있거나 없는 것도 있다. ㉤ 몸의 크기는 1~100mm 정도로 다양하고 ㉣ 점진변태 한다.

대부분이 지상생활을 하지만 물장군, 장구애비, 송장헤엄치게, 소금쟁이 등은 물에서 사는 수서곤충이다. 지상생활을 하는 종류는 초식성으로서 식물의 즙액을 빨아먹는 해충이거나 병을 매개하며, 일부는 기생성 또는 포식자로서 천적으로의 이용가치가 있다. 우리나라에는 29개과 582종의 노린재가 알려져 있는데, 만지면 고약한 냄새가 나서 붙여진 이름이다.

그림 24. 알락수염노린재(인용)

제6절 노래하는 매미목(Homoptera)

매미(cicadas)가 속하는 유시아강 매미목은 49개과 1,049종이 알려져 있다. 매미목에는 참매미와 말매미를 포함하여 거품벌레, 뿔매미, 멸구, 선녀벌레, 상투벌레, 나무이, 진딧물, 면충, 솜벌레, 깍지벌레 등이 있다.

매미는 ㉠ 2쌍의 날개가 몸을 지붕처럼 덮고 있으며 ㉡ 머리 위쪽에 돌출한 주둥이는 찔러서 빠는 입이다. ㉢ 크기는 1~19mm로 다양하며 ㉣ 홑눈은 있거나 없기도 하는데, 홑눈은 2~3개 이고 겹눈이 매우 발달해있다. 모든 종이 육상생활을 하는 초식성으로서 식물의 조직에 바늘입을 찔러 즙액을 빨아먹는다. 농업, 임업, 조경수목을 가해하는 해충류가 많다.

매미는 여름을 대표하는 곤충이다. 무더운 여름날 오후 미루나무에서 목청껏 울어대는 매미소리는 우리들의 가슴을 시원하게 한다. 그런데, 요즘 들어 도시에서의 매미소리는 정겹다기보다는 소음에 가깝다. 낮에는 물론이려니와 밤 10시 11시를 훌쩍 넘겨서도 요란한 울음소리가 때때로 일에 지친 도시민의 밤잠을 설치게 한다. 그러나 이 시끄러운 매미의 울음소리는 암컷의 마음에 들려는 수컷의 정성어린 노랫소리다. 암컷 매미는 씩씩하고 힘차며 우렁찬 목소리를 가진 놈을 찾아 짝짓기 한다. 그러므로 소음에 가까운 수컷 울음소리는 생존경쟁의 자연계에서 유리한 2세를 낳기 위한 종족보존의 절규이다.

그림 25. 말매미

제7절 우담바라가 된 풀잠자리목(Neuroptera)

풀잠자리가 속하는 유시아강 풀잠자리목은 9개과 40종이 알려져 있다. 풀잠자리는 ㉠ 막상의 그물맥이 있는 2쌍의 날개를 가지며, 쉴 때에는 배 뒤로 지붕처럼 덮는다. ㉡ 어른벌레는 씹는 입을, 애벌레는 씹어서 빠는 입을 가진다.

풀잠자리는 식물의 잎이나 어린 가지에서 즙액을 빨아먹는 진딧물, 깍지벌레와 작은 나방류의 유충을 잡아먹는 천적으로서 먹이를 쉽게 잡아먹을 수 있는 나뭇가지나 잎에 알을 낳는다. 알은 실 끝에서 하얗게 깨알처럼 매달려 있다.

몇 년 전 풀잠자리 알이 사회의 관심사가 되었던 적이 있었다. 3,000년에 한번 핀다는 부처님 꽃 「우담바라」가 우리나라 여기저기에서 피어났기 때문이다. 부처님 상에는 물론 자동차 차창 밖 옆 거울에도, 마당의 대나무 빗자루 끝에도, 잘 생긴 바위틈에서도... 그런데 아쉽게도 풀잠자리 알로 밝혀졌다. 일부 사람들은 풀잠자리 알을 놓고서 부처님 꽃으로 숭상했다. 모두들 그렇게 들떠 있었

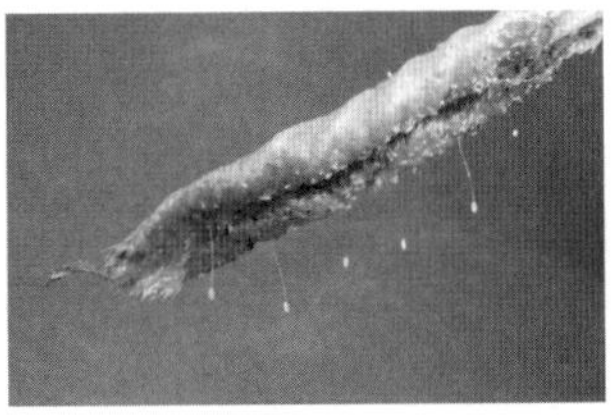

그림 26. 풀잠자리(좌)와 알

다. 아무튼 좋은 현상이다. 생태계가 그만큼 안정되어 있다는 증거가 된다.

제8절 사냥의 명수 딱정벌레목(Coleoptera)

딱정벌레(beetles)목은 98개과로 곤충강에서 가장 큰 목이며 전체 곤충의 40%를 차지한다. 많은 종들이 육상생활을 하며 일부는 물에서 사는 수서곤충(水棲昆蟲)이다. 딱정벌레는 ㉠ 1쌍의 두껍고 각질의 앞날개를 가지며, 앞날개 밑에 접힌 뒷날개가 있다. ㉡ 씹는 입을 가지며 큰 턱이 매우 발달하였다. ㉢ 완전변태를 하며 ㉣ 몸의 크기는 다양하다.

딱정벌레는 행동, 먹이습성이 매우 다양한데, 대부분이 초식성이거나 포식성이다. 또 일부는 부식성, 기생성이고 곰팡이류를 먹는 것도 있다. 초식성인 종은 나무의 잎을 갉아먹거나 즙액을 빨아먹기도 하며, 목질부 또는 사부(篩部, phloem)에 구멍을 뚫고 가해하는 나무좀류, 하늘소류, 바구미류, 비단벌레류 등 해충인 종이 많다.

딱정벌레 중에서 「길앞잡이」라는 곤충이 있다. 이놈은 6개의 가늘고 미끈한 다리로 잽싸게 뛰어다니며 자기보다 작은 곤충을 사냥하는데, 세상에서 이놈보다 빨리 달리는 곤충은 없다. 시골 오솔길을 가노라면 몸이 알록달록해서 예쁜 곤충이 2~3m 앞에서 다가가면 포르르 날아서 앉고 또 다가가면 포르르 날아서 앉기를 마치 길손 안내하듯 해서 「길앞잡이」라는 이름을 얻었다. 사실은 걷고 뛰어가는데, 너무 빨라 우리 눈에는 마치 날아가는 것처럼 보인다.

그림 27. 길앞잡이

그런데, 길앞잡이 입장에서 보면 참으로 어처구니없는 이름일 게다. 길앞잡이는 먹이사냥하려고 훤하게 트인 길에서 지나가는 곤충을 기다리는데, 사람이 자꾸만 뒤쫓아 오니 앞서갈 수밖에 없다. 그러나 가도 또 쫓아오고 또 앞서가도 쫓아오니 참으로 속상할 노릇일 게다.

제9절 색깔의 창조자 나비목(Lepidoptera)

나비목(Lepidoptera)은 69개과로 전체 동물계의 10%에 달할 정도로 종 수가 많으며, 나비(butterflies)와 나방(moths)이 있다.

나비목은 ㉠ 비늘(인편)로 덮인 2쌍의 날개가 있고 ㉡ 애벌레는 씹는 입, 어른벌레는 빠는 입을 가진다. 빠는 입은 평소에는 감고 있다가 먹이를 먹을 때만 감긴 주둥이를 펴서 빨대 형으로 빨아들인다.

나비와 나방의 차이는 다음과 같다. ㉠ 나비의 더듬이는 실처럼 가늘고 길며 끝이 곤봉처럼 혹이 있는 반면, 나방은 깃털이 있고 끝에 혹이 없다. ㉡ 나비는 쉴 때 날개를 몸 위에 수직으로 접는데, 나방은 뒤로 또는 옆으로 편평하게 접는다. ㉢ 나비는 주행성이 대부분이나 나방은 야행성이 많다. ㉣ 나비는 밝고 아름다운 색이 많고 나방은 어둡거나 위협적인 색채가 많다.

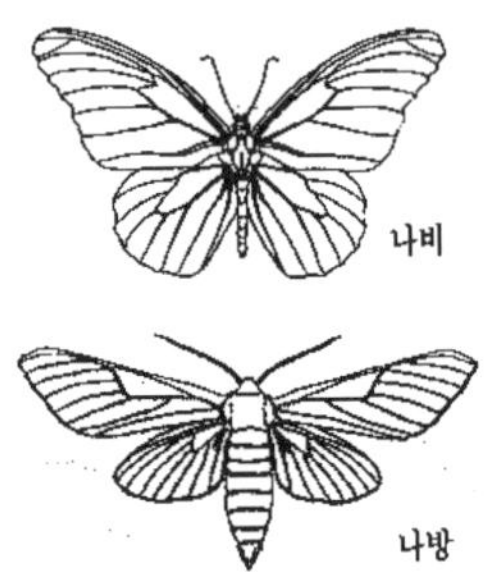

그림 28. 나비와 나방

나비목은 딱정벌레목 다음으로 크며 대부분이 육상생활을 한다. 식물을 먹이로 하며 주로 애벌레 기간에 피해를 준다. 가해부위는 식물체의 사부(篩部) 또는 목부 천공(穿孔), 사부와 목부 천공, 구과 및 종자 등이다.

많은 종류의 나비는 색체가 아름답다. 날개에 붙은 분가루 같은 비늘조각에서 반사되는 빛 때문이다. 나비의 아름다운 색깔 때문에 채집대상이 되기도 하며, 옷감의 색체, 각종 디자인 응용의 기본이 되기도 한다.

제10절 파리목(Diptera)

파리(flies)는 ㉠ 1쌍의 막상 날개가 있고 뒷날개는 균형기관으로 작용하는 평균곤(平均棍, halteres)으로 변형되었다. ㉡ 빠는입, 찔러서 빠는입, 짜먹는입, 핥는입 등 다양한 입과 먹이습성을 가지고 있다. ㉢ 몸의 크기는 1~50mm 정도이고 ㉣ 큰 겹눈을 가지며 대부분이 3개의 홑눈을 가지거나 없는 종도 있다. ㉤ 완전변태 한다. 우리나라에는 64개과 1,100종이 분포한다.

파리목은 톡토기목, 딱정벌레목, 나비목 다음으로 큰 무리이며, 거의 모든 곳에서 발견된다. 먹이습성도 다양해서 모기, 말파리, 쇠등에처럼 피를 빠는 것, 체체파리, 집파리, 진디등에, 금파리처럼 먹이를 먹는 과정에서 인간과 동물에 질병을 매개하는 것도 있다. 기타 굴파리류는 부식성, 애벌레가 총채벌레와 투구풍뎅이에 기생하는 기생성, 다른 작은 곤충을 잡아먹는 파리매과의 포식성, 식물의 조직 속에서 가해하여 혹을 만드는 것, 꽃가루를 먹이로 하여 수분자(受粉者) 역할을 하는 것들도 있다.

그림 29. 검정쇠파리(인용)

제11절 벌목(Hymenoptera)

벌(sawflies)은 ㉠ 2쌍의 막상 날개가 있으며 앞날개가 뒷날개보다 크다. ㉡ 씹는입 또는 씹고 빠는입을 가졌으며 ㉢ 몸은 1~38mm로 크기가 다양하다. ㉣ 더듬이는 대체로 길고 10마디 또는 그 이상이고 ㉤ 대부분의 암컷은 발달한 산란관이 있다. ㉥ 완전변태 한다. 우리나라에는 46개과 1,800종이 분포한다.

육상생활을 하며 개미, 장수말벌, 꿀벌은 사회생활을 한다. 벌목은 꿀 생산, 천적과 식물의 수분자 역할 등 유익한 곤충인 동시에 식물을 가해하거나 가정의 해충이기도 하다.

제5장 곤충채집 도구와 표본제작

제1절 곤충채집 도구

곤충채집을 위해서는 채집대상 곤충에 따라 채집도구가 다르다. 톡토기와 같은 미소 토양곤충은 흡충관으로, 지표곤충 채집은 Pitfall trap으로, 비행곤충은 포충망, 나무에 사는 곤충은 털어잡기 망, 불빛에 모이는 곤충은 유아등과 같은 채집도구가 필요한 것이다. 그 외에도 잡은 곤충을 기절시키는데 필요한 독병, 표본의 부패를 막기 위한 알코올 병, 나비와 같이 날개파손을 막기 위한 삼각 유산지와 삼각통, 핀셋, 기타 채집을 위한 소지품들이 필요하다.

1) 포충망(Insect net)

흔히 볼 수 있는 잠자리채와 같은 원리로 만들어진 망으로서 공기가 잘 통하고 속이 훤히 들여다보이는 가벼운 망이다. 벌과 나비, 잠자리처럼 날아다니는 곤충이나 나뭇가지에 붙어있는 곤충을 포획할 때, 풀밭이나 관목류에서 활동하는 곤충을 대상으로 망을 휘둘러서 망 속으로 들어온 곤충을 잡는다.

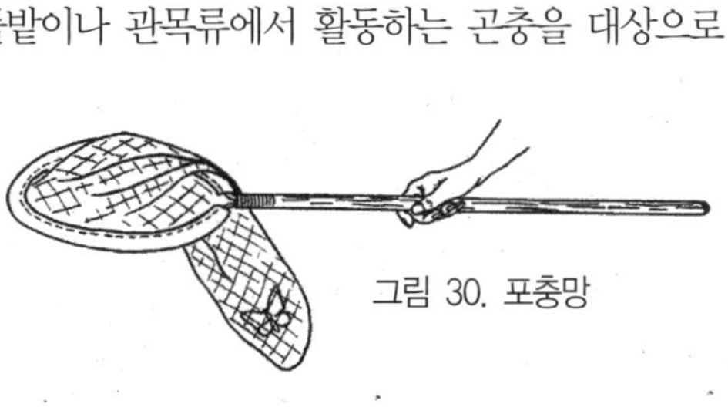

그림 30. 포충망

2) 털이 망(양산, Beating umbrella)

곤충은 살고 있는 풀이나 나무를 흔들면 밑으로 떨어져 숨는 습성이 있는데, 이점을 이용하여 털이 망을 밑에 받쳐놓고 나무를 흔들거나 막대기로 가지를 털어 떨어진 곤충을 채집한다. 이 방법은 키 큰 나무에 사는 곤충채집에는 좋으나 나무를 흔들리면 날아가 버리는 곤충에는 사용할 수가 없다. 이럴 경우 살충제를 살포하여 죽어서 떨어지는 곤충을 채집한다.

털이 망은 단일색의 우산이나 양산을 이용해도 좋고 흰색 천이나 비닐을 적당한 크기로 잘라서 이용한다.

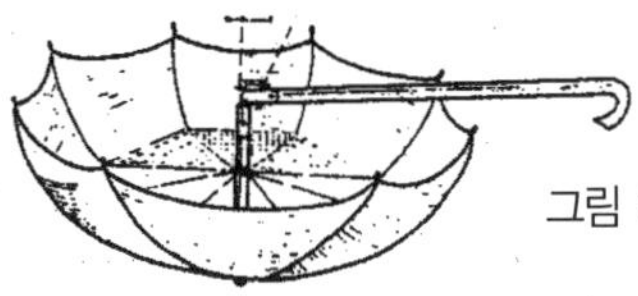

그림 31. 털이양산

3) 핏폴트랩(Pitfall trap)

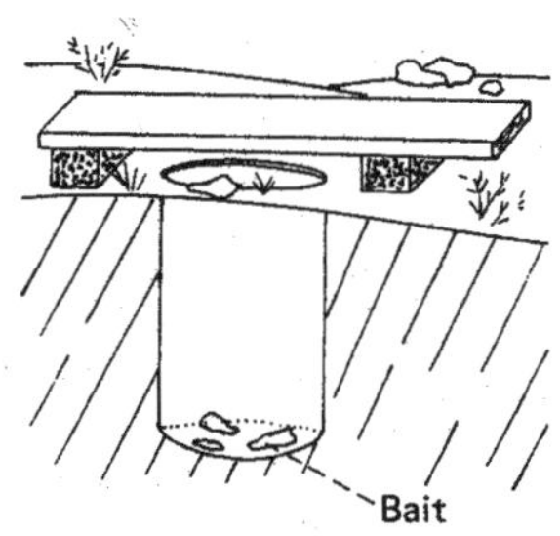

그림 32. 함정 덫

지표곤충을 채집하기 위해서 땅을 파고 빗물이나 이물질이 들어가지 않도록 뚜껑에 구멍이 있는 유리병이나 플라스틱 병을 묻는다. 지표곤충은 땅을 기어 다니다가 병속으로 빠지는데, 더 많은 지표곤충을 병속으로 유인하기 위해서는 깻묵, 설탕, 설탕을 탄 맥주를 넣어 미끼로 이용한다.

4) 흡충관(Aspirator)

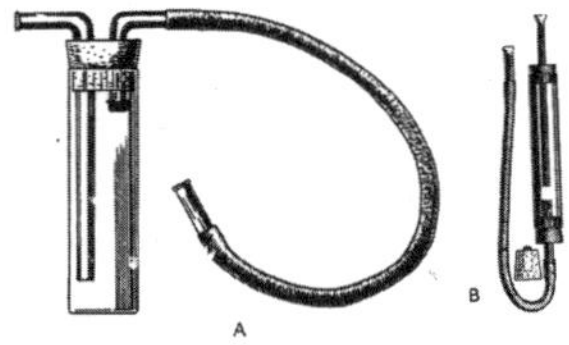

그림 33. 흡충관(A : Vial type B: Tube type)

톡토기와 같은 미소 토양곤충 채집에 이용한다. 길이 15cm, 지름 3~4cm 내외의 유리병에 코르크마개를 하고 두개의 구멍을 만든다. 구멍 한 개에는 입으로 빠는 ㄱ자 유리관을 꽂고 병속의 관 끝에는 그물망을 씌워 곤충이 입으로 빨려 들어오지 않도록 한다. 나머지 구멍에도 ㄱ자 유리관을 꽂고 길이 40~50cm의 가는 고무줄 관을 이어주고 관 끝에도 유리관을 이어서 곤충 가까이 대고 순식간에 강하게 빨아들이면 미소곤충이 고무줄 관을 통해 유리병으로 들어온다.

5) 유아등(Light trap)

곤충이 야간에 불빛에 모여드는 주광성을 이용하여 채집하는 방법으로서 백열등, 수은등, 자외선등

그림 34. 유아등과 살충등

(black light trap)의 불빛에 모인 곤충을 채집하는 방법이다. 최근에는 전류가 약간만 흘러 사람에게는 안전한 3,000volt 정도의 고압전류가 흐르는 유아등을 제작하여 여기에 닿은 곤충이 감전되어 죽게 하는 방법이 이용되고 있다.

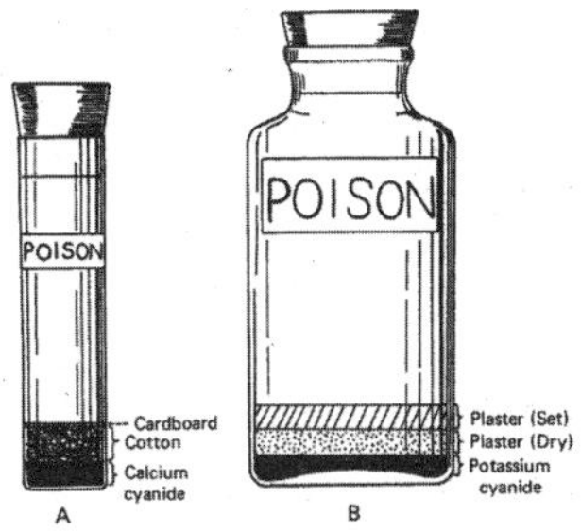

그림 35. 독병

6) 독병(Killing bottles)

채집한 곤충을 마취시키기 위한 병으로서 보통 유리병을 사용한다. 병마개는 개폐가 쉬운 것으로 하고 병 바닥에 청산가리를 넣고 그 위에 솜을 깔고 다시 매끄러운 천을 깔아서 만든다. 청산가리는 독성이 강하므로 취급에 각별히 유념하여야 한다.

독성이 강한 청산가리 대신에 에틸아세테이트, 클로로포름, 에틸에테르 등으로 독병을 만들기도 한다. 이 약은 휘발성이 강하므로 매번 용기 안에 뿌리고 곤충을 넣어야 하는 번거로움이 있다.

7) 삼각 종이봉투(Triangular paper envelope)

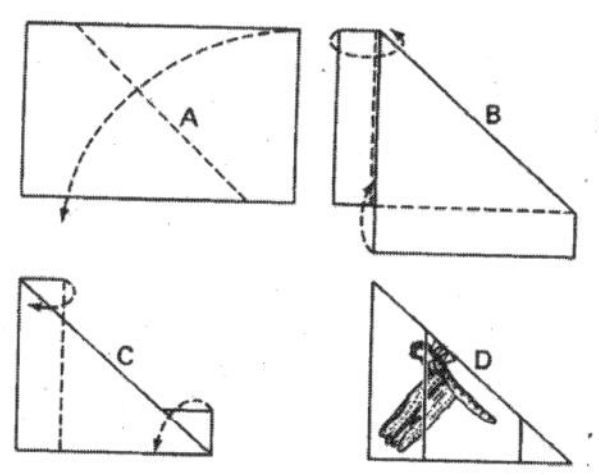

그림 36. 삼각종이

나비, 나방, 잠자리 등의 채집한 곤충을 기절시킨 후 날개를 접어 파손되지 않도록 임시 저장하는 반투명 유산지 또는 투명 셀로판지 봉투이다. 몸통이 둥근 딱정벌레, 기타 미소곤충은 사각지에 보관하기도 한다.

제2절 표본제작

채집한 곤충을 장기간 보존하고 전시하기 위해서는 표본으로 제작해야 한다. 표본제작방법으로는 건조표본, 액침표본, 슬라이드표본 등이 있다.

건조표본은 딱정벌레, 나비와 나방, 메뚜기, 노린재, 매미, 사마귀, 벌 등과 같이 몸이 비교적 크고 건조되었을 때 체형이 변하지 않는 종류, 표본제작을 했을 때 아름다운 종류의 성충을 대상으로 한다. 건조표본은 비교적 몸이 단단한 곤충을 곤충핀에 꽂아 살아있을 때의 모습으로 더듬이, 다리, 몸을 가지런히 정돈하고 종 동정에 필요한 경우 날개를 펼쳐 핀으로 고정시켜 말린다. 말린 표본은 채집 연월일과 장소, 기주식물, 채집자, 종명, 분류 자 등을 기록한 라벨(Label)을 함께 꽂아 표본상자에 넣어 보관한다.

액침표본은 몸이 연하여 건조시켰을 때 형태가 변형되거나 파손될 우려가 있는 곤충류를 대상으로 한다. 딱정벌레류 중에서도 몸이 비교적 작은 종류와 대부분의 유충과 번데기는 유리병에 든 알코올에 액침표본으로 보관하였다가 필요할 때마다 꺼내어 관찰하면 된다.

슬라이드표본은 영구적으로 보관해야 하고 톡토기와 같은 미소곤충들로서 현미경을 통해서만이 종 동정이 가능한 종류를 대상으로 한다. 몸이 연하고 몸체 속까지 보이는 곤충은 슬라이드글라스 위에 관찰하기에 좋도록 곤충을 올려놓고 커버글라스를 덮은 다음 그 가장자리에 고정액을 발라 보관한다. 그러나 몸체가 어두운 색이거나 생식기 관찰이 필요한 곤충은 따뜻하게 데운 수산화칼륨(KOH)에 넣어 탈색 및 연화과정을 거친 후 증류수에 담가 수산화칼륨을 제거한 다음 같은 방법으로 표본제작 한다.

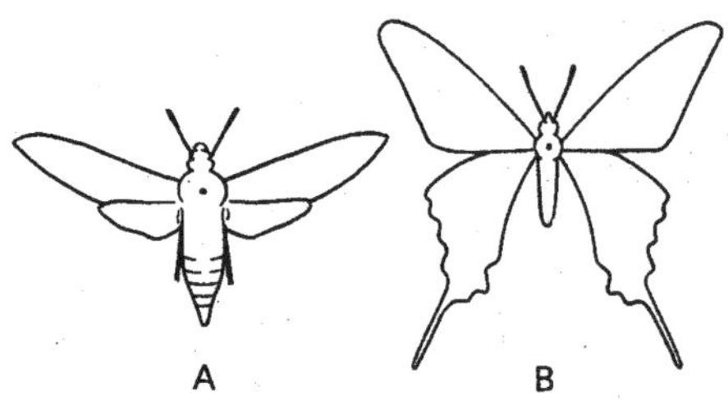

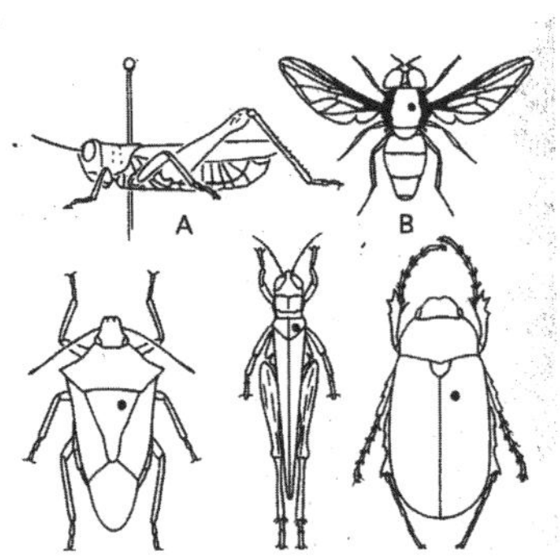

그림 37. 고정핀 꽂기 위치

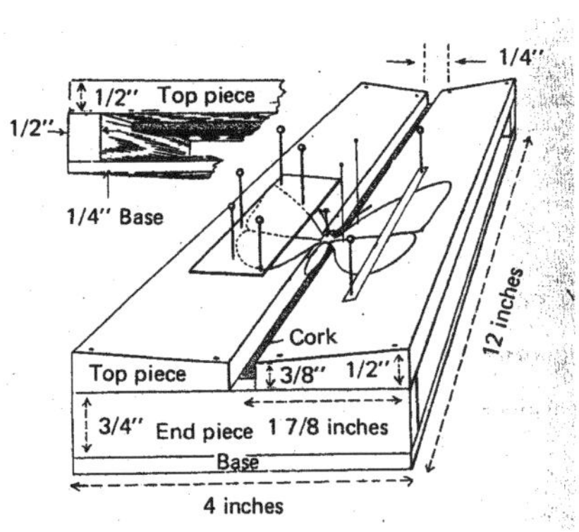

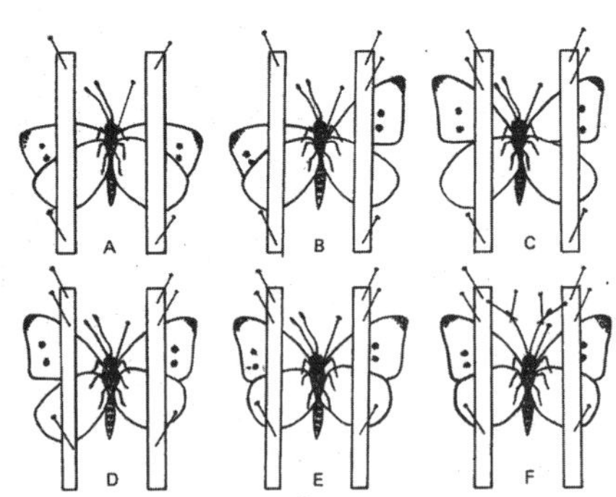

그림 38. 표본대와 고정방법

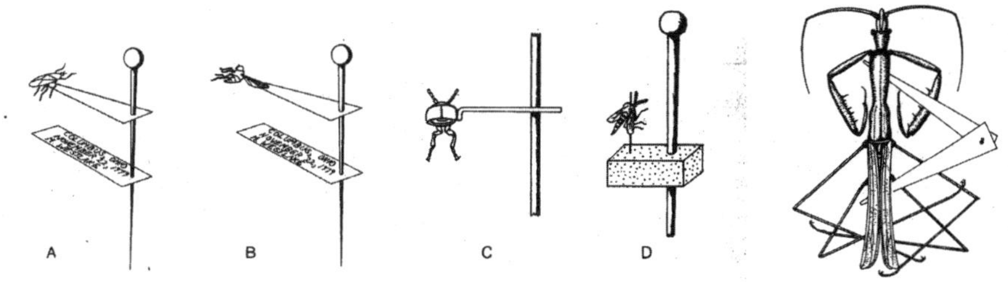

그림 39. 미소곤충과 긴 곤충 표본제작

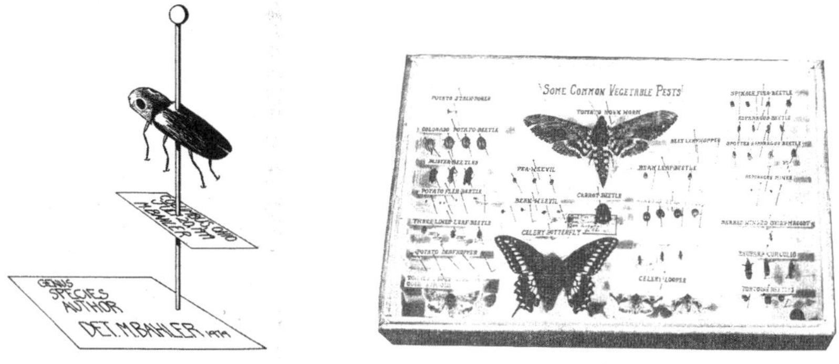

그림 40. 분류표와 표본함

참 고 문 헌

김호준. 2008. 숲해설 아카데미. 국민대학교 출판부.

박해철, 김성수, 이영보, 이영준. 2006. 딱정벌레. 교학사.

백유현, 권민철, 김현우. 2007. 나비도감. 황소걸음.

변봉규, 이봉우, 조동광. 우리 산에서 만나는 곤충 200가지. 산림청.

조영권. 2006. 곤충도감. 황소걸음.

국민대학교 평생교육원·(사)숲과 문화 연구회
숲해설 아카데미 전문과정

Ⅱ

산림토양학

이 천 용
한국산지보전협회 기획연구처장

목차

제1장 산림토양의 생성과 특성

제1절 개요

산림토양(Forest soils)은 생태계의 건전성을 좌우하며 식물을 물리적으로 지지하고 수분과 양분을 공급하며 독성물질을 완화하는 역할과 식생 분포를 결정한다. 토양은 암석의 풍화물과 동식물의 분해물이 혼합된 곳으로서 모암, 지형, 생물, 기후, 시간의 상호작용과 인간의 간섭에 의하여 생성된다.

토양을 이루는 가장 기본적인 인자는 모암이다. 지각을 구성하는 암석은 입자의 크기, 결정, 색, 화학적 조성 등이 다른 1차 광물로 이루어지고 있다. 암석은 구성성분이 다르므로 팽창과 수축률의 차이와 기온변화에 의하여 크고 작은 암편(岩片)으로 부서진다. 이것을 풍화작용이라 하는데 건조와 습윤, 한랭과 온난, 동결과 해동으로써 암석이 작게 부서지는 물리적 풍화와, 수화작용, 가수분해, 산화와 환원 등에 의하여 암편의 성질이 변하는 화학적 풍화가 있다. 그리고 식물의 뿌리 등에 의해 풍화되는 생물적 풍화작용이 있는데 풍화작용은 단독으로 일어나지 않고 삼자가 동시에 발생한다. 두 번째로 중요한 인자는 기후인데 건조지역에는 물리적 풍화가 더 크고 습윤지역에서는 화학적 풍화가 주로 일어난다.

한편 식물생장에는 질소, 인산, 칼륨 등의 주요 양분 외에도 미량원소가 필요하지만, 풍화된 쇄설물의 표면에는 양분을 크게 요구하지 않는 지의류와 이끼류와 같은 하등식물 또는 공중질소를 고정하는 식물이 먼저 정착한다. 이들이 죽으면 다음에 침입하는 식생의 에너지원이 되고 또 수분을 보유하게 된다. 이와 같이 생물적 소순환을 통하여 암석쇄설물의 표면에는 칼슘이나 질소 등이 축적되며 양분공급량이 많아지면 고등식물의 정착이 쉽고 유기물도 증가한다.

유기물로 이루어진 부식층은 토양의 물리, 화학, 생물적 성질에 큰 영향을 미친다. 산림의 현존과 낙엽층은 균일한 수분조건과 기온의 급격한 변화를 적게 하므로 토양생물이 다양해지고 활동이 증가한다. 이들은 토양을 혼합하고 양분순환에 관계하므로 산림토양을 성숙시킨다. 산림토양은 30cm의 작토층을 갖고 있는 농지토양과 크게 다른데 산림토양에서는 물리적 성질이, 농지토양은 화학적 성질이 중요하다.

제2절 산림토양의 구성

산림토양은 유기물과 무기물, 토양수, 토양공기로 구성되어 있다. 이 중 유기물인 뿌리는 부피의 3~4%를 차지한다. 대체로 표층토보다 하층토에 뿌리가 적어 1%에 불과하다. 전체 토양 부피에서 고체를 뺀 것이 공극인데 표층토의 60~70%를 차지하며 물과 공기가 채워져 있다. 토양수와 토양공기의 비율은 외적 상황에 의하여 좌우되며 이것은 뿌리 생장, 수분과 산소공급 등 임목생장과 깊은 관계가 있다.

제3절 산림토양의 단면

산림토양 단면은 2개의 다른 부분으로 구성되어 있다. 하나는 지표위에 있는 유기물로서 낙엽, 죽은 가지 또는 풀 등으로 조성된 유기물층(O층)이며, 다른 하나는 유기물층 아래의 무기물층으로서 암석의 풍화물에서 형성된 광물토층(鑛物土層)이다.

우리나라 산림토양의 유기물층은 평균 5cm이며 공급원인 식물의 사체의 분해정도에 따라 L, F, H 층으로 세분한다. L층 (litter, 낙엽층)은 가장 위에 있으며 분해되지 않은 낙엽층이다. F층(fermentation, 분해층)은 낙엽이 토양동물의 분쇄와 토양미생물의 분해로 원형은 상실하였지만 엽맥과 같은 원래 조직을 구별할 수 있는 정도의 분해단계에 있는 층이다. H층(humus, 부식층)은 F층의 분해가 더욱 진행되어 식물 원래의 형태를 전혀 판별할 수 없고 건조한 토양에서는 가루의 형태로, 습한 토양에서는 뭉쳐진 형태로 있는 층이다. 유기물층의 분해가 양호하면 H층이 없는 경우도 있다.

유기물층은 온도와 수분상태가 안정되어 있고 유기물의 분해작용이 활발하면 발달이 빈약하나 건조지, 과습지 또는 한랭지 등에서는 분해작용이 활발하지 못해 비교적 두껍게 쌓인다. 광물토층은 부식이 풍부하여 진한 색을 띠는 A층과 그 밑에 부식이 적은 밝은 색의 B층, 그 아래 모재층(母材層)이라는 C층이 있다.

A층은 동식물유체의 분해로 생성된 부식이 집적하여 암갈색을 띠며 가장 위에 있는 토양으로서 토양구조의 종류와 발달정도, 견밀도(堅密度)의 차이가 있으며 위에서부터 A1, A2, AB 층 등으로 세분한다. 하층토보다 유기물 함량이 높고, 토양구조도 발달되어 통기성 및 투수성이 양호하며, 토양동물과 미생물의 활동이 왕성하고 뿌리도 잘 분포되어 있다.

B층은 모재풍화(母材風化)에 따라 생성된 철화합물에 의하여 적갈색-갈색-황갈색을 띤 부식결핍토층으로 색, 구조의 종류와 발달정도, 견밀도 등의 차에 따라 B1, B2, BC 층으로 세분하기도 한다.

C층은 토양모질물(parent material)로서 토양화가 거의 진행되지 않고 구성물질이 비교적 거친 입자인 모래와 많은 석력(石礫)으로 되어 있다.

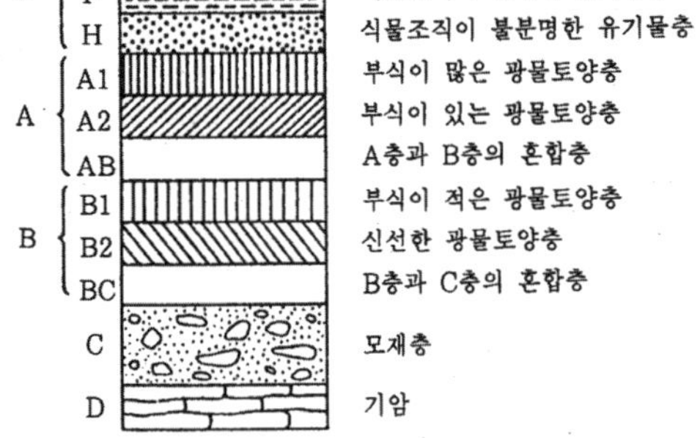

그림 1. 갈색산림토양 단면도

제2장 산림토양 분포

우리나라는 기온의 차가 뚜렷하고 지형과 지질이 복잡하므로 지역의 토양특성과 임목의 생장 우열을 비교하기 위하여 토양을 분류한다. 산림토양은 주로 지질과 토양색깔에 의해 분류하며 토양군–토양아군–토양형의 순으로 구분한다.

토양군은 토양분류의 가장 큰 단위로 토양생성작용이 같고 단면내 층위의 배열과 성질이 비슷한 토양이며, 토양아군은 전형적인 토양군과 유사하나 다른 토양생성작용이 가해진 것으로 분류하고, 각 층의 구조, 토색의 차이로 구분한다.

지금까지 8개의 토양군, 11개의 토양아군, 28개의 토양형으로 분류하고 있으며(표 1), 개략적인 토양 분포는 (그림 2)와 같다.

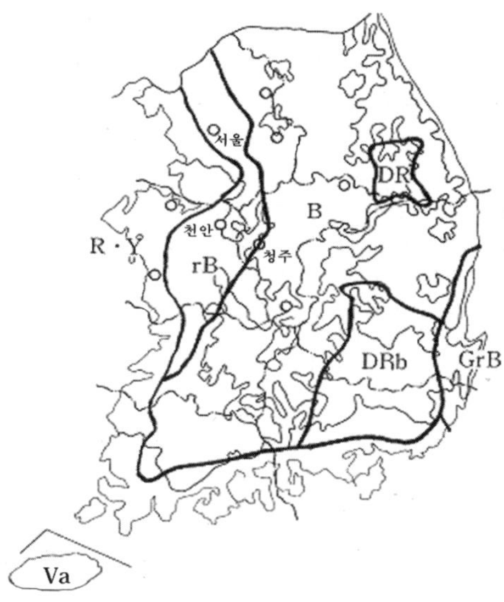

그림 2. 산림토양군의 분포

제1절 갈색산림토양(Brown forest soils: B)

갈색산림토양은 습윤한 온대 및 난대기후에 분포한다. A–B–C 층위를 갖는 산성토양으로 A층은 암갈색~흑갈색, B층은 갈색~암갈색이고, 갈색산림토양아군(B)과, 고도가 낮은 지역의 산지에 넓게 분포하며 갈색풍화현상이 있는 주변에 출현하는 적색계갈색산림토양아군(rB)으로 구분한다. 지형적 위치와 토색 그리고 토양수분에 따라 갈색산림토양아군은 4개의 토양형이, 적색계갈색산림토양아군은 2개의 토양형이 있다. 내륙산악지역의 대부분이 갈색산림토양이다.

제2절 적·황색산림토양(Red and Yellow forest soils: RY)

홍적대지에 생성된 토양으로 야산지에 주로 분포하며 퇴적상태가 치밀하고 토양의 물리적 성질이 불량한 산성토양이다. 주로 화성암 및 변성암을 모암으로 하여 해안에 나타나며 과건~건조한 견밀한 토양이다. 이 토양군은 토색과 토양수분에 따라 2개의 토양아군과 3개의 토양형으로 나눈다.

적색산림토양아군은 주로 서해안 및 야산지에 나타나고 토색은 명적갈~명갈색이며, 황색산림토양아군은 주로 남해 일부 해안 지역 및 야산지에 나타나고 토색은 황갈색이다.

제3절 암적색산림토양(Dark red forest soils: DR)

퇴적암지대의 석회암 및 응회암을 모암으로 하는 지역에서 출현하며 토양생성인자 중 모암의 영향을 가장 크게 받는 토양으로 모재층에 가까워질수록 적색이 강하게 나타난다. 토심이 얕고 자갈이 많다.

암적색산림토양아군은 석회암을 모재로 생성되며 칼슘과 마그네슘의 함유량이 많고 점착성이 강하다. 영월, 제천 등 강원 남부내륙지방에 분포한다. 암적갈색산림토양아군은 응회암, 적색사암, 역암 등을 모재로 생성된 약산성 토양으로 대부분 건조하며 자갈함량이 많고 점착성이 있으며 유기물 함량이 낮다. 군위, 대구, 창녕 등 경남북 내륙지방에 분포한다.

제4절 회갈색산림토양(Gray brown forest soils: GrB)

퇴적암지대의 이암, 회백색사암, shale 등 미사함량이 매우 많은 모암에서 유래된 토양으로서 과거 심한 침식을 받은 건조하고 점착성이 적은 회갈색의 토양이다. 통기성과 투수성이 불량하여 나무뿌리가 토양 깊이 침투하지 못한다. A층은 암회색을 띠며 견밀하고, B층은 회황갈색으로 아주 견밀한 미사질식양토로 배수가 불량하다. 영덕, 포항, 울산 등 경남북 동해안 지방에 나타난다.

제5절 화산회산림토양(Volcanic ash forest soils: Va)

화산활동에 의해 생성된 현무암 및 안산암 적색모재로부터 생성된 흑갈색~적갈색의 무른 토양으로 제주도 및 울릉도와 내륙 연천에 적은 면적이 분포한다. 화산회산림토양은 가비중이 가장 낮으며 다른 토양에 비해 유기물함량이 매우 높은 토양이다. 토양습도와 자갈함량, 토색에 따라 세분한다.

제6절 침식토양(Eroded soils: Er)

침식토양은 산정의 능선부근 및 산복경사면 지역에 주로 분포하며 층위가 발달하였으나 침식을 받아 토층의 일부가 유실된 토양이다.

제7절 미숙토양(Immature soils: Im)

미숙토양은 주로 산복사면, 계곡저지 및 산복하부에 출현하는 토양으로 층위의 분화가 완전하지 않거나 2~3회 이상 붕적되어 쌓여 있는 토양이다. 미숙토양은 퇴적된 형태에 따라서 퇴적성 미숙토양과 잔적성 미숙토양으로 구분한다.

제8절 암쇄토양(Lithosols: Li)

산정 및 산복사면에 나타나는 토양으로 B층이 결여된 A-C층의 단면형태를 갖는다. 이 토양은 토심이 얕으며 경우에 따라서는 암반이 노출된 곳에 많다.

표 1. 한국의 산림토양 분류(국립산림과학원)

토 양 군	기호	토양아군	기호	토 양 형	기 호
갈색산림토양	B	갈색산림토양	B	갈색의건조한산림토양	B_1
				갈색의약건한산림토양	B_2
				갈색의적윤한산림토양	B_3
				갈색의약습한산림토양	B_4
		적색계갈색산림토양	rB	적색계갈색의건조한산림토양	rB_1
				적색계갈색의약건한산림토양	rB_2
적황색산림토양	RY	적색산림토양	R	적색의건조한산림토양	R_1
				적색의약건한산림토양	R_2
		황색산림토양	Y	황색의건조한산림토양	Y
암적색산림토양	DR	암적색산림토양	DR	암적색의건조한산림토양	DR_1
				암적색의약건한산림토양	DR_2
				암적색의적윤한산림토양	DR_3
		암적갈색산림토양	DRb	암적갈색의 건조한산림토양	DRb_1
				암적갈색의 약건한산림토양	DRb_2
회갈색산림토양	GrB	회갈색산림토양	GrB	회갈색산림토양	GrB
화산회산림토양	Va	화산회산림토양	Va	화산회의 건조한산림토양	Va_1
				화산회성 적황색산림토양	Va_2
				화산회석력산림토양	Va_3
				화산회습윤산림토양	Va_4
				화산회의자갈이많은산림토양	Va-gr
				화산회성 적색건조산림토양	$Va-R_1$
				화산회성 적색약건산림토양	$Va-R_2$
				화산회성 황색건조산림토양	$Va-Y_1$
침식토양	Er	침식토양	Er	약침식토양	Er_1
				강침식토양	Er_2
				사방지토양	Er-c
미숙토양	Im	미숙토양	Im	미숙토양	Im
암쇄토양	Li	암쇄토양	Li	암쇄토양	Li
8개 토양군		11개 토양아군		28개 토양형	

표 2. 산림대와 산림토양형별 조림수종(국립산림과학원)

산림대	토양형	잣나무	낙엽송	리기다 소나무	중부지방 소나무	강송	상수리 나무	해송	삼나무	편백
온대 중북부 (경기, 강원)	B_1	×	×	◁	◁	◁	◁	×	×	×
	B_2	◁	○	○	○	○	○	×	×	×
	B_3	○	⊙	⊙	⊙	⊙	⊙	×	×	×
	B_4	⊙	⊙	⊙	⊙	⊙	⊙	×	×	×
	R_1	×	×	◁	◁	×	◁	×	×	×
	R_2	×	×	○	◁	×	○	×	×	×
	DR_1	×	×	◁	◁	◁	◁	×	×	×
	DR_2	◁	◁	○	○	○	○	×	×	×
온대 중부 (충북, 전북, 경북 북부)	B_1	×	×	◁	◁	×	◁	×	×	×
	B_2	×	◁	○	○	×	○	×	×	×
	B_3	◁	○	⊙	⊙	×	⊙	×	×	×
	B_4	○	○	⊙	⊙	×	⊙	×	×	×
	R_1	×	×	×	◁	×	◁	×	×	×
	R_2	×	×	◁	◁	×	○	×	×	×
	DRb	×	×	◁	◁	×	◁	×	×	×
온대 남부 (충북, 전북, 경북 남부 이하)	B_1	×	×	◁	◁	×	◁	◁	×	×
	B_2	×	◁	○	○	×	○	○	◁	◁
	B_3	×	◁	○	○	×	○	⊙	○	○
	B_4	×	○	○	○	×	○	⊙	⊙	⊙
	R_1	×	×	◁	◁	×	◁	◁	×	×
	R_2	×	×	◁	◁	×	○	○	×	×
	DRb	×	×	◁	◁	×	◁	◁	×	×
	GRb	×	×	◁	◁	×	◁	◁	×	×
난대 (전남, 경남 해안)	B_1	×	×	◁	◁	×	◁	◁	×	×
	B_2	×	◁	◁	◁	×	○	○	◁	◁
	B_3	×	◁	○	○	×	○	⊙	○	○
	B_4	×	○	○	○	×	○	⊙	⊙	⊙
	R_1	×	×	◁	◁	×	◁	◁	×	×
	R_2	×	×	◁	◁	×	○	○	×	×
	DRb	×	×	◁	◁	×	◁	◁	×	×

(⊙ : 최적지, ○ : 적지, ◁ : 보통, × : 부적지)

제3장 토양 특성

양호한 임목생장을 기대하려면 토양에 양분과 물이 충분하고, 공기 유통이 자유로우며, 뿌리발달이 제한되지 않아야 한다. 토양의 물리적 성질을 좌우하는 것은 토양입자, 입자 사이의 물과 공기의 구성상태, 보수력, 토양의 견밀도 등이다. 산림토양은 농지토양과 같이 객토, 경운, 배수와 같은 방법으로 토양의 물리적인 성질을 개선하기 어려우므로 토양의 양분순환이나 물순환이 자연스럽게 이루어지도록 하는 것이 중요하다.

제1절 토성(土性)

토양은 세토, 자갈, 뿌리 등이 있는 고체와 이 사이의 물과 공기로 구성되며 이것을 토양의 3상이라 한다. 고상은 표토 체적의 약 40%를 차지하며 형태와 크기가 다른 무기물 또는 유기물의 혼합체이다. 고상 중에서 광물입자의 직경분포에 따른 토양의 분류를 토성이라 하는데 입경 2mm 이상의 입자를 자갈, 2mm 이하는 흙으로 구분한다. 흙은 광물질의 입경에 의하여 모래(粗砂, 細沙), 미사(微砂), 점토로 나뉜다. 이들 구성비에 의해 토성이 결정되며 사양토가 전체 산림토양의 절반을 차지한다.

모래와 미사는 기계적 풍화로 다시 가늘게 부서지고 점토는 화학적 풍화작용을 받아 점토광물을 생성한다. 점토는 모래나 미사와는 달리 토양에서 부식과 결합하여 콜로이드를 형성한다. 콜로이드(colloid)는 미세한 입자로서 단위중량당 표면적이 아주 크므로 다른 물질을 흡착, 팽윤, 응집하는 특성을 갖고 있어 토양의 물리적인 기능을 크게 하는 역할을 한다. 우리나라 갈색산림토양의 토성은 A층에서는 모래가 약 50%를 차지하며 미사는 30%, 점토가 20% 정도이다.

산림의 생산성과 토성과의 관계는 직접적인 영향보다 간접적인 영향이 더 크다. 토심이 깊고 굵은 모래가 많은 토양은 양분요구도가 적고 건조에 강한 소나무 불량임분(不良林分)이 조성된다. 만약 이곳에 점토나 미사를 첨가한다면 물과 양분 흡착력이 증대하여 생산성이 증가한다. 수분, 양분, 통기성이 좋은 곳에서는 토성이 임목생장에 큰 영향을 주지 못하나 산정에서는 토성이 중요하다. 토성은 식생천이에 의하여 그 지역에 있는 수종의 요구에 따라 약간씩 변한다. 선구수종(pioneer plant)은 외래수종의 침입 전에 유기물함량을 증가시켜 임목생장에 대한 토성의 영향을 작게 한다.

제2절 토양산도(soil pH)

토양산도는 토양내 들어있는 수소이온 농도로서 0~14까지 있다. 7은 중성이며 숫자가 낮아질수록 산성이 강하고 높아질수록 알카리성이 강하다.

1. 측정방법

토양산도는 보통 pH로 표현하며 pH미터로 측정한다. 이 방법은 토양용액의 수소이온농도와 표준수소이온과의 균형을 재는 것으로 다음과 같이 구한다.

$$pH = \log \frac{1}{[H^+]}$$

H+란 1리터당 수소이온의 양(g)으로서 수소이온의 활동이 강하면 pH값은 작아진다. 그래서 1리터당 0.0001g의 H이온이 있으면 pH 4.0이 되며 순수한 물의 pH는 7.0이다.

2. 산림토양의 pH

토양의 pH는 계절에 따라 약간 변하여 겨울이 높고 여름이 낮으나 그 차는 1.0미만이다. 활엽수림 토양의 pH는 낙엽에서 나온 염기 때문에 가을이 가장 높다. 적당히 비가 오는 지역은 임목이 심토층에서 염기를 흡수하고 낙엽을 통하여 지표에 떨어지는 양분순환으로 산성토양 표면에 염기가 집중될 수 있다. 갈색산림토양은 5.3~5.5, 암적색토양이나 화산회토양은 6.0 내외로서 산림토양 pH의 범위는 4.0~6.0이다.

3. 식생과 pH

유기물층의 분해에 의한 부식산의 유출과 표토층의 염기용탈로 산림토양은 점점 약산성에서 강산성으로 변한다. 침엽수림의 잎과 낙엽에는 염기가 적어 토양은 산성이 강하다. 그러나 식물군락이 토양산도에 영향을 주는 것보다는 토양산도에 의해 식물사회가 구성된다. 예를 들어 버즘나무와 참나무류는 거의 중성을 좋아하고 대부분의 침엽수는 약산성에서 잘 자란다. 가문비나무류, 낙엽송, 소나무류 등은 강산성 토양을 좋아한다.

4. 토양 pH별 생장수종

① pH 3.9 이하인 강한 산성토양에서는 지의류, 이끼류 또는 키가 작은 관목이 자란다. 열대지방에서는 pH가 낮아도 나무가 잘 자란다.

② pH 4.0~4.7인 토양에서는 구주적송, 소나무, 낙엽송 등 산성을 좋아하는 침엽수가 생장한다. 그러나 망간, 알루미늄이 다량 용해되어 임목생장에 해를 준다. 산화알루미늄(Al2O3)은 점토광물의 중요한 구성성분으로 토양 속에 많이 있는데, 산성이 강하면 일부가 물에 용해되어 Al이 용출된다. 이것은 가용성 인산철과 결합하여 양분의 흡수를 방해한다. 진달래는 Al이 많은 토양에서도 잘 자란다.

③ pH 4.8~5.5인 토양에서는 가문비나무류, 잣나무 등 침엽수의 생장에는 적당하지만 활엽수에는 부적당하다. 이곳은 질산태질소, 칼슘, 인산 등의 이용도가 낮아 활엽수의 생장이 부진하다.

④ pH 5.6~6.5인 토양에서는 대부분의 침엽수 및 피나무, 단풍나무, 느릅나무, 참나무 등의 생장에 적당하다.

⑤ pH 6.6~7.3인 토양에서는 미생물의 활동이 대단히 왕성하고 양분의 이용률이 높으며, 부식형성이 잘 된다. 활엽수 특히 호두나무, 백합나무 등이 잘 자란다. 침엽수는 전나무류의 일부 등 염기성을 좋아하는 수종만 생장한다.

⑥ pH 7.4~8.0인 토양에서는 마그네슘의 양이 많고 철분이 적어서 침엽수 생장이 불량하다. 또한 활엽수 중에서는 개오동나무, 물푸레나무, 오리나무가 자랄 수 있다.

제3절 필수원소

식물이 필요한 원소 중 C, H, O는 이산화탄소(CO_2)와 물(H_2O)에서, 그리고 아미노산, 원형질, 단백질의 구성원인 N, P, S는 토양에서 흡수한다. 필수원소와 미량원소 B, Ca, Cl, Co, Fe, Mn, Mg, Mo, K, Si, Ca, Zn 중 N, P, K는 식물이 가장 많이 필요하며 부족하기 쉽다. Ca, Mg, S는 부족하지는 않으나 3요소 다음으로 중요한 식물 양분이다.

1. 질소(N)

질소는 단백질원으로서 엽록소를 만들기 때문에 질소가 공급되면 임목생장이 촉진되고 녹색이 짙어진다. 대기 중에 78%가 있으며 이것은 고등식물에 직접 이용되지 못하고 미생물의 질소고정과 방전으로 질산(NO3)과 암모니아(NH4) 이온형태로 이용된다. 토양내의 질소는 낙엽의 분해와 축적이 계속되면서 평형상태에 이르며, 기후의 영향을 크게 받는다. 토양내 질소는 거의 부식층과 A1층에 존재하며 그 양은 1ton/ha(사토)~30ton/ha(부식토)이다. 산성토양에서 N의 양분화는 아주 낮으며 벌채와 같은 토양교란작업은 유기물 분해와 질소 유출을 증가시킨다. 또한 모두베기(皆伐)로 인한 지온(地溫)의 상승도 질소화를 촉진한다. 대부분의 임목은 질산태 질소(NH4-N)를 이용하여 생장한다. 산불로 재가 지표에 쌓이면 일시적으로 질소이용률이 높아진다. 질소는 습하고 통기가 불량한 토양에서는 탈질작용으로서 감소한다. 질소부족현상은 유기물층이 두터운 추운 지방의 침엽수림과, 온난기후대의 사토나 침식토에서 나타난다.

2. 인(P)

식물의 생명을 유지하는 데 필요한 에너지 전이의 필수요소로서 토양에는 인산칼슘, 인산철, 인산알루미늄의 형태로 있으며, 식물은 인산(PO4) 이온의 형태로 흡수한다. A1층 내 인의 총량은 30kg/ha(사토)~2ton/ha(유기물이 많은 토양)으로 변화가 많으나 대부분 유기물이 공급원이다. 임목에 필요한 무기태 인의 이용은 토양산도에 따른 철, 알루미늄, 망간의 용해정도(이들 이온은 강산성 토양에서 불용성의 인 침전물을 형성한다), 칼슘의 양(산성토양에서 인과 결합하여 용해도를 저하시킨다), 유기물의 분해량을 좌우하는 미생물의 활동과 산화환원능력에 달려 있다.

해안지방의 산성 사토와 유기물토양의 표토에는 특히 인 함량이 낮은데 이것은 인의 흡착능력이 낮기 때문이다. 그러나 임목 뿌리에 균근이 형성되어 있으면 인은 더 이용될 수 있다. 일반적으로 침엽수 임지에는 인 농도가 낮다. 식물체내에 인이 부족하면 구조직에서 신조직으로 전이한다. 인산질비료의 시비는 묘목의 뿌리를 발달시키고, 시비후 수년 동안 토양에 잔류되어 이용된다.

3. 칼륨(K)

질소, 인, 황 등이 식물의 원형질과 지방 생성에 직접적인 역할을 하는 반면 K는 생리적 기능의 촉매역할을 하며 내병성(耐病性)을 높인다. 특히 장석과 운모에 많이 들어 있고 무기화합물의 형태로 있다. 산림토양에는 20~100ppm이 들어 있고 양분순환도 빨라 크게 부족하지 않다.

4. 칼슘(Ca)

칼슘은 식물세포 분열조직 발달과 뿌리 및 새순[신초 新梢]생장에 관련하며 단백질형성에도 관여한다.

칼슘은 식물체내에서 이동하기 어렵다. 표층토에서 50~100ppm가 치환성으로 존재한다. 강우가 비교적 적은 지역에 발달된 토양은 습한 지역의 토양보다 칼슘공급이 크다. 그리고 심층토가 표층토보다 많은 칼슘을 갖고 있으므로 칼슘 요구도가 높은 심근성 수종은 심층토에 있는 칼슘을 흡수하여 낙엽으로 표층토의 칼슘농도를 높인다.

5. 마그네슘(Mg)

엽록소를 만드는 유일한 무기원소이며 광합성 작용에도 필수요소이다. 부족할 때는 구조직에서 신조직으로 이동하므로 칼륨과 같이 마그네슘 부족현상이 구엽에서 가끔 나타난다. 대부분 산림토양에는 임목생장에 필요한 양이 있다. 마그네슘이 적은 토양에 칼륨비료를 많이 주면 마그네슘과 칼륨의 길항작용으로 인하여 묘목에 마그네슘결핍증상이 나타나기 쉽다. 그러므로 마그네슘 결핍토양에 칼륨 비료를 줄 때는 마그네슘과 칼륨의 비율을 2:1로 하여 칼륨 비료도 주어야 한다.

제4장 지위(地位)

토양과 입지환경은 임목과 식생이 생장하는 데 큰 영향을 미치므로, 이들 인자의 복합적인 능력을 지위라고 한다. 따라서 지위의 차이에 의하여 임지를 분류한다. 원래 잠재적인 목재생산능력으로 지위를 평가하였으나, 현재는 입지환경인자에 근거하여 지위를 분류한 후 산림경영에 이용하고 있다. 따라서 지위분류는 목재생산 뿐만 아니라 생태, 휴양, 야생동물, 수질 관리에도 필요하다. 임지의 생산성을 평가하기 위해서는 임목생장에 중요한 모든 인자를 종합한 토양과 입지환경인자 중에서 쉽게 조사할 수 있는 인자를 선정해야 한다.

제1절 地位指數(site index)

지위지수란 우세목의 평균수고로서 만들며, 우리나라 주요 수종의 기준 수령이 20년일 때 이때의 수고가 8m이면, 지위지수는 8이 된다. 기준연령보다 적거나 많은 임분에서는 수고곡선으로 기준연령 수고에 대한 추정수고를 만들어야 한다. 수고곡선은 한 곳에서 수령과 수고를 측정한 후 이 자료로써 수

고/수령 평균곡선을 그리고, 기준 지위지수곡선과 같은 형태의 곡선을 그린다.(그림 3)

1. 입목지의 지위지수 판정

특정한 산림의 지위지수를 측정하려면 나무의 나이와 우세목(생장이 가장 좋은 나무)의 평균수고를 측정한 후, 이 점을 지위지수곡선에 표시하여 이 점을 지나는 곡선을 지위지수로 한다. 곰솔과 참나무는 수령 30년, 기타 수종은 20년을 기준으로 제작하였다. 나무의 나이는 생장추로서, 나무의 키[수고]는 측고기로 측정한다.

〔예〕 잣나무 30년생의 우세목 평균수고가 15m라고 하면 수령 30년 지점과 수고 15m가 만나는 점을 지나는 곡선은 15가 된다. 그러므로 지위지수는 15이다. 15는 10~17의 여러 가지 곡선 중에서 상위에 있으므로 평균보다 더 잘 생장하는 곳이 된다.

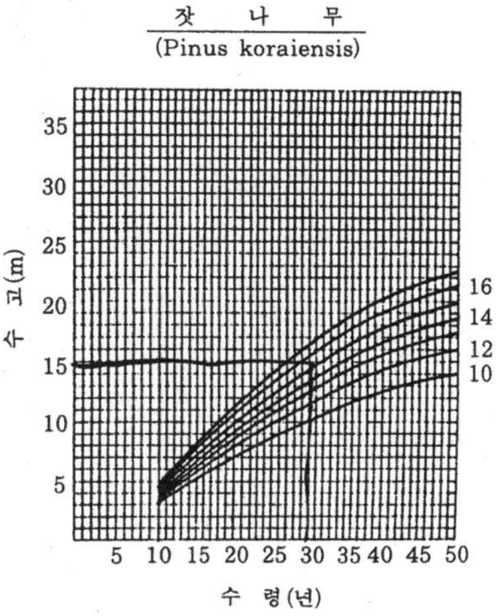

그림 3. 잣나무의 지위지수 판정 곡선 (국립산림과학원)

2. 무입목지의 지위지수 판정

나무가 없는 곳은 임목생장에 영향을 미치는 인자의 점수표에 따라 이 점수의 합을 지위지수로 한다. 즉 무입목지의 주요 환경인자를 조사하여 각 인자별로 분류된 점수의 합계가 토양의 지위지수이다(표 3).

표 3. 각 수종의 지위지수 판정을 위한 인자분류(국립산림과학원)

낙 엽 송			잣 나 무			상수리나무		
인 자		점수	인 자		점수	인 자		점수
토심	50㎝이하 51~70 71~90 91㎝이상	11.0 11.7 12.5 12.7	지형	산정 산복 산록	11.4 12.3 12.7	지형	산정 산복 산록	13.0 13.1 14.2
기후대	온대 북부 온대 중부 온대 남부	0 0.2 −1.7	경사 형태	볼록사면 평행사면 오목사면	0 1.2 2.9	토심	50㎝이하 51~70 71~90 91㎝이상	0 1.1 1.8 2.0
경사	31° 이상 26~30° 21~25 16~20 15° 이하	0 0.7 1.0 0.6 1.1	기후대	온대 북부 온대 중부 온대 남부	0 0.2 −2.3	경사	31° 이상 21~30 11~20 10° 이하	0 1.0 1.1 1.5
지형	산정 산복 산록	0 0.6 1.5	토심	50㎝이하 51~70 71㎝이하	0 0.3 0.5	견밀도	단단함 약간 단단함 부드러움 아주부드러움	0 0.5 0.7 0
견밀도	단단함 약간 단단함 부드러움 아주부드러움	0 0 0.2 1.1	표고	400m이하 401~600 601m이상	0 0.1 0.5	건습도	건조 약간 건조 적당히 습함	0 0.7 0.7
표고	200m이하 201~400 401~600 601m이상	0 0.7 0.8 0.6	방위	동 서 남 북	0.1 −0.5 −0.5 0	방위	동 서 남 북	−0.7 −0.7 −1.3 0

제2절 관련인자

산림의 재생산과 생장에는 여러 환경인자가 복합적으로 작용하는데, 생물적 인자(내적 인자)와 비생물적 인자(외적 인자)가 있다. 적어도 1개 이상의 인자가 동일한 임지에서도 임목 생장을 제한하며, 여러 인자가 복합되어 작용하기도 한다. 비생물적 인자는 지리, 기후, 토양 그리고 불분명한 환경인자이며 따라서 생산성은 지위와 관리에 의해 결정된다.

1. 생물적 인자

1) 임분밀도

경쟁이 일어나는 임분밀도는 지위를 우세목 수고로 측정하므로 생산성을 측정하는데 불리하다. 입지가 나쁜 곳은 ha당 500~2500본을 식재해도 생장에는 영향이 없으나, 좋은 곳은 적정밀도를 유지해야 한다. 불량임지의 과밀도 임분은 간벌하면 재적이 증대한다. 양호한 임지는 잔존본수, 수종, 윤벌기를 조절하기 쉽다.

2) 유전적 차이

수종간의 유전적 차이는 가끔 생산성 측정에 이차적 영향을 주는데, 소면적의 산림에서는 수고생장에 대한 유전적 변이가 비교적 적다. 수고생장의 속도는 밀도가 높은 임분에서 다른 임목과의 경쟁에서 이길 수 있는 중요한 인자이다. 양호한 수고생장능력을 가진 임목은 천연림에 많은데, 이것은 심한 경쟁에 의하여 늦게 자라는 임목을 도태시키기 때문이다. 그러므로 선발과 육종으로 임지의 생산성이 크게 향상된다.

3) 경쟁조절

산림에서 나무들은 생장공간을 먼저 점유하려는 경쟁을 한다. 유효수분, 광선, 양분에 대한 경쟁은 조림목의 생존과 생장에 필수이므로 조림 후 기계 또는 화학적 방법으로 잡초를 제거하거나 노령임분에 입화(入火)한다. 다년생초와 광엽(廣葉)잡초는 너무 크거나 밀한 상태가 되어 조림목에 과도한 그늘을 만들지 않으면 생장에 대한 영향이 적으나, 잡초를 초기에 제거하면 조림목의 생장이 증대한다. 어떤 지역에서는 수분보다 질소에 대한 잡초와 임목간의 경쟁으로 생장이 저해되는 경우가 있으며, 경쟁 식생의 제거는 활엽수 조림목의 초기 생장에 중요하다. 어떤 수종은 임목생장과 생존을 방해하는 특정물질을 내보내어 그 주변에는 식물이 없기도 하다(allelopathy-他感作用).

4) 병충해

임목의 생장과 생존은 병충해에 의하여 감소되며 발견하기 쉽다. 소나무재선충은 임목을 죽이며 조림지의 녹병은 임목 생장을 감소시켜 목재 생산량이 40%나 저하되며, 소나무좀도 역시 생산량을 크게 떨어뜨린다. 집시나방, 소나무잎벌레는 단기간의 생장에만 영향을 주며 살충제로 이를 구제하면 임목생장이 증대한다. 뉴질랜드의 라디아타소나무가 천연림보다 생장이 좋은 이유는 새로운 지역에 도입되어 경쟁자나 병충해가 없었기 때문이다.

2. 비생물적 인자

비생물적 인자에는 기후, 지형, 토양이 있는데 기후와 지형은 불변이고, 산림토양은 임목생장 증대를 위하여 비료주기 등을 할 수 있다. 임목생장에 영향하는 비생물적 인자는 지위지수나 간접적 방법으로 측정할 수 있다.

1) 기후

기후는 식생형을 변하게 한다. 위도에 따라 기온, 낮길이, 태양광선의 양이 변하는데 소지역에서는 그 차가 적다. 기온변화에 의한 침엽수림의 생장저해현상은 북위도지방에 잘 나타난다. 이른 봄과 늦가을의 서릿발은 묘목의 생존율을 좌우하며, 동해(凍害)는 수종의 자연분포를 제한하는 주원인이 될 수 있다. 강수량은 지리적 위치에 따라 변하며 강우량의 차에 의하여 임목생장이 달라진다.

2) 지형

지형은 임지생산성을 나타내는 중요한 인자로서 토지이용구분의 기준이 되며 고도, 방위, 경사, 경사형태 측정하기 쉬운 인자를 가진다. 방위에 따른 습도, 온도, 빛, 일조량과의 관계를 보면 북쪽은 수광량이 적어 대기 및 토양의 온도가 낮고 습도는 높아 증발산 작용이 심하지 않으나, 남쪽은 그 반대이다. 동은 북에, 서는 남에 가깝다. 날씨가 온화한 곳은 온도보다 습도가 임목생장에 영향을 주므로 북쪽이 좋고 고산지대나 한대는 온도가 더 중요하므로 남쪽이 좋다. 소나무와 참나무류와 같은 심근성 수종은 깊은 곳의 수분을 흡수하므로 남쪽비탈면에서도 잘 자란다.

3) 토양

(1) 모재

모재층은 토양 발달의 중요한 과정이며 임목생장에 간접적으로 영향한다. 나무는 보통 심근성이므로 모재는 농업보다 임업에 훨씬 중요하며 특히, 토심이 얕은 곳에서는 임목생장에 크게 관련한다. 스웨덴에서는 임지생산성에 대한 모재의 영향을 칼슘함량으로 판단한다. 즉 Ca함량이 많으면 구주적송의 생장이 불량하고, 중간이면 소나무와 침엽수혼합림의 생장이 좋다. 염기성 화성암과 석회질 퇴적암은 독일가문비나무와 침엽수 생장에 좋은 토양을 형성한다. 우리나라의 화강암, 화강편마암 토양에서는 임목생장이 양호하고 반암, 결정편마암은 불량하다.

(2) 토심

토심은 A층과 B층의 합을 말하며 나무뿌리가 많이 분포하는 곳까지의 깊이를 유효토심이라 한다. 토심은 양분 및 수분공급, 뿌리발달, 임목의 지지 등과 관계가 깊다. 토양 내 얕은 곳에 진흙층, 미사층, 모암 등이 있으면 뿌리 침투가 방해되어 양분과 물의 공급이 부족하므로 생장이 떨어진다. 양분이 많은 표토층이 침식으로 유실되면 토심은 깊더라도 임목생장이 불량해진다. 토심이 낮으면 일반적으로 생장도 나쁜데 토심이 25㎝ 이하이면 수고가 급격히 저하할 수 있다.

(3) 지하수위

토양의 배수상태는 토양단면에 나타난 토양특성과 지형으로 알 수 있다. 배수가 너무 잘 되는 토양은 배수를 억제하면 생산성이 증가하며 임분구성과 천연갱신에 큰 변화를 준다. 나무는 지하수위의 깊이 및 수질에 따라 생장반응이 다르다. 오리나무류는 지하수위의 영향을 덜 받아 지표 가까이 정체된 물이 있어도 생장한다. 그러나 가문비나무류는 지하수가 높게 있으면 자라지 못하고 이동하는 물이 있을 때는 잘 자란다.

(4) 토양수분

임목생장에 가장 중요한 인자 중의 하나는 물이며, 토양의 수분보유능력은 토양구조와 토성에 좌우된다. 사토인 경우 점토와 미사의 양이 증가할수록 증대하는데, 양분과 수분공급이 많아지기 때문이다. 그러나 너무 많으면 통기성이 불량해진다. 석력도 토양수분 상태를 개선하는데, 적당량의 자갈은 강우를 깊게 침투시키고 증발에 의한 손실을 적게 하지만, 자갈이 많으면 토양수분이 감소된다.

(5) 토양공기

토양공기가 부족하면 뿌리의 침투를 억제하고 양분흡수를 저해한다. 토양내 CO2농도가 2% 이상 되면 임목생장에 나쁜 영향을 준다. 벌채나 휴양림에서의 여가 행위는 토양을 단단하게 하여 임목생장을 감퇴시킨다. 지하수위의 변동이 심한 곳에는 건기에 통기성이 좋다가 우기에 지하수위가 발달하여 뿌리를 죽게 한다. 이것은 뿌리의 T/R율을 불균형하게 하여 내건성을 저하시키고 해충의 침입을 쉽게 한다.

(6) 토양양분

교란되지 않은 산림에서는 양분부족현상이 거의 나타나지 않는데 특히 향토수종이 그렇다. 그러나 다른 조건이 같으면 양분은 임지생산성과 밀접한 관계가 있다. 대체로 토양 양분 중 질소와 인산이 부족하며, 칼륨과 미량원소는 지역적으로 부족하다. 질소는 해안지대의 사토, 유기물함량은 낮은 폐농지, 유기물의 분해가 어려운 추운 지방에서 부족하며 A층내의 전질소량은 임지생산성과 직결된다. 인은 규소가 많은 사토나 해안지대의 배수불량지의 침엽수림, 외국수종 침엽수림 토양에서 부족하다. 그러므로 식재할 때 조림목의 생장정체를 방지하기 위해 시비할 필요가 있다.

제5장 임목의 영양진단

임목의 건전한 생장은 생장에 필요한 원소가 충분히 공급되고 각 원소가 상호 조화되어야 한다. 양분의 균형이 깨져 과다하거나 과소하면 임목의 생리적 반응을 교란하여 특정 양분의 결핍 또는 과잉 증상이 나타난다. 이와 같은 양분결핍은 특히 N, P, K, Ca, 마그네슘에서 잘 나타나며 Fe, Cu, B, Mo 등도 결핍되기 쉽다. 양분의 불균형은 임목의 생장을 저해하고 임목의 재해에 대한 저항력과 회복력을 저하시키므로 치명적인 피해를 일으키기도 한다.

제1절 토양화학분석

산림토양의 비옥도는 임목 생장을 좌우하나 양분흡수는 토양반응과 양분의 균형 등 많은 요인이 관계되므로 단순히 토양내 양분함량으로 임목의 양분요구도와 생장량을 판단하기 어렵다. 양분의 공급능력은 토양내 현존량과 유효태로 결정되나 실제로 임목이 직접 이용할 수 있는 상태가 더 중요하다. 임목생장에 가장 크게 영향하는 토양내 질소와 인산의 공급능력에 대해서 정확히 알려면 그 지역의 우량임분과 불량임분의 토양을 비교한다.(표 4). 되도록 토양분석치와 엽분석치를 비교하여 판정함이 정확하다. 토양의 화학분석에 필요한 시료는 오차가 없어야 하므로 층위별 또는 지표하 30센티미터의 지점에서 적어도 5군데 이상의 흙을 채취하여 혼합한다.

표 4. 토양의 화학적 성질의 판정기준치

인자 / 판정기준	pH (H20)	탄소 (%)	질소 (%)	유효 P (mg/100g)	치환성(me/100g)		
					K	Ca	Mg
양호	5.4~6.0	5~15	0.4~1.0	〉3	〉0.4	〉6	〉1.0
불량	〈 5.0	-	-	〈 1	〈 0.2	〈 2	〈 0.5

(芝本, 1978)

제2절 엽분석

임목의 영양상태가 가장 예민한 곳은 잎이므로 잎을 분석하면 양분의 과부족을 알 수 있다. 생장휴지기에 들어서면 잎의 양분농도는 비교적 안정되므로 10월경 수관상부 가지의 제일 끝에 달린 당년생 잎을 채취하고 65℃의 온도에서 24시간 건조한 다음 양분을 분석한다. 영양상태가 좋아 생장이 왕성한 임목은 잎이 건조하여 적정농도의 양분을 함유하며(표 5) 또한 엽록소가 많아 탄소동화작용 능력도 크다. 입지별로 천연 공급되어 임목에 흡수된 각 양분이 임목의 양분요구량을 어느 정도 충족시키는지를 알려면 ha당 5~8본[老齡林], 또는 10~12본[幼齡林] 이상의 잎을 채취하여 평균한다. 현재 우리나라 토양의 양분상태는 지위1급지라도 약간 결핍된 상태다. 엽분석에 의한 N, P, K의 함유율과 재적생장률은 높은 상관이 있는데 특히, 질소가 가장 높고 다음이 인이다.

표 5. 삼나무 성목림 잎의 양분농도의 판정 기준치(%)

판정기준 \ 양분	N	P	K	Ca	마그네슘
양호 보통 불량	〉1.5 1.5~1.2 〈1.2	〉0.15 0.15~0.11 〈 0.11	〉0.5 0.5~0.4 〈 0.4	〉0.8 0.8~0.6 〈 0.6	〉0.18 0.18~0.13 〈 0.13

(芝本, 1978)

칼륨은 수고나 재적생장과는 큰 상관이 없으나 한해(旱害)와 건조해의 발생을 방지한다. 또한 식엽곤충류(食葉昆蟲類)와 흡즙곤충류에 의한 충해와 수병, 목재부후병원균에 대해 저항성을 높이므로 엽내 칼륨농도는 높아야 좋다.

미량원소도 엽내 최소로 필요한 양의 기준이 있는데 미국 태평양 북서지역 침엽수림의 엽내 양분농도는 Fe 50ppm, Mn 25ppm, Zn 10~15ppm, Cu 2.6~4ppm, B 10~15ppm, Mo 0.1ppm이다.

제6장 특수토양

제1절 산불발생 토양

산불은 산림에 있는 초본류와 잡관목 때로는 임목까지도 태워버리므로 지역적인 미기상이 변화하고, 산림토양의 노출과 투수성의 감소로 유출량이 증가하고 침식이 발생한다. 또한 축적된 유기물층을 태워

버려 토양의 성질을 변화시키며, 지중화나 지표화(地表火)는 토양미생물을 죽게 하거나 활동을 방해하므로 산림토양의 생산성이 일시적으로 저하된다. 그러나 산불은 때때로 유기물층을 소각시키므로 특수 수종을 위한 천연갱신과 불필요한 잡관목 제거에 유리한 때도 있으며 그 외에도 산림생태계에 큰 변화를 주어 종의 침입, 발달, 구성, 종다양성 및 천이와 야생동물의 서식수 등이 달라진다. 산불로 인한 토양생산능력의 저하는 화학적인 성질변화보다 물리적인 영향이 더 크게 작용한다. 특히 토양의 투수능력과 토양공극 등이 임목생장에 미치는 영향은 화학성 변화 즉, 인산, 칼륨, 칼슘, 마그네슘의 증가보다 더욱 중요하다.

산불난 곳에 대한 조림은 산불 당년을 피하고 다음 해 조림을 실시하는 것이 유리한데, 그 이유는 우리나라에서 발생되는 산불은 대부분 3월 하순에서 5월 상순에 발생하므로 재조림 시기가 부적당한 경우가 많고, 산불은 산림토양의 이학적 성질을 악화시킬 뿐 아니라 식생의 파괴와 토양미생물의 활동을 저해하여 생산성을 낮게 하므로 조림목의 활착이 저하되고, 산불난 그 해에는 불탄 나무 제거작업의 불편이 있기 때문이다.

따라서 부득이 경관조성 목적으로 식재해야 할 때는 대묘를 식재하여 건조의 피해를 막아야 할 것이며, 수종선택에 있어서도 내건성 수종 특히 질소고정 수종을 1차적으로 식재함이 좋다.

제2절 도시숲 토양

1. 토양특성

대부분의 도시는 기존의 녹지를 존치하면서 건설한 것이 아니라 산지를 훼손하여 인위적으로 구릉지를 만들어 숲을 조성한다. 즉 자연지형을 파괴하여 대규모의 토지를 조성하므로 표층토는 교란되고 심층토가 나타나는 경우가 많다. 따라서 토양이 견밀하여 보수성과 투수성이 나쁘다. 공원녹지도 사람의 왕래가 심하여 표층토는 답압에 의하여 현저히 딱딱해지므로 역시 물리성이 나빠진다. 도시는 구조적 특성에 의하여 빗물이 땅속으로 침투하는 면적도 아주 작고 공업용수로 지하수를 대량 이용하므로 지하수위도 낮아 토양이 건조하기 쉽다. 또한 지하수의 대량 이용은 저해발 지역을 중심으로 지반침하를 초래하거나, 투수성이 나쁜 곳은 큰 비가 내릴 때 물이 정체하여 과습하기 쉽다. 도시숲 토양은 산림토양과는 다르게 인위적인 간섭이 많아 답압이 심하므로 대기의 고온 건조와 함께 토양이 건조해진다.

도시숲 토양은 산지토양에 비해 수목생장이 불량하다. 일반 산림에서 표토층은 수목과 초류, 낙엽낙지에 의하여 피복되어 외부환경변화의 영향을 직접 받지 않는다. 매년 공급되는 낙엽낙지는 토양소동물과 미생물이 분해하므로 산림에 재이용이 가능한 무기 양분을 공급한다. 그래서 토양은 비옥도가 높아지고 투수성과 통기성도 양호해진다. 즉, 산림에서는 양분순환이 자연적으로 이루어지지만, 도시림에서는 토양이 미숙하여 토양생물상의 발달이 극히 빈약하고 유기물 퇴적이 적어서 자연적인 양분의 순환을 기대하기 어렵다.

2. 토양보전 방안

1) 낙엽의 존치

도시숲은 이용자가 많아지면 답압에 의해 토양환경이 악화되므로 숲이 쇠퇴한다.

낙엽, 낙지 등의 유기물을 제거하면 낙엽에서 공급되는 석회가 적어지므로 토양중의 치환성 석회량이 부족하여 토양의 산성화를 초래한다. 또 낙엽이 없어서 유기물이 공급되지 않으면 염기치환용량이 적게 되고, 토양의 완충작용도 저하되며, 비옥도도 낮아진다. 그러므로 낙엽을 치우지 말고 존치시키며, 지피식생을 도입하여 토양의 물리적 성질을 개선한다.

2) 이용자수의 제한

도시숲은 형태와 식생구조에 따라 이용 빈도가 다르다. 예를 들면 가장 이용이 많은 곳은 잔디밭이고, 다음이 벚나무 밑의 초지이며, 참나무 숲안의 지피식생이 없는 곳은 이용자가 가장 적다. 이용자수가 많아지면 토양이 더욱 딱딱해지고 그에 따라 식생이 현저하게 감소한다. 그러므로 표층토의 견밀화를 막는 지피식생의 쇠퇴정도를 눈으로 판단하고 적절히 출입통제를 하면 토양의 악화를 막을 수 있을 것이며, 경관미를 고려해서 지피식생을 적극적으로 생존시키면 토양이 보전된다.

3. 토양관리

1) 토양개량

토양개량에는 물리성 개량과 화학성 개량이 있으며 토양상태를 잘 파악하고 적당한 개량방법을 사용해야 한다. 특히 도시숲은 식물 -토양미생물-토양간의 양분순환이 파괴되었으므로 유기물의 공급은 기본이다. 토양 물리성의 개량목표는 견밀한 토양의 투수성, 통기성의 개량을 의미하며, 경운에 의하여 토양의 삼상 조성을 변화시키면 된다. 보통 나무 밑을 경운하고 퇴비와 토양개량제를 넣은 후 토양과 잘 섞는다. 토양개량제는 퇴비 외에 버미큘라이트(질석), 펄라이트, 목탄분말, 부숙톱밥퇴비 등이 사용된다. 답압을 막을 수 없는 곳에서는 어느 정도 답압에 견디는 토양개량방법을 사용해야 한다.

2) 시비

도시숲의 대부분은 양분순환이 되지 않으므로 시비의 필요성이 크다. 주로 퇴비를 많이 주어야 토양 미생물이 번식하기 쉽고 잡초와 지피식생이 생장할 수 있는 환경이 조성된다. 견밀한 토양은 수목뿌리생장이 불량하므로 유기물을 공급해서 토양을 부드럽게 하고 세근발달을 촉진하기 위하여 비료를 준다. 견밀한 토양에 직접 비료를 주어도 흡수하는 세근이 없으면 효과가 적다.

참고문헌

국립산림과학원. www.kfri.go.kr

이원규, 이천용, 1988, 산림토양 및 산지시비, 한국토양비료학회지 21(S-1):138 ~141.

이천용, 박봉우, 1988, 산지시비에 관한 고찰, 한국임학회지 77(1):109~115.

이천용. 1992. 산림환경토양학. 보성문화사. 350p.

이천용, 정진현, 손요환, 변재경, 구창덕. 2009. 산림토양. 한국토양비료학회지 42권 별호: 238~258.

芝本武夫. 1978. 산림의 토양과 비배. 농림출판.

커뮤니케이션

1. 인간 관계학
2. 커뮤니케이션 기법
3. 숲해설기법
   - 교재교구활용법
   - 오감평가해설기법

Ⅲ

국민대학교 평생교육원·(사)숲과 문화 연구회
숲해설 아카데미 전문과정

III

인간 관계학

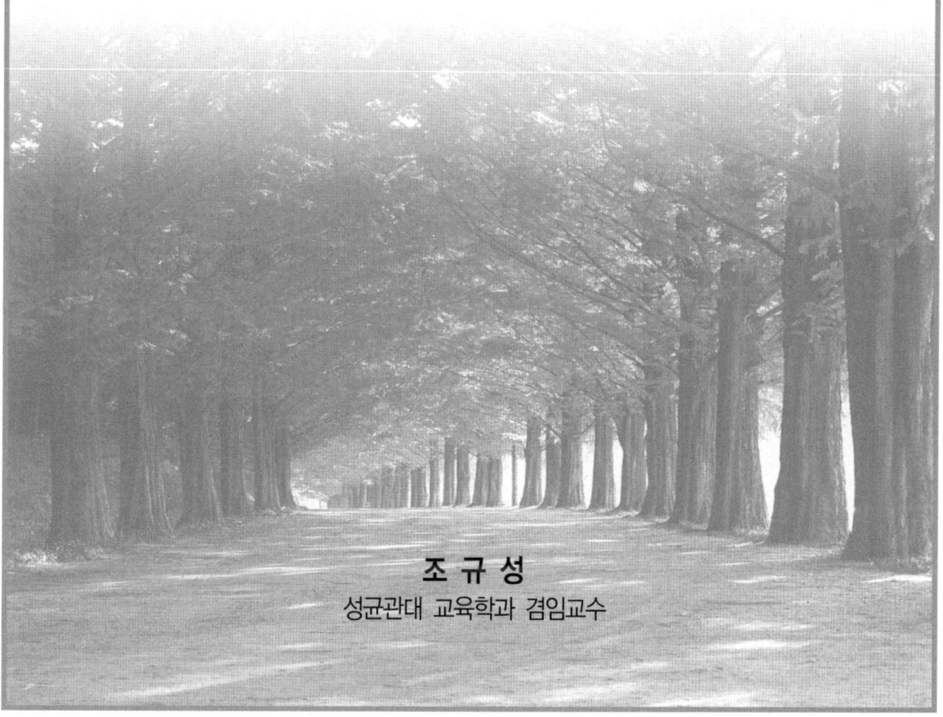

조 규 성
성균관대 교육학과 겸임교수

목차

제1장 인간의 학습이론

현대사회는 평생교육사회라고 한다. 평생교육이라는 용어처럼 배움에 있어 일정한 시기가 정해진 것이 아니라 어린 시절부터 죽는 날까지 배움이 지속 된다는 의미이며, 또한 배움의 환경이 예전처럼 제도화된 체계뿐만 아니라 다양한 현장에서 이론중심의 교육뿐만 아니라 현장의 생생한 경험과 전문성을 함양할 수 있는 현장밀착적인 교육이 강조되고 있다. 효과적으로 교육하기 위해서는 학습의 과정과 학습에 영향을 미치는 특성에 대한 이해가 선행되어야 하는데, 이 영역의 연구를 담당하고 있는 분야가 교육심리학이다. 교육심리학은 20세기 초에 형성된 독창적인 학문 영역으로서 교육에 내재되어 있는 심리학적 형상을 과학적으로 연구하여 교육방법의 이론적 근거를 제공하고, 이를 토대로 교육 실천의 과정을 지원하려는 학문이다. 교육의 가장 핵심인 학습에 대해 학습이란 무엇이고, 어떤 과정을 통해 발생하는지 그리고 학습을 촉진하거나 방해하는 요인이 무엇인지에 대해 살펴보고자 한다.

제1절 행동주의적 접근

행동주의자들은 학습이란 경험이나 연습의 결과 일어나는 행동의 '변화'라고 주장한다.

행동의 변화는 외부에서 주어지는 자극과 학습자의 반응의 연합이며, 시간이 지속됨에 따라 자극과 반응의 연합은 자동화되며 고정된다. 새로운 학습을 위해서는 자극과 반응의 연합을 변화시키면 된다. 학습자의 행동은 물론, 사고, 검점 또한 이러한 기계적인 조작에 의해 형성되고 변화할 수 있다고 믿고 있다. 행동주의 이론은 통보상적으로 1)고전적 조건혈성과, 2)조작적 조건형성, 3) 사회적 학습으로 구분하고 있으며 각각의 이론에 대한 차이를 살펴보고자 한다.

1. 고전적 조건형성

고전적 조건형성은 러시아의 생물학자 겸 심리학자인 파블로브의 연구를 중심으로 공개되었다. 파블로브의 가장 유명한 실험인 개의 타액 연구 실험이 있다. 어두운 방에 개를 고정시켜 두고, 벨소리를 들려준 뒤 곧 음식물을 주게 되면 개는 타액을 분비하게 된다. 벨소리와 음식물을 몇 번 반복해서 짝지어 제시하면 개는 벨소리만 듣고서도 침을 분비하게 된다. 이것은 음식물에 본유적인 반사반응인 타액의 분비가 무관했던 벨소리에 연합되었음을 뜻한다. 이러한 연구 결과는 학습자가 일정한 자극에 대해 선천적으로 유발되는 반사(예: 침을 흘린다)를 처음에는 그것과 아무런 관계가 없던 자극(예: 벨소리)과 연결시킴으로써, 이 자극이 본래의 침을 흘리는 반사반응을 유도하는 기능을 갖게 되는 것을 의미하는데, 이를 '고전적 조건화'라고 설명한다. 우리 주위에서 발견할 수 있는 고전적 조건화의 예로는 어린 시절 이웃 개에 물린 경험이 있어 성인이 되어서도 개나 다른 동물들에 대한 두려움을 갖게 되거나, 특정 음식과의 안 좋았던 과거 경험으로 인해 그 음식을 별로 선호하지 않는다거나 하는 경우를 들 수 있다. 고전적조건화의 중요한 내용은 학습자의 선천적인 반사반응과 외부 자극과의 연합으로 특정한 행동이나 감정을 보이게 된다는 것이므로, 이렇게 학습된 행동이나 생각을 바꾸기 위해서는 자극과 반응의 연합 관계를 단절시키는 새로운 학습이 요구된다. 예를 들어 개에 물린 경험으로 개를 무서워하는 사람이 있다고 하면, 서서히 강아지, 개의 귀여움과 따뜻함 등 개에 대한 좋은 느낌이나 경험을 개라는 대보상과 연합함으로써 과거 개에 대한 공포심을 극복할 수 있다. 이러한 기법 들은 학교 현장뿐만 아니라 심리치료서 공포증치료에 많이 활용되고 있다.

2. 조작적 조건형성

고전적 조건화와 달리 조작적 조건화에서는 학습자의 적극적인 개입을 강조하고 있다. 고전적 조건형성의 과정에서는 외부 자극에 대한 반응의 학습의 결과로 인간의 행동을 이해한 반면, 조작적 조건형성에서는 외부의 자극을 끌어내기 위해 학습자가 행동을 만들어 낼 수 있다고 주장한다. 즉 학습자는 행동 수행 후 제시 될 자극(보상 혹은 벌)을 기대하며 행동하며, 따라서 기대하는 보상이나 벌에 따라 행동이 달라질 수 있다. 조작적 조건형성 연구자인 스키너는 비둘기가 실험공간에서 계속 움직이면서 새로운 환경을 탐색하다가 우연히 지렛대를 누르는 장면을 목격하고, 먹이를 제공하였다. 먹이통에 먹이가 떨어진 것을 발견한 비둘기는 처음에 상황을 이해하지 못하였지만 상황이 반복됨에 따라 비둘기가 지렛대를 누르는 행동과 먹이통의 먹이를 연합시키게 되었고, 연합이 이루어진 후에는 먹이를 얻기 위하여 지렛대 누르는 행동을 계속하였다. 실험의 비둘기처럼 자신의 행동에 대해 먹이와 같이 긍정적인 자극이 제공되면, 자극을 얻기 위한 행동은 증가하게 되지만 반대로 지렛대를 눌렀을 때 전기가 흐르는 것과 같이 부정적인 자극을 제공했을 경우에는 지렛대를 누르려는 행동은 감소하게 된다.

이러한 원리는 인간사회에서 보상과 벌이라는 시스템으로 작동하고 있다. 즉, 어떤 일을 잘 했을 때 보상을 주면, 그 보상을 받은 대상은 더욱 일을 잘 하고자 노력하는 행동이 증가하게 되고, 반대로 수업시간 자꾸 떠드는 아이가 있어서 떠드는 행동을 줄이기 위해 매를 때린다거나 화장실 청소를 시킨다거나 등의 벌을 제공하는 경우를 많이 볼 수 있다. 조작적 조건형성의 원리는 보상과 벌을 통해 학습자의 행동을 이끌어 낼 수 있다는 측면에서 학습현장에서 널리 활용되고 있으며, 학습자가 스스로 무엇인가 배우거나 알려고 하는 동기가 부족하다고 인식될 경우 사용하면 효과적이며, 아동과 청소년을 대상으로 한 교육현장에서 많이 활용되고 있다. 그러나 주의해야 할 점은 대상의 특성에 따라 보상과 벌의 내용이 달라져야 한다는 것인데, 초등학생에게 보상으로 인식되는 스티커는 고등학생에게 더 이상 보상이라는 인식을 주기에 부족하며, 벌의 강도에 있어서도 대상에 따라 차등적으로 적용해야 한다. 또한 보상과 벌의 실시에 있어서 바라는 행동이 나타날 때마다 매번 보상을 주거나 벌을 주기보다는 가끔 제공하는 것이 더욱 효과적이다. 그 이유는 매 행동마다 보상이나 벌을 제공하게 되면, 학습자가 행동과 보상과의 관계를 예측할 수 있게 되어 보상에 대한 흥미를 잃게 되어 원하는 행동을 하고자 하는 동기가 감소하게 되고, 더 나아가 원하는 행동을 이끌어 낼 수 없게 되게 된다. 그러므로 학습자의 학습에 대한 흥미를 유지하기 위해서는 주어지는 보상과 벌의 횟수와 크기를 조절하여, 어떤 경우에는 2만큼의 보상을 받았는데, 어떤 경우에는 5만큼의 보상을 받게 되면 보상에 대한 기대가 증가하게 되고 따라서 원하는 행동을 지속된다. 이러한 원칙이 활용된 대표적인 예가 도박인데, 도박을 하면서 보상금이 터지는 시간이나 보상금의 액수가 달라지기 때문에 보상에 대한 기대감을 가지고 계속 도박을 하게 되고 결국 심한 중독성향을 보이기도 한다.

고전적 조건형성과 조작적 조건형성에서 강조하는 점은 학습이 개체가 외부 자극에 대한 반응의 결과로 형성되는 것이므로, 어떠한 내용이라 하더라도 학습자에 맞도록 상황을 만들어 준다면 학습이 가능하다는 것이다. 이러한 주장은 학습자의 타고난 능력을 강조하기 보다는 잘 정리되고 계획된 상황의 조성에 따라 학습을 극대화 할 수 있다는 측면에서 학교, 교육현장에 기여한 바가 크다.

3. 사회학습이론

고전적 조건형성이나 조작적 조건형성이론에서 관찰 가능한 외현적 행동에 대해서만 관심을 갖는 것과는 달리, 사회학습이론에서는 인간의 내적인 과정을 인정함으로써 인간행동의 인지적 과정을 함께 수용하고 있는 것이다. 반두라가 주장하는 이론을 사회학습이론이라고 부르는데, 그는 인간의 행동이 보상이나 처벌의 조작 결과로써 형성되기도 하지만, 대부분의 인간 행동은 다른 사람의 행동을 관찰하고 모방하는 것을 통하여 학습이 이루어진다는 것이다.

사회학습이론에서 말하는 관찰학습은 다른 사람을 단순히 모방하는 것이 아니라 머릿속에 기억하고 경우에 따라 필요한 정보를 인출해 낼 수 있는 인지적 과정이 내포되어 있다. 예를 들어 아동이 소꿉놀이를 하면서 집에서 있었던 일들을 흉내 내는 경우가 있는데, 이럴 경우 이러한 모방하는 행동에 대한 내적 정보(표상)을 가지고 있어야 가능하다.

그리고 타인의 행동을 모방하는 경우에, 아동은 다른 사람이 모방하는 행동에 대해 보상이나 처벌을 받는 것을 관찰함으로써 대리강화를 받아 행동의 변화가 일어난다. 예를 들어 반두라가 유치원 학생을 대상으로 실시한 실험 결과에 따르면, 제공된 인형을 때리던 성인이 보상을 받는 광경을 지켜 본 아동들이 동일한 인형에 대해 더욱 공격적인 반응을 표현하였고, 동일한 상황에 대해 벌을 받는 성인을 관찰한 아동들은 다른 아동에 비해 덜 공격적인 반응을 보여주었다. 이러한 대리 강화 역시 하나의 인지과정이다. 아동은 자신이 어떤 직접적인 행동을 하지 않고도 자신의 행동 결과에 대해 예상할 수 있다. 사회학습이론에 의하면 아동은 출생 직후부터 다른 사람의 행동을 관찰함으로 써 많은 것을 학습한다. 기억에 정보를 저장하고 있다가 자신이 필요한 경우 활용하여 행동을 하게 되고, 자신의 행동에 대해 보상과 벌을 받게 되면 자신의 행동을 지속할 것인지, 그만 둘 것인지를 결정하게 된다. 사회학습이론의 경우 환경, 경험의 노출이 학습에 있어 중요한 역할을 담당하고 있음을 강조하고 있다. 더욱이 어린 아동이나 청소년의 경우 자신에 대한 정확한 지식이 부재하기 때문에 주위 어른이나 자신이 좋아하고 존경하는 인물의 행동을 관찰하고 모방 행동하는 경향성이 높게 나타난다. 영화에서 잘생긴 성인이나 자신과 연령이 비슷한 주인공이 멋있는 모습을 하고 담배 피는 모습을 보면서, 담배 피는 행위를 따라 하는 경우가 많다.

제2절 인지주의적 접근

인지주의 학습이론의 연구자들은 학습은 외부적인 행동의 변화가 중요한 것이 아니라 학습자 내부에서 일어나는 인지과정이 중요하다고 강조한다. 즉, 학습자들이 어떻게 정보를 받아들이고 해석하고 생각하고 문제를 해결하는지에 관심이 있다. 그러므로 인지주의자들은 학습을 상황에 대한 반응으로 보지 않고, 사고나 문제해결과 같은 방법으로 정보를 조직하고 재정비하는 과정으로 본다. 인지주의적 학습이론에서는 학습자가 과거의 경험을 토대로 형성된 지적 구조를 사용하여 새로 들어오는 정보를 처리하는 과정을 학습으로 이해하고 있으며, 학습자의 문제해결을 돕기 위해 정보를 학습자가 처리하기 용이하도록 제공하는 것이 중요하다.

초기의 인지주의적 접근은 형태주의 심리학(Gestalt psychology)이었다. 형태주의 심리학은 독일의 과학자들이 형성한 학파로 형태주의란 자극과 반응으로 분해하는 행동주의식 접근과 대비되는 "전체적인" 형태를 나타내는 것이었다. 대표 연구자 퀄러는 아무런 학습의 경험이 없는 침팬지들을 사용하여 유기체는 시행착오와 자극과 반응이 연합을 거치지 않고 학습자의 "아하"하는 통찰을 통해 문제를 해결할 수 있음을 증명하려고 했다. 퀄러가 실시한 실험에서는 침팬지의 문제 해결 능력을 검사하기 위하여 천정에 바나나를 매달고 나무막대와 상자들을 놓아둔 후 침팬지의 행동을 관찰하였다. 침팬지는 바나나를 따기 위해 손을 뻗치거나 발돋움을 해 보았지만 바나나를 딸 수 없었다. 침팬지는 잠시 행동을 멈추고 방안을 살핀 후 갑자기 상자들을 쌓고 그 위에 올라가거나 막대기를 이용해 바나나를 땄다. 이 실험결과는 학습이 문제 해결을 위한 실험실에 제공되었던 물건들의 용도와 쓰임새를 재창조하는 통찰력의 결과로 일어난다는 것을 뒷받침해 주었다.

인지주의 학습이론의 또 다른 입장은 정보처리 접근이다. 정보처리 접근은 인간의 인지를 정보처리 과정으로 보고 이를 컴퓨터에 비유하여 객관적 과학적으로 연구하려는 접근이다. 정보처리 접근은 학습자의 지식획득과정에 관심을 많이 두었다. 정보처리 접근의 설명에 따르면, 인간의 정보는 성격에 따라 감각기억, 단기기억(작업기억), 그리고 장기기억으로 구분할 수 있다. 감각기억이라는 것은 학습자가 환경으로부터 눈이나 귀와 같은 감각 수용 기관을 통해 정보를 최초로 저장하는 정보를 일컫는다. 자극을 짧은 시간 동안만 저장할 수 있기 때문에 기억력을 높이기 위해서는 관심을 두고 집중해야 한다. 우리의 속담에 '한 귀로 듣고, 한 귀로 흘린다' 라는 표현이 감각기억 상태를 두고 하는 말로써, 지금 듣자마자 잊게 되는 상태를 말한다. 감각기억에서 관심을 기울여 집중을 하게 되면, 이 정보는 단기 기억(작업기억)상태로 넘어간다. 단기기억 역시 용어가 의미하듯이 짧은 기간 동안만 기억할 수 있다. 또한 기억되는 용량에도 제한적이어서 기억을 위해서는 요령이 필요하다. 요령이라는 것은 과거 기억과 연결시키거나, 여러 정보를 연결시킬 수 있도록 새로운 규칙이나 질서를 부여하여 범주화하는 작업이 필요하다. 단기기억에서 여러 번 반복을 한 내용들은 장기기억으로 저장되는데, 장기기억은 우리가 자신의 초등학교 이름이나, 자신의 10살 때 경험 등 비교적 오래 전의 일임에도 불구하고 현재에도 기억하고 있는 내용들을 포함한다. 그러나 개인이 기억하고 있는 내용과 정보의 양에 커다란 차이가 발생하게 되는데 이러한 차이는 학습자가 정보를 저장하는 방식에 차이가 있기 때문이다. 정보를 잘 저장하기 위해서는 우선 단순하게 암기하기 보다는 정보를 의미적으로 서로 잘 연결을 해야 한다. 예를 들어, '11월'을 떠올려 보니 며칠 전 첫 눈, 방학, 겨울, 연말, 내가 힘들었던 1990년대 11월 등 다양한 기억이 떠오르는 것을 경험하게 되는데, 이는 정보들이 커다란 그물망으로 형성되어 있어, 하나의 정보가 활성화되면 이 정보와 연결되어 있던 다른 정보들이 가까운 것에서부터 거리가 먼 것으로 차례로 활성화되며, 나중에는 전혀 관계없는 내용까지 떠올리게 된다는 것이다. 이러한 측면에서 학습자의 과거 경험이나 자신의 생활과 연결된 정보들은 저장하는데 용이할 뿐 아니라, 추후 저장된 내용을 기억하는 데도 영향을 준다. 또한 비슷 비슷한 소리나 내용의 정보는 정보간의 갈등을 일으켜 기억을 어렵게 만든다. 이럴 때에는 각각 정보의 특성을 최대로 살려서 서로간의 구분을 명확하게 하면 기억에 도움이 된다.

제2장 학습자 대상별 특성: 발달심리학적 접근

앞서 학습과정을 이해하기 위하여 학습이론을 중점적으로 학습과정에 대하여 설명했다. 그러나 동일한 정보를 설명하더라도 대상의 연령에 따라 이해하는 정도와 이해의 폭에 상당한 차이를 보이게 되는데 이는 각각 학습자의 발달 상태가 다르기 때문이라고 이해할 수 있다. 우리의 인지능력은 연령이 올라가고, 경험이 다양해짐에 따라 발달하게 되는데, 일반적으로 동일한 발달과정을 경험하는 것을 알 수 있다.

제1절 Jean Piaget의 인지발달 이론

피아제는 인지발달의 과정을 설명하는데 아동이 기존의 도식에 맞추어서 새로운 경험을 일반화하려고 하는 것은 '동화'라는 과정으로, 이와 반대로 새로운 경험을 수용하기 위해서 자신의 도식을 변화시키는 것을 '조절'이라는 과정으로 설명하고 있다. 이럴 때 '도식'이라는 것은 과거 경험이 반복적으로 발생함에 따라 경험에서의 발견되는 규칙을 바탕으로 정보에 대한 밑그림을 그려두는 것을 의미한다. 그러나 아동이 가지고 있는 도식은 새로운 경험을 통해 동화와 조절의 과정을 거치면서 질적인 변화를 경험하게 된다. 피아제는 아동이 보이는 인지 구조의 질적 차이에 입각하여 발달 단계를 나누고 있다. 각 단계의 발달을 구체적으로 설명하면 다음과 같다.

1. 감각 운동기(출생-2세)

언어 이전단계(Preverbal Stage)의 행동으로 보고 있다. 이 시기의 특징은 빨기 도식(sucking scheme)에 동화시키는 빠는 행동을 한다거나 손과 눈의 움직임에 대한 도식을 형성한다. 그리고 부모의 행동을 기억해 두었다가 비슷한 상황에서 모방행동을 보여주기도 한다. 예를 들어, 전화기에 대고 '여보세요'하는 행동이 대표적이라고 말할 수 있다. 이시기에 중요한 점은 외부 대상의 존재에 대한 개념을 형성하는 것인데, 9개월 이전까지는 눈 에 보이는 물건은 존재하고, 눈에 보이지 않으면 존재하지 않는다고 믿게 되어 놀라거나 바로 울어버리는 경우가 많다. 이 시기의 아동들은 엄마가 엄마 자신의 얼굴을 손으로 가리면 얼굴이 없어진다고 믿다가 손을 펴서 엄마 얼굴이 나타나면 기뻐하는 반응을 보인다. 그러나 9개월 이후에는 좀 전에 보였던 물건이 눈에 보이지 않더라도 존재하다고 믿기 때문에 얼굴을 가렸다가 나타나는 행동을 하더라도 놀라거나 재미있어 하지 않게 되며, 또한 눈에 좀 전에 보였던 물건이 사라지게 되면 찾는 행동을 하게 된다.

2. 전조작기(preoperational period:2-7세)

이 시기는 개념 자체적으로 의미하는 것처럼 아직 인지능력의 발달에 있어 불완전하다는 것을 짐작할 수 있다. 전조작기에는 아동의 언어발달이 급속히 이루어지고 상징적 사고의 발달과 개념 획득 능력에 있어서 빠른 성장을 보인다. 이 시기는 두 단계로 나누어지는데 먼저 전개념적 단계(2-4세)로써 이시기의 아동은 활동하는 모든 것은 살아있는 것으로 여긴다. 예를 들면 태양이 살아 있느냐 물으면 '빛을 발하기' 때문에 '그렇다'라고 대답한다. 그러나 산은 '아무 것도 하지 않으므로' 죽었다고 말한다. 인형이나 자신의 소유물 전부 살아있다고 생각하여 대화를 하기도 한다. 또한 사물을 판단하는데 있어 자기중심적이고, 직관적으로 판단하는 경향이 있다. 즉 자신의 엄마 생일에 엄마를 기쁘게 하기 위해서 본인이 제일 좋아하는 자동차를 선물하기도 하고, 동일한 양의 물건이라도 형태가 달라지면 다르게 인식하는 것이다. 예를 들어 똑같은 분량의 물을 보여 주고 나서, 물을 서로 다른 모양의 용기에 담았을 경우 좁고 가느다란 용기에 담긴 물의 양이 높이가 높기 때문에 더 많다라고 판단한다.

둘째, 직관적 단계(4-7세) 어린이들은 개념을 구체화하여 보다 복잡한 직관적 사고를 하게 되고 복잡한 심상(心像)이나 정교한 개념을 갖게 된다. 가역성의 원리라는 것은 사물을 이동시켜서 또 다시 제자리로 돌려놓듯이 그 출발점으로 갈 수 있는 행위를 말한다. 그러므로 이 시기의 아동들은 전개념적 아동과 달리, 똑같은 분량의 물을 보여 주고 나서, 서로 다른 모양의 용기에 담더라도 처음에 동일한 양이었던 상태를 기억하기 때문에 동일한 양이라고 이해한다.

3. 구체적 조작기(concrete operational period; 7-11세)

이 시기의 아동은 초등학교에 재학하는 연령으로 앞서 사물의 보존 개념을 획득하고 자기중심성에서 탈피하고 사물간의 관계성을 이해할 수 있게 된다. 그러나 제시되는 사물이 구체이어야 이해할 수 있는 인지능력의 제한이 있다. 그러므로 이 시기 아동에게 사물을 설명할 경우에는 실험이나 교구를 통해 직접 경험하여 이론적인 개념을 이해하도록 환경을 조성해야 한다. 예를 들어, 공기의 부피를 학습시키고자 할 때, 공기가 부피가 있음을 아무리 강조한다 하더라도 이해할 수 없으므로, 컵을 물속에 거꾸로 집어넣음으로써 컵 안으로 물이 어느 정도 들어가다가 더 이상 들어가지 않는 것은 컵 속에 공기가 남아있기 때문이며, 이것이 공기의 부피임을 설명하는 것이 더욱 효과적이다. 시간의 개념에 있어서도 과거나 미래를 넘나드는 것에 어려움이 있어 현재의 상황만을 중점적으로 이해하고 있기 때문에, 사용하는 시제에 있어서 현재를 중심으로 하며 언어를 이용한 설명에 의존하기 보다는 실제 경험을 통해 개념을 정리하도록 하는 것이 필요하다.

4. 형식적 조작기 (formal operational period: 12이후)

형식적 조작기에 이르러 다양하고 구체적인 상황에서 일반적인 개념을 추론하는 연역적 사고가 가능해진다는 것이다. 이는 구체적 조작기의 아동처럼 습득한 사실에만 의존하여 사고하는 것에 머무르지 않고, 가설을 검증할 수 있다는 것으로 단순한 연산 수준의 수학문제를 푸는데 결정적인 역할을 한다(예: 방정식 2X+5 = 15). 그리고 시간개념의 이해에 있어서도 과거, 현재, 미래의 연결이 가능하기 때문에 현재의 상황을 과거나 미래의 상황이라고 가정하여 이해할 수 있으므로 '만일 지금의 우리가 조선시대로 돌아간다면 우리의 생활은 어떻게 변화할까?'라는 질문에 대해 논리적으로 추론할 수 있다. 연역적 추론 능력의 발달과 더불어 특수한 것에서 일반적인 것을 추론해 내는 귀납적 추론능력을 갖게 된다. 이는 가설을 설정하고 실험을 통해 체계적으로 검증하는 과학에서 사용되는 사고 능력이다. 아동들에게 일련의 과제를 제시하고, 과제에 영향을 줄 수 있는 요소가 무엇인지를 발견하도록 하면, 아동들은 문제 해결에 영향을 주는 여러 요인들에 대하여 '만약-그렇다면'의 가설을 설정하여 가설을 원칙을 이용하여 검증하게 된다. 따라서 형식적 조작기의 아동들은 합리적이고 체계적이며 계획적인 사고가 가능하고, 현실과 모순되는 가설적인 개념과 생각에 대한 문제도 해결할 수 있는 능력을 가지게 된다.

제2절 Erikson의 심리사회적 발달이론

인지적 발달뿐만 아니라 학습자의 특성으로 중요한 부분이 성격이다. 에릭슨(Erikson)은 심리사회적 입장에서 인간의 전 생애 발달 단계를 통한 성격 발달을 설명하고 있다. 에릭슨의 기본 주장은 인생 각각의 시기에 주어지는 발달과업이 있으며, 발달과업을 성공적으로 성취하게 되면 건강한 성격을 형성하게 되고, 다음 단계로의 발달이 자연스럽게 연결되는 반면, 발달과업을 성취하지 못하면 그 부분의 성격에 있어 문제가 발생하게 되고, 이러한 문제는 과업이 성취되기까지 지속된다고 한다. 시기별 발달과업을 살펴보면 다음과 같다.

1. 기본적 신뢰감 대 불신감(basic trust vs. mistrust: 0-1세)

일반적으로 신뢰감이란 자신감이라고 한다. 영아는 이 시기에 "입을 통하여 살아가고 엄마의 모유 수유를 통해서 엄마를 사랑하고 신뢰하게 된다". 이 단계에서 영아가 가지는 사회적 관계는 주로 어머니와의 관계이다. 영아는 자신의 모든 것을 타인에게 의존하게 되는데 이때 타인을 믿을 것이냐에 대한 신뢰감이나 불신감을 경험하게 된다. 따라서 엄마의 양육은 아기에게 타인을 믿을 수 있고 의존할 수 있다는 만족감과 안정감을 줄 수 있다. 이와 반대로 지속적이고 일관된 보살핌을 받지 못한 영아들은 불신감을 형성하게 되어 타인과 주변세계에 대해 두려움, 의심을 갖게 되며 관계를 형성하는데도 상당한 부족함을 경험하게 된다. 부모의 비 일관된 양육방식과 양육에 대한 자신감 부족, 가치관 혼란 등도 불신감의 중요한 원인이 된다.

2. 자율성 대 수치심과 회의감(autonomy vs. shame and doubt: 2-3세)

자율성은 유아가 급속하게 성숙하고, 말을 하게 되고, 사회적 차별을 인식하게 되고, 더욱 독립적으로 환경을 탐색하는 가운데 발달한다. 이 시기의 중요한 과업인 배변 훈련 과정에서 실수를 하거나, 걷는 것과 같은 신체적 통제나 자조 기술이 아직 충분히 발달하지 못해서 사회가 기대하는 만큼 행동을 적절하게 수행하지 못하는 경우에 수치심과 자신의 능력에 대한 의혹감을 갖게 된다.

3. 주도성 대 죄책감(initiative vs. guilt: 4-5세)

아동은 자신이 큰 아이로 행동하려고 하며, 자신의 행동이 생산적임을 인정받기 위해 노력한다. 아동은 자신의 역량을 넘는 책임의식을 갖기 시작하여 다른 사람의 일이나 새로운 것을 시도해 보려는 호기심과 주도성을 갖게 된다. 그러나 때에 따라 아동의 활동이 부모나 다른 가족의 활동과 갈등하게 되는 경우가 발생하는데 갈등이 심화되면 아동은 자신에 대한 죄책감을 느끼게 될 수 있다. 이런 경우 성공적인 해결은 아동이 자신의 주도성을 유지하면서도 타인의 권리나 목표를 침범하지 않는 법을 가르쳐야 한다.

4. 제4단계 : 근면성 대 열등감(industry vs. inferiority: 6-11세)

이 시기는 초등학교기에 속하기 때문에 읽기, 쓰기, 셈하기 등 인지적 기술과 사회적 기술을 습득하게 되며, 아동이 충분히 근면하다면 이것을 열심히 배워서 숙달시키게 되고 이러한 경험을 통해 자신감을 형성하게 된다. 이런 측면에서 아동의 근면성은 자아 성장에 결정적인 역할을 한다. 만일 이 시기에 이러한 근면성을 발달시키지 못하고 실수나 실패를 거듭하면 부적당감과 열등감을 갖게 되면 더 이상 사회적, 학업적 기술을 습득하려는 노력을 하지 않게 되고 본인이 속한 사회에서 도태되게 된다. 이 시기는 학교생활을 중심으로 교사와 또래들이 중요한 인물로 작용하게 되므로, 교사는 학생이 잘 하지 못하는 것을 강조하기보다는 잘 하는 것을 강조하는 것이 중요하다.

5. 정체감 대 정체감혼미(identity vs. identity confusion: 12-18세)

지금까지의 모든 특성들이 종합적으로 작용하며 아동기와 성숙사이의 교차로이다. 에릭슨은 청소년기의 중심 과제를 '나는 누구인가'라는 자아 정체감(ego identity)의 확립이라고 주장하고 있다. 자아 정체감이란, 자기 동일성(sameness of self)에 대한 자각이며, 자기의 위치, 능력, 역할 및 책임에 대한 인식이다. 이 단계에서 긍정적인 자아 정체감이 확립되면 이후의 단계에서 부딪히게 될 심리적 위기를 적절하게 넘길 수 있지만, 그렇지 못하고 방황이 다음 단계까지 계속되면 자신에 대한 부정적인 정체감을 형성하기 때문이다.

6. 친밀성 대 고립감(intimacy vs. isolation: 19-24)

이 시기는 부모 또는 학교로부터 독립하여, 성숙하고 책임감 있는 성인으로서 역할을 수행해야 하고, 배우자 및 다른 사람들과 친밀하고 신뢰할 만한 관계를 형성해야 한다. 이 단계의 일차적 과업은 강력한 우정을 만들고 타인과 함께 사랑과 동료애의 인식을 갖는 것이다. 우정이나 친밀한 관계를 형성하지 못하였을 경우 사회관계를 회피하는 고립감에 매몰되어 자신에게 위협이 되는 사람에 대해 거부감이나 적대감이 형성하게 되어 더욱 고립감과 외로움을 느끼는 등 정신건강에 부정적인 영향을 끼친다.

7. 생산성 대 침체성(generativity vs. stagnation: 25-54)

이 단계에서 성인은 자신의 직업에서 생산적이 되고, 또한 가족을 부양하게 되는 과업을 직면한다. 생산성이란 다음 세대를 이룩하고 인도하는 일에 대한 관심을 지칭하며 자신이 속한 문화에 의해 규정된다. 생산성을 제대로 나타내지 못하거나 나타내지 않으면 침체하게 된다. 침체성이 형성되면 타인에 대한 관대함이 결여되고 타인에 대한 관심보다는 자신에 더욱 더 몰두하는 경향을 보인다.

8. 통합성 대 절망감(integrity vs. despair: 54세 이상)

나이 든 성인들은 일생을 의미 있고 생산적이고 행복한 경험으로 보거나 혹은 자신의 충족되지 못한 목표와 약속들로 주로 찬 것으로 보면서 자신의 삶이 무의미한 것이었다고 느끼면 절망에 빠진다. 그러나 자신의 삶에 후회가 없으며 열심히 살았다고 생각하는 사람은 자신이 살아 온 인생에 책임감을 느끼며, 지금까지 살아 온 인생을 보다 높은 차원의 인생철학으로 발전시켜 죽음까지도 겸허하게 받아들이도록 도와준다.

이러한 발달적 이론들은 학습자의 연령이나 수준에 따른 차이점을 설명해 줄 뿐 아니라, 특정한 연령의 대상에 대한 학습지도 방안을 구상할 경우 일반적인 가이드라인을 제공한다는 측면에서 기여하는 바가 크다. 다음 부분에서는 학습이론과 학습자의 발달기적 특성을 고려하여 '숲해설'상황에서 어떻게 활용할 수 있는지에 대해 설명하고자 한다.

제3장 효과적인 숲 해설을 위한 기본 전략

제1절 참가자의 사전 경험과 연결

참가자의 쉬운 이해와 공감을 얻어 내고자 한다면 설명자는 참가자들의 과거 경험이 어떠한지를 파악하여 그들의 사전경험과 연관성을 가질 수 있도록 설명하여야 효과적이다. 따라서 해설을 시작하기 이전 참가자들에 대한 정보를 파악하고자 노력해야 한다. 일반적인 참가자들의 경우 숲에 관한 정보들을 과학적이고 전문적인 지식의 나열보다는 숲, 나무와 연결된 일화, 역사적 사건, 전해오는 이야기들을 연결하여 설명하는 것이 더욱 효과적인 방법인 반면, 학구적인 목적으로 참가하는 대상에게는 일상적인 이야기가 중심이 되기보다는 전문적이고 이론적인 이야기를 소개하는 전략이 더욱 효과적이다.

제2절 숲과 개인 삶과의 연관성을 강조

숲을 구성하는 동식물과 생태에 대한 단순한 지식이나 정보의 전달을 넘어 참가자들이 숲과 관계를 형성하고, 숲의 의미를 발견하고 숲에 대하여 스스로 관심을 가질 수 있도록 생활 밀착적 설명이 필요하다. 숲이 개인의 환경의 일부부임을 인지시켜, 숲 보전의 소중함을 깨닫게 하고 개인이 자연과 더불어 행복하고 만족하는 삶을 살아갈 수 있도록 안내할 수 있어야 한다.

제3절 대상의 연령에 따라 특성화된 설명 전략

어린이, 청소년은 성인의 축소판이 아니라 나름대로의 가치와 생각의 틀을 가지고 있는 대보상임에 따라, 단순히 성인의 설명에 비해 쉽고 단순하게 전달하려고 하지 말아야 한다. 각 대보상의 인지적 발달에 따라 관심을 보이는 대보상이 다르고, 이해의 폭에 차이가 있으므로 연령에 적절한 설명 기법 및 활동을 모색해야 한다.

제4장 참가 대상별 이해 및 해설 전략

제1절 아동 참가자

아동기의 사고의 발달을 본다면 언어능력은 문자언어, 읽기, 쓰기 전부 가능해 진다. 그리고 기억이나 주의력의 지속적인 향상과 더불어 표현력이 높아지며 동일주제에 대한 계속적인 추구도 가능해진다. 아동기에 들어서면 약간은 눈에 보이는 한 가지 특징을 강조하는 직관적 사고와 자신의 경험을 중심으로 타인을 판단하는 자기중심성 등의 특징이 남아있다. 그러나 7-8세경에 이르면 구체적 장면에서의 구체적 사물을 통한 논리적 사고가 가능해지며 아동은 구체적인 문제에 대한 논리적 사고가 가능해 지고, 특정사실에 따라 사물을 분류할 수 있게 된다. 따라서 이 시기의 아동은 사물을 위계에 따라 분류하는 것이 가능하지만, 이러한 것은 실제로 사물을 손에 쥐어 주었을 때만 가능하다. 사물을 손에 쥐지 않고, 머릿속으로만 조작하기에는 제한이 있다는 것이다. 따라서 이 연령대의 아동들은 놀이를 통하여 자신과 동식물과의 이야기를 만들어 내거나, 자연을 하나의 커다란 환보상의 나라로 이해하는 측면이 강하므로 아동이 자신의 모든 감각기능을 이용하여 흥미로운 사물들을 만지고, 느끼고, 맛보고, 소리를 듣는 등 모든 체험을 일종의 놀이로 인식하게 하여 아동이 스스로 찾고, 감각으로 지각할 수 있는 체험을 강조한다. 때로는 자연체험의 부족으로 자연을 무서워하거나, 더러워지는 것을 두려워하는 아동이 있으므로, 이러한 아동은 본인이 가지고 있는 두려움을 줄일 수 있도록 서두르지 않고, 한 가지씩 경험할 수 있도록 유도한다. 또한 이 연령대의 아동들은 해설자의 설명에 적극성을 보이는 측면이 있는데, 이는 아동이 해설자의 설명을 모두 이해했다는 의미보다는 어른에 대한 의존성의 표현이므로, 아동이 이해했는가를 파악하기 위한 질문을 자주 던져보는 일이 필요하다. 질문을 정확하게 이해하지 못하거나 틀린 답을 말한 경우에 문제의 난이도를 좀 더 조정하여 아동이 정답을 말하여 자신감을 얻을 수 있도록 신경 써야 한다.

아동기 중기 이후(11-13세)가 되며 '지식생활시대' 라고 불리어지는 것처럼 인과관계나 공간의 위치나 거리에 관한 지리적 관계, 역사적 사건에 대한 시간적 관계 등에 대해서 흥미가 왕성해 진다. 자신의 실존에 대한 의문(자아정체성)이 제기되기도 하고, 자신이 홀로라는 느낌을 가지는 등 자신과 세상에 대해 진지하고 깊은 생각을 한다. 지금까지의 세계에서 나를 분리하여 사물이나 인간과 거리를 두고 객관적으로 지각할 수 있으며, 또한 외부 세계에 대한 관심이 증가한다. 자연현상에 대하여 개방적인 자세를 취하며, 많은 것을 알고자 하며 자신의 깨어있는 감각을 이용하여 수수께끼와 의문으로 가득 찬 세계를 이해하고자 하는 동기가 높다. 이 시기의 아동에게는 이야기나 상세하고 체계적인 묘사설명을 통하여 세상의 아름다움과 흥미로움을 전달하는 방법이 효과적이다. 또한 자연 안에서 감각적으로 지각할 수 있는 것을 선택하여 자신의 보상이나 생각과 연결할 수 있도록 유도하는 작업으로 아동 스스로 경험하게 한 후 가신의 경험에 대해 개별적인 의미를 부여하여 설명하거나 묘사할 수 있는 활동을 장려한다. 이 시기의 아동은 아동초기와 청소년기를 연결하는 단계로 아동은 성인들의 태도를 보고 따라 배우기 때문에 성인의 자연을 대하는 태도를 모방하게 되므로, 성인들의 말과 행동에 조심해야 한다.

제2절 청소년 참가자

청소년기에 있어서는 개념적 사고의 발달은 추상적 · 논리적 발달과 더불어 인식의 지적 발달을 특징짓고 있다. 청소년기의 개념적 사고는 대상을 분석하여 그 보편적 본질적인 특징을 추리해서 논리적으로 바르게 파악하게 만든다. 그 후 다시 추상적 사고가 발달되면서 개개의 사실이나 현상뿐만 아니라 상호 논리적 관계나 법칙성을 파악함에 따라 대상의 본질을 이해하게 된다. 이런 청소년기의 사고의 특징 추상적, 논리적 사고가 발달하게 되면서 과학적 이론에 흥미를 갖게 되고 철학적 의문을 갖고 자아를 탐구하고 사회나 정치문제를 비판적으로 보게 된다. 반면 대부분의 청소년은 경험적, 실증적 기초가 약하기 때문에 일반화, 추상화하려는 경향은 자칫하면 문제를 양자택일적으로 단순화시키기 쉬우며 극단적인 관점에 빠질 정도로 사고의 유연성을 잃기 쉽다. 따라서 숲에 대한 설명에 있어서도 사실적이고, 객관적인 설명이 중요하다. 또한 상호 논리적 관계나 법칙성에 대한 이해가 가능함에 따라 숲의 사회적, 생태적, 경제적인 문제와 연결 지어 설명하는 것도 좋은 전략이 된다.

청소년기는 아동도 아니고, 그렇다고 성인도 아닌 정체성의 위기를 경험하는 단계이므로 자기 자신의 신체나 용모에 대한 강한 관심을 가지기 시작하며 자신에 대한 정보를 바탕으로 자아를 형성해 나간다. 청소년의 정체성 형성에 도움을 주기 위하여 숲 해설자가 성인으로서 어떻게 숲해설의 일을 하게 되었는지, 어떤 계기로 이 직업을 택하게 되었으며, 혹은 직업의 좋은 점과 나쁜 점, 특별한 점 등 자연과 관계 맺는 방식에 대한 설명을 부가하는 것이 좋다.

그리고 청소년기는 다른 시기보다 자신과 비슷한 연령, 경험을 소지한 또래의 영향이 강력하기 때문에 개인적인 활동보다는 작은 그룹과제를 제시하여 테마에 대해 그룹별로 작업하고 그 결과를 발표하게 함으로써 그룹원들 간의 협력을 도모하는 것이 필요하다.

제3절 성인 참가자

숲을 찾아온 성인의 경우 앞서 설명한 아동이나 청소년처럼 타인의 요구나 강요에 의한 것이 아니라 자기 스스로 원하여 방문함에 따라 개인의 개별적인 욕구와 동기가 있을 것이다. 이런 경우 개인이 원하는 범위를 파악하여 범위 안에서 설명하는 방법이 효과적이다. 또한 사실적이고 객관적인 정보를 제공하여 성인 참가자가 스스로 판단하게 하며, 개인의 과거 감정과 기억을 연결하여 스스로 보상하고 이해할 수 있는 기회를 제공한다.

또한 아동과 성인이 혼합된 가족 참가자들에게는 한 대상에만 집중하지 않고, 서로가 함께 배워간다는 생각을 가지게 하는 것이 가장 중요하고, 그러기 위해서는 간략한 설명을 한 후 가족 구성원들의 의견과 생각하는 바를 솔직하게 표현하게 하고 서로의 생각을 공유할 수 있는 기회를 제공한다. 성인이 일방적으로 아동에게 생각을 강요하거나 제한하는 경향이 있을 경우, 아동에게 질문을 우선적으로 하며, 아동에게 충분한 여유를 주어 참여하게 하고 아동의 생각에 대해 충분한 격려와 칭찬을 아끼지 않는다. 또한 아동으로 하여금 해설가와 가족 성인과 지나치게 친밀하다는 인상을 주지 않도록 언어, 행동적인 측면에서 주의해야 한다.

제5장 아이들은 숲에서 무엇을 배우는가?

> "아이들을 자연으로 내보내라. 언덕 위와 들에서 아이들을 가르쳐라. 그곳에서 아이들은 더욱 좋은 소리를 들을 것이고, 그때 가진 자유의 느낌은 아이들에게 어려움을 극복할 수 있는 힘을 줄 것이다.(중략) 아이들로 하여금 자연이 바로 진정한 교사라는 것과 당신은 그저 자연을 조용히 산보하는 사람에 지나지 않음을 완전히 깨닫게 하라. 아이들이 걸음을 멈추면 바로 그때 새의 지저귐이나 나뭇잎 위의 곤충의 노래를 듣게 될 것이다. 나무와 새와 곤충이 아이들을 가르치게 될 때 당신은 조용히 있도록 하라"(Pestalozzi/ 산림청, 2006: 49에서 재인용).

페스탈로치의 말대로 자연이 가장 정보가 풍부한 학습 환경이자 '진정한 교사'로서 아이들을 가르치는 존재라면, '나무와 새와 곤충이 아이들을 가르치게 될' 때, 아이들은 그 자연에서 무엇을 배울까? 자연에서 우리의 아이들은 어떤 교육적 경험을 할까?

제1절 어린 시절 숲에서의 경험이 중요한 이유

카울라(Chawla, 2002)는 영국 낭만주의 작가인 윌리암 워스워드(William Wordworth)의 사상을 정리하였다. 워스워드는 자연을 살아있는 유기체로 이해하여야 하며 자연에 대해서 사랑과 경외를 올바르게 느껴야 한다고 주장했다. 특히 워스워드는 어린 시절에 온 생애에 걸친 외부세계와의 민감한 교감의 기틀이 형성된다고 믿었다. 그는 어린 시절의 많은 인상들은 뚜렷하게는 기억할 수 없는 정도의 감정을 남기지만, 그럼에도 불구하고 자연에 대한 어린 시절의 인상들은 이후의 삶 속에서 '조용한 회복'에 기여하며, 작고, 이름 없고, 기억되지 않는 친절과 사랑의 행동을 이끌어내는 도덕적 영향을 끼친다고 믿었다. 또한 자연에 대한 어린 시절의 인상은 조화와 환희의 깊은 힘에 의해 고요해진 눈으로 우리가 사물의 생명을 바라볼 때에, 자연 세계에 몰입할 수 있는 습관을 만들어 낸다고 보았다. 즉 어린 시절은 한 사람의 영혼을 형성하는 데 있어서 '명백한 근원의 시기(fair seed-time)'이며, 숲과 들판과 공원과 정원 등 '녹색 세상(green world)'은 바로 어린 시절의 '시간의 지점들(spots of time)'을 만들어 내는 데 매우 중요한 영향을 끼친다고 보았다.

캐처(Katcher, 2002)는 아이들을 대상으로 한 동물원 프로그램에 대한 연구를 통해, 매우 공격적인 아이들이 동물과 함께 있을 때 더 협동적으로 행동하고, 덜 적대적으로 변하며, 좀더 사회적인 능력을 보인다고 보고했다. 또한 자아개념 척도(Children's Self-Concept Scale)를 이용하여 측정한 결과를 토대로 하여 아이들의 자아에 대한 생각이 교실에서보다 동물원에서 분명하게 더 긍정적임을 밝혔다. 또한 "동화 속의 아이는 숲속에서 그에게 도움을 주는 동물을 만나게 된다. 그 동물은 최소한 인간의 말을 하는 정도의 능력을 갖추고 있으며, 아이가 선택의 기로에 있을 때 우연히 마주친다. 위험하지만 조력자인 동물들이 있는 숲은 참여자들이 하나의 정체성에서 또 다른 정체성으로 넘어가는 통과의례의 상태와 유사한 특별한 상황을 만들어낸다"(Katcher, 2002: 191)면서, 적합한 환경 하에서 실제의 동물들은 동화 속의 동물들이 그들과 마주치는 인간 아이들의 운명을 바꾸었던 것과 마찬가지 방법으로 아이들의 행동을 바꾸고 성장으로 이끄는 중재자 역할을 할 수 있다고 주장한다.

마이어스와 사운더스(Myers & Saunders, 2002) 역시 동물들은 인간의 자연 세계에 관한 경험에 있어서 매우 중요한 부분임을 밝히고 있다. 그들은 특히 동물이 우리에게 매혹적인 이유 중 하나로서 동물들이 우리에게 매우 활발한 상호작용의 기회와 책임감을 제공한다고 주장한다. 나아가 동물에 대한 본성으로서의 돌봄(natural care)이 좀더 확대되어 환경의 돌봄으로 발전할 수 있을 것이라고 믿었다.

토마쇼우(Thomashow, 2002)는 자연(야생)에서의 체험이 청소년기의 정체성이 올바르게 발달하는 데 있어 중요한 역할을 한다고 주장한다. 그는 자연을 통해 사춘기의 청소년들은 잡지나 영화, 음악, 그리고 학창시절에 형성된 것들과는 다른 사회적 세계의 생활에 관여하게 되며, 자연을 통해 그들은 어떤 속박에서 풀려나서 야생에서의 삶과 죽음에 대한 진실, 생존의 원리, 인간의 목적과 의미 등에 점차 다가서게 되거나 정면으로 마주서게 된다고 하였다. 또한 그는 자아가 세상 깊숙이 연결되어 확장되었을 때 환경의 파괴는 자아의 파괴로 이어지며, 만약 그렇게 위축한 상태로 방치한다면 자아의 모습은 우리 의식의 심연 속으로 오그라들고 움츠러들 것이라고 주장하였다. 그러나 불행하게도 어른들 중 대다수는 그들의 삶이 자연과 연결되어 있다는 것에 무감각하며, 그들이 세상을 보고 생각하는 방법이 환경에 영향을 미친다는 것을 절대로 인정하려 하지 않는다고 지적하였다. 또한 그는 청소년들은 종종 자연의 풍경과 동물 또는 다른 몇몇의 자연현상을 자신의 성장과 발전의 메타포로 여긴다고 하면서 그 예로서 그가 고등학교 학생들과 활동했던 '기억 속에 존재하는 공간 배치하기'라는 프로그램을 소개한다. 그는 이 프로그램을 통해 개인적 공간을 만드는 것은 청소년들이 앞으로의 중요한 변화를 위해 육체적으로, 상징적으로 준비를 하는 행동의 하나라고 주장한다. 결국, 토마쇼우는 우리가 살고 있는 복잡한 이 세계에서 자연은 우리에게 안정과 균형으로 돌아갈 수 있는 장소와 꾸밈없는 삶의 진실한 것들을 제공하며, 자연에서의 인상 깊은 경험을 통해 청소년들은 자신을 구체화하는 데 필요한 재료들을 충분히 얻는다고 주장한다.

칸(Kahn, 2002)은 '아이들이 리오테조에서 돌고래를 본 것을 자연의 경이로움의 하나로 기억한다는 것은 과연 얼마나 중요한 의미를 가지는 것일까?' '아이들이 환경이 악화된 환경에서 자랐을 때, 그들의 환경적 신념과 감수성에는 어떤 변화가 일어날까?' 등에 대한 문제를 다루고 있다. 또한 그는 '환경에 대한 세대간 기억상실증 (Environmental Generational Amnesia)'이라는 '우리 세대가 직면한 가장 시급하지만 잘 인지하지 못하고 있는 문제' 를 제기한다. 사람들은 나중에 환경 파괴 정도를 비교할 때, 어린 시절 접했던 자연환경을 기준으로 삼는데, 한 세대의 어린 시절 환경은 그 전에 비해 환경 파괴의 양이 증가한 상태이지만 그 세대는 그 상태를 평균적인 상태로 간주한다는 것이다. 즉 환경에 대한 세대간 기억상실증의 발단은 이전 세대가 저지른 환경 파괴에 대한 부담을 가지지 않고 각각의 세대가 새롭게 시작한다는 데 있다. 그 결과가 매우 심각함에도 불구하고 우리는 신체적으로, 정신적으로 고통을 받으면서도 그것을 인식하지도 못하고 있다는 것이다. 칸의 결론은 이렇다. 첫째, 아이들은 자연을 통해 풍부하고 다양한 개념과 가치관을 세우지만 우리는 종종 물질적 이득을 위해 환경을 파괴시킴으로써 아이들의 정신적 형성의 원천을 파괴하고 있다는 것이다. 둘째, 환경에 대한 세대간 기억상실증은 그 기준이 어린 시절이므로 그 문제 해결도 어린 시절에 시작하는 것이 좋다는 것이다. 그는 해결책으로 아이들과 자연과의 상호관계를 최대화하기 위해 아이들을 구성주의 환경교육에 참여시켜야 한다고 제안한다. 아이들의 환경에 대한 생각의 초기 형태는 대개 틀린 것이 아니라 불완전한 것이며 더 적절한 지식의 형태로 발전될 수 있음을 인식할 필요가 있다는 점과, 물리적인 자연세계와의 상호작용뿐만 아니라 사회적 세계와의 상호작용을 통해서도 지식을 구축할 수 있음을 알아야 할 필요가 있다는 것이다. 셋째, 환경에 대한 세대간 기억상실증은 자연과 야생 환경의 보존을 통해 극복할 수 있다는 점이다. 그는 산등성이, 시내 공원 근처, 자연보호구역 등 우리가 통제할 수 있는 범위 내에서 자연과 어우러진 도시를 설계해야 한다고 주장한다.

파일(Pyle, 2002)은 교육 환경의 중요성에서부터 출발한다. 아이들이 찾아낸 특별한 장소 자체가 바로 교실에 필적할 만한 교육을 제공한다는 것이다. 아이들은 스스로 학습하는 존재이며, 그들의 교육과정은 아이들이 활용할 수 있는 모든 것에서부터 만들어진다는 입장이다. 만약 그 장소가 거리라면 거리의 전문가가 될 것이고, 그 공간이 컴퓨터라면 컴퓨터 전문가가 될 것이며, 만약 가까운 곳에 야생이 펼쳐져 있다면 적어도 몇 명의 아이들은 교육을 받기도 전에 자연의 전문가가 되어 있을 거라는 것이다. 특히 그는 도시의 '열린 공간(Open Space)'의 중요성을 역설한다. 도시가 본격적으로 커짐에 따라 도시의 빈터들이 사라졌고, 아이들은 자연과 만나기 위해서 시간을 내어 교외로 나갈 수밖에 없게 되었다고 지적한다. 그는 "빈터에 에덴이 있다(Eden in a Vacant Lot)"(Pyle, 2002: 305)고 주장한다. 파일은 빈터, 즉 큰 나무가 있거나 풀이 무성한 장소, 강이나 숲 지대에서 아이들은 놀이와 모험을 즐기고, 도망갈 보루를 만들 수도 있으며, 가재나 벌레들을 잡을 수도 있다는 점을 빈터의 역할 중 첫 번째로 꼽았다. 둘째로 그곳에서 '인간이 아닌 이웃'들에 대해 알 수 있다는 점을 들었다. 인구문제와 극심한 화학적 오염을 제외하고는 민감한 환경 미래를 향한 가장 큰 위협은 자연에 대한 무지라는 것이 그의 주장이다. 셋째로 도시의 빈터, 시냇가, 뒷동산 등에서 제공받는 가장 중요한 서비스로 그는 '친밀감(intimacy)'을 들었다. 즉 그곳들은 우리 주변에서 다양하고 풍성한 자연환경 요소들과 친밀하게 교감을 유지할 수 있도록 한다는 것이다. 자연과 친밀감을 나누는 경험이 소멸되었을 때 도시는 점점 인간들이 그들의 인간성을 잃어버리는 야생 지역이 될 것이며, 이것은 몰개성화, 격리, 소외 등의 비인간성이 도시에서 살아가는 방식이 되어 가기 때문이라고 그는 주장한다. 자연과의 경험적인 접촉이 감소했을 때 아이들은 신선한 공기와 함께 운동하는 것이 부족하게 되고, 점점 비만해지고 게을러지며, 육체적인 활동을 찾기보다는 컴퓨터나 텔레비전에 의존하고 그것에 길들여지게 되며, 나아가 지적으로, 정신적으로 문제를 겪게 될 수 있다고 경고한다.

타너(Tanner)는 미국의 환경단체에 종사하는 사람들을 대상으로 그들이 현재와 같은 행동을 하게 만든 이전의 경험이 어떤 것이었는지에 대해 조사한 결과, 어린 시절의 야외 자연에서의 경험이 가장 큰 영향을 주었다는 사실을 밝혀내었다. 이와 같이 친환경적 가치와 행동을 형성하게 하는 경험을 '의미 있는 삶의 경험(SLE, Significant Life Experience)'이라고 지칭한다. SLE에 관한 연구는 '어떤 종류의 초기 경험이 성인의 행동에 중요한 영향을 미치는지를 알아낸다면, 아동의 교육에 그러한 경험을 그럴듯하게 복제할 수 있을 것' 이라는 가정에 기반하고 있다. 즉 환경보존과 보호에 적극적인 행동을 하고 그러한 가치를 가진 성인들을 대상으로 그들이 그러한 활동을 하게 된 의미 있는 삶의 경험들을 찾아내서 현재의 아동들에게 그와 동일하거나 혹은 유사한 경험을 획득할 기회를 제공하는 것이 교육적으로 효과가 있을 것이라는 것을 전제하고 있다(권영락, 2005).

보린(Borin, 2005)은 아이들과 자연의 관계 맺기는 여러 차원에서 가치가 있지만 그 경험은 점점 줄어들고 있다고 지적하고, 이러한 현실은 아이들이 어렸을 때, 혹은 자연과 의미 있는 시간을 보낼 때만이라도 자연과의 경험을 기록해야 한다는 것을 의미한다고 강조한다. 아이들의 자연에 대한 이야기를 수집하고 기록하는 과정에서 아이들이 자연과 시간을 보낼 때의 느낌을 증명할 수 있고, 그들이 자연으로부터 배우는 교훈을 확인할 수 있으며, 자연의 가치를 확신할 수 있기 때문이다. 또한 그는 아이들이 자연에 관해 쓴 글을 보면 아이들이 자연환경에 대해 어떻게 이해하는지, 그리고 그 자연환경 속에서 그들 스스로를 어떻게 바라보는지 알 수 있다고 밝힌다.[1] 아울러 그는 아이들이 자연 이야기를 이야기

할 때, 그들은 자신들의 삶을 새롭게 하고 더욱 명확히 하며, 자연에 대한 경험을 다시 체험하고(다시 생각하고) 확인한다고 주장한다.

그밖에 아이들이 어린 시절에만 경험할 수 있는 방법으로 자연과 관계를 맺는다는 여러 주장들이 있다. 콜스(Coles)는 아이들이 자연을 이해하고 관계를 맺는 것뿐만 아니라, 정서적 경험을 하고 있음을 발견했으며, 워너(Werner)는 아이들은 무생물을 살아있는 생물처럼 생각한다고 주장하였는데, 예를 들어, 아이들은 나무에게 특정한 본질과 색감이 있다고 생각하며, 또한 나무가 사람처럼 용감함 또는 대담함과 같은 느낌을 가지고 있다는 것이다(Borin, 2005에서 재인용). 카울라(Chawla)에 의하면 어린 시절은 바깥세상과 소통을 준비하는 단계로서 자연뿐만 아니라 세상 모든 대상에게 동정심과 연민을 느끼는 시기이며, 네버스와 빌만-마에카(Nevers & Billmann- Mahecha)는 초등학생들은 정서적인 감정을 나무에 부여하지만 나이를 먹어감에 따라 이런 능력은 감소한다고 하였다(Borin, 2005에서 재인용). 윌슨(Wilson)은 아이들이 어른들과는 다른 방법으로 자연과 관계를 맺으며, 이 관계는 모든 감각을 필요로 하고, 아이들의 삶을 향상시킨다고 하였고, 티스달(Teasdall)은 유년기에 자연과 보낸 시간을 보면 그 사람을 정신적으로 깊이 이해할 수 있다고 하였으며, 칼스와 이트너(Kals & Ittner)는 아이들과 자연의 직접적인 경험은 자연에 대한 친근감을 촉진시키며, 나이를 먹어서도 이를 확인할 수 있다고 하였다(Borin, 2005에서 재인용).

또한, 아이슬리(Eiseley)는 자연과 친밀한 관계를 맺는 순간은 종종 무한한 것처럼 느껴지기도 한다며 다음과 같이 말한다. “누군가는 일생에 한번 햇빛과 공기, 그리고 흐르는 물에 한없이 몰입하게 된다. 어느 한 날의 오후가 지나가는 동안…”(Kellert, 2002에서 재인용). 스테그너(Stegner)는 어린 시절 자연에서 경험은 아이들의 마음에 깊이 새겨진다면서, 5세에서 12세 사이 어디쯤엔가 아이가 받은 몇 초 동안의 인상은 그의 일생에 각인될 수 있으며, 예민한 시기에 특별한 환경을 접한 아이는 그가 죽을 때까지 그 환경을 잊지 않을 것이라고 하였다(Kellert, 2002에서 재인용).

제2절 아이들이 숲에서 배우는 것들

아이들은 대자연의 경이로움과 맞닥뜨린 후 ‘자연이란 무엇인가’, ‘나는 누구인가’와 같이 존재에 대한 질문을 스스로에게 던진다. 야생동물 등의 죽음을 보며 불쌍함과 슬픔 등의 감정과 함께 생명의 소중함과 배려의 필요성 등을 생각하고, 동화책으로 보았던 숲과 다른 현실의 숲을 보고 실망한 뒤 환경에 대

1) 엥겔(Engel)은 5가지 서로 다른 방식의 글쓰기를 통해 아이들이 자연환경과 관련을 맺을 수 있다고 주장한다. 그가 제안한 5가지 글쓰기 방법은, 자연환경의 특별한 측면을 일깨우기, 자연환경에 대한 느낌들을 창작하기, 자연환경의 이미지를 묘사하기, 자연환경에 대한 정보를 조직하기, 자연환경과 자아(self)와 연결시키기 등이며, 이러한 이야기하기를 통해 아이들은 아름다움, 동정심, 책임감, 영성 등 중요한 요소들을 획득할 수 있는 기회를 갖게 된다고 하였다(Borin, 2005: 32).

한 책임감을 갖게 되기도 한다. 숲속에서 동식물, 곤충 등과 즐거운 하루를 보낸 후 싫어하던 곤충을 좋아하게 되는 변화를 경험하고 다양성, 공존, 관계의 의미를 생각하게 되고, 숲에서 위험한 순간을 만났던 경험을 통해 자연에 대한 겸손과 함께 어려움을 혼자 힘으로 극복할 수 있다는 자신감을 배운다. 또한 숲이 제공하는 쾌적함과 편안함 속에서 친구를 배려하게 되고 우정이 돈독해진다.2)

아이들의 변화, 즉 '생명의 소중함', '배려', '책임감', '공존', '관계', '겸손', '자신감', '배려', '우정' 등의 주제들을 대표하는 단어는 '사랑'이다. 다시 말해 아이들은 숲과 맞닥뜨리는 순간 다양하고 특별한 감정을 경험하며, 그 경험을 통해 '사랑'을 배운다. 아이들이 숲에서 의미를 만들어 가는 과정은 사랑을 배워가는 과정이며, 아이들이 숲에서 배우는 것은 사랑이다.

숲에서의 경험을 통해 아이들과 숲의 관계는 부버(Buber)가 말하는 근원어 '나-그것(Ich-Es)'의 관계에서 '나-너(Ich-Du)'의 관계로 변화되어 갔다. '나-너'의 관계는 '사랑'의 관계라고 할 수 있다. 사랑은 '나'에 집착하여 '너'를 단지 '내용'이라든가 대상으로서 소유하는 것이 아니며, '너'에 대한 '나'의 책임이다. 부버(Buber)는 "근원어 '나-너'는 '자연과 더불어 사는 삶', '사람들과 더불어 사는 삶', '정신적 존재들(spiritual beings)과 더불어 사는 삶' 등 세 개의 영역에서 관계의 세계를 세운다"(Buber, 표재명 역, 2001: 24)고 하였는데, 숲에서 경험을 통한 아이들의 배움 역시 이 관계의 변화로 정리될 수 있다.

먼저 아이들은 숲에서 '나에 대한' 사랑을 배운다. 숲에서 아이들은 스스로 '자신감 없고 평범한 존재라고 생각했는데 자신감이 생겨나고 자신이 소중하다고 생각'하게 되고, '나 자신에 대해 그냥 다른 사람과 다를 것이 없다고 생각했는데 지문이 똑같은 사람이 한 사람도 없듯이 세상에는 나와 같은 사람이 존재하지 않고 특별하다는 생각'을 하게 된다. '대충 살자고 생각했는데 열심히 살자고 생각'하게 되며, '아직 크려면 먼 어린 아이라고 생각했는데 나도 이제 다 큰 어른이라고 생각'하게 된다. 이러한 아이들의 변화는 '나에 대한 변화'이며, '나 자신을 사랑하게 된 변화'이다.

또한, 아이들은 숲에서 '다른 사람'에 대한 사랑을 배운다. '장애인에 대해 너무 더럽고 짜증난다고 생각했는데 그런 사람일수록 감싸줘야겠다고 생각'하게 되고, '친구들에 대해 그냥 같은 반에 있는 애라고 생각했는데 친구는 소중하다고 생각'하게 되고, '조금 싫어하던 친구들도 더 잘 놀려고 노력하고 친해지'게 되고, '나만 중요하고 남한테 배려 안 해도 된다고 생각했는데 친구들에게 배려하는 게 좋은 거 같다고 생각'하게 된다. 숲에서 아이들은 화가 나지 않는 체험을 하고, 여유와 자유를 경험하면서 다른 사람을 배려해야겠다는 마음을 갖게 되기도 한다.3)

---

2) 숲 자체가 아이들을 가르치고 그곳에서 아이들이 배운다는 점에 주목할 때, 숲이 현대 수업의 원리인 자발성의 원리, 사회화의 원리, 통합의 원리(이혜림 외, 2004) 등을 구현하기에 적당한 장소임을 알 수 있다. 숲이 가르친다는 것은 숲에서 아이들이 스스로 배운다는 말에 다름 아니다. 파일(Pyle, 2002)은 아이들이 스스로 학습하는 존재이며, 아이들의 교육과정은 그들이 활용할 수 있는 모든 것에서부터 만들어진다면서 아이들에게 자연을 접할 기회를 제공하는 교육적 노력의 필요성을 주장했다. 즉 숲은 자발성의 원리를 구현하기 적당한 교육 장소라고 할 수 있다. 또한 숲은 아이들이 우정, 배려, 협동심 등을 배우기에 적당한 장소라는 점에서 사회화의 원리를, 숲에서 아이들은 지적으로, 정서적으로, 신체적으로 성장하고 발달한다는 점에서는 통합의 원리를 적용한 교육 장소로서 적당하다.

3) 성서에는 사랑의 속성이 다음과 같이 정리되어 있다. "사랑은 오래 참고 사랑은 온유하며 시기하지 아니하며 성내지 아니하며 악한 것을 생각하지 아니하며 불의를 기뻐하지 아니하며 진리와 함께 기뻐하고 모든 것을 참으며 모든 것을 믿

아이들은 숲에서 '생명에 대한' 사랑도 배운다. 사촌동생이 개미를 밟아 죽이는 것을 보고 보잘것없고 하찮다고 생각했던 개미도 소중한 생명이고 아껴야겠다는 생각을 하게 되고, 다람쥐가 죽어 있는 것을 보고 아무리 못생기고 이상해도 작은 생물과 큰 동물들을 모두 다 같이 사랑해 주고, 불쌍한 동물이나 사람이 있을 때는 도와줘야겠다고 생각하게 된다. 아이들은 숲에 또 다른 생명들이 살고 있다는 것을 알게 되고, 그 생명체들과 함께 살아가고 있는 자신을 발견하면서 더 큰 세상을 알게 되며, 그 생명체들에 대해 신기해하고 기뻐하고 실망하고 슬퍼하는 등의 감정을 느끼면서 함께 살아가는 존재들에 대한 사랑을 갖게 된다. 사랑하는 대상에게 무엇이라도 더 해주고 싶어지는 게 사랑하고 있는 사람의 공통된 마음이며 사랑의 속성이듯 아이들에게 싹튼 사랑의 감정은 생명을 지키고 보전하고자 하는 의지와 행동으로 발전한다. 나아가 아이들은 숲에서 경험을 통해 '누가 저 자연을 만들고 움직일까' 등의 질문을 하는데, 이러한 질문은 '더 큰 존재', 신에 대한 사랑으로 발전하기도 한다.

사랑하게 되면 그 감정을, 그 기쁨을 다른 사람에게 이야기하고 싶어진다. 기쁨의 감정, 사랑의 감정 같은 놀라운 감정들이 생겼을 때에 그 감정을 이야기하고 싶어지는 것은 인간의 자연스러운 욕구이다. 그리고 사랑하는 사람에 대해 열을 올리며 이야기하는 동안 그에 대한 사랑은 더 커지게 마련이다. 부버(Buber)는 인간의 비인간화와 자기 상실 등 위기의 핵심은 사람이 근원어 '나-너'를 말하는 기쁨을 잃어버린 데 있다고 말한다(Buber, 표재명 역, 2001). 아이들은 숲에 대해서 이야기하는 동안 우리가 잃어버렸던 사랑에 대해 말하는 기쁨을 함께 되살릴 것이다.

제3절 결론

교육의 본질은 사랑이다. 교육이 추구하는 바람직한 인간은 그 중심에 사랑이 있는 사람이다. 아주 오래 전부터 부모들이 아이들에게 생존의 방법을 가르친 이유도 자식에 대한 사랑 때문이었다. 21세기에 교육이 추구해야 할 것도 사랑이다. 우리의 아이들이 자기 자신을 사랑할 줄 아는 사람, 다른 사람을 사랑할 줄 아는 사람, 생명을 사랑할 줄 아는 사람이 되도록 하는 것은 특히 이 시대에 교육이 담당해야 할 몫이다. 숲은 아이들이 사랑을 배우는 장소이다. 숲은 교육을 통해 아이들에게 사랑의 씨앗을 심어 주기에 참 좋은 장소이다.

집이나 학교 등 아이들의 생활 주변에 숲을 많이 조성해 주는 것이 필요하다. 수목원이나 공원 등 도심의 공터가 많아져야 하겠고, 학교에 나무를 심어 숲 환경을 만들어 주는 데에도 교육 관계자들이 관심을 기울일 필요가 있다. 또한 가족 여행이나 체험학습 등의 기회를 더 많이 만들어 주어야 한다. 숲에

으며 모든 것을 바라며 모든 것을 견디느니라." 아이들은 숲과 맞닥뜨림을 통해 온유한 상태가 되어 화를 내지 않고 친구를 오래 참아 주며 배려하게 되었다는 점에서, 숲에서의 경험을 통해 아이들은 사랑의 속성을 닮아가게 되었음도 확인할 수 있다.

서 아이들이 배울 수 있도록 부모나 교사가 아이들과 함께 자주 숲으로 가는 것이 필요하다. 아이들을 데리고 숲으로 가는 것은 가정교육과 인성교육의 첫 걸음이다. 아이들은 아주 어렸을 때의 숲의 경험도 오랫동안 기억하고 있다는 사실에도 주목할 필요가 있다. 숲을 통한 교육은 아주 이른 시기부터 가능하다는 사실을 많은 부모들이 알고 있을 필요가 있다. 또한 아이들이 숲에 갔을 때에는 무엇보다 먼저 아이들이 숲을 충분히 느낄 수 있도록 해 주어야 한다. 아이들은 숲에서 느낀 감정을 오랫동안 기억하며, 그 감정은 아이들의 변화와 성장에 영향을 끼치기 때문이다. 숲 교육 프로그램을 개발하고 진행할 때에도 이 점이 반영되어야 할 것이다. 아울러 아이들은 이야기를 통해 그대로 잊혀졌을지도 모르는 기억들을 되살리고 숲이 가르쳐 준 지혜들을 그들의 삶에 적용하게 된다는 사실은 숲을 통한 교육에 관련된 교사들과 프로그램 개발자들에게 새로운 아이디어를 줄 수 있을 것이다.

참고문헌

'생명의 숲' 숲해설 교재편찬팀(2005). 숲해설 아카데미. 현암사.

강봉규 외(2005). 교육심리학원론. 교육출판.

권성호(1998). 교육공학의 탐구. 서울:양성원.

권영락(2005). "장소기반 환경교육에서 장소감의 발달과 환경의식의 변화 : '시화호 생명지킴이' 생태안내자 양성과정을 사례로". 박사학위논문. 서울대학교 대학원.

권정민(1992). "페스탈로찌의 유아교육사상에 관한 연구". 석사학위논문. 숙명여자대학교 교육대학원.

김아영 외(2001). 교육심리학. 학문사.

남효창(2006). 얘들아 숲에서 놀자. 추수밭.

산림청(2006). 푸른숲선도원 지도교사 매뉴얼. 한그루녹색회.

송길연 외(2005). 발달심리학. Shafferw지음.

이혜림 외(2004). 수업방법의 이론과 실제. 서울:백산출판사.

전영우 외(1999). 숲이 있는 학교. 우리강산 푸르게 푸르게 총서 3. 서울:이채.

탁광일(1998). "생태맹과 이를 극복하기 위한 접근 방법". 숲과 문화총서, 6, 14-21.

Marcy P. Driscoll(2002). 학습 심리학 교육과학사.

Borin, K. A.(2005). *Nature places and story spaces: An exploration of children's stories about nature.* the State University of New Jersey New Brunswick.

Buber, M.(1954). *Ich und Du.* 표재명 역(2001). 너와 나. 서울:문예출판사.

Chawla, L.(2002). Spot of time: Manifold ways of being in nature in childhood. Kahn, Jr. P. H., & Kellert S. R. (Ed.). (2002). *Children and nature.* Cambridge, Massachusetts.

Kahn, Jr. P. H.(2002). Children's affiliations with nature: Structure, development, and the problem of environmental generational amnesia. Kahn, Jr. P. H., & Kellert S. R. (Ed.). (2002). *Children and nature.* Cambridge, Massachusetts.

Katcher, A.(2002). Animals in therapeutic education: Guides into the liminal state. Kahn, Jr. P. H., & Kellert S. R. (Ed.). (2002). *Children and nature.* Cambridge, Massachusetts.

Kellert, S. R.(2002). Experiencing nature: Affective, cognitive, and evaluative development in children. Kahn, Jr. P. H., & Kellert S. R. (Ed.). (2002). *Children and nature.* Cambridge, Massachusetts.

Myers, Jr. O. E., & Saunders, C. D.(2002). Animals as links tomard developing caring relationships with the natural world. Kahn, Jr. P. H., & Kellert S. R. (Ed.). (2002). *Children and nature.* Cambridge, Massachusetts.

Pyle, R. M.(2002). Eden in a vacant lot: Special places, species, and kids in the neighborhood of life. Kahn, Jr. P. H., & Kellert S. R. (Ed.). (2002). *Children and nature.* Cambridge, Massachusetts.

Thomashow, C.(2002). Adolescents and ecological identity: Attending to wild nature. Kahn, Jr. P. H., & Kellert S. R. (Ed.). (2002). *Children and nature.* Cambridge, Massachusetts.

국민대학교 평생교육원·(사)숲과 문화 연구회
숲해설 아카데미 전문과정

III

커뮤니케이션 기법

탁 광 일
NatureWalksEducation(CANADA)/대표

목차

제1장 머리말

숲 해설을 산림교육의 일부로 보고 교육학적으로 접근 할 수 있다. 교육학적으로 접근 할 경우 숲 해설은 자칫 콘텐츠 위주의 정형적인 교육처럼 흘러가기 쉽다. 숲 해설에는 교육적 측면도 있지만 커뮤니케이션적인 측면도 강하다. 숲 해설의 메시지를 해설 수혜자들에게 깊이 각인시켜 오랫동안 기억에 남게 만들기 위한 목적이라면 오히려 커뮤니케이션적 접근방법을 적극적으로 활용 할 필요가 있다. 커뮤니케이션적인 접근 방법은 숲 해설이 청중 또는 숲 해설 소비자들에게 질적으로 높은 경험을 가져다 줄 수 있는 효과적인 방법이다. 따라서 이글에서는 예비 숲 해설가들을 위해 커뮤니케이션이론에 대한 이해 증진과 함께 실제 응용에 도움이 될 수 있는 스토리텔링 기법을 중점적으로 다루고자 한다.

제2장 숲 해설

숲 해설은 해설이라는 전문분야의 한 영역이다. 숲 해설은 지난 10년 이상 우리나라에서 일반인을 상대로 한 산림교육을 선도하고 있다. 또 우리나라 산림이 지니는 접근성, 풍부성의 잇점 때문에 다른 환경교육 분야에 비해 괄목할 만한 발전을 해왔다. 숲 해설은 우리나라의 지형적, 자연 환경적 특징 때문에 우리나라에선 다른 나라에 비해 매우 짧은 기간 내에 비약적인 발전을 거둔 분야이다. 해설이란 분야가 처음 시작된 미국은 100여년의 오랜 역사를 지니고 있다. 미국에서 해설 분야는 자연 해설과 문화 해설로 나뉘어 발전되어 왔으며, 오래전부터 전문영역으로 자리잡아오고 있다. 우리나라에서는 숲 해설은 1998년 자연환경 안내인 협회와 함께 시작되었다가 2000년 숲 해설가 협회로 발전해 본격적인 숲 해설 활동을 한지 10여년이 조금 넘는 역사를 지니고 있다. 이 기간 중 숲 해설에 대한 일반인들의 관심과 수요는 크게 늘어났으며 숲 해설 수요를 충족시키기 위해 매년 인증교육기관을 통해 수 백 명의 숲 해설가가 배출되고 있다.

제3장 미국 해설 역사

미국의 해설은 1872년 설립된 세계 최초의 국립공원인 옐로스톤 국립공원이 지정되고 누군가가 방문객들을 대상으로 공원 내 경이로운 경관 및 지질 현상을 소개하면서 시작되었을 것으로 추측하고 있다. 특히 관광객들을 마차에 싣고 안내하던 마부들 사이에 많은 이야기꾼들이 오늘날 해설에 해당하는 이야기들을 방문객들에게 들려주었는데, 이들은 재미있는 이야기를 관광객들에게 들려줌으로서 많은 팁을 기대할 수 있었기 때문이다. 팁을 기대하면서 들려주는 이야기들은 센세이셔널 하게 꾸미거나 과대하게 포장하는 경우도 많이 있어 당시의 해설은 매우 초보적이고 통제되지 않은 상태에서 이루어졌다.

미국의 환경단체인 시에라클럽을 창설하고 1890년 요세미티 국립공원 지정에 결정적인 역할을 한 존뮤어와 죽기까지 Long's Peak까지 16킬로미터의 산악트레킹을 250번이나 가이드 하면서 해설을 했던 에노스 밀스와 같은 인물도 사실은 저술이나 등산안내를 통해 오늘날의 해설에 해당하는 활동을 했었다.

그러나 본격적인 해설 활동은 1916년 미국 국립공원관리청이 창설되면서 옐로스톤 국립공원에서 최초의 공식적 해설이 시작되었다. 이후 미국 해설이 좀 더 체계를 갖춘 전문영역으로 발전하기 시작한 것은 미국 해설의 아버지로 불리는 프리먼 틸덴(Tilden, 1977)이 "우리유산 해설하기(Interpreting Our Heritage)"라는 책을 펴내면서 시작된다. 틸덴은 이 책에서 해설의 6원칙을 소개하고 단순한 정보 전달이 아닌 경관과 사물 속에 담겨 있는 뜻을 찾아내는 해설을 주장하였다.

오늘날 미 해설 협회(NAI, National Association for Interpretation)는 민간단체로 1954년 미국 동부지역 국립공원 해설가들을 중심 결성된 단체로 출발하여 1960년 중반 서부지역에서 결성된 자연 및 문화해설 활동을 하던 단체를 1988년 합병되면서 명실상부한 전국적인 단체로 거듭나게 되었다. 미 해설 협회는 해설 분야를 좀 더 전문 영역으로 발전시키고 해설가들의 끊임없는 능력 배양과 향상을 추구하고 있다.

미국 해설협회의 해설의 질 향상과 전문성 향상 노력은 1998년 도입된 해설가 인증제를 통해 구체적으로 실현되고 있다. 해설가 인증제도는 협회가 개인에게 다양한 해설분야에서 활동 할 자격을 부여하는 제도로 전문가 인증과 일반 인증 두 가지로 나뉜다.

오늘날 미국 해설협회는 명칭과는 달리 세계 30여 개국의 5,370명의 회원을 갖고 있는 국제적인 단체로 발전하였다.

제4장 해설적 커뮤니케이션

커뮤니케이션의 영어 단어 communication의 어원은 commnis라는 라틴어에 뿌리를 두고 있으며 공유 (to share)의 의미를 지닌다. 커뮤니케이션은 일반적으로 송신자의 메시지를 수신자에게 전달하는 행위를 의미한다. 통상 메시지 전달과정에 매체(media)가 사용 된다. 송신자와 수신자 중간에 개입되어 있는 매체는 송신자의 메시지가 수신자에게 원활하게 전달될 수 있도록 도와준다. 매체에는 신호(signal), 행동(behavior), 연설(speech), 출판인쇄물(writing), 시청각 자료(audio-visuals) 등 다양한 것들이 존재한다. 숲 해설의 경우 송신자는 숲 해설가이고 수신자는 해설서비스의 수혜자 즉 청중을 의미한다. 메시지는 숲 해설을 통해 전달하고자 하는 주제 또는 해설의 주 내용에 해당된다. 매체는 해설가가 사용한 해설 기법에 동원되는 수단을 의미한다.

오늘날 커뮤니케이션은 광범위한 분야에서 활용되고 있다. 정부, 학교, 단체는 물론 전자통신, 신문, 방송, 광고 및 홍보 산업 등 거의 전 산업분야에 걸쳐 활용되고 있다. 커뮤니케이션 기법은 정보전달, 정당, 기업, 개인의 특정 이미지 구축, 정부의 여론 조성, 정부나 기업의 이슈 대응, 새 정책이나 신상품 홍보 및 교육 등에 활용되고 있다. 경우에 따라 커뮤니케이션은 발표를 잘하거나, 말을 설득력 있게 또는 재미있게 하는 협의의 의미로 쓰이기도 한다. 이글에서는 숲 해설에 응용되는 커뮤니케이션으로 한정시켜 논의하겠다.

해설이 없는 숲, 공원, 박물관은 거의 무의미 하다고 할 수 있다. 미국에서 해설은 초기엔 콘텐츠 중심으로 운영되었지만, 방문객, 소비자 계층도 다양해지고, 청중들의 지적, 감성적 기대수준도 높아져 점점 양질의 고품격 해설이 요구되고 있다. 이와 함께 해설에서 커뮤니케이션의 역할이 점점 더 중요해지고 있다.

우리나라의 숲 해설은 그간 숲의 중요성과 경이로움을 일반인들에 널리 전파하는데 커다란 기여를 했다. 숲 해설은 산림 생태적 지식과 자연사적 지식을 대중화 시키는데도 큰 몫을 했다. 이 과정에서 환경교육적 차원의 접근 방법이 농후한 특징을 띠고, 국유림 등 정부 소유의 산림이나 수목원에 숲 해설이 이루어지면서 해설 콘텐츠와 기법 면에서 정부의 영향을 크게 받는 식으로 발전되어 왔다. 숲 해설이 좀 더 전문 영역으로 발전하기 위해선 해설의 내용과 기법 면에서 환경교육적 차원보다는 고유의 전문영역으로서 해설의 차원에서 접근하고, 정부로부터 좀 더 독립적으로 내용과 기법 개발하고 활동 할 수 있어야 할 것이다. 이런 관점에서 숲 해설을 교육의 일환이아니라 커뮤니케이션의 관점에서 접근하는 것도 매우 큰 의미가 있다.

제5장 해설 3 요소

숲 해설은 해설 자원에 대한 내용, 방문객 및 해설가 자신의 3요소로 구성되는 커뮤니케이션 과정이다(Brochu and Merriman, 2012). 해설 자원은 국유림, 수목원에 전시된 나무 및 식물, 기타 숲 해설이 이루어지고 있는 곳의 나무와 식물들을 일컫는다. 방문객은 숲 해설 현장을 방문하여 숲 해설에 청중으로 참여하는 사람들을 말한다. 숲 해설가는 숲 해설을 주도하는 산림 교육 전문가를 말한다.

숲 해설 3 요소는 숲 해설가가 부단히 갈고 닦아야 할 지식들이다. 즉 해설가는 첫째 해설 대상 자원에 대한 유무형의 지식, 즉 숲, 나무, 풀, 곤충, 관련 문화재, 역사, 문화 등 흔히 콘텐츠라고 불리는 것에 대한 지식을 중단 없이 학습하고 최신화 시켜야 한다. 두 번째로 청중에 대한 지식을 쌓아야 한다. 우리나라의 숲 해설에서 비교적 소홀히 다루어지고 있는 분야이기도 하다. 청중들의 유형, 특징, 기호 등을 파악하면 좀 더 양질의 숲 해설을 할 수 있는 여건이 조성된다. 마지막으로 숲 해설가는 끊임없이 해설 기법을 갈고 닦아야 한다. 발표 기술, 소도구 활용 기술 청중에 따라 다양한 기법 구사 기술 등이 이에 포함된다.

해설자원은 해설대상이 되는 자연물과 인공물을 포함한다. 숲, 공원, 야생 동식물, 유적, 문화재, 고궁, 전시물, 전시 식물, 생물 등 사실상 지구상의 모든 자연과 인공물이 해설자원이 될 수 있다.

청중(방문객)은 해설서비스의 수혜자들로 해설가의 해설을 경청하거나 해설활동에 참여하는 사람들이다. 해설 청중은 연령, 직업, 관심사 등의 면에서 매우 다양한 특징을 지닌다. 해설은 방문객과 감성적 지성적 연결을 시키는 활동으로 방문객과 연관시키지 못하는 해설은 해설로서 의미를 상실 할 수 있다.

해설가는 해설서비스를 제공하는 전문가로 해설자원과 청중을 감성적으로 지성적으로 연결시키는 역할을 한다. 따라서 해설가가 없는 공원, 숲, 박물관은 마치 손님을 집에 초대해 놓고 집의 문까지 열어 놓은 상태에서 집주인이 사라진 것과 같다.

제6장 해설 공식

해설은 해설자원에 대한 지식과 청중의 지식이 합쳐진 다음 이들을 증폭시키는 해설기법을 가미할 때 이루어진다.

(해설자원에 대한 지식 + 청중에 대한 지식) * 해설 기법 = 해설

해설은 단순히 해설자원에 대한 사실과 정보의 전달이 아니며, 해설자원을 이용해 청중들에게 해설자원이 지니고 있는 숨은 의미와 가치를 밝혀 줌으로써 좀 더 많은 관심과 호기심을 갖고 스스로 연구하고 지식을 쌓도록 자극이나 감화를 주는 커뮤니케이션 과정이다(Brochu and Merriman, 2008).

제7장 해설자원에 대한 지식

해설자원에 대한 지식은 유 무형으로 나눌 수 있다. 유형적 지식은 해설자원에 대한 구체적인 정보 및 사실을 의미한다. 무형의 지식은 해설자원이 갖고 있는 숨은 의미와 가치를 말한다. 특히 청중에게 더 나아가 우리 인류 전체에게 제시하는 의미나 메시지를 말한다. 해설자원에 대한 이두가지 지식이 합쳐져 해설 콘텐츠를 구성한다.

예를 들어 소나무에 대한 유형적 지식은 다음과 같다

솔·솔나무·소오리 나무라고도 한다. 한자어로 송(松)·적송(赤松)·송목·송수·청송이라 한다. 줄기는 높이 35m, 지름 1.8m 정도이며 수피는 붉은빛을 띤 갈색이나 밑부분은 검은 갈색이다. 바늘잎은 2개씩 뭉쳐나고 길이 8~9cm, 너비 1.5mm이다. 2년이 지나면 밑부분의 바늘잎이 떨어진다.

꽃은 5월에 피고 수꽃은 새가지의 밑부분에 달리며 노란색으로 길이 1cm의 타원형이다. 암꽃은 새가지의 끝부분에 달리며 자주색이고 길이 6mm의 달걀 모양이다. 열매는 달걀 모양으로 길이 4.5cm, 지름 3cm이며 열매조각은 70~100개이고 다음해 9~10월에 노란빛을 띤 갈색으로 익는다.

종자는 길이 5~6mm, 너비 3mm의 타원형으로 검은 갈색이며 날개는 연한 갈색 바탕에 검은 갈색

줄이 있다. 잎은 각기 · 소화불량 또는 강장제로, 꽃은 이질에, 송진은 고약의 원료 등에 약용으로 쓴다. 화분은 송홧가루로 다식을 만들며 껍질은 송기떡을 만들어 식용한다. 건축재 · 펄프용재로 이용되고 테레핀유는 페인트 · 니스용재 · 합성장뇌의 원료로 쓰인다. 관상용 · 정자목 · 신목(神木) · 당산목으로 많이 심었다.

중국 북동부, 우수리, 일본에 분포하고 한국의 북부 고원지대를 제외한 전역에 자라며 수직적으로는 1,600m 이하에 난다. 남복송(男福松:for. aggregata)은 열매인 구과가 가지의 밑부분에 모여난다. 금송(for. aurescens)은 잎의 밑부분을 제외하고 전부 황금 빛깔을 띤다. 여복송(女福松:for. congesta)은 열매인 구과가 가지의 끝부분에 여러 개가 모여달린다.

금강소나무(for. erecta)는 줄기가 밋밋하고 곧게 자라며 외형적으로 소나무의 형태이나 곰솔의 요소가 있기 때문에 소나무와 곰솔간의 잡종으로 본다. 처진 소나무(for. pendula)는 가지가 가늘고 길어서 아래로 늘어진 형태이다. 반송(盤松:for. multicaulis)은 줄기 밑 부분에서 굵은 곁가지가 많이 갈라지며 수형이 우산처럼 다북하다. 은송(for. vittata)은 잎에 흰색 또는 황금색의 가는 선이 세로로 있다.

[출처] 소나무 | 두산백과

위와 같은 지식은 소나무에 대한 정보 또는 사실이지, 해설의 내용이 될 수 없다. 소나무에 관한 해설은 백과사전, 도감, 생태학 교재에 기술된 정보를 전달하는 것이 되어선 안된다. 소나무가 가지고 있는 무형의 의미와 가치를 해설가 스스로 천착하여 해설가 개인의 고유의 해설기법으로 전달하는 것이 진정한 해설이다.

소나무가 갖고 있는 의미는 일정하지 않다. 개인에 따라 시대에 따라 가변적이다. 흙 한줌 없는 바위 틈에서 자라는 소나무는 강인한 생명력의 상징이었다. 우리의 선조들에게 늘 푸른 소나무는 변치 않는 충성심과 청렴함을 상징했다. 때문에 많은 서화에 소나무가 등장했다. 소나무 껍질은 기근이 발생 했을 때 식량대신 사용되었다. 예로부터 우리나라 사람은 솔잎으로 만든 금줄과 함께 태어나서 소나무로 만든 집에서 살면서 솔 갈비를 수거해 피운 불로 취사와 난방을 하고, 송편이나 송화다식처럼 소나무에서 얻은 재료로 만든 음식을 먹고, 소나무로 지은 관에 묻혀 생을 마감한다는 이야기가 있을 정도로 우리 민족에게 생명의 나무였다. 이 같은 소나무의 상징성은 의식주 생활방식이 크게 달라진 오늘날 오늘날까지도 부분적으로 계속되고 있다. 오늘날 소나무의 의미나 상징으로는 리기다소나무와 잣나무를 포함한 소나무의 국토 녹화 조림에 기여한 바나 소나무의 미적 조경적 가치들을 조명 할 수 있다.

숲 해설은 유형적 지식 즉 정보나 사실을 전달하기 보다는 해설자원이 지니는 무형적 가치와 의미에 더 무게를 두어야 한다. 정보나 사실은 무형적 가치와 의미를 밝혀주는 과정에서 수단으로 동원하는 차원에 활용해야 할 것이다.

제8장 청중에 대한 지식

콘텐츠를 강조하고 해설가들의 지식욕 등의 우리나라 해설 문화의 특징 때문에 우리나라 숲 해설 분야에서 가장 낙후되어 있는 부분이다. 숲 해설에서 청중은 일반 교육에서의 학생들과는 다르다. 연령, 관심사, 취향, 배경지식 면에서 학교의 학생들과는 전혀 다른 교육환경이 조성되기 때문이다. 따라서 이에 맞게 해설을 준비하지 않으면 유익한 해설에 낭패를 볼 수 있다.

공원이나 국유림 수목원을 방문하는 사람들은 나름대로 자신 내에 형성된 나름대로의 경험필터를 갖고 있어 숲 해설가의 해설내용을 서로 다르게 받아들인다. 또 청중마다 나름대로의 학습 유형을 갖고 있어 해설 내용을 이해하고 소화하는 스타일이 다를 수 있다. 같은 내용이라도 다양한 학습 유형에 맞게 준비하면 좀 더 많은 청중들이 공감 할 수 있는 해설을 할 수 있다.

예를 들어 사람들의 학습 유형은 크게 4가지로 구분 할 수 있다. 듣기형, 읽고 쓰기형, 시각형, 체험형으로 나눌 수 있다. 듣기형은 해설가의 해설을 듣는 것 만으로 충분히 이해하고 소화하는 사람을 말한다. 읽고 쓰기 형은 듣기로는 부족해 적절한 유인물이 필요한 사람들이다. 선천적으로 듣기 형이었으나 나이가 들어 청력이 떨어져 읽고 쓰기 형으로 바뀌는 경우가 있을 수 있다. 글자를 읽기 보다는 사물을 직접 보아야 이해 할 수 있는 유형이 있으므로 해설가는 이들을 위해 현장이나 해설 대상을 직접 보여주는 것이 필요하다. 마지막의 체험형은 보고 듣는 것은 물론 만져보고 맛보는 등 자신의 감각기관을 활용한 체험을 했을 때 가장 학습효과가 큰 부류의 사람을 말한다. 사전에 청중들의 학습 유형을 파악할 수 있으면 이상적이겠지만 그렇지 못할 경우엔 최소한 이같은 학습 유형을 염두에 두고 그에 맞게 다양하게 해설을 준비할 필요가 있다.

제9장 인간 욕구 발달 이론

인간 욕구 발달대한 이해도 숲 해설가가 양질의 숲 해설 커뮤니케이션을 위해 충분히 숙지해야 할 사항이다. 미국의 심리학자 매슬로 (Maslow, 1987)는 인간은 다양한 욕구를 갖고 있으면서 이를 충족시키려는 과정에서 하위의 욕구가 충족되지 않으면 더 상위의 욕구 충족에 대한 충동이 일지 않는다고 했다.

즉 상위의 욕구 충족을 위해선 하위의 욕구가 우선 충족되어야 한다는 말이다. 이 이론에 매슬로는 인간의 욕구발달을 생리적인 욕구를 최하위에 놓고 친구, 소속감, 명예 등 사회적 욕구를, 그다음엔 지성적 미적 욕구, 최상위에는 자아실현욕구를 차례로 위치시켰다.

숲 해설가가 염두에 두어야 할 것은 청중 중에는 단순한 체험이나 특별한 경험을 위해 오는 사람, 숲에 대한 생태적 지식욕을 충족시키기 위해 오는 사람, 숲속에서 영성적인 체험을 위해 오는 사람 등 기대하는 경험이 다양하다는 점이다. 식물을 식별하고 식물들의 생태적인 기능과 역할 또는 경제적 이용 등에 관한 정보를 얻고자 오는 사람이 있는가 하면, 숲속의 고요함 속에서 시간을 보내는 체험을 원하는 사람도 있다는 것이다. 즉 모두다 식물 식별과 같은 똑같은 체험을 좋아한다거나 기대하고 왔다고 미리 짐작하지 않는 것이다.

또 모든 인간은 허기, 추위, 용변 같은 현장에서 해결하지 않으면 곤란한 생리적 욕구들이 있다. 이런 생리적 욕구가 즉시 충족되지 않는 한 청중을 지식욕과 같은 다음 단계의 욕구로 유도 할 수 없다. 특히 청소년들에게는 이 욕구가 매우 중요하게 작용하기 때문에 이들을 대상으로 한 숲해설의 경우 각별한 주의가 필요하다.

제10장 청중과 연관시키기

청중과 무관한 해설은 효과가 없다. 양질의 해설은 해설 주제와 청중 개인과 직접 연관을 맺어 주는 것이다. 즉 해설 내용이 청중 개인과 직접연관이 있음을 밝혀주는 것이다. 해설과정에서 청중 개인의 이름을 불러주거나 시범이나 해설에 직접 참여시켜 청중 자신이 해설활동의 능동적인 주체라는 인식을 시켜주거나 개인 체험의 질을 향상시켜주는 방법이 있다. 또 해설 자원과 인간간의 관계나 인간과 유사성을 찾아 밝혀주면서 인간과 해설자원이 크게 다르지 않음을 깨닫게 해주는 방법도 있다. 청중과 연관시키는 과정에서 유익한 또 다른 방법은 해설 자원과 보편적 주제와 연결시키는 방법이다. 보편적 주제라 함은 개인으로서 청중이 공통적으로 갖는 관심사이다. 예를 들면 사랑, 생노병사, 명예, 건강 등과 같이 인간이면 누구나 관심을 가질 만한 주제를 말한다. 해설자원과 이 같은 보편적 주제를 연결시키면 비교적 쉽게 청중들에게 개인적으로 다가 갈 수 있고 이들 개인과 연관시킬 수 있다.

많은 광고들이 대상 소비자 층이 관심을 갖는 보편적 주제를 이용해 광고 홍보물을 제작한다. 예를 들어 많은 자동차 및 술 광고에 선정적인 차림의 젊은 여성을 내세우는 것은 타깃 소비자 층인 30-40대 남성들의 주요 관심사 중의 하나인 여성, 성 등의 욕구에 어필하기 위함이다. 위의 소나무에 대한 해설의 경우 생태적 과학적 지식이나 정보를 중심으로 해설을 하기보다, 보편적 주제인 건강, 장수, 음식 등과 연관시켜 해설을 하면 좀 더 청중들에게 쉽게 가깝게 다가갈 수 있다.

제11장 해설 기법

해설적 커뮤니케이션에서 가장 중요한 부분이기도 하다. 이 부분은 주로 해설가의 특기나 경험과 다양한 도구들이 동원되는 부분이기도 하다. 해설 기법은 해설가의 경험과 특기를 동원해 청중들에게 해설내용에 대해 깊은 인상을 받고 오랫동안 기억될 수 있게 하고, 해설가 개인의 개성을 강하게 표현할 수 있는 기회이다. 해설기법은 여기에서 일일이 소개하기 어려울 정도로 무궁무진 하다. 단 학교에서 하듯이 단순한 강의식은 최대한 피하는 것이 좋다. 청중에 따라 구연동화, 시연, 노래, 역할극, 춤, 인형극, 스토리 텔링 등의 기법들을 응용해 볼 수 있다. 여기서는 해설에서 가장 많이 사용되고 있는 기법 중의 하나인 스토리텔링 기법을 소개하고 한다.

제12장 스토리텔링

스토리텔링은 인류가 고대로부터 인류가 사용해온 방법으로 세대 간의 문화와 전통을 이어가는 중요한 방법 이었다. 고대의 추장, 족장, 치유사, 심령사, 역술인들이 스토리텔링의 주역이었다. 이들은 겉으로 나타난 자연 현상을 해석하고 그 의미를 쉽게 풀어 젊은 세대들에게 들려주었다. 이들은 일식, 월식, 천둥 번개, 계절의 변화, 꽃의 개화, 동물들의 행동 등이 자신과 부족들에게 어떤 의미를 지니는지를 오랫동안 관찰해온 경험에 비추어 해석하여 들려주었다. 많은 스토리텔링이 다음에 나타날 위험한 현상에 대비하기 위한 목적으로 활용되기도 했다. 핵가족화 도시화 등으로 지금은 많이 사라지고 있지만 우리나라의 할머니 할아버지들이 손자 손녀들에게 들려주던 옛날이야기도 스토리텔링의 전형이었다.

숲 해설은 어쩌면 숲과 관련된 주제의 현대판 스토리텔링이라고 할 수 있다. 숲 해설은 아래 그림과 같이 해설 주제나 보편적 주제에 대한 메시지를 청중들에게 전달하기 위해 해설자원에 대한 유 무형적 속성을 청중들에게 소개하는 과정이라고 할 수 있다. 해설자원1,2,3는 해설 주제를 소개하기 위한 보조 주제 또는 소주제라고 할 수 있다. 대 주제나 보편적 주제의 메시지로 청중을 이끌고 가기 위해 적절히 섞은 소주제들의 무형적 유형적 속성들 방편으로 으로 삼은 것이다.

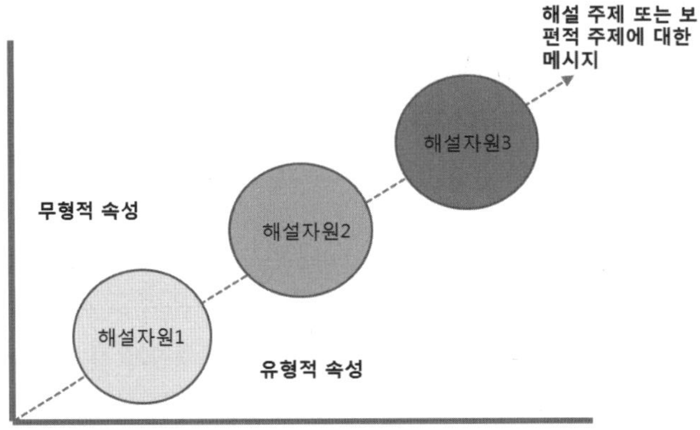

그림 1. 스토리텔링 기법(Brochu and Merriman, 2012).

소주제의 개수는 해설자 나름대로 결정할 수 있지만 한곳에서 10-20분의 해설시간 중 5개 이상의 소주제를 다루는 것은 청중들이 기억하기에 부담스럽기 때문에 3-4개정도로 제한하는 것이 좋다.

제13장 스토리텔링의 예: 세 가지 소나무

우리나라 산에서 쉽게 볼 수 있는 3가지 종류의 소나무를 대상으로 소나무가 지니는 의미를 주제로 한 해설을 위해 스토리텔링 기법을 응용 할 경우 해설가는 다음과 같은 정보를 중심으로 해설 계획을 세울 수 있을 것이다.

주제 : 소나무의 의미

메시지 : 우리나라 녹화조림 역사 소개 및 경제 발전과 숲과의 관계.

해설자원(3가지 소주제) : 소나무 (적송), 리기다소나무, 잣나무

소주제의 유형적 속성

소나무(적송) : 붉은 수피, 잎 2개씩 뭉쳐나기

리기다 소나무 : 맹아, 잎 3개씩 뭉쳐나기

잣나무 : 잎 5개씩 뭉쳐나기, 어린나무의 가지는 돌려나기

소주제의 무형적 가치와 의미

소나무(적송) : 요람에서 무덤까지 쓰인 생명의 나무, 민족의 상징, 문학예술작품 빈번히 등장

리기다 소나무 : 속성수, 녹화조림에 기여

잣나무 : 농가소득 및 경제발전에 이바지

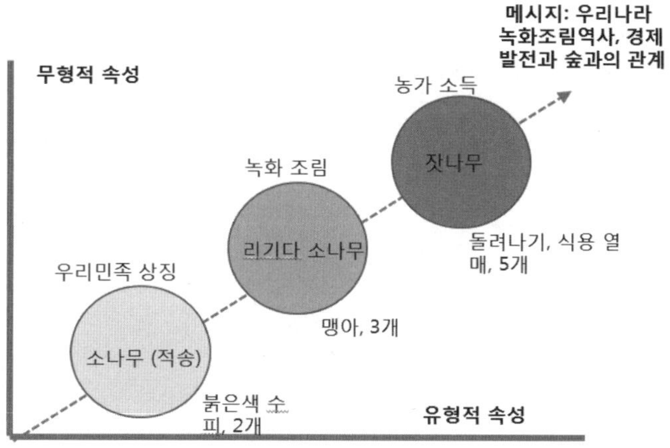

그림 2. 세 가지 소나무 해설의 스토리텔링 구성 (Brochu and Merriman, 2012).

제14장 맺는말

숲 해설은 숲에 대한 중요성, 아름다움, 숲이나 나무 속에 감추어진 의미와 가치를 찾아내어 청중들에게 전달하는 커뮤니케이션 과정이다. 숲 해설의 목적은 숲 해설을 들으러 온 청중들을 지적 감성적으로 감화시키고 자극을 주어 숲에 대한 관심을 좀 더 크게 불러일으켜 스스로 더 많은 지식탐구를 하고, 산림보전의 든든한 후원자로 만드는 것이라고 할 수 있다. 우리나라에서는 그동안 숲 해설이 그동안 정보나 사실 전달에 입각한 콘텐츠 위주의 해설이 주를 이루었다. 국민들의 의식 수준, 지적 수준이 크게

향상된 오늘날 좀 더 다양한 청중들에 질적인 숲 해설 서비스를 제공 할 필요가 있다. 따라서 기존의 콘텐츠 중심의 숲 해설에 더해 스토리텔링을 포함한 다양하고 세련된 커뮤니케이션 기법을 활용한 새로운 접근 방법을 적극적으로 시도해볼 필요가 있다.

참 고 문 헌

Maslow, A. 1987. Motivation and Personality. New York Harper and Row.

Tilden, Freeman. 1977. Interpreting Our Heritage, Chapel Hill: The University of North Carolina Press.

Brochu, L. and Merriman T. 2008. Personal Interpretation: Connecting Your Audience to Heritage Resources. NAI.

Brochu, L. and Merriman, T. 2012. Certified Interpretive Guide. Training Workbook. NAI.

국민대학교 평생교육원·(사)숲과 문화 연구회
숲해설 아카데미 전문과정

III

숲해설기법

교재교구활용법

양 경 모
(주)홀씨/대표

목차

제1장 산림환경교육이란?

『지구상에서 제일 복잡하면서도 가장 완벽한 생태계인 숲에 관한 객관적이고도 사실적인 지식들은 물론이고, 그 기능상의 상호 관계 등에 대해서도 잘 이해하실 수 있다면, 이 자연의 다양함과 오묘함 앞에서 그저 신기하구나하는 느낌만으로 끝나지 않고, 오히려 이와는 정반대로 여러분의 마음 속은 자연에 대한 감동과 생명에 대한 경외심으로 가득하게 될 것입니다』

– 펠릭스 파투리–

제1절 환경교육과 산림환경교육

산림환경교육은 환경교육이라는 큰 틀에서 숲을 대상으로 행해지는 교육이다. 그러나 숲은 자연생태계를 대표하는 대상이라고 할 수 있는 만큼 때때로 숲과 환경은 동의로 간주되기도 한다. 숲과 환경이 같은 의미로 사용된다고 할 경우 환경교육과 산림환경교육 또한 동의어로 사용할 수 있다.

그러면 산림환경교육이란 무엇을 말하는 것인가? 산림환경교육이라는 용어의 이해를 돕기 위해 먼저 환경교육에 대한 정의를 살펴보는 것이 도움이 될 수 있다. 환경교육(Environmental Education)이라는 용어 자체는 1947년에 간행된 폴과 퍼시발 굿맨(Paul and Percival Goodman)의 "공동체(Communitas)" 에서 비롯되며, 국제적으로 사용되기는 1948년 프랑스 파리에서 개최된 자연보존국제연맹(IUCN) 회의에서 토머스 프리차드((Thomas Pritchard)가 처음으로 언급하였다(Palmer, 1998).

환경교육에 대한 고전적인 정의는 자연보존국제연맹과 유네스코가 공동으로 개최한 1970년 "학교 교과과정에 있어서 환경교육에 대한 국제적인 실행회의"–미국 네바다 주 카슨 시–에서 다음과 같이 채택하였다.

환경교육은 인간과 그들의 문화 그리고 생물 물리적 배경 간의 상호관련성을 이해하고 평가하는데 필요한 기술(skill)과 태도를 발전시키기 위해서 가치와 개념을 명료하게 인식하는 과정이다. 또한 환경교육은 관련 있는 환경의 질적인 문제에 대한 행위 규약을 스스로 형성하고 의사결정을 하는 훈련을 수반 한다(IUCN, 1970).

이러한 환경교육의 정의는 '환경교육'을 '산림환경교육'으로 대체하여 사용한다고 해도 큰 무리가 없다고 할 수 있다. 다만 정의를 적용하는데 있어서 환경이라는 보다 큰 대상을 산림이라는 작은 대상으로 한정하는 스케일의 차이는 고려하여야 할 것이다. '환경교육'을 '산림환경교육'으로 대체시킨 정의에서 우리는 산림환경교육에서 다루어야 할 요소들을 몇 가지 고려해 볼 수 있다.

첫째, 산림환경교육은 숲과 사람과의 관계, 숲을 활용하여 이룩한 문화, 그리고 이들을 둘러싼 배경 환경 인자로서의 숲으로 구성되어 있다.

둘째, 산림환경교육을 구성하는 인자들은 각각 상호의존적인 것임과 동시에 각각 독립적인 대상으로 취급할 수 있다.

셋째, 산림환경교육은 구성인자의 특성 인식, 산림환경의 질적인 문제와 관련한 행위 및 의사결정을 위하여 필요한 관련 지식의 습득이 필요하다.

또한 산림환경교육은 교육을 시행하는 주체에 따라서 공식적인 학교 교육 과정에서 시행되는 것과 비공식적인 형식으로 이루어지는 것으로 구분할 수 있다. 우리나라의 공식적인 학교 교과과정에서 시행하는 산림환경 교육은 현재 교과과정 중의 '환경' 교과목에서 언급하는 정도이고, 비공식적인 형식으로 이루어지고 있는 것은 각급 단체에서 행하는 '산림환경해설' 혹은 '숲해설' 교육이다. 이 책에서는 '산림환경교육'을 학교 교육 외적으로 실행하고 있는 비공식적 형식의 '숲해설' 교육을 중심으로 기술하고자 하며, 사용하는 용어도 '산림환경교육'보다는 '숲해설 교육', '숲해설'을 사용하고자 한다.

제2절 산림환경교육=숲해설 교육

숲해설 교육은 숲 현장에서 숲과 관련된 과학, 지리, 역사, 인문학 등 관련 분야의 전문 용어를 일반인들이 쉽게 이해할 수 있는 용어와 아이디어로 바꿔 주고, 숲을 구성하고 개개의 인자 및 개개의 인자 상호작용으로 형성되는 숲 환경 그 자체와 숲과 사람과의 관계에서 비롯한 문화와 지식을 고취하고 흥미와 즐거움을 갖도록 가르치는 일이다(아래 표 참조).

표 1. 햄(Ham, 1992)의 교육 참여 동기의 차이

정규교육	비정규교육
등급화(학년)	흥미
학위증	즐거움
인증	오락(기분전환)
자격증	자신의 질적 고양
직업/고용	자기 수양
금전	보다 나은 생활
성취감	시간보내기(단순히 해 보는 것에 한정)
성공	자기만족*, 자아확립**

동시에 숲해설 교육은 숲 환경에 대한 인식의 제고를 통하여 숲의 아름다움, 숲 환경의 질적 제고, 숲 환경의 유지를 도모하고 환경의 질적 저하와 훼손을 예방하는 효과도 추구한다.

따라서 숲해설교육은 숲환경에 대한 교육, 숲환경을 위한 교육, 숲환경에서 이루어지는 교육을 추구하는 교육이라 할 수 있다.

제3절 산림환경교육가= 숲해설가

숲해설가는 산림환경교육을 담당하는 사람으로 그 역할은 크게 세 가지로 구분한다.

첫째, 숲해설가는 숲해설에 참여한 사람들에게 정보를 제공하는 도우미이다. 숲해설가는 참가자에게 숲, 숲과 인간의 교섭으로 이루어 낸 문화 등에 대한 지식과 필요한 정보를 제공하고, 참가자와의 커뮤니케이션을 통한 아이디어 교환, 참가자의 숲 환경에 대한 인식 제고를 통한 숲에 대한 경험의 질을 높이게 한다.

둘째, 숲해설가는 숲을 대상으로 활용하는 관계로 숲 자원에 미치는 이용영향을 최소화시키는 관리자이어야 한다.

셋째, 숲해설가는 참여한 사람들에게 숲과 관련된 기관의 업무에 대한 이해를 높일 수 있는 일종의 홍보 전략을 수행하여야 한다.

제2장 숲해설의 전개와 발전

제1절 숲해설의 전개의 배경

산림환경교육이라는 의미를 담고 있는 숲해설(Interprets)이라는 용어는 미국인 존 뮤어(John Muir, 1838-1914)가 처음 사용하였다. 뮤어는 미국 중서부의 록키산맥지대에서 남쪽으로 멕시코 만까지, 북쪽으로는 알래스카에 이르기까지 걷고, 여행하면서 산과 나무와 숲, 호수와 지질, 지형, 빙하 등에 관련한 글을 써서 발표하여 일반인들에게 자연의 경이로움, 아름다움에 대하여 눈을 뜨게 하였다. 또 미국 캘리포니아 동쪽 가장자리지역에서 남북으로 400여 킬로미터에 걸쳐 발달하고 있는 시에라네바다 산맥

지역에서 생활하면서, 산림보호정책의 시행을 역설하고 글을 써서 발표하여 미국의 국립공원 지정을 확대하는데 기여하였다. 이 지역은 현재 미국 서부의 유명한 국립공원인 요세미티 국립공원, 킹스캐니언 국립공원, 세코이어 국립공원 등이 위치하고 있는 곳이다. 특히, 그는 미국 전역에 지부를 두고 있고 일반인들에게 자연환경에 관한 교육을 하는 최대의 민간 자연보호 단체인 시에라 클럽(,Sierra Club)의 결성에 다대한 기여를 했으며, 초대회장(1892-1914)으로 활동하기도 하였다.

오늘날의 숲해설 활동과 유사한 활동을 시작한 사람으로는 미국인 에노스 밀즈(Enos Mills, 1870-1922)를 들 수 있다. 그는 록키마운틴 국립공원의 입구 도시인 콜로라도 주 에스테스 공원에서 1899년부터 1922년 죽을 때까지 자연안내인(Nature Guide)으로 활동하였다. 그는 록키마운틴으로의 산행을 안내하며 동식물, 지형, 지질에 관한 설명을 곁들여 산행을 하는 사람들에게 자연스럽게 자연환경에 관한 관심을 유도하였다. 밀즈는 35년 동안 활동하면서 "당신의 국립공원들(Your National Parks, 1917)을 비롯한 15권의 자연 관련 책자를 저술하였고,'탐방로 학교(Trail School)'를 설립하여 많은 해설가들을 배출하였다.

제2절 숲해설의 발전

숲해설의 발전은 미국의 산림청이 1916년에 해설프로그램을 도입하여 산림업무의 하나로 취급하면서 제도적으로 인정되고, 본격화하기 시작하였다. 아울러 같은 해 미국 국립공원청도 자연환경해설을 공원관리 업무의 하나로 도입하면서 본격적인 발전 과정을 걷게 되었다. 또 미국의 국립공원에서 국립공원청과 상호보완적으로 밀접한 관계를 유지하고 있는 민간단체인 미국 국립공원협회도 1919년부터 자연환경해설을 주요 업무의 하나로 도입하면서, 국립공원의 동식물 자원, 지형, 지질자원, 원주민인 인디언 문화에 대한 해설 책자 등을 발간하여 국립공원에 대한 일반의 이해를 높이고 국립공원 자원에 대한 관심을 유도하고 있다.

숲해설, 자연환경해설 혹은 해설 활동은 국립공원 관련 기사를 전문적으로 쓰던 신문기자 틸든(Freeman Tilden, 1883-1980)이 1957년에 "우리 유산의 해설"을 발간하면서 하나의 전기를 맡게 된다. 틸든의 저서는 해설을 하나의 체계적으로 정리하여 하나의 학문분야로 성장하게 하는 계기가 되었고, 오늘날까지 해설분야에 종사하는 사람들의 필독서가 되고 있다. 이후 해설분야는 학술단체가 조직되고, 학술지가 발간되는 등 학문분야로 발전을 거듭하며 많은 저서들이 발간되고 있으며, 1982년에 샤프(Sharp, G.)가 편찬한 "환경해설하기(Interpreting the Environment, Wiley)", 1992년에는 레이니어 등(Regnier, K. et al.)에 의한 해설가를 위한 핸드북 시리즈와 햄(Ham, S.)이 저술한 "환경해설(Environmental Interpretation, North American Press)" 등이 발간되어 보편적인 교재로 활용되게 되었다.

우리나라에서는 1992년에 결성된 '숲과문화연구회'가 "숲과문화"를 발간하고, '아름다운 숲탐방'을 정기적으로 시행하면서 본격적으로 도입되었다. 특히 '아름다운숲탐방'은 1992년 3월 1일 원주시 신림면 소재 천연기념물인 "성황림"과 원주 치악산 구룡사 입구의 "황장금표"를 방문하여 그 경관가치, 자원가치, 문화적 의미, 역사적 의미를 설명하면서 산림문화라는 새로운 분야에의 길을 열게 되었다. 이어서 1993년에는 임경빈 교수(서울대)가 "우리 숲의 문화(재단법인 광림공사, 비매품)", 1994년에는 김장수 교수(고려대)가 주관한 "숲, 사람과 문화(탐구당)"가 발간되어 산림문화에 대한 학문적 조명이 시도되었다.

이어서 1996년에는 산음자연휴양림내에 숲과문화연구회가 개발한 숲해설코스가 시험적으로 운용되고, 산림청 주관으로 자연휴양림과 숲해설에 관한 워크숍이 개최되어 박봉우 교수(강원대), 이주희 교수(대구대) 등이 특강을 담당하였다. 또 1996년에는 1년 후에 '한국산림휴양학회'로 발전한 '한국산림휴양연구회'가 발족하여 박봉우 교수가 초대 회장(1996-2001)에 선임되었다. 1977년에는 숲해설에 관한 사업들이 본격적으로 추진되어 삼봉자연휴양림(박봉우, 1997)을 비롯한 몇몇 자연 휴양림에 숲해설코스의 개발이 진행되었고, 1978년에는 국립공원과 관련하여 박봉우 등이 "북한산 국립공원 자연 해설프로그램"(국립공원협회)을 개발하였다.

1998년에는 국가적으로 어려운 시련이었던 IMF를 벗어나기 위한 일자리 창출 사업의 하나로 국민대 사회교육원에서 전영우 교수를 중심으로 '자연환경안내자 양성과정' 강좌를 실시하여 숲해설에 대한 체계적인 교육이 시도되었고, 수료자들을 중심으로 우리나라 최초의 '숲해설가협회'가 2000년에 결성되었다.

한편, 숲해설가 양성을 위한 교재 개발도 진행되어, '숲체험프로그램(1999)', '숲과 자연환경 해설안내(2001)', '숲해설아카데미(2005)', '자연환경해설개론(2005)'이 발간되어 전국 각지의 교육기관에서 활용되고 있고, 산림문화와 관련된 저술도 '산림문화론(1997)', '숲과 문화(2005)' 등이 발간되어 숲해설 분야의 교육자료를 풍성하게 해 주고 있다.

제3장 교재 · 교구 활용한 숲해설과 감각 되살리기

제1절 교재 · 교구의 의미 활용 방안

교재·교구(teaching tools)는 교육의 목표를 효과적으로 달성하기 위하여 선택된 언어적 또는 비언어적 도구이다. 자연물로 만들어 졌거나 생태 학습에 도움을 주는 자연체험교구를 적절하게 활용하면 참가자들은 훨씬 깊게 자연에 몰입할 수 있게 된다. 숲에서는 만들어진 교구뿐 아니라 오감을 통하여 보고 느낄 수 있는 모든 자연물들이 교재. 교구로 활용될 수 있다. 숲 바닥에 뒹구는 나뭇가지와 나무 열매들, 벌레 먹어 구멍이 난 나뭇잎 따위는 그대로 효과적인 교구로 사용 된다. 자연과 만남 뒤의 나눔과 정리 활동은 자연에서 얻은 느낌을 각자 해석하는 과정으로 참 중요한 시간이다. 이럴 경우에도 교재. 교구는 유용하다.

제2절 교구 · 교구를 활용한 오감체험활동

감각기관은 인간이 세상에 태어나 처음으로 외부 세계를 경험하는 도구이다. 모든 감각기관은 인간의 삶을 인도하는 참된 스승이라고 한다. 따라서 우리의 감각기관은 어떻게 작용하는가? 우리는 감각기관을 통해 어떠한 경험을 하는가? 우리의 감각기관이 지각하는 세계는 실체와 얼마나 유사한가? 정상인이라면 너무도 당연하게 여겨 생각도 하지 않았던 자신의 감각기관에 대한 근본적인 질문을 던져볼 필요가 있다. 우리 몸의 특정한 감각만을 사용하거나 또는 특정한 감각을 제한한 채 자연체험교구를 활용한 다양한 놀이 활동을 통해 생태계의 다양함을 이해하고 몸의 감수성, 자연의 감수성을 되살려 보자.

1. 시각과 교구의 활용

우리는 항상 무엇인가를 보고 살아간다. 우리의 눈은 항상 깨어있는 감각기관으로서, 아무리 어두운 공간이라도 할지라도 항상 무엇인가를 지각하고 있다. 인체의 감각수용기의 70퍼센트는 눈에 모여 있으므로, 우리는 세계를 봄으로써 그것을 평가하고 이해한다. 세계는 눈을 통해 들어올 때 가장 풍부한 정보와 가장 즐거운 느낌을 제공한다. 동물에 비하여 인간은 몸이 균형을 잡기 위해서 눈의 도움을 절대적으로 필요로 하는 존재이다. 시각은 모든 감각기관을 포괄하는 성격을 지니며 다른 감각기관의 작용과 함께 관여한다. 자연과 동화하려는 이러한 인간의 노력에 가장 부합하는 감각기관은 시각이다. 왜냐하면 시각이 작용하기 위해서는 자연의 도움이 절대적으로 필요하기 때문이다. 시각을 통해서 만물은 비로서 크기와 넓이와 부피에 있어서 실체를 드러낸다. 인간은 사고를 하는 존재이며, 이러한 사고는 특히 눈을 통하여 이루어진다. 시각은 한편으로는 인간의 감정을 표출하는 통로이면서, 또 다른 한편으로 사고와 함께 작용함으로써 과학적 도구의 역할을 하는 것이다. 시각은 영혼이 표현되는 장소이다. 예를 들어 명랑한 느낌을 주는 색이라든가 우울한 느낌 혹은 차분한 느낌의 색으로 칠해진 공간이라는 표현에서 보듯이 색상은 인간의 영혼을 자극하는 힘을 가지고 있다. 대부분의 사람들은 150개에서 200개의 색상을 구분할 수 있다. 많은 동물들이 색을 구별할 줄 알지만 그들이 보는 색은 저마다 다르다. 올빼미는 완전 색맹(간상세포만 있으므로)이며, 개미는 빨강을 전혀 보지 못한다. 벌은 자외선을 볼 수 있으며, 나방, 새, 박쥐는 붉은 꽃에 사족을 못쓴다.

1) 생물놀이카드

(1) 같은 생물의 그림이 그려진 두 장씩 그려진 카드 세트

카드종류 : 야생동물흔적카드, 곤충과 유충카드. 나뭇잎과 열매카드. 새와 둥지 카드

◇ 참가자들의 지적 수준 또는 생태계에 대한 지식의 수준에 따라

(가) 유치원 수준

① 똑 같은 생물 찾기

☞ **활동방법**

- 한 가지 종류의 카드를 선택한다(나뭇잎과 열매 카드 선택시)
- 참가자수에 맞추어 카드를 뽑아낸다.
  (예를 들어 참가자가 20명이면 10조의 카드만 선택)
- 참가자 1명당 1장의 카드를 나누어 준다.
- 참가자들은 카드를 손에 들거나 목에 걸고 같은 모양의 생물을 가진 사람을 찾아 함께 손을 잡고 선다.

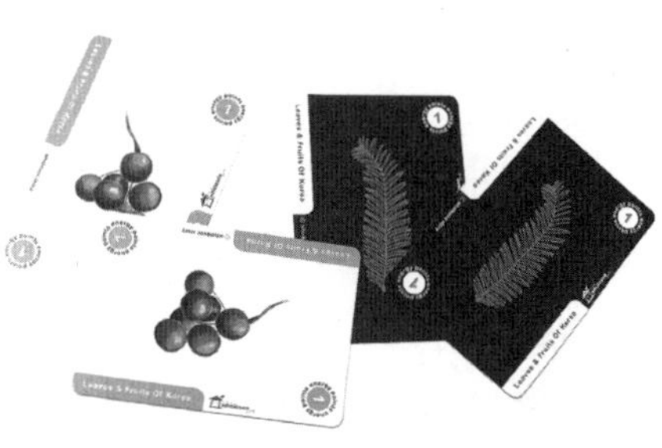

그림 1. 여러 가지 식물이나 식물의 조직에 관한 카드

- 진행자는 카드에 있는 생물에 대해 참가자의 수준에 맞게 설명을 해준다.

② 친구 찾기

☞ **활동방법**

- 참가자수에 맞추어 곤충. 새. 동물. 식물 카드를 골고루 뽑아 섞는다.
  (참가자가 20명이라면 곤충 5종, 새 5종, 동물 5종, 식물 5종 선택)
- 참가자 1명당 1장의 카드를 나누어 준다.
- 참가자들은 카드를 손에 들거나 목에 걸고 같은 종류의 생물을 가진 사람을 찾아 함께 모인다. 곤충은 곤충끼리, 동물은 동물끼리,
- 진행자는 다리의 수, 날개. 깃털. 사는 곳 등 곤충, 새. 동물과 식물의 특징과 차이를 얘기해 준다.

(나) 초등학교 이상

① 짝을 찾아라! (메모리게임)

카드의 위치를 잘 기억해서 같은 모습의 그림을 찾는 게임

☞ **활동방법**

- 나뭇잎과 열매카드를 분리해서 한 종류의 카드를 선택한다.
- 뒤집어서 배열한다. (예 4줄 x 6칸)
- 가위바위보 혹은 간단한 게임으로 순서를 정한다.
- 이긴 사람부터 카드 두 장을 천천히 순서대로 뒤집어 짝이 되는 카드인지를 확인한다. 이때 다른 친구들에게도 카드를 보여줘야 한다.
- 같은 모양의 카드일 경우 가져가고 한 번 더 할 수 있다.
- 짝이 되는 카드를 찾지 못하면 먼저 뒤집었던 카드들을 모두 제자리에 놓고 다음 사람이 진행
- 카드를 많이 찾은 사람이 이긴다.

② 난 어디에 있을까?

카드에 그려진 그림의 열매와 잎을 실제 숲에서 찾아봄으로써 자연과 더욱 친밀해지고, 관찰력 증진에도 큰 효과가 있는 놀이

☞ **활동방법** : 숲속에서 놀이를 할 때 사용한다.

- 참가자 인원에 맞게 카드를 한 장씩 나눠준다.
  이왕이면 미리 답사를 하여 찾을 수 있는 것들을 미리 선정해 놓으면 좋다.
- 자신의 카드에 있는 열매 혹은 잎과 똑같이 생긴 것을 숲에서 직접 찾아본다.
- 모두 찾아오면 진행자는 열매 모둠과 잎 모둠을 나눈다.
- 카드를 보여주지 않은 상태에서 자신이 찾아온 열매의 특징을 잎을 찾아온 참가자에게 설명한다. 반대로 잎을 찾아온 참가자가 열매를 찾아온 참가자에게 설명해도 된다.
- 설명하고 있는 열매의 특징이 내가 갖고 있는 잎과 같은 식물이라고 생각되면 설명하는 참가자

옆에 선다.

- 모두 짝을 찾았다면 진행자의 '하나 둘 셋'의 신호에 맞춰 갖고 있던 열매와 잎을 펼쳐서 보여준다.
- 짝이 맞지 않은 참가자들끼리 다시 해본다.

☀ 이렇게 하면 더 재미있어요.

- 인원이 24명 이하일 경우 열매카드로만 진행한다.
  열매카드 안에는 같은 카드가 2장씩 있으므로 같은 열매를 찾아온 사람끼리 짝짓기 게임을 하면 된다.
- 카드놀이를 하기 전 사전 교육을 하면 특징 설명을 더 다양하게 할 수 있다.
- 자신이 찾아온 열매를 관찰하고 그려보게 하면 특징 파악을 더 심도 있게 할 수 있다.

2) 숲생태계 놀이카드

숲생태계는 다양한 생물종이 어울려 공동체를 이루며 살 때 건강하다. 이 카드놀이는 숲생태계에 관심을 갖고 숲 속 생물을 관찰하여 다양한 생물이 공존하는 건강한 숲을 만드는 에코리더가 되는 게임이다.

그림 2. 숲생태 카드의 예

☞ 대상 : 초등학교 고학년 이상

☞ 활동방법

- 카드의 모양과 개수를 확인하고, 점수를 기록할 종이를 준비한다.
- 플레이어 중 한 명을 딜러로 정하고 딜러는 카드를 다음과 같이 준비한다
- 숲생태계카드는 플레이어 한 명당 한 종류의 카드를 사용한다. 8명보다 적은 플레이어가 게임을 할 경우 적은 인원의 수만큼 카드의 종류를 제거하고 게임이 끝날 때까지 사용하지 않는다.
  (예: 3명의 플레이어가 게임에 참여할 경우, 1차소비자, 2차소비자와 같이 숲생태계의 위치가 다

른 종의 카드를 게임에 활용)

- 딜러는 준비한 카드들을 잘 섞고 각 플레이어에게 9장씩 카드의 내용이 보이지 않게 나누어준다. 딜러가 카드를 모두 나누어 주기 전까지 플레이어들은 자신이 받은 카드를 볼 수 없다.
- 딜러가 카드를 모두 나눠준 후, 플레이어는 자신이 받은 카드들을 들고 종류별로 카드를 분류한다.
- 모든 플레이어가 자기 손에 들고 있는 카드를 분류하였으면, 딜러가 "시작" 이라고 선언하면 라운드가 시작한다.

☞ 게임 진행과 마무리

딜러가 "시작"이라고 선언하면, 서로 카드교환을 시작한다. 손에 있는 카드 중 같은 종류로 1장에서 4장까지를 이용하여 카드교환이 진행됩니다. 모으고자하는 생물종이 아닌 다른 생물종 카드를 이용하여 카드를 교환한다. 교환하고자 하는 카드를 앞면이 보이지 않게 들고 카드의 장수에 따라 "1장~ 1장!", "2장~ 2장!", 등을 외친다. 여러 장의 카드를 교환할 때에는 반드시 같은 종류여야 한다. (예: 떡갈나무 3장을 들고, "3장!"이라고 외친다.) 플레이어는 반드시 같은 장수를 부르는 다른 플레이어와 카드를 교환할 수 있다. 또한 카드교환은 순서가 없이 모든 플레이어가 동시에 자신이 교환하려는 카드의 장수를 제시하고 서로 조건이 맞는 사람끼리 카드를 교환한다.

한 플레이어가 같은 생물카드 9장을 모을 때까지 계속해서 카드 교환이 이루어진다. 다른 플레이어보다 먼저 같은 생물카드 9장을 모은 플레이어는, "eco!"라고 외치면서 박수를 친다. 동시에 여러 플레이어가 같은 생물카드를 9장 모았을 경우 먼저 박수를 친 사람이 에코점수 획득에 성공한다. (예: 나비카드 9장을 모은 플레이어가 박수를 친 후 "eco!"라고 외친다.) 그 플레이어는 자신이 지킨 생물카드에 표시된 숫자만큼의 점수를 받고 이를 종이에 기록한다. (예: 플레이어가 수리부엉이를 9장을 모으면 수리부엉이를 보호하는데 성공한 것이다. 플레이어는 카드에 표시된 숫자 90점만큼의 에코점수를 받는다.)

3) 자연의 모양카드, 색깔카드 놀이

자연 속에 존재하는 수많은 모양이나 색깔을 찾아보면서 관찰력과 집중력을 높여 보는 놀이

☞ 활동방법

자연은 원형, 타원형, 마름모, 별모양, 나선 등 수많은 모양과 온갖 색깔로 이루어져 있다. 모듬별로 모양, 색깔카드를 나누어주고 자연에서 찾아서 카드에 기입을 하거나 채집을 해서 비교해 본다.

☀ 이렇게 하면 더 재미있어요.

이 놀이는 실내에서도 할 수가 있다. 참가자들에게 식물도감, 곤충도감, 새도감등을 나누어주고 찾아

보게 한다. 야외에서 다수가 놀이를 위해 채집활동을 할 경우나 또는 도심공원 같은 곳에서는 자연 훼손을 줄이기 위해 디카(카메라폰)로 찍어서 비교해보는 방법도 있다.

그림 3. 자연의 모양 색깔 카드(사례)

2. 청각과 교구의 활용

자유로운 청각의 기능을 통해 사람은 드러난 현상만을 지각할 수 있는 시각에 비해 사물의 본질에 훨씬 더 가깝게 근접할 수 있다. 청각을 통하여 인간은 서로의 소리를 들으며 관계를 형성해 나가게 된다. 한창 젊을 때, 인간의 귀는 초당 16헤르츠에서 2만 헤르츠의 주파수, 거의 10옥타브를 들을 수 있다. 귀가 들리지 않는 사람은 땅 속에 묻힌 뿌리처럼, 세상의 일상적 교류에서 차단된다. 소리는 삶에 대한 이해를 두텁게 하고, 우리는 소리에 기대 주변의 세계를 해석하며, 세계와 소통하고, 자신을 표현한다. 귀는 공간 감각과도 관련된다.

그림 4. 자연의 소리를 알 수 있게 만든 교구

1) 누구의 소리일까?

동물, 천둥소리, 시냇물 소리 같은 자연의 소리 교구를 활용하여 생태적 감수성을 일깨우고 자연생태의 이해를 돕는다.

☞ **준비물** : 청둥오리, 귀뚜라미, 다람쥐, 부엉이, 딱따구리, 천둥소리, 레인스틱 등

☞ **활동방법**

- 참가자를 뒤로 돌게 하거나 눈을 가린다.
- 진행자는 소리 교구 중 한 가지를 선택해서 소리를 낸다.
- 참가자는 교구를 보지 않고 소리만 듣는다.

- 소리를 듣고 나서 주어진 카드의 그림을 보고 정답이라고 생각되는 것을 찾는다.
- 카드를 맞게 찾았을 경우 그 카드를 가져갈 수 있다.

2) 소리동화 구연

☞ **활동방법** : 소리동화를 보고 참가자들이 한편의 동화를 구연하여 완성하기

- 진행자는 소리교구의 사용법을 각각 시연한다.
- 참가자들의 인원에 맞게 소리교구를 나눠준다. (1인이 1개의 교구)
- 미리 준비된 소리동화를 진행자가 읽으면 참가자들은 동화내용에 맞춰 소리교구를 연주한다.
- 모두 마쳤다면 교구를 바꿔서 해본다.

3) 소리 교구통으로 할 수 있는 놀이

열매, 새의 깃털, 나뭇가지, 이끼, 마른 버섯 등 다양한 자연물과 〈소리교구통〉으로 청각을 통한 변별력과 상상력을 함께 키울 수 있다.

그림 5. 교구통 활용 개념도

(1) 같은 소리가 나는 자연물 찾기

☞ 진행방법1

- 소리통에 자연물을 두 가지씩 준비하여 넣어둔다.
- 자연물들을 넣어둔 소리통을 참가자들에게 하나씩 나누어 준다.
- 참가자들끼리 자연스럽게 서로 흔들어 보며 자기 소리와 같은 소리를 찾아 짝을 짓는다.
- 한 조씩 통을 열어 내용물을 확인하고 다른 참가들에게 내용물에 대해 얘기를 한다.

☞ 진행방법2

- 참가자수에 맞게 소리통을 준비한다(갯수는 조절 가능하다)
- 각 소리통에 각각 다른 자연물을 하나씩 넣고, 한 가지만 두 개를 준비한다.
- 한명씩 통을 흔들어보고, 같은 소리가 나는 것을 찾아본다.
- 짝을 찾았으면 참가자들이 함께 무엇이 들었는지 추론을 해본다
- 통을 열고 확인을 하고, 다른 통도 열어 내용물을 확인해 본다.

☞ 진행방법2 : 카드와 소리 짝 찾기

- 소리통에 담겨진 자연물이나 사물의 카드를 10개 내외 준비한다

- 순서대로 소리통을 흔들어 소리를 듣고 그 소리에 해당하는 카드를 찾아서 늘어 놓는다.
- 소리통 안의 사물과 카드가 알맞게 짝을 이룰 때까지 놀이를 반복한다.
- 소리통의 소리와 사물 카드의 짝을 완전히 익힌 후에는 카드를 뒤집어 놓고 그 카드에 맞는 소리통을 알맞게 울리면 카드를 갖는 놀이도 할 수 있다.
  (자연물이나 사물 카드는 글씨를 익힌 참가자일 경우 글씨카드도 가능)

(2) 소리 그리기

☞ 진행방법

- 소리통에 소리의 높이와 크기가 서로 다른 자연물을 소리통에 담아 놓는다.
- 순서에 따라서 소리를 들려주고 연상되는 자연물이나 사물의 모양을 간단하게 그리거나 색깔로 나타낼 수 있도록 한다.
- 활동 후 소리로 그린 그림을 다함께 보면서 이야기 나눈 후 소리통 속의 사물을 확인한다.

3. 촉각과 교구의 활용

촉각은 가장 오래된, 필수불가결한 감각이다. 태아에게 가장 먼저 발달하는 감각은 촉각으로, 신생아는 눈을 뜨거나 세상에 대해 알기 전에 자동적으로 촉각을 통해 느낀다. 우리는 태어나면 보거나 말할 수는 없어도 본능적으로 신체 접촉을 시도한다. 모든 동물은 만지고, 쓰다듬고, 찌르는 것에 반응한다. 어떤 경우에도 생명 그 자체는 신체 접촉, 즉 서로를 접촉하고 관계를 맺게 해주는 화학물질 없이는 진화할 수 없다. 촉각은 시각과 더불어 우리가 삼차원의 세계에 살고 있다는 것을 가르쳐준다. 우리가 물체를 만지게 되면 무엇인가 존재한다는 느낌과 함께 우리 몸의 일부분을 의식하게 된다. 외부 세계의 어느 한 부분으로 인해 나 자신의 한 부분을 의식하게 되는 것이다. 우리는 촉각으로 우리의 신체를 의식하게 된다. 촉각은 우리의 안전을 지키는 역할을 한다. 촉각은 객관적인 사물을 감지하는 기능과 함께 우리들의 내면적인 친밀함을 표시하는 주관적인 기능도 수행한다.

1) 같은 자연물 찾기

☞ 활동방법

- 진행자는 자연물을 한 종류 당 2~3개씩 미리 준비하여 주머니에 넣어둔다.
- 참가자들을 손을 뒤로 한 채 둥그렇게 마주 보며 서게 한다.
- 진행자는 다른 사람이 보지 못하게 참가자들의 손안에 준비한 자연물을 넣어주고 두 손으로 감싸게 한다.

- 참가자들은 가지고 있는 자연물을 서로 교환해가며 손의 촉감만으로 짝을 찾아선다.
- 짝을 다 찾으면 다시 둥그렇게 둘러서서 자신들이 가지고 있는 자연물에 대해 아는 대로 설명을 한다.
- 진행자가 보충 설명을 하며 마무리 한다.

2) 자연물 알아맞히기

☞ 활동방법

- 숲에서 참가자들 둥그렇게 둘러앉게 하고 눈을 감게 한다.
- 진행자는 체험활동을 하고 있는 근처의 숲에서 다양한 자연물을 미리 준비한다.
- 진행자는 자연물을 한 개씩 꺼내 한 명의 손에 쥐어 주고 촉감으로 느껴본 후에 옆사람의 손에 건너 주게 한다.
- 진행자는 돌아가고 있는 자연물의 마지막 참가자의 손에서 회수하여 보이지 않게 보자기에 쌓아 둔다.
- 준비한 자연물에 대한 촉감체험이 모두 끝나면 참가자들의 눈을 뜨게 하고 어떤 것들이었는지 얘기를 나누어 본다.
- 보자기를 펴서 참가자들과 함께 확인을 한다.

Tip) 진행자는 숲생태계를 설명할 수 있고 다양한 촉감체험을 할 수 있게 자연물을 준비한다.
예) 죽은 나뭇가지. 이끼. 버섯, 다람쥐가 먹고 버린 솔방울. 나무껍질. 고사리. 나무열매. 넓은 잎나뭇잎. 바늘잎나뭇잎. 양치식물 등

4. 후각과 교구의 활용

냄새는 모든 감각 가운데 가장 직접적이다. 냄새의 효과는 즉각적이며, 언어나 사고에 의해 희석되지 않는다. 냄새를 맡는다는 것은 코로 숨을 들어 마시고 외부세계의 무엇인가를 우리의 몸 안으로 받아들인다는 것을 의미한다. 후각은 자극에 직접 노출되며, 경우에 따라서는 엄청나게 강한 자극에 기습적으로 압도당할 수 있는 기관이다. 인간의 생명과 직결되는 호흡과 연관되어있는 기관으로 자극에 직접 노출되어 거부할 수 없는 강제성을 띠는 것이 후각의 가장 기본적인 특징이다. 후각은 쉽게 마비되는 성격이 있어서 지속적인 자극에 노출되더라도 시간이 흐르면 더 이상 냄새를 의식하지 못한다. 인간의 도덕적인 행위나 의식의 근원은 후각에서 그 뿌리를 찾아 볼 수 있다. 예를 들어 정치적으로 부도덕한 상황이나 비리에 연루된 사건에서 우리는 보통 썩은 냄새가 난다고 표현한다. 후각을 통해서 인간은 지

구상에 존재하는 물질의 가치를 판단한다.

냄새에 관한 기억은 아주 오래가고, 게다가 냄새는 학습과 저장을 격려한다. "아이들에게 어떤 문장을 후각 정보와 함께 주었을 때 후각정보를 주지 않았을 때보다 훨씬 더 쉽게 기억하고 오래간다"-모리스. 후각은 동물의 감각 중에서 가장 중요한 것으로 먹이사냥을 할 때, 자신을 표시할 때, 자기의 영토나 짝을 인식할 때, 또는 새끼를 인지할 때 가장 결정적인 영향을 준다.

1) 향기주머니로 할 수 있는 놀이

(1) 나의 향기를 찾아줘 향기를 맡고 향기와 물체를 짝짓는 놀이

☞ 활동방법

- 향기주머니와 향기주머니 속 사물의 그림(사진)카드를 짝지어 준비한다.
- 먼저 참여자 각자 그림카드를 한 장씩 뽑게 한다.
- 그림카드에 대하여 이야기를 나눈 후 그림카드에 해당하는 향기를 찾는다.
- 향기와 그림카드의 사물을 다 맞게 찾으면 된다.

그림 6. 나무칩이 들어있는 향기주머니

(2) 나는야, 향기 탐험가

☞ 활동방법1

- 향기 주머니를 진행방향에 따라 적정한 거리를 두고 여섯 가지(참여자의 수준에 따라서 조정)를 설치한다.
- 한 팀씩 돌아가면서 진행방향으로 움직이며 향기주머니의 냄새를 맡는다.
  (주의사항: 참여자들한테 소리와 손은 덜 사용하도록 미리 의견을 모아둔다.)
- 진행방향의 순서에 맞게 향기를 맞추는 팀이 이기는 게임이다.

☞ 활동방법2

- 향기주머니를 진행방향에 따라 적절하게 배치하고 되도록 눈에 뜨지 않게 한다.
- 참여자가 자신이 탐험하면서 찾는 향기를 한 가지씩 정하도록 한다.
- 참여자는 나침반과 간단한 생태지도를 가지고 진행방향을 돌면서 자신의 향기를 찾아 지도로 나타낸다.
- 참여자들이 그린 향기지도를 모아서 전체 향기지도를 완성한 후 함께 향기탐험을 하면서 향기주머니를 찾아온다.

2) 숲에서 향기 식물 찾기

숲에는 향기가 가득하다. 전나무나 소나무 숲의 상쾌한 향기, 아까시나무나 수수꽃다리 꽃의 방향성 냄새, 밤나무와 산사나무 꽃의 독특한 향기.. 꽃만 향기를 내뿜는 것은 아니다. 산초나무, 생강나무, 누리장나무의 잎도 따서 비벼보면 각기 독특한 냄새를 맡을 수 있다. 긴병꽃풀, 익모초, 배초향, 누린내풀 등 초본류 잎도 강한 향기가 강하다.

☞ 활동방법

- 진행자는 현장을 미리 답사하여 향기가 강한 식물(꽃 또는 잎)을 채취하여 향기 주머니에 담는다.
- 참가자들을 한 줄로 서게 해서 향기를 맡게 한 후 같은 향기가 나는 식물을 찾도록 한 명씩 출발 시킨다.
- 약정한 시간이 지나면 함께 모여 식물의 향기를 확인한다.

Tip) 식물의 꽃보다는 잎으로, 또 향기를 확인하기 위해 채취를 할 때 식물의 피해를 적게 주기 위해 목본식물보다는 초본식물로 하는 것이 좋다.

참 고 문 헌

김장수 등. 1994. 숲사람과 문화. 탐구당.

박봉우, 이주희, 김범수, 이원희, 배현미 공역. 2001. 숲과 자연환경 해설안내. 수문출판사.

박봉우, 변우혁 외. 1998. 북한산 국립공원 환경해설프로그램 개발. 한국국립공원협회.

생명의 숲 숲해설. 교재편찬팀. 2005. 숲 해설아카데미. 현암사.

임경빈. 1993. 우리 숲의 문화. (재)광림공사(비매품).

전영우. 1997. 산림문화론. 국민대출판부.

전영우, 김상윤, 류창희, 박봉우. 1999. 숲체험프로그램. 수문출판사.

전영우. 숲 - 보기, 읽기, 담기 2003 현암사.

전영우. 2005. 숲과 문화. 북스힐.

조셉. B. 코넬. 장상욱역 아이들과 함께 하는 자연체험 2003 우리교육.

조계중. 2005. 자연환경해설개론. 수문출판사.

알베르트 수스만. 영혼을 깨우는 12감각 2007 섬돌.

다이앤 애커먼. 감각의 박물관 2007 작가정신.

황경택. 주제별생태놀이 2009 황소걸음.

Brochu, L. and Tim Merriman. 2002. Personal Interpretation. InterpPress.

Cornell, J. 1998. Sharing Nature with Children. Dawn.

Ham, S. 1992. Environmental Interpretation. North American Press.

IUCN. 1970. International Working Meeting on Environmental Education in the School Curriculum, Final Report. IUCN; J. Palmer(1988)에서 재인용.

Lewis, W. 1980. Interpreting for Park Visitor. Eastern Acorn Press.

Mills, E.O. 1917. Your National Parks. Houghton Mifflin Company.

Palmer, J. 1998. Theory of Environmental Education. Routledge.

Regnier, K., M. Gross, R. Zimmerman. 1994. The Interpreter's Guidebook, 3rd ed. UW-SP Foundation Press, INC.

Tilden, F. 1977(1957). Interpreting Our Heritage, 3rd ed. Chapel Hill.

III

숲해설기법

오감평가해설기법

신 무 선
(사)숲과문화연구회/숲해설가

목차

제1장 계절별 느낌 나누기

숲해설 프로그램중 안내자(해설가)없이 참가자가 스스로 운영할 수 있는 셀프가이드 프로그램과 안내자(해설가)를 동반하여 진행하는 안내자 해설프로그램이 있다. 그러나 셀프가이드 프로그램이 결코 따라오지 못하는 것이 안내자(해설가)를 동반하는 해설프로그램이다.

많은 인적자원이 필요하며, 안내자(해설가) 교육에도 많은 비용이 소요됨에도 안내자(해설가)프로그램을 다수 운영하는 이유는 분명하다. 다 같이 정해진 프로그램이라 할지라도 안내자(해설가)가 현장에서 탐방객들과 눈을 맞추고 직접 대화하며 해설활동을 수행하며 느낌을 주고받을 수 있기 때문이다.

효과적인 해설프로그램은 참가자들의 오감을 이용하여 참가자들로 하여금 프로그램에 직접적으로 참여하게 하는 것이다. 연구결과에 의하면 사람들은 일반적으로 자신이 들은 것의 10%를 기억하며, 자신이 읽은 것의 30%를 기억하고, 본 것의 50%를 기억하며, 직접 체험한 것의 90%를 기억한다는 보고가 있다. 예로부터 인체가 외계의 상태나 변화를 지각하는 시(視)·청(聽)·후(嗅)·미(味)·촉(觸)의 5개의 감각 기능이라 일컷는다. 그러나 문헌에 의하면 5감이 인간의 모든 감각기관은 아니고 그 분류에도 정설이 없다. 이를테면 사람의 감각중에 후각과 미각은 화학감각으로, 촉각은 온도감각으로, 통증을 느끼는 통각(痛覺)도 피부감각으로 분류되며 위나 방광의 내용충만 정도를 알아내는 내장감각, 관절이나 근육의 긴장도를 느끼는 고유감각, 중력의 방향을 지각하는 평형감각 등으로 분류되기도 하기 때문이다.

제1절 봄

봄숲에서 보고, 듣고, 냄새맡고, 맛보고, 만져보는 오감을 통해 숲을 느끼는 방법을 찾아보자.

이른 봄 개화한 복수초의 눈부신 꽃빛, 움 트는 생강나무, 딱총나무, 왕괴불나무, 올괴불나무, 길마가지나무의 꽃눈을 관찰하며 추운 겨울을 인내한 장한 풍경들을 칭찬하자. 봄날의 아지랑이와 목덜미를 어루만지는 봄 햇살은 긴장을 풀게하며 온화한 감정을 느끼게 할 것이다. 가늘게 흐르는 물소리와 더불어 자연의 너른 품에 깃들어 겨울을 난 부지런한 박새며, 곤줄박이, 딱새, 동고비도 소리로 봄을 부를 것이다. 이제 숲해설가 라면, 이른봄의 길마가지나무의 새큰한 꽃향기, 은밀히 피는 느릅나무꽃의 달고 은은한 향기도 느낄 줄 알아야 한다. 해설가가 먼저 느끼고 감동해야 참가자들에게 그 감동을 전하며 직접 체험하게 도울 수 있기 때문이다. 달래, 산달래 이야기며 따서 씹어본 달래 잎 한 장이,오감을 통해 봄 숲이 참가자들의 기억속에 생생하게 저장될 것이다. 냄새가 날 것이고, 꽃향기가 날 것이다. 아지랑이가 피어나는 원리를 함께 이야기하고, 부지런한 봄꽃들이 겨울을 난 털눈껍질을 살피고, 긴 겨울

이곳저곳 나무둥치를 두들기고 쪼던 딱따구리와 숲이 깨어나는 시기에 맞춰 번식을 하며 새끼를 키우는 다른 텃새들의 겨우살이도 이야기 해 봄 직하다. 한 낮의 따슨 기운을 느껴 팔랑거리며 간간이 날아다니는–성충으로 월동을 한 뿔나비들이며, 혹시 늦을까~ 서둘러 깨어난 [빌로드제니등에]라도 발견한다면 더 많은 이야깃거리를 풀어내며 참가자들과 감동을 나눌 수 있을 것이다. 시시각각 서로 다른 색깔로 눈을 틔우는 나무들이 채색하는 봄빛깔로 멀리 보이는 산봉우리는 또다른 원경을 선사하고, 이어가며 다투어 피어나는 꽃들을 살피느라 모두의 눈길이 분주한 계절이 또한 봄이다.

제2절 여름

오끝물 엉겅퀴에 이어 뻐꾸기가 울 무렵, 뻐꾹채가 피어났다.

5월 꾀꼬리라던가? 고운 꾀꼬리소리가 아니더라도 하하호호~~하하호호/ 하하호호~~하하호호

검은등뻐꾸기소리가 이른 여름숲을 깨우고, 휘파람새, 울새, 흰눈섭황금새, 지빠귀류등등…

남쪽에서 겨울을 난 다양한 여름 철새들이 돌아와 자리를 잡고, 짝을 부르는 소리가 숲 곳곳에 울려퍼지며 귀를 즐겁게 한다. 여름으로 들기도 전에 으름덩굴 열매는 벌써 새끼손가락 만하다. 모든 감각이 쉴 틈 없이 즐겁고 바쁘지만, 강아지풀, 바랭이를 잘 살피면 물결나비류, 조팝나무에는 줄나비, 느릅나무에는 은판나비, 팽나무나 풍게나무에는 왕오색나비, 유리창나비, 수노랑나비, 홍점알락나비들의 애벌레들을 관찰 할 수 있다.

모두 열거하기 어려울 만치 수없이 많은 나비와 이름을 제대로 불러주지 못하는 나방의 애벌레들이 숲의 품에서 자라고 있는 계절이 여름이다. 새끼를 키우는 새들이 부지런히 먹이로 물어 나르는 것을 눈으로 확인할 수 있는– 근사한 볼거리들이 곳곳에 숨어 있다. 큰 나무들이 들어선 숲이라면 여름의 숲그늘에서 제대로 숲을 느껴보자. 큰 나무들이 잎을 틔우기 전, 서둘러 꽃을 피우고 씨를 맺은 얼레지, 피나물, 앵초등과. 수많은 개별꽃, 제비꽃들의 여름 모습을 찾아 이야기를 펼치자. 낮은 숲 가장자리에 여기저기 흰 휴지를 던져놓은 듯, 화르르 피어난 으아리며, 오히려 꽃이 귀한 여름숲 그늘에 하늘하늘 여로가 꽃을 피우고, 슬픈 전설을 간직한 주황색 동자꽃이 장맛비 속에 젖고 있다. 울울한 그늘마다 우렁우렁 잎을 키우는 비가 그친 숲에 들어 싱그러움 가득한 여름냄새를 느껴보는 것은 또 얼마나 근사한가?

이렇게 오감과 어울리며 온몸의 감각을 가득 채울 수 있음은 숲이 체험적이고 감각적인 이유이다. 참가 대상에 따라 유아나 어린이 대상의 놀이를 통한 감각놀이를 곁들이며 여름숲을 즐기자.

제3절 가을

계곡 물가에 물봉선이 끝물로 피고, 투구꽃, 산비장이, 모싯대 뒤를 이어 향기 짙은 구절초가 무리지어 피어나기 시작했다. 도토리거위벌레가 잘라서 떨어뜨린 참나무 가지가 산길마다 수북하고, 투둑~~툭, 곳곳에서 가래열매가 떨어진다. 잣나무 숲에서 누구보다 바삐 오르내리는 청설모나 다람쥐는 토실토실 살이 올랐다. 얇고 투명해진 햇살이 붉나무 잎을 붉게 물들이고, 늙은 복자기단풍나무 마저 하늘을 향해 손을 흔들며 가을이 깊어진다. 가을숲에 들면 참가자도 해설가도 신이난다. 볼거리 체험할 거리가 넘쳐나기 때문이다. 떨어진 고운 단풍잎을 줍거나 몇 개씩 가을 열매를 챙기기도 하며. 겨울을 준비하는 숲 곳곳의 모습들을 관찰하기에 더없이 좋다. 참가자들과 열매나 종자의 모습을 살피며 그들의 번식전략을 알아보자. 숲에 머물던 새들이며 동물들이 어디로 갔으며 남은 동물들의 겨우살이를 미리 이야기 해보는 것도 좋다. 숲에 떨어진 열매와 씨앗들이 동물들의 먹이가 되고 남은 것들은 또다시 숲을 구성하는 작은 일원이 된다는 이야기로 마감한다.

오감을 열어 감동하고 그 감동을 교류할 수 있는 숲체험이 늘 아쉽다. 덜 떨어진 참나무에서 갈바람소리가 머물고, 소나무 사이를 스치는 송뢰(솔바람소리)가 계절의 냄새를 실어다 주고, 눈에 보이지 않아도 뭔가 기분 좋은 일이 생길 것 같은 곳이 숲이다. 그런 기대가 우리의 오감을 깨울 것이다.

제2장 통합 숲해설 실습

제1절 실습장소와 준비물

- 실습장소 : 홍릉수목원(홍릉숲)
- 집합장소 : 벚나무 쉼터
- 수업준비물 : 필기구, 루페, 쌍안경, 카메라

제2절 진행방법

1. 강사소개 및 당일 수업진행 순서와 해설코스 소개
2. 숲해설에 필요한 교보재 제작 및 이용법(실물, 미니표본과 열매, 종자표본-강사준비)
3. 수목해설 및 계절별 해설포인트 찾기(봄, 여름, 가을)

제3절 현장 실습 내용

1) 제2수목원-제4수목원-제3수목원-제5수목원-약초원-구간

- 일찍 봄을 맞는 식물들의 종류를 찾아 특징을 살피고 해설듣기,
- 새와 곤충과 함께하는 여름숲(가정) 해설듣기
- 열매의 결실과 이동, 겨울을 준비하는 식물들을 관찰하며 해설듣기

2) 숲에서 곤충, 동물의 흔적 찾기

그림 1. 먹세줄가지나방(아래 왼쪽), 흔적-뱀허물쌍살벌집(아래 오른쪽)

〈가을숲에서 만나는 가을열매와 종자들〉

그림 2. 편백(잎과 깍정이)

화백(잎과 깍정이)

그림 3. 종자(잣,섬잣)

종자(쪽동백, 때죽나무)

그림 4. 단풍나무 열매(시과)

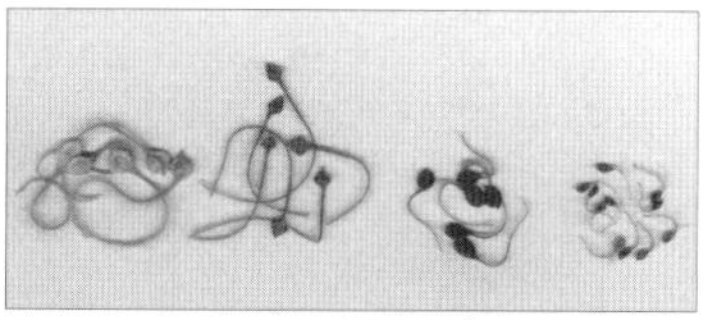

미나리아재비과 목본식물 열매(수과)

그림 18. 침엽수 종자

참개암나무 수꽃과 동아

그림 10. 백당나무열매

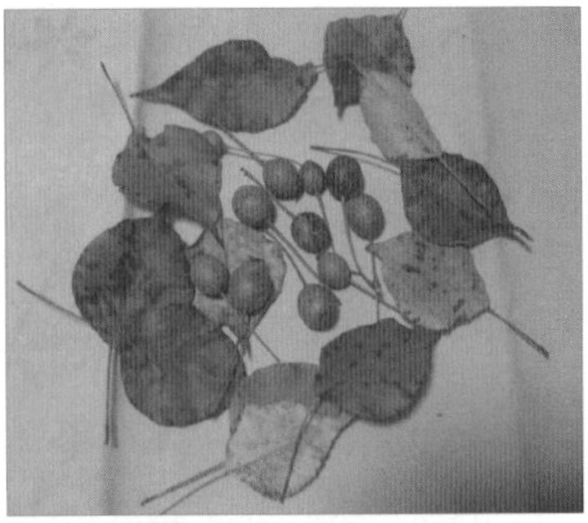

콩배나무 가을열매와 잎

그림 20. 까마귀밥나무 열매

풍년화 열매껍질과 꽃눈

그림 21. 낙엽 참나무 6종 열매와 잎 비교

그림 22. 졸참나무 갈참나무 신갈나무 떡갈나무 상수리 굴참나무

3) 숲에서 생각하는 환경(지표종과 깃대종, 지구 온난화, 곤충과 조류, 생태고리)

간략 소개와 실습(강의 중)

4) 나만의 해설시나리오 구상하기

간략 소개와 실습(강의 중)

제4절 숲해설가가 알아야 할 내용(참고자료)

1. 탐방안내(숲해설)의 실제

1) 항상 지정된 근무복을 착용하고, 자극적이거나 현란한 복장을 자제하십시오.
   - 근무복은 해설자(안내자)의 신분과 정체를 확인시킵니다.
   - 복장이나 태도도 해설의 일부분입니다.
2) 먼저 지정된 장소에서 탐방객들을 기다리십시오.
   - 적어도 10분 이상 먼저 출발지점에서 대기하며 탐방객들을 맞도록 합니다.
3) 방문자를 환영하고, 자신을 소개하십시오.
4) 먼저 해당 장소를 설명하십시오.
   - 탐방지역의 특징 및 활동목적, 계절별 동식물, 문화자원 등 주요 포인트와 예상되는 소요시간, 휴식시간, 편의시설 등에 대해 간단히 소개합니다.

5) 탐방객들의 안면을 잘 익히십시오.

- 개인적인 대화를 통해 유대감을 형성하도록 합니다.
- 출발하기 전 최종적으로 탐방객들의 신체조건, 기타상황을 알아두면 도움이 됩니다.

6) 정해진 시간에 시작하고, 출발지점에서 보이는 시야 내에 첫 번째 해설포인트를 설정하십시오.

- 그래야 늦게 온 사람도 합류할 수 있습니다.

7) 선두에 서서 항상 참가자를 향해서 이야기 하십시오

- 전문용어나 외래어는 순화하여 사용하고 반드시 존대어를 사용해야 합니다.

8) 탐방객들을 배려하십시오.

- 탐방객들에게 햇빛, 바람 등의 조건을 양보하고 걷는 속도를 고려해야 합니다.

9) 유연성을 가지고 순간포착을 잘 하십시오.

- 나무를 설명하다가 움직이는 대상이 나타나면 즉시 설명을 중지하고, 새로운 대상을 설명할 수 있어야 합니다.
- 탐방객들의 연령계층에 따라 해설내용을 추가거나 제외하는 유연성도 필요합니다.

10) 목소리는 크고 또렷하게, 음조에 변화를 주십시오.

- 야외에서는 주의가 산만하게 되고, 해설자의 목소리가 멀리 전달되지 않기 때문에 큰 목소리에 변화 있는 음조가 필요합니다.

11) 보조 장비를 활용하십시오.

- 쌍안경, 확대경, 실물표본, 손수건, 청진기 등 보조 장비의 지참이 필요합니다.

12) 탐방객들을 실제 참여시키십시오.

- 소리를 듣게 하고, 만져보게 하고, 냄새를 맡게 하면 오래 기억합니다.

13) 대열이 산만하지 않게 주의 하십시오.

- 이용자가 대열에서 멀어지거나 주제와 목적에서 벗어나지 않도록 합니다.

14) 탐방활동이 자연을 훼손하지 않도록 주의하고 안전사고에 대비하십시오.

- 정해진 탐방로 이용의 중요성을 설명합니다.(답압, 탐방로 확장)
- 계절별로 벌, 뱀 등에 의한 위해가 발생할 수 있으므로 주의가 필요합니다.

15) 정해진 시간에 마무리 하십시오.

- 요점을 정리하고, 질문을 받고 탐방을 마무리합니다.

16) 탐방활동이 끝나면 자기발전을 위해 당일활동을 다양한 방법으로 점검, 평가, 기록하십시오.

2. 성공적인 숲해설가를 위한 자세

1) 자료를 수집하며 늘 공부하는 자세가 필요합니다.
   - 자연과 생태에 관한 책을 많이 읽고, 도감 찾기, 잡지나 신문기사 모으기를 생활화 합니다.
2) 명강사를 주시합니다.
   - 우선 다른 사람의 안내방식을 참고하여 나중에 자기방식을 개발합니다.
3) 가능하면 내가 안내할 상대를 미리 파악하는 것이 좋습니다.
   - 연령, 계층, 직업, 사는 곳, 등을 미리 알면 해설이 쉬워집니다.
4) 모니터링을 부탁할 대상을 만듭니다.
   - 가족, 친구, 동료 등에게 이해와 협조를 구하고 모니터링을 부탁합니다.
5) 해설장소를 반드시 사전에 답사하고 해설내용을 작성, 정리하여 미리 연습합니다.
   - 철저한 사전준비는 탐방객들에 대한 예의입니다.
6) 솔직하고 용감해야 합니다.
   - 모르는 것을 모른다고 할 수 있는 것도 용기입니다.
   - 우리는 자연을 더 사랑하는 사람 일 뿐 전문가도, 연구원도 학자도 아닙니다.
7) 재미있게 말하기와 맛있게 말하는 것도 연습이 필요합니다.
8) 일방적 설명보다 탐방객들을 참여시키면 지루하지 않게 안내할 수 있습니다.
   - 탐방장소나 주변의 동식물과 관련된 속담과 퀴즈를 알아두면 좋습니다.
9) 우선 내 주위의 나무. 꽃 풀 등을 각각 20가지씩만 철저히 공부해둡니다.
10) 이 활동을 통해서 보람을 찾고 일 자체를 즐기도록 합니다.
    知之者 不如 好之者 - 아는 것은 좋아하는 것만 못하고
    好之者 不如 樂之者 - 좋아하는 것은 즐기는 것만 못하다 했습니다.
11) 탐방안내나 해설가는 서비스업입니다. (친절이 앞서야 합니다.)
12) 이 활동을 통해 자기실현의 기쁨과 보람을 찾으십시오.
    정보는 해설이 아닙니다.
    해설은 종합예술입니다.
    해설은 가르침이 아니라 '자극'입니다.
    해설은 부분이 아닌 전체를 표현하고 다루어야 합니다.
    대상에 따라 접근 방식이 달라야 합니다. (어린이, 성인 등)
    참가자들의 감동을 이끌어 낼 수 있는 해설을 하십시오.

참 고 문 헌

조계중, 2005. 자연환경해설개론. 수문출판사.
박상인, 연도미상. 숲해설가를 위한 첫 걸음.

교육 프로그램 개발

1. 숲해설 프로그램 개발
2. 교육프로그램 운영실습
   - 식물자원과 인간과의 관계
   - 숲과 문화와의 관계

Ⅳ

국민대학교 평생교육원·(사)숲과 문화 연구회
숲해설 아카데미 전문과정

숲해설 프로그램 개발

Ⅳ

하 시 연
국립산림과학원 산림복지연구과/박사

목차

제1장 들어가며

환경문제가 심각한 문제로 등장하기 시작하면서 이를 해결하기 위한 방안 중의 하나로 환경교육이 대두되기 시작하였다. 초기의 환경교육방식은 '공해교육'으로 오염현장을 찾아가서 오염의 실태를 살펴보고 이로 인한 경각심을 갖도록 하여 환경 보전을 유도하였다. 하지만 지금의 환경교육의 경향은 오염현장을 보여주기 보다는 자연의 아름다움을 더 많이 보여주고, 이런 아름다운 자연과 환경을 지켜야 함을 강조하고 있다.

이 처럼 체험교육이 강조되기 시작하면서 국립공원을 찾아오는 사람들이 늘어나게 되었고 국립공원을 단순히 방문하는 것보다 더 의미 있는 방문경험을 위한 해설프로그램에 대한 요구가 높아지고 있다. 따라서 이런 프로그램을 진행할 해설가들의 역할은 점점 더 중요해지고 있는 실정이다.

제2장 해설에 관한 기본지식

제1절 해설의 의미

해설은 자연 또는 역사자원이 있는 지역 교육활동의 한 분야로 볼 수 있다. 직접적인 체험이 가능한 여건에서 시행되는 정보의 전달로서, 단순한 정보전달에 그치지 않고 자원에 대해 그 의미를 일깨우기 위해 실시되는 정보제공이라 할 수 있다. 다시 말해서 해설이란 탐방객들에 대한 교육적 활동이고, 자원에 대한 인식을 높혀 주는 활동이며, 자원을 이용하는 사람들에게 새로운 이해와 통찰력, 열의, 흥미를 불러일으키는 활동이며, 환경보존에 대한 필요성을 일깨워 주는 기술이라 볼 수 있다. Tilden(1967)은 이런 해설을 '설명, 직간접적인 경험 또는 원래의 물건을 사용함으로써 어떤 의미와 관계를 알게 해 주는 교육적 활동'이다. 그리고 체험의 궁극적 목표는 '어떤 것을 알게 해 주는 것이 아니라 자극을 주는 것이다'이다.

※ **환경교육과 환경해설**[1]

환경해설은 단순한 독립된 사실 정보의 지식 전달의 교육적 체계보다는 사실 정보를 대상자가 갖고 있는 기존의 경험, 체험, 사고와의 관계 모색을 통해 일정 주제에 대한 자극 혹은 메시지를 주고자하는 커뮤니케이션 체계를 말한다. 환경교육과 환경해설의 궁극적 목표는 공히 환경 윤리의 창달이라고 볼 수 있지만 세부적 전달 목표와 정보 전달 체계 등에는 기본적 차이가 있다. 환경교육이 과학적 사실의 전달을 중시하는데 비하여 환경해설은 사실에 대한 문제점과 의미의 이해를 돕고자 과학적 사실을 이용한다고 할 수 있다. 따라서 환경해설가는 일반적 교사의 기능이 아닌 메시지 전달자의 기능 역할이 보다 강조된다. 이를 통해 환경 해설은 환경 교육적 효과뿐만 아니라 자원의 적절한 이용 행동 도모 및 경험 만족 제공의 관리적 효과, 관리 주체의 이미지 제고 등의 홍보적 효과를 제공한다. 환경교육과 환경해설의 개념 차이를 세분하면 아래 표와 같다.

표 1. 환경교육과 환경해설의 차이점

구 분	환경교육	환경해설
전달 목표	• 환경에 대한 관심, 태도 고취 • 환경 문제의 해결 기술 제공 • 환경에 대한 직접적 참여 유도	• 대상지의 적절한 이용 도모 • 관리 주체의 이해 증진 • 참여자의 경험 만족 제공
정보 전달 체계	• 공식적 학습 과정 • 정형화된 교과 과정에 기초 • 일정 대상자 연속 과정 가능 • 지식 전달 강조	• 비공식적 학습과정 • 정형화된 교과 과정 없음 • 대상자에 대한 1회성 전달 과정 • 자극, 메시지 전달 강조
흥미와 즐거움	학습 효과의 수단 요소	커뮤니케이션의 목적 요소
대상자	일정 의무적 참여자	자율적 참여자
참여자와 강사 관계	수직 관계	수평 관계

제2절 해설의 역할

해설 활동은 직간접적인 경험 등을 통해서 자원 또는 자연에 대한 이해와 인식을 높혀주는 교육활동으로 볼 수 있다. 여기에는 해설이 이루어지는 대상 지역의 지질학적인 특성, 야생 동식 물, 생태, 역사 문화, 환경 보호 활동 등이 포함될 수 있으며, 다음 세 가지 목적을 가지고 있다[2].

1) 송형섭·김성일, 2001, 환경해설의 이론과 실무, 충남대학교 출판부
2) 신원섭, 1998, 야외휴양관리, 따님 175-176p

- **교육적 측면** : 해설 프로그램에 참가함으로써 사람들은 이전에는 알지 못했던 사실들에 대해서 알게 되고, 자원에 대한 인식과 안목을 갖게 된다. 또한 자연 또는 자원에 대해 깊고 넓게 이해함으로써 자연을 어떻게 즐기고 활용해야 하는가에 대해서 알게 될 수 있다. 또한 직접 활동할 수 있는 체험의 기회를 제공 받을 수 있다.
- **관리적 측면** : 해설은 자연지역의 관리와 이용을 건전한 방향으로 유도하여 관리의 목적을 달성할 수 있도록 해준다. 우선 해설을 통해 자연의 이용에 대한 교육을 시킬 수 있고, 관리 방법 등에 대해서 설명함으로써 이해를 고취시켜 관리를 용이하게 할 수 있다.
- **홍보적 측면** : 해설을 주관하고 진행하는 기관이나 단체의 목적과 활동을 홍보할 수 있다. 이는 기관이나 단체의 이미지를 바람직한 방향으로 부각 시킬 수 있을 뿐 아니라 해설 프로그램에 참가한 사람들을 기관이나 단체의 활동에 적극적인 참여를 할 수 있도록 유도하는 계기가 될 수 있다. 또한 일반 사람들이 잘못 알고 있는 오해를 바로잡을 수도 있다.

제3절 해설의 유형

해설은 해설가의 유무에 따라 크게 2가지 유형으로 구분된다. 즉 해설가가 직접 시설 또는 탐방 지역을 안내하면서 해설하거나 특정 지점에 위치하면서 해설하는 안내식 기법과 탐방자가 직접 간행물이나 전시물, 해설판 등을 보면서 탐방자 스스로 이해하도록 하는 자기안내식 기법으로 분류할 수 있다.

해설가에 의한 안내식 기법은 탐방객과의 직접적 대화와 일정 프로그램을 통한 적극적인 해설이 가능하고, 탐방시에 발생될 수 있는 환경 영향의 최소화, 탐방객의 건전한 이용 행동 유도에 효과적인 기법이다. 자기 안내식 기법은 해설가를 통한 안내식 기법에서 발생될 수 있는 많은 해설 인력 소요와 해설가 교육훈련 및 연수 등에 따른 시간적, 경제적 비용 발생 문제의 해결과 탐방객 자신의 의사에 따라 원하는 곳을 자유로이 탐방할 수 있다는 장점이 있다.

표 2. 안내자 방식과 자기 안내식의 장단점

구 분	장 점	단 점
안내자 방식	• 대상자와의 직접적 커뮤니케이션 및 토론 가능 • 대상자별(연령, 학력 등)해설 수준 선택 편리 • 필요시 프로그램의 도입 및 변경용이 • 해설자의 유도로 건전한 이용, 안전도모 및 환경 영향 감소 효과	• 별도의 해설 인력 및 조직 필요 • 일정 단위의 참여 인원 필요 • 해설자 교육 훈련·연수 운영 관리 비용 • 자유로운 탐방 및 체험 기획 억제 • 일정 지역 및 시간적 제약이 따름
자기안내 방식	• 특별한 해설 인력 및 조직 없이 가능 • 참여인원수에 관계없이 해설 가능 • 광범위한 지역 활용에 유리 • 자유로운 탐방 및 체험 기회 제공	• 초기 해설물, 환경영향 방지시설 들의 비용이 많이 소요 • 해설대상 및 수준의 선택 폭이 적음 • 대상자들과 직접적 의사소통 곤란

표 3. 해설의 유형

유형		적용 장소 및 방법
안내식 기법 (토크식 기법)	거점식 기법	• 일정 지점에 위치하여 해설하는 방법으로 방문자 센터, 박물관 등의 주요 시설 이용지에 적용. • 주로 장소 및 시설 현황 정보의 소개와 이용 가능 활동 및 안전에 대한 홍보나 계도의 성격이 강함.
	이동식 기법	• 탐방객을 직접 인솔하여 이동하면서 해설하는 방법으로 전시실이나 해설로 등에 적용. • 일정 지역의 자연 혹은 사회 문화 자원에 대한 직접적 탐구 이해 체험과 커뮤니케이션이 가능한 안내식 기법의 대표적 방법임.
	강연식 기법	• 주로 실내 및 야외 교실 장소에서 적용. • 관심 주제와 관련된 개념 설명과 과거 활동 체험에서 얻은 지식을 반추하고 강화하는 성격이 강함. • 슬라이드, 영상 매체 등의 활용 가능성이 높음.
자기안내식 기법 (전시 및 해설물 기법)	전시물 기법	• 박물관, 수목원, 주요 시설 및 경관지, 관찰로, 해설로 등에 적용 • 역사 사실의 재현, 표본 전시, 모형도 제작, 해설판 시설 등을 통해 역사적, 자연적, 사회문화적 자원을 쉽게 이해 할 수 있도록 함. • 전시물의 재료 및 디자인 체계, 지속적 유지, 보수 관리가 필요함.
	간행물 기법	• 수목원, 주요 시설 및 경관지, 관찰로, 해설로 등에 적용. • 일정 지역에 대한 소개 정보, 자연 유적지 해설 내용을 담고 있는 팜플렛, 리플렛, 소책자 등의 간행물을 통해 탐방자 스스로 이들 자원에 대한 이해 체험을 하는 방식. • 간행물은 그림이나 사진 등을 삽입하고 쉬운 문장으로 구성하여 누구나 쉽게 이해할 수 있도록 함.
	매체식 기법	• 박물관, 수목원, 주요 시설 및 경관지, 관찰로, 해설로 등에 적용. • 각 지점에서 미리 녹음된 테이프나 영상물을 통해 대상물에 대한 이해와 체험을 할 수 있도록 함. • 지속적인 오디오 시설의 유지 보수 관리가 필요함.

제3장 해설가에 대한 기본지식

제1절 해설가

해설가는 특정 지역을 방문하고 이용하는 사람들에게 지역의 형태, 구성상태, 각 구성원간의 관계 등 자연적인 요소와 인간의 삶과 관련된 것, 역사적인 사항 등 문화적인 요소를 망라한 내용을 소개함으로서 자연에 대한 전반적인 이해를 증진시키고, 자연에 흥미를 가질 수 있도록 유도하고 보조하는 정보를 제공하는 사람을 의미한다. 따라서 해설가는 대상지 또는 주제를 가지고 방문자나 이용자에게 필요한 정보를 제공한다든지 관련된 서비스를 제공하는 일을 하게 된다. 즉, 해설가란 자연지역을 찾는 사람들에게 올바른 이해와 효율적인 탐방 활동 등을 도와주는 자연에 대한 소양과 지식을 가진 사람으로서 국립공원 내에서의 휴양이나 자연체험활동 등을 지도하는 환경교육가라고도 볼 수 있다[3].

제2절 해설가의 유형

해설가의 역할과 해설 방식에 따라서 Ham은 네 가지 유형으로 나누고 있다[4].

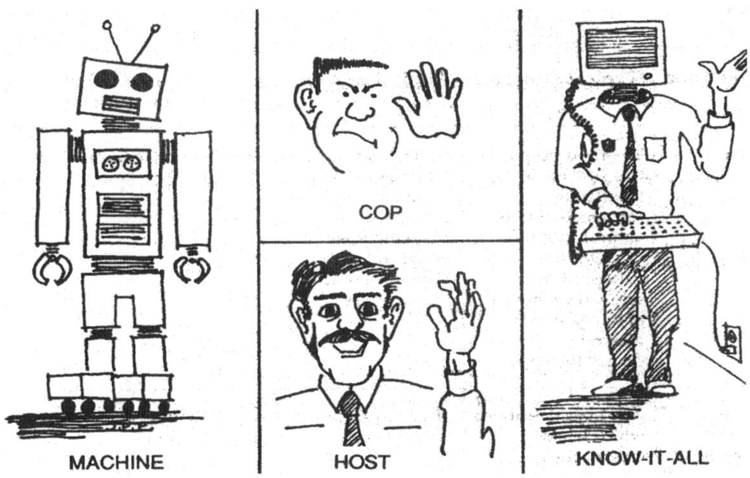

그림 1. 해설가의 유형

3) http://www.huyang.go.kr:9300/start/edu/edu-04-01.htm
4) Ham S.H., 1992, Environmental Interpretation, North American Press, pp.134-136.

첫째는 경찰(Cops)의 유형으로 이런 타입의 해설가들은 지역 환경을 보호하는 수호자 역할을 주로 담당한다. 따라서 교육 대상자들이 자연환경의 해를 입히는 것을 경계하고 막는다. 이런 이유로 이런 유형의 해설가들은 규칙과 에티켓에 관련된 것을 주로 교육의 주제로 한다. 로봇(Machine)은 어떤 동기 없이 메시지를 반복적으로 전달하는 유형으로 교육대상자들의 요구나 질문에 의해서도 변화하지 않는다. 즉 단지 같은 메시지를 반복적으로 전달하는 로봇과 같은 유형이다. 만물박사(Know-it-all)의 유형은 모든 것에 대해서 다 알고 있는 유형으로 모든 자료들을 소화해 내는 유형으로 이 경우에는 지식에 대한 결핍을 인정하지 않는 유형을 말한다. 마지막은 주인(Host)의 유형으로 교육 대상자들을 자신의 손님(guest) 인식하고 참가자들을 수동적으로 받아들이는 사람으로 보지 않고 적극적이고 능동적인 존재로 받아들여 모든 참가자들이 말하고 토론에 참여할 수 있는 기회를 제공해 준다. 그리고 질문과 이야기 하는 것에 대해서 기꺼이 받아들이고 참가자들이 요구하는 것에 대해서 즉각적으로 반응한다. 여기서 Ham은 가장 바람직한 유형을 Host의 유형으로 보고 있다.

제3절 해설가의 소양

해설가의 교육활동은 학교의 교실상황에서 이루어지는 활동과는 차이를 나타낸다. 따라서 해설가(또는 안내자)에게는 학교의 교사와는 차이점이 나타난다.

표 4. 교사와 해설가(안내자)의 차이점

	교 사	해설가 (안내자)
교육장소	교실	야외
교육대상자	고정된 계층의 대상 비자발적 참여자 / 집중의무 있음	대양한 계층의 대상 자발적 참여자 / 집중의무 없음
교육내용	공식적 학습과정 정형화된 교과 과정/내용 기초 지식전달이 주 내용	비공식적 학습과정 정형화된 교과 과정/내용 없음 자극과 메시지 전달 강조
교육연속성	일정대상자 연속과정 가능	대상자에 대한 1회성 전달 과정

일정한 교육상황과 특정 교육 대상자를 접하는 교사와 다르게 다양한 교육상황과 다양한 교육대상을 만나는 해설가들에게는 더 많은 역할이 요구되어 진다. 해설가가 어떤 소양을 가져야 하는가는 해설가가 어떤 역할을 해야 하는가와 연결시켜 생각해 볼 수 있을 것이다.

표 5. 해설가의 역할과 소양

역할	갖추어야 할 소양
정보 전달자	생태학적 지식 해설가 가져야 하는 가장 기초적인 소양이라고 볼 수 있다. 생태학적인 지식을 세부적·분절적으로 다루기 보다는 통합적이고 전체적으로 다룰 수 있는 안목을 길러야 한다. 따라서 생태계의 전반적인 이해를 할 수 있도록 교육내용을 구성하여야 한다. 생태학적인 지식 습득은 단 시간에 이루어지는 것이 아니므로 오랜 시간 지속적으로 학습할 수 있도록 한다.
교육자	전문 교육자로서의 소양 생태학적 지식이 기초적인 안내자에게 기초적인 소양이라면, 전문교육가로서의 능력은 안내자에게는 필수적인 소양이라고 말할 수 있다. 해설은 교육의 한 형태로 안내자의 큰 역할 중 하나가 탐방객들을 교육시키는 것이다. 따라서 전문 교육자로서의 능력은 매우 중요한 부분 중에 하나이나, 실제로 간과되는 경우가 많다.
프로그램 기획자	프로그램 기획과 운영 관리 능력 안내자가 갖추어야 하는 또 한 가지의 능력은 프로그램을 기획하고 운영하는 것이다. 앞에서도 언급한 것처럼 학교에서 학생을 가르치는 교사의 경우에는 일정한 커리큘럼과 교육내용에 따라서 교육이 진행된다. 즉 배워야 하는 내용과 가르쳐야 하는 내용이 이미 규정되어 있다. 그러나 학교가 아닌 비 제도권내에서 환경교육을 진행하는 교육가(안내자 또는 해설가를 포함하여)들의 경우에는 대상에 따라, 교육장소에 따라, 교육시간에 따라 교육내용과 방법이 달라지기 때문에 유동적으로 프로그램의 내용을 기획하고 구성하고, 진행하고 운영할 수 있는 능력이 필요하다.

현재의 많은 프로그램들은 생태학적 지식 전달을 주로 강조한다. 또한 우후죽순으로 늘어나고 있는 해설자(안내자, 지도자, 체험지도자) 양성과정의 교육내용을 살펴보면 교육시수의 가장 많은 시간을 차지하는 것이 생태학적 지식에 관한 것임을 알 수 있다. 그러나 안내자는 단지 지식을 전달해 주는 사람이 아니다. 현재의 많은 안내자들은 지식은 풍부하나 그것을 어떻게 풀어나가고 구성해야하는가에 대한 소양의 부족으로 자칫 재미없는 해설을 하는 경우가 종종 있다. 생태적인 지식이 많다고 해서 훌륭한 해설가가 되는 것은 아니다. 자연을 찾아오는 사람들에게 자연을 느끼게 해주고, 자연에 대해서 책임감을 가질 수 있도록 하면 되는 것이다. 이를 위해서는 생태학적인 지식 뿐 아니라 이런 지식을 제대로 전달하고 교육할 수 있는 전문교육자로서의 소양과 프로그램을 재미있게 기획하고, 운영하고 진행할 수 있는 기획능력을 균형 있게 갖추고 있어야 한다.

◆ Enos A. Mills의 해설자에 대한 정의

"해설자는 다른 사람으로 하여금 자연의 신비함에 접근할 수 있도록 안내할 수 있는 자연주의자이어야 하지만 걸어 다니는 백과사전일 필요는 없다. 해설자는 분리된 각각의 정보나 특색 없는 정보가 아닌 큰 원리들을 취급함으로써 흥미를 불러 일으켜 주는 사람이다."

제4장 해설의 원칙 및 활동지도

제1절 해설의 원칙

해설은 해설의 장소와 주제 그리고 해설의 참가대상에 따라 내용이 달라지고 다양한 교육방법과 기술이 사용되며 해설자의 경험과 능력에 따라 달라지게 된다. 따라서 해설은 다양하게 방법과 내용으로 진행되게 되는데 이런 다양함에도 불구하고 꼭 지켜야 하는 원칙들이 있다. 이는 해설을 더 효과적으로 만들어 주고 해설을 준비하고 진행하는 시간과 경비를 줄여준다.

Tilden은 해설 시에 지켜야 하는 6가지 원칙을 제시하였다.

첫째, 해설은 방문자들의 개성과 경험과 관련되어야 한다.

해설에서 대상을 이해하는 것은 매우 중요하다. 그들은 경험과 관심사, 교육수준, 나이 등의 정보는 효과적인 환경해설에 필요한 기본적인 요소이다. 이를 위해서는 해설 프로그램을 시작하기 전에 방문자와 대화를 갖고 환경해설자가 가지고 있는 지식과 정보를 프로그램과 연관시키도록 한다.

둘째, 해설은 정보를 포함하여야 하지만 단지 정보 전달에만 국한되는 것은 아니다.

환경해설은 정보에 바탕을 둔 설명이긴 하지만 정보와는 근본적으로 다르다. 해설은 정보와 지식의 제공만이 아니라 흥미와 감동까지 주어야 하며, 이용객들의 행동의 변화를 야기 시키도록 해야 한다.

셋째, 해설은 다양한 기술이 합쳐진 예술이다.

해설에는 일정한 틀이 있을 수 없다. 주제와 대상, 그리고 생황에 따라 여러 가지 다른 도구와 예를 사용하는 방법들이 동원된다. 따라서 해설자나 해설을 기획하는 기획자들은 보다 효과적인 방법을 찾기 위해 노력해야 한다.

넷째, 해설의 궁극적 목적은 자극이다.

해설은 지식의 전달에 그치지 않고 흥미와 자극을 줌으로써 결국 행동의 변화를 끌어낼 수 있어야 한다. 방문자들은 기본적으로 자신의 여가활동과 관련하여 관심을 보일 것이므로 해설은 그들의 이러한 심리에 초점을 맞출 필요가 있다.

다섯째, 해설은 부분이 아닌 전체를 다루어야 한다.

해설은 대상물 하나 하나에 초점이 맞춰져야 할 것이나 그 대상물이 전체적인 맥락에서 차지하는 위상, 가치와 더불어 설명되어야 할 것이며, 늘 방문자 전체를 대상으로 하여 함께 어우러질 수 있도록 하여야 한다.

여섯째, 어린이와 어른을 구분한 해설이어야 한다.

어린이를 대상으로 하는 해설은 청소년과 성인을 대상으로 하는 것과는 다른 철학으로 접근하여야 한다. 어린이들을 대상으로 하는 것은 어른들의 프로그램을 희석시킨 것이 아니라 근본적으로 다른 별도의 프로그램이어야 한다. 연령계층이 다른 사람들은 각기 가지고 있는 경험 배경이 다르고 관심분야가 다르기 때문에 각 계층에 따른 프로그램이 개발되어야 한다.

제2절 해설 진행의 원칙[5)]

앞서서는 해설이 전체적으로 지켜야 하는 원칙을 살펴보았다면, 이 절에서는 해설의 진행하는 원칙에 대해서 알아보도록 한다.

첫째, 흥미로워야 한다.

흥미유발 방법의 조건은 자연스런 대화적 분위기의 조성이다. 이를 위해서는 대화식으로 말을 끌어나가고 딱딱한 어휘와 말투를 삼가야 하며, 교재를 보고 이야기하는 것을 피하고 대상자의 시선을 지속적으로 유도할 수 있어야 한다.

---

5) 송형섭 • 김성일, 환경 해설의 이론과 실무, 충남대학교 출판부, p.11-14.

표 6. 흥미유발 기법

얼굴에 미소	
능동태의 문장 구성	"나무의 꽃가루가 박쥐에 의하여 옮겨진다"보다는 "박쥐가 나무의 꽃가루를 옮긴다"가 강렬한 의미 전달
인과 관계적 연관성 제시	상수원 오염 자체보다는 오염시에 인간의 다양한 폐해를 연관시켜 제시
시각적 은유법 사용	대륙간 인구수 비교시 숫자표시 보다 인구수에 비례하여 아시아를 상대적으로 크게 표현하여 제시함.
대화기법 - 규모의 과장 - 시간의 과장 - 과장적 비유 - 상황의 조작 - 의인화 - 개별 대상화	 여러분이 개미처럼 작아진다면… 1초가 1000년이라면 대륙의 이동을 느낄 수… 자원의 이용과 보존은 이중성격자와 같다… 나무가 전혀 없는 도시에 산다면 우리는… 나무가 말을 할 수 있다면 얼마나… 광릉의 딱다구리가 포획되어 애완동물로 키워질 때…

둘째, 관련성이 있어야 한다.

내용이 의미 있고 개인과의 연관성이 부여되는 경우 해설은 더욱 효과적으로 진행된다. 의미부여란 대상자가 이미 알고 있는 정보와 관련되는 교육내용을 뜻한다. 심리학적으로 대상자들은 자신의 기억 속에 존재하는 단어나 개념, 그리고 관련 사실에 의미를 부여하며 전문 과학적 용어는 무의미하게 받아들인다. 또한 내용이 개인과 연관성이 있어야 한다. 해설 내용이 아무리 좋다고 하더라도 개인의 이해와 관련이 없는 것으로 인식할 경우 해설의 효과는 감소된다. 해설가는 해설내용을 개인의 상황 즉, 대상자 및 대상자의 가족, 건강, 안녕, 생활의 질, 정서 등에 연결시켜야 한다.

※ 자기환경화 전략

일반적으로 인간에게 들어오는 정보는 자신과 직접적으로 관련되어 있거나 자신의 경험에 비추어 그 정보에 의미를 부여할 수 있을 경우 그 정보에 대한 지각을 강하고 지속적으로 기억되는 반면 적절한 관련을 가지지 못하면 급속히 소멸된다. 환경에 관한 정보도 마찬가지여서 인간은 자기 주변의 환경에 대해서는 관심을 가지고 있고 그 변환에 본능적으로 민감하게 적극적으로 반응하지만 자기와 심리적으로 거리가 먼 환경, 즉 직접적으로 관계가 없다가 느끼는 환경에 대해서는 무관심하여 반응을 하지 않거나 소극적인 반응을 나타낸다. 예를 들어 자신의 건강에 직접적으로 영향을 미치는 수돗물이라든가 대기오염에 대해서는 민감하게 반응하지만 자신의 건강이나 쾌적함에 당장 직접적으로 영향을 미치지 않는 지구적인 수준의 생태계 평형 파괴라든가 혹은 열대우림의 감소, 온실효과 및 사막화 등에 대해서는 그다지 관심 있는 반응을 나타내지 않는다. 이러한 것은 인간의 자기보존 본능과 밀접한 관련을 가진다.

(출처: 이선경, 1993, 학교 환경교육의 문제점과 자기 환경화를 통한 환경교육 전략의 효과, 서울대학교대학원 박사학위 논문)

셋째, 이해하기 쉬워야 한다.

이해의 어려움은 일반적으로 정보의 양이 많거나 내용 흐름이 체계적이지 못할 경우 나타난다. 의무성이 없는 해설 대상자는 해설 내용이 이해하기 어려울 경운 관심을 다른 곳으로 돌려 해설가와 대상자 사이의 커뮤니케이션 관계를 어렵게 한다. 정보의 양은 심리학자 밀러(1956)가 인간의 동시 수용 정보의 한계량으로 제시한 '7±2' 원칙을 준수하는 것이 좋다. 야외 해설의 경우 각 해설 내용에 포함할 정보의 수는 다섯 가지를 초과하지 않는 것이 효과적이다.

넷째, 명확한 주제를 제시하여야 한다.

주제는 제목에 대하여 해설가가 설명하고자 하는 주안점이나 메시지를 의미한다. 예를 들어 주제는 '수질오염이 심각한 문제로 부각되고 있다'라는 식으로 간단하게 명료화 될 수 있고, 혹은 '수질오염이 우리의 건강과 국가 경제를 위협하고 있으며 이에 대한 우리의 대처가 시급하다.'는 식으로 좀더 구체적일 수도 있다. 예시된 두 주제는 '수질오염'이라는 동일한 제목에 대하여 해설가가 알고 있는 모든 것을 설명하려는 오류를 범하고 있다. 해설 대상자들에게 기억을 남기기 위해서는 해설 내용의 체계적 디자인의 선행될 필요가 있다.

제5장 주제가 있는 해설 프로그램 만들기

제1절 해설 참가 대상자

해설은 해설가와 탐방객의 직접적인 만남을 통해서 이루어진다. 하지만 해설가가 만나는 대상들은 일정 계층의 사람들이 아니다. 이런 해설에 참여하는 탐방객들은 매우 다양한 성격을 가진다. 학교에서 수업을 진행하는 교사는 학생이라는 계층을 상대로 일정시간 이상의 교육을 실시하지만 해설자들이 접하는 대상은 매우 다양하다. 어린이층부터 노년층까지 다양한 연령 계층의 사람들이 참여하기도 하고, 가족 그룹, 장애인 등의 다양한 성격을 가진 사람들이 해설 프로그램에 참여한다. 해설의 참가자들은 연령, 교육수준, 문화적 배경, 경험들이 매우 다양하다. 이러한 참가자들의 특성은 프로그램에 영향을 미친다. 따라서 한 집단에 방향이 맞춰진 프로그램은 또 다른 집단에게는 효과적이지 않을 수 있다. 이런 관점에서 해설 프로그램은 가능한 참가자들의 다양한 관심과 연령수준을 충족시킬 수 있도록 다양하게 제시되어야 한다.

해설은 교육적인 요소를 내포한다. 그러나 보통의 교육 프로그램과는 달리 더욱 신속하고 비형식적으로 이루어져야 한다. 해설의 참가자들은 대부분 자신의 시간에 자발적으로 찾아와 탐방 프로그램에 참여한다. 프로그램은 일방적으로 주입하는 방식이 아니라 참가자들이 스스로 느끼고 경험하며 배워나가야 한다. 따라서 참가 대상에 대한 사전 조사를 통해서 방문객에 대한 특성을 파악하고 특정집단에서 요구하는 바를 미리 알아두도록 한다. 이를 바탕으로 탐방 계획과 진행시에 주의를 기울여야 할 사항이나 발생할 수 있는 문제에 대해서 미리 준비를 해 두는 것이 바람직하다.

1. 발달 단계별 프로그램의 구성 원칙

해설 프로그램에 참여하는 탐방객들은 매우 다양한 집단인데 비해, 각 집단에 적절한 프로그램이 제공되지는 못하고 있다. 어린이와 성인을 대상으로 하는 해설은 서로 달라야 함에도 불구하고, 해설은 아이들이나 어른들에게 동식물 이름의 설명을 일방적으로 듣기만하는 것과 같이 비슷한 유형으로 진행되고 있다. 이와 같은 해설 프로그램은 성인과 어린이의 지적수준이나 경험, 관심 정도에 대한 고려 없이 진행되는 것으로, 방문객의 흥미나 관심을 떨어뜨리는 주요 원인이 된다.

어린 학생의 경우 보다 구체적인 경험을 통해서 더 많은 것을 배우는 반면, 고등학생의 경우 보다 추상적인 경험을 통해 더욱 효과적인 학습을 할 수 있다. 따라서 고학년일수록 더 복잡한 주제로 내용을 선정하고, 구체적인 경험보다는 추상적인 경험을 활용할 수 있다.

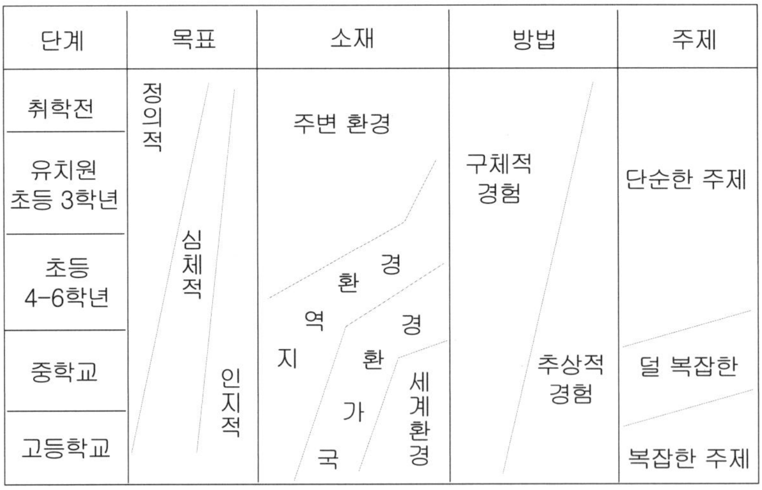

그림 2. 발달단계별 프로그램 목표, 소재, 방법, 주제

2. 해설 참여 대상의 관심정도에 따른 고려사항

해설 프로그램에 참여 대상의 관심정도에 따라서 프로그램은 달라져야 한다. 유사한 프로그램을 많이 경험한 유형의 사람들은 수동적으로 듣는 해설 프로그램 이외에 적극적인 참여를 할 수 있는 프로그램을 요구하기도 한다. 따라서 사전에 참여 대상의 관심이나 이전의 경험에 대해서 사전에 파악하는 것이 필요하다.

표 7. 탐방객 유형별 제공 프로그램의 성격

탐방객 유형			제공하는 프로그램의 성격	
관심 희박형	자연에 대한 흥미는 적고 즐거운 체험을 바람	▶	도입형	일반적인 자연해설, 자연관찰회 등을 통해 자연이 흥미로운 대상임을 느끼도록 하는 프로그램의 제공
관심 왕성형	자연에 대한 흥미·관심을 강하게 지니고 있음	▶	조사형	자연환경 조사를 통한 프로그램 운영 가능
실천 행동형	자연의 지식과 이해를 깊게 하고 자연보호활동 등에 대한 참가 원함	▶	실천형	자연환경 관리, 자연해설 보조자로서 자원봉사활동을 할 수 있는 프로그램 제공

출처: 국립공원관리공단, 1999, 국립공원 자연학습탐방 프로그램 및 자연해설기법 개발에관한 연구 – 자연학습탐방로 조성 및 운영을 중심으로, 국립공원관리공단, p.56.

3. 대상에 따른 고려사항

발달단계나 관심유형 뿐만 아니라 참가자의 신체적, 물리적인 상황에 대해서도 고려가 필요하다. 최근에는 프로그램에 참여 대상이 더욱 확대되어짐에 따라 이에 따른 고려사항에 대한 숙지와 준비 자세가 필요하다.

표 8. 대상층에 따른 고려 사항

대상	특성	요구	탐방시 고려사항
노년층	• 여가시간이 많음 • 육체적 능력 감소 (시각, 청각, 이동성) • 경험이 많음 • 거리낌없고 사교적	• 비슷한 나이의 다른 사람과 접촉기회 선호 • 재방문이 많은 그룹 • 지속되는 프로그램 선호 • 많은 시간 할애 가능	• 빠른 걸음은 피할 것 • 듣거나 혹은 몸을 많이 움직이는 활동시 주의를 기울여야 함 • 방문객의 방대한 경험을 이용하고 서로 나누도록
외국인	• 언어소통에 장애 • 자원자체에 대한 이해부족 • 젊은층 교육수준 높음	• 문화적인 에티켓에 민감 • 언어능력 감지하도록	• 구어체를 피하고 천천히 사려깊게 이야기 할 것 • 특별한 흥미파악, '일반적'인 사항이 특별하게 받아들여질 수 있음을 염두
시각 장애인	• 안경으로 교정이 가능하거나 청각이나 촉각으로 '볼 수' 있는 그룹	• 직접 이야기 할 것 • 물체·장면 등을 상세히 묘사해 줄 것 • 잘 알 수 없으면 관심을 갖도록 하기 위해 무엇이 도움이 될지 물어볼 것	• 물체를 직접 다루어 볼 수 있도록 하기
청각 장애인	• 노년층은 대부분 약간의 청각 장애를 가지고 있음	• 해설자의 얼굴, 물체 등을 보여주기 • 시각적인 윤곽이 주어져야 함	• 말할 때 입에 손을 대지 말 것 • 탐방객을 마주보고 이야기하기 • 중요한 점은 반복적으로 천천히 이야기 하기
보행 장애인	• 휠체어, 목발, 지팡이 등으로 이동	• 보통 사람들과 같이 접근할 수 있도록 배려	• 가파른 경사나 거친 지형피하기
가족들	• 해설 프로그램에 가장 많이 참여하는 그룹	• 가족끼리 교류하는 시간할애 • 배우는 것보다 상호작용시간을 갖길 바람	• 아이들이 중간 역할을 할 수 있도록 하기

(출처: Regnier, Kathleen, Michale Gross and Ron Zimmerman, 1992, The Interpreter's Guidebook, UW-SP Foundation Press, Inc. p.15)

제2절 주제가 있는 해설 프로그램의 만들기

최근의 많은 해설 프로그램의 문제점으로 지적되는 것 중에 하나가 '백화점식'의 해설이 주를 이룬다는 것이다. 백화점에 여러 가게가 한꺼번에 들어가 있는 것처럼 현재 진행되고 있는 안내에 있어서도 어떤 일관성 있는 주제가 있는 것이 아니라 여러 가지 소재를 한꺼번에 이야기 한다는 것이다. 이렇게 주제가 없는 백화점식의 해설은 듣는 동안에는 재미도 있고 무언가를 많이 얻고 있는 느낌이 들지만, 막상 프로그램이 끝나고 난 이후에 남는 것이 없는 경우가 많다.

해설 프로그램은 단순히 국립공원 지역을 통과하는 것이 아니라 국립공원을 찾아가 알려지지 않은 무엇인가에 대해서 발견해보고 찾아보는 것을 의미한다. 이렇게 해설 활동이 의미 있는 경험이 되기 위해서 무엇보다 필요한 것은 해설 프로그램이 주제를 가져야 한다는 것이다. 기존에 많은 해설 프로그램이 특별한 주제 없이 자연에서 만날 수 있는 나무들이나 곤충들에 관한 지식을 전달하는 것에 치중하는 경우가 대부분이였다. 하지만 프로그램 기획에서 주제를 가진 프로그램을 개발하는 것은 매우 중요한 일이고 필수적인 일이다.

주제를 가지고 프로그램을 작성하는 것은 크게 두 가지의 장점을 가지고 있다. 첫째, 프로그램 진행하는 해설가와 기획자, 관리자에게 도움을 준다. 해설 프로그램의 관리자가 주제를 인식하면, 주제를 참가자에게 쉽게 이해시키기 위해 체계적으로 정리가 가능하다. 두 번째, 참가자에게 도움을 준다. 참가자들은 주제가 있는 프로그램을 훨씬 더 쉽게 이해할 수 있다. 교육심리학자 David Ausbel(1960)은 이런 현상을 'advanced organizer'라고 설명하고, 만일 참가자들이 해설 프로그램의 주제를 미리 알고 있다면 다른 정보들을 그 주제와 연결시키는 것은 상대적으로 쉽다고 하였다.

1. 주제의 중요성 - 주제와 관련한 Thorndyke(1977)의 실험

- **실험 1** : 동일한 이야기를 4종류로 재구성한다. 첫 번째는 주제를 서두에, 두 번째는 주제를 종결에, 세 번째는 주제를 중간에, 네 번째는 주제 없이 구성하였다. 이런 4가지 종류의 이야기를 사람들이 잘 이해하는지 실험하였다. 사람들이 이해한 정도 순서는 위에서 제시한 순서와 동일하였다.
- **실험 2** : 동일한 이야기를 나눠서 순서를 재구성하였다 새롭게 구성된 이야기와 기존의 주제 없이 구성된 이야기를 사람들에게 제시하고 그 이해정도를 살펴보았다. 그 결과 아무런 차이가 없는 것으로 나타났다. 따라서 주제 없는 이야기는 그 구성을 어떻게 하더라도 이해도가 동일한 것으로 나타나 주제의 중요성에 대하여 암시하고 있다.

Thorndyke의 실험에서 또 하나 흥미 있는 사실은 사람들의 기억과 망각에 대한 것이다. 그는 시간이 흐름에 따라 이야기의 전체적 구조와 주제만을 기억하고, 부수적인 이야기들과 자세한 사항들을 망각한다고 하였다. 즉, 대부분의 청중들은 5개 이내의 중요한 아이디어와 주제만을 기억하고, 나머지 것들은 잊어버리게 된다는 것이다. 또한 청중들이 집중할 수 있는 시간은 매우 짧기 때문에, 주제를 매우 빨리

학습할 필요가 있다.

2. 주제가 있는 프로그램의 장점

주제를 가지고 프로그램을 전개해 나가는 경우 다음과 같은 장점이 있다.

- 주제는 명확한 이해에 도움이 된다.
- 주제는 프로그램의 내용의 범위를 한정시킴으로써 전체적으로 프로그램의 일관성을 유지하면서 필요한 내용은 깊이 있게 다룰 수 있다.
- 주제를 포함함으로써 전달 내용과 무관한 해설에서 벗어날 수 있다.
- 주제를 포함함으로써 전달하고자 하는 내용을 정교하게 다듬을 수 있다.

제3절 주제가 있는 프로그램의 구성단계

구성단계

1. 일반소재를 선정한다.
2. 필요하다면 세부적 소재를 선정한다.
3. 선정한 소재에 근거하여 주제를 선택한다.
4. 전체 대회의 내용을 짧은 문단으로 구성하고, 주제를 첫 번째 문장에 위치시킨다.
   ★ 2-3-1(본론-결론-서론) 원칙의 적용
5. 본론(2)의 개요를 준비한다.
6. 결론(3)을 준비한다.
7. 서론(1)을 준비한다.
8. 순서를 재정비하고 내용을 통합한다.
9. 적절한 제목을 선정한다.

1. 일반소재를 선정한다

참가자들의 관심을 끌만하고 프로그램 개발자가 관심과 관련지식을 갖는 소재를 선정한다. 소재선정에서 주의해야할 사항 중 하나는 시간적 고려이다. 소재에 따라서 계절적으로 관찰이 가능한 시기가 정해진 것이 있다. 예를들어 산딸기의 열매는 초여름에서 여름 사이에 직접 보거나 맛을 볼 수 있고, 민들레의 경우는 봄부터 여름까지 지속적으로 관찰 가능하다. 버섯과 같은 경우는 육안으로 관찰할 수 있는 시간이 매우 짧으므로, 소재 선택에 유의해야 한다. 식물의 경우 꽃이나 열매를 소재로 할 때 특히 계절이라는 시간적 변수를 고려해야 한다.

야생동물과 같이 이용자가 반드시 관찰할 수 있는 소재가 아닌 경우 이용자의 관심을 유지시키고, 프로그램을 계속적으로 신뢰할 수 있는 적극적 배려가 요구된다. 숲해설 프로그램 소재는 시간적 영향을 많이 받고, 야외라는 성격상 실제 관찰할 수 없는 경우도 있다. 특히 야생동물을 소재로 한 경우 야생동물을 직접 관찰하는 것은 어려운 일이므로 소재 선정에 특히 유의해야 하며, 야생동물의 서식처를 소재로 삼는 것은 서식지의 생활환경 변화로 교란이 발생할 수 있기 때문에 피해야 한다. 또 야생동물을 보지 못할 경우를 대비하여 해설판, 모형 등을 이용하여 이용자의 신뢰를 유지할 수 있도록 한다. 하지만 실제 식물이나 버섯 또는 이들에 대한 시설물이나 모형 등을 이용할 경우, 참가자에 의한 훼손이 발생할 가능성이 있으므로 관리에 각별한 주의가 요구된다.

2. 필요하다면 세부 소재를 선정한다.

일반소재와 관련하여 자세한 내용을 다루어야 할 경우, 그와 관련된 세부 소재를 선정한다. 세부소재가 너무 일반적인 경우에는 단순한 사실의 나열이 될 위험을 가지고 있고, 너무 자세할 경우에는 많은 지식을 요구하므로 청중의 관심을 유지할 수 없다. 세부 소재를 선정하는 목적은 메시지, 즉 주제의 명확한 전달이다.

3. 선정한 소재에 근거하여 주제를 선택한다.

해설에서 다루어지는 모든 이야기는 주제와 관련되기 때문에, 주제의 선정은 전체 과정에서 매우 중요하다. 흔히 소재와 주제를 병용하여 사용하는 경향이 있지만, 소재와 주제는 매우 상이한 개념이다. 소재는 단순히 주제가 되는 사항들의 제시이지만, 주제는 청중에게 전달하고자 의도하는 메시지이다.

표 9. 소재와 소재와 관련된 주제

소재	소재1 '새'와 관련된 주제
1. 새 2. 숲 3. 화산 4. 식물간의 경쟁 5. 사막에서 사는 생물 6. 야행성 뱀 7. 강 8. 침식 9. 조림의 중요성 10. 수질 유지	"새(소재)에 대하여 생각하면, 나는 사람들이 ~을 이해하는 것이 중요하다고 생각한다."라는 질문에 대한 응답이 테마이다. 1. 조류는 날수 있도록 적응되었기 때문에 매우 흥미 있는 동물이다. 2. 자생조류들이 많이 사라지고 있다. 3. 벌새들은 헬리콥터와 매우 유사하다. 특별한 날개가 공중에서 정지하거나 뒤로 갈 수 있다. 4. 독수리나 매는 인간에게 유익하다. ....

프로그램 개발자는 주제를 구성할 때 다음의 사항을 고려해야 한다.

- 주제는 완전한 문장으로 표현되어 있는가?
- 주제는 해설 참가자의 경험을 풍부하게 할 수 있도록 대상지에 관한 이야기를 언급하고 있는가?
- 참가자와 관련 있는 주제인가?
- 개인적으로 관심 있는 주제인가?
- 참가자에게 해설 프로그램 진행 후에 해설내용을 묻는다면 주제를 언급할 수 있는가?

◆ **주제란 무엇인가?**

주제란 어떤 발표나 해설에서 가장 중요한 중심적 생각을 나타낸다. 좋은 해설이나 발표를 듣고 나면 참가자나 청중은 들었던 내용을 한 마디로 요약해서 말할 수 있어야 한다. 그래야만 좋은 해설이라고 할 수 있다. 주제를 활용하면 해설이 체계적이여 이해하기 쉽다. 일단 주제가 정해지고 나면 모든 해설 요소들은 주제를 중심으로 집중된다.

좋은 주제의 조건

1. 짧고 간결하며 완결된 문장으로 작성하라.
2. 오직 하나의 아이디어만 포함하라.
3. 해설의 총체적인 목표를 나타내라.

4. 구체적이어야 한다.
5. 사람들의 관심과 주의를 끌 수 있는 용어를 사용하라.

주제의 사례

1. 우리는 우리의 아이들을 대신해서 자연을 지킬 책임이 있다.
2. 생물 종을 보존하는 것은 생명보험을 드는 것과 같다.
3. 이 숲에서 세 종류의 개구리가 살고 있다. 그 중에서 어떤 개구리가 당신의 생명을 구할 수 있을까?
4. 어떤 동물은 체온을 유지하기 위해 행동을 바꿀 수 있다.
5. 모든 생명은 태양에 의존하고 있다.
6. 에너지는 다양한 형태로 존재하는데 때로는 아주 뜻밖의 형태로도 존재한다.
7. 살아있는 모든 것은 다른 모든 것들과 연결되어 있다.
8. 모기도 자연에서 중요한 역할을 한다.
9. 땅 속에는 놀라운 배수장치가 숨어 있다.
10. 나무의 크기를 결정하는 세 가지 요소가 있다.

(출처: Ham Sam H., 1992, Environmental Interpretation, North America Press, p.38)

4. 전체 대화의 내용을 짧은 문단으로 구성하고, 주제를 첫 번째 문장에 위치시킨다.

이번 단계는 실제 내용 구성에서 필요한 요소를 선별하는 단계이다. 처음 문장에 선정된 주제를 포함하는 것은 나머지 문장을 기술하는 동안 주제를 고려하기 위함이다.

- **2-3-1 원칙의 적용**

서론(1), 본론(2), 결론(3)을 계획할 때 본론, 결론, 서론 순으로 작업을 진행해야 한다는 원칙이다. 주제를 바탕으로 본론의 내용을 먼저 서술하고, 본론의 내용을 강조하며 주제와 본론의 관계를 명확히 하기 위한 결론을 작성한다. 그리고 마지막으로 프로그램의 전체 흐름을 파악할 수 있는 서론 순서로 작성하는 것이 충실한 내용 구성과 계획 전개를 쉽게 할 수 있다.

5. 본론의 내용을 준비한다.

개요는 5개 이내의 메인 아이디어로 구성되고, 각 아이디어는 사실, 개념, 기술적 정보 등의 주제의 명확한 전달에 도움을 주는 요소들로 구성되어 있다. 예를 들어 주제를 '다양한 야생화와 재미있는 이야기', '생활속의 야생화', '우리에게 도움을 주는 야생화'의 세 가지 아이디어로 나누었다. 세 가지 아이디어로 정리한 주제를 이용하여 본문을 구성한다.

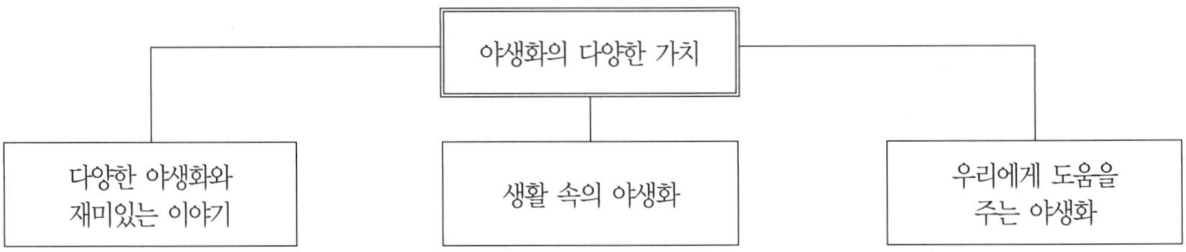

메인 아이디어	본문
다양한 야생화와 재미있는 이야기	하얀 밥알 같은 며느리 밥풀꽃 아름다운 물의 요정 수련
생활속의 야생화	집에서 즐기는 야생화 말린 야생화를 이용하여 꽃 장식하기
우리에게 도움을 주는 야생화	우리 민족의 보약 인삼 도라지의 보라색 꽃에 담긴 약효

그림 3. 본론의 내용 준비 과정(사례)

◆ 매직넘버

1956년에 심리학자 밀러는 "7±2" 원칙을 제시하면서 인간 두뇌가 동시에 수용할 수 있는 정보의 양이 대개 5가지에서 9가지 사이에 국한된다는 연구결과를 보고하였다. 그러나 야외교육이 처한 여러 가지 상황에 비추어 교육내용에 포함될 중요한 정보는 5가지를 넘지 않도록 함이 효과적이라는 것이 통설이다.

1. 1초간 다음을 보고 표가 몇 개인지 파악하여 보시오.

########

2. 동일한 방법으로 다음을 보시오.

######## @@@@####

6. 결론을 준비한다.

본론의 개요를 바탕으로 결론을 도출한다. 결론의 목적은 주제를 명확하게 하는 것이다. 주제와 본론에서 제공한 정보와의 관계를 밝힘으로써 청중에게 깊은 인상을 심어준다. 일반적으로 결론에서는 본론을 정리함으로써 주제를 강화할 수 있고, 또는 사람의 감성을 자극함으로 주제를 강화할 수도 있지만, 방법의 선택은 개인의 성격에 많이 좌우된다.

'다양한 야생화와 재미있는 이야기', '생활속의 야생화', '우리에게 도움을 주는 야생화'으로 나뉘어진 아이디어를 간단히 정리하고 각가의 항목과 주제와의 관계를 명확히 한다. 또 "우리 주변에서 쉽게 찾아볼 수 있어 지나치기 쉬운 야생화는 미적 가치 외에도 우리 생활에 많은 도움을 준다"라는 주제를 다시 한번 반복함으로써 이용자들에게 야생화에 대하여 이제까지와는 다른 이미지를 심어주게 된다.

7. 서론을 준비한다

서론의 목적은 청중의 주의환기, 주제전달 그리고 본론의 구성 암시이다. 따라서 서론은 청중의 주목을 얻을 수 있는 흥미로운 이야기로 시작하고, 그 후 주제와 본론이 어떻게 전개될 것인지를 전달하는 것이 좋다.

서론에서는 "우리 주변에서 쉽게 찾아볼 수 있어 지나치기 쉬운 야생화는 미적 가치 외에도 우리 생활에 많은 도움을 준다"라는 주제를 본론에서 '다양한 야생화와 재미있는 이야기', '생활속의 야생화', '우리에게 도움을 주는 야생화'라는 아이디어로 풀어나갈 것을 미리 알려준다.

8. 순서를 재정비하고, 내용을 통합한다.

이제 본론, 결론, 서론을 모두 갖추었다. 남은 일은 논리적 순서에 따라서 이 조각들을 배열하고 잘 연결하는 일이다. 또한 각 내용을 연결하기 위한 내용도 작성하고, 본론의 내용도 역시 더 자세하게 다듬어야 한다.

9. 적절한 제목을 선정한다.

모든 해설에 제목이 필요한 것은 아니지만, 매력적이고 주제를 설명할 수 있는 제목을 선정하는 것도 의미 있는 과정이다.

제4절 프로그램 평가

해설 프로그램이 성공적으로 진행되었는가의 여부를 어떻게 알 수 있을까? 대부분의 안내자들이나 체험 프로그램을 진행하는 사람들은 프로그램 진행 및 활동에 대해서 직관적인 평가를 한다. 하지만 프로그램의 성공여부에 대한 안내자의 직관은 종종 복합적 평가를 내리게 된다. 또한 이런 평가는 측정이 쉽지 않아, 정확한 피드백을 하기 어렵다. 따라서 안내자와 청중이 눈을 마주치는 횟수, 적극적인 참여, 질문, 심지어는 상대적인 참여율과 같은 사항에 대한 측정은 프로그램 평가의 지표가 되기도 한다. 이런 직관적 평가는 현장에서 즉각적으로 내려지고 평가 비용이 들지 않는다. 이런 평가들은 종종 피드백 수단이 되며, 또한 직관적 평가 활용을 주저 할 필요는 없으나, 모든 평가를 직관적인 평가에만 의존해서는 안 된다.

정확한 평가를 위해서 다른 소스로부터 자료를 얻는 것도 생각할 필요가 있다. 전체적으로 프로그램의 장단점을 측정하는 과학적이고 객관적인 측정 방법은 보통 비용이 많이 들고 자료 수집이 어렵지만, 안내자 자신의 '직감'적인 느낌이 맞는지를 확인할 수 있는 좋은 방법이다.

평가를 위한 몇 가지 방법

✓ 자기평가 체크리스트를 작성한다.
✓ 오디오 장치를 이용하거나 비디오로 녹화하여 리뷰하도록 한다. 이는 자기 평가에 사용될 수도 있고 동료들과 함께 평가할 수도 있다.
✓ 동료에 의한 평가를 받고 피드백을 받아, 수정사항이나 개선점을 제시하도록 한다.
✓ 전문가에게 관찰과 분석을 의뢰한다.
✓ 탐방에 참여한 사람들에게 평가와 관련된 질문을 한다.
- 익명으로 자유롭게 의견을 개진할 수 있는 상자를 만들어 둔다.
- 간단한 양식의 질문지를 만들어서 답하게 한다.
- 선택된 몇 명의 탐방객을 대상으로 질문을 하거나 평가를 받도록 한다.

이런 평가의 경우에는 질문의 목적이 무엇인가에 대해서 미리 명확하게 밝히도록 한다. 그들이 특정 포인트에서 이해를 잘 하였는지, 가장 좋았던 점은 무엇이였는지 등에 대해서 묻도록 한다.

제5장 맺음말

해설을 하다보면 다양한 상황에서 다양한 대상을 경험하게 된다. 그만큼 예측할 수 없는 일들이 많이 발생하게 된다. 따라서 해설가들에게 가장 중요한 것은 많은 경험과 상황에 대해서 대처할 수 있는 준비의 자세가 필요하다. 경험에 있어서는 자신이 직접 경험하지 않더라도 다른 해설가들이 어떻게 해설을 하고 해설 도중 발생하는 여러 가지 문제들에 대해서 어떻게 대처하는가에 대해서 살펴보는 것도 좋은 경험이 된다. 또한 사전의 철저한 준비는 해설을 더 유익하고 완벽하게 만들어 줄 수 있다는 점을 충분히 고려해야 한다.

훌륭한 해설가가 되기 위해서 가장 필요한 것은 자기 개발과 관련된 지속적인 노력과 해설에 대한 열정을 갖는 것이다. 현장에서 해설 프로그램을 진행하는 해설가가 된 뒤에도 해설의 방법과 해설의 내용 등에 대해서 자기만의 독특한 방식을 개발할 수 있도록 노력해야만 한다. 이런 노력은 해설가로서의 자긍심과 열정에서 비롯되는 것이다. 축적되는 경험과 해설에 대한 열정은 해설을 더 재미있고 알차게 만들어 줄 수 있는 기초가 된다.

또한 해설 활동은 매뉴얼화 하여 지속적으로 축적해 두는 것이 필요하다. 이는 해설 프로그램을 개발하고 이를 보완하는 주요한 자료가 된다.

국민대학교 평생교육원·(사)숲과 문화 연구회
숲해설 아카데미 전문과정

교육프로그램 운영실습

식물자원과 인간과의 관계

강 영 란
숲과문화학교/교장

목차

제1장 숲생태교육 및 숲해설의 궁극적 목표 : 교감과 나눔

인간이 한 삶을 행복하게 영위하려면 자신을 둘러싼 자연환경과 더불어 살아가는 모든 생명을 존엄하게 여기고 사랑할 줄 알며 조화롭게 살아갈 수 있는 심성을 가져야 한다.

숲생태교육 및 숲해설, 숲놀이(자연놀이)활동의 궁극적인 목표는 사회구성원들이 이러한 심성을 가지고 자연과 교감하고 나눔을 할 수 있도록 하는데 있다. 그러므로 숲해설가는 프로그램 참여자의 오감을 열어 자연과 사람, 사람과 사람이 서로 공명하며 라포(Rapport; 마음의 유대감)를 형성할 수 있게 소통의 연결고리를 만들어주고, 숲을 다양한 방법과 시각으로 바라보고 경험하게 하여, 그들로 하여금 자연으로부터 배우고 느낀 것들을 삶 속에 투영하거나 서로 나누며 어울림 할 수 있게 전문적 역량과 철학을 지녀야 한다.

또한 숲 체험과 숲 해설, 그 밖의 다양한 자연활동들은 강압되지 않은 자발적인 참여를 유도할 수 있어야 하며, 프로그램의 진행은 자연스럽게 물 흐르듯이 진행되어져야 한다. 또한 체험은 가능한 참여자가 숲과 숲을 이루는 많은 요소들과 직접적으로 만남, 접촉, 관찰, 소통을 할 수 있게 하여 숲의 아름다움, 경이로움, 감동, 환상, 새로움을 발견할 수 있도록 이끌어주어야 한다. 그럼으로써 참여자는 큰 재미와 감동, 즐거움을 얻고, 이는 곧 배움의 원동력이 된다는 사실을 잊어서는 안 된다.

숲을 통해 체득된 모든 경험은 마음과 영혼을 빛나게 하고 심신을 건강하게 하여 자연과 사람의 단절된 관계를 회복하고 그 안에서 놀며 배우며 활동하면서 사람과 사람의 관계도 끈끈한 친화력과 공동체 의식을 갖게 하고, 나아가서는 우리를 둘러싼 자연 환경 속에서 모든 생명들이 더불어 살아간다는 것을 깨닫게 할 것이다.

지상(地上)에 존재하는 모든 생명들은 제각기 절대적 자율성과 독립성을 가지고 있음과 동시에 서로 뗄 수 없는 관계로 연결되어 있다. 자연과 인간의 조화로운 삶을 보장받으려면 우리를 둘러싼 모든 환경이 균형을 잃지 않아야 한다.

따라서 숲생태교육 및 숲해설은 '나'와 '더불어 살아가는 모든 생명'의 공통적 근간이 되는 생명지지시스템(대기권-공기, 수권-물, 지권-땅, 설빙권-빙하, 생물권-풀, 나무, 곤충, 동물 등)과 자연생태계의 법칙(생산능력의 유한성, 다양성, 순환성, 상호의존성, 지속가능성)을 올바로 인식시키고, 자연과 인간의 관계를 복원하고 치유하려는 노력을 담아내야 한다.

제2장 4세대 숲해설가가 되라

10년이면 강산도 변한다는 세간의 말은 이젠 써먹기 참 무색한 말이 되었다. 사회변혁과 개발, 의식구조의 변화속도는 자연의 속도와 리듬을 거스르며 단 시일에 많은 것들을 양산해내 얼핏 보면 풍요롭게 보이지만 심층을 들여다보면 사회현상 전반에 걸쳐 '풍요 속 빈곤'이라는 모순에 빠져 있다.

우리나라 숲해설의 역사도 어느새 10년이 훌쩍 넘었다. '숲해설'이나 '숲해설가'라는 낯설고 신기했던 영역과 그 이름이 어느새 친숙해졌고, 숲의 다양한 기능과 가치에 대한 인식과 숲해설(가)의 필요성과 존재의 의미는 사회전반에 걸쳐 보편적으로 통용 될 만큼 개인의 삶 속에까지 파고들었다.

시대변화의 급물살은 사회구성원들의 삶에 대한 인식과 태도의 변화를 가져왔고, 이러한 경향은 숲에 대한 인식전환에 큰 영향을 끼쳤으며, 숲 활동 현장에서 이들을 맞는 해설가들은 그들의 욕구와 요구에 많은 변화가 있음을 누구보다 먼저 체감함으로써 스스로 보다 질 높은 산림서비스를 위해 부단한 노력을 기울이고 있다.

이 시대의 숲해설가들은 시대에 걸 맞는 철학과 자질, 전문성을 두루 겸비하지 않으면 자신이 활동하고자 하는 분야에서 경쟁력을 잃게 된다. 중요한 것은 숲해설 경력이 몇 년이 되었는가 보다 어떤 숲해설가가 될 것인가에 대해 스스로 화두를 던져보아야 한다.

숲해설가들 중에는 자신의 해설 및 여러 활동 속에 시대적 담론과 범지구적 당면과제에 대한 깊은 철학과 지식, 나아가서는 실천적 의지와 가치를 담아내는 해설가들이 있는가 하면, 변함없이 1세대적 사유와 발상에 머물러 스스로를 변화시키지도 않고 진화시키지 않는 해설가도 있다. 어떤 숲해설가로 살며, 자신이 하는 일에 어떤 가치를 추구할 것인지는 해설가 각자의 몫이다. 여기 숲 활동 현장에서 오랜 동안 지켜본 몇 가지 숲해설(가) 유형을 필자의 임의로 네 가지 유형으로 풀어본다.

첫째, 1세대 숲해설가 유형. 숲해설 초심자 때 누구나 한번쯤 겪었을 수도 있고, 한 때의 자화상이라 여기는 이도 분명 있을 것이다. 1세대 유형은 식물의 본질을 들여다보는 일은 뒷전이고 식물이 우리에게 주는 효능이나 약리작용과 소장 가치에 특별한 관심을 갖는 유형이다. 그러한 관점에서 탐방객들에게 제공된 식물에 대한 지식과 정보가 자신도 모르는 사이 산림훼손과 자생지 식물 훼손의 동기유발을 제공한다는 사실을 주의 깊게 인지하지 못하고 그런 정보와 지식을 많이 알고 많이 나눌수록 좋은 서비스를 제공한다고 여기는 유형이다.

둘째, 2세대 숲해설가 유형. 풀, 나무 이름을 많이 알고 있어 '걸어 다니는 식물도감'이란 호칭을 듣고 싶어 하는 해설가 유형. 탐방객의 관심과 흥미에는 아랑곳 하지 않고 자기일변도로 지식과 정보를 쏟아내며 탐방객에게 주입시키고 가르치려 하는 유형이다. 그 앞에만 서면 함께 공부한 동료들도 기가 죽어 그처럼 되지 못하면 숲해설 현장에 쉽게 발을 내딛을 수 없다고 여기게 만드는 사람이다.

지금 당장 식물 이름을 다 모른다고 기죽을 것 없다. 몇 달 동안의 공부로 식물의 이름을 어찌 다 알 수 있겠는가. 세상에 노력하지 않고 내 것이 되는 것은 없다. 숲해설가는 눈과 귀, 발, 비용, 시간의 품을 많이 팔아야 한다. 늘 숲과 가까이 하고 식물들을 자주 눈 맞춤하며 교감할수록 예전에 보지 못하던 세계를 들여다보는 경이로움을 맛보게 될 것이다.

그러므로 걸어 다니는 식물도감이 되는 것 보다 먼저 내 마음 안에 풀 한 포기 나무 한그루를 살게 하는 일이 더 중요하다.

셋째, 3세대 숲해설가 유형. 숲을 찾는 탐방객들은 어느새 해설가 중심적 해설에 식상해졌다. 게다가 탐방객 입장을 배려하지 않은 해설가 일변도의 자연탐구나 지식 및 정보 전달식 해설에서 얻을 수 있는 것 보다 더 치밀하고 잘 정돈된 자료들이 세상에는 넘쳐난다. 이들은 이미 정보의 바다 속에서 검색하고 오거나 사전에 다 학습하고 오는 경우가 대부분이다. 프로그램 참여자나 탐방객들은 자신이 어디서나 구할 수 있는 지식과 정보가 듣고 싶어 온 것이 아니라 이야기를 들으며 소통, 치유와 휴식을 통해 생활 속의 에너지를 충전하고 싶은 것이다. 탐방객은 숲과 숲의 생명들이 살아가는 수많은 스토리를 듣고 싶어 할 만큼 여유로워졌고 성숙해졌으며 기다릴 줄 알게 되었다.

따라서 숲해설가들은 프로그램 참여자에게 알리고자 하는 바를 재미있고 생생한 이야기로 설득력 있게 전달할 수 있어야한다. 그러기 위해 활동 장소의 스토리가 될 만한 소재들을 발굴하기 위해 대표자원을 찾아내고, 탐방객 특성을 살피고, 해설 및 활동 목표를 설정하고, 테마를 발굴해 스토리를 들려주려고 노력해야한다.

넷째, 4세대 숲해설가 유형. 식물을 예로들어 1, 2세대적 숲해설 방법이 어떤 식물의 이름, 특성, 성분, 이용정도 등, 식물의 이용적, 지식적 관점에서 접근하였다면, 4세대 숲해설은 어떤 식물의 모양, 색깔, 향기, 맛, 촉감 등, 숲과 숲에서 살아가는 모든 생명체가 지니고 있는 고유한 본질에 접근한다.

식물의 탄생, 숲의 탄생, 인간의 역사를 통해 식물자원과 인간의 관계를 이해하고 통찰함으로써 식물의 삶이 인간의 삶에 얼마나 큰 영향을 주었는지, 한 생명으로서 '나'의 근원이 숲에서 비롯되었음 알게 하고, 숲의 소중함과 보전 가치에 깊게 인식하도록 접근한다.

또 식물들의 탄생과 성장과 변화와 소멸의 모습을 내면까지 들여다보며 이들의 삶이 인간의 생로병사와 하나도 다를 바 없음을 통해 나의 삶을 성찰하고 참다운 나를 발견할 수 있도록 연결시켜주는 것이다.

4세대 숲해설가는 자기 안에 집 한 채를 지어야 한다. 마음의 집, 영혼의 집 속에 나무를 키우지 못하고 숲을 가꿀 수 없다면 어찌 나무와 숲을 찾는 이들에게 숲 이야기를 전할 수 있으며, 자신이 먼저 숲과 나무를 통해 즐거움과 행복을 얻지 않고서 어찌 숲을 찾는 이에게 재미와 감동을 줄 수 있겠는가.

그리고 숲에서 치유활동을 하고자 한다면 자신이 먼저 숲의 치유력을 경험하며 스스로를 치유해야 한다. 그렇지 않고서 치유의 도움이 필요한 탐방객에게 어떻게 치유활동을 할 수 있으며 숲과 나무들의 전언을 사람들에게 오롯이 들려줄 수 있겠는가.

또한 4세대 숲해설가는 숲에서의 활동이 지구의 당면과제인 기후변화 문제와 우리 사회 안에 만연한 병(자존감 결여, 불안, 우울, 스트레스, 환경성질환, 생활습관병 공동체 붕괴, 폭력, 자살, 인터넷 중독, 주의력결핍과잉행동장애 등)이 치유하는데 혼신을 다해 기여해야 한다.

자연과 사람, 사람과 사람이 경쟁과 불협화음의 대상이 아닌 서로 존중하고 배려하고 겸양하는 태도를 갖출 수 있도록 숲 리더로서의 필요한 철학과 자질과 전문화된 역량을 갖추기 위해 끊임없이 자신을 연마해야 한다.

제3장 숲해설가의 기획능력 강화의 필요성

제1절 기획이란 무엇인가?

기획은 전략과 같은 사고도 아니며, 계획 같은 실시 프로그램도 아니다. 기획의 진정한 존재 이유는 그것이 주로 인간의 마음을 움직여 이끌어내고 매력적이거나 구체적인 어떤 상품이나 목적을 전달하는 수단이 된다는 점에 있다. 좀 더 쉽게 정리하자면 기획을 한다는 것은 어떠한 방침이나 전달하고자 하는 것을 사업의 발주자, 동료, 혹은 다양한 대상들에게 이해시키기 위한 커뮤니케이션 기술이라 할 수 있다.

어떤 일을 해결함에 있어서 사람마다 제각기 다양한 방법으로 풀어가지만 그 유형은 기획형과 행동형으로 나누어 볼 수 있다. 기획형은 일을 처리할 때 언제나 기획이라는 단계를 밟아서 일을 처리하는 사람이고, 행동형은 이 단계를 생략하고 먼저 행동으로 옮기는 사람이다. 행동형에 비해서 기획형은 우선 필요한 정보를 수집하고 취해야 할 행동방침을 결정한다. 그런 다음 관계자에게 연락하고 의견을 수렴하여 최종적으로 행동에 옮기게 된다. 이렇게 말하면 기획형 쪽이 훨씬 유리할 것 같지만 실제로는 그렇지도 않다. 경험이 풍부한 영역이나 정보가 불충분한 영역에서는 행동형이 훨씬 목적에 빨리 달성하는 경우가 많고, 시행착오 결과보다 많은 경험을 얻기도 한다.

그러나 기획형이 절대적 우위를 차지하는 한 측면이 그것은 바로 커뮤니케이션이다. 기획형은 정보수집, 분석, 설명과정에서 여러 사람에게 자신의 기획의도를 정확하게 알릴 수 있고 그 결과 사전에 문제점이나 잘못을 지적 받을 수 있으며, 자신의 의도를 다른 사람에게 충분히 이해시킬 수 있다.

- 기획형 ⇒ 우선정보분석 ⇒ 커뮤니케이션 ⇒ 목표달성
- 행동형 ⇒ 우선행동 ⇒ 시행착오 ⇒ 목표달성

제2절 기획, 계획, 전략의 차이

기획은 계획과 아주 비슷한 것 같지만 그 의미는 매우 다르다. 계획이 업무의 실행을 목표로 한다면, 기획은 사람의 마음을 끌어들이는 새로운 것들을 조절하고 최종 수요자를 크게 의식하는 마케팅 지향성이 강하다. 따라서 기획은 하드보다는 정보와 소프트를 강하게 지향하고, 최종 수요자를 의식하므로 감성지향도 매우 강한 특성을 지니게 된다.

기획은 전략, 전술과 구별되지 않고 사용하는 경우가 있다. 이들을 좀 더 쉽게 표현하면 전략은 헤드워크, 전술은 풋워크, 기획은 핸드워크라고 할 수 있다. 전략(헤드워크)는 머리싸움, 전술(풋워크)은 행동이나 직접 업무의 구조를 만드는 것, 기획(핸드워크)은 구체적인 연구이다. 물자와 상품이 적었던 시대에는 기술 자체가 기획이었고, 하드자체가 매력을 발하던 시대에는 기술적 연구가 기획이었으나 기술이 진보하다보니 하드가 소비자로부터 멀어지고 소비자와 직결되는 기획이 부상하게 된 것이다. 결론적으로 기획이란 어떤 목표를 정해서 거기에 도달하기 위해 행하는 구상 · 제안 · 실천의 모든 작업을 말하며, 계획이란 이들과 관계되는 스케줄을 짜는 절차라고 할 수 있다.

제3절 기획의 3가지 요건

기획한 것이 인정받지 못했다면 중요한 무언가가 결여되었다는 것인데 기획에 있어 중요함이란 신선함, 적확함, 달성하고자하는 가치이다.

새롭지 않으면 기획이 아니다. 누군가로부터 기획을 요청받았을 때 기존에 다루어진 내용들을 만들어 냈다면 그것은 이미 기획이 아니다. 기획서가 반려되었거나 좋은 평가를 받지 못했다면 우선 자신의 기획이 되풀이되는 진부함을 담고 있지 않은지 검토해 보아야 한다.

기획에 있어서는 대상에게 기획력 없이 무작정 안내만 하는 사람과는 달리 상사나 고객, 동료 등이 여러 가지로 기획내용을 검토해주기 때문에 엉뚱한 방향으로 대상을 유도하는 일은 거의 없다. 그러나 본인이 의도했던 것과는 전혀 다른 기획서가 자기에게 되돌아 올 수가 있으니 자신이 검토해야 할 기획안의 달성목표가 무엇인가를 끊임없이 확인해야 한다. 그리고 기획내용이 혁신적이라 하더라도 기획자에게 요구되는 주제에서 벗어난 기획안은 쓸모없는 것이므로 기획의 적확함을 확인해야 한다.

또한 기획이 달성하고자 하는 가치가 결여되어서는 안 된다. 얻을 수 있는 효과에 비해 실행에 비용이 너무 많이 드는 경우라거나 얻을 수 있는 효과가 단순한 화제 거리일 뿐 활동의 역량향상이나 이미지에 반영될 가능성이 부족한 경우, 그리고 기획자의 취미나 기호가 선행되어 기획 실행 후에 남는 것이 없을 경우 달성 가치가 결여될 수밖에 없다는 것을 명심해야 한다. 여기서 말하는 달성하고자 하는 가치란 단순히 활동에서의 부가가치 획득뿐만 아니라 단체나 활동가들의 사회적 책임이나, 도덕성의 확보, 문제 해결, 사기 진작, 전문성강화와 이미지 향상 등 매우 다양하다.

제4절 기획에 필요한 능력

1. 정보수집력 : 필요에 따라 다양하고 많은 정보를 수집할 수 있다.
2. 표현력 : 기획한 내용을 알기 쉽게 매력적으로 잘 표현할 수 있다.
3. 분석력 : 사물이나 개념을 분석하고 정리하여 분명히 할 수 있다.
4. 설득력 : 기획한 내용을 관계자에게 이해시키고 승인을 받을 수 있다.
5. 예지력 : 상황을 꿰뚫어보고 사물의 변화 상태와 미래를 추출할 수 있다.
6. 판단력 : 기획의 좋고 나쁨을 파악하여 신속하게 의사결정 할 수 있다.
7. 창의력 : 아이디어를 전개해 나갈 수 있다.
8. 실행력 : 기획한 내용을 매끄럽고 확실하게 실시 할 수 있다.

제5절 기획 작업의 기본적인 흐름

1. 분석 : 기획테마 확인 ⇒ 정보 수집 · 분석 ⇒ 현상파악 · 과제도출
2. 발상 : 실행 방법 및 컨셉 확정 ⇒ 아이디어 창조 · 제시
3. 구상 : 아이디어 정리 ⇒ 계획 입안 ⇒ 기획서 작성
4. 구체적 실행 : 프레젠테이션 ⇒ 실행시나리오 작성 ⇒ 실행

제6절 기획 5W 3H 체크리스트

표 1. 기획의 5W 3H 체크리스트

5W		
① Why	이유	무엇을 위해
② What	목적	무엇을
③ Whom	대상	누구에게
④ When	시기	언제
⑤ Where	장소	어디서
3H		
① How	방법	어떻게
② How much	예산	얼마만큼의 비용으로
③ How long	기간	언제까지

제4장 숲해설프로그램 기획 및 운영실제

제1절 숲체험 및 숲해설 활동의 기획(PLAN) → 운영(DO) → 확인, 평가(CHECK)의 중요성

숲 체험 및 해설 활동은 사람과 숲과 잦은 접촉을 하며 스스로 행동하고 오감으로 교감하며 쌓아가는 배움의 과정이다. 어린아이들은 자신이 타고난 장점과 강점을 마음껏 발현하며 자신의 사람의 주체가 되어「스스로 그러할 수 있는 힘」,「살아가는 힘」을 배우고, 일상에 지친 삶을 치유하고 기존의 삶의 방식과 태도에 대한 사고의 전환의 기회를 갖는 기회가 되고, 국가와 기업은 범국가적 복지문제와 환경문제를 테마로 한 국민과 지역과의 커뮤니케이션 할 수 있는 방법으로서 점점 더 기대가 높아지고 있다.

국민의 41%가 월 1회 이상 숲을 찾고, 좋아하는 활동 1위가 등산으로 꼽힐 만큼 숲에 대한 수요가 크게 늘고 숲에 대한 기대가 큰 만큼 국가 또한 생애주기별 대상들의 산림문화, 산림휴양, 산림치유 활동

교육 등의 산림복지서비스를 통한 국민의 행복과 건강시대를 열어가고 있다. 이에 발맞춰 산림복지서비스를 제공할 다양한 인력들과 전문성과 프로그램의 질 또한 지속적이고 단계적으로 달라져야 하는데 산림분야 전문인력의 전문성과 프로그램의 질을 계속해서 높이기 위해서는 달성하고자 하는 목표를 적절하게 기획(PLAN)하고, 운영(DO)하고, 그 성과를 확인(CHECK) 하여 다음 프로그램을 개선하는 습관은 해설가 개인으로서도 조직으로서도 몸에 익혀야한다.

기획(PLAN) ⇒ 운영(DO) ⇒ 확인(CHECK) 대로 시작하려면 특별한 준비가 필요한 것은 아니다. 현재 실시하고 있는 프로그램에 대해서 준비 중, 프로그램 실행 중, 프로그램 종료 후에도 생각한 대로 되고 있는지 확인하면 된다.

■ **확인(CHECK)=평가는 개선의 기회**

준비는 대부분 어수선하고 스텝도 부족한 경우가 많기 때문에 확인(CHECK)까지는 신경 쓸 겨를이 없을 수도 있을 것이다. 그러나 보다 좋은 프로그램을 실현하기 위해서는 냉정한 상황판단과 개선을 위한 노력이 필요하다. 확인(CHECK), 냉정한 자기평가의 기회나 많으면 많을수록 개선의 기회가 많아지게 된다. 시작부터 끝까지 되돌아보지 않는다거나 뒤풀이밖에 되지 않는다면 스스로 개선의 기회를 저버리게 된다.

자기 확인을 하는 시점은 기획단계, 준비단계, 실시단계, 종료직후단계, 종료 후 약간의 시간경과단계 5개의 시점에서 가능 하다. 5개의 시점 중에서도 특히 준비단계, 실시단계 중에는 자주 확인을 반복하여 가능한 한 개선의 여지를 만들고 행해야 한다. 자신들의 프로그램의「확실함」을 높이기 위해서는 현 상황을 정확히 이해하고 원인을 파악하고, 대책을 세워서 실시하고 그 성과가 어떻게 되었는지를 확인하는 습관도 몸에 익혀야한다. 그 습관을 공유하는 것은 사례를 통해 다음 판단을 위한 기준을 공유하게도 되는 것이고 조직에 있어서는 리더를 육성하는 귀중한 기회가 되기도 한다.

■ **참여자와 관계자의 목소리에 귀기울이기**

사업을 평가할 때에는 참가자와 관계자로부터의 목소리에도 귀를 기울여야 한다. 주된 관계자로서 협력자(의뢰자, 자금제공자, 자원활동가)와 지역주민, 관계관공서 등을 들 수 있다.

개선을 위한 노력을 게을리 하는 것은 참가자와 협력자의 기대를 얕보는 것이 된다. 자기확인은, 지금까지는 잘 못해왔다는 것을 스스로 명백히 하는 것도 된다. 냉정하게 스스로의 현상태를 확인하고 작더라도 구체적인 개선을 해나가는 것이 나 자신에게 뿐 아니라 사회와 자연을 위한 큰 공헌으로 연결된다는 사실을 해설가들은 확신하고 지속적으로 노력해나가야 한다.

제2절 기획

양질의 숲해설 및 숲체험활동을 제공하기 위해서는 목적과 그것에 맞는 시간과 장소, 그리고 지도자와 참가자와 물품을 갖추어 전개줄거리를 쓰는 것(기획서 작성)이 매우 중요하다.

- 계획서를 작성한다.
- 프로그램 활동의 사회적 역할을 이해한다.
- 프로그램 및 프로그램 활동의 의도와 목적을 명확히 한다.
- 프로그램 대상자를 정하고, 대상자에 대해 이해하도록 한다.
- 프로그램이 다른 것들과 다른 점을 명확하게 한다.
- 프로그램에 알맞은 활동내용과 활동장소를 준비한다.
- 프로그램 수행과 관련된 법규를 파악한다.
- 프로그램 수행시 사용할 시설과 교통기관 등의 절차 등을 알아본다.
- 프로그램 수행시 사용할 시설, 활동장소의 사전답사를 진행한다.
- 프로그램 수행시 관계자의 도움이 필요한 경우 협력을 구한다.
- 알기 쉽게 프로그램 수행을 위한 기획서 및 프로그램 계획서를 작성한다.

제3절 프로그램 운영

실제로 참가자를 맞이하여, 진행자와 함께 지내고 좋은 배움을 해나가기 위한 관계형성이 시작된다. 또 자연 속에서의 체험 프로그램이 전개되어 가는 것에서 참가자끼리의 관계와 한 사람 한 사람의 내면 속에 다양한 프로세스가 생겨나게 된다. 그것을 돕고 촉진시켜 주는 역할도 매우 중요하다.

1. 개회 시

- 목적을 전달한다.
- 생활에 대한 오리엔테이션을 실시한다.
- 아이들의 목적적과 기대를 전체적으로 공유하는 기회를 가진다.
- 프로그램의 시작 단계에서 불필요한 긴장과 걱정을 없애준다.
- 아이들의 반응을 잘 살핀다.
- 스탭과 아이들 사이에 좋은 관계를 만든다.

2. 일정 중

- 활동내용과 지도방법이 적정한 것이었는지를 확인한다.
- 아이들에게 필요한 정보를 그 때 그때 적절하게 전달한다.
- 프로그램에 대한 아이들의 반응에 적절하게 대응한다.
- 안전관리에 충분히 배려한다.
- 자연환경을 충분히 배려한다.
- 날씨의 변화 등의 상황에 따라 유연한 대응을 실시한다.
- 아이들끼리가 교류하는 자유시간과 장소를 가진다.

3. 폐회 시

- 관계된 교통기관에 이상이 없는지를 확인한다.
- 숙박 시 퇴실 상태가 적절한지를 확인한다.
- 아이들이 일정 중에 체험을 되돌아볼 기회를 가진다.
- 참가자로부터의 의견을 받는다.

제4절 평가

평가는 사업 및 프로그램의 성과를 재어보고 관계된 스탭들의 성장과 사업자체의 개선과 성장을 위해 실시하는 것이다. 참가자와 보호자를 비롯한 다양한 관점으로부터의 feedback 을 얻어 종합적으로 완성시켜야 한다. 또 다음 실시를 위한 구체적인 실천을 생각해 두도록 한다.

- 참가자로부터의 클레임과 피드백을 스탭들끼리 공유한다.
- 참가자의 만족도, 목적 달성도를 재어보자.
- 실시하여 얻은 것을 스탭들끼리 공유한다.
- 다음번에 개선을 위해 구체적인 제안을 한다.
- 결과보고서 작성을한다.
- 아이들과의 사후 커뮤니케이션을 가진다.

제5장 숲해설프로그램 운영실제

제1절 숲해설프로그램의 사전 준비과정 7단계

1. 주제잡기 - 이 해설을 통해서 나는 무엇을 말하고자 하는가?
2. 목표잡기 - 나는 그것을 왜 말하고자 하는가?
3. 청중분석 - 내가 그것을 말하여 목표를 달성해야 할 청중은 어떤 특성을 가지고 있는가?
4. 자료수집 · 정리 - 효과적인 내용구성을 위하여 무슨 자료를 더 찾아야 하는가?
5. 시나리오 작성 -무슨 내용을 어떤 순서로 말할 것인가?
6. 도움자료 제작 - 효과적인 전달을 위하여 무슨 자료/도구가 필요한가?
7. 리허설 - 나는 많은 사람들 앞에서 흡입력 있게 해설 할 수 있는가?

제2절 연령별 발달단계 및 특성

인간의 연령별 발달단계 및 특성은 표2.에 제시된 바와 같이 정리할 수 있다.

표 2. 연령별 발달단계 및 특성

발전단계/ 나이	1-7세	8-14세	15-21세
발전단계 초기의 신체적인 발전충동	출생	이갈이	사춘기, 성적인 성숙
중심적인 발전의 측면	몸의 발전	심적인 발전	정신적-지적 발전
중심적인 학습의 측면	모방적인 학습	조형적인 학습 언어습득	사물의 인식 추상, 연결
교육자와 부모에 대한 관계	명목적인 신뢰 신체적이고 실존적인 의존	권위의 신봉 심적인 의존	비판적인 거리 정신적인 의존/논의
이상적 교육	선(善) 체험 감사할 줄 알게 함	아름다움의 체험 사랑과 동정을 이끔	진리의 체험, 실천적 의지, 행동 채비

발전단계/ 나이	1-7세	8-14세	15-21세
자연환경과의 관계	나와 세계는 하나, 선물로서의 자연, 놀이로 자연을 지각	나와 환경의 순차적인 분리, 수수께끼로서의 자연, 자연발견 · 탐구	나와 환경의 분리, 과제로서의 자연, 목적을 가지고 자연현상을 파악
숲 교육에서 중심이 되는 주제와 학습형태	감각적인 경험, 부분들의 체험, 동화 · 모방 놀이	감각체험, 동작과 모험, 숲 속의 동물, 환상적인 이야기, 개인과의 관계	생태 · 자연보호 · 경제적인 유용성, 작업, 보편적인 인간과의 관계

제3절 자연이나 숲에 대한 올바른 접근 방법

독일의 Jassen은 자연이나 숲에 대한 올바른 접근방법을 다음과 같은 단계로 설명하고 있다.

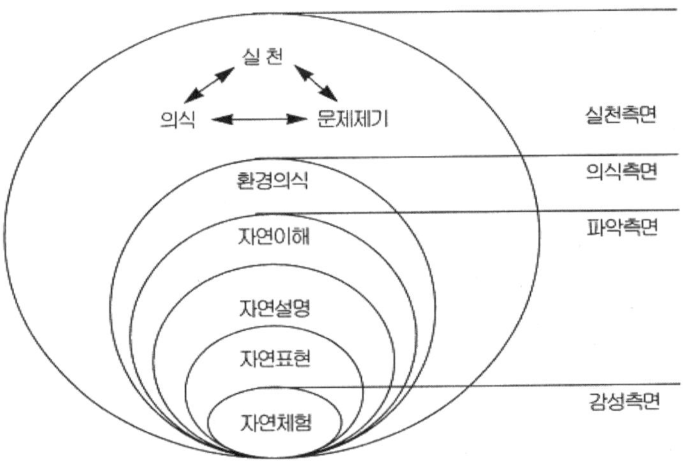

그림 1. 자연과 숲에 대한 올바른 접근방법(Jassen, 1998)

제4절 효과적 숲해설을 위한 7요소

1. 표정 - 해설 성공의 90%는 첫인상이다.
2. 시선 - 부드러운 시선의 균등배분

3. 목소리 – 악센트와 사이런트 그리고 맨 뒷사람 배려
4. 화법 – 누구나 존대어. 표준말 확신을 주는 말
5. 자세 · 제스처 – 확고함. 헛 몸짓 없이, 손은 허리와 목 사이에서만 움직임
6. 움직임 – 목적 있는 움직임만 사용. 그 외엔 산만해보이고 참가자의 집중력을 떨어뜨림
7. 복장 – 단정하게, 너무 튀지 않게

제5절 시나리오 작성의 구조

1. 들어가기 – 인사, 주의, 집중, 일정, 내용 등 안내
2. 본론 – 매 안내 지점 마다 〈들어가기–본론 –마무리 〉를 한다.
3. 마무리 – 요약하기, 질문받기, 소감, 인상 깊게 마무리하기(끝)

제6절 기타 해설 시 주의할 점

- 숲탐방로에 설치된 안내 설명판만을 맹신하지 말 것.
- 특별한 동식물만이 아니라 숲에 모든 존재에 대해 대해서도 관심을 가질 수 있게 할 것.
- 장황한 설명을 통해 가르치려 하지 말고 대상에 대해 먼저 이해하고 그들의 특성에 맞게 접근 할 것.
- 반드시 직접 체험을 하게 한 후 설명은 나중에 할 것.
- 숲을 볼 줄 아는 눈과 마음을 심어줄 것.
- 숲에 대한 꾸준한 관심을 유도하여 숲에 대한 자신만의 시각을 길러낼 수 있는 힘을 만들어 줄 것.
- 안전관리

제7절 숲해설프로그램 및 자연놀이 계획서 양식 (예시1-2)

표 3. 예시 1: 숲해설프로그램 계획서

숲해설프로그램 계획서

<table>
<tr><td>프로그램명</td><td colspan="3"></td></tr>
<tr><td>대 상</td><td></td><td>계 절</td><td></td></tr>
<tr><td>인 원</td><td>명</td><td>소요 시간</td><td></td></tr>
<tr><td>장 소</td><td></td><td>준비물</td><td></td></tr>
<tr><td>프로그램 개요</td><td colspan="3">- 프로그램의 개요</td></tr>
<tr><td>프로그램 목적 및 기대효과</td><td colspan="3">- 활동목적, 기대효과 등을 소개</td></tr>
<tr><td>활 동 내 용</td><td colspan="3">○ 활동내용(또는 순서)
- 프로그램의 활동 및 진행순서, 소요시간 등을 작성(도입, 전개, 마무리)</td></tr>
<tr><td>참 가 자 주 의 사 항</td><td colspan="3">- 유아숲체험 프로그램 참여시 주의할 사항(안전사고 등)</td></tr>
<tr><td>평 가 방 법</td><td colspan="3"></td></tr>
<tr><td>첨 부 자 료</td><td colspan="3">참고자료
설명자료(지도사용, 참가자용, 사진 등)</td></tr>
</table>

표 4. 예시2: 자연놀이 프로그램 계획서

프 로 그 램 명	가을 숲속의 비엔날레(자연물 설치미술)
개 발 자	숲과문화학교
대 상 연 령	만4~5세
소 요 시 간	60분
활 동 목 표	* 덩굴 식물을 이용해서 직조 짜기를 할 수 있다. * 짜인 그물망에 여러 가지 자연물을 장식 할 수 있다. * 꾸며진 작품을 감상 할 수 있다.
활 동 영 역	* 자연탐구영역-호기심을 가지고 주변 세계를 탐구하고 덩굴식물과 자연물에 관심을 갖고 관찰 할 수 있다. * 사회성 영역-자신과 친구의 생각을 존중하여 놀이를 할 수 있다. * 예술경험영역-다양한 색을 통해 자연의 아름다움에 관심을 가지고 예술경험을 즐기며 창의적으로 표현하는 능력을 기른다.
기 대 효 과	* 숲에 있는 자연물로 창의적인 작품을 꾸밀 수 있다. * 자연의 아름다움을 표현 할 수 있다.
교 사 역 할	* 아이들이 흥미와 참여도를 잘 관찰하고 아이들이 완전하게 활동 할 수 있도록 한다. * 아이들이 의견 충돌 없이 서로 존중 하면서 작품을 완성할 수 있도록 한다.
준 비 물	없음
활 동 방 법	▶도입 - 산을 오르거나 주변에 있는 덩굴 식물의 다양한 모습을 탐색한다. - 덩굴식물의 다양한 모습을 통해 오른쪽 감기, 왼쪽 감기, 빨판으로 붙은 덩굴 식물 등이 있다는 것을 알아본다. - 칡덩굴을 이용하여 무엇을 만들어 볼 수 있을까? 아이들과 함께 이야기해 본다. ▶ 전개 * 덩굴식물과 숲속에 여러 자연물을 이용해서 가을 숲속의 비엔날레 꾸미기를 해본다. - 아이들의 생각을 존중하여 모둠을 나눈다. - 규칙을 아이들과 함께 정한다. - 노래를 (달팽이 집을 지읍시다, 코끼리가 거미줄에 걸렸네 등) 부르면서 나무와 나무 사이를 여러 가지 덩굴 줄들을 이용해서 가로로 계속 엮어 나무에 고정해서 묶어 준다. - 세로로 칡덩굴이나 다른 덩굴식물을 이용해서 엮기를 한다. - 아이들이 원하는 가을 숲에 있는 다양한 자연물을 주워 온다. - 그 자연물로 꾸미기를 한다. 1) 가로로 한 줄씩 놓은 후에 나무에 묶는다. 2) 세로 엮기를 한다. 3) 가을 숲에 있는 다양한 여러 가지 자연물로 꾸미기를 한다. * 아이들이 자기들의 모둠끼리 만든 작품을 감상할 시간을 가져본다. ▶ 정리 * 느낌나누기 - 잘한 작품을 고르는 것이 아니라 아이들이 서로의 생각을 모두 손을 잡고 원을 만들어서 이야기 하고 들을 수 있는 기회를 준다. - 자연에서 하는 미술이 재미있었는지 힘들지 않았는지 그런 느낌과 생각을 서로 나누어 본다.
관 찰 사 항	
사전준비사항	

국민대학교 평생교육원·(사)숲과 문화 연구회
숲해설 아카데미 전문과정

교육프로그램 운영실습

숲과 문화와의 관계

IV

박 봉 우
강원대 조경학과/교수

목차

제1장 숲과 인간

숲은 인간이 지구상에 나타나기 이전부터 있었다. 숲이 지구상에 나타나기 시작한 것은 약 3억 5천만 년 전부터이고, 석탄기인 2억 7천만 년 전부터 2억 2천만 년 전 기간 동안에 극성기에 달하면서 지구 역사상 처음으로 대규모의 숲을 형성하게 된다. 석탄기 이후 약 2억만 년 전인 페름기에 지구는 빙하기를 겪게 되는데, 이 시기에는 예전 형태의 동식물들의 생활이 상당한 범위에 걸쳐서 파괴되었고, 새로운 형태로 발전되기 시작하였다. 이후 약 5 천만 년 전에 제 2기가 시작되면서 오늘날 우리가 알고 있는 수목들이 존재하게 되었다(Seward, 1941).

이에 비하여 인간이 지구상에 등장한 것은 약 200만 년 전이고, 빙하기의 후퇴와 더불어 각종 동물군이 새로운 산림 내로 이동하게 되자 수렵하는 인간 역시 이들을 쫓아 이동이 심하게 되었다. 이와 같이 달라진 새로운 환경에 적응하기 위해 인간의 생활양식에 변화를 보이게 된 것은 지금부터 약 1만 년 전인 '중석기 시대'부터 이다. 중석기에 처음으로 마제석기가 제작되었는데, 마제석기의 출현에 의해 나무 등을 잘라서 공작하는 기술이 발달하게 되었고(김동집, 1972), 도구의 사용은 주변 환경에 커다란 영향을 미치게 되었다. 이처럼 인간이 지구상에 나타나 생활하면서부터 평화스럽게 존재하던 숲에는 일종의 동요가 일게 되었다. 자기 무리를 조절할 줄 알아 생태계의 법칙에 충실하게 순응하면서 숲과 함께 평화로움을 유지해온 여타의 동물들과는 달리 인간은 처음부터 자기 의사에 맞추어 인위적으로 숲을 이용하였다. 물론 초기의 인간에게는 숲은 위험스럽고, 다른 한편으로는 경외의 대상이었지만 점차 식량을 얻는 곳이 되었고, 거처하는 곳이 되었다. 이후 불과 도구의 사용이 시작되면서 숲은 인간이 필요로 하는 기본 자원을 공급해 주는 곳, 필요한 자원을 무한정 가져다 쓸 수 있는 곳간이 되었다. 문명이 발달함에 따라 숲은 기구, 농기구, 선박, 종이 등을 만드는 원재료를 공급하는 자원 공급처로의 요구는 가중되었고, 최근에 이르러서는 생명지지체계로의 기능을 다 하도록 하는 또 다른 요구에 직면하고 있다(박봉우, 1992).

숲과 인간이 맺어온 이러한 관계는 굿카인드(Gutkind, 1952)가 인간과 자연간의 관계를 '나-당신(I-Thou)'과 '나-그것(I-It)'의 관계로 파악한 것에 대입할 수 있을 것이다. 굿카인드가 설정한 '나-당신'의 관계는 인간과 자연사이의 상호적응을 나타내고, '나-그것'의 관계는 서로 소원한 관계를 나타낸다.

굿카인드는 자연환경에 대한 인간의 태도 변화를 '나-당신'과 '나-그것'의 관계로 다음과 같이 4단계로 구분하였다. 첫 단계인 '나-당신'의 관계는 안전을 위한 욕망으로 자연의 예측할 수 없는 힘에 대한 두려움으로 요약된다. 이것은 사냥을 하고 생존을 위해서는 다른 개인들과의 협력이 필수적인 농경 원시사회에서는 일반적인 형태이다. 두 번째 단계는 '나-당신'의 관계가 지속되는 단계로, 인간은 환경에 대한 적응을 더욱 진전시키고, 자기 수련을 위한 과정의 하나로 자연의 도전을 받아들인다. 즉 사람들은 자연에 대한 자신의 한계를 인식하고 자연과 함께하려고 한다. 여기서 자연에 대한 세심한 주의가 기울여지고, 치수와 관계사업과 같은 조치를 취하게 된다. 세 번째 단계는 두 번째 단계에서 시작된 환경에 대한 조심스런 조정은 점차 자연에 대한 공격과 지배로 나타나 '나-그것'의 관계를 형성한다. '나-그것'의 관계는 기술적인 개발이 진전되면서 자연을 대상으로 보아 자원으로의 사용가치에 중점을 두고 수탈하고 그러한 과정에서 오염을 발생시키는 등 자연에 대한 비인간화의 결과가 나타난다. 네 번째 단계는 미래로 설정된 단계로, 자연에 대한 책임과 자연과 합일하는 시대이다. 자원의 고갈을 인식하게 되고, 환경오염으로 인한 환경의 질적 저하를 실감하게 되면서 세 번째 단계에서 구축된 '나-그것'의 관계를 재검토하면서 자연과 공존하기위한 가치관의 전환을 모색하면서 보다 발전적인 면에서 '나-당신'의 관계 회복을 추구하는 것이다.

20세기 말에 새롭게 환경 문제에 눈을 뜨면서 21세기를 생물다양성 혹은 생물보전의 시대로 만들어 가려고 노력하고 있는 현 세계는 굿카인드가 구분한 세 번째 단계를 넘어서 네 번째 단계로 나아가려고 모습을 보여 주고 있다.

제2장 숲과 삶

우리 삶에서 산과 숲의 의미는 무엇일까? 어떤 관계를 맺고 있을까? 『설문해자』에 의하면, 산은 "산선야, 위능선산기, 생만물야(山宣也, 謂能宣散氣, 生萬物也)"라 하여, 베풀고, 기를 만들고 베풀어 만물을 생성하게 하는 것으로 보았다. 우리가 왜 산에 기대고 사는가를 보여주는 사고방식의 표현이라고 할 수 있다.

우리는 산이 전 국토면적의 67%를 차지하는 산악 국가이다. 이 땅에서 생활하는 모든 사람들은 날마다 산을 보며 산과 더불어 살고 있다. 아침에 눈을 뜨면 만나는 산, 생활하는 한 가운데에서 언제든지 고개를 들면 눈에 들어오는 산, 어디를 바라보아도 우리의 눈은 산을 벗어나지 못 한다.그리고 그 산은 산이자 곧 숲이었다. 평지가 적은 탓에 특수한 경우가 아니면 평지 숲은 쉽지 않았다. 우리의 환경 조건이 이럴진대 우리의 삶이 산과 숲과 어우러지는 것은 자연스러울 수밖에 없었다. 무리를 이루어 형성한 마을은 자연스럽게 산을 중심으로 자리를 잡았다. 그것은 그 산으로부터 필요한 것을 수월하게 얻을 수 있기 때문이었다. 또 다른 면에서는 산은 하나의 장벽의 형태로 사람을 보호해 주는 벽의 구실도 했고, 자연에서 비롯되는 위해도 감소시켜 주었다. 산을 의지해 생활하면서, 숲으로부터 의식주의 해결에 필요한 다양한 자원을 얻었다. 다른 동물에 비하여 신체적 조건이 열세인 인간은 산 혹은 숲을 이용하여 그 열세를 보완하는 다양한 방법을 찾아내고 익혔다. 산과 숲으로부터 신체적으로 물질적으로 도움을 받는 가운데에서 한편으로는 산과 숲이 가지고 있는 다양함과 거대함, 어둑함으로 인한 두려움도 경험했을 것이고, 그러는 가운데 자연스럽게 산과 숲에 기대기도 싶어졌을 것이고, 정신적인 안정과 심미적인 만족도 또한 얻을 수 있었을 것이다.

제1절 삶터와 숲

1. 마을의 입지

'택리지' 복거총론에 의하면, "대저 살 곳을 택할 때에는 처음에 지리(地理)를 살펴보고, 다음에 생리(生利), 인심(人心), 산수(山水)를 돌아본다. 이 네 가지 요소가운데서 한 가지만 없어도 살기 좋은 곳이 못 된다"고 하였다. 살 곳을 택하는 네 가지 요소 가운데 자연 환경을 말하는 지리를 제일 먼저 말하고, 산과 물의 경치인 산수도 한 요소로 거론하여 자연 환경의 중요성을 반영하고 있다. 인문환경 요소라고 할 생리와 인심의 경우도 그 바탕에서는 자연환경 조건을 배제할 수 없다. 생활하는 도리도 말하는 생리도 자연환경 조건과 떼어 놓고 말할 수 없고, 광에서 인심난다는 말에서 보듯이 척박한 곳의 인심은 여유 없는 생활 조건으로 선량하다 할 수 없을 것이다. 이렇게 놓고 본다면 살 곳을 택하는데 가장 중요한 바탕인 것은 지형 조건 즉 산과 숲의 모습 그리고 산과 숲에서 비롯된 물이다.

우리의 전통적인 마을 입지를 좀 더 구체적으로 본다면, 마을은 산을 등지고 물을 앞에 두는 배산임수(背山臨水)를 기본으로 하고 좌청룡, 우백호의 능선 혹은 물, 능선 혹은 길을 갖추어야 하고, 후 현무, 전 주작으로 산을 등지고(鎭山) 앞으로는 호수와 연못이 있는 열린 공간을 갖추어야 했다. 그리고 동시에 터진 앞쪽으로는 가까운 곳에 나지막한 언덕(案山)과 멀리 보이는 산(朝山)이 위치한 곳에 잡았다. 이렇게 형성된 공간에서 마을은 가장 중심이 되는 공간에 자리를 잡았고, 마을의 뒷산은 마을을 지켜주고 편안하게 해 주는 진산(鎭山)으로 자리하게 된다. 이러한 입지 논리를 바탕으로 해서 김홍식(1986)은 가장 좋은 마을 공간의 배치는, "산으로 빙 둘러싸인 분지의 중앙에서 약간 뒤쪽으로 마을을 배치하고 마을 앞(남쪽)으로는 생산의 중심인 경작지를 둔다. 동구(水口)에는 안산이 있으면 더욱 좋고 이 동구 밖에는 마을 앞을 지나는 조수(朝水; 靑龍)가 가로 질러 간다. 조수 너머에는 마을의 중심상이 될 수 있는 조산이 펼쳐(진다)"고 설명한다.

마을의 입지를 선택함에 있어 산은 마을 형성의 근원이자 공간 구성 및 분할의 기준이 되는 것으로 마을을 형성하는 공간에서 산이 차지하는 비중은 거의 절대적임을 보여 주는 것이다. 마을 입지에 대한 이러한 전통적인 사고방식은 아파트가 일상적인 거주 형식에 주류를 이루는 현재까지 영향을 미쳐 산을 배경으로 하고, 앞쪽으로 멀리 산을 조망할 수 있는 위치를 차지한 단지가 선호되고 있기도 하다. 시간의 원근을 떠나 우리의 마을 공간에서 산이 얼마나 중요한 위치를 차지하고 있는가 하는 것을 알 수 있다.

2. 마을숲

우리의 부락 초입에는 대부분 숲을 가지고 있다. 이런 숲을 우리는 마을 숲이라 부른다. 마을 숲은 자연적으로 이루어진 숲을 잘 유지 관리하면서 비롯된 것이 있는가하면 인공적으로 심어 가꿔 이루어진 숲도 있다.

마을 숲은 인류의 등장과 함께 시작되었다고 할 수 있다. 지구상에 인류가 등장하면서부터 사람들은 식량 확보가 용이하고, 밖을 내다보면서 자신의 몸을 보호할 수 있는 곳, 무리나 가족의 안전을 도모할 수 있는 장소를 찾고, 조정하고, 만들기 시작하였을 것이다. 애플턴(Appleton, 1977)의 전망-은신처 이론(Prospect-Refuge Theory)에 의하면, 에워싸인 곳은 위험으로부터 은신할 수 있는 곳이었고 전망이 좋은 곳인 까닭에 안전함과 여유를 느낄 수 있는 곳이었다. 비록 시야가 좋다고 해도 열려진 평야처럼 노출된 곳은 초기 인류에게는 자신이 드러나서 관심의 대상이 되어 위험에 처할 수 있고, 조심스러움이 뒤섞인 곳을 의미하였다. 이러한 공간적 질서에 대한 반응은 오늘날까지도 우리의 체험 속에 녹아 있어 생존에 가장 근본적인 고려 요소가 되고 있다. 즉, 노출과 둘러싸인 정도의 다양함, 전망과 시선 차단의 조합정도는 생존 방식에 있어 위험을 피하고 조심스러움과 안전함과 휴식에 대한 원형적 반응을 계속해서 이끌어 낸다.

마을 숲은 이처럼 전망이 좋으면서 은신과 피난에 적합한 장소라는 관점에서 비롯되었다고 할 수 있다. 또 전통적으로 지리, 생리, 인심, 산수라는 마을 입지 조건을 추구해 왔던 우리에게 가장 기준이 되는 산과 지형 조건을 자연스럽게 완벽하게 갖추고 있는 곳을 찾기란 그리 쉽지 않았을 것이므로 자연히 모자라는 부분은 인위적으로 만들어 채울 수밖에 없었을 것이다. 지형 조건을 인위적으로 만드는 방식으로는 흙과 돌로서 조산, 가산을 이루거나 숲으로 공간을 채우고 가려 주는 형식이 있다. 숲도 하나의 매스(mass)로 작용하여 부족한 부분을 항시 채워 줄 수 있기 때문이다. 특히 소나무와 같은 상록수로 구성된 숲은 인위적으로 만들어진 산의 다른 모습이라고 해도 손색이 없어 물리적으로 산을 대신하는 기능을 하였던 것이다. 한 예를 들면, 경북 안동 내앞 마을의 개호송(김덕현, 1986), 춘천의 심금 솔숲(박봉우, 2004)과 같은 마을 숲이 그런 것 들이다.

우리나라의 마을 숲은 지방에 따라서, 풍수적인 측면, 조성된 장소나 형태, 수종, 조성자 등에 따라 다양한 이름으로 부르고 있는데, 일반적으로 수(藪), 쑤(藪), 림(林) 등의 접미사를 달지만, 수구막이, 성황림(숲), 당숲, 숲정이, 숲마당 등으로 부르기도 한다. 전국적으로 분포하고 있는 마을 숲은 1938년에 간행된 '조선의 임수'에 약 200곳, '마을 숲'(김학범, 장동수, 1994)에는 342개소가 보고되고 있다.

이러한 마을 숲들은 기본적으로 마을 입지를 선정할 때 지세의 부족함 점을 보충하거나 변경시키는 역할을 하여 전통적으로 풍수지리에서 말하는 비보(裨補)를 행하는 수단으로 마을의 안정과 그 안에서 생활하는 마을사람들의 번영을 기원하는 것이었지만, 바람과 모래가 날리는 것을 막고, 홍수나 사태와 같은 재해를 방지하는 실질적인인 기능을 하였다. 동시에 마을 모임을 갖는 공간이기도 하였을 것이고, 농사의 곤함을 쉬는 그늘이기도 하였을 것이고 마을 숲의 육성과 유지를 위한 공동의 모임을 통하여 마을 사람으로의 소속감과 유대를 일구는 곳이기도 하였다. 또 마을이 외부에 노출되는 것을 막아 외부에서 비롯되는 위험에 대해 방비하는 역할을 하였고, 마을 안쪽으로는 이러한 노출에 대한 불안감을 완화시켜 주고 마을에 대한 울타리 구실을 하게 함으로서 심리적인 안정감을 부여하는 역할도 하였을 것이다. 또한 원주 신림의 성황숲에서 보듯이 마을 숲의 한쪽 편에 있는 성황당을 통하여 정신적인 지주 역할도 하는 공간이었다.

마을 숲은 전망과 은신이라는 측면에서 물리적으로 마을의 입지 조건을 완성하고, 재해를 방비하는 역할을 하고, 마을 뒷산(背山)과 더불어 마을의 경계를 형성하여 심리적으로 마을 전체의 분위기를 안온하고 편안하게 해준다는 공통점을 가지고 있다. 산만하지 않고 안정된 공간감, 장소성을 형성해 주는 마을 숲은 그 숲으로 감싸진 공간 속에서 항상 푸르름을 바라보면서 생활하는 마을 사람들로 하여금 부지불식간에 심성을 곱게 다스리며, 유대감을 키우며, 자연을 대하는 마음과 눈을 간직하도록 하였을 것이다(박봉우, 2007). 다른 한편으로는 마을을 찾아드는 길손이 가쁜 숨을 추스르고, 슬며시 자신의 차림새를 한번 돌아보게 하는 공간임과 동시에 그 마을에 마을의 안녕과 번영을 생각하는 식견을 갖춘 사람들이 살고 있음을 은연중 내 보여 마을의 격을 높여 주는 장소로서의 역할도 하였다.

제2절 한평생과 숲

우리는 흔히 사람의 한 평생은 숲과 더불어 시작하고, 함께 생활하고, 숲 혹은 산과 더불어 생을 마감한다고 말한다.

탄생과 더불어 매는 금줄에 실린 솔가지와 숯은 바로 일생의 시작이 숲 혹은 나무와 연관을 맺고 있음을 보여 준다. 금줄에 대한 시각은 글자 그대로 금지하는 의미와 감 혹은 검과 같은 신성어(神聖語)에서 비롯된 것으로 신성성(神聖性)을 부여 하는 것으로 나누어 볼 수 있다(주강현, 1996). 금지는 잡인의 출입을 금하는 것이다. 아기가 보고 싶은 친인척일지라도 삼칠일(21일)안에는 들어가지 못한다. 산모는 삼칠일 동안 미역국을 먹으면서 조신하게 몸조리하였고, 삼칠일이 지나야 비로소 해방되었다. 금줄은 “닫힘과 열림”의 경계선이었고, 산모와 아기는 닫힌 성역 속에서 그 안전을 보장 받았던 셈이다(주강현, 1996). 신성성의 부여는 생명의 탄생에 대한 신비함에 대한 경외심과 더불어 생명의 성스러움을 존중하는 인간 존중사고가 깃든 것이라고 한다면 지나친 확대 해석일까? 아무튼 탄생의 금줄에는 금지하는 곳, 신성한 영역이라는 표지와 부정함을 방지하기 위한 처치가 함께 이루어지고 있다. 금줄에 거는 숯과 솔가지는 신성한 영역을 깨끗하게 유지하기 위하여 독을 제거하고 병균을 물리치기 위한 방편이었다. 모친과 생명을 함께 나누던 신성한 태를 묻는 공간도 역시 경관이 좋고 청정한 산이었다. 새 생명의 탄생은 숯과 솔가지 그리고 산과 더불어 시작되었다. 또한, 한 생명의 시작에 있어 그 안전을 지켜내기 위한 바람을 숲과 나무에서 찾았다. 그 생명의 온전한 성장을 위하여 마을의 당산나무에 기원하였다. 유한한 인간의 생명과는 달리 계절의 변화에 따라 싹이 트고 잎이 무성하였다가 낙엽지고 앙상한 가지로 죽은 듯이 있다가 다시 새 봄이 오면 어김없이 잎을 피워 내는 당산나무처럼 영원한 삶을 살도록 빌었다.

성장함에 따라서 부족한 식량을 보충하기 위하여 혹은 입맛을 돋우기 위한 산채, 개암, 도토리, 송기, 송홧가루, 송이를 비롯한 산에서 얻은 다양한 소재들은 우리 몸의 살과 피가 되어 산과 숲은 어느덧 우리와 혼연 일체를 이루게 된다. 생활에 있어서는 취사와 온돌을 덥히기 위한 땔감의 나무와 숯을 산에서 얻었다. 도자기를 굽고 쇠를 다루는 대장간에 필요한 에너지도 숲의 나무가 있어 가능했다. 또한 닥나무, 대나무, 송진에서 얻은 지필묵에 필요한 소재들도 직간접으로 나무와 숲에 관련된 일상의 도구였다. 혼인하고 분가하며 새 집을 짓는 것도 또한 나무가 없이는 생각도 할 수 없었다. 산촌의 귀틀집, 서민들의 초가집, 양반들의 기와집 모든 것이 숲에서 얻은 나무에서 비롯되었다. 그리고 그 집의 뒤뜰, 정원에는 산이 있었다. 산과 자연스럽게 연결되거나 아니면 산 모양의 작은 동산과 숲으로 꾸몄다.

일생을 사는 동안에는 농민의 삶을 살든, 선비의 삶을 산든 산은 바로 삶의 현장이기도 하였다. 농민은 산을 개간하여 삶의 터전으로 삼고자 산을 택하였을 것이지만, 또 다른 부류들은 다른 이유로 산을 생활의 터전으로 하였다. 구미래(1992)는 이들을 두 부류로 구분하였다. 그 하나는, 피치 못할 사정으로 인해 현실생활의 도피 장소로서 산을 택하여 산 사람들이다. 이들이 산중생활을 선택하게 된 데는 뚜렷한 현실적 이유가 있으므로, 그 문제가 해결되면 산을 떠날 수 있는 사람들이다. 이들은 산 밖의 인간생활에 사고의 중심을 두고 있기 때문에 산을 은신처나 피난처로 인식한다. 다음은 완성된 자아실현의 장으로서, 산 그 자체에 순수한 즐거움을 느껴 스스로 찾아 들어가 사는 사람들이다. 즉 현실적인 조건에 관계없이 스스로 선택하여 산중생활을 영위한 사람들이다. 이들은 산중생활 자체가 삶의 중심이 되어 산 밖의 세상일을 관망하는 입장에 서게 된다. 그러나 이러한 구분은 뚜렷이 구별되기 보다는 대개의 경우 복합적인 양상을 띠고 있다. 한편, 산중생활은 이들에게 승화된 정신세계로 몰입하는 계기가 되었고 상당한 글과 글씨, 그림 등을 남기게 하여 산중 생활이 정신세계를 풍요롭고 넓게 하는 데에 영향을 미치고 있음을 보여 주고 있다.

어느덧 늙어서 일생을 마무리 하는 순간, 저 세상의 또 다른 삶을 위한 작은 공간도 역시 칠성판 목재를 짊어지는 것으로 시작하여 산으로 간다. 새로 태어나면서 태를 묻은 산에다가 일생을 살고 가는 한 몸을 다시 누이는 것이다. 그리고 그 자리는 도톰한 봉분으로 또 하나의 작은 산이 된다.

이렇게 우리는 산에서 생명의 시작하였고 산에서 생명의 마감을 한다. 그 시작에서 마감의 시간, 어느 한 순간도 우리는 산 혹은 산과 숲에서 비롯된 것들에서 벗어남이 없이 면면히 이어져 있음을 보게 된다.

제3장 생활 속의 숲

제1절 조재료(粗材料) 자원으로서의 숲

전통 시대에는 숲은 일종의 원자재 창고였다. 우리가 생활하면서 필요한 모든 재료를 숲에서부터 가져다 사용하였다. 집을 짓는데 필요한 나무와 생활하면서 필요한 땔감, 산업용 에너지원으로 사용하였을 뿐만 아니라 농업을 비롯한 각종 산업에 필요한 도구를 만드는 재료였다. 개인적인 차원에서 보면, 집안에서 사용하는 모든 집기와 가구들은 다양한 나무를 활용함으로서 생활에 편리함과 풍요로움을 가져왔고, 아름다움을 더해 주었다. 특히 하루의 1/3이상의 시간을 보내는 집안 공간의 집기 즉 가구는 거의가 목재로 만들었다. 구조가 복잡한 가구일수록 단일 목재 보다는 2종 이상의 목재로 꾸미고, 골재와 판재를 달리 쓰는 것이 상례였다. 뼈대를 이루는 나무는 소나무, 잣나무, 배나무, 호두나무, 가래나무, 모과나무, 참죽나무, 물푸레나무 등 단단한 나무이다. 판재로 쓰이는 것은 오동나무, 분비나무, 은행나무, 가시나무, 피나무, 멀구슬나무, 음나무, 후박나무 등 가볍고 연장을 잘 먹는 나무 등이다(이종석, 1988). 이와 같이 성질에 차이를 보이는 목재를 적절히 사용하여 실용의 편리와 더불어 아름다움을 묘사하도록 하였다. 나무에 대한 이러한 쓸모는 아들을 낳으면 소나무를 심고, 딸을 낳으면 면 오동나무를 뒤뜰에 심는 풍습도 낳게 하였다.

국가적인 차원에서는 성책, 선박, 무기를 만드는데 필요한 제일의 국방자원이었다. 조선시대만 하여도 국가적인 소용에 충당하기 위하여 금산, 봉산을 유지하였고, 전국적으로 의송지(宜松地)와 송전(松田)처럼 소나무를 심어 가꾸기 좋은 장소를 정하기도 하였다(박봉우, 1996).

또 숲은 물푸레나무처럼 푸른색 염료를 얻을 수 있는 곳이었고, 붉나무처럼 산간지방에서 귀했던 소금을 대신하는 자원이 있는 곳이기도 하였다. 이외에도 산과 숲은 다양한 자원을 공급하는 장소로서 기능하였고, 우리의 일상생활은 산과 숲에서 비롯된 자원을 가공하여 만든 도구들로 유지 되었다.

숲과 나무는 조재료 자원을 넘어서는 상징성도 가지고 있었다. 양반가에서는 아들을 낳으면 회화나무를 심었는데, 이것은 아들이 장성하여 삼공의 벼슬길에 오르라는 염원을 담은 것이었다. 지명에 있어서도 소나무와 더불어 솔고개인 송치(松峙), 싸리재인 유치(杻峙) 등이 전하고 있어 역시 나무를 조재료 이상의 것으로 간주하여 사람과 친근한 관계를 구성한 예라 하겠다.

제2절 신앙의 대상으로의 숲

산은 인간의 삶의 근거인 땅을 기반으로 하면서 하늘을 향해 높아 솟아 있다. 산은 인간세상과 하늘을 연결하는 매체로서, 그 산에는 하늘의 뜻을 받아 인간의 일을 주관하는 신령함이 깃들어 있다고 믿어 왔다(구미래, 1992).

단군사적에 보이는 우리의 고대 신화에서 하늘나라의 환웅은 태백산의 신단수를 통해서 지상에 내려와 새로운 도시 신시(神市)를 세웠다. 신시는 신불(神市)로도 읽을 수 있다(신종원, 2003) 신불의 불은 덤불을 뜻한다. 신불은 곧 '신림'으로, 신성한 숲을 말한다. 즉, 신의 도시는 숲과 연관을 맺고 있다고 볼 수 있는 것이다. 인류 최고의 기록인 길가메시 서사시에서도 신과 숲의 관련을 기술하고 있는데, 아쉬타르(Ashtar)여신이 관장하는 수메르 제 2의 도시인 우루크(Uruk)는 전체 지역의 1/3이 도시이고, 1/3이 정원이고, 1/3이 들이라고 하며, 사방으로 5만 킬로미터씩 숲이 펼쳐진 언덕은 회양목과 버드나무가 숲을 이루고 있는 평원이라고 하였다(Jellicoe, 1989). 그리스 신화의 올림포스 산도 신들이 사는 곳이다. 또 그리스의 강의 신 페네이오스의 딸인 요정 다프네는 활의 신이자 올림포스 최고의 명사수인 아폴론의 구애를 거절하고자 월계수로 변신하였다(이윤기, 2000). 신의 거주지는 산이고, 필요하다면 나무로도 변신할 수 있음을 모여 주고 있다. 『삼국유사』에 의하면 단군 사적에서 신단수를 대상으로 하여 혼인하기를 기원하는 웅녀를 위하여 환웅은 잠시 사람으로 변신하여 웅녀와 혼인하여 단군을 낳는다. 우리의 경우에도 신의 거처는 산과 숲이며, 신과 나무는 긴밀한 관계를 맺고 있음을 보여 주고 있다 하겠다. 산과 숲과 나무는 신성 그 자체이거나 신성을 갖고 있는 대상이었다. 특히 산을 숭상하는 숭산사상은 왕업을 이루는 원동력으로 작용하기도 했다. 고려를 세운 왕건은 산천의 음덕에 힘입어 왕업을 이루었다고 했으며, 조선을 세운 이성계도 남해 보광산의 산신에게 "국왕이 된다면 그 은혜에 보답하는 뜻에서 이 산 전체를 비단으로 덮어 아름답게 꾸며 드리겠다는 기도를 올렸고, 즉위 후에 그 약속을 지키기 위해 산 이름을 '금산(錦山)'이라 했다"(구미래, 1992)고 한다.

이러한 정신적 배경 하에서 왕조시대에는 국가에서 직접 주관하여 주요 산악에 제사를 올렸다. 신라에는 동악의 토함산, 서악의 계룡산, 남악의 지리산, 북악의 태백산과 중앙에 위치한 중악인 부악 등 오악에 제를 지냈고, 고려시대에는 지리산, 삼각산, 송악산, 비백산 등 사악에 제를 지냈으며, 조선시대에는 동악인 금강산, 서악인 묘향산, 남악인 지리산, 북악인 백두산, 중악인 삼각산 등 오악에 제를 지냈다. 이 외에도 '신증동국여지승람'에는, 감악산, 마니산, 치악산, 구월산 등 여러 산에 산제를 드리는 기록이 있다. 산을 신앙의 대상으로 숭배하는 숭산 사상은 각 마을의 진산과 당산나무의 형태로 민간에도 이어져 마을을 지키고 마을의 수호신으로 기능하면서 농사의 풍작과 기우, 가축의 번성, 질병 퇴치와 안녕 등 마을과 개인의 길흉화복과 자식을 소원하는 일 등 제반사에 직접적인 영향을 미쳤다. 그래서 마을 뒷산인 진산에는 산신당을 짓고 매년 한 두 차례 산신제를 지냈다. 일상생활 속에서 가장 가깝게 있어 늘 마주치게 되는 당산나무도 역시 마을의 수호신 역할을 하는 신령이 깃든 나무로 때때로 제물을 바치기도 한다. 당산나무에는 신성한 나무와 장소를 정화하는 표지로 하얀 한지를 접어서 매달거나, 왼새끼로 꼰 새끼줄을 치고 오색 헝겊을 매달았다.

산과 숲, 성황림, 당산나무가 일상생활 공간 속에 함께 있는 환경 조건은 생활이 곧 신앙이었고, 신앙이 곧 생활이 되는 밀접한 관계를 형성하게끔 되어 있었다. 나무하러 가면서, 밭일을 나가면서 지나치는 당산나무를 그냥 외면할 수는 없는 일이다. 진산과 마을 숲도 마찬가지다. 그냥 무엇인가 마음속에 들어 있는 바람을 빌어 보고, 허리 굽혀 기원을 하여야 마음이 놓였다. 그러는 사이에 마을 산과 숲과 당산나무에 대한 믿음은 나도 모르는 사이에 내 몸과 마음속에 스며들어 자리하게 되었다.

제3절 예술의 대상으로의 숲

반구대 암각화에는 호랑이, 곰, 멧돼지, 사슴 등을 비롯한 동물들이 새겨져 있다. 프랑스 알타미라 동굴에는 들소의 그림이 그려져 있다. 선사시대에 산과 들에 있는 동물을 새기고 그린 것이다. 이러한 오래된 옛 그림에는 다양한 것들이 등장하지만 사람과 관계를 맺은 보다 구체적인 것으로 숲속의 동물을 들 수 있다. 이들 동물들은 실제로 사람들의 생활에 긴요한 것들을 제공해 주는 것이어서 그릴 대상으로 선택되었을 것이다. 이렇게 그림을 그리던 전통들은 삶이 좀 더 풍요로워진 시대에 이르면 의식주라는 직접적인 관계보다는 자의식의 표현이라는 방식으로 발전하였을 것이다. 이러한 것은 미국의 마슬로우(Maslow) 교수가 제시한 인간 욕구 중 의식주라는 가장 기본적인 욕구가 충족되면 다음 단계로 점진적으로 발달해 나간다는 인간 욕구 발달 단계설에서 잘 볼 수 있다.

자아 표현의 한 방식으로 숲 혹은 산을 대상으로 한 예는 무수히 많다. 우리의 경우는 신라의 솔거가 황룡사 벽에 그렸다는 노송도를 비롯한 수많은 산수 풍경화 그것이다. 조선시대에 들어서는 진경산수화의 출현으로 산과 숲의 모습은 더욱 풍요로워졌고, 산과 숲은 예술의 원천이었다. 뿐만 아니라 생활의 여유로움과 자연에 대한 호기심은 산과 숲으로의 여행도 이끌어 다수의 산수 문학을 출현시켰다. 특히 각 지역에 전하는 팔경, 구경, 십이경 등 승경에 대한 글들은 산수 시와 더불어 우리 산수에 대한 표현의 백미를 이룬다고 할 수 있다. 춘천 청평사의 고려 이자현이 구축한 '문수원'정원은 산과 숲이라는 거의 그대로 활용한 원림(園林)이며, 비록 주자의 무이산 '무이구곡'의 영향에서 비롯된 것이기는 하지만,

화천의 '곡운구곡', 정선의 '화암구곡' 등의 구곡문화는 산과 물로 대표되는 숲 문화를 글과 그림뿐만 아니라 현장성을 함께 보여 주는 것들이다. 음악의 경우도, 소나무 숲을 지나는 바람의 소리를 묘사한 '풍뢰'와 같은 단어에서 보듯이 자연의 소리도 어김없이 문화의 한 자락을 차지하고 있다. 특히 "성주풀이"는 인간 세상에서 소나무숲이 어떻게 형성되고 그 숲을 사람이 어떻게 이용하는가를 노래로 들려준다. 또 삶은 일과도 분리할 수 없는데, 산과 더불어 작업을 하면서 불러 전해지는 구전 노동요들은 우리가 산과 얼마나 밀접하게 연관을 맺고 있는가를 보여 준다. 숲과 음악의 관계는 우리의 경우에서만 볼 수 있는 것이 아니다. 오스트리아 빈 숲을 탐방하면서, 베토벤이 거닐던 숲길을 방문한 느낌은 그의 "전원교향곡"을 공감하게 하는 것이었다. 느낌의 감정을 공유한다는 것은 그 장소가 주는 영감이 사람과 시간을 넘어서는 것임을 말해주는 것이다. 숲은 그것을 문학, 그림, 음악의 어떤 형상이든 그려낼 수 있는 사람에게는 분명 영감의 원천인 것이다. "숲"을 작곡하고 연주하는, 현대를 사는 음악가 황병기 교수에게도 숲은 소리와 이미지의 원천이었을 것이다. 그러기에 숲의 고요함과 역동성을 가야금 곡으로 그렇듯 구현해 낼 수 있었을 것이다.

제4장 맺는글

산이 많은 국토에서 생활한 우리는 아주 자연스럽게 산과 인연을 맺을 수 있었다. 산은 우리가 필요로 하는 여러 물질을 공급해 주었을 뿐만 아니라 그 산과 숲을 드나들면서 받은 영향은 우리의 정신세계를 형성하는 바탕이 되었다. 이러한 환경 조건은 산을 숭배하는 숭산사상(崇山思想)의 바탕이 되었고, 나라 전체적으로는 주요 산악에 제사를 드리는 예를 올리게 하였으며, 개인적으로는 진산의 산신에게 평안과 풍요를 기원하게 하였다. 현대에 들어서는 서양 학문에서 비롯된 것이지만, 환경윤리학의 우리 나름의 토대로 활용할 수 있는 부분이 되기도 한다.

우리의 한평생의 삶과 산과의 만남은 태어나기 전부터 시작된다. 조상들의 혜안으로 선택된 마을 입지는 산을 중심으로 선택한 공간이고, 새 생명의 점지를 산신과 당산나무에 소원 하였으며, 태어나면서 솔과 숯과 한지로 구성된 금줄을 만난다. 내가 의식하기 전부터 산과 숲은 내 안에 들어 있었던 것이다.

비로소 하나의 개체로 성장한 다음에는 산과 숲에서 생활에 필요한 자원을 얻었고, 산을 드나들면서 마주치는 진산의 산신각에, 마을에서 늘 마주치는 당산나무에 가만히 소원을 빌어 보기도 하였다. 대체로 당산나무는 마을의 입향조(入鄕祖)와 관련을 맺고 있어 지나 온 세월만큼 누적되어 거대한 자태를 갖게 된다. 조상과 연결되어 있고, 거대한 규모에서 비롯되는 외경심은 자연스럽게 당산나무가 있는 공간을 존중하게 되었고 신성시하게 되었다. 이러한 연유로 마을의 당산나무는 기본적으로 종교적인 신성이 부여 되어 있기는 하지만 음력 정초와 가을걷이 끝난 다음 적정한 때에는 그 종교성이 더욱 강화된다. 이럴 때에는 공간의 신성과 경계를 표시하기 위하여 특별히 금줄을 치기도 한다. 그러나 그 나머지 시간에서는 종교성이 다소 완화되어 주민들이 일상생활 속에서 쉽게 만날 수 있는 정자나무의 공간으로 변신한다. 정자나무는 마을 주민들이 모여 마을의 대소사를 논의하는 곳, 어른들의 일상적인 대화가 오가는 공간이고, 마을 아이들의 놀이터가 되는 마을 공간의 중심광장이 되는 곳이다. 곧 당산나무나 정자나무는 일상적인 마을 생활의 중심지였다.

마을 주변의 산에서 생활에 필요한 자원을 얻고, 진산과 당산나무가 있는 공간에서 생활해 온 한평생의 삶은 산과 숲과 나무가 우리의 일상생활 속에서, 정신세계 속에서 얼마나 끈끈하게 연결되어 있는가를 여실하게 보여 준다고 할 수 있다.

또한 예술의 대상으로 숲을 그리고, 찬양하고, 숲을 찾아가고 노닌 것을 글로 남긴 기행문에서, 숲에서 행한 노동과 더불어 발생한 노동요 등에서 예술의 원천이자, 당사자인 숲을 볼 수 있다. 이렇듯 숲이라는 대상을 두고 사람의 생각과 힘이 미친 결과로 만들어진 것을 문화라고 한다면 숲과 문화와의 관계는 우리 생활 전반에 걸쳐 긴밀한 관계를 맺고 있고 산 혹은 숲이 없는 우리의 삶과 생활은 상상하기 어려울 것이다.

참 고 문 헌

구미래. 1992. 한국인의 상징세계. 교보문고.

김동집. 1972. 문명의 시초. In, 원색과학대사전 7권, 생명/인간. 학원사.

김학범, 장동수. 1994. 마을 숲. 열화당.

김홍식. 1986. 민가의 형성과 건축적 특징. In, 한국의 미 14, 궁실민가. 중앙일보사. 183-197쪽.

박봉우. 1992. 숲을 보는 새로운 시각: 숲은 우리에게 어떤 의미를 갖는가. 숲과 문화 1(1):4-6.

박봉우. 1996. 봉산 고. 산림경제연구 4(1): 1-20.

박봉우. 2007. 마을숲과 문화. In, 마을숲과 참살이. 계명대출판부.

설문해자(설문해자 주. 1988. 상해고적출판사).

신종원. 2003 .단군신화의 신화에 보이는 수목신앙. 한국사학사학보 8:5-22.

이윤기. 2000. 이윤기의 그리스 로마신화. 웅진닷컴.

이종석. 1988. 한국의 목공예. 열화당.

삼국유사(이재호 역. 1992. 명지대학교 출판부).

신증동국여지승람((재)민족문화문고추진회 역. 1986. 민족문화문고간행회).

조선의 임수. 1938. 조선총독부 임업시험장.

주강현. 1996. 우리 문화의 수수께끼. 한겨레신문사.

택리지(노도양 역. 1977. 명지대학교 출판부).

Appleton, J. 1977. The Experience of Landscape. Wiley.

Gutkind, E. A. 1952. Our world from the air. Doubleday.

Jellicoe, Geoffrey and Susan Jellicoe. 1989. The landscape of man, revised and enlarged ed. T&H.

Seward, A. C. 1941. Plant life through the ages, 2nd ed. Cambridge University Press.

안전교육 및 안전관리

V

1. 응급처치
2. 야외활동지도

V

응급처치

한 혁
북한산국립공원관리사무소/연구원

목차

제1장 안전교육 및 안전관리

제1절 숲에서 발생할 수 있는 안전사고

1. 안전사고

미국안전위원회(National Safety Council)는 사고를 "인간을 사망하게 한다거나 송상하게 한다거나 재산에 손실을 준다거나 하는 예측하지 못한 사건"으로 정의하고 있다. 또한, 세계보건기구(WHO)는 "첫 눈으로 보고 그것을 상해라고 알 수 있는 예기치 못한 사건"을 사고로 간주하고 있다.

안전사고란 평소에 안전하다고, 혹은 사고가 일어날 수 없다라고 생각하는 생활환경에서 부주의로 발생하는 예기치 못한 사고를 말한다. 따라서 안전사고는 주의를 게을리 하여 나타나는 사고임으로 평소의 안전에 대한 교육과 대비가 되어 있다면 안전사고를 미연에 방지할 수 있다.

2. 안전에 영향을 주는 요인

1) 개요

일상의 생활환경은 늘 사고에 노출되어 있고, 누구라도 입을 수 있는 것이 사고이다. 누구라도 경험할 수 있고, 또 언제라도 발생할 수 있는 것이 사고이기 때문에 사고의 원인도 여러 가지 이다. 따라서, 사고가 일어나게 하는 데에 영향을 주는 요인들을 크게 4가지 측면에서 관찰할 수 있다(최인범, 정용승, 안전교육, 1997);

첫째, 행동자의 활동에 대한 이해(활동자체의 어려움)
둘째, 행동자의 능력수준
셋째, 행동자의 직접적 및 간접적 상태
넷째, 환경 및 분위기

하지만, 위 4 가지 요인들은 상호 연관되어 있기 때문에 안전사고가 어느 한 요인의 작용으로만 독립적으로 발생한다고 볼 수 없다.

따라서 안전교육을 하거나 인력을 인솔하는 지도자(안내인)는 늘 참가자의 연령, 계층, 교육상태, 현장소에 대한 인지도, 신체구조, 주의집중 정도 등을 감안하여 늘 긴장상태에 있도록 해야 한다.

2) 사고원인분석

개별 사고자의 사고원인들을 분석하면 다음과 같은 항목들로 구분되어진다;

첫째, 대상물에 대한 사전 지식이 부족

둘째, 사고를 예지하고 대처하는 기술(행동요령)이 미숙하기 때문

셋째, 장비/장구/복장 등 준비가 부족한 상태로 활동에 나선 경우

넷째, 대상물에 대한 자만과 자기 과신으로 인한 행동

다섯째, 관리불충분 및 관리부실로 인한 경우

3. 숲에서 발생할 수 있는 안전사고: 발생한 사고의 사례 및 대책

1) 자만과 과신에 의한 사고

권○○(남, 76세)씨는 모 산악회회장으로 주로 도봉산에서 40년 넘게 암릉등산을 해 소위 말하는 '바위꾼' 이었다. 북한산 인수봉(북쪽 설교벽)을 평소 등반해보지 않은 상태에서 장비는 있으나 확보를 제대로 하지 않고 등반하던 중 약 150미터 추락해 현장에서 사망.

⇒ 생소한 장소를 오를때는 충분한 지형지물, 위험요소를 분석 및 습득 후 등반토록 해야 하며 자만과 만용은 절대로 버리고 항상 자기능력에 맞는 등반(등산)을 하도록 한다.

2) 음주숲탐방(산행)으로 인한 사고

이○○(남, 60세)씨는 일행과 숲탐방(산행) 중 술을 나눠 마시고 평소 사고가 빈번한 만경대 암릉구간을 무리하게 등반하던 중 정신이 혼미해지면서 발을 헛디뎌 약 80미터 가량 추락해 현장에서 사망

⇒ 음주는 행동을 과격하게 하며 신체 및 정신 등을 판단력을 흐리게 하기 때문에 숲탐방(산행)시 안전을 위하여 음주는 삼가야 한다.

3) 야간 암벽등반으로 인한 사고

최○○(남, 44세), 정○○(여, 40세)씨는 야간에 인수봉 암벽등반 후 두 줄로 하강하던 중 사고로 정씨는 줄을 놓치고 추락해 돌출부위에서 중상을 입고 거꾸로 매달려 있었으며, 최씨는 하강중이던 다른 팀의 줄을 붙잡아 손에 심한 화상을 입고 매달려 있다가 구조됨.

⇒ 아무리 암벽등반에 노련한 자라도 야간 암벽등반은 가시거리에 한계가 있고 위험에 처했을 시 구조대의 도움을 받기가 매우 어려우므로 절대로 야간 암벽등반은 하지 말아야 한다.

4) 궂은 날씨로 인한 사고

박○○(남, 37세)씨는 평소 자주 오르던 원효암릉을 비와 안개가 겹쳐 바위가 미끄러운데도 불구하

고 혼자 오르다 미끄러지면서 실족, 약 60미터 추락해 현장에서 사망, 오전에 추락했으나 궂은 날씨로 인해 목격자가 없어 계곡을 따라 오르던 탐방객에 의해 오후에 발견(추정)

⇒ 산은 날씨 변화가 심해 항상 신경을 써야 하며, 궂은 날씨에는 상황판단을 정확히 해 안전에 만전을 기한다. 궂은 날에는 가능하면 등반(등산)을 중지하고 하산하는 것이 바람직하다.

5) 초행인 산을 단독으로 숲탐방(산행)하다 실족사고

장○○(남, 23세)씨는 초행인 북한산을 혼자 오르다 등산로를 이탈, 조난을 당해 헤매던 중 만경대 V자 계곡 부근에서 실족했다. 약10미터 가량 추락하다 중상을 입고 소나무에 걸려 오도 가도 못해 다른 탐방객의 신고로 구조

⇒ 초행인 산은 주변에 지리를 잘 아는 사람이나 다른 등산객들과 함께 오르도록 해야 하며, 만일 혼자 오르더라도 지도를 구매지리를 충분히 살핀 후 오르도록 한다. 숲탐방(산행) 중 등산로를 이탈해서는 안 된다.

6) 취사장비 사용 미숙으로 인한 사고

대학산악연맹소속 대학생 조○○(남, 19세)씨 외 3명이 인수봉 21야영장 텐트 안에서 스토브(버너)에 기름을 채우다가 폭발해 전신에 화상을 입고 텐트 및 방비에 화재가 발생

⇒ 텐트 등 밀폐된 공간 안에서 휘발성이 강한 연료를 취급하는 것은 금물이며, 인화물질이 없는 안전한 취사 공간을 확보하도록 한다. 스토브 및 가스 등의 화기들은 조작법을 충분히 숙지 후 사용한다.

7) 용도 맞지 않은 장비사용으로 인한 사고

김○○(남, 61세)씨는 암벽등반을 주로 하던 모 산악회 등반대장. 사고 당일도 인수봉 등반 후 하강을 할 때 하강기를 사용해야 함에도 불구하고 카라비너(평소 사고자 본인이 즐겨 사용하던 무모한 방법)2개를 겹쳐 하강하다 카리비너가 빠지면서 30미터 추락해 현장에서 사망했다.

⇒ 올바르지 않은 장비 사용법은 사고와 직결된다. 반드시 제대로 장비를 갖추고 용도에 맞게 사용하도록 한다.

8) 계절에 부적절한 장비사용으로 인한 사고

백○○(남, 34세)씨는 겨울철임에도 불구하고 빙판이 심한 너럭바위 부근에서 겨울철 필수 장비인 크램폰을 착용하지 않고 오르다 미끄러지면서 5미터 가량 계곡으로 추락, 머리가 함몰된 상태에서 구조됨.

⇒ 모든 숲탐방(산행)시 계절에 맞는 장비를 갖춰야 하며, 특히 겨울철에는 체온을 보호할 수 있는

방한복, 방한등산화, 모자, 장갑, 고칼로리 음식, 따뜻한 음료 등을 준비한다. 겨울산은 눈과 빙판이 항상 존재하기에 크램폰은 반드시 챙긴다.

9) 통제구역 출입으로 인한 사고

박○○(남, 49세)씨는 출입금지구역이며 사고도 빈번한 북한산 염초봉 암릉구간을 아무런 장비도 없이 일행과 무모하게 오르다가 실족해 약 30미터 추락, 현장에서 사망.

⇒ 현재 전국 국립공원엔 자연휴식년제로 인한 금지구역이 많고, 입구에는 출입금지 및 위험 표지판이 설치되어 있다. 출입금지구역은 상당히 위험한 지형이 많고 사고가 많기 때문에 출입해서는 안 된다.

10) 일행의 실수로 인한 사고

이○○(여, 46세)씨는 만경대 암릉구간을 아무런 장비 없이 일행과 무모하게 오르다가 실족, 추라하자 일행인 천○○(남, 50세)씨가 이를 붙잡다가 같이 약 60미터 가량 추락했다.

머리 부분 함몰로 의식불명상태에서 구조됨.

⇒ 위험한 암릉구간 임에도 불구하고 안전장비를 착용하지 않고 무모하게 등반한 것은 위험을 자초한 행동이며, 일행이 위험이 처했을 경우 구조자는 먼저 자기 확보를 해 안전하다고 판단되었을 때 구조해야 한다.

11) 무리한 숲탐방(산행)으로 인한 사고

차○○(남, 52세)씨는 평소 심장질환 및 고혈압 환자임에도 불구하고 일행과 백운대 정상 부근을 무리하게 오르다 쇼크로 쓰러져 구조됨.

⇒ 지병이 있는 사람이나 노약자는 의사와 상의해 자기에게 맞는 운동량을 확인 후 운동해야 하며, 어떠한 경우라도 무리한 숲탐방(산행)은 삼간다. 단체 숲탐방(산행) 시에는 체력이 약한 사람의 속도에 맞춰 숲탐방(산행)한다.

12) 자연 지형물에 의한 사고

신○○(남, 49세)씨는 일행과 숲탐방(산행)을 마치고 하산하던 중 잠수함바위 옆 계곡으로 내려오다 바위 위에서 썩은 나뭇가지를 미처 확인하지 못하고 붙잡는 바람에 나무가 부러지며 3미터 가량 굴러 떨어져 머리 부분이 함몰되는 중상을 입어 구조되었다.(2006년 11월 발생)

⇒ 산에는 뿌리가 얕은 나무, 흔들리는 돌부리, 썩은 나무 등이 많다. 나뭇가지와 바위 등은 튼튼한지 미리 확인 후에 이용하도록 한다.

제2절 위험요소 모니터링 방법

1. 숲탐방 활동의 특징

위험요소는 단지 자연(나무와 숲, 환경, 구성요소 등)만이 아니고 자연을 대상으로 활동하는 사람도 위험요소의 하나이다. 안전사고의 대부분이 사람의 부주의로 발생하기 때문에 사람이 더 위험한 요소이다.

이러한 관점에서 모니터링을 해야 하는 측면에서 살펴보면 숲탐방활동에 있어서 위험을 초래하는 요소는 다음과 같이 구분하여 특징을 파악할 수 있을 것이다;

첫째, 장소적인 특징

자연지형은 불규칙하여 활동에 불편을 줄 뿐만 아니라 기상적인 변화가 심하고 인체에 유해한 각종 요소들이 도사리고 있다.

둘째, 활동적인 측면에서의 특징

숲탐방할 때의 활동은 걷고, 달리고, 뛰고, 앉고, 눕고 등 인간이 할 수 있는 모든 동작이 가능할 뿐만 아니라, 맛보고, 냄새 맡고, 듣고, 피부감각으로 느끼며, 눈으로 보는 등 일상의 생활환경에 하는 행동과 동일하다. 따라서 이 모든 행동의 유형들은 모두 위험요소와 작용하여 안전사고를 일을 킬 수 있음을 유염해야 한다.

셋째, 참여자의 특징

숲탐방은 대개 가족단위로 오기 때문에 연령층이 두텁다. 또한 여러 가지 성격의 소유자들과 신체 부자유자들도 함께 오는 점을 감안해야 한다.

2. 위험요소들과 모니터링 방법

1) 장소적인 특징

○ 기복이 있는 지형 : 등산로 등 탐방로
- 가파른 길의 위험성 파악
- 절벽, 낭떠러지 길 파악
- 낙엽이 깊이 쌓인 곳을 파악하여 보행 중 빠지지 않도록 대비

○ 계곡의 경우
- 계류의 물흐름 상태: 유속, 유량, 깊이 등을 파악하여 위험여부 판정
- 물웅덩이 존재 여부 파악

- 돌징검다리의 경우 사전에 건너볼 것

○ 숲길 및 가장자리
- 돌뿌리 등이 돌출하여 걸려 넘어질 위험은 없는지 파악
- 가장자리에 서있는 나뭇가지 등이 길 안쪽으로 넘어와서 눈을 찔릴 염려는 없는지 파악

○ 기상인자들
- 다음 날 날씨에 대한 정보를 미리 파악할 것
- 숲 속의 일몰시간은 빨리 시작되니 미리 대비할 것
- 안개가 많이 끼어있는지 파악. 많이 끼어 있으면 입산을 중단하고 안개가 걷힌 다음 교육을 실시 하는 것이 바람직함.

○ 유해 동식물
- 계절에 따라서 미리 대처할 것
- 길가의 뱀 출현 여부 파악
- 길가에 가시가 달린 풀이나 나뭇가지 제거
- 독이 든 열매의 존재 여부 파악
- 벌집이 있는지 모니터링

2) 활동적인 측면에서의 특징

- 앉는 장소에 대한 모니터링: 풍토병에 대해서 안전한지 여부 모니터링
- 뛰는 장소에 대해서 경사가 가파른지 여부 파악
- 활동이 집중되는 곳의 식생이 훼손되거나 성장에 장해를 입고 있는지 모니터링
- 한 눈 팔 수 있는 장소는 없는지 모니터링

3) 참여자의 특징

- 참여자들에 대한 사전 정보를 얻어서 대비하는 조치가 필요함
- 첫 활동을 할 때 참여자 각 개인들의 행동적인 특성을 살펴서 위험인물이 가려지면 계속적으로 주의깊게 모니터링 하도록 한다.
- 열을 지어 계곡물을 건널 때에는 경험자로 하여금 건너보게 하여 시범을 보이거나 위험성이 있는지 여부가 가려지도록 한다.
- 대열이 있을 경우에는 맨 뒤에 경험있는 참여자나 실습보조원을 세워서 활동을 모니터링하도록 한다.

제3절 위험요소 관리 및 사전 예방법

1. 위험요소 1 – 위험을 주는 인자의 관리

사고예방을 위해 위험요소를 관리하는 것은 다음 4 가지 원칙에 의해 이뤄진다;

첫째, 위험요소의 제거
둘째, 사람의 격리
셋째, 위험요소의 폐쇄/차폐
넷째, 사람의 방어

그러나 위의 어느 한 방법을 선택하도라도 부정적인 면이 없지 않기 때문에 상황에 따라서 적절한 대처방법이 필요하겠다.

모든 사람들은 어떤 원인으로라도 자신한테 사고가 일어나지 않기를 바란다. 생명에 대한 존중 때문에 그렇다. 그렇다면 위험이 도사리고 있는 주위환경인자들에 대해서 어떻게 하면 사고가 발생하지 않도록 관리해야 하는 것인가? 야외 활동이 주로 일어나는 숲탐방 활동의 경우 다음과 같은 점을 실천적으로 시행해야 한다;

첫째, 숲탐방할 지역을 사전에 답사하라.
이것은 지도자/인솔자로서 필수적인 일이다. 특히 어린이를 대상으로 숲탐방행사를 할 경우에는 기본적인 일이고, 처음 탐방하는 장소라면 더욱 필요한 일이다.

둘째, 안전사고가 일어날 만한 위험요소를 사전에 제거하라.
사전 답사시 위험을 감지했다면 위험요소를 제거하도록 한다. 늘어진 가지를 자른다든다, 깊은 물웅덩이나 습지가 있다면 우회로를 확보한다든가, 가파른 길은 계단 시설 등을 확보하도록 한다.

셋째, 최선이 아니라면 차선을 택하라.
아무리 좋은 탐방노선이라도 위험이 도사리고 있다면 위험을 무릅쓰고 강행하는 것은 옳은 일이 아니다. 차선책을 택하는 것이 모두에게 이롭다.

넷째, 필요한 경우 참가자들에게 대처방안을 미리 숙지하도록 한다.
위험요소에 대처할 때 참여자/상대방의 도움으로 그것을 제거할 수 있다면 교육을 시작하기 전에 미리 알려서 공동으로 대처할 수 있도록 하고, 경우에 따라서는 이에 필요한 장비/도구를 지참하도록 알린다.

2. 위험요소 2 – 사람의 관리

사고를 당하는 것은 사람이지만 사고를 주는 인자만큼이나 사고를 당하는 사람도 위험요소이다. 따라서 사람에 대한 관리가 대단히 필요하며, 특히 소위 주의를 요하는 "요주의 인물" 들에 대한 관리가 무엇보다도 긴요하다.

사람에 대해서는 일반적으로 다음과 같은 사항들로 주의를 환기시킨도록 한다;

첫째, 일회성의 원리

인간의 생명은 오직 한 번만 주어지며 그 생명이 안전사고로 인해 끝날 수도 있음을 환기시킨다.

둘째, 자기통제의 원리

안전사고에 대한 대처능력은 자기 스스로 길러야 하고 본인자신이 통제할 수 있어야 한다. 모든 사람이 안전에 노출되어 있기 때문에 어느 누구도 자신을 돌볼 것이라는 기대심리를 갖지 않도록 한다.

넷째, 이해의 원리

늘 일상에서 사고에 대한 안전 인식 유지, 사물에 대한 사고발생의 가능성과 잠재력, 그에 대한 자신의 대처방법을 숙지하고 있도록 한다.

넷째, 지역성의 원리

어느 특정한 원인에 의해 이미 발생한 사고라 할 지라도 장소가 달라지면 다른 형태나 원인에 의해 발생할 수 있다는 점을 주지하여야 한다. 이와 같은 사고의 입지종속적인 특징은 특히 지형이 자주 변화는 자연환경에서는 더욱 두드러지게 나타난다.

다섯째, 참가자에 대한 철저한 분석

숲탐방의 경우에는 대개 가족단위로 오는 경우가 많아서 연령층이 넓다. 위험을 통제하기가 그만큼 어렵다는 의미이다. 따라서 교육자는 늘 참여자에 대해 분석하고 이에 대비해야 한다.

제2장 응급 처치법(First Aid)

제1절 응급처치란?

- 다친사람이나 급성질환자에게 사고 현장에서 즉시 조치를 취하는 것
- 보다 나은 병원 치료를 받을 때까지 일시적으로 도와주는 것일 뿐 아니라, 적절한 조치로 회복상태에 이르도록 하는 것을 포함.
- 위급한 상황에서 전문적인 치료를 받을 수 있도록 119에 연락하는 것부터 부상이나 질병을 의학적 처치 없이도 회복될 수 있도록 도와주는 행위도 포함.
- 응급처치에 따라서 사람의 삶과 죽음이 좌우되기도 하며, 회복기간이 단축되기도 한다.

1. 위급 상황시 행동요령(3C)

- 현장조사(Check) : 그 상황과 부상자 확인
  - 현장은 안전한가?
  - 무슨 일이 일어났는가?
  - 얼마나 많은 사람이 다쳤는가?
  - 도움을 받을 수 있는 사람이 있는가?
- 연락(Call) : 119나 응급의료기관에 전화
- 처치 및 도움(Care) : 부상자를 돌봐라

2. 응급처치원이 지켜야 할 사항

- 처치자임을 밝힌다.
- 처치원 자신의 안전을 확보한다.
- 환자에 대한 생사의 판단을 하지 않는다.
- 원칙적으로 의약품을 사용하지 않는다.
- 어디까지나 응급처치로 그치고 전문의료요원의 처치에 맡긴다.

그림 1. 돌연사의 일반적인 원인

그림 2. 생명의 고리(Chain of Survival)

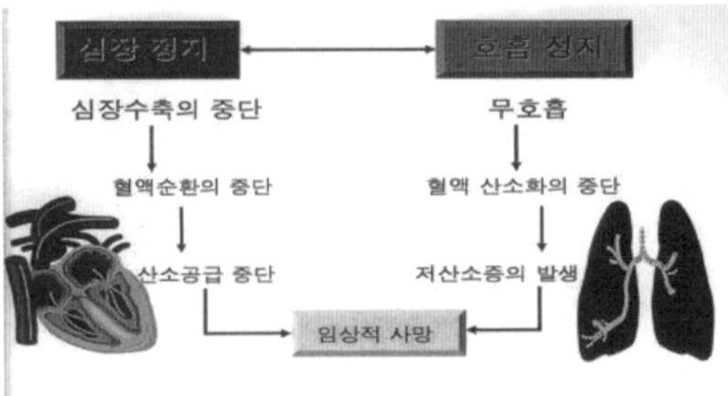

그림 3. 심폐정지 진단의 흐름

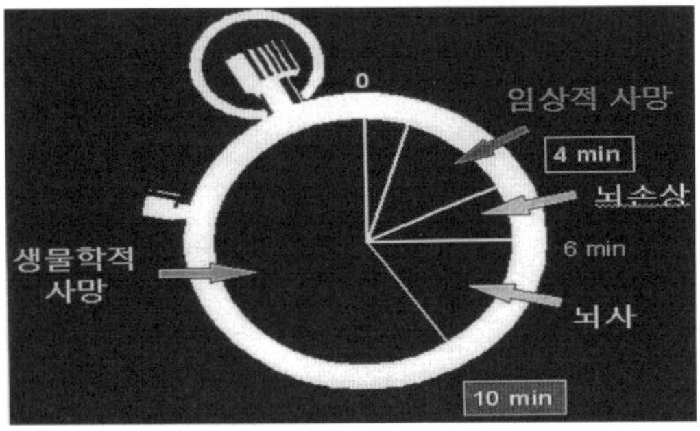

그림 4. 심정지 시간과 사망

그림 5. 심폐소생술의 단계

제2절 응급처치의 단계와 요령

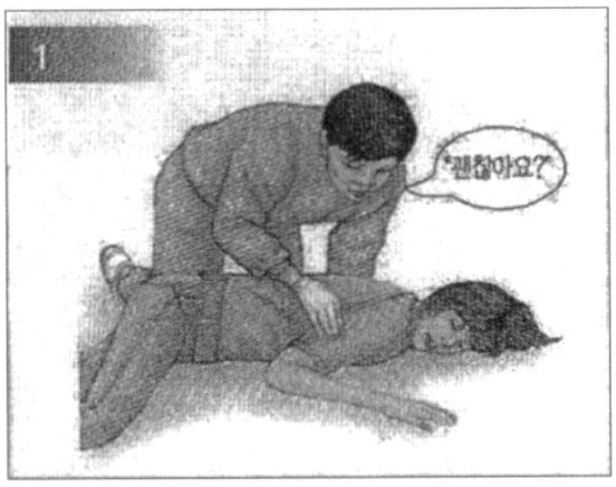

그림 6. 의식 확인하고 반응 관찰

▶ 의식 확인

- 환자의 반응을 살핀다
- 환자의 어깨를 가볍게 두드리며 '여보세요 괜찮으세요?' 라고 물어본다.
- 척추손상이 의심되면 꼭 필요한 경우를 제외하고는 움직이지 않게 한다.

그림 7. 119 신고는 생명구조의 필수

▶ 구조(도움) 요청

- 주변사람들에게 도움을 요청
- 119또는 응급의료센터에 연락
- 영아 / 소아의 경우 질식으로 인한 심정지가 대부분이므로 1분간 기본 심폐소생술을 실시한 후 연락.

▶ **자세교정**

- 바닥이 딱딱하고 평평한 곳에 바로 누운 자세
- 환자의 머리, 몸, 다리를 동시에

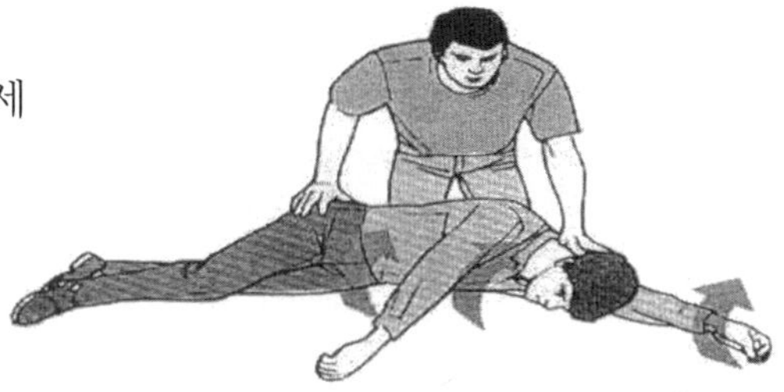

그림 8. 자세 교정하는 모습

▶ **기도유지(Air way)**

- 두부 후굴법(head tilt)
- 하악 거상법(chin lift)

- 두부후굴-하악거상법
- 하악 견인법(jaw thrust)

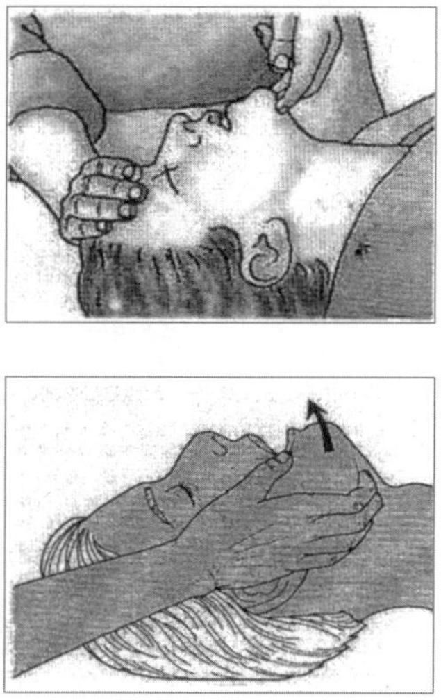

그림 9. 기도유지 방법 (상, 하)

▶ **호흡확인(Breathing)**

- 5~10ch 동안 보고(흉곽)
- 듣기(숨소리)
- 느낀다(공기흐름)

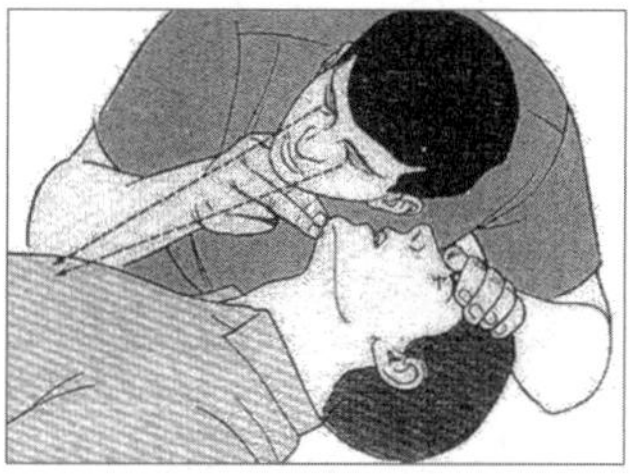

그림 10. 숨소리 확인

▶ **두 번 불어넣기 2회**

- 1.5~2초에 걸쳐 천천히, 충분히 2회
  (최초 허탈상태의 폐에 양압을 준다)

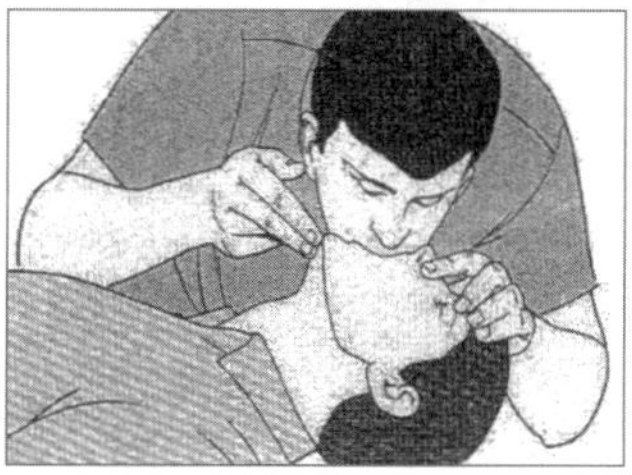

그림 11. 충분히 2회

▶ **구조호흡의 종류**

• 구강 대 구강법
(mouth to mouth)

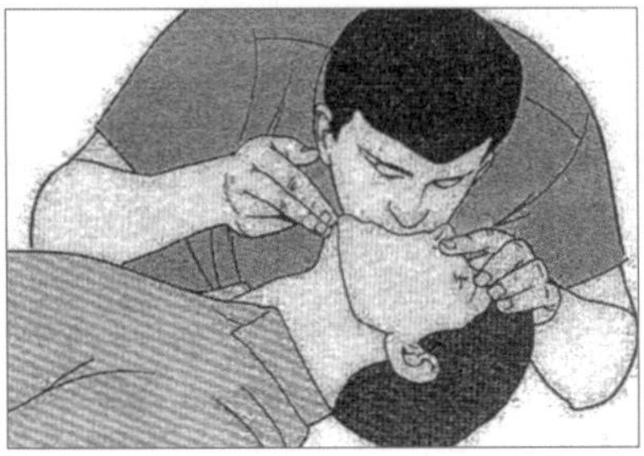

• 구강 대 비구강법
(mouth to nose)

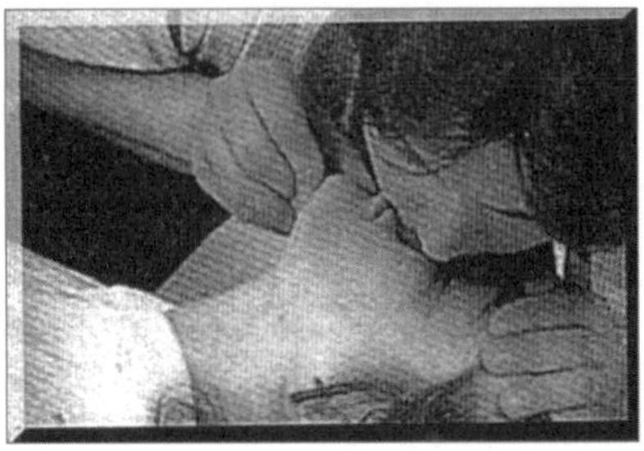

그림 12. 구강 대 구강법(좌), 구강 대 비구강법(우)

▶ **맥박확인(circulation)**

• 5~10초간 확인
• 성인 : 경동맥(80회/분)
• 소아 : 상완동맥(80~100회/분)
• 영아 : 상완동맥(100회 이상/분)

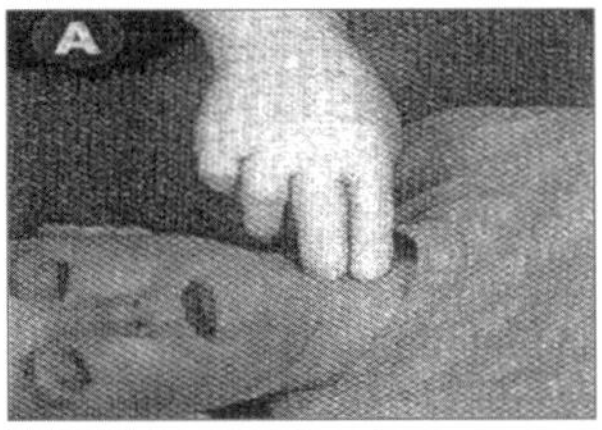

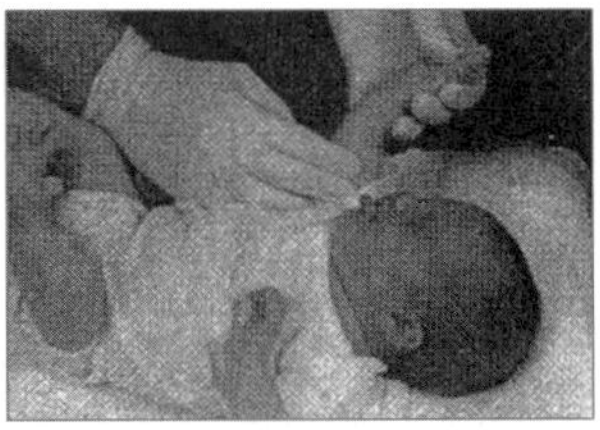

그림 13. 맥박을 확인하는 위치(좌: 성인, 우: 어린 아이)

▶ **심장 압박/ 위치**

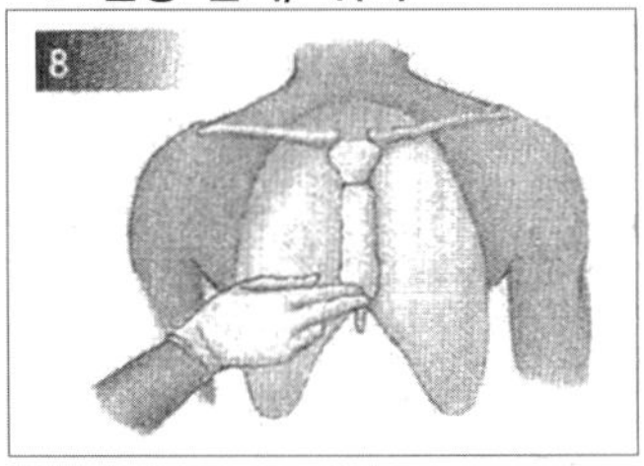

• **성인**
가슴중앙의 명치 끝부분(검상돌기)에서 손가락 두마디 위쪽

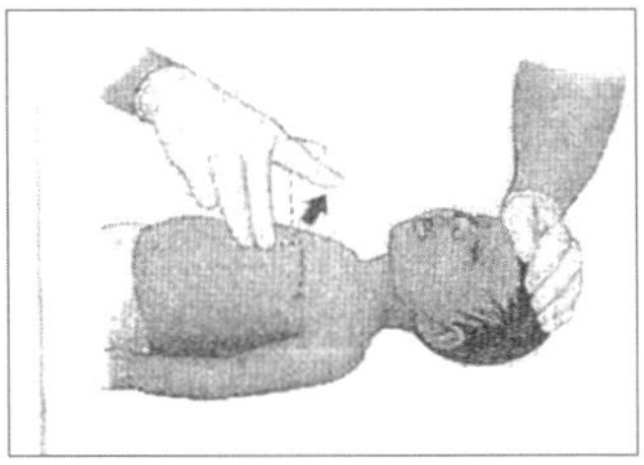

• **소아, 영아**
가상 유두선을 그어 가슴중앙에서 손가락 한마디 아래쪽

그림 14. 심장압박위치(상: 성인, 하: 아이)

▶ 흉부압박 자세

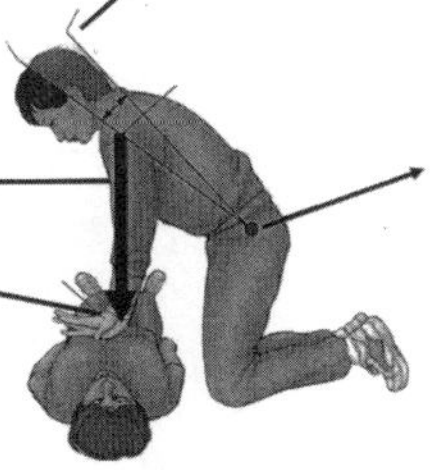

그림 15. 흉부압박자세

1인 심폐소생술	2인 심폐소생술
• 분당 100회이상 흉부압박 : 인공호흡 30:2	흉부압박 : 인공호흡 30:2 • 1명은 인공호흡, 1명은 흉부압박 • 약 1~2분마다 교대

▶ 30회 압박과 두 번 불어넣기(3회 반복/1분)

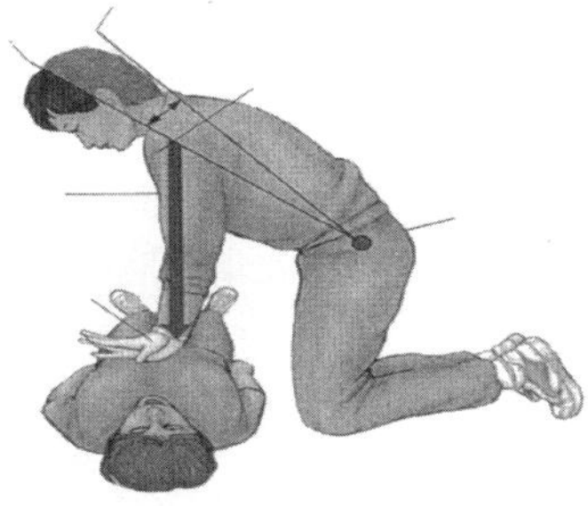

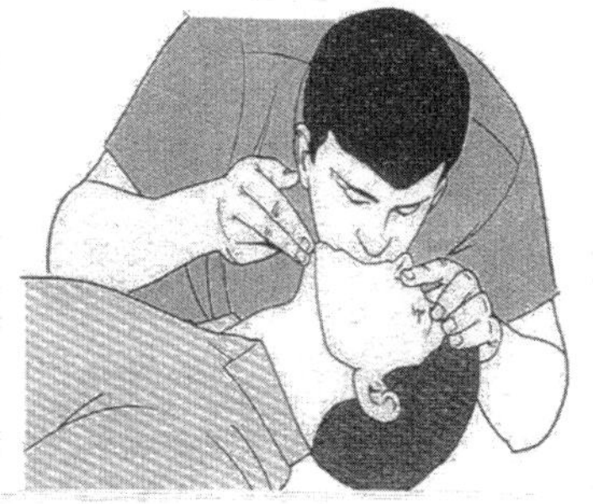

그림 16. 흉부압박방법

▶ 잘못된 구조 호흡법

- 구조자의 입을 완전 밀착시키지 않는다
- 환자의 호기시 계속 코를 잡는다
- 환자에게 호기할 시간을 주지 않는다.
- 환자의 흉곽의 움직임을 확인하지 않는다.
- 과도한 압력으로 구조호흡을 한다.

▶ 잘못된 심장압박술

- 손가락을 흉곽에 붙인다
- 압박시 팔꿈치를 굽힌다.
- 압박시 실시자의 상체가 앞, 뒤로 흔들린다.

• 압박시 순간적인 힘을 가한다.
• 흉곽에서 손꿈치가 떨어져 압박시마다 위치 이동

기도폐쇄시 응급처치법

하임리히법(성인이론)

• 부분폐쇄 : 기침을 유도
• 압박위치 : 주먹의 엄지부분을 배꼽과 명치사이
• 힘 : 후상방으로
• 주의 : 팔꿈치를 곱게 편다.
　　　손가락은 복부에서 뗀다.
• 임신말기, 비만자-흉부압박법

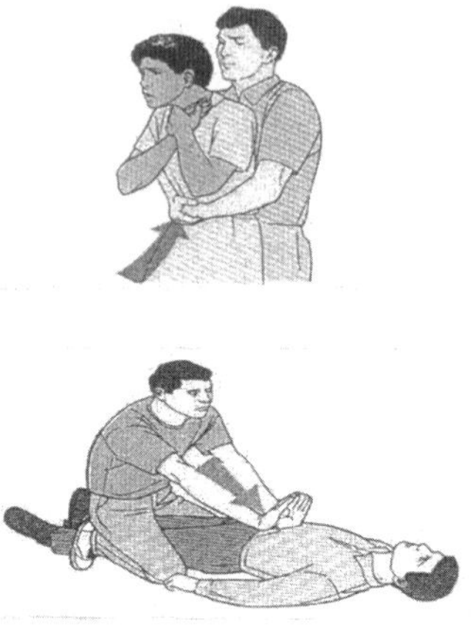

그림 17. 하임리히법(성인)

수지 교차법

• 엄지와 검지를 교차하여 아래와 위 치아에 위치시킨다.
• 구강 내 보이거나 밀려나온 이물 제거

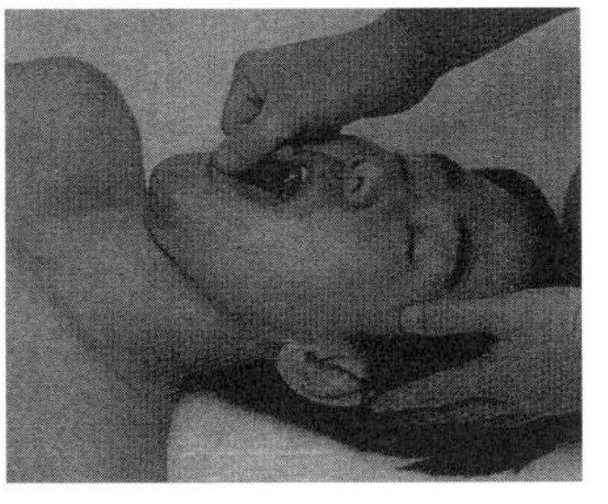

그림 18. 수지교차법

하임리히법(영아이론)

• 방법 : 어깨죽지 사이를 4~5회 두드린 후 뒤집어서 심폐소생술과 같은 방법으로 4~5회 실시
• 주의 : 압박시 가슴에서 손가락을 떼지 않는다.

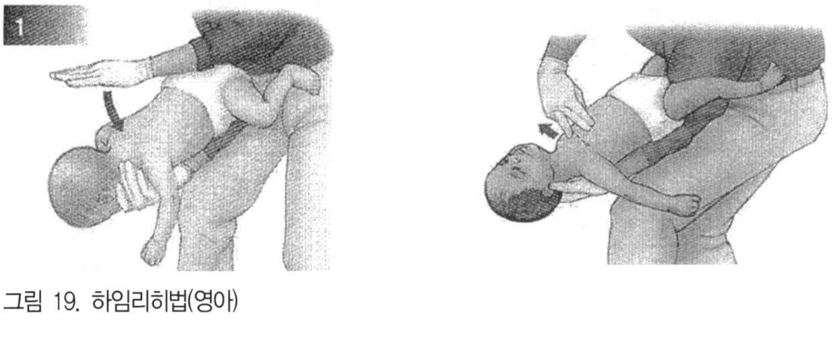

그림 19. 하임리히법(영아)

▶ 응급처치 10대 원칙

- 환자를 수평으로 눕히고 토했을 때 : 얼굴을 옆으로
  호흡장애시 : 앉혀서 발을 뻗게
  심한 쇼크시 : 머리를 낮게 발을 높게
- 인공호흡과 지혈
- 부상자 조사시 움직이지 않게
- 안심시켜 놓고 기분 좋게
- 상처를 보이지 않게
- 불필요한 환부를 손으로 만져서는 안 됨
- 의식불명 환자에게 음식제공 금지
  (출혈환자에게 물 먹임 금지)
- 가능한 환자가 움직이지 않게
- 들것 운반시 발을 앞으로 하고 운반
- 체온유지 위해 담요 등을 덮어줌

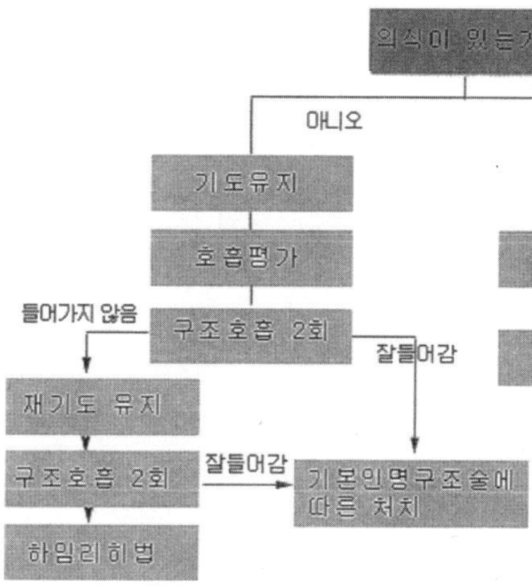

그림 20. 응급조치 방법의 선택 과정

▶ 염좌

골격계를 지지하는 인대의 일부가 늘어나거나 파열된 관절 손상, 압통, 부종, 반상출혈(멍), 운동소실 등

• **응급처치**

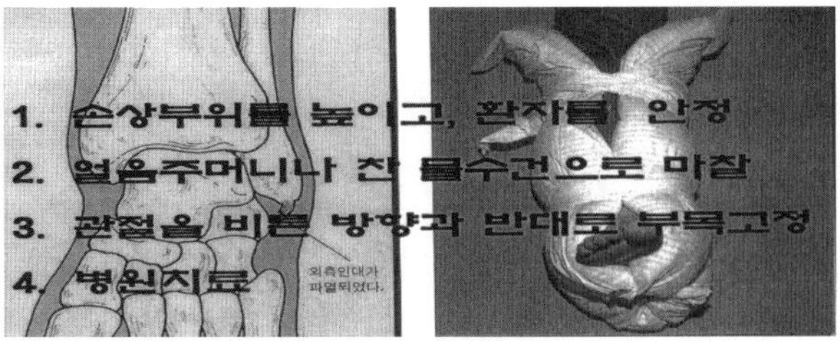

그림 21. 염좌 응급처리 방법

▶ 골절 – 처치원칙

• 환자를 함부로 옮기거나 다친 곳을 건드리어 복잡골절이 되지 않도록 한다.

• 출혈이 있으면 직접압박으로 출혈을 방지하고 부목을 대기 전에 드레싱을 먼저 시행한다.

• 뼈가 외부로 노출된 경우 억지로 뼈를 안으로 밀어 넣지 말고 만약 뼈가 안으로 들어간 경우 반드시 의료진에게 알려주어야 한다.

• 환자를 가능한 움직이지 말고 편안하게 해준다.

▶ 골절–부위별 처치

• 척추골절 : 환자를 움직이지 않고 손으로 멀리를 고정하고 감은 옷을 따로 대어 환자를 지지하고 모포를 보온하고 의료지원을 기다린다.

• 팔골절 : 상처입은 쪽의 팔을 가슴에 대고 가슴과 팔을 지지해 준다.

• 골반골절 : 다리를 펴 준 채로 환자를 눕히거나 무릎을 구부리는 것이 더 편안하다고 하면 무릎 밑에 담요를 말아서 대 준다. 쇼크 주의

▶ 삼각건 사용법

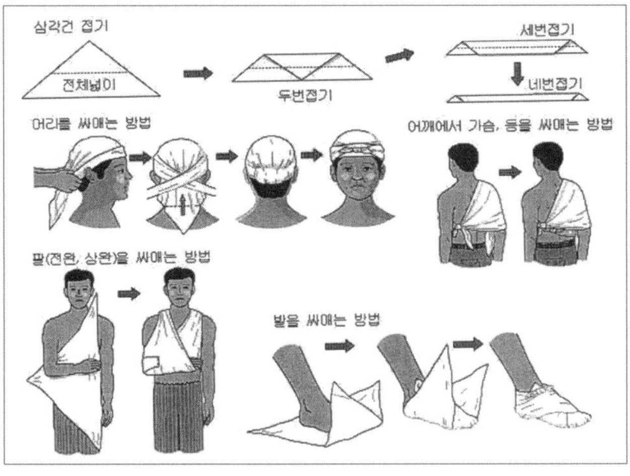

그림 22. 삼각건의 여러 가지 사용법

출혈시의 응급처치

- 출혈이 심하면 즉시 상처부위를 지혈하고 출혈부위를 심장 높이보다 높게 해야 한다
- 상처가 크거나 출혈이 심한 경우에는 병원에서 수술을 받게 될 수도 있기 때문에 부상자에게 물을 먹여서는 안 된다.

출혈시의 응급처치 – 지혈방법

- 직접 압박 : 압박붕대나 손으로 출혈부위 직접 압박
- 지압점 압박 : 출혈부위에서 몸통쪽으로 가까이 위치한 동맥부위 압박
- 지혈대 : 지혈의 마지막 수단. 출혈부위 가까운 곳에 7~10cm 넓이의 띠를 2번 감는다. 띠를 묶어 매듭짓고, 그 위에 막대를 놓는다. 막대를 매듭하고 출혈이 멈출 때까지 막대를 감는다. 출혈이 멈추면 막대를 감는 것을 멈추고 막대를 고정한다.

▶ 타박상 응급처치

1) 가벼운 타박으로 상처가 없는 경우
   ▸ 찬 물수건으로 습포(통증경감)
2) 피부가 상처가 있을 때
   ▸ 소독 후 연고를 바르고 거즈로 드레싱

그림 23. 타박상 응급처치

3) 안정 (내출혈, 통증)
4) 부기가 빠지고 통증이 떨어지면
   ▸ 더운 물수건 습포
5) 상처나 부기가 심해지면 ▸ 정형외과 치료

▶ 화상

직접적인 열손상, 전기, 부식성 화학물질, 방사선등에 의해서 신체조직이 손상된 상태

증상 : - 1도 : 피부가 빨갛고, 통증
- 2도 : 피부가 빨갛고, 물집과 통증
- 3도 : 피부가 하얗거나 까맣고, 통증 없음

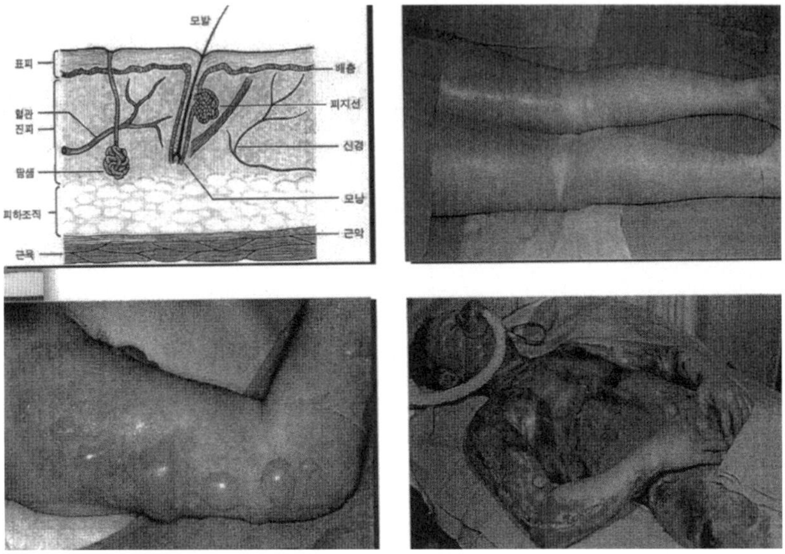

그림 24. 여러 가지 열손상의 증상

주의사항

- 화상부위에 붙어 있는 옷은 제거하지 말 것
- 깨끗한 물로 냉각 (간장, 된장, 기름, 오일금지)
- 오염방지(물집 터트리지 말 것)
- 소독거즈로 덮어 줄 것 (압박금지)
- 화학물질은 구급차 도착 시 까지 세척 할 것
- 보온

응급처치

1. 열과 연기로부터 대피
2. 뜨거운 물질이 젖어 있는 옷이나 양말 제거
3. 부분 화상은 흐르는 물에 10분 정도 냉각
4. 물로 세척 후 깨끗한 수건으로 덮어 준다.
5. 손, 발가락 화상의 경우 서로 붙지 않도록

6. 시계, 반지 목걸이 등 제거
7. 쇼크 처치 및 보온 후 이송

▶ 열사병

체온을 조절하는 방어기능의 손실(체온조절 기능 상실)

- 특징 : 흔하지 않지만 치명적인 손상
- 환경 : 밀폐 되고 습기찬 공간, 여름날 차 안의 어린이 등
- 증상 : 피부는 뜨겁고, 건조, 붉은색, 땀은 흘리지 않고, 체온이 41도 이상 흘리지 않고, 체온이 41도 이상

응급처치

1. 가능한 모든 방법을 동원하여 체온냉각
2. 서늘하고 그늘진 곳, 선풍기, 에어컨 이용 등
3. 의복제거 저즌 수건이나 시트로 냉각
4. 얼음으로 겨드랑이, 서혜부, 목 등 냉각
5. 최대한 빨리 병원이송

▶ 동상

- 원인 : 신체의 일부분이 추위에 노출되었으나 조직이 괴사하지 않은 상태
- 증상 : 통증은 없으나, 차고 저리며 가렵다.

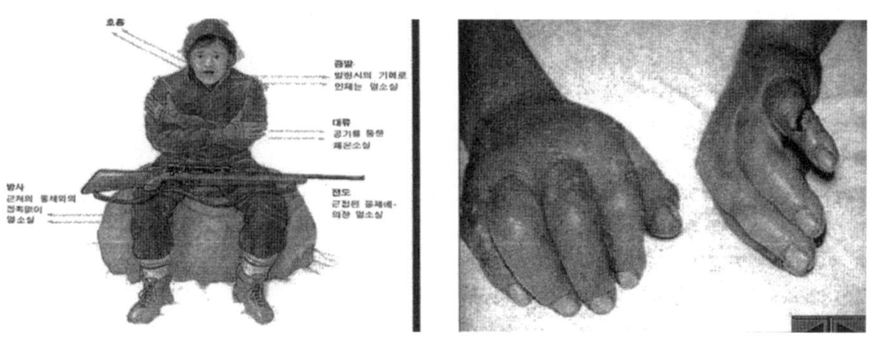

그림 25. 동상 증상

응급처치

1. 따듯한 곳으로 이동

2. 따듯한 음료 제공

3. 옷이나 담요 등으로 보온

4. 차고 저릴 때 38~42도의 물로 가온

5. 뜨거운 난로나 불에 가까이하지 말 것.

참 고 문 헌

국립공원관리공단, 연대미상. 안전한 국립공원산행. 국립공원관리공단.

김동원, 2005. 그림으로 배우는 응급처치. 21세기 교육사.

최인범, 정용승. 1997. 안전교육. 21세기 교육사.

야외활동지도

V

한 혁
북한산국립공원관리사무소/연구원

목차

제1장 야외활동 지도 요령

제1절 야외활동의 특징

1. 숲(산)환경의 특성

숲은 일반적으로 안전사고와 관련하여 다음과 같은 특징을 가지고 있다;

첫째, 지형적인 영향으로 보행에 지장이 있다.

평지가 아니고 기복(起伏)이 있는 지형이고 고도차이가 있을 뿐만 아니라, 돌, 나무뿌리, 풀 등이 사방에 깔려 있기 때문에 보행 등 여러 가지 활동에 자연스럽지 못하다.

둘째, 시야확보가 어렵다.

나무와 덤불, 지형의 기복, 직선이 아닌 숲길 등으로 늘 인솔자와 피인솔자간의 시각적 장애가 도사리고 있어서 주의력이 산만해지기가 쉽다.

셋째, 주의 환경이 산만한 특징이 있다.

자연은 늘 변하기 때문에 인간의 시각을 늘 유인한다. 특히, 숲에서는 꽃이나 새/물/바람 소리 등으로 우리의 눈과 귀를 자극하기 때문에 상대방의 말소리에 귀를 기울이는 데에 자칫 한 눈을 팔 수 있는 단점이 있다.

넷째, 기후가 자주 바뀐다.

지형적인 영향으로 산정, 계곡 등에 미기후가 발생하고 온도 차이, 일조량 차이 등이 극심하기 때문에 이러한 점들이 사고를 더 악화시킬 수 있게 한다.

다섯째, 숲은 야생환경이다.

야생환경은 일상의 환경과 다른 환경이기 때문에 늘 위험한 요인들이 도사리고 있다. 특히 늘 부주의하면 사고를 당할 수 있는 야생동식물들이 도처에 도사리고 있다; 독초, 나무와 풀의 가시, 벌, 뱀, 각종 벌레 등 해충, 깊은 물웅덩이, 낙엽이 깊게 쌓인 곳 등.

2. 야외 활동의 특징

위 사항에서 살핀 것처럼 야외활동을 하는 주무대는 자연(숲)이다. 이곳은 지형은 불규칙하여 각종 활동에 불편을 줄 뿐만 아니라 기상적인 변화가 심하여 비와 눈에 노출될 수 있고, 온도변화에 민감하며, 인체에 유해한 각종 야생환경 요소들이 도사리고 있다.

활동적인 측면에서 보면,

숲탐방할 때의 활동은 걷고, 달리고, 뛰고, 앉고, 눕고 등 인간이 할 수 있는 모든 동작이 가능할 뿐만 아니라, 맛보고, 냄새 맡고, 듣고, 피부감각으로 느끼며, 눈으로 보는 등 일상의 생활환경에서 하는 행동과 동일하다. 따라서 이 모든 행동의 유형들은 모두 위험요소와 작용하여 안전사고를 일을 킬 수 있음을 유념해야 한다.

또한, 참여자의 특징을 살펴보면,

숲탐방은 대개 가족단위로 오기 때문에 연령층이 두텁다. 또한 여러 가지 성격의 소유자들과 신체 부자유자들도 함께 오는 점을 감안해야 한다.

제2절 안전한 숲탐방과 산행을 위한 준비

1. 기본적으로 숙지할 사항

철저한 계획, 빈틈없는 준비, 올바른 지식과 기술, 정확한 판단, 오랜 경험 등이 갖춰져야 안전하게 숲탕방을 할 수 있다. 또한 응급처치요령을 습득하고, 필요한 장비를 구비하여 자연환경변화로 생길 수 있는 위험에 대비하여야 한다.

안전한 숲탐방을 위한 준비는 2단계로 구분할 수 있는데,

첫째는 계획단계로서, 인원, 일정, 숲탐방(산행)능력에 따라 대상지 및 루트를 선정하고 일정을 계획하면 숲탐방(산행)대상지의 정보를 확인한다.
(확인할 정보 : 비상시 탈출로, 교통편, 대상지 인근의 마을 및 구조요청수단 등)

둘째는 준비단계로서, 인원, 일정, 탐방대상지 및 진행방식에 따라 장비 및 식량 등을 준비하되 지도, 나침반, 비상약품, 비상식량, 비상의류, 랜턴 등은 항상 가지고 다녀야 한다.

2. 숲탐방(산행) 계획

1) 대상지 선정

대상지는 숲탐방(산행) 참가인원 및 가용기간(일정), 숲탐방(산행) 능력에 따라 선정하도록 함.

- 인원 : 소요시간 계산이 절대 필요. 보통 3~5명이면 가장 좋음
- 일정 : 출발에서부터 귀가할 때까지의 모든 시간을 도표화 한 것으로 당일숲탐방(산행), 1박2일 ,

2박 3일 등으로 표시

※ 일정계획에 참고하여야 할 사항

- 당일숲탐방(산행)에서는 일몰 30분전까지 하산을 마치는 것을 원칙으로 함.
- 계절별로 일출, 일몰시간이 다르고 산에서 해지는 시간은 더 빠르므로 하산시간을 반드시 지켜야 함.
- 산에서 야영하는 경우에도 훈련 등의 목적이 없는 한 일몰 30분 전에는 운행을 마쳐야 함.
- 숲탐방(산행)소요시간은 숲탐방(산행)능력이 가장 떨어지는 사람을 기준으로 계산

2) 팀 구성

숲탐방(산행)목적에 따라 팀을 구성하는 것이 가장 바람직하나, 이런 방법은 해외 원정 또는 원정을 위한 훈련등반에서 주로 사용되며 특별한 목적이 없는 일반적인 숲탐방(산행)(Walking)에서는 일정(당일, 1박, 2박 등)과 참가 인원에 맞게 대상지를 결정하는 방법을 많이 사용함.

- 팀 구성 → 개인 인적사항 파악 → 비상연락망 작성 → 능력에 따른 임무 부여
- 개개인의 개성과 능력을 잘 알고 숲탐방(산행)경험이 풍부한 사람이 리더가 되어야 함

3) 장비 및 식량, 예상 등

숲탐방(산행)대상지 및 목적, 일정, 인원에 따라 장비와 예산이 결정되며, 일정과 인원에 의해 식량계획을 결정하게 된다.

① 장비

장비는 그 용도에 따라 다음과 같이 구분한다.

- 야영장비(야영에 필요한 텐트, 침낭, 매트리스. 버너, 코펠 등)
- 등반장비(Walking용, 암벽등반, 빙벽등반 등)
- 기록(필기구, 녹음기, 카메라 등) 및 의약품 등

※ 숲탐방(산행)목적 및 일정에 따라 맞는 장비를 선택하여야 하고 의약품 및 비상용품은 반드시 준비하여야 한다.

② 식량계획

식량은 많이 남아도 곤란하고, 모자라면 더욱 곤란하다. 모자라는 것을 방지하고 남기는 것을 최소화하는 것이 식량계획이다.

※ 식량계획 수립 시 참고할 사항

- 시간사용계획에 맞게 선택(식수유무, 식사준비시간 등)
- 숲탐방(산행)에 필요한 충분한 칼로리를 보충(부족한 부분은 간식으로)

- 계절과 숲탐방(산행)방식에 따라 적당한 메뉴 선택
- 기호에 맞는 다양한 메뉴(탈진 등에 따른 식욕감퇴를 상쇄할 수 있는 메뉴선택)
- 가급적이면 조리하기 편한 재료 선택

③ 예산계획 등

- 예산계획 수립 시 참고할 사항으로 왕복교통비, 연구구입비, 소모품구입비, 장비구입비, 숙박비, 매 식비, 의약품 구입비, 공원입장료, 예비비 등
- 비상연락망, 식량, 장비 등의 지원 시 합류지점과 지원팀 선정
- 장비 지원 또는 숲탐방(산행)변경에 따른 장비교환 등의 계획
- 승차권 구입방법, 기타 필요하다고 판단되는 사항 등

2. 숲탐방(산행)준비

1) 의복

준비할 의복은 다음과 같은 점을 참고하여 준비하도록 한다.

- 보온이 잘 되고 통기성이 좋은 것
- 몸을 기능적으로 움직이고 쉬운 것
- 방수 및 발수가 잘 되는 것(빨리 마르는 것)
- 가볍고 내구성이 있는 것

2) 등산화

등산화는 외부의 악조건에서 발을 보호해주는 역할을 충분히 하여야 하며 방한, 방수, 방충(충격으로부터 보호)능력을 갖추어야 하며, 밑창은 탄력이 있고 잘 미끄러지지 않아야 하며 처음 숲탐방(산행)하는 사람은 가벼운 등산화를 선택하는 것이 바람직하다.

발에 맞는 등산화를 고르는 방법;

- 두툼한 양말 1켤레를 신고 발가락을 상하로 움직일 수 있을 정도면 좋음.
- 발에 꼭 맞으면 혈액순환을 방해해서 동상의 위험이 있으며, 너무 크면 발이 쓸리고 물집이 생기기 쉬움.
- 끈을 너무 꽉 조이면 혈액순환을 방해하게 되며, 느슨하게 매어도 발 보호효과가 반감이 됨.
- 아침과 저녁의 발 크기는 차이가 있으므로 감안해야 함.

3) 배낭

숲탐방(산행)에 필요한 살림살이 운반용으로 크기에 따라 당일용(10~30ℓ), 1박용(35~50ℓ), 원정용

(55~80ℓ)으로 분류함

① 배낭을 택하는 방법

배낭을 선택할 때에는 다음과 같은 점을 고려해야 한다;

- 가볍고 방수가 잘 되어야 하며,
- 장식이 튼튼해야 하고
- 배낭 밑단이 허리 아래로 내려가 엉덩이에 걸리면 안 되고
- 몸에 자연스럽게 밀착되는 것을 고른다.

② 배낭꾸리기

- 숲탐방(산행) 기간과 형태, 그리고 휴대하는 장비에 따라 크기와 기능을 달리 함.
- 어깨에 메었을 때 편하고, 필요한 장비를 쉽게 꺼내어 쓸 수 있도록 꾸려야 함.
- 가지고 갈 짐의 무게가 가벼운 경우에는 별 문제가 없으나 무게가 많으면 배낭을 잘 꾸려야 숲탐방(산행)에 도움이 된다.

※ 배낭 꾸리는 요인

- 가볍고 부피가 큰 것은 아래로 가도록 하고 무거운 것은 위로
- 자주 사용하는 것은 꺼내기 쉽게 배낭의 뚜껑이나 양쪽 주머니에 넣는다.
- 배낭의 외부에 수통, 컵 등을 매다는 것은 흔들릴 때마다 무게의 쏠림으로 체력소모가 많아져 좋지 않다.
- 모양이 울퉁불퉁하거나 모가 있는 물건은 주변에 여벌옷을 이용하여 빈 공간을 채워 배낭모양이 흐트러지지 않게 한다.
- 배낭 좌우의 모양과 무게가 균일하게 되도록 한다.
- 깨질 위험이 있는 물건은 보온용 의류 등으로 감싸 넣는다.

제3절 안전한 숲탐방(산행)요령: 주의사항 및 대처요령

1. 산림에서 보행의 기본

기복이 있는 숲(산)에서 보행할 때에는 몸의 균형을 잡으면서 걸어야 하는데 이를 위해 가장 중요한 것은 힘의 분배이다. 보통 산에 오를 때 40%, 하산할 때 30%의 힘을 사용하고 나머지 30%는 항상 비축하여 만일의 사태에 대비하는 것이 필요하다.

2. 힘을 절약하는 보행법

같은 등산로를 오르더라도 힘을 적게 사용하면서 오르는 것이 중요하기에 숲탐방(산행)에서 대표적인 에너지 절약기술은 보행법이다.

등산화, 배낭 등 장비의 올바른 선택, 효율적인 장비 사용방법, 길을 찾는 독도법 등도 궁극적으로 에너지 절약기술이지만 가장 기본적인 것은 걷는 것이다.

1) 출발 전 준비 사항

평소 운동이 부족한 상태에서 준비운동 없이 숲탐방(산행)을 시작하면 몸에 무리가 발생하고 근육통이 수반된다. 따라서 숲탐방(산행) 전에 굳어진 근육을 풀고 관절을 부드럽게 하여 근육과 관절, 인대의 손상을 예방한다.

⇒ 가벼운 맨손체조, 스트레칭, 관절(발목, 무릎 허리 등) 돌리기 등을 하되 무리한 힘을 가하거나 반동을 주지 말아야 한다.

2) 기본 보행기술

첫째, 무게 줄이기

숲탐방(산행)은 무게와의 싸움이다. 불필요한 장비나 의류 등은 가져가지 않는다. 포장은 최소한도로 하고 가급적 소형화, 경량화 한다. ⇒ 예비체력을 비축하여야 함

둘째, 발바닥 전체로 딛기

발 앞부분만을 사용하는 것은 종아리와 허벅지 근육에 부담을 주어 쉽게 피로하게 된다.

셋째, 무게중심을 이동하는 발끝에 일치시키기

무게중심이 올라가는 발보다 뒤에 있으면 힘을 더 많이 사용하게 된다. 발은 11자로, 팔자걸음이나 안짱다리 걸음은 많은 피로를 가져온다. 몸을 좌우로 흔들며 걷지 말고, 배낭과 몸에 수통, 컵, 수건 등을 달지 않는다.

넷째, 레스트 스텝(Rest Step)

보행 중에 근육을 쉬게 하는 방법

다섯째, 호흡법

호흡은 보행속도 및 다리를 움직이는 것에 따라 박자를 맞추어야 한다. 가급적이면 코로 숨을 쉬고 입을 벌리지 않으며, 폐로 호흡하기 보다는 배로 호흡하는 복식호흡을 하는 습관을 길러야 한다.

여섯째, 보행속도

출발할 때는 옷을 얇게 입고, 처음 20~30분간은 가급적 휴식은 취하지 않고 땀이 나지 않을

정도로 천천히 걷는다. 최초 휴식 때는 깊은 호흡을 하고 보온을 해 준다.

다시 출발할 때는 보온을 위해 입었던 옷을 벗어 얇게 입고 어느 정도 속력을 내기 시작하여 보행속도가 빨라지고 최고속도에 이르면 심장박동과 호흡이 빨라지고 근육이 불쾌한 느낌을 받으며 운동스트레스가 높아지는데 이를 5분정도 유지시키다가 속도를 다시 조절하면 육체적인 스트레스가 가라앉고 힘차게 즐거운 느낌으로 전환되는데 이것이 페이스 조절하는 방법이다.

일곱째, 즐겁게 오르기

산을 오르는 것은 힘든 작업이기 때문에 힘들다고 생각하면 더욱 힘이 든다. 땅바닥이나 앞사람 엉덩이만 보고 오르면 오르는 고통이 더욱 가중되므로 주변의 경관 등을 감상하면서 즐겁게 오르면 힘든 것을 잊을 수 있다.

여덟째, 스틱 사용하기

스틱을 올바르게 사용하면 다리의 하중을 20~30%정도 덜어줄 수 있고, 보행속도도 약 15%정도 빠르게 할 수 있다.

3. 힘을 관리하는 기술

1) 체온유지

사람은 항상 체온을 일정(36.5℃)하게 유지하여야 한다. 체온이 단 몇 도만 오르거나 내려가면 신체기능이 매우 저하되고 심한 경우는 사망하게 된다. 현재까지 보고된 사례 중 생존체온의 최고와 최저는 각각 44℃, 24℃이다.

숲탐방(산행) 중에 만나는 악천후는 사람의 체온을 쉽게 떨어뜨린다. 실제로 조난사례 중 많은 경우가 체온저하에 의한 사망이다. 따라서 숲탐방(산행)에서 힘을 관리하는 가장 중요한 방법은 체온유지이며 이를 위해 다양한 기후변화에 대처하는 적응능력을 갖추어야 한다.

2) 저체온증(Hypothermia)

저체온증은 체온이 35℃이하로 내려간 상태를 말하며 25℃이하가 되면 사망에 이르게 된다.

저체온증은 차고 습하고 바람이 많이 불 때 걸리기 쉬우므로 이러한 환경을 이길 수 있는 예비체력을 가져야 한다.

3) 땀에 의한 에너지 손실

땀을 흘리는 것은 운동으로 열이 발생하면 체온이 상승하는데 이 때 상승한 체온을 36.5℃로 조절하기 위해 신체내부에서 발생한 열을 땀으로 배출하는 것이다.

문제는 땀이 마르면서 신체의 열을 많이 빼앗아가게 되는데 땀을 흘리지 않을 때보다 약 240배 속도로 체온을 빼앗기게 되어 필요이상으로 땀을 흘리게 되면 비축하여야 할 30%의 체력도 땀과 함께 빼앗기게 된다.

따라서 숲탐방(산행)을 하면서 땀을 흘리지 않을 수는 없으나 불필요하게 땀을 많이 흘리는 것은 경계하여야 할 것이다.

4) 열관리를 통해 예비체력 유지

열은 곧 에너지이며 신체에서는 체력과도 같다. 모든 체력이 소진된 상태라면 신체내부의 에너지가 고갈되어 더 이상 몸을 따뜻하게 유지할 수 없다. 따라서 숲탐방(산행)에서 가장 중요한 기술은 열관리라고 할 수 있다.

열을 관리하는 방법은 음식을 먹어서 열을 생산하고, 옷을 입어서 열을 보존하고, 숙달된 산행기술로 열을 절약하는 것이다. 숲탐방(산행) 시는 효과적으로 열을 관리하여 항상 30%의 예비체력을 간직하여야 한다.

4. 힘(에너지)을 보존하는 기술

1) 등산의류

산악은 기상이 일정하지 않고 항상 변한다. 춥고 덥고, 바람 불고 비 내리는 다양한 상황에서 어떤 옷을 어떻게 입는 것이 효과적인가를 알아야 한다.

등산의류는 가볍고 질기며, 수분을 빨리 흡수하고, 외부로 배출시키는 기능을 가지고 있는 소재로 만든 것이 좋다.

또한 바람 불고 눈이나 비가 내리는 악천후에는 방풍, 방수, 투습 기능을 가진 소재로 만든 것이 좋다.(고어텍스, 하이브리드, 나노 등)

2) 머리, 손발을 보온과 동상예방

손발이 시리며 머리를 따뜻하게 해 주어야 한다. 사람의 신체 중에서 기온변화가 가장 민감하게 반응하는 곳이 머리이며, 사람의 몸은 기온이 낮아지게 되면 체온유지에 필요한 혈액을 우선 머리로 공급하고 신체의 말단부위인 손이나 발에는 혈액공급이 줄어들게 된다.

따라서 머리를 따뜻하게 해 주면 머리에 집중적으로 공급하는 혈액을 손발로 공급할 수 있게 되는 것이다.

동상은 피부가 영하의 온도에서 꽁꽁 어는 것이 아니라 혈액순환이 되지 않아 영양결핍으로 발생하는 조직괴사이다.

따라서 동상을 막으려면 혈액순환이 잘 되도록 하여야 한다.

5. 힘(에너지)을 생산하는 기술

3대 에너지원(탄수화물, 지방, 단백질) 중에서 소화 흡수되는 속도가 가장 빠르고 에너지로 빨리 사용되는 것은 탄수화물이고 그 다음이 지방, 단백질 순이다.

지방은 소화 흡수되는 속도가 탄수화물보다 늦으며 몸에 축척되어 있다가 에너지원으로 사용되고, 단백질은 에너지원으로는 일부만 사용되고 근육을 구성하거나 신진대사를 돕는 물질로 사용되며, 소화 흡수가 가장 늦다.

따라서 숲탐방(산행)할 때는 주로 탄수화물이 많은 식사를 하는 것이 바람직하다, 또한 숲탐방(산행)에서는 땀을 많이 흘리게 되는데 땀과 함께 염분과 미네랄이 손실되는데 이는 탈진 및 근육경력의 원인이 되므로 염분 등을 보충하는 것이 필요하다.

제2장 해설장소 및 탐방자 관리

제1절 해설현장 관리

1. 해설현장 관리

1) 현장 점검

해설하는 기관은 해설현장에 대해 과거와 현재의 안전상태를 면밀히 분석하여 위험요소를 사전에 제거하도록 한다. 이를 위해서는 사전 답사가 필수적으로 이뤄져야 하며, 각종 정보를 검색하여 과거의 재해기록을 검토하여 점검하고, 답사할 때에는 현지 주민들로부터의 인터뷰를 통해서 재해사실 등을 확인하여 대비하도록 한다.

2) 해설가 교육

수집된 자료는 해설가들에게 사전에 공지하고 당일 날 미리 해설현장을 참여하는 해설가들과 답사하여 숙지하도록 한다.

2. 모니터링

1) 위험요소 점검표(체크리스트) 작성

해설 예정지에 대해서는 사전답사 할 때에 미리 위험지형과 요소들에 대해 위치와 상태, 위험정도 등의 항목이 등재된 목록표를 만들어 점검할 수 있도록 한다.

한 곳에서 지속적으로 해설활동을 진행할 경우에는 특히 위험지형이나 위험요소 등에 대하여 미미한 변화라 할지라도 기록하고 해설가들에게 그 내용을 전달하도록 한다.

제2절 해설대상자(탐방객) 관리

1. 안전교육 실시

해설을 시작하기 전에 해설현장의 특성과 여러 가지 위험요소 등에 대해서 정확하게 전달한다.

대열에서 이탈한다든가, 안전하지 않은 행동을 삼갈 것을 주지시키며, 숲 속의 현혹하는 식물을 관찰하려고 숲 깊이 들어가는 등의 행동을 자제시킨다. 탐방코스를 이탈하지 말 것으로 철저하게 교육한다.

제3장 야외활동(숲탐방 등)할 때 응급사태 처치요령

(『그림으로 배우는 응급처치』 (김동원, 2009, 21세기사)를 참고하여 정리함)

제1절 벌이나 벌레에 물렸을 때

동물이나 벌레는 건드리지 않으면 거의 공격하지 않으므로 탐방객이 먼저 주의를 하는 것이 피해를 입지 않는 제1조건이다.

독을 가진 벌과 벌레에 쏘이거나 물리면 위험하기도 하지만 아픈 것이 문제가 될 때가 많다. 쏘인 부분은 처음에는 잘 모르다가 시간이 지나면서 점점 붓고 시린 상태가 된다. 그러나 대개 응급처치로 해결할 수 있는데 때에 따라서는 침으로 전달된 독에 과민반응을 보여서 갑작스런 쇼크(과민성 쇼크)로 인해 생명을 위협하는 경우도 있다. 특히 기관지와 연결되어 있는 목 부분이나 입안을 쏘이면 기도가 막히기 때문에 주의를 요한다. 아래에 부분별로 대처요령을 소개한다.

1. 피부를 쏘였을 때

1) 증상

국소적인 통증과 발열, 두드러기, 가려움증, 쇼크 등

2) 처치

① 먼저 (벌)침을 빼낸다. 이 때 핀셋 등을 사용하지 말고 전화카드 등 얇은 면을 이용하여 밀어내듯 빼내도록 한다. 핀셋 등으로 잡아 빼 경우 침 속에 남아있는 독이 내부로 분출되어 피부속으로 들어갈 수도 있기 때문이다.

② 통증과 부기가 있는 쏘인 부분을 가라앉히기 위해 찬물로 찜질한다.

③ 암모니아수를 바른 다음스테로이드 연고를 사용하여 쏘인 부분에 바른다.

④ 하루가 지나도록 통증, 부기가 가라앉지 않으면 병원을 방문한다.

⑤ 행사 기관에서는 관련 응급셋트를 늘 지참하고, 알레르기 과민체질인 사람은 해충에 대한 대비를 하고 비상약을 준비해야 한다.

2. 입안을 쏘였을 때

1) 부기 방지

붓는 것을 막기 위해 입안에 얼음을 넣거나 빨도록 한다.

현장에서 얼음이 없으면 얼른 냇가로 가서 찬물을 사용하도록 한다.

2) 응급 연락

이어서 속히 119로 구조요청을 하고 환자를 안심시키도록 한다.

제2절 해양생물에 다쳤을 때

바닷물 속에서 해양생물을 관찰할 때에는 대개 해파리, 산호, 말미잘 등에 잘 쏘인다. 침독은 침 세포에 들어있는데 침세포가 피부에 박혀 있다가 터지면서 살 속으로 침투된다.

겉에 가시가 있는 성게, 가시고기를 밟으면 가시가 피부에 박히게 되는데 큰 위험은 없으나 특별한 지역에 사는 해양생물의 독은 가슴을 마비시킴으로써 익사하게 만드는 경우도 있으니 주의를 요한다.

1. 쏘였을 때

1) 초기대응

우선 환자를 안심시킨 다음 아래와 같은 조치를 취한다.

① 상처에 식초나 알코올을 수분 동안 부어서 독을 분비하지 않은 침세포가 활성화되지 못하도록 마비시킨다.

② 식초나 올코올이 없을 경우, 베이킹파우더(가성소다)와 물을 상처에 부어준다.

③ 밀가루, 베이킹파우더 등을 상처주위에 뿌리면 침세포를 뭉치게 할 수 있다.

④ 호흡이 곤란하거나, 상처가 심하면 구급차를 부르고, 호흡이 곤란한 경우에는 구급차가 오는 동안 쇼크 예방조치를 시행한다.

2. 생물가시에 찔렸을 때

화상을 입지 않을 정도의 온도로 물을 데워서 찔린 부분을 뜨거운 물속에 담그도록 한다. 적어도 30분 정도 담고 있도록 하며 온도가 식을 것을 대비하여 물을 더 데워 놓도록 한다.

이어서 가시가 박힌 정도를 확인하고 빼낼 수 없을 경우에는 가까운 병원으로 데리고 간다.

제3절 뱀에 물렸을 때

1. 일반사항

우리나라는 여름철에 뱀이 자주 출몰하는데 뱀(독사)에 물리는 사고가 종종 발생하기 때문에 숲탐방할 때에는 특히 주의를 요한다. 우리나라에 분포하는 독사는 살모사, 까치살모사, 불독사가 많다. 독사는 머리가 삼각형이고 목이 가늘고 길게 생겼는데 물리게 되면 두 개의 이빨자국이 남고 즉각적으로 붓고 피하에 출현이 생긴다. 물리는 부위는 뱀이 활동하는 지면에서 가까운 곳으로서 대개 다리와 팔 부위이다. 다리가 전체 사고의 2/3, 팔이 1/3정도이다.

뱀에 물리지 않으려면 뱀을 미리 발견하고 피하는 것이 상책 중의 하나이다. 또한 뱀이 숨어 있을 만한 장소를 피하고, 나뭇가지가 울창한 곳이나 덤불숲을 지날 때에는 막대기를 이용하여 헤치면서 가는 것도 위기를 피할 수 있는 방법이다.

2. 응급조치

뱀에 물렸을 때에는 다음과 같은 조치를 취하도록 한다.

첫째, 우선 환자를 뱀이 없는 곳으로 속히 옮겨서 눕힌다.
이어서 흥분하거나 움직이면 독이 빨리 퍼지게 되므로 움직이지 못하도록 하며 안정시킨다.

둘째, 팔, 다리 부위를 물렸을 경우 팔찌, 시계, 발찌 등을 제거하여 심하게 부을 경우를 대비한다.

셋째, 환자를 안심시키고 있는 동안 나머지 사람들은 물린 뱀을 잡거나 무슨 종류의 뱀인지 확인하고 잡아서 병원으로 가져간다.

넷째, 물린 부위를 움직이지 않게 하고 고정하여 심장보다 낮은 곳에 둔다. 심장 쪽으로 독이 빨리 퍼지지 않도록 하기 위함이다.

다섯째, 술이나 먹을 것, 마실 것을 환자에게 주어서는 안된다. 특히 술은 독을 빨리 퍼지게 하는 상승작용을 한다.

여섯째, 119에 구조요청을 한다.

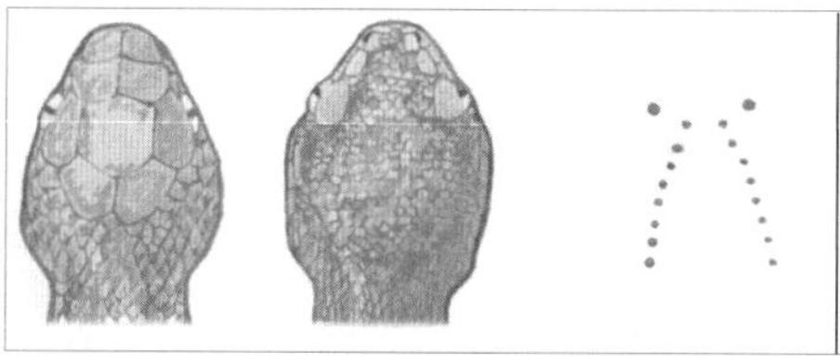

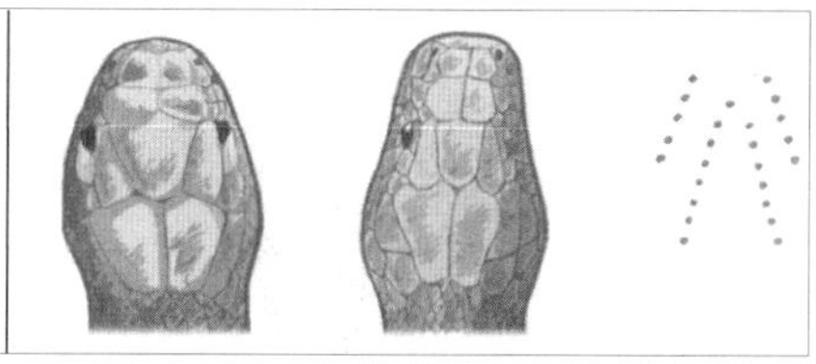

독 있는 뱀의 머리모양과 이빨자국(좌) 독 없는 뱀의 머리모양과 이빨자국(우)

그림 1. 독뱀 구별

제4절 버섯중독

(『한국의 버섯』(박완희, 1995, 교학사)을 참고하여 정리함)

1. 버섯중독 일반

우리나라의 버섯 종류는 약 1000종인데 그 중에서 식용버섯이 100종이며 독버섯은 50여종이다. 독버섯 중 맹독성을 지닌 버섯은 20여종에 이른다. 맹독성의 버섯이 적은 데도 불구하고 버섯중독사고는 적지 않게 발생한다.

버섯중독사고가 빈번한 이유는 첫째, 식용버섯과 독버섯을 즉각적으로 구별하는 실험법이 없고, 둘째, 독버섯 중에는 식용버섯과 겉모양이 비슷하여 구별하기가 쉽지 않으며, 셋째, 독버섯에 대한 기초지식이 부족하기 때문이다.

2. 독버섯의 종류

치명적인 독성분을 함유하고 있는 버섯은 광대버섯속(Amanita), 화경버섯속(Lampteromyces), 개암버섯속(Naematoloma), 깔때기버섯속(Clytocybe), 마귀곰보버섯속(Gyromitra) 등이다.

3. 중독증상

중독증상은 버섯이 함유하고 있는 독성분에 따라서 차이가 난다. 또한 한 종의 버섯에도 여러 성분이 들어있어서 증상은 복합적으로 발현할 수 있다. 대체로 위장염형, 콜레라형, 신경형으로 구분한다.

1) 위장염 형

구토, 복통, 설사 등의 증상으로 보이는데 섭취 후 대개 1~2시간 후에 나타나며 하루나 이틀 후에 회복된다. 외대버섯, 화경버섯에 의한다.

2) 콜레라 형

심한 구토와 설사로 탈수상태에 이르게 되어 콜레라와 같은 증세를 보인다. 십취 후 6~12시간 후에 나타나는데 심할 경우 간장과 신장이 훼손되고 혼수상태에 빠져서 생명을 잃게 된다. 잠복기가 길어서 증상이 발현된 후에는 이미 독이 전신에 퍼져 있는 상태여서 대단히 위험하다. 독우산 광대버섯, 알광대버섯, 흰알광대버섯, 큰주머니광대버섯, 절구버섯아재비 등에 의한다. 버섯의 밑둥치에 봉지모양으로 된 것은 위험한 것이므로 먹는 것을 금한다. 독성분은 삶아도 없어지지 않으며, 신속한 위세척과 혈액투석으로 생명을 구할 수 있다. 티오틱 산(thiotic acid)을 해독제로 쓴다.

3) 신경 형

섭취 후 1~2시간 후(혹은 20~30분)에 증상이 나타나는데 구토, 현기증, 시력장애에 이어서 이상 흥분상태를 4시간 이상 보이다가 잠이 들며 대개 하루 이틀 후에 회복된다. 광대버섯, 땀버섯, 마귀광대버섯 등에 의한다. 환각증상을 일으키는 버섯도 있는데 이것에 중독된 사람은 웃고, 떠들고 노래하고 춤추는 광란상태를 연출한다. 많이 먹으면 의식을 잃기도 하는데 1~2일 후 회복한다. 해독제는 피소티그마인(physotigmaine)을 사용한다.

4) 기타

무스카린(muscarine)을 함유한 버섯에 중독되었을 때에는 부교감신경에 작용하여 발한, 유루(流淚, 눈물흘림), 유연(流涎, 침흘림), 구토, 설사, 혈아강하, 호흡곤란을 일으킨다. 대체로 24시간 이내에 회복하지만 다량 섭취했을 때에는 사망에 이르게도 한다. 일부 깔때기버섯속의 버섯, 대부분의 땀버섯속, 적색류의 그물버섯속에 무스카린 독성분이 함유되어 있다. 아트로핀(atropine)를 해독제로 사용한다.

또한 프실로씨빈(psilocybin), 혹은 프실로씬(psilocin)을 함유한 버섯은 푸른색을 띠는데 증상은 급히 나타닌다. 손발과 혀가 꾸부라지고, 불안감과 이해력 저하, 색채환각, 환청 등으로 LSD 환각증상과 유사하다. 환각버섯류, 목장말똥버섯, 좀말똥버섯, 검은띠말똥버섯 등에 의한다.

3. 응급처치

다음과 같은 조치를 취한다.

- 의식을 확인하고 기도를 깨끗하게 유지한다.
- 먹은 버섯이 무엇이고 어느 부위를 먹었는지 확인하며 보관하여 병원에 갔을 때 의사에게 보여준다. 필요한 해독제를 선택할 수 있도록 하기 위함이다.
- 필요하면 구토물을 보관하여 의사에게 보여주기도 한다.

4. 독버섯 구별법

독버섯은 대개 다음과 같은 특징을 지니고 있으니 유념하여야 한다;

- 빛깔이 유난히 곱고 화려한 것
- 미끈미끈한 것
- 잘 부스러지는 것
- 냄새가 독한 것

제5절 옻이 올랐을 때

옻이 올랐을 때에는 다음과 같은 조치를 취한다;

- 절대로 긁어서는 안된다. 긁으면 증상이 더 심해진다.
- 스테로이드 연고를 바른다.
- 민간에서는 잘게 찧은 쌀을 물과 섞어 바르거나, 밤나무 잎을 끓인 물로 목욕을 하거나, 야외에서는 생잎을 찧어 나온 즙을 발라도 효과가 있다.

심한 사람은 옻나무를 스치기만 하여도 옻이 오를 수도 있으므로 옻나무를 구별하여 가까이 가지 않도록 한다.

제6절 이물질 제거

1. 가시가 박혔을 때

집게로 간단히 빼낸다. 빼낸 후에는 눌러서 피를 빼내도록 한다.

거시가 깊이 들어갔거나 관절에 들어가서 제거하기 어려울 때에는 의사에게 데리고 간다.

2. 눈에 이물질이 들어갔을 때

이물질이 흰자위에 있을 때에는 제거하기 쉽다.

하지만 눈동자에 붙어있건 박혀있건 상관없이 검은 눈동자(동공, 홍채)에 있을 때에는 제거하지 말고 지체없이 병원으로 가서 의사에게 보인다. 무리하게 빼내려다가 상처를 주어 시력을 잃게 할 수도 있기 때문이다. 이 경우 안대로 이물질이 들어간 눈을 가리고 붕대로 양눈을 감싼 후 병원으로 간다.

간단한 경우 다음과 같이 처리한다;

- 눈을 비비지 말고 밝은 곳으로 안내하여 눈에 들어간 이물질을 잘 볼 수 있도록 한다.
- 엄지손가락 등을 이용하여 눈꺼풀을 열어젖히고 눈을 좌우상하로 움직이게 하여 이물질을 찾는다.
- 이물질이 발견되면 깨끗한 물(살균된 물)로 씻어서 이물질이 나오게 한다.
- 위와 같은 방법으로 성공하지 못하면 이물질이 박혀있지 않을 때에는 젖은 면봉이나 엷은 젖은 천(손수건 등), 물 묻은 솜 등으로 떼어낸다.

3. 귀 속에 이물질이 들어갔을 때

숲 속에서는 여러 가지 작은 벌레들과 마주치기 때문에 자칫 귀 속에 들어갈 수 있다. 흔히 개미, 파리, 바퀴벌레 등이 귀에 들어갈 수 있는데 이에 대한 처치 방법을 아래에 제시한다;

귀 속에 이물질이 틀어박혀서 쉽게 빼낼 수 없을 때에는 지체 없이 병원으로 간다.

- 귀에 벌레가 들어갔을 경우;
  - 환자를 앉히고 벌레가 들어간 귀가 위로 가도록 머리를 받친다.
  - 외이도 입구에 빛을 비춰서 벌레가 밖으로 기어 나오게 유도한다.
  - 미지근한 물을 흘려서 기어 나오도록 한다.
  - 성공하지 못할 경우에는 병원으로 데리고 간다.

제7절 동물에 물렸을 때

입안의 세균이 피부의 조식이 뚫고 침투하면 타액을 통해 바이러스성 신경계통 감염 질환인 광견병이 발생하므로 다음과 같이 조치한다;

〈응급처치〉

1. 비누를 사용하여 흐르는 수돗물로 잘 씻는다.
2. 상처부위를 깨끗한 거즈로 닦고
3. 소독액을 쏟아 부어 반복 소독
4. 상처부위를 깨끗한 패드나 거즈로 드레싱
5. 병원이송 (개는 잡아서 묶어 둘 것)

제8절 유행성 출혈열 등 풍토병 예방조치

숲탐방 활동은 각종 자연환경에 신체가 노출되는 활동으로서 풍토병 등 병원균이 많은 환경이나 계절에 진행할 때에는 주의를 요한다.

특히 가을철에 발생하는 급성 열성 전염병은 우리나라 풍토병으로 감기몸살 증세와 비슷하여 초기 조치가 잘못되는 경우가 많고, 심한 경우에는 합병증으로 발전하여 치료에 애를 먹는 경우도 허다하다. 발생 빈도별로 보면 쯔쯔가무시병, 유행성출혈열, 렙토스피라증 순으로 많이 발생한다.

이들 열성 질환은 야생동물에 의해 전염되기 때문에 야외활동 후에 아래와 같은 증상이 나타나면 신속하게 치료받아야 한다. 특히 렙토스피라증의 경우 치료하지 않았을 때에는 사망률이 20%에 달하고 있으므로 각별한 주의가 요망된다.

1. 감염 경로와 증상

1) 쯔쯔가무시병

급성 열성 질환의 30%를 차지하고 있을 정도로 가장 흔한 질환이다. 쯔쯔가무시병을 옮기는 매개체는 털진드기로서 원인균에 의해 감염된 진드기가 사람을 물어서 옮겨진다. 가을철인 9~11월 주로 발생하며 평균 잠복기는 10~12일 정도이다.

감염증상은 발열, 두통, 근육통, 몸통에서 시작하여 손발 사지로 퍼지는 발진 등이 있다. 털진드기가 문 부위에 궤양, 검은 딱지가 생기는 특징이 있어서 진단에 도움이 된다.

2) 유행성출혈열(신증후 출혈열)

급성 전염성 질환인 유행성 출혈열은 주로 가을철인 10~11월, 초여름인 5~6월에 많이 발생하는데 특히 야외활동이 많은 농촌사람(농부)과 군인에게 많이 발병한다. 쥐(들쥐나 집쥐)의 폐속에 있는 바이러스가 호흡기를 통해 전파되는 것으로 알려져 있는데 고열, 복통, 두통, 출혈 등의 증상을 일으킨다.

잠복기가 2~3주인데 사람 간의 전염은 없다. 감염되면 진행단계는 발열기, 저혈압기, 감뇨기(소변의 양이 감소되는 시기), 이뇨기(소변의 양이 증가하는 시기), 회복기 등의 다섯 단계로 진행되는 특징이 있다. 제1기인 발열기 때에는 두통과 근육통이 수반되며, 발열과 함께 목과 얼굴에 벌겋게 부어오르는 발적현상, 결막 충혈, 입천장이나 겨드랑이의 점상 출혈 등과 같은 증상이 나타난다.

3) 렙토스피라증

더럽고 오염된 물에 많이 기생하는 '렙토스피라'라는 세균의 감염으로 발생한다. 손상된 피부가 동물(들쥐, 집쥐, 개, 족제비, 여우 등)의 배설물, 오염된 흙과 물에 노출되면 쉽게 감염된다. 주로 발생하는 시기는 가을철로 9~11월에 많이 발생하는데 특히 습한 곳에서 오랫동안 활동하는 사람에게 감염 위험이 높다.

평균 잠복기는 7~12일이며 인체 사이에는 전염되지 않는다. 일반적인 증상은 발열과 오한, 구토, 두통, 근육통, 결막 충혈 등이며 흔하지 않게 황달을 보이는 중증 감염도 있다. 기침, 호흡곤란, 각혈 등의 호흡기 관련 증상이 많은 것이 특징이다.

2. 예방법

1) 들쥐가 많이 출현하는 지역의 산이나 풀밭에 가는 것을 피한다.
2) 야생동물(특히 들쥐)의 배설물에 대한 접촉을 피한다.
3) 풀밭에 의류를 올려놓는 것을 삼가한다.
4) 야외활동 후에는 옷을 털고 샤워를 한다.
5) 나뭇가지, 풀잎 등에 가능한 피부의 접촉을 적게 한다.
6) 오염된 물에 피부를 접촉시키지 않는다(손발 담그는 것 금물).
7) 야외 활동할 때에는 피부(특히 손과 발)에 상처가 있는지 확인하고 장화나 장갑 등의 보호구를 착용해야 한다.
8) 야외에서 활동할 때 남녀 모두 긴바지를 입는 것이 좋다(여성의 경우 스타킹도 가능).
9) 야생동물이 많이 출현하는 곳에 나는 산딸기 등의 야생열매를 따먹는 것을 주의하도록 한다(특히 지표면 가까이 있는 것 조심: 들쥐 등의 배설물이 묻어있을 가능성이 높음).

참 고 문 헌

김동원, 2009. 그림으로 배우는 응급처치. 21세기 교육사.
박완희, 1995. 한국의 버섯, 교학사.

선택과목

VI

국민대학교 평생교육원·(사)숲과 문화 연구회
숲해설 아카데미 전문과정

Ⅵ

숲의 역사

김 기 원
국민대 산림환경시스템학과/교수

목차

제1장 생명의 기원에 대한 기본적인 질문

숲해설의 대상은 숲이다. 숲이 언제, 어디서, 어떻게 지구에 나타났는지에 대한 것은 숲에 대해서 알고자 하는 사람이라면 기본적으로 갖춰야 할 지식이다. 이 강좌는 이에 대한 답변 자료를 제공하는데 조금이라도 도움을 주기 위해서 준비한 것이다. 숲에 대해서 말하기 전에 인류가 살고 있는 우주와 지구가 어떻게 탄생하였는지 알아야 하며 그 과정에서 생명의 기원과 숲의 탄생, 우리의 시간적, 공간적 좌표를 파악하는 것이 필요하다.

그런데 먼저 해결해야 할 질문들이 또 있다. 산과 숲을 탐방하는 사람들이 해설가에게 이런 질문을 할 수 있다, 숲이 무엇인가? 이에 대해 가장 간단히 대답한다면 숲은 나무무리이다 라고 말할 수 있다. 그렇다면 나무는 무엇인가? 나무는 생명이다. 생명은 무엇인가? 생명을 이루는 기본단위는 세포이므로 생명은 세포의 무리라고 답할 수 있겠다. 그러면 세포는 무엇인가?

세포는 생명체의 기본 단위이며, 세포 원자들의 결합으로 구성된 물질이다. 원자(atom)란 물질의 기본 단위인 원소(element)의 최소단위를 말하며 양성자, 중성자, 전자 등 3가지 소립자로 구성되어 있다. 자연계에는 92개의 원소와 17개의 합성원소가 존재한다. 이 중에서 세포를 구성하는 기본원소는 SPONCH, 즉 황(S), 인(P), 산소(O), 질소(N), 탄소(C), 수소(H) 등 6원소로서 이들이 99%를 차지한다. 원자, 즉, 세포를 이루는 기본물질은 어디서 온 것일까? 이에 대한 답이 생명(=숲=자연)의 기원과 자연(숲)의 형성과정을 이해하는 단초가 될 것이다.

숲을 생명이라고 말한다. 숲자체가 생명이고 숲에서 뭇생명들이 태어나고 살아가기 때문에 그렇게 부른다. 숲해설은 곧 생명에 관한 해설이므로 생명의 기원에 대한 기본적인 응답은 해설에 있어서 가장 기초적이고 근본적이며 핵심적인 것이다. 생명의 기원시점은 곧 숲의 시원이 되기도 한다. 그래서 생명의 기본단위인 세포를 이루는 6원소가 언제부터 세상에 나타났는지를 알게 되면 생물학적으로 생명의 기원을 알 수 있게 된다.

제2장 우주와 지구의 탄생

제1절 서론

맑은 날 밤하늘을 바라보면 바닷가의 모래알만큼이나 많은 별들이 떠있는 것을 볼 수 있다. 인간이 살고 있는 지구는 광활한 우주 속의 아주 작은 먼지와도 같은 존재에 지나지 않다. 우주는 얼마나 넓은 것일까? 지구는 하나의 별인 태양을 중심으로 구성된 태양계에, 태양계는 무수한 별들로 구성된 우리은하에 포함된다. 우리은하에는 태양과 같은 별이 2000억 개가 있다고 하니, 태양계에 8개의 행성이 달려 있으니 우리은하에 있는 별과 행성의 수는 약 1조 8000억개나 된다. 소행성의 수까지 합하면 어마어마한 천체들로 구성되어 있는 것이 우리은하임을 알 수 있다. 우리은하가 우주의 전부가 아니다. 우리은하와 같은 은하가 몇 개에서 1만 개씩 모여 은하단(cluster)을 형성하고 은하단이 무리지어 초은하단(supercluster)을 형성하고 있다. 초은하단이 모여 우주를 형성하는데 우주에는 수천 억 개의 은하들이 모여 있다. 우리은하는 이들 수천억 개 은하 중의 하나이며 태양과 같은 10억 개 이상의 별과 가스와 우주먼지로 이뤄져 있다. 이것이 우리가 알고 있는 우주이다.

우주의 크기가 얼마나 되는지 살펴보자. 천문 우주학에서 쓰는 거리의 단위는 광년(light year)과 파섹(parsec)이다. 1광년(ly)은 빛이 1년 동안 도달하는 거리로서 약 9조 5천억 km이다. 파섹(pc)은 항성과 은하의 거리를 나타내는 단위이다[1]. 1파섹은 3.26광년이며 약 30조 9천억 km이다.

지구로부터 태양까지 평균거리는 약 1억 5천만 km이다. 태양이 속해 있는 태양계의 지름은 100억 km가 넘는데 초속 30만 km의 빛이 종단하는데 10시간이나 걸린다. 은하의 지름은 보통 수만 광년으로 측정되는데 우리은하의 지름은 10만 광년이며 두께는 1만 5천 광년이다. 은하단과 은하단 사이의 거리는 평균 100~200만 광년이며 초은하단의 크기는 수억 광년에 이른다. 그런데 태양은 우리은하 중심으로부터 8.5파섹(27.7광년, 262조 4천 5백억 km) 떨어져 있으며 안드로메다 은하까지는 0.7메가파섹(약 230만 광년)의 거리에 있다.

이쯤에서 우리가 앉아있는 자리에서 태양까지, 태양을 넘어 태양계의 중심까지, 태양계를 지나서 우리은하까지, 우리은하를 건너 안드로메다 은하까지, 그리고 안드로메다를 거쳐 초은하단까지 빛보다도 빠른 은하철도를 타고 간다고 상상해 보자. 지름이 수억 광년에 이른다는 초은하단의 종착역에 살아 생전에 도착한다는 것이 가능할까? 이러한 생각을 하면 광활한 우주공간 속에서 우리들의 시간과 공간의

---

1) 지구가 태양을 공전하는 궤도 지름을 기선(基線)으로 했을 때 지구에서 관측되는 천체의 시차가 1초가 되는 거리를 말한다. 1파섹(pc) 거리에 있는 별과의 시차는 1초이며 3.26광년인데 이것은 30조 9천억 km에 해당하는 거리이다. 1킬로파섹(Kpc)은 1000파섹, 1메가파섹(Mpc)은 100만파섹이다.

좌표가 어디쯤에 있는지, 그 존재가 얼마나 무의미한지 짐작하고도 남는다.

안드로메다 은하는 별자리인 안드로메다 자리에 있는 것으로서 우리 눈으로 볼 수 있는 것 중에서 가장 멀리 있는 은하라고 한다. 안드로메다 은하까지 230만 광년, 다른 말로 표현하면, 이곳에서 나온 별빛이 지구까지 도달하는데 빛의 속도로 230만년이나 걸린다는 것이다. 그러므로 우리들이 보게 되는 안드로메다 은하의 별빛은 이미 230만 광년 전에 안드로메다를 떠나온 빛이며, 우리들은 230만 광년 후의 미래 사람인 셈이다. 우주는 참으로 넓으며 무변광대하다.

지구에서 가장 가까운 행성은 4,200만 km 떨어진 금성과 7,800만 km 떨어진 화성이다. 평균 속도 초당 약 4,300m로 비행하는 화성 탐사선 스피릿호는 화성에 안착하는데 약 7개월 걸렸다. 42.195km를 2시간 10분대에 뛰는 마라톤 선수가 쉬지 않고 뛴다면 금성까지 13,654년, 화성까지 25,359년이 걸린다. 물론 3시간도 못되어서 기권할 것이다. 시속 300km의 고속철도나 900km로 비행하는 비행기의 경우도 금성까지 각각 560년과 320년이나 걸리고, 화성까지 1,780년과 593년이나 걸린다. 우리들의 생전에 도달할 수 없는 거리이다. 이런 생각도 해보니 참으로 우주는 무한하며, 지구는 이 광활한 우주 공간에 두둥실 떠 항해를 계속하고 있다. 그 속에 우리들이 살고 있다는 사실이 신비롭기만 한다. 인류 과학의 힘으로 밝힌 바에 의하면, 아직 이 무변광대한 우주공간 어디에도 지구와 같이 녹색식물이나 인간과 같은 고등생물이 살고 있는 곳은 없다고 한다. 지구는 얼마나 신비로운 천체이며, 그 속에 살아가고 있는 우리 인간을 비롯한 모든 생명들은 얼마나 귀한 존재인가?

도대체 이 우주와 은하계와 태양과 지구는 어떻게 해서 생긴 것이며 우리는 어떻게 살게 된 것일까? 다음 이야기 속에서 이 의문을 풀어 보도록 한다.

제2절 대폭발이론과 우주의 형성

천문학자들의 말을 빌리면 우주의 탄생을 설명하는 학설은 대체로 대폭발이론(big bang model)으로 집약되고 있다.

137억년 전, 상상할 수 없는 극한의 높은 온도와 고밀도 상태의 가스가 우주공간에서 폭발하였다. 대폭발이 일어난 후 1/100초, 1/10초, 1초, 15초가 지나면서 우주의 온도는 절대온도로 1000억, 300억, 100억, 30억 도로 식어갔다. 3분이 지난 후 우주는 태양의 중심 온도보다 70배 이상 더 뜨거운 10억 도로 떨어졌다.

우주는 계속적으로 팽창하였으며 적당히 낮아진 온도에서 전자와 핵이 안정된 원자를 형성하기 시작하였고 그러한 물질로부터 별과 은하가 만들어지게 되었다. 당시의 양성자와 중성자 비는 7:1이었는데 이것은 오늘날 우주에서 관측되는 약 75%의 수소와 25%의 헬륨, 그리고 1% 이하의 기타 다른 원소들의 비와 비슷한 상태였다고 한다. 이러한 이론에 의해 대폭발과 함께 나타난 최초의 원소가 수소와 헬륨이다. 따라서 생명의 시작은 멀리는 137억년 전의 대폭발과 함께 하며, 가깝게는 별들의 탄생과 함께 한다. 별은 그 중심핵으로부터 탄소와 산소와 같은 좀 더 무거운 다른 원소들을 만들어내게 되었는데 이 원소들이 훗날 생물들을 탄생할 수 있도록 해 주었다.

태양도 다른 별들과 마찬가지로 수소(H)와 헬륨(He) 가스로 이뤄진 거대한 기체 불덩어리이다. 전형적인 별인 태양이 방출하는 에너지는 1메가톤급의 원자탄을 1초에 1000만 개씩 연속적으로 폭발시키는 것과 같다고 한다. 표면 온도는 약 6000℃나 되는데 태양 표면에서 일어나는 변화는 지구에 엄청난 영향을 끼치게 된다.

태양을 비롯한 우주의 별들은 어떻게 탄생하게 되었을까? 인류가 과학에 눈을 뜨기 시작하면서 이러한 의문점에 대한 연구가 천문학의 관점에서 끊임없이 나타났다. 우주의 형성을 설명하는 대표적인 이론을 소개하면 다음과 같다.

• 성운설(星雲說, nebular hypothesis)

1755년에 독일 철학자 칸트는 『일반 자연사 및 천체론』을 발표하면서 우주는 발생상태에서 진화를 거듭하여 오늘날과 같은 모습을 갖추게 되었다고 주장하였다. 그 후 1796년에 이르러 프랑스의 라플라쓰가 『우주체계의 해설』을 발표하였는데 칸트의 이론과 더불어 성운설을 설명하는 대표적인 학설로 받아들여지고 있다. 그래서 성운설은 두 사람의 이름을 따서 칸트-라플라쓰 가설로 불리기도 한다.

성운설에 의하면, 태양계가 형성되어 있는 우주 공간에는 엷은 가스층이 깔려 있었는데 천천히 회전하게 되었다. 이것이 태양계의 초기 모습이었는데 가스가 차츰 냉각되기 시작하고 수축함으로써 운동이 빨라지게 되었다. 가스가 모인 집합체는 넓적하게 거대한 고리와 같은 원반형의 모습을 갖추어 갔다. 그런데 그 중심부에는 가장자리보다 좀 더 두텁게 뭉쳐진 덩어리가 생겨났는데 이것이 바로 태양의 원형이 되었던 태양성운이었다. 또한 원심력으로 중심부에서 이탈되어 나온 부분은 또 다른 고리 모양을 형성하는 운동을 계속하게 되었으며 이 과정에서 또 다른 성운이 생겨나게 되었다. 이렇게 하여 태양을 중심으로 하는 태양계가 모습을 갖추게 되었다고 보는 견해가 성운설의 중심 내용이다.

• 조석설(潮汐說, tidal hypothesis)

조석설은 성운설을 보완하기 위해 나타난 학설이다. 다른 항성(恒星)이 태양 주변을 스치고 지나 갈 때 서로간의 인력으로 조석작용이 일어나는데 이 때 태양 내부로부터 고온의 기체가 분출되게 된다. 이 고온의 기체는 지나가는 항성의 인력에 이끌려서 태양 주변을 회전하면서 가스 덩어리로 뭉치게 되어 혹성을 형성하게 되는 것이다. 지구도 태양으로부터 조석작용의 결과로 불거져 나온 고온의 가스가 점차 냉각되고 수축하여 생겨난 것이다. 이것이 조석설의 요점이다.

• **운석설(隕石說, meteoric hypothesis)**

천문학의 발달로 인간의 관찰 시각이 태양계를 벗어나서 점진적으로 광대한 우주 세계로 확대되어 나아갔다. 우주 세계의 관측결과는 별의 탄생과 발전, 즉 별의 진화에 대한 지식과 별과 별 사이의 우주 공간에 있는 수많은 작은 무리들에 대한 정보를 얻게 되었다.

태양은 운동하면서 주변에 있던 우주먼지나 운석과 같은 물질과 가스를 자신의 주위에 끌어들이기 시작하였다. 그 결과로 태양 주위에는 태양이 미치는 인력으로 말미암아 타원형으로 움직이는 고체입자들(우주먼지와 운석, cosmos dust and meteorite)이 뭉쳐진 일단의 무리가 형성되었다. 혹성은 이와 같은 과정에서 만들어진 것이다라고 보는 견해가 운석설의 핵심 내용이다. 운석설은 우주 먼지설, 우주진설이라고도 불린다.

• **창조설**

지구는 태양 주위를 365일 5시간 48초마다 한 바퀴씩 도는 공전운동을 한다. 그리고 24시간마다 스스로 한 바퀴씩 자전한다. 더 빨라지거나 더 느려지지도 않는다. 공전과 자전을 정확하게 한다, 마치 정교하게 만든 시계처럼. 시계는 제작자의 의도대로 계획되고 설계되어 필요한 부속품과 장치를 연결하여 움직이는 시간을 알아보게 하는 시스템이다.

정교한 시계처럼, 공전과 자전을 시간에 맞춰 정확하게 움직이는 지구와 태양, 태양과 태양계, 태양계와 은하계, 은하계와 초은하단과 우주도 절대적 창조주인 하느님의 초자연적인 지혜와 설계로 형성되었다는 학설이 창조설이다. 성운설, 조석설, 운석설도 결국은 하느님의 창조사역의 비밀을 풀어보려는 의도에 지나지 않는다는 견해이다.

성경의 창세기에 다음과 같이 기록되어 있다: 태초에 하느님이 세상을 창조하였다. 형태도 없고 공허하며 흑암이 깊게 깔려 있었지만 하느님의 영(spirit)이 물위를 떠다니고 있었다. 이윽고 우주를 향해 명령한다, 빛이 있으라 하여 빛과 어두움, 낮과 밤을 나누고, 물을 구분하라 하여 하늘과 바다와 땅을 창조하였다[2]. 시간을 구분하고 이어서 뭇 생명을 만들어 이름을 짓고, 그의 형상대로 인간을 만드는 등 자기 보기에 좋게 만물을 창조하는 모든 과정은 전지전능한 하느님의 절대적인 지혜와 설계에 의해 진행된다.

빅뱅으로부터 흩어진 고온 고밀도의 물질들은 영겁의 세월이 지나는 동안 서서히 우주적 질서의 틀 속에서 균형을 잡아가게 되었다. 그러나 우주가 태어나고 100억년이라는 세월이 흐르고, 태양이 태어난 지 수십 억 년이 지났지만 우주 공간 어디에도 생명이 태동할 만한 곳은 아무 곳도 발견되지 않았다. 우주에서는 생명이 없는 캄캄한 밤이 계속되고 있을 뿐이었다.

---

2) 창세기 1장에 서른 한 개의 절로 기록된 천지창조의 내용을 축약하여 놓은 것이다.

제3절 지구의 형성

고온의 가스 덩어리로 뭉쳐 불타기 시작한 태양이 태어나고 얼마 되지 않아 행성 지구가 차츰차츰 정체를 드러내고 있었다.

지구는 성운설이나 조석설이 말하는 것처럼 고온의 가스가 뭉쳐져 만들어진 것일 수도 있고, 운석설에서 주장하는 것처럼 우주를 떠돌던 먼지와 운석이 뭉쳐서 형성된 것일 수도 있다. 물론 하느님이 창조한 것일 수도 있다. 여러 과학자들의 주장을 토대로 지구탄생의 과정을 정리하여 보겠다. 즉, 태양의 원형이 되었던 태양성운으로부터 태양이 만들어진 후 성운 주변에 있던 물질들은 서로 충돌하면서 수많은 미행성(소행성, 혜성, 기타 유사 물체들)을 형성해 나아갔다. 이러한 과정에서 미행성들의 충돌과 인력작용에 의한 결합 및 집적이 반복되어 지구를 위시한 태양계의 행성들이 형성되었던 것이다. 그러나 어느 가설이 맞든지 간에 지구는 이 광활한 우주 공간에 시공간의 좌표를 설정하면서 달을 위성으로 갖고 태양의 세 번째 행성으로 태어났다.

이제 지구의 시간적인 좌표(나이)를 알아보겠다. 지구내부에서 화성 활동으로 지표면 가까이 분출된 포획암을 방사성 동위원소를 이용하여 조사한 결과 40억년이 넘는 것으로 측정되기도 하였다. 현재는 지구의 나이를 46억년 정도로 추정하고 있다. 지구의 공간적인 좌표(거리)는 앞서 확인한 바와 같이, 태양으로부터 1억 5천만 km, 우리은하로부터 8.5파섹, 안드로메다 은하로부터 70만 파섹의 거리에 있다.

지구가 현재와 같은 지각의 모습을 갖추게 되는 것은 끊임없이 계속된 조산운동, 화성활동, 습곡작용의 결과이다. 내부로부터 관찰하면 지구의 구조는 끓고 있는 철과 니켈로 구성된 지핵, 하부맨틀, 상부맨틀, 지각의 순으로 구성되어 있다.

지각은 안쪽에 현무암층과 바깥쪽에 화강암층으로 구성되어 있는데 물이 고인 바다와 암석으로 구성된 육지로 구분된다. 육지는 오랜 세월동안 풍화, 침식, 퇴적작용을 연속적으로 받아왔다. 수십 억 년이 지나는 동안 바다 속에서는 영양물질이 증가하고 육지에서도 암석 덩어리의 지각이 서서히 연한 지층으로 변모하게 되었다. 바야흐로 지구에 생명체가 태어날 새벽이 열리게 되는 순간들이 다가오고 있었던 것이다.

제3장 숲의 탄생과정

제1절 지질시대 구분–땅을 파헤쳐 시간을 일궈내다

극한 온도로 불타던 지구 표면이 차가워지는 데에는 장구한 세월이 필요했다. 거기에다 계속되는 지각운동으로 거친 들판, 바위투성이의 산악, 여기저기 펄펄 끓는 간헐천이나 불타는 화산, 죽음의 바다들이 널려 있었다. 원시 지구는 황량한 행성의 모습 그대로였다. 완전히 식은 후에도 현무암층과 화강암층이 생명체에 안전한 지각으로 풍화되는 데에도 또한 기나긴 세월을 요구했다. 생명의 불을 밝히기에는 여전히 캄캄한 어둠 속의 세월이 계속되었던 것이다.

지구형성에서부터 지금까지의 시기를 지질시대라고 하는데, 지질시대의 언제부터 숲이 나타났는지를 밝히는 데에는 여러 분야의 학문을 활용한다. 고생물학, 지구 연대학(Geochronology), 지질학 등이 그것이다. 이들 학문들이 공통적으로 갖고 있는 관심은 발견된 연구 대상이 도대체 얼마나 오래 된 것일까에 집중되어 있다. 다른 말로 표현하면 연구 대상에 대한 생성 연대를 측정하는 것이다. 연구 대상이란 대개 지층을 포함한 암석과 각종 화석, 생물의 뼈와 같은 유기물의 사체이다. 식물의 경우에는 물 속 진흙 속에 숨어있는 꽃가루를 분석한다. 연대를 측정하는 방법에는 여러 가지가 있다. 방사성 탄소(C^{14}) 연대 측정법, 포타슘–알르곤 측정법, OSL 법, 헬륨 측정법, 나이테 연대 측정법이 많이 알려진 연대 측정법이다. 꽃가루를 분석하는 방법을 꽃가루 분석, 즉 화분(花粉) 분석법이라고 하는데 진흙 속에 묻힌 꽃가루를 분석하기 때문에 이탄층 분석법이라고도 한다.

이러한 방법으로 측정된 물질들로부터 얻어낸 시간 정보를 바탕으로 원시 지구와 현재 지구 사이의 시간거리를 하나의 스케일(자)로 삼고 이 스케일 위에 가장 오래 된 것부터 순서대로 나열하면 각 물질이나 생명체들의 시간적인 위치를 알 수 있게 된다. 그런데 어떤 물질들은 종류가 다를 지라도 스케일 상에 비슷한 위치에 무리지어 분포할 수 있을 것이다. 말하자면 연대가 비슷한 것들이 있을 것이고 그것들은 무슨 공통점 같은 것들이 있을 수 있다. 이처럼 어떤 특정한 시기에 나타난 연대측정 대상 물질들이 갖고 있는 공통점을 따오거나 측정 대상 물질의 이름을 빌어서 그 시대의 이름을 붙이게 된다. 이러한 과정을 통해서 만들어진 것이 지질 연대표이다.

측정된 암석이나 생물체가 지질시대의 어느 시점에 해당하는지 그 연대를 밝혀내는 것을 연구하는 학문을 지구 연대학[3]이라고 한다. 지구 연대학에서는 지질시대를 크게 이언[4] (Eon), 대(Era), 기(Period),

---

3) 지구 연대학(Geochronology)은 18세기 초에 퇴적암층에 있는 동물군의 변화를 포함한 시간적 순서를 밝히는 층서학(層序學, Stratigraphy)에서 출발했다. 이 후 19세기 중엽부터 방사성 연대측정법(Radioactive dating)이 이용되기 시작하면서 지금까지 지구상의 변화과정을 밝히는데 기여해 오고 있다. 스웨덴의 지질학자 드 기어(Friherre De Geer/1858~1943)는 1940년에 '지구 연대학'(Geochronologica Suecica)이라는 논제로 마지막 논문을 쓰기도 하였다.

세(Epoch)로 구분한다. 앞서 소개한 바와 같이 지구의 나이를 약 46억년이라고 한다면 이를 상대연대로 구분하여 우선 가장 오래된 암석이 분포하는 시점을 기점으로 그 이전을 원시지구시대, 그 이후를 이언시대라고 한다.

원시지구시대란 지구가 형성된 시점인 46억 년 전부터 38(35)억 년 전의 시기를 말한다. 이언시대는 다시 생명체(해조류)가 최초로 나타난 캠브리아기를 경계로 그 이전을 은생이언, 그 이후부터 현재까지를 현생이언이라고 한다. 은생이언이란 생명체가 아직 나타나지 않고 숨어있는(잠재되어 있는) 시대로서 시생대와 원생대로 구분하는데 캠브리아기 이전의 시대라고 하여 선캠브리아기(Precambrian)라고도 한다. 현생이언이란 생명체가 출현한 시대로서 고생대, 중생대, 신생대로 나뉜다. 고생대는 다시 캠브리아기, 오르도비스기, 실루아기, 데본기, 석탄기(전기인 펜실바니아기와 후기인 미시시피기로 구분), 페름기로 구분하며, 중생대는 삼첩기, 쥐라기, 백악기로 나뉜다. 신생대는 제3기와 제4기로 구분하는데 제3기는 효신세, 시신세, 점신세, 중신세, 선신세로, 제4기는 홍적세(갱신세)와 충적세(현세)로 구분한다.

4) 이언(Eon, Aeon)이란 무한히 긴 시대 혹은 영구(永久)라는 뜻으로서 지질시대를 구분하는 단위이다.

표 1. 지질 연대 구분과 생물의 탄생

상대연대 구분				절대연대 (B.P*)	출현생물	비고	
이언 Eon	대(代) Era	기(紀)/세(世) Period/Epoch					
원시지구				38(35)~46억년			
은생이언	시생대 Archeozoic	(선캠브리아**) (Precambrian)		25.0-38(35)억년	곰팡이	아프리카 등: 최고암석(〉26억년) 조산운동 시작	
은생이언	원생대 Proterozoic	(선캠브리아**) (Precambrian)		5.7-25.0억년	곰팡이	칼레리아, 킬라네, 천 조산운동	
현생이언	고생대 Paleozoic	캠브리아기 Cambrian		5.7-5.05억년	해파리, 혀긴조개, 삼엽충 해조류 등	이끼	
		오르도비스기 Ordovician		5.05-4.38억년	해조류 등 원시 어류		
		실루아기 Silurian		4.38-4.08억년	상어류. 하등 양치식물 등장	상륙: 프실로피톤/하등양치식물-육상식물. 육상동물도 출현	
		데본기 Debonian		4.08-3.60억년	어류, 양서류, 버섯, 양치식물	바리스칸 조산운동 시작. 어류시대. 상륙: 소형양치식물	
		석탄기 Carboni-ferus	Mississippian	3.60-3.20억년	양서류 시대. 육상식물번성: 양치식물에 의한 大산림 형성. 겉씨식물 등장	4대 양치식물: 노목(속새류), 인목, 봉인목, 코다이트 등 지름1m, 높이 22~30m 이상. 고온다습한 기후	침묵의 숲
			Pennsylvanian	3.20-2.86억년			
		페름기 Permian		2.86-2.45억년	겉씨식물, 파행동물	소철 등장	
	중생대 Mesozoic	삼첩기 Triassic		2.45-2.08억년	겉씨식물증가. 파충류 등장	원시포유류, 은행나무 등장	
		쥐라기 Jurassic		2.08-1.44억년	송백류, 소철류, 은행 번창	알프스 조산운동 시작	
		백악기 Cretaceous		1.44-0.664억년	속씨식물	플라타너스 등 꽃피는 식물의 시대	
	신생대 Cenozoic	제3기	효신세 Paleocene	66.4-57.8백만년	침엽수림, 활엽수림, 혼효림		
			시신세 Eocene	57.8-36.6백만년	위와 같음		
			점신세 Oligocene	36.6-23.7백만년	위와 같음		
			중신세 Miocene	23.7-5.30백만년	현재의 자연환경과 유사 라마피테쿠스 등장	알프스 조산운동 종료	
			선신세 Pliocene	5.30-1.7백만년	오스트랄로피테쿠스 호모 하빌리스	-猿人, 前人: 도구 사용 -도구 제작 사용	
		제4기	홍적세 (갱신세) Pleistocene	170-1만년	인류시대: 호모 일렉투스 / 호모 사피엔스	빙하시대 시작 중기-후기-구석기시대	
			충적세(현세) Holocene	1만(0.8)~4700	인류시대	중석기시대/수렵채취시작	
				4700-2000	인류시대	신석기시대/식량생산	
					인류시대	청동기시대/高文化의 시작	
				2000-현재	인류시대	철기/전자시대	

주) *B.P.: before present의 약자로 '지금부터 몇년 전'이라는 뜻이며 1950년을 0년으로 한다.
**선캠브리아: 기(紀)나 세(世)에 해당하는 시간적인 구분이 아니고 대(Era)에 해당한다. 여백의 한계로 위와 같은 위치에 표기하였다.

출처: Tarbuck, E.J and F.K. Lutgens. 1991. Earth Science. Macmillan; 김영진 역. 1989. 지구의 역사. 대광서림; Beazley, M. 1981. The Int. Book of the Forest; Historical Geology. 브리태니커 사전(2000년판) 등을 참조하여 다시 작성한 것임; 김기원. 2006. 숲이 들려 준 이야기. 효형출판사에서 재인용.

제2절 바다로부터의 상륙군-숲의 조상 프실로피톤

지구상에 생명체가 언제부터 나타났는지를 알 수 있게 하는 것은 화석을 통해서 가능하게 한다. 화석(fossil)5)이란 퇴적암층에 보존되어 있는 유기물질(생물)의 유해나 흔적을 말한다. 시생대, 원생대, 고생대 중에서 생물화석이 제일 많이 출현하는 시기는 물론 고생대로서 생물들이 대규모로 번창하고 있음을 알게 한다. 그러나 원생대는 물론이려니와 시생대에서도 화석이 발견되어 생명의 역사가 매우 오래되었음을 짐작하게 한다. 현재까지 알려진 가장 오래된 화석은 북 아프리카 챠트의 피그틀리층(약 31억년 전)과 남아프리카의 옴버왁트층(약 32억년 전)에서 발견된 남조와 박테리아이다.

명실 상부한 최초의 생물은 물이 있는 바다로부터 탄생하였다. 고생대의 캠브리아기에 삼엽충과 해파리, 혀긴 조개, 해조류 등이 나타났고 캠브리아기와 실루아기 사이인 오르도비스기에 최초의 원시어류가 출현하게 되었다.

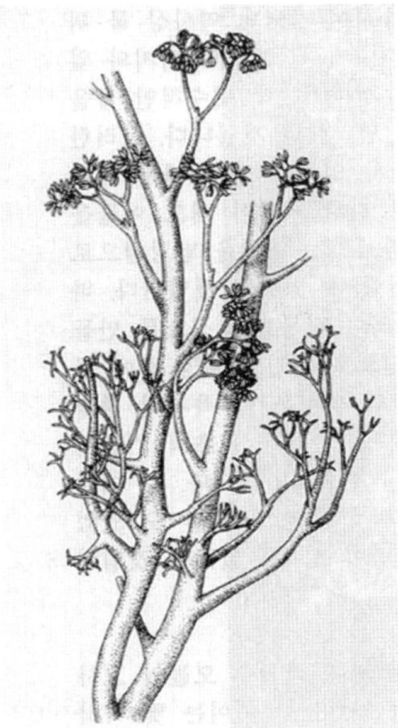

출처: 하연 역, 1994. 숲
그림 1. 프실로피톤

초기에 생명체들은 육지에서 살아갈 수 없었다. 그것은 무엇보다도 대기가 온통 유독가스로 가득 채워져 있었기 때문이었다. 그래서 처음엔 이러한 환경에서 견딜 수 있는 원시 생명체들이 물에서부터 생겨난 것이다. 당분간 원시식물들은 물밑 땅 속에 뿌리를 박고 살아가야 했다. 그런데 점차 몸 안에 조직발달 덕분에 식물은 뿌리로부터 물을 흡수하고 대기로부터 이산화탄소를 빨아들여 탄수화물을 만드는 광합성을 하게 되었다. 이 과정에서 만들어진 산소가 증가하게 되면서 대기는 식물 생육의 획기적인 환경으로 변화해가기 시작한 것으로 보인다.

최초의 식물로 분류되는 조류(藻類)는 습한 곳에서 자라는 이끼였다. 이들은 자기 몸을 지탱할 수 있는 조직(줄기)이 없어서 지상에 나올 수 없었으며 밖으로 나와도 곧 햇빛에 말라 죽고 말았다. 그러나 이제 광합성 덕분에 몸에 집적된 탄수화물이 몸을 지탱할 수 있는 단단한 줄기를 만들어 갈 수 있게 되었다. 이리하여 줄기를 갖춘 식물체가 탄생하게 되었다. 처음엔 줄기와 뿌리를 갖춘 식물이 나타났고 그 후 잎을 갖춘 양치류와 같이 더욱 발달된 식물들이 나타나게 되었다.

드디어 실루아기에 최초의 육상식물과 육상 동물들이 탄생하게 되었다. 지구가 탄생한 지 42억년쯤 지난 후의 일이고, 지금으로부터 4억년 전의 일이다. 실루아기에 육지에 상륙하기 시작한 최초의 육상

5) 화석이라는 말을 뜻하는 영어의 fossil은 '땅을 파다'라는 뜻의 라틴어 fodere에서 유래한다. 시준화석(時準化石), 또는 표준화석과 시상화석(時床化石)으로 구분하는데 시준화석이란 가령 삼엽충은 캠브리아기를 말하는 것처럼 그 시대의 기준되는 화석을 말한다.

식물은 프실로피톤(psilophyton)이라고 불리는 오늘날 고사리와 비슷한 하등 양치식물로서 뿌리와 줄기의 구분이 있었고 몸길이는 약 40cm였다. 줄기는 뿌리부분에 달린 근경과 지상부위에 있는 지상경으로 나뉠 수 있는데 지상부 줄기에는 가시가 돋아 있고 작은 잎이 달려 있었다. 그래서 이를 명백한 녹색 양치식물이라고 규정한다. 이들 양치식물들의 화석이 스코틀랜드에서 발견됨으로써 당시 그곳에 원시식생이 발달해 있었음을 암시하여 주고 있다.

제3절 지구상 최초의 숲–데본기의 숲

하등한 양치식물들이 상륙하기 시작한 실루아기를 지나 데본기에 이르면 석송, 속새류, 고사리와 같은 양치식물들이 번성하기 시작하였다. 데본기의 식물은 처음에는 물가로부터 번성하고 점차 내륙으로 퍼져 나아갔다. 그래서 숲은 초기엔 소규모로 형성되었지만 데본기의 중기에 이르게 되면 제법 규모가 큰 숲들이 나타났다. 당시의 나무 중에는 8~12m까지 자라는 아네우로피톤(Aneurophyton)이라든지, 30m나 자라는 아르카에오프테리스(Archaeopteris)가 있었다. 이들 나무들이 만든 숲이 명실상부한 지구상 최초의 숲이었다. 지금으로부터 4.08~3.60억 년 전의 일이었다.

출처: Braun, 1992. Bau und Leben der Baeume.
그림 2. 데본기 시대 숲의 모형

이렇게 육지에 생산자들이 나타나자 이러한 환경에 적응할 수 있는 동물들이 출현하게 되었다. 즉, 물과 뭍을 번갈아 가면서 살 수 있는 양서류들의 등장이 그것이다. 드문드문 발달한 소형 식생지대를 중심으로 한 산림지대가 생물들에게 충분한 먹이와 생활환경을 제공한 덕분일 것이다.

제4절 새도 꽃도 없는 침묵의 숲

실루아기의 숲은 약 3,000만년동안 지속되다가 서서히 덩치 큰 식물들에 의해 점령당하기 시작하면서 데본기라는 신세계를 맞이하게 되었으며 데본기 이후에는 더욱 큰 나무들로 구성된 숲이 등장하게 된다. 대형 식물들의 등장은 대략 3억 6,000만 년 전부터 시작된다. 우리는 이 시대를 카본기 또는 석탄기 시대(3.60~2.86억 년 전)라고 부른다. 전기와 후기로 나누는데 전기를 미시시피기, 후기를 펜실바니아기로 구분한다. 이 때가 되면 대형 양치식물들이 거대한 산림을 형성하여 지구를 뒤덮게 된다. 당시에 이러한 거대한 숲을 이루며 살았던 식물들은 노목(蘆木, Calamites, 속새류), 인목(鱗木, Lepidodendron), 봉인목(封印木, Sigillaria), 코오다이트(Cordaite)와 같은 양치식물이었다. 이들을 석탄기 시대 4대 양치식물이라고 하는데 지름이 1m이상, 높이가 30m 이상에 이르는 거목들이었다.

출처: Braun, 1992. Bau und Leben der Baeume.
그림 3. 석탄기시대의 숲 모형

석탄기 시대 숲의 모습은 지금의 열대우림과 같은 울창한 산림과 거의 유사할 것으로 생각한다. 이렇게 밀림을 형성할 수 있었다면 석탄기 시대의 기후는 기온이 높고 비가 많이 와서 고온다습하였을 것이라고 상상할 수 있다. 그러나, 그렇게 거대한 숲을 이루던 대형 양치식물들은, 3억년이라는 긴 세월이 지난 오늘날, 쇠뜨기, 석송, 속새로 불리는 지름 2~3mm, 높이 30cm 안팎의 왜소한 식물로 전락하고 말았다. 생명의 영고성쇠(榮枯盛衰)를 확인할 수 있는 좋은 예이다.

석탄기의 숲은 비록 어마어마하게 울창한 산림이었지만 아직 새도 울지 않고 꽃도 피지 않는, 높이 30m 가량의 거목들만 즐비하게 늘어선 어둡고 괴기하며 조용하였다. 그래서 어떤 이는 당시의 숲을 침묵의 숲(Silent Forest)이라고도 부른다.

그런데, 데본기 시대에 시작된 바리스칸 조산운동[6]은 석탄기 시대에 번성하였던 거대한 숲들을 갈아엎어버렸다. 조산운동은 지질학에 있어서 지형을 바꾸는 일종의 혁명과도 같은 것이다. 지층 깊이 묻힌 석탄기의 숲은 결국 오늘날 인류에게 화석연료를 선물하게 된다. 때를 달리 하여 조물주가 내리는 축복이 아닐 수 없다.

숲이 석탄이 된 것에 대해서는 설명이 필요하다. 석탄기 시대에 있어서 낮은 지대에 있던 숲은 바닷물에 의한 홍수현상으로 자주 물에 잠기곤 하였다. 그 결과 숲바닥에 진흙이 쌓여 갔고 숲은 흙의 무게에 눌려있게 되었다. 오랜 세월이 흐르면서 진흙은 더욱더 두텁게 쌓여갔고 거기에 물에 의한 압력이 거세어져 산소와 완전히 차단되었다. 이런 조건에서는 묻힌 나무의 경우 90% 가까이 탄소를 보존하게 되어 석탄으로 변하게 된 것이다.

그런데, 우리나라 여러 곳에 석탄층이 있다는 것을 알고 있을 것이다. 그것은 무엇을 말하는 것인가? 석탄기 시대가 있었다는 증거이다. 석탄층에서는 많은 화석들이 나오는데 앞서 소개한 인목이나 노목, 봉인목의 화석들이 바로 그 주인공들이다. 이들 식물화석이 나오는 대표적인 지층은 사동층(寺洞層)과 평안층으로서 평양 부근의 절골(사동)과 삼척 탄광지대가 대표적인 곳이다. 봉인목 화석은 100개 가까이 발견된 것으로 알려져 있다. 자, 이쯤되면 우리나라는 3억 수천 만 년 전에 열대림과 같은 날씨에 직경 1m 이상, 높이 30m가 넘는 거목들의 세상이었다는 것을 알 수 있겠다. 그러니 남해안 여기저기에서 공룡들이 살 수 있었을 것이다. 우리에게도 고생대의 이러한 대밀림이 있었다는 사실을 상기할 때마다 감동을 받지 않을 수 없다. 그렇지만 이 지층은 원래부터 한반도에 있었던 것이 아니고 호주 대륙 주변에 있었는데 한반도로 이동해 온 것이라고 한다.

그러나 안타깝지만, 바닷물에 의한 홍수현상과 조산운동으로 석탄기 시대의 거대한 숲들이 하나하나 사라져 갔다. 새롭게 형성된 지층으로부터 소철, 종려나무, 소나무, 전나무, 은행나무들로 대표되는 겉씨식물(나자식물)들이 나타나게 되면서 지구는 새로운 숲 시대를 맞이하게 된다. 이른바 페름기 시대의 도래이다. 지금으로부터 2.86~2.45억년 전의 일이다. 페름기는 약 4,000만년동안 지속된 고생대의 마지막 지질시대이다.

6) 조산운동(造山運動, Orogeny)이란 일반적으로 지향사에서 일어나는 산을 형성하는 작용을 말한다. 대체로 짧은 기간 동안 일어나며, 지형의 급격한 변형을 수반하고 또한 지층이 어긋나거나(단층) 주름지는 현상(습곡) 등을 동반하는 것으로 알려져 있다. 조산운동은 또한 어느 한정된 지역에서, 그리고 산발적으로 일어난다기 보다 동시적으로 넓은 지역에 걸쳐 발생한다고 본다.

출처: Braun, 1992. Bau und Leben der Baeume.
그림 4. 백악기 시대의 숲 모형

제5절 꽃피고 새 우는 활엽수림-지구의 해돋이

페름기를 마감으로 삼첩기, 쥐라기, 백악기로 구성된 중생대가 새로운 지질시대를 열어간다. 페름기 시대를 열었던 겉씨식물의 숲들은 삼첩기와 쥐라기를 넘어 백악기에 이르러서야 비로소 새로운 숲과 만나게 된다.

삼첩기에 은행나무가 번성하였다. 삼첩기는 세 개의 층이라는 뜻인데, 독일에 3층으로 형성된 독특한 지층 구조를 연대측정을 해보니 2.45~2.08억 년 전에 형성된 것으로 밝혀짐에 따라서 생겨난 이름이다. 원어 그대로 트리아스기(Trias)라고도 한다. 쥐라기라는 이름은 스위스의 쥐라산맥 지층 형성 연대에서 유래한다. 조류시대인 쥐라기 시대로 넘어오면 숲은 이제 울창하면서도 새도 울고 꽃도 피우는 아름다운 자연의 자태를 갖춘 모습으로 재등장하게 된 것이다. 당시의 산림은 침엽수와 활엽수가 골고루 섞여 있고 계절에 맞춰 각양각색의 식물들이 꽃을 피우면서 대자연을 형성하고 있었을 것이다.

물론 백악기 초기에는 쥐라기로부터 살아남은 겉씨식물이 우점을 차지하고 있었지만, 시간이 흐르면서 속씨식물과 낙엽수의 등장으로 그들의 자리가 흔들리고 속씨식물들의 세계가 되고 말았다. 결국 플라타너스와 같은 활엽수이자 속씨식물, 즉 피자식물의 시대를 맞이하게 되는데 꽃피는 시기라고도 불러서 현화식물의 시대라고도 한다.

우리는 아직 아직 6,640만 년 전, 신생대로 넘어가려고 하는 전환기인 백악기 말에 형성된 숲 속에서 있다. 실루아기 시절에 물가의 습지로부터 프실로피톤이라는 아주 보잘 것 없는 원시 소형 양치식물의 상륙으로 서서히 숲이 형성되기 시작하였다는 사실을 상기하고 있을 것이다. 그 후로부터 백악기 말의 이 시점까지 약 3억 4,000만 년이라는 긴 시간이 흐르는 동안, 우리들은 대형 양치식물에 의한 열대우림 같은 大산림, 소철・종려・은행나무・송백류에 의한 침엽수림이나 겉씨식물의 숲, 그리고 지금 백악기에서는 꽃 피고 새 우는 활엽수림과 그리고 이들이 쥐라기 시대를 넘어온 침엽수와 함께 어울렸을 혼효림[7] 등 다양한 숲의 세계를 탐험하였다.

바야흐로 백악기의 숲은 온갖 종류의 뭇 생명들이 호흡을 맞추며 살아가고, 또 계속해서 숲과 강바닥과 습지 여기저기서 새로운 생명들이 부화하려고 꿈틀대기 시작하는 지구의 아침을 열어가기 시작하였다. 그러나 생명으로 아우성치는 이러한 울창한 숲에서조차 우리들의 조상 인류는 아직 자기의 모습을 드러내지 않고 있다. 창조주가 보시기에 지금 시점에서 인간을 등장시키기에는 여전히 환경 조건이 불리하다고 판단하고 있을지 모른다.

제6절 신생대의 숲

수많은 생명체들이 부산하게 움직이는 울창한 백악기 시대 숲의 세계가 신생대인 제3기까지도 계속되었다. 하지만 신생대 제3기의 마지막 시대인 선신세(530~170만 년 전) 말기부터 온도가 떨어지기 시작하면서 홍적세에 불어 닥친 빙하는 생물들을 한없는 고통의 나락 속으로 몰고 갔다.

신생대는 지질 연대적으로 6,640만 년 전부터 현시점까지를 말하며, 그 중에서도 170만 년 전의 시점을 기준으로 그 이전의 시기를 제3기, 그 이후부터 현재의 시기를 제4기라고 한다. 제3기는 5개의 세(世, Epoch)로 구분되는데, 지금의 지구에서 보는 것과 흡사한 자연환경의 모습이 형성된 것은 신생대 중기에 해당한다. 지금의 지중해를 중심으로 넓게 형성되었던 테티스 바다가 드러나서 육지화됨으로써 2개의 거대한 산맥을 형성했다. 그것은 점신세(36.6~23.7백만 년 전) 말엽에 형성된 히말라야 산맥과 중신세(23.7~5.30백만 년 전) 말기에 만들어진 알프스 산맥을 말하는 것이다. 이로써 쥐라기 시대로부터 약 2억 7,000만 년 동안 계속되어 온 알프스 조산운동이 종료된다. 학자들은 제3기 당시의 생물계가 전체적으로 현재의 동・식물계와 대단히 유사하다고 보고 있다.

제4기는 전기인 홍적세와 후기인 충적세로 구분한다. 제3기에 형성된 오늘날 지구 생태계와의 유사성은 제4기에 들어오게 되면 그 양상이 더욱 굳어지게 된다. 즉, 현재와 같은 지구상의 바다와 육지의 형상은 홍적세에 들어와서 더욱 모습다운 모습을 갖추게 되었다. 그래서 홍적세 이후의 수륙분포는 빙하작용에 의한 식생분포나 지역적인 지형 변화를 제외하고는 거의 일어나지 않았다. 이 시대의 기후는 무

---

7) 대체로 같은 종류의 나무로 이뤄진 숲을 단순림(pure forest)이라고 하고, 여러 종류의 나무들이 함께 뒤섞여 있는 숲을 혼효림 혹은 혼합림(mixed forest)이라고 한다. 소나무, 전나무, 잣나무, 낙엽송 등 바늘잎 나무들로 이뤄진 숲을 침엽수림, 참나무 무리, 단풍나무, 자작나무 등 넓은 잎나무들이 이룬 숲을 활엽수림이라고 한다.

엇보다도 여러 차례의 빙하기가 있었던 사실을 특징으로 말할 수 있겠다. 특히 홍적세 동안에는 빙기와 간빙기가 수차례에 걸쳐 반복되었다. 그래서 제4기를 대빙하기 또는 빙하시대라고도 부른다.

그림 5. 신생대 4기 홍적세(170~1만년전)의 숲 상상도

제3기 초기의 전반부에 해당하는 효신세, 시신세, 점신세의 약 4,270만년(66.6~23.7백만 년 전) 동안은 전세계적으로 기후가 대단히 온난하였던 것으로 알려지고 있다. 하지만 후반부인 중신세와 선신세의 약 2,200만년(23.7~1.70백만 년 전)의 기간에는 점차 온도가 내려갔으며, 그 결과로 홍적세(170~1만 년 전)에 들어서는 여러 차례의 빙하기가 산림을 습격 하였다.

그 중에서도 균츠빙기, 민델빙기(엘스터빙기), 리스빙기(살레빙기), 뷔룸빙기(바이크셀빙기) 등의 빙하기가 4차례에 걸쳐서 런던과 중부 유럽의 알프스 산맥 북쪽을 잇는 지역을 혹독하게 공격한 것으로 알려지고 있다. 현재는 육지의 10% 정도가 빙하로 덮여 있지만, 가장 혹독했던 제4빙기라 불리는 뷔룸기(72,000~10,000년전 사이)에는 지구 전체의 1/3~1/4이 빙하로 덮여 있었다. 빙기와 간빙기로 반복되었던 빙하의 형성과 해빙은 내륙에 호소와 계곡, 해수면의 변동을 가져와 새로운 지형을 만들기도 하였다. 이러한 상황에서 빙하기 이전에 형성되었던 숲은 냉엄한 시련을 받지 않을 수 없었을 것이다. 다행히 알프스 산맥의 남쪽은 알프스 산맥의 지형적인 영향 때문에 빙하의 공격으로부터 보호받을 수 있었다.

뷔룸빙기가 끝날 무렵은 세계적으로 기후가 한랭하였을 것이다. 우리나라의 경우도 예외가 아니어서 17,000~10,000년 전 무렵에 매우 한랭하였음을 확인할 수 있다. 이때에는 이러한 추운 조건에서 잘 살아갈 수 있는 식물들이 분포하였을 것으로 보인다.

빙하기 출현의 원인을 대개는 밀란코비치가 제안하는 일사량설(日射量說)로 설명한다. 즉, 이것은 지구에 투사되는 태양 복사량에 따라서 기후의 변화를 설명하는 이론이다. 이에 따르면, 태양을 공전하는 지구의 회전운동에 따라서 주기적으로 5만년 전, 15만년 전, 45만년 전, 60만년 전에 4차례의 빙하기가 있게 되었다고 말한다. 빙하기가 계속적으로 반복될 것이라는 의미일지도 모른다. 지구상의 생물들은 현재 마지막 빙기가 끝난 뷔름빙기의 간빙기를 살아가고 있다고 말한다.

충적세 초기에는 기후의 급격한 온난화와 광범위한 변화가 일어났었던 것으로 알려지고 있다. 예를 든다면, 서유럽 지역의 툰드라성 식생은 자작나무와 소나무숲(Boreal 숲)으로 변모하였고, 이것은 후에 다시 참나무-개암나무-느릅나무와 같은 활엽수숲으로 변화해 갔다. 이러한 기후의 온난화는 최적기후(optimum climate) 또는 기후간극이라고 알려진 기간인 기원전 3,000~6,000년 전에 최고에 달했는데, 그 때 당시의 연평균 기온은 지금보다 2~3℃ 높았다고 한다. 그 결과로 유럽 북부와 북미의 활엽수림 지대는 오늘날보다 훨씬 북쪽으로 넓게 분포하고 있었다.

충적세는 최후의 빙기인 뷔름빙기가 끝난 시대로서 이를 후빙기(後氷期)라고도 한다. 그러나 일부 학자는 충적세를 간빙기의 하나로 간주하며 따라서 앞으로 새로운 빙기가 올 것이라고 예고하고 있다.

제7절 숲의 구분과 분포 현황

뷔름 빙기가 끝난 현재까지 지난 10,000년 동안 육지 생태계는 대체로 안정되어 현상태를 유지하고 있다. 지구상에 식물이 어떻게 분포하고 있었는지에 대한 정보는 앞서 설명할 것처럼 각 지층에서 나오는 화석과 화분(花粉)을 분석함으로써 얻게 된다. 특별한 지각 변동이 없는 한 안정된 지역에 있어서 식물의 분포는 기후요소에 의해 결정된다. 기후요소 중에서도 식물분포에 가장 결정적인 영향을 주는 요

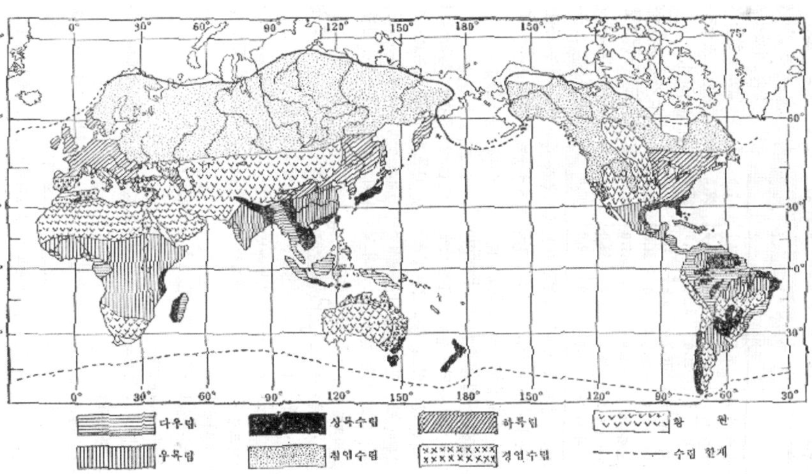

그림 6. 세계의 산림 분포도

소는 강수량과 온도이다.

온도에 따라서 세계에 분포하는 식물계를 구분하면 열대지역, 온대지역, 아한대지역, 한대지역으로 나눈다. 이에 따라서 열대지역에는 열대다우림 혹은 상록수림, 온대지역에는 하록수림 혹은 낙엽광엽수림, 아한대지역에는 침엽수림, 한대지역에는 툰드라가 분포한다.

강수량에 따라서 구분하여 보면, 습윤지역, 하우 동건조지역, 동우 하건조지역, 건조지역, 완전건조지역으로 나눈다. 이에 따른 식물분포는 습윤지역에는 열대다우림, 하우 동건조지역에는 우록수림, 동우 하건조지역에는 경엽수림, 건조지역에는 사바나와 반사막, 완전 건조지역에는 사막이 분포한다. 또한 식물 분포는 상관(相觀)[8]에 따라서 크게 숲, 초원, 황원으로 나누기도 한다.

제4장 숲, 인간을 낳다

인간의 기원과 성장에 대해서 진화론적 관점에서 연구하는 사람들은 인류의 선조를 찾아서 백악기 이전의 시대로 거슬러 올라가기를 원한다. 혹은 신생대의 새벽을 여는 제3기의 효신세를 더듬기도 한다. 인류는 분리, 진화 정도에 따라서 일반적으로 오스트랄로피테쿠스, 原人(피테칸트로푸스), 네안데르탈인, 현생인류 등 넷으로 나눈다. 우리들의 조상들이 숲시대의 어디로부터 시작되고 있는지 내용들을 살펴보기로 한다.

인류의 진화는 가깝게는 꼬리달린 원숭이 무리인 유미원류와 같은 조상을 가진 팔라피테쿠, 유인원과 공동 조상이라고 하는 드리오피테쿠스로 내려온다. 유인원과는 2~3,000만 년 전에 분리되었다고 한다. 그런데 영장류는 벌레 잡아 먹는 무리인 식충류를 조상으로 한다고 한다.

사람과 비슷하지만 아직 서서 걷지 못하는 동물은 600~1400만 년 전에야 나타나는데 그것은 라마피테쿠스(Ramapithecus)라는 원시인간이다. 비로소 500만 년 전[9], 그러니까 신생대 제3기 선신세의 초기에 와서야 서서 걸을뿐더러 인간의 모습에 걸맞는 모습을 한 오스트랄로피테쿠스가 숲에 나타난다.

오스트랄로피테쿠스(Australopithecus)는 1924년 남부 아프리카 타웅이라는 지역에서 발견되었는데 '남부 아프리카의 유인원'이라는 뜻이다. 하지만 이들을 가장 오래된 인간인 원인(猿人, Ape man)으로 규정하는데 그 이유는 그들이 직립 보행을 하고 일정한 목적을 위하여 뼈, 이빨, 돌 등의 도구를 사용한

---

8) 상관이란 한 지역의 식물사회를 구성하는 여러 종류의 식물 중에서 그 지역에 대표적으로 가장 많이 차지하고 있는 식물의 생활 유형을 말한다. 이 때 그 지역에 대표적으로 가장 많이 분포하고 있는 종을 우점종(dominant)이라고 한다.

9) 일부 서적에는 200만 년 전에 등장한 것으로 소개한 내용도 있다. 그러나 적어도 350만년동안 번성했던 것으로 밝혀졌다.

증거가 있었기 때문이다. 학자들은 원숭이와 사람을 구별하는데 있어서 여러 기준을 제시하는데 그 중에서 도구의 제작과 사용이 큰 역할을 하고 있다. 오스트랄로피테쿠스는 인간처럼 사회 조직을 만들지는 않았음으로 인간 이전의 인간으로서 전인(前人)이라고 부르기도 한다.

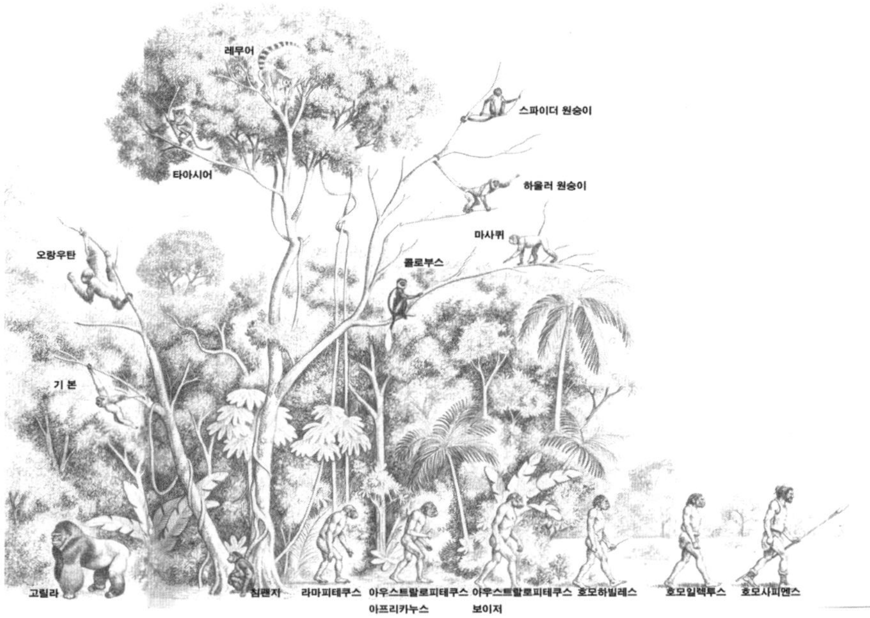

그림 7. 숲에서 걸어나오는 인류

오스트랄로피테쿠스가 발견된 지역은 넓은 평원과 울창한 숲으로 뒤덮인 아프리카의 사바나 지역이었다. 그들은 거대한 수목들이 빽빽하게 들어선 숲을 헤치면서 의식주를 해결하였을 것이다. 하지만 뇌의 용량이 아직 작았기 때문에 아마도 동물적인 감각만 가지고 생활했을지 모른다. 그러나 무엇보다도 그들은 숲 한 가운데 장승처럼 버티고 서 있는 거목들에 위압감을 느끼지 않을 수 없었을 것이다. 그런 느낌을 가지면서 어쩌면 숲과 자연에 대한 숭배와 경외감이 싹텄을지 모를 일이다.

그런데 남부 에티오피아에서 약 450만 년 전에 '도구를 제작'하여 사용한 흔적이 나타났다. 이들은 도구를 제작하여 사용했다고 하여 호모 하빌리스(Homo habilis)라 불린다. 이어서 나타난 것이 직립원인이라는 호모 일렉트스(Homo erectus)이다. 초기에 나타난 대표적인 호모 일렉투스는 자바人이라고 부르는 피테칸트로푸스이다.

사람들은 도구를 제작하여 사용하기 시작한 호모 하빌리스나 이 자바섬 사람부터 '인간'의 대열에 끼워 넣으려는 과학적 사고를 갖고 있다. 그러나, 진화론적 관점에서 구분한다면, 도구를 제작하여 사용

표 2. 숲에 나타난 인류의 출현 시기

<table>
<tr><th rowspan="2">기</th><th rowspan="2">세
(Epoch)</th><th rowspan="2">절대연대
(B.P.)(만년)</th><th colspan="2">빙하기</th><th colspan="2">숲과 만나는 과정(인류출현과정)</th></tr>
<tr><th>유럽</th><th>북미</th><th>숲을 만난 사람들</th><th>특징</th></tr>
<tr><td rowspan="2">제3기</td><td>중신세
Miocene</td><td>2,370~530</td><td colspan="2">현재 자연환경과 비슷</td><td>라마피테쿠스</td><td>- 알프스 조산 운동 종료
- 600~1,400만 년 전</td></tr>
<tr><td>선신세
Pliocene</td><td>530~170</td><td colspan="2">현재 자연환경과 비슷</td><td>오스트랄로피테쿠스
호모 하빌리스</td><td>- 500만 년 전: 猿人, 前人
- 450만 년 전</td></tr>
<tr><td rowspan="3">제4기</td><td rowspan="3">홍적세
(갱신세)
Pleistocene</td><td>(530)(170)
~
85(60)</td><td colspan="2">현재 자연환경과 유사</td><td>호모 일렉투스(직립 원인)
(피테칸트로푸스/자바인)</td><td>- 약 150만년전(쟈바, 중국, 아프리카, 동남아시아)-125만년 번성
- 협동적인 집단 사냥 시작</td></tr>
<tr><td rowspan="2">85(60)
~ (55)
40</td><td>균츠</td><td>칸산</td><td></td><td></td></tr>
<tr><td>민델(엘스터)</td><td>칸산</td><td>베이징인</td><td>전기 구석기 문화시작</td></tr>
<tr><td rowspan="8">제4기</td><td rowspan="4">홍적세
(갱신세)
Pleistocene</td><td>40~20</td><td>(홀스타인)</td><td>야마우스</td><td rowspan="3">네안데르탈인
(20만 년 전)
호모 사피엔스
크로마뇽인</td><td>유럽에 등장, 숙련된 수렵채집인</td></tr>
<tr><td>20~13</td><td>리스(살레)</td><td>일리노이</td><td>중기 구석기 문화 시작</td></tr>
<tr><td>13~7</td><td>(엠)</td><td>상가몬</td><td>서부유럽에서 수렵채집</td></tr>
<tr><td>7
~ (3.5)
1</td><td>뷔름(바이크셀)</td><td>위스콘신</td><td rowspan="5">현대인</td><td>- 3.5만년경부터 정착생활 시작
- 후기 구석기문화 시작</td></tr>
<tr><td rowspan="4">충적세
(현세)
Holocene</td><td>10,000년 전후</td><td colspan="2" rowspan="4">후빙기(간빙기)</td><td>수렵채취</td></tr>
<tr><td>7,000년 전후</td><td>농경생산(유럽,아시아,아메리카)</td></tr>
<tr><td>6,000년 전후</td><td>청동기시대/高文化의 시작</td></tr>
<tr><td>2000년-현재</td><td>농경생산:
아프리카(3,000년전)
철기/전자/</td></tr>
</table>

출처: 김영진 역. 1989. 지구의 역사. 대광서림. 최몽룡 역. 인류의 선사시대. 1987. 과학세대 옮김. 신화의 세계. 1998을 참고하여 작성한 것임.

하지 않은 원인인 오스트랄로피테쿠스부터 인간이라고 부르고 싶다. 당시의 숲이라는 생활 환경은 도구를 제작하여 사용하지 않아도 완벽하게 생활할 수 있었던 곳이었다. 도구를 제작하여 사용하면서 문제가 발생했기 때문에 호모 하빌리스보다는 오스트랄로피테쿠스를 '선한 인간'의 조상으로 보고 싶다.

있는 그대로의 도구를 사용한 것과 도구를 제작하여 사용한 것 사이에는 무슨 큰 차이가 있는 것인가? 진보된 기술을 아는 것과 모르는 것의 차이일 뿐이다. 오늘날, 같은 시대를 살아가는 사람 사이에도 이 정도의 문명적인 이기의 차이는 지역별로 얼마든지 있을 수 있다. 현대인 사이의 이런 차이는 어떻게 구별할 것인가? 따라서 오스트랄로피테쿠스와 호모 하빌리스 사이의 차이는 무의미하다고 본다.

숲이 생긴 지 4억년이 지난 다음에야 비로소 인간이 숲과 만나게 되었다. 숲이 인간을 낳았다고 표현하는 것이 옳을 것이다. 숲이 이렇게 오랜 세월이 걸려서 인간을 잉태한 이유가 무엇일까? 그것은 그 이전까지의 숲에는 다른 동물로부터 침해 받지 않고 평화롭고 안전하게 살 수 있는 환경이 마련되어 있지 않았기 때문일지 모른다. 인간이 태어난 시대에는 이미 공룡 같은 거대한 파충류도 사라지고, 산맥도, 강도, 바다도 모두 다 완성되어 있었다.

인류의 조상이 좀더 특정한 목적의식을 가지고 도구를 제작하고 사용하였다면 그것은 시대적으로 석기시대가 될 것이다. 전기 구석기 시대는 55만 년 전, 중기 구석기는 15만 년 전, 후기 구석기는 3만 5천년 전에 시작하고 있다. 그런데 안타깝게도 그들이 태어났던 시기는 대빙하시대였다. 특히 베이징 원인과 네안데르탈인이 숲에 등장한 것은 빙하기 중 가장 혹독한 빙하기였던 뷔름 빙하가 활동하던 시기였을 것이다. 동물적 본능으로 환경을 이겨내는 지혜를 가지고 있었겠지만 집단생활을 하기 시작하면서 공동대처하기 시작하였을 것으로 추측한다.

이후로 좀 더 뇌용량이 커지고 완전한 직립 보행과 지능으로 무장한 호모 사피엔스들이 대거 등장한다. 시기적으로 3만 5천년 경이 되면 각 대륙마다 원주민들이 점령하고 저마다 독특한 생활 환경을 개척해 나아가기 시작한다. 이 무렵부터 정착생활이 펼쳐지고 후기 구석기 문화시대를 열어가게 된다.

기원 전 5,000년 경이 되면 각 대륙마다 정착생활이 이미 일반화되고 이러한 변화로 인해서 수렵채취하던 경제활동도 농경생산이라는 단계로 넘어가게 된다. 정착생활도 마찬가지이지만 농경생활도 숲의 존재와 대단히 중요한 관계를 맺고 있다. 인구가 늘어감에 따라서 더 많은 양의 식량과 거처할 곳과 땅이 필요하게 되었다. 또한 종족 간에 힘겨루기가 증가하면서 성벽을 쌓고 배를 만들며 무기를 제조하는데 필요한 물자를 조달하기 위해서는 숲을 개간하지 않으면 안 되었다.

바야흐로 새로운 싸움이 시작된 것이다. 마지막 빙하기와 싸워 무사히 이겨 낸 숲과 인간 사이의 투쟁이 시작된 것이다. 불과 5,000년 전 만하더라도 추위와 싸워야 했지만 이제는 인간과 숲은 서로의 생존을 위한 투쟁을 시작하게 된 것이다.

제5장 숲, 우주의 비밀을 간직한 곳

과거 40억 년 동안, 지구는 아무런 생명들이 태어날 수 없는 황무지였다. 대기 중에는 산소가 없었고, 바다와 육지엔 여전히 생명들이 만들어지지 못하였다. 이윽고 원시생명체들이 바다로부터 미동하고, 수억 년이 지난 뒤 식물들이 태어났다. 공중의 이산화탄소를 흡수하고 뿌리로부터 물을 빨아들여 광합성을 하는 식물들이 지구상에 나타난 것은 모든 생물에게 생명의 열쇠였다.

수 천 만 년 동안 계속되어온 작은 양치식물들의 왕성한 산소 생산 덕분에 데본기와 석탄기의 거대한 숲들이 나타날 수 있었다. 큰 숲이 있었기에 거기에 걸맞는 여러 종류의 생명체들이 태어날 수 있었다. 그러나 그렇게 수많은 생명체들도 적당하게 때를 가려서 태어나곤 하였다. 숲의 조화가 아니고 무엇이겠는가?

지질사적으로 볼 때 신생대 제3기의 마지막 세기인 선신세(530~170만 년 전) 때에 숲이 가장 아름다운 모습을 간직하고 있었지 않았나 생각한다.

마지막 조산 운동이라고 할 수 있는 알프스 조산운동이 종료되면서 중신세에 모든 산맥과 강과 바다가 제자리를 잡았다. 이어서 몇 군데 조산운동으로 나타난 황량한 땅에 100만 년 혹은 수십 만 년 동안 계속된 풍화작용으로 토양층이 형성되어 갔다. (물론 중신세 이전에 조산운동이 끝난 곳은 백악기때부터 내려오던, 오늘날의 자연 환경과 비슷한 혼효림 상태의 모습을 그대로 간직하고 있었을 것이다.) 식물들이 생육할 수 있는 충분한 깊이의 표층들이 발달해가면서 대륙 곳곳에 울창한 숲들이 자리 잡고 있었다. 말하자면, 지구 윤곽 여기 저기에 모자이크처럼 숲으로 뒤덮인 곳이 나타나기 시작하였던 것이다.

이처럼 안정된 상태에서 선신세 동안 세계 곳곳에는 기후와 지리에 알맞게 은성(殷盛)한 숲들이 다음 주인을 기다리며 번성하여 있었을 것이다. 이것은 선신세 말엽부터 기온이 하강함으로써 시작된 최초의 대빙하기인 균츠빙기 전까지 계속되었을 것이다, 적어도 350~400여 만 년 동안 말이다.

이러한 지구 숲 최상의 극상 상태였던 제3기 초엽에 숲은 오스트랄로피테쿠스, 아니 알파맨(초인)과 호모 하빌리스를 잉태하게 된 것 이다. 그들이 태어났을 때 숲은 생명의 아우성으로 가득차 있었다. 온갖 종류의 풀과 나무와 꽃과 열매들이 그들을 반갑게 맞이해 주었을 것이다. 수정처럼 맑디 맑은 샘물을 마시고 청량한 공기를 호흡하며 따사로운 햇빛이 내리쬐는 해변을 걷기도 하였을 것이다. 또한 밤하늘을 바라보며 지천으로 깔린 별빛에 대해서 무슨 생각을 했는지 알 길은 없지만 숲이 주는 아늑함 속에서 잠들며, 새울음소리에 아침을 맞으며 일어났을 것이다.

창조적 관점에서 인간은 최초에 에덴동산에 나타났다. 에덴동산은 숲이다. 하느님도 인간을 숲에서 창조하고 싶었던 것 같다. 에덴동산은 인간이 살아가는데 필요한 모든 것이 갖춰져 있었다. 그러한 의미에서 아담과 이브가 태어난 시점도 알파맨이 나타난 시점인 선신세일지 모른다.

지구의 숲은 우주 공간 어디에도 없는 유일한 생명이 살아가는 곳이었다. 테라리움 속의 세계처럼 생명 유지에 필수적인 맑은 공기와 물과 햇빛이 풍요로운 숲은 살아 숨쉬는 모든 생명의 비밀이 숨어 있는 곳이다. 수십억 광년 떨어져 있는 광활한 대우주 공간 어디에도 돌 틈 사이를 흐르는 맑은 물소리를 들을 수 있는 곳은 없다. 신선한 공기가 살아 숨 쉬는 곳은 없다. 110미터가 넘는 거대한 녹색식물들이 자랄 수 있는 숲이 있는 곳은 더더욱 없다. 지구상의 숲이야 말로 우주의 비밀을 간직한 곳이다.

참 고 문 헌

강성위 역(바이세커저), 1975. 自然의 歷史. 삼성문화재단.

김기원, 2004. 숲이 들려준 이야기. 효형.

김영진 역(三尻正二, 溱 正雄저), 지구의 역사. 대광서림.

임경빈 역(미센 드베즈저), 1978, 森林의 歷史. 중앙일보

장순근, 1998. 지구 46억년의 역사. 가람기획.

Braun, H. J. 1992. Bau und Leben der Baeume. 3. Auflage. Rombach Wissenschaft.

Hansjörg Küster, 2003. Geschichte des Waldes-von der Uhrzeit zur Gegenwart. C. H. Beck.

Hermann Kinder and Werner Hilgemann, 1964. dtv-Atlas zur Weltgeschichte. dtv.

Mitchell Beazley Publishers, 1981. The international Book of the Forest. Simon and Schuster.

Peter Farb, 1961. The Forest-Nature Library. Time-Life Books.

Robert P. Harrison, 1992. Wälder-Ursprung und Spiegel der Kultur. Carl Hanser Verlag.

작자미상, 1986. Forstgeschichte. Göttingen 大 강의자료.

국민대학교 평생교육원·(사)숲과 문화 연구회
숲해설 아카데미 전문과정

기후변화와 숲

배 상 원
국립산림과학원 산림수토보전과/과장

VI

목차

제1장 기후변화란

문명이 발달함에 따라 사람들의 활동이 지역에서 점차 지구전체에 영향을 주고 있는데 특히 산업혁명 이후부터 그 영향이 가중이 되어 오다 20세기 중반부터 급속도로 큰 영향을 주고 있다. 기후변화도 이러한 영향에 따라 가시화되어 세계적인 이슈가 되었고 이에 대한 세계적인 대책이 논의 되고 있다.

일반적으로 태양에서 지구로 오는 일사에너지는 대기를 통하여 지표면에 달하여 가열하는데 가열된 지구표면으로부터 방사되는 에너지는 수증기와 이산화탄소에 의해 흡수되기 때문에 지구표면으로부터 적외선으로 방출된 에너지는 전부 우주공간에 유출되지 않는다. 대기는 일사에 용이하게 통과시키나 지구표면으로부터의 열의 유출을 막기 때문에 지구표면 근처에 모이고 대기 상층보다 고온으로 된다. 지구표면온도는 같은 일사를 받고도 대기층이 없었던 경우의 온도보다도 높아지게 되는데, 수증기와 이산화탄소가 포함된 대기층의 이러한 작용을 온실효과라고 부른다. 이외에도 열을 흡수하는 기체는 탄산가스, 메탄, 오존, 이산화질소, 프론이 있다. 이러한 기체가 증가하면 당연히 우주로 빠져 나갈 열이 대기에 남게 되어 기온이 상승하게 되는 온실효과가 나타난다. 온실효과를 갖는 대기중의 기체가 증가함에 따라 온난화가 발생을 하는 것으로 알려져 있다. 4가지 주요 기체의 온실효과 기여 정도는 수증기(36~70%), 이산화탄소(9~26%), 메탄(4~9%). 오존(3~7%)이며, 지구 온실 효과에 기여한다. 기후변화에 영향을 미치는 원인으로는 태양 활동 변화, 화산 활동을 들 수 있다.

제2장 기후변화의 원인

제1절 온실가스 증가

대부분의 온실가스는 자연 생태계내에서 자연적인 발생과 인간의 활동에 따른 인위적인 발생한다. 산업화 이전에는 지구대기의 기체농도는 상대적으로 일정하였지만 산업발전과 인구증가에 따라 화석연료의 이용증가와 토지의 용도변경(공업단지. 초지조성, 산림 개간)에 의해 대기 중으로 온실가스가 많이 배출되었다.

이산화탄소는 온실가스중 가장 큰 영향을 끼치는 가스로 산업화 이전에는 280ppm 이었으나 2005년도에는 379ppm으로 급증을 하였다. 특히 1995년에서 2005년까지의 증가율은 1.9ppm으로 1960년에서 2005년사이의 평균 증가 1.4ppm보다 높게 나타났다. 산업화 이전에는 화석연료사용과 토지이용의 변화가 주요 원인이었다. 이산화탄소배출량은 90년대에는 연간 23.5기가 톤이었으나 2000년에서 2005년 사이에는 연간 7.2기가톤으로 급증을 하였으며 토지이용 변화에따른 이산화탄소량은 90년대에 5.9기가톤으로 추정이 되고있다. 산업화 이전의 다양한 환경적 변화를 고려하더라도, 산업화 이후 인간의 활동으로 인하여 이산화탄소와 다른 종류의 온실기체 농도가 증가했다는 것은 명백하다. 예를 들면, 대기 중에 측정된 이산화탄소의 현재 농도는 산업화 이전과 비교하여 100ppm이상 높다.

메탄은 산업화 이전에는 715ppb 이었으나 90년대에 1732ppb로 급증하였고 2005년도에는 1774ppb으로 증가하였다. 특히 90년대의 수치는 산업화 이전 수치의 2.5배이상 높은 수치로 90년대 이후 증가가 많이 둔화가 되었다. 이러한 수치의 변화는 농업, 화석연료 사용에 따른 것으로 추정이 된다. 메탄의 주요한 자연적 발생원은 습지이고, 추가적인 자연적 발생원으로 대양, 식물 그리고 메탄 수화물 등이 있다. 메탄은 유기물이 미생물에 의해 분해되는 과정에서 만들어지는데, 비료나 논, 쓰레기 더미 심지어는 초식동물이나 곤충의 소화과정에서도 상당한 양의 메탄이 배출된다. 또한 화석연료를 태우는 과정에서도 메탄이 발생하게 된다. 일단 메탄이 배출되면 주로 대류권의 화학적 산화작용으로 인해 제거되기까지 약 8.4년 동안 대기 중에 존재한다.

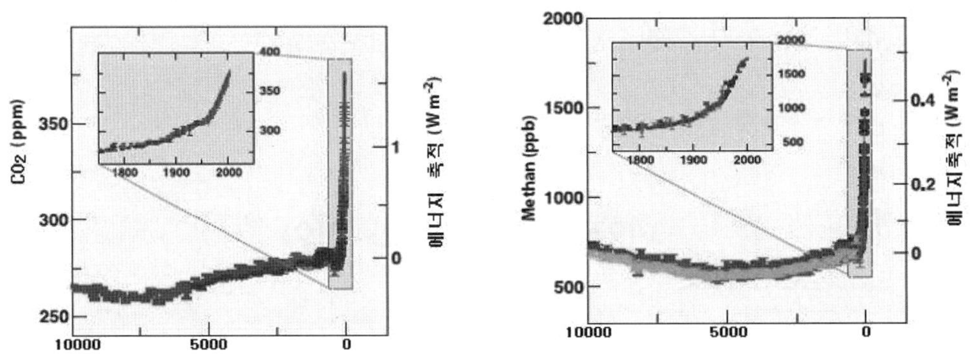

그림 1. 이산화탄소와 메탄 농도 변화

온실가스 연간 발생량은 70년대 수치를 기준으로 70%이상이 증가하였으며 이중 증가율이 가장 높은 것은 이산화탄소와 아질산이며 메탄의 증가율이 가장 낮게 나타났다. 이중 이산화탄소의 양이 가장 많으며 아질산의 양이 가장 낮게 나타났다. 산림개발과 자연적인 부후 등에 의한 이산화탄소 증가도 비교적 높은 증가율을 보이고 있다.

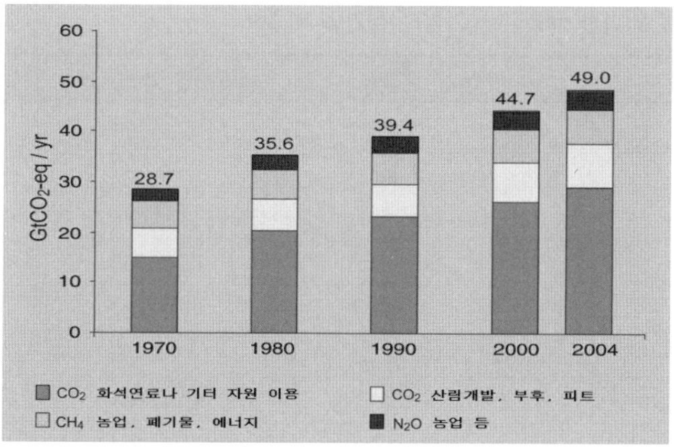

그림 2. 온실가스 발생원

국가별 이산화탄소 배출량은 미국, 러시아, 일본, 독일의 순으로 높은 수치를 보이고 있으나 EU국가는 1990년대에 비하여 배출량이 감소를 하고 있는 반면 미국, 호주 등은 증가를 하는 추세를 보이고 있다.

대기에 의해 일어나는 온실효과는 일정한 온도로 유지시켜 주는 매우 중요한 현상으로 대기가 지구표면에서 나오는 복사에너지를 대기권 밖으로 배출되지 않게 흡수하여 기온이 유지되거나 상승하게 하는 현상이다. 근대화 이후 온실 가스가 대기 중에 축적됨에 따라 온난화와 발생이 된다.

표 1. 토지이용변화 및 임업을 제외한 국가별 온실가스 배출량

국가	1990년 배출량	2005년 배출량	1990~2005 증가율(%)
Australia	418,275	525,408	25.6
Austria	79,053	93,280	18.0
Belgium	145,766	143,848	-1.3
Canada	595,954	746,889	25.3
Croatia	31,552	30,481	-3.4
Denmark	70,442	65,486	-7.0
European Community	4,257,837	4,192,634	-1.5
Finland	71,000	69,241	-2.5
France	567,303	558,392	-1.6
Germany	1,227,860	1,001,476	-18.4
Greece	108,742	137,633	26.6
Hungary	98,108	80,219	-18.2
Iceland	3,352	3,705	10.5
Ireland	55,374	69,945	26.3
Italy	516,851	579,548	12.1
Japan	1,272,043	1,359,914	6.9
Latvia	26,442	10,880	-58.9
Netherlands	212,963	212,134	-0.4
New Zealand	61,900	77,159	24.7
Norway	49,751	54,153	8.8
Poland	485,407	398,952	-17.8
Portugal	59,921	85,540	42.8
Romania	248,734	153,654	-38.2
Russian Federation	2,989,833	2,132,518	-28.7
Spain	287,366	440,649	53.3
Sweden	72,191	66,955	-7.3
Switzerland	52,749	53,636	1.7
Turkey	170,059	296,602	74.4
Ukraine	923,844	418,923	-54.7
United Kingdom	771,415	657,396	-14.8
United States	6,229,041	7,241,482	16.3

〈출처 : UNFCCC〉 (단위:백만tCO_2)

제2절 태양활동

태양활동의 변화는 기후변화에 원인이 될 수가 있으나 1978년부터 측정한 태양활동의 변화를 분석한 결과 수치변동이 미미하여 지구온난화에 영향이 거의 없는 것으로 나타났으며 IPCC은 인위적 영향이 2.63W/㎡인데 반하여 태양활동의 변화는 0.12W/㎡로 분석하여 그 영향이 미미한 것으로 추정을 하였다.

제3절 공기 미세물질

IPCC은 공기미세물질(에어졸)의 영향이 미미한 것으로 추정을 하였다. 대기층 하층에서는 미세물질이 태양에너지를 흡수하여 온도상승 기능이 있지만 수면이나 눈의 반사를 완화하고 대기층 상부에서는 태양에너지가 들어오는 것을 막기 때문에 온도를 낮추는 역할을 하기 때문에 전체적으로 마이너스 효과를 나타내는 것으로 추정하고 있다.

제3장 기후변화 결과

제1절 온도 상승

온도상승은 산업화 이전에도 온난기, 소빙하기 등의 자연적인 온도변화가 있었으나 산업화이후 온실가스가 증가함에 따라 일차적으로 나타나는 것은 온도상승인데 1995년에서 2006년까지 온도는 1850년 이후 가장 따듯한 기간으로 나타났으며 지난 1906년-2005년 사이에 0.74℃가 증가하였는데 지난 50년 사이에 증가율이 그 이전의 증가율의 2배에 달한다.

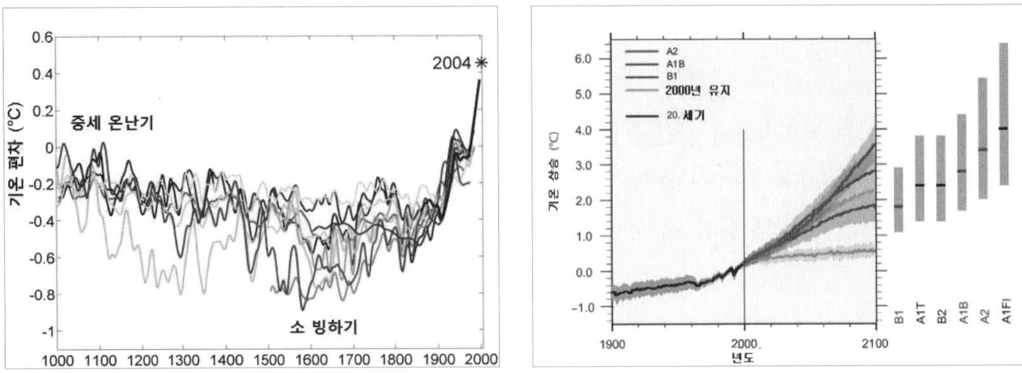

그림 3. 1000년간의 온도변화(왼쪽)와예측모델(오른쪽)

온도상승은 온실가스 증가에 따라 큰 변화를 보이고 있는데 2000년 상태를 유지하면 2100년에 0.6℃가 증가하고 최악의 경우에는 4.0℃까지 증가를 할 수 있는 것으로 산정이 되고 있다. 이와 같은 모델은 현 상태를 최소한 유지하기위해서는 온실가스가 2000년 수준으로 낮추어야 하는 것을 보여주고 있다.

온도상승 모델은 평균기온을 기준으로 나타내었기 때문에 지역적인 차이를 알 수가 없지만 지역간의 차이를 나타낸 모델에 따르면 지역 간의 차이가 많이 나는데, 1980년-1999년 평균온도를 기준으로 상승폭은 북반구에서 크게 나타나며 위도가 높아질수록 온도의 상승폭이 커지는데 최고 시나리오는 2029년까지는 3℃가까이 상승하고 2099년에는 7℃까지 높아지고, 최소 시나리오는 2029년에 2℃, 2099년에는 4℃까지 상승을 한다.

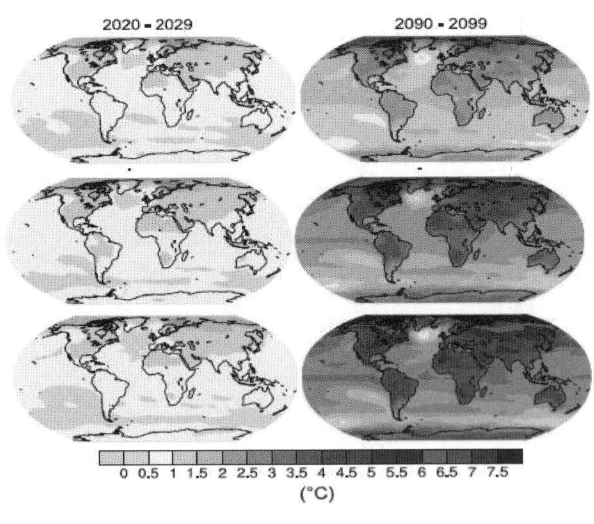

그림 4. 모델에 따른 기간별 온도상승

제2절 계절과 기후대변화

봄에 활엽수의 개화기는 기후변화를 알 수 있는 인자였다. 하지만 기후변화로 인하여 지역적으로는 봄이 2주이상 앞 당겨지고, 철새들의 이동시기가 3일 이상 앞당겨졌다. 유럽에서는 개엽시기가 2~3일, 북미에서는 1~2일 빨라졌는가 하면 가을이 늦게 시작하여 단풍시기가 0.3~1.6일 늦어져 생장기간이 3일이상 길어졌다.

온도가 1~2℃상승하는 폭도 중요하지만 얼마나 빨리 상승하면 기간도 매우 중요한데 2℃이상 온도가 상승하면 일부 동식물이 멸종할 위험이 있다. 특히 기후대의 변화는 많은 종들에게 영향을 끼치는데 특히 열대지역은 변화의 폭이 좁았기 때문에 적응력이 떨어져 가장 피해가 크게 날 수가 있다. 2100년까지 지구면적의 48%정도가 기후대변화에 직면하게 되는데 대부분이 열대지역, 아열대지역과 극지역이 해당되며 육지면적의 48%까지 현재 기후가 다른 기후대로 바뀔 수 있다. 온도가 변함에 따라 동물은 비교적 멀리 이동을 하지만 식물은 10년에 30m 정도를 이동 할 수 있기 때문에 사라질 위험이 높다.

제3절 해양의 변화

대기중에 이산화탄소가 증가함에 따라 물과 접촉하여 탄산이 이루어지는데 이것은 산도를 낮추는 동시에 온난화를 지연시키지만 산도가 이미 8.16에서 8.05로 낮아졌다. 이러한 변화는 산호의 석회질을 부식하여 산호가 고사될 위험에 처하게 된다.

온도상승은 해수면을 높이는데 해수면이 높아지는 원인은 빙하가 녹고, 해수의 팽창으로 인하여 가속화 되고 해양의 에너지 축적을 높아져 다시 온도를 높이고 빙하를 녹이는 작용이 증가하게 된다.

그림 5. 해수면의 변동언인

해수면은 1870년부터 2009년까지 약 25cm상승을 하였는데 1960년이후 5cm정도가 증가하였으나 IPCC에 따르면 2100년에는 19cm에서 58cm까지 상승을 할 수 있다. 지금까지는 10년에 1cm에서 2cm정도가 증가하였으나 앞으로는 3cm가 상승할 것으로 추정하고 있다. 해수면 상승의 원인은 온도상승과 빙하해빙에 의한 것으로 볼 수 있다. 1961년부터 측정을 한 해양온도는 수심3000m까지 상승을 하였고 태양에너지의 80% 이상을 흡수하여 이에 따라 해수면이 높아졌으며, 온도 상승으로 빙하가 축소한 것으로 나타났다.

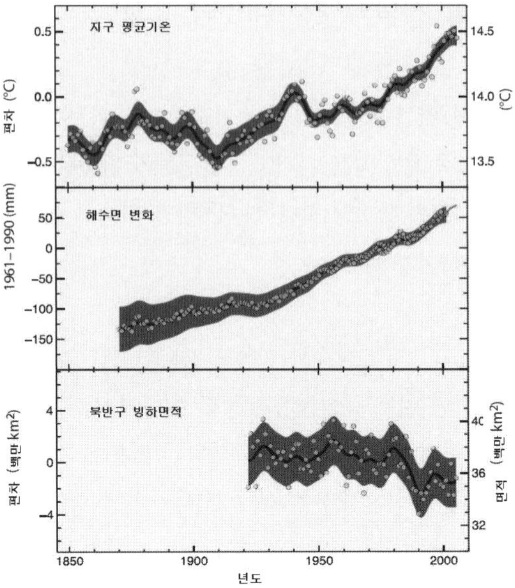

그림 6. 온도상승에 따른 해수면 상승과 빙하 감소

제4절 빙하 감소

빙하는 1960년이후에 감소가 많이 되었는데 단단한 물질인 빙하는 장기간 기후변화에 노출이 되어야 변화를 한다. 전체 빙하의83%가 1970년에서 2004년사이에 축소를 하였는데 연간 0.31m씩 감소하였다. IPCC에 따르면 2050년까지 60%가 감소할 것으로 추정하고 있다. 극지방의 빙원도 10년에 1.5%~2.0% 감소를 하였는데 2007년 8월에는 5.8백만km²가 감소하였다.

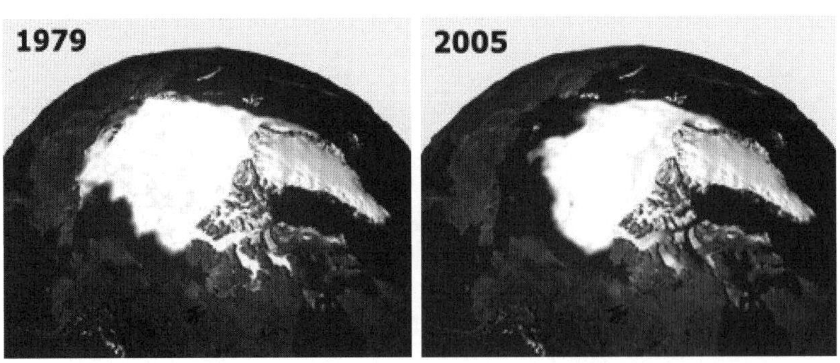

그림 7. 북극의 빙하변화

그림 8. 알프스 Aletschgletscher빙하 변화(왼쪽 1979, 중간 1991, 오른쪽 2002)

제5절 강수변화

온난화는 강수량과 강수지역의 변화를 유발하는데 강수주기와 강수강도가 달라진다. IPCC 강수변화 모델에 따르면 열대지방에는 강수량이 감소하고 극지방에 강수량이 증가하는데 그 차이가 12얼-2월의 강수량 차이가 6-8월의 강수량 차이보다 더욱 크게 난다.

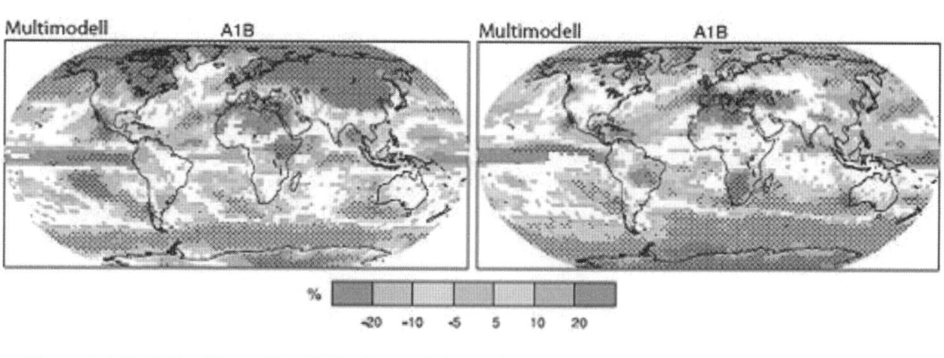

그림 9. 강수량 변화 예측 12월-2월(왼쪽), 6-8월(오른쪽) 2090-2099년(1980-1999년 기준)

제4장 한국의 기후변화

1910년부터 기온이 상승하였는데 1.5℃상승을 하였으며 10℃이하의 일수가 1.2일 감소하였고 열대야 일 수가 1.4일 증가하였다. 앞으로는 기온이 6℃까지 상승하고 강수량이 증가하고, 강수량의 변종성이 증가하여 가뭄과 홍수가 증가 할 것으로 추정된다.

식생대이동이 자연적인 상태에서보다 100배이상 빠르게 진행하여 이에 따른 생물다양성 감소와의 위험에 노출되어 있다. 또한 산불발생의 위험이 높고 강수량의 변화로 산사태 위험도 높아질 수 있다. 온도가 상승하고 시간이 경과함에 따라 산림 생산력이 저하 되고 수종의 변화가 예상된다.

제5장 세계적인 대처방안

국제적인 기후변화 대응방안은 다양한 국제협약을 통하여 전세계적으로 진행이 되고 있는데 탄소 배출권 거래제도, 탄소세, 보조금제도, CDM(Clean Development Mechanism : 청정개발체제)가 추진되고 있고 REDD(reduce emissions from deforestation and forest degradation)사업이 최근에 추진되고 있다.

탄소배출권 거래제도는 온실가스를 배출할 수 있는 권리를 매매할 수 있는 제도로 탄소가 현금화 될 수 있다. 국가별로 탄소배출량이 정해지면 이에 따라 탄소배출권이 많ㅇ은 나라에서 탄소배출권이 적은 나라의 기업에 매매를 할 수 있는 제도이며, 탄소세는 지구 온난화를 방지하기 위해 이산화탄소를 배출하는 각종 화석에너지 사용량에 따라 부과하는 세금으로, 북구 유럽국가들이 주로 이용을 하고 있다. 보조금제도는 온실가스 저감시설 보조금과 저감 보조금으로 구분된다. 저감시설 보조금은 온실기체 배출량을 줄이는 데 필요한 시설을 설치할 경우, 그 비용의 일부 또는 전부를 정부가 보조해 주는 보조금이다. 저감 보조금은 온실기체 배출자가 정부가 부여한 온실기체 배출량 상한보다 더 적은 양을 배출할 경우에 지불을 한다. CDM(Clean Development Mechanism : 청정개발체제)는 제 3국에 조림을 하여 칸소배출권을 획득하는 방법으로 선진국과 개도국이 공동으로 추진하는 온실가스 감축사업이다. REDD 사업은 산림이 풍부한 국가(대부분 제 3세계)의 산림을 유지, 관리를 하고 산림 전용을 않하면 이에 대해 선진국이 이에 대한 보상을 하는 사업으로 최근에 추진이 되고 있는 사업이다.

제6장 숲의 역할과 정책추진

숲은 탄소를 흡수원으로 신규조림, 숲가꾸기를 통하여 탄소 흡수기능을 확대할 수가 있다. 특히 유휴토지에 조림을 하고 수종갱신을 통해 흡수기능이 저하된 숲을 탄소흡수능력이 우수한 숲으로 바꿀 수 있다.

숲에서 생산되는 목재는 재생 가능한 바이오 에너지로서 화석연료를 대체하여 온실 가스를 감축할 수 있다. 목재 4톤는 이산화탄소 3톤을 감축하는 효과가 있다. 탄소시장에서 산림탄소배출권이 확보가 가능하다. 특히 CDM사업을 통한 탄소배출권의 확보 및 탄소저감에 이바지 할 수 있다.

정책적으로 탄소흡수원 확충을 위해 숲가가꾸기 5개년 계획으로 758만 탄소톤을 확보하고 해외조림, 유휴토지 조림을 추진하며 기후변화 예측, 적용을 위해 장기생태모니터링을 실시화고 국제적 네트워크를 구성하고 유전자원보호림을 지정 관리하며 탄소배출저감을 위해 숲가꾸기 산물을 연료로 공급하고 목질계 바이오메스 생산을 연구, 추진한다. 산림의 유지를 위해 산불, 산사태, 병해충을 사전 예방하고 우리 숲의 온실가스 저감능력을 인정받기 위한 IPCC 기준 통계작성을 실시하고 있다.

참고문헌

산림청 산림정책과 외, 2009. 기후변화와 산림. 산림청.

IPCC 4차 보고서.

웹사이트:

http://de.wikipedia.org/wiki/Globale_Erw%C3%A4rmung

http://de.wikipedia.org/wiki/Folgen_der_globalen_Erw%C3%A4rmung

http://earthobservatory.nasa.gov/IOTD/

국민대학교 평생교육원·(사)숲과 문화 연구회
숲해설 아카데미 전문과정

파충류, 양서류

VI

이 상 철
인천대 생물자원연구소/연구원

목차

제1장 들어가기

양서류와 파충류는 그 생김새 때문에 혐오스러운 동물로 여겨져 왔다.

하지만 양서류와 파충류는 지구상의 육상동물에게 없어서는 안 되는 큰 업적을 남긴 동물 집단이다.

양서류는 지구상에 약 3천 2백종이 알려져 있으며 한반도에는 총 11종이 서식하고 있다.

파충류는 현재까지 지구상에 약 6천 5백종이 알려져 있고 한국에는 17종이 밝혀져 있다.

어떠한 종류가 있으며 어떤 생활을 하고 있는지 많이 알려져 있지 않지만 저마다 아주 독특한 생태를 가지고 있어 연구의 가치가 있으며 하나하나의 모습을 발견하는 것은 아주 흥미로운 일이다.

양서류, 파충류는 생태계의 구조적인 위치상 중간자들로서 초식동물들을 관리해주고 대형육식동물들을 먹여 살리는 생태계의 안정성에 중요한 역할을 하는 동물들이다. 에너지의 효율적인 전달과 물질의 순환 등의 연결고리로서 없어서는 안 될 요소이기도 하고, 객이 아닌 우리에게 중요한 연결성을 갖고 있는 대상으로써 인식이 필요한 것이다.

공통적으로 가지고 있는 생태적인 특징은 변온동물로서 일광욕을 하여야 하며, 겨울이 되면 동면에 들어간다. 먹이는 절대 죽은 것은 먹지 않으며 대부분 통째로 삼킨다. 성장을 하기위해 허물을 벗어야 하며, 적을 피하고 먹이를 잡기위해 발달된 감각기를 가지고 있다. 주변과 비슷한 형태로 자신을 변화시키는 능력을 가지고 있으며 강력한 독을 만들 수 있는 능력을 지니는 종류가 있다. 기상을 예견하는 능력이 뛰어나서 미리 미리 대비하는 행동을 보인다.

우리 조상들은 해를 끼치지 않는 동물은 죽이지 않았다. 양서류와 파충류 중에서 해를 끼치는 독사류만 제외하고는 사람들과 친숙한 생활을 많이 한 예들이 있다. 집안에 뱀이 있으면 죽이지 않고 피해 다녔으며 비 오는 날 두꺼비가 나타나면 막걸리도 한잔 대접하고는 보내 주었을 정도였다. 어떠한 종류들이 있는지 관찰해보고 전해들은 양서류, 파충류 중에서 우리 이웃으로 볼 수 있는 종류들을 같이 알아본다.

내용: 1. 조상들과 친숙했던 양서류, 파충류

2. 기상을 예견했던 개구리와 도롱뇽

3. 암컷을 차지하기 위한 노력 - 페로몬과 짝짓기노래

4. 변태의 신비와 변태함으로서 얻는 이익

5. 독액의 생성 - 살아가는 전략
6. 생태적 지표로서의 양서류, 파충류
7. 양서류, 파충류의 Ecological Niche
8. 우리나라의 양서류, 파충류 알아보기

제2장 초기 네발 동물, 그리고 현대의 양서류

제1절 육지로의 진출에 해결해야 할 과제

1) 공기 호흡
2) 수분 증발의 억제

제2절 육상 척추동물로의 초기 진화

1) **네발동물로의 시초 데본기** - 기후가 온난하고 건조한 시기
   ① 최초의 양서류 - 도롱뇽과 같은 형태(4억 5백만년전)
   - 시일러캔스(총기류)와 같은 어류에서 진화
2) **네발동물로의 방사 석탄기** - 기후가 덥고 습한 시기
   - 적응 방산의 최적기
3) **현생 척추동물 4만여종 중 양서류는 3천2백여종**

제3절 일반적인 양서류의 특징

1) **골격**
   ① 두개골이 잘 발달되어 신체 골격 중 가장 큰 부분이다.

② 유미류가 먼저 출현한 것을 알 수 있다. 골격구조 역시 원시적인 형태로 흉대와 요대 형태가 없다.

③ 유생시기 무미류의 유생은 유미류의 유생과 달리 꼬리부분에 골격조직이 존재하지 않는다.

2) 외부형태

① 점액질의 피부에 싸여있으며, 건조에 약하다.

② 눈, 코, 고막 등의 감각기가 있다.

③ 앞발가락, 뒷발가락이 발달되어 있다.

3) 서식지

① 유생시기에는 수중 또는 수분이 적당히 제공되는 환경에서만 생존 할 수 있다.
예) 계곡, 웅덩이, 논, 나무구멍, 어미의 피부 속, 어미의 소화기 안 등

② 성체는 동절기와 건기 중에는 활동이 극히 제한되며, 활동기에는 일시적으로 습지를 떠나서 활동하기도 한다.

③ 동면, 춘면, 하면 등의 에너지 절약 생활 형태가 있다.

4) 호흡

① 허파, 아가미, 피부, 구강점막 이중 피부호흡은 거의 모든 양서류의 공통사항이며 가장 비중이 높다.

② 횡경막이 발달되어 있지 않아 혀밑 부위의 근육을 수축이완 시키거나 맹낭으로 가는 통로와 인두를 개폐하여 공기의 흐름을 형성한다.

③ 동면시에는 호흡수가 급격히 감소함으로 에너지를 절약한다.

5) 발성

① 발성의 주된 목적은 구애이며 세력권을 알리는 등 부수적인 경우 행해진다.

② 울음소리에 의해 종이 구별되므로 종에 따라 시기, 높이, 주파수, 간격 등이 달라진다.

③ 암컷이 선호하는 경향에 따라 맹낭의 형태가 다양하며, 이에 따른 울음소리도 다양하다.

6) 발생 및 생식행동

① 발생단계는 진화 단계를 단적으로 보여주며, 또한 계통 발생을 반복한다.

② 무미목의 거의 대부분 체외수정을 하며 포접이라는 행동에 의해 암컷이 산란을 하면 수컷이 알들 위에 방정을 하여 수정이 이루어진다.

③ 유미목은 독특한 교미행동을 하며 수컷의 정포를 암컷이 전달 받는 형식을 취한다.

7) 재생산, 번식

① 알은 1개에서 3만개에 이른다.

② 생존률을 높이기 위한 특이 행동을 볼 수 있다.

예) 피파개구리. 유럽무당개구리, 물갈퀴독개구리, 위주머니보란개구리

8) 유생과 알의 형태

① 대부분 유생 시기를 보내며, 일부 난 막 안에서 모든 변태가 일어나는 경우도 있고 기간은 종에 따라 차이가 크다.

② 유미목의 유생은 무미목의 유생과 달리 아가미가 외부로 노출되어 있다.

③ 난막에 둘러싸인 투명층이 있으며 그 내부에 핵이 있다. 일부의 경우 난막을 여러 개씩 다시 둘러싸 보호하는 또 다른 막이 있는 것을 볼 수 있다.

9) 먹이 습성

① 유생시기에는 주로 후각에 의해 먹이감을 찾아내며 성체가 되면 시각에 의해 먹이감을 취한다.

② 유미목은 유생시기와 성체시기 모두 육식성으로 살아있는 먹이만 먹는다. 먹이감을 발견해서 잡아먹는 확률이 낮기 때문에 먹이감을 잡는데 많은 시간을 보낸다.

③ 무미목은 유생시기에 잡식 또는 식물성 먹이를 주로 섭식하며, 성체가 되어서는 육식을 한다. 이는 동종 내에서 경쟁을 감소시키는 잇점이 있다.

10) 외피 및 채색

① 양서류는 건조에 대한 방지 기작이 없어 습지를 벗어나서는 서식할 수 없다. 두꺼비가 가장 건조에 강한 피부를 지니고 있으나 완전하지 못하다.

② 주변에 빛에 의해 채색의 명암을 조절할 수 있으며 이는 색소 세포의 색소 이동에 의해 가능하다.

③ 종에 따라 산란기에 혼인색을 띠는 경우가 있다.

④ 일부 종에서는 독선이 있어 여기서 강력한 독액을 분비한다. 일반적으로 독을 지니고 있는 양서류는 주변과 분리되는 채색을 하고 있으며 행동도 비교적 느린 편이다.

11) 유미목과 무미목의 일반적 특징비교

<table>
<tr><th colspan="2">구분</th><th>먹이</th><th>주생활지</th><th>호흡</th><th>기간</th><th>골격구조</th><th>산란방법</th><th>수정방법</th></tr>
<tr><td rowspan="2">유미목</td><td>성체</td><td>육식</td><td>산림</td><td>피부, 허파</td><td>·</td><td>원시적, 연골많음</td><td rowspan="2">두줄의 바나나 형태 주머니</td><td rowspan="2">교미, 정포전달</td></tr>
<tr><td>유생</td><td>육식</td><td>계곡</td><td>외부아가미</td><td>1-2년</td><td>꼬리골격 있음</td></tr>
<tr><td rowspan="2">무미목</td><td>성체</td><td>육식</td><td>습지, 산림</td><td>피부, 허파</td><td>30년</td><td>경골위주</td><td rowspan="2">난괴 형성, 긴 끈 형태</td><td rowspan="2">포접, 체외수정</td></tr>
<tr><td>유생</td><td>잡식</td><td>웅덩이</td><td>아가미</td><td>1년</td><td>꼬리골격 없음</td></tr>
</table>

12) 무미목중 개구리류와 두꺼비류의 일반적 특징 비교

구분	독액의 유무	피부	포접부위	일반적 산란형태	유생시기	서식지	발성
개구리	없다	우둘투둘하다	겨드랑이	난괴(알덩어리)	길다	습지	크다
두꺼비	있다	매끈하다	사타구니	긴 끈 형태	짧다	산지	작다

제4절 현대의 양서류

◎ 무족영원류

- 다리가 없고 벌레 같은 형태
- 열대지방의 산림, 밀림 지역에 서식하며 주로 거친 토양이나 낙엽 속에서 생활 한다.
- 세계적으로 160여종

◎ 유미목

- 영원, 싸이렌, 도롱뇽류
- 동아시아와 그 인접지역에 집중되어 서식하고 있으며, 습한 산림지역에서 생활함.
- 세계적으로 340여종 발표, 한반도에는 5종이 발표됨.

◎ 무미목

- 개구리, 두꺼비류
- 세계적으로 3800여종, 이중 두꺼비 류가 300여종 한반도에 11종, 외래 도입종 1종

제5절 한반도의 양서류

◎ **유미목**

- 도롱뇽, 고리도롱뇽, 제주도롱뇽
- 꼬리치레도롱뇽
- 네발가락도롱뇽

◎ **무미목**

- 두꺼비, 물두꺼비, 무당개구리
- 맹꽁이, 청개구리, 수원청개구리, 참개구리, 금개구리, 산개구리, 아무르산개구리, 옴개구리
- 황소개구리

제3장 파충류

제1절 육지척추동물로의 완전한 적응 진화

1) 기원 - 화석상의 증거로는 석탄기 이후 약 3억 1천만년전이 최초
2) 적응방산 - 페름기 약 2억 8천년 전부터 쥐라기까지
3) 쇠퇴 - 백악기 약 1억 3천년부터 이때 공룡 멸망
4) 현재 6천 500여종의 파충류가 알려져 있음

제2절 일반적인 파충류의 특징

1) 형태적 특징

(1) 외부형태

① 비늘 또는 각질화 된 피부가 있다.

② 눈, 코, 고막, 피트기관 등의 감각기가 있다.

③ 앞발가락, 뒷발가락이 발달되어 있거나 퇴화되어 있다.

④ 크기는 5cm에서 14m로 다양하다.

⑤ 뱀과를 제외하고 발톱이 잘 발달되어 있다.

(2) 골격

① 두개골이 잘 발달되어 신체 골격 중 가장 큰 부분이다.

② 척추뼈가 있으며 늑골이 연결되어 있다.

③ 뱀과는 다리뼈가 퇴화되거나 소실되어 있다.

④ 거북과를 제외하고 이빨이 잘 발달되어 있다.

(3) 감각기

① 야콥슨 기관

② 피트기관

③ 청각

④ 시각

⑤ 촉각

2) 생태적인 특징

(1) 허물을 벗는다.

(2) 동절기와 하절기 중에는 활동이 극히 제한된다.

(3) 동면, 하면 등의 에너지 절약 생활 형태가 있다.

(4) 주변의 온도와 함께 체온이 변한다.

(5) 뱀의 경우 독을 지니고 있는 종이 있다.

(6) 도마뱀류의 경우 자절 현상이 있으며 재생된다.

3) 호흡기계

(1) 허파호흡

(2) 뱀의 경우 한쪽 허파가 공기주머니로 바뀜

(3) 동면시에는 호흡수가 급격히 감소함으로 에너지를 절약한다.

4) 생식행동

(1) 체내수정

(2) 헤미페니스(hemipenes, 반음경)

(3) 도마뱀류의 경우 페로몬을 분비한다.

(4) 집단으로 교미를 하는 경우가 있다.

5) 번식 형태

(1) 알 또는 새끼를 낳는다.

(2) 생존률을 높이기 위한 특이 행동을 볼 수 있다.

(3) 악어와 일부 거북은 온도에 따라 성비가 바뀐다.

6) 먹이 습성

(1) 육식성이다. 예외: 거북, 이구아나

(2) 살아있는 먹이만 취한다.

(3) 탐식성으로 자신보다 큰 먹이도 쉽게 먹는다.

7) 피부 및 채색

(1) 비늘로 덮여있다.

(2) 도마뱀류 중 일부는 주변의 색깔과 비슷한 색으로 체색을 바꿀 수 있다.

(3) 허물을 벗는다.

(4) 악어와 거북의 경우 피부가 각질화 되어 있다.

제3절 현생 파충류의 종류

전 세계적으로 분포하며 크게 악어, 뱀, 거북, 도마뱀의 4가지로 나뉜다.

1) **거북류** : 갑옷과 같은 외골격을 가지고 있다. 갑옷모양의 골격은 두 층으로 되어 있으며 이는 등비늘(피부)이 진화한 것이다. 서식지는 수생, 반수생, 숲, 초원, 사막이다.
현재 지구상에 240여종 분포하고 있다.

2) **도마뱀류** : 외부적으로 뱀과 가깝게 생겼으나 구별되는 특징이 있다. 눈꺼풀이 있고, 위턱과 아래턱이 연결되어 있으며 청각기관이 외부로 노출되어 있다.
현재 지구상에 2,300여종이 분포하고 있다.

3) **뱀류** : 다리가 없는 것으로 특징지어진다. 비늘로 덮여있고, 위턱과 아래턱이 분리되어 있다.
현재 지구상에 2,700여종이 분포하고 있다.

4) **악어류** : 크게 엘리게이터, 크로커다일, 가비알 종류가 있다. 파충류 중 가장 늦게 출현했으며 출

현시기는 백악기 초(1억 3천만년전)로 알려져 있으며 거의 변하지 않고 현재까지 생존하고 있다.

제4절 근연 군과의 특징별 비교

1) 척추동물 특징 비교

<table>
<tr><th>분류군 / 구분</th><th>어류</th><th>영원류</th><th>개구리류</th><th>거북류</th><th>도마뱀류</th><th>뱀류</th><th>악어류</th><th>조류</th><th>포유류</th></tr>
<tr><td>체온조절</td><td colspan="7">변온동물</td><td colspan="2">항온동물</td></tr>
<tr><td>배설</td><td colspan="4">요소</td><td colspan="2">요산</td><td>요소</td><td>요산</td><td>요소</td></tr>
<tr><td>이빨유무</td><td colspan="3">있음</td><td>없음</td><td colspan="3">있음</td><td>없음</td><td>있음</td></tr>
<tr><td>꼬리유무</td><td>없음</td><td>있음</td><td>없음</td><td colspan="4">있음</td><td>없음</td><td>있음</td></tr>
<tr><td>다리유무</td><td>없음</td><td colspan="4">있음</td><td>없음</td><td colspan="3">있음</td></tr>
<tr><td>직립능력</td><td colspan="7">없음</td><td colspan="2">있음</td></tr>
<tr><td>양막유무</td><td colspan="3">없음</td><td colspan="6">있음</td></tr>
<tr><td>생식형태</td><td colspan="3">체외수정</td><td colspan="6">체내수정</td></tr>
<tr><td>번식방법</td><td>난생,
난태생</td><td colspan="4">난생</td><td>난생,
난태생</td><td colspan="2">난생</td><td>태생</td></tr>
</table>

2) 파충류 특징 비교

<table>
<tr><th>분류군 / 구분</th><th>거북</th><th>도마뱀</th><th>뱀</th><th>악어</th></tr>
<tr><td>피부</td><td>각질화</td><td>비늘/각질화</td><td>비늘</td><td>각질화</td></tr>
<tr><td>서식처</td><td>습지,바다,사막</td><td>초원</td><td>습지, 산지</td><td>습지</td></tr>
<tr><td>턱뼈봉합</td><td>봉합</td><td>불완전 봉합</td><td>봉합안됨</td><td>봉합</td></tr>
<tr><td>심장</td><td colspan="3">2심방 불완전 2심실</td><td>2심방 2심실</td></tr>
<tr><td>번식방법</td><td>난생</td><td>난생/난태생</td><td>난생/난태생</td><td>난생</td></tr>
<tr><td>먹이</td><td>잡식</td><td>육식/초식</td><td>육식</td><td>육식</td></tr>
</table>

3) 뱀과 도마뱀 비교

구분 분류군	피부	눈꺼풀	독유무	먹이	번식방법
뱀	비늘	없음	유/무	쥐, 개구리	난생/난태생
도마뱀	비늘/각질화	있음	없음	거미, 곤충	난생/난태생

제5절 한국의 파충류

1) 거북류

(1) 바다거북류 : 바다거북(녹색바다거북), 붉은바다거북, 장수거북

(2) 자라과 : 자라

(3) 남생이과 : 남생이, 붉은귀거북

2) 뱀류

(1) 뱀과 : 구렁이, 능구렁이, 유혈목이, 대륙유혈목이, 누룩뱀, 무자치, 실뱀, 비바리뱀

(2) 살모사과 : 살모사, 쇠살모사, 까치살모사

(3) 도마뱀류

- 도마뱀과 : 도마뱀
- 장지뱀과 : 아무르장지뱀, 줄장지뱀, 표범장지뱀
- 도마뱀붙이과 : 도마뱀붙이

제4장 현장에서의 양서·파충류 관찰

제1절 조사방법

1) 직접확인 방법(Direct survey)

(1) 무미 양서류(Salientia)

無尾目(개구리類)은 조사대상지역 주변의 접근 가능한 지역을 따라 좌우 10m간격으로 이동중인 개체와 바위틈 혹은 하천, 계곡, 수로 그리고 저습지 주변에서 포충망과 뜰채를 이용하여 채집한다.

(2) 유미 양서류(Caudata)

有尾目(도롱뇽類)의 도롱뇽과 꼬리치레도롱뇽은 물이 흐르는 하천 유속의 흐름이 완만한 곳을 찾아 작은 바위를 들추어 유생을 확인하거나, 물이 고여 있는 작은 웅덩이에 산란한 알을 찾아 종을 확인하는 방법을 이용하고, 성체는 활엽수림이 있는 음지쪽에 쓰러져 있는 고목을 들추거나, 바위틈에서 확인한다.

(3) 파충류

① 장지뱀(도마뱀)류

묵정밭, 초지주변, 하천변과 햇볕이 잘 드는 곳에 쌓여 있는 돌을 들추어 확인하거나, 도로변에 이동중인 개체는 곤충채집용 포충망을 이용하여 채집한다.

② 뱀류

뱀류(蛇類)는 저지대의 임연부일대, 묵정밭 주변에서 뱀집개와 포충망을 이용하여 채집하고, 석축, 돌담, 경작지, 돌밑, 스레트밑을 들추어 확인한다.

③ 민물거북류

호수, 연못, 용수로, 하천 등지에서 활동하는 개체를 쌍안경을 사용하여 확인한다.

2) 간접확인 방법(Indirect survey)

(1) 무미 양서류 울음소리(Call)

양서류(개구리類)는 번식기에 주간보다 야간에는 논이나 밭 근처, 수로 그리고 웅덩이 등지에 모여 집단으로 울기 때문에 울음소리로 종을 식별한다.

(2) 파충류 허물(Slough)

파충류 중에서 뱀류(蛇類)는 성장을 하면서 영양상태가 양호하면 수시로 허물을 벗게된다. 그러므로 자연상태에서 뱀들이 탈피한 허물을 수거하여 종의 서식 유무를 확인한다.

흔히 볼수 있는 우리나라의 양서·파충류

Class Amphibians : 양서류

Order Caudata : 유미목

Family Hynbiidae : 도롱뇽과

Hynobius leechii (Boulenger) : 도롱뇽(서울시보호종)

도롱뇽은 체색이 어두운 갈색이며 몸 양쪽으로 가로로 난 굴곡과 같은 무늬가 있다. 먹이습성은 성체, 유체 모두 육식성이다. 4~5월 맑은 물이 고여있는 웅덩이나 논 또는 물이 정체되는 계곡에 산란을 한다. 알은 5cm ~ 10cm 크기의 2개의 알주머니를 돌이나 낙엽에 매달아 놓는다 산란 후 3주 정도 후면 부화하며 부화된 유생은 물속에서 아가미 호흡을 하며 생활하다 성체가 되면 육지로 올라와 작은 곤충 등의 동물을 먹으며 습한 지역에 산다. 낮에는 바위나 고목 밑에 은신하고 밤이 되면 습한 지역을 배회하며 먹이 활동을 한다.

Order Salientia : 무미목

Family Bufonidae : 두꺼비과

Bufo bufo gaugauizons Cantor : 두꺼비(서울시보호종)

두꺼비는 구북구계에 속하며 한국, 중국북부, 몽고 지역에 분포하고 있다. 두꺼비는 3월 중 산란이 시작되며 집단으로 모여 산란을 하는 습성이 있으며 산란이 끝난 후 먹이 활동을 하기 전까지 다시 동면에 들어가는 것으로 보인다. 습한 날씨에 활동하며 특히 밤이 되면 활동이 활발해진다.

Family Hylidae : 청개구리과

Hyla japonica Günther : 청개구리

청개구리는 전국에 걸쳐 두루 분포하고 일본, 중국에 서식하고 있다. 오래된 나무에 있는 구멍에서 은신해 있다 흐린 날이나 밤이 되면 활동을 시작한다. 피부색이 짧은 시간에 주위와 비슷하게 변하는 능력이 두드러진다.

Family Ranidae : 개구리과

Rana dybowskii Günther : 산개구리(포획금지대상)

산개구리는 활동기에는 산림 지역에서 배회하며 먹이활동을 하고, 동면기에는 계곡의 바위 밑에서 동면을 한다. 해빙기가 되면 동면에서 깨어나며 동면이 끝나자마자 얕은 곳으로 이동, 집단으로 모여 산란한다. 물속에서 동면하기 때문에 포획이 용

이하며, 지방에 따라 흔히 식용으로 여겨 대량 채집되고 있어 보호가 요구되는 종이다. 아무르산개구리와 비슷하지만 체구가 크고 눈 주변의 검은 무늬가 콧구멍까지 미치지 않는다.

Rana coreana(amuriensis coreana) Okada : **한국산개구리-구)아무르산개구리(포획금지대상)**

아무르산개구리는 한국에 서식하는 무미목 중 가장 체구가 작으며 행동반경이 작은 습성을 지니고 있다. 늪지대에 집단으로 서식하며 강변이나 해안가, 논 주변에서 관찰이 쉽다. 산개구리와 비슷한 외형을 갖고 있으나 체구가 그보다 작고 배부분이 붉은 색을 띄고 있으며, 눈 뒤의 검은색의 무늬가 코 주변까지 이어져 있는 것이 산개구리와 틀리다. 산란시기가 가장 빠르며 서식지 주변이 해빙되면 집단으로 모여 산란을 한다.

Rana rugosa Temminck & Schlegel : **옴개구리**

옴개구리는 구북구계에 속하는 종으로 한국, 중국 북부에 분포하고 있다. 물가를 벗어나서 관찰하기는 어렵고 계곡 또는 산에 있는 웅덩이 등을 의존하여 살아간다. 전국에 두루 분포하고 있으며, 산개구리와 같이 계곡의 물 속 바위 밑에서 동면한다. 거의 물 속에서 생활하나 비가 오는 습한 날씨나 밤이 되면 물가로 나와 먹이활동을 한다.

Rana nigromaculata Hallowell : **참개구리**

참개구리는 전국에 걸쳐 우점하고 있는 종으로 원래 논이 많은 산업환경에서 논을 근거로 많은 개체가 전국적으로 분포하였으나 최근에 농약의 사용과 논의 감소로 인해 산림으로 그 서식지가 옮겨가고 있는 것으로 사료된다. 번식기에는 집단으로 모이며 암수가 포접 한 채로 산란하여 20cm 정도 되는 알 덩이를 부착시키지 않고 얕은 물 속에 낳는다. 한반도의 우점종이다.

Rana catesbeiana Show : **황소개구리(외래유입종)**

황소개구리는 식용으로 유입되어 전국에 확대된 양서류로 체구가 크고 닥치는 대로 먹이를 취하여 본토의 생태계를 위협하는 우려가 있었으나 현재 그 확대 속도가 저조한 것으로 보인다. 형태상으로는 참개구리와 비슷하나 등쪽에 정 중앙으로 흐르는 융기가 뚜렷하지 않으며 고막이 현저히 크므로 이로 구별이 가능하다.

Class Reptilia : 파충강

Order Squamata : 유린목

Family lacertilidae : 장지뱀과

Tskydromus amurensis Peters : 아무르장지뱀

아무르장지뱀은 전국에 걸쳐 우점하고 있으며 특히 지대가 높은 산지에서 흔히 관찰된다. 돌무더기 또는 표토가 건조하게 메말라 있는 지역에서 서식하며 천적의 공격이 있을 시에는 꼬리를 스스로 잘라 위기를 모면하는 행동을 한다. 뒷다리 사이에 있는 서혜인공은 2쌍~4쌍이다.

Takydromus wolteri Fisher : 줄장지뱀 : 한국특산종

줄장지뱀은 주로 저지대에 살고 있으며, 논, 밭 수로 주변에서 주로 관찰이 가능하다. 등쪽 머리부터 꼬리까지 이어지는 세로 융기가 있으며 서혜인공은 1쌍으로 종 동정이 가능하다.

Family Colubridae : 뱀과

Elaphe urfodorsata (Cantor) : 무자치

무자치는 수변지역 주변에서 물을 근거로 서식이 가능한 종으로 개구리, 작은 물고기 등을 먹고 살아가며 전국적인 우점종이었으나 현재 그 수가 급격히 감소되고 있다. 머리 정 중앙의 'ㅅ' 자형의 무늬가 뚜렷이 있으며, 복부에 바둑판형의 무늬가 있다. 난태생을 한다.

Elaphe dione (Pallas) : 누룩뱀

누룩뱀은 개체변이가 심한 종으로 서식 지역에 따라 채색 명암이 다양하다. 움직임이 날렵하여 발견하여 채집하기가 쉽지 않은 종이다. 주로 바위틈이나 길가 주변에 서식한다. 지역적으로 뚜렷한 구배현상을 보이며, 해안가 섬지방의 종은 체구가 크다.

Rhabdophis tigrinus tigrinus : 유혈목이(포획금지대상)

유혈목이는 전국에 걸쳐 다양한 생태지역에 전반적으로 서식하고 있으며 중국, 일본 등에서도 서식하고 있다. 북부지역과 남부지역으로 이어지는 구배현상이 뚜렷하며 섬지방의 것은 목선의 노란 무늬가 선명하다. 국내 유일한 후아류로 전국적으로 우점종이다.

Dinodon rufozonatus rufozonatus (Cantor) : 능구렁이

능구렁이는 울릉도와 제주도를 제외한 전국에 서식하고 있다. 주간에는 바위 밑에 은신해 있다가 야간이면 도로와 묘지 주변 등 표층이 노출된 지역을 배회하며 먹이활동을 한다. 외부 형태는 검은색과 주황색의 밴드가 교대로 위치하여 있는 형상이며 채색이 가장 화려한 뱀 중의 하나이다. 눈동자(동공)는 위 아래로 타원형이다. 구렁이와 같이 보신용으로 남획되어 보호가 시급히 요구되는 종이다.

Family Viperidae : 살모사과

Agkistrodon ussuriensis (Emelianov) : 쇠살모사(포획금지대상)

쇠살모사는 전국에 걸쳐 서식하고 저지대와 고지대에 걸쳐 두루 관찰이 된다. 채색은 일반적으로 밝은 색을 띠고 있으며 등쪽으로 둥근 무늬가 산재해 있다. 혀가 붉고 꼬리 끝이 검은 것으로 동정이 가능하며 대체적으로 체구가 작다.

수서생태계

김 명 철
공주대 연구교수/SOKN생태연구소장

VI

목차

제1장 수생태계와 저서성 대형무척추동물

담수생태계freshwater ecosystem)는 정수생태계(lentic ecosystem)와 유수생태계(lotic ecosystem)로 구분된다. 정수생태계는 호수, 연못, 늪, 샘, 일시적 웅덩이 등 수체의 수평적 이동이 크지 않은 고인 물을 이르며, 유수생태계는 강, 하천, 작은 개울이나 인공수로 등 수체의 흐름이 고도차에 따라 한 방향으로 지속적으로 일어나는 흐르는 물을 지칭한다. 담수생태계의 생물은 이러한 생태계의 특성에 따라 정수성 생물과 유수성 생물로 부를 수 있다.

담수생태계의 생물은 정수성 이나 유수성으로 구분하기도 하지만 생물 자체의 서식양식에 따라서 구분하기도 한다. 즉 수체의 흐름에 의존하여 떠다니는 부유생물(plankton), 스스로 헤엄쳐 이동하는 유영생물(necton), 그리고 바닥에 생활 기반을 둔 저서생물(benthos)로 구분할 수 있다. 해양생태계에서도 마찬가지로 이러한 생물구분이 적용된다. 따라서 저서생물은 담수생태계의 생물 중에서 바닥의 기질(substrate)과 관련을 가진 생물을 포괄적으로 지칭하는 용어로서 미생물, 조류(algae), 대형식물(macrophytes), 무척추동물, 대형척추동물에 이르기까지 저서성 생물을 모두 포함한다. 그러나 조류나 어류와 같이 부유성 또는 유영성이 주가 되는 생물군에서는 부착조류(attached algae)나 저서성 어류처럼 저서성이라는 수식어가 별도로 사용되며, 일반적으로 저서생물, 저서동물 또는 저서무척추동물이라 지칭할 때에는 대개 저서성 대형무척추동물(benthic macroinvertebrates)을 이른다. 이는 담수생태계나 해양생태계 대형무척추동물의 대다수가 저서성인데 기인하는 것이다. 대형무척추동물은 현미경적 생물에 상대되는 용어로서 육안으로 식별되는 크기의 무척추동물을 이르며, 대개 0.5㎜ 이상의 무척추동물을 포괄적으로 포함하기도 하나 실제로는 3-5㎜ 이상의 무척추동물을 지칭한다.

담수성 저서동물에는 동물의 34개 문(Phylum) 중에서 절지동물, 연체동물, 그리고 환형동물이 주가 되고, 그 외에 해면동물, 자포동물, 편형동물, 선형동물, 유선형동물, 태형동물 등이 있다. 연체동물 중에서는 복족류와 부족류(이매패류)가 주된 담수산 저서동물이며, 환형동물 중에서는 빈모류와 거머리류가 담수에 나타나고, 다모류는 거의 해산과 기수산이고 담수산은 극소수이다. 다른 담수산 동물은 현미경적 크기로서 부유생활을 하거나 기생성인 종류를 제외하고는 저서성 대형무척추동물은 매우 적은 편이다. 절지동물은 전체 동물종의 80%를 차지할 정도로 가장 다양한 분류군이며, 육상에서와 마찬가지로 수계생태계에서도 가장 종류가 많다. 해양생태계에서는 절지동물 중에서 갑각류가 주된 분류군이고 곤충류는 거의 없는데 비하여 담수생태계에서는 곤충류가 주가 되며, 기타 절지동물로는 갑각강의 십각류, 단각류, 등각류 등과 협각강의 응애류가 일부 적응하여 있다.

수서곤충은 담수생태계에서 종류수와 개체수가 가장 다양하고 풍부한 무리로 알려져 있으며, 그 곳의 대형무척추동물의 95%에 이른다. 수서곤충은 곤충강의 대부분의 목을 포함하지만, 무리(분류군)의 모든 종류가 물에 적응한 일차적응군과 무리의 일부만이 물에 적응한 이차적응군으로 나눌 수 있다. 일차적응군으로는 하루살이목 (Ephemeroptera), 잠자리목(Odonata), 강도래목(Plecoptera), 뱀잠자리목(Megaloptera), 날도래목 (Trichoptera)을 들 수 있으며, 이차적응군으로는 톡토기목(Collembola), 노린재목(Hemiptera), 딱정벌레목(Coleoptera), 파리목(Diptera), 벌목(Hymenoptera), 나비목(Lepidoptera), 풀잠자리목 (Neuroptera)이 속하고, 메뚜기목(Orthoptera)의 경우 일부만이 반수서곤충이다. 반수서곤충은 물표면이나 물가에 서식하는 곤충이며, 이차적응군 중에서 많은 종류가 반수서곤충이다. 대부분의 수서곤충은 유충단계에서 수서생활을 하지만, 딱정벌레류나 노린재류와 같이 성충이 되어서도 수서 생활을 하는 종류가 많다.

표 1. 수서곤충의 다양성

구 분	세계	북미	유럽	일본	한국
하루살이목	2,000	650	217	97	80
잠자리목	5,500	650	127	163	100
강도래목	2,000	540	387	156	54
노린재목	3,300	400	130	100	66
뱀잠자리목	250	43	6	7	3
풀잠자리목	?	?	?	2	?
딱정벌레목	6,000	1,073	1,072	372	111
벌목	?	51	74	2	1
파리목	?	?	?	?	?
날도래목	10,000	1,200	895	280	92
나비목	?	280	?	35	?

제2장 저서성 대형무척추동물의 서식지 및 습성

담수생태계는 호소나 연못과 같은 정수생태계(lenthic ecosystem)와 강, 하천과 같은 유수생태계(lotic ecosystem)로 크게 구분할 수 있으며, 발원지, 산간계류, 평지하천, 대규모 강 등 다양한 크기와 종류의 유수생태계를 통칭 하천생태계(stream ecosystem)라 부른다(표 2).

표 2. 서식지 구분

구 분	설 명
유수성(lotic)	
유수-침식성 (lotic-erosional)	서식처가 유수생태계의 여울(riffle)지역에 있는 경우를 의미하며 호박돌, 자갈, 잔자갈 등이 혼합된 복잡한 하상구조로 이루어져 있으며 먹이자원이 다양하고 용존산소가 높기 때문에 생물다양성이 높다.
유수-퇴적성 (lotic-depositional)	하천의 소(pool) 및 수폭이 넓은 강과 같이 유속이 매우 느리거나 유속의 영향을 거의 받지 않는 유수생태계의 서식처를 의미하며 모래나 니(silt)처럼 일반적으로 작은 입자가 하상을 이룬다. 퇴적성 지역에서는 여울지역보다 비교적 적은 종의 저서성 대형무척추동물이 출현하지만 일부 종은 높은 우점율을 보이기도 한다.
정수성(lentic)	
정수-수변성 (lentic-littoral)	정수생태계의 수변 지역을 의미하며 일반적으로 수생식물이 풍부하기 때문에 이를 섭식하거나 은신처로 삼는 생물이 다양하게 서식한다. 왕잠자리과, 장구애비과 등이 이러한 서식처를 갖는다.
정수-수중성 (lentic-limnetic)	정수생태계의 수면이나 수체(water column)에 위치하는 서식처를 의미하며, 노린재목 중 물벌레과와 송장헤엄치게과의 수서곤충이 이러한 서식처를 갖는다.
정수-심수성 (lentic-profoundal)	정수생태계 중심부의 수심이 깊은 곳을 의미하며, 빛의 투과량이 미약하고 수생식물이 적기 때문에 수서곤충 중에서는 깔다구류와 같은 일부 분류군만이 서식한다.

수서곤충은 서식습성에 따라 지치는무리(skater), 부유하는무리(planktonic), 잠수하는 무리(diver), 헤엄치는무리(swimmer), 붙는무리(clinger), 기는무리(sprawler), 기어오르는무리(climber), 굴파는무리(burrower) 등으로 구분할 수 있는데(Merritt & Cummins, 1984, 1996), 이는 수서곤충의 외부형태

학적 적응과 하상구조, 유속 등의 환경요인과의 상관성을 고려하여 구분한 것이다(표 3).

표 3. 수서곤충 습성, 즉 생활양식의 구분

구 분	내 용
지치는무리 (skater)	수면 위에서 스케이트를 타는 것처럼 또는 얼음 위를 지치는 것처럼 미끄러지듯이 다니는 무리를 의미하며, 소금쟁이가 대표적이다
부유하는무리 (planktonic)	정수생태계의 수중에 서식하는 무리를 뜻하며, 모기유충(장구벌레)이 이에 속한다.
잠수하는무리 (diver)	뒷다리로 노를 젓듯이 헤엄치며 잠수하는 무리로 이들은 산소를 얻기 위하여 수면위로 올라왔다가 먹이포획과 적으로부터의 은신을 위해 다시 잠수하는 습성을 보인다. 대표적인 수서곤충으로는 노린재목 중 물벌레과, 딱정벌레목 중 물방개과 등이 있다.
헤엄치는무리 (swimmer)	유수 및 정수생태계에서 물고기처럼 헤엄칠 수 있는 무리로 짧은 시간동안 헤엄을 친 후 하상이나 수생식물에 붙어 있는 습성을 보인다. 옛하루살이과, 갈래하루살이과 등이 이 무리에 속한다.
붙는무리 (clinger)	주로 유속이 빠른 여울지역에서 서식하는 무리로 몸이 떠내려가지 않도록 하는 구조물을 만들거나 길고 구부러진 발톱, 납작한 체형, 흡반(suctorial disc)과 같은 형태적인 특징을 보인다. 납작하루살이과, 멧모기과, 줄날도래과, 물날도래과 등이 여기에 속한다.
기는무리 (sprawler)	하상의 표면을 기어다니며 먹이를 섭취하거나 은신하는 무리를 말하며, 등딱지하루살이과, 잠자리과, 우묵날도래과 등이 있다.
기어오르는무리 (climber)	관속 수생식물에서 서식하며 수직으로 이동할 수 있는 무리로 왕잠자리과가 여기에 속한다.
굴파는무리 (burrower)	모래 또는 점토성 니(silt)의 하상에서 굴을 파거나 몸을 숨길 수 있는 관을 만드는 무리를 의미한다. 하루살이과, 강하루살이과, 깔따구과 등이 여기에 속한다.

제1절 섭식기능군 분석

저서성 대형무척추동물, 특히 수서곤충에 대하여 담수생태계에 존재하는 다양한 먹이자원(food resources)의 획득방법에 따른 섭식기능군의 분류가 제시되고 있다(Cummins, 1973, 1974; Cummins and Klug, 1979; Merritt and Cummins, 1984, 1996). 즉, 먹이의 형태와 섭식습성 등을 토대로 섭식기능군을 다음과 같이 6개의 group으로 나뉜다.

- 썰어먹는무리(Shredders)는 외부로부터 하천생태계 내로 유입되는 나뭇잎이나 나뭇가지처럼 큰 고형물질(>1 mm)인 coares particulate organic material(CPOM)을 썰어서 먹는 무리이다.
- Collectors는 shredder에 의한 부산물일 지도 모르는 fine and ultra particulate organic material (FPOM: 0.5 μ m~1 mm, UPOM: <0.5 μ m)을 먹는 무리이며, 다시 FPOM이나 UPOM의 퇴적물(deposit)을 주워서 먹는 주워먹는무리(collector-gathers)와 몸의 구조물이나 망을 이용하여 물 속에 떠있는 물질을 걸러서 먹는 걸러먹는무리(collector- filterers)로 구분되어진다.
- 긁어먹는무리(Scrapers)는 하상의 돌 표면에 부착되어 있는 물질을 긁어서 먹는 무리로, 이러한 물질은 UPOM이나 FPOM도 포함되지만 대부분이 부착조류이다.
- 식물뚫는무리(Macrophyte piercer)는 수생식물에 구멍을 내어 수액을 빨아먹거나 조류(algae)의 조직 자체를 먹는 무리이다.
- 포식자(Predators)는 다른 동물을 잡아먹는 무리로 육식자 (carnivorous)이며, 이는 다시 수서곤충의 몸 전체를 먹는 잡아먹는무리 (predator-engulfers)와 뾰족한 입을 먹이에 박고 체액을 빨아먹는 찔러먹는무리(predator-piercers)로 구분되어진다.
- 기생자(Parasites)는 다른 동물의 알, 유충, 번데기 등의 내외부에 기생하여 사는 무리로 살아있는 동물조직을 먹게 된다.

표 4. 섭식기능군의 분류체계

구 분	내 용
썰어먹는무리 (shredder)	낙엽 등과 같은 굵은유기입자를 섭식하는 무리를 말한다. 일반적으로 이들은 굵은유기입자를 찢기 위한 입구조를 가지며 이들에 의해 분해되고 남은 절편과 배설물은 차후 가는유기입자로 변하여 주워먹는무리 또는 걸러먹는무리의 먹이원이 된다. 일부 강도래목(민강도래과, 흰배민강도래과, 꼬마강도래과 등)과 날도래목(우묵날도래과, 네모집날도래과 등)이 여기에 속하며 계곡과 같은 하천의 상류부에 풍부한 종구성을 보인다.
모아먹는무리(collector)	
주워먹는무리 (collector-gatherer)	물의 흐름을 따라 하류로 떠내려 온 가는유기입자를 섭식하는 무리로 이들은 주로 하상에 퇴적된 유기입자를 얻는다. 일부 하루살이목(꼬마하루살이, 하루살이과, 알락하루살이과 등)과 파리목(깔따구과 등) 등이 주요 구성원으로 하천의 중류에서 풍부하게 나타난다.
걸러먹는무리 (collector-filterer)	주워먹는무리와 함께 가는유기입자를 섭식하는 무리를 말하지만 물의 흐름을 따라 떠내려 오는 가는유기입자를 섭취하기 위하여 그물과 같은 장치를 이용한다는 점에서 다르다. 즉, 앞다리에 긴 강모열을 가지고 있는 빗자루하루살이와 머리에 부채모양의 구조물을 가지는 먹파리와 같이 몸의 형태적인 구조를 이용하는 경우와 일부 날도래목(입술날도래과, 깃날도래과, 줄날도래과 등)와 같이 하상에 깔때기 모양의 그물을 지어 유기입자를 거르는 두 가지 종류가 있다. 일반적으로 유기물의 양과 가는유기입자의 양이 많아질수록 이 무리들은 폭발적으로 우점하는 경향을 보인다.
긁어먹는무리 (scraper)	하상에 붙어있는 부착조류를 섭식하는 무리를 말한다. 이들은 호박돌이나 자갈과 같은 하상에서 먹이를 긁어 먹기 위하여 튼튼한 쐐기형의 큰턱과 기저부에 짧고 강한 강모들을 갖는 형태적인 특징을 보인다. 또한 부착조류는 여울지역의 하상 표면에 밀집하기 때문에 대부분의 종은 빠른 유속에 쓸려가지 않기 위하여 납작한 모양을 갖는다. 일부 하루살이목(피라미하루살이과, 납작하루살이과 등), 딱정벌레목(여울벌레과, 물삿갓벌레과 등) 및 날도래목(광택날도래과, 통날도래과 등)이 여기에 속한다.
수액빠는무리 (macrophyte-piercer)	수생식물 및 이끼류, 사상조류(filamentous algae) 등을 뾰족한 입으로 찔러 수액을 빨아먹는 무리를 뜻한다. 일부 노린재목(물벌레류 등)과 날도래목 중 애날도래류가 이에 해당한다.
잡아먹는무리(predator)	
삼키는무리 (predator-engulfer)	살아있는 동물의 먹이 전체를 삼키는 무리로 잠자리목, 뱀잠자리목, 대부분의 딱정벌레목 및 일부 강도래목(그물강도래과, 강도래과, 녹색강도래과 등)이 이러한 방법을 이용한다.
체액빠는무리 (predator-piercer)	살아있는 동물의 체액을 빨아먹는 무리로 일부 노린재목(물장군과, 장구애비과 등)은 뾰족한 입의 구조로 포획한 먹이의 조직을 뚫어 체액을 빨아 먹는다.

제3장 저서성 대형무척추동물의 모니터링

생물모니터링이란 물환경의 질을 결정하기 위하여 생물 또는 그들의 반응을 이용하는 것으로 다음과 같이 두 가지 주요 유형으로 구분할 수 있다. 1) 영향의 전·후를 조사하는 것, 2) 수질의 표준을 법률적으로 정하기 위하여 정기적인 채집이나 독성시험을 수행하는 것이다. 위의 접근방법 중 영향전후의 조사는 수서곤충을 포함하여 생물모니터링에서 가장 일반적으로 이용하는 방법이다. 어류, 부착조류 등이 수질을 평가하는 데 이용되기도 하지만 수서곤충을 포함하는 저서성 대형무척추동물(benthic macroinvertebrates)은 가장 널리 이용되고 있는 그룹이다(Hellawell, 1986).

〈정량채집〉

저서성 대형무척추동물의 채집은 정량채집망인 Surber net 및 dredge를 사용하여 정량채집을 수행하며, 저서성 대형무척추동물의 서식이 가능한 모든 미소서식처에 대하여 하여 휴대용 뜰채를 이용하여 정성채집을 실시한다(그림 1). 채집된 모든 저서성 대형무척추동물물은 플라스틱 Vial에 넣어 현장에서 Ethyl alcohol 95%에 고정하고, 실험실로 운반·Sorting한 후 80% ethanol에 보존처리하여 실내로 가져와 골라내기(sorting) 및 동정(identification)을 한다.

그림 1. 조사방법에 따른 채집사진

제4장 수환경 변화의 생물학적 평가

생물다양성과 환경과의 관계는 매우 밀접하다. 특히 환경오염에 의한 생물체의 반응은 매우 민감하여 환경오염원과 생태계 파괴원인과의 접촉은 생물다양성 감소방향으로 이동한다. 일부의 종은 환경에 적응하여 고유한 환경조건에서만 서식할 수 있다. 이렇게 환경의 상태나 변화를 대표하는 생물종을 지표종(indicator species)이라 하며, 이러한 지표종을 이용하면 특정지역의 환경상태를 파악할 수 있다.

일반적으로 수질오염도의 진단은 크게 이화학적 방법과 생물학적 방법에 의해 이루어진다. BOD, COD등과 같은 이화학적 방법은 대체로 측정하기가 비교적 간단하고 가시적인 측정치를 제공해 주지만, 제한된 화학적 지표로 어떤 순간의 수질만을 측정하므로 환경요인의 변화가 심하고 그 구조가 복합한 실제의 자연수질을 평가하는 데에는 미흡한 점이 많다. 이에 반해 생물학적 분석은 그 수역의 수질을 종합적, 지속적으로 대변할 수 있기 때문에 우리가 화학적으로 분석치 못한 미지의 오염물질의 존재 가능성을 추정케 해주며, 연간 평균적인 수질뿐만 아니라 이전에 있었던 환경영향에 대해서도 추측할 수 있게 해준다.

수중내의 생물들 중에서 지표종으로는 박테리아, 원생동물, 어류, 저서성 대형무척추동물 등이 있다. 특히 저서성 대형무척추동물은 종류에 따라 서식처가 매우 다양하고 유동성이 적어 오염물질에 대한 영향을 직접적으로 받을 뿐만 아니라 유기물의 주요 축적장소인 강 바닥상태를 대표하는 생물군으로 유기물오염의 지표로 가장 많이 이용되고 있다.

수생태계(Aquatic ecosystem)는 지구 환경의 매우 종요한 부분으로 생물다양성 및 생태학적 생산성의 의미로서 뿐만 아니라 식수, 관개, 여가 및 경제학적으로 가치가 큰 주요 생물들의 서식공간으로 그 의미가 매우 크다. 하지만, 수환경은 직간접적으로 인간활동 및 환경오염 등 여러 요인들에 의해 끊임없이 크고 작은 문제들에 직면하고 있다.

물의 정체, 토사유입 등에 의한 탁도(turbidity)의 증가문제와 수온(water temperatures)의 상승은 인간활동의 결과로서 주어진 것이며 이는 곧 수생생물의 지리적 분포와 기본적인 생태학적 주요 과정들에 변화를 가져올 것이다. 생물다양성의 감소 및 멸종가능성의 증가와 같은 생물들의 변화에 따라 인간의 생활도 영향을 받게 될 것이며 궁극적으로는 인류생존과 매우 밀접한 연관성을 보일 것임에 틀림없다. 강수량과 홍수 등의 계절적 변동은 수생태계의 수리학적 특성에 변화를 가져옴과 동시에 종 조성과 생태학적 생산성을 변화시킬 것이다. 수서생물의 개체군들은 탁수의 형성기간 및 빈도 등의 변화에 민감하게 작용하며 그들의 생활사에 직접적인 영향을 주는 생식(reproduction)에 있어 이전과 다른 양상을 보일 가능성이 크다. 환경변화에 따른 수질의 질적 저하현상과 물 흐름의 변화 등은 민감한 담수생태계에 부정적으로 영향을 미치고 있다. 기후변화에 따른 수생태계의 적응정도는 인간의 활동들에 의존되어질 수 있을 것이며 환경스트레스의 축소 즉, 수변식생 유지, 유기물의 감소, 그리고 손상된 생태계의 복구 등을 통해 증진되어질 수 있을 것이다. 수생태계에 환경변화가 미칠 수 있는 영향에 대한 내용들은 다음과 같은 것들이 있을 것이다.

1. 수온의 상승은 수중서식처의 온도적합성에 측면에 있어 교란의 원인으로 작용
2. 수생생물의 신진대사률 및 생태계의 전체적 생산성에 영향
3. 하천유량의 계절적 변동은 수생태계에 부정적 작용으로 작용할 수 있음.
4. 환경변화에 기원된 대부분의 생태적 반응성은 단기적으로 예측하기 어려우며, 이는 고유종과 새로운 변화에 따른 외래종의 유입 및 조합에 의한 상호작용이 일어날 수 있기 때문임.
5. 탁수증가에 따른 수질오염의 악화에 따른 경제적 비용의 증대

결과적으로 이러한 요인들은 수생태계의 기능과 종 조성에 심각한 위협으로 작용하게 될 것이다. 수질의 악화에 대한 확인은 적절한 평가도구를 필요로 하며, 이들은 화학적, 물리적 및 생물학적 피해에 대한 원인과 기원을 찾아내고 특징화하는데 도움을 준다. 생물학적 평가는 해당 수체의 생물학적 상태를 평가하는 일차적인 도구로서, 담수서식처를 기반으로 서식하고 있는 생물체(수생식물, 조류, 어류, 및 저서성 대형무척추동물 등)에 대한 생물학적 조사나 기타 직접적인 측정방법들로 구성된다. 생물학적 평가는 다른 물리·화학적 평가와 함께 수체의 건강성을 평가하는데 매우 중요하다.

수계에 서식하는 생명체는 과다한 영양물질, 독성화합물질, 수온증가, 과다한 토사의 유입 등과 같은 여러 종류의 스트레스들에 대한 누적적인 효과를 종합하여 보여준다. 따라서 생물학적 평가는 스트레스들에 대한 집합적인 영향의 측정을 가능하게 한다. 생물군집들은 시간에 따라 스트레스에 반응하기 때문에 신속하게 변화하는 수질의 화학적 측정이나 독성시험이 파악하기 어려운 정보를 제공하는 장점이 있다. 이처럼, 생물학적 평가는 수체의 상태에 있어 장기적인 생물변화를 평가하는 신뢰성 있는 방법을 제공한다. 수서생물군집의 생물학적 상태를 평가하는 가장 중요한 목적은 해당 수체가 그 안에 서식하는 생명체들을 얼마나 잘 유지할 수 있는가를 결정하는 것이다.

생물학적 평가는 전반적인 생태학적 총체성의 상태를 반영한다. 즉, 생물학(생물 및 그들과 관련된 제반현상)이 건강할 때 전형적으로 수체의 물리·화학적 상태 또한 양호한 상태에 있다. 생물기준이란 수생생물 이용을 위해 지정된 수체에서 생명유지를 위해 희망하는 상태를 표현하는 수질기준의 형태로 국가나 지방정부가 채택할 수 있는 서술적 표현 또는 수치이다. 역으로 기준은 수자원을 보다 잘 관리하기 위해 이화학적인 기준들과 같이 사용하게 된다.

표 5. 생물학적 정보의 이점

- 수체의 영향에 대한 기준이 존재하지 않을 때, 예를 들면 서식지를 교란시키는 영향, 생물군집은 평가에 대한 단하나의 실질적인 수단을 제공한다.
- 생물학적 자료는 성공적인 수서생물을 이용한 분석과 지역적으로 특수한 기준을 만들기 위해 필수적이다.
- 생물학적 자료는 수질변화경향과 총량관리의 효율성을 평가하는데 사용 가능하다.
- 생물들은 수계에서 대부분 모든 종류의 다른 스트레스에 대한 영향에 노출되어 있기 때문에 스트레스의 조합된 영향을 파악하는 수단을 제공한다.
- 생물들은 경시적으로 스트레스를 종합하며 따라서 변화하는 상태에 대한 측정을 제공한다.
- 생물군집에 일상적인 모니터링은, 특히 개별적인 독성오염물질에 대한 모니터링 비용과 비교할 때 상대적으로 비용이 크게 소요되지 않는다.
- 시민들은 오염이 없는 환경에 대한 측정치로서 생물의 상태를 인식한다.

건강한 수체는 생태학적 총체성(ecological integrity)을 표현하며, 자연 상태 혹은 교란되지 않은 상태를 나타낸다. 생태학적 총체성은 화학적, 물리적, 그리고 생물학적 총체성이라는 세 가지 요인들의 조합이다. 이중에서 하나 또 그 이상이 교란이나 파괴되었을 때 수체의 건강성은 영향을 받으며 대부분의 경우에 있어 서식하는 수생생물이 그 영향을 반영한다. 그에 따라 자연환경의 직·간접적인 교란과 그 영향도는 면밀하고 정확하게 측정되어야 할 것이며 그러한 부분에 있어 생물을 이용한 종합적인 생태건강성을 평가하는 일은 매우 필수적인 일이라 할 수 있을 것이다.

제5장 수서 무척추동물을 이용한 수질판정법

제1절 물속 생물로 수질 파악

우리 주변의 개울과 강물 속에는 여러 가지 생물들이 살고 있다. 그런데 물 속 생물들은 물의 맑기, 즉 수질에 따라 각각 사는 종류가 달라진다. 깨끗한 물에 사는 생물, 더러운 물에 사는 생물이 나눠지는 것이다. 개울과 강의 환경상태를 종합적으로 알려주는 살아있는 환경지표인 셈이다. 가까운 실개천에서 물 속 생물을 조사해 물 오염의 상태와 원인을 알아보자.

하천은 오염도에 따라 그 속에 사는 물속 생물의 종류가 다르다. 생물수질조사법은 간단한 장비를 이용, 특정지역의 수질을 가장 잘 대변하는 지표생물을 채집하는 것으로 COD(화학적 산소요구량), BOD(생물화학적 산소요구량) 등을 기준으로 하는 화학적 방법 못지 않게 정확하다.

제2절 준비물

물 속 생물에 의한 수질조사는 간단한 준비물만 갖추면 할 수 있다. 1~2mm 정도의 눈금으로 된 채집망과 뜰채가 필요하고, 또 물속 생물이 붙은 돌과 자갈을 담을 쟁반, 관찰용 확대경, 핀셋, 손삽도 준비해야 한다. 더러운 물에서 조사할 경우에 대비해 고무장갑과 장화도 준비하는게 바람직하다. 또한 조사대상 개울과 강이 나와 있는 1/25,000 또는 1/50,000 지도를 준비해 조사지점을 표시해 놓아야 한다. 채집 생물을 보존 할 경우에는 5%포르말린 용약 또는 80% 에틸알코올을 넣은 100ml 정도의 플라스틱 병의 좋다. 물속 생물을 관찰하기 위한 수서곤충 도감, 분류표, 사진 등의 자료도 준비한다.

제3절 조사시기

1년에 걸쳐 조사할 경우에는 사계절에 한 번씩 조사하는 것이 이상적이다. 한 번만 조사하는 경우에는 크게 자란 수서곤충이 많은 봄(3~5월경)이 가장 좋지만 여름에도 가능하다. 매년조사를 하는 경우에는 동일시기, 장소에서 조사를 하는 것이 바람직하다. 조사 전 수일간 비가 내려 물이 불어 난 경우에는 위험하고 또 생물이 떠내려가기 때문에 비가 내리기 전의 상태로 돌아가기를 기다려 조사한다.

제4절 조사방법

깊이 30cm 안팎의 흐름이 빠르고 바닥에 돌이 많은 여울을 택하여 가능하면 3~5명이 함께 조사를 실시한다. 생물조사는 하천변에서 조금 떨어져 하는 것이 좋으나 조사지점의 부근에 바닥이 모래와 진흙으로 덮인 장소 밖에 없다면 거기서 조사해도 상관없다. 바닥이 콘크리트로 되어 있거나 갈대 등으로 전부 뒤덮인 장소는 피해야 한다. 채집한 생물들은 모아서 각각의 출현빈도를 높다, 낮다로 구분해 기록해서 가장 많이 나타나는 생물이 속한 수질을 그 지역의 수질을 나타내는 것으로 판정하게 된다.

① 물가에서 좀 떨어진 안쪽에 조사지점을 정하고 하천이름과 폭, 온도, 물바닥 상태, 조사일시, 주변

상황 등을 기록한 뒤 채집망 또는 뜰채를 설치한다.

② 하천에 들어가 돌이 있는 장소를 찾은 다음, 생물이 붙은 돌과 자갈을 쟁반에 옮겨 담는다.

③ 물바닥을 손삽 등으로 훑거나 돌표면을 물살에 씻어내 생물들이 채집망에 걸려들게 한다.

④ 핀셋으로 생물을 쟁반이나 하얀 보자기에 조심스레 옮겨 담습니다. 돌표면을 붓으로 털어내는 방법도 있다.

⑤ 쟁반 채집망을 물가로 가지고 나와 관찰용 확대경으로 물 속 생물을 확인해 조사표와 대조해 보고 기록한 후 수질등급을 판정한다.

⑥ 조사가 끝나면 관찰한 생물과 돌을 하천에 원상태로 놓아둔다.

제5절 간이수질 판정표

표 6. 간이수질 판정표

No.	출 현 군	V(4)	IV(3)	III(2)	II(1)	I(0)	출현도	
							출현	고출현
1	플라나리아류			2	3			
2	선충류				1	3		
3	실지렁이류	3	2	1				
4	거머리류	1	2	3	1			
5	복족류		1	2	2			
6	부족류		1	2	2			
7	옆새우류				1	3		
8	등각류, 새뱅이류		2	3	1			
9	톡톡이류				2	3		
10	꼬마하루살이, 외날개꼬마하루살이, 등딱지하루살이		2	3	2	1		
11	강하루살이류, 동양하루살이, 꼬리하루살이, 세줄밤색하루살이, 등줄빗살알락하루살이			1	3	1		
12	하루살이류 기타			1	2	3		
13	고려측범잠자리, 쇠측범잠자리			1	2	2		
14	잠자리류 기타		2	3	1	1		
15	강도래류				1	3		

No.	출 현 군	V(4)	IV(3)	III(2)	II(1)	I(0)	출현도	
							출현	고출현
16	뱀잠자리류			1	2	2		
17	물날도래류, 광택날도래류, 입술날도래류				1	3		
18	날도래류 기타			1	3	2		
19	여울벌레류, 물삿갓벌레류			1	3	2		
20	딱정벌레류 기타		1	2	1	1		
21	각다귀류			1	2	2		
22	등애류			1	3	1		
23	나방파리류	3	2	1				
24	먹파리류			1	2	2		
25	깔다귀류(붉은색)	3	2					
26	깔다귀류(흰색)		1	1	3	2		
27	멧모기류					3		
28	개울등애류				2	3		
29	꽃등애류	3	2					
출현군의 계급치 총합(A) =								
고출현군의 계급치 합(B) =								
최종계급치의 합 C(A+B) =		a	b	c	d	e		
한국생물지수(KBI) (a×4+b×3+c×2+d×1+e×0)/(a+b+c+d+e) =								

제6절 지표생물군

1군 : 플라나리아류

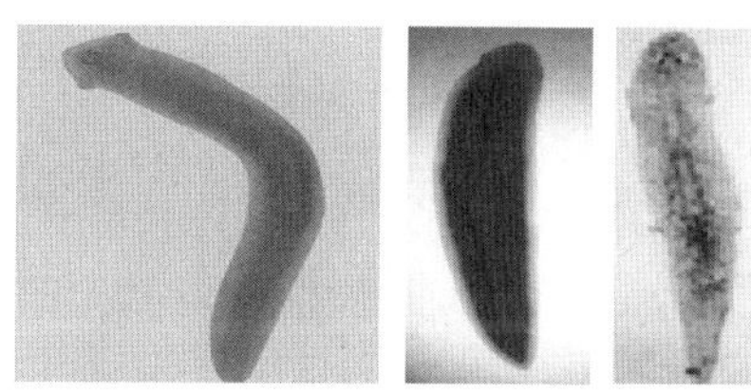

- 분류학적 위치: 편형동물문 와충강 삼기장목 플라나리아과
- 종류: 산골플라나리아, 플라나리아
- 특징: 몸은 좌우대칭이며, 등과 배가 납작하다. 배의중간에 흡반이 있다. 입과 생식공이 아래쪽에 있다.
- 몸 길이: 10∼20mm

• 몸 색깔: 갈색, 흑갈색, 흑색
• 서식지: 작고 맑은 하천의 돌표면에 붙어서 생활한다.

2군 : 선충류

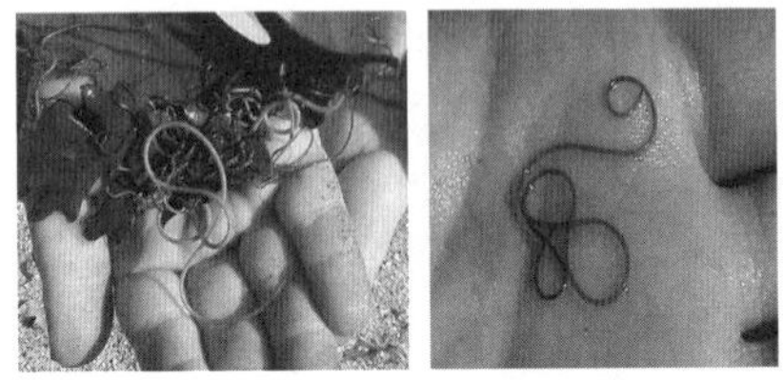

• 분류학적 위치: 선형동물문 선충강
• 기타 종류: 털선충, 선미선충, 필로메트라
• 특징: 몸은 실모양 또는 원통모양이다.
　　　가늘고 매끄럽다.
• 몸 길이: 변화가 크다. 수서곤충 등에 기생 혹은 자유생활을 한다.
• 몸 색깔: 회색, 흑갈색
• 서식지: 바다, 담수, 온천, 육상 등 다양한 곳에서 서식한다.

3군 : 실지렁이류

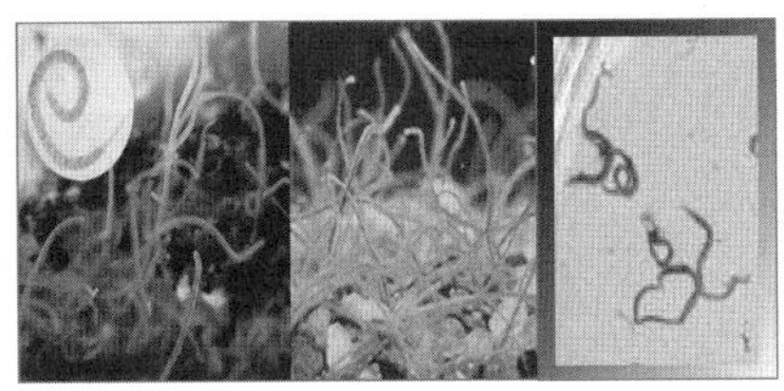

• 분류학적 위치: 환형동물문 지렁이강 실지렁이과
• 특징: 몸은 내외부적으로 체절성이고, 길고 가늘다.
　　　체표는 큐티클로 덮여있다. 암수한몸이다.
• 몸 길이: 10~20mm
• 몸 색깔: 회적색
• 서식지: 민물, 바다, 육상의 오염된 수계의 모래와 실트의 하상

4군 : 거머리류

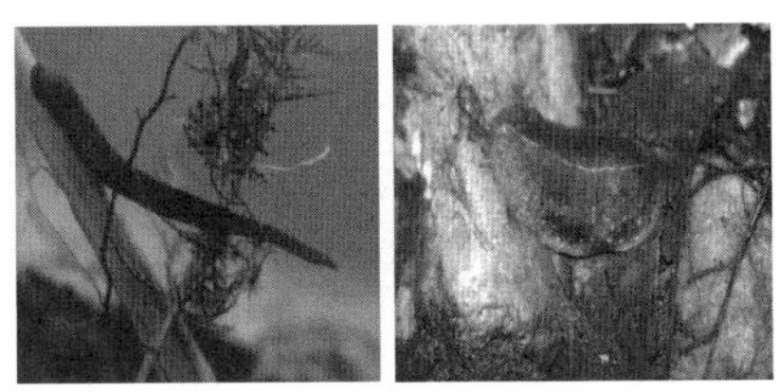

• 분류학적 위치: 환형동물문 거머리강 턱거머리목 거머리과
• 기타 종류: 거머리, 말거머리
• 특징: 앞쪽에 입이 있고, 뒤쪽의 흡반 위에는 항문이 있다. 각 체절의 배쪽에 배설공이 열려있다. 암수한몸이다.
• 몸 길이: 10~40mm
• 몸 색깔: 회색, 흑갈색
• 서식지: 조개류에 기생 혹은 자유생활

5군 : 복족류

- 분류학적 위치: 연체동물문 복족강
- 기타 종류: 물달팽이, 곳체다슬기, 논우렁이
- 특징: 하나의 나선패각, 내장의 발달로 패각은 나선형으로 감겨있는 것이 많다.
- 몸 길이: 5~40mm
- 몸 색깔: 황색, 흑갈색
- 서식지: 해산, 담수, 육지 등 다양하다. 주로 호수의 바닥 혹은 수초에 부착

6군 : 부족류

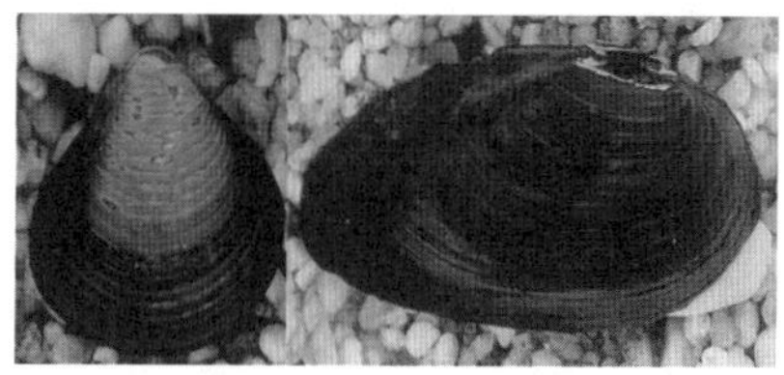

- 분류학적 위치: 연체동물문 부족강(이매패강)
- 기타 종류: 대칭이, 재첩.
- 특징: 크고 2개의 패각을 가진다. 등쪽에 탄력성 있는 인대와 패각근이 발달되어 패각 개폐. 고도로 발달한 근육성 발은 옆으로 납작한 도끼모양이다.
- 몸 길이: 20~200mm
- 몸 색깔: 황색, 흑갈색
- 서식지: 주로 호수의 바닥

7군 : 가재류, 옆새우류

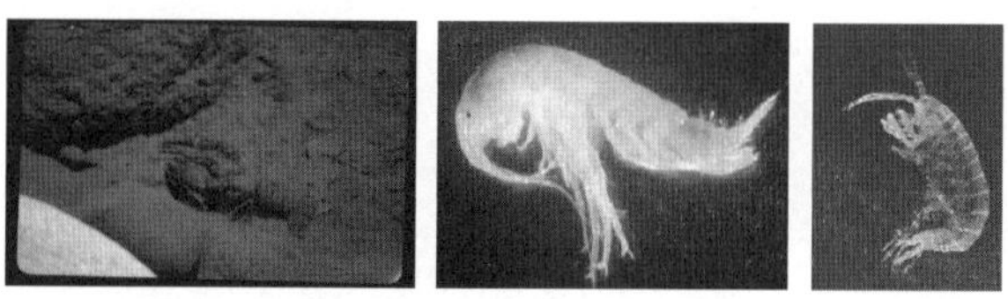

- 분류학적 위치: 절지동물문 갑각강
- 기타 종류: 만주가재 엽새우
- 특징: 가재는 잘 발달된 집게발을 가진다. 옆새우는 옆으로 누워서 유영한다.
- 몸 길이: 10~20mm
- 몸 색깔: 황갈색, 흑갈색
- 서식지: 맑은 소하천등의 나뭇잎사이 또는 바위틈사이

8군 : 새우류, 등각류

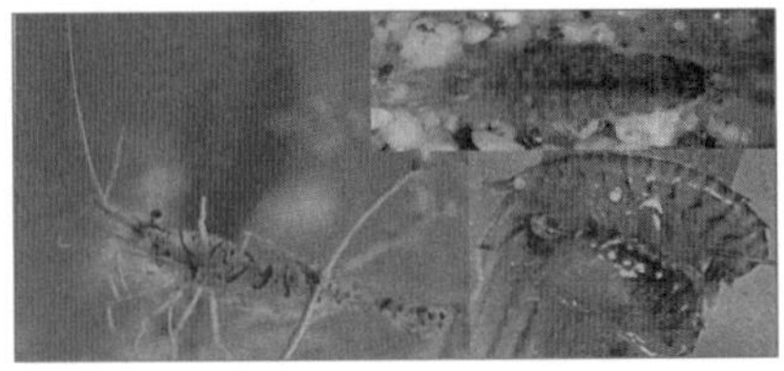

- 분류학적 위치: 절지동물문 갑각강 등각목, 십각목
- 기타 종류 : 새뱅이, 한국새뱅이, 징거미새우, 중국새뱅이 등.
- 특징: 다리가 많다(열개). 줄새우는 전체적으로 회백색이고, 각 마디에 갈색의 줄무늬가 있다.
- 몸 길이: 10~30mm
- 몸 색깔: 황색, 흑갈색
- 서식지: 주로 호수의 바닥, 하천의 부식질, 혹은 수초 주변

9군 : 톡톡이류

- 분류학적 위치: 절지동물문 곤충강 톡톡이목
- 기타 종류: 수서 톡톡이류
- 특징: 배끝에 특유의 운동기관인 도약기가 있다.
- 몸 길이: 3~5mm
- 몸 색깔: 황갈색
- 서식지: 맑은 계곡의 하천에 산다.

10군 : 오염수역의 하루살이류

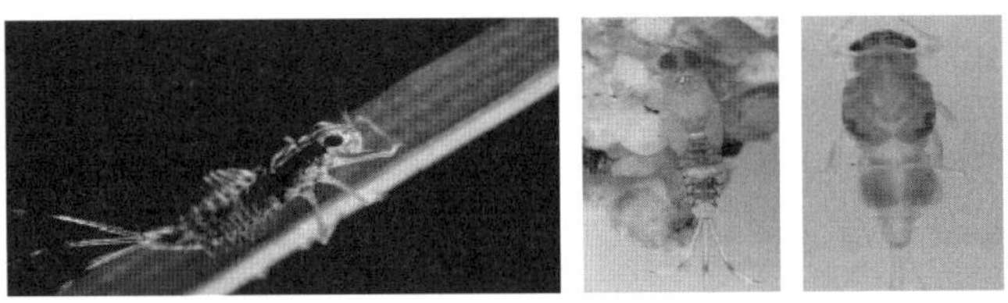

- 분류학적 위치: 절지동물문 곤충강 하루살이목
- 기타 종류: 꼬마하루살이, 등딱지하루살이, 외날개꼬마하루살이
- 특징: 대개 뒷날개의 날개주머니는 없다. 꼬리는 2개 내지 3개이다.
- 몸 길이: 6~7mm
- 몸 색깔: 담갈색, 흑갈색
- 서식지: 하천 및 호소

11군 : 내성이 있는 하루살이류

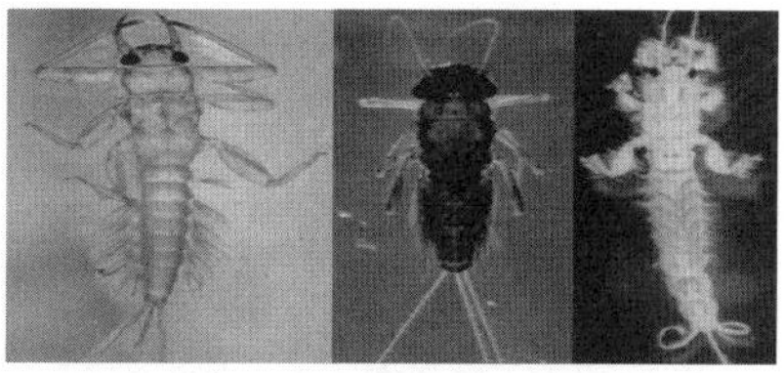

- 분류학적 위치: 절지동물문 곤충강 하루살이목
- 기타 종류: 꼬리하루살이, 등줄빗살하루살이, 세줄밤색하루살이
- 특징: 강하루살이는 큰턱의 어금니가 돌출하여 있다.
- 몸 길이: 10～20mm
- 몸 색깔: 담갈색, 흑갈색
- 서식지: 하천 및 대단위의강, 하천의 돌표면
(동양하루살이는 모래바닥에 굴을 파고 산다.)

12 군 : 청정수역의 하루살이류

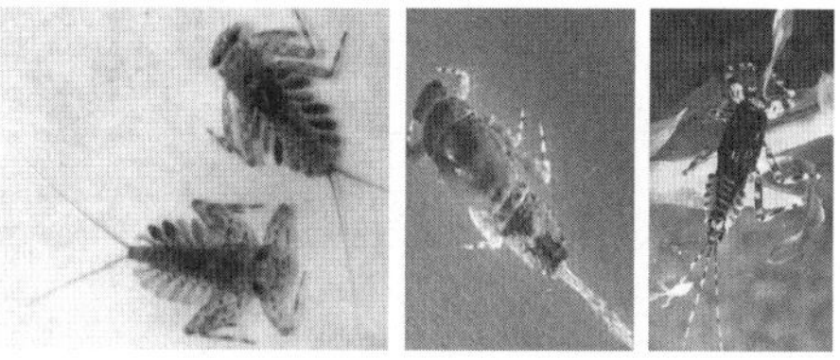

- 분류학적 위치: 절지동물문 곤충강 하루살이목
- 기타 종류: 여린꼬리하루살이, 헛날개꼬마하루살이
- 특징: 뿔알락하루살이는 머리 앞부분과 앞다리에 뿔모양의 돌기가있다. 여린꼬리하루살이는 큰턱의 기부 근처에 털이 없다.
- 몸 길이: 변이가 크다.
- 몸 색깔: 담갈색, 흑갈색
- 서식지: 주로 하천 돌표면이나 바닥, 중류와 상류의 유속이 완만한 곳

13군 : 청정수역의 잠자리류

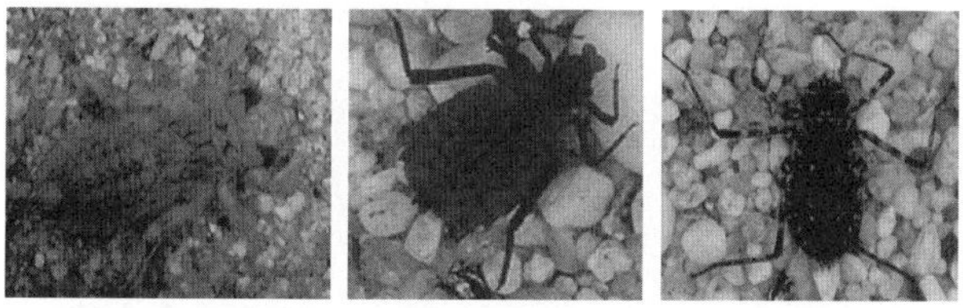

- 분류학적 위치: 절지동물문 곤충강 잠자리목
- 기타 종류: 고려측범잠자리, 쇠측범잠자리
- 특징: 체형은 편평하고, 더듬이가 짧다. 고려측범잠자리는 배마디 등면에 돌기(가시)가 있으나, 쇠측범잠자리는 없다.
- 몸 길이: 18～30mm
- 몸 색깔: 흑갈색

- 서식지: 하천의 바닥에 있는 돌과 낙엽더미 밑에 서식한다.

14군 : 오염수역의 잠자리류

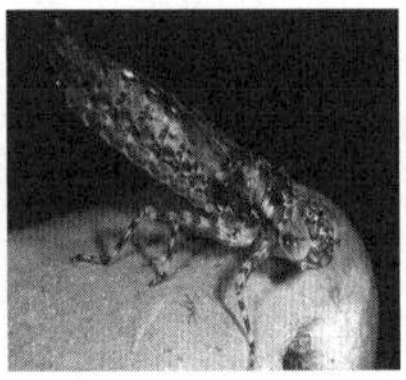
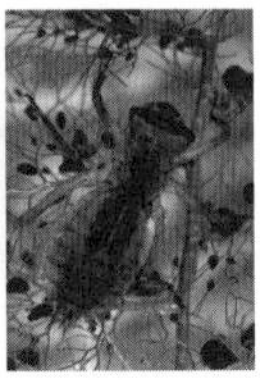

- 분류학적 위치: 절지동물문 곤충강 잠자리목
- 기타 종류: 등줄실잠자리, 밀잠자리
- 특징: 체형이 둥글고 길쭉하다. 등줄실잠자리는 3장의 꼬리아가미가 있으나, 왕잠자리와 밀잠자리는 없다.
- 몸 길이: 변화가 크다.
- 몸 색깔: 담갈색, 흑갈색
- 서식지: 주로 하천의 정수역 혹은 호수나 저수지의 수초가 많은 곳.

15군 : 강도래류

- 분류학적 위치 : 절지동물문 곤충강 강도래목
- 기타 종류 : 민날개강도래, 큰그물강도래, 두눈강도래
- 특징 : 꼬리가 2개, 몸은 견고하다. 등쪽의 딱지가 3개이다.
  꼬리와 다리부분에 다발을 이룬 아가미가 있다.
- 몸 길이: 변화가 크다.
- 몸 색깔: 담갈색, 흑갈색
- 서식지: 산간 계류나 하천의 바위틈 또는 자갈 밑에 서식한다.

16군 : 뱀잠자리류

- 분류학적 위치: 절지동물문 곤충강 뱀잠자리목
- 기타 종류: 좀뱀잠자리, 뱀잠자리, 대륙뱀잠자리
- 특징: 더듬이는 짧고 가늘며, 4마디로 이루어져 있다.
  혓발이 길다.
- 몸 길이: 18~60mm
- 몸 색깔: 담갈색, 흑갈색

• 서식지: 좀뱀잠자리는 정체수역, 뱀잠자리는 유수역

17군 : 청정수역의 날도래류

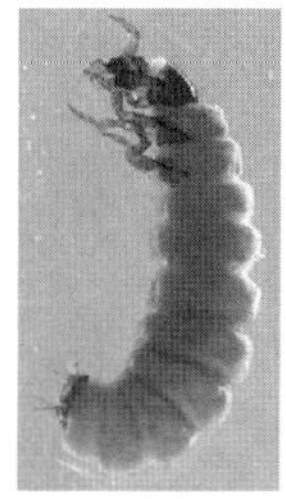
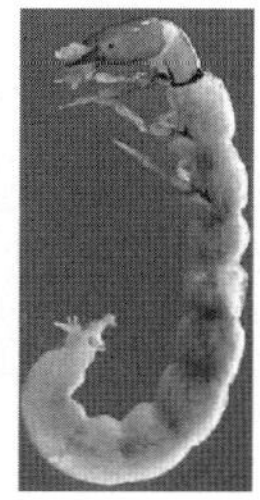
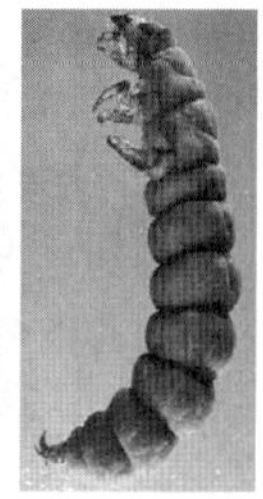

• 분류학적 위치: 절지동물문 곤충강 날도래목
• 기타 종류: 넓은머리물날도래
• 특징: 작은 자갈 등으로 집을 짓는다. 물날도래는 머리 등면은 눈주위를 제외하고 적갈색을 띤다.
• 몸 길이: 10~30mm
• 몸 색깔: 담회색, 담갈색, 흑갈색
• 서식지: 맑은 계류나 하천

18군 : 기타 날도래류

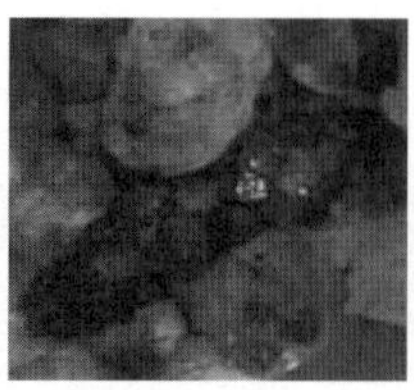
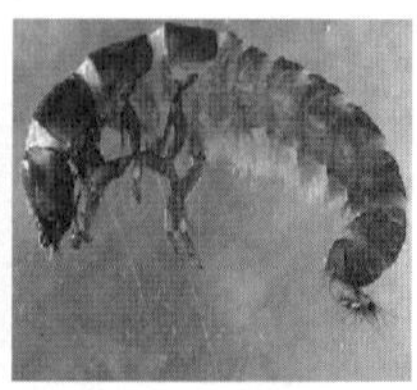

• 분류학적 위치: 절지동물문 곤충강 날도래목
• 기타 종류: 연날개수염치레각날도래, 갈색우묵날도래, 큰줄날도래
• 특징: 집을 짓는 종류가 많다. 큰줄날도래의 머리등면은 납작한 말굽모양.
• 몸 길이: 변화가 크다.
• 몸 색깔: 담회색, 담갈색, 흑갈색
• 서식지: 하천 및 호소

19군 : 여울벌레류, 물삿갓벌레류

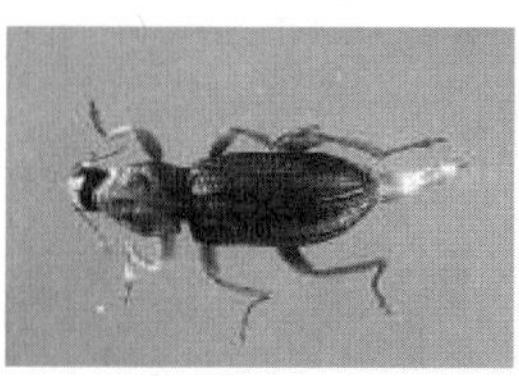
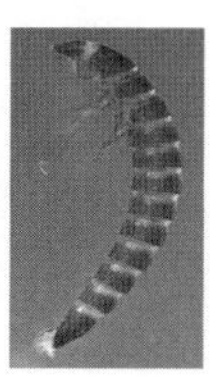
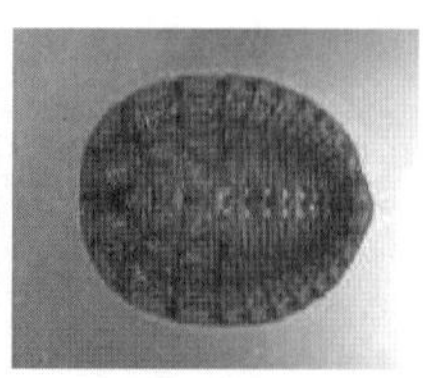

• 분류학적 위치: 절지동물문 곤충강 딱정벌레목
• 기타 종류: 애여울벌레
• 특징: 성충은 더듬이가 매우 짧고, 딱지날개에 점각열을 이루고 있으며, 유충의 다리가 짧다(여울벌

레류). 유충은 둥글고 납작한 삿갓모양을 하고 있다(물삿갓벌레류).

- 몸 길이: 4~6mm (여울벌레류), 5~10mm (물삿갓벌레류)
- 몸 색깔: 흑갈색, 담갈색
- 서식지: 맑은 하천 여울의 물표면(여울벌레류), 맑은 하천이나 호수의 돌표면(물삿갓벌레류)

20군 : 기타 딱정벌레류

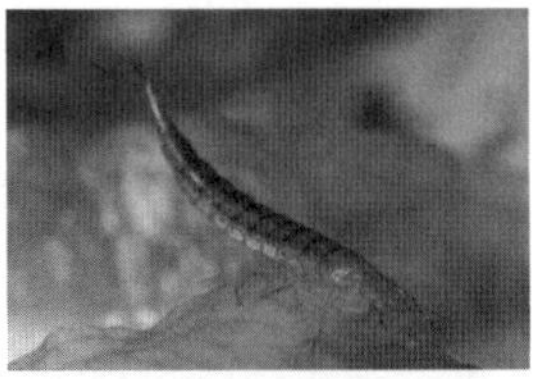

- 분류학적 위치: 절지동물문 곤충강 딱정벌레목
- 기타 종류: 줄물방개, 물방개
- 특징: 물방개유충은 머리와 가슴등판이 갈색 내지 황갈색이고, 배마디 등판의 가운데에 세로로 뻗은 넓은 담색 줄무늬가 있다.
- 몸 길이: 변화가 크다.
- 몸 색깔: 담갈색, 흑색
- 서식지: 주로 호수나 저수지

21군 : 각다귀류

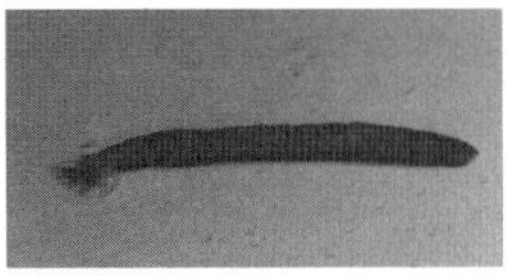
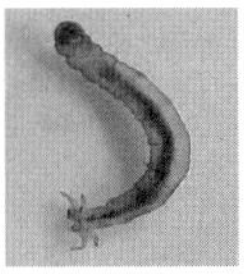
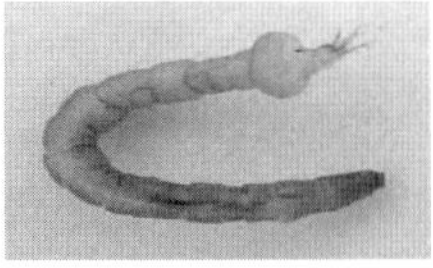

- 분류학적 위치: 절지동물문 곤충강 파리목
- 기타 종류: 검정날개각다귀, 명주각다귀, 애기각다귀
- 특징: 검정날개각다귀는 머리부분이 가슴내로 수축되고 몸의 끝은 둥글게 팽대되어 있다.
- 몸 길이: 변화가 크다.
- 몸 색깔: 담회색, 담갈색, 흑회색
- 서식지: 주로 하천

22군 : 등에류

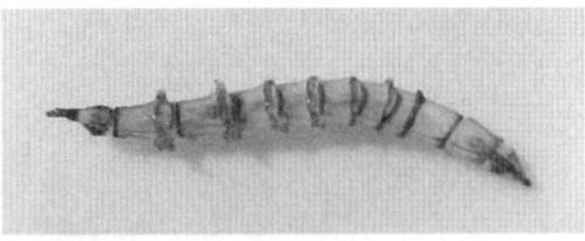
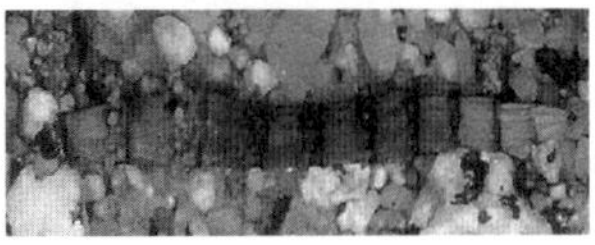

- 분류학적 위치: 절지동물문 곤충강 파리목
- 기타 종류: 대모등애붙이, 황등애붙이, 대만재니등애
- 특징: 강모형 흡반을 가진다.
- 몸 길이: 20~30mm
- 몸 색깔: 담갈색, 흑회색

• 서식지: 하천 및 호수의 주로 물가바닥

23군 : 나방파리류

• 분류학적 위치: 절지동물문 곤충강 파리목
• 기타 종류: 나방파리
• 특징: 약간 편평한 원통형으로 머리와 구기는 완전하고 가슴속으로 들어가 있지 않다. 배의 등에 강판이 있다.
• 몸 길이: 8~10mm
• 몸 색깔: 흑회색
• 서식지: 부패된 식물질이 있는 곳 오염된 하수가 유입되는 곳

24군 : 먹파리류

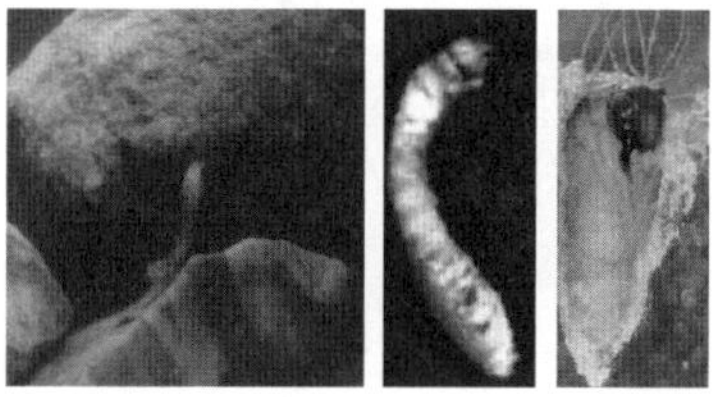

• 분류학적 위치: 절지동물문 곤충강 파리목
• 기타 종류: 줄무늬먹파리, 어깨무늬먹파리, 남방먹파리
• 특징: 몸은 원통형이고, 뒤쪽 배의 3마디가 부풀어 곤봉모양이다. 배쪽으로 하나의 헛발이 있다. 배끝에는 원형의 후흡반이 있다.
• 몸 길이: 8~10mm
• 몸 색깔: 흑회색, 흑색
• 서식지: 맑은 하천의 여울 돌표면

25 군 : 깔다구류(붉은색)

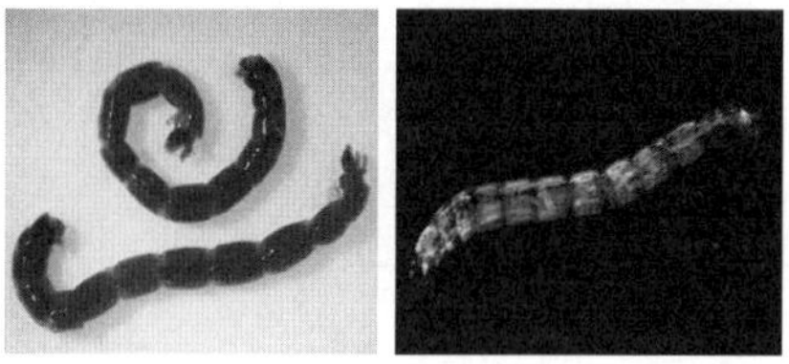

• 분류학적 위치: 절지동물문 곤충강 파리목
• 기타 종류: 장수깔다구, 등깔다구
• 특징: 배 끝에 육질돌기가 존재한다. 주로 몸 색깔이 붉다.
• 몸 길이: 12mm 내외
• 몸 색깔: 붉은색
• 서식지: 오염수계의 바닥에 무리지어 산다.

26 군 : 깔다구류(흰색)

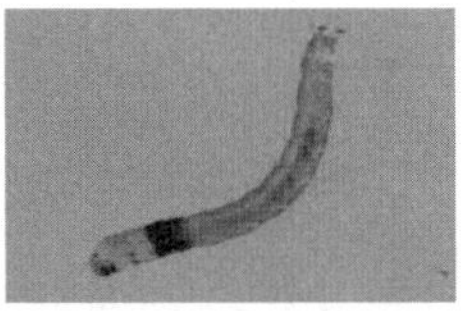  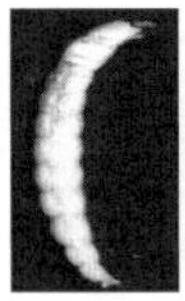 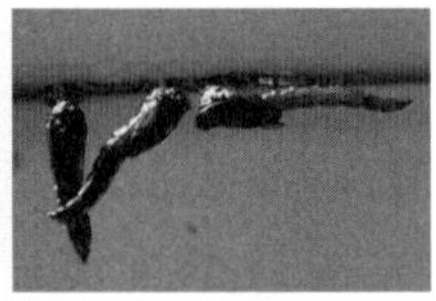

- 분류학적 위치: 절지동물문 곤충강 파리목
- 기타 종류: 깔따구, 깃깔따구, 늪깔따구
- 특징: 대개 육질돌기가 없다. 종에 따라 총채모양, 곤봉모양 등의 호흡기관을 갖는다.
- 몸 길이: 10mm 내외
- 몸 색깔: 흰색
- 서식지: 하천 및 호수

27군 : 멧모기류

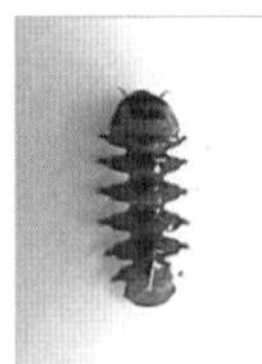 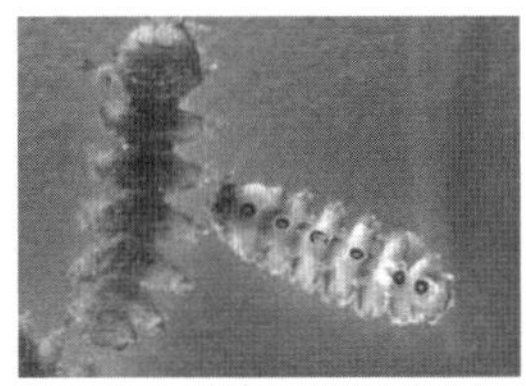

- 분류학적 위치: 절지동물문 곤충강 파리목
- 기타 종류: 멧모기KUa, 멧모기KUb, 물멧모기KUa
- 특징: 몸의 결절이 뚜렷하다. 유충의 몸은 7마디로 이루어지고, 각 마디에 흑색 환상의 흡반이 나있다.
- 몸 길이: 10mm 내외
- 몸 색깔: 보라색
- 서식지: 급류나 폭포 밑 바위표면에 고착하여 서식

28군 : 개울등에류

- 분류학적 위치: 절지동물문 곤충강 파리목
- 기타 종류: 개울등에KUa, 긴개울등에KUa, 긴개울등에KUb
- 특징: 머리는 작고, 대개 가슴 안으로 들어가 있다. 배에는 많은 가늘고 긴 육질돌기가 있다. 배의 각 마디마다 잘 발달된 헛발이 있다.
- 몸 길이: 15mm 내외
- 몸 색깔: 담갈색, 담회색
- 서식지: 맑은 계류 또는 급류

29군 : 꽃등에류

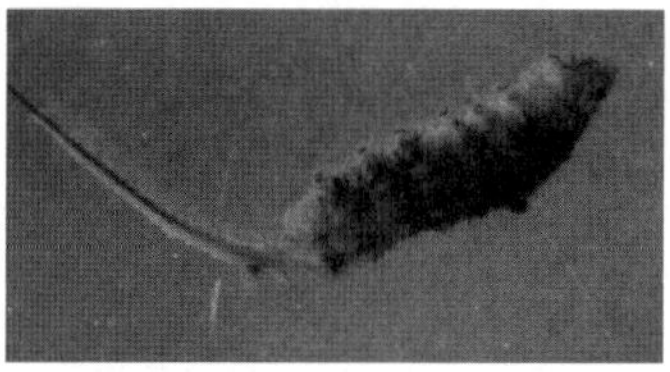

- 분류학적 위치: 절지동물문 곤충강 파리목
- 기타 종류: 흰줄꽃등애
- 특징: 긴꼬리가 있는 쥐꼬리구더기형(rat-tailed maggot)이다.
- 몸 길이: 15mm 내외
- 몸 색깔: 회갈색
- 서식지 : 시내, 연못가의 부패된 식물질이 있는 곳, 오염하수의 유입구

참 고 문 헌

권오길. 1990. 한국동식물도감 제32권 동물편(연체동물 I). 문교부.

송광래. 1995. 한국산 거머리강(환형동물문)의 분류. 고려대학교 석사학위 논문 58pp.

윤일병. 1988. 한국동식물도감 제30권 동물편(수서곤충류). 문교부.

윤일병. 1995. 수서곤충검색도설. 정행사. 262pp.

윤일병, 공동수, 유재근. 1992a. 저서성 대형무척추동물에 의한 생물학적 수질평가(I). 환경생물학회지. 10:24-39.

윤일병, 공동수, 유재근. 1992b. 저서성 대형무척추동물에 의한 생물학적 수질평가(II). 환경생물학회지. 10:40-55.

Hynes, H. B. N. 1970. The Ecology of Running Waters. Liverpool Univ. Press, Liverpool, U. K.

Macan, T. T. 1974. Freshwater ecology. 2nd ed. Wiley, New York.

McCafferty, W. P. 1981. Aquatic Entomology. Jones and Bartlett, Boston. 448pp.

Merritt, R. W. and K. W. Cummins. 1996. An Introduction to the Aquatic Insects of North America. 3rd ed. Kendall/Hunt. Dubuque, Iowa. 862pp.

Rosenberg, D. M. and V. H. Resh. 1993. Freshwater Biomonitoring and Benthic Macroinvertebrates. Routledge, Chapman & Hall, Inc. 488pp.

국민대학교 평생교육원·(사)숲과 문화 연구회
숲해설 아카데미 전문과정

대상별 교육 프로그램–숲유치원

이 명 환
인천대 유아교육학과/교수

VI

목차

제1장 숲유치원의 이해

숲유치원은 전인교육의 장으로 또 환경·자연·생태교육의 장으로, 생명존중사상을 이론이 아닌 몸으로 직접 체험할 수 있는 바람직한 유아교육기관의 형태라 할 수 있다. 무엇보다도 숲유치원은 '유아의 존재란 움직이는 존재이다'라는 말이 있듯이 유아의 움직임을 자연스럽게 촉진시켜 유치원 시기에 가장 중요한 신체적·감각적 경험을 충분히 가질 수 있도록 이끌어준다.

독일에서 숲유치원이 설립된 1993년을 기점으로 학부모와 사회단체 그리고 지방자체단체의 후원과 지지에 힘입어 2002년에 74곳이었던 숲유치원이 2010년에는 1000여 곳으로 비약적인 성장을 보이고 있다. 또한 독일과 더불어 스웨덴, 덴마크, 스위스, 오스트리아 등의 유럽국가와 아시아에선 일본에 숲유치원의 필요성과 교육적 진가가 반영되어 숲유치원이 설립되어 운영되고 있다. 또한 미국과 캐나다에서도 이와 유사한 숲유치원들이 최근에 생겨나고 있는 추세이다.

제2장 숲유치원 교육의 사상적 배경

우리의 아이들은 잠시도 쉬지 않고 움직이는 존재이다. 이러한 움직임을 통하여 세상의 이치를 배워나간다. 그러나 우리 아이들의 현재 움직임은 자연스러운가? 움직일 수 있는 환경이 준비되어 있는가? 아이의 본성과 기질을 이해하고 아이가 지니고 있는 본연의 모습대로 교육시키기 위한 우리의 환경은 어떠한가?

요즘 '디지털 시대'에 걸맞게 우리의 아이들은 컴퓨터에 쉽게 노출되어 있고 TV나 방송매체에 의해 시각과 청각만이 발달되어지고, 조기교육이라는 미명아래 이미 유아기부터 마음껏 놀지도 못한 채 유아교육기관을 다녀온 후 오후엔 여기 저기 학원을 시간에 얽매여 다녀야 하는 현실 속에 살고 있다. 그러다 보니 어른이 되어서도 수동적인 존재로써, 자신의 생각을 제대로 펼칠 수 없는 성인아이로 성장하게 된다. 그러면 우리의 아이들의 본성을 살려 주기 위해 어떠한 요소들이 필요한가? 아마도 아이의 존재의 의미를 재정립해 본다면 그 답을 찾게 될 것이다.

아이의 존재는 어떠한 존재인가? 이 글의 서두에서 말한 것처럼 아이들의 존재란 움직이는 존재이다.

이러한 움직임이 자연스럽게 이루어질 수 있는 환경은 결국 자연 속에서 가능해진다.

근대교육의 아버지라 불리우는 코메니우스는 자연의 원리에 따르는 합자연의 원리, 혹은 자연의 질서에 따른 객관적 자연주의를 강조하였다. 그는 키케로의 말을 인용하여 다음과 같이 말하였다.

『만일 우리가 자연을 안내자로 삼고 따라간다면 결코 길을 잃지는 않을 것이다』

루소는 [에밀]에서 자연을 통하여 바라보아야 할 아동중심교육의 관점을 다음과 같이 강조하고 있다.

『방 안의 탁한 공기 속에 그를 처박아 놓지 말고 날마다 목장 한복판으로 데리고 가라. 거기서 마음대로 달리고 뛰고 하루에 백 번은 넘어지게 하라. 가끔 넘어질수록 좋다. 그는 당장에 일어나는 것을 배울 것이다. 다소 다치게 되는 일이 있다 해도 자유의 기쁨이 그것을 충분히 보상할 것이다. 나의 제자는 종종 멍이 들 것이다. 그러나 그는 항상 쾌활할 것이다. 방안에 틀어 박혀 있는 여러분의 어린이가 설령 덜 다친다 하더라도 그들은 항상 하고자 하는 일을 제약받고 속박당하며 늘 쓸쓸할 것이다. 나는 그런 일이 어린이를 위하여 도움이 된다고는 믿지 않는다.』

『자연은 어린이가 어른이 되기까지 그대로 어린이로 있어 주길 바란다. 만약에 우리가 이 순서를 전도(顚倒)시키려 한다면 우리는 설익고 맛도 없으며 금방 썩어버리는 속성(速成) 과일을 만드는 꼴이 될 것이다. 즉, 나이 어린 박사와 늙은 아이를 갖는 셈이 될 것이다. 어린이에게는 어린이 나름대로 보는 방법, 생각하는 방법, 느끼는 방법 등이 있다. 그런데 그 대신 우리 어른들이 사물을 보는 방법이나 생각하는 방법을 어린이에게 적용시키려고 하는 것보다 더 미련한 일은 없을 것이다.』

페스탈로찌는 유아를 아직 싹트지 않은 씨앗에 비유하면서, 아직 망울로 맺혀 피지 못한 소질들을 어느 한쪽으로 기울어짐이 없이 고루 꽃피우게 하는 것이 교육의 목적이라고 하였으며, 이를 실현하기 위한 가장 위대한 교사를 자연 자체로 보았다.

이와 같이 교육의 역사 속에서 유아교육은 자연과 조화를 이루는 교육이 강조되어 왔으며, 인간의 전인적인 성장은 자연과의 만남에서 원만하게 이루어지기 때문에 자연과 조화를 이루는 교육이 무엇보다도 필요하다고 하겠다.

발표자는 독일, 스위스, 한국의 숲유치원에서 활동하는 아이들의 모습을 보면서 아이들은 자연과의 만남의 시간이 많아질수록, 단순히 자연을 보는 것이 아니라 점차적으로 몰입하여 관찰하게 됨을 알 수 있었다. 즉, 유아들은 매일 매일의 자연에서의 활동을 통하여 날씨의 변화, 계절의 변화가 주는 깊은 의미를 알게 되며, 자연의 오묘한 진리를 온 몸과 정신을 통하여 체험하게 된다.

또한 자연에서 유아들의 놀이는 아이들에게 무엇인가 만들어 보고자 하는 창의적인 생각을 불러일으킨다. 인위적으로 만들어진 장난감이 아닌 무엇인가 본인의 생각을 가지고 의도를 가지고 본인만의 장난감을 상황에 따라서 창의적으로 만드는 것이 가능해진다. 즉, 자연의 흙, 도토리, 솔방울, 나뭇가지, 돌멩이, 이끼 등의 모든 사물이 유아들의 장난감의 소재가 된다. 책을 통해 아이가 볼 수 있는 것은 모양과 색깔, 이름뿐이지만, 자연에서는 그 감촉도 느낄 수 있고, 냄새도 맡을 수 있고, 맛도 볼 수 있다.

그리고 자연 속에서 교사는 무엇을 이야기하기 보다 아이들이 바라보고 느끼는 것을 공감해 주고, 아이가 발견한 것에 같이 호기심을 갖고, 아이가 만들고 한 일에 대해서 아이를 인정해 주는 것이 무엇보다 중요하다.

자연은 아이들에게 그들의 모든 감각을 통하여 자연환경을 올바르게 감지할 수 있는 가능성과 능력을 부여한다. 아이는 성인들과는 다른 학습방법으로 배운다. 우선 아이들은 그들 자신이 질문을 던지고, 어떤 사실을 받아들이기 위해서는 대상 사물을 보고, 만져보고, 냄새맡고, 듣고, 맛보고 그리고 직접 온몸으로 체험해 보아야 하는데, 이는 호기심, 자발적 행위, 실험에 관한 흥미가 아이의 내면세계에 자리잡고 있기 때문이다(Seitz, 1996).

유아에게 있어 숲에서의 교육에 대한 필요성을 다음과 같다.

첫 번째 조건은 유아의 전인적 발달을 위해서는 신체적인 적기에 적절한 교육이 수반되어야 한다는 점이다. 이 시기의 아이들은 움직이는 것이 무엇보다 필요하며, 동작활동으로 인하여 뇌가 정상적으로 기능하게 된다. 또한 오감각을 통한 활동이 뇌의 작용들을 촉진하게 된다. 그렇기 때문에 숲에서 아이들로 하여금 동작활동과 여러 가지 감각을 이용하는 활동을 하게 하는 것은 학교에 가서 또는 평생을 살아가면서 뇌의 발달을 촉진할 수 있는 가장 좋은 장소가 된다.

두 번째 조건은 아이들에게 반드시 필요한 것은 '더러움'이 있어야 한다는 것이다. 여기서의 더러움은 일반적인 더러움이 아닌 자연을 통한 더러움을 의미하는 것으로 사람들은 면역기능이 있어서 더러움에 반응할 수 있는 방어기재가 만들어진다. 화학적인 더러움은 아이들의 신체를 상하게 하지만, 숲에 있는 자연적인 더러움들은 이미 수천 년 동안 인류와 함께 하였기에 인간의 면역에 위해적인 요소들이 아니다. 그래서 아이들이 어릴 때부터 이러한 면역에 적응하지 못한 도시의 아이들은 알레르기를 갖게 된다고 하였다. 독일의 많은 아이들도 알레르기를 갖고 있는데, Schetz 박사가 1960년에 연구할 당시 독일의 3%의 어린이가 알레르기를 갖고 있었으나, 지금은 30%에 해당하는 어린이들이 알레르기로 고통을 당하고 있다고 하였다. Schetz의 최근 연구조사 결과에 의하면 숲 유치원에 다니는 아이들은 일반 유치원에 다니는 아이들보다 알레르기를 덜 가지고 있음을 알 수 있다.

진흙을 이용하여 케이크를 만들고 있는 모습
장갑과 바지, 신발이 진흙투성이지만 놀이에 열중하고 있다.

놀이가 끝난 후 집으로 가는 길에
'오늘 우린 신나게 놀았어' 하며 행복한 표정을 짓고 있다.

그림 1. 숲유치원 아이들의 모습

유아들은 근본적으로 감각과 운동적 조작을 통해 세상을 배운다. 따라서 유아의 감각을 자극하고 운동적 조작이 가장 적절한 곳은 바로 자연 환경이라고 할 수 있다. 즉, 자연 환경은 유아들에게 가장 좋은 교육적 경험을 제공해 줄 수 있다. 이명환(2003)에 의하면 숲에서 체험 교육을 통해 유아는 인간과 자연과의 조화스러운 관계를 배우게 되며, 유아의 신체와 정신을 전인적으로 성장 발달시킬 수 있다. 즉 자연 속에서 놀이를 중심으로 하는 체험활동을 하면서 유아는 모든 활동영역을 통합적으로 구성하며 전인적인 성장 발달을 할 수 있기에 '자연은 교육의 원천'이라고 밝히고 있다.

제3장 독일 숲유치원의 실제

벤스하임 숲유치원에서의 일과는 7시 45분경 등원부터 시작되며 아침자유놀이, 아침모임, 대집단 활동, 간식시간, 숲으로 이동, 숲에서의 자유놀이, 간식시간, 아침모임장소로 이동, 끝나는 모임 그리고 개별귀가로 하루에 3~4시간 동안 교육이 이루어진다. 숲유치원에서의 하루일과를 기술하면 다음과 같다.

제1절 아침 모임

나무둥치로 만든 의자에 유아와 교사가 자유롭게 둥그렇게 둘러 앉아 즐거운 노래를 부름으로부터 아침모임이 시작되었다. 노래가 끝나자 유아들로 하여금 전체 인원을 점검할 수 있도록 선생님께서 '지금 모여 있는 사람이 몇 명일까?'하고 물어보았다. 유아들은 하늘을 향해 손을 높이 들었고 교사의 지명으로 한 유아가 앉아 있는 유아들을 세었다. 이날 오지 않은 유아의 특성을 선생님이 이야기하면 그 아이가 누구인지 아이들이 대답하여 결석한 아이가 누구인지 확인하는 과정을 통해 공동체 의식을 배우게 하였다.

제2절 대집단활동

대집단활동으로 이야기나누기, 율동이 이루어졌다. 이야기나누기는 동물에 대한 것으로 교사는 달팽이, 부엉이 등의 사진을 퍼즐로 만든 것을 유아에게 한 조각씩 나누어 가지게 한 후 그림을 비교해 가며 퍼즐을 완성하였다. 퍼즐이 완성되자 유아들은 모두 제자리에 앉았다. 교사는 유아들이 맞춘 퍼즐 중에서 동물의 특성을 이야기 하면 유아들은 동물의 이름을 알아맞히는 활동을 하였다. 이 활동이 끝나자 교사는 퍼즐에 있었던 학을 보여주며 노래를 하였다. 그리고 학이 개구리를 잡으러 가는 모습을 표현한 노래를 교사가 크게 불러 주자 유아들은 모두 율동으로 이 상황을 표현하였다.

제3절 숲으로 이동

유아들은 숲으로 이동하기 위하여 유아들 스스로 각자의 배낭을 짊어지고 오늘 목적된 숲의 활동장소를 향해 출발하였다. 이때 혼자서 가방을 메지 못하는 아이가 있으면 배낭을 멜 수 있는 다른 유아가 배낭을 메는 것을 도와주는 장면을 볼 수 있었다. 숲으로 이동하면서 유아들은 많은 것을 발견하게 되었으며, 이것을 가지고 놀이를 하며 목적지로 향하고 있었다. 이동하는 과정 중에 앞서 간 유아들은 약속된 장소에서 먼저 가지 않고 다른 유아들이 다 모일 때까지 기다리는 모습을 볼 수 있었다. 기다려야 할 장소의 명칭은 그 곳의 자연 특성에 따라 유아들이 이름을 붙여 놓았다고 하였다. 한편 교사는 숲에서 필요한 각종 도구가 들어 있는 손수레를 끌고 유아들과 함께 숲으로 이동하였다.

제4절 숲에서의 자유놀이 및 프로젝트 활동

유아는 숲에 도착하자마자 약속된 장소에 가방을 내려놓았고, 교사는 큰 천을 땅바닥에 깔아 유아들이 앉아서 활동할 수 있는 자리를 마련하였다. 자유놀이 시간에는 주로 자연 재료를 이용하여 놀이를 하였으며, 공구들을 이용하여 죽은 나무를 자르기도 하고, 구멍을 내기도 하고 필요한 것을 직접 만들기도 하였다. 이 날은 특히 비가 온 후 습기가 많은 날씨라 민달팽이가 많이 발견되어 다양한 나뭇가지와 나무껍질을 이용한 달팽이 호텔을 만들기도 하였다. 또한 비로 인해 땅 표면이 다른 날보다 부드러웠던 이 날에는 우연히 한 유아가 숲에서 동물의 뼈를 발견하게 되었는데, 호기심을 가지고 아이들이 그 장소를 함께 파보니 다른 뼈들도 많이 발견되었다. 교사의 생각으로는 오래전에 노루가 죽어서 자연스럽게 그 장소에 매장되었다가 우연히 발견된 것으로 보인다고 하였다. 아이들은 이 뼈들을 이물질이 없도록, 깨끗이 다듬었고, 이것으로 뼈바늘이나 장신구 등을 만들기도 하였는데, 이를 계기로 '석기시대' 라는 프로젝트가 자연스럽게 발생되었고, 한 달여에 걸쳐 이 프로젝트가 성공적으로 진행되었다.

제5절 간식시간

숲에서의 자유놀이가 끝난 후 빵 등의 간식을 먹고 싶은 유아들은 가방을 가지고 한 곳으로 모였다. 그리고 난 후 가방에서 우선 물수건을 꺼내어 손을 깨끗이 닦고 자유롭게 간식을 먹기 시작했다. 유아들이 지참한 간식으로 가지고 온 빵은 여러 가지 잡곡으로 만들어진 건강식의 빵이었고, 달지 않게 만들어져 있었다. 또한 음료수도 시중에서 파는 청량음료가 아니라 부모가 자기 자녀를 위해 유아에게 적절한 차를 만들어 보온병에 넣어 보내고 있었다. 간식시간이 일정하지는 않았지만 한명이 먹기 시작하면 대다수의 유아들도 따라서 자연스럽게 간식이 이루어졌다. 간식을 다 먹고 나서 각자 스스로 간식통을 배낭에 넣고 정리하였다.

제6절 아침모임장소로 이동

숲유치원의 아침모임장소로 이동하기 위하여 한 곳에 둥그렇게 모였다. 모인 유아들은 숲으로 올 때와 같은 방법으로 길을 가다가도 약속된 장소에서는 멈춰서서 다른 아이들과 교사가 올때까지 기다렸다. 또한 차가 다니는 길에서는 모든 아이들과 선생님이 도착한 후 큰 유아가 왼쪽 오른쪽 양방향을 확인한 후 안전하다고 판단하여 건너라고 표시를 해줘야 건널 수 있었다.

돌아가는 귀가길은 때에 따라 숲으로 왔던 오전 아침 시간보다 관찰할 것이 더 많아 올 때 보다 시간이 더 소요되는 경우도 허다하다고 하였다.

제7절 끝나는 모임

아침모임이 있었던 곳에 모두가 둥그렇게 앉아서 끝나는 모임을 가졌다. 대부분은 평평하고도 안온한 분위기가 있는 곳에서 둘러앉아 15분 정도 오늘 활동한 내용과 관련하여 이야기를 나누고 헤어지는 노래와 인사를 한다고 하였다. 오늘은 특별히 빵 굽기 활동이 이루어졌기에, 활동이 끝난 후 빵과 차를 유아들이 맛있게 먹고 마셨다. 이어서 교사와 유아들이 '숲속의 작은 집'이라는 끝나는 노래를 불렀다.

벤스하임 숲유치원에서의 하루의 일과는 오후 12시 15분까지 이루어졌으며, 모든 활동이 끝난 후에는 부모들이 아침에 자기 자녀들을 데려다 주었던 장소로 자기 아이를 데리러 왔으며, 이 시간을 통하여 교사와 학부모는 또 한번 교육에 필요한 정보를 주고받았다. 이때 유아들은 숲에서 발견한 온갖 자연물들을 부모에게 선사하게 되는 경우도 있었는데, 아무리 하찮은 물건이라도 아이의 성의를 보아서 꼭 집에 소중히 가져가 정성껏 보관하고 있음을 학부모와의 대화를 통해서 알 수 있었다.

제4장 스위스 샹. 갈렌(St. Gallen) 숲유치원과 숲학교

제1절 운영형태 및 학급구성

스위스의 샹갈렌 시에 위치한 샹갈렌 숲유치원은 법인에 의해 설립된 숲유치원이다. 이곳은 다른 곳과는 달리 숲유치원과 숲학교가 통합적으로 운영되고 있다. 즉, 숲유치원과 숲학교가 함께 협동하여 운영되는 곳으로 4살부터 9살까지의 유아와 아동들이 이곳에 다니고 있다. 특히 숲학교에 오는 아이들도 어쩌다 일년에 몇차례 오는 것이 아니라 매일 매일 숲학교로 오는 정규학교인 것이다. 여기 초등학생은 1,2학년이며 3학년이 되면 일반초등학교로 가게 된다(Waldkinder, 2008).

숲학교의 학생이 한반에 15~20명 정도 있으며, 유치원도 1반이 운영되고 있다. 숲유치원이 보통 단독으로 존재하는데, 샹갈렌의 경우 숲유치원과 숲학교과 함께 운영되고 있으며, 이러한 형태는 독일이나 스위스 어느 곳에서도 볼 수 없었다. 따라서 숲유치원과 숲학교과 함께 운영되는 이곳은 세계적으로 유일하다고 할 수 있다.

제2절 교육자료의 보관장소와 교육장소인 컨테이너 하우스

샹갈렌 숲에는 컨테이너하우스가 두 개 있는 데 한 곳은 교재창고이며, 한 곳은 교실이다. 그러나 이 곳은 폭설이나 폭우가 올 때만 사용되는 곳이지 교실은 어디까지나 자연 그 자체이다.

1. 교육자료의 보관장소로 사용되는 컨테이너 하우스

나무 목조로 지어진 컨테이너 하우스는 교재교구를 보관하는 장소로 쓰이기도 하고 선생님이 쉴 수 있는 공간으로도 사용된다. 그러나 교사가 여기 오래 있으면 아이들이 여기가 고정된 교실인지 오해할 소지가 있기에 그리 오래 있지 않는다고 한다. 이 컨테이너 하우스에는 요리할 수 있는 공간, 숲에서 활동할 수 있는 공구들, 프로젝트 등에 활용될 교육자료가 주제별로 정리함에 잘 정리되어 있었다. 실제 동물이 박제된 상자, 식물이 체계적으로 보관된 상자 등이 준비되어 프로젝트활동 시 필요한 정리함을 들고 수레에 싣고 숲으로 간다. 여기에 있는 모든 동물박제는 실제 사냥꾼에게서 기증을 받거나, 아이들이 숲에서 발견하여 주워온 것이다.

동물의 뼈들이 모여 있는 상자에는 노루의 발, 여우의 해골, 독수리 깃털 등이 있었다. 이러한 동물의 뼈들은 동물 프로젝트를 할 경우 이용한다. 동물 프로젝트시에는 교사는 컨테이너 하우스에서 동물의 뼈가 담긴 상자를 꺼내어 이동수레에 담고 숲으로 가지고 가서 실제동물과 비교를 해가며 활동을 한다. 또한 곤충을 수집해 놓은 상자도 있었는데, 이 곤충상자의 곤충들을 꺼내보면서 곤충의 성장과정과 실제의 모습을 볼 수 있도록 하였다. 보통 학교에서 곤충에 대한 교육은 그림자료를 통하여 다리가 여섯 개임을 알지만 이곳에서는 실제 곤충을 보면서 눈과 감각으로 익힐 수 있었다. 특히 아이들이 발견한 비버의 털, 실제 발견된 새와 새집, 새알, 그리고 풍뎅이, 나비 등이 원형대로 잘 보관되어 있었다. 이러한 재료는 모두 정리함에 종류별로 정리가 되어 교육보조 자료로 적절히 활용하고 있었다.

2. 초등학생을 위한 교실역할을 하는 컨테이너 하우스

초등학교 아동이 사용하는 공간으로 목조 건물로 된 전기가 들어오는 컨테이너 하우스가 마련되어 있었다. 그러나 이 곳은 교실은 아니며 아동이 악천후 시 학습할 수 있도록 마련된 공간일 뿐이다. 교실은 역시 숲 전체라고 하였다. 이 숲학교에서는 일반 초등학교와 똑같은 교과과정을 자연속에서 배운다.

아이들이 자동차, 집 등의 다분히 딱딱하고 형식적인 이름만 쓸 것이 아니라 숲에서 흔히 발견되는 꽃이름을 쓰면서도 자연스럽게 글을 익힐 수 있다. "일반 학교에서는 공책이나 책을 통해 받아쓰기를 배우지만 우리들은 자연체험을 통해 자연을 배운다"라고 하였다. 이 곳에는 난로가 준비되어 있었으며,

창가에는 책상이 한 줄로 배치되어 있었고, 책상 위에는 낮이라도 날씨가 어두울 경우 학습에 도움을 주기위해 형광등이 설치되어 있었다. 샹갈렌 지역의 숲은 눈이 많이 내려 영하 10도까지 내려가는 경우도 종종 있어, 이럴 경우 난로를 피운다고 하였다. 책상은 간단한 숫자와 글씨를 쓸 수 있도록 준비되어 있었고, 또한 컨테이너 하우스 내부의 한 벽에는 유아들이 지켜야 할 규칙이 쓰여져 있었다.

- 우리들은 떠들지 않는다.
- 우리들은 싸우지 않는다.
- 우리들은 다른 아이들이 활동하면 조용히 나간다.
- 다 활동한 후에는 정리하고 던지지 않는다.

제3절 세계최초의 숲학교 운영

법인단체로 1998년에 첫 번째 숲유치원을 설립하였는데, 이는 스위스에서 첫 번째 숲유치원이다. 스위스에서는 숲유치원보다는 숲에서 놀이를 한다는 의미의 숲놀이그룹(Waldspielgruppe)으로 먼저 시작되었다. 2001년에 비로소 숲학교가 설립되었는데 설립된 동기는 숲놀이그룹과 숲유치원을 다녔던 유아들이 연계교육상 숲학교가 꼭 필요했기 때문이다(www. Waldkinder-sg.ch).

2003년도에 두번째 숲유치원이 생겼으며, 2007년 3월에는 놀이그룹과, 방과후 학교가 생겼다. 2008년 현재 스위스에는 1곳의 숲학교와 7곳의 숲유치원 그리고 70여곳에 숲놀이그룹이 성공적으로 운영되고 있다(Waldkinder, 2008).

숲놀이그룹과 숲유치원 그리고 숲학교의 취원 및 입학자격은 다음과 같다.

- 숲놀이그룹은 만3살 이상이 되어야 하며 1주일에 2번 온다.
- 숲유치원은 만 4세부터 취원이 되며 매일 온다.
- 숲학교는 6세부터 9세 (1학년~4학년)까지 다닐 수 있다.
  숲학교를 마치게 되면 일반학교 3학년에 들어갈 수 있다.
- 스위스도 독일과 마찬가지로 각 유아교육기관이 설치되어 있는 칸톤(주)
  나름대로의 교육적 컨셉에 의해 운영되고 있다.

샹갈렌 숲유치원과 숲학교에서의 하루일과 운영형태는 숲으로 이동하기 전까지, 즉 자유놀이와 아침

모임까지 유치원 연령의 유아들과 초등학교 연령의 아동이 함께 어울려 놀이하며 모임을 갖는다. 아침 모임 후 숲으로 이동하는 과정에 있어 초등학교 연령과 유치원 연령이 나뉘어져 각각의 교사와 함께 움직이게 된다. 이때 유치원 연령의 유아가 초등학교 연령의 아동과 활동을 하기를 원할 경우 초등학교 연령의 모임으로 함께 가는 것도 가능하다. 이러한 것은 그날의 활동 내용이나 형태를 듣고 유아들이 결정할 수 있다고 하였다.

제5장 숲유치원 교육의 실제(인천대학교)

인천대학교 숲유아교육연구소에서 2009년 8월 27일부터 인천의 청량산에 매일 매일 유아들이 숲을 교실삼아 숲으로 등원하여 활동하는 독일의 전형적인 숲유치원과 유사한 숲유치원을 운영하고 있다.

숲유치원에서의 일과는 8시 30분경 등원부터 시작되며 숲으로 이동, 아침자유놀이, 아침모임, 대집단 활동, 간식시간, 숲에서의 자유놀이, 동화 및 끝나는 모임으로 하루에 3~4시간 동안 교육이 이루어진다. 숲유치원에서의 하루일과 및 교육의 실제를 기술하면 다음과 같다.

제1절 숲으로 이동

9시경이 되면 아이들은 숲으로 이동을 한다. 숲으로 이동을 하면서 아이들은 주변에서 볼 수 있는 자연물이나 변화된 환경 그리고 곤충들에 관심을 갖고 탐색을 한다. 유아들은 숲으로 이동하기 위하여 유아들 스스로 각자의 배낭을 짊어지고 오늘 목적된 숲의 활동장소를 향해 출발한다. 숲으로 이동하면서 유아들은 많은 것을 발견하게 되며, 이것을 가지고 놀이를 하며 목적지로 가지고 가기도 한다. 숲으로 이동하는 거리는 보통 1 Km정도이며 20분정도 소요되는 거리이다. 그러나 아이들이 이동하는 시간은 이것 저것 관찰하며 걷다보니 보통 1시간 정도 소요되는 경우가 많다. 이동하는 과정 중에 앞서 간 유아들은 약속된 장소에서 먼저 가지 않고 다른 유아들이 다 모일 때까지 기다린다. 기다려야 할 장소의 명칭은 그 곳의 자연 특성에 따라 유아들이 이름을 붙여 놓았다. 한편 교사는 숲에서 필요한 각종 교재 교구를 배낭에 넣은 후 숲으로 이동한다.

제2절 대집단활동

10시경에 숲에 도착하면 아이들은 배낭을 일정한 장소에 놓아두고, 교사가 있는 곳으로 방수방석을 가지고 둥그렇게 모여 앉는다. 아이들이 다 모이면 날짜확인과 출석확인을 한다. 결석한 아이가 있을 경우 그 이유를 이야기 해주고 어제 있었던 일이나 궁금한 이야기 등을 말하기도 한다.

대집단 활동은 교사가 준비해온 교재를 가지고 계획에 의한 활동을 하게 된다. 주로 교육 소재는 나무, 바람, 곤충, 하늘 등 자연을 소재로 하며 활동의 형태는 아이들에게 자연에서 지켜야 할 규칙이나 내용, 자연에 대한 지식 등을 중심으로 아이 스스로 구성해 가기 위해 이야기나누기, 노래, 게임, 실험 등으로 이루어진다.

제3절 간식시간

숲에서의 대집단활동이 끝난 후 빵 등의 간식을 먹고 싶은 유아들은 가방을 가지고 한 곳으로 모인다. 그리고 난 후 가방에서 우선 물수건을 꺼내어 손을 깨끗이 닦고 자유롭게 가정에서 준비해온 간식을 20분 정도 먹는다. 아이들은 보통 제철과일, 떡, 고구마, 피망, 오이 등의 달지 않고 건강에 좋은 식품을 간식으로 먹는다.

제4절 숲에서의 자유놀이

11시부터 유아 주도형 놀이가 시작된다. 아이들은 자신이 하고 싶은 놀이를 위해 숲에 무한히 널려있는 자연물을 창의적인 놀잇감으로 사용하게 된다. 주로 놀잇감은 나뭇가지, 나뭇잎, 솔방울, 도토리, 밤쭉정이 등이다. 교사는 유아놀이가 확장될 수 있도록 끈이나 가위, 색종이 연필, 펜, 동화책 등을 교사 배낭에 넣고 다니며 아이들이 놀이시간이 되면 놀이장소에 교구, 공구 등을 사용하기 좋게 비치해 준다. 자유놀이시간에는 모종삽으로 흙을 파서 구덩이를 만들기도 하고, 물을 흙에 부어서 진흙을 만든 후 떡 등과 같은 음식을 만들기도 하고, 나무에 끈을 달아 그네를 만들어 타기도 한다.

제5절 동화

자유놀이가 끝나는 12시가 되면 아이들은 놀이하던 것들을 정리하고 배낭을 맨 후 교사가 있는 곳으로 모여 자유스럽게 앉아 동화를 들을 준비를 한다. 동화를 듣는 장소는 그날의 날씨에 따라 다양한 장소에서 들으며, 특히 동화는 연령에 따라 듣기도 한다. 동화를 듣고 난 후 오늘 활동한 내용과 관련하여 이야기를 나누고 헤어지는 노래와 인사를 한다.

제6절 귀가

집으로 가기 위해 유아들은 숲으로 올 때와 같은 방법으로 길을 가다가도 약속된 장소에서는 멈춰서서 다른 아이들과 교사가 올때까지 기다린다.

돌아가는 귀가길은 때에 따라 숲으로 왔던 오전 아침 시간보다 덜 소요되어 보통 20분 정도 소요된다.

그동안 인천의 청량산에서 우리나라의 숲아이들과 활동하면서 느낀 점은 무엇보다도 우리의 아이들이 외국의 아이들보다 훨씬 더 적극적이고 창의적인 방법으로 숲에서 놀이하고 활동할 수 있는 능력이 있다는 사실의 발견이었다.

매일 청량산의 자연을 접하면서 아이들은 그 날의 날씨와 아이들의 몸과 마음의 상태에 따라서 하늘은 어제와 다르고, 나무와 그 곳에 매달려 있는 작은 벌레들 그리고 흙 위에 자라고 있는 수 많은 풀들도 모두 다르다는 것을 알게 되었다. 그리고 계절에 따라 어제와는 다른 숲을 발견하게 되었고, 어제는 보이지 않았던 도토리들이 오늘은 보이고, 갑자기 낙엽과 솔방울이 머리 위로 떨어지기도 하는 것을 체험하게 되었다. 또한 낙엽 속에 숨겨진 작은 도토리를 발견하여 관찰하는 가운데, 작은 애벌레가 도토리 속에 숨어 있음을 아이들은 볼 수 있었다. 흙을 파다보면 흙 속에서 밖으로 나갈 준비를 하는 톱사슴벌레의 애벌레들도 발견되었다. 아이들은 이 작은 애벌레들을 보면서 징그럽다고 생각하기 보다는 뭇생명들이 신비하고도 다양한 방식으로 자기의 삶을 살아가는 방법을 교사가 이야기 해 주지 않아도 알게 되었다. 그러면서 모든 생명은 소중하다는 생명존엄성을 느끼게 되었고, 이렇듯 생명존엄성을 소중히 여기는 아이들은 남을 이해하게 되며, 양보와 배려하는 마음이 나날이 자라게 되었다.

아울러 아이들은 숲에서 놀이를 통해 혼자 보다는 함께 어울리는 방법을 자연스럽게 익혀 나갔다. 무거운 나무토막을 이동하기 위해 아이들은 서너명이 힘을 합쳐 들기도 하고, 흙으로 케이크를 만들어 장식을 할 때에도 여럿이 하면 더욱 다양한 모양이 나온 다는 것을 알게 되었고, 얼음을 깰 때, 달리기를 할 때, 함께 어울려야 즐겁다는 것을 아는 아이로 자라게 되었다. 이렇듯 아이들은 숲에서 서로 어울려 친구관계를 형성하게 됨으로써 타인과 자신에 대한 이해를 높여나가는 그리고 무엇보다도 나 자신을 아끼고 사랑하는 아이로 성장되어 가고 있다.

제6장 숲유치원 교육프로그램의 사례(인천대 숲유치원)

제1절 연간교육계획안

위와 같이 숲에는 유아 스스로 체험하고 배울 수 있는 자연물들이 매우 풍부하다. 놀이를 통한 숲체험은 숲을 구성하고 있는 요소나 그 일부분을 가지고 교육의 주제로 선정하여 활동할 수 있다. 숲에서 활동할 수 있는 주제는 주로 식물의 잎, 꽃, 가지나 열매와 풀잎 등과 계곡의 물이나 돌, 야생동물, 기타 자연물 등을 사용할 수 있다(전영우 · 김상윤 · 류창의 · 박봉우, 1999). 실제로 숲유치원에서 교육을 진행함에 있어 운영한 교육내용은 숲에서의 계절과 상황, 그리고 숲에서 볼 수 있는 소재와 자연물의 변화를 중심으로 다룰 수 있는 주제는 〈표 1〉와 같다.

표 1. 인천대학교 숲유치원 교육주제

1학기		
3월	숲유치원	숲유치원은 어떤 곳일까
		숲은 재미있는 놀이터
		돌
4월	숲 속 봄 이야기	나무
		풀
		흙
		숲을 아끼고 사랑해요
5월	곤충	꽃
		개구리
		청량산에서 만나는 작은 생물들 - 애벌레
		곤충 프로젝트 - 먹이
6월	곤충	곤충 프로젝트 - 보호색
		곤충 프로젝트 - 서로 도와요
		곤충 프로젝트 - 결혼
		개미
7월	숲속 여름 이야기	숲 속의 여름
		물 프로젝트
		물 프로젝트
		물 프로젝트
8월	화석	화석
		공룡

2학기		
9월	숲 속 보물 창고	나무
		곤충
		거미
10월	숲 속의 가을이야기	가을 나무
		열매1
		열매2
		단풍
11월	숲 속 겨울 이야기	낙엽
		바람
		숲의 동물과 식물의 겨울준비
		우리들의 겨울준비
12월		겨울에도 즐거운 숲 속 놀이터
		숲속의 크리스마스
		겨울 방학
1월	눈과 얼음 겨울나무	눈
		얼음
		겨울에도 푸른 나무들
2월	새	겨울눈
		새
		숲유치원 친구들 안녕!

〈표 1〉에 나타난 것처럼 교육의 주제는 주로 계절과 숲에서 쉽게 볼 수 있는 소재, 그리고 계절에 따른 자연물의 변화였다.

제2절 주간교육계획안

주간교육계획안은 〈표 2〉와 같다.

표 2. 인천대학교 숲유치원 주간교육계획안

주 제	곤충 I	시 기	2010년 5월 4주 (5월 17일 ~ 5월 20일)
목 표	• 곤충의 생김새와 특징을 알 수 있다.		
준 비 물	간식, 물, 물수건, 여벌옷, 비옷, 방석		
대·소 집 단 활 동			
아 침 모 임 (건 강 생 활)	• 얼굴만 보고 어떤 곤충인지 알아맞히기 • 무궁화 꽃이 피었습니다. • 곤충처럼 다니기		
이야기 나누기 (언어 / 사회생활)	• 곤충의 생김새 • 곤충을 관찰하는 방법 • 생김새가 비슷한 곤충의 무리들		
탐 구 생 활	• 나는 곤충일까? • 곤충 자세히 관찰하기 • 내가 발견한 곤충 도감에서 찾아보기 • 수과학 – 곤충의 모습 완성하기		
표 현 생 활	• 새 노래 – 풀밭 친구들 • 곤충 세밀화 • 미술 – 거미줄에 걸린 곤충들		
언 어 생 활	• 문학 – 모기와 황소 : 북한말과 우리말 비교하기 동화 – 퉁명스러운 무당벌레/개미굴 여행/아기 벌들이 위험해요/꿀벌 티셔츠		
안 전	• 곤충을 관찰할 때 주의할 것이 있어요		
※ 위 교육 내용은 유아들의 흥미와 상황에 따라 변경될 수 있습니다 ※			

제3절 하루일과

하루일과는 일반유치원과 독일의 숲유치원에서 운영되는 형태를 혼합하여 구성하여 운영하였다. 다음의 〈표 3〉은 일반유치원과 독일의 숲유치원 그리고 인천대학교 숲유치원의 하루일과를 비교한 것이다.

표 3. 독일의 숲유치원, 인천대학교 숲유치원의 하루일과 비교

독일의 숲유치원 (벤스하임 숲유치원)		인천대학교 숲유치원	
8:30 ~ 9:00	숲의 모임장소로 등원	8:30 ~ 9:00	숲의 모임장소로 등원
9:00 ~ 10:00	모임장소에서 대집단활동 및 간식	9:00 ~ 10:00	숲으로 이동
10:00 ~ 10:30	숲으로 이동	10:00 ~ 10:50	대집단활동 및 간식
10:30 ~ 11:30	숲에서 자유놀이	10:50 ~ 11:50	숲에서 자유놀이
11:30 ~ 11:50	동화	11:50 ~ 12:10	동화 및 평가
11:50 ~ 12:30	숲입구 모임장소로 이동	12:10 ~ 12:30	숲입구 모임장소로 이동
12:30 ~	귀가	12:30 ~	귀가

이러한 하루일과를 구성한 것은 아이의 리듬을 고려한 시간 운영과 숲에서의 교육이 이루어질 수 있는 자유놀이를 강조하여 구성하였다. 숲유치원은 인간과 자연과의 조화스러운 관계를 어린시기부터 알게 하며, 유아의 신체와 정신을 전인적으로 성장 발달시키는데 있음을 교육이념으로 삼고 있으며, 자연을 생각하고 생명을 존중하는 어린이 육성을 위하여 숲에서의 계절에 따른 자연의 변화 및 소재를 가지고 교육을 하고 있다.

제4절 일일교육의 실제

표 4. 일일교육의 실제

생활주제	곤충 I	주제	곤충을 관찰하는 방법
목표	• 곤충을 채집하는 방법을 알고 바르게 채집한다. • 곤충을 자세히 관찰하고 그림으로 표현할 수 있다.		
일과 시간표	~ 09: 20 등원 - 운동장: 자유놀이 09: 20 ~ 09: 50 아침모임 - 인사하기/날짜와 요일 알아보기 - 어떤 곤충일까?(사마귀) 이야기 나누기: 곤충을 관찰하는 방법 09: 50 ~ 10: 40 숲으로 이동 모둠활동: 곤충을 관찰하고 세밀화로 표현하기 10: 40 ~ 11: 50 자유놀이 및 자율간식 11: 55 ~ 12: 15 동화 상 및 평가 12: 15 ~ 12: 30 모임장소로 이동 12: 30 ~ 귀가		

시간/활동명	활동 목표	〈활동 내용〉	자료 및 유의점
~ 09: 20 등원 및 대집단 놀이		**〈등원〉** • 유아들을 반갑게 맞이하고 유아의 기분과 건강상태를 살핀다. **〈대집단 놀이〉** • 운동장으로 이동하여 모두 함께 놀이에 참여한다. - 무궁화 꽃이 피었습니다, 동대문을 열어라 등	
09: 20 ~ 09: 30 아침모임	• 오늘 날짜를 안다. • 다른 친구에게 관심을 갖는다.	**〈인사나누기/날짜와 요일 알아보기〉** • 인사노래를 하고 선생님, 친구들과 인사를 나눈다. - 숲유치원에 온 친구들과 반갑게 노래를 하며 인사해보자. • 오늘의 날짜와 요일을 알아본다. - 우리들이 만난 오늘은 몇 월 며칠인지 알아보자. (오늘은 2010년 5월 20일 목요일입니다) • 출석카드의 이름을 부르며 출석을 확인한다. **〈얼굴만 보고 어떤 곤충인지 알아맞히기〉** - 사마귀의 얼굴을 보고 알아맞히기	이름카드 날짜판
09: 30 ~ 09: 45 이야기 나누기	• 자연환경에 관심을 갖고 탐색한다.	**〈곤충을 자세히 관찰하려면?〉** • 세밀화를 보며 이야기를 나누다. - 무엇을 그린 것 같니?(메뚜기) - 어떤 재료로 그렸을까?(연필) - 이 그림이 메뚜기라는 것을 어떻게 알았니? (아주 자세히 그렸어요) - 자세히 그리려면 어떻게 해야할까? (아주 자세히 관찰하고 살펴봐야 해요) • 세밀화를 그리려면 무엇이 있어야 하는지 알아본다. (돋보기, 관찰통, 관찰노트, 필기도구)	세밀화
09: 45 ~ 10:40 숲으로 이동	• 곤충의 특징을 안다. • 곤충인지 아닌지 알 수 있다.	**〈숲으로 이동〉** • 숲길을 따라 산책하며 자연환경을 탐색한다. - 내 나무에게 인사하기 - 작은 풀꽃, 곤충, 연못 생물 관찰하기 - 나뭇잎에 있는 애벌레 살펴보기 **〈곤충을 관찰하고 세밀화 그리기〉** • 곤충을 찾기 위한 방법을 알아본다. - 풀밭 살펴보기, 땅 살펴보기, 비닐 속에 넣고 앞, 뒷면 살펴보기, 관찰노트에 자세히 그리기(앞 면, 뒷면) • 세 모둠으로 나눈다. • 모둠으로 움직이며 자유롭게 곤충을 채집하여 세밀화를 그린다. • 자유놀이 시간에 볼 수 있도록 나뭇가지에 전시한다.	도감, 관찰노트, 연필, 지우개

<table>
<tr><th>시간/
활동명</th><th>활동 목표</th><th>〈활동 내용〉</th><th>자료 및
유의점</th></tr>
<tr><td rowspan="2">11: 00
~
11: 50
자유놀이 및
자율간식</td><td>• 음식의 중요성을 알고 준비해 주신 부모님께 감사하는 마음을 갖는다.</td><td>〈간식〉
• 간식을 먹을 때의 예절을 알아본다.
- 먹으면서 돌아다니지 않기, 장난하지 않기
• 가방을 가지고 온다.
• 손 닦는 방법을 자세히 알아본다.
• 손을 닦는다(손바닥→손등→손가락사이).
• 손소독제를 바른다.
• 손 소독제를 바른 친구는 가방에 물수건을 넣고 간식통과 물을 꺼낸다.
• "맛있게 먹겠습니다."라고 말하고 맛있게 먹는다.</td><td>간식
마실 물
물수건
소독제</td></tr>
<tr><td>• 놀이에 적극적으로 참여한다.
• 사회성과 협동심을 기른다.</td><td>〈자유 놀이〉
• 숲의 자연을 관찰하고 둘러보며 즐겁게 놀이에 참여한다.
- 흙으로 구성하기
- 나뭇가지를 이용하여 창의적으로 놀이하기
- 도감, 동화책 보기
- 색종이 접기
- 망치질 하기</td><td></td></tr>
<tr><td rowspan="2">11: 50
~
12: 15
동화감상
및
평가</td><td>• 동화의 내용을 이해한다.</td><td>〈아기 벌들이 위험해요, 꿀벌티셔츠〉
• 동화를 감상한다.
- 어떤 이야기일까?
- 누가 나올 것 같니?
• 동화를 듣고 난 소감을 이야기해 본다.
- 벌이 나타났을 때 우린 어떻게 대처해야할까?
- 너희들도 특별히 좋아하는 옷이나 셔츠가 있으면 이야기해 보자.</td><td>동화책</td></tr>
<tr><td>• 자신의 생각을 이야기할 수 있다.</td><td>〈평가〉
• 오늘의 활동이 어떠했는지 이야기해 본다.
- 오늘 가장 재미있었던 것은 무엇이니?
- 어떤 기분(느낌)이 들었니?
• 헤어짐의 노래를 부르며 숲과 친구들에게 작별인사를 한다.</td><td></td></tr>
<tr><td>12: 15
~
12: 30</td><td>• 안전하게 이동할 수 있다.</td><td>• 방석과 배낭을 정리한다.
• 내리막에서는 조심해서 내려가도록 한다.
• 갈림길에서는 항상 멈추어서 뒤에 오는 친구와 동생들을 기다린다.</td><td></td></tr>
<tr><td>12: 30
~
귀가</td><td></td><td>• 모임장소에서 줄을 선다.
• 선생님과 눈을 맞추며 가슴인사(포옹하기)를 한다.
• 부모님과 함께 자유롭게 귀가한다.</td><td></td></tr>
<tr><td>결 석</td><td colspan="3"></td></tr>
</table>

제7장 숲유치원의 미래 방향

우리나라에서는 현재 숲체험 형태로 자연친화적인 교육관을 가진 유아교육기관의 교사들에 의하여 특별활동으로 부분적으로 실천되고 있거나, 혹은 숲해설가에 의하여 주도적으로 진행되고 있는 실정이다. 독일과 스위스 숲유치원의 교육내용과 실천사례들을 한국에 도입하여 적용하려면 여러 면에서 고려해볼 요소가 많겠지만, 원래 숲유치원의 설립배경과 근본취지를 깊이 이해한다면 우리에게도 얼마든지 이를 유아교육현장에 실천할 가능성이 충분히 있다하겠다. 이런 관점에서 숲유치원의 국내활성화를 위하여 몇 가지 선결되어야 할 점들을 살펴보고자 한다.

첫째, 숲유치원 설치와 운영을 위하여 관련 법규가 시급히 마련되어야 한다. 독일의 경우에도 숲유치원이 초창기에는 대안유치원으로 어렵게 시작되었으나 이제는 그 위치를 견고히 하고 있으며, 교사에 대한 인건비와 운영비도 국가적 차원에서 지원받고 있다.

둘째, 숲에서의 교육이기에 숲유치원의 교사는 유아교육뿐만 아니라 숲의 전반에 대해서 풍부한 지식이 있어야 한다. 따라서 숲유치원 교사는 유아교사로서 그리고 숲해설가로서의 자격을 동시에 갖추는 일이 필요하다. 이와 반대로 숲해설가 자격을 소지한 사람이 숲유치원에서 유아들을 교육하길 원한다면, 유아교육관련 교과목을 지정된 재교육기관에서 이수하고 해당기관(산림청)에서 부여하는 자격증을 취득한 자로 할 필요가 있다. 이를 위해 숲유치원 교사양성을 위한 프로그램이 개발되어야 한다.

셋째, 산림청 및 산하기관과 자치단체의 행·재정적 지원이 전폭적으로 있어야 한다. 긍정적인 실예로 북부지방산림청에서는 관할지역의 국유림을 활용하여 기존의 숲유치원 및 숲체험 교육을 연계하여 한국형 숲유치원을 설립하고자 많은 노력을 기울이고 있음을 알 수 있다.

이상과 같이 숲유치원의 활성화를 위하여 현실적인 문제점들과 이의 극복을 위한 선결되어야 할 몇 가지 요소들을 고찰하여 보았다. 본 발표자는 무엇보다도 숲이라는 교육장소를 제공하여 줄 해당관청인 산림청이 '자연이 교육의 원천'이라는 관점에서 확고한 의지를 갖고 또 다른 산림의 이용방안으로 숲유치원을 통한 유아교육을 착안하고 실천하고 있음을 매우 긍정적으로 생각하고 있다. 또한 자연친화교육을 실천하고 계신 유아교육기관의 원장님과 선생님들, 숲체험 교육을 주도하고 계시는 숲해설가 선생님들, 그리고 관련 학계 및 연구소와 지방자치단체가 함께 힘을 모은다면, 우리나라의 숲유치원 활성화 방안은 긍정적인 방향으로 해결되리라 생각한다.

앞으로 자연친화적인 교육은 현 정부의 녹색성장과도 맞물려 녹색교육으로써 그 자리를 견고히 하게 될 것이며, 그 중심에 숲유치원이 위치하게 될 뿐만 아니라 유아들에게 녹색희망을 주며 21세기 유아교육을 선도해 나가게 되리라 확신한다.

참고문헌

Seitz, M., & Hallwachs, U. 1996. *Montessori oder Waldorf*. Kösel, München, 96–98.

Waldkinder 2008. Kurzportrait Waldkinder St.Galeen.

www.. Waldkinder-sg.ch.

이명환, 2007, 독일의 숲유치원. 서울 : 교육아카데미.

이명환, 2009, 교육연구정보지 제57호, 녹색성장교육, 강원도교육과학연구원.

이명환, 2009, 녹색희망 숲유치원, 숲유치원 국내도입의 문제점 및 전망 205~207, 산림청.

이명환, 김은숙. 2010, 녹색교육 숲유치원. 서울: 교육아카데미.

생태공예

김 현 숙
경인대 강사/꽃누르미협회 고문

목차

제1장 꽃누르미의 역사

일반적으로 압화 혹은 pressed flower라고 하지만 꽃누르미라는 신조어를 만들어 사용하고 있다. 절화나 낙엽 혹은 길가의 작은 꽃이나 풀잎들을 비롯하여 식물체의 잎이나 줄기 등을 평면으로 눌러서 말린 꽃으로 엽서, 카드, 책갈피, 양초, 부채, 스탠드 등의 일반생활용품에 응용해서 광범위하게 사용할 수 있는 아름다운 꽃공예이며 액자에 넣으면 꽃그림이되는 신비한 꽃예술이다(한국꽃누르미협회, 2000). 최초의 기록은 이탈리아의 식물학자인 키네가 학술연구를 목적으로 하는 식물표본을 제작한 것으로 기록되며, 영국은 19C 후반 빅토리아여왕시대에 궁중에서 본격적으로 발달하기 시작하였는데 당시 궁중의 여인들은 어두운 방에서 자수를 놓는 것이 유일한 취미생활이었다. 이는 자세도 나빠질 뿐더러 건강에 좋지 않아 여왕은 귀부인들에게 공기 좋은 해변이나 들에 나가 야생화를 채집해 와서 성서의 표지를 장식하거나 액자에 넣어 벽면을 장식하게 하였으며 점점 기법이 발달하여 궁중여인들이나 상류사회부인들의 우아한 취미로 넓혀져 갔다(양정인, 박윤점, 채상엽, 허북구, 1997).

우리나라는 옛선조들이 대나무잎, 은행잎 등을 문창호지에 발라 자연의 정취를 돋구었고 오늘날과 같은 압화의 형태가 소개된 시기는 플라워디자인이 도입된 1950년대 중순이나 인식이 낮고 활성화되지는 못하였다. 1970년대 이후 플라워디자인 관련서적이 출판되기 시작하면서부터 서서히 일반에게 알려지기 시작하였다(양정인 외, 1997). 일본은 2차 대전 후 건조제개발로 식물표본을 제작하면서부터 시작을 알렸으며 점점 발전하여 현재는 끊임없는 연구와 개발로 세계에 그 기술을 알리며 압화인구면에서도 단연 앞서가는 상태이다.

제2장 야생화 채집요령

제1절 시간

야생화의 경우에는 햇볕이 있는 때이면 어느 때나 가능하지만 여름에는 오전 10시에서 12시 사이, 그리고 해질 무렵인 5-6시 정도가 적당하며 10시 이전은 수분이 꽃에 많이 남아 있으며 12시 이후엔 과다한 자외선으로 꽃색에 영향을 줄 수가 있어 피하는 게 좋다. 다른 계절에는 비가 오는 날은 피하고 비

온 후 날씨가 화창해져 수분이 마른 후에 채집하는 것이 좋다.

제2절 채집에 필요한 도구

기본도구로서 밀폐용기, 신문지, 비닐봉투, 가위, 휴대용 건조매트, 핀셋 등이 필요하다.
이 외에도 필요한 사항을 열거하면 아래와 같다;

- 가능하다면 건조매트를 준비해서 채집 후 바로 건조매트에 넣는 것이 좋다.
- 채집 후 즉시 누르미할 수 없을 경우엔 신문지를 물에 적셔 꽉 짠 후에 밀폐용기 아래에 깔고 채집한 식물을 담는다. 이 때 여러 가지 종류를 한꺼번에 많이 담으면 꽃이나 잎에 상처가 날 수 있으니 조금씩, 그리고 꽃, 잎, 줄기 등은 따로 분류함은 예쁜 누르미의 기본이다.
- 비닐봉투 사용 시에는 젖은 신문지를 깔고 채집한 식물을 담아 봉투 속에 공기가 있게 묶어 가져온다.
- 쉽게 시들고 약한 야생화인 경우엔 신문을 여러 겹으로 접어 사이사이에 모양대로 잘 넣었다가 건조매트에 옮긴다.
- 집에 와서 즉시 누르미하지 못할 경우에는 냉장고 야채실에 보관하면 2-3일 정도는 신선한 상태를 유지할 수 있다.
- 채집 시에는 장소나 날짜를 기록하며 식물의 생육상태를 관찰함도 좋다.

제3절 채집시 주의할 점

채집할 때 주의할 점은 아래와 같다;

- 무리지어 피어있는 야생화라도 한 곳에서 집중적으로 채집하지 않아야 한다.
- 몇 송이밖에 피어있지 않을 경우엔 채집하지 않는다.
- 국립공원이나 생태계보호구역에서는 채집하지 않는다.
- 식물의 뿌리까지 채집하지 말아야 한다.

제4절 누름꽃으로 적당한 꽃

누름에 적당한 꽃은 좋은 작품을 만들기 위한 조건의 하나이므로 잘 선택하여야 한다. 기본적으로 팬지, 버베너, 수국, 안개꽃, 물망초, 로베리아 등을 많이 사용한다. 즉, 이 꽃들은 꽃에 어떤 사전처리를 하지 않아도 예쁘게 누름이 되는 대표꽃에 속한다.

제3장 꽃 손질

제1절 문구용 칼로 하는 사전처리

식물의 종류에 따라 필요한 꽃손질을 해야 한다. 문구용 칼로 하는 사전처리에는 아래와 같은 사항을 고려해야 한다;

- 직경 2mm 이상의 두터운 줄기인 경우 문구용 칼로 가지를 두 쪽으로 가른다.
- 반으로 가른 줄기 사이의 하얀 부분이나 두꺼운 부분을 긁어낸다.
- 줄기가 수분이 많은 것(튤립 등)은 반으로 가른 후에 수분을 티슈페이퍼로 닦아 준다.
- 문구용칼 처리의 대표꽃: 장미, 카네이션

제2절 사포로 하는 사전처리

아래사항을 유념하여 처리해야 한다;

- 덴파레 같은 잎이 두터운 꽃은 사포를 작게 자른 후 꽃잎 뒷면을 가볍게 문지른다.
- 평행맥의 잎들은 누르미판 위에 사포를 놓고 잎이나 줄기 뒷면이 사포에 닿게 놓은 뒤 손가락으로 누르든지 병 등으로 공굴리기 한다.
- 난 종류의 꽃이나 잎 등은 수분이 많아 사포로 인한 상처로 건조를 빠르게 도와준다.
- 사포처리의 대표꽃: 덴파레, 평행맥의 잎들

제3절 스폰지를 사용한 처리법

스폰지를 사용하여 처리할 때에는 아래 사항을 유념해야 한다;

- 꽃잎과 꽃술의 두께가 다른 꽃은 스폰지를 이용하여 균등하게 압력을 가한다.
- **꽃의 정면인 경우**: 꽃받침을 짧게 자른다(꽃잎이 많은 경우 부분부분 솎아준다.)
- **꽃의 옆면인 경우**: 줄기부터 꽃까지 반으로 가른 후 줄기는 티슈로 닦아주며 꽃잎이 따로 분리되지 않는 범위에서 꽃술, 씨방 등 딱딱한 부분 제거 후 건조매트 위에 놓고 그 위에 스폰지를 올린다. 꽃술의 두께에 따라 스폰지를 여러 장 올릴 수도 있다(건조매트에서 하루가 지난 후에는 스폰지를 꺼내고 매트를 잘 건조된 것으로 갈아주면서 스폰지 대신에 꽃화지를 덮는다.
- **스폰지 처리의 대표꽃**: 거베라, 해바라기

제4절 열탕처리법

식물을 끓는 물에 넣었다가 (15초-30초) 바로 얼음물에 넣어 식물이 변색하기 쉬운 온도 65도-80도를 신속히 통과시킴으로 변색을 막는 방법으로 처리 후 물기를 잘 닦은 후 건조매트에서 건조시킨다.

- **열탕처리의 대표식물**: 아이비

제5절 다리미 손질법

식물에 다리미의 열을 가하여 (100도-130도) 식물의 수분을 80-90%를 1차 건조시킨 후 건조매트에 넣어 건조시킴을 말한다.

다리미는 바닥이 매끈해야 하며 다리미대 위에 건조매트를 놓고 다리미할 꽃이나 잎을 놓은 후 매끈한 티슈페이퍼를 올린 후 100도-130도 정도 온도다리미로 30초간 떼지 않고 눌러준 후 온도를 조금 낮게 (90도-110도)하여 10초 다림질한다. 이때 꽃의 상태를 잘 보고 10초 다림질 여러 번 할 수도 있다. (식물이 변색도 되지 않고 핀셋으로 들었을 때 휘지 않을 정도면 건조매트에 넣어준다)

- **다리미처리 대표식물**: 스킨답스서, 신비지움

  * 누르미할 때의 적당한 무게

  - 건조매트 M사이즈 사용시(6장)에 5kg 정도이며 단풍류는 15kg-20kg정도이고, 꽃잎이 얇은 나

팔꽃이나 도라지꽃등은 2-3kg이 적당하다.

* 건조매트의 특징
- 강력한 수분흡수력으로 식물의 수분을 빨리 흡수시킨다.(초화류 2-3일 정도)
- 크기는 노트 한 권 크기 정도로 휴대하기도 좋다.
- 찢어지거나 태우지 않으면 재건조해서 계속 사용할 수 있다.

* 잘 건조된 식물은?
- 누름꽃을 핀셋으로 들었을 때 빳빳한 느낌이 들며 수분이 없으므로 똑똑 잘 끊어진다. (핀셋으로 들었을 때 휘어지면 수분이 남아있으니 매트를 재건조시켜 한번 더 누르미한다.)

* 누름꽃의 보관
- 건조시트가 들어있는 압화 전용봉투에 넣은 후 될 수 있으면 봉투 속에 공기가 들어가지 않게 하는 것이 좋으며 봉투 속에 들어있는 건조시트는 자주 다림질해서 빳빳한 상태가 되게 한다.

제4장 건조매트 재건조법의 일반적인 종류와 특징

건조매트에 재건조하는 방법의 일반적인 종류와 특징은 아래 표와 같다.

표 1. 건조매트 재건방법의 종류별 특징

종류	방법	특징
다리미	건조매트 속의 종이를 꺼내 한 장씩 다려준다.	다리미 온도는 중온
전자렌지	매트 1장을 면실로 묶은 후 렌지 안에 넣고 40-50초 가열한 후 꺼내 1분 정도 식혀 다시 30-50초 가열한 후 매트 상태(수분의 정도)를 보고 여러번 반복한다. 건조된 매트는 끈을 풀어 평평하게 해서 식힌 후 비닐에 넣는다.	50초 이상이면 태울 수 잇으니 주의해야 하며, 렌지 안의 수증기 수분은 제거한 후에 가열한다.
이불건조기	수분을 머금은 건조매트를 물결판 사이사이에 (물결판-건조매트-물결판-건조매트-물결판-건조매트-물결판-건조매트-물결판-건조매트-물결판-건조매트-물결판) 순서대로 올려 천건조기 속에 넣고 이불건조기 노즐과 연결시켜 고정시켜 고온에서 45분-60분 정도면 건조되지만 매트의 수분이 많을 경우 시간이 더 걸릴 수도 있다.	간단하고 편리하며 한번에 2세트씩도 건조시킬 수 있다. 매트가 식기 전에 비닐에 넣는다.

제5장 누름꽃으로 누구나 쉽게 만들 수 있는 소품 만들기

제1절 아크릴 열쇠고리

준비물 : 누름꽃, 열쇠고리, 핀셋, 이쑤시개, 풀

• 투명 열쇠고리

: 먼저 아크릴 열쇠고리 뚜껑 위에 디자인해 본다.

: 이쑤시개에 풀을 묻혀 열쇠고리 본체로 옮겨 고정시킨다.

: 뚜껑을 닫는다. (딱소리가 나도록)

• 한지(속지)를 이용한 열쇠고리

: 한지 위에 누름꽃으로 디자인한 후 풀로 고정시킨다.

: 필름지로 코팅한 후 크기에 맞게 자르고 본체에 넣어 뚜껑을 닫는다.

(얇은 꽃으로 한지 양면을 다른 디자인으로 표현할 수도 있으며 한지 외에 실크나 모시를 이용해도 된다.)

제2절 꽃 카드

준비물 : 카드, 배경지, 속지, 필름지(혹은 접착한지), 풀, 핀셋, 이쑤시개, 누름꽃, 양면테잎

: 배경지는 디자인을 잘 할 수 있도록 카드창 중앙에 놓은 뒤 누름꽃으로 디자인한다.

: 누름꽃이 움직이지 않게 풀로 고정시킨다.

: 카드창을 들어 옆으로 옮긴 후 필름지를 덮는다.

: 양면테잎으로 작품을 창에 맞게 고정시킨 후 풀로 속지붙이면 완성이다.

제3절 꽃부채

준비물 : 부채, 필름지(혹은 접착한지), 핀셋, 풀, 이쑤시개, 칼, 누름꽃

: 부채 위에 누름꽃으로 디자인한다.(너무 두껍지 않은 꽃으로)

: 풀로 고정시킨다.

: 필름지를 떼서 붙인다.

: 부채에 맞게 칼이나 가위로 정리한다.

: 필름지 위에 드라이기로 열을 가한 후 천이나 티슈 등으로 문지른다.

제4절 꽃양초 (혹은 비누)

준비물 : 양초, 누름꽃, 핀셋, 꽃 레진, 꽃엷은종이

: 양초의 디자인할 면에 꽃레진을 펴 바른다.

: 레진 바른 곳에 예쁘게 디자인한다.

: 디자인한 곳에 꽃엷은종이를 붙인다.

: 디자인된 꽃에 조심스럽게 레진을 바른후 꽃엷은종이로 레진을 닦아낸다(3번).

: 끝으로 꽃 위에 붙인 꽃엷은종이를 떼어낸 후 레진자국이 없도록 닦아준다.

(꽃레진법은 누름꽃을 엷은 꽃종이와 꽃레진만을 바르는 방법으로 엽서나 카드에도 사용할 수 있다.)

제5절 WOOD PLATE (나무판)

준비물 : 나무판. 꽃엷은종이씰(양면씰), 누름꽃, 꽃레진, 꽃크래프트액, 핀셋, 칼, 가위, 티슈페퍼

: 나무판 표면에 양면씰을 붙인다.

: 씰의 다른면을 벗겨 접착면에 디자인한다.

: 씰접착면에 붙어있는 매끄러운 종이로 잘 눌러준 후 꽃엷은종이를 덮고 나무판 크기로 자른다.

: 디지인된 누름꽃 위에 꽃레진을 바른 후 닦아낸다.

: 꽃레진이 마른 후 크래프트액을 전체에 펴바른다.

제6절 씰(SEAL)법; 원포인트법, 디자인법, 만다라법

준비물 : 꽃엽은종이씰세트, 꽃레진, 누름꽃, 핀셋

① 원포인트

: 꽃엽은종이씰의 한 면을 뗀 후 접착면에 꽃(잎도 무방)을 하나씩 5mm 정도의 간격으로 놓은 후 꽃엽은종이를 덮고 꽃레진을 누름꽃 위에 바른다.

: 번져나온 레진은 티슈페퍼로 닦아준다. (하루 정도 지난 후 압화보다 2mm 정도 크게 오려 카드나 손수건 등 필요한 곳에 붙인다)

② 디자인법: 꽃엽은종이씰의 한 면을 떼어낸 후 접착면에 누름꽃으로 디자인한다.

: 디자인 후 꽃엽은 종이를 붙이고 레진을 바른 후 잘 닦아준다.

: 디자인과 디자인 사이는 4-5mm의 간격을 둔다.

: 레진이 다 마른 후에 디자인보다 2mm 정도 크게 제 모양대로 오려 필요한 곳에 사용한다.

③ 만다라법

: 꽃엽은종이씰 한 면을 떼어낸 후 꽃잎을 작게 자르거나 뿌리듯이 접착면 전체에 놓는다.(서로 겹치지 않게)

: 꽃엽은종이 붙인 후 꽃레진 바른다.

: 번져나온 꽃레진을 잘 닦은 후 건조되면 원하는 모양대로 필요한 곳에 오려붙인다.

제7절 손거울

준비물 : 손거울, 꽃엽은종이씰, 핀셋, 아크릴물감, 투명필름지, 드라이기

: 손거울 동판에 아크릴물감칠한다. (완전히 마른 후 2-3번 더 칠한다.)

: 물감이 건조된 후 꽃엽은종이씰을 붙인다.

: 씰 다른 면을 떼어 접착면에 디자인한다.

: 동판 크기보다 약간 크게 필름지를 잘라 붙인 후 필름지 끝에는 가위집을 내서 주름을 없앤다.

: 드라이기로 필름지 위에 열을 가해주고 다시 한번 잘 눌러준 뒤 접착제로 본체에 고정시킨다.

제8절 밀봉액자

준비물 : 밀봉용 액자, 캔버스(호일, 두꺼운 종이, 쿠션지, 배경지, 건조제, 탈산소제, 레진 빨대)

: 폴더에서 대지를 꺼내고 두꺼운 종이, 쿠션지, 배경지 순으로 놓은 뒤 원하는 디자인한다.

: 호일 위에 건조제와 탈산소제를 놓고 작품을 올린다.
(탈산소제와 건조제 겹치지 않게)

: 호일 4면에 꽃레진을 끊어지지 않게 짠다.

: 액자유리의 먼지 제거 후 정전기방지크리너 뿌려 한번 더 닦는다.

: 유리를 작품 위에 올린 후 레진의 넓이가 1cm 정도 되도록 조심스럽게 눌러준다.

: 모서리를 이용해 빨대를 끼워 에어펌프를 이용해 공기를 뺀 후 밀봉한다.

: 밀봉시 주름이 생긴 부분을 플라스틱스푼으로 펴고 꽃레진 부분도 고르게 눌러준다. (이 때 알미늄호일에 상처가 나지 않도록 조심한다.)

참 고 문 헌

양정인, 박윤점, 채상엽, 허북구. 1997. 압화예술원론. 서울: 도서출판 서원.

한국꽃누르미협회. 2000. 한국압화연구회 특별강좌 자료집.

국민대학교 평생교육원·(사)숲과 문화 연구회
숲해설 아카데미 전문과정

자연놀이 체험 프로그램

장 상 욱
자연나눔연구소/소장

Ⅵ

목차

제1장 개요

"자연은 우리들의 어머니이며 선생님입니다. 자연으로부터 가르침을 받는다는 것은 자라는 아이들에게 무척 중요한 일입니다. 우리들이나 아이들이 자연을 통해서 새로운 즐거움을 발견하고, 가슴에 직접 와 닿는 체험은 마음속을 빛나게 합니다".

「아이들과 함께 나누는 자연체험 1.」 조셉 B. 코넬, 2002년

자연에서 우리는 무엇을 배울 수 있을까? 아이들은 자연체험교육을 통하여 자연과의 체감(體感)을 경험하면서 '자연'이라는 생태계 안에서 우리가 자연의 일부라는 것을 인식하고, 자연과 대화하는 법을 알게 하고, 자연과 공존하는 법을 스스로 깨닫게 하는 것을 배울 수 있다. 누구나 무안한 자연 속에 있어보면 자연의 경이로움을 느끼지 않을 수 없다. 「아이들과 함께 나누는 자연체험」의 저자인 조셉 B. 코넬은 약간의 빵만을 가지고 자연 속에서 생활하면서 광활한 숲에서 거대한 나무와 야생동물들의 만남을 통해 자연의 경이로움을 체험하면서, 인간이 자연을 정복하거나 착취할 수 없을 뿐만 아니라, 자신이 도리어 거대한 우주계의 하나인 지구라 불려지는 혹성에서 살고 있는 생명체 즉 자연의 일부이며 동시에 자연과 하나라는 것을 깨닫게 되었다고 말하고 있다.

자연에서 우리가 배울 수 있는 것은 무한하다. 요즘 아이들은 공원에서 발견한 작은 곤충 한 마리에도 흥분한다. 특히 도시 아이들에겐 이보다 더 신기한 일은 없다. 사실, 얼마 전만 하더라도 나는 동네에 흐르는 개천에 바지를 걷고 들어가 송사리를 잡고 놀았다. 집 근처 들판에 지천으로 자라고 있는 진달래, 봉선화, 토끼풀을 뜯어서 이것들을 가지고 놀았다. 자연은 우리 마음속에 친근한 친구처럼 남겨져 있는 기억이며 삶의 소중한 순간인 것이다. 그러나 지금 아이들은 플라스틱으로 만들어진 모조 과일과 그릇을 자연의 대용품으로 삼아 콘크리트로 만든 상자 안에 갇혀 소꿉놀이를 한다. 이들은 획일적인 인공 환경을 통해 가려진 자연을 경험하는 것이 전부인 셈이다. 또한 이렇게 만들어진 건물 안에서 생활하는 사람들에게 보이지 안는 유해물질에 의해 고생들을 하고 있다. 안타까운 현실이다. 이러한 현실을 감안 할 때 아름다운 이 지구를 다음세대에 물려주기 위해 "자연"을 어떻게 가르칠 것인가, 아이들이나 일반인들과 함께 산으로 들로 자연체험교육을 다니면서 얻게 된 결론은 자연의 한 부분에 불과한 인간이 '자연을 가르친다.'라는 말은 잘못된 표현이라 생각되었다. 그야말로 자연 그 자체가 위대한 스승이기 때문이다. 자연 속에서 우리들의 역할은 참가자 스스로가 자연을 만끽할 수 있도록 보조하고 돕는 '안내인' 역할을 하며, 자연환경에 대한 올바른 가치관을 갖도록 이끌어 주는 것이다. 참가자들과 함께 자연을 육감(六感)으로 느끼고, 마음에 담는 것이 자연체감교육의 목적이며 의의이다.

제2장 자연체험교육의 중요성

제1절 왜 자연체험교육이어야 하는가?

자연교육은 그 특성상 인간과 자연이 상호 연관되어 이해되어야 하기 때문에 가장 효과적인 자연교육은 자연 속에서 이루어진다. 이에 따라 교실 안에서 교과서로 이루어지는 교육이나 텔레비전 및 비디오를 통해 아름다운 자연을 접하는 것은 아이들에게 몸과 마음으로 이론적 지식을 얻게 할지는 몰라도 몸으로 느끼는 직접적인 감동을 주지 못한다. 따라서 책을 읽으며 이론적으로 얻은 자연지식을 바탕으로 실제로 현장에서 눈으로 보고 귀로 듣고 손으로 만져보는 오감체험 활동은 언젠가 행동과 실천을 가져올 만큼 큰 감동을 얻게 할 것이다. 이렇듯 참가자들이 무리 없이 자연과 친하게 하고 자연의 영감을 느낄 수 있는 능력을 갖게 하는 일이 중요하다. 자연에 대해 매력을 느끼고 생명체를 관찰하는 실제적인 과정을 통하여 아이들은 자연을 이해하게 되고 자연을 사랑하고 존중하게 된다. 더욱이 자연체감교육은 풍부한 감수성과 창의적인 사고를 기르는데 매우 중요한 방법임을 말 할 것도 없다. 참가자들에게 자연에 대해 더 많은 것을 가르쳐주어 더 많은 관심을 갖게 하고, 이를 통하여 자연을 보전하고자 하는 행동유발이 체감환경교육의 목적이며 의의인 것이다.

따라서 아이들이 자연에 대해 몸과 마음으로 많이 배우고 익힌다면 올바른 가치관이 형성 될 것이고, 따라서 친환경적인 신념들이 형성되어 자연보전 활동에 능동적으로 참여 할 것이다. 교육성과가 반드시 행동화되지 않는 것이 우리 교육의 현실이지만 아이들을 데리고 자연체감교육을 다녀보면 교육을 받은 전과 후는 많은 변화가 있음을 느끼게 된다.

제2절 자연체험교육 프로그램 개발

자연교육자인 조셉 B. 코넬은 "동물이나 식물의 이름은 외형적인 분류 일뿐 참모습이 아닙니다."라고 그의 저서 「아이들과 함께 나누는 자연체험 1. 2」(우리교육)에서 말하고 있다. 이 말은 참나무는 '참나무'라는 이름이 담는 그 이상 훨씬 더 많은 내용을 가지고 있다는 것이다. 아이들에게 자연을 가르쳐줄 때 이름을 단순히 알려주는 것보다는 스스로 생물의 특징을 관찰하고 친숙해 질 수 있으며, 느낄 수 있도록 자연으로 안내해 주는 것이 더 의의 있는 일이다.

자연체험교육은 과학교육과 구별된다. 자연에 대한 감수성을 기르기 위한 교육은 자연 환경에 대한 이론이나 지식을 주입식으로 가르치는 것이 아니라 참가자 스스로 몸과 마음으로 느끼고 머리로 이해하며 '자연'에 대해 흥미를 갖게 하는 프로그램의 마련은 매우 중요하다.

1. 자연체험교육의 이론적 배경

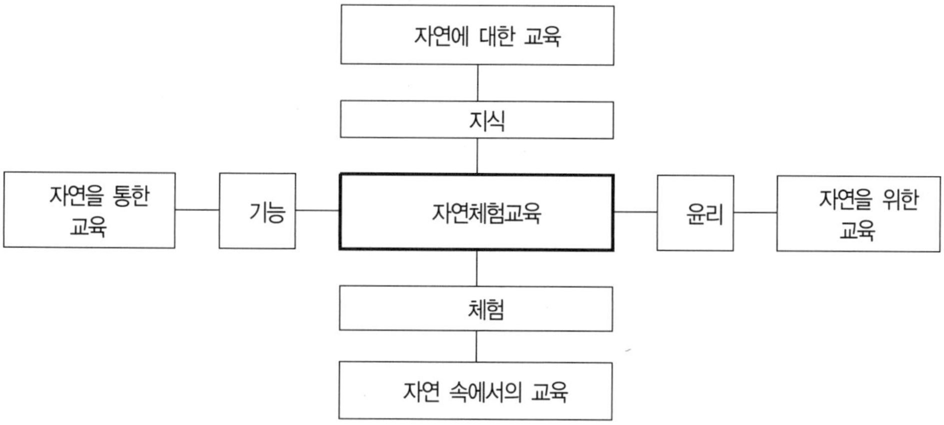

그림 1. 자연체험교육의 이론적 배경 설명 모식도

2. 자연체험교육 프로그램의 활동유형

1) 오감을 통한 감수성 증진활동 → 자연과 친숙, 소중함을 일깨움 → 일상생활 속에서의 환경 보전 실천 활동
2) 자연을 소재로 하는 창작 및 예술 활동
3) 1생물 조사 및 자연실태조사 등 자연을 배우는 학습활동

3. 자연체험교육 프로그램의 구성요건

1) 참가자 중심으로 진행 할 수 있어야 한다. 지도자는 단지 보조 안내인으로서의 역할을 담당하는 것이 바람직하다.
2) 인간과 자연이 조화를 이루며 상호 공존하는 방안을 모색하고, 제시해 줄 수 있는 가치가 뚜렷해야 한다.
3) 일회성이 아닌 지속적이고 연계성이 있어야 한다.
4) 많은 사람들이 참여할 수 있는 프로그램으로, 참가자간 상호체험과 감동을 나눌 수 있어야 한다.

5) 언제까지나 참가자의 마음속에 남는 프로그램으로 다른 사람에게도 자연에 대한 감동을 전할 수 있게 한다.

제3절 자연나눔(Sharing Nature)프로그램이란?

자연나눔(Sharing Nature)은 국내에서 일명 '자연놀이(Nature Game)'로 부르고 있으나 정확한 명칭은 자연나눔(Sharing Nature)이다. 왜냐 하면 이 프로그램 속에는 자연놀이(Nature Game)와 자연활동(Nature Activite)이 모두 들어있기 때문이다. 이 프로그램은 1979년 미국의 자연교육자인 조셉 B. 코넬(Joseph B. Cornell)에 의해 고안된 자연체험 환경생태 프로그램(원제: Sharing Nature with Children)으로 국내에서는 "아이들과 함께 나누는 자연체험"으로 출판되었다.

이 프로그램은 오감을 사용해 자연을 직접 체험하므로 자연과의 만남을 체험케 하는 자연체감(자연인식)프로그램이다.

자연나눔(Sharing Nature)활동은 현재 140종류이상이 있으며 사계절 구분 없이 숲 속이나 공원, 강, 해변 등에서도 아이와 어른이 함께 자연과의 만남을 즐길 수 있는 장점을 가지고 있는 자연체험활동이다.

1. 자연나눔(Sharing Nature)의 목적

키워드『자연에 대한 인식(Awareness)』

자연나눔(Sharing Nature)의 목적인 「자연에 대한 인식」이란 오감으로 자연을 느끼고 몸과 마음으로 직접 자연을 체험하므로 자연과 자신이 하나라는 것을 깨닫게 하는데 있다.」동시에 이「자연에 대한 인식」은 자연환경교육 목표이기도 하다.

환경교육은 여러 가지의 환경문제에 대해 인류가 적절히 대응하기 위해 필요한 교육이며, 아이들을 비롯한 지구상의 모든 사람들에게 필요한 교육이다.

조셉 B. 코넬은 환경교육을 다음 3단계로 나누고 있다.

제1단계 인식(Awareness)

제2단계 이해(Understanding)

제3단계 행동(Action)

인식이란 머리로 하는 이해나 과학적인 판단을 넘어 자연체험 하는 것을 말한다. 자연을 직접체험 한다는 것은 사람들의 마음속에 잠들어 있는 자연에 대한 경외감과 친근감을 일깨워준다. 이 경외감을 통하여 자연을 보다 더 이해하고 싶은 마음과 어떻게 자연 속에서 행동하면 좋은가를 생각하게 하는 마음을 갈게 한다.

많은 지도자들은 지금까지 머리로 이해하는 것에 중점을 두고 교육해 왔다. 그렇지만 자연에 대한 경외감을 깨우치게 하기 위해서는 자연을 직접 체험하는 것이 필요하다. 그러나 여러분이 이 활동을 지도하는 경우, 아름다운 자연 속에서 그 것을 지나쳐 버리면서까지 놀이를 계속한다는 것은 바람직하지 않다.

「자연나눔(Sharing Nature)2」 은 자연에서 '놀이'를 하는 것이 목적이 아니다. 자연나눔에서의 놀이란 활동의 목적을 달성하기 위한 수단에 불과 하다. 즉 즐거움을 통해 참가자가 「자연에 대한 인식」 을 보다 깊이 있게 느끼게 하는 것이 그 목적이기 때문이다.

2. 지도자의 5가지 마음가짐

키워드『나눔 (Sharing) 』

자연체감을 통해 느끼고 배운 자연에 대한 깨달음을 참가자 스스로 표현하여 자신의 태도와 가치관에 대하여 참가자가 서로 나눔을 통해 참가자의 변화를 이끌어 내기 위함이다.

지도자의 5가지 마음가짐

① 가르치기보다는 서로 나누자!
② 마음을 열자!
③ 기회를 놓치지 말자!
④ 먼저 체험하고 나중에 설명하자!
⑤ 즐거움이야말로 배움의 원동력이다.

「아이들과 함께 나누는 자연체험 1.」 조셉 B. 코넬, 2002년

지도자의 5가지 마음가짐 가운데, 자연나눔(Sharing Nature) 안내인으로서 무엇보다 중요한 것은 「가르치기보다는 서로 나누자!」 라는 원칙이다.

3. 프로그램의 사고(思考)

키워드 『플로러닝(Flow Learning)』

플로러닝이란, 조셉 코넬에 의해 고안된 교육방법론의 하나로 자연에 대한 인식을 깨닫게 하기 위해, 참가자의 마음상태에 맞추어 자연스럽게 물 흐르듯이 4단계를 의식하고 프로그램을 만들어 진행하는 것을 말한다. 이 이론을 기본으로 각 활동에는 플로러닝을 나타내는 단계별 동물마크가 붙어있다.

- **수달**

  제 1 단계(열의를 일깨운다.).....놀이 요소가 넘치는 활발한 활동.

  재미있고 활동적이며 생생한 에너지의 흐름을 만들어 내는 활동.

- **까마귀**

  제 2단계(주의를 집중하게 한다.)....감수성을 키우고, 주의를 집중하게 하는 활동. 오감을 움직여서 관찰력을 키우는 활동.

- **곰**

  제 3단계(자연을 직접 체험한다.)........자연과 일체감을 느끼게 하는 활동.

  조용히 자연 속에 들어가 자연과 일체감을 맛보는 활동.

- **돌고래**

  제 4단계(감동을 서로 나눈다)...........이상과 공감을 서로 나누는 활동.

  서로 자연으로부터 받은 감동을 서로 나누는 활동.

  「쉐어링네이처 지도자 매뉴얼」 장상욱. 2000년

이 4가지 단계 속에서 주제(테마)와 어린이의 마음 상태에 맞추어 활동을 만든다. 예를 들면 「나무」를 주제로 한 프로그램에서는 먼저 수달마크가 있는 「나뭇잎 알아 맞추기」로 어린이들의 에너지를 발산하게 하면서, 나뭇잎의 형태나 크기에 관하여 배우고, 다음에 까마귀 마크의 「같은 것을 찾아라 」로 기분을 가라앉게 한 후, 나뭇잎이나 열매를 주의 깊게 관찰하고 찾는 활동을 한다. 그리고 곰 마크의 「나무의 맥박듣기」로 나무에서 들려오는 박동을 들으면서 나무의 생명에 관해 생각하게 하고, 마지막에 돌고래 마크의 「사이랜드 워크」로 숲 속을 산책을 하면서 얻은 여러 가지의 발견과 감동을 서로 나누기를 한다. 이와 같은 플로러닝의 「흐름」에 의해 아이들은 항상 신선한 기분과 열의를 가지고 자연과의 만남을 가질 수 있게 될 것이다.

【연구과제】

1. 체험 환경교육의 중요성과 필요성에 대하여 고찰해 보자.
2. 현재 현장에서 이루어지고 있는 환경 체험학습의 문제점을 도출하고 그 해결책을 고찰해 보자.
3. Sharing Nature(자연나눔)란 어떤 프로그램인지를 이해하고 현장에서 활용방안을 고찰해 보자.
4. Sharing Nature(자연나눔)의 교육방법론인 플로런닝의 활용방안을 고찰해 보자.
5. 우리의 생활 속에서 자연에 대한 인식을 체험하고 활용할 수 있는 장소가 있는지 고찰해 보자.

제3장 자연나눔(자연놀이) 프로그램 사례

제1절 곰 마크: 나무 고동 듣기(Heartbeat of a Tree)

목표 : 1) 참가자의 열의를 일깨운다.

2) 나무의 소리가 들리는 이유와 느낌을 통해 나무가 살아 있음을 인식하게 한다.

- 시간 : 40분
- 참가인원 : 몇 명이고 가능
- 장소 : 다양한 나무 종류가 있는 곳
- 계절 : 언제나
- 준비물 : 청진기 〈기본 2사람당 1개〉

활동순서 :

1) 듣고 싶은 나무를 선정한다. (직경 15Cm이상의 나무)
2) 나무줄기에 청진기를 데고 소리를 들어본다.
3) 이번에는 다른 나무의 소리를 들어보자. 활엽수 침엽수 나뭇잎이 있는 나무와 없는 나무 등 다양한 나무의 소리를 들어보자
4) 어떤 나무에서 어떤 소리를 들었는지 서로 나눈다.
5) 왜 나무에서 소리가 들리는지를 생각해 보자. 답을 몰라도 좋습니다. 자신이 느끼고 생각하는 것을 이야기 해 보자.

실전지도상의 포인트 :

나무에서 들리는 소리는 나뭇잎이나 나무줄기가 흔들리는 소리이거나 또는 수분을 빨아올리는 소리일지도 모릅니다. 같은 나무라 하더라도 계절에 따라 달리 들리므로 들어보는 것도 재미있습니다.

출처 : 셰어링네이처 지도자 매뉴얼, 저자: 장상욱 출판: 자연나눔연구소 출판
아이들과 함께 나누는 자연체험 1. 저자: 조셉 코넬 역자: 장상욱
출판: 우리교육. 자료제공: 자연나눔(Sharing Nature)연구소

제2절 까마귀 마크: 거미 탐정단(Wee World)

목표: 1) 주의력을 집중하게 한다.
2) 다양한 거미집 모양과 거미관찰을 통해 생명체와의 친근감을 갈게 한다.

환경조건

- 시간 : 40분
- 장소 : 다양한 모양의 거미줄을 볼 수 있는 곳 〈학교화단이나 풀숲주변〉
- 참가인원 : 몇 명이고 가능
- 계절 : 여름~가을
- 준비물 : 도화지/ 연필(4B, 5B, 6B)또는 색 연필/ 화판

활동순서 :

1) 2사람이 1모둠이 되어 다양한 모양의 거미줄을 찾게 한다.
2) 발견한 거미줄과 거미를 그려보게 한다.
3) 거미와 거미줄에 붙어 있는 곤충을 그려보고 어떤 생명체를 잡아먹는지 그 이름을 조사해 보자.
4)거미와 천적관계를 조사하고 모둠별로 나눔

그림 2. 청사진을 활용하여 나무를 관찰하는 모습

실전지도상의 포인트 :

비가 내린 후 거미줄을 관찰해보면 작은 물방울들이 줄에 붙어있어 거미줄의 구조를 쉽게 이해 할 수

있으며, 모양 또한 아름답다. 거미줄을 치는 방법, 거미줄의 특징, 먹이를 사냥하는 방법 등을 관찰하고 조사해보면 많은 것을 배울 수 있다.

출처: 셰어링네이처 지도자 매뉴얼, 저자: 장상욱 출판: 자연나눔연구소 출판
아이들과 함께 나누는 자연체험 1. 저자: 조셉 코넬 역자: 장상욱
출판: 우리교육. Play Lightly on the Earth 역자: 장상욱
자료제공: 자연나눔(Sharing Nature)연구소

제3절 까마귀 마크: 냄새 탐정단(Nose Hike)

목표 : 1) 주의를 집중하게 한다.
2) 자연을 느끼기 위한 방법으로 시각이나 청각 이외에도 여러 방법이 있다는 것을 인식하게 한다.

환경조건

- 시간 :40분
- 참가자 : 몇 명이고 가능
- 장소 : 식물이 있는 곳으로 다양성이 있는 것이 좋다.
- 계절 : 봄 ~ 가을
- 준비물 : 필기구(색연필)와 종이

활동순서 :

1)우리주변에 있는 나무나 들풀에서 어떤 냄새가 나는지 참가자에게 생각해보게 한다.
2) 냄새 맡는 방법으로 비비는 방법, 진이기는 방법, 으깨서 맡는 방법 등이 있다는 것을 이야기 해준다.
3) 시간과 범위를 정해준 후에 다양한 냄새를 찾으러 간다.
4) 찾아낸 것을 그림으로 그린 후 냄새를 글로 표현해 보게 한다.
5) 참가자 서로 자신들이 발견한 냄새를 소개하고 글로 표현한 이미지와 같은가를 나누어 본다.

실전지도상의 포인트 :

옻이 옴는 나무(옻나무, 붉나무, 은행나무 등)에 대해 만지지 못하게 사전교육과 주의가 필요하다. 좋은 냄새뿐만 아니라 다양한 냄새를 찾아내게 하는 것이 중요하다.

출처: 셰어링네이처 지도자 매뉴얼, 저자: 장상욱 출판: 자연나눔연구소 출판

아이들과 함께 나누는 자연체험 1. 저자: 조셉 코넬 역자: 장상욱

출판: 우리교육 Play Lightly on the Earth 역자: 장상욱

자료제공: 자연나눔(Sharing Nature)연구소

제4절 까마귀 마크: 눈 가리고 걷기(Blind Walk)

목표 : 1) 주의력을 집중하는 활동

2) 소리(귀), 냄새(코) 촉각(손발)이 민감해 진다.

환경조건 :

- 시간 : 40분
- 참가인원 : 2인 이상
- 장소 : 학교운동장, 공원, 숲
- 준비물 : 손수건 인원수 분(2인 1장)

활동 순서 :

1) 2사람이 1모둠을 만든다.
2) 1사람이 눈을 가린다.
3) 안내역을 맞은 사람은 눈 가리 사람이 안심하고 산책 할 수 있도록 정중하게 안내한다. 안내역을 맞은 사람은 나무줄기, 잎, 들꽃, 따듯한 곳, 찬 곳 등 변화 있는 자연물을 만져보게 합니다.
4) 손으로 만져보게 하고, 냄새나 소리 등에도 의식 할 수 있도록 코나 귀를 가볍게 만져서 서로 신호를 정해놓으면 말없이도 안내자의 의지를 전달하기 쉬다.
5) 5-15분 정도 지나면 교대합니다.
6) 2사람 모두 산책이 끝나면 체험한 것에 대해 서로 느꼈던 것과 발견한 것에 대해 이야기를 나눈다.
7) 마지막으로 헬렌캘러의 "3일간 눈을 볼 수 있다면" 등을 읽어 준다.

실전활동 포인트 :

언어는 일절 사용하지 않는다. 눈을 가린 사람이 눈 이외의 감각에 집중 할 수 있도록 배려합니다. 옷

나무 등에 위험이 있는 식물에 주의 한다.

출처 : 셰어링네이처 지도자 매뉴얼, 저자: 장상욱 출판: 자연나눔연구소 출판
아이들과 함께 나누는 자연체험 1. 저자: 조셉 코넬 역자: 장상욱
출판: 우리교육 Play Lightly on the Earth 역자: 장상욱

제5절 곰 마크: 아하! 그렇구나!(Unnature Trail)

목표 : 1) 자연을 직접체험하게 하는 활동
2) 숲 속에서 평상시 눈에 보이는 시점을 밖으로 자연이 보여주는 경이로움을 발견해 본다.

- 시간 :40분
- 참가인원 : 30명 이하
- 장소 : 잡목림
- 계절 : 언제나
- 준비물 : 없음

활동 진행순서 :

1) "이 숲에는 재미있는 자연물이 있습니다." 그것이 무엇인지 참가자들에게 찾아 보게 한다.
2) 사전에 미리 찾아 놓은 자연물을 소개합니다.
3) 이것 외에도 이 숲에는 자세히 보면 무엇과 비슷한 재미있는 자연물이 많이 있습니다. 라고 이야기 한 후 찾는 범위와 시간을 정한 후 찾아보게 한다.
4) 안내자는 참가자 한 사람 한 사람의 상황을 물어보면서 참가자가 발견한 재미있는 자연물에 인사하고 만나본다.(방문해 본다.)
5) 시간이 되면 전원 집합하게 한 후 각자가 발견한 것을 소개하게 한다.
6) 이 활동을 통해 느낀 것을 이야기한다.

실전활동포인트 :

무리해서 참가자 전원에게 발견하게 할 필요가 없다.

처음에 참가자들에게 인상에 남을 수 있는 자연물을 소개하면 자연물에 대한 흥미가 전달되어 쉽게 이해 할 수 있다.

(예) 개구리모습을 하고 있는 돌, 웃고 있는 모습하고 있는 나무줄기 등

출처 : 셰어링네이처 지도자 매뉴얼, 저자: 장상욱 출판: 자연나눔연구소 출판
아이들과 함께 나누는 자연체험 1. 저자: 조셉 코넬 역자: 장상욱
출판: 우리교육 자연나눔(Sharing Nature)(일본협회 메뉴얼 참조: 캐치 후레즈)

제6절 곰 마크: 숲속에 누워(Earth Windows)

목표 : 1) 자연을 직접체험하게 하는 활동
2) 나뭇잎의 따듯함을 느끼면서 땅과 일체감을 느껴보자.

- 시간 : 20~40
- 참가인원 : 2명 이상
- 장소 : 마른 나뭇잎이 많이 있는 곳
- 계절 : 가을부터 겨울 낮 시간
- 준비물 : 마른 낙엽, 대형 쓰레기 봉지(2명당 1장)

활동 진행 :

1) 2사람이 1모듬이 된다.
2) 서로 협력해서 낙엽을 수집에 온다.
3) 마음에 드는 장소에 한 사람이 누워 양손을 몸 옆에 가볍게 힘을 빼고 놓는다.
4) 짝지가 마른 낙엽을 몸 전체를 덯어준다. 먼지가 나지 않게 살며시 덮어준다. 이 때 얼굴에는 눈이 보이게 낙엽으로 덮어준다.
5) 낙엽 덮기가 다 끝나면 짝지는 보이지 않는 곳에서 조용히 기다린다.

짝지가 낙엽을 덮고 최소한 10분 이상 조용히 숲을 감상하게 한 후 교대 신호를 해준다. 활동이 끝난 후 어떤 느낌이었는지 서로 이야기를 나눈다.

실전 활동포인트 :

다니, 유행성 출혈열, 등 유해성 벌레가 있는 지역에서는 피하는 것이 좋다. 낙엽을 덮는 것을 싫어하는 경우에는 낙엽위에 하늘을 올려다보고 눕게 하는 것도 좋다.

출처 : 셰어링네이처 지도자 매뉴얼, 저자: 장상욱 출판: 자연나눔연구소 출판
아이들과 함께 나누는 자연체험 1. 저자: 조셉 코넬 역자: 장상욱
출판: 우리교육

제7절 까마귀 마크: 보물찾기(Scavenger Hunt)

목표 : 1) 주의력을 집중하게 한다.
2) 자연 속에서 여러 가지의 자연물 발견을 통해 "시각을 이용한 주의력"을 집중할 수 있게 한다.

환경조건

- 소요시간 : 30분
- 참가인원 : 몇 명이고 가능
- 계절 및 시간대 : 언제나 가능
- 지형과 환경 : 공원의 잔디밭보다는 다양한 나무가 있는 곳이 좋다.
- 준비물 : 없음

활동 진행순서

(1) 자연안내인은 "주위에 떨어져 있는 자연물을 찾아봅시다." "참가자 여러분이 보물이라 생각하는 것이라면 어떠한 것이라도 좋습니다."라고 설명한다.
(2) 안전을 위해서 자연물을 찾는 장소와 범위를 정하고 시간을 정한다.
찾는 시간을 5~10분 정도로 정했으면 시작한다.
(3) 시간이 되면 참가자를 집합하게 한 후 수집해 온 보물을 서로 보여주며 나눈다.
잘 볼 수 있도록 쓸어져 있는 나무나, 밑 동이 짤린 나무 위에 펼져 놓고 보면 좋을 것이다.
(4) 한 사람씩 자신의 보물을 소개한다. 어떤 면이 마음에 들었는지, 어디서 발견했는지 물어 본다.

실전지도상의 포인트

떨어져 있는 자연물만을 수집하게 한다. 또한 여러 사람이 같은 자연물을 발견했다고 하더라도 수집한 사람에 따라 왜 이것이 자신에게는 보물로 보이는지 이유가 다르다는 것이 이 활동의 재미있는 곳이다.

출처 : 셰어링네이처 지도자 매뉴얼, 저자: 장상욱 출판: 자연나눔연구소 출판
아이들과 함께 나누는 자연체험 1. 저자: 조셉 코넬 역자: 장상욱
출판: 우리교육 Play Lightly on the Earth 역자: 장상욱
자료제공: 자연나눔(Sharing Nature)연구소

제8절 자연물로 만들기

1. 춤추는 물고기

재료 : 솔방울, 스트로브잣나무 솔방울, 졸참나무 도토리깍정이, 메타세쾨이어 열매
통나무 자른 것, 철사, 참깨꼬투리....

2. 부엉이

재료 : 도토리깍정이, 솔방울, 나뭇가지, 쪽동백나무 열매, 모감주나무 씨앗, 오동나무 열매....

그림 3. 춤추는 물고기(사진 제공 이상현)

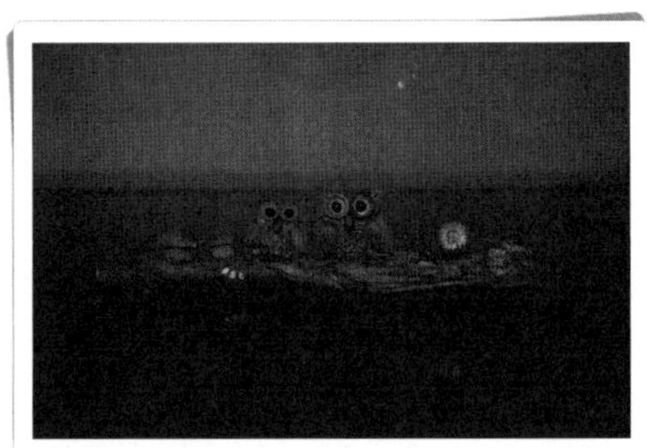

그림 4. 부엉이(사진제공 이상현)

참 고 문 헌

조셉 B. 코넬 저, 장상욱 옮김, 2002『아이들과 함께 나누는 자연체험 1, 2』. 우리교육 출판.
장상욱『쉐어링네이처 지도자 매뉴얼』. 쉐어링네이처 연구소.
조셉 B. 코넬 저, 장상욱 옮김, 2004『자연보호 운동의 선구자 존 뮤어』. 바다어린이출판.
존 뮤어, 도넬 루바이 엮음, 장상욱 옮김, 2004『스티킨』. 바다어린이출판.
캐롤 리드 존스 저, 크리스터퍼 캐니언 그림, 장상욱 옮김, 2004『오래된 숲에는 누가 살까요?』. 바다어린이출판.
존 뮤어 저, 장상원 옮김, 장상욱 감수, 2007『자연과 함께한 인생』. 느낌표.
자연나눔(Sharing Nature) 전문지도자 과정.
자연나눔(Sharing Nature) 연구소: 전화:02-502-7896, 011-224-0035.
http://www.sharingnatur.or.kr, Email: sharing1318@hamail.net

숲과 문화

1. 세밀화 그리기
2. 숲과 미술
3. 숲과 음악
4. 숲과 문학
5. 숲과 우리 민속 문화

Ⅶ

국민대학교 평생교육원·(사)숲과 문화 연구회
숲해설 아카데미 전문과정

세밀화 그리기

신 혜 우
한국식물세밀화협회/이사

VII

목차

제1장 생태 세밀화의 정의

생태세밀화는 생물종의 모습을 과학적인 눈으로 관찰하여 생물종의 전체적인 모습뿐만 아니라 사진으로 불가능한 부분이나 해부학적인 구조를 묘사하여 과학적 측면에서 종의 특징, 주요 기관의 구조 등의 표현은 물론 작가의 예술적 감각이 가미된 자연과학과 예술이 만난 결과물이다. 세밀화는 도감이나 논문에 생물종의 묘사하기 위해 삽화로 사용되거나 그 자체로 예술의 한 장르를 이루고 있다. 그 중에서도 식물종을 그린 세밀화를 식물세밀화(植物細密畵, Botanical Illustration/Botanical Art)라 한다.

제2장 생태 세밀화의 역사

우리나라의 세밀화는 솔거의 [노송도], 신사임당의 [초충도] 등의 맥을 이어 자연과 그 속에 자리한 모든 생명을 존중하는 도교, 유교, 불교 사상에 바탕을 두고 자생적으로 발생하였다. 본격적으로 세밀화라는 장르가 발전한 것은 1990년대 초반 생태 보존의 중요성이 사회적으로 공감을 얻으며 자연을 자세히 묘사한 그림이 어린이 책이나 도감에 사용되면서부터이며 현대에는 자연 속 동식물의 생태를 담아내는 그림이 생태세밀화로 불리며 자연과 더불어 살고자 하는 사람들의 많은 사랑을 받고 있다.

그림 1. 〈초충도〉, 신사임당 작.

서양에서는 이집트 시대에 동식물의 모습을 자세히 그린 벽화가 등장했으며 중세시대에는 성경 필사본의 장식화, 르네상스 시대에는 목판인쇄술로 도감 등이 만들어 지는 등 예술로서의 세밀화가 태동하였다. 바로크 시대에는 열강의 권력자들이 식민지에서 수집한 동식물을 모아놓고 감상하기 위해 동물원, 식물원, 박물관을 세우면서 동식물 연구와 함께 자연사예술로서 발달하였다. 이 무렵 발달한 동판 인쇄술과 함께 세밀화도 최전성기를 이루었다.

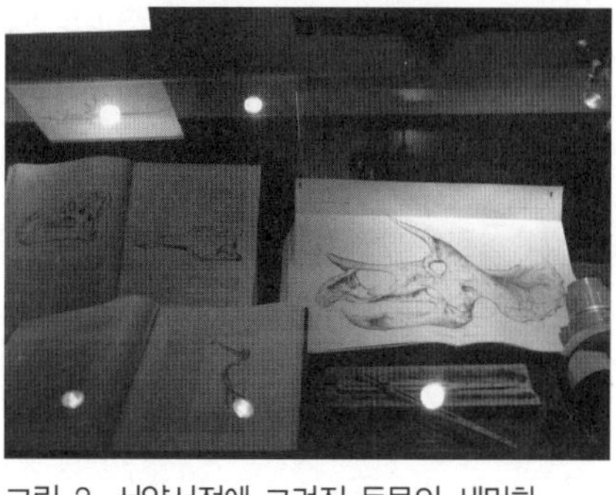

그림 2. 서양서적에 그려진 동물의 세밀화

제3장 식물 세밀화의 현황

서양, 일본 등에서는 세밀화가 하나의 장르로 태동하고 있는 현재 우리나라와 달리 이미 오래전부터 세밀화 화가와 수목원 · 식물원 및 표본관의 식물학자들에 의하여 꾸준히 발전되어 왔고 많은 작가들과 작품들로 긴 역사를 가지고 있다. 각 나라별로 크고 작은 협회들이 있으며 학교나 식물원, 수목원, 박물관을 중심으로 세밀화가 활발하다. 또한 세계적인 대회가 매년 이루어진다. 영국왕립원예협회(RHS), 미국의 Hunt Institute 에서 주관하는 전시와 메달 등은 세계적인 권위를 가지고 있다.

그림 3. 왼쪽부터 Hunt Institute 홈페이지, RHS 홈페이지(중앙), RHS 전시모습(우)

우리나라에서는 식물세밀화가 도감에 사용되어 오긴 하였으나 자연에 대한 관심이 증폭되면서 근래에 과학에 발을 딛고 선 예술의 한 장르로 몇몇 협회, 화가들에 의하여 시도되고 있는 실정이다. 또한 국가적으로 국립수목원에서는 광릉숲을 대표하는 풀과 나무, 우리나라 멸종위기종과 취약종을 아우르는 희귀식물, 우리나라 목본식물 등을 주제로 식물세밀화 사업을 추진, 수집하고 세밀화집을 발간하고 있다. 국립생물자원관에서도 매년 세밀화대회를 열어 생태세밀화를 알리고 있다.

그림 4. 국립수목원 홈페이지(일부)

제4장 세밀화에 사용되는 재료 이야기

세밀화를 그리는데 필요한 재료(畵具)는 수없이 많은데 용도에 따라서 대체로 일곱가지로 구분할 수 있을 것 같다. 아래에 대표적인 재료들을 열거하였다.

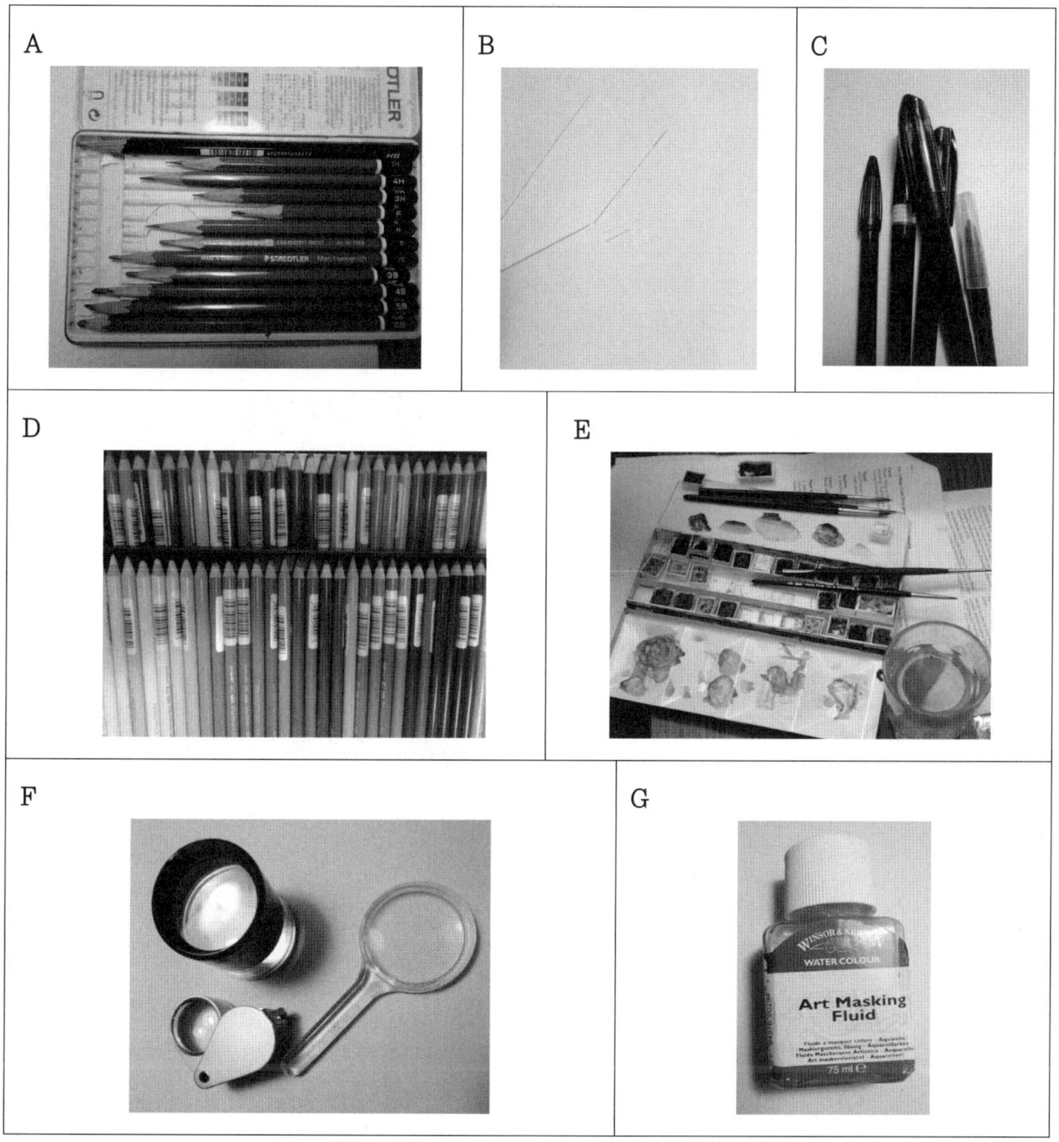

그림 5. 세밀화 화구들

화구 그룹별로 재료를 소개하면 아래와 같다;

A. 연필, 샤프펜슬, 지우개, 떡지우개 - 연필은 H(Hard), B(Black), F(Firm) 등으로 흑심의 굳기에 따라 다양하게 사용되나 주로 H쪽의 연하고 단단한 심을 이용한다.

B. 종이 - 부드럽고 매끄러우며 200g 이상의 켄트지를 주로 사용한다.

C. 펜 - 0.25, 0.2 등의 가는 펜으로 하이테크펜이나 로트링펜 등이 이용된다.

D. 색연필 - 수성과 유성이 있으며 유성은 섬세한 표현에 유용하며 수성은 색연필의 표현과 수채화의 표현이 동시에 가능하다.

E. 수채물감, 붓, 그 외 물감들 - 튜브형과 고체케익형 등이 있고 과슈나 아크릴, 유화물감 등도 이용된다. 붓의 경우 00호의 매우 가는 세필붓부터 다양하게 사용된다.

F. 현미경, 돋보기, 루페 등은 식물을 정확하게 관찰하기 위해 이용된다.

G. 마스킹액은 종이에 물감의 침투를 막는 역할을 한다.

제5장 간단한 식물 세밀화 그리기

제1절 그리기에 앞서

1. 식물의 구조 이해하기

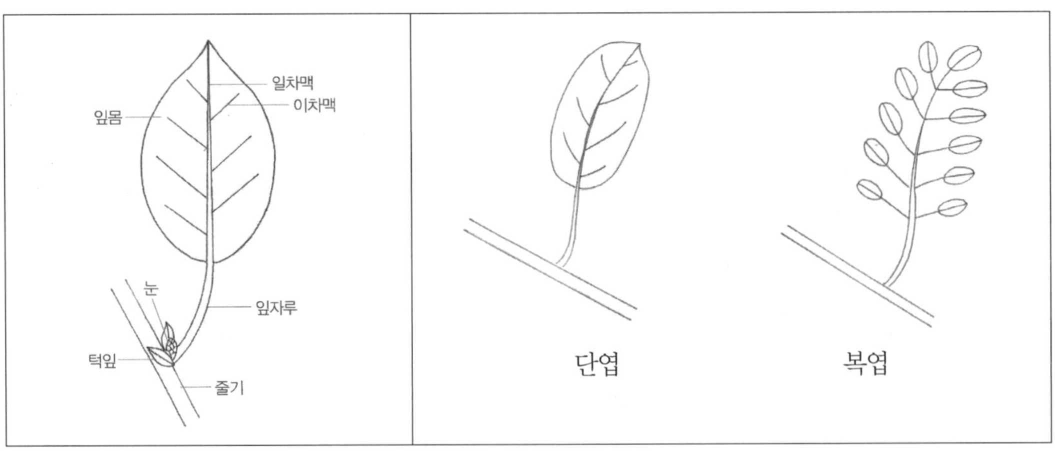

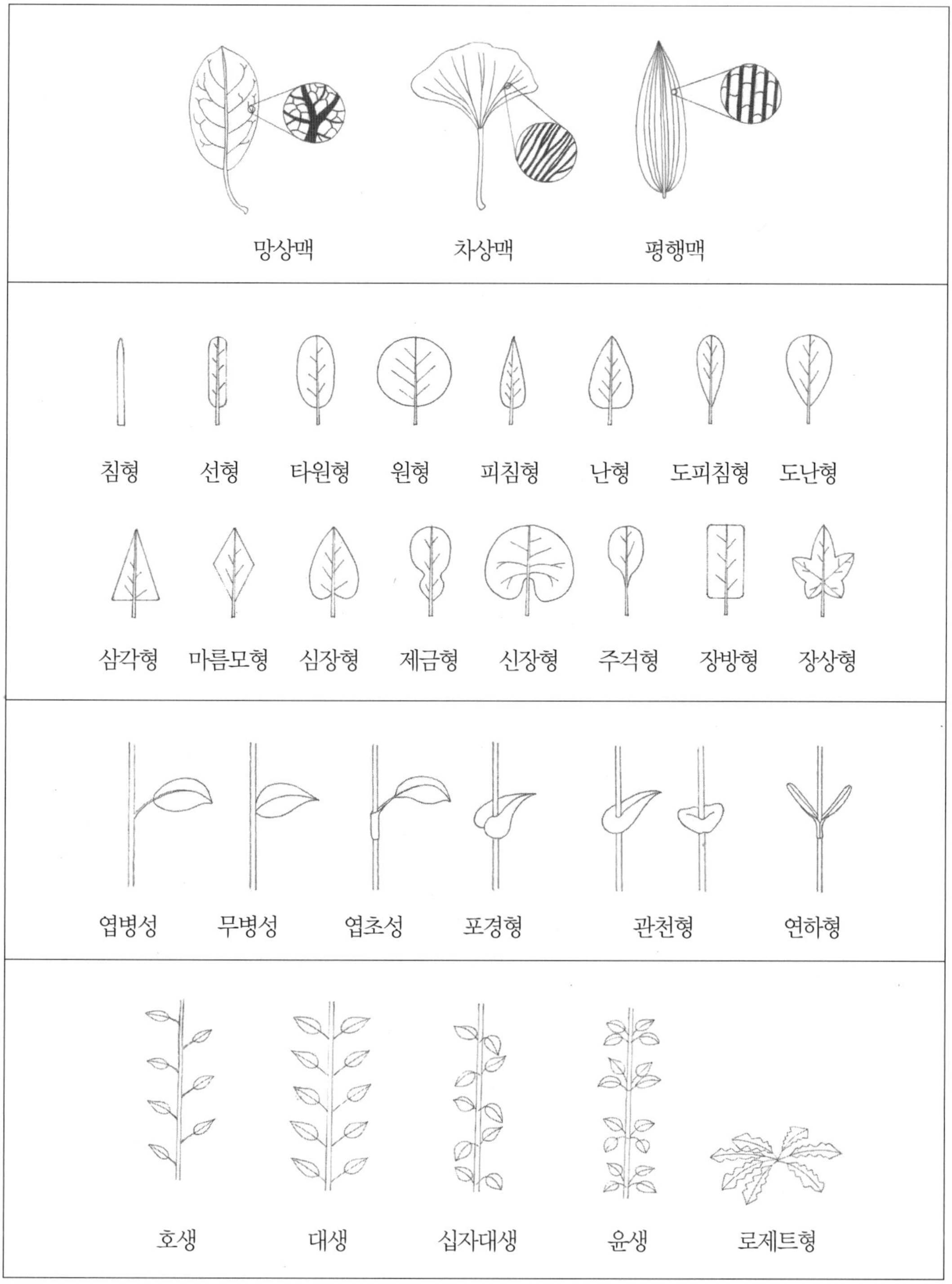

그림 6. 잎의 구조와 이름, 종류, 엽맥, 잎의 모양, 달리는 모양새

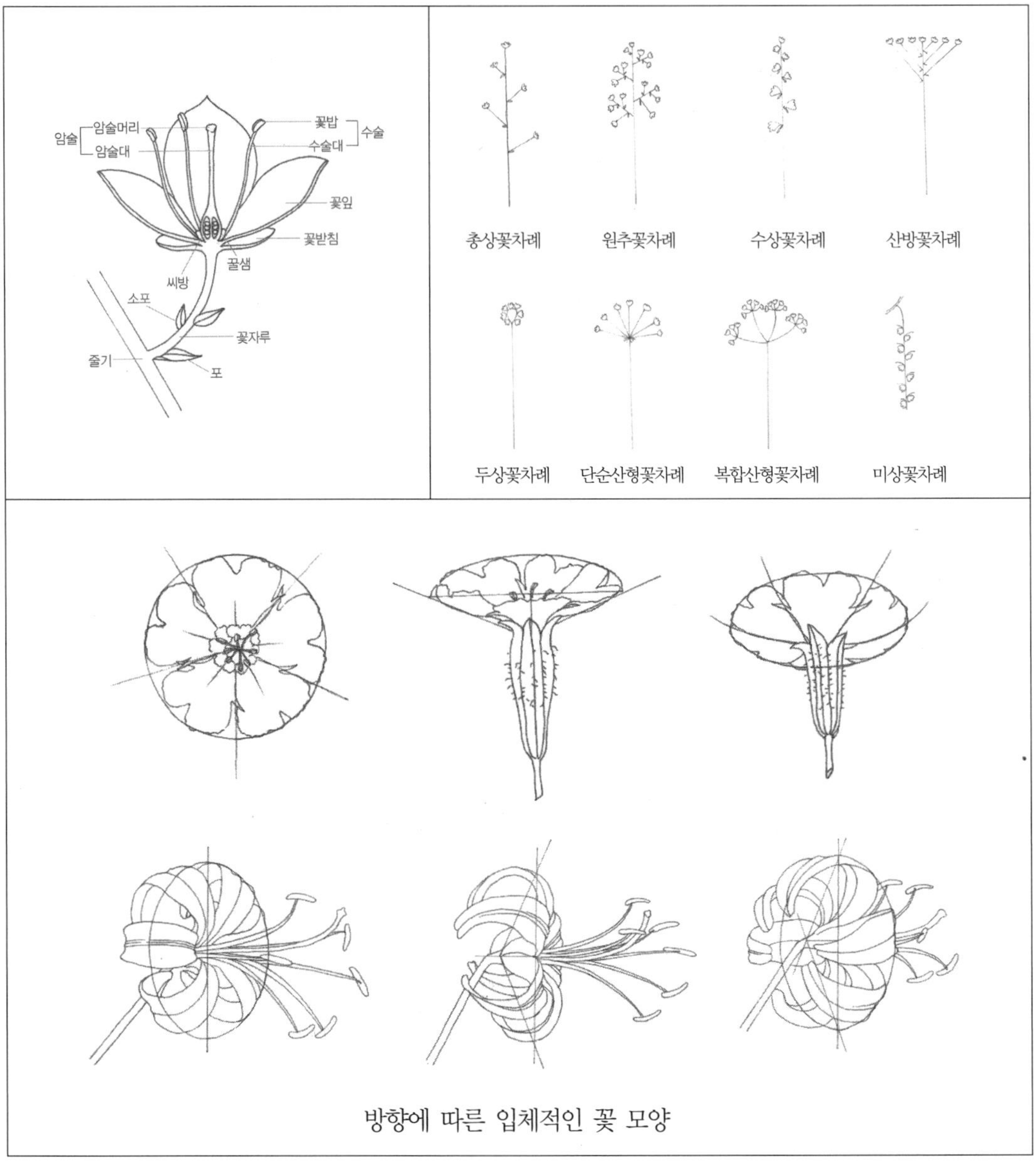

그림 7. 꽃의 구조와 이름, 화서(花序), 꽃의 모양

2. 오른쪽 두뇌로 그리기

그림 그리는 기능을 관장하는 오른쪽 뇌를 활성화하기 위해 윤곽만 보고 선을 따라 그려보자. 윤곽선에만 집중하고 어떤 물체를 그리는지에 대한 관념 없이 거꾸로 놓고 베껴 그리는 연습을 해 보자.

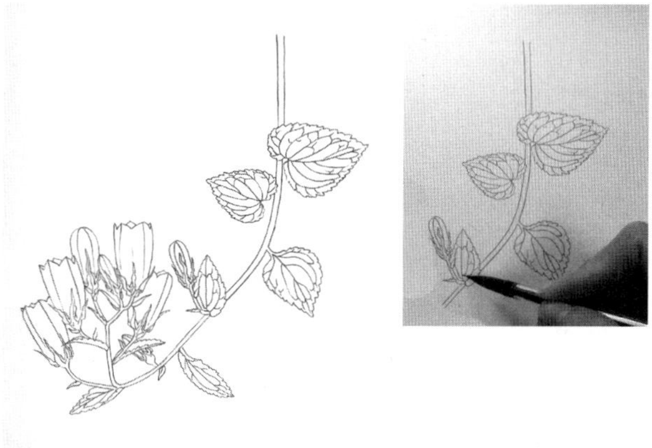

그림 8. 오른쪽 두뇌로 그리기

3. 투명판으로 그리기

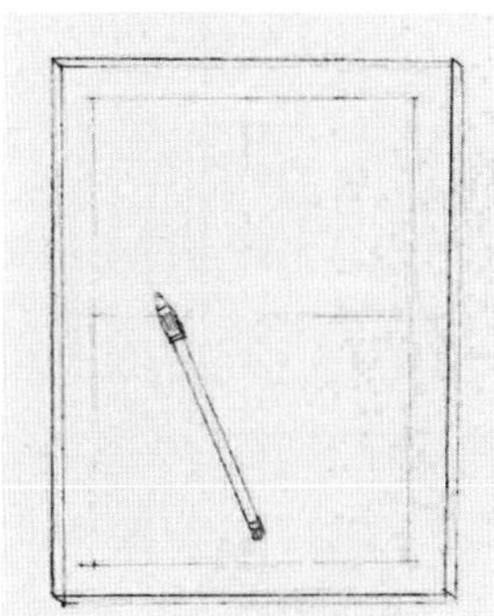

그림 9. 투명판으로 그리기(1)

◀ 투명판을 이용해 보이는 대로 선을 따라 그리는 방법으로 식물을 입체적으로 표현하는 방법을 쉽게 익히는 좋은 도구이다.

투명아크릴판과 수성 사인펜을 이용하여 투명판 넘어 보이는 물체를 그대로 따라 그린다. 아크릴판에 그린 그림은 물티슈 등으로 지우고 여러 방향으로 다시금 연습해 볼 수 있다(그림 10).

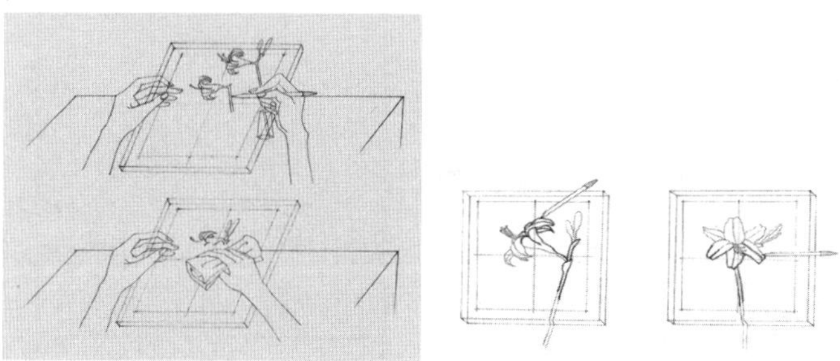

그림 10. 투명판으로 그리기(2)

제2절 스케치하기

1. 위치선정

위, 아래, 좌우 약 3cm 여백을 남기고 식물의 실제 크기와 같게 그리는 것을 원칙으로 한다. 보통 식물을 가운데 놓고 그리며 줄기의 벋는 방향 쪽 공간을 넉넉히 남기는 것이 좋다(그림 11).

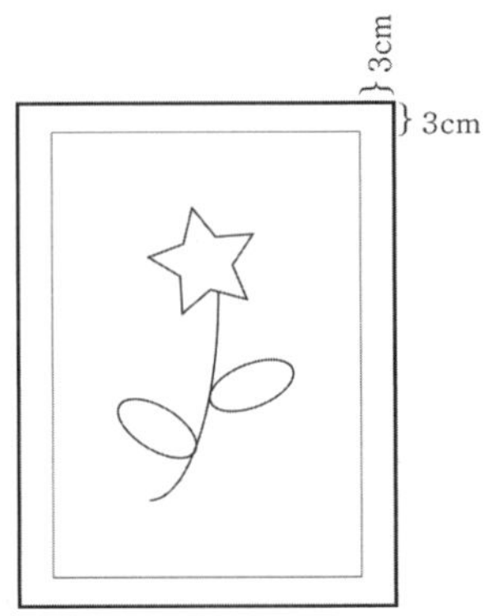

그림 11. 위치선정

2. 황금비율 이용하기

황금비(1:1.618)를 이용하면 좋은 배치를 얻을 수 있다. 시선을 끄는 포인트를 이 지점에 배치해 보세요(그림 12).

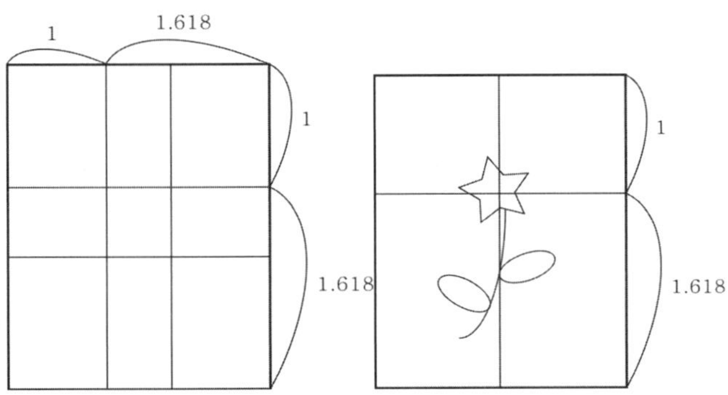

그림 12. 황금비율 이용하기

3. 여백을 이용한 안정 구조 만들기

여백을 이용해 안정된 구도를 만들 수 있다(그림 13).

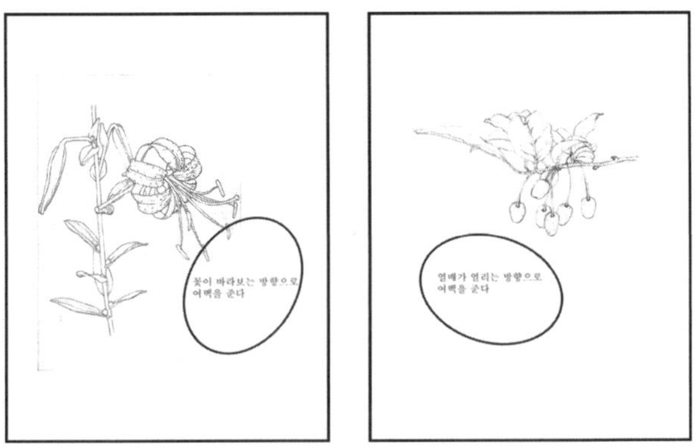

그림 13. 여백을 이용한 안정 구도 만들기

4. 스케치하는 순서

스케치 하는 순서는 아래와 같다(그림참조);

1. 전체적인 윤곽을 먼저 그린다.
2. 중요한 가이드선들을 그린다.
3. 상세한 부분을 그려나간다.
4. 그림을 다 그리고 가이드선들을 지워 완성한다.
5. 루페나 현미경을 이용해 기록할만한 상세한 형태들을 그리기도 한다.

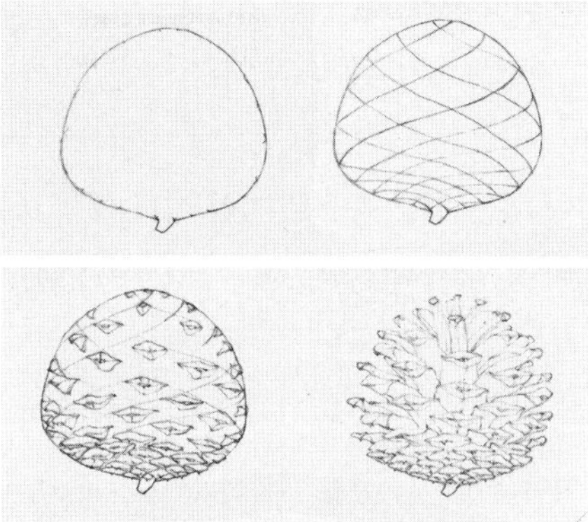

그림 14. 스케치 하는 순서 (왼쪽 위부터 시계방향으로 1, 2, 3, 4)

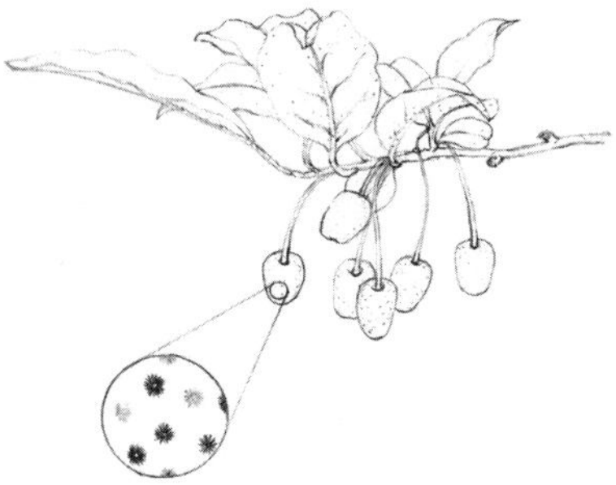

그림 15. 필요한 경우 루페나 현미경을 이용

제3절 채색하기

1. 채색순서

채색에 들어가기 전에 스케치를 채색하여 완성할 종이에 옮긴다. 스케치 시에 여러 번 그은 선 등이 그림을 지저분하게 하므로 스케치와 채색할 그림을 따로 그린다. 채색하는 순서는 아래와 같다;

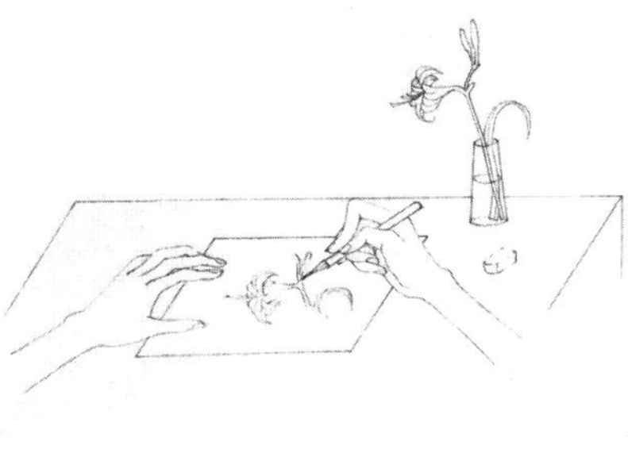

그림 16. 스케치 중인 그림(채색 순서1)

1. 종이에 자유롭게 스케치를 한다(그림 16).

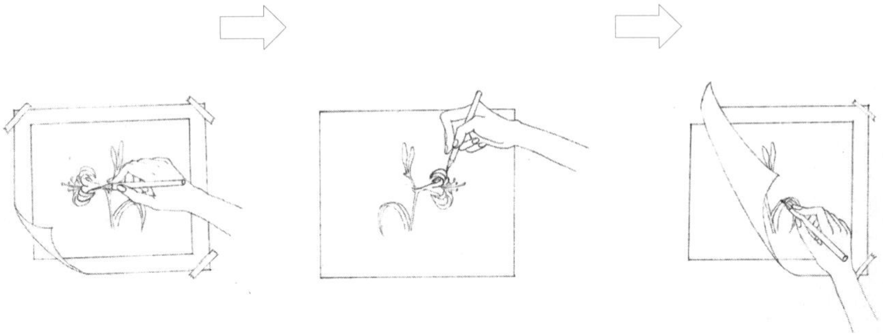

그림 17. 채색순서 왼쪽부터 2, 3, 4

2. 트레싱지를 이용하여 스케치를 베낀다.
3. 트레싱지를 뒤집어 반대쪽 진한 연필로 다시 베낀다.
4. 채색을 할 종이 위에 트레싱지를 올려놓고 단단한 심이 있는 연필 등으로 따라 그려 채색 종이 위해 흑연이 남아 그림이 옮겨지도록 한다.

2. 형태와 명암 이해하기

세밀화를 잘 그리려면 식물의 형태와 명암을 잘 이해하여야 한다.

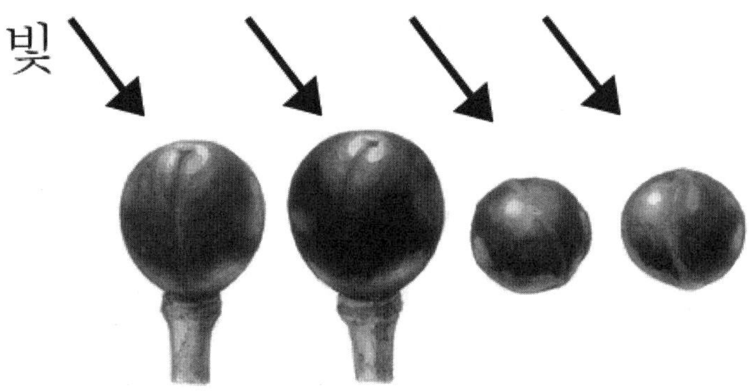

그림 18. 빛이 들어오는 방향에 따라 달라지는 명암을 파악

3. 채색하기

1. 스케치 후에 채색이 들어가기 전에 연필선이 너무 진할 경우 채색이 탁해질 수 있으므로 적당량 지우개로 연필을 지운다.

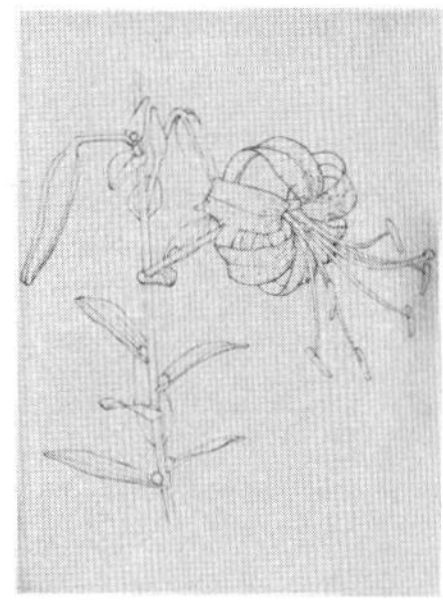

그림 19. 채색하기 1

2. 색연필과 수채화의 경우 연한색부터 차츰 색을 입혀 나간다. 색연필의 경우 식물이 가진 결에 따라 색을 입히면 더욱 자연스러운 그림이 된다.

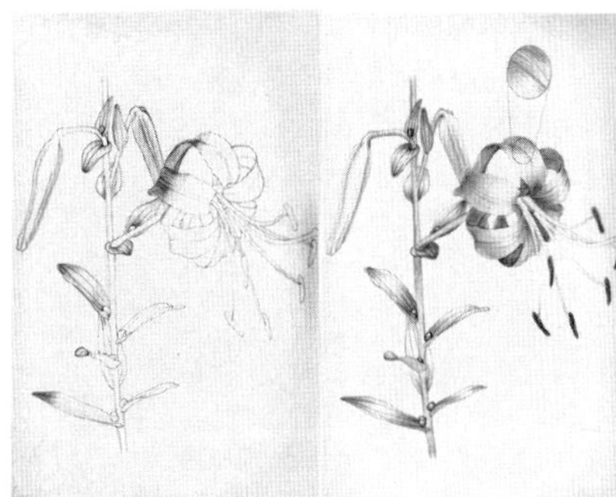

그림 20. 채색하기 2

3. 털이나 가시, 무늬 등 그 식물의 특징을 잘 나타내 마무리한다.

그림 21. 채색하기 3

그림 22. 연필로 완성하기

제4절 그 외 재료에 따른 다른 세밀화 방법들

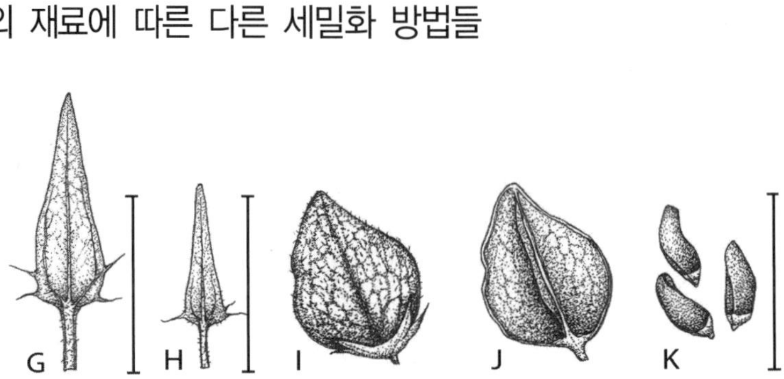

그림 23. 도감이나 논문에 자주 사용되는 펜을 사용한 학술묘사

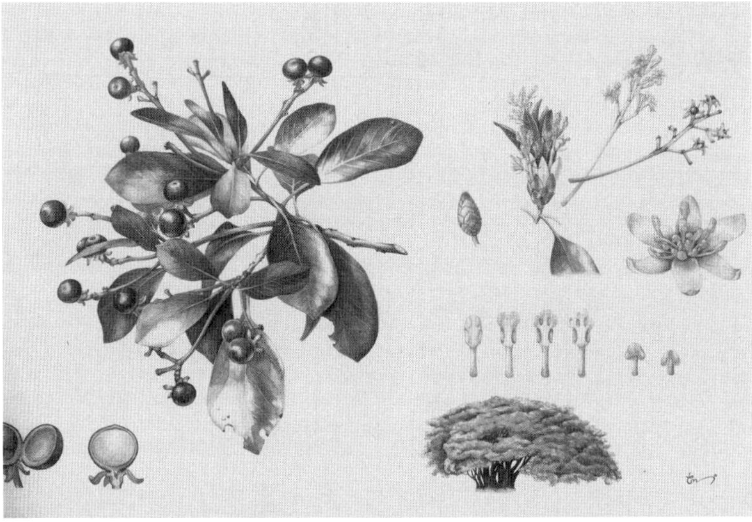

그림 24. 후박나무(Machilus thunbergii). 신혜우 작. 470x300, watercolor.
2013년 영국 왕립원예협회(RHS)에 주관의 세밀화에서 최고상을 받은 작품

※ 수업에 필요한 준비물

연필 혹은 샤프 (HB 혹은 H), 지우개, 칼, 붓(0~6호 중 가는 붓과 굵은 붓 2자루 권장)

참고문헌

[생태세밀화 쉽게 그리기] -2010. 지성사. 한국식물원수목원협회 세밀화위원회.

숲과 미술

김 현 정
한국미술사연구소/연구원

목차

제1장 민화란 무엇인가?

민화란 옛부터 실생활에서 활용을 목적으로 그려지는 모든 그림을 말한다. 실용적인 목적의 그림이란 생활공간과 혹은 의식에 필요한 공간의 장식은 물론이고 민속적인 관습에 따라 복을 청하기 위한 기원을 하기 위한 그림이 여기에 속한다.

일반적으로 민화는 일반 서민들 사이에서 사용되고 그려졌던 것을 생각하기 쉽지만 그 중에는 〈일월오악도〉나 〈모란도병풍〉과 같이 궁중 생활이나 의식에서도 사용된 그림도 있을 정도로 그 의미가 광범위하다. 민화에는 특별한 장소와 행사를 장식하기 위한 목적으로 화려한 채색을 주로 하여 그려진 것이 많으므로 민화의 개념에 대하여 채색으로 그려진 장식화로 정의하는 경우도 있다. 한편 민화는 그림을 그린 작가가 드러나 있지 않다는 공통적인 특징이 있다.

민화의 소재는 주변 자연에서 흔히 볼 수 있는 것들로 소나무, 연꽃, 모란과 같은 식물과 까치와 호랑이, 백로, 잉어와 같은 동물, 물, 해, 달과 같은 무생물의 소재에 이르기까지 자연의 모든 것을 담고 있다. 이들 대상들은 모두 자연 속에 존재하는 대상이지만 여기에 오복을 기원하는 좋은 상징적인 의미를 담는 것으로써 생활철학과 감정을 그림 속에서 구체화 시키는 것이다. 다시 말해서 옛 사람들은 민화 속에서 자연의 사물들이 담은 의미를 자신들의 실생활과 연결시키는 일종의 주술적인 의미를 담고자 하였다.

그러므로 민화를 그리는 화가의 관심사는 어떤 대상을 사실적, 객관적으로 재현하고자 하는데 있는 것이 아니라 대상이 지닌 의미나 상징성을 필요한 용도에 맞춰 선택하여 그 의미를 강조하였고, 그것을 우화적으로 표현하는데 있다. 예를 들어 모란꽃을 그린 병풍은 모란의 외형보다는 그것과 관련된 부귀, 영화 등의 상징적 의미를 전달하기 위한 것이다. 따라서 우리 옛 그림 특히 민화를 감상할 때는 표현의 아름다움에 앞서 그 소재가 전달하고자 하는 의미를 먼저 파악해야 한다.

민화는 예술적 감상을 목적으로 그려진 그림이 아니므로 그림 자체가 소박하면서도 파격적이고 해학이 담겨있는 그림들이 대부분이다. 민화와 같은 용도의 그림의 정확한 기원은 알 수 없지만 고구려 고분에 드려진 벽화와 같은 풍속그림과 장식화까지도 민화의 분류로 보자면 그 기원은 매우 오래되었을 것으로 생각된다. 대부분의 장식화들은 오래되서 낡을 경우 태워 버리는 것이 원칙이기 때문에 지금까지 남아 있는 것이 드문 것이 현실이다. 지금까지 전해 내려오는 민화들은 대부분 18세기 이후 근대에 이르는 시기에 제작된 것이다. 특히 18세기 이후 조선 사회는 정치적 경제적으로 안정되면서 경제적 여유를 갖춘 서민들이 늘어남에 따라 문화 향유 계층이 두터워지기 시작하였다. 그에 따라 민화의 수요도 증가하게 되어 사대부가나 궁중은 물론이고 민간에서도 민화의 수요가 많아지기 시작하여 대량으로 유통되었다. 민화 공급의 확대는 다양한 기법과 소재 등이 시도되면서 오늘날에 이르러 민화라고 하는 전형적인 장르를 형성하게 된 것이다.

민화가 지닌 독특한 구성과 화려한 색채, 길상이나 벽사, 유모와 해학 등은 오늘날 민화에 대한 높은 관심과 함께 우리 민족의 창의성과 현대적 미의식의 표출이라는 관점에서 가치의 재평가를 하게 되는 계기가 되었다.

제2장 민화의 특징과 종류

제1절 민화의 특징

민화는 장식적 필요에 의해 그린 그림이다.

민화는 거의가 병풍에 편집된 후 집 안에 간직되어 장소나 행사의 내용에 알맞게 선택되었다. 사랑방에는 책거리나 문자도, 혹은 주인이 호방한 성품이라면 수렵도나 호랑이 그림, 안방에는 화사한 화훼도나 부귀를 상징하는 화조도, 또는 수많은 물고기가 노닐며 다산다복을 뜻하는 어해도, 혼례의 신방에는 부귀와 영화를 상징하는 모란병풍 또는 탐스런 복숭아가 주렁주렁 열린 화조도가 제격이었다. 수연(壽宴)이나 회혼례 때는 주인의 일생을 다룬 평생도를 주문하여 장식했으며 무병장수(無病長壽)를 기원하는 십장생 그림으로 분위기를 한결 북돋았다.

문살과 창호지에도 여러 가지 장식적인 문양이나 그림 혹은 꽃이나 나뭇잎을 덧붙일 만큼 잔잔하고 은은한 아름다움을 추구했던 우리 선조들은 다락문이나 벽에도 산수화 몇 폭을 붙여 방 안 분위기를 한결 북돋았다. 그 외 문배그림이나 벽장식 그림에도 민화가 필수적으로 사용되었다. 또한 민화는 종이에만 그린 것이 아니다. 신부가 타는 꽃가마 덮개로 호피도(虎皮圖)라는 헝겊에 그린 민화를 사용했고 몸체에도 원앙이나 학을 조각했다. 이외에도 널판지, 대나무, 도자기, 가구, 문방구, 돗자리에 이르기까지 민화는 우리네 일상생활 곳곳에 놓였다.

민화는 토속신앙과 세계관이 반영된 그림이다.

민화의 특성으로는 실용성, 상징성, 예술성을 꼽을 수 있다. 순수미술이 예술성을 앞세운 반면 민화에서는 예술성보다는 실용성이 강조되는데, 이는 민화에 상징성이 부여되어 있기 때문이다. 각 시대마다 그 때에 그려진 그림에 공통적으로 드러나는 상징성이 있기 마련인데, 이러한 상징성은 그 시대의 문화적 특성을 파악하는데 도움을 준다. 민화도 예외가 아니어서 민화가 그려진 시대의 시대상을 읽어내는

데 중요한 척도가 되는 것이다.

민화에는 주술적 신앙이 반영되어 있다.

옛 그림이 지니고 있는 주요한 기능 중에서 오늘날의 기능과 다른 점은 그림이 일종의 주술적 효과를 지닌 매개체로 이용되었다는 점이다. 사람들은 이들 그림이 가진 주술적 힘이 여러 가지 재앙으로부터 보호해주고 또 소원해주는 바도 이루어준다고 믿었는데 이는 한국인의 의식 속에 자리 잡고 있는 벽사구복(辟邪求福) 사상과도 같은 맥락을 지니고 있다. 민화 중에도 토착적인 종교와 결합되어 주술적인 의미가 부여된 것들이 있는데 이를 세화(歲畵)라 하며 주로 호랑이 그림이 많이 그려졌다.

민화는 집단적 감수성의 표현이다.

서민들의 생활에 필요한 장식이나 주술적 가치로 그린 그림은 곧 그들의 공통되는 세계관을 드러낸다. 정통회화가 작가 개인의 예술성이나 개성 혹은 세계관을 드러내는 것에 비해 민화에는 일반 서민의 집단적인 미적 체험이나 세계관이 자연스럽고도 원초적인 표현 형태로 드러나 있는 것이다. 이는 민화를 완성도 높은 예술작품으로 그렸다기 보다는 생활의 필요에 의해서 그렸다는 것을 의미하며, 나아가서는 공통의 감수성을 공유하기 위한 수단으로서 그렸다는 것이다. 이처럼 민화는 곧 일반 서민들의 마음이라 할 수 있으며 공감과 공동소유에서 올 수 있는 쾌감을 바탕으로 그리고 감상하고 즐겼던 그림이다.

민화는 '뽄' 그림이다.

민화는 그 주제와 표현의 원류에 있어서 문인화나 도화서 화공들의 그림을 철저히 모방하고 있으면서도 담아내는 내용이나 표현기법은 다르다. 이는 민화가 속칭 '뽄그림'이라고 하여 일정한 본에 의해서 반복적으로 그려지는 가운데 점차 오늘날 우리가 대하는 특징을 갖추게 되었기 때문이라 여겨진다.

제2절 민화의 종류

민화의 종류는 용도와 기법, 재질, 주제 등에 의해 분류할 수 있다. 민화의 분류는 연구자에 따라 각각 그 방법과 내용에 약간씩 차이가 있는데, 이는 민화를 보는 관점에 따라 그 방법이 달라지기 때문이다. 일반적으로 민화의 화제(畵題)나 제재에 의한 분류가 가장 많지만 여러 가지 소재나 주제가 혼합되어 나타난 것도 많기 때문에 자세히 분류하려면 일반회화를 분류하는 것과 같은 수많은 항목이 필요하다.

'민화'라고 하는 이름을 처음으로 붙인 학자는 일본 학자인 야나기 무네요시(柳宗悅, 1889-1961)로 그는 교토에서 열린 민예품전람회에서 '민속적 회화'라는 의미로 '민화'라는 명칭을 처음으로 사용하기 시작했다. 야나기는 일본에서 민예운동을 일으킨 사상가이자 연구가로, 미술평론가로 민화를 문자민화, 길상과 연관된 민화, 전통적 화제의 민화, 정물민화, 도교에서 비롯된 민화 등 다섯 가지로 분류하였다. 이는 민화의 소재와 내용 그리고 특성을 고루 고려하여 분류한 것이지만 모든 민화를 여기에 꼭 들어맞게 분류할 수는 없다. 이를테면 문자민화에도 책거리와 결합되거나 정물민화와 섞여있는 것이 있으며 길상과 관련된 그림이라 하더라도 그것이 단순히 길상의 의미만 내포하는지 아닌지에 대해 분명한 선을 그을 수는 없는 작품도 많다.

한편 이우환은 민화를 십장생, 사신도, 벽사, 신선도 등의 도교적인 것, 세속화된 불화, 고승상, 사원벽화 등의 불교적인 것, 문자도, 문방도, 백자동화 등 교육적인 것, 그리고 화조, 어류, 산수, 풍속 등의 일상적인 것으로 분류하였지만 이들 그림이 시대가 흐름에 따라 거의 본래 사상과 관계없이 오히려 도형 스타일 중심으로 발전하면서 얽히고 설켰기 때문에 주제에 의한 분류가 반드시 도움이 되는 것은 아니라고 그는 밝히고 있다.

김철순은 민화를 꿈의 민화, 사랑의 민화, 믿음의 민화, 길상의 민화, 깨달음의 민화 등으로 분류하여 민화가 겨레그림으로서 서민들의 꿈과 믿음과 깨달음의 의식을 담아낸 그림이란 뜻으로 분류를 시도하고 다시 소재를 중심으로 화조, 산수, 민속, 불교화로 분류하였다.

김호연은 민화를 9개의 범주로 크게 분류하였는데 화조화, 동물화, 산수화, 풍속화, 속신화, 불교화, 윤리화, 장식화 등이 그것이다.

조자용은 민화를 크게 한화(韓畵)라 하고 이를 순수회화와 실용회화로 분류하고 있음은 앞서 설명한 바와 같다. 이를 상징별로 분류하면 수(壽), 쌍희(囍), 자복(子福), 재복(財福), 영복(寧福), 녹복(祿福), 덕복(德福), 길상(吉祥),벽사, 민족(民族) 등 열가지로 분류해야 한다고 주장하고 있다. 그리고 이를 다시 화제별로 나누어 산수화(山水畵), 수석도(壽石圖), 화훼도(花卉圖), 소과도(蔬果圖), 화조도(花鳥圖), 축수도(蓄獸圖), 영수화(靈獸畵), 어해도(魚蟹圖), 초충도(草蟲圖), 옥우화(屋宇畵), 기용화(器用畵), 인물화(人物畵), 풍속화(風俗畵), 도석화(道釋畵), 기록화(記錄畵), 설화화(說話畵), 도안화(圖案畵), 지도화(地圖畵), 혼성도(混成圖), 춘화도(春畵圖) 등 20가지로 분류하고 있다.

제3장 해설방법

제1절 주요개념 정리

1. 길상도(吉祥圖)

많은 자손과 풍부한 재물을 가지고 귀하게 되어 평안하고 오랜 삶을 누리는 것을 인생 행복의 제일로 여기고 이를 궁극적인 목적으로 삼았던 동양인 특유의 인생관을 배경으로 하여 제작되었다. 특히 동양인들은 세계와 인생의 운행을 비롯한 현상계의 길흉화복과 흥망성쇠가 신령이나 오행(五行)의 운수, 천지의 기운과 같은 초월적인 자연물들인 길경지물(吉慶之物)에 의해 결정된다고 인식하였다. 그래서 이들을 통하여 인생의 소망과 욕구를 나타내고 해결하고자 하였다. 이와 같은 길리상서(吉利祥瑞)의 사상은 ≪역경 易經≫에서 그 이념적 체계를 볼 수 있다. 중국의 한나라 때에 이르러 신선 사상과 결합되어 민간 신앙으로 신봉되게 되면서 크게 성행하였다. 내용은 복(福)・녹(祿)・수(壽)를 중심으로 부귀・영화・출세・다남(多男)・재물・행운・건강・편안・기쁨・화합 등 현실 생활에서의 길운을 의미하는 것이다. 우리 나라에서는 삼국시대의 고분 벽화・공예화 등에서 신령스런 동물이나 상서로운 꽃과 같은 것들이 길상의 소재로 다루어지다가, 고려시대에 이르러 십장생도 등의 출현을 보게 되었다. 이와 같은 전통은 조선시대로 이어져 일반 서민층에까지 크게 유행하였다. 특히 조선 후기에 많이 그려진 민화류들은 거의 대부분이 길상화의 성격을 지니고 있다.

2. 소나무의 상징

시들지 않고 늘 푸르다는 특징이 있으며 변하지 않는 영원불멸을 상징하기도 한다. 중국 진부요(陳扶搖)가 쓴 ≪화경(花鏡)≫을 보면 「소나무는 모든 나무의 어른인데, 껍데기는 용의 비늘 같고, 잎은 말갈기 같으며, 눈서리를 맞아도 시들지 않고, 천년이 지나도 죽지 않는다(松爲百木之長 皮粗如龍鱗 葉細如馬鬉 遇霜雪而不凋 歷千年而不殞).」는 구절에서처럼 오래 전부터 소나무는 장생불사의 상징으로 여겨져 왔다. 한편 소나무는 우뚝한 위용과 힘찬 기백이 온갖 나무 가운데 으뜸이고, 늙어서도 정정한 모습을 잃지 않기 때문에 옛 그림의 소재로 많이 사용되어 왔다.

3. 일월오악도

일월도(日月圖), 일월오봉산도(日月五峰山圖), 일월오악도(日月五岳圖)라고도 한다. 비교적 큰 규모로 임금이 정사를 펼치는 어좌 뒤, 임금의 초상인 어진(御眞)을 모신 진전(眞殿)이나 돌아가신 임금을 모시는 혼전(魂殿) 등에도 비치되었다. 조선 후기에는 항간에서도 일종의 장식화로 민화의 범주에서 그려지기도 하였다. 화면의 대부분을 점하는 다섯 개의 큰 봉우리와 그 아래 소나무 · 폭포 · 파도, 상단 좌우에 해와 달을 포치시켜 좌우균형을 갖춘 그림이다.

해는 왕, 달은 왕비를 상징하기도 하지만, 한편으로는 광명의 존재로 해와 달이 변함없이 왕실과 국가를 보호하고 있다는 것을 상징한다. 한편 다섯 개의 봉우리는 폭포와 함께 그려져 있는데, 우리나라의 산천을 의미한다. 원래 오악은 동서남북중앙에 있는 산이라는 뜻으로 중국에서는 동악의 태산(太山), 남악의 형산(衡山), 서악의 화산(華山), 북악의 항상(恒山), 중악의 숭산(崇山)을 의미하는데, 우리나라의 경우는 동악의 금강산, 남악의 지리산, 서악의 묘향산, 북악의 백두산, 중악의 삼각산으로 설정되어 있다. 이렇게 국토의 다섯 산들을 오악으로 하여 신격을 부여하여 산신에게 제사하는 것이 예부터 내려온 기본적인 산악신앙이었다. 일월과 오악은 다른 한편으로는 음양오행의 다른 표현으로 온 우주의 삼라만상의 기운이 그림 안에 담겨서 왕실과 나라를 보호하고 있음을 상징한다.

오악의 좌우에는 붉은 줄기의 소나무 두 그루가 대칭을 이루고 서 있는데, 소나무의 푸르름은 변함없는 자연을 상징하기도 하지만 지조와 절개가 높은 충신(忠臣)을 상징하기도 한다. 사마천의 ≪사기≫에서는 「소나무와 잣나무는 온갖 나무 가운데 으뜸이니 궁궐을 짓는 데 적당하다.」 고 언급한 바 있는데, 소나무의 우람한 자태는 믿음직한 충신의 표상을 닮았다. 그래서 송나라 때의 정치가 왕안석(王安石, 1021~1086)이 「소나무는 모든 나무 중의 어른으로 공(公)과 같다.」 고도 하였다.

한편, 화면 하단에 일렁이는 파도는 삼라만상을 키워내어 나라를 풍요롭게 만들 기본을 상징하며 이는 나라의 밑바탕이 되는 백성들을 상징한다고도 볼 수 있다. 하지만 그 파도는 혹은 조정(朝廷)을 의미하기도 한다. 파도를 의미하는 조(潮)와 조정을 의미하는 조(朝)의 음이 같은 것에서 그 상징적 의미를 찾을 수 있는데, 조정에서 정사를 보는 관리들의 관복의 흉배에도 파도 문양이 있는 것을 볼 수 있다.

결국 일월오악도에는 왕과 왕비, 국토와 충신, 백성들이 어울어져 자손 대대로 풍요롭고 변함없으며 영원무궁토록 번성하고 조화로운 국가를 이루어가고자 하는 염원을 담겨 있다.

4. 십장생도 : 숲에서의 화합. 조화.

예로부터 오래 산다고 알려진 장생 상징물들을 모아서 그린 그림이다. 십장생이란 원래 해, 산, 물, 돌, 구름, 소나무, 불로초, 거북이, 학, 사슴 등 열 가지의 장생의 상징물들을 말한다. 하지만 민화에는 이 열가지가 모두 나타나지는 않고 여기에 대나무나 복숭아 나무가 추가되는 경우도 있다. 복숭아 나무는 한무제의 고사에 등장하는 삼천 년에 한번 꽃이 피고 삼천년에 한번 열매가 열리는 것으로 동방삭이가 이것을 먹고 삼천갑자를 살았다는 장생의 상징이기도 하다. 또한 대나무 죽(竹)의 발음이 축(祝, 축원하다)와 같고, 대나무가 뿌리를 내리고 있는 바위는 수(壽) 즉 수명장수를 뜻하기 때문에 축수(祝壽, 오래살기를 기원함)의 의미를 지니고 있기도 하다.

십장생도 그림은 민화 길상도의 원래 의미인 수명장수를 축원하는 의미를 담고 있는 그림이기는 하지만 이것을 현대적인 관점으로 볼 때는 자연 속 여러 대상들이 숲에서 서로 화합하고 조화를 이루는 모습을 담고 있는 것으로 해석할 수도 있다.

5. 세화(歲畫)

세화는 새해를 맞이하면서 자신과 이웃의 평안과 무병장수를 기원하는 그림으로 다른 그림들과는 달리 그리는 시기가 정해져 있는 그림을 뜻한다. 그림의 내용은 주로 신년 정초에 그려지는 길상의 의미를 담고 있다. 〈동국세시기(東國歲時記)〉에 따르면 매년 정초가 되면 "도화서(圖畫署)에서 수성(壽星), 선녀(仙女), 직일신장(直日神將)의 그림을 그려 임금에게 그리고 또 서로 선물하는 것을 세화"라고 하였으며, 왕은 신년에 화사에게 그림을 그리게 하여 가까운 신하들에게 선물하였다고 〈조선왕조실록〉에서는 전하고 있다.

궁궐을 중심으로 사대부들 간에 유행하였던 길상벽사용 그림이 시대가 내려오면서 일반 백성들에까지 확산되어 조선 말기에 이르면 이러한 세화가 대량으로 제작되어 민간에서도 신년에 가정의 안녕과 무병장수를 기원하는 풍속이 널리 퍼지게 되었다. 민화에서 자주 보는 〈까치 호랑이〉나 〈용〉 그림은 '호축삼재(虎逐三災, 호랑이가 삼재를 몰아낸다.)', '용수오복(龍輸五福, 용은 오복을 가져다준다.)'을 의미하는 것으로 신년이면 악한 기운을 몰아내고 오복을 불러 온다는 뜻이다. 이 그림들은 세화의 용도로 그려져 신년이면 대문 밖에 붙여 한해동안의 평안을 기원한 그림들이다.

길상상징(吉祥象徵) : 인간에게 복을 가져다 준다는 의미를 지닌 사물이 지닌 상징.

도상상징(圖象象徵) : 그림 속에서 그림기호로 표현된 상징.

민화(民畫) : 우리나라에서 전통적으로 공간이나 의식을 위한 장식이나 길상, 벽사를 기원하는 의미를 지닌 실용적인 목적으로 그려진 채색화. 속화 혹은 겨레그림이라고도 한다.

제2절 활동과정

1. 우리 옛 그림 속에 등장하는 자연요소 찾기

숲 속의 다양한 생물(식물과 동물)과 무생물은 옛 그림에 자주 등장하는 소재가 되며, 또한 이들 숲(자연)의 소재가 서양화와 동양화에서 그림의 대상으로 쓰일 때 어떤 차이점이 있는지 알아본다.

① 참가자들에게 숲을 구성하고 있는 사물들 중에 무엇이 있는지 관찰하도록 한 다음, 숲 속에는 다양한 생물 (식물과 동물)과 무생물이 있음을 확인하고, 이들 대상이 모두 그림의 소재가 된다는 것을 참가자들과 함께 공감한다.
해설가는 참가자들에게 다음의 질문을 한다.
이 숲에는 무엇이 있나요?
이 숲에 있는 소재를 대상으로 그림을 그린다면 무엇을 그리겠습니까?
왜 그것을 그릴건가요?
[참가자들은 산, 나무, 풀, 꽃, 다람쥐, 새 등 다양한 대답이 나올 것이며 그 다양한 대상물을 소재로 그리는 이유 또한 다양하게 대답할 것이다.

② 숲 속 그림의 소재 중 중 옛날 사람들이 특히 많이 그렸던 자연의 대상에 대해 알아보고, 동양화에 나타난 숲 속 대상물이 서양화와 다른 점에 대해 설명한다.
옛 그림에 자주 등장하는 숲 속 대상물에는 어떤 것들이 있을까요?
〈활동자료1〉을 보여주며 동양화에 자주 등장하는 숲 속 대상물로 소나무, 학, 사슴, 호랑이, 바위(돌), 물, 물고기 등이 있음을 알려준다. 또한 이런 동양화는 서양화의 숲 속 그림과 어떤 차이점이 있는지 〈활동자료2〉를 통해 비교 설명한다.

서양화의 숲(자연)은 신화나 성경의 내용을 전달하기 위한 배경으로 사용되었으며, 또 한편으로는 자연의 외형적인 아름다움을 사실적, 객관적으로 묘사하여 자연미를 재창조하는 경우가 많다.
동양화에서 숲(자연)에서 볼 수 있는 돌. 나무. 동물 등 사물의 생태적 특징을 관찰하고 그 특징을 상징화시켜 그 정신을 강조하거나 의미를 전달하는 그림을 많이 그렸다.

③ 보여주는 대상들이 옛 그림의 소재로 많이 선택된 이유에 대해서 알아본다.
왜 옛날 그림에는 이러한 소나무, 대나무, 까치, 호랑이, 바위, 물 등을 많이 그렸을까요?

그림 1. 동양화와 서양화(활동자료1,2)

옛 그림에서 많이 등장하는 소나무, 잣나무, 호랑이, 까치 등은 사람들의 삶에 도움이 될만한 각각의 좋은 생태적 특징과 의미를 가지고 있다. 그래서 옛 그림에 이러한 대상이소재로 많이 등장하게 되었다.

2. 작품에 등장하는 자연소재의 의미와 상징적 의미를 지니게 된 이유

옛 그림 속 소재들과 숲속 생태계의 상관관계를 이해하는 과정으로 생태관찰을 통해 사물들이 지닌 상징적 의미를 지니게 된 원인을 알아보고, 여기서 말하는 '상징'과 또한 그림 속 상징을 말하는 '도상'의 개념에 대해서 알아본다.

① 〈활동자료3〉을 통해서 그림 속 소재의 특징과 상징적 의미가 무엇인지 서로 관련 있는 것끼리 화살표로 연결해 보도록 한다.

소나무가 다른 나무들과 다른 특징은 어떤 것들이 있을까요?
소나무의 생태적 특징들은 어떻게 해석하고 받아들일 수 있을까요?
소나무의 상징적 의미를 어떻게 해석할 수 있을까요
호랑이는 어떤 특징이 있죠?
호랑이의 특징은 무엇을 의미 하나요?
호랑이가 의미하는 것은 다음 중 무엇을 상징할 수 있을까요?

표 1. 활동자료 3-그림 속 소재의 특징과 상징

그림 속 소재	특징	상징적 의미
소나무	잎이 항상 푸르고 무성하다. 오래 살고, 오래 될수록 그 모습의 운치와 기백이 살아 있다. 절벽 틈이나 바위 위에서도 뿌리를 내리고 사는 강한 생명력	변하지 않음. 장생불사 노년의 기백과 운치 강한 생명력 충신(忠臣)
호랑이	무섭다. 발톱과 이빨이 뾰족하고 위험하다. 모든 동물 중의 제왕.	나쁜 기운을 물리친다. 산을 지키는 수호신 산신(山神)의 사자(使者) 강인함 / 용기
돌(바위)	딱딱하다.(견고하다) 성질이 변하지 않는다. 산을 구성하는 중요한 요소.	영원함. 장수 굳건함(견고)
물(폭포)	높은 곳에서 낮은 곳으로 흐른다. 만물을 키워낸다. 막힌 곳은 돌아간다. 부족한 곳은 채우며 많으면 넘친다. 시원하다.	지혜로움. 여유. 생명의 근원

위의 활동에서 살펴본 바와 같이 소나무는 시들지 않고 늘 푸르다는 특징이 있으며 변하지 않는 영원불멸을 상징하기도 한다. 한편 소나무는 우뚝한 위용과 힘찬 기백이 온갖 나무 가운데 으뜸이고, 늙어서도 그 정정한 모습을 잃지 않기 때문에 옛 그림의 소재로 많이 사용되어 왔다.

호랑이는 무서움과 용맹함, 모든 동물들의 제왕이라는 점에서 산의 수호신이자 인간의 삶에서 나쁜 일이나 재앙을 몰아내주는 수호신의 역할로 그 의미가 확대 되었다.

무생물인 돌(바위)은 산을 구성하는 중요한 요소이면서 변화하지 않으며, 견고하다는 특징으로 영원불멸이나 굳건함을 상징하게 되었다.

물은 시냇물이 되기도 하며, 절벽에서는 폭포가 되어 시원하게 떨어진다. 시냇물이 있는 숲은 시원한 청량제이며 숲의 생물들을 키워내는 생명의 근원이다. 이외에도 물은 높은데서 낮은 곳으로 흐르고, 움푹 파인 곳은 채우며, 많아서 넘치면 다시 아래로 흐른다. 또 앞이 막혀있으면 옆으로 돌아서 흐르고 비가 많이 와서 수량이 거세어지면 새로운 흐름을 만들어낸다. 이런 물의 특징을 다시 해석해서 부족하면 채우고, 다 채울때 까지 기다릴 줄 알며, 스스로를 낮추고, 돌아가고 새로운 흐름을 만들어 내는 지혜가 있다하여 예로부터 군자들이 갖추어야 하는 지혜를 상징하게 되었다.

② 그림 속 소재로 등장하는 소나무, 호랑이, 바위, 물은 각각 산을 지키는 수호신, 영원함, 장수, 지혜, 생명의 근원을 상징한다고 했을 때, 여기서 등장하는 '상징(도상상징)'의 이론적 의미와 형성과정에 대해서 알아본다.

상징과 도상 무슨 의미이며 어떻게 형성될까?

상징이란 복잡한 개념이나 이미지를 단순하게 나타내거나 표시하는 의사전달의 한 요소이다. 기독교의 십자가, 소방서의 119, 평화의 상징인 비둘기 같은 것으로, 일례로 대나무는 군자의 절개를 상징하고, 소나무는 푸르름을 상징하는 것이다.

이것이 그림 속에 그림기호로 표현되었을 때 이를 도상이라고 하며 도상은 영어로 아이콘(icon)이다. 컴퓨터 바탕화면에 떠 있는 아이콘들을 보면서 사용자들이 어떤 프로그램인지 구분하고 인식할 수 있는데, 이것도 도상의 또 다른 모습이다.

그러므로 상징이나 도상은 그림 속의 내용을 전달하는 방식으로, 그림 속에 그려진 도상 상징을 통해서 작가가 전달하고자 하는 내용을 감상자가 인식할 수 있도록 한다. 따라서 민화, 산수화와 같은 동양회화가 풍경이 지닌 아름다움을 보여주는 그림이라고 하기보다는 작가의 생각을 전달하고자 하는 그림이라는 점에서 '도상상징'이 갖는 비중이 매우 크다고 할 수 있다. 도상상징은 상징화 되는 대상의 생태적 특징을 많은 사람들이 공감하며 인지하는 과정을 통해 형성된다. 그 과정에서 문헌(글), 그림 등은 도상상징 형성에 매우 중요한 근거가 되기도 한다.

3. 옛 그림이 자연을 아름다움의 대상으로 보지 않고 좋은 의미 전달의 도구로 삼은 까닭

우리나라를 비롯한 동양에서는 자연은 인간이 극복해야하는 대상이기 보다는 삶의 공간이자 인격 도야의 터전으로 인식하였다. 특히 숲이나 산은 보다 나은 인격을 형성하고 인간의 성품을 완성하는 중요한 공간으로 여겨졌다. 그러므로 숲과 자연은 단순한 관찰이나 감상의 대상이 아닌 그 자체가 체험의 공간이라고 인식하는 자연에 대한 적극적인 태도를 갖게 되었다. 옛사람들은 숲을 체험하던 중 자연을 구성하고 있는 요소들의 생태적 특징을 인식하게 되었고, 이들 자연 요소들이 지닌 장점들이 우리 인간의 삶 속에도 그대로 적용되기를 기원하였다. 따라서 자연의 대상물들을 그림으로 그려 그것을 곁에 두면 자연 속에서의 미덕들이 인간의 삶에도 긍정적인 영향을 주기를 기원하는 뜻으로 그림 속 소재로 삼은 것이다. 이러한 상징들을 '길상상징(吉祥象徵)'이라고 한다.

① 길상 상징이란 무엇을 말하는가?

예부터 많은 자손을 두고(多男), 재물이 부족하지 않고(富), 귀하고(貴), 건강하게(康寧) 오래 사는 것(長壽)을 오복(五福)이라 하여 인생의 행복에 제일로 여겼다. 특히 우리 선조들은 세계와 인생의 길흉화복이 자연의 기운에 의해 좌우된다고 믿었으므로 자연의 대상들이 지닌 좋은 기운과 특징이 인간의 삶에도 좋은 영향을 줄 것으로 생각하였다. 따라서 이러한 좋은 의미를 지닌 상징을 그려서 곁에 둠으로 하여 인간의 복된 삶이 영위될 수 있도록 기원하는 뜻을 담고 있는 상징을 길상 상징이라고 한다.

② 옛 그림 속에 자주 등장하는 길상 상징에는 어떤 것들이 있는지 알아본다.

옛 그림에 자주 등장했던 길상 상징의 대상물들을 살펴보고 각각의 대상들이 가지는 상징의 의미를 생각해 본다. 해설가의 설명을 통해 〈활동자료4〉에 그려진 그림과 길상 상징을 서로 연결시킨다.

옛 그림에 자주 등장하는 길상 상징 동물에는 어떤 것들이 있을까요?
또 이런 동물들은 어떤 길상 상징의 의미가 있을까요? 생각해 봅시다.
호랑이 : 사악한 잡귀를 물리치고 악운을 몰아낸다. 용맹함의 상징
까치 : 상서로움과 기쁨을 전해준다. 희작(喜鵲) 기쁨을 전해주는 새
학 : 천년을 사는 동물로 알려져 있다. 장수의 상징. 고고한 품위
사슴 : 관록(官祿)을 상징. 명예
거북이 : 장수의 상징
물고기 : 다산(多産), 벽사(辟邪, 물고기는 항상 눈을 뜨고 있으므로), 입신출세

옛 그림에 자주 등장하는 길상 상징 식물에는 어떤 것들이 있을까요?
또 이런 식물들은 어떤 길상 상징의 의미가 있을까요? 생각해 봅시다.
소나무 : 지조와 절개, 장수의 염원
불로초 : 영지버섯이라고도 함. 불로장수
대나무 : 군자의 절개, 죽순은 자손번성의 의미
매화 : 가장 일찍 피는 꽃, 군자의 기상, 다섯 개의 꽃잎은 오행의 조화

이 밖에 다른 사물에는 어떤 것들이 있을까요?
해 : 하늘, 왕, 아버지, 빛, 낮
달 : 왕비, 어머니, 밤
바위 : 굳건함, 견고함, 영원불멸
물 : 생명의 근원, 군자의 지혜, 풍요로움

4. 옛 그림 속에 있는 길상 상징의 해석

숲과 자연을 소재로 한 옛 그림을 감상하면서 그림 속에서 나타내고자 하는 의미를 읽어본다.

① 〈활동자료5〉 세화(歲畵)

〈세화〉란 새해를 맞이하면서 자신과 이웃의 평안, 무병장수를 기원하는 그림으로 다른 그림들과는 달

리 그림 그리는 시기가 정해져 있는 그림을 말한다.

민화에서 주로 많이 볼 수 있는 〈호랑이와 까치〉,〈용〉 그림이 대표적인데, 〈호랑이와 까치 〉그림은 '호랑이가 삼재를 몰아낸다.' 는 의미를 상징하며, 〈용〉 그림은 '용이 오복을 가져다 준다'고 의미하는 것으로 신년이면 악한 기운을 몰아내고 오복을 빈다는 뜻에서 그려졌다.

〈호랑이와 까치〉 그림을 앞서 배운 상징과 의미로 풀어보면 호랑이는 나쁜 기운을 물리치고 악운을 몰아내며, 까치는 반가운 소식, 즉 좋은 일이 많이 생기기를 기원하며, 소나무의 장생불사의 상징으로 한해 동안 무병무탈의 염원을 담고 있다.

신년이면 세화를 대문 밖에 붙여 한해 동안의 평안을 기원하였다.

그림 2. 활동자료5-세화

② 〈활동자료6〉 십장생도

예로부터 오래 산다고 알려진 장생 상징물들을 모아서 그린 그림이다. 십장생이란 원래 해, 산, 물, 돌, 구름, 소나무, 불로초, 거북이, 학, 사슴 등 열 가지의 장생의 상징물들을 말한다. 하지만 민화에는 이 열가지가 모두 나타나지는 않고 여기에 대나무나 복숭아 나무가 추가되는 경우도 있다.

복숭아 나무는 한무제의 고사에 등장하는 삼천 년에 한번 꽃이 피고 삼천년에 한번 열매가 열리는 것으로 동방삭이가 이것을 먹고 삼천갑자를 살았다는 장생의 상징이기도 하다. 또한 대나무 죽(竹)의 발음이 축(祝, 축원하다)와 같고, 대나무가 뿌리를 내리고 있는 바위는 수(壽) 즉 수명장수를 뜻하기 때문에 축수(祝壽, 오래살기를 기원함)의 의미를 지니고 있기도 하다.

십장생도 그림은 민화 길상도의 원래 의미인 수명장수를 축원하는 의미를 담고 있는 그림이기는 하지만 이것을 현대적인 관점으로 볼 때는 자연 속 여러 대상들이 숲에서 서로 화합하고 조화를 이루는 모습을 담고 있는 것으로 해석할 수도 있다.

그림 3. 활동자료6–십장생도

③ 〈활동자료7〉 일월오악도

일월오악도는 경복궁, 덕수궁, 창경궁, 창덕궁 등 임금이 집무를 보는 정전 어좌 뒤를 장식하는 그림이다.

일월오악도는 동양의 음양오행사상과 풍수지리사상을 바탕으로 하는데 음양을 달과 해로, 오행을 다섯 봉우리의 산으로 표현하였다. 달과 해는 영원히 없어지지 않는 영원불변을 상징하고, 또 왕과 왕비를 상징하며, 나라의 영원불변을 상징한다. 다섯 산은 오행을 상징하고 임금이 다스리는 영토를 상징하며 임금의 장수를 기원하는 것이고, 소나무는 충성스러운 신하를, 파도는 백성을 의미한다.

국왕은 천명을 받아 삼라만상을 통치하는 존재이며, 국왕이 다스리는 영토는 음양오행의 작용으로 태평성대를 이룬다는 뜻이다. 이렇듯 일월오악도의 해, 달, 오악(五嶽), 소나무, 폭포수는 천계(天界-하늘세계), 지계(地界-땅의 세계), 생물계의 영원한 생명력의 표상으로 여러 신의 보호를 받아 자손 만대까지 번창하라는 의미다.

그림 4. 활동자료7–일월오악도

제4장 평가

제1절 평가목표

다음 사항이 잘 이해되었는지를 평가할 수 있다;

숲속 생태계가 어떻게 해서 그림 속 길상상징이 되었는지를 이해한다.

길상 상징 소재들이 지닌 생태적 특징을 이해한다.

그림 속 길상 상징을 읽는 방법을 이해한다.

옛 그림속의 길상 상징을 읽는 방법을 이해한다.

제2절 평가방법

강사(해설가)가 준비한 평가지를 활용할 수 있다.

참 고 문 헌

허균, 1991. 『전통미술의 소재와 상징』, 우리문화출판사.

허균, 1998. 『꿈과 사랑-매혹의 우리민화』, 호암갤러리.

안휘준, 1998. 「우리 민화의 이해」, 『매혹의 우리민화』, 호암갤러리,

정병모, 2009. 「민화에 나타난 색채의 원리와 실제」, 『몽골의 붉은 영웅 한국민화를 만나다』. 서울시 울란바타르시 자매결연 기념교류전 도록, 2009. 2001. 『Nostalgie coreennes』, Guimet Museum, Paris.

국민대학교 평생교육원·(사)숲과 문화 연구회
숲해설 아카데미 전문과정

숲과 음악

변 규 백
전 중앙승가대학교/교수

VII

목차

제1장 개요

음악의 각 장르 속에 깃든 나무와 숲의 흔적

인간은 생명의 모태요 삶의 터전인 자연을 잠시라도 떠나서는 살수가 없으며, 자연으로부터 무한한 생명의 氣를 받고 살아가야 한다. 그래서 인간이란 대자연의 一部이고 자연과 더불어 共存, 共生하고 共食하며 나아가 共心과 共體인 존재현상이다. 그러므로 자연을 성스럽게 보전하고 보호해야 할 의무는 바로 우리들의 生命유지와 직결된 본질적인 문제이다. 숲과 문화 연구외가 97년도 사업의 일환으로 〈숲과 음악〉이란 주제를 가지고 학술토론회를 개최하려는 일은 매우 반갑고 고무해야 될 일이라고 본다. 숲이 문화예술의 여러 장르와 관련을 맺지 않은 것이 없다는 점은 일반적인 견해에 속하지만, 특히 음악예술에 있어서는 작품의 소재와 주제에서 숲과 관련된 자연적인 요소들을 표제 음악적으로 많이 사용하고 있다는 점이다. 성악곡에서보다는 기악곡에서 〈숲과 음악〉이란 표제적, 악곡소재의 제한된 주제로서 그에 관한 내용을 구체적으로 다루기에는, 안이하고, 단순한, 흥미위주의 작업일는지 모르지만, 음악미학적인 측면에서 보면 일반적으로 생각한 것보다는 그렇게 용이한 작업은 아닌 것이다. 〈숲과 음악〉에 관한 문제를 다루기 위해서는 우선적으로, 음악작품의 내용을 다루는 〈절대음악〉과 〈표제음악〉이라는 개념을 살펴보아야 할 것이며, 나아가서 미학적인 관점에서 〈자연미〉와 〈예술미〉에 대한 상호관계를 성찰한 다음에야 비로소 〈숲과 음악〉에 관한 논의가 흥미롭고, 새롭게 인식하게 될 소지를 마련하게 된다. 필자는 이와 같은 견지 하에서 〈숲과 음악〉학술토론회의 주제인 〈음악 속의 숲〉에서 『음악의 각 장르 속에 깃든 나무와 숲의 흔적』에 따른 악곡의 소재적 내용과 주제 등을 다루기 위해서, 서양음악작품의 각 장르인 〈교향곡〉〈교향시〉〈모음곡〉〈왈츠〉〈독주곡〉〈협주곡〉의 순서에 따라. 음악작품에 나타난 표제 음악적인 내용을 서술하고자 한다. 이와 같은 주제를 서술하기 전에, 이미 『숲과 문화연구회』에서 책자로 발간한 제6권 제1호(통권31호)와 제6권 제2호(통권32호)에서, 헬무트 슈미트 포그트(Helmut Schmidt-Vogt)가 지은 〈음악 속에 숲의 주제〉(Das Waldthema in der Musik)란 내용들을 번역 소개한 것은 〈숲과 음악〉학술토론회를 위한 자료제시용으로 누구나 참고하기에는 다행한 일이라고 생각한다. 필자는 위의 책자에서 번역 소개한 〈숲과 음악〉에 관한 내용들을 인용하지 않았다. 그 이유는 같은 내용의 중첩을 피하기 위함이다. 끝으로 다루고자 하는 내용은 좀 빈약할는지 모르지만 해방후 한국음악 창작곡(국악부분)에서 숲에 관한 내용들을 소개하고자 한다.

제2장 絕對音樂(Absolute Music)과 標題音樂(Program Music)

음악에는 내용 면에서 크게 나누면 〈절대음악〉과 〈표제음악〉이 있다. 이 둘은 서로 대립된 개념을 가지고 있다. 〈절대음악〉은 단적으로 말하면, 음악 이외의 사상은 표현하지 않을 뿐더러, 그것을 묘사하지도 않는다. 그 표현 수단에 있어서도 회화나 문학 같은 음악의 여러 자매 예술, 또는 여러 가지의 관념과 表象등의 힘을 빌지 않는다. 구성된 음만이 그 자신의 표현 내용이나 목적으로 된 음악을 말하는 것이다 . 엄격하게 따져 본다면 어떤 기분이나 감정 따위도 암시하지 않는 음악이라 하겠으며 이는 거의 기악에 국한된다고 할 수 있다. 따라서 이는 음의 구성 면에서 그 비중이 크게 나타나 있다. 기악곡은 〈절대음악〉과 〈표제음악〉이라는 두 분야로 구분된 다기보다는 절대성, 나아가서는 순수성과 표제성에 여러 가지 성분의 비율이 있다고 하겠다. 뿐만 아니라 음악을 감상하는 태도에 따라 문제점과 관계가 된다는 것이다. 사실〈절대음악〉에는 위에서 언급한 바와 같이 그 음악에 아무런 문학적인 의미가 내포되어 있지 않다. 그러나 듣는 사람에 따라서는 거기에 어떤 내용을 첨가시켜 〈표제음악〉적으로 감상하는 예가 있다. 그와는 반대로 표제음악에 있어서도 작곡자가 이미 설명한 내용을 모르거나 혹은 외면한 채 〈절대음악〉처럼 감상하는 사람도 있다. 〈표제음악〉은 표제라는 울타리 안에서 음악 이외의 음의 연결을 통해서 표현하려는 것이지만, 〈절대음악〉이란 음악의 독특한 수단으로서 그 과제를 다하려는 데 있다. 그러므로 〈절대음악〉에서는 팬들을 어디까지나 음향의 테두리 안에서 내면적인 이치를 집중시키려는 것이다. 그러므로 〈절대음악〉에서는 형식과 구성의 문제가 중요하게 다루어지고 있다. 〈절대음악〉은 표제 음악적인 사조와 함께 예로부터 있었는데 그것이 예술로서 확립되기는 18세기라고 하겠다. 그 대표적인 작곡가로는 바하와 그의 아들 C.P.E.바하, 헨델, 하이든, 모짜르트, 베토벤 등이 있다. 그들은 소나타와 소나타 형식을 중심으로 하는 악곡에서 절대음악의 형식과 구성을 완성시켰다고 할 수 있다. 그런데 그보다 앞서 17세기 후반에 이탈리아의 명 바이올리니스트이며 작곡가인 코렐리의 합주 협주곡의 형식에서, 비발디, 헨델의 합주 협주곡, 바하의 브한덴부르크 협주곡을 지나 근대의 협주곡 적인 교향곡에 이르는 〈절대음악〉의 계열을 볼 수 있다. 18세기 초엽, 합주 협주곡을 기반으로 하여 코렐리에 의해 독주 협주곡이 시작되었고 비발디는 〈빠르게-느리게-빠르게〉의 악장 구성으로 협주곡 형식을 확립시켰다. 그리고 18세기 전반은 기악 독주, 합주협주의 형태를 취했는데 그 주요한 형식은 Fuga, 고전 모음곡, 전 고전 소나타, 전 고전 협주곡 등으로 되어 있다. 18세기 후반의 〈절대음악〉의 중심은 소나타 형식인데, 이로써, 독주곡, 실내악곡, 협주곡, 교향곡 등 〈절대음악〉의 영역을 확대시켰다. 19세기 낭만주의 시대에 이르자 〈절대음악〉이 쇠퇴해서 〈표제음악〉에 그 주도권을 넘겨 준 감이 있다. 그렇지만 그 시기에 있어서도 소나타 형식은 기악곡의 가장 중요한 형식으로서 낭만파 시대를 통해 계승되고 있다.

더욱이 브람스는 〈절대음악〉으로서의 새 경향을 보였으며 20세기에 이르러, 이것은 레거에게 인계되었다. 이 경향은 다시 힌데미트의 신고전주의로 나타났으며 오늘날에 와서도 〈절대음악〉적인 경향이 뚜렷하게 강화되어 가고 있다 .그것은 19세기에 성행하던 주관적인 낭만주의가 20세기에 이르러 반 낭만주의적인 사조로 나타난 경향이라고 하겠다. 흔히 말하기를 "〈절대음악〉은 음 자체의 아름다움을 어떤 형식에 넣어 만들었기 때문에 아무런 내용을 가지고 있지 않다."고 한다. 그러나 〈절대음악〉이란, 내용이 없는 한낱 음의 유희로 생각해서는 안된다. 거기에는 순음악적인, 나아가서는 음악을 초월한 내용을 가지고 있는 고귀한 음악이라고 할 수 있을 것이다. 〈표제음악〉은 위에서 잠시 언급했지만 작품에 내용을 암시하는 제목과 어떤 줄거리에 설명이 붙어 있는, 말하자면 문학적, 회화적, 또는 극적인 것 등의 내용을 강하게 암시하는 음악인 것이다. 이는 〈절대음악〉 과는 대립되는 음악이며 그것은 어느 시대를 막론하고 있었지만 그 위치가 확립되기는 낭만주의 음악 시대이다. 이것은 음향이 어떤 의미를 표현하거나 또는 묘사하는 것을 위주로 하는 음악이다. 그렇다고 묘사적인 음악만을 그대로 묘사한 음악은, 유치하고 가장 초보적인 것이다. 자연음, 현실음, 등을 그대로 그려 표현하려는 것이 아니라, 그것을 음악적인 것으로 바꾸어 나타낸다. 이 〈표제음악〉적인 수법은 성악곡에서도 사용하지만, 이것은 주로 기악곡에 사용하고 있다. 그런데 〈표제음악〉에 있어서 그 표제와 설명이 작품의 내용을 표현하려는 것은 사실이지만, 명칭 그대로의 본질적인 내용이 되지는 못한다는 것이다. 그러므로 표제라는 것은 작곡자의 창작에 있어서 하나의 연유가 된 것을 표현한 것뿐이다. 말하자면, 여기에 어떤 시적인 표제의 작품이 있다면 그것이 절대적인 것은 아니며 그 곡의 성격을 암시한 것으로 간주해야 할 것이다. 또한, 어떤 대상에 대해 사람들이 생각하는 것과 같은 정서를 음악적으로 묘사하는 것이다. 여기서 그 대상을 마음으로 표현하는 방법이 있는가 하면, 그것을 회화 풍으로 나타내는 방법도 있다. 〈절대음악〉의 지지자들 중에는 〈표제음악〉이란 어떤 확립된 감정과 또는 어떤 것을 그대로 묘사할 수 없다고 비난한다. 물론 음악적 묘사는 그 한계가 있는 것이 사실이다. 그러나 현실적으로는 감상자의 습관과 약속에 따라 음악이 표현하는 범위가 확대된다. 또는 시대와 문화권에 의해 듣는 방법이 다르다는 것을 관련시키지 않고 다만 추상적으로, 음악은 무엇을 표현할 것인가에 대해 반문하는 것은, 마땅치 않다는 것이다. 그것은 음악에 결부되어 있는 시대와 민족의 고유한 약속과 보다, 직접적으로 음악과 결합되어 있음을 알 수 있다. 표제와 거기에 수반되는 이야기와 예비지식 등으로, 표현을 넓히려는 것이 〈표제음악〉인 것이다. 〈표제음악〉은 위에서 말한 바와 같이 19세기 낭만파 시대에서, 그 전성을 볼 수 있지만 14세기에서도 사냥의 정경과 숲 그리고 시장에서 떠드는 것을 묘사한 성악곡이 있었다. 그렇지만, 19세기에 이르러 슈만의 피아노를 위한 표제 곡과, 베를리오즈의 환상 교향곡, 리스트와 R.시트라우스 등은 교향시를 많이 작고하였다. 그 중에서도 특히 베를리오즈를 가리켜 〈표제음악〉의 완성자라고까지 높은 평가를 하고 있다. 그의 작품에는 고정악상(Idée fixe)을 두었다. 그것은 바그너의 시도동기(Leit Motiv)와 같은 성질의 것인데, 전곡에 걸쳐 중심이 되는 동기가 나타난다. 그것으로써 주인공과 같은 인물을 그는 그려보았다. 그 밖에도 론도 형식과 소나타 형식을 사용하여, 작품의 구성에 있어서 하나의 통일을 기한 것도 있다.

그런데 프랑스는 본래 〈표제음악〉적이며, 시각적인 데가 많다. 베를리오즈뿐만 아니라 생상스, 또는 프랑크와 댕디, 드뷔시 등도 〈표제음악〉적인 작품을 썼다. 한편, 스메타나, 보로딘, 시벨리우스 등 이른바 국민주의 악파에 속하는 작곡가들도 자기나라의 전설과 풍경을 〈표제음악〉으로 작곡하였다. 그 밖에 현대 음악에 있어서 이탈리아의 레스피기와 오네게르, 메시앙 등도 〈표제음악〉으로서 현대음악에 있어서의 〈표제음악〉은 낭만파 시대와 같은 전성은 이미 지나간 감이 있다고 생각된다.

제3장 自然美와 藝術美의 성립구조

일반적으로 〈자연미〉는 자연의 사물이나 事象에서 주어지는 美이고, 한편 〈예술미〉는 예술작품의 美로서, 인간에 의해 창조되는 정신적 소산이란 점에서 양자는 근본적으로 相異하며 각각 독자적인 성격을 가진 것으로도 容認한다. 이런 의미에서 〈자연미〉는 受容性(receptivity)을 특성으로 하는 美이며, 〈예술미〉는 生産性(productivity)을 특성으로 하는 美라 하여, 양자는 사실상 본질적으로 相異한 二者인 것으로 흔히들 이해한다. 그리고 〈자연미〉는 視聽, 兩覺에 ?求한다는 점에서, 극적이며, 변화 무상한 자연현상에서 체험되는 그러한 극적 인상은, 예술작품으로서는 도저히 표현해 낼 수 없다는 점에서, 〈자연미〉의 우월성을 주장하는가 하면 〈예술미〉는 자연형태의 모든 불필요하고 무의미한 細部를 버리고 정신적인, 개성적, 창조성에 의해 더욱 진실한 가치가 있는 것을 창조해 낸다는 점에서는, 그 우월성이 주장되기도 한다. 또한 개인의 주관적인 취미면 에서 보더라도, 예술지상주의적 태도에서 〈자연미〉를 극단적으로 혐오한 나머지 반감까지 표현하는가 하면, 한편 인위적으로 제작된 것의 아름다움에 비해, 神이 창조한 자연의 아름다움을 극구 찬양하기도 한다. 과연 〈자연미〉는 자연의 사물이나 事象의 美이고, 〈예술미〉는 예술작품의 美이며, 이 양자가 현상영역에 相異點이 있으므로, 물론 그 양자를 무조건 동일시 할 수는 없다. 그러나 그 양자가 다 같이 美인 한, 그 양자에게는 다 같이 美로서의 공통된, 본질적인 美的 가치가 있을 것이며, 궁극적으로 美로서 합치 귀일 되고 統一的, 一元的, 原理下에 포괄되어야 당연할 것이다. 그런데 우리가 예술작품에서 美를 향수 하는 경우와, 자연의 미적 대상에서 美를 향수 하는 경우 가령, 그 양자의 美로서의 본질적인 동일성을 용인하고, 그것을 전제로 하더라도, 사실상 직접적인 우리의 미적 체험에 있어서는 각각 그 주체적 양상이 동일하지가 않다. 즉 〈자연미〉는 자연에 바탕을 둔 것이며 〈예술미〉는 예술에 바탕을 둔 것이라고 하는, 意識的 差別을 무시할 수가 없다는 것이다. 다시 말해서, 〈예술미〉는 예술작품에 대한 우리의 미적 체험에 직접 반영되는 것으로서, 생산적 의도의 객관화에 의해 표현성 내지, 형식적 구성 등의 파악으로, 이를테면 〈예술적 의식〉을, 한편 〈자연미〉는 자연현상 내지 物象에 대한, 우리의 미적 체험에 직접 반영되는 것으로서 純?所與性에 의한, 감각적 素材性 내지 자연적 存在性 등의 파악으로 〈자연적 의식〉을 각각 그 특질로 하고 있다는 것이다. 그러나 그 양자의 경우 체험대상이, 하나는 〈예술작품〉이고, 다른 하나는 자연현상 내지 物象으로, 각각 相異한 것이지만 그러한 차별은 결국 美 이전의 사실로서의 차별에 지나지 않는 것이며, 그 양자가 다 같이 미적 대상인 한 거기에는 필연적으로 美 이내의 사실로, 美로서의 본질적 同一性이 용인되어야 타당할 것이다. 다만 차이가 있다면, 미적 주체의 주관적 양상으로서 이른바, 예술적 의식이라는 것과 자연적 의식이라고 하는 선입관의 相異性이 있을 뿐이다. 그러므로 문제는 그와 같이 사실상 미적 체험에 있어서, 주관적 양상을 달리하는 그 양자의 美의 본질적 동일성이 어떻게 설명될 수 있는가 하는 문제, 다시 말해서 체험상 어디까지나 구별되어야 할 相異한 의식을, 어떻게 원리적으로 歸一케 할 것인가 하는 문제인데, 만약에 그 해결이 가능하다면 〈예술미〉와 〈자연미〉와의 본질상의 내용적 구별은 불식될 것이다. 그러한 해결방법으로서는 자연대상도 미적 체험에서, 예술작품을 감상하거나 비평하는 경우와 유사한 방식의 기능을 갖는 것으로 용인할 때, 미적 대상이 될 수 있다는 입장에서 그 양자는 동일원리하에 설명될 수도 있을 것이다. 이 문제는 미적 가치체험의 성립구조의 문제와 관련해서 고찰되어야 할 것인데, 본래 미적 가치체험은 미적 대상인 예술작품 내지 미적 자연현상만으로써 성립되는 것이 아니라, 대상존재의 일반법칙에 따라, 미적 대상에 대한 주관의 미적 태도인 미의식과 미적 대상과의 상호적 교섭관계에서 성립되는 것이므로 주관=객관의 관계에서 성찰되어야 할 것이다. 그러므로 〈자연미〉의 경우는, 그 자연미가 객관적 자연에서 우리에게 감수될 때의 주관적인 직접적 체험의 양상을 파악하여, 그것을 자연적 의식면으로 하고, 또 〈예술미〉의 경우도 역시 그 예술미가 객관적 예술작품에서, 우리에게 향수 될 때의 주관적, 직접적 체험의 양상을 파악하여 그것을 예술적 의식면으로 해서, 이 양자의 체험구조의 계기를 통일함으로써, 가치내용의 통일성이 가능할 것이며, 그 양자의 미적 현상 가운데 공통된 통일적 본질로서의 미적 가치가 성립되는 것으로 볼 수 있다.

제4장 숲을 소재로 한 교향곡

제1절 라프(Raff. Joseph Joachim 1822-1882 獨)

라프는 작곡가, 연주가로서 천부적인 재질을 갖고 있었으나 별로 알려지지는 않았다. 가난했기 때문에 정상적인 교육을 받지 못했지만 학교의 교사 생활을 하면서 피아노와 바이올린을 독학하였다. 21세 때에 멘델존스에게 인정을 받아 작품이 출판되었는데 이 때부터 작곡가로서 활동하기 시작했다. 그 이래 230곡이란 많은 작품을 냈는데 교향곡만도 9곡이나 된다. 그러나 오늘에 와서는 소품이 연주될 뿐이다. 한편 리스트와 밀접한 교우를 계속했는데 리스트의 교향시 중에서 몇 곡은 라프가 오케스트레이션을 도왔다. 1877년 프랑크푸르트의 음악학교 교수가 되어 작고하기까지 그 직에 종사하였다. 그의 작품의 경향은 베버, 멜델스존, 베를리오즈, 바그너의 흐름을 이은 표제음악의 작곡가라 하겠다. 아름다운 멜로디에 악상이 풍부하며 원숙한 기교를 구사하고 있다. 그의 대표 작품이라 할 수 있는 교향곡 제3번 F장조 op.153은 제목이 〈숲에서〉 "Im Walde"란 곡으로 표제 음악적인 내용이다. 제1악장 〈낮〉인데, 낮의 숲속에 관한 인상과 정서를 나타내고 있다. 제1테마는 숲속을 방황하는 나그네를 상징한 것으로 간주된다. 그리고 제2테마는 3도의 병행진행으로 혼(Horn)의 2중주로 제시된다. 제2악장 〈저녁〉인데 여기서는 다시 라르고(Largo)의 꿈 같은 〈모상〉과 빠른 템포(알레그로 앗사이)로 된 "숲 속의 요정의 춤"이란 2개 부분으로 되어있다. 이것을 요약한다면 4악장으로 구성된 가요 적인 제2악장과 스케르쪼의 제3악장을 한 데 묶어 취급한 것이라고 하겠다. 제3악장 〈밤〉인데 여기서는 밤의 숲 속의 적막함과 조용한 속삭임, 그리고 많은 잡귀들이 밤중에 줄을 지어 걸어다니면서 날뛰며 춤추고 싸우는 모습을 묘사하였다. 어두운 밤은 사라지고 아침해가 떠오르는 모습을 음화 적으로 표현하려 했다. 한편 그 시작과 마지막 종결부분은 유달리 푸가(Fuga)로 되어 있다.

제2절 베를리오즈(Berlioz, Louis Hector 1803-1869)

베를리오즈는 절대음악이라고 할만큼 형식미를 지니고 있는 고전 음악에다가 문학적인 요소를 가미하여 표제음악(標題音樂, Program Music)을 창안한 작곡가이다. 또한 그는 관현악 법에 있어서 새 분야를 개척하여 후세에 커다란 영향을 주었다. 그를 가리켜 "표제음악의 완성자"라고 하지만 그 외에도 오케스트라에 있어서 극적인 표현이라든가 그의 전 생애를 통하여 녹장 발전에 임을 기울인 공헌 또한 크다. 그러므로 그는 새로운 오케스트라의 창시자인 동시에 근대 표제음악의 수립자라고 해야 할 것이다. 그는 음악에 있어서 고정 관념(Idée fixe)이란 것을 창안했는데, 예를 들면 어떤 이야기를 음악으로 묘사할 경우에 특정한 음정 관계로 이루어진 모티프 또는 주제로서 문제의 주인공을 표현한다는 것이다. 이같은 그의 수법은 바그너에 이르러 라이트모티프로까지 발전했는데, 그 처리가 보다 유기적으로 행하여졌다. 한편 베를리오즈는 관현악의 규모를 대담하게 확대시켰다. 개개의 악기의 그 표현 능력을 극도로 발휘시킨 것도 그의 공적 중의 하나이다. 그의 교향곡 중에서 숲과 관련된 곡은 〈환상교향곡 C장조 op.14a.〉와 〈이탈리아의 해럴드 op.16〉가 있다. 너무나 잘 알려진 그의 〈환상교향곡〉은 「어느 예술가의 생애 pisode de la vie dun artiste」 라는 부제를 달고 있다. 1830년 파리에서 초연된 이 곡은 정열적인 로맨티시즘을 가장 단적으로 표현한 작품이며 그의 출세작이기도 하다. 그가 표제음악이라는 새분야에 던진 최초의 거탄이다. 이 곡의 제3악장은 전원의 풍경(Scéne aux champs)이란 부제가 붙어 있으며, Adagio, F장조 6/8박자이다. 곡의 내용을 간단히 설명하면, 어느 여름 날 저녁, 예술가는 아름다운 경치를 쫓아서 시골로 간다. 두명의 목동이 양을 몰고 있는 소리가 번갈아 들려온다. 잉글리시 혼과 오보에로 연주되는데 이는 "랑 데 바쉬(Ranz des vaches)"라는 것으로 스위스 산중에서 목동이 양떼를 부르는 단순한 멜로디이다. 교차적으로 울리는 목가적인 2중주는 그 주위의 화창한 풍경과 솔솔 부는 바람을 표현하여 어두운 마음을 상쾌하게 만들어 준다. 목동이 피리를 다시 부는데, 다른 한 사람이 응답하지 않는다. 다시 불안감에 잠기는데, 해는 넘어가고 먼 곳에서 우렛소리가 들린다. 고독한 침묵만이 흐른다. 숲과 관련된 베를리오즈의 교향곡으로 〈이탈리아의 해럴드〉란 곡을 소개한다. 이 곡은 비올라의 독주가 붙은 교향곡으로서 1834년 그가 31세 때의 작품이다. 〈해럴드〉는 19세기 초 영국의 문호 바이런의 명작 「차일드, 해럴드의 순례」 라는 시의 형태로 쓴 여행기의 주인공이다. 해럴드한 청년은 유럽 대륙의 여러 나라를 방랑하면서 그 고장의 풍경과 인정을 그려 역사와 사회에 대한 감상을 쓴 것이 바로 이 작품의 줄거리이다. 베를리오즈는 이 줄거리에서 힌트를 얻어 이탈리아의 풍경을 묘사한 것이다. 그는 그의 뛰어난 묘사적인 음악 수법으로써 관현악의 색채가 농후한 필치로 이같은 명작을 남겼다. 여기서는 비올라의 독주를 첨가시켰는데, 그것으로 해럴드라는 젊은이의 우울한 기분을 여실히 묘사하였다. 제1악장은 〈산에서 해럴드, 우수, 행복과 환희의 장면〉 제2악장 〈저녁때의 기도를 노래한 순례의 행진〉 제3악장 〈아브루치 산 사람이 그의 애인에게 보내는 세레나데 Sérénade d`un montagnard des Abruzes à sa maltresse〉 이 막장은 이탈리아의 중앙 산맥, 즉 로마 동쪽의 〈아브루치〉라는 지방의 산에서 일하는 나무꾼이 사랑하는 이에게 노래하는 사랑 노래이다. 그 선율은 잉글리시 혼이 연주한다. 제4악장 〈산도적의 향연, 前景의 회상〉 깊은 산 속을 방황하면서 해럴드가 회상하는 여러 가지 일들이 나타나는데, 비올라로 고정 관념을 연주한다. 이는 열관적인 숲 속의 향연 음악이다.

제3절 말리피에로(Malipiero, Gian Franchesco 1882-1973 伊)

음악가 집안에서 태어난 그는 복잡한 가정사정으로 어렸을 때 고국을 떠나 방랑 생활을 하였다. 1889년에 비인 음악원에서 수학하였으며, 다시 베네치아의 마르첼로 음악원에서 공부하였다. 1904년 볼로냐의 베네뎃토 음악 학교에 들어갔으며 다음 해부터 고향에서 창작 생활을 하였다. 그는 숲에 관련된 모음곡풍의 관현악곡으로 〈자연의 인상 Impressioni dal vero)란 유명한 곡을 남겼다. 〈자연의 인상〉 작품은 1910-1922년에 걸쳐 12년간이나 걸려 작곡됐는데, 자연에서 받은 인상이 점철되어 모음곡풍의 관현악 곡으로 만들었다. 모두 자연 현상의 음과 기분을 관현악으로 스케치한 것이다. 3부의 작품 중에서는 제1부의 새소리의 음악이 널리 알려져 있다. 〈제1부〉 이 곡은 1911년에 작곡되었는데 1913년 5월 15일 비른바움(A. Birnbaum)의 지휘로 밀라노의 스칼라좌에서 초연 되었다. 전곡은 3개의 악장으로 되어 있는데 모두 새 우는 소리를 테마로 하여 자연 묘사를 전개하면서 자연 현상에서 받은 인상을 기분적인 회화처럼 묘사하였다. 소개하면 다음과 같다. 제1악장 〈굴뚝새(IL capinero)〉 렌토, 리트모, 인데피니토, 이것은 머리가 검은 굴뚝새가 우는 아름다운 소리인데, 그 소리를 클라리넷으로 연주한다. 이것이 동기적으로 발전하여 어떤 향수를 느끼게 한다. 제2악장 딱따구리(IL picchio). 숲 속에 살면서 날카롭고 단단한 긴 부리로 나무를 쪼아대는 것 같은 모티프가 기본적인 리듬을 이루고 있다. 이것을 익살스런 스케르쪼풍으로 작곡하였다. 제3악장 부엉이(IL chiù). 밤에만 활동하는 부엉이의 단조롭고 적적한 소리를 배경으로 약음기를 사용하여 현악기의 우아한 멜로디를 연주하는 음악이다. 이 세레나데 풍의 곡은 정서가 풍부한데 녹턴의 일종으로 쓸쓸하면서도 우아한 맛이 풍긴다.

제2부는 1914-15년에 작곡되어 1917년 로마에서 초연 되었는데, 다음과 같은 3개 악장으로 되었다. 숲과 관련된 악장은 제2악장으로 〈삼나무와 바람, I cipressi e il vento)이란 곡이다. 스코어의 첫머리에 기재된 작곡자의 말에 의하면 전후에 있는 곡과 구별하기 위한 표제로 별다른 의미는 없다고 했다. 따라서 그 이상 지나친 상상은 금물이라는 것이다. 그렇지만 이 곡은 미풍의 속삭임 같이 약음기를 사용한 현악기의 음형에 트레몰로와 그에 따른 클라이맥스는 바람 부는 밤에 삼나무 밑에서 받은 인상 나아가서는 그 환상으로 간주할 수 있을 것이다. 참고로 제2부의 1악장은 ?의 대화(Colloquio di campane)이고 제3악장은 시골의 축제(Baldoria campestre)이다.

제5장 숲을 소재로 한 교향시

제1절 레스피기(Respighi, Ottorino 1879-1936 伊)

레스피기는 현대 이탈리아의 저명한 작곡가로 1879년 볼로냐에서 음악가의 아들로 태어났다. 이탈리아는 17-18세기에 걸쳐서 주로 오페라의 작곡가들이 나타났는데, 레스피기가 나타남으로써 기악 작곡가로서 이탈리아의 순음악의 부흥에 크게 이바지하게 되었다. 그는 12세 때 볼로냐 음악 학교에 입학하여 20세 때 졸업한 후 다시 러시아로 가서 림스키코르사코프에게 관현악 법을 배웠다. 34세 때 로마의 산타 체칠리아 음악 학교 작곡과 교수가 되었으며 1916년에는 유명한 교향시 〈로마의 분수 Fontane di Roma〉를 작곡하였다. 이 작품은 일련의 로마 교향시의 제1번에 해당하는데 이것으로서 이탈리아도 오페라 이외의 기악곡으로 일류의 예술을 창작할 수 있다는 힘을 세계에 과시한 최초의 작품이기도 했다. 45세 때에는 교향시 〈로마의 소나무 Pini di Roma〉를 썼는데, 이것은 회화적인 시정을 오케스트라로 잘 표현한 명작이다. 4년 후에 그는 다시 교향시 〈로마의 축제 Feste romane〉를 작곡하였는데, 그의 교향시 제3편에 해당된다. 이 방대한 작품은 높은 밀도에 깨끗한 맛을 풍긴다. 그를 가리켜 〈관현악의 시인〉이라고도 하는데, 시적인 환상에 찬 그의 작품은 이탈리아의 악계를 대표하고 있다고 하겠다. 그는 아름다운 멜로디를 가지고 있으며 오케스트라뿐만 아니라 실내악과 가곡도 적지 않게 작곡하였다. 그는 이탈리아 음악을 과거로 돌이켜 보려는 대표자의 한 사람이지만 그의 작품에는 절충주의적인 면이 다분히 있다. 이탈리아적인 감미로운 선율에 환상적인 향기가 드높은 풍경의 묘사 음악을 그는 교묘하게 그려 놓았다고 할 수 있다. 숲과 관련된 그의 작품인 교향시 〈로마의 소나무〉를 소개하면 다음과 같다. 이 곡은 1924년에 작곡되었는데, 그 해 12월, 로마에서 초연하여 절찬을 받은 명곡으로 지금도 널리 연주되고 있다. 더구나 이 작품에서는 그 구성법에 있어서나 오케스트라 법에 있어서 그의 음악적인 수완과 천품을 잘 나타낸 작품이다. 그는 시적인 정서미와 섬세한 감각을 여기에 담아 극히 세련되고 자유롭게 다루었으며, 품위가 있는 것으로서 레스피기의 교향시 중에서도 대표적인 작품이라고 하겠다. 오랜 역사를 간직한 옛 서울인 로마는 많은 유적을 가지고 있음은 물론, 우뚝 솟아 있는 많은 소나무들이 사시장철 푸른빛으로 옛날을 말해주는 듯 서 있는 것이다.

① **보르지아 별장의 소나무(I pini di villa Borghese)** 보르지아의 별장은 로마 북쪽 거리에서 떨어진 곳에 있는데 옛날 보르게제 귀족의 별장이었다. 아이들이 소나무 동산에서 놀고 있는데, 노래하며 춤추고, 병정 놀이를 하는 등 유쾌하게 즐기고 있다. 이 곳의 분수는 16세기의 저명한 조각가 벨라니가 만든 것이다. 지금은 국가의 소유지로 된 이 건물을 수많은 관광객이 찾고 있음은 물론 아이들의 놀이터로도 되고 있다. 행복에 찬 테마는 이를 여실히 표현했는데, 저녁 노을에 새들도 이에 합세하듯이 유쾌하게 지저귀고 있는 모습을 나타낸다.

② **카타콤브 부근의 소나무(I pini presso una catacomba)** 로마 교외에 옛날 예수 교인들이 비밀로 집회하던 긴 지하도가 있다. 이 곳 입구에 무성한 소나무가 있는데, 이 굴속으로부터 신에게 감사하는 찬미 소리가 들리는 듯한 환상의 세계를 레스피기는 그려 놓았다. 때로는 침울하게 들려오는 성가의 소리가 조용하게 울리다가 교묘하게 사라져 버린다.

③ **지아니콜로의 소나무(I pini del Gianicolo)** 이 곳은 테베레 강을 내려다 볼 수 있는 언덕인데, 조용하고 아름다운 달밤이다. 둥근 달빛 아래 서있는 소나무의 정경을 음악적으로 묘사하였다. 오보에의 멜로디가 남쪽 나라의 밤 경치를 유감없이 노래했는데, 한 폭의 그림을 보는 듯한 정경이기도 하다. 멀리서 소쩍새 소리가 들려온다.

④ **압피아 가도의 소나무(I pini della via Appia)** 로마로부터 동남쪽에 있는 압피아 가도는 이미 2천년 전에 완성된 것으로, 로마가 흥성했을 무렵 군대들이 여러 차례 통과한 곳이다. 안개 짙은 새벽, 지금은 폐허가 된 이 곳에서 소나무를 바라보는 작곡자는 지난 날 로마가 번성했을 때의 모습

을 환상으로 그려보는 것이다. 나팔 소리가 들리는데 아침 햇살을 받으면서 군대들이 보무도 당당하게 행진하는 것이다. 이 행진곡풍의 음악 등은 마치 옛 로마의 역사를 이야기해 주는 것 같기도 하다. 소나무와 관련된 레스피기의 표제 음악적인 작품은 오늘날에도 자주 연주되는 레퍼토리이다.

제2절 호네거의 교향시 〈여름의 ?歌〉

호네거(Honegger, Arthur 1892-1955 스위스) 그는 프랑스 현대 음악을 대표하는 6인조 중에서도 제1인자로서 프랑스 음악에 중요한 비중을 차지하고 있다. 그의 부모가 스위스 사람이기 때문에 1909년 쮜리히 음악원에서 배우다가 2년후 파리 음악원에서 댕디에게 배웠다. 그가 작곡가로서 활약하기는 22세 때부터인데 처음에는 바하, 바그너, R.시트라우스, 포레, 드뷔시 등의 영향을 받았으며, 쇤베르크와 스트라빈스키와도 가까웠다. 그러므로 그의 음악의 특성은 근대 프랑스 음악과 독일 음악의 좋은 점 등을 적절히 배합시킨 점이라 하겠다. 그의 많은 작품 중에서 오라토리오 〈디윗왕〉 〈기관차 퍼시픽 「231」〉 등은 대표적이라 하겠으며, 그 착상과 기법은 대담하고 힘으로 충만돼 있다. 그리고 관악협주곡, 극음악 등도 널리 알려져 있다. 그의 작곡 기교는 실로 우수하며, 대위법과 율동에 중점을 두었다. 그 발하는 광채는 신선하고 장대하면 아름다움을 간직하고 있다. 그의 음악에는 우수한 스위스적인 지성과 프랑스적인 교양이 함께 잠재해 있으며, 그 강렬한 개성을 반영하는 압도적인 힘과 미는 그가 지닌 하나의 특성이라고 하겠다. 그가 쓴 교향시 〈여름의 ?歌〉에 대해서 알아보자. 1920년에 여름을 스위스에서 지냈는데 그 맑고 아름다운 자연의 풍경에 그는 매혹되었다. 그는 랭보의 시 〈여름의 새벽을 안고서〉에서 영감을 받아 이 작품을 쓰게 되었다. 이 곡은 1921년도 최우수 신작으로서 청중의 열의에 따라 베르레이 상을 받았다. 이 작품은 표제음악은 아니며 단지 목가적인 인상을 묘사한 것이라 하겠다. "이 교향시는 형식과 내용의 불가분한 점으로 보거나 또는 지성에 감성이 종속되어 있는 점 등으로 보아, 클래시컬한 작품이다."라고 앙드레 크로와는 말하였다. 악기의 편성은 소규모이어서 각각 1개의 목관악기와 혼과 현악기로 제한되어 있다. 곡은 대단히 단순하며 고전적인 수법으로 작곡했고, 조성이 명확하다. 느리게 움직이는 딸림음의 페달 뒤에 혼(Horn)에 의해 조용한 악구가 전개된다. 클라리넷이 민요풍의 론도의 형식을 지닌 제2테마를 전개하며 다른 목관악기는 그 주위를 비약한다. 경과부를 지나 플루트로 여리게 나타났다가 최초의 A장조로 돌아간다. 2개의 테마는 그 이후에 합쳐진다. 제2테마의 스케치는 처음보다 세분되며 목관으로 연주된다. 그 후 변모하여 처음의 오래와 교차된다. 얼마 후 모두 E장조의 코다에 이르러 여리게 끝난다. 연주시간은 모두 약 6분 3초가량 걸린다.

제3절 프랑크의 교향시 〈저주받은 사냥꾼〉

프랑크(Frank, César Auguste 1822–1890 佛) 벨기에 태생인 프랑크는 20세기 초 프랑스의 기악이 눈부시게 발전할 수 있는 기반을 쌓는데 주요한 역할을 한 작곡가이다. 그는 바하와 베에토벤을 연구하여 그것을 밑바탕으로 자기의 음악세계를 개척한 사람이다. 그가 살던 19세기 후반은 화려한 낭만주의 시대였다. 더구나 프랑스에서는 순음악보다 오페렛타 같은 것이 성행하던 때였다. 그러나 프랑크는 세속의 영광을 바라지 않고 경건한 태도로 그 조류에 휩쓸리기를 거부했다. 그가 쓴 교향시 〈저주받은 사냥꾼〉에 대해서 알아보다. 숲과 관련된 사항으로 사냥이나 사냥꾼에 대해서 악곡의 소재로 다루어 보는 것은 매우 흥미롭기 때문에 표제 음악적인 그의 작품은 시사하는 바가 크다고 하겠다. 교향시 〈저주받은 사냥꾼〉은 5부로 구성되었다. 이 작품은 1882년에 작곡된 것으로 독일의 시인 뷔르게르(Bûrger 1747–1794)의 시에 의한 것이다. 시의 내용은 한 사냥꾼의 이야기인데, 일요일에 성당에서 미사의 종소리가 울려 나오는데 그는 미사에 참석하기는커녕 예배에 모인 사람들 사이로 말을 타고 들이 닥쳤다. 이 죄 때문에 그는 영원히 사냥꾼이 되는 천벌을 받게 된다. “신을 두려워하지 않는 자, 너는 영구히 지옥에서 사냥하라.”

① 제1부 안단티노, 쿠아시, 알레그렛토, 3/4박자, 먼저 혼에 의한 사냥의 뿔피리의 테마가 울린다. 팡파르가 다시 울려 사방에 두루 퍼진다. 계속하여 멀리 교회의 종소리가 울려온다. 뿔피리가 울리는데 종소리가 들리는 합창 풍의 테마가 연주된다.

② 제2부 리스텟소, 템포–아니마토, 9/8박자, 경건한 노래 소리에도 불구하고 무정한 사냥은 시작된다. 혼(Horn)이 연주하는 신호에 따라 점차 활기에 찬 사냥은 계속되며 몰이꾼들은 함성을 울리는데 말을 탄 사냥꾼들이 말을 달린다. 템포는 빨라지면서 사냥은 클라이맥스에 이른다.

③ 제3부 몰토, 렌토, b단조, 3/4박자, 갑자기 현악기의 트레몰로와 함께 순간적인 정적이 찾아들더니 무서운 모양의 음향이 울리는 가운데 사악한 사냥꾼에 대한 저주가 내린다. 신의 노여움이 내리는 것이다.

④ 제4부 피우, 아니마토 – 알레그로, 몰토, 사냥꾼은 지옥으로 떨어지기 시작한다. 점차 템포는 빨라진다.

⑤ 제5부 쿠아시, 프레스토, 2/4박자, 여기서 새로운 처참한 음향이 발전한다. 죄를 범한 사냥꾼은 한없는 사냥의 천벌로 고생하지 않으면 안 된다는 것을 여실히 표현하였다.

제4절 스메타나의 교향시 〈나의 조국〉 제6곡

스메타나(Semetana, Bedrichi 1824-1884 체코) 체코슬로바키아의 민족 음악 작곡가인 스메타나는 어려서부터 음악적 천품을 나타낸 신동으로, 국민적인 음악 양식을 광범위한 예술적 음악 형식에 도입하였다. 6세 때 소년 피아니스트로 대중 앞에서 연주를 했는데 4세 때 벌써 4중주곡의 제1바이올린을 연주했다는 기록이 있다. 그의 초기 작품은 슈만과 리스트의 영향이 크게 반영되어 낭만적인 색채가 강하고, 슈만풍의 풍부한 화성구조를 보여주고 있다. 그는 여기에 다시 비교적 단순한 선율을 더하여 깊이와 실질이 겸비돼 스메타나의 특유한 음악을 만들어 내었다. 교향시에서는 그 구상과 주제의 자유로운 발전을 보아 리스트의 영향을 보이고 있지만 〈나의 조국〉에서는 그것을 탈피하여 스메타나 특유의 민족적인 경지를 개척하였다. 그가 쓴 교향시 〈나의 조국〉은 (전6곡)으로 구성되었는데 그는 조국의 자연과 전설과 역사를 찬미한 것을 내용으로 하고 있다. 그 중에서 숲과 자연에 관한 내용은 〈나의 조국〉 제2편에 해당 〈몰다우(Vltava)〉와 제4편에 해당되는 〈보헤미아의 목장과 숲에서〉를 소개하려고 한다.

1. 교향시 〈몰다우〉

〈몰다우〉는 알레그로, 코모도 논 아지타토, e단조, 6/8박자이다. 먼저 몰다우 강의 水源이 묘사된다. 아름다운 제1주제가 그 뒤를 이어 나타나는데 숲속의 사냥의 광경이라든가 마을에서 벌어지는 농민의 결혼식, 즐거운 춤들이 묘사된다. 밝은 달빛과 그 아래 벌어지는 물의 요정들이 춤추는 소리도 들을 수 있다. 이렇게 전개되는 이 교향시는 물결이 흐르는 대로 몰다우 가의 모습을 그려 낸 것이다. 이 〈몰다우〉는 〈나의 조국〉의 6곡 중에서 가장 아름답고 친숙하기 쉬운 멜로디가 풍부하게 들어 있는 작품이다.

2. 〈보헤미아의 목장과 숲에서〉

이 곡은 〈나의 조국〉의 제4편에 해당된다. 이 곡은 수평선을 이은 보헤미아의 평원에 서서 조국의 자연의 아름다움을 구가하고 있다. 미풍은 숲 속에서 속삭이는데 먼 곳에서 마을 사람들은 음악에 맞추어 춤을 추고, 바람은 이 소리를 옮겨 환희에 춤과 음악이 국토에 충만하게 한다. 이것이 이 교향시의 시상적 내용이다. 이 곡은 모데라토, ?단조, 2/4박자이다. 처음에 금관악기가 웅장한 화성적인 테마를 힘차게 연주하며 현과 목관악기가 하모니를 전개한다. 이는 마치 여름날의 햇빛이 끝없는 넓은 평원에 찬연히 빛나는 정경을 연상시킨다. fff의 강한 연주가 최고조에 이른 후 일단 평온한 기분으로 돌아가 감사와 환희의 찬가와 같은 3도의 모티프의 테마가 오보에와 파곳으로 나타난다. 둘째 부분은 알레그로, 포코 비보, 마 논 트롭포, 3/4박자의 곡으로 미풍에 속삭이는 숲의 정경을 나타내고 이어서 경묘한 테마가 제1바이올린으로 시작되면 이에 모든 관현악이 합세한다. 메노비보부터 클라리넷과 혼이 축복의 찬가같이 새로운 테마를 첨가시켜 푸가토와 병행한다. 갑자기 목관악기가 힘차게 연주한 폴카의 테마가 반복되는 근심스러움과 같은 간주에 의해 두 번 중단된다. 얼마 후 혼(Horn)에 나타나는 음악은 일체를 구축하고 클라이맥스에 이르러 흥분과 광희의 춤으로 마을 사람의 제전은 화려하게 끝난다. 이상으로 교향시에 나타난 숲과 자연에 관련된 소재들을 찾아 소개해 보았다.

제6장 숲을 소재로 한 모음곡 (특히 새를 중심으로)

제1절 레스피기가 작곡한 모음곡 〈새〉

이 곡은 1927년에 작곡된 작은 관현악을 위한 모음곡이다. 레스피기의 음악 세계에 관해서는 이미 위에서 교향시 〈로마의 소나무〉에 관해서 다룰 때에 소개하였으므로, 여기서는 생략하기로 한다. 작곡자는 자연음을 그냥 무질서하게 묘사한 것이 아니라 각기 새 우는 소리를 테마로 하여 일정한 형식을 구성하였다. 작곡자는 독자적인 쉬운 관현악 법을 사용하여 원곡의 묘사적인 태도를 교묘하게 살렸다. 소편성이지만 소박한 고전적인 풍경에 여러 가지 색채적인 효과를 여실히 나타내었다. 이것은 자연음의 효과를 초월한 시적인 정취가 넘친다.

1. 전주곡(preludio) 알레그로, 모데라토, A장조, 4/4박자, 세도막 형식

이 원곡은 파스쿠이니 (B. Pasquini 1637-1710)의 쳄발로 곡이다. 제1부와 그 재현에 상당하는 제3부는 별로 관계가 없다. 그리고 행진곡풍의 분명한 리듬인데, 소박한 선율로 시작된다. 중간부는 알레그로, 3/4박자, 라모의 클라브생곡 〈암탉〉의 소리를 바이올린으로 낸다. 다음에는 비보 4/4박자 이탈리아의 작곡자 파스쿠이니의 〈뻐꾸기〉에 의한 짧은 부분이다. 바이올린의 경쾌한 소리로 뻐꾸기의 소리를 낸다. 잠시 후 알레그렛토 3/8박자, 목관의 귀여운 선율의 행진곡인데 이를 바이올린이 받아서 진행한다. 뒤이어 바이올린이 빠르게 움직여 진행하며 고조되어 제3부에 들어가 첫머리의 부분은 재현한다.

2. 비둘기(La colomba) 안단테, 에스프렛시보, A장조, 3/4박자

원곡은 17세기 프랑스의 류트 작곡가 갈로(J. Gallot)에 의한 1670년경의 곡이다. 바이올린은 9/8박자로 뻐꾸기가 우는소리를 묘사한 음형을 연주한다. f#의 단조의 감미로운 선율을 표정이 풍부하게 노래한다. 뒤이어 오보의 노래에 플루트가 대위법적으로 진행한다. 마지막에 알레그로로 옮겨져서 하프의 아름다운 글릿산도를 지나서 조용한 화음으로 끝난다.

3. 암탉(La Gallina) 알레그로, 비바체, a단조, 3/4박자.

프랑스의 작곡가 라모의 곡에 의한 것이다. 먹이를 찾으며 닭이 우는소리를 묘사했는데 여기서는 그 이상 색채적으로 되어 있다. 목관의 사용법도 훌륭하지만 현악기도 극히 효과적이다. 테마를 바이올린으로 연주하는데 이것은 점차 장식적인 변주 풍으로 취급되어 나간다. 계속하여 클라리넷이 테마를 연주한다.

4. 꾀꼬리(Lusignuolo) 안단테, 못소, C장조, 4/4박자

원곡은 17세기 영국의 작자미상의 곡으로서 건반이 붙은 옛 발현악기인 버어지널(Virginal)음악이다. 현악기의 모방 풍으로 시작하여 그 뒤에 목관이 대위법적으로 귀엽고 부드럽게 움직인다. 그리고 피콜로와 플루트로 새 우는 소리를 모방한다. 다시 독주 바이올린이 나오고 마지막에는 현악기만이 와글거리다가 조용하게 끝난다.

5. 뻐꾸기(IL cucù) 알레그로, A장조, 4/4박자

이 곡은 파스쿠이니의 "Toccata con lo scherzo del Cucco"라는 피아노 곡이다. 뻐꾸기 우는소리와 함께 산림을 묘사하였다. 제1바이올린이 음계 풍으로 위로 올라가면서 시작한다. 목관악기가 차례로 새 우는 소리를 묘사하는데 피우, 라르고의 템포로 선율을 노래한다. 알레그로 비바체에 이르러 플루트가 뻐꾸기소리를 모방하여 제1바이올린이 조용히 섬세하게 움직인다. 피우, 모데라토에서는 두텁고 입체적인데 다시 빠른 템포로 진행된다. 마지막으로 알레그로 모데라토로 제1곡의 첫머리를 제시한 후 곡은 끝난다.

제2절 생상스(Saint-Saêns, Charles Camille 1835-1921 佛)

생상스는 19세기-20세기의 대표적인 인물로 프랑스의 음악 진흥에 힘쓴 위대한 작곡가였다. 그는 작곡가로서는 물론 피아니스트, 지휘자, 평론가, 시인, 화가, 나아가서는 문학 방면에 이르기까지 뛰어난 사람으로 국내외에 이름을 떨쳤다, 생상스의 음악 기법에 있어서는 베를리오즈, 슈만, 멘델스존, 바그너 등의 영향도 있지만 본질적으로 본다면 오히려 고전주의적인 우아한 균형미와 세련미가 있다. 그는 작품 번호 169를 헤아리는 많은 작품을 남겼다. 생상스는 모음곡 〈동물의 사육제〉중에서 제9곡에 〈숲속의 뻐꾸기〉를 썼다. 〈동물의 사육제〉는 특히 어린이들에게 관심을 갖게 하는 곡으로 1886년 2월 그가 51세 때에 작품이다. 그는 친구의 샤를 르부크가 주최하는 사육제의 음악회에서 청중들을 놀라게 하기 위해 작곡했다고 한다. 풍자와 기지에 찬 아주 기발한 실내 관현악용의 모음곡이다. 14곡으로 된 이 작품 중에서 백조는 유명하기 때문에 따로 독립하여 연주하는 때가 많다.

1. 제9곡인 숲 속의 뻐꾸기(La coucou au fond des bois)

뻐꾸기의 우는소리는 클라리넷으로 묘사했고, 2대의 피아노의 풍부한 화음은 조용한 산림의 풍경을 암시했다.

2. 제13곡 백조(Le cygne)

위에서 언급한 바와 같이 전곡 중에서도 일품이다. 독주용으로 편곡한 독주곡이 유명하다. 못 위에 앉은 백조의 깨끗한 모습을 방불케하고 유유히 노는 정경을 첼로가 맡아 연주한다.

제3절 쿠프랭의 클라브생 모음곡 〈사랑의 꾀꼬리〉에 대하여

쿠프랭(Couperin, Fran ois 1668-1733 佛) 쿠프랭이 만든 클라브생곡은 무려 230곡이나 된다. 이 모든 것은 27의 모음곡이라는 형으로 정리되어 있고 1713년부터 30년에 걸쳐서 4권의 곡집으로 출판되어 있다. 제4권의 출판을 1730년인데 작곡은 훨씬 이전에 된 것들이다. 1416년에는 그 유명한 〈클라브생 주법〉을 출판하였다. 바하도 이 책으로 배웠다고 한다. 쿠프랭이 작곡한 〈사랑의 꾀꼬리 Le Rossignol-en-amour〉란 곡은 제14모음곡의 제1곡으로 D장조의 밝은 곡이다. 이 모음곡에는 전부 7곡이 포함되어 있는데, 이 곡에 이어지는 제 2곡은 〈겁먹은 공작 La linote-éfarouchée〉 제3곡은 〈떨리는 목소리의 참새 Les fauvétes plaintives〉 제4곡은 〈승리로 으쓱대는 꾀꼬리 Le rossignol -vainqueur.로 처음의 4곡은 새의 연곡으로 되어 있다. 전체는 8마리와 10마디의 두 부분에 4마디의 코다가 붙여진 주부와 이에 대한 두블로 되어 있다. 6/8박자의 느릿한 박자 감을 탄 꾸민 음을 수반한 으뜸선율은 꾀꼬리의 울음소리를 나타낸 것이라고 본다. 「천천히, 상냥하게, 그러나 절도 있게」 라고 지시되어 있는데 quoique mesuré는 표제적인 음악에서 생겨나기 쉬운 주관성을 배제하려는 배려일 것이다. 두블에서는 꾸밈음의 취급에 약간의 변화를 보이고 있는 외에는 거의 주부와 같다. 코다의 4마디에 걸친 음표의 길이에 따른 변화는 완전히 울음소리를 모방하고 있다.

제4절 들리브(Delibes Clément Philibert Léo 1836-1891 佛)

들리브의 발레모음곡 〈실비아〉에서 제1곡 사냥의 여신들과 제2곡 산림에 관하여.

들리브는 19세기 후반에 있어서 프랑스의 오페라와 발레의 작곡가로 이름을 떨친 그는 마스네와 같이 대중성을 띤 작곡가이다. 그의 음악은 우아하고 활발하며 모두 쾌적한 멜로디들로서 당시의무용 음악을 높은 지위로 끌어올린 최초의 작곡가이다. 아무런 과장도 없는 세련되고 고아한 악기 편성법은 그의 작품에 독특한 맛을 풍기게 한다.

발레 모음곡 〈실비아〉는 일명 〈디안의 님프〉란 별명이 있는데 산림과 계곡을 배경으로 한 그리스 신화에 나오는 인물을 제목으로 했다. 발레로서의 초연은 1880년 파리에서 했는데 그는 발레 작곡가로서 이름을 크게 떨쳤다. 무대의 음악 무용으로 호평을 받은 결과 얼마 안 되어 다음과 같이 4부로 연주회용 관현악 모음곡을 편성하였다. 실비아는 에로스의 활에 맞았으므로 목동인 아민타를 사랑하게 되지만 사냥꾼 오리온 때문에 유괴 당하고 만다. 그러나 그녀는 에로스에게 구함을 받아 아민타와 결혼하는 것을 여신 디안으로부터 허락을 받는다. 이와 같은 내용으로서 모음곡의 제1곡으로 〈전주곡과 사냥의 여신〉 현악기를 연주하는 장엄한 전주곡이다. 먼 신화의 나라, 깊고 조용한 산림의 분위기가 감돈다. 멀리서 사냥의 뿔피리 소리가 들려온다. 남모르게 실비아를 사랑하는 양치기 아민타가 에로스의 像뒤에 숨자 실비아가 님프(nymph)들과 같이 등장하여 사냥을 축하하는 춤을 춘다. 다시 에로스 상 앞을 지나면서 사냥의 신인 동시에 정조의 여신인 그들의 디안의 이름에 사랑의 신을 멸시하는 태도를 보인다. 그러나 사냥에 피곤한 님프들은 풀에 눕거나 혹은 흐르는 물에서 목욕을 한다. 이 사냥의 음악이 점점 사라지는 이유도 거기에 있다. 제2곡 〈간주곡과 느린 왈츠〉 화려하고 밝은 간주곡과 아름다운 왈츠로 되어 있다. 간주곡에서는 산림에 답하는 뿔피리와 나뭇잎의 속삭임, 미풍과 햇빛을 다루었으며 다음은 이를 받아 기복하는 왈츠이다. 이 아름다운 정취는 들리브의 작품을 대표한다.

제7장 왈츠에 나타난 숲

시트라우스(Strauss, Johann(아들) 1825-1899 ?) 요한 시츠라우스는 아버지와 아들이 같은 이름을 사용하였는데 보통 아버지를 '왈츠의 아버지'라 했고, 아들을 '왈츠의 왕'이라 부른다. 여기에서 다루는 인물은 아들 요한 시트라우스이다. 아버지 시트라우스는 비인 왈츠의 기초를 닦아 아들에게 그것을 계승시켰다. 아들은 아버지에게서 비인 왈츠를 인계 받아 최고도로 발전시킨 사람이다. 숲에 관련된 왈츠를 소개하면 다음과 같다.

제1절 왈츠 〈비인 숲 속의 이야기〉 op.325

시트라우스의 대표적인 7대 왈츠 중의 하나인 이 곡은 비인을 둘러싼 숲의 풍경을 그린 것으로 농민들의 춤인 렌틀러(Lândler)리듬이 나타난다. 1868년 6월 9일 비인의 신세계 무도장에서 초연되었다.

제2절 왈츠 〈봄의 소리〉 op.410

1883년경에 작곡된 이 작품은 춤을 추기 위한 것이라기보다는 연주회용으로 작곡된 것으로 비인풍의 왈츠가 아니다. 오케스트라 곡으로 많이 연주되지만 본래 소프라노 독창곡으로 작곡된 것이다. 때로는 연주에 독창을 붙이기도 한다. 곡의 흐름은 마치 봄날 들과 산에 지저귀는 새 소리와 젊은이들이 사랑의 이야기를 주고받는 듯한 느낌을 주는 밝고 가벼운 왈츠이다. 3단계로 꾸며진 이 곡은 봄의 기쁨을 으뜸선율로 노래하고 다시 처음으로 돌아간다. 중간주는 트리오인데 곡 전체를 통해서 느긋한 봄기운이 차있는 듯한 기분을 느낄 수 있다.

제3절 왈츠 〈아름답고 푸른 도나우〉 op.314

그의 많은 왈츠곡 중에서도 가장 아름답고 호평을 받는 이 곡은 시트라우스가 42세 때 궁정무도회의 지휘지로 있을 무렵에 작곡하였다. 카롤 벡의 시에서 힌트를 얻어 게르네르트(Gernerth)가 가사를 써서 시트라우스가 곡을 붙였다. 도나우강은 알프스에서 흘러 내려 오스트리아의 평원을 거쳐 북쪽 비인을 지나 멀리 동쪽의 흑해로 흘러가는 대단히 긴 강이다. 이 음악은 유유히 흐르는 이 강의 양쪽 언덕의 아름다운 풍경과 물위에서 즐겁게 뱃놀이하고 있는 사람들을 연상시키게 한다. 이 곡은 처음에 남성 합창곡으로 작곡했다가 후에 관현악 곡으로 편곡하였다.

제8장 독주곡에 나타난 숲(특히 새들에 관하여)

제1절 다캥(Daquin, Louis Claude 1694-1772 佛)

다캥은 프랑스의 저명한 작곡가이며 오르간 주자였다. 그의 작품은 오르간곡 모테토, 푸가, 칸타타와 많은 클라브생곡 중에서도 〈뻐꾸기〉와 〈유쾌한 선율〉 〈제비〉 등이 알려져 있다. 그의 작품인 클라브생 독주곡으로 뻐꾸기 "Le Coucou"에 대해서 알아보자. 이 곡은 1735년에 출판한 클라브생 곡집에 들어있다. 뻐꾸기의 울음소리를 도입한 일종의 묘사 곡으로 1마디째부터 2마디 째에 걸쳐서 왼손이 연주하는 동기가 그것을 나타내고 있으며 이것을 16분음표의 세밀한 움직임을 타고 오른손에도 왼손에도 끊임없이 계속 나와 듣는 사람의 귀에 뻐꾸기 소리를 전하여 준다. 형식적으로는 ABACA의 옛 론도형식이 사용되고 있다. 뻐꾸기의 울음소리가 어색 않게 표현되어 그것이 쾌적한 템포를 타기만 하면 기술적으로는 별로 어렵지 않으므로 학습자에게는 즐겨 연주되고 있다.

제2절 라모(Rameau, Jean Philippe 1683-1764 佛)의 클라브생 독주곡 〈새의 지저귐〉에 대하여

그의 클라브생곡으로 자연을 노래한 새의 지저귐(Le Rappel des oiseaux)은 〈론도 풍의 지그〉와 같은 1724년에 간행된 곡집의 제5곡으로 새의 울음소리를 모방한 표제음악이다 16분음표의 움직임이 정말 바쁘게 움직이는 새의 생태를 생생하게 전해주고 있다. 반복 기호에 의해 거의 같은 양의 부분으로 나뉘어 졌는데 주제가 재현되는 일은 없고 표제를 여실하게 그려 나가기 위해 자유롭게 흘러가는 서법을 쓰고 있다. 11-14마디 사이에서 볼 수 있는 다음과 같은 오른손의 음형은 다캥의 〈뻐꾸기〉를 상기시킨다.

제3절 케를(Kerll, Johann Caspar 1627-1693 獨)의 카프릿치오 〈뻐꾸기〉에 대하여

케를은 17세기 독일에서 오르간 연주의 지도적 역할을 한 작곡가, 오르가니스트이며 그의 작품에서 볼 수 있는 참신한 불협화음의 해결이라는 기법의 점에서 세바스티안 바하의 직접적인 선구자로 볼 수 있다. 카프릿치오 〈뻐꾸기〉 Capriccio "Cucu"란 곡은 그의 작품 중에서 숲과 연관된 곡으로 자연을 묘사한 재미있는 작품이다. 뻐꾸기의 울음소리를 삽입한 곡은 예로부터 많았으나 바로크시대의 작품으로는 〈다캥〉과 〈케를〉의 작품이 잘 알려져 있다. 카프릿치오하고 제목이 붙어 있지만 초기 바로크에서 보여지는 푸가적 서법은 이 곡에는 없으며 오히려 단순한 묘사 같은 표제음악으로 되어있다. 처음에 D음과 B음으로 뻐꾸기의 울음소리가 테너 파트에 4회에 걸쳐서 제시되고 이것은 곧바로 베이스에 이어져서 다시 소프라노 파트로 옮겨간다. 그 사이에 다른 성부는 자유로운 악구를 만들어 나간다. 이점은 푸가적이지만 그 다음은 자유롭게 취급된다. 여기게 울음소리를 나타내는 동기가 대화 풍으로 놓이는 부분이 이어지고 음의 움직임이 점차 적어지며 저음에서의 바람소리 같은 반주를 타고 울음소리는 높고 낮게 들려 오는데, 점차 그 소리도 가라앉고 조용하고 차분한 후주로 곡을 맺는다. 그렇게 긴 곡은 아니지만 이 곡에는 이미 오르간적인 이미지는 전혀 없고 바로크에서도 훨씬 후기에 들어선 느낌이 강하게 풍긴다.

제9장 협주곡에서 숲을 소재로 한 곡

제1절 비발디(Antonio Vivaldi 1678-1741 伊), 바이올린 합주 협주곡 〈4계〉op.8, No.1-4

숲을 소재로 한 협주곡으로 널리 알려진 것은 비발디(Antonio Vivaldi 1678-1741 伊)가 작곡한 바이올린 합주 협주곡 〈4계〉op.8, No.1-4이다. 〈4계〉는 적은 인원으로 구성된 독주부 관현악에 의하여 연주되는데, 독주부와 합주부가 마치 대화라도 하듯이 서로 응답하며 진행되는 색다르고 아름다운 곡이다. 특히 이 악곡에는 4계절의 풍물을 노래한 짧은 시(Sennet 14행시)가 붙어 있는데 이것은 가사가 아니라 시에서 받은 인상을 음악으로 표현한 것으로, 일종의 표제음악이라 볼 수 있으며, 자유로운 감정이 화려하게 표현되어 있어서 바로크 음악의 특색을 그대로 엿보게 한다.

1. 제1곡 〈봄〉

'봄이 왔다'로 시작되는 전3악장의 곡으로 「움츠렸던 모든 만물이 봄과 더불어 기지개를 켠다. 새들은 노래하고 맑은 샘물이 넘쳐흐르는 약동하는 봄, 그러나 천둥과 번개는 이들을 움츠리게 한다. 그러나 이것은 잠시뿐, 약동하는 봄기운은 또다시 새들을 노래시키며 님프와 목동들은 핀리소리에 맞춰 흥겹게 춤을 춘다.」

제1악장 알레그로 E장조 4/4박자 봄이 옴을 노래하는 기본 주제에 의해서 개시되며, 작은 새들이 지저귀고(바이올린의 트릴과 작은 음형들), 샘물이 솟아 흐르는데(바이올린의 16분음표의 음형) 거기에 폭풍이 분다.(32분음표의 트레몰로) 그러나 그 사이에 폭풍은 개고 작은 새들이 지저귀고 최후에 기본 주제가 재현된다. 표제음악의 극치를 보여준다고 하겠다.

제2악장 라르고 E장조 3/4박자 목장에서 쉬고 있는 목동들의 노래(솔로 바이올린)가 잔가지가 바람에 흔들리는 듯 pp의 점음표 음형으로 반주된다. 제3악장 알레그로 E장조 12/8박자 봄에 추는 전원의 춤곡이다.

2. 제2곡 〈여름〉

「찌는 듯한 무더운 여름, 사람도 동물도 모두 더위에 시달려 활기를 잃는다. 이때 강한 북풍이 불어오고 목동은 두려움을 느낀다. 번쩍이는 번개, 천둥소리, 폭우가 쏟아진다. 여름의 날씨는 사납다.」

제1악장 알레그로 노 트롭프 사단조 3/8박자 무더운 여름과 태는 태양

제2악장 아다지오 사단조 4/4박자 천둥과 번개

제3악장 프레스토 사단조 3/4박자 사나운 계절

3. 제3곡 〈가을〉

「결실의 계절 가을, 마을 사람들은 춤과 노래로 수확의 즐거움을 축하한다. 술과 춤과 노래 속에 흥겹던 열기도 어느 덧 가라앉고 마을 사람들은 단잠에 빠진다. 이윽고 새벽이 되어 마을 사람들은 뿔피리와 총을 들고 사냥을 나간다. 총소리, 개 짖는 소리-」

제1악장, 알레그로 바장조 4/4박자 마을 사람들의 춤과 노래

제2악장, 아다지오 몰토 라단조 3/4박자 농부들의 단잠

제3악장, 알레그로 바장조 3/8박자 사냥과 짐승을 음악적인 묘사로 사실감있게 나타낸다.

제4곡 〈겨울〉은 생략하기로 한다.

제2절 비발디 플루트 협주곡인

〈홍방울새 Concerto for flute No.3 in D-major, op10-3〉

숲을 소재로한 작품으로 비발디가 작곡한 플루트 협주곡인 〈홍방울새 Concerto for flute No.3 in D-major, op10-3〉를 소개한다.

1. 제1악장은 알레그로 D장조 4/4박자

이 곡은 플루트의 음으로 홍방울새가 우는소리를 묘사한 작품이다. 유니즌으로 시작되는 투티와 거기에 맞장구를 치고 있는 플루트의 짧은 모티프를 도입으로 하여 플루트의 솔로가 작은 새의 울음소리를 가는 트릴이나 음형으로 카덴짜풍으로 연주하고 다시 도입 동시를 중심으로 주제가 시작되는데 그것도 스타카토나 음정이 비약하는 모티프로 새 울음소리의 모방에 지나지 않지만 그 이상 엄격한 의미에 있어서의 표제음악은 아니라고 본다.

2. 제2악장 라르고 D장조 2/8박자

시칠리아노 풍으로 연주되는 전원적인 목가이다.

3. 3악장 알레그로 D장조 3/4박자

론도 풍의 종곡인데 여기서도 짧은 트릴의 모티프가 많으며 새의 울음소리와 관계가 깊다.

제10장 숲을 소재로 창작한 국악

가야금 연주자이며 주로 가야금을 위한 곡을 전적으로 작곡하는 황병기는 “숲”이란 제목의 곡을 써서 1963년도에 명동국립극장에서 초연하였다.

작곡가 이성천은 가야금 독주곡으로 "숲속의 이야기"란 모음곡을 썼다. 이 모음곡의 둘째 곡의 제목이 "초동과 뻐꾸기"이다. 1967년 9.22 서울대 음대 콘서트홀에서 그의 제1회 작곡발표회의 레퍼토리로서 초연하였다. 그리고 그는 1986년에 21현금 독주곡으로 "뻐꾸기"란 곡을 편곡하여 제4회 KBS.FM국악무대를 위해 문예회관 대극장에서 초연하였으며, 그는 실내악곡으로 중주곡 제17번 "새들의 꿈(두대의 향비파곡)"을 작곡하여 황현정의 비파연주로 1991년 5.9 국립국악원 소극장에서 초연하였다.

작곡가이며 해금연주자인 김영재는 해금독주곡으로 "鳥鳴曲"을 작곡하여 1985 5.1 광주남도예술회관에서 그의 제2회 국악작품발표회를 초연하였다.

작곡가 박성옥은 가야금 독주곡으로 "종달새"를 작곡하여 1971년 9.18 한국일보사 12층 연주 홀에서 김정아의 가야금독주로 초연하였다.

참 고 문 헌

변규백, 1997. 『음악의 각 장르 속에 깃든 나무와 숲의 흔적』, 〈숲과 음악〉 김기원편. 숲과문화총서5. 두솔.
이장직, 1997. 『환경음악과 숲』, 〈숲과 음악〉 김기원편. 숲과문화총서5. 두솔.

국민대학교 평생교육원·(사)숲과 문화 연구회
숲해설 아카데미 전문과정

숲과 문학

조 흥 욱
국민대 국문학과/교수

VII

목차

제1장 숲(자연)에 대한 인식

제1절 동양(東洋)의 주체적 자연관(主體的自然觀)

동양과 서양은 자연을 바라보는 관점에서 철학적 차이를 보여주는데, 보통 서양의 자연관을 객체적 자연관, 그리고 동양의 자연관을 주체적 자연관으로 구별한다. 이러한 동·서양의 자연관의 차이는 보통 다음과 같이 설명된다.

대체로 서양의 근대문화와 철학은 신(神)과 자연(自然)으로부터 독립한 인간 중심주의 입장에서, 인간과 자연과의 대립을 전제로 하여 인간의 자아의식, 자유의식을 확립하는 동시에, 객체(客體)로서의 자연의 기계론적 법칙의 필연성에 대한 자연과학적 인식을 토대로 하여 자연정복의 기술문명을 발전시켰던 것이다.

여기에서 근대과학의 대상인 자연은 인간존재에 대립 대항하는 객체적 존재로서 인간의 의지에 의해서 정복되지 않으면 안되는 객체적 자연이라고 말할 수 있다면, 그것과는 반대로 동양의 자연관은 인간과 자연과의 공동적 친연성(親緣性)의 관계에서 우리들의 인간생활을 성립시키는 모태(母胎)로서의 주체적 자연이라고 말할 수 있을 것이다. 그러므로 동양의 하늘[天]이라든가 자연은 결코 자연과학의 대상이 될 수는 없고, 오히려 그것은 널리 인간생활에 있어서의 인륜(人倫)의 도(道)로서 반성의 대상이 되는 것이라고 하겠다.

제2절 우리의 숲(자연)에 대한 인식

우리의 숲[자연]에 대한 인식은 유가적 자연관(儒家的自然觀)을 중심으로 하고 있다. 그런데 유가적 자연관의 핵심은 자연이 인간의 삶과 연결되어 있는 공간으로서의 성격을 갖는 데 있다. 따라서 우리에게 자연은 인간의 삶과 분리된 공간으로서의 성격을 갖는 것이 아니라 인생이 연속되는 또 다른 삶의 공간으로서의 성격을 갖는 것이라고 하겠다.

이러한 내용은 다음과 같은 몇 사람들의 생각을 통해서 확인할 수 있다.

옛날 산림을 즐기는 사람들을 보면 거기에는 두 종류가 있다. 첫째는 현허(玄虛)를 사모하여 고상(高尙)으로 일삼음을 즐기는 사람이요, 둘째는 도의(道義)를 즐기어 심성(心性) 기르기를 즐기는 사람이다

(觀古之有樂於山林者 亦有二焉 有慕玄虛事高尙而樂者 有悅道義頤心性而樂者). 〈퇴계, 이황(李滉)〉

사대부(士大夫)로 이 사회에 진출하여 자기의 능력을 발휘할 기회를 얻지 못할 때, 그 자리를 버리고 시골로 돌아가 거처하는 사람이 반드시 이름 높은 산이나 아름다운 물가에 자리를 잡고 연못가의 정자나 동산 혹은 전원에서 즐거움을 찾는 것에는 두 가지 의미가 있다. 하나는 청한(淸閑)하고 적막한 것을 즐기기 위함이고, 다른 하나는 시국을 근심하고 임금을 그리는 정을 펴기 위하여서이다(士大夫之進 不得有爲於斯世 棄位而巷處者 必占名山麗水之濱 池館園囿之樂 一以爲淸閒寂寞之娛 一以敍憂時戀闕之情)

〈송강. 정철(鄭澈)〉

그러므로 이 집[자연]은 진실로 내가 표연히 세상을 등지고 홀로 노닐며 신선처럼 살려는 뜻을 가질 수 있게 하지만 끝내는 나로 하여금 부자(父子)의 윤리와 군신(君臣)의 윤리를 벗어나지 못하게 한다. 진실로 내가 낚시질을 하고 밭갈이를 하는 흥과 거문고를 타고 장구를 두드리는 즐거움에 몰두할 수 있게 하지만 또한 끝내는 나로 하여금 선현(先賢)이 남긴 훌륭한 자취를 우러르며 선왕(先王)이 남긴 유풍(遺風)을 노래하게 한다. 어찌 마음에 맞지 아니한가!(然則 此堂固能使我飄飄然 有遺世獨立羽化登仙之意 而終亦使我不外於父子君臣之倫理 固能使我專釣水耕山之興 彈琴鼓缶之樂 而終亦使我景仰前哲之芳躅 歌詠先王之遺風 此非會心歟). 〈고산, 윤선도(尹善道)〉

제2장 문학에서의 숲(자연) 의미

문학은 인생의 표현이므로 우리가 가지고 있는 숲[자연]의 의미에 대한 우리의 인식은 문학 작품을 통해서 그대로 드러나게 된다. 따라서 문학 작품에 나타난 자연의 의미는 유가적 자연관을 중심으로 나타난다고 할 수 있을 것이다. 우리의 문학 작품에 나타난 자연의 의미에 대한 인식 양상은 다음 몇 가지로 정리될 수 있다.

제1절 현실을 떠난 안식처(安息處)로서의 숲(자연)

우리의 문학 작품에 나타난 숲[자연]의 의미에 대한 인식 양상의 하나는 자연을 현실을 떠난 도피처(逃避處), 또는 안식처로 인식하고 있다는 것이다. 이러한 인식 태도는 다음과 같은 작품들을 통해서 확인할 수 있다.

청산은 나를 보고 말없이 살라하고
창공은 나를 보고 티없이 살라하네
사랑도 벗어 버리고 미움도 벗어 버리고
물처럼 바람처럼 그렇게 살다가 가라하네
靑山兮要我以無語　蒼空兮要我以無垢
聊無愛而無惜兮　　如水如風而終我

〈나옹화상(懶翁和尙), 나옹화상가송(懶翁和尙歌頌)〉

돌 사이로 미친 듯 흐르며 물줄기는 산봉우리를 울리니
사람의 말소리는 가까이서도 알아듣기가 어렵구나.
옳고 그름을 다투는 소리 귀에 들릴까 늘 두려워서
짐짓, 흐르는 물로 하여금 온 산을 둘러싸게 하였구나.
狂奔疊石吼重巒　人語難分咫尺間
常恐是非聲到耳　故敎流水盡籠山

〈최치원(崔致遠)의 한시, 제가야산독서당(題伽耶山讀書堂)〉

살어리 살어리 랏다
靑山의 살어리 랏다
멀위랑 다래랑 따먹고
靑山의 살어리 랏다

〈고려가요, 청산별곡(靑山別曲)〉

제2절 사람과 물아일체(物我一體)로서의 숲(자연)

우리의 문학 작품에 나타난 숲[자연]의 의미에 대한 인식 양상의 다른 하나는 자연을 인간과 하나가 될 수 있는 물아일체의 대상으로 인식하고 있다는 것이다. 이러한 인식 태도는 다음과 같은 작품들을 통해서 확인할 수 있다.

눈에는 발을 드리우고 귀에는 문을 닫았으나
솔바람 시내 소리는 역시 떠들썩하네
나를 잊고 물(物)을 물(物)대로 보는 경지에 이르니
마음이 곳에 따라 절로 맑고 따뜻하네
眼垂簾箔耳關門　松籟溪聲亦做喧
到得忘吾能物物　靈臺隨處自淸溫

〈서경덕(徐敬德)의 한시, 무제(無題)〉

말없는 청산(靑山)이오 태(態)없는 유수(流水)로다
값없는 청풍(淸風)과 임자없는 명월(明月)이로다
이 중에 일없는 내몸이 분별(分別)없이 늙으리라

〈성혼(成渾)의 시조〉

산 속은 고요하나 웅성한 아름다운 세상이다.

과실같이 싱싱한 기운과 향기, 나무 향기, 흙 냄새, 하늘 향기, 마을에서는 찾아 볼 수 없는 향기다.

낙엽 속에 파묻혀 앉아 깨금을 알뜰히 바수는 중실은 이제 새삼스럽게 그 향기를 생각하고 나무를 살피고 하늘을 바라보는 것이 아니었다. 그런 것은 한데 합쳐서 몸에 함빡 젖어들어 전신을 가지고 모르는 결에 그것을 느낄 뿐이다. 산과 몸이 빈틈없이 한 데 얼린 것이다.

눈에는 어느 결엔지 푸른 하늘이 물들었고 피부에는 산 냄새가 배었다.

〈이효석(李孝石)의 소설, 산(山)〉

제3절 사람이 추구해야 할 도의(道義)로서의 숲(자연)

우리의 문학 작품에 나타난 숲[자연]의 의미에 대한 인식 양상의 또 다른 하나는 자연을 인간이 추구해야 할 도의의 대상으로 인식하고 있다는 것이다. 이러한 인식 태도는 다음과 같은 작품들을 통해서 확인할 수 있다.

붉은 꽃대 솟아 피어 맑은 향기 내뿜는데
가냘픈 잎 모진 서리에도 티끌 한 점 없구나
고결하여 오히려 세상의 미워하는 바 되어도
내 옆에 두고 불의와 타협 않은 굴원(屈原)을 생각하노라
紫葩抽出產淸芬　瘦葉凌霜不愛塵
高潔終爲世所惡　獨紉幽佩憶靈均

〈강희안(姜希顔)의 한시, 사우정잡영 난(四雨亭雜詠 蘭)〉

청산(靑山)은 어찌하여 만고(萬古)에 푸르르며
유수(流水)는 어찌하여 주야(晝夜)에 그치지 아니하는고
우리도 그치지 말고 만고상청(萬古常靑)하리라

〈이황(李滉)의 시조, 도산12곡(陶山十二曲)〉

나모도 아닌거시 풀도 아닌거시
곳기ㄴ、ㄴ 뉘시기며 속은 어이 뷔연ㄴ、ㄴ다
뎌러코 사시(四時)에 프르니 그를 됴하 ㅎ、노라

〈윤선도(尹善道)의 시조, 오우가(五友歌)〉

나무는 덕(德)을 지녔다. 나무는 주어진 분수에 만족(滿足)할 줄을 안다. 나무로 태어난 것을 탓하지 아니하고, 왜 여기 놓이고 저기 놓이지 않았는가를 말하지 아니한다. 등성이에 서면 햇살이 따사로울까, 골짜기에 내려서면 물이 좋을까 하여, 새로운 자리를 엿보는 일도 없다. 물과 흙과 태양의 아들로, 물과 흙과 태양이 주는 대로 받고, 득박(得薄)과 불만족(不滿足)을 말하지 아니한다. 이웃 친구의 처지(處地)에 눈떠 보는 일도 없다. 소나무는 소나무대로 스스로 족하고, 진달래는 진달래대로 스스로 족하다. · · · · · ·
나무는 훌륭한 견인주의자(堅忍主義者)요, 고독(孤獨)의 철인(哲人)이요, 안분지족(安分知足)의 현인(賢人)이다.

〈이양하(李敭河)의 수필, 나무〉

제4절 관념화(觀念化)된 대상으로서의 숲(자연)

우리의 문학 작품에 나타난 숲[자연]의 의미에 대한 인식 양상의 특징은 자연을 관념화된 대상으로 인

식하고 있다는 것이다. 다시 말해서 자연을 있는 그대로의 실재적(實在的) 대상으로 인식하기보다는 우리의 관념 속에서 형상화된 모습으로 자연을 인식하고 있다는 것이다. 자연을 이처럼 관념화된 대상으로 바라보는 인식 태도는 다음과 같은 작품들을 통해서 확인할 수 있는데, 다음 작품들에서 두견새는 실제 모습과는 관계없이 우리들에게 깊은 밤에만 우는 새로 관념화되어 노래되고 있음을 알 수 있다.

봄은 갔지만 꽃은 아직 남아 있고
하늘은 개였지만 골짜기는 절로 어둡네
대낮에 두견이 우는 것을 보니
비로소 깨닫겠도다 내 사는 곳이 깊은 것을
　春去花猶在　天晴谷自陰
　杜鵑啼白晝　始覺卜居深

〈이인로(李仁老)의 한시, 산거(山居)〉

접동
접동
아우래비 접동
· · · · · ·
아홉이나 남아 되는 오랍동생을
죽어서도 못잊어 차마 못잊어
夜三更 남 다 자는 밤이 깊으면
이 山 저 山 옮아가며 슬피 웁니다

〈김소월(金素月)의 시, 접동새〉

산중(山中)의 ㅅ、쟈ㅎ、니 두견(杜鵑)이도 붓그립다
내집을 구버보며 솟적다 ㅎ、ㄴ、ㄴ고야
군자(君子)ㄴ、ㄴ 안빈낙도(安貧樂道)니 긔 분(分)인가 ㅎ、노라

〈작자 미상(作者未詳)의 시조〉

제3장 숲(자연) 소재 문학의 의미

한국문학에 나타난 숲[자연]의 양상과 의미를 살펴볼 때, 한국문학과 자연의 관계는 다음과 같이 정리될 수 있다.

한국인들은 그들의 문학 활동에 있어서 자연을 자연 그대로 두고 관찰하여 그 아름다움을 노래한 것이 아니라, 자연을 인간 속으로 끌어들여 관념화된 자연, 관조 속에서 이루어진 자연, 따라서 철학적인 자연을 읊었다고 하겠다. 그렇기 때문에 우리 선조들은 자연의 생태나 생리와 같은 것에 대한 과학적인 추구를 하는 노력이 결핍되어 있었고, 또한 분류학적인 지식도 빈약하여 동·식물의 명칭을 그리 많이 알지 못하고 있다. 또 미학적인 범주도 어디까지나 인간적인 모랄에서 그 기준을 찾고자 하였지 자연 그 자체에서 미의 기준을 세우려 하지 않았음을 알 수 있다.

결국 우리나라의 자연 소재 문학 작품은 자연을 자연 그대로 문학 작품에 반영시켰다기보다는 인간 속으로 들어온 자연, 즉 인간의 관조와 사색을 거쳐서 이루어진 자연의 세계를 읊었음을 알 수 있다. 그렇기 때문에 한국의 자연 문학은 자연문학(自然文學)이라기보다는 인생문학(人生文學)이라고 불러야 옳을 것이 아닌가 생각된다. 바꾸어 말하면 우리 문학에서 자연은 객관적인 존재가 아니고 언제나 주관화되었고 관념화된 자연이라 할 것이다. 따라서 우리 선조들은 자연을 위한 자연을 노래한 것이 아니라 그들의 삶의 양상을 자연을 빌어서 노래하였던 것이라 하겠다.

참고문헌

서울대학교, 대학철학, 1973, PP. 56-57.
정병욱, "한국문학에 나타난 자연관", 한국고전의 재인식, 홍성사, 1979, PP. 347-348 참고.

국민대학교 평생교육원·(사)숲과 문화 연구회
숲해설 아카데미 전문과정

숲과 우리 민속 문화

김 기 원
국민대 산림환경시스템학과/교수

VII

목차

제1장 한국인의 산림살이

살림살이에서 '-살이'란 사전적 의미로 '무엇에 종사하여 살아가는 일'이라는 뜻이므로, 산림, 숲에 종사하여 살아가는 일이라는 뜻으로 '산림살이'라는 말도 가능하다. 산림살이란, 산림(숲)살림살이의 준말로도 볼 수 있겠는데, 나무와 숲에 의지하여 살아가는 삶이라는 뜻이다. 숲에 의지하여 살아가는 일이란 결국 숲의 문화를 말한다고 볼 수 있겠다.

게르만 민족의 산림살이는 어땠을까? 게르만 민족은 조상대대로 참나무를 신성시 하였다. 참나무는 단단하여 목재와 가구재, 건축재로서 각광을 받았고, 도토리 열매는 가축의 사료로 사용되어 육류생산에 긴요한 나무였으며, 또한 높은 열량을 내는 연료로서 생활 구석구석에 요긴하게 쓰였다. 뿐만 아니라 참나무 겨우살이를 예부터 신성하게 다뤄오는 등 실로 게르만 민족의 삶에서 참나무가 차지하는 비중이 매우 크다. 그래서 게르만 민족의 문화를 참나무 문화라고 일컫기도 한다.

일본인들은 자신의 문화를 조엽수림 문화(난대림 문화)라고 부른다. 동남아시의 난온대 산림지대를 구성하는 주요 수종은 잣밤나무류, 가시나무, 참가시나무, 녹나무, 생달나무, 야생동백 등인데 주로 상록활엽수이고 나뭇잎 표면이 빛나기 때문에 이들을 조엽수(照葉樹)라고 부른다. 일본의 대표적인 산림대는 '난온대 산림식생'이고, 일본인의 삶이 이러한 산림에 의지해서 살아가고 있기 때문이다.

우리나라의 산림살이는 어떨까? 앞서 살펴본 우리 숲의 변천과정과 현황에서 알 수 있는 것처럼 현재 가장 넓은 면적을 차지하는 숲은 소나무숲인데 숲의 면적이 점점 줄어들고 있다고 한다. 즉, 거슬러 올라가면 한반도는 아득한 옛날 소나무숲으로 뒤덮여 있었을 것으로 추측할 수 있다. 도처에 있는 소나무, 사람도 자주 보면 정이 들듯이, 우리 민족은 소나무와 정을 맺고 살아 갈 수 밖에 없었다. 아이를 잉태하면 솔바람 태교를 하고, 그 아이가 태어나면 소나무를 심으며, 소나무로 집을 짓고, 소나무神(성주신)을 모시고 살아가며, 소나무로 땔감을 하고, 소나무로 가구를 만들고, 죽어서는 태어날 때 심어자란 소나무 관으로 돌아간다. 이러한 배경에서 한민족의 문화를 소나무 문화라고도 부른다. 우리 민족의 산림살이는 소나무 중심의 살림살이가 된 셈이다. 그러나 소나무만이 우리의 산림살이를 구성하는 것은 아니다. 다양한 종류의 나무와 숲이 우리 문화의 형성과 발전에 이바지하여 왔다. 아래에 그러한 흔적들을 문화의 장르별로 정리해 본다.

제2장 우리 문화에 깃든 나무와 숲의 흔적들

제1절 우리 숲의 신화와 신앙

1. 건국신화 속의 숲

1) 단군신화와 신단수

우리나라의 건국신화인 단군신화에 얽힌 이야기를 살펴보기로 한다. 옛날에 하늘나라에 환인(桓因)이 살았는데 그는 하늘 나라의 왕으로서 제석(帝釋)이라고 한다. 그의 아들 환웅(桓雄)이 하늘 아래를 내려다 보며 인간 세상을 꿈꾸어 왔다. 이에 환인은 환웅의 뜻을 알아차리고 태백산(묘향산 혹은 백두산이라는 설이 있음) 아래를 내려다 보니 인간들을 널리 이롭게 할 만 했다. 환인은 신의 권위를 상징하는 부적과 도장인 천부인(天符印) 세 개를 주며 지상의 세상을 다스릴 수 있게 허락하였다. 환웅은 무리 3000명을 거느리고 태백산 꼭대기의 신단수(神檀樹, 神壇樹) 아래에 내려와서 이곳을 신시라 불렀다.

환웅이 거처하던 굴에 곰과 호랑이가 한 마리씩 살았는데 환웅에게 사람되기를 빌었다. 환웅이 마침 가지고 있던 신령한 쑥 한 심지와 마늘 스무 개를 주면서 '이것을 먹으면서 백일 동안 햇빛을 보지 않는다면 곧 사람이 될 것이다'라고 말하였다. 그런데 호랑이는 성질이 급한 나머지 끝까지 참지 못하고 도중에 뛰쳐 나왔다. 끈기있게 참아낸 곰은 삼칠일(三七日=21일) 만에 여자가 되었는데 이를 웅녀(熊女)라 하였다. 웅녀는 그와 결혼할 상대가 없었으므로 늘 신단수 아래에서 아이 갖기를 기원하였다. 이를 지켜본 환웅이 웅녀와 결혼하여 아들을 낳고 이름을 단군 왕검(檀君 王儉)이라 하였다.

위의 내용으로 보면 우리나라의 건국신화는 숲과 깊은 나무를 맺고 있다. 묘향산(또는 백두산) 일대의 울창한 숲에서 나라의 기운이 꿈틀거리고 있고, 신단수라는 나무가 신령한 역할을 하고 있음을 알 수 있게 한다. 신단수(神檀樹)가 무슨 나무인가에 대해서는 여러 가지 해석이 있지만 신단수의 '단(檀)'이 박달나무를 뜻하기 때문에 많은 사람들이 박달나무를 의미하는 것으로 보고 있다. 박달나무는 대체로 전국 각지에 분포하는 지리적인 보편성을 갖는 나무이다. 여기서 박달나무는 좀더 깊은 뜻을 가지고 있지 않을까? 환웅이 처음 지상에 내려왔을 때 신단수 아래에서 신시를 베풀었다라고 기록한 것을 볼 때, 혹시 박달나무가 하늘의 신인 환웅이 강림하는 신목(神木)으로서 역할을 한 것은 아닐까 생각해 볼 수 있겠다. 또한 웅녀가 신단수 아래에서 잉태되기를 소원한 것도 단순한 우연은 아닐 듯하다. 환웅의 아들의 이름도 단군(檀君)인데 역시 박달나무를 뜻하는 한자를 쓰고 있다. 이처럼 단군신화에 있어서 박달나무는 신령한 나무로 등장하여 건국과정에서 중요한 역할을 하고 있음을 알 수 있다.

그런데 민족 역사학자인 김종서나 산림학자 박봉우 교수는 단군신화에 대해서 사실에 가깝게 쓴 일연의 삼국유사에는 신단수(神壇樹)로 되어 있어 나무를 뜻하는 것이 아니라 단순히 제단을 의미한다고 주장하기도 한다. 이선근 박사의 신단수에 대한 해석을 소개하면, 신단수는 나무를 숭배하는 관념에서 나온 용어로 신단(神壇)에서의 신을 표시하고, 우리의 옛 풍속에서의 솟대가 바로 그것이며 당나무(堂木) 등은 그것의 잔영(殘影)이라고 말하고 있다. 〈제왕운기〉(이승훈 저)에서는 아예 단군이 단목정령(檀木精靈)의 아들로 표현되기도 한다.

예술역사학자 박용숙 같은 이는 단군신화를 지중해 문명의 창조신화로 보고 세계문화의 중심체로 해석한다. 예를 들면, 앞서 환인을 하느님을 뜻하는 제석이라고 하였는데 제석은 제우스의 음사이므로 그리스 신화의 주신인 제우스가 바로 환인이라고 주장한다. 환인(桓因)도 동쪽(木=五方에서 동은 청색이고 나무를 의미함)의 나무(숲)사이에서 떠오르는 태양(亘)이 있는 거대한 나라(因)를 말하는데 이는 곧 우주의 중심인 우주목(cosmos tree)으로 해석하기도 하였다. 다른 한편으로, 환인은 그 발음이 중동지방에 있는 가나안과 비슷하다라는 점도 덧붙이고 있다. 이러한 맥락에서 환웅이 천부인을 받아들고 '천평길림동부'(天坪 吉林 東部)에 내려와 신시를 베풀었다는 대목 중의 '길림'은 다름아닌 지중해 연안의 레바논 삼나무 밀림지대를 가리킨다고 주장한다.

중국인들은 우리 민족을 동쪽에 큰 활을 멘 사람들이라 하여 동이족(東夷族)이라고 불렀다. 공자는 중국이 예의를 잃으면 동이에 가서 구한다 했고, 노자는 진리는 이(夷)에 있다라고 한 말에서 그 예를 찾을 수 있다. 큰 칼을 만들어 차려면 큰 숲이 있어야 하고 큰 활로 사냥하려면 많은 종류의 야생동물들이 살 수 있는 곳이어야 할 것이다. 그래서 동이족은 다름 아닌 숲 속의 사람들이었으며 예의 바르고 진리를 몸에 담고 사는 신선이었다. 결국 우리나라는 숲의 나라였다. 이러한 해석은 고대 옥저(沃沮)라는 나라 이름이 만주말로 숲이라는 뜻에서도 확실해 진다.

2) 시조설화(始祖說話), 김알지와 경주 계림(鷄林)

신라를 이끈 김씨들의 시조는 김알지(金閼智)인데 김알지의 탄생설화가 숲과 관련되어 있다. ≪삼국유사≫에 의하면 김알지 설화와 관련하여 다음과 같이 전해오고 있다; 신라 탈해이사금(왕) 시절에 호공(瓠公)이라는 재상이 있었다. 그는 본래 일본사람으로 처음에 박(瓠)을 허리에 차고 바다를 건너 온 까닭에 호공이라 일컬었다고 한다. 하루는 일을 마치고 밤에 월성 서쪽에 있는 동네로 귀가하는 길이었다. 마을 옆에는 시림(始林)이라는 숲이 있었는데 그 숲을 지나는 순간 닭 우는 소리를 들었고 주변이 휘황찬란하게 밝게 빛나는 것을 보았다. 기까이 가보니 숲 위에는 자주색 구름이 하늘에서 내려와 길게 드리워져 있었는데 그곳으로 달려가 보니 구름 속에는 황금빛으로 된 궤가 나뭇가지에 걸려 광명하게 빛나고 있었다. 또한 금궤 가 걸린 나무 아래에는 하얀 닭 한 마리가 울고 있었다. 이에 호공이 대궐로 돌아가 탈해왕에게 알리니 왕은 곧바로 궤가 있는 곳으로 갔는데 흰 닭은 다시 한 번 운 다음 하늘로 날아갔다. 왕은 나무에 걸린 궤를 내리도록 하여 손수 궤를 열어 보니 황금빛으로 빛나는 궤 속에 잘 생긴 남자아이가 들어 있었다. 왕에게는 대를 이을 아들이 없던 차라 대단히 기뻐했으며 아이의 이름을 알지로 하고 성은 금궤에서 나왔으므로 김이라 하였다. 그의 자손이 오늘날의 경주 김씨들이다. 금궤가 있던 숲(시림)은 닭과 밀접한 관계가 있으므로 계림(鷄林)이라고 부르게 되었다. 김알지는 총명하여 왕의 여러 가지 일을 도왔으나 직접 왕이 되기를 사양하였으며 7대 후손인 미추에 이르러서야 김씨가 왕위에 오르게 되었다.

김알지가 태어난 숲(시림)은 계림, 구림 등으로 불리었으며 신라의 국호로도 사용될 정도로 신성시하였던 성림(聖林)이었다. 김씨 시조인 김알지 설화에서 당시 수목숭배사상을 엿볼 수 있다.

그림 1. 조선중기 서화가 조속이 그린 금궤도

2. 수목숭배 사상

1) 거목숭배(巨木崇拜)

우리나라 건국신화인 단군신화에서 확인할 수 있듯이 세계의 건국신화에 거의 공통적으로 나타나는 수목숭배의 일면을 볼 수 있다. 나무는 땅과 바다와 하늘이 만나는 통합점이다. 그래서 세계의 각 민족들은 나무를 신성시해왔고 특정한 나무에 의미를 부여하여 세계수(world tree), 우주수(cosmic tree)로 숭배하였다. 이러한 수목숭배사상의 예를 들어보면, 노르웨이 사람들은 물푸레나무(Yggdrasil), 켈트 민족은 참나무, 나이지리아나 세네갈 사람들은 케이폭나무(Kapok tree), 바빌론 사람들은 종려나무를 숭배하였다. 특히 세계 여러 민족에게서 공통적으로 큰 나무를 신성시하고 돌보는 거목숭배 사상이 나타나고 있다. 이것은 자연숭배사상의 한 가지 유형인데 나무를 신체(神體)의 대상물로 인식하고 신이 하강하는 매개체로 인식한다. 이 때 거목은 우주목으로서 세계의 중심을 상징한다.

나무가 숭앙되는 것은 그것이 영적인 본질을 가지고 있다고 믿기 때문이다. 나무의 영적인 힘, 다시 말하면 성스러운 힘으로 나무가 하늘로 향하여 수직으로 자라며, 겨울 동안 잎이 지고 나면 다시 잎을 피우고 재생하는 힘이 나무를 성스러운 것으로 받아들이게 한다. 성스러운 나무는 세계의 중심이 되고 우주의 중심이 된다(세계수, 우주수). 따라서 나무를 중심으로 하는 소우주에는 제단이 형성되는데 제단의 중심은 나무이며 나무를 통해서 신은 하늘로부터 하강하거나 나무에서 태어나고 나무에 거처한다.

단군신화의 신단수는 신수(神樹)로서 고대 한국인의 소우주가 신수와 제단을 중심으로 형성되고 있음을 말해 준다. 김알지 신화에서도 계림은 시림(始林)이라 하여 신성시 하였음을 알 수 있다. 박혁거세도 성씨는 '木 + 卜 = 朴' 곧 나뭇가지로 점을 치는 기능을 상징한다. 신라 효성왕이 신충을 잊지 않겠다고 약속한 나무는 잣나무였는데 약속을 지키지 않자 〈원가〉를 지어 붙이니 나무가 말라죽었다. 이에 왕이 뉘우치고 벼슬을 주니 나무가 다시 살아났다. 또, 삼한의 여러 고을에서는 천신에게 제사를 지냈는데,

천신께 제사를 올리던 성역을 소도(蘇塗)라고 하는데 각 고을에서는 이곳에 신단(神壇)을 베풀고 그 앞에 큰 나무를 세워 방울과 북을 매달아 신을 섬겼다고 한다. 여기에 등장하는 소도의 나무는 솟대의 원형으로 여겨진다. 거목숭배 신앙은 전국 각지방마다 존재하는데 마을에 있는 거괴목(巨槐木)은 대개 당목(堂木, 당산나무, 서낭나무) 또는 도당목(都堂木)이라 칭하여 신수로 여겨지며 동민들의 치성의 대상이 된다. 따라서 이러한 신수는 함부로 벌채하는 것은 금기되고, 그 계율을 어기면 신벌(神罰)을 받는 것으로 전해오고 있다. 신수는 후대에 이동이 가능한 신목으로 변화하여 굿당이나 강릉단오제 같은 제의의 한쪽에 세워서 신성성을 증명한다(김용덕, 2004에 일부 내용을 덧붙임).

2) 사수(社樹)

사수란 국가의 신(神)을 받드는 곳에 심는 나무를 가리키는데 그 지역에서 잘 자라는 나무를 골라 심었다. 예를 들면, 중국의 하후씨(夏后氏)는 소나무를 썼고, 은나라 사람은 전나무를 썼으며, 주나라 사람은 밤나무를 썼다(논어 제3 팔일(八佾)-4). 사수는 생명과 번식에 대한 갈망과 숭배를 목적으로 한 것이라 한다. 우리나라에서 이러한 흔적을 알 수 있게 하는 것이 고구려 벽화이다. 고구려 벽화에는 나무가 자주 등장하는데 집안현의 벽화고분인 무용총(수렵도)과 각저총 벽화에 표현된 나무는 토지신으로서 사수(社樹)를 나타낸다는 의견이 있다. 즉, 무용총에서는 전실 왼쪽 벽에 그려진 두 그루의 나무나, 각저총의 전실과 현실에 각각 4그루씩이 그려져 있는 나무가 그것을 말한다. 또한 ≪삼국지≫ 고구려전에 의하면, 고구려에서는 무덤 주위에 송백(松柏)을 심었다고 한다. 물론 묘 주변에 송백을 심는 이러한 예는 중국에서는 예부터 전래되던 것이었다.

3. 우주수 부상(扶桑)

부상은 우리나라 고대신화에 등장하는 거대한 신목으로서 뽕나무이다. 부상의 한자를 보면 '붙들다', '의지하다', '돕다'라는 뜻을 가진 부(扶)와 뽕나무 상(桑)자로 되어 있다. 전하는 바에 의하면 한 뿌리에서 두 그루가 나와서 서로 의지하여 서 있기 때문에 그렇게 표현되고 있는 것으로 보이다. 부상을 부상(榑桑)으로 쓰기도 한다.

부상이 어떤 나무인 지 박봉우 교수와 전영우 교수가 조사한 자료를 살펴보니, 모양은 뽕나무 잎과 비슷하고 높이가 300리(120km), 둘레가 2,000아름이며 가지에 10개의 태양이 뜨고 지는 나무이다. 부상은 동해 바다 속에 있는데 땅이 1만리나 되고 숲이 우거져 있다고 한다. 물론 여기에 소개되는 수치들은 꼭 그 나무의 크기를 말하는 것은 아닐 것이고 상징적인 의미일 것이다. 아주 크고 거대하다는 점을 부각시킨 것이며 상상 속의 나무임을 말하는 것이다. 역시 부상도 우리나라의 세계수나 우주수로 생각하는 사람들이 많다.

이러한 내용들은 삼국유사나 조선시대의 연행록 같은 데서 발견할 수 있지만 더 많은 내용은 중국에서 가장 오래된 지리서라고 하는 산해경(山海經)[1]에서 찾을 수 있다. 이런 점에서 부상이 우리나라 고유의 세계수나 우주수라고 말할 수 있을지 의문이 간다.

여기서 우리는 또한 왜 신화의 나무로서 뽕나무가 등장하는지 생각해 보아야 한다. 뽕나무하면 뭐니 뭐니해도 뽕잎을 먹고 사는 누에를 키워 비단을 만드는 일을 생각한다. 또한 귀중한 식량인 오디를 제공하는 점도 유념해야 할 것이다. 부상이 소개되는 산해경은 BC 4세기 전국시대 후에 저술된 것으로 실제로 존재했던 시기는 BC 2세기일 것으로 추측하고 있다. 그렇다면 당시 중국의 비단과 관련된 상황은 어땠을까? 비단제조는 이미 은나라(BC 1600~1046) 때부터 있어왔고 한나라(BC 202~AD 220) 때에 비단길이 개척되어 유럽으로 흘러가기 시작하였다. 당시 비단은 금값만큼이나 귀하여 한나라에서 생산되는 비단을 한금(漢錦)이라고 불렀다. 이러한 정황으로 볼 때 역시 뽕나무는 국가에서 대단히 귀중한 재산으로 여기고 있었을 것이다. 우리나라에서는 신라시대에 뽕나무를 적극적으로 재배하기 시작하였다고 한다. 뽕나무는 현재까지 수 천 동안 비단 생산과 관련하여 귀중한 자원식물임에 틀림없다. 예전에는 지금보다도 더 귀한 나무로 대접하였을 것이고 그것이 신성한 나무로까지 발전하게 된 동기가 되었을지도 모른다.

우리 고문헌에 전하는 부상에 관한 기록들은 삼국유사, 동국이상국집(취중에 부르는 노래), 발해사 연구(민간전설), 지봉유설(山), 18세기 연행록, 심청전 등에서 발견할 수 있다. 그러나 그 내용이 시구절 몇 자에 지나지 않아 전체의 내용을 종합하는 것이 어렵다.

4. 민간신앙 속의 나무와 숲

1) 동신(洞神)과 성황당

마을신앙은 마을의 길흉화복을 다스리는 수호신을 당집(神堂)에 모셔 놓고 마을 주민들이 섬기는 마을의 공동신앙을 말한다. 마을을 지키는 수호신, 즉 동신(洞神)은 지역에 따라서 조금씩 다르지만 내륙에서는 산신, 장승신, 서낭신(성황신)이 공통적으로 나타난다. 마을에서는 액을 물리치고 복을 비는 제액초복(除厄招福)을 위해서 매년 일정한 날, 대개는 정월 초순과 정월 대보름을 전후하여, 이들을 받드는 제례의식으로서 산신제, 장승제, 서낭제(성황제)를 올린다. 해안지방에서는 용신(풍어신)을 모시며 이를 위해 풍어제를 올린다.

서낭이라는 말의 어원은 선왕(先王), 또는 산왕(山王)으로 보고 있으며 한자로 성황(城隍)이라고 쓴다. 그래서 서낭이라는 말이 성황이라는 말에서 유해한다고 보는데, 다른 한편으로는 우리 고유의 민족 신

---

1) 작가는 하나라의 우왕 또는 백익이라고도 한다. 한나라(BC 202~AD 220) 초기에는 책이 있었을 것으로 보는데 총 23편 중 18편만 전해지고 있다. <오장산경(五藏山經)> 5편이 가장 오래 된 것인데 명산을 중심으로 그 산에 사는 동물과 산물들을 설명하고 있다. <해외경(海外經)> 에서는 타국의 신화와 전설을 많이 싣고 있다.

앙이라고 보기도 한다. 성황은 중국에서 성지(城池) 주위에 해자(垓字), 즉 마른 못을 둘러친 성읍을 지키는 수호신을 말한다. 성읍 주위에 못을 둘러친 이유는 나쁜 무리들로 하여금 함부로 통행하지 못하도록 함은 물론이다. 그래서 성황당은 길가는 사람들의 행로(行路)의 안전을 꾀하는 기능을 하는 신앙과 관련이 있다. 서낭당(이하 성황, 성황당, 성황신, 성황제)은 성황신을 모시는 집(神堂)이고 제사(성황제)를 지내는 곳이다. 이것은 마을에서 가장 성결한 곳이며 위치가 거의 대부분 은밀한 곳이나 산지에 자리잡고 있다. 외관적으로는 돌무더기(누석총)와 나무의 복합형태인 누석수목신당(累石樹木神堂)과 당집 안에 성황지신위(城隍之神位)라는 위패가 있는 당사신당(堂祠神堂)의 모습을 갖추고 있는 것이 일반적이다. 이 때 나무는 신목(神木)으로서 하늘에 있는 신이 강신(降神)하여 내통하는 통로의 역할을 하는 것으로 이해하고 있고, 당집(신당)은 성황신이 나무를 통해 내려와서 좌정하는 공간으로 해석한다. 신목은 성황목, 서낭나무, 당산목, 당산나무 등으로 부르며, 神(성황신) 자체로도 보기도 한다. 신목으로 등장하는 수종은 여러 가지로 나타나는데 소나무, 전나무, 음나무, 느티나무 등이 대표적이다. 성황당은 대개 산의 고갯마루에 자리잡고 있지만, 산지 안의 길가, 마을입구, 마을 중앙, 흔하지 않지만 경작지 가장자리에 있는 곳도 있다. 원주 신림면 성남리의 성황림은 천연기념물로 보호되고 있고, 이런 곳은 전국의 여러 곳에 생활환경 보전림이나 마을숲의 관점에서 파악되고 있다.

2) 신령한 나무 소나무

한반도에 분포하는 나무 중에서 가장 오래 된 나무인 소나무는 중생대 백악기 시대부터 존재해 온 것으로 알려져 있다. 장구한 역사와 생명력을 가진 나무이다. 늘 푸른 나무로서 선조들은 절개와 지조, 의리의 상징적 의미를 부여해 왔다. 소나무는 다른 어떤 나무에 비해서 가장 신성시해 온 나무이다. 그런 흔적을 보이는 사례는 산신각(山神閣)이나 성황림, 십장생도, 일상생활 등에서 찾아볼 수 있다.

그림 2. 순종이 왕세자 시절 천연두에 걸렸다 회복된 것을 기념해 1880년 제작된 '십장생병풍'. 미 오리건대 박물관 소장인 이 병풍은 전형적인 십장생도에 비해 소나무의 숫자가 두 그루로 줄어들고 전체적인 구도가 축약돼 표현된 것이 특징. 궁중장식화로 그려진 조선시대 십장생도 중에서 제작배경과 시기를 확실하게 알 수 있는 것은 병풍인데 1924년 서울의 무역상에 의해 판매돼 현재 미국 오리건대 박물관에 소장돼 있다(2009년 1월 30일자 문화일보).

산신각(三聖閣) 안에 그려진 산신도에 하얀 수염을 길게 늘어뜨린 할아버지와 호랑이와 함께 늙은 소나무가 등장함을 볼 수 있다. 호랑이는 동물계를 대표하고, 소나무는 식물계를 대표하는 것이며 이들을 관장하는 것이 산신령 할아버지이다. 이처럼 소나무는 예로부터 신령한 나무임을 표현하고 있다. 우주에서 가장 오래 사는 10가지를 그린 십장생도에는 해, 구름, 산, 물, 바위, 불로초, 사슴, 거북, 학과 함께 소나무를 그렸다. 또한 임금의 의자 뒤에 걸어둔 오봉산일월도(五峰山日月圖)에도 웅대한 다섯 봉우리 산과 그 사이에 해와 달을 그려 넣고 산봉우리 사이에 거대한 소나무가 등장한다.

3) 금줄(禁줄) 속의 솔가지

금줄이란 짚으로 왼새끼를 꼬아 악귀를 쫓는 주술적인 금기 표지를 말하는데 금기줄, 인줄(人繩/인승), 좌삭(座索), 문삭(文索) 등 여러 명칭이 있다. '금'은 神의 고어 '곰 → 금'을 뜻하는 의미로 볼 수 있다. 새 생명이 태어나면 지금도 시골에서는 볏짚으로 엮어 만든 새끼줄로 만든 금줄을 대문에 걸어두는 풍습이 있다. 이것은 새로 태어난 아이의 생명을 위협하는 사악한 기운이 집안에 들어오지 못하게 막도록 하는 것이다. 이 금줄(새끼줄)에는 숯, 흰종이, 붉은 고추, 생솔가지가 끼어져 있는데 이것들은 모두 오행설에 입각한 오방색(five colors for directions)을 나타낸 것이다.

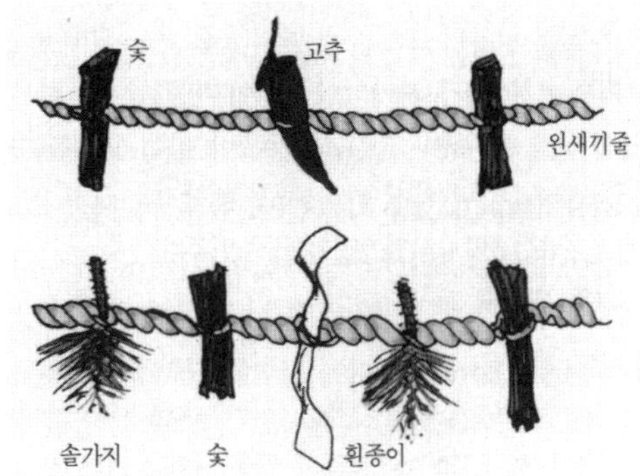

그림 3. 금줄(김용덕, 2004).

오행(五行)은 우주의 기본을 나타내는 요소로서 목·화·토·금·수인데, 이것이 오방향(five directions)과 관련해서는 각각 동·남·중앙·서·북을 상징한다. 이들에 대응하는 오방색은 청·적·황·백·흑을 말한다. 오방색은 배치에 따라서 상생과 상극을 이룰 수 있는데 서로 상생관계를 이루면 우주적인 요소의 화합이 이뤄지게 되는데 이렇게 되면 서기가 충만하여 악귀가 물러간다고 믿어왔다. 오방색 중에서도 악귀를 쫓고 예방하는 데에는 청색과 적색을 많이 이용해 왔다. 금줄의 솔가지는 푸른 빛을 띠고 있기 때문에 청색을 상징하는 것이며, 신성한 기운으로 사악한 무리가 들어오지 못하도록 새끼줄에 끼어 대문에 걸어둔 것이다.

출산할 때에 문전에 왼 새끼줄로 삼줄을 매는 것은 원시 신앙적 의의를 가진 것이었는데, 과학적으로도 산모, 산아를 보호하는 수단이 된다. 아기가 아들인 경우에는 새끼줄의 중간 중간에 생솔가지와 숯, 그리고 빨간 고추를 섞바뀌게 끼워서 대문간에 줄을 친다. 아기가 딸인 경우에는 생솔가지나 숯, 종이를 끼워서 치게 된다. 붉은 고추색은 양색(陽色)으로 악귀를 쫓는데 효험이 있다고 하며, 숯의 검은 빛은 음색(陰色)으로 귀중(鬼衆)을 흡수하는 기능을 가지고 있다고 한다. 금줄은 출산의 경우 보통 3x7(21일)간 쳐 둔다. 금줄에 꽂은 소나무 가지는 솔잎이 침엽이며 상록이다. 녹색은 푸른색으로 동방색(東方

色)이며, 생생 상징(生生象徵)의 의미를 갖는다. 푸른 대나무 가지도 소나무 가지와 같은 뜻을 가지고 있다. 추운 겨울에도 꺾이지 않는 절조 높음과 그 잎이 검상(劍狀)인 것에 그 힘을 인정한 것이다. 간혹 도지(桃枝)를 금줄에 매달기도 하는데, 특히 동쪽으로 뻗은 복숭아 나뭇가지를 귀신이 가장 무서워한다고 한다. 금줄은 출산시 문전에 내거는 것을 비롯하여 장 담글 때, 잡병을 쫓고자 할 때 효험을 거두기 위해 사용한다. 정초나 대보름에 행하는 동제에는 제관의 집과 신역(神域)의 입구에 금줄을 치고 황토흙을 뿌린다(김용덕, 2004에서 내용 일부 발췌).

4) 가신(家神) 중의 우두머리, 성주신(星主神, 成造神)

성주신은 가신 중 가장 우두머리 신으로서 대들보에 깃들어 있다. 원래 하늘에 살았으나 죄를 저질러 지상으로 내려왔다고 한다. 살 집이 없어서 집을 짓고 살게 해달고 천신께 빌었더니 안동땅 제비원에 가서 솔씨를 받아다가 자라면 집을 짓고 살라고 하였다. 성주는 천신의 말을 듣고 솔씨를 받아다 뿌려서 소나무 재목으로 자라게 한 다음 집을 짓고 살았다. 새 집을 지을 때 대들보를 올리면서 상량식(上梁式)을 하는데 이때 성주신을 모시는 굿으로서 성주굿을 하고 성주풀이라는 노래를 하기도 한다. 대들보에는 흰종이를 한 주먹 물에 불려 붙이기도 한다.

5) 나무귀신

나무에서 생화(生花)하고 산다는 귀신이다. 우리나라에서는 개인과 집단의 무사, 안녕을 기원하는 민간신앙에 바탕을 두고 특정한 나무나 바위 등을 숭상하는 풍습이 이어져 왔다. 대개의 마을에서는 큰 고목을 당목, 또는 도당목이라 하여 마을 전체가 그 나무를 위하고, 명절이나 산신제, 기우제 등을 거기서 지내게 된다. 또 평소에 함부로 베거나 꺾지도 않지만, 제사를 지낼 때에는 금줄을 치고 주변에 황토를 뿌려서 정결하게 한다. 조선시대 실학자 정약용은 그의 저서인 〈산림경제〉에서 '무방(戊方)'의 대수(大樹)를 기(忌)하고 옥정(屋頂)의 고수(枯樹)는 귀신이 취집(聚集)한다.라고 하였다. 나무에 귀신이 있다는 기록은 중국의 고대 전설에 동해 가운데 도삭산(桃朔山)이 있는데, 그 위에 도대목(桃大木)이 있고, 여기에는 귀중(鬼衆)이 모여 있었다는데서 유래한다(최상수, 1987. 〈한국민속학 개설〉의 글이 정리된 김용덕, 2004에서 재인용함).

제2절 우리 역사 속의 숲

1. 간략 역사

한반도에 구석기인들이 나타난 시기는 70~60만 년 전으로서 구석기 전기에 해당한다. 구석기인들은 북한의 상원, 웅기 굴포리, 공주 석장리, 연천의 전곡리 등지에서 흔적을 남기고 있는데 그들은 강가의 동굴에 기거하거나 평지에 움집을 짓고 산 것으로 밝혀지고 있다. 그런데 한반도에도 북부의 2000m이상의 고산지대에 빙하기가 찾아온 흔적으로 보아서 구석기인들은 많은 고생을 하였을 것으로 본다. 빙하기와 함께 구석기 시대가 지나가고 신석기시대를 맞이하게 되는데 역사학자들은 이들 신석기인들이 오늘날 우리 조상의 모체라고 보고 있다.

신석기시대는 빙하기가 끝나자마자 시작되었는데 그 상한선을 BC 5,000년으로 보고 있다. 이 시대는 BC 1,000년까지 약 4,000년 정도 계속된 것으로 평가하고 있다. 그렇다면 신석기인들은 참나무와 소나무 무리들이 숲을 빽빽하게 이루고 있는 상태에서 등장하였다고 볼 수 있을 것이다. 시간이 지나면서 우리 조상들은 점점 사방이 소나무숲으로 울창한 곳에서 살아가기 시작하였을 것이다. 이들은 처음엔 구석기인들처럼 채집 생활을 하다가 후기에 접어들면서 농경과 목축 생활을 한 것으로 밝혀지고 있다. 후기로 갈수록 불에 구워 만든 토기들이 나타났는데 이것은 목적에 맞게 숲을 이용하고 있었음을 말해주는 흔적이다.

BC 1,000년경 청동기 시대에 이어 BC 400년경에 철기시대를 맞이하면서 국가의 형태를 갖춰가기 시작한다. 한반도 최초의 초기국가는 대동강 유역에 자리잡은 고조선이며, 이어서 부여, 고구려, 신라, 백제와 같은 고대국가가 형성되었다.

고대국가에 있어서 숲은 공동체 단위로 집단적으로 이용되었을 것으로 본다. 삼국시대에 있어서도 마을을 이루고 있는 촌락 주변의 숲은 누구의 소유가 아니라 주민들이 공동으로 이용할 수 있는 소위 촌락 공유 입회림(入會林)이었다. 그러다가 점차 국가에 공훈이 있는 사람들에게 숲을 나눠주는 제도들이 나타나기도 하였다. 고려시대에 있어서 산림소유실태를 엿볼 수 있게 하는 토지제도는 전시과(田柴科)이다. 전시과는 고려조에 있어서 토지제도의 기간이 되는 것으로서 976년(경종1년)에 시작(始定田柴科)하여 1076년(문종30년)에 완성(更定田柴科)되었다. 이 제도는 국가가 귀족 관료와 사찰 등에 신분의 등급에 따라 토지(田)와 산림(柴)을 분급한 제도이다.

조선시대의 토지제도는 山林을 분급하지 않았는데 산림의 私占을 금지한 것은 두 가지 측면에서 확인할 수 있다. 하나는 생활하기 위해서는 모든 백성들이 공통으로 땔감을 연료로서 필요로 하는데 산림을 사점하면 땔감 공급받기가 곤란하게 될 것이고, 다른 하나는 전국의 명산대천과 신령이 깃든 수많은 산하를 국가에서 보호해야 할 필요성이 있기 때문이다. 이렇듯 산림 사점을 국론으로 금지하여 경제육전(經濟六典)에 입법화하였다. 국유림의 경우에, 왕실의 특별한 용도나 국가적 차원에서 자원을 확보해야 할 필요성이 있는 경우 禁山, 封山 등의 제도로 입산과 벌목을 금지하기도 하였다.

그러나, 산림의 私占을 입법화하여 금지하였음에도 불구하고 서서히 사유화되어 갔으며 촌락공유입회림의 형태도 새로운 모습으로 탈바꿈하기 시작하였다. 이러한 소유형태의 탄생은 풍수지리설에 입각한 분묘제도와 연관되어 있다. 억불숭유정책으로 유교사상에 젖은 조선인들은 山主(墓主)로서 좋은 땅을 골라 조상의 유해를 묻고, 산직(山直, 산지기)으로 하여금 그 일대를 지키도록 하였다. 이런 과정에서 묘주변의 산림이 점점 개인한테 관리되기 시작하였는데 이렇게 관리된 것을 사양산(私養山, 私養林)이라 한다. 이것이 바로 산림에 분묘 설치로 인한 개인 산림 소유 형태의 기원이다. 이같은 형태의 산림소유와 정치적 혼란기를 틈탄 권문세가들에 의한 사점 형태도 빼놓을 수 없다.

이러한 시기에 우리 숲은 조선 후기 열강들의 침입과 일제의 침략으로 서서히 황폐의 과정을 걷게 된다. 19C말~20C초 열강이 각축을 벌이던 당시 우리나라의 산림은 멀리 태평양 밖에 떨어져 있는 미국도 산림 이권을 얻으려 할 정도로 울창하였다. 이런 와중에서 조정은 러시아에게 1896년 벌채권을 허가하게 되었다. 그 당시 압록강, 두만강, 울릉도 일대의 벌채권을 얻은 러시아 인은 블라디보스톡에 살았던 거상(巨商) 브리네르라는 사람이었는데 그는 작고한 영화 배우 율브리너의 할아버지라고 전해진다.

조정이 러시아에 벌채권을 허가한 것은 1896년이었으나 실제로 벌채가 이뤄진 것은 1903년 4월부터이다. 이렇게 늦어진 이유는 일본의 방해 때문이었다. 육지에서 멀리 떨어진 울릉도(鬱陵島)는 섬의 이름만큼이나 아름드리 키 큰 나무들로 울창했었다. 벌채권을 얻은 러시아는 울릉도에 군함을 파견하여 지형과 산림 조사를 하였다. 그런데 이미 그곳에는 일본인들이 들어와 있었고, 우리 조정으로부터 아무런 벌채권도 받지 않았는데도 임목을 도적질하기 시작하였다. 이에 나라에서는 일본 공사를 불러서 항의하였지만 오히려 일인들이 아예 상주하면서 산림을 수탈하여 갔다. 이처럼 울릉도에서도 러､일 두 나라는 우리 산림 놓고 쟁탈전을 벌였다.

한편, 두만강과 압록강 일대의 산림 벌채는 거의 러시아의 독점이었는데 벌채인부가 늘어나자 러시아 정부는 벌채 현장의 경비를 위해 육군 12,000명을 용암포에 주둔시키게 된다. 이러한 행위를 러시아가 극동 진출을 위한 발판을 마련하기 위함이라고 판단한 일본은 러시아 침략을 막아내고 우리나라를 침략하기 위한 계략을 수립하게 된다. 마침내 1904년 2월 6일, 일본은 러시아와 국교를 단절하고 선전포고도 없이 2월 9일 새벽에 인천 앞바다에 있던 러시아 함대에 포격하여 러일 전쟁을 일으키게 되었다. 산림전쟁이 시작된 것이다. 러일 전쟁에서 패배한 러시아는 벌채권을 일본에게 이양하고 산림 수탈을 포기하게 된다. 이로써 러일간의 산림전쟁은 종료된다.

산림전쟁(러일전쟁)에서 승리한 일본은, 1908년 1월 21일 농상공부 산림국에 의해 제정 공표된 우리나라 최초의 삼림법을 통해 은밀히 산림침탈을 도모하기 시작한다. 삼림법은 산림 소유 형태를 규정하고 있는데 이것이 우리나라 임정 역사상 최초로 국가에서 산림소유 형태를 구분한 사례이다. 1911년에는 삼림법을 폐지하고 삼림령을 제정하였으며, 1918년에 제정된 「조선 임야 조사령」을 근거로 전국의 임야에 대한 지목, 지번, 지적, 임야대장 및 임야도가 확정되었다. 이것이 바로 1917년부터 1924년까지 실시된 임야정리조사이다. 여기서 짚고 넘어가야 할 것은 우리 말에서 '숲'을 의미하는 용어로서 산림(山林)이라는 말을 사용해왔는데, 삼림법과 삼림령이라는 말이 나오면서부터 숲을 의미하는 용어로서 거의 전부 '삼림'이라는 말로 변화하기 시작했다는 점이다. 삼림령이나 삼림법이라는 용어가 생기기까지에는 일제의 영향력이 있었음은 당연한 일이라고 추측한다.

일제 강점기에 우리 산림은 무방비 상태로 수탈되었다고 보여진다. 전쟁물자로 공급되기 위해 벌채되고, 항공기 기름으로 충당하기 위해 송진을 채취하여 소나무를 난도질하였다. 그런 산림은 해방이후, 6.25 전쟁과 사회적 정치적 혼란을 틈타서 더욱더 황폐해갔다. 그러나, 1970년대로 들어오면서 강력한 입산금지정책과 전국민이 일치단결하여 이룩한 조림녹화정로 우리 강산은 다시 울창한 숲으로 덮이게 되었다.

2. 조선시대 우리 숲을 지킨 정책들

1) 금산, 봉산 제도

신라시대에는 국가의 필요에 의해서 유실수나 뽕나무 식재를 장려하였다는 기록을 확인할 수 있다.

또한 조선시대에는 풍수지리설에 입각하여 산이 헐벗은 개성(송악)에 소나무를 심도록 하였다는 기록도 남아있다. 이렇듯 국가의 필요에 의해서 특정 나무를 심거나 보호하는 산림정책들이 펼쳐졌는데 조선시대에 그와 같은 사실들이 잘 남아있다.

특히 소나무에 대한 정책(송정, 松政)은 조선시대의 대표적인 산림정책이라 할 수 있을 정도로 관련 문헌들이 많이 남아 있다. 인구가 늘어나면서 경작지가 확대되고, 건축, 선박제조 등에 나무 중에서 소나무가 가장 많이 그리고 지속적으로 소비되어서 국가 정책적으로 적절한 대책을 마련해야만 하였기 때문이다. 조선시대 소나무정책으로 대변되는 것이 금산(禁山)이나 봉산(封山)이라는 제도이다. 국가가 긴요한 쓰임새가 있는 소나무숲, 참나무숲, 밤나무숲, 향나무숲 등을 보호하기 위해 일정한 지역을 지정하여 표식 함으로써 서민들이 나무를 베어 쓰는 것은 물론 숲에 들어가지 못하게 금지한 제도이다. 금산은 대체로 조선시대 중기까지, 그 이후부터는 금산 대신이 봉산이라는 용어가 주로 사용되었다. 특히 소나무와 관련한 내용이 많은데 소나무숲이 그만큼 긴요하고 중요하였다는 것을 말해 준다.

봉산에는 황장봉산, 선재봉산, 진목봉산, 율목봉산, 향탄봉산, 산삼봉산 등이 있다.

• 황장봉산(黃腸封山)

황장봉산이란 왕실의 재궁(梓宮, 관)을 만드는 관곽재를 확보할 목적으로 일반인에 의한 벌채를 철저하게 금지한 봉산을 말한다. 소나무 중에서 특별히 속이 누런색이고 재질이 치밀하여 잘 썩지 않아 관곽재로 사용한 소나무를 황장목(黃腸木)이라 한다. 이러한 소나무가 자라는 산을 황장봉산으로 지정하였는데 치악산 일대, 울진 소광일 일대가 그런 곳이며 경계구역 입구의 바위에 '황장금표'라는 표지가 새겨져 있다.

• 선재봉산(船材封山)

선재봉산은 소나무와 참나무를 조선재로 공급하기 위해 지정한 봉산을 말한다. 전함과 병선, 그리고 상선 등 배를 만드는데 쓰이는 소나무를 원활하게 공급하기 위해 완도, 보길도, 변산반도, 안면곶(도) 등 남해안과 서해안 일대의 소나무숲을 봉산으로 지정하였다. 이러한 소나무숲을 단지 봉산, 또는 선재봉산, 의송산(宜松山)으로 기록하였으며, 그 외에도 송봉산(松封山), 송전(松田), 송목(松目) 등의 이름으로 불리었다.

• 진목봉산(眞木封山)

참나무는 나무못으로 조선재에 많이 쓰였는데 참나무숲을 보호하기 위해 진목봉산(眞木封山)으로 지정하여 엄격하게 보호하였다.

조선재를 공급하기 위해 보호되는 숲들은 대개 공급을 원활하게 하기 위해 해안가에 위치해 있었다. 거북선을 만들었던 울창한 소나무숲과 참나무숲 덕택에 임진왜란을 승리로 이끌고 민족의 역사를 이어갈 수 있었던 것이다.

• 율목봉산(栗木封山)

밤나무는 위패(신주)와 신주를 담는 그릇이나 궤를 만드는데 수요가 많았는데 율목의 원활한 공급과 밤나무가 있는 곳이 부정 타지 않도록 출입을 금지시킨 봉산을 율목봉산이라고 한다.

• 산삼 확보를 위해 평창군의 가리왕산 일대를 삼산봉산(蔘山封山), 제사에 쓰이는 향나무를 배양하기 위해 대구 팔공산을 향탄봉산(香炭封山)으로 지정하였다.

위와 같은 기록들은 만기요람(萬機要覽)의 재용편(松政), 대동지지(大東地志) 등의 문헌에서 확인할 수 있다.

2) 식목관련 서적과 산림보호관련 규정들(김영진, 1982에서 정리)

• 식목실총(植木實總, 植木節自)

식목실총은 1782년(正祖 6년年)에 영의정 서명선(徐命善)이 왕지를 받들어 궁내외의 식목(植木)에 관한 규정을 정리하여 편찬한 책이다. 표제(表題)는 「식목실총」으로 되어 있우나, 내제(內題)는 「식목절목」으로 되어 있다.

• 송금사목(松禁事目, 諸道松禁事目)

송금사목은 1788년(正祖 12년年)에 소나무를 보호 육성하기 위하여 제정된 규정이다. 표제는「송금사목」으로 되어 있으나 내제(內題)는 「제도송금사목」으로 되어 있다. 내용은 사목전문(事目前文)과 28개 조항의 사목으로 구성되어 있다. 전문은 서문격으로 그 내용은『소나무는 전함(戰艦)이나 세곡(稅穀)

운반을 위한 수송선의 건조, 그리고 궁실의 건축 용재로 효용이 크기 때문에 국정의 하나로서 남벌을 금하고 보호 육성해야 하며, 감관(監官)이나 산지기(山直)을 두어 모경(冒耕)과 입장(入葬)을 금하고 수령이나 변장(邊將), 도백(道伯)등이 모두 이를 살피도록 해야 할 것이다. 그러나 간교하고 교활한 일부 백성이 최근 법망이 해이한 틈을 타서 남벌, 모경, 입장 등을 하여 소나무 보호가 여의하지 않으므로 권하고 응징하고 상벌하는 범을 통일하여 관이 법을 지키고 백성이 영을 따르도록 고금의 문헌을 참고하여 이 절목을 제정한다』는 요지로 되어 있다.

큰 소나무 열 그루 이상을 베었을 때는 법률로 다스리고, 아홉 그루 이하일 때는 감사정배(減死定配)토록 되어 있으며, 재목으로 적당한 소나무 한 그루를 도벌하였을 때에 60번의 매를 맞도록 되어 있고, 열 그루를 도벌하였을 때는 60번의 매를 맞고도 1년의 잡역(雜役)을 과하게 되어 있다. 또 이를 적발하지 못한 감관과 산지기도 같은 수준의 처벌을 받도록 되어 있다. 선재(船材)로 쓸 만한 나무를 도벌하였을 때에는 군기(軍器)를 빼내어 판 것과 같은 처벌을 받으며, 솔밭에 방화(放火)한 것을 발견하지 못한 산지기와 감관은 죄수를 놓친 것과 같이 취급하고 있다.

• 송계 절목(松契節目)

송계절목은 송금사목(松禁事目)에 규정된 내용을 구체적으로 실천하기 위하여 지금의 하동군(河東郡)에서 제정한 절목이다. 전문(前文)에서는 소나무 보호는 막대한 국정의 하나이므로 소나무 보호의 중요성을 강조하고 있다. 본문에는『마을별 보호 구역과 금표(禁標) 구역을 설정하고 마을 전체가 일체가 되어 보호하되 각 마을은 오가작통(五家作統)을 구성하고 통수를 둔다. 이 5가 중에 범벌자(犯伐者)가 생기면 통수가 일차적으로 다스리며 5가 작통 상황과 정표(定標) 구역의 면적 등은 대장을 작성하여 보고토록 한다. 또 화전(火田)은 일체 금하며 이미 개간된 땅이라도 그것이 산허리 이상에 있을 때는 경작을 금한다』 등의 내용이 있다.

• 금송계 좌목(禁松契座目)

금송계좌목은 1838년(憲宗 4年)으로 추정되는 무술년(戊戌年)에 소고리면 가좌동(所古尼面 可左洞, 현 경기도 이천군 大月面 可左里)의 마을 사람들이 금송계를 조직하고 그 결성 동기, 내규(內規) 등을 엮은 16장 1책의 좌목이다. 서문의 요지는『소나무가 궁실의 관곽(棺槨) 등으로 그 용도가 큼에도 국초 이래 금송(禁松)이 400년간이나 경과되었으나 풍속이 날로 각박하여 송상(松橡) 등이 뿌리째 뽑히어 지고 산이 발가벗겨져 사부(士夫)의 선산이 역시 나무가 없으므로 여기 마을 백성 50여 인이 솔선하는 뜻으로 금송계를 조직한다. 또한 상수리나무나 밤나무 따위도 아울러 금하여서 수십 년 동안 기르면 오늘처럼 발가벗은 산도 다시 울울창창할 것이니 우리 전원이 게으름 없이 신종여시(愼終如始)하여 금령을 우리 스스로가 지키고 행하자』는 것이다. 이 책은 한 부락의 구성원이 자치적으로 산림보호 조직을 만들어 수령에게서 처벌권을 위임받아 자체의 재정 부담으로 산림을 보호하고 공회를 통해 그 능률을 높인 것으로 농촌사회의 자치적 상호 규제에 관한 것과 임업의 역사를 연구하는데 좋은 자료가 될 것으로 보인다. 송계는 전국적으로 많이 결성되었는데 최근 일부 지역에서 그 흔적들을 정리하였으며, 산림과 자연자산의 보호 측면에서 이에 대한 재조명이 최근 학계에서 흥미를 끌고 있다.

한편, 광주군 중부면 산성리에는 일제시대 때 마을 주민 303인이 국가로부터 주변 일대의 산림을 불하받아 이를 지키기 위한 금림조합을 결성하기도 하였는데 그 흔적을 말해주는 금림조합비가 남한산성 행궁터 주변에 남아있다.

3) 기타

화소(火巢)란 왕릉 등지를 화재로부터 보호하기 위해 구덩이를 파서 방화선 겸 묘역 경계선으로 삼은 것을 말한다. 화소는 묘를 감싸는 방식으로 폭 1.8.m로 구덩이를 파고 파낸 흙을 경계구역 안쪽에 쌓아 제방처럼 만들었다.

제3절 우리 문학 속의 숲

숲이 처음부터 인간의 삶의 터전이 되어왔다는 점에서 문학의 형성 과정이나 내용 줄거리에 미친 영향이 컸을 것이라는 짐작은 누구나 쉽게 할 수 있을 것이다. 숲은, 인류 최초, 최고, 최대의 문학이라고 하는 호메로스의 서사시(일리아스, 오디세우스)에 등장하는 여러 가지 배경이나 소재가 되고 있을 뿐만 아니라, 작가 이전에 식물학자라고도 할 수 있을 만큼 식물세계에 몰두하였던 세계적 대문호 괴테, 그리고 쉴러나 헤세 등의 작품 구상에 직간접적으로 많은 영향을 끼쳤다.

문학의 시작은 구비문학으로부터 시작된다. 구비문학이란 문자가 없던 시대에 입에서 입으로 전승되어 오던 이야기 문학을 말한다. 구비문학은 주술사들이 외우던 주술문의 내용이 많으며 그것은 결국 원시신앙으로 연결된다. 잘 알고 있는 바와 같이 원시신앙은 자연물에 대한 외경의 마음과 숭배에서 비롯되었다. 원시신앙을 집전하던 제사장이나 주술자는 예외 없이 주문을 외우고 기도를 드렸다. 이 때, 숭배하던 자연물을 향해 외우던 주문이나 기도문이 입에서 입으로 전해지고 이것이 나중에 구비문학으로 발전하게 된 것이다. 앞에서 우주수, 세계수, 생명의 나무, 지혜의 나무 등에 대한 이야기도 결국 예부터 전해오던 구비문학의 한 부류라고 생각할 수 있을 것이다. 오늘날 많이 읽히고 있는 바빌로니아의 『길가메시』와 호메로스의 서사시 『일리아스』와 『오디세이아』를 비롯하여 심지어 중세시대의 『니벨룽겐의 노래』 등은 처음부터 입으로 전해오던 것이었다. 단군 신화나 삼국시대의 각 나라의 시조나 건국에 얽힌 이야기도 문학으로 자리 잡게 되었다. 이처럼 문학은 구전되어 오던 이야기를 언어로써 체계적으로 정리함으로써 탄생하게 된 것이다. 원시 신앙에 등장하는 숭배의 대상 중에는 나무와 숲이 중요한 비중을 차지하고 있음은 앞에서 소개한 바와 같다. 따라서 그것이 문학의 장르에 유형 무형으로 영향을 끼쳐왔을 것이라는 추측은 얼마든지 가능하다. 유럽인들의 경우만 보더라도 그들의 조상이 숭배하던 참나무나 울창한 숲은 오늘날까지 문학은 물론이려니와 문화 전반에 여전히 큰 영향을 미치고 있음을 볼 수 있다.

문학 작품을 구성하고 있는 요소는 형식적 요소와 내용적 요소로 구분한다. 시의 경우 형식적 요소는 낱말, 행, 연, 운율 등을 말하고, 내용적 요소는 소재, 주제, 제재, 심상을 말한다. 소재(素材)는 작품의 바탕이 되는 자료이며, 제재(題材)는 작품의 제목과 재료이다. 주제는 작가가 작품을 통해서 나타내고자 하는 중심사상이고, 심상(心象)이란 작품 감상으로부터 마음 속에 떠오르는 직관적인 인상을 말한다. 이처럼 내용적 요소들은 작품 구성의 핵심이며 독자의 작품 감상의 내용에 직접 영향을 준다. 따라서 나무나 숲이 문학 작품의 내용적 요소를 구성하고 있다면 그것은 작품의 존재에 큰 의미를 주는 것이다. 그러한 예는 얼마든지 찾아볼 수 있다.

그러나 숲이 문학 예술에 끼치는 가장 큰 역할은 무엇보다도 작가로 하여금 작품 구상의 동기를 제공하는 것이다. 우리나라의 자연경관은 작가들의 상상력에 자극을 주어 훌륭한 작품을 창작할 수 있게 해준 심성 공간이다. 특히 숲은 문학활동의 특별한 흐름을 형성하는데 큰 역할을 하였다. 그 중에서도 조선시대, 세상의 번민과 사색당쟁을 피해서 산림과 전원에 들어와 살던 사람들이 형성한 산림문학(山林文學)은 숲이라는 매체가 없었다면 불가능했을 정도로 중요한 기여를 하였다.

문학과 예술이 시대정신의 산물이오 사회상의 반영이라면 그 시대성을 가장 잘 반영한 것이 산림 문학이다. 산림문학이란 산과 들이나 농촌에 숨어 글 짓고 책 읽는 것을 낙으로 삼는 고려와 조선시대 선비의 무리에 의하여 제작된 문예를 통틀어 말한다. 산림문학이 나타난 배경과 발전과정은 평화로운 시기보다는 혼란한 시대에 전원과 산림에 서 은둔하던 것에서 찾을 수 있다. 특히 우리나라의 경우 권력투쟁과 정쟁, 사상 논쟁 등이 이와 같은 경향이 생기도록 빌미를 제공하였기에 그의 영향으로 이뤄진 문학을 산림문학이라고 할 수 있겠다. 이러한 부류의 활동을 한 사람을 산림학파라 하였다. 대개의 산림학파는 사회 진출을 거부하고 산림(전원)에 칩거하면서 책을 읽고 면학에 힘쓰며, 강호를 거닐며 유유자적의 삶을 살며 후학을 양성하는데 힘썼다. 그러나 대표적인 산림학파인 고산 윤선도와 송강 정철은 한 때 사회 진출을 적극적으로 도모한 사람들이기도 하였다.

시기적으로는 고려시대의 무단정치기(고려 중엽 고종조 정치적 암흑기)에서부터 태동하여 조선시대 연산조 이후의 정치적 혼란기와 선조 이후의 사색당쟁의 과정에서 크게 성행하였다고 보고 있다. 산림문학은 장르상으로 보아 시가와 소설 2대 경향으로 나타나고 내용은 순정(醇正)과 저항으로 나타난다.

표 1. 대표적 산림학파와 산림문학작품

작가	대표작
퇴계 이황	도산십이곡, 금보가, 상저가, 시 영송외 다수
율곡 이이	고산구곡가, 시 화석정 8세작 외 다수
송강 정철	관동별곡, 성산별곡, 사미인곡 외
고산 윤선도	산중신곡, 오우가, 어부사시사
노계 박인로	조홍시가, 오륜가, 입암가 등
화담 서경덕	도죽장부, 천기, 산거, 유산, 대흥동, 종송 등
다산 정약용	충식송, 증발송행, 탐진촌요 등

우리 선조 문인들의 산림문학을 연구하여 한 권의 책으로 정리한 이정탁 교수는 산림문학의 대가로서 고산 윤선도와 송강 정철 선생을 꼽았다. 그들은 출사도 적극적이었지만 반대파의 질시와 시기로 산림에 운둔하는 생활을 피할 수 없었다.

숲 속의 은둔생활이 비록 정치적 정객들 때문에 시작된 것이라 할지라도 그들은 참으로 숲의 아름다움과 자연의 품속에 묻혀 살기를 원했다고 한다. 어쩌면 그 결과로 우리들이 오늘날 이렇게 아름다운 노래를 감상할 수 있게 해 준 것은 아닌가도 생각한다.

고산 윤선도가 만년에 머문 보길도는 봉산으로 지정될 정도로 숲이 울창하고 자원이 풍부하였다. 선생이 살던 당시, 남해 바다와 어우러진 보길도 산림의 미는 극에 달했을 것으로 짐작된다. 어느 시인묵객인들 자연의 아름다움에 감동감화하지 않겠는가! 보길도 연해 산림의 아름다움이 고산의 심금을 울리지 못했다면 어부사시사는 없었을지도 모르겠다고 감히 생각해 본다. 몸과 마음을 붙들어 놓는 보길도의 아름다운 산림이 있었기에 상경하지 않고 남아 명작을 남기게 된 것이다[2]. 보길도의 자연과 숲은 한국문학사에서 고산 윤선도로 하여금 산림문학이라는 장르를 확고부동한 위치로 자리 잡게 하는데 큰 기여를 하였다. 뿐만 아니라, 자연풍광이 아름답고 질박한 언어로 창작된 연시조 어부사시사를 통해서 고산의 사상이 후손에게까지 영원히 전해지게 한 큰 역할을 하고 있음을 확인하게 된다. 숲의 아름다움은 결국 문학이라는 매개를 통해서 작가의 정신과 혼을 담아 후세에까지 전승하는 일을 하고 있음을 알게 한다.

숲이 문학의 형성에 기여한 점을 다른 시각에서 바라보면 더욱 확연해진다. 아무리 아름다운 문학이라 할지라도 그 내용을 문자로 옮길 수 있도록 해 준 종이가 없었다면 오늘날처럼 발전할 수 없었을 것이다. 그러한 의미에서 우리 고유의 전통 한지를 만들 수 있게 해준 닥나무류의 역할은 지대한 것이었다. 원료 공급처가 된 숲의 가치를 아무리 강조하여도 지나치지 않을 것이다.

2) 고산 윤선도는 효종이 왕으로 즉위하기 전인 봉림대군 시절에 그의 사부였다. 조정에서는 승지, 예조참의 등 여러 관직을 준비하여 놓고 불러 들이려 하였으나 선생은 거절하고 산림에 한거하였다.

제4절 우리 미술 속의 숲

1. 나무와 숲과 미술의 관계

문학에서와 마찬가지로 숲은 미술이라는 장르를 형성하는데 있어서 결정적인 역할을 한다. 미술이 성립되려면 작가와 작품과 그것을 가능하게 하는 화구(畵具)가 있어야 한다. 화구가 없다면 아무리 상상력이 좋고 아이디어가 출중한 화가라도 그림으로 그려낼 수 없다. 화구는 종이(도화지), 물감, 연필(목탄), 이젤 등이다. 나무는 화구를 만드는 원료이다. 여기에 더하여 변화무쌍하게 변하는 숲의 풍경은 작가에게 작품구상의 세계를 제공하는 역할을 한다.

아름다움에 관한 학문이 미학이고 아름다움을 창조하는 것이 예술이고 보면, 미적인 대상이 풍부한 환경에서는 미학과 예술이 더욱 진작될 것이다. 곧, 山林의 美는 철학자가 사색하고 철리(哲理)를 연구하는데 뿐만 아니라, 문학적 구상을 하고, 미학과 예술 활동을 조장하는데 큰 영향을 주고 있다. 이런 의미에서 플라톤의 '예술은 자연을 제작적으로 모방하는 기술이다'라는 말이 실감난다. 이 말은 자연, 곧 산림을 떠난 미의 창조행위로서 예술은 존재할 수 없다는 의미이며, 숲이 있기에 예술가의 미적 활동으로서의 예술 행위가 가능하다고 보는 것이다.

2. 수렵도, 천마도, 산수화

고구려 벽화인 무용총에 그려진 수렵도에는 사수(社樹)라고 생각되는 나무가 그려져 있다. 경주 천마총에서 출토된 장니(障泥)에 그려진 천마도는 자작나무 껍질에 그려진 것이라고 한다. 오래된 그림을 통해서 나무를 숭배한 사례와 화구로서 나무를 적절하게 활용한 지혜를 엿볼 수 있게 한다.

우리나라의 미술은 산수화로 대변할 수 있을 것이다. 자연 풍경을 구성하는 요소로서 산수(山水)가 동양의 예술 분야, 특히 회화와 문학에 등장하게 된 배경은 노장 사상(老莊思想)에서 비롯된다고 한다. 시기적으로는 AD. 6세기 전후인데 노장적 자연관은 경개 좋은 산수자연을 수신(修身)과 안빈낙도(安貧樂道)의 이상향으로 생각하고 있다. 다른 말로 표현하면 산수자연이 작품 구상의 최상의 장소이며 그러한 세계를 동경하여 마음을 담아 그림으로 표현한 것이 산수화가 된 것이다.

산수화는 동양미술 전체를 대변하는 자리에 있다고 해도 과언이 아닐 정도로 큰 비중을 차지하고 있다. 그 만큼 중요하다고 보겠는데 이러한 산수화의 대부분을 이루고 있는 것이 수림(樹林)이라고 해도 또한 잘못된 표현은 아닐 것이다. 나무와 숲은 산수화라는 동양회화의 장르를 형성하는데 핵심적인 역할을 한 것이다. 산수화에서 나무나 숲을 제외하고 보면 물과 바위산과 또는 사람 밖에 남아 있지 않을 것이다. 예술작품로서의 가치를 잃을 것이다. 나무의 존재가 얼마나 중요한지는 동양화의 교과서라고 할 수 있는 『개자원화전(芥子園畵傳)[3]』에 나무를 그리는 법부터 소개하고 있다는 사실로부터도 알 수 있겠다.

산수화의 화풍은 화가의 신분에 따라서 남종화와 북종화, 실제의 경치를 그린 실경산수화와 이상세계를 그린 이상산수화로 구분한다. 산수화는 특별히 조선시대에 와서 활발하게 전개되었는데 이상산수화로서는 안견의 몽유도원도(夢遊桃源圖)를 대표로 꼽다. 조선시대 사람들이 이상적으로 꿈꾸어 온 세계는 속세를 떠나 심산유곡 입구의 바위산을 너머 깊은 계곡 건너편에 있었다. 숲을 이룬 복숭아나무들이 꽃을 활짝 핀 상태로 사람들을 기다리고 있다.

실경산수화는 조선 중기까지 금강산도 등을 중심으로 발전해오다가 후기(1700~1850)에는 남종화풍을 가미한 진경산수화가 새롭게 등장한다. 나무와 관련한 진경산수화의 특징은 편필(偏筆)의 스케치풍에 의한 소나무와 같은 침엽수 묘사에 있다고 하겠다. 세밀한 붓끝에서 나온 간일(簡逸)하면서도 운치있고 우아한 세선미(細線美)의 아름다움 속에 표현된 나무들이 바위틈에, 계곡의 안쪽에서 바위를 병풍처럼 가리면서 숲을 장식하고 있다. 진경화풍은 정선파와 김홍도파로 발전되어 왔으며 최근에는 생활 주변의 일상적인 산수풍경을 그리는 사경산수화(寫景山水畵)라는 이름으로 그 흐름을 이어가고 있다.

조선시대 산수화가 전개되는 과정에서 새로운 바람을 일으킨 화풍이 있었으니 이른바 문인화라고 하는 것이다. 문인화란 문인들이 여기(餘技)로 그린, 말하자면 전문적으로 그린 것이 아니고 취미삼아 그린 그림으로서 산수를 소재로 그렸을 경우엔 남종화풍을 취한다고 한다. 山水 이외에도 문장이 삽입되고 작가의 깊은 화의(畵意)가 담겨 있는 것이 특징이다. 말하자면 각 그림에 등장하는 나무들은 저마다 작가의 의도를 분명하게 담고 있다고 말할 수 있겠다. 문인화를 통해서 나무와 숲의 세계가 작가의 정신으로 상징화되는 것을 확인할 수 있겠다.

현대화에서는 특정한 나무만을 전문적으로 그리는 사람들이 많이 등장하고 있다. 이러한 그림들을 보면서 화가들이 그린 작품의 아름다움에 취하기보다는 화가들이 그 아름다움을 그려내기 위해서 숲 여기저기를 찾아다녔다는 사실에 감동하여야 할 것이다. 이처럼 우리 선인 예술인들은 그들이 구현하고자 하였던 美의 세계를 나무와 숲에서 찾으려는 노력을 해왔다.

3. 나무가 작품의 가치를 결정: 세한도와 겨울

우리나라 문인화를 대표하는 그림 중 하나는 잘 알려진 완당(阮堂) 김정희(1786~1856)의 〈세한도(歲寒圖)〉이다. 완당은 난초를 주로 그린 난초화 전문가였는데 흔하지 않게 나무 그림을 그린 걸작이 〈세한도〉이다. 〈세한도〉는 선생이 제주도에서 1840년부터 9년간에 걸쳐 귀양살이하던 시절인 1844년에 그

3) 청나라 초기에 왕개 • 왕시 • 왕얼 3형제가 편찬한 화보(畵譜)로서 4집으로 되어 있다. 현대에 이르러서도 산수화의 법전과 같은 책으로 사용하고 있다. 서명 중에 개자원이라는 단어는 초집의 서문에 실린 청나라 문인 이어라는 사람의 난징(南京)에 있던 별장 이름에서 빌어온 것이다.

린 것이다. 그림을 살펴보면 가운데 초옥이 있고 좌우로 나무가 한 쌍씩 서 있는 것을 볼 수 있다. 이 나무들은 송백(松柏)을 나타내는 것으로서 맨 오른쪽에 서 있는 노송(老松)은 거의 죽기 직전의 상태이나 여전히 솔잎이 시퍼렇게 살아있게 그려져 있다.

이 그림은 그의 제자 이상적에게 의리와 정을 기리기 위해 그려 준 것이라고 한다. 이상적은 중국을 드나들던 역관으로서 군수를 지내고 지중추부사(知中樞府事)의 관직에 올랐던 사람이었다. 역관으로서 외국 나들이를 했기 때문에 중국의 귀한 문헌들을 자주 접할 수 있었다. 특히 당시 청나라 명사들의 문장을 많이 받았다고 전한다. 이러한 귀한 문헌을 스승인 김정희 선생께 전한 것이다. 어찌되었던 역적의 신분으로 귀양살이하는 스승께 현직 공무원이 서적을 선물하는 것은 위험을 무릅쓰지 않고는 할 수 없는 일이 아니겠는가? 스승인 김정희는 권력에 아부하는 세상의 인물들과는 달리 어려움에 처한 자신에게 위험을 마다하지 않고 제자로서의 정의를 잊지 않는 이상적의 의리에 감격하게 된다. 〈세한도〉는 바로 완당에 대하여 제자의 굴하지 않는 의를 '혹한의 겨울을 나는 푸른 소나무'에 비유하여 그린 것이다. 〈세한도〉에는 긴 글이 붙어 있는데 세한이라는 단어는 논어에 전하는 공자의 말씀에서 따온 것이라고 한다. 歲寒然後 知松柏之後凋也(세한연후 지송백지후조야), 즉, 그 뜻은 추운 겨울이 지난 다음에야 비로소 소나무와 잣나무가 마지막으로 잎이 시든다는 것을 안다라는 것이다. 결국 세한도는 이상적의 변함없는 의리와 지조를 상징하는 화의를 담고 있는데 이러한 것을 나무를 통해서 그려내고 있는 것이다. 인간의 내면세계를 나무의 모습에 빗대어 그림에 표현하는 것을 확인할 수 있다.

그림 4. 세한도. 김정희. 종이에 수묵. 23.7x70.2cm(위). 세한도. 권돈인. 종이에 수묵. 22.1x101.0cm(아래)

〈세한도〉라는 이름으로 전해지는 또 한 폭의 그림이 조선 철종 때 영의정을 지낸 이재(彝齋) 권돈인(1783~1859)에 의해 그려졌다. 권돈인은 추사 선생과 같은 시대에 살았고 서로 간에 친구였으며 만년에는 과천 땅에서 이웃하며 살았다고 한다. 차갑고 무거우며 비장한 느낌의 김정희의 〈세한도〉와는 달리 권돈인의 〈세한도〉는 좀더 따뜻하고 경쾌하며 명랑한 분위기를 준다. 실경에 더 가깝고 회화적이며 바위, 초가, 대나무, 소나무, 매화 등 표현된 자연물들이 많이 등장한다. 완당 선생이 송백을 써서 세한을 표현한 반면, 이재 선생은 송죽매(松竹梅)를 그린 것이 다르다고 하겠다. 그래서 추사의 〈세한도〉와는 달리 권돈인의 〈세한도〉를 〈세한삼우도(歲寒三友圖)〉라고 하며 선비의 지조를 화의로 담고 있는 것은 동일하다고 보겠다.

그림 5 겨울. 박수근. 44.3x22.5cm

산수화와 문인화에 있어서 사군자와 수목은 핵심적인 역할을 한다. 현대화에 있어서 나무를 소재로 그린 그림 중에는 나무가 그림의 가치를 정하는 결정적인 역할을 한 것이 많다. 그런 그림을 그린 대표적인 화가가 박수근 화백이다. 그가 그린 〈겨울〉은 몇 그루의 나목이 서 있는 사이를 아이 업은 여인이 거닐고 있는 모습을 담고 있다. 나무가 직선으로 그려져 있고 또 삭풍이 불고 있을 듯한 차가운 겨울 분위기이지만 여인이 업고 있는 포대기 속의 아이가 포근하고 따스한 느낌을 주기 때문에 전체적으로는 겨울이지만 겨울이 아닌 온기있는 분위기를 연출하고 있다. 이 그림은 1997년도 세계적인 경매시장 크리스티에서 7억 5000만원에 낙찰된 바 있다. 나무가 그림의 가격을 정한다고 해도 과언이 아니다.

산수화에 등장하는 숲과 관련된 내용을 일일이 열거하기가 쉽지 않다. 산수화에 등장하는 산림식물들 중에는 송·죽·매·란이 제일 빈번하게 등장한다. 식물뿐만이 아니고 동물들도 자주 등장하고 있음은 말할 필요없다. 전문화가가 아닌 일반인이 그린 민화에서 그런 풍경을 확인할 수 있다. 특히 호랑이와 소나무, 산신령 할아버지가 등장하는 산신도, 십장생을 그린 십장생도를 통해서 그림에 깃든 산림식물의 화의와 비중을 알 수 있게 하는 한편 수목숭배 사상을 함께 엿볼 수 있게 한다.

오로지 숲의 세계만이 이러한 살아있는 아름다움을 표현할 수 있다. 또한 보고, 듣고, 만져보고, 냄새 맡고, 느껴보는 육신의 만족으로 정신적인 아름다운 감정을 불러일으킬 수 있으니, 예술품보다도 더욱 아름다운 감흥을 느끼게 하는 곳이 숲이다. 한 그루 한 그루의 나무는 예술품이며, 숲은 그들이 살아 숨쉬는 생명체로 정갈하게 진열되어 있는 산 박물관이다.

제5절 우리 음악 속의 숲

1. 나무와 숲의 역할: 나무는 악기 숲은 컨서트홀

음악예술의 형성과 존재를 가능하게 하는 것은 작곡가와 작품과 악기이다. 숲은 계절마다 변하는 나무들이 연출하는 수천 수만가지의 색깔과 새소리, 바람소리, 물소리, 곤충의 저작소리 등 갖가지 소리로 어우러진 아름다움을 연출한다. 작곡가는 이러한 정경을 보고 악상을 떠올려 작품을 창작해낸다. 이렇게 오선지에 옮겨진 작품은 소리로 연주되지 않으면 작품으로서 가치를 잃고 만다. 오선지에 그려진 기호들을 소리로 만들어 내는 것이 악기인데 숲은 악기의 재료를 원천 공급하는 곳이다. 이처럼 숲은 하나의 작품이 태어나도록 악상을 떠올리게 하고, 때로는 주제 선율을 제공할 뿐만 아니라, 갖가지 정경과 소리로서 음향적 재료를 공급하며, 창작된 작품을 연주할 수 있는 악기의 재료를 공급하니 숲과 음악예술과의 관계를 논할 필요가 없다.

숲은 문화의 다른 장르의 형성에 영향을 주는 것과 마찬가지로, 음악예술의 소재, 주제, 배경 또는 연주 무대로서의 역할을 한다. 때로는 나무 스스로 내는 소리로, 혹은 새와 어우러져 악기의 역할을 하기도 한다. 그래서 나무는 저마다 독특한 소리를 낼 수 있고, 숲 안의 여러 가지 소리와 어울려 숲 자체가 마치 컨서트 홀인양 아름다운 합창을 하는 경우도 있다.

2. 전통악기

우리나라 악기는 두 가지 전통적인 방법으로 분류하는데 하나는 음악의 계통에 의한 방법이고, 다른 하나는 악기 제작에 쓰이는 주요 재료에 의한 방법이다. 음악 계통에 의한 방법은 성종 때 간행된 〈악학궤범〉에 의한 것으로서 아악기와 향악기로 구분한다. 전자는 중국 상고시대에 궁중음악에 쓰이던 악기이며, 후자는 전래 고유의 향악에 쓰이는 악기이다. 향악기에는 가야금, 향비파, 대금, 향피리 등을 말한다. 현재 국악기로 분류되는 악기 중에는 중국에서 오래 전에 전래되어 쓰이고 있는 것이 많기 때문에 국악기로 굳어진 것이 많다.

〈증보문헌비고〉(1770년에 간행)에 의한 방법은 8음의 주요 재료에 따라 분류하는 것인데 8음이란 금(金), 석(石), 사(絲), 죽(竹), 포(匏), 토(土), 혁(革), 목(木)의 8가지 재료를 말한다(표 참조).

표 2. 제작 재료에 따른 우리나라의 전통악기 분류

구분	특성	종류
금(金)	쇠붙이 만든 악기	편종, 특종, 방향, 징, 꽹과리, 나팔
석(石)	돌을 깎아 만든 악기	편경, 특경
사(絲)	공명통에 명주실을 꼬아 만든 줄을 얹어 만든 악기	거문고, 가야금, 금, 슬, 해금, 대쟁, 아쟁, 월금, 당비파, 향비파, 양금 등
죽(竹)	대나무로 만든 악기	당피리, 세피리, 대금, 중금, 소금, 당적, 지, 적, 약, 통소, 단소, 소
포(匏)	바가지를 공명통으로 쓰는 악기	생(笙)류: 현재는 입김을 불어넣은 통이 나무로 된 것이 많으나 예전에는 박통으로 되어있었기 때문에 포로 분류한다.
토(土)	흙을 구워 만든 악기	훈, 부
혁(革)	둥그런 나무통에 가죽을 씌워 만든 악기	장고, 갈고, 좌고, 절고, 교방고, 진고, 용고
목(木)	나무로 만든 악기	박, 축, 어, 태평소

출처: 장사훈(1990)을 참조하여 정리한 것임.

표에서 보면 木으로 분류된 악기는 박(拍), 축(柷), 어(敔), 태평소 밖에 없지만 공명통이 있는 대부분의 악기는 몸통이 나무로 되어 있다. 몇 가지 악기들의 주요 재료를 정리하면 다음 표와 같다.

표 3. 주요 악기 제작에 쓰인 나무들

악기	주요 재료
대금	대금(젓대, 저)은 중금, 소금과 함께 신라 3죽(三竹)의 하나로 불리는데, 재료는 대 양쪽에 깊이 홈이 파진 일종의 병든 대나무인 쌍골죽(쌍골죽)을 쓴다. 쌍골죽은 살이 두껍고 단단하여 소리가 맑고 알차며 수명이 길다.
당적	단단하고 살이 두터우며 뿌리 쪽에 가까운 대나무
단소	오래 묵은 황죽(黃竹)이나 오죽 또는 얼룩점이 있는 소상반죽을 쓰며 그 중에서도 쌍골죽이 가장 좋다.
피리류	피리는 오래 묵은 황죽의 마디가 촘촘하지 않은 식대, 세피리는 조금 작고 가는 것, 당피리는 마디가 촘촘한 황죽이나 오죽을 쓴다.
태평소	관은 유자, 대추, 황상(黃桑), 황양(黃楊) 등 단단한 나무를 쓴다.
생황	길이가 다른 죽관을 박통이나 나무통에 꽂아 만든 것이다.
가야금	거문고, 비파와 함께 삼현(三絃)으로 불린다. 공명반을 오동나무로 쓴다. 정악을 연주하는 정악 가야금은 통오동나무의 속을 파내어 앞면이 볼록하고 뒷면은 평편하며, 산조가야금은 앞판은 오동나무, 뒷판은 밤나무로 만든다.
거문고	현금이라고도 하는데 앞판은 오동나무, 뒷판은 밤나무로 상자식 울림통을 만들며, 괘는 회목(檜木/노송나무)으로 만든다
해금	깽깽이, 깡깡이라고 하는데 큰대(大竹)의 밑뿌리와 오래되고 마디가 촘촘한 오반죽을 재료로 몸통을 만든다.
아쟁	앞판은 오동나무, 뒷판과 옆판은 밤나무로 거문고처럼 상자식으로 짜서 만든다.
양금	오동나무를 재료로 부정사각형의 울림통을 만든다.

출처: 김을곤(1995)을 참조하여 정리한 것임.

우리나라의 대표적인 국악기인 대금에 대해 삼국사기 악기(樂誌)에 다음과 같은 이야기가 기록되어 있다; 신라 31대 신문왕 때 동해 가운데 문득 거북의 머리같은 조그마한 뫼가 솟더니 그 봉우리에 갑자기 대나무 한 그루가 자라나서 낮에는 두 몸이 되고, 밤에는 하나가 되곤 하였다. 왕이 신기하여 이것을 잘라 저(笛)를 만들고 "만파식적(萬波息笛)"이라 불렀다. 이것을 불면 적병이 물러가고, 질병이 고쳐지며, 가뭄에는 비가 오고, 장마 때에는 날이 개이며 바람이 그치고 물결이 잠자던 까닭에 국보로 삼았다고 한다. 이러한 이야기의 사실 여부를 떠나서 국악기 중 어느 악기보다도 대금이 사람의 가슴을 깊이 파고 드는 것에 대해서는 의심의 여지가 없을 줄 안다(김을곤, 새악기 해설에서 발췌).

3. 노랫가사에 등장하는 나무들

우리나라 음악의 장르별 노랫말에 등장하는 나무들의 빈도수를 조사해 보니 다음 표와 같은 결과를 얻었다. 조사대상은 음악은 민요, 시조, 판소리, 대중가요, 가곡인데 침엽수로서는 소나무를, 활엽수로서는 버드나무가 제일 상위에 등장하고 있음을 알 수 있다. 그 외 대나무, 진달래, 복숭아나무, 매화, 오동나무가 노랫말에 많이 쓰이고 있다.

표 4. 한국 음악 장르별 노랫말에 나오는 나무들의 등장 순위

장르별		민요	시조	판소리	대중가요	가곡
시대		삼국시대~조사시점	고려말-1920	조선영조이후	1896~조사시점	1920~조사시점
조사대상		9,000여수	1,420여수	6마당	1,145곡	689여곡
출현빈도(%)		약22	12.5	-	10.2	12.5
등장 수종의 종류		157	20	37	24	25
가장 빈번하게 등장하는 수종	1위	소나무	소나무	버드나무	버드나무	버드나무
	2위	대나무	대나무	오동나무	진달래	소나무
	3위	버드나무	매화나무	복숭아나무	복숭아나무	진달래
	4위	오동나무	복숭아나무	계수나무	동백나무	복숭아나무
	5위	배나무	배나무	앵두나무	단풍나무	단풍나무
	6위	뽕나무	버드나무	소나무	소나무	개나리
	7위	복숭아나무	오동나무	밤나무	오동나무	오동나무
	8위	매화나무	단풍나무	대나무	무궁화	동백나무
	9위	밤나무	살구나무	매화나무	아까시나무	싸리나무
	10위	대추나무	뽕나무	잣나무	개나리	은행나무

출처: 전영우. 1997. 노랫말에 나타난 한국인의 수목관. 『숲과 음악』(숲과문화연구회).

• **나무를 노래한 곡들**

십리절반 오리나무, 방귀 뽕뽕 뽕나무 등 나무의 특징을 빗대서 나무 이름 앞에 재미있게 설명을 붙여 운율을 타듯 노랫말을 붙인 노래가 있다. 이름하여 나무노래 또는 나무타령이다. 인터넷 사이트에는 댓글을 주고 받는 사이에 그간에 전해오던 노랫말 이외에 새로운 노랫말들이 많이 붙여져 있어서 흥미를 더해가고 있다. 몇 가지 사례를 들어본다;

표 5. 전래동요 나무노래(나무타령)의 예

십리 절반 오리나무	꿩의 사촌 닥나무	바람솔솔 솔나무
오자오자 옻나무	씨름하여 저나무(전나무)	한자 두자 잣나무
열의 갑절 스무나무(시무나무)	홍두께 박달나무	월궁에 계수나무
불 밝혀라 등나무	너하고 나하고 살구나무	새로 지은 옷(옻)나무
사시 사철 사철나무	액막이 복사나무	깔고 앉아 구기자나무
대낮에도 밤나무	덜덜 떠는 사시나무	덥석 안아 줄나무
백양 청양 황양나무	오자마자 갓나무	입맞췄다 쪽나무
칼로 베어 피나무	빠르구나 화살나무	입술 같은 앵두나무
목에 걸려 가시나무	하느님께 비자나무	우물가에 물푸레나무
그렇다고 치자나무	방귀 뽕뽕 뽕나무	자손 장성 석류나무
아이 업은 자작나무	다섯동강 오동나무	거짓 없이 참나무

4. 가야금 독주곡 〈숲〉

우리나라 국악을 대표하는 사람 중의 한 사람인 황병기은 26세 때인 1962년에 첫 창작곡 『숲』을 발표한다. 이 곡은 가야금 독주곡으로서 녹음, 뻐꾸기, 비, 달빛 등 4장으로 구성되어 있는데 숲의 세계에서 해와 달, 비와 뻐꾸기가 펼치는 풍경을 읊은 것이다. 제1장 녹음이 우거진 은성(殷盛)한 숲에서는 그윽하고 시원한 느낌을 받으며 속세의 어지럽고 복잡함이 없는 여유로운 곳이어서 이러한 분위기를 가야금이 여음의 묘미를 맛볼 수 있는 선율로 이끌고 있다. 제2장 비가 오는 숲은 처음엔 빗방울이 아주 천천히 떡갈나무 잎에 떨어지더니 곧 소나기 쏟아지는 듯이 숲은 비와 함께 자유롭고 분방하게 변화해 간다. 빗방울이 낙하하여 갈잎에 충돌할 때 퍼져나가는 하얀 파편들을 볼 수 있고 솔잎에 방울방울 맺힌 물방울의 긴장감 같은 것도 볼 수 있다. 제3장 뻐꾸기 우는 숲에서는 끊임없는 음색의 변화 속에서 주고받는 굵직한 뻐꾸기 울음소리를 들으면, 깊은 골짜기의 고즈넉함 속에서 참평화와 같은 것을 느낄 수 있는 고독함을 발견한다. 이러한 분위기는 마치 헤르만 헤세가 머무르고 있는 '5월의 마로니에 숲'과 같은 장면을 떠올리게 해준다. 제4장 교교(皎皎)한 달빛과 수백 광년 떨어진 우주로부터 날아온 별빛이 쏟아지는 숲은 잎과 가지에 새로운 빛들을 토해내며 우주와 교신한다. 이파리위에서 명멸(明滅)하는 빛들의 향연을 부드럽고 잔잔하며 맑은 소리로 대뇌를 자극한다.

『숲』을 작곡하게 된 동기는 박두진 시인의 〈청산도〉를 읽고 영감을 얻어서 창작하게 된 것이라 한다. 청산도는 아래와 같다;

산아, 우뚝 솟은 푸른 산아. 철철철 흐르듯 짙푸른 산아. 숱한 나무들, 무성히 무성히 우거진 산마루에 금빛 기름진 햇살은 내려오고, 둥둥 산을 넘어, 흰구름 건넌 자리 씻기는 하늘, 사슴도 안 오고, 바람도 안 불고, 너멋 골 골짜기서 울어 오는 뻐꾸기…….

산아, 푸른 산아. 네 가슴 향기로운 풀밭에 엎드리면, 나는 가슴이 울어라. 흐르는 골짜기 스며드는 물소리에 내사 줄줄줄 가슴이 울어라. 아득히 가버린 것 잊어버린 하늘과, 아른아른 오지 않는 보고 싶은 하늘에, 어쩌면 만나도질 볼이 고운 사람이, 난 혼자 그리워라. 가슴으로 그리워라.

티끌 부는 세상에도, 벌레 같은 세상에도, 눈 맑은 가슴 맑은 보고지운 나의 사람. 달밤이나 새벽녘, 홀로 서서 눈물 어린 볼이 고운 나의 사람. 달 가고, 밤 가고, 눈물도 가고, 틔어 올 밝은 하늘 빛난 아침 이르면, 향기로운 이슬밭 푸른 언덕을, 총총총 달려도 와 줄 볼이 고운 나의 사람.

푸른 산 한나절 구름은 가고, 골 넘어 뻐꾸기는 우는데, 눈에 어려 흘러가는 물결 같은 사람 속, 아우성 쳐 흘러가는 물결 같은 사람 속에, 난 그리노라. 너만 그리노라. 혼자서 철도 없이 난 너만 그리노라. (박두진 청산도)

뉴욕타임스는 황병기의 작품에 대하여 '신비로운 영감에 찬 동양화의 수채화 같다. 극도로 섬세한 주법으로 울리는 아름다운 소리들이 음악에서 청징(淸澄)함이 무엇인가를 보여준다'라고 평한 적이 있단다. 『숲』을 들으면서 경험하게 되는 음색, 분위기, 강약, 이어서 이어지는 사색은 그의 음악에서 느낄 수 장점이라고 할 것이다. 소리와 연상을 통해서 숲의 신비와 고요함속에 무한정 빠져들 수 있는 곡이라고 생각한다. 형식이 다르긴 하지만 베토벤의 〈전원〉 교향곡과는 다른 느낌을 받게 된다.

제6절 우리 민속과 숲

1. 인간의 기본의례에 등장하는 나무와 숲

1) 관례(冠禮)

인간은 일평생을 살아가면서 누구에게나 한 번은 꼭 치러야 할 4가지 의례가 있다. 관혼상제(冠婚喪祭)가 그것이다. 관혼상제란 살아 생전에 어른이 되었음을 알리는 의식인 관례(冠禮)와 결혼의식인 혼례(婚禮), 죽어서 고인에게 올리는 의식인 상례(喪禮)와 사후 제사 의식인 제례(祭禮)를 말한다. 여기에 탄생과 관련한 출산의식을 덧붙여서 인간의 기본적인 의례라고 한다. 우리나라 전통의식에서 인간의례와 관련하여 나무와 숲이 어떻게 연관을 맺고 있는지 살펴보기로 한다.

관례란 특히 남자 아이가 자라서 어른이 되었다는 사실을 인식시키기 위해 자부심(自負心)와 책임(責任)을 의미하는 관건(冠巾)을 씌우는 의식을 말한다. 이것은 성인이 됨을 알리는 공인의식(公認儀式)으로서 오늘날 성인식과 같은 의미이다. 관례를 올리는 시기는 문공가례(文公家禮), 사례편람(四禮便覽) 등에 의하면 사내 나이 15-20세 때에 행하였으나 조선시대에는 조혼(早婚)의 풍습으로 10여세를 전후한 나이에 이뤄지기도 하였다. 여자의 경우는 계례(笄禮)를 올리는데 혼인을 하였거나 하지 않았거나 15세가 되면 치뤘다. 이것은 비녀를 꽂는 성인 의식이인데 비녀를 뜻하는 '笄'(계)는 대나무로 만든 비녀를 가리킨다.

관례나 계례를 치르면 남자나 여자가 자(字)를 얻으며 이 때부터 상대방한테 字로 자신을 소개한다. 남자가 쓴 관건 중에는 복대(현재 돌잔치때 아이들이 쓰는 것으로 변모), 복두(두건), 난삼(생원이나 진사 급제시), 초립(草笠) 등이 있었다. 초립은 사족(士族)과 서족(庶族)이 쓴 갓의 일종으로서 주로 관례를 치른 어린 사람이 많이 썼다. 질에 따라 50竹, 30竹 초립이 있는데 죽의 수는 초립의 질적인 차이를 말하며 많은 것일수록 좋은 것이다.

2) 혼례(婚禮)

혼인(婚姻)이란 결혼을 말하며 결혼 의식을 혼례라고 한다. 혼인의 혼(婚) 자는 '해질녘'을 뜻하는 "昏"을 말하고 인(姻)자는 밤에 여자가 남자를 받아들여 성혼(成婚)하는 것을 말한다. 따라서 혼인이란 남자인 양과 여자인 음이 해질녘에 합일하는 것을 말하는 것을 의미한다. 혼인 과정에서 나무와 관련되는 용어와 그 내용들을 살펴본다.

• 사주(四柱)

혼인하기로 결정하면 이것을 정혼(定婚)이라고 하는데 정혼을 하기 전에 반드시 남자가 여자한테 사주를 보내야 한다. 사주란 생년월일과 생시(生時, 태어난 시각)를 말하는 것인데, 여자 쪽에서 남자의 사주를 받으면 혼사가 이뤄지게 된다. 사주를 주고 받는 과정에서 특이한 풍습은 사주를 쓴 봉투를 밀봉하지 않고 수숫대나 싸릿대를 반으로 갈라서 이 틈 사이에 끼워서 보내는 것이다. 여자는 이 봉투를 시집갈 때 장롱 깊은 곳에 꼭꼭 숨겨 간직하여 가지고 간다. 만약에 남편이 결혼 후 생활하는 과정에서 사주와 어긋난 불경스러운 행동을 하거나 잘못을 저지를 경우 장롱 속에 있는 사주를 꺼내어 따져볼 수도 있겠다.

• **납폐(納幣,함)**

정혼을 하면 양가 어른들이 상의하여 길한 날로 혼인 날짜를 정한다. 납폐란 결혼 전날 신랑 집에서 예물과 예단을 신부 집으로 보내는 것으로서 흔히 함 파는 것을 말한다. 남자는 함에 신부의 옷감, 즉 채단(采緞)을 넣어 보내는데, 채단으로는 신부 옷감 두 벌로서 청색과 홍색 옷감을 가려서 보낸다. 채단을 함에 넣을 때는 찹쌀, 노란 콩, 씨앗이 7-9개 든 목화송이, 붉은 팥 등을 주머니에 담아 보낸다. 이것은 곧 부귀다남(富貴多男), 즉 자손번성과 길함을 기원하는 뜻이다. 지방에 따라서는 숯, 고추 등을 넣는데 액(厄)을 쫓아 길하기 위함이다.

• **초례상(醮禮床)**

전통 혼례의식에 혼례를 위해 준비하는 상차림을 초례상(醮禮床)이라고 한다. 초(醮)는 제사의식을 말한다. 초례상에 올려지는 주요한 예물들을 살펴보자.

- 암탉: 다산을 의미
- 수탉: 보처자(保妻子), 즉 처와 자녀들을 보호해야 하는 의미
- 소나무와 대나무(松竹): 솔가지와 대나무 가지를 병에 꽂아 초례상에 올려 놓는데 절개와 지조를 상징
- 동백꽃: 절개
- 쌀, 밤, 대추: 다산, 건강, 벼슬, 먹거리가 풍성함을 기원
- 청실과 홍실: 부부금실(夫婦琴瑟)을 염원

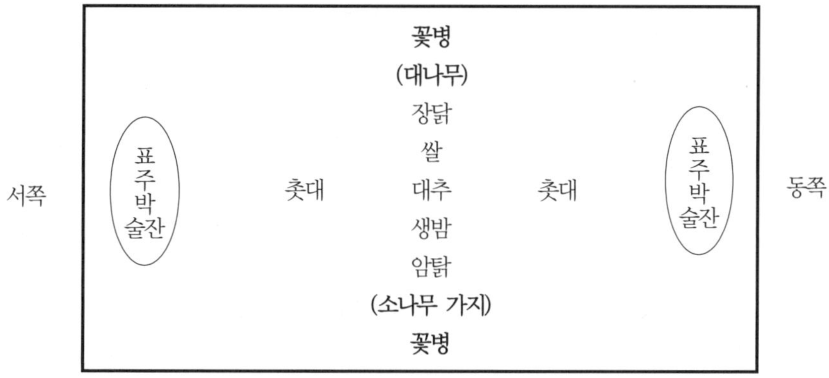

그림 6. 초례상(교배상) 차림 구조

• **나무기러기(木雁)**

혼례 때 산 기러기 대신에 쓰는 나무로 깎아 만든 기러기를 쓰기도 하는데 이를 목안이라고 한다. 기러기는 한자로 안(雁), 홍(鴻), 양조(陽鳥) 등으로 쓴다. 예로부터 우리 선조는 기러기를 하늘과 지상을 왕래하는 하느님의 사자(使者)로 인식하기도 하고, 하늘의 신화(神話)를 별들에 전하는 신관(神官, 무당)으로 믿기도 했다. 우리의 전통 혼례에는 예식 바로 전에 신랑이 기러기를 신부집에 갖다가 바치고 절을 하는 전안(奠雁)이라는 의식이 있다. 기러기는 암컷과 수컷의 정의가 두텁고 사랑이 지극한 새로 인식되기 때문이다. 옛날에는 장가들일 아들을 둔 집에서는 기러기를 집안에서 길렀다가 장가는 날 기럭아범(雁夫)이 등에 지고 신랑의 앞에 서서 갔다. 이것이 불편하여 후에 나무기러기가 나타난 것이다. 기러기를 사용하게 된 기록은 〈예기〉의 혼의편(婚儀篇)에 있는데 제짝을 바꾸지 않는 동물이라는 생각에서 비롯된 것이다. 이렇듯 기러기는 사랑을 상징하는 것으로 신랑이 신부의 양친 또는 친척 앞에서 신부와 백년해로의 서약을 할 때 이를 전달하는데 이를 전안(奠雁)이라고 한다. 이 때 신부의 어머니가 나와서 치마에 싸 가지고 들어가 신부의 앞에 슬쩍 밀어 그대로 서면 아들을 낳는다고 믿는 풍습도 있다.

• **폐백(幣帛)**

결혼식 후에 신랑신부가 시부모쪽 어른께 인사하는 의식을 말한다. 폐백의 한자어 뜻은 비단이나 예물을 뜻하는 폐(幣)와 역시 비단, 혹은 풀이름을 뜻하는 백(帛)이다. 신부가 시부모님께 큰 절을 마치고 앉으면 시아버지는 대추를, 시어머니는 알밤을 신부의 치마폭에 던져주면서 "아들 딸 많이 잘 낳고 부자로 건강하게 잘 살아라"라고 덕담을 한다. 대추는 씨가 한 알 들어 있는 과일로서 과일 중의 과일이고 힘을 상징한다. 알밤은 과일 중 두 번째 위치를 차지하는 상징을 가지고 있다.

3) 상례(喪禮)

• **염습(殮襲)과 반함(飯含)**

상례는 죽은 자에 대한 의식으로서 가장 엄숙하고 장엄하며 정성을 다해야 하는 의식이다. 염습(殮襲)이란 시고인의 몸을 씻은 뒤 수의를 입히고 염포로 묶는 일을 말한다. 저승으로 먼 여행을 떠나기 전에 이 땅에서 마지막으로 새 옷으로 갈아입히는 의식이다. 반함(飯含)이란 물에 불린 찹쌀을 물기를 빼고 버드나무로 된 숟가락으로 고인의 입에 세 번 넣는 것을 말한다. 이 때 입에 넣을 때마다 1천석이오, 2천석이오, 3천석이오 라고 말한다. 먼 여행길에 오르는 것이기 때문에 한 숟가락일지라도 1000석의 의미를 부여하는 것이다.

버드나무로 된 숟가락을 쓰는 이유는 무엇일까. 버드나무는 생명력을 상징하는 나무이기 때문이다. 물가에서 자라기 때문에 이른 봄에 가장 먼저 싹이 돋는 나무의 하나로서 번식력이 강하다. 이승에서는 죽었으나 저승에 가서 생명력 있게 오래오래 잘 살라는 뜻이다.

• 장(杖)

현대 상례의식은 거의 모두 병원에서 치뤄지고 서양식으로 이뤄지기 때문에 복장이나 의식에 쓰이는 재료도 많이 바뀌었다. 전통 상례에서는 상제들이 고인 앞에서 장(杖, 지팡이)을 짚고 서서 곡을 하고 손님을 응접하였다. 장에 쓰는 나무는 아버지가 돌아가셨을 때에는 대나무, 어머니가 돌아가셨을 때에 오동나무나 버드나무를 사용하였다. 그러나 구분하지 않고 모두 대나무를 사용하는 경우가 많다.

대나무는 둥글기 때문에 하늘을 상징하고 아버지는 또한 하늘같은 존재라는 뜻이다. 그리고 절개와 지조를 뜻하기에 아버지에 대한 염원도 사시사철 변치 말라는 것이고, 마디는 또한 아픔과 슬픔을 말한다. 오동나무나 버드나무는 속마음으로 아픔과 슬픔을 삭이라는 것이다.

• 관곽재(棺槨材)

염습이 끝나면 고인을 관에 넣어 모신다. 관으로 쓰이는 관곽재는 가래나무로 된 것(재궁, 梓宮)을 제일 좋은 것으로 생각하였는데 가래나무가 흔하지 않기 때문에 향나무, 삼나무, 소나무, 오동나무로 된 재궁을 많이 쓴다. 속이 누렇고 재질이 치밀하여 잘 썩지 않는 소나무를 황장목(黃腸木)이라고 한다. 조선시대에 황장목을 왕가의 관곽재로 쓸 수 있도록 보호하기 위해서 황장목이 있는 있는 곳을 황장봉산이라 지정하고 바위에 황장금표라고 표시하여 일반인의 출입을 철저히 금지하였다.

• 산신목 심기

매장한 후에는 고인의 무덤가에 소나무 등을 심었는데 이 나무를 산신목(山神木)이라고 한다. 후한의 반고(班固)가 편술한 가례집 ≪백호통 白虎通≫에는 천자는 소나무, 제후는 잣나무, 대부는 목란(木蘭), 사는 회화나무(槐), 서민은 버드나무를 심는 것으로 규정하고 있다. 우리나라도 이러한 전례를 따르게 되었는지 몰라도 왕의 능 주변은 온통 소나무 숲으로 잘 보호되고 있다.

4) 제례(祭禮)

살아있는 자가 현세의 이익적 차원에서 죽은 조상에게 복을 빌고 조상의 은덕에 감사하는 마음으로 올리는 의식을 말한다.

• **차례(茶禮)**

설과 추석 등 명절에 1년 두 번 올리는 의식이다. 원래는 1년에 네 번(1월 孟春, 4월 孟夏, 7월 孟秋, 10월 孟冬)지내는 것이나 두 번만 지낸다. 왜 차례, 즉 차를 올리는 제사라고 부르는가? 상례와 제례는 특히 중국 유교의 풍습에 따르는 경우가 통례이다. 즉, 중국은 원래 차를 많이 마시는 나라이므로 조상에게 차를 올리는 제례를 차례라고 하였다.

5) 출산의례(出産儀禮)

새로운 생명의 탄생은 가장 기뻐해야 할 의식이다. 그러나 이러한 기쁨을 얻기 위해서는 10개월여의 근신기간을 잘 넘겨야 한다. 출산전, 해산, 출산후의 과정으로 구분하여 나무가 사용되는 흔적들을 찾아보기로 한다.

• **출산 전의 솔바람 태교**

잉태한 아이가 건강하게 잘 자라라고 솔바람을 쐬면서 태교한 풍습이 있었다.

• **해산과 금줄치기**

아이가 태어나면 전통적으로 시골에서는 중요한 풍습으로 삼신상 차리기, 금줄치기, 태처리를 신중하게 행하였다. 삼신상(三神床)이란 아이를 낳는 일을 관장하는 삼신을 위해 차리는 상을 말한다. 짚을 깔고 상을 놓은 뒤 쌀과 미역과 정화수를 받쳐 놓는다.

금줄(인줄)은 새 생명을 보호하기 위해 혹시나 집안으로 들어오려는 액운들을 물리치기 위해 귀신이 싫어하는 것들을 새끼줄에 끼워 대문에 가로로 걸어놓는 것을 말한다. 새끼줄은 귀신이 싫어하는 방향인 왼쪽으로 꼬아진 것을 쓴다. 남자아이가 태어나면 고추, 숯, 미역을 달고, 여자아이가 태어나면 숯, 종이, 솔잎을 끼워 단다. 금줄은 기간을 7일 단위로 정하여 다는데 7이라는 숫자는 국면변화를 꾀하는 의미를 갖고 있다. 보통 삼칠속(三七俗)이라 하여 삼칠 즉, 21일(3x7) 동안 금기하도록 금줄을 매달아 놓았다(자세한 내용은 앞에서 기술한 '우리 숲의 신화와 신앙'을 참조할 것).

• **출산 후 내나무 심기**

남도지방에서 아들을 낳으면 선산에 소나무를, 딸을 낳으면 밭가에 오동나무를 심었다. 이를 내나무라 했는데 이 내나무에 찾아가 공부, 병, 사랑 등 소원을 빌기도 했다고 한다. 심은 나무가 자라서 딸이 시집갈 나이가 되면 내나무(오동나무)를 베어 농짝을 만들어 지워 보냈고, 아들이 죽으면 내나무(소나무)를 잘라 관을 만들어 땅속에서까지도 영생케 한 우리 민족의 풍습이다. 미국의 서부 개척시대에는 생일, 결혼, 입학 등을 기념하여 나무를 심어 숲을 조성하는 풍습이 있었다. 이렇게 만들어진 숲을 연고(緣故)의 숲이라 한다.

우리나라에서도 매년 식목일에 즈음하여 일부 기관에서 이와 비슷한 행사를 갖고 있다.

2. 세시풍속(절기)과 나무

세시풍속(歲時風俗)이란 해마다 일정한 시기에 주기적으로 행해지고 전승되는 국가나 지역적으로 독특하고 고유하게 나타나는 관습적, 의례적 생활행위를 말한다. 우리나라의 세시풍속은 태음력에 따라 전개되었으며 지금까지도 전승되고 있다. 자연력에서 발전된 것이 태음력이다. 즉, 태음력은 달의 순환을 위주로 한 것인데, 태음력은 조석간만의 차이와 일치하고 계절감각도 맞기 때문에 농업이나 어업의 생산활동에 효과적인 역법(曆法)이었다.

태양력이 들어온 것은 조선조말 고종 32년, 즉 1895년으로서 100년이 넘지만 아직도 우리 사회는 태음력에 의해 정해진 절기와 세시풍속을 세는 경우가 많이 있다. 말하자면 일상생활에 있어서 많은 부분이 여전히 태음력의 지배하에 있는 셈이다. 태음력에 의한 24절기, 72후(候) 등은 중국으로부터 들어왔다. 이것은 1년은 12개월로서 이것의 2배를 24절기(대개 15일마다 1절기)로 삼고 다시 절기의 3배를 72후(候/절후)로 삼았다.

절기나 세시풍속은 농작의 준비에서부터 파종, 제초, 수확, 저장 등에 이르기까지 식물로서의 농작물 생산과정과 밀접한 관계를 맺고 있다. 즉, 식물 경영관리와 직간접적으로 연관을 맺고 있는 것이 절기와 세시풍속이라고 할 수 있다. 각 시기별 절기별로 나무와 숲 관련 내용을 알아본다.

1) 정월

- **설날**
  - 차례: 설날에는 차례(茶禮)를 지내는 것이 원칙인데 차는 차나무의 잎으로 만든 것이다.
  - 복조리: 설을 전후하여 복조리를 팔기도 하는데 이것은 대나무로 만든 것이 일품이다. 정초에 복조리 장수가 오면 길조이고, 엿장수가 오면 흉조라고 한다. 또한 복조리 장수가 다른 마을보다 먼저와야 그 마을이 일년동안 무사태평하고 풍년든다고 믿어 왔다.
  - 윷놀이: 가족의 화목과 즐거움을 위해서 하는 놀이이다. 윷은 밤나무, 박달나무, 통싸리나무, 복숭아나무로 만든 것이 최고이다. 특히 복숭아나무로 만든 윷을 쓰는 이유는 복숭아나무는 십장생에 자주 등장하는 나무로서 과거부터 神木으로 여기고 있는 나무여서 잡귀 축출에 효험이 있다고 믿었기 때문이다.

• 상원일(上元日): 대보름

정월 15일을 일컬으며 흔히 대보름이라 한다. 새해 들어 처음 맞이하는 만월(滿月)이다. 설날부터 이날까지 근신과 휴식을 취하는데 다음 날부터는 농사에 대해 신경쓰기 시작한다. 그래서 "설은 나가서 지내도 보름은 집에서 지내야 한다"라고 하였는데 농사일을 앞두고 보름날을 중요하게 여긴 의미를 내포하고 있다. 우리 민족의 주된 관심은 과거부터 무병(無病)과 풍농(豊農)이었다. 가족 모두가 무병하고 건강한 일년을 보내고 농사가 잘 되어 풍년만 든다면 그 이상 바랄 것이 없었다. 따라서 농사의 시작을 눈앞에 둔 대보름은 무병, 풍농을 기원하는 주술적 행위들이 절정을 이루게 된다. 액땜하는 일을 제액(除厄)이라고 하는데 제액 행위를 하는데 식물들의 쓰임새를 보면 다음과 같다.

- 부름깨기: 아침에 한다. 밤, 호두, 은행 같은 단단한 과일을 깨물어 마당에 버리면 한 해동안 부스럼 나지 않으며, 치아가 튼튼해진다. 밤, 호두, 잣, 땅콩 등을 쓴다.
- 보름전날 제액: 음나무 가지를 안방에 걸어두고, 노간주나무 가지를 아궁이에 태운다. 솔가지를 지붕위에 던져 올리고, 억새는 잿무덤에 꽂아 놓는다.
- 이명주(耳明酒, 귀밝기술) 마시기: 나무와 별 무관하다.
- 진채식(陣菜食): 무, 가지, 시래기, 버섯, 고사리 등 채소류를 여름에 말려 두었다가 이날 나물로 무쳐 먹는 풍습이다. 여름에 더위 먹지 말라고 하는 풍습에서 전래된 것이다.
- 매서(賣暑): 보름날 아침 일찍 만난 사람을 불러 대답하면 "내 더위 사려"라고 하여 올 여름 자기한테 올 더위를 파는 풍습이다. 만약 불러도 대답하지 않는 사람이 있을 경우 "학(謔/희롱)"을 떼인다고 한다.
- 달집태우기: 음력 13일경부터 긴 나무 세 그루를 베어 한 면이 동쪽으로 향하게 삼각으로 세운다. 그 사이 면을 대나무, 솔가지, 볏짚으로 막되 동쪽 면은 열어둔다. 이렇게 하여 만든 집을 달집이라고 한다. 보름날 저녁에 달이 뜨기를 기다렸다가 불질러 태우는데 불타는 달집 주위에 모여서 소원을 빌고 농악놀이를 한다. 달집을 불태움으로써 소멸(더러운 것, 사악한 것, 질병 등)하는 가운데 보름달이 솟아옮으로써 밝음을 상징하였다. 달집이 훨훨 잘 타야 풍년들고 태평하고 무병 장수하며 소원 성취한다고 믿었다.
- 보름 전날 낟가릿대 만들기: 짚단 속에 벼, 보리, 조, 기장 등을 넣어 묶고 그 위에 목화를 얹어 장대(긴 막대) 위에 매달아 놓은 것을 낟가릿대(禾積)라고 하는데, 2월 초하루 아침 일찍 철거한다. 이 풍습은 오곡이 장대처럼 잘 자라 풍작을 기원하는 내용이다. 2월 초하루에 낟가릿대에 넣은 곡식 종류로 떡을 해서 먹는다.
- 가수(稼樹)/나무시집보내기: 나무를 시집보내는 풍습이다. 과일나무의 가지 친 부분에 돌을 끼워 결실이 풍부해지기를 기원하는 풍속을 말한다. 이 돌을 양석(陽石)이라고 하는데 시집보낸다는 것은 성적 결합을 의미한다. 중국서적에 오얏나무(자

두나무) 시집보내기에서 유래된 것으로 전해진다. 대추나무, 감나무에 많이 적용하지만 일반 나무에도 가수의 흔적이 남아 있다. 비원의 연경당 안의 느티나무가 그 예이다.

이 풍속은 또한 과일이 많이 열리기를 기원하는 주술의 하나이기도 하다. 나무 시집 보내기는 두 가지가 벌어진 과실나무의 틈에 돌을 끼워 두는 것인데, 이것은 벌어진 과실나무 가지를 여성으로 보고 돌을 끼움으로 성행위를 상징시켜 풍요를 기원하는 농경의례의 하나이다. 주로 정월 초사흗날이나 대보름날 복숭아나 대추, 살구, 밤나무에 돌을 끼웠다. 자손의 번창은 남녀의 혼인에서 비롯되듯 과수에 많은 열매를 맺게 하기 위해서는 같은 수단을 쓰면 될 것이라는 지극히 인간적인 발상에서 나무를 시집보냈던 것이다. 암수가 따로 있는 은행나무에도 이와 같은 인간적인 배려를 등한시 하지 않았는데 은행의 암나무에 구멍을 뚫어 그 구멍에 꼭 들어맞는 수나 토막을 끼워주는 유감주술은 대보름에 이르는 홀수날에 베풀었다(임동권, 1975. 한국의 세시풍속. 서문당/김용덕, 한국민속문화대사전에서 재인용).

• **입춘(立春)**

입춘축(祝)은 입춘에 대문, 대들보, 천장 등에 좋은 글귀를 써 붙이는 것을 말한다. 입춘대길(立春大吉) 등의 문귀가 많이 쓰인다. 또한 밭에서 추운 겨울을 이기고 자라는 보리를 뽑아 가닥수를 세어 풍흉(豐凶)을 점치기도 한다.

2) 2~3월

• **2월 초하루**

머슴날(노비일)이라고 하는데 머슴을 위로하는 날이다. 이 날은 낟가릿대에 넣은 곡식으로 떡을 해 먹는다.

그림 7. 진달래 부침(花煎) 만들기(고려산 진달래축제 추진위원회 제공)

• **삼짇날(3월 3일)**

날씨가 온화하여 진달래 꽃도 피고 제비도 날아오는 때이다. 진달래꽃을 따다가 찹쌀가루와 버무려 전을 부쳐먹는 데 이를 화전(花煎)이라고 한다. 아낙네들이 화전을 부치면 다른 한편에서는, 아이들이 진달래 암꽃술을 뽑아 상대방끼리 열십자로 교차하여 잡아 당기면서 누구 암꽃술이 센가 싸움을 한다. 이를 또 다른 화전(花戰)이라고 한다.

한편, 진달래 꽃방망이를 만들어서 처녀의 등을 치면 정을 준다고 했는데 이를 여의화장(如意花杖)이라고 했으며, 과거 보러가는 총각의 등을 치면 급제한다고 했다.

• **한식(寒食)**

동지로부터 105일째 되는 날로서 청명(淸明)이거나 혹은 그 다음날(4월 5일경)이 행당된다. 한식은 예로부터 4대명절의 하나로 기념하였다.

한식은 춘추시대의 개자추 전설에서 유래되었다. 춘추시대 중이(重耳)가 유랑생활을 하다가 나중에 다시 文公이 되어 지난날의 충신을 포상하게 되었다. 그런데 중이가 예전에 굶주렸을 적에 자기의 허벅지살을 베어 바쳤던 충신 개자추(介子推)가 그 포상 대열에 끼지 못하자 화가 나서 산에 숨어버리게 되었다. 중이가 잘못을 깨닫고 찾았으나 나오지 않자 산에 불을 붙이면 나오려니 하여 산불을 놓았지만 끝내 나오지 않고 홀어머니와 함께 버드나무 아래서 껴앉고 죽었다. 이에 그를 애도하는 뜻에서 이 때에는 불을 사용하지 않고 찬 음식을 먹게 되었다. 이것을 한식이라 부른다. 한식에는 가족들이 모여 묘지를 보수하고 성묘하며 씨를 뿌리기도 한다.

3) 4~5월

단오절(端午日)은 음력 5월 5일로서 중국과 일본에서 지키는 명절의 하나이다. 우리나라에서는 수릿날이라고도 한다. 기가 충만한 날이다. 단오(端午)란 초년의 뜻으로 5월 중 첫 말(午)의 날이라는 의미이다. 또한 쑥떡을 해먹는데 쑥떡의 모양이 수레바퀴모양이어서 수릿날이라고 부르게 된 것이다. 또는 단오는 최고의 날, 신의 날이라고 해서 수릿날이라는 명칭이 생겼다고도 한다.

중국 초나라 충신 굴원(屈原)의 고사에 의하면 문장력이 뛰어나고 충직 고결하여 왕으로부터 총애를 받았는데 다른 신하들이 시기하였다. 새 왕이 즉위하자 간신의 참소로 귀양을 가게 되었다. 이에 울분을 참지 못하고 5월 5일 강물에 투신자살을 하였다. 후세에 영혼을 위로하기 위하여 5월 5일 죽통(竹筒)에 쌀을 넣어 소태나무잎에 싸서 강물에 던져 제사를 지냈다한다.

단오절에는 창포(菖蒲)에 삶은 물로 머리를 감으면 머리가 빠지지 않고 윤기도 난다고 하여 이를 즐기는 풍속이 있다. 또 창포 뿌리를 깎아 비녀를 꽂기도 하는데 비녀에 복(福), 수(壽) 자를 새기기도 하며 끝에는 연지를 발라 꽂는다. 이렇게 하면 두통이 없어지고 적색이 양색(陽色)으로서 귀신을 쫒는 효과도 있게 된다.

단오와 관련된 음식문화는 수리떡을 해먹는데 쑥과 멥쌀가루로 만든다. 그리고 이날 약초를 캐서 말리면 약효가 좋다고 한다. 반면에 단오절에는 금기(禁忌)로 여기는 풍속도 있다. 이 날은 부부가 동침하지 않는다. 만물의 모든 기운이 치솟아 원기가 오르는 혈기왕성한 계절이므로 대단히 위험하다고 믿었다. 이날 아기가 태어나면 부모에게 해롭다하여 버리는 일도 있었다고 한다.

4) 6~7월

• **유두일(流頭日)**

6월 15일을 말한다. 유두란 동류두목욕(東流頭沐浴)을 말하는 것으로서 동쪽이 靑이요 陽氣가 왕성한 곳인데 동쪽으로 흐르는 물에 머리를 감으면 좋다는 풍습이다. 유두일에 먹는 면 음식을 유두면이라고 하는데 장수하고 더위를 타지 않는다고 한다.

• 中元(百中/불교에서는 百種)

7월 15일로서 백중 혹은 백종이라고 한다. 도교에서 인간의 선악을 1년에 세 번, 즉 1월 15일, 7월 15일, 10월 15일을 기념한다. 세 번 중에 7월 15일은 가운데 있음으로 중원이라고 한다.

이 때는 고된 농사일이 일단락되고 곡식들이 영글고 알차기 시작하는 때이다. 추수만 기다리는 시기이며 또한 과도기적 농한기이다. 호미씻이는 논이나 밭을 맬 필요가 없어 호미를 씻어 두는 일이다. 한가롭게 친척들을 찾아뵙는 여유를 갖기도 한다. 이 때 열리는 장을 백중장(百中場)이라고 하는데 장에 가서 먹고 놀기도 한다.

※ **불교의 백종(百種)**: 석가모니 제자 목련존자의 어머니가 생전에 죄를 지어 죽은 후 저승 세계에서 고통을 당하고 있었다. 아들인 목련존자가 어머니 영혼을 구하기 위하여 석가모니에게 애원을 하였는데, 오미백과(五味百果)를 공양하면 구할 수 있다하여 그렇게 하였다. 백종이란 100가지 꽃과 과일을 부처님께 공양하게 되어 생긴 유래이다.

5) 8~9월

• 추석(秋夕)

오곡백과가 결실을 맺어 풍성한 시기이며 햇곡식과 과일을 준비하여 명절을 맞이한다. 추석에 빚는 송편은 솔잎을 솥에 깔고 쪄서 익힌다. 보름달이 구름에 가려 보이지 않으면 메밀이 결실을 못한다라는 말로 전해온다.

• 중양일(重陽日, 음력 9월 9일), 중구일(重九日)

중양일이란 양수가 겹친다는 의미이며 중구일은 9자가 겹친다는 의미이다(1.1, 3.3, 5.5, 7.7, 9.9). 9는 양수 중 극수(極數)이다. 원래 중국의 풍속이며 후에 전승되었으나 오늘날 잘 기념하지 않는다. 중국에서는 높은 곳에 올라 하루를 즐기고 국화를 감상하는 풍습이 있다고 한다. 또 이날에는 국화꽃잎을 따다가 찹쌀떡을 빚기도 한다. 유자, 석류, 잣 등을 버무려 먹기도 한다.

6) 10~11월

• 상달(上달)

상달이란 10월을 말하며 추수하고 풍요로운 달이다. 대표적 행사로서 김장 담그기가 있는데 대개 입동(立冬, 10월 8일경)이 지나면 시작한다. 현대 양력에서는 11월 첫주에 육림주간으로 지낸다.

• 동지(冬至, 동짓달 11월)

동지 때에는 여러 행사가 있지만 핵심 풍속은 '팥죽' 먹기이다. 고장에 따라서 팥죽 제사를 지내기도 하는데 팥(죽)은 검붉은 색이어서 악귀를 쫓는 색으로 여기고 있다. 동지에 팥죽을 먹게 된 유래에 두 가지가 있다. 중국의 유래를 보면 홍공(共工)씨에게는 재주가 없는 아들이 한 명 있었다. 동지에 죽어 역질 귀신이 되었는데 아들이 생전에 팥을 몹시 두려워하였다. 그래서 동지에 팥죽을 쑤어 사용하게 되었다. 우리나라의 유래는 옛날 어느 임금께서 피난 가서 백마피로 제사하여 난리를 무사히 피한 적이 있었는데 이후 피 대신 붉은 팥죽을 쑤어 사용하게 된 것이다.

7) 12월 섣달(서웃, 설윗달)

제석(除夕)은 한 해의 마지막 날인 섣달 그믐날을 말한다. "작은설"이라고도 하고 그날밤을 제석, 제야라고 한다. 옛날에는 대전에 올라가 해 묵은 문안을 드리고 사당에 참배하였다.

거리마다 밝은 대낮처럼 등불을 밝히고 대궐에서는 잡귀를 쫓기 위해 제석 전날부터 대포를 쏘아 댔는데 이를 연종포(年終砲)라 하였다. 섣달 그믐날에 마귀를 물리 친다하여 마디가 굵은 대나무 가지를 불에 올려 놓아 터지게 하여 소리를 내게 하였는데 대나무가 연종포를 대신한 것이다. 오늘날에는 폭죽놀이로 변하였다.

민가에서는 불을 밝혀 놓고 잠도 자지 않았는데 이를 수세(守歲)한다고 한다. 잠자지 않고 지새운 이유는 잠을 자면 눈썹이 하얗게 센다라고 전해지고 있기 때문이었다. 한편 자면서 이 가는 사람이 있다면 제석에 산에 가서 바람 불 때 나무와 나무가 마찰하여 소리 나는 나무 가지 사이에 돌을 끼우면 낫는다 라는 말도 전해지고 있다(이상의 글들은 신만용·김기원(2006)에서 발췌한 것임).

3. 기타

• 나무 그림자점(木影占)

나무 그림자로 그 해의 풍, 흉을 알아보는 점으로서 목영점이라고 한다. 〈동국세시기〉에 의하면 농가에서는 음력 정월 보름날, 달이 중천에 뜨면 뜰 가운데 1자 길이의 나무를 세운다. 그 그림자가 8치가 되면 비바람이 고르고 때를 맞춰 비가 내려 풍년이 되고, 6~7치이면 풍년, 5치이면 흉년, 4치이면 수재와 충재, 3치이면 곡식이 여물지 않는다고 한다(최상수, 1960. 한국의 세시풍속. 고려서적. 김용덕, 한국민속문화 대사전에서 재인용).

• 나무조롱

어린아이들이 액막이를 위해 나무로 깍아 몸에 차고 다니는 물건. 나무 또는 박으로 호리병처럼 세 개 만들어 청, 홍, 황색으로 각각 칠하여 채색 실로 끈을 매어 차고 다녔다. 여자아이가 차는 것은 '서캐조롱'이라 한다. 이것을 차고 다니면 재화와 질병이 예방된다고 한다. 동짓날부터 차기 시작하여 겨울

동안 차고 다니던 이 조롱은 정월 14일 밤에 잘록한 허리에 끈을 매어 끝에 돈을 달아서 길바닥에 버리는데 이렇게 하면 그 해 일년 동안의 액을 막는다고 한다. 조롱의 패용은 단순한 장식이 아니라 민속적으로 방퇴귀의 주술적 효과를 가지고 있는 것이다. 청·홍색은 양색(양색)을 표시한 것이고 황색은 중앙인 까닭에 음귀를 퇴방하는 데 필요했던 것이다. 여름에 병이 났을 때도 차며, 조롱대신 외꼭지나 호박꼭지를 꿰어서 목에 걸고 다니기도 한다(문화공보부, 1970. 한국의 풍습, 〈동국세시기〉. 김용덕, 한국민속문화 대사전에서 재인용).

제7절 우리 나무의 사회적 지위

1. 선조들이 선호하는 나무들

한국 갤럽이 2006년 8월 16일부터 9월 9일에 걸쳐 조사한 결과에 의하면 현대인들로부터 가장 사랑을 받는 나무는 소나무(66.1%)이며 은행나무(9.1%), 단풍나무(3.2%)가 그 뒤를 이었다. 좋아하는 꽃나무는 벚나무(22.9%), 목련(11.5%), 무궁화(8.5%), 진달래(7.5%)로 순이고, 좋아하는 가로수는 은행나무(45.9%), 벚나무(25.4%), 플라타너스(14.0%) 등의 순이었다. 소나무는 1991년, 1997년, 2001년에도 가장 선호하는 나무로 꼽혀서 우리나라를 대표하는 나무로 각인되어 있다.

사회적 흐름이나 개인의 취향이 시대에 따라서 변하기 때문에 식물을 선호하는 정도가 달라진다. 역사적으로 보면 모란은 신라 때, 매화는 고구려 때, 국화는 백제 때 길렀다는 기록이 '삼국사기'에 나타나고 있다. 어떤 특정한 꽃을 길렀다는 것은 그 만큼 그 꽃을 선호했다는 증거라고도 할 수 있겠다. 조선조까지만 해도 가장 사랑받았던 꽃은 매화, 모란, 국화였다. 구체적인 예를 다음에 찾아보기로 한다.

꽃의 등급을 자세하게 소개한 역사서는 조선시대 발간된 『양화소록(養花小錄)』과 『화암수록(花菴隨錄)』이라는 책이다. 이 두 권의 책은 조선시대 2대 원예서적이라 부를 정도로 문헌적 가치가 뛰어나다. 두 권 모두 조선시대 양반들의 원예취향과 원예 문화를 이해하는데 대단히 중요한 자료이다.

1) 양화소록(養花小錄)

양화수록의 저자는 강희안(姜希顔, 1417~1464)으로서 세종 때의 명신으로서 벼슬은 부제학에 올랐다. 시와 글과 그림에 능통하여 3절(三絕)이라 불리었다. 만년에는 세상사 벼슬에 뜻이 없어 자연을 벗삼아 살아가면서 예술인의 진가를 발휘하였다고 한다.

강희안은 화가탓도 있었지만 누구보다도 식물을 사랑했다. 그리하여 꽃과 나무를 기르는 방법을 체득하여 실전에 응용하며 기록으로 남기기도 하였다. 『양화소록』은 화훼와 원예에 관한 서적으로서 『진산

세고(晉山世稿)』 권4에 수록되어 있다. 성종 7년인 1476년에 간행된 것으로서 조선시대 화훼분야 전문 서적 중 가장 오래 된 서적이다.

『양화소록』에 등장하는 식물들을 순서대로 열거하면 다음과 같다. 노송(老松), 만년송(萬年松), 오반죽(烏班竹), 국화, 매화, 혜란, 서향화, 연꽃, 석류꽃, 치자꽃, 사계화와 월계꽃, 산다화(동백), 자미화(백일홍), 일본철쭉, 귤나무, 석창포의 순서이다. 이 같은 기술 순서는 어떤 특별한 기준에 의해서 정하여 쓴 흔적을 발견할 수 없다. 하지만 사람의 보편적인 습성으로 볼 때 대개 좋아하는 순서대로 기록한 것이 아닐까 추측해 본다. 소나무, 대나무, 국화, 매화, 난, 연꽃 등은 조선시대 창작된 시서화 등에 자주 등장하는 식물이기 때문에 사람들이 그만큼 선호하지 않았을까 생각해 본다.

한편, 『양화소록』의 부록에 수록된 『화암수록』에는 강희안이 꽃나무를 9가지 등품으로 구분한 화목구품(花木九品)을 소개하고 있는 반면, 『양화소록』 본문에는 그에 대한 어떤 설명이나 내용도 담겨져 있지 않다. 화목구품의 내용은 다음 표와 같다. 각 등급마다 어떤 기준으로 품계를 매겼는지 내용이 기록되어 있지 않다.

표 6. 강희안의 화목구품

구분	해당 식물
1품	소나무, 대나무, 연꽃, 국화
2품	모란
3품	사계화, 월계화, 왜철쭉, 영산홍, 진송(眞松), 석류나무, 벽오동
4품	작약, 서향화, 노송, 단풍나무, 수양버드나무, 동백나무,
5품	치자나무, 해당화, 장미, 홍도, 벽도, 삼색도, 하얀 진달래(백두견), 파초, 전춘라(翦春羅), 금잔화
6품	백일홍, 홍철쭉, 분홍진달래(홍두견), 두충나무
7품	이화(배나무꽃), 행화(살구나무꽃), 보장화, 정향나무, 목련
8품	촉규화(蜀葵화), 산단화(山丹花), 옥매, 출장화(出墻花), 백유화(白萸花)
9품	옥잠화, 불등화, 연등화, 연교화, 초국화, 석죽화, 앵속각, 봉선화, 계관화, 무궁화

2) 화암수록(花菴隨錄)

『화암수록』은 지금까지 강희안(姜希顔) 혹은 송타(宋拖)가 쓴 것으로 알려져 있었고, 또한 2002년도 수능 시험에서도 출제되어 작가가 송타로 되어왔다. 그러나 최근 한양대 정민 교수가 연구한 바에 따르면 조선조 중후기에 살았던 유박(柳璞, 1730~1787)이라는 사람이 지었음이 확인되고 있다. 유박은 황해도 배천군 금곡포에 살았던 사람으로서 능력은 있으되 뜻한 바 있어서 벼슬을 하지 않고 꽃을 심어 가꾸면서 문인들과 교분하던 사람이었다. 꽃으로 장식한 그의 집을 백화암(百花庵)이라 부르고, 화암수록(花菴隨錄), 화암구곡(花菴九曲), 매농곡(梅農曲) 등을 남겼다.

조선시대 18세기는 사회 전반적으로 다양한 변화들이 나타나게 되는데 그 중의 하나가 꽃과 나무를 가꾸는 화훼와 정원문화의 발달이다. 이러한 시대적 특징 속에서 나온 책이 『화암수록(花菴隨錄)』이다.

유박은 식물을 아름다움보다 그 상징적 의미에 따라 9등급으로 나누었다. 각 등급마다 5가지씩 총 45종과 등외로 12종을 더하여 총 57종의 식물이 소개된다. 이를 유박의 화목구등품제(花木九等品第)라고 한다. 등급 구분에 있어서 기준이 된 상징적인 단어들은 높고 뛰어난 운치, 부귀, 절개, 번화 등이다. 식물의 각 등급별 지위를 살펴보면 다음 표와 같다.

두 사람이 구분한 식물의 지위를 살펴보면 특히 1, 2 품등에 속해있는 식물들이 소나무, 대나무, 매화, 국화, 연꽃, 모란 등으로서 대체적으로 일치한다. 현대인들이 가장 선호하는 장미는 5위에 올라있다. 두 사람은 약 300년의 시차를 두고 산 사람인데 식물 지위가 거의 비슷하다.

표 7. 유박의 화목구등품제(花木九等品第)

9등급	기준	해당 식물
1등	높고 뛰어난 운치	매화, 국화, 연꽃, 대나무, 소나무
2등	부귀	모란, 작약, 왜홍(일본철쭉, 영산홍), 해류(海榴, 花石榴, 百葉榴), 파초
3등	운치	치자, 동백, 사계(월계), 종려, 만년송(노송)
4등	운치	화리(華梨), 소철, 서향화, 포도나무, 귤나무
5등	번화	석류, 복숭아나무, 해당화, 장미, 수양버드나무
6등	번화	두견화, 살구나무, 백일홍, 감나무, 오동나무
7등	각각의 장점	배나무, 정향나무, 목련, 앵도나무, 단풍나무
8등	각각의 장점	무궁화, 석죽, 옥잠화, 봉선화, 두충나무
9등	각각의 장점	해바라기, 전추라, 금잔화, 창잠(석창포), 화양목
등외		능금나무, 단내, 산수유, 위성류, 백합, 상해당, 산단화, 철쭉, 백자, 측백나무, 비자나무, 은행나무

그림 8. 조선시대 최고의 인기를 누렸던 꽃인 매화

앞에서 한국갤럽이 조사한 꽃에 대한 우리 국민들의 선호도를 소개한 것처럼 300~600여년전 5위였던 장미가 1위를 차지하였고 국화가 2위였다. 그래도 국화만큼은 지위를 비슷하게 지키고 있고 무궁화도 여전히 7~8위로 하위를 차지하지만 비슷한 경향을 나타내고 있다. 대체적으로 유박 시대로부터 다시 250여년이 지난 지금의 꽃에 대한 선호도를 비교해 보면 많이 변화하였다는 것을 발견할 수 있다. 식물의 품등 구분에 있어서 단지 외형의 아름다움만 보고 판단하여 취한다면 그 등급은 매우 달라질 것이다. 강희안과 유박은 하나하나의 식물 속에 숨겨 있는 의미에 더 큰 비중을 둔 것으로 보인다. 그 중에서도 높고 뛰어난 운치(高標逸韻)가 있는 식물을 최고의 가치가 있는 것으로 뽑았다.

2. 인격을 부여받은 나무들

• 정이품송(正二品松)

정이품송은 충북 보은군 내속리면 상판리에 있는 소나무이다. 나무의 나이 약 800년, 높이 약 15m, 가슴높이 지름 약 1.5m이다. 조선시대 세조(1455~1468)가 속리산으로 행차하는 도중에 앞쪽에 큰 소나무의 가지가 늘어져 있었다. 이 때문에 임금의 가마(연, 輦)가 계속해서 진행할 수 없게 될 것을 염려하여 '소나무 가지에 연 걸린다'라고 외쳤다. 그러자 솔가지가 저절로 쳐들려져서 가마가 무사히 통과하게 되었다고 한다. 이것을 신기하게 여긴 왕이 소나무에게 정이품(장관급)의 벼슬을 내렸다고 한다. 이후로 이 소나무를 '정이품송', 또는 '연걸이 소나무'로 불려지게 되었다. 소나무로서는 보기 드물게 나이가 오래 된 나무일 뿐더러, 자태가 아름다워 천연기념물 제103호로 지정되어 보호하고 있다. 후계 소나무들을 심어 놓아 대를 잇도록 하고 있다. 한국에서 유일무이하게 벼슬을 받은 나무이다.

• 정부인소나무

속리면 서원리에 있는 수령 약 600여 년으로 추정되는 소나무로서 천연기념물 제352호로 지정되어 있다. 정이품송과 불과 7km 정도 떨어져 있어 정이품송과 부부지간이라고 하여 정부인소나무라고 부르기도 하고, 밑둥치에서 두 방향으로 갈라졌기 때문에 암소나무라고도 한다.

• 석송령(石松靈)와 황목근(黃木根)

석송령은 경북 예천군 감천면 천향리 804번지 석평마을에 있는 나이 600여년 된 소나무이다. 나무높이는 10m, 가슴높이 줄기 지름은 1.34m, 수관폭은 남북방향 22m, 동서방향 32m, 그늘 면적은 300여평에 이른다. 일반 소나무와는 달리 생육 형태상 반송(盤松)이라고 한다. 이 소나무는 법원에 석송령이라는 이름으로 등재되어 토지를 소유하고 있는 나무인데 천연기념물 제294호로 지정되어 있다.

약 600여년 전 풍기지방에 큰 홍수가 났을 때, 마을 앞을 흐르던 석관천(石串川)을 따라 떠내려 오던 이 소나무를 마침 지나가던 나그네가 건져 현재의 자리에 심었다고 한다. 그 후로 1930년경 당시 이 마을에 이수목이라는 노인이 살았는데 재산을 물려줄 후손이 없었던지라. 생각한 끝에 개천가에 서 있는 이 소나무가 영험이 있는 나무라 생각하여 그 이름을 석송령이라 짓고 자기 소유의 땅 6,600㎡를 상속하도록 등기해 주었다. 이때부터 소나무 석송령은 사람과 동등하게 법적인 이름을 갖고 토지를 소유하고 세금도 내는 부자나무로 불리게 되었다. 토지에서 나오는 수익금으로 마을 학생들에게 석송령 장학금을 수여하기도 한다.

행사가 열리면 막걸리를 마시는데 매년 마시는 막걸리의 양이 10말도 넘는다고 한다. 마을사람들에게 석송령은 마을의 단합과 안녕을 관장하는 동신목, 혹은 부귀, 장수, 상록을 상징하고 안녕과 협동심을 북돋아주는 신목(神木)이라고 할 수 있겠다.

예천 땅에는 토지를 소유하고 세금을 납부하는 나무가 한 그루 더 있다. 이것은 용궁면 금남리 금원마을에 있는 수령 약 500년의 황목근(黃木根)이라 부르는 팽나무이다. 황목근은 4000여평의 토지를 소유하고 있으며 천연기념물 제 400호로 지정되어 있다.

• **부부송(夫婦松)**

포천시 군내면 직두리 191번지에 있는 두 그루의 소나무를 일컫는다. 수령 약 300년으로 2005년에 천연기념물 제460호 지정되었다. 부부송이라는 인격을 부여한 이유는 우선 두 그루이고, 서 있는 모습이 서로를 껴안고 있는 듯한 인상을 주기 때문이다. 처진 형태의 소나무인데 야트막한 동산을 배경으로 나란히 서서 서로를 얼싸안고 있는 듯한 묘한 모습을 하고 있으며 먼 발치에서 보면 마치 한 그루처럼 보인다. 이 소나무들은 처진소나무로서 본디 '포천 직두리의 처진소나무'로 부르기로 하였으나 주민의 의견을 반영할 겸 의견을 수렴하고 이름을 공모한 결과 부부송이란 이름을 갖게 되었다.

한편, 이 소나무에는 일제시대 때 일본인들이 한민족의 정기를 끊기 위해 영험한 신성을 가진 이 소나무의 가지 10개를 잘라 버렸다는 이야기가 전해지고 있으며 지금도 무속 신앙인들은 기도처로 이용하고 있다.

• **기타**

제3장 맺는 말

우리 민족이 이 땅에 발을 딛고 살기 시작한 구석기시대가 70만년 전으로 거슬러 올라간다. 이미 그때에는 만주와 한반도는 숲으로 뒤덮여 있었다. 인간의 삶은 원래부터 숲이 울창한 땅에서 시작하였으니 숲으로부터 삶에 영향을 받는 것은 당연한 일이다. 숲이 있어서 그 덕분에 삶을 가능하게 하였다. 우리 문화의 시작도 단군신화의 수목숭배신앙과 인연을 맺고 있다. 나무와 숲이 생명을 주고 양식을 주고 거처와 쉴 만한 터전을 제공하였으니 어찌 신성하게 여기지 않겠는가! 원시와 고대시대부터 현대에 이르기까지 한반도의 나무와 숲이 우리 문화의 형성과 발전에 끼친 영향들을 두루 살펴보았다.

우리 문화의 여러 장르를 거의 전반적으로 훑어본 것이기 때문에 부족한 감은 있으나 해설의 기초적인 내용은 전달될 수 있으리라 믿는다. 이외에도 생태 문화관광 해설의 내용에 넣어야 할 분야가 많이 있다. 나무 축제문화, 우리 전통 불교와 기독교와 관련된 내용, 목재문화, 속담 등 언어습관에 나타나는 나무와 숲, 개별 나무들이 지닌 문화적인 내용 등 다뤄야 할 부분이 많다. 또한 이번에 다룬 내용들은 깊이가 없어서 좀더 전문적으로 해설하려는 사람들에게는 아쉬운 점이 많을 줄 믿는다.

참고문헌

허균, 2004. 선인들이 남겨 놓은 삶의 흔적(한국인의 미의식3). 다른세상. 224쪽

허균, 2002. 한국의 정원 선비가 거닐던 세계(문화의 향기 2). 다른세상. 300쪽

허균, 2008. 사찰 장식의 선과 미. 다할미디어. 184쪽.

허균, 1999. 전통미술의 소재와 상징(우리문화총서 1). 교보문고. 248쪽.

허균, 2006. 허균의 우리민화 읽기. 북폴리오 288쪽.

강무학, 1995. 한국세시풍속기. 집문당. 332쪽.

강성복, 2001. 금산의 송계. 금산문화원. 589쪽.

강판권, 2007. 나무열전. 글항아리. 375쪽.

공우석, 2003. 한반도 식생사. 대우학술총서 556. 아카넷. 580쪽.

공우석, 2007. 우리 식물의 지리와 생태. 지오북. 335쪽.

국어국문학회 편, 1979. 민속문학연구. 백문사. 468쪽.

권진오 · 김찬수 · 박찬열 · 배상원 · 배재수 · 서진석 · 신준환 · 임주훈 · 정용호 · 정헌관 · 최명섭, 2006. 마을숲 이야기. 국립산림과학원. 177쪽.

김갑덕 · 김기원 · 김상용 · 김성태 · 김의경 · 김장수 · 김현룡 · 박봉우 · 박용구 · 서원우 · 오휘영 · 옥한석 · 유병일 · 유택규 · 윤광배 · 이광우 · 이용범 · 이천용 · 전영우 · 정한숙 · 조용만 · 최신해 · 황위주, 1996. 숲 · 사람과 문화. 탐구당. 397쪽.

김선풍 외, 2002. 우리 민속학의 이해. 월인. 530쪽.

김성원, 1987. 한국의 세시풍속. 명문당. 406쪽.

김영진, 1982. 農林水産 古文獻 備要. 474쪽.

김용기 · 김농오 · 김성균 · 김영빈 · 박찬룡 · 신상섭 · 안계복 · 윤영활 · 이상윤 · 이재근 · 정재훈 · 홍광표, 1996. 동양조경사. 문운당. 454쪽.

김용덕, 2004. 한국민속문화대사전(상,하). 도서출판 창솔.

김용덕, 1994. 한국의 풍속사1. 밀알.

김을곤, 1995. 새악기해설. 아름출판사. 415쪽.

김정배 · 김훈수 · 원병오 · 윤무부 · 주남철 · 최기철 외 41인, 1997. 한국의 자연과 인간. 우리교육. 247쪽.

김종원 · 강판권 외, 2007. 마을숲과 참살이. 계명대학교 출판부. 334쪽.

김태준 편, 2005. 문학지리 · 한국인의 심상공간(상 · 하). 논형.

김현우, 2010. 소나무. 변치않는 푸름 그리고 情. 이담. 266쪽.
모라실, 1995. 흔들림이 없는 나무. 도서출판 서로. 174쪽.
문화재청, 1999. 자연문화재지도. 266쪽.
미승우, 1983. 일제 농림수탈상. 녹원출판사. 398쪽.
박경석, 1998. 조선시대 封山 · 禁山 제도의 성립과 변천. 산림과학논문집. 제57호: 86~102.
박대순, 1990. 농기구. 대원사. 119쪽.
박봉우, 1996. 封山 考. 산림경제연구. 4(1): 1~20.
박상진, 2004. 역사가 새겨진 나무 이야기. 김영사. 265쪽.
박상진, 2009. 우리 문화재 나무 답사기. 왕의서재. 415쪽.
배상원 편, 2004. 우리 겨레의 삶과 소나무. 수문출판사. 395쪽.
배재수 편역, 2001. 韓國近代林政史. 원저 萩野敏雄. (주)한국목재신문사. 270쪽.
생명의 숲 국민운동 역주, 2008. 조선의 임수. 지오북. 999쪽.
산림청, 2008. 산림기본통계. 인터넷 홈페이지(www.foa.go.kr).
서영대, 연대불명. 고구려 고분벽화와 전통신앙. 출처불명.
서호석, 2006. 민족의 얼이 서린 숲과 나무. 한국산지보전협회. 279쪽.
송홍선, 1996. 한국의 나무문화. 문예산책. 262쪽.
신만용 · 김기원, 2006. 식물과 생활환경. 국민대 출판부.
안병욱 · 서정범 · 신원섭 · 공종원 · 폴 우드 · 김영무 · 정민 · 김진희 · 장원 · 전영우 · 임경빈 · 최민휴 · 윤여창 · 이영래, 1997. 숲속의 문화 문화속의 숲. 열화당. 262쪽.
오광인 · 정남철, 2005. 난대림 문화론. 호남산지보전협회. 162쪽.
오주석, 2005. 오주석의 옛 그림 읽기의 즐거움 1. 솔. 264쪽.
우주석, 2003. 한국의 美 특강. 솔. 249쪽.
윤덕선, 1996. 관혼상제 대백과. 동반인. 516쪽.
이기봉, 2002. 조선후기 봉산의 등장 배경과 그 분포. 문화역사지리 14(3): 1~17.
이동주, 1995. 우리나라의 옛 그림. 학고재. 436쪽.
이석호, 1991. 朝鮮歲時記. 동문선. 578쪽.
이선근, 1984. 大韓國史1. 대한출판공사. 473쪽.
이수봉, 2008. 철따라 살펴보는 세시순례. 경인문화사. 178쪽.
이우철, 2005. 한국식물명의 유래. 일조각. 726쪽.
이우철, 2008. 한국식물의 고향. 일조각. 263쪽.
이인화, 2006. 내포지역 마을제당의 민속지리. 민속원. 583쪽.
이정탁, 1984. 한국산림문학연구. 형설출판사. 485쪽.
이천용, 1996. 문화와 숲. 숲과문화연구회. 225쪽.
임경빈, 1993. 우리 숲의 문화. 광림공사. 309쪽.
임경빈, 1977~. 나무백과1~6. 일지사.
임기중 역주/해설, 1993. 유리 세시풍속의 노래. 원저 柳晩恭 歲時風謠. 집문당. 335쪽.
장사훈, 1990. 우리 옛 악기. 대원사. 131쪽.
정동오, 1990. 동양조경문화사. 전남대학교 출판부. 488쪽.
정상진, 1995. 우리 민속과 전통문화. 부산외국어대학교 출판부. 337쪽.

전영우, 2005. 숲과 문화. 북스힐. 360쪽.
전영우, 1999. 숲과 한국문화. 수문출판사. 253쪽.
전영우, 1999. 나무와 숲이 있었네. 학교재. 251쪽.
전영우, 1997. 노랫말에 나타난 한국인의 수목관. 『숲과 음악』(김기원 편). 숲과문화연구회.
정경주, 2000. 한국고전의례상식. 신지서원. 405쪽.
지용하, 1964. 한국임정사. 478쪽.
최몽룡 역, 1987. 인류의 선사시대. 원저 Brian M. Fagan. 을유문화사. 292쪽.
최영전, 1992. 한국민속식물. 아카데미 서적. 358쪽.
최영준, 1997. 국토와 민족생활사. 한길사. 487쪽.
한국농업사학회편, 2003. 조선시대 농업사 연구. 국학자료원. 298쪽.
한국문화원연합회, 2009. 마을신앙. 민속원. 431쪽.
한국민족문화대백과사전 편찬부, 1995. 한국민족문화대백과사전. 한국정신문화연구원. 웅진출판사. 1~28권.
한국산지보전협회, 2005. 산지보전 국민의식 실태조사보고서. 176쪽.
황기원, 2009. 한국 행락문화의 변천과정. 서울대학교출판문화원. 296쪽.

武居忠雄 · 秋山智英 · 伊藤敞, 1964. 觀光と森林. 地球出版. p.234

숲해설 아카데미 _ 숲해설가 전문과정

초판1쇄인쇄일 2013년 08월 23일
초판1쇄발행일 2013년 08월 26일
초판2쇄발행일 2018년 03월 05일
초판3쇄발행일 2023년 06월 20일

저 자 강영란 김기원 김명철 김상윤 김성수 김종성 김창회 김현숙 김현정 김호준 김효정 류새한 박봉우 배상원 변규백 신만용 신무선 신혜우 양경모 이명환 이상철 이천용 임주훈 장상욱 전영우 정경옥 조규성 조흥욱 주우영 최상규 탁광일 하시연 한 혁

발 행 인 임홍재
발 행 처 국민대학교 출판부
주 소 서울시 성북구 정릉로 77
전 화 02-910-4242
팩 스 02-910-4240
등록년월일 1975. 6. 17
등 록 번 호 제6-33호
인 쇄 삼아인쇄사

ISBN 978-89-7812-327-3 93480

가격 38,000원

*잘못된 책은 교환하여 드립니다.

국립중앙도서관 출판시도서목록(CIP)

숲해설 아카데미 : 전문가과정 / 김기원 외. -- 서울 : 국민대학교 출판부, 2013
p. ; cm

ISBN 978-89-7812-327-3 93480 : ₩38000

삼림[森林]

472.52642-KDC5
577.3-DDC21 CIP2013015459